张夫道近照

ДИПЛОМ

ДОКТОРА НАУК

ДТ № 009719

Москва

Решением
Высшей аттестационной комиссии
при Совете Министров СССР
от 16 августа 1991 г. (протокол № 30Д/29)

Цжан Фу Дао

ПРИСУЖДЕНА УЧЕНАЯ СТЕПЕНЬ

ДОКТОРА

биологических наук

Зам. Председатель
Высшей аттестационной комиссии

Главный ученый секретарь
Высшей аттестационной комиссии

科学博士文凭 编号：009719莫斯科

全苏部长会议最高学位委员会
1991年8月16日决定(文号:30D/29)
授予张夫道生物科学博士学位
最高学位委员会副主席（签字）
最高学位委员会秘书长（签字）

自　醒　歌

生物科学博士论文答辩于昨日全票通过，中国大使馆教育处参赞蒋妙瑞、一秘杨贵仁、二秘杨硕诸君均出席。之后，蒋参赞在莫斯科“北京饭店”宴请答辩委员会所有专家和我的导师B.A.雅戈金院士，代表中国使馆，致以诚挚的谢意！欢声笑语，其乐融融。今平静下来，心里空空。茫然之际，忽想起唐伯虎《焚香默坐歌》。借其韵，写下这首打油诗，以自勉之。

闭门谢客省自己，想前想后想心里。
心中不思害人谋，口中不出欺心语。
与人为善重信誉，以和为贵结情谊。
读书不觉腹中饥，耕作不知日落西。
学而勿躁觅真醍，研而求精探奥秘。
碌碌庸庸近天命，萧萧洒洒望云霓。

君不见——

高山瀚林树参天，狮吼虎啸争桂冠。
深渊大洋鳞卷澜，惊涛骇浪吞桅杆。
凡事稳处履忠恕，俗缘淡定免愁烦。
冬观梅花夏赏莲，听罢蛙唱又闻蝉。
心情神怡入妙境，书斋悠然系田园。
人生贵贱终为土，功名利禄化为烟。

1991年6月17日吟于莫斯科季米里亚捷夫农学院宿舍

图1　1963年晚秋南京农学院土壤农化621班全体同学在江浦农场合影

前排（从左至右）连桂芳、冯福美、卢婉芳、田淑芳、睦丽华、钱菊芳、江　烈、周　梅、夏红珍、郭焕然
中排（从左至右）伍忠诚、薛海年、黎和生、马永盛、黄瑞采、朱克贵、裴保义、胡霭堂、分场领导、张夫道、王焕森
后排（从左至右）郜宏根、邱伯荣、王德仁、杜承林、宗世贤、过维钧、陈国安、田仲和、沈秋兴、黄士忠、顾洪德、曹仁林、左杨富、朱根生

图2　北京的部分南京农学院校友与老师们于1982年2月15日在“土壤肥料专业委员会”成立大会上合影

（前排从左至右：张宜春、胡济生、朱克贵、张乃凤、黄瑞采、史瑞和）

图3　1982年春在中国农业科学院与硕士生导师孙羲教授合影

图4　1991年6月在莫斯科季米里亚捷夫农学院进行生物科学博士答辩

图5　1991年6月在季米里亚捷夫农学院进行生物科学博士答辩后与教研室老师及同学合影

图6　1990年10月受到季米里亚捷夫农学院副校长A.B.Poshataev接见

图7　1991年6月在季米里亚捷夫农学院与博士二导师A.D.Fokin教授合影

图8　1989年10月与爱人王素芬在莫斯科红场合影

图9　1987年元旦在莫斯科中国大使馆与副博士二导师B.B.Kidin教授合影

图10　1987年元旦与学校领导及同学在莫斯科中国大使馆元旦招待会上合影

（右2：副校长；A.B.Poshataev，右5：校外办主任P.M.Nikolaena）

图11　1987年秋在季米里亚捷夫塑像前与到访的刘更另院士（右3）和农业部国际合作司司长朱丕荣（右4）合影

图12　1986年张夫道全家在圆明园合影

（左1：爱人王素芬；左2：二女儿张越漪；左3：大女儿张琳琳）

图13　1997年6月与硕士生程晓梅合影

图14　2001年6月与硕士生合影

（左1：黄庆海；右2：窦富根；右1：杨贵明）

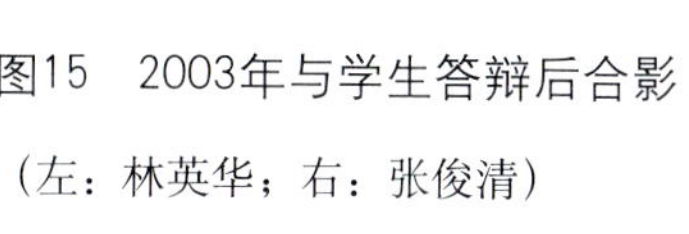

图15　2003年与学生答辩后合影

（左：林英华；右：张俊清）

图16　2004年7月与学生答辩后合影

（左：王茹芬；右：何绪生）

图17　2005年6月与学生答辩后合影

（前排左起：张夫道、刘秀梅、张世贤、林英华博士；后排左起：肖强博士、冯兆斌、王中伟、张建峰）

图18　2006年与学生答辩后合影

（前排左起：冯兆斌、彭畅、余淑芳、赵林萍；后排左起：徐明岗、金继运、林葆、毛达如、陆庆光、张夫道、陈同斌）

图19　2007年6月与学生答辩后合影

（前排左起：王红娟、张夫道、肖强、范洪黎；后排左起：李宝明、谭德水、刘恩科、王磊）

图20　1999年在实验室指导学生实验

（左起：史吉平、窦富根、张夫道、邹　燚）

图21　2003年8月在内蒙古召开研讨会与朱兆良院士(中)、张世贤副司长(左1)、杨玉爱教授(左2)合影

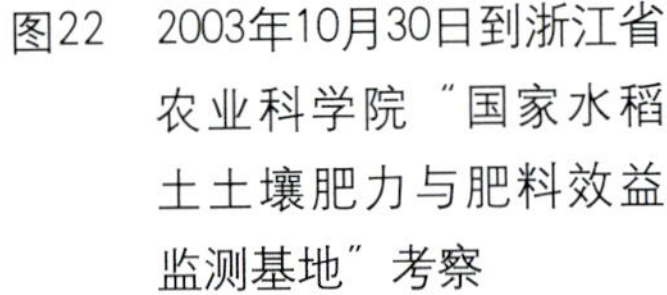

图22　2003年10月30日到浙江省农业科学院“国家水稻土土壤肥力与肥料效益监测基地”考察

图23　1999年秋在江苏省溧阳天目湖与大学同学聚会时合影

(左起：郜宏根、曹仁林、邱伯荣、黄士忠、杜承林)

图24　2001年12月25日，在“稻麦秸秆的转化研究和利用”鉴定会上报告

图25　2002年10月29日，在“城市生活垃圾资源化利用技术”鉴定会上报告

图26　2003年2月24日在“纳米材料胶结包膜型缓/控释肥料技术”鉴定会上报告

图27　2009年10月，考察酒泉钢铁(集团)公司铁尾矿库

图28　1999年秋在江苏省溧阳天目湖与沈秋兴研究员(中)、曹仁林研究员(左)合影

图29　1989年9月中国农业科学院研究生院杨忠源副院长（右1）访问母校——季米里捷夫农学院时合影

图30　1992年5月接待乌兹别克农业代表团

（前左3：团长，乌农业联盟主席卡罗莫夫；后右5：中国农业科学院副院长甘晓松）

图31　1996年6月考察重庆北碚"国家紫色土壤肥力与肥料效益检测基地"

(左起：周则芳、石孝均；右2：毛丙衡)

图32　2003年8月在内蒙古参加包头市学术研讨会并作学术报告

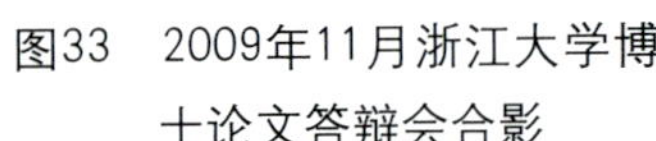

图33　2009年11月浙江大学博士论文答辩会合影

图35　2010年10月，在科学中国人2010年度人物颁奖会上致辞

固废资源化与农业再利用

GUFEIZIYUANHUAYUNONGYEZAILIYONG

张夫道 等 著

中国农业出版社

作　者　名　单

主　　著： 张夫道

统　　编： 张建峰

作者名单：（按姓氏汉语拼音排列）

宝德俊　白秀兰　曹世龙　陈尚谨　陈　谊
程晓梅　董志灵　窦富根　冯兆滨　Fokin A. D.
付成高　顾　岚　高洪军　耿增超　古巧珍
郭　勤　何绪生　胡济生　贾小明　姜慧敏
姜孝礼　金　森　金维续　李桂花　李　辉
李小平　林　葆　林英华　凌霞芬　刘海东
刘海良　刘俊滨　刘淑环　刘秀梅　马路军
莫定生　欧阳学军　彭　畅　桑金龙　石孝均
史春余　史吉平　苏化龙　孙木华　孙家宝
孙　龙　孙　羲　谈惠娟　陶龙兴　田仲和
同延安　汪寅虎　王　兵　王伯仁　王建修
王茹芳　王胜佳　王　熹　王小平　王学江
王玉军　吴国富　肖　强　闫建军　杨德付
杨俊诚　杨学云　姚源喜　余永年　曾木祥
张夫道　张桂兰　张建峰　张俊清　张　骏
张淑香　张树清　赵　琮　赵学蕴　郑桂华
郑　明　周国逸　朱海舟　朱　平　邹绍文
邹　燚

代　　序

老骥何需长鞭扬　悠然漫步固废场

——记张夫道科学研究四十载

2011年6月10日，《科学中国人》2010年年度人物奖颁给了中国农业科学院农业资源与农业区划研究所研究员——张夫道。会上，这位多年辛勤耕耘在农业资源、固体废物研究第一线的老科学家，发出了“老骥何需长鞭扬，悠然漫步固废场”的获奖感言。四十年风雨砥砺，而今的张夫道已成为我国固体废弃物资源化利用技术的领跑者，青丝已变白发，不变的是一颗仍旧想为固废事业贡献一己之力的纯真之心！

固废选择了我　我也选择了固废

张夫道，1943年生于江苏铜山县，20世纪60年代初，他考入南京农学院土壤农化系，之后辗转求学于浙江农业大学研究生班、莫斯科季米里亚捷夫国立农业大学放射化学教研室、农业化学和生物化学教研室，直到中国农业科学院土壤肥料研究所出任首席研究员，注定了他与土壤肥料、固体废弃物行业结下一生难解之缘。

20世纪70年代以前，我国还没有专门从事环境保护管理的部门，伴随着当时社会经济的飞速发展，环境问题日益显现，将环境管理提升到国家层面已经成为应时所需。1973年8月，第一次全国环境保护会议在北京召开，随后，国务院成立了环境领导小组。这标志着我国环境管理部门正式走到台前，中国环境保护史翻开了崭新的一页。领导小组建立伊始，就明确了两大重点管理方向：一是污水处理；二是固体废弃物处置。并将城乡废弃物研究交由中国农业科学院土壤肥料研究所负责，而这一光荣而艰巨任务的具体执行重担，交到了他——张夫道的

原载于2011年第15期《科学中国人》。

肩膀上，这一干就是四十多年。

“固废选择了我，我也选择了固废!”正如张夫道所说，他是用心来对待自己所热爱的职业。四十余年埋首耕耘，他的研究方向得以日益扩展，涉及城镇生活垃圾、城镇生活污泥、规模化畜禽场粪污、作物秸秆、三煤（风化煤、煤矸石、粉煤灰)、钛白粉副产物硫酸亚铁、金属尾矿等。在国内率先提出固体废弃物的处置和利用应实现无害化、资源化：能源化、材料化、饲料化、肥料化等重要观点。将固体废弃物分为有机和无机两大类，认为有机类废弃物中的很大一部分可作为生产有机肥的原料，同时，研制相关工艺设备，应用于固体废弃物的处置和综合利用，获得了可观的经济、社会和环境效益，为推动我国固体废弃物“变废为宝”奠定了理论和实践基础。

“学而勿躁，研而求精”。是科技工作者必须遵守的职业准则，几十年的科研工作，张夫道都在用行动诠释着这句话的真谛，踏踏实实地坚守于一份责任，专注于一份事业，精深于一个领域。凭借多年在行业上的沉淀，他已然成为植物有机营养理论和有机肥作用机理的主要完成者、固体废弃物资源化利用的领跑者和农用纳米材料技术的奠基者。

植物有机营养理论和有机肥作用机理的主要完成者

我国对有机肥料的使用由来已久，但真正对这一传统肥料进行系统研究的历史尚浅。1937年，中国著名肥料学家，中国农业科学院陈尚谨先生率先对华北地区有机肥料进行调查，之后有不少学者也对有机肥料做过工作，但基本停留在调查研究和总结农民经验上，这一现状直至张夫道这一代人涉足研究，才有所突破。准确地说，从张夫道等这一代人开始，有机肥料才得以作为一门学科，利用现代科学技术手段进行系统的理论和应用研究。

1. 创立了植物有机营养理论

1840年，农业化学创始人德国学者L. Von. 李比希创立了植物矿质营养学说，其宗旨是植物吸收的营养物质无一不是以矿物质（即无机）形态被吸收利用，世界各国所有教科书均遵循这一观点，但是，这个理论对很多现象解释不清。例如，我们强调世界多样性、自然现象多样性、植物多样性等，为什么谈到植物营养就变成单一性了呢？再例如，北方农民种西瓜时，在瓜膨大期有施用芝麻酱的习惯，西瓜成熟后更甜；烟农在种植烟草时有施用腐熟豆饼的习惯，烟叶品质更好，这是矿质营养理论无法解释的。

为弥补中国肥料结构和发展史的研究不足，张夫道在经过大量调查、分析和系统研究基础上，对中国农业生产历史的肥料结构与发展进行了划代，即将1965年以前的中国农业划分为有机农业时代，之后随着化肥的发展，进入现代农业时代。上下几千年，中国农民全部施用有机肥，有谁能证明植物只吸收无机氮而不吸收有机氮？带着这个疑问，张夫道对有机肥进行了系统研究。

从1978年开始，他和孙羲教授等人选择了^{15}N、^{14}C和^{32}P-标记有机化合物，在无菌培养下，证明植物可以吸收低分子量有机氮、有机磷、糖（包括糖精邻磺酰苯酰亚胺）、糖醇和激素类有机化合物，并参与植物体内代谢；建立了一整套有机肥料中氨基酸、有机磷、糖、糖醇、DNA、RNA的提取和测定方法；用盆栽和大田试验证明，有机肥料可改善农产品品质，如蔬菜、瓜类、水果类、茶叶、烟草等；^{15}N-标记试验结果，有机氮与化肥氮配合施用，70%的有机氮进入植物籽粒或果实，70%化肥氮进入秸秆或茎、叶，不仅可提高产量，而且还可提高农产品品质。这些研究成果逐渐被学术界所公认，1996年以“植物有机营养”条目编入“中国农业百科全书”《农业化学卷》，为近年来国内发展有机食品提供了理论依据。

2. 有机肥料作用机理的主要完成者

有机肥料除了提供给植物营养物质，更重要的是改良土壤的作用。前苏联土壤化学家M.M.科诺诺娃曾对土壤腐殖质进行了大量研究，中国土壤学家熊毅院士提出了土壤有机—无机复合胶体是土壤肥力的核心，至于有机肥料中的有机化合物是如何进入土壤腐殖质，有机组分如何与土壤矿物形成有机—无机复合胶体，因研究难度太大，国内外无人问津，而张夫道，成为勇于接过“烫手山芋”的第一人。

在前苏联攻读生物科学博士期间，他采用^{14}C-标记作物秸秆和^{15}N-标记兔粪，对这两个过程进行了包括对土壤腐殖质更新过程、有机—无机复合胶体形成过程和腐殖质氮素化合物的组成及转化等进行了系统研究，取得了重大突破。尤其在“腐殖质氮素化合物的组成及转化”研究中，张夫道发现，土壤腐殖质中的氮素化合物全部是芳香族化合物，不被酸水解，土壤界称为未水解残渣氮。为此，根据它们的分子结构，他将腐殖质氮划分为杂环化合物氮、非苯系化合物氮和苯系化合物氮，建立了一套提取和检测方法。在土壤腐殖质中，杂环化合物氮首先形成，逐渐转化为非苯系化合物氮，最终形成苯系化合物氮，苯系化合物氮是土壤腐殖质最核心的氮化合物；为支持这一观点，他还对欧洲 30 个 70 年以上的长期田间肥料定位试验耕层土壤进行了检测，发现杂环化合物氮比例减少，非苯系和苯系化合物氮比例增加。

至此，张夫道破解了自土壤学科建立以来一直困扰各国土壤学家的“未水解残渣氮”也就是腐殖质氮组成的迷团。

固体废弃物资源化利用的领跑者

如果说，张夫道对植物有机营养理论和有机肥作用机理的研究是他研究人生中的第一缕阳光，那么，在固体废弃物资源化利用方面所奠定的成就成为他几十年研究生涯中的精彩之笔。

自承担起城乡废弃物处置和综合利用研究重担后，张夫道就开始走上了“固体废弃物资源化利用”的漫漫研究之路。面对城镇生活垃圾、城镇生活污泥、酒精、生物制药污泥，畜禽场粪污，作物秸秆，三煤废弃物，钛白粉生产副产物，金属尾矿等等这些随处可见的城乡和工业废弃物困扰民众的“大公害”，张夫道以固体废弃物“无害化、资源化：能源化、材料化、饲料化、肥料化”再利用为宗旨，以研究资源化和无害化处理工艺技术为核心，以实际应用为目标，对这些固体废弃物开展了深入而系统的研究和应用。

1973 年第一次全国环境保护会议后，在当时的经济社会条件下，为支持我国固体废弃物的处理和资源化利用，国务院环境保护领导小组办公室从极为有限的经费中，专门对“城镇生活垃圾处理和综合利用技术”进行了立项，并交由张夫道所在的课题组主持研究。

20 世纪 80 年代中期，农牧渔业部提出，由张夫道参与并制定了《城镇垃圾农用控制标准》，制定后的标准由国家环境保护局发布，标准编号为：GB8172—87。在国家环保和农业部门资助下，共开展了三次全国城镇垃圾调查，分别是

1975—1984 年、1999—2000 年、2004—2005 年，成效显著。此后，生活垃圾处理工艺被提炼为：

(1) 经过粗选（包括磁选）和精选将垃圾分为三部分：无机物、有机物、塑料及制品；

(2) 无机物用于制备道砖；塑料及其制品用于制备复混肥料胶结剂和包膜缓释剂；有机物经发酵腐熟、粉碎，生产有机—无机缓释复混肥料，迨尽消纳。

2002 年，农业部科教司对项目组织成果鉴定，专家委员会的鉴定意见为：在同类研究中，该技术总体水平达国际领先水平，其中纳米—亚微米级废弃塑料—淀粉混聚物包膜胶结剂技术，有机复混缓/控释专用肥技术为原创性技术。

在城镇生活污泥和酒精、生物制药污泥资源化利用技术及工艺设备研究领域，张夫道及其学生们从实际运用出发，分别对制取沼气—发电技术，制备有机缓释复混肥技术，污泥制作断岩坡面绿化基料和高速路护坡绿化基料技术进行了研究，并推广应用，产业化成效斐然。

张夫道所在的研究所在国内最早开展生物质能源研究。1974 年，在总结四川遂宁县农村沼气池的基础上，由农牧渔业部立项，开展了沼气池结构、发酵条件和沼气发酵液应用研究，并在山东推广应用。1975 年在原南阳酒精厂（现为河南天冠集团公司）建造了两个 5 000m^3 的沼气发酵罐，目前仍在正常使用；而沼气用于发电的技术，在山东临沂金沂蒙集团有限公司得到应用，以木薯制备乙醇，糟液高温厌氧发酵制取沼气，产量约 1 亿 m^3/年，全部用于发电。装机容量为：300kW 沼气发电机组 8 台，200kW 沼气发电机组 16 台，年发电量折合标煤 11 万 t。

三煤废弃物利用技术主要利用三煤（风化煤、煤矸石、粉煤灰）废弃物为主要原料生产固沙保水剂，用于荒漠化土地修复。张夫道及其团队将化学方法与生物方法相结合，发明了多功能固沙保水剂，融固沙、保水、赋肥和改良土壤功能于一体，由于固沙保水剂胶团直径为纳米-亚微米级，可以进入土壤矿物晶格内，与土壤融为一体，形成有机—无机复合胶体，反过来又起到保水作用；在土层表面，固沙保水剂与土粒之间发生络合反应，生成网状络合物，形成分子膜，防止和减少水分蒸发。

该项技术在包头市原青年农场和九原生态产业绿化园区大面积试验，结果表明，当年饲料玉米、向日葵、苜蓿等大获丰收。与此同时，该项技术在包头市推广应用，修复荒漠化土地约1万多公顷，社会、经济和生态环境效益显著。

此外，张夫道所研究的规模化畜禽场粪污处理技术及工艺设备、作物秸秆的转化研究和利用技术、钛白粉生产副产物硫酸亚铁利用技术等也得到大范围推广，应用于农业、军工等多个领域。

金属尾矿是指选矿后排放的“工业废弃物”。据不完全统计，截至2009年底金属尾矿堆存量已超过100亿t，仅2009年就新增尾矿近10亿t，但是金属尾矿的综合利用率平均不到10%，尾矿已成为我国工业目前产出量最大，综合利用率最低的大宗固体废弃物。

从20世纪90年代初，我国一些矿山企业相继开展了尾矿再选、尾矿生产建筑材料、尾矿充填矿山采空区、尾矿库复垦等试验研究，但由于各方面原因，仅停留在简单易行的单项技术上，缺乏系统的大量综合利用尾矿的原创性技术；此外，一些科研单位和企业环保意识不强，对技术的环保风险未做充分的评估。因此，大多数技术存在潜在的生态环境风险。由于金属尾矿含有毒有害的重金属和选矿添加剂等，因此，金属尾矿综合利用的前提条件应建立在无害化的基础上。

张夫道接触金属尾矿比较早，1970年“文化大革命”期间，他随研究所下放山东德州，当时的风气是生产需要什么就研究什么。受研究所委派，他和另一个同事驻扎在山东淄博铝厂，协助他们解决赤泥问题。为深入研究，他们共布置了47个田间试验，作物涉及水稻、油菜、大豆、柑橘等，结果大获丰收，增产8.5%～17.0%；1973年山东省化工厅要求研究所综合利用山东招远高磷选金尾矿，在山东省化工厅主持下建成了年产5 000t磷肥厂，张夫道亲历其中。后因研究沼气发酵工程而中断，这段经历张夫道曾戏称为“被科研”。

1995—2005年，张夫道主持“国家土壤肥力与肥料效益监测基地网”项目，对我国土壤肥力状况进行了全面调查和分析。分析认为，由于农村青年人进城打工，粮食作物基本上不施用有机肥，大量施用化肥，我国80%以上耕地缺乏一种或几种微量元素。欧美发达国家政府拨出大量资金补贴农业，我国当时还在收取农业税；发达国家有钱购买微量元素的化学品，我国农民无钱购买，必须尽快找到微量元素化学品的替代品，于是金属尾矿就被推上了前台。金属尾矿中含有大量中量元素钙、镁、硫，微量元素铁、锌、硼、锰、铜、钼，如果说第一次的金属尾矿处置和资源化利用是“被科研”，那么自2004年开始进行的“金属尾矿无害化农业再利用”的研究与实践就是张夫道的一次主动出击。

从2004年开始，张夫道重点对铁尾矿和钼尾矿进行了探索性研究，除了建立全碳还原理论和软化焙烧理论，还建立了金属尾矿研究的方法和程序。采用这些理论和研究方法基本上解决了铁、钼等金属尾矿的“无害化”技术难点。例如，山西繁峙铁尾矿铁回收率70%以上，汞（Hg）、镉（Cd）、砷（As）回收率100%，铅（Pb）回收率99.5%，铬（Cr_2O_3）回收率99.8%，该技术已申请国家发明专利。此外，南泥湖钼尾矿已通过生产性试验，其产品钼尾矿可控缓释肥冬小麦田间试验结果，增产20%～30%；钼尾矿土壤调理剂改良河南类沙化潮土，冬小麦当季增产15%～41.3%。“南泥湖钼尾矿无害化农业再利用技术”目前不仅列入工业和信息化部《金属尾矿综合利用先进适用技术目录》，而且产业化实施项目也已列入国土资源部矿产资源节约与综合利用示范工程重点项目。

农用纳米材料技术的奠基者

除了对植物有机营养、固体废弃物等进行研究之外，张夫道的研究还涉及到了新型材料领域。从1995年开始，他和他的团队先后研制了化学聚合（缩合）型和微乳化型两大类19个品种功能性纳米—亚微米级复合材料，其中化学聚合（缩合）型12种，微乳化型7种。申请国家发明专利25项，已授权19项，19个品种功能材料，并先后在城镇生活垃圾资源化利用、生活污泥和规模化畜禽厂粪污处理利用、荒漠化土地修复、作物秸秆制作秸秆板、高速路路堑边坡绿化和创伤岩石断面绿化、大田作物专用缓/控释肥料生产等众多领域投入产业化应用。该领域的研究成果已于2008年获得农业部中华农业科技奖一等奖，环保部2010年环境保护科学奖二等奖。

《科学中国人》杂志记者　李　灵

前　言

《固废资源化与农业再利用》是一部以保护土壤生态环境为宗旨，论述固体废弃物资源化与农业再利用为主线的理论与实践相结合的学术专著。可以说，这部著作既是记载本人四十余年科学研究轨迹、反映本人学术思想的学术专著，同时也是本人与学生们、前辈、课题组同事们的共同研究成果。

从学术研究的角度而言，我们这一代人的作用是承上启下，亲身经历了中国科学技术发展的寒冬与春天。我们的老师辈将西方先进的学术思想引进中国，将其发扬光大。我们的责任则是站在老师的肩膀上，利用现代科学技术手段研究中国土壤生态环境的退化和保护问题，通过环境学、农学、土壤学、肥料学、植物营养学、生物学、材料学等学科的相互交叉、内容拓展和深化，创新我国的土壤生态环境学基础理论和应用实践。

纵观自己的科研生涯，除了对传统的土壤学、植物营养与肥料学科有所发展，同时又着力拓展边缘性交叉学科研究新领域，尤其是将部分化工工艺技术原理引进了土壤肥料学科中，并系统开展了固体废弃物的无害化处理和资源化利用的理论研究和技术研发以及工程实践。

固体废弃物种类繁多，量大面广。概括为四大类：农业废弃物（畜禽粪便；种植剩余物：秸秆和蔬菜、花卉剩余物）；生活废弃物（生活垃圾、生活污泥）；工业废弃物（尾矿、煤矸石、粉煤粉、风化煤、磷石膏、发酵工业污泥等）；危险品和放射性废弃物。仅就农业废弃物而言，随着经济发展和农民生活水平的提高、生活方式的转变，也发生了很大的变化。过去是家家搞养殖，人人搞积肥，即使是路边草丛中的狗屎也被揹着粪筐的农民捡走；农民进城掏粪，炉灰渣也不剩下。现在不同了，畜禽养殖规模化，生活城镇化，秸秆不再是生活燃料，而是就地还田或者焚烧。传统的沤肥、堆肥、草塘泥等有机肥料的积、制、保、运、用技术因费工、费时、费力，已成为历史。由于农业现代化的快速发展，传统意义上的有机肥原料（如：规模化畜禽养殖粪污等）不仅变为名符其实的固体废弃物，而且还成为农村面源污染的主要因素之一。

但是，任何事物至少具有双重性，对于固体废弃物，尽管人们嫌弃它、讨厌它，它都客观存在，只要人们生活，只要工农业发展，每天都会产生废弃物，如果不加以处理和再利用，只会污染环境，人类就无法生存。因此，固体废弃物的处置和利用的最佳方式是无害化、资源化、能源化、材料化、饲料化、肥料化。通常而言，固体废弃物分为有机物和无机物两大部分。有机物好氧发酵后可直接用作有机肥，也可通过厌氧发酵制取沼气，作燃料或发电，沼渣脱水后生产有机—无机缓释复混肥；一些有机化合物可作为制备生态修复功能材料的原料；含中、微量元素的无机物部分（例如金属尾矿）无害化处理后粉碎至－325 目（＜0.045mm），用作砂质或类砂化土壤调理剂，或者用于荒漠化生态修复材料的基料。这些无害化处理的有机物和无机化合物进入土壤后的物理行为、化学行为、生物行为和生物化学行为，均需进行探讨。本专著除了危险品和放射性废物之外，其他三类固体废弃物均有所涉及。

现在有个时髦的词称为特色，在 40 余年的研究中，从某种意义上讲，亦始终是紧密围绕着保护生态环境这个主题，在各项研究中首先强调生态环境的安全性，然后才是有效性，并结合中国国情予以具体化，这也算是本人的特色吧。

本人的传统化肥和植物营养遗传学方面的研究论文未收编在本专著之中，而关于土壤微生物方面的研究成果已收集于《中国土壤生物演变及安全评价》专著中。

本专著按照学科分支内容将论文分为四大部分。

第一篇：植物有机营养与有机肥料作用机理

本篇通过对植物有机营养、土壤腐殖质更新机理、腐殖质氮组成、长期施肥对土壤腐殖质、有机氮和有机磷及其各组分的影响、有机—无机肥配合施用的效果和作用、中国肥料结构的演变等进行系统研究和阐述，为有机固体废弃物应用于农业提供理论基础。

第二篇：农用纳米材料及其在生态环境中应用技术

本篇通过农用纳米材料制备方法及其在生态环境中的应用技术、效果，生态环境安全评价指标体系研究，为固体废弃物在生态环境中的应用提供了技术支撑，同时还证明了植物可直接吸收利用纳米—亚微米级稳定态无机化合物。

第三篇：土壤生态环境

本篇通过对长期定位试验条件下土壤生态环境各要素的变化、土壤生态环境与土壤动物的关系、肥料生态毒理学等的研究，为无害化固体废弃物用于生态环境提供了科学依据。

第四篇：固体废弃物无害化处理与农业再利用

本篇对城镇生活垃圾、城市污泥、畜禽粪污、作物秸秆、金属尾矿等固体废弃物无害化处理和资源化利用均有涉及，包括技术原理、工艺过程和设备选型等，且起步较早。

本书的出版，是对我们研究工作的总结，既可为环境学、农学、土壤学、肥料学、植物营养学、生物学、材料学以及从事固体废弃物综合利用、土壤生态环境修复等科研院（所）科技人员、高等院校相关专业师生提供参考，也可为我国农业、环保、经济等政府管理部门及企业负责人提供决策参考。同时，对于固废资源化与农业再利用交叉学科的发展也有所裨益。

“人生七十古来稀”，本人将步入70岁大关。面对我国传统粗放型工业和农业造成的环境污染、生态破坏、固体废弃物持续增加的严峻形势，一些前辈、同仁和学生们近几年来一直建议我将四十余年来在固体废弃物资源化利用领域的研究进行梳理，并出版一部关于固体废弃物资源化综合利用，尤其是应用于农业的学术专著。为此，在学生们、课题组同仁们的共同努力下，经过两年多的系统整理，编撰出这部著作。由于时间有限，且本专著仅代表我们团队学术研究的一家之言，尚存在很多不足之处。

本书编撰期间，张建峰君为搜集和编排发表在各学术刊物上的文章，李玲玲同学帮助扫描、整理，耗费了大量时间和精力，在此，表示衷心地感谢！

张夫道

2011年9月20日

目　　录

第一篇　植物有机营养与有机肥作用机理

第二篇　农用纳米材料及其在生态环境中应用技术

第三篇　土壤生态环境

第四篇 固体废弃物无害化处置与农业再利用技术

第一篇

植物有机营养与有机肥作用机理

几种有机肥料的主要有机氮组成及猪粪在腐熟过程中的变化

有机肥料是我国的传统肥料。生产实践证明，长期施用有机肥料，对改善土壤性状、保持地力经久不衰有明显效果。我国对农家肥、绿肥曾进行过多年研究，然而关于有机肥料的有机组成及其营养作用则研究较少。本文着重介绍几种有机肥料中有机氮组成及其腐解过程中的变化。

一、材料与方法

有机肥料选用猪、牛（以奶牛等为主）、羊、鸡、兔粪和光叶苕子、紫花苜蓿（均取地上部分）、细绿萍等 3 种绿肥。测定肥料中各化学成分及氨基酸组成，研究猪粪腐解过程中全氮、碱解氮、铵态氮、各种氨基酸及蛋白酶和脲酶活性的变化，统计分析猪粪腐解过程中各变量的回归关系。猪粪沤腐的模拟试验是在 5L 细口瓶中进行的，每瓶装 2.5kg 猪粪，粪水比为 1∶1，在 28℃恒温室中腐解，重复 4 次。为防止风干时氨的损失和有机氮的变化，本试验采用新鲜样品测定，并测其含水量折干重计算。

测定方法：全氮用凯氏法，碱解氮用碱解蒸馏法，铵态氮用萘氏试剂比色法，蛋白酶活性用 Hoffman 与 Feicher 法。由于肥料中蛋白酶活性比土壤高得多，测定时适当增加底物用量。脲酶活性采用新鲜有机肥料，用甲苯处理后加入 pH7.0 磷酸盐缓冲液，再加尿素溶液，在 40℃恒温培养 24h 后加入 40%三氯乙酸终止酶的活性，测定氨量。用同样处理但不加尿素溶液作对照。关于肥料中游离氨基酸，用 80%乙醇提取，纯化后用 Backman 121MB 型氨基酸分析仪测定，并用猪粪作材料进行回收率试验，绝大多数的氨基酸回收率均在 90%以上，只有酪氨酸、组氨酸和胱氨酸较低。

二、结果与讨论

（一）有机肥料的化学组成和游离氨基酸含量

表 1 是 8 种有机肥的化学组成，各种肥料的有机氮含量均占总氮量的 80%以上。各种肥料的游离氨基酸组成见表 2。可以看出，家畜、家禽粪中氨基酸的总量以鸡粪最高（2.40%），奶牛粪次之（0.98%），羊粪最低（0.15%）；绿肥中，以细绿萍最高（1.09%），苕子次之（0.13%），紫花苜蓿最低（0.07%）。就氨基酸的种类而论，各种肥料中的丙氨酸和谷氨酸含量最高。丙氨酸以牛粪、兔粪和鸡粪含量最多，谷氨酸以鸡粪含量最高，细绿萍次之。紫花苜蓿则以脯氨酸和赖氨酸含量较高。以上结果与前人分析植物中游离氨基酸的结果基本一致。有兴趣的是奶牛粪和鸡粪中赖氨酸含量较高，其次是细绿萍。据三井进午研

与孙　羲合作，原载于 1984 年第 4 期《中国农业科学》。

究，蛋氨酸对水稻生长有抑制作用，但各种肥料中蛋氨酸含量均较低，故影响不大。

从表1和表2可以看出，家畜和家禽粪中游离氨基酸总量与蛋白质含量呈正相关（r=0.952*），蛋白质含量高，游离氨基酸亦高。只有奶牛粪例外，这与奶牛以精饲料为主饲养有关。

表1 几种有机肥的化学组成（干重）

有机肥种类	取样地点	取样时间	有机质（%）	全 磷（%）	全 钾（%）	全 氮（%）	蛋白氮（%）	碱解氮（mg/100g 干重）	铵态氮（mg/100g 干重）
猪 粪	浙江农业大学畜牧场	1980.11.4	24.16	0.68	1.99	2.65	2.22	458.7	426.6
牛 粪		1980.7.2	23.75	0.84	0.48	2.17	2.05	403.0	125.2
羊 粪		1980.11.4	25.83	0.67	0.60	1.84	1.72	225.1	119.9
鸡 粪		1980.11.4	25.12	1.61	1.62	4.98	4.14	1 449.4	843.6
兔 粪		1980.11.4	20.47	0.68	0.58	3.32	3.14	238.7	182.7
紫花苜蓿	浙江农业大学苗圃	1980.12.14	36.75	0.11	1.20	3.25	3.08	250.8	166.7
苕 子		1980.12.14	33.63	0.10	1.83	3.97	3.78	276.5	190.0
细绿萍	浙江省农业科学院	1980.12.14	39.98	0.38	2.02	2.96	2.73	260.1	232.9

表2 几种有机肥中游离氨基酸含量

（mg/100g，干重）

氨基酸 \ 肥料	猪 粪	牛 粪	羊 粪	鸡 粪	兔 粪	紫苜蓿	苕 子	细绿萍
天门冬氨酸	22.1	47.6	6.8	190.4	17.1	4.3	6.3	38.9
苏氨酸	8.4	1.2	6.7	50.6	21.1	0.5	—	—
丝氨酸	4.9	0.7	17.2	54.3	44.1	1.1	12.5	121.9
谷氨酸	51.4	76.0	53.1	440.4	191.9	0.6	26.0	212.8
脯氨酸	46.7	55.3	10.4	344.4	74.1	56.7	11.8	18.0
甘氨酸	12.3	31.1	10.0	84.0	28.7	0.3	4.4	23.7
丙氨酸	84.7	293.8	17.9	283.9	290.5	1.5	39.2	207.7
胱氨酸	6.7	—	—	22.6	—	—	—	68.5
缬氨酸	17.2	21.9	8.5	116.2	63.9	—	6.5	25.4
蛋氨酸	0.7	0.2	—	36.3	0.4	—	1.0	—
异亮氨酸	4.1	35.2	2.3	127.6	12.9	—	2.8	39.0
亮氨酸	5.5	78.8	3.9	179.0	9.6	—	1.9	22.0
酪氨酸	3.2	21.8	2.7	183.3	14.2	—	2.2	86.3
苯丙氨酸	6.6	158.8	1.6	96.2	0.9	0.5	8.0	168.9
赖氨酸	14.9	130.0	5.9	96.9	36.1	7.9	5.4	46.1
组氨酸	1.3	21.5	1.2	37.3	1.1	0.7	1.5	7.9
精氨酸	0.7	10.1	1.0	57.1	1.0	0.4	—	2.2
总计（%）	0.29	0.98	0.15	2.40	0.81	0.07	0.13	1.09

注，“—”为未检出。

以上分析资料表明，鸡粪、奶牛粪和细绿萍皆是氨基酸含量很高的肥料和饲料。

（二）有机肥料在腐解过程中各种形态氮的变化

由表3和图1可看出，猪粪在沤腐过程中全氮下降的趋势大致呈倒的抛物线形，21d后基本上稳定。在本试验的26d腐解过程中，全氮共减少了32.8%，碱解氮和铵态氮在试验后的第17d达到高峰，是时碱解氮为1.70%，铵态氮为1.58%，随后开始下降。脲酶活性的变化与碱解氮和铵态氮的变化趋势基本一致，蛋白酶活性比它们提前3d达最大值。

表3　猪粪在沤腐过程中主要形态氮和酶活性的变化（干重）

取样时间（月．日）	全　氮（%）	碱解氮（mg/100g）	铵态氮（mg/100g）	蛋白酶活性（mg氨基N/100g・d）	脲酶活性（mg氨基N/100g・d）
11.4	2.65	458.7	426.6	24.7	3 254.0
11.6	2.55	557.7	494.0	38.5	3 992.2
11.8	2.36	625.6	584.0	43.4	4 368.7
11.10	2.24	702.0	640.2	50.5	4 805.2
11.13	2.14	797.4	730.4	57.5	5 518.8
11.16	2.03	913.3	840.0	65.9	6 564.4
11.18	1.91	1 214.1	1 095.6	111.6	9 183.6
11.21	1.86	1 701.5	1 577.7	100.9	11 840.6
11.25	1.79	—	1 358.7	92.1	—
11.30	1.78	1 225.7	1 140.0	80.5	8 274.3

由表4看出，总氨基酸的变化与蛋白酶活性的变化趋势一致，在试验后的第14d达到高峰。就所测氨基酸的变化来看，大致有两种类型：一种呈“N”字形，如天门冬氨酸、谷氨酸、脯氨酸、甘氨酸、苏氨酸、苯丙氨酸、赖氨酸等氨基酸试验开始后均有不同程度的下降，分别达到最低值后又逐渐上升，至最高点后再转为下降；另一种呈“抛物线”状，如丙氨酸、缬氨酸、蛋氨酸、异亮氨酸、亮氨酸、酪氨酸、组氨酸、精氨酸等氨基酸一开始就上升，分别至最高点后开始下降。但也有出现更加复杂情况的。这足以说明有机肥料腐解过程中，各种酶的作用是错综复杂的。

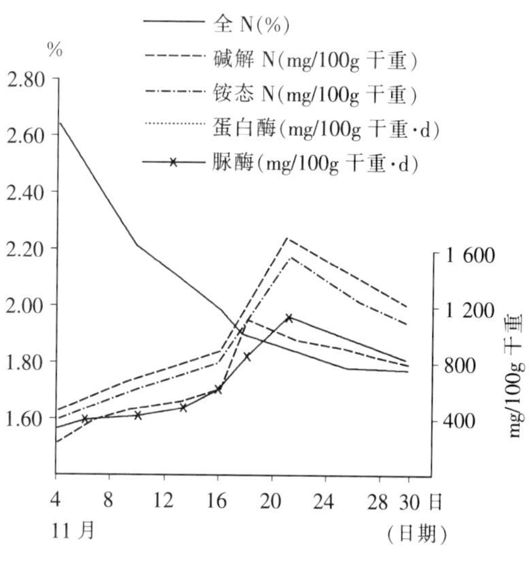

图1　沤肥中主要形态氮和酶活性的变化

表 4　猪粪在沤腐过程中氨基酸的变化

(mg/100g，干重)

氨基酸＼取样时间	11 月 4 日	11 月 6 日	11 月 8 日	11 月 13 日	11 月 18 日	11 月 21 日
天门冬氨酸	22.1	7.6	1.7	27.6	54.2	15.9
苏氨酸	8.4	5.3	3.0	6.4	11.4	10.7
丝氨酸	4.9	12.2	0.6	12.8	20.1	26.1
谷氨酸	51.4	36.2	26.1	114.2	167.8	154.4
脯氨酸	46.7	11.4	17.5	—	13.2	13.0
甘氨酸	12.3	10.0	11.4	21.1	38.6	28.2
丙氨酸	84.7	112.9	140.8	131.8	78.7	55.6
胱氨酸	6.7	1.7	27.1	11.2	7.5	—
缬氨酸	17.2	53.0	71.3	78.4	101.3	80.2
蛋氨酸	0.7	2.4	5.8	0.2	0.8	9.0
异亮氨酸	4.1	24.7	26.9	36.9	40.6	30.7
亮氨酸	5.5	30.4	34.6	51.7	30.0	20.0
酪氨酸	3.2	4.1	3.5	11.4	25.7	11.7
苯丙氨酸	6.6	1.3	5.0	13.8	10.4	0.6
赖氨酸	14.9	6.7	9.1	17.4	32.9	26.7
组氨酸	1.3	3.4	0.9	5.7	17.5	22.4
精氨酸	0.7	2.3	—	1.6	6.1	7.5
总计 (%)	291.4	325.6	385.3	542.2	658.8	512.7

在室外用新鲜厩肥进行堆腐试验，结果是厩肥中的全氮、碱解氮、铵态氮、脲酶活性、蛋白酶活性、氨基酸总量的变化趋势与沤肥有相似之处。不同的是，由于堆肥是冬季在室外进行，而且碳氮比较高，分别达到高峰的时间比沤肥长；另外，有些氨基酸如丙氨酸、缬氨酸、亮氨酸、酪氨酸等含量在堆肥中一开始即上升，在沤肥中却是下降的，这说明有机肥料在不同条件下腐解，氨基酸的变化是不一样的，而且，在达到高峰时堆肥和沤肥中的氨基酸总量有所不同，堆肥为 2.75%、沤肥为 0.66%，堆肥的氨基酸总量大于沤肥。

用回归分析处理上述数据，可获得各变量之间的回归关系（表 5 和图 2、图 3、图 4、图 5、图 6）。

表 5　猪粪沤腐过程中各变量之间的回归关系

变　量	碱解氮	铵态氮	总氨基酸	蛋白酶活性
铵态氮	直线相关 r=0.999 t=81.231**			
总氨基酸	曲线回归 R^2=0.980 F=148.106**	曲线回归 R^2=0.978 F=137.18**		

（续）

变　量	碱解氮	铵态氮	总氨基酸	蛋白酶活性
蛋白酶活性	曲线回归 $R^2=0.910$ $F=21.86^{**}$	曲线回归 $R^2=0.899$ $F=26.73^{**}$	曲线回归 $R^2=0.868$ $F=12.75^{**}$	
脲酶活性	曲线回归 $R^2=0.986$ $F=204.775^{**}$	曲线回归 $R^2=0.986$ $F=209.48^{**}$	曲线回归 $R^2=0.949$ $F=55.813^{**}$	直线相关 $r=0.940$ $t=11.02^{**}$

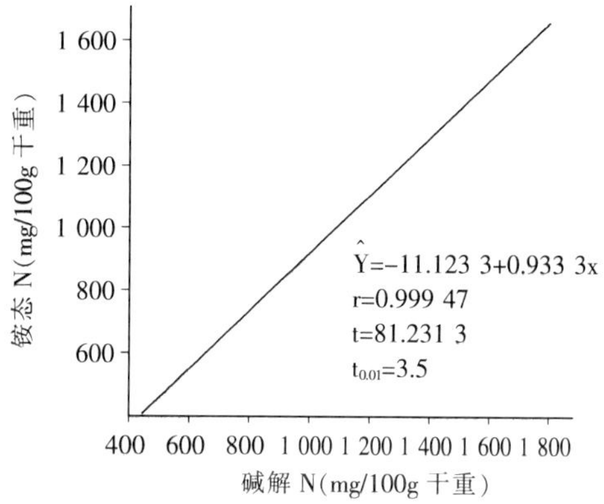

图 2　沤肥中碱解氮与铵态氮的关系

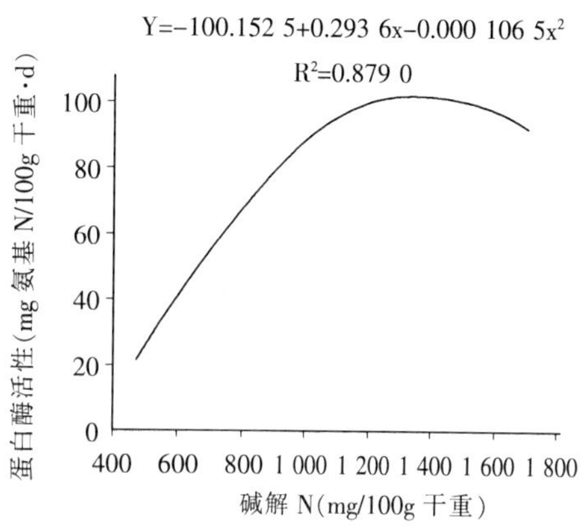

图 3　沤肥中碱解氮与蛋白酶活性的关系

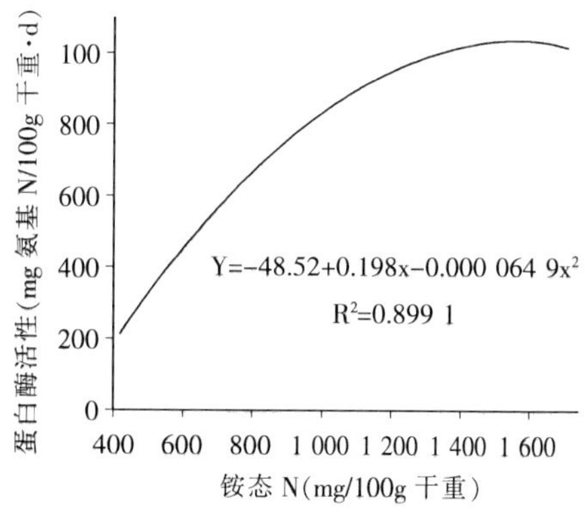

图 4　沤肥中铵态氮与蛋白酶活性的关系

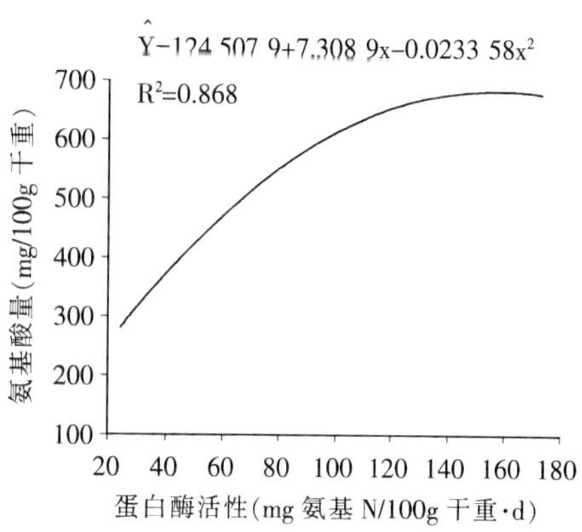

图 5　沤肥中蛋白酶活性与总氨基酸量之间的关系

回归分析表明，沤肥中碱解氮与铵态氮呈极显著直线正相关，与总氨基酸、蛋白酶活性、脲酶活性分别呈极显著曲线正相关；铵态氮与总氨基酸、蛋白酶活性、脲酶活性，总氨基酸与蛋白酶活性、脲酶活性分别呈极显著曲线正相关，脲酶与蛋白酶活性呈极显著直线正相关。堆肥与沤肥稍有不同，各指标之间的关系也更为复杂。堆肥中的碱解氮与脲酶活性，蛋白酶与脲酶活性分别呈极显著的曲线正相关；碱解氮与总氨基酸、蛋白酶活性相互之间以及铵态氮与总氨基酸、蛋白酶相互之间分别呈极显著二元回归正相关；铵态氮与脲酶呈极显著直线正相关。

由上述结果可以看出，有机肥中的蛋白质通过蛋白酶的作用水解成氨基酸，脲酶将尿素分解为氨。然而，蛋白质在水解过程中的酶促反应是极其复杂的，蛋白酶的种类是很多的，限于条件，我们目前还不能一一测定。因此，蛋白酶活性与氨基酸的回归关系虽然极显著，但就其相关值来看，不如与碱解氮的关系更密切。

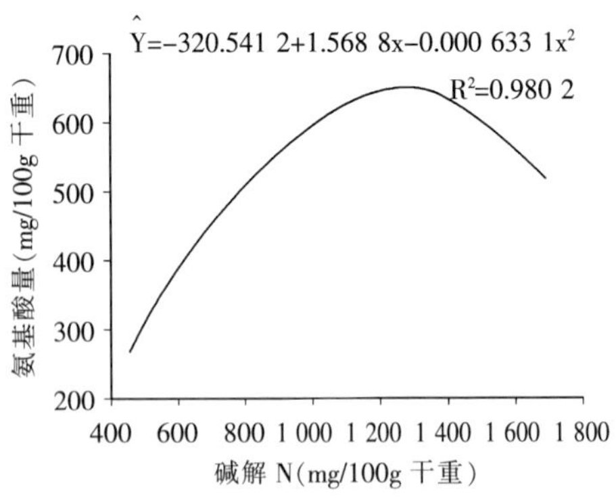

图 6　沤肥中碱解氮与氨基酸变化的关系

三、小　　结

过去，多用颜色、气味、感觉和腐殖质化系数判断有机肥料的腐熟程度，前者凭经验，后者测定麻烦。有人曾提出用铵态氮作为指标，由于当时试验方法的限制，论证不足。根据本试验沤腐和堆腐过程中主要形态氮及酶活性之间的回归分析，碱解氮和铵态氮之间以及他们与其他指标之间的回归关系均较好，脲酶活性与各指标的关系也较好。但脲酶活性受环境因素如 pH、温度、湿度和一些分解产物等影响较大，各地区的标准很难一致，铵态氮变成氨而挥发，碱解氮则比较稳定。因此，认为用碱解氮作为有机肥料的腐熟指标，不仅比过去单凭肥料的颜色、气味等指标前进了一步，而且也比用铵态氮和脲酶活性作指标更为适用。

氨基酸对水稻营养作用的研究

早在 20 世纪初，Brown（1906）用大麦作材料，证明天门冬酰胺、天门冬氨酸和谷氨酸处理的干重相当于硝酸钾。之后，不少学者用兰花胚进行了氨基酸营养作用的研究。然而，较精确的试验还是 20 世纪后半叶的事。三井进午、奥田东、森敏、高桥英一等人对植物氮素的吸收机制进行了大量的研究，证明植物不仅能吸收无机氮，而且可单独利用氨基酸氮。我国晚近也在进行这方面的研究，如中国科学院植物生理研究所 1964 年研究植物离体根在无菌培养下对无机氮和 5 种氨基酸的利用，中国科学院植物研究所 1965 年研究水稻种子萌发和幼苗生长过程中的氨基酸代谢。本试验着重研究氨基酸对水稻幼苗的营养作用，并用^{14}C-甘氨酸研究在水稻植株中的转化。

与孙　羲合作，原载于 1984 年第 5 期《中国农业科学》。

一、试验材料与方法

试验用水稻品种为广陆矮4号。先用不同的氨基酸和酰胺作为单一氮源，以硫酸铵作对照。所有培养液都保持4mg/L N，pH 5.0。无菌培养。种子灭菌按奥田东的方法，培养液的处理用三井进午的方法，试验重复5次，计20株。培养时间20d。为了检查灭菌是否完全，试验前先检查无菌培养是否消毒完全。经鉴定确认稻苗外无谷草转氨酶的活性后进行该项试验。试验后用洋菜培养基划线，证明培养过程中是无菌的。试脸结束后测量苗高、根长、根数和干物重。前三项取20株稻苗的平均值，干物重系20株稻苗的总重量。还采用^{14}C-甘氨酸在无菌条件下溶液培养（培养液同上，水稻苗龄为2～3个分蘖），研究甘氨酸在稻苗中的分布与转化，并定时取培养液样测定放射性强度（数据用10个样品的平均值），定时取稻苗制成自显影片。培养53h后用液闪测定水稻各营养器官的放射强度，并分离氨基酸、有机酸和糖等代谢产物。此外，还用冰冻切片（厚度17.5μm）作成微观显微自显影片。

测定方法：稻苗植株中氨基酸、有机酸和糖的提取系称取烘干磨细样品，置于安培瓶中，加6mol/L HCl后封口，在110℃水解24h，取出过滤，用稀HCl冲洗，滤液在真空蒸发器内50℃蒸干，加少量无离子水复溶，通过732强酸型阳离子交换树脂，分别用60%乙醇和无离子水冲洗，汇总的洗涤液作为分离有机酸和糖用。用2mol/L NH_4OH洗脱氨基酸。其他操作同上海植物生理研究所介绍的方法。已提取的氨基酸样品用Whatman 1号滤纸双相层析，展开剂第一相为正丁醇∶冰醋酸∶水＝4∶1∶5（V/V）；第二相为苯酚∶水＝3∶1（V/V）。以标准氨基酸样品作对照鉴定。然后将已展开的各氨基酸斑点剪下，用50%乙醇洗脱、浓缩并定容至1.0ml。用液闪测其放射性强度，剪下同样大小斑点的滤纸，按同样操作测定空白值，进行校正。蛋白质用0.4%NaOH和20%三氯乙酸提取和纯化。

二、结果与讨论

（一）几种氨基酸对水稻幼苗生长的影响

表1指出，各处理的苗高、根长和根数均比无氮对照好，相互间差异不大，干物重差异较大。由重量指数可明显地看出，谷酰胺、丙氨酸和组氨酸均大于硫铵，说明这3种氨基酸的营养作用稍优于硫铵，谷氨酸、精氨酸、天门冬氨酸稍低于硫铵，但差别不大，蛋氨酸和苯丙氨酸处理的稻苗生长较差，在所有处理中干物重最低，但比无氮对照好，依然有一定的营养作用。

表1　不同氮源对水稻幼苗生长的影响

氮源＼项目	苗高(cm)	根长(cm)	根数	干物质(g)	重量指数*
无氮对照	8.4	12.5	5	0.01	2.86
硫铵	15.8	14.1	10	0.35	100
DL-α丙氨酸	16.3	10.4	9	0.36	102.86
L-谷氨酸	15.9	9.9	9	0.32	91.43

（续）

氮源＼项目	苗高 (cm)	根长 (cm)	根数	干物质 (g)	重量指数*
DL-天门冬氨酸	14.8	9.6	10	0.31	88.57
L-精氨酸	15.4	13.1	10	0.32	91.43
L-谷酰胺	16.5	11.6	10	0.40	114.29
L-组氨酰	15.9	13.0	10	0.36	102.85
L-苯丙氨酸	9.5	14.0	7	0.17	48.57
DL-蛋氨酸	11.9	10.5	9	0.23	65.71

* 重量指数$=\frac{\text{处理稻苗（20株）干重}}{\text{培养在硫铵溶液中稻苗（20株）干重}}\times 100$

测定稻苗植株中的氨基酸成分，发现生长于上述不同氮源中的植株所含氨基酸的种类基本一致，而含量却不相同（表2），说明外源氨基酸在植株内可转化为其他的氨基酸。而且，植株内谷氨酸和天门冬氨酸含量都高于其他的氨基酸，这是由于它们在转氨作用中所占的中心地位的结果。比较表1和表2发现，各处理中水稻植株内的氨基酸总量与植株干重成正比。这说明丙氨酸、谷酰胺和组氨酸处理的稻苗吸收溶液中氨基酸较多，而加入蛋氨酸和苯丙氨酸的稻苗吸收则较少。其原因可能是蛋氨酸含有甲硫基，苯丙氨酸含有苯环结构，此种结构的氨基酸被稻苗吸收后不容易转变为代谢中间产物—有机酸等物质，导致体内的代谢阻滞，从而抑制水稻生长。随着时间的延续，吸收量和干物量也产生差异。这就是说，不同氨基酸对水稻幼苗生长影响的不同，是由它们被水稻吸收后转变为代谢中间产物难易的生理作用不同而引起的。

表2　不同氮源中的稻苗氨基酸含量

（占干物重的%）

氨基酸＼处理	对照	硫铵	天门冬氨酸	谷酰胺	谷氨酸	丙氨酸	蛋氨酸	苯丙氨酸	组氨酸	精氨酸
天门冬氨酸	0.64	1.21	1.29	1.45	1.31	1.46	1.29	1.23	1.30	1.30
苏氨酸	0.28	0.47	0.49	0.57	0.52	0.58	0.50	0.46	0.57	0.50
丝氨酸	0.32	0.40	0.50	0.58	0.53	0.59	0.51	0.51	0.57	0.53
谷氨酸	0.96	1.32	1.38	1.65	1.43	1.68	1.42	1.46	1.61	1.41
脯氨酸	0.23	0.58	0.61	0.67	0.64	0.67	0.62	0.59	0.61	0.62
甘氨酸	0.40	0.62	0.65	0.77	0.68	0.76	0.64	0.63	0.71	0.66
丙氨酸	0.44	0.73	0.75	0.84	0.79	0.85	0.74	0.73	0.78	0.78
半胱氨酸	—	—	—	—	—	—	—	—	—	—
缬氨酸	0.27	0.70	0.72	0.63	0.74	0.61	0.68	0.68	0.22	0.72
蛋氨酸	—	—	—	0.30	—	0.29	—	—	0.62	—
异亮氨酸	0.29	0.49	0.52	0.59	0.54	0.59	0.51	0.48	0.98	0.53
亮氨酸	0.49	0.91	0.96	1.05	1.00	1.06	0.91	0.89	0.32	0.98
酪氨酸	0.22	0.39	0.44	0.47	0.45	0.47	0.38	0.40	0.65	0.44
苯丙氨酸	0.24	0.50	0.61	0.62	0.63	0.64	0.52	0.56	0.75	0.63
赖氨酸	0.35	0.60	0.69	0.68	0.70	0.70	0.64	0.60	0.66	0.66
组氨酸	0.11	0.22	0.24	0.26	0.25	0.26	0.24	0.23	0.24	0.24
精氨酸	0.38	0.60	0.65	0.70	0.68	0.70	0.63	0.62	0.66	0.65
总计（%）	5.63	9.83	10.51	11.83	10.89	11.91	10.23	10.07	11.37	10.65

(二)^{14}C-甘氨酸在水稻植株内的转化

本试验是在无菌条件下培养，试验用稻苗事前用氯化亚汞溶液全株灭菌，培养液用高压蒸气灭菌。试验后检查，水稻根表无谷草转氨酶活性，认为氨基酸在进入水稻根前没有发生酶解作用。

用标记^{14}C-甘氨酸饲喂5min后，培养液中标记碳强度减少了1 168dpm/ml，说明甘氨酸已开始渗入水稻体内；饲喂1h稻苗已较大量地吸入，培养液中标记碳强度减少了15 200 dpm/ml，饲喂48h后，趋于平衡，达吸收高峰，是时，培养液中标记碳强度减少了33 228 dpm/ml（见图1）。从自显影照片中也可看到，饲喂后1h仅限于根部和茎下部有放射性；5h后已运输至叶部，但放射性尚弱；24h后已较清晰地看到标记碳在植株各部分的分布；48h后更为显著，标记碳在植株各部位的强度都很大。

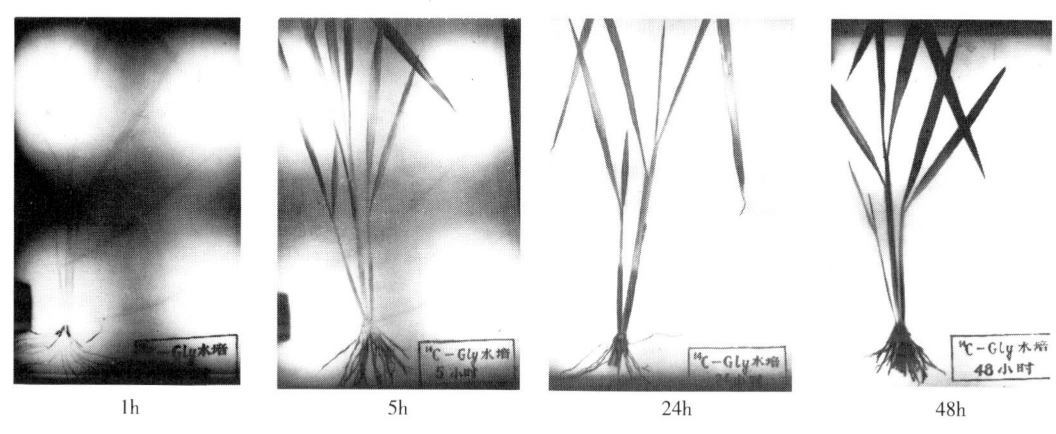

1h　　5h　　24h　　48h

图1　水稻不同时间吸收^{14}C-甘氨酸情况

微观显微自显影由图2可见：^{14}C-甘氨酸进入水稻幼株后，代谢产物在叶片中多分布于内、外表皮细胞、导管、环纹导管、管胞、薄壁细胞、叶肉细胞的叶绿体和气孔的保卫细胞中；在茎中多分布于茎壁的表皮细胞、导管、筛管中的形成层、伴胞以及薄壁细胞中。总之，新生器官的组织中（总称为同化组织）分布较多，说明氨基酸的代谢与转化是在同化组织中进行的。

表3　饲喂后不同时间培养液中^{14}C-甘氨酸强度的变化

施后时间（h）	0	5min	1	5	24	46	72	120	
培养液中标记碳强度（dpm/ml）	40 200	39 032	25 000	17 333	13 500	6 972	6 772	6 778	6 361

表4指出标记^{14}C在水稻植株各器官及各代谢产物中的分布情况。心叶中^{14}C强度最大，叶鞘最小，其顺序为：心叶>叶>茎>根>叶鞘。出人意料的是根中的^{14}C强度并非很高，这是由于水稻幼苗新陈代谢旺盛、当根吸收^{14}C-甘氨酸后立即转运出去的结果。从各代谢产物强度来看，总氨基酸、粗蛋白质、游离氨基酸的含量也是按照上述次序排列的。但糖和有机酸就不是这样，糖按叶>心叶>茎>根>叶鞘的顺序排列，这可能与叶是主要的光合作用器官有关；有机酸按心叶>叶>叶鞘>茎>根的顺序排列。主要代谢产物氨基酸、糖和有

机酸的^{14}C强度，无论在水稻幼株的哪个器官中，均是氨基酸>有机酸>糖，这符合一般的氨基酸吸收与转化规律。表4进一步从量的角度论证了上述的结论，即氨基酸的代谢与转化主要是在新生器官的组织中进行。

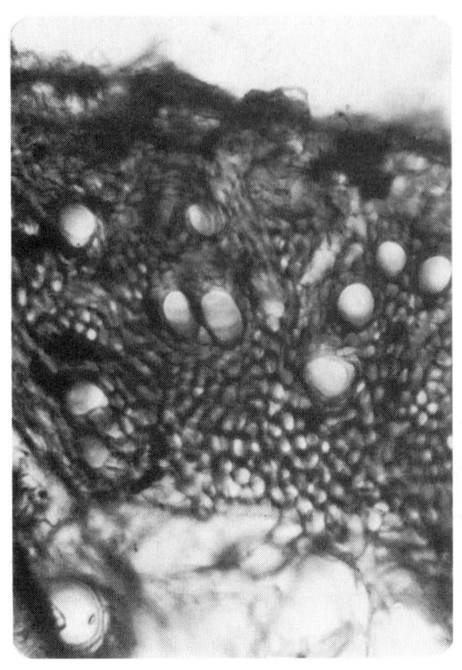
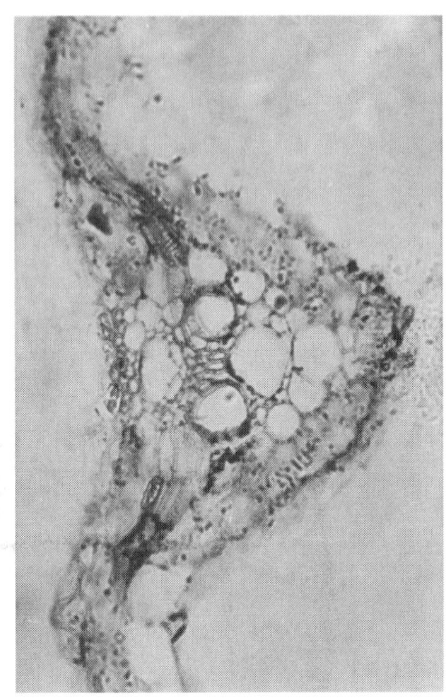

图2 ^{14}C-甘氨酸代谢产物在水稻组织中的分布
（图中黑色和颜色深的部分为^{14}C-甘氨酸代谢物，左图为茎、右图为叶）

表4 ^{14}C在水稻植株各器官及各代谢产物中的分布

（dpm/mg 干重）

植株器官＼代谢产物	总强度	总氨基酸	粗蛋白质	游离氨基酸	糖	有机酸	其他代谢产物
心　叶	4 237	2 422	684	1 738	279	1 304	232
叶　鞘	1 857	1 121	158	963	78	601	57
茎	2 205	1 325	239	1 086	235	517	128
叶　片	3 453	1 557	462	1 095	438	1 218	240
根	2 038	1 310	218	1 092	158	452	118

注：饲喂时间53h。

表5与是^{14}C-甘氨酸进入植株后转化为其他氨基酸的情况。该表指出，水稻幼苗各器官中谷氨酸的强度均较高，这是由于谷氨酸通过转氨基作用，可形成各种氨基酸。在氨态氮含量较高时，则可形成谷酰胺。在高等植物中氮素运输是以酰胺为主要形态，叶鞘是养分的输运器官。本试验叶鞘中谷酰胺含量最高，进一步证实了前人的结论。此外还可看到，除根中甘氨酸和丙氨酸含量最高外，其他各器官含量也较高。甘氨酸的积累可能是整个分子被吸收而进入植物体。至于丙氨酸，可能是^{14}C-甘氨酸被根吸收后，与丙酮酸通过转氨基作用而

形成，也可能是在光合作用中通过乙醛酸途径由磷酸烯醇式丙酮酸经氨化作用形成的。这说明^{14}C-甘氨酸进入植物体后，既通过转氨基酸又经过脱氨基和其他过程而形成各种氨基酸，同时还可通过三羧酸循环、糖酵解和其他代谢途径形成有机酸、糖等一系列代谢产物。最后将转化为蛋白质等植物的组成部分。

表5 ^{14}C-甘氨酸在植株各器官转化为其他氨基酸的情况

(dpm/mg，干重)

氨酸酸 \ 水稻器官	心 叶	叶 片	叶 鞘	根
苏氨酸	133	89	60	75
甘氨酸	188	107	106	94
谷酰胺	102	121	185	92
丝氨酸	209	98	52	78
丙氨酸	202	108	106	94
异亮氨酸	150	87	52	75
亮氨酸	90	108	75	74
谷氨酸	216	95	85	75
苯丙氨酸	13	65	36	57
蛋氨酸	—	58	43	80
胱氨酸	145	—	65	75
酪氨酸	154	101	59	57
脯氨酸	97	106	45	63
缬氨酸	70	85	56	73
天门冬氨酸	183	96	53	67
天门冬酰胺	152	127	痕迹	77
其他氨基酸	200	106	43	120
合计	2 422	1 557	1 121	1 310

有机肥料中游离氨基酸测定方法的研究

一、前　　言

随着色层分析技术的发展，植物和土壤中游离氨基酸分析技术日趋完善。植物多用80%酒精作为提取剂。土壤成分复杂，干扰因素多，因而各国学者所采用的提取剂也不尽相同。有的采用醋酸铵，有的用KCl，苏联学者用80%乙醇，日本学者用10% $(NH_4)_2CO_3$。虽各有特色，但都存在着不同程度的不足之处。至于有机肥料中的游离氨基酸的测定，报道

与孙　羲合作，原载于1983年第1期《土壤通报》。

很少。本试验的目的，在于找到一个测定有机肥料中游离氨基酸的合适提取剂，并对其测定方法进行了探讨。首先，我们对以上几种提取剂作了比较试验。$(NH_4)_2CO_3$ 溶液，呈弱碱性，提取土壤中游离氨基酸颇为理想，然而，有机肥料中大量的有机物溶于 $(NH_4)_2CO_3$ 溶液中，分离较困难，即使用真空泵抽滤，过滤速度也极其缓慢。加上有些化学试剂在国内市场上购买不到，因此无法采用。醋酸铵溶液接近中性，对于提取物无酸解或碱解的危险，过滤容易，脱氨也方便，然而，在提取液浓缩时，随着浓度的增加，醋酸的浓度逐渐提高，酸性增强，易引起可溶性蛋白的水解，造成结果偏高。用氯化钾作提取制剂时，由于 K^+ 离子和 Cl^- 离子高度的亲水性，需用离子交换树脂除去，增加操作手续。鉴于以上情况，我们选用了 80％乙醇作为提取剂。

二、方法和操作程序

（一）回收率试验

1. 标准氨基酸的配制用万分之一天平称取常见的 20 种氨基酸，用无离子水溶解，配成 10mg/L 的混合标准溶液。胱氨酸和酪氨酸难溶于水，则用 0.1mol/L HCl 溶解。

2. 吸取 10ml 混合氨基酸标准液放入 100ml 磁蒸发皿中，80℃水浴上蒸发至干，以 80％乙醇溶解后，按 4 000r/min 离心 20min，取分离液继续蒸干，以 pH2.2 缓冲液溶解并定容至 10ml，作乙醇提取氨基酸回收率测定用。

3. 称取风干猪粪 6 份（猪粪取自浙江农业大学畜牧场，品种：大约克夏），分别放入 250ml 烧杯中，分别加入 10ml 混合氨基酸标准液，搅拌 30min，然后加入 80％乙醇提取。1 份不加氨基酸标准液，其他手续相同。分别测定氨基酸含量，以两者之差，求回收率。

4. pH2.2 缓冲液柠檬酸钠 19.6g；硫二甘醇（25％）20ml，浓 HC 16.5ml，苯酚（结晶）1.0g。分别溶于无离子水，合并一起并定容至 1 000ml。

（二）乙醉提取法实验操作程序

1. 称取家畜粪 20～25g 置于研钵中，加 10ml 95％乙醇研磨 2min，用 80％乙醇 150ml 分次洗入 250 毫升烧杯或三角瓶中，放置 12h 或振荡 2min 后放置 4h，然后用致密滤纸过滤，并用 80％乙醇少量多次冲洗沉积残渣；或用 2 000r/min 离心 20min，然后再用致密滤纸过滤。

2. 滤液放入磁蒸发皿中，在 50℃下用真空蒸发器蒸干；或在 80℃水浴上蒸干。

3. 用 80％乙醇溶解干涸物，按 4 000r/min 离心 20min。

4. 取分离液在真空蒸发器中蒸干，或在 80℃水溶上蒸干。然后再加 80％乙醇溶解、离心，如此反复三、四次，以去除残渣和脱除样品中残留的氨。

5. 取离心后的分离液加入 1％苦味酸或 5％的三氯乙酸，以沉淀蛋白质和多肽，超速离心（4 万 r/min）1h。

6. 取分离液蒸发至干，加 0.1mol/L HCl 10ml 溶解干涸物后再超速离心（4 万 r/min）1h，然后蒸干。

7. 用 pH2.2 缓冲液溶解干涸物质，并定容至 10ml，用 Baekman 121MB 氨基酸分析仪测定。

三、结果和讨论

（一）乙醇提取混合氨基酸标准液的回收率

由表 1 看出，除胱氨酸和酪氨酸回收率很低外，其他氨基酸的回收率都获得良好的结果。胱氨酸和酪氨酸回收率低是由于它们难溶于水和乙醇所致。这里需说明的是，由于该仪器的功能及仪器用标准样品所限，本试验只有 17 种氨基酸的结果。

表 1　80%乙醇提取各氨基酸回收率

氨酸酸	回收率（%）	氨基酸	回收率（%）	氨基酸	回收率（%）
天冬门氨酸	89.50	丙氨酸	103.64	酪氨酸	9.13
苏氨酸	98.74	胱氨酸	7.59	苯丙氨酸	89.57
丝氨酸	110.05	缬氨酸	85.59	赖氨酸	97.73
谷氨酸	99.88	蛋氨酸	95.45	组氨酸	79.64
脯氨酸	95.40	异亮氨酸	110.24	精氨酸	92.56
甘氨酸	107.81	亮氨酸	96.70		

（二）酒精提取加入猪粪中各氨基酸标准液的回收率

从表 2 可看出，酪氨酸、胱氨酸和组氨酸 3 种氨基酸回收率比较低，分别为 32.77%、43.27%和 47.52%，这与用乙醇提取标准氨基酸混合液回收率的趋势相一致。前两者低的原因已如上述，组氨酸回收率低的原因尚待进一步探讨。

表 2　用 80%乙醇提取猪粪中标准氨基酸的回收率

（氨基酸单位：mg/kg）

氨基酸	5 个重复均值（X）	标准差（S）	变异系数（C_r）	回收率（%）
天冬氨酸	8.27	0.20	2.42	82.70
苏氨酸	9.58	0.50	5.22	95.80
丝氨酸	9.90	0.48	4.85	99.00
谷氨酸	9.40	0.43	4.56	94.18
脯氨酸	8.86	0.48	5.42	88.62
甘氨酸	10.16	0.40	3.94	101.57
丙氨酸	9.85	0.52	5.28	98.52
缬氨酸	7.56	0.12	1.59	75.56
蛋氨酸	10.54	0.29	2.75	105.46
异亮氨酸	9.77	0.15	1.53	97.69
亮氨酸	9.74	0.07	0.72	97.42
酪氨酸	3.28	0.19	5.79	32.77
苯丙氨酸	7.30	0.04	0.55	73.00
赖氨酸	8.83	0.30	3.40	88.31
组氨酸	4.75	0.28	5.89	47.52
精氨酸	9.56	0.50	5.23	95.60
胱氨酸	4.33	0.10	2.31	43.27

（三）样品处理的最终污染程度

1. 用80%乙醇作为提取剂，由于有机肥料中的色素溶解于乙醇中，虽经反复分离，最后进样时样品仍带有深浅不同的棕褐色，在氨基酸分析仪的树脂柱上部有一层厚约1.5mm的沉淀。我们曾用石油醚—甲醇萃取脱色，其收效甚微。改用活性炭（加1%活性炭）脱色效果很好（表3）。但活性炭吸附了全部的酪氨酸，大部分的缬氨酸、苯丙氨酸、组氨酸、精氨酸和差不多一半的脯氨酸。诚然，可能与活性炭加入量有关，但毕竟带来了很大的误差。用纸层析和薄板层析分离氨基酸时，发现色素上升的速度比氨基酸快得多，且不影响Rf值。因此，用纸层析和薄板层析分离氨基酸可不考虑提取液的脱色问题。最近，试用交换树脂脱色，效果良好，进样时样品呈淡褐色。其操作为：将用80%乙醇提取的提取液蒸干，加少量无离子水复溶，通过732强酸型阳离子交换树脂，分别用60%乙醇和无离子水多次冲洗，用2mol/L NH_4OH 洗脱氨基酸。然后蒸干、复溶、离心、定容均与上述操作程序相同。

表3 活性炭吸附氨基酸情况

氨基酸	回收率（%）	氨基酸	回收率（%）	氨基酸	回收率（%）
天冬氨酸	77.50	丙氨酸	109.88	苯丙氨酸	11.29
苏氨酸	69.06	胱氨酸	5.32	赖氨酸	98.52
丝氨酸	94.27	缬氨酸	20.81	组氨酸	45.71
谷氨酸	88.26	蛋氨酸	77.76	精氨酸	34.06
脯氨酸	53.82	异亮氨酸	89.49		
甘氨酸	107.11	亮氨酸	81.84		

*酪氨酸未检出。

2. 关于样品中残留 NH_3 问题。本试验可基本上将样品中的 NH_3 去除，用蔡氏试剂检测不出来。但仍有微量的 NH_3 残留，要彻底去除是困难的。由于该仪器较灵敏，可检测至ng/g级。因此，在分析仪上仍有氨峰，造成对树脂柱的轻度污染。在仪器上另加一除氨树脂柱，可获得满意的结果。

3. 用Baekman公司产的121MB型氨基酸分析仪测定时，样品pH极为重要，pH大于2.2，出峰提前，pH小于2.2，出峰推后，都会造成与标准样出峰时间不符的结果。因此，应严格控制样品的pH在2.2±0.1。本试验测得的氨基酸为可合成蛋白质的游离氨基酸，生理性氨基酸用纸层析和薄板层析可检测出几个，由于分析仪上没有安装生理柱。因此，检测不出。按照上述的操作程序和方法，对我国常见的几种有机肥料的游离氨基酸进行了测定。为防止在风干过程中游离氨基酸转化为其他形态的氮，试验均采用新鲜样品，并测其含水量按干重计算。取样地点杭州，其中绿肥为营养生长期。测定结果，猪粪的游离氨基酸总量为0.29%，牛粪（以奶牛为主）0.98%，羊粪0.15%，鸡粪2.40%，兔粪0.81%，紫花苜蓿0.07%，光叶苕子0.13%，细绿萍1.09%。其中以鸡粪和细绿萍含量最高。

综上所述，认为用80%乙醇作为有机肥料游离氨基酸的提取剂是可行的，试验得到的操作程序效果是良好的，但胱氨酸、酪氨酸和组氨酸回收率偏低，须进一步试验研究。

关于植物有机营养的研究

一、前　　言

李比希（J. V. Liebig，1803—1873）于1840年发表了著名的“化学在农业和植物生理学上的应用”一书，创立了“植物矿质营养学说”，从而取代了泰伊尔（A. Van Thaer，1752—1828）的“腐殖质植物营养学说”。至今140多年间，矿质营养的研究发展很快，在植物营养学领域基本上处于统治地位。然而，实践中出现的一些问题，是无法用“矿质营养学说”解释的。譬如，关于氮的吸收，过去，一般公认的是：“作为氮素源是优先吸收无机氮素”。实际上迄今为止的矿质营养试验全部是以生育于无机氮素中的植物作为材料的。也有的学者是根据植物吸收土壤中的无机氮素为主的假设。实际上，在土壤—植物的条件下，要搞清植物对离子的吸收机制是不可能的。因此，营养元素进入植物的现代概念是建立在溶液培养的生理试验基础上的。即使现代手段有可能进行研究，在土壤中有机态氮占95%以上，那么，有谁证明过植物仅仅吸收不足5%的无机氮而不去吸收有机态氮呢？这不能不引起人们的深思，科技工作者也不能不考虑植物营养的多样化问题。本文概述国内外关于植物有机营养的研究概况。

二、植物对氨基酸的吸收及其机制

（一）氨基酸的直接营养作用

早在20世纪初，Brown（1906）用人麦作材料，证明天门冬酰胺、天门冬氨酸和谷氨酸处理的干重相当于硝酸钾。然而，较精确的试验还是20世纪后半期的事。

1. 氨基酸以什么形态进入植物体　奥田东、孙羲、张夫道等用水稻幼苗作材料，在无菌培养下研究水稻幼苗根系有无谷草转氨酶的存在，如有此酶的活性则可生成草酰乙酸，它在柠檬酸苯胺的作用下，生成丙酮酸，这时加入2，4-二硝基苯肼则可生成丙酮酸二硝基苯肼，在碱性溶液中呈棕红色。试验结果表明，在无菌培养下，水稻根表面不存在谷草转氨酶、氨基酸分解酶和脱碳酸酶，从而认为水稻根在吸收氨基酸时，不分解氨基酸，而是以氨基酸分子状态吸入体内。

2. 氨基酸的直接营养作用　三井进午以无菌培养和示踪元素法的试验结果，水稻非但可利用NH_4^+-N、NO_3^--N和尿素，还能直接吸收利用多种氨基酸和酰胺。在含N量都为4mg/L时，甘氨酸、天门冬氨酸，丙氨酸、丝氨酸和组氨酸的效果超过硫铵；天门冬氨酸、谷氨酸、精氨酸和赖氨酸的效果不如硫铵，但比尿素好；脯氨酸、缬氨酸、亮氨酸、苯丙氨酸具有一定的效果，蛋氨酸对水稻生长有抑制作用。

我们用8种氨基酸与酰胺作氮源，在培养液4mg/L N的条件下，谷酰胺、丙氨酸、组

原载于1986年第6期《土壤肥料》。

氨酸的营养效果超过硫铵；谷氨酸、精氨酸和天门冬氨酸与硫铵差别不大；只有蛋氨酸和苯丙氨酸对稻苗生长有抑制作用。这两个试验结果是一致的。由于蛋氨酸能抑制天门冬氨酸激酶的活性，致使天门冬氨酸难以转化为赖氨酸等必需氨基酸。因此，不能合成蛋白质。该处理稻苗叶片枯萎。

(二) 有机态氮和无机态氮共存条件下植物对氮素的吸收

森敏用大麦作材料，研究有机与无机氮共存条件下植物对氮素的吸收。试验设 5 个处理：①硝态氮；②硝态氮∶精氨酸氮＝2∶1；③硝态氮∶精氨酸氮＝1∶1；④硝态氮∶精氨酸氮＝1∶2；⑤精氨酸。结果见表 1。

表 1 指出，各处理根与茎叶的总干物重大小的排列顺序是：NO_3∶Arg（1∶1）＞Arg＞NO_3∶Arg（1∶2）＞NO_3∶Arg（2∶1）＞NO_3；根和茎叶中的总氮量的趋势亦是这样，以 NO_3∶Arg（1∶1）的处理最佳。结果表明，在硝态氮中添加氨基酸可促进大麦根和茎叶的生长，其干物重是硝态氮处理的 2～3 倍；大麦根和茎叶吸收的全氮量也以硝态氮加精氨酸氮处理为多。

表 1 大麦生长于各种氮素中根及其茎叶干物重与全氮量

处 理	干物重（g）		全 N（mg）	
	根 部	茎叶部	根 部	茎叶部
NO_3^-－N	0.70	1.24	22.5（3.2）*	55.7（4.5）
NO_3^-－N∶Arg－N（2∶1）	1.32	2.10	56.8（4.3）	109.4（5.2）
NO_3^-－N∶Arg－N（1∶1）	1.31	3.03	51.8（4.0）	156.3（5.1）
NO_3^-－N∶Arg－N（1∶2）	0.71	2.94	27.0（3.8）	148.1（5.0）
Arg－N	1.11	3.18	48.0（4.3）	144.4（4.5）

注：* 括号内为全 N 占干物质的百分比。

张夫道等田间定位试验表明，小麦和玉米在有机肥氮和尿素氮 1∶1 的情况下产量最高、品质最好。那么，在有机氮与无机氮共存的条件下，植物首先吸收那一种形态氮呢？森敏接着作了另一个试验他用 $Na^{15}NO_3$（丰度 95.6%）、L－〔U－^{14}C〕谷氨酸（49mCi/μl）、L－〔2，3－^{3}H〕精氨酸（28mCi/μl）三者共存条件下，在不同的光照处理和温度下研究大麦对各种氮源的吸收。试验结果，在常温条件下（20℃），无论光照是明还是暗均按照谷氨酸＞精氨酸＞NO_3 的顺序吸收；在低温条件下（4～5℃），光照无论是明还是暗，均按照精氨酸＞谷氨酸＞NO_3 的先后顺序吸收。这就是说，无论常温还是低温，无论光照的明暗，大麦首先吸收氨基酸态氮，后吸收硝态氮。然而，不同的氮源在不同的条件下，光照亮时比暗时吸收得多，在低温时暗比明亮时吸收得稍多；硝态氮无论常温还是低温条件下均是光照暗时吸收得多。

(三) 氨基酸在植株内的转化

我们在无菌条件下，用^{14}C－甘氨酸研究氮基酸在水稻植株内的转化，发现饲喂 5min 后即开始进入水稻体内，48h 后趋于平衡，达吸收高峰。^{14}C－甘氨酸进入水稻幼株后，立即转化为其他氨基酸，但在水稻幼苗各部位谷氨酸和天门冬氨酸中的^{14}C-强度较高，说明甘氨酸是通过这两个氨基酸转化为其他各种氨基酸的。氨基酸的主要代谢产物是有机酸、糖和蛋白质。^{14}C-的总强度、总氨基酸和蛋白质的含量均是按照心叶>叶>茎>根>叶鞘的顺序排列，糖含量是按照叶>心叶>茎>根>叶鞘的顺序排列，有机酸按照心叶>叶>叶鞘>茎>根的顺序排列。无论在水稻植株的那个器官中，均是氨基酸>有机酸>糖。

（四）植物吸收氨基酸的机制

关于植物吸收氨基酸的机制，报道较少。高桥认为可用载体学说来解释，他认为酰胺本身就是一种载体，在酰胺中又以谷酰胺最重要。倘若高桥的假设是正确的，氨基酸的吸收动力学就与酶动力学说相似，应用米凯利斯—门藤（Michaclis-Menten）方程式就可以计算植物吸收氨基酸的速度。

$$V=\frac{Ci}{K_m+Ci}\times V_{max}$$

式中V指根外养分浓度为Ci时，吸收养分Ci的速度；Vmax：指某养分浓度Ci→∞时根吸收该养分的最大速度；Km是米氏常数，该值可以测定，它等于离子进入根部速度为最大速度一半时的离子浓度。换言之，常数Km值反应离子与质子之间的亲和程度。

三、植物对核酸降解物的吸收

我国在20世纪70年代曾大面积施用过核酸降解物。随后，金子渔等、孙羲等进行了理论探讨，为叶面喷施核酸降解物提供了实验依据。

（一）水稻对核酸降解产物的吸收及其在体内的运转

1. 水稻对^{14}C-核甙酸的吸收和运转　涂叶试验表明，^{14}C-鸟嘌呤核甙酸、^{14}C-腺嘌呤核甙酸、^{14}C-尿嘧啶核甙酸在水稻6叶期涂于功能叶上，6h后，其他部分的吸收量已达70%～80%。^{14}C-腺嘌呤涂叶5d后吸收达60%左右，10d后接近完全。吸收后即分布于植株的各个部分，但集中于叶部较多，通过植株内的代谢，至成熟期其代谢产物能够转移至谷粒，其放射性占全株的40%。^{14}C-尿嘧啶被叶片吸收后，12.3%分布在主穗，主茎叶片占21.2%，分蘖穗占29.2%，分蘖叶片占37.2%。

2. 水稻对^{14}C-尿嘧啶核甙酸的吸收和运转　用^{14}C-尿嘧啶核甙酸浸种，种子可吸收，而且颖壳上的放射性强度比米粒部分强。随着种子的发芽、生长，转移分配至植株，其顺序为根→地上部分，当水稻抽穗后则有一半以上集中在籽粒中。用^{14}C-尿嘧啶核甙酸涂功能叶，1h内已大量吸收。如果进行水培，于0.5h内即进入地上部分。植物吸收碱基或核甙后，能迅速转变成相应的核甙酸。但在植株内大部分以小分子化合物形式存在，参入核酸代谢者较少。因此，核酸降解物对水稻的作用很可能是以小分子形式在起作用。Schmitz，Brown等测定结果，植物种子和根中含尿嘧啶核甙二磷酸葡萄糖较多，在叶组织中含腺嘌呤与嘧啶核甙酸为多。

（二）植株吸收核酸降解物的机制

研究者们提供了相互矛盾的资料。上述的结果是水稻可直接吸收核酸降解物，而Estermann 和奥田东等的研究表明，水稻无论是无菌的根还是有菌的根部从很早起就显示了磷酸酯酶的活性，经过一定的时间，培养液中也显示了磷酸酯酶的活性。他们认为，这是在水稻培养液中的水稻根所分泌的酶，也可能是根上脱离下来的细胞中酶。由此推论，在水稻根吸收含磷有机化合物的时候，受到磷酸酯酶的作用，该含磷有机化合物将在培养液中或在根表面分解成小分子化合物，也可能分解为无机营养成分，然后吸入水稻体内。核酸降解物无论是嘌呤或是嘧啶碱基均含有磷酸，受磷酸酯酶的作用是无可非议的。因此，核酸降解物是以原分子形态被植物吸收，还是在培养液中或根表面被磷酸醋酶分解后吸收，尚有待于更多的试验来证实。除了上述所介绍的氨基酸和核酸降解物之外，糖、有机酸、糖醇、糖精（邻磺酰苯酰亚胺）、维生素等有机化合物也能为植物直接吸收利用。

四、有机肥料中几种有机成分的组成

（一）有机肥料中氨基酸的组成

张夫道等测定了我国常见的几种有机肥—猪粪、马粪、牛粪、羊粪、鸡粪、兔粪和绿肥—细绿萍、苕子、紫花苜蓿中游离氨基酸的含量，并研究了有机肥料中游离氨基酸的测定方法。在畜禽粪中，氨基酸含量的排列顺序是：鸡粪＞奶牛粪＞兔粪＞猪粪＞牛粪＞马粪＞羊粪。在绿肥中，细绿萍＞苕子＞紫花苜蓿。就各肥料的氨基酸种类而论，以丙氨酸和谷氨酸含量最多。其中谷氨酸以鸡粪含量最高，细绿萍和牛粪次之，丙氨酸以奶牛粪、兔粪和鸡粪含量最多。

（二）有机肥料中糖的组成

测定结果，有机肥料中可溶糖的含量（表 2）以兔粪最高（1.35%），猪粪和牛粪次之（分别为 0.57%和 0.55%），再其次是鸡粪（0.52%），马粪最低（0.056%）。在猪粪、牛粪和兔粪中蔗糖的含量最高，分别为 161.63mg/100g 干重、198.12mg/100g 干重和 420.03mg/100g 干重；羊粪以葡萄糖含量最高（84.57mg/100g 干重），鸡粪以果糖含量最高（190.03mg/100g 干重）。畜禽粪腐熟后基本上均变成葡萄糖，据测定，猪粪为 0.78%～1.15%，牛粪为 1.50%～1.77%，羊粪为 0.29%～0.49%，马粪为 0.20%～0.45%，鸡粪为 0.75%～0.96%。其他糖在高压液相色谱上未检测出来。

表 2 畜、禽粪中可溶糖的组成

（mg/100g，干重）

肥料 \ 糖	阿拉伯糖	果 糖	葡萄糖	蔗 糖	麦芽糖	木糖＋核糖	总 计 (%)
猪 粪	199.51	74.74	62.12	161.63	76.25	—	0.57
马 粪	—	—	24.74	8.87	22.96	—	0.056
牛 粪	—	96.71	153.56	198.12	103.56	—	0.55
羊 粪	37.32	19.45	84.57	42.23	30.17	—	0.31
鸡 粪	169.50	190.03	71.55	86.80	—	—	0.52
兔 粪	226.59	149.51	322.17	420.03	—	81.33	1.35

（三）有机肥料中核酸含量

据分析测定，猪粪中 RNA 含量最高（252.6mg/100g 干重），其次是牛粪（243.3 mg/100g干重）。DNA 的含量差别不大，可能由于测试样品是经过腐熟的，所提取出来的 DNA 绝大部分是各类群微生物中的 DNA。

综上所述，植物不仅能吸收矿质营养，而且可吸收利用有机营养。我国施用有机肥料的历史悠久，在有机肥料中不仅含有丰富的矿质营养成分，而且含有各种有机营养成分，限于研究水平和测定手段，有不少成分还未测定出来，它们对植物的直接营养作用尚未研究清楚。作为植物营养科研工作者侧重于某一个方面的研究是应该的，但在思想上应把无机和有机结合起来，才能在农业增产中发挥更大的效能。

有机和无机氮在土壤—水稻系统中平衡的研究Ⅰ：有机和无机氮在土壤—水稻系统中的动态和分布

近 30 年来，土壤农化工作者利用 ^{15}N -研究了氮素在农业生产中的作用和对周围环境的影响，获得了大量的可贵资料，但多用无机氮或 ^{15}N -标记绿肥为试验材料。本试验采用 ^{15}N -标记兔粪尿和苕子为有机氮源，以高丰度 ^{15}N -硫铵为无机氮源，研究了肥料氮在土壤—水稻系统中的转化和分布，从理论和实践上为合理施肥提供依据。

一、材料和方法

（一）标记苕子的栽培

取通过筛孔 2mm 的细砂，冲洗干净后装入种植器中，将预先发芽的苕子种子种于其中。标记 ^{15}N -硫铵的丰度为 95.0%，配制成 1%的水溶液，通过带漏斗的玻璃管施入砂层底部，每周 1 次。磷、钾、微量元素的用量和配方按亚戈金方法。从 1987 年 2 月 15 日出苗始，至 5 月 1 日止，共施入纯 N 10.15g/m^2。5 月 8 日和 9 日分两次收割鲜草饲喂兔子。^{15}N -标记苕子地上部分平均干重 208.25g/m^2，含 N 2.94%；根系平均干重 141.71g/m^2，含 N 0.79%，植株/根重量比 1.47，含 N 比 3.72，苕子的 ^{15}N -丰度为 58.72%。苕子对硫铵 ^{15}N -吸收率为 71.33%。其中地上部分占 60.30%，根系占 11.03%。砂中 ^{15}N 残留率 15.41%，以气态形式损失的 ^{15}N 为 13.26%。未标记苕子地上部分含 N 2.65%，根系含 N 0.70%。

（二）标记兔粪尿的配备

选择重量相近的 3 月龄兔子 6 只，分成两组，分别喂 ^{15}N -标记苕子和未标记苕子。试验前 2d 停止喂食，只供给含葡萄糖的生理盐水。试验共饲喂 2d，按时收集兔粪尿，粪称重，尿量体积。为便于干燥和施用，按 3∶1 拌以滑石粉，在真空冷却条件下干燥。测定结

原载于 1994 年第 4 期《土壤肥料》。

果，兔子吸收的N占饲草总N量的41.0±3.57%，粪尿N占饲草总N量的28.57%；其中粪N占11.22%，尿N占17.35%，兔子吃剩下的草渣N占8.05%，流失至环境中的N占22.38%。兔粪的含N量为3.27%，^{15}N-丰度为15.81%，尿含N量为0.65%，^{15}N-丰度为9.55%。

（三）土壤和处理

试验土壤系莫斯科地区的草甸土，质地为粉砂黏壤土，含腐殖质2.86%，全N 0.117%，速效P 0.25mg/kg，速效K 0.132mg/kg，pH7.2。每盆装土3kg。施肥量：N 350mg/盆，P 250mg/盆，K 300mg/盆，微量元素Zn、B、Mo、Cu分别为1.35、8.50、0.23、0.59mg/盆。栽种水稻，品种为TCX-15，5月10日泡水，5月17日插秧，9月2日收获。整个生长期在温室中进行。盆钵底部有收集渗漏液的装置，定期收集并测定NH_4^+-N和NO_3^--N。测定方法按"Практикум по агрохимии,"（Ягодинм，1987），土壤腐殖质各组分的提取按"Практикум по Почвоведению（Кауричев，1986）的方法进行。

试验设8个处理：（1）对照（未施氮肥）；（2）^{15}N-硫铵；（3）^{15}N-标记兔粪尿；（4）50%^{15}N-标记兔粪尿+50%未标记硫铵，50%未标记兔粪尿+50%^{15}N标记硫铵；（5）30%^{15}N-标记兔粪尿+70%未标记硫铵，30%未标记兔粪尿+70%^{15}N-标记硫铵；（6）^{15}N-标记苕子；（7）50%^{15}N-标记苕子+50%未标记硫铵，50%未标记苕子+50%^{15}N-标记硫铵；（8）30%^{15}N标记苕子+70%未标记硫铵，30%未标记苕子+70%^{15}N-标记硫铵。试验重复5次。

二、结果与讨论

1. 有机—无机氮不同配比对水稻产量的影响 试验结果（表1）：（1）有机氮和无机氮均可增加水稻生物量和籽粒产量，但不同比例的有机N与无机N效果不同。总的趋势是兔粪尿各处理比苕子各处理的生物量和稻谷产量高。在兔粪尿各处理中，处理4（有机N∶无机N=1∶1）比对照增加114.9%，比处理3（1∶0）和处理5（0.3∶0.7）的增产率分别高10.6%和18.9%；在苕子各处理中，处理7（1∶1）的增产率分别比处理6（1∶0）和处理8（0.3∶0.7）高22%和9.2%；（2）处理3和处理6（纯有机N）的穗/秆重量比值较其与无机N配合施用的处理高，分别为1.02和1.01。

表1 水稻的生物量和产量

（g/盆）

处 理	生物量	穗	秸 秆	根	稻谷产量	增产（%）	穗/秆	秆/根
1	26.06	11.57	12.05	2.44	10.29	—	0.96	4.94
2	45.01	19.88	21.33	3.80	18.82	82.90	0.93	5.61
3	48.64	22.56	22.02	4.06	21.04	104.28	1.02	5.42
4	52.02	23.40	23.87	4.75	22.11	114.87	0.98	5.02
5	49.36	21.36	23.83	4.17	20.17	96.02	0.90	5.71
6	41.80	19.15	18.97	3.71	17.58	70.85	1.01	5.11
7	48.80	21.18	23.24	4.58	19.85	92.91	0.91	5.07
8	47.06	20.41	22.32	4.33	18.90	83.67	0.91	5.15

注：$R=0.807$，$R_{0.01}=0.798$。

2. 土壤和肥料氮进入水稻体内的数量和比例　表 2 结果表明，水稻吸收的 N 主要来自土壤，占吸收总量的 60.1%～70.9%，肥料 N 占 29.1%～39.9%，与前人的研究结果是一致的。在有机—无机 N 配施条件下，水稻吸收肥料 N 的数量与无机 N 的比例有关，无机氮的比例越大，水稻吸收的肥料 N 越多。处理 2～5，兔粪尿 N 与硫铵 N 的比例分别为 0∶1、1∶0、0.5∶0.5 和 0.3∶0.7，而水稻吸收肥料 N 的比率为 39.9%、31.5%、38.2% 和 39.7%，以处理 2 最高，处理 3 最低。苕子与无机 N 配合施用的规律与兔粪尿是一致的。反之，水稻对土壤 N 的吸收比率则随有机 N 比例的增加而增加。

表 2　水稻吸收土壤和肥料 N 的数量和比例

处　理	水稻吸收的总 N 量 (mg/盆)	土壤 N		肥料 N	
		mg/盆	占吸收总量的%	mg/盆	占吸收总量的%
1	258.3	258.3	100		
2	527.8	317.3	60.12	210.5	39.88
3	510.5	349.9	68.50	160.6	31.46
4	557.4	344.2	61.75	213.2	38.25
5	530.7	319.9	60.28	210.8	39.72
6	438.6	310.8	70.86	127.8	29.14
7	520.5	323.2	62.09	197.3	37.91
8	495.7	305.3	61.59	190.4	38.41

3. 肥料 N 的利用率　从表 3 看出，水稻全株对肥料 N 的吸收占施 N 量的 36.5%～60.9%。其中，稻谷 N 占 58.2%～66.0%，其数值大小随无机 N 比例的增加而减少。当有机 N 与无机 N 比例从 1∶0 到 0.5∶0.5、0.3∶0.7、0∶1 变化时，施用兔粪尿的各处理中，稻谷 N 占吸收总量的百分率则按 66.0%、62.6%、58.6%、58.1%的顺序递减；在施用苕子的各处理中按 62.1%、61.7%、59.7%和 58.1%的顺序递减。秸秆 N 占水稻全株 N 的 28.2%～41.2%，与稻谷含 N 量的规律相反，其比率随无机 N 比例的增加而递增。水稻吸收有机 N 和无机 N 的数量，取决于有机 N 与无机 N 的施用比例。处理 2 全部施用无机 N，若以水稻吸收无机肥料 N 为 100%，则处理 4 有机—无机 N 比为 0.5∶0.5，吸收的无机 N 量是处理 2 的 53%，处理 5（有机 N—无机 N 比为 0.3∶0.7），是处理 2 的 72.4%。可见，水稻吸收无机 N 的比率与施用比例基本一致。水稻吸收有机 N 的数量与无机 N 略有不同。表 3 的结果表明，处理 3 全部施用有机 N，按照上述水稻吸收无机 N 的规律，处理 4 和处理 5 吸收的有机 N 比率应当是处理 3 的 50%和 30%左右，但实际吸收量为 101.5mg/盆和 58.3mg/盆，是处理 3 的 63.2%和 36.3%，有机 N 的利用率提高了 26.4%和 21.0%。在施用苕子 N 与无机 N 的处理 7 和处理 8 中，有机 N 的利用率提高了 32.6%和 42.7%。过去，研究者们认为，有机 N 与化肥 N 配合施用提高了化肥 N 的利用率。本研究表明，无机 N 可促进水稻对有机 N 的吸收，从而提高了有机 N 的利用率。从谷/秆中肥料 N 的比例看，在施用兔粪尿的各处理中，按照有机—无机肥料 N 比例 1∶1、0.5∶0.5、0.3∶0.7、0∶1 的顺序，稻谷/秸秆中肥料 N 比为 2.34、2.05、1.69、1.58；施用苕子的各处理中分别为

1.96、1.92、1.77、1.58。有机N的施用比例越大，稻谷/秸秆肥料N比值亦越大；无机N的施用比例越大，稻谷/秸秆肥料N比位越小。说明在有机—无机肥配施条件下，有机N比例越大，越利于肥料N从秸秆向籽粒中转移，无机N比重越大，越利于肥料N在秸秆中积累。

表3 水稻对有机—无机N的吸收量和吸收率

处理		2	3	4		5		6	7		8	
		无机N	有机N	有机N	无机N	有机N	无机N	有机N	有机N	无机N	有机N	无机N
稻谷	吸收量（mg N/盆）	122.4	106.0	64.1	69.0	32.9	91.1	79.4	57.1	64.6	30.9	82.7
	吸收率（%）	36.0	30.3	36.6	39.4	31.3	37.2	22.7	33.2	37.5	29.4	33.7
	占总N量的%	58.2	66.0	62.4		58.82		62.1	61.7		59.7	
秸秆	吸收量（mg N/盆）	77.3	45.3	29.8	35.2	22.0	51.5	40.5	28.0	35.3	16.7	47.5
	吸收率（%）	22.1	12.9	17.0	20.1	21.0	21.0	11.6	15.4	19.6	15.9	19.4
	占总N量的%	36.7	28.2	30.5		34.9		31.7	31.1		33.7	
根	吸收量（mg N/盆）	1.1	9.3	7.5	7.6	3.4	9.9	7.9	6.1	6.2	3.2	9.4
	吸收率（%）	3.1	2.7	4.3	4.3	3.2	4.0	2.3	3.5	3.5	3.0	3.8
	占总N量的%	5.1	5.8	7.1		6.3		6.2	6.2		6.6	
总计	吸收量（mg N/盆）	210.5	160.6	101.5	111.7	58.3	152.5	127.8	91.2	106.1	50.8	139.6
	吸收率（%）	60.1	45.9	58.0	63.8	55.5	62.2	36.5	52.1	60.6	48.4	57.0
	吸收总N量（mg/盆）	210.5	160.6	213.2		210.8		127.8	197.3		190.4	
	肥料N总吸收率（%）	60.1	45.9	60.9		60.2		36.5	56.4		54.4	
有机N/总吸收N量			1.00	0.48		0.28		1.00	0.46		0.27	
无机N/总吸收N量		1.00			0.52		0.72			0.54		0.73
稻谷/秸秆肥料N比		1.58	2.34	2.15	1.96	1.50	1.77	1.96	2.04	1.91	1.85	1.74
				2.05		1.68			1.92		1.77	

三、结　论

1. 有机—无机N的比例各50%时水稻的产量最高，增产114.9%。

2. 水稻吸收土壤N占总吸收量的60.1%～70.9%，肥料N占29.1%～39.9%。水稻对肥料N当季利用率为36.5%～60.2%，其中稻谷N占58.2%～66.0%，秸秆N占28.2%～41.2%。

3. 有机—无机肥料配施条件下，有机N的比例越大，越利于肥料N从秸秆向稻谷中转移，无机N的比例越大，利于肥料N在秸秆中积累。

4. 在本试验条件下，兔粪尿与硫酸铵配施，有机N当季利用率提高了21.0%～26.4%，苕子与硫铵配施，有机N利用率提高了32.6%～42.7%。

有机和无机氮在土壤—水稻系统中平衡的研究Ⅱ：有机和无机氮在土壤中的转化

一、材料和方法

采用^{15}N-标记苕子、标记兔粪尿和标记硫铵。其中，苕子地上部分含N量为2.94%，根系含N量0.79%，地上部分和根系混合后^{15}N-丰度为58.72%；兔粪含N 3.27%，^{15}N-丰度为15.81%，兔尿含N 0.65%，^{15}N-丰度为9.55%；硫铵的^{15}N-丰度为95.0%。作物为水稻，土壤系草甸土，质地为粉砂黏壤土。施N量350mgN/盆。其他条件详见有机和无机氮在土壤—水稻系统中平衡的研究Ⅰ。

NH_4^+-N、NO_3^--N和全N的测定方法按“Практикум по агрохимии”（Ягодин，1987）、土壤腐殖质各组分的提取按Практикум по почво ведению（Кауричев，1986）的方法进行。本试验直接测定的^{15}N损失量为土壤渗漏液的铵态N、硝态N和少量有机态N，以气态形式损失的N用平衡法求得。试验处理：（1）不施N对照；（2）硫铵N；（3）兔粪尿N；（4）50%兔粪尿N+50%硫铵N；（5）30%兔粪尿N+70%硫铵N；（6）苕子N；（7）50%苕子N+50%硫铵N；（8）30%苕子N+70%硫铵N。

二、结果和讨论

（一）有机和无机氮在土壤中的残留和损失

1. 在土壤中的残留　施入土壤中的有机N和无机N，除了被当季作物吸收利用，尚有一部分残留于土壤中，其数量取决于施入N的形态及有机—无机N的比例。研究结果（表1）表明，有机和无机N在土壤中的残留数量随有机N施用比例的增加而提高，总的趋势是苕子N在土壤中的残留率大于兔粪尿N，这可能是兔粪尿中的尿N易矿化，而苕子中木质素的含量比兔粪高的缘故。按其在土壤中残留数量的大小排列顺序是：处理6（186.6mg/盆）＞处理3（159.4mg/盆）＞处理7（97.7mg/盆）＞处理8（93.7mg/盆）＞处理4（93.3mg/盆）＞处理5（83.6mg/盆）＞处理2（68.7mg/盆）；各处理土壤残留N占施N总量的百分率相应为53.3%、45.5%、27.9%、26.8%、26.7%、23.9%、19.6%。

原载于1995年第2期《土壤肥料》。

表 1　有机与无机 N 的不同比例对土壤残留 N 的影响

编　号	处　理 有机 N：无机 N	土壤残留 N			总　　计	
		N 形态	mg/盆	残留率%	mg/盆	残留率%
2	0：1	无机 N	68.7	19.6	68.7	19.6
3	兔粪尿：硫铵 N 1：0	有机 N	159.4	45.5	159.4	45.5
4	0.5：0.5	有机 N 无机 N	54.8 38.5	33.4 22.0	93.3	26.7
5	0.3：0.7	有机 N 无机 N	37.6 46.0	35.8 18.8	83.6	23.9
6	苕子 N：硫铵 N 1：0	有机 N	186.6	53.3	186.6	53.3
7	0.5：0.5	有机 N 无机 N	65.9 31.8	37.7 18.2	97.7	27.9
8	0.3：0.7	有机 N 无机 N	42.7 51.0	40.7 20.8	93.7	26.8

2. 有机和无机 N 的损失　结果表明（表 2），施用兔粪尿的各处理中，单独施用硫铵的损失率为 20.2%，而处理 4（0.5：0.5）为 11.4%，处理 5（0.3：0.7）为 15.9%，分别降低了 43.5%和 21.3%。施用苕子的两个配施处理中，肥料 N 的损失率分别为 13.6%和 18.8%，与单施硫铵比较，肥料 N 损失率分别减少了 32.7%和 6.9%。这与有机肥料加强了无机 N 在土壤中的生物固持作用有关。有机 N 的渗漏率随着无机 N 比例的增加而增大，主要是无机 N 促进了有机肥料的矿化作用所致。

表 2　有机—无机 N 的不同比例对肥料 N 损失的影响

处　理		土壤渗漏		气态损失		总　　计	
		mg N/盆	%	mg N/盆	%	mg N/盆	%
2	无机 N	2.7	0.8	68.1	19.5	70.8	20.2
3	有机 N	1.1	0.3	28.9	8.3	30.0	8.6
4	有机 N 无机 N	0.7 0.6	0.4 0.3	38.7	11.1	40.0	11.4
5	有机 N 无机 N	0.5 1.5	0.5 0.6	53.7	15.3	55.7	15.9
6	有机 N	1.4	0.4	30.8	8.8	32.2	9.2
7	有机 N 无机 N	0.7 0.8	0.4 0.5	46.0	13.1	47.5	13.6
8	有机 N 无机 N	0.8 2.6	0.8 1.0	62.5	17.9	65.9	18.8

（二）肥料 N 在土壤腐殖质中的分布

据报道（Lavnowa，1976），无机^{15}N施入土壤后很快进人土壤的各种有机组分中，20d后可在土壤中所有的有机化合物中找到施用的无机^{15}N，大部分以微生物蛋白质 N 和与腐殖质结合的氨基 N 形态被固持。本研究结果（表 3），被微生物固定的蛋白质 N 数量以处理 2 即纯无机 N 处理最高，占施 N 总量的 2.7%；其次是兔粪尿和苕子两个纯有机 N 处理，分别占施 N 总量的 1.9%和 2.0%；再其次是与硫铵 N 配施的各处理（0.9%～1.5%）。整个来说，微生物蛋白质 N 占的比例较小，肥料 N 大部分被固定于土壤腐殖质中。在被分离的土壤腐殖质的 3 个组分中均有肥料^{15}N，而且，在各处理中，均是富里酸^{15}N（占施 N 总量的 7.7%～19.9%）＞胡敏素^{15}N（5.2%～16.8%）＞胡敏酸^{15}N（4.1%～14.6%）。固定于富里酸、胡敏酸和胡敏素中肥料 N 的绝对数量，均以处理 6 为最多（分别为 69.7、51.0、55.8mg/盆），处理 3 次之（分别为 58.8、44.6、49.5mg/盆），以处理 2 即施用纯无机 N 的处理最低（分别为 27.0、14.2、28.2mg/盆）。就有机 N 的两个不同品种而论，肥料 N 在富里酸和胡敏素中的分布，均是苕子各处理的固定量大于兔粪尿各处理，在胡敏酸中固定的肥料 N 稍有不同，除了苕子 N 处理大于兔粪尿 N 处理外，其他均是兔粪尿与硫铵配施的处理大于比例相同的苕子-硫铵处理。总的规律是，随着无机 N 施用比例的增大，在胡敏酸、富里酸和胡敏素中固定的肥料 N 量随之减少，胡敏酸 N 与富里酸 N 的比值也随之下降。需提及的是，富里酸是土壤有机质中最易移动的、可溶性部分，它是由水溶性的植物残体降解产物和土壤微生物区系的再合成产物所组成的复杂混合物。腐殖质中分离出来的水溶性有机物质很容易被土壤微生物分解，例如，葡萄糖醛酸型多糖、酚甙、多羟基羧酸等。在本试验初期（插秧后 2 周），所分离出含有肥料 N 的腐殖物质，基本上均属于富里酸的组分，同时还含有上述有机化合物。在试验中期，富里酸含量下降，已分离出为数较多的含肥料 N 的胡敏酸和少量的胡敏素，试验进行至 80d 时，胡敏酸含量达到最高峰，90d 之后略有下降。试验结束时，富里酸含量下降至最低点。富里酸含量下降，胡敏酸含量上升，说明有相当一部分富里酸经过微生物的活动转化为胡敏酸。不可否认，还有一部分富里酸转化为腐殖类物质的其他形态。这将在以后文章中详细探讨。

表 3　肥料 N 在土壤腐殖质中的分布

（占施 N 量的%）

处　理		土壤固定 N 量	胡敏酸 N	富里酸 N	胡敏素 N	微生物蛋白质 N	胡敏酸 N：富里酸 N
2	mg N/盆	68.7	14.2	27.0	18.1	9.4	0.53
	%	19.6	4.1	7.0	5.2	2.7	
3	mg N/盆	159.4	44.6	58.8	49.5	6.5	0.76
	%	45.5	12.7	16.8	14.1	1.9	
4	mg N/盆	93.3	24.3	34.5	29.7	4.8	0.70
	%	26.7	6.9	9.9	8.5	1.4	
5	mg N/盆	83.6	20.8	31.6	28.2	3.0	0.66
	%	23.9	5.9	9.0	8.1	1.9	

（续）

处　理		土壤固定N量	胡敏酸N	富里酸N	胡敏素N	微生物蛋白质N	胡敏酸N：富里酸N
6	mg N/盆	186.6	51.0	69.7	58.8	7.1	0.73
	%	53.3	14.6	19.9	16.8	2.0	
7	mg N/盆	97.7	23.5	36.9	32.5	4.8	0.64
	%	27.9	6.7	10.5	9.7	1.4	
8	mg N/盆	93.7	22.1	36.0	32.0	3.6	0.61
	%	26.8	6.3	10.3	8.7	1.0	

将胡敏酸和富里酸进一步分离，可获得其中的不同组分，测定各个组分中肥料N的数量，可看出肥料N在胡敏酸和富里酸各个组分中的分布情况。表4结果指出，固定于胡敏酸中的肥料N有48.6%～65.9%是可以用0.1mol/L NaOH提取的游离态化合物（组分Ⅰ），与钙结合的胡敏酸N（组分Ⅱ）占7.0%～8.6%，与三氧化物及黏土矿物结合的胡敏酸N（组分Ⅲ）占30.7%～44.4%。在各处理中的分布规律是：随着有机N施用比例的提高，组分Ⅰ中的肥料N占固定N的百分率随之增加，组分Ⅱ和组分Ⅰ中肥料N的比率随之减少。在兔粪尿的各处理中，胡敏酸组分Ⅰ被固定肥料N的大小顺序是：处理2（0：1，48.6%）<处理5（0.3：0.7，54.3%）<处理4（0.5：0.5，57.2%）<处理3（1：0，61.4%）；苕子各处理为：处理2（0：1，48.6%）<处理8（0.3：0.7，54.3%）<处理7（0.5：0.5，58.3%）<处理6（1：0，65.9%）。组分Ⅱ和组分Ⅲ中肥料N的分布规律正好相反，随着无机N比例提高而增加。

表4　肥料N在胡敏酸和富里酸各组分中的分布

（占固定N量的%）

处　理		胡敏酸				富里酸				
		总　量	游离态（组分Ⅰ）	与钙结合态（组分Ⅱ）	与R_2O_2及黏土矿物结合态（组分Ⅲ）	总　量	游离的及与活性R_2O_3结合态（组分$Ⅰ_a$）	与胡敏酸组分Ⅰ结合态（组分Ⅰ）	与胡敏酸组分Ⅱ结合态（组分Ⅱ）	与胡敏酸组分Ⅲ结合态（组分Ⅲ）
2	mg N/盆	14.2	6.9	1.3	6.0	27.0	4.5	8.4	2.8	11.3
	%	100	48.6	9.2	42.3	100	16.7	31.1	10.4	41.9
3	mg N/盆	44.6	27.4	3.5	13.7	58.8	10.8	20.0	7.1	20.7
	%	100	61.4	7.7	30.7	100	18.4	34.0	12.1	35.5
4	mg N/盆	24.3	13.9	2.0	8.4	34.5	5.3	10.5	3.8	14.9
	%	100	57.2	8.2	34.6	100	15.4	30.4	11.0	43.2
5	mg N/盆	20.8	10.9	1.8	8.1	31.6	4.5	9.3	3.5	14.3
	%	100	52.4	8.6	38.9	100	14.2	29.4	11.1	45.3
6	mg N/盆	51.0	33.6	4.1	13.3	69.7	12.6	32.2	4.0	20.9
	%	100	65.9	8.0	26.1	100	18.1	46.2	5.7	30.0

（续）

处理		胡敏酸				富里酸				
		总量	游离态（组分Ⅰ）	与钙结合态（组分Ⅱ）	与 R_2O_2 及黏土矿物结合态（组分Ⅲ）	总量	游离的及与活性 R_2O_3 结合态（组分 $Ⅰ_a$）	与胡敏酸组分Ⅰ结合态（组分Ⅰ）	与胡敏酸组分Ⅱ结合态（组分Ⅱ）	与胡敏酸组分Ⅲ结合态（组分Ⅲ）
7	mg N/盆	23.5	13.7	1.9	7.9	36.9	5.6	15.4	2.8	13.1
	%	100	58.3	8.1	33.6	100	15.22	41.7	7.8	35.5
8	mg N/盆	22.1	12.0	1.8	8.3	36.0	4.9	13.5	2.9	14.7
	%	100	54.3	8.1	37.6	100	13.6	37.5	8.1	40.8

在富里酸中，游离态的组分和与活性三氧化物结合态的组分含肥料 N 量不高(13.6%～18.4%)，在活性不高而与胡敏酸组分Ⅲ结合的组分中含肥料 N 最多（30.0%～45.3%；与胡敏酸组分Ⅱ结合的组分中最少（5.7%～12.1%）。在各配施处理中，随着有机 N 比例的增加，富里酸组分Ⅰ中的肥料 N 百分率上升，组分Ⅲ中肥料 N 比率下降，组分Ⅱ中规律不明显。

三、结　　论

1. 肥料 N 在土壤中的残留量因有机 N 与无机 N 的比例不同而各异，随着有机 N 施用量增加而提高。在有机 N 中，苕子 N 在土壤中的残留率大于兔粪尿 N。

2. 肥料 N 在土壤和空气中的损失率随着无机 N 比例的提高而增加。

3. 在富里酸中固定的肥料 N 占施 N 总量 7.7%～19.9%，胡敏酸中为 4.1%～14.6%，在胡敏素中为 5.2%～16.8%，有机 N 比例越大，肥料 N 固定率越高，胡/富 N 比值越大。

4. 固定于胡敏酸中的肥料 N，有 48.6%～65.9%处于游离态；在富里酸中，游离态 N 和与活性三氧化物结合态 N 占 13.6%～18.4%，它们均随有机 N 比例的上升而提高。由此看出，有机肥料提高了土壤有机质的活性，改善了土壤腐殖质的品质。

作物秸秆碳在土壤中分解和转化规律的研究

为了解现代农业土壤的演化规律，首先必须探索有机物料在土壤中分解、转化以及参与土壤腐殖质形成的规律，这在国内外已有了大量的报道。有机物进入土壤后，一方面其分解产物参与了新的土壤腐殖质的形成，同时，这些土壤腐殖质所特有的成分又被土壤黏土矿物吸附，这是保持水溶性腐殖质组分不淋失的重要途径之一。土壤腐殖酸的最大特点是化学多相性和高度分散性，在土壤中形成了化学成分不同、颜色深浅不一、分子量大小不等的复杂

与莫斯科季大里亚捷夫农学院 Fokin A. D. 合作，原载于 1994 年第 1 期《植物营养与肥料学报》（创刊）。

化合物系统。它的分散性，也就是不对称性，有可能使腐殖酸的各个组分被土壤矿物选择性地吸附。Evans 和 Russel 的工作已证实了这一推测。与膨润土相互作用后，富里酸最深色的成分和胡敏酸中最浅色的成分被矿物优先吸附。Kobo 和 Fujisawa 认为，胡敏酸中的低分子成分被矿物强烈地吸附，而高分子芳香族结构的组分吸附不明显。Inoue、Wada，和 Filip 试验结果，胡敏酸中最深色的高分子组分被矿物吸着作用占优势。可见，关于矿物吸附腐殖酸各组分的见解很不一致。近年来，用 Lambent-Ban 的理论测定结果，故敏酸的吸光率与其分子量成反比，分子量越大，吸光率越小。这为我们进一步研究黏土矿物吸附胡敏酸和富里酸中的各组分铺平了道路。本文将着重探讨作物秸秆和植物残茬中的碳在土壤中的分解、转化及其分解产物被黏土矿物吸附的规律。

一、材料与方法

（一）试验材料的制备

1. ^{14}C-标记秸秆的制备 本研究选用大麦（C/N 70.6）、燕麦(C/N 60.1)、水稻（C/N 79.0）秸秆作为试验材料，以苕子（C/N 20.8）作为调节上述秸秆 C/N 比的辅助材料。大麦、燕麦和水稻在密闭的培养室中栽培，除了供应充足的氮、磷、钾和微量元素外，在盆钵中添加^{14}C-葡萄糖（^{14}C 放射性强度为 1μci/mg）。栽培 70d 收获，地上部分和根的样品分开，在 60℃烘箱中烘干、粉碎、过 60 目筛，备用。

2. ^{14}C-标记腐殖酸的制取 选用^{14}C-标记大麦秸秆，在密闭的玻璃容器中、饱和含水量（120%）的条件下腐解 80d。用蒸馏水反复提取腐殖类物质。离心后，上清液用水浴锅（60～70℃）浓缩，浓缩液用 G10，G50 和 G75 交联葡葡糖凝胶过滤，在分馏柱上分馏。将收回物再混合，重新浓缩，在凝胶系统上再分离，如此反复 3 次，以去除水溶性化合物中的杂物，留下所需的腐殖类物质各组分。这些腐殖类物质及其分子团共有 5 种组分，它们的分子量为：320±20、480±30、1 300±60、8 400±500 和>12 000。需指出的是，分子量>1 300 的组分，在 pH 1 时，产生局部沉淀，这是典型的富里酸所具有的性质。被分离的富里酸组分化学元素组成是：C 42.1%～45.3%，H 4.6%～5.1%，O 46.1%～49.9%，N 2.7%～4.1%。

（二）供试土壤和试验处理

试验采用生草灰化土和黑钙土，土壤腐殖酸的化学元素组成见表 1

表 1 土壤腐殖酸的化学元素组成

（占土壤干重的%）

土　壤	腐殖酸	C	H	O	N
砂壤质生草灰化土	富里酸	50.9	5.3	38.8	5.0
中壤质生草灰化土	富里酸	48.0	3.4	47.4	1.2
	胡敏酸	47.1	3.9	44.8	4.2
黏壤质厚黑钙土	富里酸	41.2	3.7	53.7	1.4
	胡敏酸	55.3	3.4	38.3	3.0

＊分离腐殖酸各组分时，为避免干扰，土壤提取液用阳离子交换树脂去除灰分元素。

大田模拟试脸在渗漏池中进行，面积为 50cm×50cm，设在莫斯科郊区 TCXA 疏伐林区。按土壤原有层次装入渗漏池中，将粉碎的^{14}C-标记秸秆均匀地施入耕作层（20cm），施用量 37.5g。实验室模拟试验在塑料盒中进行，每 100g 土壤加入^{14}C-标记大麦秸秆 100mg，在 60%和 120%土壤湿度下培养 3 个月，温度 25℃。重复 3 次。

土壤腐殖质更新的试验，采用无菌培养和有菌培养。试验处理：（1）水稻秸秆（RS）；（2）大麦秸秆（BS），（3）燕麦秸秆（OS）；（4）水稻秸秆+20%苕子（RS+V）；（5）大麦秸秆+20%苕子（BS+V），（6）燕麦秸秆+20%苕子（OS+V）；（7）苕子（V）。重复 3 次。

土壤不同颗粒成分对腐殖酸盐的吸附实验室模拟试脸在塑料渗漏管中进行。塑料管长 25cm，直径 10cm，按 H. A. 卡庆斯基分类法将生草灰化土分成不同粒级，烘干后装入塑料管中，每管 300g。腐殖酸钠的浓度为 2 mg/ml，每管 50ml，测定淋洗液中的腐殖酸盐的数量，用差减法求出各粒级吸附腐殖酸的数量。处理是：（1）>0.5mm 的粗砂；（2）0.5～0.05mm 中、细砂；（3）0.05～0.001mm 粗粉粒—细粉粒；（4）<0.001 黏粒。重复 3 次。

（三）测定方法

1. 腐殖酸的测定方法　腐殖质中的碳用丘林法测定。用 2 %NH_4OH 溶液提取腐殖类物质及其分子团，用凝胶过滤法分离。即每 5g 土壤加入 10ml 2%NH_4OH 溶液，振荡 3h，用 6 000r 离心机离心 1h，上清液用 G10、G50、G75 凝胶系列分离。分离液收集于瓷蒸发皿中，在水浴锅上 60～70 ℃蒸干并称重，用 pp-8 放射性计数器测定^{14}C 放射性强度。

2. 黏土矿物吸附腐殖酸的测定方法　黏土矿物为阿斯坎石、高岭土、蛭石、白云母、黑云母、胶盐土等。试验在 25℃恒温室中进行。称取一定量的黏土矿物加入到腐殖酸盐的水溶掖中，形成有机—矿物悬浮液，放置 5d，每隔 3h 震荡 10min，然后离心，用 CF-14 分光光度计（波长 420nm）测定与矿物作用前、后溶液的光密度。腐殖酸被黏土矿物吸附的数量，按溶液与矿物作用前后光密度的差值换算。

二、结果与讨论

（一）秸秆分解速率及对土壤生物活性的影响

1. 作物秸秆在土壤中的分解　表 2 看出，单纯的作物秸秆在土壤中分解很慢，至第 6 周，水稻秸秆损失了 21.2%，大麦秸秆损失了 27.5%，燕麦秸秆损失了 31.9%。其分解速度为燕麦>大麦>水稻，主要取决于 C/N 比。添加苕子后，秸秆分解速度加快，至第 8 周，3 种秸秆损失了大约一半。

表 2　秸秆在生草灰化土中的分解速度

（重量损失%）

处　理	2 周	3 周	6 周	12 周	24 周
水稻秸秆（RS）	15.0	17.1	21.2	27.0	47.6
大麦秸秆（BS）	17.2	23.3	27.5	44.4	54.1
燕麦秸秆（OS）	18.7	22.5	31.9	47.5	56.8
稻秆+苕子（RS+V）	24.0	32.5	44.0	50.0	58.0
大麦秆+苕子（BS+V）	27.3	34.0	46.3	53.5	59.6
燕麦秆+苕子（OS+V）	30.2	39.5	49.8	55.2	60.3
苕子（V）	47.1	51.3	54.9	60.5	—

2. 施用秸秆对土壤生物活性的影响 施用作物秸秆后，土壤微生物数量急剧增加。表3结果指出，试验结束时（24周）测定，氨化细菌比对照增加了136.0%～332.4%，芽孢杆菌增加了289%～537%，放线菌增加了200%～414%，真菌增加了62%～246%，微生物总量增长了1.36～3.33倍。而且，C/N比越小的处理增加的数量越多。在三大类群微生物中，各个处理均以细菌的数量最多，占微生物总量的比例最大。每个处理中细菌占的比率均在99.7%左右。蛋白酶和转化酶的活性分别增加了45.2%～72.6%和52.0%～138.8%，，其增长规律与微生物的增长趋势基本上一致。

试验期间的动态观察表明，施用秸秆2周后（苕子处理为1周），土壤微生物数量迅速增长，随着时间的推移，由于速效养分的消耗以及难分解化合物的积累，微生物进入缓慢而平稳的增长阶段，第8～11周，数量达到最高峰。从微生物的种类而论，在秸秆分解初期（1～2周）释放大量的CO_2，从而损耗大量的碳，微生物以无芽孢杆菌为主，其中有假单孢菌属（*Pseudomonas*）、杆菌属（*Pacterium*）等。这些无芽孢杆菌属于微嗜氮性微生物，在含氮量很低的条件下生长，他们主要是矿化秸秆中的碳素，缩小有机残体的C/N比例。3～4周以后（苕子处理1～2周后，秸秆＋苕子处理2～3周后），由于微生物大量繁殖，可给性糖类不足，一些微生物强烈利用秸秆中的蛋白质作为碳源，芽袍杆菌应运而生。随后，分解纤维素的真菌和放线菌也开始发育。在芽孢杆菌中，首先出现的是蕈状芽孢杆菌（*Bacillus mycoides*）；当含氮化合物分解、矿质氮积累时，巨大芽抱杆菌（*B. megaterium*）和肠膜芽孢杆菌（*B. mesentericus*）占优势。8～10周左右（苕子处理5～6周，秸秆＋苕子处理6～7周），真菌中的木霉属（*Trichoderma*）、镰孢霉菌（*Fusariurn*）和毛霉菌（*Mucor*）等属占优势，说明此时是秸秆残体矿化作用最旺盛的时期，土壤中可供微生物利用的营养物质丰富，也是微生物菌体最多的时期。到实验结束时，有机残体只剩下木质素等难分解的化合物，真菌以青霉菌（*Penicilliurn*）和曲霉菌（*Aspergillus*）占优势。

表3 施用秸秆24周后土壤微生物和生物活性的变化

（以土壤干重计）

项目			对照	水稻秸秆	大麦秸秆	燕麦秸秆	稻秆＋苕子	大麦秆＋苕子	燕麦秆＋苕子	苕子
细菌	氨化细菌	万个/g土	332.8	785.5	827.0	954.3	1 106.6	1 122.0	1 227.0	1 439.0
		增加%	—	136.0	148.5	186.7	232.5	231.1	268.7	332.4
	芽孢杆菌	万个/g土	0.54	2.1	2.37	2.42	2.60	2.78	2.96	3.44
		增加%	—	288.9	320.4	348.1	381.5	414.8	448.1	537.0
放线菌		万个/g土	0.21	0.63	0.68	0.73	0.78	0.81	0.97	1.08
		增加%	—	200	223.8	247.6	271.4	285.7	361.9	414.3
真菌		万个/g土	0.76	1.23	1.36	1.51	1.96	2.10	2.43	2.63
		增加%	—	61.8	78.9	98.7	157.9	190.8	219.7	246.1
蛋白酶		mg明胶/g土	126	183	185	190	203	216	220	239
		增加%	—	45.2	46.8	50.8	61.1	71.4	74.6	89.7
转化酶		mg葡萄糖/g土	30.1	46.2	48.0	51.0	57.3	62.5	64.4	72.6
		增加%	—	52.0	57.9	67.8	88.5	105.6	111.5	138.8

（二）秸秆分解产物对土壤腐殖质的更新

1. 秸秆降解过程中腐殖类物质的变化动态 作物秸秆在土壤微生物的作用下，分解并产生了两大类腐殖物质。一种直接参与腐殖质的结构，它们是富里酸和胡敏酸，称为结构产物；另一种虽然参与腐殖质的构成，但不是腐殖质结构的直接组成成分，而是与腐殖酸的分子交联在一起，例如各种有机酸、氨基酸和核酸的分解产物及其分子基团等，称为非结构产物。从表 4 看出，秸秆分解大致分为 3 个阶段：在初期，分解产物主要是非结构物质，在 3 种秸秆的处理中，3 周后其含量占总碳量的 50%～65.8%；其次是富里酸，占总碳量的 25%～32.2%；胡敏酸含量最少，占 9.3%～17.5%；第 2 阶段是 12 周之后，非结构物质减少至 1/3 以下；富里酸含量大量增加，上升至 40%～43.4%胡敏酸含量也有所增加，占 23.3%～27.8%；第 3 阶段是 24 周以后，非结构物质含量下降至最低点，占总碳量的 27%～28%，水稻、大麦和燕麦秸秆 3 个处理基本相似；富里酸含量比第 2 阶段减少，占总碳量的 37%～39.8%，胡敏酸含量进一步上升，占 32%～36%。

表 4 水溶性腐殖物质的组成及其变化

（占总 C 量的%）

项 目		水稻秸秆	大麦秸秆	燕麦秸秆	稻秆+苕子	大麦秆+苕子	燕麦秆+苕子	苕 子
8 周	富里酸	24.9	30.6	32.2	24.6	31.6	32.7	12.4
	胡敏酸	9.3	13.4	17.5	19.0	25.0	26.5	60.3
	非结构物质	65.8	56.0	50.3	55.4	43.4	40.8	27.3
6 周	富里酸	32.0	35.2	37.0	36.5	40.0	41.5	12.1
	胡敏酸	15.7	20.9	24.4	21.5	26.2	27.9	66.0
	非结构物质	52.3	43.9	38.6	42.0	33.8	30.6	21.9
12 周	富里酸	40.6	43.0	43.4	35.4	33.3	34.3	11.6
	胡敏酸	23.3	26.0	27.8	34.0	38.7	38.4	67.1
	非结构物质	36.1	31.0	28.8	30.6	28.0	27.3	21.0
24 周	富里酸	39.8	37.1	37.0	30.1	31.9	31.6	—
	胡敏酸	32.2	35.5	36.0	46.8	48.4	48.9	—
	非结构物质	28.0	27.4	27.0	23.1	19.7	19.5	—

3 种秸秆添加 20%的苕子后，由于 C/N 比例缩小，加速了秸秆的分解和结构产物的形成，3 周之后富里酸和胡敏酸的含量相当于单纯秸秆处理 6 周后的含量。12 周后，富里酸和胡敏酸的含量大致相等。24 周后，胡敏酸的含量（46.8%～48.9%）远远超过富里酸的含量（30%～31.6%）。单一的苕子处理腐殖质化速度更快，12 周后基本上达到平衡。

上述结果可以看出，秸秆腐殖质化的过程是非结构产物首先形成，随着秸秆分解时间的延续，其中有 52.2%～57.5%的非结构产物转化为富里酸或被微生物分解为 CO_2，进而富里酸转化为胡敏酸。这个过程是动态的，在土壤中，既有分解，又有合成。

2. 秸秆降解产物对土壤腐殖质的更新 在不同的湿度条件下（田间持水量的 60%和 120%），大麦秸秆在大田渗漏池和实验室中培养 3 个月，土壤为生草灰化土。结果表明，在所提取的 5 个土壤腐殖质组分中，无论是土壤中原有的含量，还是大田和实验室试验中新形成的腐殖物质含量，其趋势一致，均是分子量 8 100 的组分>12 000 组分>4 200 组分>460

组分>1 700 组分（图 1）。如果与表 4 的结果联系起来分析，可得出以下结论：

（1）各种作物秸秆虽然降解速度不同，但结果一致，胡敏酸和富里酸的含量相近。

（2）在同一种土壤、不同湿度条件下，大麦秸秆在大田和实验室中腐殖化结果一致。

（3）大田试验土壤中的植物残茬各种各样，其中包括针叶树和乔木的落叶、泥炭藓科和绿藓目的薹藓半分解产物、豆科和禾本科植物的残茬，还有葡萄糖和蛋白质等，它们聚集于土壤中，其腐殖化结果居然与土壤条件完全不一样的实验室结果相似。它们的差异只是腐殖化过程的绝对速度、有机物料的矿质化程度不同而已。

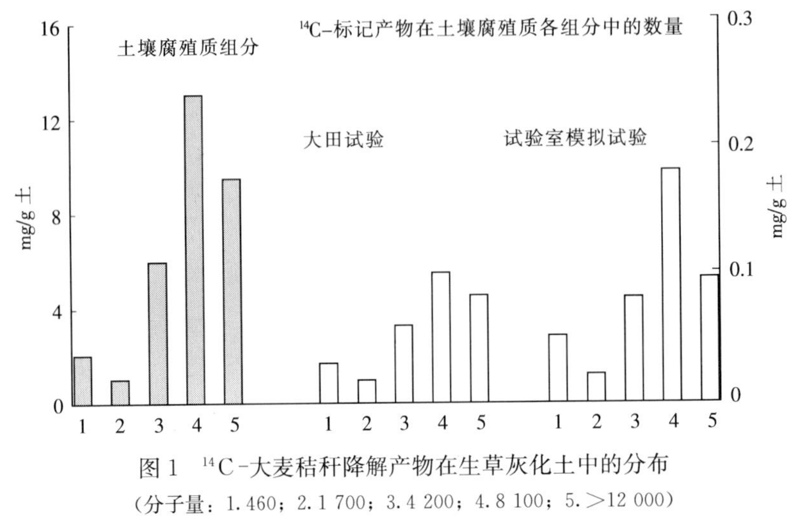

图 1 ^{14}C-大麦秸秆降解产物在生草灰化土中的分布

（分子量：1. 460；2. 1 700；3. 4 200；4. 8 100；5. >12 000）

针对上述现象，我们采用^{14}C-葡萄糖在实验室中模拟，葡萄糖的放射性强度为 1μCi/mg，施用量为 1mg/g 土壤。在生草灰化土和脱钙黑钙上上的试验结果（图 2）表明，葡萄糖施入土壤 3 昼夜，^{14}C 进入了土壤腐殖质各组分中，但含量很低。在生草灰化土中，只有分子量 460 的组分含量较多（0.07mg/g 土）；在脱钙黑钙土中，该组份的含量较少（0.02mg/g 土）。10 昼夜后，在生草灰化土上，除了分子量 460 的组分稍有下降外，其他组分含量均有所增加，特别是分子量 4 200、8 100 和>12 000 的 3 个组分增加最多，分别增加了 2.65、4.58 倍和 13.3 倍。至 30 昼夜，在生草灰化土上，这 5 个组分变化不大，但在脱钙黑钙上上，与 10 昼夜相比，后 3 个分子量较大的组分增加了 5.5、4.8 倍和 4.6 倍。总的来说，葡萄糖在生草灰化土腐殖化速率大于脱钙黑钙土。图 2 还指出，^{14}C-标记葡萄糖进入土壤腐殖质各组分中的数量，与土壤中原有的该组分碳的含量呈一定的比例。这说明，不仅外在的环境因素和植物残茬的成分对腐殖化过程有影响，腐殖质的内在因素对腐殖质更新也有调节作用。

在实验室中进行了腐殖质部分除灰（灰分不超过 1%）的溶液试验。结果看出，无论是灭菌、还是不灭菌的条件下，均证明了非结构产物的分子与腐殖质表面单个组分或基团的直接交联作用，其中包括^{14}C-标记 α-酮戊二酸、^{14}C-标记甘氨酸、^{14}C-标记尿嘧啶，以及不灭菌条件下被微生物降解的^{14}C-标记产物等。它们与腐殖酸单个组分形成交联复合物后，在酸性条件下，标记产物易被离析出来。在长时间的相互作用下（连续 1 个月或更长时间），交联复合物并没有全部被解离，而是明显地从表面进入腐殖质分子核的成分中。

在酸性条件下，腐殖质分解为胡放酸和富里酸，参与腐殖质更新的^{14}C-标记化合物大

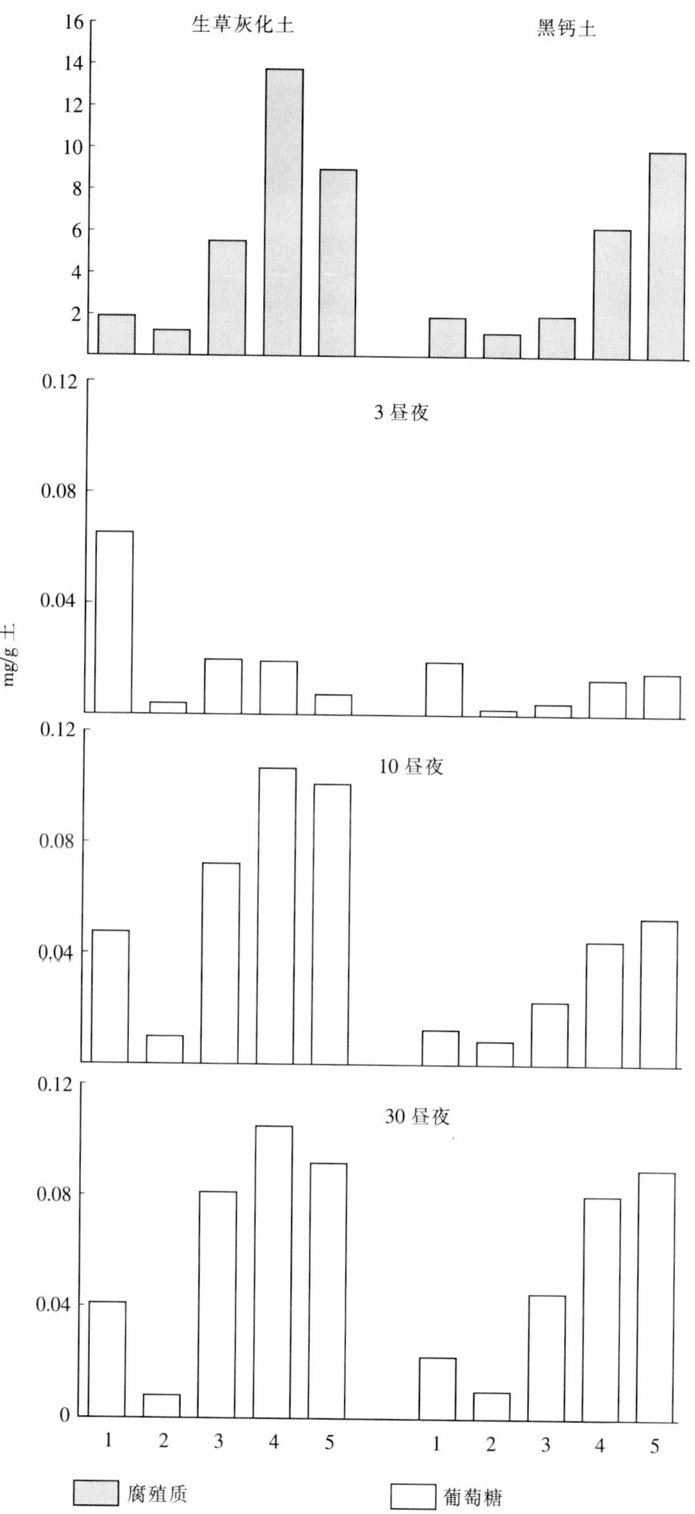

图 2　^{14}C-葡萄糖分解产物在土壤腐殖质中的分布
（分子量见图 1）

部分（达80%）转化为富里酸。这说明新形成的腐殖物质并不稳定，易被离析，且容易相互转化。

为了查明腐殖酸的单个组分在土壤中如何转化，在实验室中将腐殖酸样品在105℃下灭菌24h，这些腐殖酸样品是从堆沤的大麦秸秆残体中分离出来的，其分子量为480、8 400和>12 000。试验结果（图3）表明，腐殖酸单个组分施入土壤中3～4昼夜，在所有被分离的腐殖酸组分中，均发现有^{14}C，但数量有限。1、2、3个月之后，放射性^{14}C依然集中分布于5个组分中（460、1 700、4 200、8 100和>12 000）。从腐殖酸单个组分在土壤中转化为其他组分的结果看出，腐殖质分子的主要部分具有很高的稳定性和惰性，以这些基团为中心，植物残茬的降解产物参与腐殖质的更新。灭菌条件下的试验结果，腐殖质所有组分中^{14}C的重新分配，并不与腐殖类物质的转化有关，而与腐殖质分子表面官能团的反交换过程密切相关，而且，仅仅在腐殖质分子的表面官能团上发生更新。从而证明，腐殖质分子表面的官能团存在一定的独立性，是进行化学反应、生化反应、分子交换和更新腐殖质的重要场所。土壤腐殖质的形成是长期的过程，需要一定的水热条件，本试验只进行了3个月，是远远不够的，^{14}C-标记腐殖类物质在土壤中还未来得及发生深度的转化，其中包括分子量的变化。

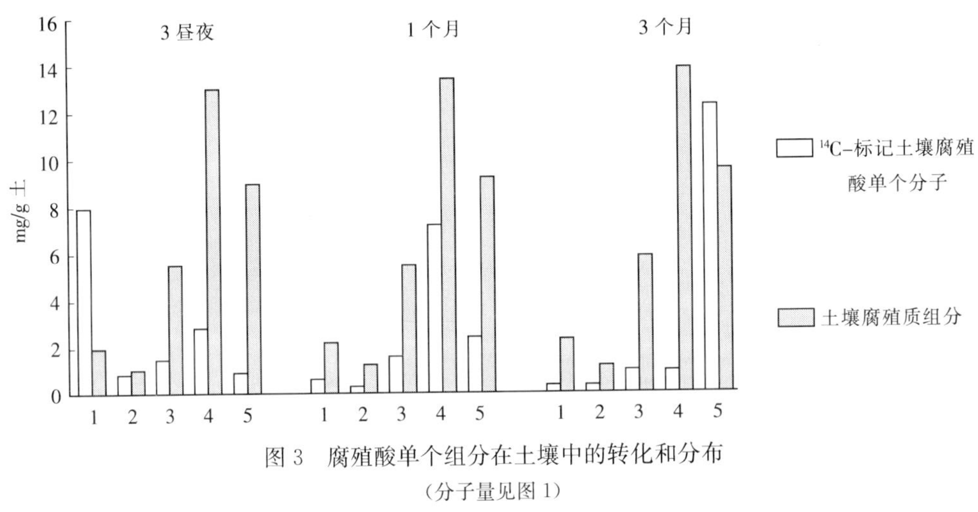

图3 腐殖酸单个组分在土壤中的转化和分布

（分子量见图1）

综上所述，基本上明确了土壤腐殖质更新的大致轮廓：（1）有机物料分解生成非结构产物和结构产物—胡敏酸和富里酸，它们协同作用参与了腐殖质的更新；（2）大部分非结构产物转化为富里酸和胡敏酸，还有一部分与腐殖质组分交联，成为腐殖质的组成部分；（3）土壤腐殖质的更新，并非是新的腐植酸分子、基团和断片的重新组编，而是从腐殖质表面功能团开始，逐步进行；（4）腐殖质分子的主要组分具有很高的稳定性和惰性，其表面有比较多得不稳定功能团，这样，既保持了腐殖质的长期稳定性，又保证了在表面功能团上进行一些列的化学、生化反应和有机化合物的交换，进行自身的不断更新，这进一步表明长期使用有机肥可保持地力长盛不衰的原因。

（三）黏土矿物吸附腐植酸组分的机制

如上所述，秸秆降解的中间产物—非结构腐殖物质大部分转化为富里酸和胡敏酸，一部分与腐殖质表面的功能团交联为复合分子，尚有一部分残留于土壤溶液中。即使是新加入腐殖质分子的基团也易离解。那么，这两部分腐殖物质（或基团）的去向如何？首先对上述秸秆分解试验的渗漏池进行测定，结果表明，^{14}C-秸秆分解产物大部分储存于0～40cm土层内，占65.9%～71.3%；其次是40～60cm土层，占20.3%～26.5%；60～80cm土层占6.0%～6.7%；80～100cm土层占1.9%～2.2%，渗漏池土层深1.5m渗漏液没有检测出^{14}C，不同黏土矿物吸附腐殖酸的实际模拟试验结果，>0.5mm的粗砂和0.5～0.05mm的中、细砂没有吸附腐殖酸盐，0.05～0.001mm粗粉粒—细粉粒吸附腐殖酸盐的量为1.25±0.37%，<0.001的黏粒吸附腐殖酸盐的量为5.74±0.45%。这说明土壤可吸附腐殖物质，而且主要集中于黏粒粒级中。

上述两个试验结果，进一步证明，土壤吸附腐殖物质是防止其淋失的途径之一。

1. 黏土矿物对不同腐殖酸组分的吸附　为查明黏土矿物优先吸附哪一种腐殖酸组分，测定了胡敏酸和富里酸与黏土矿物作用前后的吸光系数，光密度用E表示。结果表明，富里酸溶液与黏土矿物相互作用前后其E值没有明显的变化，这说明富里酸的E值较小，也说明矿物吸附富里酸的量太少。而胡敏酸溶液与矿物作用之后，与起始溶液相比较，E值减少，其浓度由0.66mg/ml稀释至0.22mg/ml，与阿斯坎石-Ca相互作用后，E值减少了36.8%；与高岭土Ca相互作用后，减少了37%；与蛭石作用后，减少了64.7%；与白云母和黑云母作用后分别减少了40.6%和33.8%（表5）。

表5　腐殖酸与矿物作用后E值的变化

土　壤	腐殖酸	浓度(mg/ml)	阿斯坎石-Ca	高岭土-Ca	蛭　石	白云母	黑云母
生草灰化土	富里酸	0.01	0.016	0.015	0.017	0.015	0.018
黑钙土	富里酸	0.01	0.000	0.006	0.006	0.009	0.009
生草灰化土	胡敏酸	0.22	0.204	0.200	0.170	0.202	0.210
生草灰化土	胡敏酸	0.41	0.204	0.230	0.232	0.227	0.242
生草灰化土	胡敏酸	0.49	0.274	0.258	0.236	0.255	0.254
生草灰化土	胡敏酸	0.57	0.276	0.260	0.218	0.277	0.278
生草灰化土	胡敏酸	0.66	0.278	0.271	0.280	0.284	0.280
生草灰化土	胡敏酸	0.88	0.300	0.280	0.290	0.300	0.285
生草灰化土	胡敏酸	1.32	0.300	0.280	0.300	0.300	0.290

作为分散和多相系统，胡敏酸溶液乃是各种E值成分的混合物。在试验中发现，这个复杂的系统在与黏土矿物作用的过程中，最深色的成分吸附得最多。为进一步证明胡敏酸中哪一种成分首先被黏土矿物吸附，采用分子量分布的方法，将胡敏酸起始溶液和与阿斯坎石-Ca、高岭土作用之后的溶液通过凝胶过滤，分馏，结果见图4。胡敏酸与矿物作用后的曲线表明，与原始溶液相比较，这种混合溶液夹杂更多的高分子成分，说明胡敏酸的低分子成分被黏土矿物吸附了。与表5的试验结果联系起来看，认为黏土矿物首先吸附腐殖酸中的胡敏酸，而且，优先吸附胡敏酸中的低分子成分。

2. 黏土矿物吸附胡敏酸的数量　由于富里酸被黏土矿物吸附的量很少，因此，将着重探讨胡敏酸的吸附特点。根据试验结果，绘制了吸附等温线（图5）。按照Jies的分级方法，阿斯坎石-Ca和蒙脱类黏土的吸附等温线属于C-型，高岭土、蛭石、黑云母、白云母、石英和黄土型土壤的吸附等温线属于L-型。等温线的形状表明吸附过程中黏土矿物上有效点的数量。

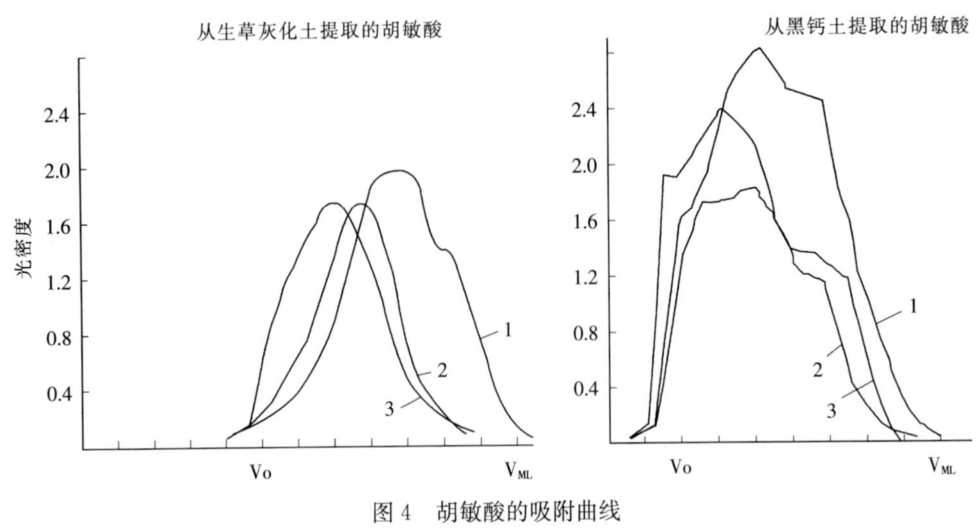

图 4　胡敏酸的吸附曲线

1. 胡敏酸；2. 阿斯坎石吸附；3. 高岭土吸附

C-型曲线形态表明，矿物上吸附有效点的数量多，吸附明显的不饱和，特别在弱酸和中性的条件下，吸附量更大。曲线上有一段平直部分（图 5），说明在阿斯坎石- Ca 表面上，低分子成分首先被吸附，形成吸附层，或称为单分子层，其他胡敏酸成分的再吸附，必须与这些低分子成分交联，以交联复合分子的形式吸着于低分子吸附层上。L-型曲线形态表明，随着吸附量的增加，在矿物表层大多数吸附点已被占领，其他胡敏酸分子很难再被吸附。

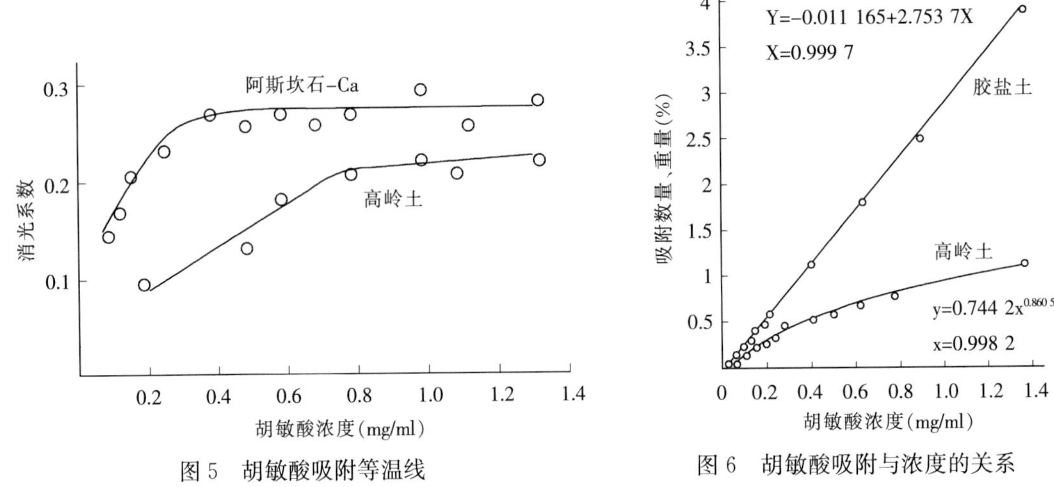

图 5　胡敏酸吸附等温线

图 6　胡敏酸吸附与浓度的关系

试验结果还证明，胡敏酸被黏土矿物吸附的数量与溶液的浓度有关（图 6）。胶盐土（属 C-型吸附等温线矿物）吸附胡敏酸的数量与溶液的浓度呈直线正相关。在本试验条件下，胡敏酸的浓度越大，吸附的数量越多。高岭土（属 L-型吸附等温线矿物）的吸附数量与胡敏酸溶液的浓度呈曲线正相关，随着胡敏酸浓度的增加，吸附数量缓慢上升。按照 Plohisi 1972 年提出的最小平方和计算方法，胡敏酸被黏土矿物吸附的数量可用回归方程式表示：$Y=aX^b$，Y 为胡敏酸的吸附数量，用 mg/ml 或重最百分数表示，X 为胡敏酸的浓度，单位与 Y 一致，a 和 b 是系数。C-型吸附等温线系数 a ＜ 1，b=1，L-型吸附等温线系数 a 和 b 均＜1。影响 a 和 b 大小的因素主要有：

（1）黏土矿物的类型：矿物不同，a 和 b 值差别很大。例如，在其他条件相同时，胶盐土 a=0.32，b=0.94；阿斯坎石-Ca a=0.15，b=1；高岭土 a=0.29，b=0.66；蛭石 a=0.48，b=0.47；黑云母 a=0.17，b=0.60；白云母a=0.06，b=0.72。

（2）胡敏酸的来源：从不同土壤中提取的胡敏酸，a 和 b 值是不同的。例如，黏土矿物为石英时，从黑钙土中提取的胡敏酸，a=0.33，b=0.24；从生草灰化土中提取的胡敏酸，a=0.18，b=0.39。

（3）溶液的 pH：pH 不同，a 和 b 值也不一样。例如，黏土矿物为胶盐土，同样是从黑钙土中提取的胡敏酸，在 pH5、7、9 时，a 分别是 0.29、0.32 和 0.14；b 分别是 1.00、0.94、0.80。总的趋势是，在弱酸和中性条件下，a 和 b 值最大。

三、结　　论

1. 单一的作物秸秆在土壤中分解很慢，加入 20%的苕子后，由于 C/N 值缩小，加速了秸秆分解。秸秆施入土壤后，土壤微生物迅速增加，24 周试验结束时，微生物总量增加了 1.36～3.33 倍，尤其是细菌增长最多。

2. 秸秆腐殖化过程，首先形成非结构产物，其中大部分转化为富里酸，继而转化为胡敏酸。在大田和实脸室的条件下，各种有机物料腐殖化结果相近，只是腐殖化过程的绝对速度、矿化程度不同而已。

3. 腐殖质分子的主要组分具有很高的稳定性和惰性，其表面有较多的活泼官能团。秸秆降解产物对土壤腐殖质的更新，并非新形成的腐殖类物质重新组合，而是从腐殖质表面官能团或分子断片开始，逐步进行。非结构物质与腐殖质单个组分可产生交联作用，在一定的条件下，交联复合分子可进入腐殖质分子核的成分中。^{14}C-标记腐殖酸单个组分在土壤腐殖质中的重新分配，并不与腐殖类物质的转化有关，而与腐殖质分子表而官能团的反交换过程密切相关。

4. 黏土矿物选择性地吸附胡敏酸，而且优先吸附胡敏酸中的低分子成分。胡敏酸被黏土矿物吸附的数量可用回归方程式 $Y=aX^b$ 表示。蒙脱类黏土和阿斯坎石-Ca 的吸附等温线属-C 型，系数 a<1，b=1；高岭土、蛭石、黑云母、白云母、石英和黄土型土壤的吸附等温线属 L-型，系数 a 和 b 均<1。

长期施肥条件下土壤养分的动态和平衡Ⅰ：对土壤腐殖质积累及其品质的影响

腐殖质是评价土壤肥力的重要指标之一。国内外长期肥料定位试验积累了大量有关有机肥和化肥对土壤腐殖质作用的资料。绝大多数学者认为，有机肥可促进土壤腐殖质的积累，但也有少数人持不同观点。对于化肥，分歧则很大。一些人认为，化肥对土壤腐殖质的贮存

原载于 1995 年第 3 期《植物营养与肥料学报》。

有良好的作用；另一些人认为，与不施肥的对照相比，化肥只是减缓土壤腐殖质的破坏；第3种意见是，化肥破坏了土壤腐殖质，使土壤板结。为了阐明这个极为敏感而又重要的问题，1986—1991在季米里亚捷夫农学院进行了有关研究，并对前苏联主要的长期试验资料进行了系统的分析。为探讨土壤养分的变化规律，还引用了前人的部分研究结果，加以比较分析，对引用资料在有关表中均予以注明。本文着重探讨长期施肥对土壤腐殖质积累及其品质的影响。

一、材料与方法

（一）研究方法

本研究采用肥料试验结束时土壤腐殖质的含量以及试验前和结束时土壤腐殖质的差值，个别试验还结合邻近未施肥的耕地和未开垦荒地的资料作比较。并设置大田微区（又称裂区）、渗漏池和盆栽等试验，以综合评价长期施肥对土壤腐殖质的作用。

腐殖质各组分分组采用丘林—科诺诺娃法：胡敏酸分为组分Ⅰ（游离的及与活性 R_2O_3 结合的稳定态）、组分Ⅱ（与 CA^{++} 结合态）、组分Ⅲ（与黏土矿物及 R_2O_3 结合的稳定态）；富里酸分为组分Ⅰa（游离的及与活性 R_2O_3 结合态），又称为易变组分（Aggressive）、组分Ⅰ（与胡敏酸组分Ⅰ结合态）、组分Ⅱ（与胡敏酸组分Ⅱ结合态）。因组分Ⅲ很难被微生物分解，植物无法利用，本研究未予提取。

（二）试验土样

试验土样分别取自前苏联季米里亚捷夫农学院（TCXA）、索里卡姆斯克、托尔若克、彼尔姆斯克、米罗诺夫、布里亚特等73个试验站（点），以及波兰的斯凯尔涅维采试验站，前东德的哈雷试验站。土壤为生草灰化土、黑钙土、脱碱土、灰钙土和灰色森林土。

（三）测定方法

土壤有机质采用丘林法；土壤腐殖质及其组分用科诺诺娃—别尔切科娃法；甲氧基用半微量法；腐殖质的亲水性用土壤膨胀法。

二、结果与讨论

（一）土壤腐殖质的动态和平衡

1. 长期施肥对土壤腐殖质积累的影响 各试验点资料表明，施用有机肥对腐殖质的积累均有良好的作用。在生草灰土上，砂壤质土壤腐殖质含量比对照提高了0～20%，粉砂壤质土壤提高了3.5%～93.3%，黏壤质土壤提高了25.6%；在黑钙土上，提高了11%～50%；灰色森林土提高了40%；灰钙土提高了1倍。

根据73个试验点取样测定结果，化肥对耕层土壤腐殖质积累的作用也很明显，除了彼尔姆斯克和米罗诺夫试验站7区轮作的化肥区与对照的腐殖质含量相近外，其他测试土壤均有所增加，增长幅度为4.8%～58.3%。

土壤渗漏池试验表明，在1年内，有机肥种类和施用量不同，对土壤腐殖质含量的影响亦不一样。在生草灰化土上，每公顷分别施用3t小麦或豌豆秸秆、10t草木樨鲜体或厩肥，对土壤腐殖质含量几乎无作用，只有高量有机肥（30～100t/hm^2）方显示出差异。其中厩肥＞草木樨＞豌豆秸秆＞小麦秸秆。土壤游离态腐殖质的胡/富比变化趋势与土壤腐殖质一致。在黑钙土上，施肥对腐殖质含量作用不大，但高量有机肥可提高游离态腐殖质的含量，特别是豌豆秸秆和新鲜草木樨作用较大，其次是小麦秸秆和厩肥（表1）。

表1　有机肥不同用量对土壤腐殖质含量的影响

（%）

处　理	生草灰化土				黑钙土			
	C量	增加率	游离态腐殖质	胡/富	C量	增加率	游离态腐殖质	胡/富
CK	1.83	—	0.37	1.40	5.30	—	0.56	3.75
小麦秸秆（W.S）3t/hm^2（C/N 92）	1.84	0.5	0.37	1.40	5.31	0.2	0.57	3.74
小麦秸秆（W.S）30t/hm^2	1.89	3.3	0.43	1.43	5.38	1.5	0.60	3.78
豌豆秸秆（P.S.）3t/hm^2（C/N 30）	1.84	0.5	0.37	1.43	5.31	0.2	0.57	3.73
豌豆秸秆（P.S.）30t/hm^2	1.90	3.8	0.42	1.46	5.39	1.7	0.61	3.80
草木樨（S.C.）10t/ha（C/N 14）	1.83	0	0.37	1.40	5.31	0.2	0.57	3.76
草木樨（S.C.）100t/hm^2	1.94	6.0	0.41	1.47	5.40	1.9	0.61	3,79
厩肥（M.）10t/hm^2	1.84	0.5	0.37	1.47	5.31	0.2	0.57	3.76
厩肥（M.）100t/hm^2	1.97	7.6	0.40	1.52	5.40	1.9	0.59	3.82

在肥料长期定位试验中，仅研究耕作层（0～20cm）的腐殖质和养分的变化是不够的，必需研究它们在20～40cm土层中的动态。对TCXA普良尼释尼柯夫试验站粉砂质生草灰化土0～40cm土层腐殖质测定结果表明，无论施用还是未施用石灰，施肥均增加了腐殖质的储量。但是，施用石灰后，加速了土壤有机质的分解，不利于腐殖质的积累。除132茬轮作区NPK处理施用石灰，腐殖质储量稍大于未施石灰外，其他处理基本上均低于未施石灰区。其中，厩肥的效果优于化肥（表2）。对不同质地的生草灰化土剖面上腐殖质的分布表明，与对照相比，施用有机肥和化肥均提高了土壤腐殖质含量。6个土壤剖面，除索里卡姆斯克试验站砂壤土施肥处理在60～80cm土层腐殖质有少量增加，其他质地的土壤，施肥所增加的腐殖质均积累于0～60cm土层内（图1）。

表 2　长期施肥土壤中腐殖质的含量和储量（TCXA，1912—1987）

轮作方式	处　理	腐殖质含量（C%）				0～40cm 储量（C，t/hm²）	
		未施石灰		施石灰		未施石灰	施石灰
		0～20cm	20～40cm	0～20cm	20～40cm		
永久休闲地	CK	0.69	0.27	—	—	22.08	—
	NPK	0.76	0.33	—	—	27.70	—
	M	0.89	0.47	—	—	35.33	—
连作黑麦	CK	0.97	0.37	0.96	0.35	31.67	29.43
	NPK	1.07	0.44	1.04	0.48	36.91	34.59
	M	1.56	0.51	1.48	0.53	46.34	46.54
132 茬作物	CK	0.77	0.42	0.76	0.40	31.38	29.64
	NPK	0.95	0.49	0.97	0.44	34.58	35.73
	M	1.16	0.56	1.04	0.57	41.58	38.69

注：1912—1938 年每公顷施 N 7.5kg，P_2O_5 15kg，K_2O 22.5kg，厩肥 18t；1938—1954 年 N 7.5kg，P_2O_5 60kg，K_2O 90kg，厩肥 20t；1955 年以后，N 50kg，P_2O_5 75kg，K_2O 60kg，厩肥 10t。1949 年开始，一半试验地每 6 年施 1 次石灰，4.5t/hm²。

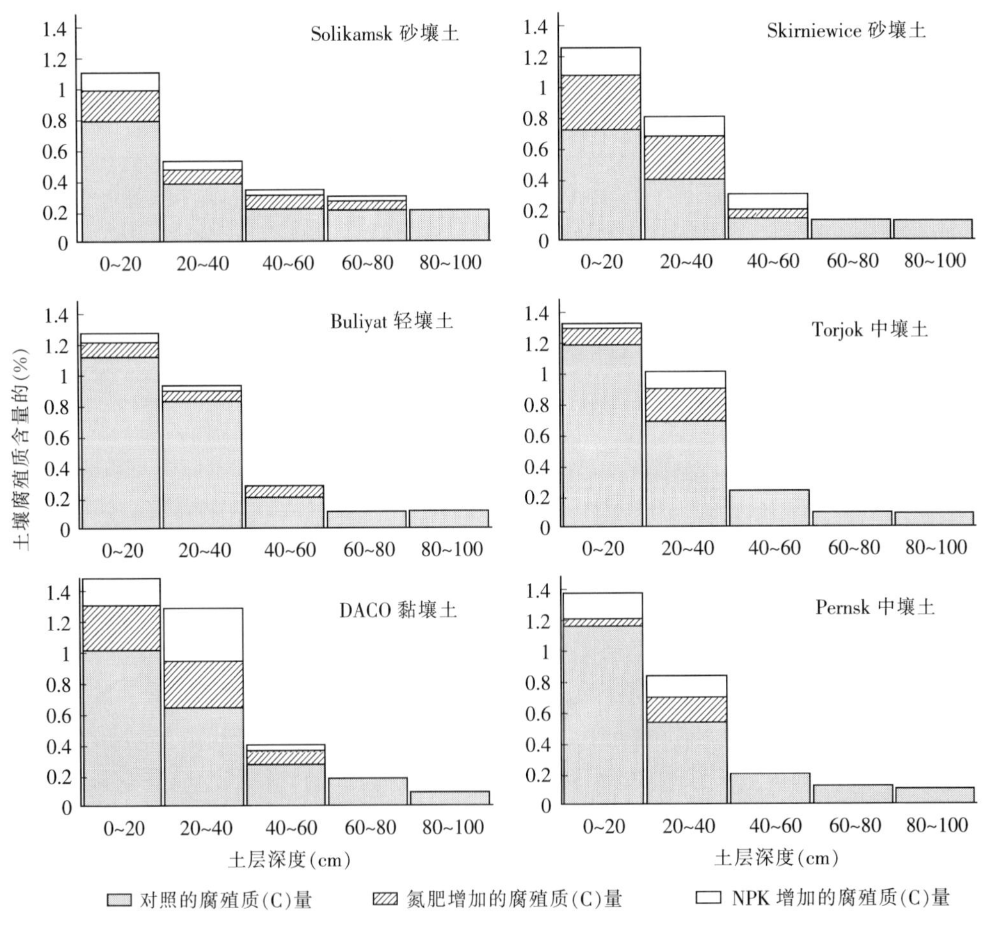

图 1　不同施肥条件下 0～100cm 土壤剖面上腐殖质含量（C,%）变化

2. 长期施肥条件下土壤腐殖质的变化　表3表明，由于试验布置于新垦荒地或开垦不久的耕地上。所以在所有处理中，土壤腐殖质的含量均随时间的延续而下降，但施肥处理下降幅度小，对照下降幅度大。按其效果的顺序为：NPK＋M（占原始土壤的96.4%～105%）＞M（66.7%～100%）＞NPK（60.2%～80.8%）＞CK（50%～79.6%）。如以同一年内各处理之间相互比较，施肥则比对照提高了土壤腐殖质含量。土壤质地不同，腐殖质亏损量差别也很大，土壤质地粗，通透性好，土壤有机质分解快，腐殖质减小也多，其减少顺序为：砂壤土（33.3%～50%）＞粉砂壤土（19.5%～20.8%）＞粉砂黏壤土和黏壤土（5.3%～28.3%）。试验前耕作状况不同，土壤腐殖质下降的程度也不一样，TCXA试验站建于生草荒地上，75年定位试验看出，所有处理前50年属土壤腐殖质下降阶段，50～60年是腐殖质稳定阶段，60年之后开始缓慢回升；而托尔若克试验站和全苏土壤肥料所试验站建在耕地上20年之后腐殖质含量即开始回升。

在同一年内，因温度的变化，土壤腐殖质含量也有变化，TCXA试验站资料看出，5～8月份各处理土壤腐殖质（C）含量最高，为0.73%～1.38%；1月份最低为0.59%～1.04%。不同施肥处理，1年内土壤腐殖质含量高峰值对照区出现在8月（0.73%～1.08%），NPK处理区为7月（0.89%～1.13%）、厩肥和厩肥＋NPK处理分别为6月和5月（0.98%～1.68%和1.15%～1.19%）。

表3　长期施肥下土壤腐殖质的变化

（%）

试验地点	测定时间	CK	NPK	NPK＋Ca	3NPK	M	M＋NPK	资料来源
TCXA（粉砂壤土）	1912	1.20	1.20	1.20	—	1.20	—	[12]
	1962	0.59	0.89	0.85	—	1.09	1.04	[12]
	1972	0.59	0.99	0.90	—	1.10	1.07	[11]
	1987	0.60	0.97	0.95	—	1.10	1.10	
	占原始土的%	50.0	80.8	79.2	—	96.7	105.8	
Solikamsk试验站（砂壤土）	1934	1.08	1.08	1.08	—	1.08	—	[4]
	1968	0.64	0.65	0.69	—	0.81	—	[4]
	1988	0.60	0.65	0.78	—	0.72	—	
	占原始土的%	55.6	60.2	72.2	—	66.7	—	
Torjok试验站（粉砂壤土）	1963	1.49	—	1.49	—	1.49	1.49	[13]
	1975	1.16	—	1.10	—	1.22	1.39	[13]
	1988	1.18	—	1.20	—	1.29	1.52	
	占原始土的%	79.2	—	80.5	—	86.6	102.0	
试验站Permsk（粉砂黏壤土）	1955	1.39	1.39	1.39	—	1.39	1.39	[14]
	1977	0.91	0.85	0.92	—	1.11	1.15	[14]
	1988	1.14	1.00	1.30	—	1.18	1.34	
	占原始土的%	82.0	71.9	93.5	—	84.9	96.4	

（续）

试验地点	测定时间	CK	NPK	NPK+Ca	3NPK	M	M+NPK	资料来源
IFAS（黏壤土）	1965	1.13		1.13	1.13	1.13	1.13	[15]
	1969	1.06		1.07	1.12	1.16	1.15	[15]
	1973	0.79		0.89	0.88	0.87	0.94	[16]
	1977	0.84		1.05	1.03	1.10	1.10	[16]
	1988	0.90		1.07	1.05	1.13	1.13	
	占原始土的%	79.6		94.7	92.9	100	100	

注：（1）试验土壤均为生草灰化土，TCXA 试验站从 1939 年开始设 NPK+厩肥处理。

（2）施肥量：TCXA 见表 2。其他为：N 50kg/hm^2，P_2O_5 60kg/hm^2，K_2O 60kg/hm^2，厩肥 10t/hm^2。

（3）除注明来源的资料，其他均为本研究测定。

3. 长期施肥对土壤腐殖质平衡的影响 根据 400 多个肥料长期定位试验的资料绘制的生草灰化土和黑钙土腐殖质多年变化的动态曲线（图 2）表明，试验开始后 7～10 年，腐殖质的变化最大。之后，土壤腐殖质化和矿质化两个过程处于动态平衡中，变化较小。在生草灰化土上．无肥对照的腐殖质含量稳定在比原始土含量低 20%的水平上；NPK 处理比原始上含量降低 15%，厩肥处理与原始含量接近；在黑钙土上，土壤腐殖质含量比较稳定，对照比原始土壤降低 15%，NPK 处理降低 12%，厩肥处理与原始土壤接近。

生草灰化土，特别是质地较轻时，若保持腐殖质无亏损平衡，需施用大量有机肥料，其用量取决于土壤腐殖质含量和增加量（ΔC）。在土壤腐殖质含量和△C 相同的情况下，土壤质地越粗，有机肥施用量越大（图 3）。在作物轮作中增加多年生牧草，可减少有机肥施用量（表 4）。在轻质生草灰化土上，无牧草的禾本科作物轮作，若保持土壤腐殖质平衡，每年需施用有厩肥 24t/hm^2，而在禾本科牧草的轮作中，只需厩肥 7t/hm^2。

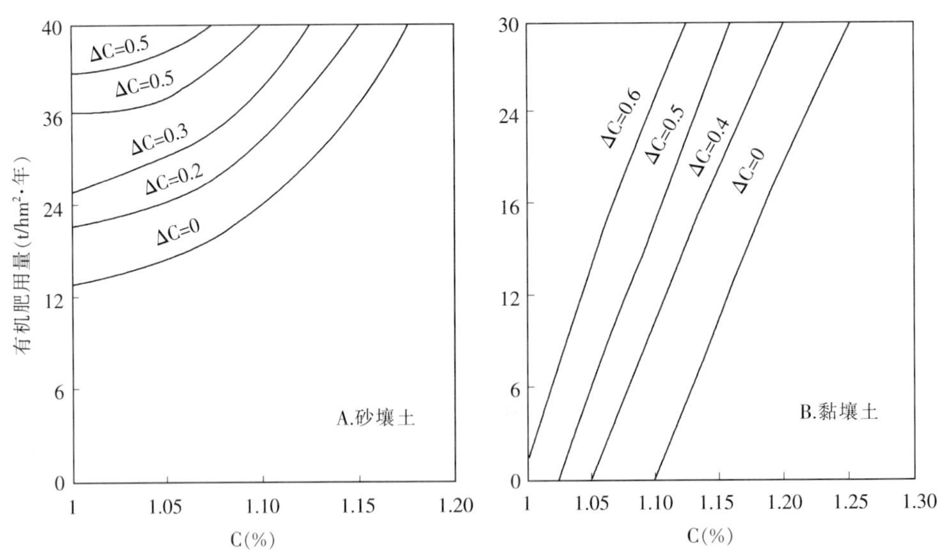

图 2 长期施肥条件下土壤腐殖质的动态

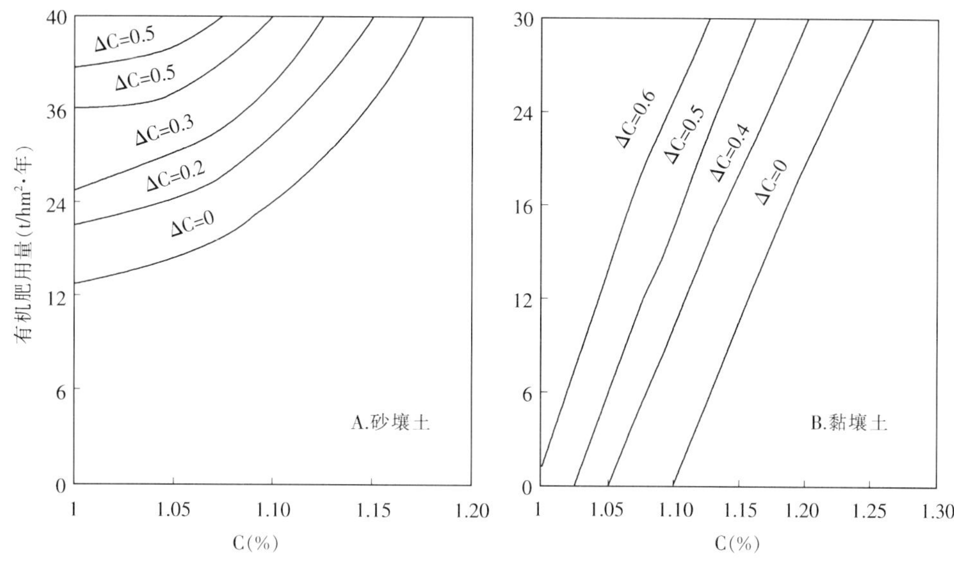

图3　生草灰化土中厩肥用量与土壤腐殖质含量的关系

表4　腐殖质良性平衡条件下轻质生草灰化土的肥料用量

轮作布局			腐殖质增长量（ΔC,%）									
			0.2		0.4		0.6		0.8		1.0	
CC	RC	PG	M	M+N	M	M+N	M	M+N	M	M+N	M	M+N
80	20	0	—	30（60）	—	48（100）	—	—	—	—	—	—
80	0	20	18	15（30）	29	26（40）	42	31（70）	—	54（55）	—	—
60	20	20	21	12（70）	33	17（70）	47	22（80）	—	38（55）	—	42（70）
55	22.5	22.5	34	16（80）	—	37（60）	—	44（85）	—	51（110）	—	—
50	30	20	—	24（60）	—	36（80）	—	43（100）	—	50（128）	—	—
40	20	40	20	13（70）	33	22（80）	48	30（90）	—	46（75）	—	50（100）
30	30	40	27	12（80）	47	21（100）	—	38（75）	—	44（98）	—	52（135）
20	40	40	43	10（100）	—	34（75）	—	39（85）	—	46（110）	—	52（156）

注：CC-禾谷类作物；RC-中耕作物；PG-多年生牧草。
厩肥用量：t/hm²；括号内为N用量kg/hm²。

施用化肥，对腐殖质平衡同样有重要作用。这是由于化肥提高了轮作周期中作物的产量，增加了进入土壤的根茬量，激活了土壤的生物活性。在禾本科与中耕作物的轮作中，为了保证腐殖质的无亏损平衡和作物高产，单独施用厩肥，需 27t/hm^2；与 NPK 配合施用，厩肥施用量可减至 7t/hm^2。可见在各种轮作制中，欲使土壤腐殖质增长，又要作物高产，单独施用厩肥不可能达到预期目标，必需有机—无机肥料配合施用。

（二）长期施肥对土壤腐殖质品质的影响

1. 对土壤腐殖质组成的影响　长期施用有机肥和化肥，不仅提高了土壤腐殖质含量，而且提高了总腐殖酸量。在3种类型土壤中，生草灰化土效果最好，灰钙土次之，黑钙土最差。在同一类型的土壤中，粉砂黏壤土和粉砂壤土的效果优于砂壤土。就施肥处理而论，厩肥+NPK>厩肥>NPK。胡敏酸含量的增加趋势与腐殖酸总量一致。而富里酸，除了生草灰化土有所增加，黑钙土和灰钙土施肥处理均未增加或略有下降。灰钙土无论施用有机肥还是化肥，其胡/富（H/F）比均有提高；生草灰化土厩肥处理H/F增加，NPK处理则下降；黑钙土变化不大（表5），对胡敏酸和富里酸的成分进行分组（表6）可看出，在所有试验土壤上，施用有机肥和化肥的处理均提高了胡敏酸组分Ⅰ的含量；腐殖酸相对迁移率（CH_1+CF_1/CH_2+CF_2）和胡敏酸相对迁移率（CH_1/CH_2）增加，特别是厩肥处理增加幅度更大；而胡敏酸组分Ⅱ含量下降。但在生草灰化土上NPK+石灰处理中，这3项指标均大幅度降低了。胡敏酸组分Ⅰ的增加和胡敏酸组分Ⅱ的减少，势必伴随着土壤酸化。由于胡敏酸组分Ⅱ与Ca^{++}离子结合减弱，促进了在水中的溶解，在灌溉定额较大或暴雨时，将增加淋失的可能性，造成耕层土壤腐殖质减少，降低土壤肥力。所以，在酸性的生草灰化土上，施用石灰的作用之一是防止腐殖质淋失。

表5　长期施肥对土壤腐殖质组成的影响

（占风干土%）

土　壤	试验地点	处　理	全C	胡敏酸	富里酸	胡敏素	H/F
生草灰化土	TCXA试验站	CK	1.35	0.40	0.46	0.49	0.86
		M	2.06	0.58	0.59	0.89	0.98
		NPK	1.41	0.41	0.49	0.51	0.83
		M+NPK	2.32	0.75	0.57	1.00	1.31
黑钙土	Mironov试验站	CK	2.44	0.75	0.30	1.38	2.40
		M	2.70	0.78	0.31	1.61	2.50
		NPK 2∶1∶2	2.44	0.76	0.34	1.34	2.20
		NPK 1∶1∶2	2.51	0.75	0.33	1.43	2.27
		1/2M+1/2NPK	2.62	0.78	0.32	1.52	2.44

注：施肥量：TCXA同表2。其他为N 120kg/hm²、P_2O_5 60kg/hm²、K_2O 60kg/hm²，厩肥10～20t/hm²。

表6　长期施肥对腐殖质酸组成的影响

（占土壤全C%）

地　点	处　理	土壤全C（%）	胡敏酸		富里酸			未水解残渣	$\frac{CH}{CF}$	$\frac{CH_1+CF_1}{CH_2+CF_2}$	$\frac{CH_1}{CF_2}$
			Ⅰ	Ⅱ	Ⅰa	Ⅰ	Ⅱ				
Solikamsk试验站（砂质生草灰化土）	CK	0.60	12.7	2.6	13.2	16.6	痕　迹	59.9	0.60	11.3	4.9
	M	0.72	13.0	1.5	7.8	21.3		59.3	0.60	22.3	8.7
	NPK	0.65	12.8	2.5	13.4	19.8		54.4	0.50	13.0	5.1
	NPK+Ca	0.78	7.6	7.8	6.9	15.6		57.2	0.70	3.0	1.0
Halle试验站（黑钙土）	CK	1.33	2.9	27.4	4.4	5.3	9.1	41.8	1.40	0.22	0.11
	M	1.65	4.1	30.5	3.3	5.6	8.1	37.4	1.66	0.25	0.13
	NPK	1.44	2.9	29.8	3.7	5.2	8.8	40.5	1.56	0.21	0.10

2. 对游离态和水溶性腐殖质的影响　按丘林分组法，游离态腐殖质属于组份Ⅰ，它对肥料的作用最敏感，最容易分解而供作物利用。表7看出，在生草灰化土上，有机肥（秸秆、厩肥）提高了游离态和水溶性腐殖物质，比对照分别增加了4%～10.2%和14.4%～50.9%。施用化肥条件下，游离态腐殖物质的积累在很大程度上取决于土壤酸度，两者呈显著负相关（r＝－0.77）。施用NPK，土壤变酸，游离态腐殖物质增加；NPK＋石灰处理，降低了土壤酸度，游离态腐殖物质含量减少，水溶性腐殖物质含量增加。在黑钙土上，施肥也可提高游离态腐殖物质的含量，但变化较小，有机肥的效果低于化肥。由此可见，无论是有机肥还是化肥，均可明显地提高水溶性腐殖物质的含量。从而缓解高浓度矿质盐的影响，在缺水的旱地土壤上可保证作物高产。

表7　长期施肥对游离态和水溶性腐殖质的影响

土　壤	地　点	处　理	0.1mol/L NaOH提取（占总C%）	与Ca^{++}结合态（占总C%）	水溶性C（mg/kg）	pH
生草灰化土	Solikamsk试验站	CK	46.7		90	4.2
		M	48.6		103	4.2
		NPK	53.8		91	4.1
		NPK＋Ca	45.0		105	4.3
生草灰化土	Skirniewice试验站	CK	39.1		125	5.2
		$(NH_4)_2SO_4$	45.8		207	3.8
		NPK＋Ca	23.2		132	6.2
黑钙土	Mironov试验站	CK	12.3	31.1	203	5.7
		M	11.5	29.2	214	6.0
		NPK	14.3	28.7	220	5.3
		1/2M＋1/2NPK	13.7	28.3	256	5.5

（三）长期施肥对土壤腐殖质亲水性的影响

有机物料中的有机质腐殖化过程大致为：有机物料→分解的亲水阶段→分解的疏水阶段→分解的离子阶段→分子阶段，即矿质化阶段。亲水胶体的特殊性质之一是胶黏性，所以，亲水的腐殖物质具有将土壤胶结为有机—矿质复合体的能力。在微生物的作用下它是结构性腐殖物质和供给植物养分的来源。土壤胶体的亲水性可根据其膨胀度或溶胶黏度的变化进行测定。

表8看出，土壤质地不同，其膨胀容积、膨胀速度常数、单位表面积和亲水常数差异较大。同为生草灰化土，多尔戈普鲁特的黏壤土，除了膨胀速度常数外，其他指标均最高；而柳别尔齐的砂质土各项指标均最低。肥料品种不同．对土壤膨胀的各项指标影响亦不一样。NPK＋石灰处理对土壤膨胀影响最大，其次是厩肥，单独施用NPK影响最小。在轻质土壤上施石灰的作用大于黏质土壤。土壤类型不同，土壤膨胀度也不同，黑钙土大于生草灰化土和灰钙土。黑钙土中大多数黏土矿物具有可扩展的晶体，施用有机肥，增加了有机—矿质复合体，提高了其亲水性（增加常数A），从而促进了土壤膨胀；施用化肥，这些矿物晶格虽

局部被破坏而降低了表面积，但黑钙土养分丰富，激发了微生物生长，对提高上壤亲水性的作用大于作物残茬中的主要成分纤维素。所以，黑钙土各项膨胀指标均大于生草灰化土。

表 8　施肥对土壤膨胀特性的影响

土　壤	地　点	处　理	OM	$K\times10^{-2}$	q	S	A
生草灰化土	TCXA（粉砂壤土）	CK	57	21.9	0.67	33.4	1.71
		M	65	25.5	0.81	39.8	1.63
		NPK	60	23.0	0.76	37.5	1.60
		NPK+Ca	89	24.9	0.92	45.3	1.96
黑钙土	Mironov 11 区轮作（粉砂壤土）	CK	127	13.1	2.18	107.8	1.18
		M	134	11.5	2.22	109.7	1.22
		NPK	150	13.3	1.82	90.0	1.67

注：QM—膨胀容积，K—膨胀速度常数，q—土壤吸水量（g/100g 干土），S—表面积（m^2/g），A—常数。

（四）长期施肥对腐殖酸物理化学特性的影响

腐殖质的作用，在很大程度上取决于腐殖酸表面大量功能团的含量。胡敏酸的功能团有羧基、甲氧基等，不仅决定了其化学反应的能力，而且是土壤有机质腐殖化程度的重要指标。

胡敏酸化学元素分析表明（表 9），长期施肥胡敏酸中元素组成发生较大变化，碳量减少，氢增加，H/C 比例值提高。说明长期施肥土壤中脂肪族化合物增加，它们更多地参与了土壤胡敏酸分子的构成。

表 9　长期施肥条件下胡敏酸物理化学特性的变化

土　壤	地　点	处　理	H/C	$-OCH_3$		
				占无灰物质%	占总 C%	增加%
生草灰化土	Solikamsk 试验站	CK	1.87	0.89	1.48	100
		M	1.89	1.54	2.13	173
		NPK	1.93	1.42	2.19	160
		NPK+Ca	1.86	1.30	1.67	146
	Skirniewice 试验站	CK	1.79	1.04	2.26	100
		NPK	2.11	2.10	4.38	202
		NPK+Ca	1.90	2.05	3.66	197
		M（$60t/hm^2$）	3.06	4.30	2.40	413
黑钙土	Mironov 试验站	CK	—	0.92	0.37	100
		M	—	1.44	0.55	132
		NPK	—	1.36	0.58	107
	Hatle 试验站	CK	1.38	1.45	1.61	100
		M	1.57	2.58	1.72	177
		NPK	1.53	1.83	1.66	126

在土壤有机质胡敏化过程中，如果羧基含量提高，甲氧基含量必然减少，则胡敏化程度

提高。表 9 还看出，生草灰化土施肥处理甲氧基含量比对照增加，最多达 1～3 倍；黑钙土增加幅度较小。肥料品种下同，其效果迥然不同。在生草灰化土上，有机肥效果最好，化肥次之；而黑钙土有机肥与化肥的差异小。在同一类型土壤上试验土壤的基础不一样，甲氧基含量也有变化。在生草灰化土上，斯凯尔涅维采试验站粉砂质土壤胡敏酸甲氧基含量最高，多尔戈普鲁特市普良尼释尼柯夫农化试验站的黏壤土中甲氧基含量最低。原因在于斯凯尔涅维采试验站土壤熟化度较高，而后者建于砍伐后的生草荒地上。同样是黑钙土，哈雷试验站土壤胡敏酸甲氧基相对含量与生草灰化土接近（1.61%～1.72%），可能是该土壤腐殖质含量较低（0.9%～1.5%）的缘故。

三、结　　论

1. 与对照相比长期而连续地施用有机肥和化肥对土壤腐殖质积累均有良好的作用，其效果主要集中于 0～60cm 土层，60cm 以下土层施肥效果不明显。

2. 在不同类型的土壤上，施用有机肥和化肥，均明显地提高了腐殖质活性部分（组分Ⅰ）、水溶性腐殖物质和甲氧基功能团的含量，增加了土壤腐殖质的亲水性和亲水常数 A，但黑钙土不如生草灰化土显著。长期而持续地施用 NPK，与 Ca^{++} 离子结合的胡敏酸组分Ⅱ含量降低，在灌水定额大时，有可能增加淋失量，造成土壤耕层腐殖质含量减少，降低土壤肥力，应予以重视。

长期施肥条件下土壤养分的动态和平衡Ⅱ：对土壤氮的有效性和腐殖质氮组成的影响

土壤中氮化合物的转化与腐殖质的转化密切相关。前人的研究证明，长期施肥条件下，腐殖质和土壤有机氮的变化同步进行。所以，腐殖质的 C/N 值很少改变 。土壤耕作层中有机态氮占总氮量的 90%以上，100 多年以前 Detmer 提出土壤有机态氮中有相当一部分为蛋白质氮。之后，国内外众多学者研究了各种土壤中有机氮的组分、比例及其有效性，得出了很有价值的结果。然而，所涉及的有机氮均为可被 6mol/L HCl 水解的那部分氮。国外不少著名的腐殖质化学家虽然对腐殖质进行了大量的研究，却很少研究腐殖质中未被盐酸水解的残渣氮，往往把这部分氮列入非酸解性氮或未知态氮。本文将探讨长期施肥条件下土壤氮的有效性和腐殖质氮的形态、分布，并对腐殖质中酸解未知态氮和非酸解性残渣氮进行讨论。

一、材料与方法

（一）试验土壤

选择黑钙土、生草灰化土和脱碱土。在研究土壤腐殖质氮的组成时，用无肥对照与施肥

原载于 1996 年第 1 期《植物营养与肥料学报》。

处理相比较，显然是不合理的。因此，本研究选用所取土样的肥料长期定位试验站的荒地作为对照。土壤的农化特性和施肥状况参见“长期施肥条件下土壤养分的动态和平衡的研究Ⅰ：对土壤腐殖质积累及其品质的影响”一文。

（二）盆栽试验

选用季米里亚农学院（TCXA）和柳别尔采（Liuberec）长期定位试验的生草灰化土0～20cm耕层土壤。试验分为施用堆肥和未施堆肥两组。未施堆肥而以PK为基肥的试验表明植物最大限度地从土壤中吸取有效氮；堆肥与PK一起作基肥，可激发土壤氮的有效性。盆钵装土量3kg，按1∶1掺混石英砂。所有处理每盆施P_2O_5和K_2O各0.2kg；在NPK处理中每盆施N 0.2kg。供试作物为大麦。

（三）测定方法

土壤的矿化能力：称取10g土壤置于培养皿中，湿度为田间持水量的60%，于28℃恒温室中培养30d，测定土壤氮的矿化量。

土壤全氮用凯氏法，水解氮用丘林—科诺诺娃法。其中用6mol/L HCl浸提，称为酸解氮，用4mol/L NaOH浸提称为碱解氮。土壤腐殖质中胡敏酸和富里酸的分离按科诺诺娃—别尔切科娃法。腐殖物质的水解用6mol/L HCl在封口的安倍瓶中进行，温度110～120℃，水解20h；胡敏酸表层氮水解按Orlov法。用6mol/L HCl在安倍瓶中水解10h；胡敏酸核心氮用差减法求得。由酰胺中释放出来的铵态氮用加MgO方法蒸馏；氨基酸氮用加pH11.2的磷酸—硼砂缓冲液蒸馏。氨基酸态氮的测定方法为：在酸解溶液中加NaOH调节pH，然后加柠檬酸和茚三酮，再加磷酸—硼砂缓冲液，用6mol/L NaOH蒸馏。胡敏酸中杂环化合物氮用Dinm提出的高锰酸钾碱性溶液提取。不为高锰酸钾溶液氧化的残渣用95%的乙醇溶解多次，并在70℃水浴上蒸发浓缩至10ml左右，与浓硫酸共同蒸煮，把有机结合态氮转化为硫酸铵，用6mol/L NaOH碱化并蒸馏，所测定氮为苯系芳香族化合物氮。非苯系芳香族化合物氮用非酸解性残渣氮减去杂环化合物氮和苯系化合物氮求得。

二、结果与讨论

（一）长期施肥对土壤氮积累的影响

长期施用有机肥、化肥或两者配合施用，均提高了土壤中的全氮量、碱解氮量和作物吸收的氮量，但不同类型土壤、不同土壤质地和肥料品种，其效果相差很大。总的趋势是，生草灰化土的施肥效果大于黑钙土。在同一土类中，砂壤土的效果大于粉砂壤土。黑钙土养分含量丰富，即使是对照区全氮含量也达1.41～2.26g/kg、碱解氮156～163mg/kg，与相同土壤质地的生草灰化土相比，高出1.3～2.8倍和1.2～2倍。所以，对肥料的反映较迟钝。其中全氮含量仅增加2.2%～11.3%，碱解氮增加3.85%～14.11%，作物吸收氮增加1.7%～29.73%。生草灰化土由于土壤有机质和氮含量均少，施肥效果较好，上述3项的含量分别增加了9.5%～50%、6.7%～58.5%和12.8%～57.10%。有机肥与化肥配合施用的效果（作物吸收氮增加了40.3%～57.1%）>有机肥（增加31.9%～44.9%）>化肥（增加12.8%～28.6%）（表1）。

表 1　长期施肥对土壤有效 N 含量的影响

土　壤	地　点	处　理	全 N (%)	碱解 N (mg/kg)	比对照增加 (%)	作物吸收 N (mg/kg)	比对照增加 (%)
黑钙土	Mironov	CK	0.226	156	—	59	—
		M	0.231	162	3.85	65	10.17
		NPK	0.230	166	6.41	69	16.95
		M+NPK	0.231	162	3.85	60	1.69
	Belocerkov	CK	0.141	163	—	74	—
		M	0.148	175	7.36	86	16.22
		NPK	0.145	181	11.04	88	18.92
		M+NPK	0.157	180	14.11	96	29.73
生草灰化土	Liuberec	CK	0.042	53	—	49	—
		M	0.063	84	58.49	71	44.90
		NPK	0.046	69	30.19	63	28.57
		M+NPK	0.071	75	41.51	77	57.14
	Salikam	CK	0.059	60	—	47	—
		M	0.073	72	20.0	62	31.91
		NPK	0.066	64	6.67	53	12.77
		M+NPK	0.083	67	11.67	66	40.43

选择两种土壤质地不同的生草灰化土在好气条件下培养 30d（28℃）。结果表明，TCXA 粉砂壤土上，NPK 处理中的酸解氮和无机氮（NO_3^-－N+NH_4^+－N）的增加量高于其他处理，分别比对照增加 22.2%和 25.0%。柳别尔采砂壤土的施肥效果明显高于 TCXA 的粉砂壤土。厩肥与氮肥配合处理对全氮、酸解氮和矿质氮积累影响最大，分别比对照增加了 66.7%～69%、54.7%～71.7%和 105.2%～110.5%；其次是厩肥处理，分别增加了 50%、58.6%和 84.2%；化肥处理位居第 3，分别增加了 11.9%～16，7%、30.2%～32%和 92.1%～97.4%（表 2）。

表 2　长期施肥对土壤氮积累的作用

土　壤	处　理	全 N (%)	比对照增加 (%)	酸解 N (mg/kg)	无机 N 积累（mg/kg）	
					NO_3^- +NH_4^+	比对照增加（%）
粉砂壤土 TCXA	CK	0.091	—	72	52	—
	M	0.096	5.49	76	59	13.46
	NPK	0.094	3.30	88	65	25.0
	NPK+Ca	0.111	21.98	72	63	21.5
砂壤土 Liuberec	PK（CK）	0.042	—	53	38	—
	PK+M	0.063	50.0	84	70	84.21
	PK+$NaNO_3$	0.047	11.90	70	75	97.37
	PK+（NH_4)$_2SO_4$	0.049	16.67	69	73	92.10
	PK+M+$NaNO_3$	0.071	69.05	91	80	110.53
	PK+M+（NH_4)$_2SO_4$	0.070	66.67	82	78	105.26

(二) 长期施肥对土壤氮有效性的影响

长期施肥的土壤，氮的有效性较高，植物吸收的氮量较多。第 1 年的盆栽试验表明，TCXA 土壤的施肥处理中，植物比对照多吸收了 9.7%～21.5%的氮；柳别尔采土壤的植物多吸收了 23.6%～47.5%氮，这种差别一直保持至第 3 年（表 3）。3 年累计，在粉砂壤土上，施肥处理的大麦比对照多吸收了 35.5%～47.4%的氮；在砂壤土上，多吸收了 25.7%～46.2%的氮。在所有的试验处理中施用堆肥，激发了土壤氮化合物的有效性，3 年期间，所有施肥处理大麦的产量和吸收的氮量均高于对照，特别是施用厩肥和厩肥与化肥配合的处理，生物量分别比对照增加了 27.5%～28.1%和 41%～52.4%；植株吸收氮量分别增加了 25.7%～35.5%和 46.2%～47.4%。总的趋势是粉砂壤土的效果大于砂壤土。在上述两种土壤上，施用不同的肥料和施用量，肥料氮的利用率也不一样。用 ^{15}N 标记硫铵和 ^{15}N 标记兔粪的盆栽试验结果（表 4）表明，粉砂壤土肥料氮当年的利用率高于砂壤土：在同一种土壤上，肥料氮施用量越大，其利用率越低。有机肥氮与化肥比较，化肥氮当年利用率高于有机肥料氮；有机肥与化肥配合施用，其利用率低于分别单施，但均比对照高。由于经过长期的试验，对照无论有机质含量还是其他养分含量均亏损较大，虽然对照施了等量的氮，因养分不平衡，氮的利用率仍然较低。

表 3 土壤氮的有效性（盆栽，1987—1989）

处 理		植株干重[1]（g/kg 土）	植株吸 N 量[1]（mg/kg 土）	3 年累计 植株干重（g/kg 土）		3 年累计 植株吸 N 量（mg/kg 土）	
				M[2]	－M	M	－M
TCXA	CK	14.8	127.8	40.4	39.5	425.6	395.4
	M	15.7	140.2	49.5	48.0	570.5	535.7
	NPK	15.3	150.0	47.0	45.8	600.0	565.5
	NPK＋M	17.5	155.3	56.5	55.0	626.8	582.8
Liuberec	CK	15.8	163.5	50.4	47.7	480.3	468.5
	PK＋M	16.0	202.0	58.8	56.5	615.5	585.0
	NPK	18.8	227.6	62.6	60.8	690.7	659.8
	NPK＋M	21.4	241.2	68.0	65.5	731.8	680.7

1）1987 试验结果，2）M 代表有机肥。

表 4 不同肥料和用量对肥料氮利用率的影响（1990）

土 壤	处理	施 N 量（kg/hm^2）	植物吸 N 量（kg/hm^2） 总 量	从肥料	%	从土壤	%	肥料 N 利用率%
砂壤土 Sudogod	CK	60	53.6	14.1	26.31	39.8	73.69	23.5
	$N_{50}P_{50}K_{50}$	60	72.6	16.7	23.0	55.9	77.0	27.83
	$N_{100}P_{100}K_{120}$	120	81.6	27.5	33.7	54.1	66.3	22.92

（续）

土 壤	处理	施N量（kg/hm²）	植物吸N量（kg/hm²）					肥料N利用率%
			总 量	从肥料	%	从土壤	%	
粉砂壤土 Torjok	CK	40	108.4	18.7	17.25	89.7	82.75	46.75
	M	40	159.1	20.9	13.14	138.2	86.86	52.25
	$N_{60}P_{60}K_{60}$	40	155.4	22.7	14.61	132.7	85.39	56.75
	$N_{180}P_{180}K_{180}$	120	222.5	63.7	28.63	158.8	71.73	53.08
	$M+N_{180}P_{180}K_{180}$	120	188.8	59.4	31.46	129.4	68.53	49.50

注：1）盆栽试验按原长期定位试验处理，土壤为生草灰化土。

2）^{15}N标记硫铵的^{15}N丰度为95.0%，^{15}N标记兔粪的^{15}N丰度为15.81%，含N3.27%。

（三）长期施肥对腐殖质氮形态的影响

1. 腐殖质水解产物中氮的组成和含量 研究结果（表5）表明，3种类型土壤以黑钙土腐殖质氮含量最高，比其他两种土壤高1～3倍。荒地开垦后，施用有机肥和化肥均提高了土壤腐殖质的含量，脱碱土增加最多（22.7%～23.7%），生草灰化土次之（15.5%～19.3%），黑钙土最少（6.2%～8.1%）。胡敏酸和富里酸水解氮在各土壤中的绝对含量差别很大，若用占胡敏酸氮或富里酸氮的百分率表示，各类型土壤之间差异较小，但荒地与施肥土壤之间的差异较大。荒地垦植后，胡敏酸水解氮的相对含量减少，3种土壤虽然减少的数量不同，但趋势一致，分别比荒地减少了2.4%～4.8%，黑钙土减少最多。富里酸水解氮相对含量略有增加，其增加顺序为：脱碱土（2.8%～3.2%）＞生草灰化土（1.9%～2.1%）＞黑钙土（0.5%～0.9%）。胡敏酸和富里酸水解难易程度不同，富里酸氮易被6mol/LHCl水解，水解氮占富里酸氮的71.4%～74.2%；胡敏酸氮比较稳定，水解氮占胡敏酸氮的39.9%～44.8%。在黑钙土中，胡敏酸水解氮的绝对含量远远大于富里酸，前者比后者高1～2倍；生草灰化土和脱碱土正好相反，胡敏酸水解氮低于富里酸水解氮含量。

表5 腐殖质水解产物中氮含量

项 目		黑钙土			生草灰化土			脱碱土		
		荒 地	NPK	M	荒 地	NPK	M	荒 地	NPK	M
胡敏酸	含量（%）	0.75	0.76	0.78	0.24	0.25	0.23	0.13	0.14	0.14
	胡敏酸N（mg/kg）	353	345	359	108	119	110	55	60	58
	占胡敏酸（%）	4.71	4.54	4.60	4.50	4.76	4.78	4.23	4.20	4.14
	水解N（mg/kg）	155	135	140	59	51	48	26	26	26
	占胡敏酸N（%）	43.91	39.13	39.00	46.30	42.86	43.63	47.27	43.33	44.83
	非水解N（mg/kg）	198	210	219	58	68	62	29	34	32
	占胡敏酸N（%）	56.09	60.87	61.00	53.7	57.14	56.36	52.73	56.67	55.17

（续）

项　目		黑钙土			生草灰化土			脱碱土		
		荒　地	NPK	M	荒　地	NPK	M	荒　地	NPK	M
富里酸	含量（%）	0.30	0.34	0.31	0.40	0.40	0.38	0.16	0.17	0.17
	富里酸 N（mg/kg）	80	115	109	105	135	136	42	59	62
	占富里酸（%）	2.67	3.38	3.52	2.63	3.38	3.58	2.63	3.51	3.05
	水解 N（mg/kg）	58	84	80	75	99	100	30	44	46
	占富里酸 N（%）	72.5	73.04	73.39	71.43	73.33	73.53	71.43	74.58	74.19
	非水解 N（mg/kg）	22	31	29	30	36	36	12	15	16
	占富里酸 N（%）	27.5	26.96	26.61	28.57	26.67	26.47	28.57	25.42	25.81

2. 腐殖酸水解氮的组成　在腐殖酸的水解产物中，氨基氮的含量高于铵态氮，氨基氮的比例占2/3～3/4；铵态氮占1/4～1/3。在黑钙土中，胡敏酸氨基氮含量比富里酸高1～2倍；在生草灰化土和脱碱土中，胡敏酸氨基氮含量低于富里酸，这与腐殖酸水解氮的分布规律相吻合。如果按占水解氮的百分率计算，胡敏酸氨基氮为69.2%～75.0%，富里酸氨基氮为60%～65.5%。相对而言，富里酸中铵态氮含量较多，这是由于富里酸中不稳定化合物含量较多的缘故。荒地开垦后，施肥可减少富里酸中铵态氮的比例（0.7%～4.4%），但提高氨基氮的比例。不同的土壤中，生草灰化土施肥效果最大，其次是黑钙土，脱碱土最小。施用NPK化肥的处理，无论在哪种土壤上，富里酸铵态氮比例减少的数量均高于有机肥处理，其原因在于残留于土壤中的化肥氮进人腐殖质后，有40%～42%是以与R_2O_3和黏土矿物结合态存在的，很难被6mol/L HCl水解，而有机肥氮只有30%～35%以这种形态存在，低于化肥氮。施肥对胡敏酸中铵态氮含量的影响取决于土壤肥力，在高肥力的黑钙土上，铵态氮占水解氮的比例略有下降，在低肥力的生草灰化土和脱碱土上稍有增加，肥力越低，增加更多些（表6）。以上结果表明，荒地开垦后，所施用的有机肥和化肥中的氮直接或间接地参与了土壤腐殖质表层键的更新，从而改变了撩荒地腐殖质的水解氮量和铵态氮与氨基氮的比例。根据Kononova和Aleksandrova、Bromnerr等的研究，胡敏酸水解化合物中铵态氮占胡敏酸氮量的10%～16%。Stevensonl认为，富里酸水解产物中铵态氮占水解氮量的30%～40%，本研究与他们的研究结果相近。

表6　腐殖质水解氮的组成

项　目			黑钙土			生草灰化土			脱碱土		
			荒　地	NPK	M	荒　地	NPK	M	荒　地	NPK	M
胡敏酸	铵态 N	含 N 量（mg/kg）	41.00	35.00	35.00	13.00	14.00	13.00	7.00	8.00	8.00
		占胡敏酸 N（%）	11.60	10.14	9.75	12.04	11.76	11.82	12.73	13.33	13.78
		占水解 N（%）	26.45	25.93	25.00	26.00	27.45	27.08	26.92	30.77	30.77
	氨基 N	含 N 量（mg/kg）	114.00	110.00	105.00	37.00	37.00	35.00	19.00	18.00	18.00
		占胡敏酸 N（%）	32.29	28.99	29.25	34.26	31.09	31.82	34.54	30.00	31.03
		占水解 N（%）	73.55	74.07	75.00	74.00	72.55	72.92	73.08	69.23	69.23

（续）

项　目			黑钙土			生草灰化土			脱碱土		
			荒　地	NPK	M	荒　地	NPK	M	荒　地	NPK	M
富里酸	铵态 N	含 N 量（mg/kg）	23.00	29.00	29.00	31.00	34.00	36.00	12.00	16.00	17.00
		占富里酸 N（%）	29.75	25.22	26.61	29.52	25.19	26.47	28.57	27.12	27.42
		占水解 N（%）	39.66	34.52	36.25	41.33	34.34	36.00	40.00	36.36	36.96
	氨基 N	含 N 量（mg/kg）	35.00	55.00	51.00	44.00	65.00	64.00	18.00	28.00	29.00
		占富里酸 N（%）	43.75	47.83	46.78	41.90	48.15	47.06	42.86	47.46	46.77
		占水解 N（%）	60.34	65.48	63.75	58.67	65.66	64.00	60.00	63.64	64.04

3. 非水解残渣氮的组成　根据 Orlov，的研究，非水解残渣氮全部是芳香族化合物，它的最基本特点是环状的，常见的有五员、六员环或七员环。由于氢化热和燃烧热低，不起通常不饱和化合物特有的加成反应，而像苯那样起亲电取代反应。所以，腐殖质中的碳、氮更新均是亲电取代反应。为了测定非水解残渣各组分中的氮量，按照芳香族化合物的性质和分子结构将其分为 3 类，即杂环化合物、非苯系化合物和苯系化合物。这 3 类化合物的性质共性很多，但差异也很大。杂环化合物是芳香族化合物的中间产物，是氧基团的取代基，易被高锰酸钾碱性溶液氧化，饱和五员环和六员环杂环化合物在波长 200nm 以上没有吸收带，而芳香族化合物才有吸收。苯系和非苯系芳香族化合物不被高锰酸钾碱性溶液氧化。所以，可首先提取杂环化合物氮。苯系化合物溶于乙醇，非苯系化合物不溶于乙醇，当然，一部分杂环化合物也溶于乙醇，由于已被分离，可不予考虑。此外，苯系氮化合物和非苯系氮化合物对光谱的吸收有差别，苯系化合物包括苯、取代苯和缩合环苯系含氮化合物，苯的强吸收带为 180～184nm，取代苯为 204～272nm，缩合环苯系化合物为 480～580nm；非苯系芳香族含氮化合物在 230～700nm 段有几个强吸收带，如芳庚酚酮及其衍生物在 220～270nm 和 290～400nm 有吸收；薁及其衍生物在 270～280nm 有强吸收带。根据它们对紫外和可见光的吸收性质可加以区分。表 7 结果表明，在胡敏酸未水解残渣中，杂环化合物氮占37.5%～52.5%，非苯系化合物氮占 10.6%～26.7%，苯系化合物氮占 31%～35.2%，以杂环化合物氮含量最高。不同的土壤含量也不一样，黑钙土大于生草灰化土和脱碱土。荒地开垦后在施肥的影响下，在非水解氮的组成中杂环氮化物的比例减少，苯系和非苯系氮化物增加，这意味着一部分杂环氮转化为非苯系和苯系化合物氮。从表 7 中还可看出，在 3 种不同的土壤中，荒地的苯系化合物氮处于同一数量级的水平上（31%～34.8%）。众所周知，这 3 种不同类型土壤的背景、发生学特征和演化过程完全不一样，土壤肥力也相差很大，然而苯系化合物氮的比例却相差不多。这可以认为，苯系化合物是土壤腐殖质最核心的组成成分，尽管土壤类型不同，“腐殖质核”中的碳、氮含量是相对稳定的。有不少肥料长期定位试验已有 100 多年的历史，但对照的产量、土壤腐殖质和氮含量下降至一定的水平后基本稳定，从另一个侧面证明了土壤腐殖质“核”的相对稳定性。

在土壤有机质或腐殖质水解过程中，有一类氮化物尚未被认识，过去，学者们把它列为酸解未知态氮。Bremner 认为，这类氮化物为类黑素氮，或称氨基酸缩合氮。它并不是腐殖质非水解残渣的固定组成成分，而是在酸解的影响下生成的。土壤有机质或腐殖质中含有大量的碳，特别是与糠醛联结的氨基酸（例如色氨酸），在水解过程中，由于温度的不均匀性，氨基酸发生缩合作用，生成溶胶状的产物。测定结果（表 7），氨基酸缩合氮含量并不高，占非水解残渣氮的 2%～3.2%。其绝对含量以黑钙土最高，生草灰化土次之，脱碱土最低，与土壤胡敏酸含量多少趋势吻合。

表 7　胡敏酸非水解氮各组分的含量

项　目		黑钙土			生草灰化土			脱碱土		
		荒　地	NPK	M	荒　地	NPK	M	荒　地	NPK	M
杂环化合物	含 N 量（mg/kg）	104	98	100	26	26	24	13	13	12
	占胡敏酸 N（%）	29.46	28.41	27.86	24.07	21.85	21.82	23.64	21.67	20.69
	占非水解 N（%）	52.52	47.14	45.66	44.83	38.23	38.71	24.83	38.24	37.50
非苯系化合物	含 N 量（mg/kg）	21	32	41	11	17	16	6	9	8
	占胡敏酸 N（%）	5.95	9.28	11.42	10.19	14.29	14.55	10.91	15.00	13.79
	占非水解 N（%）	10.61	15.24	18.72	18.97	25.00	25.81	20.69	26.47	25.00
苯系化合物 N	含 N 量（mg/kg）	69	74	72	19	23	20	9	11	11
	占胡敏酸 N（%）	19.55	21.45	20.06	17.59	19.33	18.18	16.36	18.33	18.97
	占非水解 N（%）	34.85	35.24	32.88	32.76	33.82	32.26	31.03	32.35	34.38
类黑素 N	含 N 量（mg/kg）	4	4	6	2	2	2	1	1	1
	占胡敏酸 N（%）	1.13	1.74	1.67	1.85	1.68	1.82	1.64	1.67	1.72
	占非水解 N（%）	2.02	2.86	2.74	3.45	2.94	3.23	3.45	2.94	3.13

4. 胡敏酸外层和核心部分氮的分布　进一步测定胡敏酸外层和核心部分氮的含量（表 8）看出，外层氮约占胡敏酸氮的 1/3，核心氮约占 2/3。用衍射光谱分析，外层氮含量比用 6mol/L HCl 水解的高，可能是由于 HCl 水解的仅是表层氮，衍射光谱测定的层次更深些，但趋势是一致的，均是核心氮含量大于表层。土类之间差别较大，黑钙土含量最高，外层氮比生草灰化土和脱碱土高 1.6～6.5 倍，核心氮高 2.0～5.5 倍，但在胡敏酸中占的比例，3 种类型的土壤基本相近。施用有机肥和化肥，在 3 种类型的土壤上，表层氮增加，核心氮略有下降。由此说明，施肥对土壤腐殖质氮的更新主要发生在表层，与施用有机肥和化肥对土壤腐殖质更新的规律是一致的。

表 8　胡敏酸氮的分布

项　目		HCl 水解				衍射光谱分析			
		外　层		核　心		外　层		核　心	
		含 N 量（mg/kg）	占胡敏酸 N（%）	含 N 量（mg/kg）	占胡敏酸 N（%）	含 N 量（mg/kg）	占胡敏酸 N（%）	含 N 量（mg/kg）	占胡敏酸 N（%）
黑钙土	荒　地	118	33.43	235	66.57	138	39.09	215	60.91
	NPK	120	34.78	225	65.22	145	42.03	200	57.97
	M	127	35.38	232	64.62	161	44.85	198	55.15

（续）

项目		HCl 水解				衍射光谱分析			
		外层		核心		外层		核心	
		含 N 量 (mg/kg)	占胡敏酸 N (%)	含 N 量 (mg/kg)	占胡敏酸 N (%)	含 N 量 (mg/kg)	占胡敏酸 N (%)	含 N 量 (mg/kg)	占胡敏酸 N (%)
生草灰化土	荒地	38	35.19	70	64.82	45	41.67	63	58.33
	NPK	46	38.66	73	61.34	56	47.06	63	52.94
	M	42	38.18	68	61.82	54	49.09	56	50.91
脱碱土	荒地	17	30.91	38	69.09	22	40.00	33	60.00
	NPK	21	35.00	39	65.00	26	43.33	34	56.67
	M	22	37.93	36	62.07	25	43.10	33	56.90

三、结　　论

1. 长期施用有机肥、化肥或两者配合均提高了土壤中的全氮、碱解氮和作物吸收氮量。室内好气培养结果，粉砂壤土的 NPK 处理水解氮和无机氮（NO_3^- －N＋NH_4^+ －N）增加量高于有机肥和有机无机配合处理；砂壤土上，有机无机配合处理效果最佳。

2. 长期施用有机肥和 NPK 化肥提高了土壤氮的有效性，其后效可保持至第 3 年。3 年累计，效果最好的是厩肥＋NPK 处理，大麦的生物量和吸收氮量比对照分别增加了 41%～52.4%和 46.2%～47.4%。肥料品种和施用量不同，肥料氮当年利用率相差很大。等 N 量条件下，NPK 化肥高于有机肥和有机无机配合，粉砂壤土高于砂壤土，施肥量越大，氮利用率越低。

3. 有机肥和化肥氮施入土壤后，土壤腐殖质的胡敏酸氮减少，富里酸氮增加。富里酸氮易被 6mol/LHCl 水解，水解氮占富里酸氮的 71.4%～74.2%；胡敏酸氮比较稳定，水解氮占胡敏酸氮 40%～45%。

4. 在水解氮中，氨基氮含量高于铵态氮，其比例为 2/3～3/4，铵态氮占 1/4～1/3。相对而言，富里酸铵态氮比例大于胡敏酸。荒地开垦后施肥可减少富里酸中铵态氮的比例，但提高氨基氮的比例。其中 NPK 处理富里酸铵态氮减少量高于有机肥处理。

5. 非水解残渣氮由杂环化合物氮、非苯系化合物氮和苯系化合物氮组成，占非水解氮的比率分别为 37.5%～52.5%、10.6%～26.7%和 31%～35.2%，以杂环氮含量最高。长期施用有机肥和化肥，杂环氮比例减少，苯系和非苯系化合物氮比例增加。研究表明，酸解未知态氮为类黑素氮或称氨基酸缩合氮，不是非水解氮的成分，而是与糠醛联结的氨基酸在水解过程中缩合的产物。

6. 胡敏酸表层氮占 1/3 左右，核心氮占 2/3 左右。施用有机肥和化肥，胡敏酸表层氮增加，核心氮含量降低，说明施肥对胡敏酸氮有活化作用。

长期施肥对土壤有机氮组成与分布的影响

一、试验材料与方法

（一）供试土壤

1. 湖南祁阳红壤监测基地 试验设休闲（不耕作、不施肥、不种作物）、对照（不施肥）、N、NP、NK、PK、NPK、M、M+NPK、1.5（M+NPK）、S（秸秆）+NPK、M+NPK（种植方式2：小麦—大豆或甘薯）共12个处理，不设重复。氮、磷、钾、有机肥分别采用尿素、过磷酸钙、氯化钾和猪粪，施肥量分别是：纯N，小麦90kg/hm^2，玉米210kg/hm^2；P_2O_5，小麦45kg/hm^2，玉米105kg/hm^2；K_2O，小麦30kg/hm^2，玉米75kg/hm^2；有机肥小麦常量施用12 300kg/hm^2，M处理施用18 000kg/hm^2，玉米常量施用29 400kg/hm^2，M处理施用42 000kg/hm^2；秸秆用当季作物秸秆，一半还田。无机有机肥混施处理中无机N与有机N的比例大约是3∶7。未作说明的处理均为种植方式1（玉米—小麦）。

2. 重庆北碚紫色土监测基地 试验设休闲（不耕作、不施肥、不种作物）、对照（不施肥）、N、NP、NK、PK、NPK、S（秸秆）、M+NPK、S+P（NK）Cl、S+1.5（NPK）、S+NPK、M+NPK［种植方式2：中稻—再生稻—小麦→中稻—油菜（2年5茬轮作）］共13个处理，不设重复。氮、磷、钾、有机肥分别采用尿素、二铵、氯化钾和猪粪，施肥量分别是：纯N，135～150kg/hm^2（小麦135kg/hm^2，水稻150kg/hm^2）；P_2O_5，60～75kg/hm^2；K_2O，60～75kg/hm^2；处理M+NPK有机肥施用量为22 500kg/hm^2，秸秆施用量7 500kg/hm^2。1996年以前每季作物无机氮素施用量均为150kg/hm^2，S、S+P（NK）Cl、S+1.5（NPK）有机肥（猪粪）的施用量为22 500kg/hm^2，秸秆施用量为7 500kg/hm^2。未作说明的处理均为种植方式1（水稻—小麦）。

3. 北京昌平褐潮土监测基地 试验设休闲（不耕作、不施肥、不种作物）、对照（不施肥）、N、NP、NK、PK、NPK、M+NPK、1.5M+NPK、S（秸秆）+NPK、NPK（种植方式2：小麦—玉米→小麦—大豆）、NPK（节水1/3）、$N_{过}$PK共13个处理，不设重复。氮、磷、钾、有机肥分别采用尿素、过磷酸钙、氯化钾和猪粪，施肥量分别是：纯N，150kg/hm^2；P_2O_5，75kg/hm^2；K_2O，45kg/hm^2；有机肥施用量为22 500kg/hm^2，秸秆施用量为2 250kg/hm^2。$N_{过}$PK处理每季施N 195kg/hm^2。未作说明的处理均为种植方式1（玉米—小麦）。

4. 吉林公主岭黑土监测基地 试验设休闲（不耕作、不施肥、不种作物）、对照（不施肥）、N、NP、NK、PK、NPK、M1+NPK、1.5（M+NPK）、S（秸秆）+NPK、M1+NPK（种植方式2：玉米→玉米→大豆（3年1轮））、M2+NPK共12个处理，不设重复。氮、磷、钾、有机肥分别采用尿素、二铵、硫酸钾和猪厩肥，施肥量分别是：纯N，

作者：张俊清，张夫道，张俊清为2003年毕业的博士研究生。

165kg/hm^2；P_2O_5，82.5kg/hm^2；K_2O，82.5kg/hm^2；有机 N 与无机 N 为等 N 量，根据有机肥养分含量不同有机肥施用量为 15～60m^3/hm^2，处理中 M2 有机肥施用量加倍；秸秆施用量为 7 500kg/hm^2。未作说明的处理均为种植方式 1（玉米连作）。

（二）各基地的种植方式（表 1）

表 1　各长期定位试验基地种植方式

土壤类型	种植方式 1	种植方式 2	种植制度
湖南祁阳红壤	玉米—小麦	小麦—大豆（或甘薯）	一年两熟
重庆北碚紫色土	水稻—小麦	中稻—再生稻—小麦→中稻—油菜（2 年 5 茬轮作）	一年两熟
北京昌平褐潮土	玉米—小麦	小麦—玉米→小麦—大豆（轮作）	一年两熟
吉林公主岭黑土	玉米连作	玉米→玉米→大豆（3 年 1 轮）	一年一熟

（三）采样时间与方法

选取了湖南祁阳红壤、重庆北碚紫色土、北京昌平褐潮土、吉林公主岭黑土共 4 种土壤进行土壤有机氮试验研究，试验基地各处理全年取样一次，分别安排在各试验点作物收获后。土壤用土钻分 0～20、20～40、40～60、60～80、80～100cm 五层采集，每个处理随机取 6 个点，取完后混合制样，样品风干后过 1mm 和 0.25mm 筛备用。

（四）测试项目与方法

土壤有机氮素形态分级——酸水解—蒸馏法。

操作步骤：

1. 土壤水解液的制备　称取 10.00g 过 0.25mm 筛的土壤样品，放入具有磨口接头的三角瓶中，加入 2 滴正辛醇和 20ml 和 6ml 的 HCl，摇动瓶子使土壤和酸液充分混匀，将瓶子放入有温控功能的远红外消煮炉中，在瓶口装上有玻璃磨口接头的冷凝管，接通冷凝水，打开电源开关，使温度控制在 120±3℃，在回流条件下使土壤—酸混合液慢慢沸腾 12h。

水解结束后，用中速蓝带滤纸将样品趁热过滤，滤液收集在 100ml 的烧杯中，用去离子水少量多次冲洗残渣，使滤液体积达到约 60ml。将盛有滤液的烧杯放在碎冰块中，借助 pH 计，逐滴慢慢加入 5mol/L NaOH 溶液，边加边搅拌，直到水解液的 pH 达 5 左右，再用 0.5mol/L 的 NaOH 进行中和，使水解液的 pH 达 6.5±0.1，用小漏斗把酸解液转移到 100ml 容量瓶中，定容至刻度。

2. 酸解液中氮素形态的测定

（1）水解液全氮的测定：取样前，先倒转容量瓶几次，使悬浮液均匀，并用末端较宽的移液管吸取 5ml 酸解液，放入消煮管中，加入 0.5g 定氮混合催化剂和 2ml 浓硫酸，380°C 温度下消煮 1.5h。冷却后将消煮管连接到定氮仪上，加 10ml 10mol/L NaOH，蒸馏约 4min，流出液用硼酸吸收，蒸馏结束后用 0.005 5mol/L H_2SO_4 滴定。

（2）铵态氮的测定：取 10ml 已中和的酸水解液，放入消煮管中，加入 2ml 3.5%的

MgO悬浮液，立即连接蒸馏装置，蒸馏约2min后滴定。

(3) 铵+氨基糖态氮的测定：取已中和的酸水解液10ml于消煮管中，加入10ml磷酸—硼酸缓冲液（pH 11.2），连接蒸馏装置，蒸馏4min，滴定。此测定结果减去铵态氮，即为氨基糖态氮。

(4) 氨基酸态氮的测定：取5ml已中和的酸水解液于消煮管中，加入1ml 0.5mol/L NaOH溶液，在沸水中加热，直到溶液减至2～3ml，取出冷却，加入0.5g柠檬酸和0.1g茚三酮，将消煮管放回沸水浴中，加热1min后，旋转消煮管（不放开水浴）3min，再在水浴中保持9min，取出冷却后，加入10ml磷酸—硼酸缓冲液和1ml 5mol/L NaOH，蒸馏4min，滴定。

(5) 未知态氮=水解总氮-（铵态氮+氨基糖态氮+氨基酸态氮）。

(6) 非水解氮=土壤总氮-水解液总氮。

(7) 土壤有机质含量测定：重铬酸钾—硫酸氧化、硫酸亚铁滴定。

(8) 土壤全氮测定：凯氏半微量定氮法。

(9) 土壤全磷测定：硫酸—高氯酸消煮，比色法测定。

其他各项测定均按常规方法进行。

二、结果与讨论

（一）长期施肥对黑土土壤有机氮组成与分布的影响

1. 长期施肥对各层土壤有机氮组分的影响

(1) 长期施肥对耕层土壤有机氮组分的影响：表2结果表明，耕层土壤中的氮大部分可以被6mol/L盐酸水解，酸解氮约占土壤全氮的66.38%（平均值），酸不溶性氮约占土壤全氮的33.62%。酸解氮中，以氨基酸态氮的含量最高，约占土壤全氮的26.52%，其次是铵态氮，约占土壤全氮的22.41%，酸解未知态氮约占全氮的13.61%，而氨基糖态氮的含量最低，约占土壤全氮的3.84%。因此，黑土耕层土壤中各有机氮组分的含量顺序为：酸不溶性氮>氨基酸态氮>铵态氮>酸解未知态氮>氨基糖态氮。

表2 黑土耕层土壤有机氮组分含量及其比例

处理	土壤全氮含量 (mg/kg)	铵态氮		氨基酸态氮		氨基糖态氮		酸解未知态氮		酸不溶性氮	
		含量 (mg/kg)	比例 (%)	含量 (mg/kg)	比例 (%)	含量 (mg/kg)	比例 (%)	含量 (mg/kg)	比例 (%)	含量 (mg/kg)	比例 (%)
休闲	1 314.74	274.13	20.85	360.51	27.42	41.48	3.15	167.53	12.74	471.09	35.83
CK	1 175.31	266.98	22.72	277.13	23.58	28.73	2.44	218.86	18.62	383.62	32.64
N	1 183.36	275.69	23.30	202.46	17.11	45.55	3.85	232.44	19.64	427.22	36.10
NP	1 218.18	260.91	21.42	253.37	20.80	75.95	6.23	255.81	21.00	372.14	30.55
NK	1 294.70	292.81	22.62	302.55	23.37	56.22	4.34	276.32	21.34	366.81	28.33
PK	1 188.64	281.34	23.67	362.97	30.54	40.20	3.38	102.57	8.63	401.56	33.78
NPK	1 189.68	285.94	24.03	325.98	27.40	42.02	3.53	125.36	10.54	410.38	34.49
M1+NPK	1 291.82	274.97	21.29	367.23	28.43	43.72	3.38	144.51	11.19	461.38	35.72

（续）

处　理	土壤全氮含量 (mg/kg)	铵态氮		氨基酸态氮		氨基糖态氮		酸解未知态氮		酸不溶性氮	
		含　量 (mg/kg)	比　例 (%)	含　量 (mg/kg)	比　例 (%)	含　量 (mg/kg)	比　例 (%)	含　量 (mg/kg)	比　例 (%)	含　量 (mg/kg)	比　例 (%)
1.5（M1＋NPK）	1 272.94	290.24	22.80	353.16	27.74	40.38	3.17	39.29	3.09	549.86	43.20
S＋NPK	1 160.26	250.63	21.60	324.91	28.00	42.82	3.69	205.50	17.71	336.40	28.99
M1＋NPK（种植方式 2）	1 313.13	296.65	22.59	442.77	33.72	55.22	4.21	163.78	12.47	354.72	27.01
M2＋NPK	1 344.16	296.61	22.07	404.69	30.11	63.71	4.74	85.38	6.35	493.77	36.73
平均值	1 245.58	278.91	22.41	331.48	26.52	48.00	3.84	168.11	13.61	419.08	33.62

从表 2 可以看到，不同施肥处理对耕层土壤中各有机氮组分的含量影响较大。对于土壤全氮来说，处理 CK、N、NP、PK、NPK、NPK＋S 土壤全氮含量与休闲土壤相比明显偏低，降低幅度大约 7.34%～11.75%，处理 NK、NPK＋M1、1.5（NPK＋M1）、NPK＋M1（种植方式 2）土壤全氮含量与休闲土壤相差不大，只有 NPK＋M2 处理土壤全氮含量略高于休闲土壤，说明黑土耕作后不施肥或单施化肥耕层土壤全氮含量都会有所降低，化肥和有机肥混施处理稍好一些，土壤全氮含量一般没有明显地减少，这可能与其氮肥施用量较高有关，因为 NPK＋M2 处理氮肥施用量更高。所以，其土壤全氮含量最高。与 CK 相比，处理 N、NP、PK、NPK、NPK＋S 土壤全氮含量相差不大，处理 NK、NPK＋M1、1.5（NPK＋M1）、NPK＋M1（种植方式 2）、NPK＋M2 土壤全氮有不同程度地提高，提高幅度达到 8.31%～14.37%。化肥 NK 处理土壤全氮含量提高很大，化肥与有机肥混施处理 NPK＋S 土壤全氮含量没有表现出像其他混施处理那样有提高土壤全氮含量的作用，比化肥处理还要低一点，这两个处理的表现值得注意。

耕作和种植作物使土壤酸解氮含量下降，下降幅度达 6.16%，降低的组分主要是氨基酸态氮，下降约 23.13%，氨基糖态氮和铵态氮含量也有一定程度的下降，而酸解未知态氮含量还有升高，升高约 30.64%；酸不溶性氮含量也有明显下降，下降约 18.57%。

不同施肥处理对土壤各有机氮组分含量分布也有影响。N、NP 处理使氨基酸态氮含量分别下降 26.94%、8.57%，使酸解未知态氮含量分别升高 6.2%、16.88%，其比例也有相同的变化趋势；NK 处理土壤氨基酸态氮、铵态氮、酸解未知态氮和氨基糖态氮含量分别提高 9.17%、9.67%、26.25%和 95.68%，差异明显，酸解未知态氮和氨基糖态氮的比例变化规律基本一致，但是氨基酸态氮和铵态氮比例基本没有变化，酸不溶性氮含量和比例都有所下降，比例下降幅度更大，说明 NK 处理不仅使土壤全氮含量增加，还能使土壤有机氮各组分之间发生转化和再分配；处理 PK、NPK、NPK＋M1、1.5（NPK＋M1）、NPK＋S、NPK＋M1（种植方式 2）、NPK＋M2 使氨基酸态氮含量升高 17.24%～59.77%不等，比例也都有明显提高，氨基糖态氮含量及其比例也有明显的提高，酸解未知态氮含量则有明显的下降，下降幅度达到 6.1%～82%不等，平均下降 43.45%，除 NPK＋S 外其他处理铵态氮含量也有不同程度地提高，但其比例基本没有大的差异，这些说明这 6 个处理能使土壤有机氮发生转化，使有机氮更多分布在对植物有效性较高的形态和较低的形态。

NP、NK、PK、NPK 对耕层土壤中酸不溶性氮含量的变化影响不大，施用 N、NPK＋

M1、1.5（NPK+M1）、NPK+M2 使耕层土壤酸不溶性氮含量升高 11.37%～43.33%不等，而 NPK+S、NPK+M1（种植方式 2）则使土壤酸不溶性氮含量下降 7.53%～12.31%。

整体而言，化肥与有机肥混施处理耕层土壤氨基酸态氮含量及其比例高于单施化肥处理，酸解未知态氮含量及其比例低于化肥处理，其他有机氮组分虽各有升降，但是其比例变化不大。所以，增施有机肥能通过有机氮的转化影响了土壤氨基酸态氮和酸解未知态氮的含量组成，使土壤有机氮生物活性发生变化。

（2）长期施肥对 20～40cm 土层土壤有机氮组分的影响：表 3 显示，在 20～40cm 土层，土壤有机氮各组分中依然是酸不溶性氮含量最高，占土壤全氮的 33.96%，其次是氨基酸态氮，占土壤全氮的 25.39%，铵态氮和酸解未知态氮含量分别占土壤全氮的 23.77%和 13.25%，含量最低的是氨基糖态氮，占土壤全氮的 3.62%。因此，黑土 20～40cm 土层土壤中各有机氮组分的含量顺序为：酸不溶性氮＞氨基酸态氮＞铵态氮＞酸解未知态氮＞氨基糖态氮。

表 3 黑土 20～40cm 土层土壤有机氮组分含量及占全氮的比例

处 理	全氮含量 (mg/kg)	酸解氮		铵态氮		氨基酸态氮		氨基糖态氮		酸解未知态氮		酸不溶性氮	
		含量 (mg/kg)	比例 (%)	含量 (mg/kg)	比例 (%)	含量 (mg/kg)	比例 (%)	含量 (mg/kg)	比例 (%)	含量 (mg/kg)	比例 (%)	含量 (mg/kg)	比例 (%)
休 闲	689.36	469.34	68.08	180.62	26.20	166.09	24.09	17.84	2.59	104.79	15.20	220.02	31.92
CK	872.11	538.76	61.78	202.96	23.27	170.77	19.58	19.60	2.25	145.43	16.68	333.35	38.22
N	949.01	646.28	68.10	227.08	23.93	167.16	17.61	23.45	2.47	228.59	24.09	302.73	31.90
NP	853.86	597.82	70.01	217.55	25.48	191.30	22.40	45.63	5.34	143.34	16.79	256.04	29.99
NK	826.53	555.51	67.21	215.63	26.09	178.16	21.55	28.93	3.50	132.80	16.07	271.02	32.79
PK	780.82	529.86	67.86	197.46	25.29	228.92	29.32	23.14	2.96	80.35	10.29	250.95	32.14
NPK	987.87	685.63	69.40	234.42	23.73	269.32	27.26	31.66	3.20	150.23	15.21	302.24	30.60
M1+NPK	948.11	662.03	69.83	202.92	21.40	259.57	27.38	37.69	3.98	161.85	17.07	286.08	30.17
1.5（M1+NPK）	819.36	456.20	55.68	184.07	22.47	223.72	27.30	25.46	3.11	22.95	2.80	363.15	44.32
S+NPK	622.07	421.31	67.73	144.57	23.24	175.27	28.17	23.55	3.79	77.93	12.53	200.76	32.27
M1+NPK 种植方式 2	921.61	607.17	65.88	202.40	21.96	284.15	30.83	49.45	5.37	71.17	7.72	314.44	34.12
M2+NPK	892.43	541.34	60.66	206.59	23.15	265.85	29.79	41.86	4.69	27.03	3.03	351.09	39.34
平均值	846.93	559.27	66.04	201.36	23.77	215.02	25.39	30.69	3.62	112.20	13.25	287.66	33.96

在该土层休闲土壤全氮和有机氮各组分含量都比较低，耕作处理的土壤全氮含量比休闲土壤增加 26.51%，土壤铵态氮、氨基酸态氮、氨基糖态氮、酸解未知态氮、酸不溶性氮含量均有不同程度地升高，其中酸不溶性氮和酸解未知态氮含量增加最多，而比例除了酸不溶性氮有较大增加，酸解未知态氮略有增加外，其他有机氮组分比例还有所下降或基本持平，说明耕作和种植作物处理对土壤有机氮的形态组成和转化有一定作用，生物活性较高的组分含量降低可能与植物的吸收利用有关。与 CK 相比，处理 NP、NK、PK、1.5（NPK+M1）土壤全氮含量降低，但幅度较小，NPK+S 处理甚至使土壤全氮含量下降达 28.67%；N、

NPK、NPK+M1、NPK+M1（种植方式2）、NPK+M2则使土壤全氮含量升高，上升幅度达2.33%～13.27%。除PK处理外，单施化肥使土壤中铵态氮含量升高，而化肥和有机肥配合施用则土壤铵态氮含量基本持平或有不同程度地下降，化肥处理铵态氮比例也高于化肥和有机肥混施处理，说明施用化肥有利于有机氮组分向铵态氮形态转化；处理PK、NPK、NPK+M1、1.5（NPK+M1）、NPK+M2、NPK+M1（种植方式2）土壤氨基酸态氮有较大幅度的升高，达到31%～66.39%，其比例也比对照明显增加，说明这些处理对于提高土壤有机氮的活性有重要作用；各肥料处理土壤中氨基糖态氮含量都比对照有所增加，幅度为18.06%～152.3%，差异明显；施N处理土壤酸解未知态氮含量大幅上升，达到57.18%，这也是N处理土壤全氮和酸解氮比对照增加较多的主要原因，PK、1.5（NPK+M1）、NPK+S、NPK+M2土壤酸解未知态氮含量下降幅度较大，其他处理与对照差异不大；除1.5（NPK+M1）、NPK+M2处理土壤酸不溶性氮含量略有上升外，其他各处理土壤酸不溶性氮含量均有不同程度地下降。值得注意的是NPK+S处理该层次土壤全氮含量明显低于包括对照在内的所有肥料处理，酸解氮、铵态氮、酸不溶性氮含量也均为最低，并且明显低于其他肥料处理，但其有机氮组分的比例与其他处理差异并不大，说明含量的差异主要来源于土壤全氮的明显降低，可能秸秆肥料的施用增加了土壤氮素通过氨和反硝化气体的挥发损失或者淋溶损失，或者两者兼而有之。

与NPK+M1种植方式1相比，种植方式2土壤全氮含量整体下降2.8%，铵态氮含量基本持平，氨基酸态氮、氨基糖态氮、酸不溶性氮含量分别升高9.47%、31.2%、9.91%，酸解未知态氮含量下降56.03%，各有机氮组分的比例的差异变化规律基本与各有机氮组分相同，说明不同种植方式对20～40cm土层土壤全氮含量影响不大，对有机氮的组分转化有一定的作用。整体而言，该土层中化肥与有机肥混施处理氨基酸态氮含量及比例高于化肥处理，酸解未知态氮含量及其比例低于化肥处理，其他有机氮组分比例变化不大。所以，增施有机肥促进了有机氮的转化作用，影响了土壤氨基酸态氮和酸解未知态氮的含量组成。

（3）长期施肥对40～60cm土层土壤有机氮组分的影响：如表4所示，在黑土40～60cm土层，土壤有机氮各组分中酸不溶性氮含量最高，达到土壤全氮的37.28%，其次是铵态氮，达到土壤全氮的25.23%，氨基酸态氮和酸解未知态氮含量分别占土壤全氮的21.25%和13.23%，含量最低的是氨基糖态氮，占土壤全氮的3.01%。因此，黑土40～60cm土层有机氮组分的含量顺序为：酸不溶性氮>铵态氮>氨基酸态氮>酸解未知态氮>氨基糖态氮。值得注意的是，在该土层向下，土壤铵态氮平均含量及比例超过氨基酸态氮，说明在土壤剖面上，有机氮有淋溶作用，特别是铵态氮。休闲、CK、NP、NK处理的土壤酸解未知态氮含量也超过了氨基酸态氮。

表4　黑土40～60cm土层土壤有机氮组分含量及占全氮的比例

处理	全氮	酸解氮		铵态氮		氨基酸态氮		氨基糖态氮		酸解未知态氮		酸不溶性氮	
	含量(mg/kg)	含量(mg/kg)	比例(%)	含量(mg/kg)	比例(%)	含量(mg/kg)	比例(%)	含量(mg/kg)	比例(%)	含量(mg/kg)	比例(%)	含量(mg/kg)	比例(%)
休闲	464.10	290.51	62.60	132.70	28.59	67.14	14.47	13.50	2.91	77.17	16.63	173.59	37.40
CK	424.65	246.97	58.16	126.55	29.80	39.78	9.37	8.24	1.94	72.40	17.05	177.68	41.84
N	691.59	348.18	50.34	122.14	17.66	116.53	16.85	26.38	3.81	83.14	12.02	343.41	49.66

（续）

处 理	全氮	酸解氮		铵态氮		氨基酸态氮		氨基糖态氮		酸解未知态氮		酸不溶性氮	
	含量 (mg/kg)	含 量 (mg/kg)	比 例 (%)	含 量 (mg/kg)	比 例 (%)	含 量 (mg/kg)	比 例 (%)	含 量 (mg/kg)	比 例 (%)	含 量 (mg/kg)	比 例 (%)	含 量 (mg/kg)	比 例 (%)
NP	561.64	362.89	64.61	147.51	26.26	85.50	15.22	16.64	2.96	113.24	20.16	198.75	35.39
NK	531.96	326.55	61.39	129.22	24.29	58.65	11.03	9.38	1.76	129.30	24.31	205.40	38.61
PK	469.67	322.47	68.66	142.55	30.35	114.01	24.27	10.47	2.23	55.45	11.81	147.20	31.34
NPK	839.18	534.86	63.74	200.17	23.85	202.38	24.12	21.15	2.52	111.15	13.24	304.32	36.26
M1+NPK	505.57	308.97	61.11	140.82	27.85	139.51	27.59	11.97	2.37	16.67	3.30	196.60	38.89
1.5（M1+NPK）	543.42	396.46	72.96	140.99	25.94	151.99	27.97	11.00	2.02	92.48	17.02	146.95	27.04
S+NPK	396.39	243.65	61.47	86.93	21.93	99.52	25.11	11.28	2.85	45.91	11.58	152.74	38.53
M1+NPK 种植方式 2	626.67	411.92	65.73	152.12	24.27	176.69	28.19	33.35	5.32	49.77	7.94	214.75	34.27
M2+NPK	471.46	299.67	63.56	124.87	26.49	135.04	28.64	23.29	4.94	16.47	3.49	171.80	36.44
平均值	543.86	341.09	62.72	137.21	25.23	115.56	21.25	16.39	3.01	71.93	13.23	202.77	37.28

耕作和种植作物该层土壤全氮、酸解氮、铵态氮、氨基酸态氮、氨基糖态氮、酸解未知态氮含量均有不同程度地下降，酸不溶性氮含量基本相等，但比例升高。

与 CK 相比，除 NPK+S 处理外，其余所有处理的土壤全氮、酸解氮含量均升高；施 N 处理土壤全氮含量明显增加，增加了 62.86%，增加的部分主要分布在酸不溶性氮中，酸不溶性氮含量增加 93.27%，氨基酸态氮、氨基糖态氮含量也有较大增加，3 种组分的比例也有较大的增加，铵态氮和酸解未知态氮比例都有较大的降低，说明单施 N 肥对于该土层有机氮的形态组成有较大的影响；NPK 处理土壤全氮含量也大幅上升，增加 97.62%，增加的部分主要分布在氨基酸态氮、酸不溶性氮和铵态氮组分中，比例也有较大的升降，与对照相比差异明显；NP、NK、PK、NPK+M1、1.5（NPK+M1）、NPK+M2 处理土壤全氮含量也有大约 10.6%～32.26%的增幅，其中 NP 处理增加的氮主要分布在氨基酸态氮和酸解未知态氮中，NK 处理增加的氮素主要分布在酸解未知态氮中，PK、NPK+M2 处理中土壤全氮含量增加较少，主要分布在氨基酸态氮中，这两个处理土壤酸解未知态氮、酸不溶性氮含量还有不同程度地减少；NPK+M1 处理增加的土壤全氮主要分布在氨基酸态氮中，其酸解未知态氮含量还低于对照处理；1.5（NPK+M1）处理中增加土壤全氮约 27.97%，主要分布在氨基酸氮和酸解未知态氮中，这些有机氮组分的比例的变化规律与其含量变化基本一致。NPK+S 处理是唯一的使土壤中全氮含量降低的处理，降低约 6.65%，其土壤氨基酸态氮含量和比例都有较大增加，而铵态氮、酸解未知态氮和酸不溶性氮含量与比例也都比对照有所降低。所有这些表明，施用不同肥料对土壤有机氮的形态组成与转化有不同的影响作用，具体转化规律随肥料处理而异。

NPK+M1 处理中，种植方式 2 土壤全氮、酸解氮、铵态氮、氨基酸态氮、氨基糖态氮、酸解未知态氮、酸不溶性氮含量均比种植方式 1 高，尤其在土壤全氮、酸解氮、酸解未知态氮含量差异上达到明显水平，全氮的增加主要是由于氨基酸态氮、氨基糖态氮和酸解未知态氮含量增加所致，后两者的比例也有较大增加。

整体而言，化肥与有机肥混施处理该土层中氨基酸态氮含量及其比例高于单施化肥处理，酸解未知态氮含量及其比例低于化肥处理，其他有机氮组分虽各有升降，但是其比例变化不大。所以，增施有机肥使该层有机氮发生转化，影响了土壤氨基酸态氮和酸解未知态氮的含量组成。

（4）长期施肥对 60～80cm 土层土壤有机氮组分的影响：如表 5 所示，在黑土 60～80cm 土层中，各有机氮组分含量高低顺序是：酸不溶性氮＞铵态氮＞氨基酸态氮＞酸解未知态氮＞氨基糖态氮。酸不溶性氮含量最高，占土壤全氮含量的 34.34％，铵态氮、氨基酸态氮、酸解未知态氮含量分别占全氮的 29.09％、18.93％、14.27％，含量最低的依然是氨基糖态氮，占全氮的 3.38％。休闲、CK、NP、NK 处理土壤酸解未知态氮含量高于氨基酸态氮。

表 5　黑土 60～80cm 土层土壤有机氮组分含量及占全氮的比例

处　理	全氮	酸解氮		铵态氮		氨基酸态氮		氨基糖态氮		酸解未知态氮		酸不溶性氮	
	含量 (mg/kg)	含　量 (mg/kg)	比　例 (%)	含　量 (mg/kg)	比　例 (%)	含　量 (mg/kg)	比　例 (%)	含　量 (mg/kg)	比　例 (%)	含　量 (mg/kg)	比　例 (%)	含　量 (mg/kg)	比　例 (%)
休　闲	381.38	227.35	59.61	111.49	29.23	29.06	7.62	13.51	3.54	73.29	19.22	154.04	40.39
CK	345.69	205.25	59.37	115.07	33.29	11.11	3.21	7.17	2.07	71.90	20.80	140.44	40.63
N	365.73	266.16	72.77	131.63	35.99	69.85	19.10	29.95	8.19	34.73	9.50	99.57	27.23
NP	422.23	289.07	68.46	123.51	29.25	38.84	9.20	18.34	4.34	108.37	25.67	133.16	31.54
NK	421.31	269.79	64.04	114.63	27.21	39.83	9.45	7.90	1.87	107.43	25.50	151.51	35.96
PK	389.65	269.93	69.28	126.84	32.55	70.00	17.96	10.14	2.60	62.95	16.16	119.71	30.72
NPK	510.95	331.10	64.80	140.78	27.55	137.45	26.90	15.66	3.06	37.21	7.28	179.85	35.20
M1＋NPK	405.49	259.33	63.95	122.68	30.26	101.07	24.93	7.71	1.90	27.87	6.87	146.16	36.05
1.5（M1＋NPK）	438.06	322.71	73.67	131.81	30.09	118.18	26.98	4.55	1.04	68.18	15.56	115.34	26.33
S＋NPK	332.16	198.85	59.86	79.11	23.82	79.77	24.02	10.13	3.05	29.84	8.98	133.32	40.14
M1＋NPK 种植方式 2	521.48	334.55	64.15	127.68	24.48	137.35	26.34	21.78	4.18	47.74	9.15	186.93	35.85
M2＋NPK	370.93	246.63	66.49	101.40	27.34	95.91	25.86	18.88	5.09	30.44	8.21	124.30	33.51
平均值	408.75	268.39	65.66	118.89	29.09	77.37	18.93	13.81	3.38	58.33	14.27	140.36	34.34

与休闲土壤相比，耕作和种植作物后土壤全氮、酸解氮含量都有所降低，氨基酸态氮、氨基糖态氮含量及比例均有明显降低，铵态氮、酸解未知态氮含量基本没有变化，铵态氮比例还有一定程度的升高。

与对照 CK 相比，除了 NPK＋S 处理外，各处理土壤全氮含量都有提高；施 N 处理土壤全氮含量增加不多，只有约 5.8％，但其酸不溶性氮含量降低，酸解未知态氮含量也降低，酸解氮含量增加主要是由于氨基酸态氮含量增加所致；NP、NK 处理土壤全氮含量比对照升高约 22％左右，其中酸不溶性氮含量和对照相差不大，但其比例均明显降低，酸解未知态氮、氨基酸态氮含量及比例均明显增加，而且前者大于后者；PK 处理土壤全氮增加约 12.72％，其中氨基酸态氮含量及比例增加幅度较大，酸不溶性氮、酸解未知态氮含量及比例均明显降低，铵态氮含量略有降低但其比例稳定；NPK、NPK＋M1、1.5（NPK＋M1）处理土壤全氮增加较多，酸不溶性氮、酸解未知态氮比例均明显降低，氨基酸态氮含量及比例明显提高，铵态氮比例有不同程度地降低；NPK＋M2处理土壤全氮含量增加幅度不高，其中氨基酸态氮、氨基糖态氮含量及比例均明显提高，铵态氮、酸不溶性氮、酸解未知态氮含量及比例均明显降低；NPK＋S处理是唯一土壤全氮含量低于对照的处理，其酸解氮、酸不溶性氮比例均很稳定，在酸解氮中，铵态氮、酸解未知态氮含量及比例均明显低于对照，氨基酸态氮含量及比例则明显高于对照处理。

NPK＋M1处理中，种植方式2比种植方式1土壤全氮、酸解氮以及除铵态氮外的有机氮各组分含量都明显提高，氨基糖态氮、酸解未知态氮的比例也明显提高，但铵态氮比例明显降低。说明除了铵态氮之外，其他形态氮均有不同程度地淋溶趋势。

整体而言，化肥与有机肥混施处理在该土层中氨基酸态氮含量及其比例明显高于单施化肥处理，而铵态氮、酸解未知态氮含量及其比例明显低于化肥处理，其他有机氮组分虽各有升降，但是其比例变化不大。所以，增施有机肥影响了有机氮的分布与转化，土壤氨基酸态氮、铵态氮和酸解未知态氮的含量发生了变化。

（5）长期施肥对80～100cm土层土壤有机氮组分的影响：如表6所示，在黑土80～100cm土层，土壤有机氮各组分的含量顺序是：酸不溶性氮＞铵态氮＞氨基酸态氮＞酸解未知态氮＞氨基糖态氮。

表6　黑土80～100cm土层土壤有机氮组分含量及占全氮的比例

处　理	全氮	酸解氮		铵态氮		氨基酸态氮		氨基糖态氮		酸解未知态氮		酸不溶性氮	
	含量 (mg/kg)	含　量 (mg/kg)	比　例 (%)	含　量 (mg/kg)	比　例 (%)	含　量 (mg/kg)	比　例 (%)	含　量 (mg/kg)	比　例 (%)	含　量 (mg/kg)	比　例 (%)	含　量 (mg/kg)	比　例 (%)
休　闲	370.12	217.06	58.65	110.18	29.77	22.28	6.02	14.58	3.94	70.01	18.92	153.06	41.35
CK	378.11	236.71	62.60	137.50	36.37	24.43	6.46	9.40	2.49	65.38	17.29	141.40	37.40
N	354.75	251.58	70.92	123.50	34.81	37.53	10.58	30.94	8.72	59.62	16.81	103.16	29.08
NP	427.04	312.89	73.27	155.14	36.33	51.56	12.07	23.01	5.39	83.18	19.48	114.15	26.73
NK	403.34	241.99	60.00	135.02	33.48	75.01	18.60	11.74	2.91	110.22	27.33	161.35	40.00
PK	351.43	250.51	71.28	122.99	35.00	70.38	20.03	11.94	3.40	45.21	12.86	100.92	28.72
NPK	359.70	241.35	67.10	102.66	28.54	100.57	27.96	13.02	3.62	25.11	6.98	118.35	32.90
M1＋NPK	363.23	257.61	70.92	120.75	33.24	72.78	20.04	6.00	1.65	58.08	15.99	105.62	29.08
1.5（M1＋NPK）	390.02	250.40	64.20	104.45	26.78	78.53	20.13	10.71	2.75	56.71	14.54	139.62	35.80
S＋NPK	366.90	213.61	58.22	89.85	24.49	76.80	20.93	11.83	3.22	35.13	9.58	153.29	41.78
M1＋NPK 种植方式2	439.13	290.59	66.18	116.64	26.56	130.07	29.62	15.48	3.52	28.40	6.47	148.54	33.82
M2＋NPK	355.35	209.88	59.06	74.16	20.87	78.61	22.12	24.96	7.03	32.14	9.04	145.47	40.94
平均值	379.93	247.85	65.24	116.07	30.55	68.21	17.95	15.30	4.03	55.77	14.68	132.08	34.76

各处理中，施N、PK、NPK、NPK＋M1处理土壤全氮含量低于对照处理，而且酸不溶性氮、酸解未知态氮、铵态氮含量及比例也不同程度地低于对照；NP处理土壤全氮含量

明显高于对照处理，氨基酸态氮、氨基糖态氮和酸解未知态氮的比例均高于对照，铵态氮比例与对照基本相等，酸不溶性氮含量及其比例均明显低于对照处理；NK 处理全氮含量高于对照，氨基酸态氮、酸解未知态氮和酸不溶性氮含量及其比例高于对照，而铵态氮比例则低于对照；1.5（NPK＋M1）、NPK＋M1（种植方式 2）土壤全氮也不同程度地高于对照，其氨基酸态氮含量及其比例明显高于对照，但是其铵态氮、酸解未知态氮含量及比例不同程度地低于对照，酸不溶性氮比例低于对照；NPK＋S、NPK＋M2 处理土壤全氮含量、酸不溶性氮比例均高于对照处理，其他有机氮组分的分布规律与 1.5（NPK＋M1）相同。

2. 土壤有机氮含量的剖面分布变化与施肥的影响

（1）土壤全氮含量的剖面分布变化与施肥的影响：如表 7 所示，土壤全氮含量都有自耕层向下逐渐减少的剖面分布特点，但各施肥处理又表现出不同的特点。与休闲土壤相比，对照（耕作和种植作物）的土壤耕层、40～60cm 土层、60～80cm 土层全氮含量较低，但在 20～40cm 土层明显高于休闲土壤，80～100cm 土层两者相差不大。说明由于作物的根系吸收活动，使土壤的氮素平衡出现赤字，耕作对土壤全氮含量的影响达到 60～80cm 土层，20～40cm 土层全氮含量比休闲土壤增加，可能与植物根系的吸收与分泌活动有关。

表 7　黑土全氮含量的剖面分布

(mg/kg)

土层 (cm)	休闲	CK	N	NP	NK	PK	NPK	M1＋NPK	1.5 (M1＋NPK)	S＋NPK	M1＋NPK 种植方式 2	M2＋NPK
0～20	1 314.74	1 175.31	1 183.36	1 218.18	1 294.70	1 188.64	1 189.68	1 291.82	1 272.94	1 160.26	1 313.13	1 344.16
20～40	689.36	872.11	949.01	853.86	826.53	780.82	987.87	948.11	819.36	622.07	921.61	892.43
40～60	464.10	424.65	691.59	561.64	531.96	469.67	839.18	505.57	543.42	396.39	626.67	471.46
60～80	381.38	345.69	365.73	422.23	421.31	389.65	510.95	405.49	438.06	332.16	521.48	370.93
80～100	370.12	378.11	354.75	427.04	403.34	351.43	359.70	363.23	390.02	366.90	439.13	355.35

施肥对土壤剖面的全氮含量分布也有影响。单施化肥处理 N、NP、NPK 耕层土壤全氮含量与对照差异不大，而 NK、NPK＋M1、1.5（NPK＋M1）、NPK＋M1（种植方式 2）、5 个处理耕层土壤全氮明显高于对照，但各处理对耕层以下剖面土壤影响的深度有较大的差异，单施 N 使土壤全氮含量增加的作用影响到 60cm 深度，NPK、NPK＋M1、1.5（NPK＋M1）影响到 80cm 土层，NP、NK、NPK＋M1（种植方式 2）甚至影响到了 100cm 深的土层，而处理 NPK＋M2 耕层以下土壤全氮含量与对照基本没有差异，但由于该处理施用有机肥最高，耕层土壤全氮含量也最高。因此，可能是高量有机肥施用阻止了氮素向下层土壤的迁移；长期不施用氮肥的 PK 处理耕层土壤全氮含量与对照基本没有差异，但在 20～40cm 土层中全氮含量明显低于对照，说明不施氮肥的处理土壤中氮素出现了严重的亏缺，耕层以下的氮素可以向上层土壤迁移，但 40cm 以下的土壤氮素则没有这种作用；但是值得注意的是 NPK＋S 处理，其耕层土壤全氮含量基本等于对照，但在 20～40cm 中也出现了严重的亏缺现象，而且比 PK 处理更严重，出现这种情况的原因还有待分析。总之，各肥料处理对耕层及耕层以下土壤的全氮剖面分布各不相同，这还需要结合有机氮各组分的分布情况来综合分析。

（2）土壤铵态氮含量的剖面分布变化与施肥的影响：如表 8 所示，各处理土壤中铵态氮含量也具有随土壤剖面加深而下降的剖面分布规律，整体下降的趋势是耕层至60cm下降较快，而后逐渐趋缓、最后趋于平稳的特点；表9数据表明，铵态氮含量占土壤全氮含量的比例却有随土层加深而不断增加的趋势。

表8 黑土铵态氮含量的剖面分布

(mg/kg)

土层(cm)	休闲	CK	N	NP	NK	PK	NPK	M1+NPK	1.5(M1+NPK)	S+NPK	M1+NPK种植方式2	M2+NPK
0～20	274.13	266.98	275.69	260.91	292.81	281.34	285.94	274.97	290.24	250.63	296.65	296.61
20～40	180.62	202.96	227.08	217.55	215.63	197.46	234.42	202.92	184.07	144.57	202.40	206.59
40～60	132.70	126.55	122.14	147.51	129.22	142.55	200.17	140.82	140.99	86.93	152.12	124.87
60～80	111.49	115.07	131.63	123.51	114.63	126.84	140.78	122.68	131.81	79.11	127.68	101.40
80～100	110.18	137.50	123.50	155.14	135.02	122.99	102.66	120.75	104.45	89.85	116.64	74.16

表9 黑土剖面土壤铵态氮的比例

(%)

土层(cm)	休闲	CK	N	NP	NK	PK	NPK	M1+NPK	1.5(M1+NPK)	S+NPK	M1+NPK种植方式2	M2+NPK
0～20	20.85	22.72	23.30	21.42	22.62	23.67	24.03	21.29	22.80	21.60	22.59	22.07
20～40	26.20	23.27	23.93	25.48	26.09	25.29	23.73	21.40	22.47	23.24	21.96	23.15
40～60	28.59	29.80	17.66	26.26	24.29	30.35	23.85	27.85	25.94	21.93	24.27	26.49
60～80	29.23	33.29	35.99	29.25	27.21	32.55	27.55	30.26	30.09	23.82	24.48	27.34
80～100	29.77	36.37	34.81	36.33	33.48	35.00	28.54	33.24	26.78	24.49	26.56	20.87

与休闲土壤相比，耕作和种植作物后耕层土壤铵态氮含量略低但差异不大，在20～40cm土层则含量较高，以下土层铵态氮含量高低互有交替；整体上耕层土壤两者的比例相差不大，但随土壤剖面递增到深层土壤差异达明显水平，耕作处理明显高于休闲处理，植物根系的活动影响了耕层土壤铵态氮的转化与分布。

化肥和有机肥混施处理耕层土壤铵态氮含量一般高于单施化肥处理，但在耕层以下土壤，土壤铵态氮含量则不同程度地低于化肥处理，而且各层化肥处理铵态氮比例高于混施处理，铵态氮比例随土层加深增大幅度很大，而化肥和有机肥混施的比例变化幅度较小，这可能与化肥与有机肥混施处理耕层保肥能力较强，使有机氮向下层移动较少，对耕层以下土壤有机氮的转化影响较小有关。

施N、NPK、NPK+M1、1.5（NPK+M1）、NPK+M1（种植方式2）处理对土壤铵态氮含量影响到剖面约80cm，NP处理影响到剖面1m，NK影响到40cm，这与对全氮含量的影响稍有不同，原因还需要探讨。与全氮表现相同的是，NPK+M2处理只影响到耕层附近，可能还是与施用高量有机肥耕层土壤保肥能力强有关。NPK+S处理从耕层到1m深的土层铵态氮含量均明显低于对照处理，而且铵态氮含量比例变幅很窄，与土壤全氮的比例相当稳定。NPK+M1处理中种植方式2与种植方式1除在耕层铵态氮含量差异较大外，在耕层以下基本没有很大差异，但种植方式2土壤铵态氮比例比种植方式1变化幅度小，相对更稳定。

（3）土壤氨基酸态氮含量的剖面分布变化与施肥的影响：表 10、表 11 数据显示，黑土各处理氨基酸态氮含量也有随着土壤剖面由上而下逐渐下降，最后趋于平稳的分布特点，其比例整体上也有相似的剖面分布规律，但相对比较平稳，并且各处理之间差异较大。

表 10　黑土氨基酸态氮含量的剖面分布

（mg/kg）

土　层（cm）	休　闲	CK	N	NP	NK	PK	NPK	M1＋NPK	1.5（M1＋NPK）	S＋NPK	M1＋NPK 种植方式 2	M2＋NPK
0～20	360.51	277.13	202.46	253.37	302.55	362.97	325.98	367.23	353.16	324.91	442.77	404.69
20～40	166.09	170.77	167.16	191.30	178.16	228.92	269.32	259.57	223.72	175.27	284.15	265.85
40～60	67.14	39.78	116.53	85.50	58.65	114.01	202.38	139.51	151.99	99.52	176.69	135.04
60～80	29.06	11.11	69.85	38.84	39.83	70.00	137.45	101.07	118.18	79.77	137.35	95.91
80～100	22.28	24.43	37.53	51.56	75.01	70.38	100.57	72.78	78.53	76.80	130.07	78.61

表 11　黑土剖面土壤氨基酸态氮的比例

（%）

土　层（cm）	休　闲	CK	N	NP	NK	PK	NPK	M1＋NPK	1.5（M1＋NPK）	S＋NPK	M1＋NPK 种植方式 2	M2＋NPK
0～20	27.42	23.58	17.11	20.80	23.37	30.54	27.40	28.43	27.74	28.00	33.72	30.11
20～40	24.09	19.58	17.61	22.40	21.55	29.32	27.26	27.38	27.30	28.17	30.83	29.79
40～60	14.47	9.37	16.85	15.22	11.03	24.27	24.12	27.59	27.97	25.11	28.19	28.64
60～80	7.62	3.21	19.10	9.20	9.45	17.96	26.90	24.93	26.98	24.02	26.34	25.86
80～100	6.02	6.46	10.58	12.07	18.60	20.03	27.96	20.04	20.13	20.93	29.62	22.12

与休闲土壤相比，耕作和种植作物处理土壤由耕层至 80cm 除了 20～40cm 土层氨基酸态氮含量差异较小外，其余各层土壤都低于休闲土壤，并且其比例也明显低于休闲土壤，可能是因为氨基酸态氮活性较高，容易为植物吸收而向下层土壤迁移较少的缘故。

由表 10 和表 11 中可以看出，在所有肥料处理中，除了处理 N 在 40cm 以上土壤和处理 NP、NK 耕层外，其他各处理在各土层土壤氨基酸态氮含量和比例都明显高于对照处理，说明各肥料处理对于土壤有机氮的形态转化与分布都有一定的作用，施肥会使土壤有机氮向植物有效性高的形态转化。单施化肥各层土壤氨基酸态氮含量和比例均明显低于化肥和有机肥配施处理，在耕层土壤氨基酸态氮含量差异相对更大，说明有机肥的作用在耕层土壤表现更明显。施 N、NP、NK 处理的各层土壤氨基酸态氮绝对含量和比例都远较其他处理低，这可能是由于经过 10 年的长期施肥，使土壤中养分不平衡造成的。

从 NPK、NPK＋M1、NPK＋M2 之间比较可以看出，在施用 NPK 基础上增施有机肥只会增加耕层土壤的氨基酸态氮含量和比例，耕层以下土壤不仅没有增加，反而有明显的降低，表明施用有机肥对耕层土壤保肥能力却有较大的提高，并对耕层有机氮的转化有重要作用。NPK＋M1 处理中，种植方式 2 各层土壤中氨基酸态氮含量和比例都高于种植方式 1，这可能是因为两季玉米一季大豆的轮作方式中种植大豆有培肥地力尤其是提高土壤氮素肥力的作用。

NPK+S处理与其他无机有机肥混施处理相比，各层土壤氨基酸态氮绝对含量都较低，但比例并没有出现相同的规律，说明该处理主要影响了土壤的全氮含量。

（4）土壤氨基糖态氮含量的剖面分布变化与施肥的影响：从表13和表14所示可知，土壤氨基糖态氮含量也随土壤剖面加深而逐渐减少，60cm以下逐渐趋于平稳，氨基糖态氮的比例没有明显的剖面分布规律。

表12　黑土氨基糖态氮含量的剖面分布

（mg/kg）

土层（cm）	休闲	CK	N	NP	NK	PK	NPK	M1+NPK	1.5（M1+NPK）	S+NPK	M1+NPK种植方式2	M2+NPK
0～20	41.48	28.73	45.55	75.95	56.22	40.20	42.02	43.72	40.38	42.82	55.22	63.71
20～40	17.84	19.60	23.45	45.63	28.93	23.14	31.66	37.69	25.46	23.55	49.45	41.86
40～60	13.50	8.24	26.38	16.64	9.38	10.47	21.15	11.97	11.00	11.28	33.35	23.29
60～80	13.51	7.17	29.95	18.34	7.90	10.14	15.66	7.71	4.55	10.13	21.78	18.88
80～100	14.58	9.40	30.94	23.01	11.74	11.94	13.02	6.00	10.71	11.83	15.48	24.96

表13　黑土剖面土壤氨基糖态氮的比例

（%）

土层（cm）	休闲	CK	N	NP	NK	PK	NPK	M1+NPK	1.5（M1+NPK）	S+NPK	M1+NPK种植方式2	M2+NPK
0～20	3.15	2.44	3.85	6.23	4.34	3.38	3.53	3.38	3.17	3.69	4.21	4.74
20～40	2.59	2.25	2.47	5.34	3.50	2.96	3.20	3.98	3.11	3.79	5.37	4.69
40～60	2.91	1.94	3.81	2.96	1.76	2.23	2.52	2.37	2.02	2.85	5.32	4.94
60～80	3.54	2.07	8.19	4.34	1.87	2.60	3.06	1.90	1.04	3.05	4.18	5.09
80～100	3.94	2.49	8.72	5.39	2.91	3.40	3.62	1.65	2.75	3.22	3.52	7.03

各肥料处理60cm以上土层氨基糖态氮含量均不同程度地高于对照，60cm以下各肥料处理表现各有不同。相比较而言，N、NP、NPK、NPK+M1（种植方式2）、NPK+M2对土壤氨基糖态氮的含量影响比较大，影响土层较深，可以达到1m深度，而其他处理在60cm以下与对照差异不明显。

耕作和种植作物后耕层土壤氨基糖态氮含量下降，40cm以下氨基糖态氮含量也有明显降低，说明耕作处理也能影响土壤氨基糖态氮的分布与转化。

NPK+M1处理中，种植方式2比种植方式1在各层土壤的氨基糖态氮含量上都高，而且其比例也比种植方式1高，说明玉米—大豆轮作方式对有机氮素在土壤中的转化也有一定影响。

（5）土壤酸解未知态氮含量的剖面分布变化与施肥的影响：表14和表15所示表明，酸解未知态氮含量整体上也有随着土层加深而逐渐减少的剖面分布规律，但不同肥料处理差异很大，其比例没有明显的剖面分布规律。

表 14　黑十酸解未知态氮含量的剖面分布

(mg/kg)

土层(cm)	休闲	CK	N	NP	NK	PK	NPK	M1+NPK	1.5(M1+NPK)	S+NPK	M1+NPK种植方式 2	M2+NPK
0～20	167.53	218.86	232.44	255.81	276.32	102.57	125.36	144.51	39.29	205.50	163.78	85.38
20～40	104.79	145.43	228.59	143.34	132.80	80.35	150.23	161.85	22.95	77.93	71.17	27.03
40～60	77.17	72.40	83.14	113.24	129.30	55.45	111.15	16.67	92.48	45.91	49.77	16.47
60～80	73.29	71.90	34.73	108.37	107.43	62.95	37.21	27.87	68.18	29.84	47.74	30.44
80～100	70.01	65.38	59.62	83.18	110.22	45.21	25.11	58.08	56.71	35.13	28.40	32.14

表 15　黑土剖面土壤酸解未知态氮的比例

(%)

土层(cm)	休闲	CK	N	NP	NK	PK	NPK	M1+NPK	1.5(M1+NPK)	S+NPK	M1+NPK种植方式 2	M2+NPK
0～20	12.74	18.62	19.64	21.00	21.34	8.63	10.54	11.19	3.09	17.71	12.47	6.35
20～40	15.20	16.68	24.09	16.79	16.07	10.29	15.21	17.07	2.80	12.53	7.72	3.03
40～60	16.63	17.05	12.02	20.16	24.31	11.81	13.24	3.30	17.02	11.58	7.94	3.49
60～80	19.22	20.80	9.50	25.67	25.50	16.16	7.28	6.87	15.56	8.98	9.15	8.21
80～100	18.92	17.29	16.81	19.48	27.33	12.86	6.98	15.99	14.54	9.58	6.47	9.04

与休闲土壤相比，耕作和种植作物使 40cm 以上土壤酸解未知态氮含量升高 30%以上，但对于 40～100cm 土壤则没有很大的差异，耕层酸解未知态氮比例明显高于休闲处理，耕层以下差异不明显，说明耕作对土壤酸解未知态氮的形态转化作用只限于耕层附近。

施 N、NP、NK 处理耕层土壤酸解未知态氮含量均明显高于对照处理，其中处理 N 的影响深度可以达到 60cm，NP、NK 处理的影响深度可以达到 1m，而其他处理（除个别处理的个别土层）各层土壤其含量均明显低于对照处理，其中 NPK+S 处理耕层土壤酸解未知态氮含量是最接近对照处理的，这与该处理在其他形态有机氮组分上的表现截然不同。

（6）土壤酸不溶性氮含量的剖面分布变化与施肥的影响：从表 16 和表 17 中可以看出，土壤酸不溶性氮含量一般也是耕层土壤最高，随着土壤剖面深度的增加而逐渐减少，但一般这种分布规律在 0～80cm 土层范围内表现比较明显，到 60～100cm 土层酸不溶性氮含量变化不大，比例在剖面上没有明显的分布规律。

表 16　黑土酸不溶性氮含量的剖面分布

(mg/kg)

土层(cm)	休闲	CK	N	NP	NK	PK	NPK	M1+NPK	1.5(M1+NPK)	S+NPK	M1+NPK种植方式 2	M2+NPK
0～20	471.09	383.62	427.22	372.14	366.81	401.56	410.38	461.38	549.86	336.40	354.72	493.77
20～40	220.02	333.35	302.73	256.04	271.02	250.95	302.24	286.08	363.15	200.76	314.44	351.09
40～60	173.59	177.68	343.41	198.75	205.40	147.20	304.32	196.60	146.95	152.74	214.75	171.80
60～80	154.04	140.44	99.57	133.16	151.51	119.71	179.85	146.16	115.34	133.32	186.93	124.30
80～100	153.06	141.40	103.16	114.15	161.35	100.92	118.35	105.62	139.62	153.29	148.54	145.47

表 17　黑土剖面土壤酸不溶性氮的比例

（%）

土层（cm）	休闲	CK	N	NP	NK	PK	NPK	M1+NPK	1.5（M1+NPK）	S+NPK	M1+NPK 种植方式 2	M2+NPK
0～20	35.83	32.64	36.10	30.55	28.33	33.78	34.49	35.72	43.20	28.99	27.01	36.73
20～40	31.92	38.22	31.90	29.99	32.79	32.14	30.60	30.17	44.32	32.27	34.12	39.34
40～60	37.40	41.84	49.66	35.39	38.61	31.34	36.26	38.89	27.04	38.53	34.27	36.44
60～80	40.39	40.63	27.23	31.54	35.96	30.72	35.20	36.05	26.33	40.14	35.85	33.51
80～100	41.35	37.40	29.08	26.73	40.00	28.72	32.90	29.08	35.80	41.78	33.82	40.94

与休闲土壤相比，耕作和种植作物处理耕层土壤中酸不溶性氮含量大幅降低，在 20～40cm 土层则有较大的升高，在 60～100cm 土层中略低于休闲土壤，这可能与酸不溶性氮容易分解转化有关。

处理 N、NPK、NPK+M1 耕层酸不溶性氮含量及比例均高于对照，在 20～40cm 土层出现一定亏缺，低于对照，但在 40～60cm 土层却高于对照处理，尤其前两个处理还出现一定的富集，NPK 处理对土壤酸不溶性氮含量的影响达到 80cm；1.5（NPK+M1）、NPK+M2 两个处理只在 20～40cm 土层酸不溶性氮含量明显高于对照，比例也比对照明显增加，说明施用高量有机肥对土壤剖面的有机氮尤其是酸不溶性氮含量影响较浅，只达到 40cm；NP、NK、NPK+M1（种植方式 2）虽然 40cm 以上酸不溶性氮含量低于对照，但在 40～60cm 土层中明显高于对照，其中后两个处理与对照的差异一直到 1m 深的土壤；PK、NPK+S 处理虽然耕层酸不溶性氮含量表现稍有不同，但耕层以下都低于对照，尤其是不施 N 的 PK 处理更是明显低于对照，但 NPK+S 处理的表现还是值得研究。所有这些说明不同肥料处理对土壤中酸不溶性氮的含量与分布影响作用各不相同，影响深度也不同。

在 NPK+M1 处理中，种植方式 2 耕层土壤中酸不溶性氮含量及比例均比种植方式 1 低，但在下面的土层中其含量却都较种植方式 1 高，比例差异在各层各不相同，说明玉米—大豆的轮作影响了耕层土壤的有机氮相态的相互转化，尤其是酸不溶性氮的转化和吸收。

3. 讨论　黑土 0～40cm 土层中各有机氮组分的含量顺序为：酸不溶性氮>氨基酸态氮>铵态氮>酸解未知态氮>氨基糖态氮，而在 40～60cm 土层中铵态氮含量超过了氨基酸态氮，有机氮组分的含量顺序发生了变化，可能是由铵态氮向下层土壤淋溶作用造成的；但是在较深的土层中有氧化还原电位较低，微生物数量较少并且往往多为厌氧性微生物，有机质含量低等特殊条件。所以，也有可能是因为土壤有机氮发生了转化。从有机氮组分的有效性来看，氨基酸态氮有效性相对较高，铵态氮的有效性较低。因此，在土壤深层土壤有机氮组分含量的变化意味着更多的有机氮分布在有效性相对较低的形态组分中，这对土壤肥力起什么样的作用、引起这一变化的原因目前还不清楚，还需要设计试验进行探讨。

NPK+S 处理耕层土壤全氮含量在所有处理中最低，远低于其他化肥与有机肥混施处理，其中铵态氮、氨基酸态氮，酸不溶性氮含量也低于其他混施处理，只有酸解未知态氮含量明显较高，耕层以下各有机氮组分含量一般也低于多数处理。但是该处理施用的肥料养分并不少，还不同程度地多于各化肥处理，出现这一情况可能是由于该处理促进了植物对养分的吸收，或者增加了土壤氮素的淋溶或气态损失，也可能是多种因素的综合结果，还需要结合其它数据或者进一步的试验分析来验证。

全氮及各有机氮组分含量都随土壤剖面加深而递减，但是各有机氮组分相对于全氮的含量比例分布情况各不相同。氨基酸态氮的比例随土壤加深而越来越低，氨基糖态氮与酸解未知态氮的比例基本没有很明显的剖面分布规律，酸不溶性氮比例的剖面分布规律虽然不很明显，但整体上略有上升趋势，只有铵态氮的比例大幅提高，有机氮组分的剖面分布转化受哪些因素影响还需要具体研究。

4. 小结

（1）长期施肥 10 年后黑土剖面各层土壤氮素绝大部分可以被 6 mol/L 盐酸水解，从耕层到剖面 1m 的土壤，酸解氮约占土壤全氮的 55.68%～73.67%不等，酸不溶性氮仅占土壤全氮的一小部分。

（2）在酸解氮中，一般在剖面 40cm 以上，氨基酸态氮含量最高，其次是铵态氮和酸解未知态氮，含量最低的是氨基糖态氮。因此，各有机氮组分的含量顺序是：酸不溶性氮＞氨基酸态氮＞铵态氮＞酸解未知态氮＞氨基糖态氮；但在 40cm 以下土壤中，因为氨基酸态氮含量相对降低较多，铵态氮含量超过了氨基酸态氮，其各有机氮组分的含量顺序是：酸不溶性氮＞铵态氮＞氨基酸态氮＞酸解未知态氮＞氨基糖态氮。

（3）对照（耕作、种植作物、不施肥）处理除 20～40cm 土层外其他各层土壤全氮、酸解氮、氨基酸态氮、氨基糖态氮、酸不溶性氮含量均不同程度地低于休闲处理，酸解未知态氮含量不低于休闲处理，在 40cm 以上土层中还明显高于休闲处理，说明耕作和种植作物对土壤有机氮的形态组成和转化分布有一定作用。

（4）单施化肥处理耕层土壤有机氮组分的平均比例与对照相差不大，但在耕层以下对有机氮的组成与分布影响较大。

（5）单施化肥处理 40cm 以上土壤全氮平均含量与对照相差不大，只是在 40～80cm 范围内土壤全氮含量出现相对的富集，高于对照处理，但在 80～100cm 土层中与对照基本相等，说明单施化肥对土壤氮素肥力的提高并不大，并且从土壤全氮含量上看其影响一般达到剖面 80cm。

（6）化肥与有机肥混施处理耕层土壤全氮含量较高，在耕层以下一般都低于或等于化肥处理，在各层土壤中，其酸不溶性氮和酸解未知态氮之和的比例都明显低于对照处理，并且也都不同程度地低于化肥处理，其他有机氮组分的比例相应增加，说明混施处理对于土壤有机氮的转化与分布影响作用更大。

（7）NPK＋S 处理耕层土壤全氮含量在所有处理中最低，远低于其他化肥与有机肥混施处理，其中铵态氮、氨基酸态氮，酸不溶性氮含量也低于其他混施处理，只有酸解未知态氮含量明显较高，耕层以下各有机氮组分含量一般也低于多数处理。

（8）黑土土壤全氮以及各形态有机氮组分含量大都有随土壤剖面加深而逐渐减少的分布规律，一般由耕层向下开始减少较快，而后逐渐趋于缓慢，就各形态有机氮组分的比例来说，铵态氮的比例在土壤剖面上随土层加深而逐渐增加，氨基酸态氮的比例大体上有随剖面加深而递减的规律，但处理之间差异较大，其他有机氮组分的比例没有明显的剖面分布规律。

（二）长期施肥对褐潮土土壤有机氮组成与分布的影响

1. 长期施肥对各层土壤有机氮组分含量的影响

（1）长期施肥对耕层土壤有机氮组分含量的影响：从表 18 中可以看出，在褐潮土耕层土壤中，大部分土壤氮素可以被 6mol/L 盐酸水解，酸解氮约占土壤全氮的 75.63%，在不同肥料处理中变幅在 66.28%～88.68%，而酸不溶性氮含量大约只占全氮的 24.37%；在酸解氮中，含量最高的是氨基酸态氮，占土壤全氮的 29.3%，其次是铵态氮，占土壤全氮的 23.15%，酸解未知态氮含量占土壤全氮的 20.21%，含量最低的是氨基糖态氮，占土壤全氮的 2.96%。因此，褐潮土耕层各形态有机氮的含量顺序为：氨基酸态氮＞酸不溶性氮＞铵态氮＞酸解未知态氮＞氨基糖态氮。

表 18　褐潮土耕层土壤有机氮组分含量及比例

处理	全氮	酸解氮		铵态氮		氨基酸态氮		氨基糖态氮		酸解未知态氮		酸不溶性氮	
	含量 (mg/kg)	含量 (mg/kg)	比例 (%)	含量 (mg/kg)	比例 (%)	含量 (mg/kg)	比例 (%)	含量 (mg/kg)	比例 (%)	含量 (mg/kg)	比例 (%)	含量 (mg/kg)	比例 (%)
休闲	925.95	640.60	69.18	166.95	18.03	281.90	30.44	39.88	4.31	151.88	16.40	285.35	30.82
CK	760.43	561.01	73.78	167.43	22.02	223.66	29.41	21.44	2.82	148.49	19.53	199.42	26.22
N	780.06	517.06	66.28	156.22	20.03	101.64	13.03	34.28	4.40	224.91	28.83	263.00	33.72
NP	847.62	638.61	75.34	167.36	19.74	228.47	26.95	16.16	1.91	226.63	26.74	209.01	24.66
NK	818.94	638.17	77.93	230.72	28.17	209.69	25.60	19.37	2.36	178.40	21.78	180.77	22.07
PK	713.64	608.22	85.23	196.54	27.54	219.61	30.77	16.45	2.31	175.63	24.61	105.42	14.77
NPK	817.79	665.73	81.41	209.40	25.61	233.37	28.54	19.87	2.43	203.10	24.84	152.06	18.59
M+NPK	787.85	698.66	88.68	223.63	28.38	245.01	31.10	10.47	1.33	219.55	27.87	89.19	11.32
1.5M+NPK	927.99	669.68	72.17	203.85	21.97	274.32	29.56	7.56	0.81	183.95	19.82	258.31	27.83
S+NPK	868.36	615.54	70.89	175.37	20.20	295.56	34.04	25.94	2.99	118.66	13.67	252.82	29.11
NPK 种植方式 2	869.62	656.46	75.49	193.13	22.21	298.40	34.31	40.74	4.68	124.19	14.28	213.17	24.51
NPK（节水）	867.32	659.06	75.99	199.56	23.01	227.12	26.19	32.36	3.73	200.03	23.06	208.26	24.01
$N_{过}$ PK	802.34	589.60	73.48	207.20	25.82	322.39	40.18	35.06	4.37	24.95	3.11	212.75	26.52
平均值	829.84	627.57	75.63	192.10	23.15	243.16	29.30	24.58	2.96	167.72	20.21	202.27	24.37

与休闲土壤相比，耕作和种植作物后耕层土壤全氮、酸解氮和酸不溶性氮含量明显下降，下降幅度分别达到 17.88%、12.42%和 30.11%，在酸解氮中，氨基酸态氮和氨基糖态氮含量明显降低，其比例变化不大，铵态氮和酸解未知态氮含量和休闲土壤相差不大，但是其比例却明显提高，说明一方面种植作物后土壤氮素出现严重亏缺，另一方面耕作和种植作物对土壤有机氮的转化有重要作用。

在所有肥料处理中，施 N 增加了土壤酸解未知态氮和酸不溶性氮的含量及其比例，但氨基酸态氮含量及比例均明显下降；NP 处理土壤全氮含量明显增加，主要使酸解未知态氮含量及比例明显提高，其他有机氮组分的比例有所降低；NK、NPK、NPK＋M 处理耕层土壤全氮略有增加，PK 处理全氮含量略有降低，但这 4 个处理土壤铵态氮和酸解未知态氮的含量及比例明显增加，酸不溶性氮含量及比例明显降低；NPK＋S、NPK（种植方式 2）、$N_{过}$ PK 处理土壤全氮含量有不同程度地增加，其中氨基酸态氮含量及比例增加，酸解未知态氮含量及其比例明显降低，另外 NPK＋S 处理酸不溶性氮含量及其比例也明显降低，

NPK（种植方式 2）、$N_{过}$ PK 处理铵态氮、氨基糖态氮含量也有不同程度地降低；1.5（NPK+M1）处理土壤全氮含量明显增加，虽然其铵态氮、氨基酸态氮、酸不溶性氮和酸不溶性氮含量都有明显增加，但各组分的比例与对照基本没有大的差异；NPK（节水 1/3）处理土壤全氮、铵态氮、酸解未知态氮、氨基糖态氮含量都有明显增加，但氨基酸态氮和酸不溶性氮的比例有所下降。以上这些肥料的表现说明不同肥料的施用和不同处理对于土壤有机氮的形态分布及其转化的作用各不相同。

NPK 处理种植方式 2 土壤全氮含量比方式 1 增加，土壤氨基酸态氮、酸不溶性氮和氨基糖态氮含量及其比例都明显增加，酸解未知态氮含量及比例明显降低，说明种植方式的不同也会对土壤有机氮的组成发挥重要影响。NPK 处理节水处理耕层土壤全氮含量略有上升，主要增加了酸不溶性氮的含量及比例。

将 PK、NPK 和 $N_{过}$ PK 对比可知，在 PK 施用量相同的情况下，增施常量 N 肥使土壤全氮明显增加，各有机氮组分含量也有不同程度地提高，其中酸不溶性氮含量及其比例增加明显，增施过量 N 肥后土壤全氮含量没有增加，酸解未知态氮含量及比例明显下降，氨基酸态氮、酸不溶性氮和氨基糖态氮含量及比例明显升高，说明氮肥施用量不同对土壤有机氮的形态转化也有重要作用。

（2）长期施肥对 20～40cm 土层土壤有机氮组分含量的影响：从表 19 中可以看出，褐潮土 20～40cm 土层中有大约 74%的氮素可以被 6mol/L 盐酸水解，变化幅度为 64.8%～81.61%，而酸不溶性氮大约只占土壤全氮含量的 26%；在酸解氮中，含量最高的是氨基酸态氮，含量占土壤全氮的 28.45%，其次是铵态氮和酸解未知态氮，分别占土壤全氮的 24.49%和 17.52%，含量最低的是氨基糖态氮，大约只占土壤全氮的 3.54%。因此，在 20～40cm 土层，褐潮土中各形态有机氮组分的含量顺序为：氨基酸态氮＞酸不溶性氮＞铵态氮＞酸解未知态氮＞氨基糖态氮。

表 19 褐潮土 20～40cm 土层土壤有机氮组分含量及比例

处理	全氮	酸解氮		铵态氮		氨基酸态氮		氨基糖态氮		酸解未知态氮		酸不溶性氮	
	含量 (mg/kg)	含量 (mg/kg)	比例 (%)	含量 (mg/kg)	比例 (%)	含量 (mg/kg)	比例 (%)	含量 (mg/kg)	比例 (%)	含量 (mg/kg)	比例 (%)	含量 (mg/kg)	比例 (%)
休闲	603.76	391.22	64.80	133.62	22.13	166.63	27.60	21.37	3.54	69.60	11.53	212.54	35.20
CK	602.33	397.76	66.04	154.22	25.60	165.11	27.41	9.51	1.58	68.91	11.44	204.57	33.96
N	597.37	417.36	69.87	122.79	20.56	156.36	26.17	21.72	3.64	116.49	19.50	180.00	30.13
NP	651.00	526.65	80.90	166.55	25.58	148.66	22.84	30.28	4.65	181.16	27.83	124.35	19.10
NK	617.28	453.80	73.52	149.93	24.29	155.34	25.17	9.47	1.53	139.06	22.53	163.48	26.48
PK	583.89	407.43	69.78	146.90	25.16	151.67	25.98	10.40	1.78	98.45	16.86	176.46	30.22
NPK	629.42	513.68	81.61	174.41	27.71	169.46	26.92	46.96	7.46	122.85	19.52	115.74	18.39
M+NPK	578.98	445.11	76.88	145.54	25.14	141.54	24.45	13.16	2.27	144.87	25.02	133.87	23.12
1.5M+NPK	574.90	429.18	74.65	150.59	26.19	131.13	22.81	15.75	2.74	131.71	22.91	145.72	25.35
S+NPK	586.50	393.49	67.09	121.01	20.63	197.47	33.67	12.41	2.12	62.60	10.67	193.01	32.91
NPK 种植方式 2	657.57	519.66	79.03	164.78	25.06	220.75	33.57	26.26	3.99	107.86	16.40	137.91	20.97
NPK（节水）	598.89	461.38	77.04	143.96	24.04	156.75	26.17	41.33	6.90	119.34	19.93	137.51	22.96
$N_{过}$ PK	590.28	468.84	79.43	153.76	26.05	278.53	47.19	20.17	3.42	16.38	2.78	121.45	20.57
平均值	605.55	448.12	74.00	148.31	24.49	172.26	28.45	21.45	3.54	106.10	17.52	157.43	26.00

对照处理与休闲相比，土壤全氮含量基本没有变化，但土壤中铵态氮含量及比例明显升高，氨基糖态氮和酸不溶性氮含量及比例略有下降，说明耕作与种植作物影响了土壤的有机氮形态分布。

各肥料处理对土壤氮素形态分布有一定的影响。各处理土壤全氮含量都与对照相差不大，但是酸解氮的含量及各有机氮组分的含量及比例有很大的差异，说明施入的肥料主要分布在耕层，但施肥处理对耕层以下有机氮的形态分布与转化有重要作用。所有施肥处理酸不溶性氮含量及比例均不同程度地下降，多数达到明显水平；除 NPK＋S、$N_{过}$ PK 外的各处理酸解未知态氮含量及比例明显升高；N、NPK＋S 处理土壤铵态氮含量及比例明显下降；NP、NPK＋M、NPK＋1.5M 处理氨基酸态氮含量及比例明显下降，而 NPK＋S、NPK（种植方式 2）、$N_{过}$ PK 相应含量及比例明显升高；N、NP、NPK（两种种植方式）、NPK＋1.5M、NPK（节水）、$N_{过}$ PK 处理氨基糖态氮含量与比例均明显高于对照处理。

NPK 处理种植方式 2 土壤全氮含量比种植方式 1 略高，土壤氨基酸态氮和酸不溶性氮含量及比例明显升高，而氨基糖态氮和酸解未知态氮含量明显降低，表明不同种植方式对该层土壤有机氮的形态分布也有重要作用。

对 NPK 处理而言，节水 1/3 的处理土壤全氮含量比常规用水略低，酸解氮及铵态氮、氨基酸态氮、氨基糖态氮含量也有一定降低，酸不溶性氮含量及比例则比常量用水含量高，说明节水处理土壤氮素向下层迁移较少，并对土壤有机氮的形态转化有一定影响。

将 PK、NPK、$N_{过}$ PK 处理比较后可以看出，在 PK 处理上施用常量化肥 N 后土壤全氮、酸解氮及各有机氮组分含量有不同程度地提高，只有酸不溶性氮含量及比例明显降低，施用高量化肥 N 土壤全氮和酸解氮含量比常量用肥略低，酸解未知态氮和氨基糖态氮含量明显降低，但氨基酸态氮含量及比例有较大幅度地提高。

（3）长期施肥对 40～60cm 土层土壤有机氮组分含量的影响：表 20 数据表明，对于褐潮土 40～60cm 土层，土壤大部分的氮素能被 6mol/L 盐酸水解，大约占土壤全氮的 66.55％，酸不溶性氮大约占全氮的 33.45％。在酸解氮中，含量最高的是氨基酸态氮，含量大约占土壤全氮的 25.87％，其次是铵态氮，占土壤全氮的 25.18％，两者相差不大，然后是酸解未知态氮，占土壤全氮的 12.61％，含量最低的是氨基糖态氮，只占土壤全氮的 2.89％。因此，在该土层中各有机氮组分的含量顺序为：酸不溶性氮＞氨基酸态氮＞铵态氮＞酸解未知态氮＞氨基糖态氮。

表 20　褐潮土 40～60cm 土层土壤有机氮组分含量及比例

处理	全氮	酸解氮		铵态氮		氨基酸态氮		氨基糖态氮		酸解未知态氮		酸不溶性氮	
	含量 (mg/kg)	含量 (mg/kg)	比例 (％)	含量 (mg/kg)	比例 (％)	含量 (mg/kg)	比例 (％)	含量 (mg/kg)	比例 (％)	含量 (mg/kg)	比例 (％)	含量 (mg/kg)	比例 (％)
休闲	507.96	280.57	55.23	128.43	25.28	124.03	24.42	3.72	0.73	24.39	4.80	227.40	44.77
CK	619.61	356.69	57.57	141.83	22.89	142.76	23.04	10.38	1.67	61.72	9.96	262.93	42.43
N	653.06	398.93	61.09	149.60	22.91	148.96	22.81	21.25	3.25	79.12	12.11	254.12	38.91
NP	554.10	472.52	85.28	167.32	30.20	116.84	21.09	18.15	3.28	170.21	30.72	81.58	14.72
NK	548.54	384.45	70.09	146.46	26.70	135.36	24.68	17.57	3.20	85.06	15.51	164.09	29.91
PK	527.73	362.62	68.71	143.27	27.15	142.72	27.04	17.98	3.41	58.65	11.11	165.10	31.29

（续）

处　理	全氮	酸解氮		铵态氮		氨基酸态氮		氨基糖态氮		酸解未知态氮		酸不溶性氮	
	含量 (mg/kg)	含　量 (mg/kg)	比　例 (%)	含　量 (mg/kg)	比　例 (%)	含　量 (mg/kg)	比　例 (%)	含　量 (mg/kg)	比　例 (%)	含　量 (mg/kg)	比　例 (%)	含　量 (mg/kg)	比　例 (%)
NPK	586.81	417.04	71.07	158.23	26.96	110.82	18.89	6.45	1.10	141.53	24.12	169.78	28.93
M+NPK	589.62	361.66	61.34	149.82	25.41	132.26	22.43	12.76	2.16	66.82	11.33	227.96	38.66
1.5M+NPK	587.10	354.90	60.45	121.99	20.78	172.51	29.38	17.77	3.03	42.63	7.26	232.20	39.55
S+NPK	573.51	348.24	60.72	136.84	23.86	169.12	29.49	16.51	2.88	25.76	4.49	225.28	39.28
NPK 种植方式 2	620.81	419.67	67.60	156.53	25.21	183.48	29.55	22.46	3.62	57.20	9.21	201.14	32.40
NPK（节水）	674.19	431.85	64.05	146.34	21.71	162.95	24.17	31.03	4.60	91.53	13.58	242.34	35.95
$N_{过}$ PK	655.42	534.35	81.53	191.56	29.23	250.01	38.15	26.53	4.05	66.25	10.11	121.06	18.47
平均值	592.19	394.11	66.55	149.09	25.18	153.22	25.87	17.12	2.89	74.68	12.61	198.08	33.45

耕作和种植作物使该土层土壤全氮含量增加，并且各有机氮组分含量都比休闲土壤高，各有机氮组分的比例也有不同，这可能是植物根系向下层伸长，也可能褐潮土剖面上有胶泥层，导致胶泥层以上土层养分富集。

在各肥料处理中，只有 N、NPK（节水 1/3）、$N_{过}$ PK 处理土壤全氮含量增加，其余处理土壤全氮含量均比对照低，但差异不大。该土层中所有肥料处理土壤酸不溶性氮含量及比例均明显下降，酸解氮含量及比例相应升高，有机氮组分的植物有效性有所升高；在酸解氮中，除 NPK+1.5M、NPK+S 外各处理酸解未知态氮含量及比例均不低于对照处理，除 NPK、NPK+M 处理外氨基糖态氮含量及比例均明显升高，1.5（NPK+M1）、NPK+S、NPK（种植方式 2）、NPK（节水）、$N_{过}$ PK 处理氨基酸态氮含量及比例也明显提高，而 NP、NPK 处理中含量明显下降，NP、NPK、NPK（节水）、$N_{过}$ PK 处理铵态氮含量和比例也明显上升。

对 NPK 处理，种植方式 2 土壤全氮含量和种植方式 1 相差不大，但其有机氮组分氨基酸态氮、氨基糖态氮和酸不溶性氮含量及比例比种植方式 1 明显升高，酸解未知态氮含量及比例明显降低；节水 1/3 处理使土壤全氮、酸不溶性氮、氨基酸态氮、氨基糖态氮含量明显高于常规用水处理，但在酸解未知态氮含量上明显降低，说明种植方式和灌水量的不同也对土壤有机氮的组成分布不同。

将 PK、NPK、$N_{过}$ PK 比较后可以看出，在 PK 处理上施用常量化肥 N 土壤全氮、酸解氮及几种组分含量有不同程度地提高，但氨基酸态氮含量及比例明显降低，施用高量化肥 N 土壤全氮、酸解氮、铵态氮、氨基酸态氮、氨基糖态氮含量及相应比例都明显增加，只有酸解未知态氮和酸不溶性氮含量及比例明显较低，说明提高 N 肥用量能明显影响有机氮的转化，提高有机氮组分中对植物有效性较高和较低的形态的比例，中间类型的有机氮组分比例降低。

（4）长期施肥对 60～80cm 土层土壤有机氮组分含量的影响：从表 21 中可以看出，对褐潮土 60～80cm 土层而言，土壤全氮的大部分可以被 6mol/L 盐酸水解，酸解氮约占土壤全氮的 62.29%，酸不溶性氮只占全氮含量的 37.71%。在酸解氮中，含量最高的是氨基酸态氮，约占土壤全氮的 23.53%，其次是铵态氮，占全氮的 22.89%，两者含量相差不大，再次是酸解未知态氮，含量占土壤全氮的 12.51%，含量最低的是氨基糖态氮，大约占全氮含量的 3.36%。因此，该土层各形态有机氮组分的含量顺序为：酸不溶性氮＞氨基酸态氮＞铵态氮＞酸解未知态氮＞氨基糖态氮。

表 21　褐潮土 60～80cm 土层土壤有机氮组分含量及比例

处　理	全氮	酸解氮		铵态氮		氨基酸态氮		氨基糖态氮		酸解未知态氮		酸不溶性氮	
	含量 (mg/kg)	含量 (mg/kg)	比例 (%)	含量 (mg/kg)	比例 (%)	含量 (mg/kg)	比例 (%)	含量 (mg/kg)	比例 (%)	含量 (mg/kg)	比例 (%)	含量 (mg/kg)	比例 (%)
休　闲	547.01	314.99	57.58	137.13	25.07	130.25	23.81	15.03	2.75	32.58	5.96	232.02	42.42
CK	687.38	368.22	53.57	134.85	19.62	162.42	23.63	21.94	3.19	49.01	7.13	319.16	46.43
N	904.72	537.64	59.43	166.82	18.44	165.74	18.32	31.39	3.47	173.69	19.20	367.08	40.57
NP	686.59	453.32	66.03	146.46	21.33	131.67	19.18	9.59	1.40	165.61	24.12	233.26	33.97
NK	742.01	433.39	58.41	166.52	22.44	149.10	20.09	35.41	4.77	82.36	11.10	308.62	41.59
PK	486.11	360.02	74.06	159.39	32.79	145.10	29.85	12.08	2.48	43.46	8.94	126.09	25.94
NPK	705.60	460.09	65.21	201.92	28.62	132.74	18.81	4.09	0.58	121.34	17.20	245.51	34.79
M+NPK	711.72	422.90	59.42	153.92	21.63	143.04	20.10	25.77	3.62	100.16	14.07	288.82	40.58
1.5M+NPK	748.11	428.75	57.31	152.14	20.34	200.96	26.86	21.73	2.91	53.91	7.21	319.36	42.69
S+NPK	742.01	489.48	65.97	173.25	23.35	207.70	27.99	17.69	2.38	90.85	12.24	252.52	34.03
NPK 种植方式 2	728.37	442.16	60.71	154.81	21.25	204.49	28.08	27.39	3.76	55.47	7.62	286.21	39.29
NPK（节水）	530.90	338.22	63.71	112.21	21.14	124.91	23.53	35.65	6.71	65.46	12.33	192.68	36.29
$N_{过}$ PK	731.07	526.55	72.02	189.57	25.93	207.86	28.43	42.84	5.86	86.28	11.80	204.52	27.98
平均值	688.58	428.90	62.29	157.62	22.89	162.00	23.53	23.12	3.36	86.17	12.51	259.68	37.71

与休闲土壤相比，耕作和种植作物后该层土壤全氮、酸解氮、氨基酸态氮、酸不溶性氮、酸解未知态氮、氨基糖态氮含量均有不同程度地提高，铵态氮含量基本相等。酸解氮比例略有降低而酸不溶性氮比例升高，铵态氮比例下降较多，可能是铵态氮的植物有效性相对较高，而土壤有机氮更易淋失，10 年下移至 60～80cm 土层。

各肥料处理土壤酸不溶性氮比例均明显低于对照处理，只有处理 N 其酸不溶性氮含量有所增加，除 PK、NPK+1.5M、NPK（种植方式 2）外的所有处理酸解未知态氮含量及其比例均明显高于对照，除 N 处理以外各处理的铵态氮的比例均不同程度地高于对照处理，多数处理其含量也明显高于对照，土壤氨基酸态氮含量及比例只有 NPK+1.5M、NPK+S、NPK（种植方式 2）、$N_{过}$ PK4 个处理高于对照，氨基糖态氮含量及比例只有 NK、NPK（种植方式 2）、NPK（节水）、$N_{过}$ PK4 个处理高于对照；另外，N 处理土壤全氮含量最高，比对照增加 31.62%，酸解未知态氮、酸不溶性氮和铵态氮含量升高，但只有酸解未知态氮的比例升高，氨基酸态氮的比例明显下降；NK、NPK、NPK+M、NPK+1.5M、NPK+S、NPK（种植方式 2）、$N_{过}$ PK 处理土壤全氮有 2.65%～8.83%的增幅，NP、PK 处理全氮含量和对照基本相同，只有 NPK 节水处理全氮含量比对照低。

NPK 处理种植方式 2 在全氮、酸解氮含量上与种植方式 1 相差不大，但其铵态氮、酸解未知态氮含量及比例明显低于方式 1，而氨基酸态氮、氨基糖态氮和酸不溶性氮含量及比例明显高于种植方式 1；NPK 节水处理土壤全氮及除氨基糖态氮以外的有机氮各组分含量都有不同程度地降低，但氨基酸态氮、氨基糖态氮和酸不溶性氮的比例有不同程度地升高，铵态氮、酸解未知态氮比例有一定的增加，说明种植方式和灌水量的不同对该层土壤有机氮的组成和分布还有一定的影响。

将 PK、NPK、$N_{过}$ PK 比较后可以看出，在 PK 处理上施用常量化肥 N 土壤全氮、酸解氮及几种组分含量有不同程度地提高，但氨基酸态氮、氨基糖态氮含量及比例有所降低；施用过量化肥 N 土壤全氮、酸解氮含量继续增加，氨基酸态氮、氨基糖态氮含量及相应比例都明显增加，而铵态氮、酸解未知态氮和酸不溶性氮含量及比例明显较低，说明提高 N 肥用量也能影响该层土壤有机氮组分的分布。

（5）长期施肥对 80～100cm 土层土壤有机氮组分含量的影响：如表 22 所示，在该土层，土壤全氮含量的大部分能被 6mol/L 盐酸水解，酸解氮占土壤全氮的 69.99%，而酸不溶性氮含量只占全氮的 30.01%。在酸解氮中，各形态有机氮组分中含量最高的是铵态氮，含量占土壤全氮的 25.72%，其次是氨基酸态氮，含量占土壤全氮的 25.58%，两者含量基本相等，再次是酸解未知态氮，含量占土壤全氮的 15.35%，含量最低的是氨基糖态氮，含量占土壤全氮的 3.34%，所以，土壤中各形态有机氮组分的含量顺序是：酸不溶性氮＞铵态氮＞氨基酸态氮＞酸解未知态氮＞氨基糖态氮。

表 22　褐潮土 80～100cm 土层土壤有机氮组分含量及比例

处　理	全氮	酸解氮		铵态氮		氨基酸态氮		氨基糖态氮		酸解未知态氮		酸不溶性氮	
	含量 (mg/kg)	含量 (mg/kg)	比例 (%)	含量 (mg/kg)	比例 (%)	含量 (mg/kg)	比例 (%)	含量 (mg/kg)	比例 (%)	含量 (mg/kg)	比例 (%)	含量 (mg/kg)	比例 (%)
休　闲	462.01	268.64	58.15	122.08	26.42	88.81	19.22	15.72	3.40	42.02	9.10	193.37	41.85
CK	433.25	312.65	72.16	102.14	23.58	111.48	25.73	11.21	2.59	87.81	20.27	120.60	27.84
N	386.18	283.34	73.37	121.34	31.42	83.54	21.63	13.39	3.47	65.07	16.85	102.84	26.63
NP	505.00	340.90	67.50	102.77	20.35	111.77	22.13	9.68	1.92	116.68	23.10	164.10	32.50
NK	498.08	353.13	70.90	131.88	26.48	149.18	29.95	6.21	1.25	65.86	13.22	144.95	29.10
PK	335.94	284.96	84.83	108.80	32.39	78.30	23.31	16.17	4.81	81.69	24.32	50.98	15.17
NPK	384.25	305.25	79.44	117.71	30.63	85.78	22.32	6.07	1.58	95.70	24.91	78.99	20.56
M+NPK	419.17	274.91	65.58	94.91	22.64	102.11	24.36	21.66	5.17	56.23	13.41	144.26	34.42
1.5M+NPK	429.27	259.01	60.34	99.20	23.11	116.08	27.04	12.75	2.97	30.98	7.22	170.26	39.66
S+NPK	502.37	300.80	59.88	116.56	23.20	148.08	29.48	12.27	2.44	23.88	4.75	201.57	40.12
NPK 种植方式 2	529.25	327.26	61.83	124.36	23.50	139.77	26.41	17.37	3.28	45.76	8.65	201.99	38.17
NPK（节水）	309.86	249.61	80.56	84.58	27.30	79.86	25.77	22.17	7.15	63.00	20.33	60.25	19.44
$N_{过}$ PK	493.38	420.64	85.26	136.35	27.64	160.51	32.53	25.47	5.16	98.32	19.93	72.74	14.74
平均值	437.54	306.24	69.99	112.51	25.72	111.94	25.58	14.63	3.34	67.15	15.35	131.30	30.01

与休闲土壤相比，耕作和种植作物土壤全氮含量略有降低，但酸解氮含量及比例明显增加，酸不溶性氮含量和比例明显减少，在酸解氮中，氨基酸态氮、酸解未知态氮含量及比例有明显升高，铵态氮含量及比例明显下降。

NP、NK、NPK＋S、NPK（种植方式 2）、$N_{过}$ PK 处理土壤全氮含量均比对照土壤含量高。其中 NP 处理酸解未知态氮、酸不溶性氮含量及比例都明显增加，说明该处理使土壤有机氮向植物有效性较高的方向转化；NK 处理铵态氮、氨基酸态氮、酸不溶性氮含量及比例明显增加，氨基糖态氮和酸解未知态氮含量及比例明显降低；NPK＋S、NPK（种植方式 2）处理土壤氨基酸态氮、酸不溶性氮含量及比例明显提高，酸解未知态氮含量及比例明显下降，促使了土壤有机氮向有效性较高的组分转化；$N_{过}$ PK 处理铵态氮、氨基酸态氮、氨基糖态氮含量及比例均有不同程度地提高，但酸不溶性氮含量及比例明显下降。N、NPK处理使土壤全氮、氨基酸态氮、酸不溶性氮含量有不同程度地降低，有机氮的有效性整体降低；1.5（NPK+M1）处理土壤酸解未知态氮含量及其比例明显下降，酸不溶性氮含量升高；PK、NPK（节水）处理在该土层土壤全氮含量有明显降低，氨基酸态氮、酸解未知态氮、酸不溶性氮含量也有不同程度地降低。

对NPK处理，种植方式2土壤全氮、酸解氮、氨基酸态氮、氨基糖态氮、酸不溶性氮含量及比例均比种植方式1高，酸解未知态氮含量及比例明显降低，铵态氮比例明显降低；NPK节水处理土壤全氮、酸解氮、铵态氮、氨基酸态氮、酸解未知态氮、酸不溶性氮含量均比常规用水低，氨基酸态氮和氨基糖态氮比例有一定增加。

在PK处理的基础上，施用常量化肥N（NPK处理）土壤全氮、酸解氮、铵态氮、氨基酸态氮、酸解未知态氮和酸不溶性氮含量均增加，增施化肥N（$N_{过}$ PK处理）土壤全氮、酸解氮、铵态氮、氨基酸态氮、氨基糖态氮含量均比常量施肥高，但铵态氮、酸解未知态氮和酸不溶性氮比例有不同程度地降低，氨基酸态氮的比例明显升高，表明施用高量化肥N会促进该层土壤中有机氮向有效性较高的形态组分转化。

2. 土壤有机氮含量的剖面分布变化与施肥的影响

（1）土壤全氮含量的剖面分布变化与施肥的影响：从表23可以看出，褐潮土土壤全氮含量自耕层向下逐渐降低，一般在60～80cm土层出现一定的富集，各处理剖面分布规律因不同施肥各异。CK、N、PK、NPK+M、NPK+1.5M、NPK（节水）、$N_{过}$ PK处理耕层至40cm土壤随剖面加深全氮含量递减，在以下的土层中全氮出现富集现象，PK、NPK（节水）处理在40～60cm土层全氮富集含量最高，其余处理均在60～80cm土层全氮富集量最高；而休闲、NP、NK、NPK、NPK+S、NPK（种植方式2）土壤全氮含量随深度递减至60cm土层，然后在60～80cm土层出现富集。NP、NK、NPK+S、NPK（种植方式2）、$N_{过}$ PK处理对80～100cm土层的全氮含量还有较大的影响作用。

表23　褐潮土土全氮含量的剖面分布

（mg/kg）

土层（cm）	休闲	CK	N	NP	NK	PK	NPK	M+NPK	1.5M+NPK	S+NPK	NPK种植方式2	NPK（节水）	$N_{过}$ PK
0～20	925.95	760.43	780.06	847.62	818.94	713.64	817.79	787.85	927.99	868.36	869.62	867.32	802.34
20～40	603.76	602.33	597.37	651.00	617.28	583.89	629.42	578.98	574.90	586.50	657.57	598.89	590.28
40～60	507.96	619.61	653.06	554.10	548.54	527.73	586.81	589.62	587.10	573.51	620.81	674.19	655.42
60～80	547.01	687.38	904.72	686.59	742.01	486.11	705.60	711.72	748.11	742.01	728.37	530.90	731.07
80～100	462.01	433.25	386.18	505.00	498.08	335.94	384.25	419.17	429.27	502.37	529.25	309.86	493.38

与休闲土壤相比，耕作处理耕层土壤全氮含量明显下降，20～40cm土层基本相等，40～80cm土层中全氮含量明显高于休闲土壤，这与耕层附近植物根系的吸收活动有关。除PK处理外，各肥料处理耕层土壤的全氮含量均高于对照处理，在土壤深层全氮富集区，施N、NK、PK、NPK+1.5M、NPK+S、NPK（种植方式2）、$N_{过}$ PK处理土壤富集程度较高。与单施化肥相比，化肥与有机肥混施处理耕层土壤全氮含量普遍偏高，但耕层以下则没有这一分布规律。

对于NPK处理，种植方式2各层土壤全氮含量均超过种植方式1，表明小麦、玉米与大豆的轮作对于增加土壤氮素含量有较大的影响；NPK节水处理耕层土壤全氮含量增加，耕层以下不论是富集层还是其他各层土壤都低于常量用水处理，并且节水处理在40～60cm土层出现富集，常量用水出现在60～80cm土层，节水处理土壤全氮富集的程度低于常量用水，说明节水处理中氮素向下层迁移的数量少并且速度较慢。

在PK处理的基础上，施用化肥N（NPK处理）土壤各层全氮含量都明显提高，施用过量化肥N（$N_{过}$ PK处理）后40cm以上土壤全氮含量却略有减少，40cm以下土壤全氮含量有不同程度地增加，说明氮素在土壤中容易移动，施入的N素向下层迁移较多，从而出现这样的土壤全氮剖面分布状况。

（2）土壤铵态氮含量的剖面分布变化与施肥的影响：从表24和表25可以看出，褐潮土铵态氮含量随着土层加深逐渐下降，但不同处理在40～80cm范围内有一定的富集。铵态氮比例在土壤剖面上基本稳定，整体上随剖面加深有略微的升高。

表24 褐潮土铵态氮含量的剖面分布

（mg/kg）

土层（cm）	休闲	CK	N	NP	NK	PK	NPK	M+NPK	1.5M+NPK	S+NPK	NPK种植方式2	NPK（节水）	$N_{过}$ PK
0～20	166.95	167.43	156.22	167.36	230.72	196.54	209.40	223.63	203.85	175.37	193.13	199.56	207.20
20～40	133.62	154.22	122.79	166.55	149.93	146.90	174.41	145.54	150.59	121.01	164.78	143.96	153.76
40～60	128.43	141.83	149.60	167.32	146.46	143.27	158.23	149.82	121.99	136.84	156.53	146.34	191.56
60～80	137.13	134.85	166.82	146.46	166.52	159.39	201.92	153.92	152.14	173.25	154.81	112.21	189.57
80～100	122.08	102.14	121.34	102.77	131.88	108.80	117.71	94.91	99.20	116.56	124.36	84.58	136.35

表25 褐潮土剖面土壤铵态氮的比例

（%）

土层（cm）	休闲	CK	N	NP	NK	PK	NPK	M+NPK	1.5M+NPK	S+NPK	NPK种植方式2	NPK（节水）	$N_{过}$ PK
0～20	18.03	22.02	20.03	19.74	28.17	27.54	25.61	28.38	21.97	20.20	22.21	23.01	25.82
20～40	22.13	25.60	20.56	25.58	24.29	25.16	27.71	25.14	26.19	20.63	25.06	24.04	26.05
40～60	25.28	22.89	22.91	30.20	26.70	27.15	26.96	25.41	20.78	23.86	25.21	21.71	29.23
60～80	25.07	19.62	18.44	21.33	22.44	32.79	28.62	21.63	20.34	23.35	21.25	21.14	25.93
80～100	26.42	23.58	31.42	20.35	26.48	32.39	30.63	22.64	23.11	23.20	23.50	27.30	27.64

与休闲土壤相比，耕作和种植作物后土壤耕层铵态氮含量和休闲土壤基本相同，但在下面的20～60cm土层中含量较高，40cm以上土壤铵态氮比例较高，40～100cm土壤铵态氮比例明显低于休闲处理，可能土壤上层人类的耕作活动和作物生长有利于有机氮向铵态氮转化。

处理N、NP、NPK＋S耕层土壤铵态氮含量比对照含量低或基本持平，其余处理比对照高，耕层以下各处理又各不相同。施N处理40cm以上土壤全氮含量比对照低，在60～80cm土层比对照含量高，可能由于植物根系的活动使上层土壤部分的铵态氮转化为其他有机氮组分；NP处理耕层土壤铵态氮含量与对照持平，但20～80cm土层中铵态氮含量比对照提高，比例也提高，说明 NP 的协同作用使耕层更多的铵态氮被作物吸收或转化；NK、PK 处理耕层土壤铵态氮含量增加，20～60cm 土层与对照基本相等，60～80cm 土层出现富集并高于对照；NPK 处理土壤各层铵态氮含量都比对照增加，比例也有一定程度的增加；化肥与有机肥混施处理耕层土壤铵态氮含量都比对照增加，20～60cm 土层相差不大，在 60～80cm 土层出现一定程度的富集并高于对照；NPK 节水处理除耕层土壤铵态氮含量比对照高外，以下各层土壤含量都比对照低或持平，可能与土壤氮素随灌溉水向下层迁移较少有关；$N_{过}$ PK 处理各层土壤铵态氮含量都不低于对照处理。

对于 NPK 处理，种植方式 2 在耕层和富集层土壤铵态氮含量和比例都明显比种植方式 1 低，在其他土层基本相同，各层土壤铵态氮比例也都不同程度地低于种植方式 1，说明小麦玉米与大豆轮作使各层土壤有机氮更多的分布在其他形态的有机氮组分中；NPK 节水处理各层土壤铵态氮含量都不同程度地低于常量灌水处理，比例也各有下降，只是耕层土壤下降幅度较小，这可能由于灌水量较少导致土壤氮素向下层迁移较少，促进了植物的吸收利用。

在施用 PK 的情况下，施用常量化肥 N（NPK 处理）各层土壤铵态氮含量均有不同程度地升高，其比例各有升降，差别不大，增施无机 N 肥（$N_{过}$ PK 处理）后耕层土壤铵态氮含量与常量施肥基本相等，其他各层土壤土壤铵态氮含量各有升降，整体情况相差不大，说明是否施用化肥 N 与施用量差异对土壤铵态氮的含量分布影响不大。

（3）土壤氨基酸态氮含量的剖面分布变化与施肥的影响：从表 26、表 27 可以看出，褐潮土剖面土壤氨基酸态氮含量整体随着土层加深而递减，但不同处理在 40～80cm 土层有一定的富集，在剖面含量分布上有两个峰值。比例剖面分布比较平稳，整体有轻微的下降趋势，但在 80～100cm 土层其比例有一定的升高。

表 26　褐潮土氨基酸态氮含量的剖面分布

（mg/kg）

土　层（cm）	休　闲	CK	N	NP	NK	PK	NPK	M+NPK	1.5M+NPK	S+NPK	NPK 种植方式 2	NPK（节水）	$N_{过}$ PK
0～20	281.90	223.66	101.64	228.47	209.69	219.61	233.37	245.01	274.32	295.56	298.40	227.12	322.39
20～40	166.63	165.11	156.36	148.66	155.34	151.67	169.46	141.54	131.13	197.47	220.75	156.75	278.53
40～60	124.03	142.76	148.96	116.84	135.36	142.72	110.82	132.26	172.51	169.12	183.48	162.95	250.01
60～80	130.25	162.42	165.74	131.67	149.10	145.10	132.74	143.04	200.96	207.70	204.49	124.91	207.86
80～100	88.81	111.48	83.54	111.77	149.18	78.30	85.78	102.11	116.08	148.08	139.77	79.86	160.51

表 27　褐潮土剖面土壤氨基酸态氮的比例

（%）

土　层（cm）	休　闲	CK	N	NP	NK	PK	NPK	M+NPK	1.5M+NPK	S+NPK	NPK 种植方式 2	NPK（节水）	$N_{过}$ PK
0～20	30.44	29.41	13.03	26.95	25.60	30.77	28.54	31.10	29.56	34.04	34.31	26.19	40.18
20～40	27.60	27.41	26.17	22.84	25.17	25.98	26.92	24.45	22.81	33.67	33.57	26.17	47.19
40～60	24.42	23.04	22.81	21.09	24.68	27.04	18.89	22.43	29.38	29.49	29.55	24.17	38.15
60～80	23.81	23.63	18.32	19.18	20.09	29.85	18.81	20.10	26.86	27.99	28.08	23.53	28.43
80～100	19.22	25.73	21.63	22.13	29.95	23.31	22.32	24.36	27.04	29.48	26.41	25.77	32.53

与休闲土壤相比，耕作和种植作物处理耕层土壤中氨基酸态氮含量明显降低，在其下的 20～40cm 土层两者基本相等，在 40～100cm 土层耕作土壤氨基酸态氮含量明显高于休闲土壤，这可能与氨基酸态氮的植物有效性较高有关。比例在剖面上没有明显的分布规律。

施 N 处理耕层土壤氨基酸态氮含量及比例明显低于对照处理，在耕层以下差异减小；化肥处理 NP、NK、PK、NPK、NPK（节水）土壤耕层氨基酸态氮含量与对照相差不大，在耕层以下的土层中各处理氨基酸态氮含量都低于或等于对照处理；与之相对应的是，化肥与有机肥混施处理和 $N_{过}$ PK、NPK（种植方式 2）处理耕层土壤氨基酸态氮含量都明显高于对照处理，并且 $N_{过}$ PK、NPK＋S、NPK（种植方式 2）在各层土壤中氨基酸态氮含量和比例都高于对照处理，NPK＋1.5M 处理除 20～40cm 土层含量略低外，其余土层中含量都高于对照处理；说明这些肥料处理尤其是化肥和有机肥混施能影响土壤有机氮的形态分布与转化，明显提高土壤氨基酸态氮的含量比例，提高了土壤有机氮的植物有效性；NPK＋M 处理只有耕层土壤氨基酸态氮含量有较大的提高，耕层以下其含量及比例还有不同程度地降低；这些说明单施化肥和化肥与有机肥混施对于土壤有机氮的形态分布与转化的作用有非常大的不同。

在 NPK 肥料处理中，种植方式 2 在各层土壤中氨基酸态氮含量及比例均明显高于种植方式 1（小麦—玉米轮作），说明小麦玉米与豆科作物轮作对于提高各层土壤氨基酸态氮含量分布有非常重要的作用；NPK 节水处理由于氮素养分随水流向下迁移较少。所以，除耕层含量较高外，在 40～60cm 氨基酸态氮稍有富集并且其含量高于常量用水处理，在其他土层中节水处理氨基酸态氮含量都略低于常量用水，在 40～100cm 土层其比例明显高于常量用水。说明灌水量不同会影响土壤氨基酸态氮的分布与转化。

在施用 PK 基础上，施用化肥 N（NPK 处理）40cm 以上土壤氨基酸态氮含量略有升高，比例差异不大；增施化肥 N（$N_{过}$ PK 处理）各层土壤中氨基酸态氮含量及比例均明显提高，说明增施无机氮肥对于提高土壤肥力和土壤有机氮的生物有效性，对于土壤中有机氮的相态分布与转化的作用相当明显。

（4）土壤氨基糖态氮含量的剖面分布变化与施肥的影响：从表 28 与表 29 中可以看出，褐潮土剖面上氨基糖态氮含量分布基本上没有明显的分布规律，其比例则没有明显的剖面分布规律，但各处理的表现各不相同。

表 28　褐潮土氨基糖态氮含量的剖面分布

（mg/kg）

土层（cm）	休闲	CK	N	NP	NK	PK	NPK	M＋NPK	1.5M＋NPK	S＋NPK	NPK 种植方式 2	NPK（节水）	$N_{过}$ PK
0～20	39.88	21.44	34.28	16.16	19.37	16.45	19.87	10.47	7.56	25.94	40.74	32.36	35.06
20～40	21.37	9.51	21.72	30.28	9.47	10.40	46.96	13.16	15.75	12.41	26.26	41.33	20.17
40～60	3.72	10.38	21.25	18.15	17.57	17.98	6.45	12.76	17.77	16.51	22.46	31.03	26.53
60～80	15.03	21.94	31.39	9.59	35.41	12.08	4.09	25.77	21.73	17.69	27.39	35.65	42.84
80～100	15.72	11.21	13.39	9.68	6.21	16.17	6.07	21.66	12.75	12.27	17.37	22.17	25.47

表 29 褐潮土剖面土壤氨基糖态氮的比例

(%)

土层(cm)	休闲	CK	N	NP	NK	PK	NPK	M+NPK	1.5M+NPK	S+NPK	NPK种植方式2	NPK(节水)	$N_{过}$PK
0~20	4.31	2.82	4.40	1.91	2.36	2.31	2.43	1.33	0.81	2.99	4.68	3.73	4.37
20~40	3.54	1.58	3.64	4.65	1.53	1.78	7.46	2.27	2.74	2.12	3.99	6.90	3.42
40~60	0.73	1.67	3.25	3.28	3.20	3.41	1.10	2.16	3.03	2.88	3.62	4.60	4.05
60~80	2.75	3.19	3.47	1.40	4.77	2.48	0.58	3.62	2.91	2.38	3.76	6.71	5.86
80~100	3.40	2.59	3.47	1.92	1.25	4.81	1.58	5.17	2.97	2.44	3.28	7.15	5.16

在各肥料处理中，CK、N、NK、NPK+S、NPK（种植方式2）、$N_{过}$PK 处理土壤氨基糖态氮含量在剖面上自耕层向下首先逐渐减少，在大约 60～80cm 土层富集；NP、NPK、NPK（节水）处理耕层土壤氨基糖态氮含量较低，在 20～40cm 土层含量明显增加，出现一个峰值，然后随剖面加深含量逐渐下降；PK 处理土壤中氨基糖态氮含量基本稳定，在剖面上变化不大；NPK+M、NPK+1.5M 处理耕层土壤氨基糖态氮含量较低，然后随剖面加深而逐渐增加，至 60～80cm 土层出现富集，然后趋于下降。

各处理耕层土壤氨基糖态氮含量均不同程度地低于休闲土壤，而且单施化肥与化肥与有机肥混施处理相比并没有明显的差异。

（5）土壤酸解未知态氮含量的剖面分布变化与施肥的影响：从表 30 和表 31 中可以看出，整体上褐潮土酸解未知态氮含量随土壤剖面加深逐渐下降，一般在 60cm 以上土壤下降较快，60cm 以下基本趋于稳定，在某些处理中 60～100cm 土层酸解未知态氮含量有一定的富集。其比例整体呈现出随土壤剖面加深逐渐下降，而后略有升高的趋势。

表 30 褐潮土酸解未知态氮含量的剖面分布

(mg/kg)

土层(cm)	休闲	CK	N	NP	NK	PK	NPK	M+NPK	1.5M+NPK	S+NPK	NPK种植方式2	NPK(节水)	$N_{过}$PK
0~20	151.88	148.49	224.91	226.63	178.40	175.63	203.10	219.55	183.95	118.66	124.19	200.03	24.95
20~40	69.60	68.91	116.49	181.16	139.06	98.45	122.85	144.87	131.71	62.60	107.86	119.34	16.38
40~60	24.39	61.72	79.12	170.21	85.06	58.65	141.53	66.82	42.63	25.76	57.20	91.53	66.25
60~80	32.58	49.01	173.69	165.61	82.36	43.46	121.34	100.16	53.91	90.85	55.47	65.46	86.28
80~100	42.02	87.81	65.07	116.68	65.86	81.69	95.70	56.23	30.98	23.88	45.76	63.00	98.32

表 31 褐潮土剖面土壤酸解未知态氮的比例

(%)

土层(cm)	休闲	CK	N	NP	NK	PK	NPK	M+NPK	1.5M+NPK	S+NPK	NPK种植方式2	NPK(节水)	$N_{过}$PK
0~20	16.40	19.53	28.83	26.74	21.78	24.61	24.84	27.87	19.82	13.67	14.28	23.06	3.11
20~40	11.53	11.44	19.50	27.83	22.53	16.86	19.52	25.02	22.91	10.67	16.40	19.93	2.78
40~60	4.80	9.96	12.11	30.72	15.51	11.11	24.12	11.33	7.26	4.49	9.21	13.58	10.11
60~80	5.96	7.13	19.20	24.12	11.10	8.94	17.20	14.07	7.21	12.24	7.62	12.33	11.80
80~100	9.10	20.27	16.85	23.10	13.22	24.32	24.91	13.41	7.22	4.75	8.65	20.33	19.93

与休闲土壤相比，耕作后40cm以上土壤酸解未知态氮含量基本没有变化，但在下面的土层中其含量明显高于休闲处理，比例也有不同程度地升高，可能耕作活动和作物生长使土壤酸解未知态氮容易转化为其它形态，或者易于向下层移动。

各肥料处理中，除了NPK+S、NPK（种植方式2）、$N_{过}$ PK处理外，其余处理耕层土壤酸解未知态氮含量均明显高于对照处理，耕层以下土壤随不同处理各异。单施化肥对各土层酸解未知态氮含量和比例的影响比化肥与有机肥混施处理大，对提高土壤酸解未知态氮含量有重要作用。具体表现在：施N、NP、NK、NPK、NPK（节水）处理80cm以上土壤酸解未知态氮含量比对照处理有明显的提高，其中NP处理80～100cm土层酸解未知态氮含量也比对照有较大的升高。但是PK处理只是使40cm以上土壤酸解未知态氮含量升高，以下土层与对照相差不大。与之相对应的是，化肥与有机肥混施处理则在提高土壤酸解未知态氮含量方面影响不大，NPK+M、NPK+1.5M处理40cm以上土壤酸解未知态氮含量比对照有一定的提高，NPK+M处理在60～80cm土层酸解未知态氮含量富集并明显高于对照，而在其他土层其含量则比对照有不同程度地下降；而除了NPK处理60～80cm土层、NPK（种植方式2）在20～40cm土层土壤酸解未知态氮含量高于对照外，该两个处理在其他土层中酸解未知态氮含量均不同程度地低于对照。

对于NPK处理，种植方式2各层土壤酸解未知态氮含量均明显低于种植方式1，其比例变化规律相同，说明小麦玉米与大豆轮作能明显影响土壤中有机氮的组成与迁移分布，能使土壤酸解未知态氮向其他形态如氨基酸态氮转化；NPK节水处理40cm以上土壤酸解未知态氮含量及比例与常量用水基本相等，但在40cm以下其含量及比例则明显降低，可能与节水后有机氮各形态随水向下迁移运动较少有关。

将PK、NPK、$N_{过}$ PK处理相比较可知，施用常量化肥N（NPK处理）土壤各层酸解未知态氮含量均明显提高，比例也高于或等于PK处理，而增施过量化肥N（$N_{过}$ PK处理）后土壤酸解未知态氮含量分布有很大的不同，其含量在土壤剖面上呈现递增的趋势，并且80cm以上土壤酸解未知态氮含量明显低于NPK处理，并且在各层其比例也明显降低，出现这一现象的原因还不清楚。

（6）土壤酸不溶性氮含量的剖面分布变化与施肥的影响：从表32和表33可以看出，土壤酸不溶性氮含量在剖面上的分布规律比较复杂，大体上由耕层到40cm土层基本趋于下降，由40～80cm逐渐升高并在60～80cm黏土层中出现明显的富集现象，再向下其含量则快速下降。其比例由耕层到80cm土层呈现逐步递增的规律，由80cm向下出现降低。

表32　褐潮土酸不溶性氮含量的剖面分布

(mg/kg)

土层 (cm)	休闲	CK	N	NP	NK	PK	NPK	M+ NPK	1.5M+ NPK	S+ NPK	NPK 种植方式2	NPK (节水)	$N_{过}$ PK
0～20	285.35	199.42	263.00	209.01	180.77	105.42	152.06	89.19	258.31	252.82	213.17	208.26	212.75
20～40	212.54	204.57	180.00	124.35	163.48	176.46	115.74	133.87	145.72	193.01	137.91	137.51	121.45
40～60	227.40	262.93	254.12	81.58	164.09	165.10	169.78	227.96	232.20	225.28	201.14	242.34	121.06
60～80	232.02	319.16	367.08	233.26	308.62	126.09	245.51	288.82	319.36	252.52	286.21	192.68	204.52
80～100	193.37	120.60	102.84	164.10	144.95	50.98	78.99	144.26	170.26	201.57	201.99	60.25	72.74

表 33 褐潮土剖面土壤酸不溶性氮的比例

（%）

土层 (cm)	休闲	CK	N	NP	NK	PK	NPK	M+ NPK	1.5M+ NPK	S+ NPK	NPK 种植方式 2	NPK （节水）	$N_{过}$ PK
0～20	30.82	26.22	33.72	24.66	22.07	14.77	18.59	11.32	27.83	29.11	24.51	24.01	26.52
20～40	35.20	33.96	30.13	19.10	26.48	30.22	18.39	23.12	25.35	32.91	20.97	22.96	20.57
40～60	44.77	42.43	38.91	14.72	29.91	31.29	28.93	38.66	39.55	39.28	32.40	35.95	18.47
60～80	42.42	46.43	40.57	33.97	41.59	25.94	34.79	40.58	42.69	34.03	39.29	36.29	27.98
80～100	41.85	27.84	26.63	32.50	29.10	15.17	20.56	34.42	39.66	40.12	38.17	19.44	14.74

与休闲土壤相比，耕作和种植作物土壤 40cm 以上酸不溶性氮含量及比例下降，尤其在耕层土壤其含量下降明显，40～80cm 土壤酸不溶性氮含量有不同程度地升高，这可能与酸不溶性氮易分解转化有关。

各肥料处理中，除 NK、PK、NPK、NPK+M 外，其他处理均使耕层土壤酸不溶性氮含量有不同程度地升高；而在耕层以下至 80cm 土壤中，各处理酸不溶性氮含量均比对照有不同程度地下降，其比例也明显低于对照处理；80～100cm 土层中化肥和有机肥混施处理 NPK+M、NPK+1.5M、NPK+S 和化肥处理 NP、NK、NPK（种植方式 2）土壤酸不溶性氮含量及比例高于对照处理。在所有肥料处理中，化肥与有机肥混施处理 NPK+M、NPK+1.5M、NPK+S 土壤酸不溶性氮含量整体高于单施化肥处理，其比例在耕层基本相等，但在耕层以下也明显高于化肥处理。

对于 NPK 处理，种植方式 2 各层土壤酸不溶性氮含量及比例都明显高于种植方式 1，可能小麦玉米与大豆轮作能明显影响土壤中有机氮的组成与分布，能使土壤酸不溶性氮含量比例大幅增加；NPK 节水处理 60cm 以上土壤的酸不溶性氮含量及比例明显高于常量用水处理，但下层土壤其含量则较低，其比例差异不大，可能与灌水量较低，土壤氮素向下层土壤迁移运动较少有关。

将 PK、NPK、$N_{过}$ PK 处理相比较可知，施用常量化肥 N（NPK 处理）在 20～60cm 土层酸不溶性氮含量及比例明显低于 PK 处理，在其他土层中则明显升高，增施过量化肥 N（$N_{过}$ PK 处理）40cm 以上土壤酸不溶性氮含量及比例明显升高，40cm 以下则有较大幅度的降低，表明施用不同量的无机 N 肥能较大的影响氮素在土壤中的组成、分布与迁移。

3. 讨论 在剖面土壤 40cm 以上，各有机氮组分的含量顺序是：氨基酸态氮>酸不溶性氮>铵态氮>酸解未知态氮>氨基糖态氮，40cm 以下有机氮组分的含量顺序是：酸不溶性氮>氨基酸态氮>铵态氮>酸解未知态氮>氨基糖态氮。这与黑土中有机氮组分的含量顺序不同，主要是因为在剖面土壤 40cm 以上氨基酸态氮含量较高，超过了酸不溶性氮的含量，这可能与很多因素有关，包括土壤类型、质地、天气、降雨量、光照、气温、种植制度、作物类型等。

4. 小结

（1）长期施肥 10 年后褐潮土剖面各层土壤氮素绝大部分可以被 6mol/L 盐酸水解，从耕层到剖面 1m 的土壤，酸解氮约占土壤全氮的 53.57%～88.68%不等，酸不溶性氮占土壤全氮的一小部分。

（2）在酸解氮中，一般在剖面 40cm 以上，氨基酸态氮含量最高，超过了酸不溶性氮，其次是铵态氮和酸解未知态氮，含量最低的是氨基糖态氮。因此，各有机氮组分的含量顺序是：氨基酸态氮＞酸不溶性氮＞铵态氮＞酸解未知态氮＞氨基糖态氮；但在 40cm 以下土壤中，因为氨基酸态氮含量随剖面降低相对较快，酸不溶性氮含量超过了氨基酸态氮。因此，其有机氮组分的含量顺序是：酸不溶性氮＞氨基酸态氮＞铵态氮＞酸解未知态氮＞氨基糖态氮。在 80～100cm 土层氨基酸态氮和铵态氮含量基本相等。

（3）对照（耕作、种植作物、不施肥）处理耕层土壤全氮、酸解氮、氨基酸态氮、氨基糖态氮、酸不溶性氮含量均不同程度地低于休闲处理，铵态氮和酸解未知态氮含量基本等于休闲处理。因此，其比例较高，在 20～40cm 各氮素形态基本相等，只有铵态氮和氨基糖态氮含量及比例有所变化，在 40～80cm 土层中对照土壤全氮、酸解氮以及各有机氮组分含量都有所增加，比例也有所变化，说明耕作和种植作物对土壤有机氮的形态组成和转化分布有一定作用。

（4）单施化肥处理耕层土壤有机氮组分的平均比例与对照相比一般都有差异，如各层土壤酸不溶性氮的平均比例都低于对照，酸解氮各组分平均比例也有变化，而且各化肥处理之间差异也很大，这表明耕作和种植作物对土壤有机氮的转化和形态分布有重要作用，并且从土壤有机氮比例上看其影响一般达到剖面 80cm。

（5）施用化肥处理耕层土壤全氮平均含量比对照略高，耕层以下基本与对照没有差异，说明单施化肥对土壤全氮含量的影响不明显。

（6）化肥与有机肥混施处理耕层土壤全氮含量高于对照处理，在耕层以下一般差异很小，但是从耕层到 80cm 土壤酸不溶性氮的比例都比对照低，相应酸解氮含量比例增加，说明混施处理对于土壤有机氮的形态分布有一定的影响。

（7）褐潮土土壤全氮、铵态氮、氨基酸态氮含量在土壤剖面上一般是由耕层向下逐渐减少，一般在 60～80cm 土层中有一定的富集；氨基糖态氮基本没有明显的分布规律；酸解未知态氮含量一般在 60cm 以上随土壤剖面加深逐渐下降，60cm 以下基本趋于稳定；酸不溶性氮含量由耕层到 40cm 土层基本趋于下降，在 40～80cm 逐渐升高并在 60～80cm 粘土层中出现明显的富集，然后快速下降。各有机氮的比例在剖面上也有各自的分布规律，铵态氮比例基本稳定，整体上随剖面加深略有上升；氨基酸态氮比例整体上略有下降，但在 80～100cm 土层有所升高；氨基糖态氮比例基本没有明显的分布规律；酸解未知态氮比例在土壤剖面上先逐渐下降而后略有升高；酸不溶性氮比例由耕层到 80cm 土层逐步递增，由 80cm 向下出现降低。

（三）长期施肥对紫色土土壤有机氮组成与分布的影响

1. 长期施肥对各层土壤有机氮组分含量的影响

（1）长期施肥对耕层土壤有机氮组分含量的影响：表 34 结果表明，紫色土耕层土壤中有机氮的大部分可以被 6 mol/L 盐酸水解，达到全氮的 69.4%（平均值，下同），酸不溶性氮含量约占土壤全氮的 30.6%。在酸解氮中，以氨基酸态氮含量最高，约占耕层土壤全氮的 31.21%，其次是铵态氮，约占土壤全氮的 20.8%，酸解未知态氮含量约占土壤全氮的 14.4%，含量最低的是氨基糖态氮，约占土壤全氮的 2.99%。因此，紫色土耕层土壤中各有机氮组分的含量顺序为：氨基酸态氮＞酸不溶性氮＞铵态氮＞酸解未知态氮＞氨基糖态氮。

表 34 紫色土耕层土壤有机氮组分含量及比例

处 理	全氮	酸解氮		铵态氮		氨基酸态氮		氨基糖态氮		酸解未知态氮		酸不溶性氮	
	含量 (mg/kg)	含 量 (mg/kg)	比 例 (%)	含 量 (mg/kg)	比 例 (%)	含 量 (mg/kg)	比 例 (%)	含 量 (mg/kg)	比 例 (%)	含 量 (mg/kg)	比 例 (%)	含 量 (mg/kg)	比 例 (%)
休 闲	794.94	536.71	67.52	173.88	21.87	255.41	32.13	45.37	5.71	62.04	7.80	258.23	32.48
CK	1 032.00	693.32	67.18	218.12	21.14	340.20	32.96	45.47	4.41	89.53	8.67	338.68	32.82
N	1 191.01	810.02	68.01	245.89	20.65	349.46	29.34	39.58	3.32	175.09	14.70	380.99	31.99
NP	1 312.49	757.57	57.72	259.21	19.75	390.03	29.72	39.59	3.02	68.73	5.24	554.92	42.28
NK	1 199.06	828.17	69.07	254.01	21.18	399.48	33.32	32.27	2.69	142.41	11.88	370.90	30.93
PK	1 201.98	718.41	59.77	234.51	19.51	346.93	28.86	34.90	2.90	102.07	8.49	483.57	40.23
NPK	1 241.33	842.41	67.86	262.10	21.11	374.26	30.15	45.25	3.65	160.80	12.95	398.93	32.14
S	1 261.33	855.42	67.82	247.48	19.62	370.78	29.40	45.77	3.63	191.39	15.17	405.91	32.18
M+NPK	1 251.94	932.19	74.46	278.57	22.25	396.97	31.71	29.08	2.32	227.57	18.18	319.75	25.54
M+NPK 种植方式 2	1 372.17	1007.98	73.46	266.56	19.43	441.80	32.20	31.74	2.31	267.88	19.52	364.19	26.54
S+ (NPK) Cl	1 133.13	860.49	75.94	254.63	22.47	332.12	29.31	40.51	3.57	233.22	20.58	272.64	24.06
S+1.5 (NPK)	1 225.17	976.66	79.72	276.98	22.61	451.07	36.82	18.45	1.51	230.16	18.79	248.52	20.28
S+NPK	1 397.48	1016.24	72.72	276.28	19.77	424.04	30.34	18.49	1.32	297.43	21.28	381.25	27.28
平均值	1 201.08	833.51	69.40	249.86	20.80	374.81	31.21	35.88	2.99	172.95	14.40	367.58	30.60

与休闲土壤相比，耕作和种植作物后耕层土壤全氮含量增加，增加幅度达到 29.82%，酸解氮和各有机氮组分含量都增加，但各比例与休闲处理基本相等，没有大的差异。

与对照相比，各肥料处理土壤全氮和酸解氮均有不同程度地增加，全氮增加幅度在 9.8%～35.41%，平均增加约 21.5%，酸解氮提高幅度在 3.62%～46.58%，平均提高约 25.9%。其中单施化肥使耕层土壤全氮含量平均增加约 19.1%，酸解氮含量增加约 14.1%，单施有机肥和化肥与有机肥混施处理土壤全氮含量平均增加约 23.4%，酸解氮含量提高约 35.8%，均比化肥处理明显提高，而且酸解氮的比例明显高于化肥处理；与之相对应的是，化肥处理土壤酸不溶性氮含量比对照增加 29.3%，含有机肥处理土壤酸不溶性氮含量却降低约 2%，比例明显降低，可见施用有机肥能明显促进土壤有机氮在各有机氮组分之间的分布与转化。与对照相比，单施化肥土壤铵态氮、氨基酸态氮、酸解未知态氮含量增加约 15.1%、9.4%和 45%，而含有机肥处理土壤铵态氮、氨基酸态氮、酸解未知态氮含量提高约 22.3%、18.4%和 169.5%，单施化肥土壤中氨基糖态氮含量下降 15.7%，含有机肥处理下降 32.5%。化肥有机肥混施处理土壤酸解氮、酸解未知态氮比例比单施化肥处理有明显增加，酸不溶性氮比例明显降低，表明化肥与有机肥混施处理能明显提高土壤氮素肥力，对土壤有机氮的组分转化作用不同于单施化肥处理。

在各肥料处理中，施 N 处理主要提高土壤酸解未知态氮、酸不溶性氮含量，酸不溶性氮比例有明显升高，氨基酸态氮的比例明显下降；NP 处理主要提高氨基酸态氮和酸不溶性氮含量，并且酸不溶性氮比例明显升高；NK、PK、NPK、S、NPK＋S 处理土壤铵态氮、氨基酸态氮、酸解未知态氮和酸不溶性氮含量均有不同程度地增加；M＋NPK（两种种植方式）处理土壤铵态氮、氨基酸态氮、酸解未知态氮含量均有增加；S+（NPK）Cl 处理土壤铵态氮、酸解未知态氮含量增加。

在施用秸秆肥和等 N、P、K 化肥条件下，施用含氯化肥耕层土壤全氮、酸解氮、以及铵态氮、氨基酸态氮、酸解未知态氮、酸不溶性氮含量均下降，氨基酸态氮比例明显增加，酸不溶性氮比例明显下降，有机氮中对植物有效性较高的组分含量增加。NPK 和 S 处理在土壤全氮、酸解氮以及各有机氮组分含量与比例上差异甚微，两种肥料共同施用（S+NPK 处理）土壤全氮含量明显增加，酸不溶性氮比例明显降低；在酸解氮中，铵态氮和氨基酸态氮含量增加而其比例相对稳定，氨基糖态氮含量及比例明显降低，酸解未知态氮含量及比例明显升高；继续增施化肥［S+1.5（NPK）］后土壤全氮、酸不溶性氮和酸解未知态氮含量及比例均明显降低，氨基酸态氮含量及其比例均提高，说明在施用有机肥的情况下增施化肥对土壤有机氮的转化也有重要作用，使有机氮向有效性更高的形态转化分布，但增施化肥后土壤全氮含量降低的原因还不明确。

M+NPK 处理条件下种植方式 2 土壤全氮含量明显高于种植方式 1，但酸解氮及各有机氮组分的比例差异很小，只有铵态氮的比例有一定降低，说明不同种植方式在耕层土壤有机氮的分布转化方面没有很明显的作用。

（2）长期施肥对 20～40cm 土层土壤有机氮组分含量的影响：从表 35 结果看出，紫色土 20～40cm 土层土壤中有机氮的大部分可以被 6mol/L 盐酸水解，达到全氮的 70.98%，酸不溶性氮含量约占土壤全氮的 29.02%。在酸解氮中，以氨基酸态氮含量最高，约占土壤全氮的 30.45%，其次是铵态氮和酸解未知态氮，分别占土壤全氮的 22.34%和 14.51%，含量最低的是氨基糖态氮，约占土壤全氮的 3.68%。因此，紫色土 20～40cm 土层土壤有机氮组分的含量顺序为：氨基酸态氮>酸不溶性氮>铵态氮>酸解未知态氮>氨基糖态氮。

表 35 紫色土 20～40cm 土层土壤有机氮组分含量及比例

处理	全氮	酸解氮		铵态氮		氨基酸态氮		氨基糖态氮		酸解未知态氮		酸不溶性氮	
	含量 (mg/kg)	含量 (mg/kg)	比例 (%)	含量 (mg/kg)	比例 (%)	含量 (mg/kg)	比例 (%)	含量 (mg/kg)	比例 (%)	含量 (mg/kg)	比例 (%)	含量 (mg/kg)	比例 (%)
休闲	714.44	524.91	73.47	175.12	24.51	217.72	30.47	32.91	4.61	99.16	13.88	189.53	26.53
CK	961.15	666.60	69.35	213.72	22.24	296.85	30.88	24.58	2.56	131.45	13.68	294.55	30.65
N	1 076.79	714.88	66.39	242.56	22.53	346.96	32.22	33.60	3.12	91.76	8.52	361.91	33.61
NP	1 069.98	738.24	69.00	234.69	21.93	346.16	32.35	37.72	3.53	119.68	11.18	331.74	31.00
NK	1 124.39	746.72	66.41	241.65	21.49	314.61	27.98	20.13	1.79	170.33	15.15	377.67	33.59
PK	1 090.95	743.37	68.14	235.83	21.62	262.57	24.07	60.51	5.55	184.46	16.91	347.57	31.86
NPK	1 066.91	712.86	66.81	215.60	20.21	294.58	27.61	44.37	4.16	158.31	14.84	354.05	33.19
S	1 041.00	830.15	79.75	218.99	21.04	282.09	27.10	41.77	4.01	287.30	27.60	210.85	20.25
M+NPK	1 099.50	818.92	74.48	252.94	23.01	377.30	34.32	30.46	2.77	158.22	14.39	280.58	25.52
M+NPK 种植方式 2	1 079.27	773.63	71.68	251.67	23.32	339.25	31.43	20.14	1.87	162.57	15.06	305.64	28.32
S+（NPK）Cl	985.43	706.90	71.74	232.84	23.63	338.75	34.38	60.79	6.17	74.53	7.56	278.53	28.26
S+1.5（NPK）	1 075.50	828.12	77.00	268.96	25.01	342.46	31.84	42.74	3.97	173.96	16.17	247.38	23.00
S+NPK	1 199.72	836.86	69.76	249.71	20.81	377.70	31.48	49.95	4.16	159.50	13.29	362.85	30.24
平均值	1 045.00	741.70	70.98	233.41	22.34	318.23	30.45	38.44	3.68	151.63	14.51	303.30	29.02

与休闲土壤相比，耕作和种植作物后土壤全氮、酸解氮、酸不溶性氮含量均升高，而且酸不溶性氮比例明显升高，在酸解氮中，氨基糖态氮含量及比例下降较多，其他3种有机氮组分含量升高但比例相对稳定，说明耕作活动和作物种植对该层土壤全氮含量以及有机氮的形态分布均有一定的作用。

在各肥料处理中，含有机肥处理土壤平均全氮含量与化肥处理基本相等，但酸不溶性氮含量与比例明显降低，其他有机氮组分含量及比例均不低于化肥处理，其中氨基酸态氮和酸解未知态氮含量及比例明显升高，说明施用有机肥会使土壤有机氮向植物有效性高的组分分布。各肥料处理土壤全氮含量均高于对照处理，其中处理N、NP土壤铵态氮、氨基酸态氮、氨基糖态氮和酸不溶性氮含量明显高于对照，比例有不同程度地升高，酸解未知态氮含量及比例明显降低；NK、PK、NPK处理铵态氮、酸解未知态氮、酸不溶性氮含量明显增加，酸解未知态氮和酸不溶性氮的比例也有不同程度地升高；处理S使土壤酸不溶性氮含量及比例明显降低，酸解氮中氨基糖态氮和酸解未知态氮含量及比例明显升高，氨基酸态氮比例也明显降低；处理M+NPK、S+1.5（NPK）、S+NPK土壤酸解氮各组分含量都有明显的提高，比例也有一定的变化；M+NPK（种植方式2）、S+（NPK）Cl处理铵态氮、氨基酸态氮含量及比例均有不同程度地升高，酸不溶性氮含量及比例有一定地下降。说明施肥不同会对紫色土有机氮的形态分布产生重要影响。

在该土层，S+NPK处理土壤全氮含量明显高于NPK和S处理，酸解氮含量及其比例均高于NPK处理，比例明显低于S处理，酸解氮中，氨基酸态氮含量及其比例均明显高于NPK和S两处理，铵态氮比例变化不大，酸解未知态氮含量及比例与NPK处理基本相等，两者明显低于S处理，酸不溶性氮含量及比例也与NPK相差不大，但都明显高于S处理，有机氮的植物有效性有一定提高；增施无机NPK化肥后，土壤全氮反而有所降低，铵态氮、酸解未知态氮比例增加，而酸不溶性氮比例明显下降。表明有机肥与化肥施用比例不同在一定程度上影响土壤有机氮的形态分布。

在秸秆、化肥有效养分用量相同的情况下，施用含氯化肥［S+（NPK）Cl处理］后20～40cm土层土壤全氮、酸不溶性氮含量及比例均下降，铵态氮、氨基酸态氮、氨基糖态氮的比例有不同程度地升高，酸解未知态氮含量及其比例明显下降，含氯化肥的施用引起该土层全氮含量降低可能与氮素的迁移活动有关，而土壤有机氮组成的变化原因尚需进一步研究。

在M+NPK施肥条件下，种植方式2虽然土壤全氮含量与方式1差异不大，但其酸解氮含量及比例有一定程度的降低，氨基酸态氮、氨基糖态氮的比例也有明显降低，酸不溶性氮比例明显升高，说明种植方式2对紫色土20～40cm土层土壤有机氮的转化有一定的影响。

（3）长期施肥对40～60cm土层土壤有机氮组分含量的影响：表36数据显示，对于紫色土40～60cm土层，土壤有机氮各组分中含量最高的是氨基酸态氮和酸不溶性氮，两者含量基本相同，约占土壤全氮的30%，其次是铵态氮和酸解未知态氮，含量分别为21.91%和13.14%，含量最低的是氨基糖态氮，占土壤全氮的3.88%。因此，土壤中各有机氮组分的含量顺序为：氨基酸态氮＝酸不溶性氮＞铵态氮＞酸解未知态氮＞氨基糖态氮。

表 36 紫色土 40～60cm 土层土壤有机氮组分含量及比例

处 理	全氮	酸解氮		铵态氮		氨基酸态氮		氨基糖态氮		酸解未知态氮		酸不溶性氮	
	含量 (mg/kg)	含 量 (mg/kg)	比 例 (%)	含 量 (mg/kg)	比 例 (%)	含 量 (mg/kg)	比 例 (%)	含 量 (mg/kg)	比 例 (%)	含 量 (mg/kg)	比 例 (%)	含 量 (mg/kg)	比 例 (%)
休 闲	680.70	483.30	71.00	159.31	23.40	190.50	27.99	64.88	9.53	68.61	10.08	197.40	29.00
CK	1 042.67	705.59	67.67	220.31	21.13	325.35	31.20	48.33	4.64	111.60	10.70	337.08	32.33
N	1 040.38	742.53	71.37	211.61	20.34	316.79	30.45	54.09	5.20	160.05	15.38	297.85	28.63
NP	1 103.70	708.55	64.20	240.81	21.82	350.42	31.75	29.20	2.65	88.12	7.98	395.15	35.80
NK	1 120.91	753.45	67.22	234.04	20.88	313.72	27.99	29.20	2.61	176.49	15.74	367.46	32.78
PK	1 183.34	771.76	65.22	235.01	19.86	342.54	28.95	55.70	4.71	138.52	11.71	411.58	34.78
NPK	1 117.74	742.09	66.39	220.76	19.75	307.80	27.54	40.35	3.61	173.17	15.49	375.65	33.61
S	944.22	653.64	69.23	220.48	23.35	278.36	29.48	16.81	1.78	137.99	14.61	290.58	30.77
M+NPK	1 035.09	715.97	69.17	223.04	21.55	311.17	30.06	34.15	3.30	147.61	14.26	319.12	30.83
M+NPK 种植方式 2	926.14	676.26	73.02	226.11	24.41	275.67	29.77	18.33	1.98	156.16	16.86	249.88	26.98
S+（NPK）Cl	939.15	697.11	74.23	238.89	25.44	386.29	41.13	26.69	2.84	45.24	4.82	242.05	25.77
S+1.5（NPK）	1 078.08	821.73	76.22	249.91	23.18	339.08	31.45	46.04	4.27	186.70	17.32	256.35	23.78
S+NPK	1 068.86	753.16	70.46	229.41	21.46	317.66	29.72	51.89	4.85	154.21	14.43	315.71	29.54
平均值	1 021.61	709.63	69.46	223.82	21.91	311.95	30.53	39.67	3.88	134.19	13.14	311.99	30.54

与休闲土壤相比，耕作和种植作物后土壤氨基糖态氮含量及比例均明显降低，而全氮、酸解氮以及其他有机氮组分含量明显提高，其中氨基酸态氮和酸不溶性氮比例也明显提高，说明耕作和种植作物对提高土壤有机氮的有效性有非常重要的作用。

在该土层，含有机肥的处理土壤全氮含量比施用化肥处理土壤大幅降低，酸不溶性氮含量及比例也明显降低，而铵态氮、氨基酸态氮比例有不同程度地升高，说明在 40～60cm 土层有机肥处理还有比较明显的提高有机氮植物有效性的作用。

在 M+NPK 施肥条件下，种植方式 2 在该层土壤中全氮含量明显低于种植方式 1，但其酸解氮的比例高于方式 1，有机氮组分中铵态氮和酸解未知态氮的比例有一定升高，氨基糖态氮与酸不溶性氮比例有所下降，说明种植方式 2 对该层土壤有机氮组分的分布转化有一定影响。

（4）长期施肥对 60～80cm 土层土壤有机氮组分含量的影响：如表 37 所示，对于紫色土 60～80cm 土层，土壤有机氮各组分中含量最高的是氨基酸态氮和酸不溶性氮，两者含量基本相同，分别占土壤全氮的 31.38%和 31.02%，其次是铵态氮和酸解未知态氮，含量分别为 21.93%和 12.34%，含量最低的是氨基糖态氮，占土壤全氮的 3.33%。因此，土壤中各有机氮组分的含量顺序为：氨基酸态氮＝酸不溶性氮＞铵态氮＞酸解未知态氮＞氨基糖态氮。

表 37 紫色土 60～80cm 土层土壤有机氮组分含量及比例

处 理	全氮	酸解氮		铵态氮		氨基酸态氮		氨基糖态氮		酸解未知态氮		酸不溶性氮	
	含量 (mg/kg)	含 量 (mg/kg)	比 例 (%)	含 量 (mg/kg)	比 例 (%)	含 量 (mg/kg)	比 例 (%)	含 量 (mg/kg)	比 例 (%)	含 量 (mg/kg)	比 例 (%)	含 量 (mg/kg)	比 例 (%)
休 闲	705.39	506.79	71.85	161.31	22.87	204.26	28.96	53.46	7.58	87.76	12.44	198.60	28.15
CK	1 083.79	716.51	66.11	231.85	21.39	330.17	30.46	37.57	3.47	116.92	10.79	367.28	33.89
N	1 158.54	706.73	61.00	240.00	20.72	331.47	28.61	22.23	1.92	113.02	9.76	451.81	39.00
NP	1 078.06	717.45	66.55	221.48	20.54	317.95	29.49	32.78	3.04	145.24	13.47	360.61	33.45
NK	1 153.36	790.37	68.53	233.98	20.29	371.65	32.22	25.49	2.21	159.25	13.81	362.99	31.47
PK	1 178.25	790.90	67.12	237.93	20.19	368.57	31.28	44.39	3.77	140.01	11.88	387.35	32.88
NPK	1 232.97	750.21	60.85	252.93	20.51	360.52	29.24	32.51	2.64	104.25	8.46	482.76	39.15
S	874.08	637.87	72.98	233.24	26.68	288.74	33.03	21.71	2.48	94.17	10.77	236.21	27.02
M+NPK	1 060.14	757.78	71.48	236.79	22.34	356.59	33.64	37.42	3.53	126.98	11.98	302.37	28.52
M+NPK 种植方式 2	908.52	674.78	74.27	231.58	25.49	293.47	32.30	20.84	2.29	128.89	14.19	233.74	25.73
S+（NPK）C1	1 012.79	801.93	79.18	228.88	22.60	364.87	36.03	42.00	4.15	166.18	16.41	210.86	20.82
S+1.5（NPK）	1 086.81	759.88	69.92	241.09	22.18	300.34	27.64	40.43	3.72	178.01	16.38	326.93	30.08
S+NPK	1 060.96	765.96	72.20	229.81	21.66	377.58	35.59	41.38	3.90	117.19	11.05	295.00	27.80
平均值	1 045.67	721.32	68.98	229.30	21.93	328.17	31.38	34.79	3.33	129.07	12.34	324.35	31.02

耕作和种植作物后该层土壤全氮含量仍稍高于休闲土壤，酸解氮的比例降低，酸不溶性氮含量及其比例均明显高于休闲处理，其他有机氮组分的比例都略有降低。

含有机肥处理土壤全氮含量比施用化肥处理高，其酸不溶性氮平均含量及比例均明显低于化肥处理，而酸解氮及其各组分的比例则有不同程度地提高，说明对紫色土 60～80cm 土层的有机氮的转化与分布有重要作用。

S 处理（只施秸秆）该层土壤全氮含量明显低于 NPK 处理，并且酸不溶性氮含量及比例明显降低，植物有效性较高的氨基酸态氮的比例明显提高，铵态氮的比例也明显增加；S＋NPK 处理该层土壤全氮含量介于前两个处理之间，酸不溶性氮比例和 S 处理基本相等，氨基酸态氮比例增加，氨基糖态氮和酸解未知态氮比例也有一定增加；增施化肥［S＋1.5（NPK）处理］土壤全氮、酸解氮、铵态氮、氨基糖态氮含量及比例与 S＋NPK 处理相差不大，但氨基酸态氮含量及比例明显降低，酸解未知态氮和酸不溶性氮含量及比例明显增加，表明化肥与秸秆的施用比例在 60～80cm 土层中然能影响土壤有机氮的转化与形态分布。

在 M＋NPK 施肥条件下，种植方式 2 与种植方式 1（M＋NPK 处理）的差异基本与上一层土壤相同，种植方式 2 土壤全氮含量较低，而酸解氮的比例较高，铵态氮和酸解未知态氮的比例也有升高，说明种植方式 2 对 60～80cm 土层土壤有机氮组分的分布转化仍有作用。

（5）长期施肥对 80～100cm 土层土壤有机氮组分含量的影响：如表 38 所示，对于 80～100cm 土层，土壤有机氮仍有大部分可以被 6mol/L 盐酸水解，达到全氮的 66.46%；在酸解氮中，含量最高的是氨基酸态氮，占土壤全氮的 30.93%，铵态氮和酸解未知态氮分别占全氮的 21.05%和 11.35%，含量最低的是氨基糖态氮，占土壤全氮的 3.37%。因此，土壤中各有机氮组分的含量顺序为：酸不溶性氮＞氨基酸态氮＞铵态氮＞酸解未知态氮＞氨基糖态氮。

表 38　紫色土 80～100cm 土层土壤有机氮组分含量及比例

处　理	全氮	酸解氮		铵态氮		氨基酸态氮		氨基糖态氮		酸解未知态氮		酸不溶性氮	
	含量 (mg/kg)	含　量 (mg/kg)	比　例 (%)	含　量 (mg/kg)	比　例 (%)	含　量 (mg/kg)	比　例 (%)	含　量 (mg/kg)	比　例 (%)	含　量 (mg/kg)	比　例 (%)	含　量 (mg/kg)	比　例 (%)
休　闲	726.73	517.96	71.27	166.49	22.91	234.17	32.22	61.37	8.44	55.93	7.70	208.77	28.73
CK	1 140.52	723.67	63.45	247.01	21.66	340.95	29.89	25.09	2.20	110.62	9.70	416.85	36.55
N	1 196.46	721.38	60.29	247.40	20.68	379.01	31.68	28.33	2.37	66.64	5.57	475.08	39.71
NP	1 209.77	820.21	67.80	233.35	19.29	369.35	30.53	31.30	2.59	186.21	15.39	389.55	32.20
NK	1 094.43	747.18	68.27	224.57	20.52	332.08	30.34	34.04	3.11	156.49	14.30	347.25	31.73
PK	1 313.41	844.54	64.30	259.47	19.76	381.41	29.04	60.93	4.64	142.73	10.87	468.87	35.70
NPK	1 314.78	829.36	63.08	246.84	18.77	393.31	29.91	43.94	3.34	145.27	11.05	485.42	36.92
S	958.97	678.37	70.74	227.91	23.77	306.68	31.98	30.02	3.13	113.75	11.86	280.61	29.26
M+NPK	1 201.25	807.55	67.23	235.72	19.62	395.49	32.92	43.34	3.61	132.99	11.07	393.71	32.77
M+NPK 种植方式 2	1 020.97	696.61	68.23	233.41	22.86	331.07	32.43	30.70	3.01	101.42	9.93	324.36	31.77
S+（NPK）Cl	1 160.90	824.59	71.03	273.83	23.59	381.10	32.83	27.03	2.33	142.62	12.29	336.32	28.97
S+1.5（NPK）	1 153.93	745.23	64.58	236.06	20.46	301.19	26.10	23.24	2.01	184.73	16.01	408.70	35.42
S+NPK	1 064.61	752.18	70.65	231.68	21.76	356.57	33.49	51.78	4.86	112.15	10.53	312.43	29.35
平均值	1 119.75	746.83	66.70	235.67	21.05	346.34	30.93	37.78	3.37	127.04	11.35	372.92	33.30

耕作和种植作物处理该层土壤全氮及有机氮各组分在含量、比例上和休闲土壤差异很大，酸不溶性氮比例明显升高，酸解未知态氮比例明显降低，其他有机氮组分比例和休闲土壤相差不大，土壤有机氮的植物有效性整体变化不大。

施用有机肥处理该层土壤平均全氮含量低于化肥处理，酸不溶性氮含量及比例明显低于化肥处理，酸解氮各组分的比例略有上升，只是这种差异明显小于以上的土层。说明到剖面 80～100cm 深处，各肥料处理的差异已经很小。

在该土层，M+NPK 处理种植方式 2 土壤全氮含量依然明显低于种植方式 1，酸解氮比例只是比种植方式 1 略高，铵态氮的比例同样高于方式 1，但酸解未知态氮的比例低于后者，说明不同种植方式对 80～100cm 土层有机氮组分的分布转化仍有一定的作用。

2. 土壤有机氮含量的剖面分布变化与施肥的影响

（1）土壤全氮含量的剖面分布变化与施肥的影响：从表 39 可以看出，紫色土全氮含量在剖面上的分布比较平稳，整体变化幅度不大，呈现出由耕层向下略有下降，而后缓慢增加的规律。

表 39　紫色土土全氮含量的剖面分布

(mg/kg)

土　层 (cm)	休　闲	CK	N	NP	NK	PK	NPK	S	M+NPK	M+NPK 种植方式 2	S+(NPK)Cl	S+1.5 (NPK)	S+NPK
0～20	794.94	1 032.00	1 191.01	1 312.49	1 199.06	1 201.98	1 241.33	1 261.33	1 251.94	1 372.17	1 133.13	1 225.17	1 397.48
20～40	714.44	961.15	1 076.79	1 069.98	1 124.39	1 090.95	1 066.91	1 041.00	1 099.50	1 079.27	985.43	1 075.50	1 199.72
40～60	680.70	1 042.67	1 040.38	1 103.70	1 120.91	1 183.34	1 117.74	944.22	1 035.09	926.14	939.15	1 078.08	1 068.86
60～80	705.39	1 083.79	1 158.54	1 078.06	1 153.36	1 178.25	1 232.97	874.08	1 060.14	908.52	1 012.79	1 086.81	1 060.96
80～100	726.73	1 140.52	1 196.46	1 209.77	1 094.43	1 313.41	1 314.78	958.97	1 201.25	1 020.97	1 160.90	1 153.93	1 064.61

对照和各施肥处理各层土壤中全氮含量均明显高于休闲土壤。单施化肥处理剖面土壤中全氮含量一般均不同程度地高于对照处理，而施用有机肥处理只有 40cm 以上土壤全氮含量高于对照处理，在 40cm 以下的土壤中全氮含量均不同程度地低于或基本等于对照处理。施用有机肥处理耕层土壤全氮含量高于化肥处理，20～40cm 土层两种处理基本相同，在 40cm 以下施用有机肥处理土壤全氮含量均低于化肥处理，可能与施用有机肥后土壤固肥保肥能力增加，有机氮不易向下层移动有关。

M＋NPK 种植方式 2 耕层土壤全氮含量较种植方式 1 高，在 20～40cm 土层基本相等，在 40cm 以下土层中全氮含量明显低于方式 1，并且差异随土层加深而增大，说明种植方式 2 有利于提高耕层土壤氮素含量，并能有效地减少了氮素向下层土壤的淋溶作用。

（2）土壤铵态氮含量的剖面分布变化与施肥的影响：从表 40 和表 41 所示可知，紫色土铵态氮含量在土壤剖面上比较平稳，其比例也比较稳定，这可能与水田养分尤其是铵态氮容易移动、扩散有关。

表 40　紫色土铵态氮含量的剖面分布

（mg/kg）

土 层（cm）	休 闲	CK	N	NP	NK	PK	NPK	S	M＋NPK	M＋NPK 种植方式 2	S＋（NPK）Cl	S＋1.5（NPK）	S＋NPK
0～20	173.88	218.12	245.89	259.21	254.01	234.51	262.10	247.48	278.57	266.56	254.63	276.98	276.28
20～40	175.12	213.72	242.56	234.69	241.65	235.83	215.60	218.99	252.94	251.67	232.84	268.96	249.71
40～60	159.31	220.31	211.61	240.81	234.04	235.01	220.76	220.48	223.04	226.11	238.89	249.91	229.41
60～80	161.31	231.85	240.00	221.48	233.98	237.93	252.93	233.24	236.79	231.58	228.88	241.09	229.81
80～100	166.49	247.01	247.40	233.35	224.57	259.47	246.84	227.91	235.72	233.41	273.83	236.06	231.68

表 41　紫色土剖面土壤铵态氮的比例

（%）

土 层（cm）	休 闲	CK	N	NP	NK	PK	NPK	S	M＋NPK	M＋NPK 种植方式 2	S＋（NPK）Cl	S＋1.5（NPK）	S＋NPK
0～20	21.87	21.14	20.65	19.75	21.18	19.51	21.11	19.62	22.25	19.43	22.47	22.61	19.77
20～40	24.51	22.24	22.53	21.93	21.49	21.62	20.21	21.04	23.01	23.32	23.63	25.01	20.81
40～60	23.40	21.13	20.34	21.82	20.88	19.86	19.75	23.35	21.55	24.41	25.44	23.18	21.46
60～80	22.87	21.39	20.72	20.54	20.29	20.19	20.51	26.68	22.34	25.49	22.60	22.18	21.66
80～100	22.91	21.66	20.68	19.29	20.52	19.76	18.77	23.77	19.62	22.86	23.59	20.46	21.76

耕作和种植作物处理土壤中铵态氮含量在剖面各层中均明显高于休闲土壤，但铵态氮比例却不比休闲土壤高，甚至还有一定程度的降低，可能是由于种植作物后，有机物质的大量引入使土壤微生物包括固氮微生物大量繁殖，而使土壤氮素增加，铵态氮含量也随之增加。

就各肥料处理来说，施用有机肥耕层土壤铵态氮含量高于化肥处理，在以下的土壤中就没有很大的差别，但在各土层中施用有机肥处理铵态氮比例要明显高于化肥处理，说明虽然在土壤下层全氮含量较低，但施用有机肥后促使土壤氮素更多的向铵态氮分布与转化。

在施用秸秆肥（S 处理）的基础上增施化肥（S＋NPK 处理），40cm 以上土壤铵态氮含量有所增加，40cm 以下则基本相等，而比例只有耕层略高于 S 处理，耕层以下有不同程度地降低。施用高量化肥［S+1.5（NPK）］后耕层土壤铵态氮含量与 S+NPK 处理基本没有差异，耕层以下铵态氮含量有不同程度地升高，而其比例则由耕层到 80cm 土层均比 S+NPK 处理为高，说明在施用有机肥（秸秆）的情况下，施用常量或高量化肥都会影响土壤的氮素组成，影响的土壤剖面深度也有不同。

虽然 M+NPK 种植方式 2 各层土壤铵态氮含量与方式 1 相差不大，但其比例却表现出了较大的不同：耕层比例明显低于后者，40cm 以下明显高于种植方式 1，因铵态氮的生物有效性相对较低。所以，对于上层土壤种植方式 2 能有效地降低活性低的组分的比例，提高有机氮的整体生物有效性。

（3）土壤氨基酸态氮含量的剖面分布变化与施肥的影响：从表 42 和表 43 可以看出，紫色土氨基酸态氮含量在土壤剖面呈现出由耕层向下快速降低，然后比较平稳略有上升的规律，比例土壤剖面上比较平稳。

表 42　紫色土氨基酸态氮含量的剖面分布

（mg/kg）

土层（cm）	休闲	CK	N	NP	NK	PK	NPK	S	M+NPK	M+NPK 种植方式 2	S+(NPK)C1	S+1.5(NPK)	S+NPK
0～20	255.41	340.20	349.46	390.03	399.48	346.93	374.26	370.78	396.97	441.80	332.12	451.07	424.04
20～40	217.72	296.85	346.96	346.16	314.61	262.57	294.58	282.09	377.30	339.25	338.75	342.46	377.70
40～60	190.50	325.35	316.79	350.42	313.72	342.54	307.80	278.36	311.17	275.67	386.29	339.08	317.66
60～80	204.26	330.17	331.47	317.95	371.65	368.57	360.52	288.74	356.59	293.47	364.87	300.34	377.58
80～100	234.17	340.95	379.01	369.35	332.08	381.41	393.31	306.68	395.49	331.07	381.10	301.19	356.57

表 43　紫色土剖面土壤氨基酸态氮的比例

（%）

土层（cm）	休闲	CK	N	NP	NK	PK	NPK	S	M+NPK	M+NPK 种植方式 2	S+(NPK)C1	S+1.5(NPK)	S+NPK
0～20	32.13	32.96	29.34	29.72	33.32	28.86	30.15	29.40	31.71	32.20	29.31	36.82	30.34
20～40	30.47	30.88	32.22	32.35	27.98	24.07	27.61	27.10	34.32	31.43	34.38	31.84	31.48
40～60	27.99	31.20	30.45	31.75	27.99	28.95	27.54	29.48	30.06	29.77	41.13	31.45	29.72
60～80	28.96	30.46	28.61	29.49	32.22	31.28	29.24	33.03	33.64	32.30	36.03	27.64	35.59
80～100	32.22	29.89	31.68	30.53	30.34	29.04	29.91	31.98	32.92	32.43	32.83	26.10	33.49

耕作和种植作物后，剖面各层土壤氨基酸态氮含量均明显高于没有开垦的休闲土壤，但比例却没有明显的变化，主要是因为土壤全氮含量增加所致。

各施肥处理土壤剖面上氨基酸态氮分布规律各有不同，相对于有机肥处理，施用化肥虽然 40cm 以上土层氨基酸态氮含量较低，但下层土壤中其含量要明显高于有机肥处理，并且其比例略低于有机肥处理，说明施用有机肥后土壤氮素不易向下移动，而施用化肥土壤氮素易于向下层移动，但对植物有效性较高的氨基酸态氮比例降低。各肥料处理中，秸秆处理 S 除耕层土壤氨基酸态氮含量高于对照处理外，耕层以下土壤氨基酸态氮含量均明显低于对照，说明单施秸秆影响了有机氮尤其是氨基酸态氮在耕层以下土壤的分布。处理 S+1.5（NPK）、M+NPK（种植方式 2）在 40～100cm 土层氨基酸态氮含量比对照有不同程度地降低。NP、S+（NPK）Cl处理剖面各层土壤氨基酸态氮含量基本都有提高，说明这两个处理对于提高剖面土壤氨基酸态氮含量较大的作用。

由处理NPK和M+NPK比较可知，增施有机肥提高了40cm以上土壤的氨基酸态氮含量，但对于下层土壤含量则基本上没有大的影响，其比例在各层土壤中M+NPK处理都大于NPK处理。由处理S、NPK、S+NPK和S+1.5（NPK）比较可知，秸秆肥和化肥混施（S+NPK）剖面各层氨基酸态氮含量及比例均高于或等于单施秸秆肥，高于NPK处理80cm以上土层，其比例也不低于NPK处理，增施高量化肥［S+1.5（NPK）处理］只有耕层含氨基酸态氮量及比例略有增加，60～100cm土层氨基酸态氮含量及比例还明显低于S+NPK处理，这些说明化肥和秸秆施用量比例不同会影响土壤氨基酸态氮的剖面分布，相比较而言，化肥与秸秆混施上层土壤的氨基酸态氮含量及比例要高于单施处理，秸秆施用对于耕层土壤的养分保持非常有效。

M+NPK处理种植方式2只在耕层土壤氨基酸态氮含量高于种植方式1，耕层以下明显低于后者，其比例的变化趋势虽然基本相同，但幅度较低，在有的土层差异很小，说明不同种植方式对土壤氨基酸态氮的影响主要通过影响全氮含量来实现，方式2有利于提高耕层土壤有机氮的生物有效性；S+（NPK）Cl与S+NPK相比可知，施用含氯化肥上层土壤氨基酸态氮含量明显降低，但在40～60cm土层其含量及比例明显增加并出现富集，并且该处理在40～100cm范围内含量高而稳定，可能是施用含氯化肥土壤氮素易于向下移动，并在40～100cm土层中出现富集。

（4）土壤氨基糖态氮含量的剖面分布变化与施肥的影响：由表44和表45数据可知，氨基糖态氮含量在紫色土土壤剖面上基本没有明显的分布规律，其比例也没有分布规律可循，但整体相对比较平稳。

表44　紫色土氨基糖态氮含量的剖面分布　(mg/kg)

土层(cm)	休闲	CK	N	NP	NK	PK	NPK	S	M+NPK	M+NPK种植方式2	S+(NPK)Cl	S+1.5(NPK)	S+NPK
0～20	45.37	45.47	39.58	39.59	32.27	34.90	45.25	45.77	29.08	31.74	40.51	18.45	18.49
20～40	32.91	24.58	33.60	37.72	20.13	60.51	44.37	41.77	30.46	20.14	60.79	42.74	49.95
40～60	64.88	48.33	54.09	29.20	29.20	55.70	40.35	16.81	34.15	18.33	26.69	46.04	51.89
60～80	53.46	37.57	22.23	32.78	25.49	44.39	32.51	21.71	37.42	20.84	42.00	40.43	41.38
80～100	61.37	25.09	28.33	31.30	34.04	60.93	43.94	30.02	43.34	30.70	27.03	23.24	51.78

表45　紫色土剖面土壤氨基糖态氮的比例

(%)

土层(cm)	休闲	CK	N	NP	NK	PK	NPK	S	M+NPK	M+NPK种植方式2	S+(NPK)Cl	S+1.5(NPK)	S+NPK
0～20	5.71	4.41	3.32	3.02	2.69	2.90	3.65	3.63	2.32	2.31	3.57	1.51	1.32
20～40	4.61	2.56	3.12	3.53	1.79	5.55	4.16	4.01	2.77	1.87	6.17	3.97	4.16
40～60	9.53	4.64	5.20	2.65	2.61	4.71	3.61	1.78	3.30	1.98	2.84	4.27	4.85
60～80	7.58	3.47	1.92	3.04	2.21	3.77	2.64	2.48	3.53	2.29	4.15	3.72	3.90
80～100	8.44	2.20	2.37	2.59	3.11	4.64	3.34	3.13	3.61	3.01	2.33	2.01	4.86

与休闲土壤相比，耕作和种植作物后耕层土壤氨基糖态氮含量和休闲土壤基本相同，但耕层以下含量明显低于休闲土壤，各层土壤氨基糖态氮的比例也都不同程度地低于休闲处理，说明耕作和种植作物后剖面土壤都会不同程度地影响氨基糖态氮的分布与转化。

各处理耕层土壤氨基糖态氮含量等于或不同程度地低于对照处理，比例也显示了相同的趋势。在 80～100cm 土层，各处理土壤氨基糖态氮含量都不同程度地高于对照处理，在中间土层，各肥料处理表现各异，除 NK、M+NPK（种植方式 2）外，其他处理在 20～40cm 土层氨基糖态氮含量均明显高于对照处理。PK（不施 N 肥）处理除耕层外各层土壤含量都高于对照。因土壤氨基糖态氮的绝对含量较低，容易出现误差，所以不作具体分析。

（5）土壤酸解未知态氮含量的剖面分布变化与施肥的影响：由表 46 和表 47 可以看出，紫色土酸解未知态氮含量在土壤剖面上整体相对比较平稳，其比例也没有明显的分布。

表 46　紫色土酸解未知态氮含量的剖面分布

（mg/kg）

土层（cm）	休闲	CK	N	NP	NK	PK	NPK	S	M+NPK	M+NPK 种植方式 2	S+(NPK)Cl	S+1.5(NPK)	S+NPK
0～20	62.04	89.53	175.09	68.73	142.41	102.07	160.80	191.39	227.57	267.88	233.22	230.16	297.43
20～40	99.16	131.45	91.76	119.68	170.33	184.46	158.31	287.30	158.22	162.57	74.53	173.96	159.50
40～60	68.61	111.60	160.05	88.12	176.49	138.52	173.17	137.99	147.61	156.16	45.24	186.70	154.21
60～80	87.76	116.92	113.02	145.24	159.25	140.01	104.25	94.17	126.98	128.89	166.18	178.01	117.19
80～100	55.93	110.62	66.64	186.21	156.49	142.73	145.27	113.75	132.99	101.42	142.62	184.73	112.15

表 47　紫色土剖面土壤酸解未知态氮的比例

（%）

土层（cm）	休闲	CK	N	NP	NK	PK	NPK	S	M+NPK	M+NPK 种植方式 2	S+(NPK)Cl	S+1.5(NPK)	S+NPK
0～20	7.80	8.67	14.70	5.24	11.88	8.49	12.95	15.17	18.18	19.52	20.58	18.79	21.28
20～40	13.88	13.68	8.52	11.18	15.15	16.91	14.84	27.60	14.39	15.06	7.56	16.17	13.29
40～60	10.08	10.70	15.38	7.98	15.74	11.71	15.49	14.61	14.26	16.86	4.82	17.32	14.43
60～80	12.44	10.79	9.76	13.47	13.81	11.88	8.46	10.77	11.98	14.19	16.41	16.38	11.05
80～100	7.70	9.70	5.57	15.39	14.30	10.87	11.05	11.86	11.07	9.93	12.29	16.01	10.53

与休闲土壤相比，耕作和种植作物后各层土壤酸解未知态氮含量均不同程度地升高，但比例却相差不大，说明含量的增加主要是由于土壤全氮含量增加造成的，耕作和种植作物对有机氮的组成比例影响不大。

在各肥料处理中，除 N、NP、S+（NPK）Cl 外，其他各处理 0～60cm 土层中酸解未知态氮含量均明显高于对照处理，在 60～100cm 土壤酸解未知态氮含量略有波动，其比例剖面分布规律基本相同。而 NP、S+（NPK）Cl（耕层除外）处理在 0～60cm 土层中酸解未知态氮含量不同程度地低于对照，结合氨基酸态氮含量的分布规律，说明 NP、S+（NPK）Cl 处理能影响土壤中酸解未知态氮向氨基酸态氮转化，其比例也显示了相同的变化规律。

将处理S、NPK、S+NPK与S+1.5（NPK）相比较可知，化肥和秸秆混施处理耕层土壤酸解未知态氮含量及比例明显高于S和NPK处理，耕层以下则基本没有大的差异，施用高量化肥耕层土壤酸解未知态氮含量明显降低，但是耕层以下土壤的酸解未知态氮含量有所提高，其比例的剖面分布规律相同，说明化肥施用量增加会促进土壤氮素向下层土壤迁移，影响各层土壤有机氮的分布转化。含Cl化肥结合有机肥施用［S+（NPK）Cl处理］60cm以上土层中酸解未知态氮含量不同程度地降低，60cm以下则明显升高，其比例也有相同的分布特点，说明含氯化肥也能促进土壤氮素的淋移，影响有机氮的组分分布。

M+NPK种植方式2土壤酸解未知态氮含量随剖面加深而降低的速度快于种植方式1，耕层酸解未知态氮含量高于后者，20～80cm土层中含量差异不大，80～100cm土层中明显降低；其比例表现也基本相同，80cm以上方式2不同程度地高于方式1，80cm以下偏低，因酸解未知态氮的生物有效性相对较高，故种植方式2能相对提高上层土壤有机氮的整体生物有效性。

（6）土壤酸不溶性氮含量的剖面分布变化与施肥的影响：从表48和表49可以看出，紫色土酸不溶性氮含量在剖面土壤上基本呈现出先降后升的分布规律，比例则相对比较平稳。

表48　紫色土酸不溶性氮含量的剖面分布

（mg/kg）

土　层（cm）	休　闲	CK	N	NP	NK	PK	NPK	S	M+NPK	M+NPK种植方式2	S+（NPK）Cl	S+1.5（NPK）	S+NPK
0～20	258.23	338.68	380.99	554.92	370.90	483.57	398.93	405.91	319.75	364.19	272.64	248.52	381.25
20～40	189.53	294.55	361.91	331.74	377.67	347.57	354.05	210.85	280.58	305.64	278.53	247.38	362.85
40～60	197.40	337.08	297.85	395.15	367.46	411.58	375.65	290.58	319.12	249.88	242.05	256.35	315.71
60～80	198.60	367.28	451.81	360.61	362.99	387.35	482.76	236.21	302.37	233.74	210.86	326.93	295.00
80～100	208.77	416.85	475.08	389.55	347.25	468.87	485.42	280.61	393.71	324.36	336.32	408.70	312.43

表49　紫色土剖面土壤酸不溶性氮的比例

（%）

土　层（cm）	休　闲	CK	N	NP	NK	PK	NPK	S	M+NPK	M+NPK种植方式2	S+（NPK）Cl	S+1.5（NPK）	S+NPK
0～20	32.48	32.82	31.99	42.28	30.93	40.23	32.14	32.18	25.54	26.54	24.06	20.28	27.28
20～40	26.53	30.65	33.61	31.00	33.59	31.86	33.19	20.25	25.52	28.32	28.26	23.00	30.24
40～60	29.00	32.33	28.63	35.80	32.78	34.78	33.61	30.77	30.83	26.98	25.77	23.78	29.54
60～80	28.15	33.89	39.00	33.45	31.47	32.88	39.15	27.02	28.52	25.73	20.82	30.08	27.80
80～100	28.73	36.55	39.71	32.20	31.73	35.70	36.92	29.26	32.77	31.77	28.97	35.42	29.35

耕作土壤中酸不溶性氮含量明显高于未耕作土壤，并且随着土壤深度的增加，两者差距越来越大，比例也表现出相似的分布特点。

单施化肥处理各层土壤酸不溶性氮含量均明显高于施用有机肥处理，并且其比例也明显较高，说明对于紫色土，单施化肥可使土壤有机氮更多的分布于酸不溶性氮组分中，并且由于土壤保肥能力不强，土壤全氮包括酸不溶性氮向下层移动较多。除个别处理和土层外，单施化肥处理各土层酸不溶性氮含量一般不同程度地高于对照处理，但比例相差不大，表明酸不溶性氮含量的增加归于土壤全氮含量的增加；而施用有机肥处理中除了 S、S+NPK 处理上层土壤酸不溶性氮含量高于对照外，各处理不同土层酸不溶性氮含量均不同程度地比对照含量低，而且比例也明显低于对照，说明有机肥处理能使有机氮更多的分布于其他组分中。

将处理 S、NPK、S+NPK 与 S+1.5（NPK）相比较可知，在 NPK 基础上增施秸秆肥料土壤 40cm 以上酸不溶性氮含量相差不大，但 40cm 以下则明显降低，各层的比例也明显低于 NPK 处理，表明施用秸秆后土壤上层保肥能力增强，上层土壤全氮含量较高，并能影响各层土壤有机氮的转化与分布；在 S 基础上增施 NPK 后，土壤除在 20～40cm 和 60～80cm 土层酸不溶性氮含量较高外，其他各层均与 S 处理相差不大，比例在耕层有明显降低，20～40cm 土层明显升高，40cm 以下差异不大，说明增施化肥 NPK 能影响土壤有机氮的含量分布和有机氮在土壤中的移动性；施用高量化肥［S+1.5（NPK、处理］后 60cm 以上土壤酸不溶性氮含量明显低于 S+NPK 处理，并且越向下差距越小，60cm 以下超过 S+NPK 处理，并在 80～100cm 土层明显升高，比例变化规律相同，表明增施化肥后土壤氮素向下层移动性更强，并明显的影响了土壤有机氮的形态分布。S+（NPK）Cl 处理剖面 80cm 以上土壤酸不溶性氮含量明显低于 S+NPK 处理，比例也明显偏低，说明施用含氯化肥会降低土壤有机氮在酸不溶性氮组分中的分布，影响深度达到 80cm。M+NPK 处理种植方式 2 在 40cm 以上土壤酸不溶性氮含量高于方式 1，但在 40cm 以下则有明显降低，其比例表现相同，这可能与种植方式 2 可能减少了土壤氮素向下层土壤的淋溶作用有关。

3. 小结

（1）长期施肥 10 年后紫色土剖面各层土壤氮素绝大部分可以被 6 mol/L 盐酸水解，从耕层到剖面 1m 的土壤，酸解氮占土壤全氮的 57.72%～79.75%不等，酸不溶性氮平均约占土壤全氮的 30%左右。

（2）在酸解氮中，一般在剖面 80cm 以上，氨基酸态氮含量最高，超过或基本等于酸不溶性氮的含量，其次是铵态氮和酸解未知态氮，含量最低的是氨基糖态氮。因此，各有机氮组分的含量顺序是：氨基酸态氮>酸不溶性氮>铵态氮>酸解未知态氮>氨基糖态氮；但在 80cm 以下土壤中，因为氨基酸态氮含量相对降低较多，酸不溶性氮含量超过了氨基酸态氮，其各有机氮组分的含量顺序是：酸不溶性氮>氨基酸态氮>铵态氮>酸解未知态氮>氨基糖态氮。

（3）对照（耕作、种植作物、不施肥）处理剖面各层土壤全氮、铵态氮、氨基酸态氮、酸解未知态氮、酸不溶性氮含量均不同程度地高于休闲处理，氨基糖态氮耕层含量等于相等，耕层以下低于休闲处理，各组分比例也有所变化，如酸不溶性氮比例在各层均高于休闲土壤，尤其在耕层以下差异更明显，相应酸解氮含量比例减少，说明耕作和种植作物对土壤有机氮的形态组成和转化分布有一定作用。

（4）单施化肥处理对各层土壤有机氮组分的平均比例都有影响，一般有机氮组分铵态氮、氨基酸态氮和氨基糖态氮的平均比例有所降低，相应酸解未知态氮和酸不溶性氮比例增加。

（5）单施化肥处理各层土壤全氮平均含量均比对照升高，只是越向下差距越小，在80～100cm 土层中与对照基本相等，对各有机氮组分的比例也有一定影响，说明对于紫色土单施化肥对土壤氮素肥力有一定的提高，并且从各方面上看其影响一般达到剖面 100cm。

（6）无机有机肥混施处理耕层土壤全氮平均含量高于化肥处理，在 20～40cm 土层高于对照，基本等于化肥处理，40cm 以下基本都低于对照处理；在各层土壤中，其酸不溶性氮的平均比例都有所降低，酸解未知态氮的比例也都有比较明显的变化，并且与化肥处理相比也有一定差异，说明混施处理对于土壤有机氮的转化与分布影响作用较大。

（7）紫色土土壤全氮以及各形态有机氮组分含量在剖面土壤上整体分布比较平稳，相比较而言，紫色土全氮在剖面上随土层加深先逐渐减少，而后又缓慢增加，铵态氮含量及比例在土壤剖面上比较平稳，氨基酸态氮和酸不溶性氮含量都有随土壤剖面加深先下降然后缓慢上升的分布规律，其比例土壤剖面上比较平稳，氨基糖态氮和酸解未知态氮含量及比例在剖面土壤上没有明显的分布规律。

（四）长期施肥对红壤土壤有机氮组成与分布的影响

1. 长期施肥对各层土壤有机氮组分含量的影响

（1）长期施肥对耕层土壤有机氮组分含量的影响：表 50 数据表明，耕层红壤有 63.69%的土壤氮素能被 6mol/L 盐酸水解，而酸不溶性氮约占土壤全氮的 36.31%；在酸解氮中，含量最高的是氨基酸态氮，约占土壤全氮的 24.65%，其次是铵态氮和酸解未知态氮，分别占土壤全氮的 20.57%和 13.77%，含量最低的是氨基糖态氮，约占土壤全氮的 4.69%。因此，红壤耕层有机氮各组分的含量顺序为：酸不溶性氮>氨基酸态氮>铵态氮>酸解未知态氮>氨基糖态氮。

表 50 红壤耕层土壤有机氮组分含量及比例

处理	全氮	酸解氮		铵态氮		氨基酸态氮		氨基糖态氮		酸解未知态氮		酸不溶性氮	
	含量 (mg/kg)	含量 (mg/kg)	比例 (%)	含量 (mg/kg)	比例 (%)	含量 (mg/kg)	比例 (%)	含量 (mg/kg)	比例 (%)	含量 (mg/kg)	比例 (%)	含量 (mg/kg)	比例 (%)
休闲	864.43	588.55	68.08	172.59	19.97	166.36	19.24	58.14	6.73	191.46	22.15	275.89	31.92
CK	877.17	399.45	45.54	164.99	18.81	174.91	19.94	32.25	3.68	27.29	3.11	477.72	54.46
N	954.57	667.94	69.97	194.50	20.38	253.57	26.56	42.67	4.47	177.21	18.56	286.62	30.03
NP	829.71	572.29	68.97	159.95	19.28	149.74	18.05	37.84	4.56	224.76	27.09	257.42	31.03
NK	1 004.31	574.52	57.21	207.25	20.64	209.38	20.85	37.88	3.77	120.01	11.95	429.78	42.79
PK	847.93	453.53	53.49	160.06	18.88	185.39	21.86	28.43	3.35	79.65	9.39	394.40	46.51
NPK	913.15	619.97	67.89	171.96	18.83	259.85	28.46	43.32	4.74	144.84	15.86	293.18	32.11
M	1 150.42	796.30	69.22	210.31	18.28	372.94	32.42	53.28	4.63	159.77	13.89	354.12	30.78
M+NPK	1 241.63	806.14	64.93	296.79	23.90	328.94	26.49	63.69	5.13	116.72	9.40	435.49	35.07
S+NPK	960.55	634.92	66.10	223.37	23.25	228.31	23.77	61.08	6.36	122.16	12.72	325.63	33.90
1.5（M+NPK）	1 174.68	730.49	62.19	241.75	20.58	269.19	22.92	50.92	4.33	168.63	14.36	444.19	37.81
M+NPK 种植方式 2	952.66	652.84	68.53	218.02	22.89	303.51	31.86	42.74	4.49	88.57	9.30	299.82	31.47
平均值	980.93	624.75	63.69	201.80	20.57	241.84	24.65	46.02	4.69	135.09	13.77	356.19	36.31

与休闲土壤相比，耕作和种植作物后耕层土壤全氮含量基本相等，但酸解氮含量及比例大幅下降，其中主要是酸解未知态氮和氨基糖态氮比例下降较多，酸不溶性氮含量及比例明显增加。说明耕作活动和种植作物能明显影响红壤耕层有机氮的组分和分布。

各肥料处理土壤酸解氮的比例均比对照高，酸不溶性氮比例明显较低，但各处理表现各不相同。单施化肥处理和施用有机肥处理平均土壤全氮、酸解氮及酸解氮各形态组分含量及其比例均有所提高，而酸不溶性氮平均含量及其比例均明显下降；与单施化肥处理相比，施用有机肥处理耕层土壤平均全氮、酸解氮含量及其比例都有所提高，氨基酸态氮、铵态氮含量及比例升高，而酸解未知态氮和酸不溶性氮的比例均下降，表明施用有机肥会影响耕层土壤有机氮的含量、形态分布。在化肥处理中，NK 处理耕层土壤全氮含量最高，而 NP、PK 处理全氮含量相对较低；有机肥处理 S＋NPK 和 M＋NPK（种植方式 2）处理土壤全氮含量低于其他含有机肥处理；各肥料处理土壤有机氮的形态组成与分布各不相同。

在 NPK 处理的基础上增加秸秆施用（S＋NPK 处理）耕层土壤全氮稍有增加，但幅度不大，酸解氮和酸不溶性氮的比例也基本没有变化，但铵态氮和氨基糖态氮比例增加，而氨基酸态氮和酸解未知态氮比例下降，有机氮的植物有效性相对降低；增施常量有机肥（M＋NPK 处理）耕层土壤全氮含量大幅增加，酸解氮比例略有下降而酸不溶性氮的比例增加，其中酸解氮各有机氮组分的比例变化基本与 S＋NPK 处理相同，只是增减的幅度略低，表明增施有机肥主要影响了土壤全氮的含量，而对土壤有机氮的形态转化作用相对较小；与 M＋NPK 处理相比，施用过量化肥和有机肥［1.5（M＋NPK）处理］土壤全氮不仅没有升高，还略有下降，其中铵态氮、氨基酸态氮和氨基糖态氮比例都有所降低，而酸解未知态氮和酸不溶性氮比例有不同程度地升高，说明施肥过量对于提高土壤有效性较高的有机氮养分作用不大，更多的氮素会储存在对植物有效性相对较低的有机氮组分中。M＋NPK 处理种植方式 2（小麦—大豆轮作）耕层土壤全氮含量比种植方式 1（玉米—小麦轮作）明显降低，酸不溶性氮比例也有所降低，酸解氮比例的增加主要是因为土壤氨基酸态氮比例增加较多的缘故，说明不同种植方式能影响红壤有机氮的组成与分布，小麦—大豆轮作能提高耕层土壤有机氮的植物有效性。

（2）长期施肥对 20～40cm 土层土壤有机氮组分含量的影响：从表 51 可以看出，在红壤 20～40cm 土层，有大约 61.34％的土壤氮素可以被 6mol/L 盐酸水解，各有机氮组分的含量顺序为：酸不溶性氮＞铵态氮＝氨基酸态氮＞酸解未知态氮＞氨基糖态氮。

表 51　红壤 20～40cm 土层土壤有机氮组分含量及比例

处理	全氮	酸解氮		铵态氮		氨基酸态氮		氨基糖态氮		酸解未知态氮		酸不溶性氮	
	含量 (mg/kg)	含量 (mg/kg)	比例 (%)	含量 (mg/kg)	比例 (%)	含量 (mg/kg)	比例 (%)	含量 (mg/kg)	比例 (%)	含量 (mg/kg)	比例 (%)	含量 (mg/kg)	比例 (%)
休闲	581.86	442.93	76.12	136.00	23.37	91.48	15.72	45.76	7.86	169.69	29.16	138.92	23.88
CK	792.76	398.25	50.24	153.26	19.33	167.79	21.16	32.53	4.10	44.68	5.64	394.50	49.76
N	688.49	519.98	75.52	192.83	28.01	229.55	33.34	18.20	2.64	79.40	11.53	168.51	24.48
NP	569.14	367.78	64.62	127.76	22.45	106.67	18.74	27.91	4.90	105.43	18.53	201.36	35.38
NK	699.87	395.76	56.55	161.42	23.06	116.82	16.69	14.75	2.11	102.78	14.69	304.11	43.45
PK	498.41	231.37	46.42	118.77	23.83	61.85	12.41	7.73	1.55	43.02	8.63	267.04	53.58
NPK	497.51	367.83	73.93	126.42	25.41	132.59	26.65	10.48	2.11	98.33	19.76	129.69	26.07
M	724.95	438.64	60.51	173.64	23.95	198.69	27.41	17.95	2.48	48.36	6.67	286.31	39.49
M＋NPK	947.87	562.35	59.33	214.00	22.58	244.63	25.81	28.34	2.99	75.39	7.95	385.52	40.67
S＋NPK	679.59	329.43	48.47	139.40	20.51	66.33	9.76	16.11	2.37	107.59	15.83	350.17	51.53
1.5（M＋NPK）	1068.18	680.79	63.73	220.71	20.66	284.36	26.62	50.08	4.69	125.64	11.76	387.39	36.27
M＋NPK 种植方式 2	654.92	419.85	64.11	164.59	25.13	167.70	25.61	33.35	5.09	54.21	8.28	235.08	35.89
平均值	700.30	429.58	61.34	160.73	22.95	155.70	22.23	25.27	3.61	87.88	12.55	270.72	38.66

耕作和种植作物处理该层土壤全氮含量明显高于休闲土壤，但是酸解氮比例却明显低于休闲处理，其中氨基酸态氮比例有一定增加，其他3种有机氮组分则不同程度地下降，可能由于耕作活动和作物根系的活动范围涉及到该土层。所以，耕作处理土壤全氮含量相对较高，而且有机氮的植物有效性相对较高。

表51中数据显示，单施化肥处理土壤全氮平均含量明显低于对照，施用有机肥处理土壤全氮平均含量则基本与对照相等，两种处理的酸解氮比例都比对照高，相应酸不溶性氮的比例都较低，而且两种处理各有机氮组分的含量分布规律也基本相同，铵态氮、酸解未知态氮和氨基酸态氮的比例都有所升高，氨基糖态氮的比例则略有降低，表明有机氮的植物有效性相对升高；与施用化肥处理相比，施用有机肥处理该层土壤平均全氮含量较高，但酸解氮比例偏低，在酸解氮中铵态氮和酸解未知态氮比例比化肥处理低，氨基酸态氮和氨基糖态氮的比例较高，显示了施用化肥和施用含有机肥的肥料在有机氮组分分布中的不同作用。

与NPK处理相比，增施秸秆（S+NPK处理）该层土壤全氮含量有所增加，但酸解氮比例明显下降，其中除氨基糖态氮比例基本相等外，其余3种有机氮组分比例均明显下降，有机氮的整体植物有效性降低；增施常量有机肥（M+NPK处理）后土壤全氮含量大幅增加，酸解氮比例虽低于NPK处理但明显高于S+NPK处理，各有机氮组分的比例的变化规律基本等同于S+NPK处理，和对耕层土壤有机氮的作用基本相同。施用增量化肥和有机肥［1.5（M+NPK）处理］土壤全氮、酸解氮含量及其比例均高于M+NPK处理，氨基酸态氮和氨基糖态氮的比例也有不同程度地提高，但铵态氮和酸解未知态氮的比例均高于M+NPK处理。对于M+NPK处理，种植方式2（小麦—大豆轮作）土壤全氮含量比种植方式1（玉米—小麦轮作）明显降低，但酸解氮比例有所增加，其中铵态氮和氨基糖态氮的比例有所增加，酸不溶性氮比例明显降低，其他有机氮组分比例变化不明显。

（3）长期施肥对40～60cm土层土壤有机氮组分含量的影响：从表52可以看出，在红壤40～60土层，土壤全氮的含量平均约为539.72 mg/kg，其中约62.15%可以被6mol/L盐酸水解。在酸解氮中，铵态氮含量超过氨基酸态氮，含量最高，平均约占土壤全氮的26.25%；其次是氨基酸态氮和酸解未知态氮，分别约占土壤全氮的19.47%和12.56%；含量最低的是氨基糖态氮，占全氮的3.88%。因此，红壤该层土壤有机氮各组分的含量顺序为：酸不溶性氮＞铵态氮＞氨基酸态氮＞酸解未知态氮＞氨基糖态氮。

表52　红壤40～60cm土层土壤有机氮组分含量及比例

处　理	全氮	酸解氮		铵态氮		氨基酸态氮		氨基糖态氮		酸解未知态氮		酸不溶性氮	
	含量 (mg/kg)	含量 (mg/kg)	比例 (%)	含量 (mg/kg)	比例 (%)	含量 (mg/kg)	比例 (%)	含量 (mg/kg)	比例 (%)	含量 (mg/kg)	比例 (%)	含量 (mg/kg)	比例 (%)
休　闲	480.80	318.49	66.24	109.66	22.81	48.34	10.05	36.55	7.60	123.95	25.78	162.30	33.76
CK	480.56	253.28	52.70	96.60	20.10	81.72	17.01	19.82	4.12	55.13	11.47	227.29	47.30
N	486.28	364.26	74.91	132.57	27.26	151.00	31.05	17.35	3.57	63.34	13.03	122.03	25.09
NP	541.92	342.75	63.25	173.54	32.02	105.37	19.44	14.57	2.69	49.28	9.09	199.17	36.75
NK	612.19	383.90	62.71	174.62	28.52	114.98	18.78	13.92	2.27	80.38	13.13	228.29	37.29
PK	410.24	254.00	61.92	138.74	33.82	61.18	14.91	2.78	0.68	51.30	12.50	156.24	38.08
NPK	438.77	285.70	65.11	106.18	24.20	54.49	12.42	13.31	3.03	111.71	25.46	153.08	34.89

（续）

处理	全氮	酸解氮		铵态氮		氨基酸态氮		氨基糖态氮		酸解未知态氮		酸不溶性氮	
	含量 (mg/kg)	含量 (mg/kg)	比例 (%)	含量 (mg/kg)	比例 (%)	含量 (mg/kg)	比例 (%)	含量 (mg/kg)	比例 (%)	含量 (mg/kg)	比例 (%)	含量 (mg/kg)	比例 (%)
M	482.11	307.81	63.85	125.02	25.93	103.36	21.44	19.18	3.98	60.24	12.50	174.30	36.15
M+NPK	644.37	365.59	56.74	169.64	26.33	141.18	21.91	33.13	5.14	21.64	3.36	278.79	43.26
S+NPK	526.19	302.61	57.51	138.58	26.34	98.98	18.81	26.28	4.99	38.78	7.37	223.58	42.49
1.5（M+NPK）	738.21	462.37	62.63	158.74	21.50	138.09	18.71	33.08	4.48	132.46	17.94	275.83	37.37
M+NPK 种植方式 2	635.00	384.64	60.57	176.41	27.78	162.14	25.53	21.03	3.31	25.07	3.95	250.36	39.43
平均值	539.72	335.45	62.15	141.69	26.25	105.07	19.47	20.92	3.88	67.77	12.56	204.27	37.85

耕作和种植作物处理在该层土壤中全氮含量与休闲土壤基本相等，但酸解氮的比例明显低于休闲处理，酸解氮中氨基酸态氮比例明显增加外，其余 3 种组分比例均不同程度地降低，表明对植物有效性最高的有机氮组分含量升高。

与对照相比，单施化肥处理该层土壤全氮平均含量基本没有增加，而含有机肥处理全氮平均含量则有明显地增加，两种处理酸解氮的比例均比对照明显提高，并且铵态氮和氨基酸态氮的比例也有所增加；与单施化肥处理相比，施用含有机肥的处理酸解氮比例偏低，铵态氮、酸解未知态氮的比例也偏低，只有氨基酸态氮和氨基糖态氮的比例略有上升，酸不溶性氮的比例也有升高。

从表中数据可以看出，与 NPK 处理相比，增施秸秆肥（S+NPK 处理）土壤全氮含量有所增加，但酸解氮比例明显下降，其中主要是酸解未知态氮比例明显下降，其他有机氮组分的比例都有所升高；增施常量有机肥（M+NPK 处理）土壤全氮含量升高幅度较大，但酸解氮比例依然低于 NPK 处理，各有机氮组分的变化规律与 S+NPK 处理相同，但酸解未知态氮的比例降低幅度更大，氨基酸态氮、酸不溶性氮的比例升高幅度更大。施用高量肥料［1.5（M+NPK）处理］土壤全氮含量比 M+NPK 处理高，酸解氮比例也有所增高，有机氮组分中只有酸解未知态氮的比例高于 M+NPK 处理，其余组分均有不同程度地下降，比 M+NPK 处理更接近于 NPK 处理。对于 M+NPK 处理，小麦—大豆轮作该土层土壤全氮含量与玉米—小麦轮作处理基本相等，酸解氮比例略有升高，其中主要是氨基酸态氮的比例升高，有机氮的植物有效性升高。

（4）长期施肥对 60～80cm 土层土壤有机氮组分含量的影响：从表 53 中数据可以看出，对于 60～80cm 土层，土壤全氮的平均含量约为 491.46 mg/kg，其中 63.7%能被 6mol/L 盐酸水解，有机但各组分的含量顺序与 40～60cm 土层相同，为：酸不溶性氮>铵态氮>氨基酸态氮>酸解未知态氮>氨基糖态氮。

表 53　红壤 60～80cm 土层土壤有机氮组分含量及比例

处理	全氮	酸解氮		铵态氮		氨基酸态氮		氨基糖态氮		酸解未知态氮		酸不溶性氮	
	含量 (mg/kg)	含量 (mg/kg)	比例 (%)	含量 (mg/kg)	比例 (%)	含量 (mg/kg)	比例 (%)	含量 (mg/kg)	比例 (%)	含量 (mg/kg)	比例 (%)	含量 (mg/kg)	比例 (%)
休闲	455.10	306.03	67.24	104.26	22.91	62.36	13.70	28.23	6.20	111.18	24.43	149.07	32.76
CK	411.82	217.55	52.83	96.48	23.43	46.71	11.34	19.78	4.80	54.58	13.25	194.27	47.17
N	503.05	318.02	63.22	127.39	25.32	85.56	17.01	18.61	3.70	86.47	17.19	185.03	36.78

（续）

处 理	全氮含量 (mg/kg)	酸解氮		铵态氮		氨基酸态氮		氨基糖态氮		酸解未知态氮		酸不溶性氮	
		含 量 (mg/kg)	比 例 (%)	含 量 (mg/kg)	比 例 (%)	含 量 (mg/kg)	比 例 (%)	含 量 (mg/kg)	比 例 (%)	含 量 (mg/kg)	比 例 (%)	含 量 (mg/kg)	比 例 (%)
NP	480.53	283.27	58.95	157.99	32.88	75.78	15.77	8.61	1.79	40.89	8.51	197.26	41.05
NK	615.70	431.58	70.10	188.55	30.62	172.76	28.06	16.72	2.72	53.56	8.70	184.12	29.90
PK	473.11	288.82	61.05	138.60	29.30	68.93	14.57	6.47	1.37	74.82	15.81	184.29	38.95
NPK	408.37	314.98	77.13	132.51	32.45	97.60	23.90	18.23	4.46	66.64	16.32	93.39	22.87
M	490.17	312.65	63.78	130.13	26.55	112.51	22.95	17.61	3.59	52.39	10.69	177.53	36.22
M+NPK	586.78	398.64	67.94	176.86	30.14	146.82	25.02	52.96	9.03	22.00	3.75	188.14	32.06
S+NPK	488.90	293.28	59.99	142.01	29.05	84.59	17.30	26.86	5.49	39.82	8.15	195.62	40.01
1.5（M+NPK）	483.73	322.90	66.75	128.67	26.60	82.28	17.01	24.13	4.99	87.84	18.16	160.82	33.25
M+NPK 种植方式 2	500.30	268.81	53.73	137.43	27.47	103.15	20.62	13.88	2.77	14.36	2.87	231.49	46.27
平均值	491.46	313.04	63.70	138.41	28.16	94.92	19.31	21.01	4.27	58.71	11.95	178.42	36.30

与休闲土壤相比，耕作和种植作物处理该层土壤全氮含量略有降低，酸解氮比例明显降低，其中除铵态氮比例基本相等外，其余 3 种有机氮组分的比例均不同程度地低于休闲土壤。

单施化肥处理和施用有机肥的处理土壤平均全氮含量均明显高于对照处理，酸解氮的比例也明显高于对照，其中铵态氮和氨基酸态氮的比例都明显高于对照处理，其他两种有机氮组分在两种处理中稍有不同，单施化肥处理的氨基糖态氮比例较对照低而酸解未知态氮比例基本相等，施用含有机肥的处理氨基糖态氮比例略有升高而酸解未知态氮比例下降，两种处理酸不溶性氮的平均比例都比对照明显降低。

与 NPK 处理相比，增施秸秆肥（S+NPK 处理）土壤全氮含量明显增加，但酸解氮的比例下降，其中铵态氮、氨基酸态氮和酸解未知态氮的比例均有所下降，只有氨基糖态氮的比例略有增加；增施常量有机肥（M+NPK 处理）土壤全氮含量增加幅度更大，酸解氮比例也比 NPK 处理低，但高于 S+NPK 处理，氨基糖态氮比例增加较大，酸解未知态氮的比例明显降低，而铵态氮和氨基酸态氮的比例各有升降，但幅度很小。在该层土壤中，高量施肥［1.5（M+NPK）处理］该层土壤全氮含量比 M+NPK 处理还低，酸解氮的比例两者相差不大，在酸解氮中除了酸解未知态氮的比例高于 M+NPK 处理外，其余 3 种有机氮组分的比例基本等于或者低于 M+NPK 处理。对于 M+NPK 处理，小麦—大豆轮作处理土壤全氮的含量低于玉米—小麦轮作处理（种植方式 1），酸解氮的比例也较低，4 种酸解有机氮组分的比例均低于种植方式 1，而酸不溶性氮的比例高于种植方式 1。

（5）长期施肥对 80～100cm 土层土壤有机氮组分含量的影响：从表 54 可以看出，对于红壤 80～100cm 土层，土壤全氮的平均含量大约为 473.92 mg/kg，其中约 62.72%能被 6mol/L 盐酸水解，土壤中各有机氮组分的含量顺序也与 40～60cm 土层基本相同，具体顺序为：酸不溶性氮＞铵态氮＞氨基酸态氮＞酸解未知态氮＞氨基糖态氮。

表 54　红壤 80～100cm 土层土壤有机氮组分含量及比例

处　理	全氮	酸解氮		铵态氮		氨基酸态氮		氨基糖态氮		酸解未知态氮		酸不溶性氮	
	含量 (mg/kg)	含　量 (mg/kg)	比　例 (%)	含　量 (mg/kg)	比　例 (%)	含　量 (mg/kg)	比　例 (%)	含　量 (mg/kg)	比　例 (%)	含　量 (mg/kg)	比　例 (%)	含　量 (mg/kg)	比　例 (%)
休　闲	361.10	287.67	79.66	103.04	28.53	34.60	9.58	36.89	10.22	113.14	31.33	73.43	20.34
CK	389.84	203.41	52.18	90.89	23.31	34.00	8.72	10.51	2.70	68.02	17.45	186.43	47.82
N	481.37	266.15	55.29	114.48	23.78	64.98	13.50	14.85	3.09	71.84	14.92	215.22	44.71
NP	482.14	289.13	59.97	155.01	32.15	70.75	14.67	2.46	0.51	60.90	12.63	193.02	40.03
NK	653.22	460.58	70.51	179.30	27.45	184.25	28.21	27.21	4.17	69.83	10.69	192.63	29.49
PK	414.75	237.63	57.29	124.76	30.08	60.71	14.64	9.22	2.22	42.94	10.35	177.12	42.71
NPK	477.04	319.01	66.87	143.83	30.15	110.73	23.21	12.06	2.53	52.39	10.98	158.03	33.13
M	505.25	350.57	69.38	141.83	28.07	135.34	26.79	26.89	5.32	46.51	9.20	154.69	30.62
M+NPK	407.40	256.19	62.88	148.16	36.37	74.08	18.18	23.76	5.83	10.19	2.50	151.21	37.12
S+NPK	531.11	324.55	61.11	120.95	22.77	103.47	19.48	22.58	4.25	77.55	14.60	206.56	38.89
1.5（M+NPK）	477.04	304.32	63.79	139.24	29.19	110.14	23.09	24.44	5.12	30.50	6.39	172.73	36.21
M+NPK 种植方式 2	506.79	267.79	52.84	142.90	28.20	96.08	18.96	25.10	4.95	3.71	0.73	239.00	47.16
平均值	473.92	297.25	62.72	133.70	28.21	89.93	18.98	19.66	4.15	53.96	11.39	176.67	37.28

在该土层耕作和种植作物处理的土壤全氮含量与休闲土壤相差不大，但酸解氮的比例明显较低，其中铵态氮、氨基糖态氮和酸解未知态氮的比例均有明显的降低。

单施化肥处理和施用有机肥处理的平均全氮含量、酸解氮的比例、铵态氮和氨基酸态氮的平均比例均明显高于对照处理，酸解未知态氮的平均比例低于对照，说明施肥对红壤80～100cm 剖面深度仍然有肥料效应。施用有机肥在该土层全氮平均含量、酸解氮的平均比例、酸不溶性氮和铵态氮的平均比例都与单施化肥相差不大，只有氨基酸态氮和氨基糖态氮的平均比例略有增加，说明有机肥处理在该土层中的效应已经不大。

在该土层中，在 NPK 施肥基础上增施秸秆肥（S+NPK 处理）和常量有机肥（M+NPK 处理）某些方面表现相似，如酸解氮、氨基酸态氮的比例均下降，氨基糖态氮、酸不溶性氮的比例有所升高，但其表现不尽相同，如 S+NPK 处理全氮含量升高，酸解未知态氮的比例升高，铵态氮比例却明显降低，而 M+NPK 处理正好相反，表现为土壤全氮含量降低，酸解未知态氮的比例明显降低，铵态氮比例却明显升高。说明在该土层施用秸秆和普通有机肥的效果差异明显。高量施肥［1.5（M+NPK）处理］该层土壤全氮含量比 M+NPK 处理明显提高，但酸解氮的比例相差不大，铵态氮比例明显下降，而氨基酸态氮和酸解未知态氮的比例有所升高。对于 M+NPK 处理，种植方式 2（小麦—大豆轮作）土壤全氮含量比种植方式 1（玉米—小麦轮作）提高，酸解氮的比例明显降低，其中主要是铵态氮的比例明显降低造成的。

2. 土壤有机氮含量的剖面分布变化与施肥的影响

（1）土壤全氮含量的剖面分布变化与施肥的影响：从表 55 可以看出，红壤全氮含量在剖面上随土层加深而递减，一般自表层至 60cm 全氮含量下降较快，60cm 深度以下比较平稳。

表 55　红壤全氮含量的剖面分布

(mg/kg)

土层(cm)	休闲	CK	N	NP	NK	PK	NPK	M	M+NPK	S+NPK	1.5(M+NPK)	M+NPK 种植方式 2
0～20	864.43	877.17	954.57	829.71	1004.31	847.93	913.15	1150.42	1241.63	960.55	1174.68	952.66
20～40	581.86	792.76	688.49	569.14	699.87	498.41	497.51	724.95	947.87	679.59	1068.18	654.92
40～60	480.80	480.56	486.28	541.92	612.19	410.24	438.77	482.11	644.37	526.19	738.21	635.00
60～80	455.10	411.82	503.05	480.53	615.70	473.11	408.37	490.17	586.78	488.90	483.73	500.30
80～100	361.10	389.84	481.37	482.14	653.22	414.75	477.04	505.25	407.40	531.11	477.04	506.79

耕作和种植作物后耕层土壤全氮含量与休闲处理基本没有差异，在 20～40cm 土层明显高于休闲处理，在 40cm 以下土壤中整体差异不大。这说明耕作活动和植物的生长使土壤氮素在根系分布的区域（一般可达到 40cm）迁移比较容易，分布相对比较稳定。

单施化肥处理土壤平均全氮含量在剖面上 60cm 以上随深度增加不断降低，除在 20～40cm 土层全氮平均含量低于对照外，其他两层与对照相差不大，60cm 以下全氮含量基本稳定，并且大于对照处理；施用有机肥的处理各层土壤全氮平均含量均不同程度地高于对照，并且在 60cm 以上全氮含量高于化肥处理，60cm 以下则与化肥处理相差不大，说明施用有机肥提高土壤有机氮含量的作用一般可达到 60cm 深度。

与 NPK、M 相比可知，M+NPK 处理在 80cm 以上土壤中的全氮含量高于其他两个处理；S+NPK 处理在各层土壤的全氮含量均高于 NPK 处理，说明不同施肥处理对土壤氮素的影响深度不同。对于 M+NPK 处理，种植方式 2（小麦—大豆轮作）在 40cm 以上土壤全氮含量均明显低于种植方式 1（玉米—小麦轮作），40～80cm 土层也有不同程度地降低，说明虽然有豆科作物的固氮作用，但在该施肥条件下小麦—大豆轮作方式并起到提高土壤氮素含量的作用。

表 56　红壤酸解氮含量及其比例的剖面分布

项目	土层(cm)	休闲	CK	N	NP	NK	PK	NPK	M	M+NPK	S+NPK	1.5(M+NPK)	M+NPK 种植方式 2
含量(mg/kg)	0～20	588.55	399.45	667.94	572.29	574.52	453.53	619.97	796.30	806.14	634.92	730.49	652.84
	20～40	442.93	398.25	519.98	367.78	395.76	231.37	367.83	438.64	562.35	329.43	680.79	419.85
	40～60	318.49	253.28	364.26	342.75	383.90	254.00	285.70	307.81	365.59	302.61	462.37	384.64
	60～80	306.03	217.55	318.02	283.27	431.58	288.82	314.98	312.65	398.64	293.28	322.90	268.81
	80～100	287.67	203.41	266.15	289.13	460.58	237.63	319.01	350.57	256.19	324.55	304.32	267.79
比例(%)	0～20	68.08	45.54	69.97	68.97	57.21	53.49	67.89	69.22	64.93	66.10	62.19	68.53
	20～40	76.12	50.24	75.52	64.62	56.55	46.42	73.93	60.51	59.33	48.47	63.73	64.11
	40～60	66.24	52.70	74.91	63.25	62.71	61.92	65.11	63.85	56.74	57.51	62.63	60.57
	60～80	67.24	52.83	63.22	58.95	70.10	61.05	77.13	63.78	67.94	59.99	66.75	53.73
	80～100	79.66	52.18	55.29	59.97	70.51	57.29	66.87	69.38	62.88	61.11	63.79	52.84

从表 56 可以看出，红壤酸解氮含量也随着土壤剖面的加深而逐渐降低，自耕层向下开始下降较快，而后逐渐趋于平稳，但各处理的表现又各不相同；酸解氮与全氮的比例在剖面

上整体比较平稳。

与休闲土壤相比，耕作和种植作物后土壤酸解氮含量及其比例均明显降低。单施化肥处理土壤平均酸解氮含量在20～40cm土层略低于对照处理，在其他各层都较高，比例在各层都明显高于对照；施用有机肥的处理平均土壤酸解氮含量及比例均明显高于对照，并且在60cm以上土层酸解氮含量高于化肥处理，两种处理酸解氮的平均比例在各土层相差不大。

(2) 土壤铵态氮含量的剖面分布变化与施肥的影响：从表57中可以看出，红壤铵态氮含量在剖面0～60cm范围内随土层加深而递减，60cm以下基本保持稳定，各肥料处理又稍有不同；而其比例则呈现出随土层加深逐渐升高的分布规律。

表57　红壤铵态氮含量及其比例的剖面分布

项　目	土层 (cm)	休　闲	CK	N	NP	NK	PK	NPK	M	M+NPK	S+NPK	1.5 (M+NPK)	M+NPK (豆)
含　量 (mg/kg)	0～20	172.59	164.99	194.50	159.95	207.25	160.06	171.96	210.31	296.79	223.37	241.75	218.02
	20～40	136.00	153.26	192.83	127.76	161.42	118.77	126.42	173.64	214.00	139.40	220.71	164.59
	40～60	109.66	96.60	132.57	173.54	174.62	138.74	106.18	125.02	169.64	138.58	158.74	176.41
	60～80	104.26	96.48	127.39	157.99	188.55	138.60	132.51	130.13	176.86	142.01	128.67	137.43
	80～100	103.04	90.89	114.48	155.01	179.30	124.76	143.83	141.83	148.16	120.95	139.24	142.90
比　例 (%)	0～20	19.97	18.81	20.38	19.28	20.64	18.88	18.83	18.28	23.90	23.25	20.58	22.89
	20～40	23.37	19.33	28.01	22.45	23.06	23.83	25.41	23.95	22.58	20.51	20.66	25.13
	40～60	22.81	20.10	27.26	32.02	28.52	33.82	24.20	25.93	26.33	26.34	21.50	27.78
	60～80	22.91	23.43	25.32	32.88	30.62	29.30	32.45	26.55	30.14	29.05	26.60	27.47
	80～100	28.53	23.31	23.78	32.15	27.45	30.08	30.15	28.07	36.37	22.77	29.19	28.20

耕作和种植作物处理除在20～40cm土层酸解氮含量高出休闲处理外，在其他各层土壤都不同程度地低于休闲土壤，其比例也基本上等于或低于休闲处理，但在耕层土壤两处理相差不大，说明耕作和作物种植会在一定程度上影响土壤剖面上的酸解氮含量与分布。

化肥处理的土壤在20～40cm土层，除了N处理外，其他处理铵态氮含量略低于对照处理，在其他土层中都高于对照土壤，其比例在各层土壤中都高于对照处理，只是在耕层两者差异较小，这些可能与单纯使用化肥土壤氮素容易向下层土壤移动，和作物根系在耕层的大量吸收活动有关；与之相对应的是，施用有机肥的处理土壤铵态氮含量及其比例在各层中都明显的高于对照处理，显示了与单施化肥处理很大的不同；施用有机肥处理耕层至40cm土层酸解氮含量高于单施化肥处理，其下的土层两者相差不大，比例在耕层也比单施化肥处理高，但在20～80cm的土层中都不同程度地低于化肥处理，可能与施用有机肥后耕层土壤的保肥能力提高有关。

(3) 土壤氨基酸态氮含量的剖面分布变化与施肥的影响：由表58可以看出，红壤氨基酸态氮含量在剖面上也是在耕层含量最高，在0～60cm的深度范围内随剖面加深其含量下降较快，在其下的土层中比较平稳，氨基酸态氮的比例在土壤剖面上呈现出随土壤加深逐渐递增的分布规律。

表 58　红壤氨基酸态氮含量及其比例的剖面分布

项　目	土　层 (cm)	休　闲	CK	N	NP	NK	PK	NPK	M	M+ NPK	S+ NPK	1.5 (M+NPK)	M+NPK (豆)
含　量 (mg/kg)	0～20	166.36	174.91	253.57	149.74	209.38	185.39	259.85	372.94	328.94	228.31	269.19	303.51
	20～40	91.48	167.79	229.55	106.67	116.82	61.85	132.59	198.69	244.63	66.33	284.36	167.70
	40～60	48.34	81.72	151.00	105.37	114.98	61.18	54.49	103.36	141.18	98.98	138.09	162.14
	60～80	62.36	46.71	85.56	75.78	172.76	68.93	97.60	112.51	146.82	84.59	82.28	103.15
	80～100	34.60	34.00	64.98	70.75	184.25	60.71	110.73	135.34	74.08	103.47	110.14	96.08
比　例 (%)	0～20	19.24	19.94	26.56	18.05	20.85	21.86	28.46	32.42	26.49	23.77	22.92	31.86
	20～40	15.72	21.16	33.34	18.74	16.69	12.41	26.65	27.41	25.81	9.76	26.62	25.61
	40～60	10.05	17.01	31.05	19.44	18.78	14.91	12.42	21.44	21.91	18.81	18.71	25.53
	60～80	13.70	11.34	17.01	15.77	28.06	14.57	23.90	22.95	25.02	17.30	17.01	20.62
	80～100	9.58	8.72	13.50	14.67	28.21	14.64	23.21	26.79	18.18	19.48	23.09	18.96

耕作和种植作物处理土壤氨基酸态氮含量在60cm以上土层中高于休闲处理，其比例也高于休闲处理，但在耕层土壤中差异较小，可能与氨基酸态氮的植物有效性较高，较易为植物吸收有关，并且耕作与作物种植对土壤氨基酸态氮含量与分布的影响深度达到了60cm。

单施化肥处理氨基酸态氮含量在除20～40cm土层外的各层土壤中均高于对照处理，其比例在各层土壤中均不同程度地高于对照；施用有机肥处理的平均氨基酸态氮含量及其比例在各层土壤中也都高于对照处理，在耕层土壤中这一差异更大，并且施用有机肥处理的土壤氨基酸态氮含量在60cm以上均高于化肥处理，60cm以下差异不大，但是其比例在各层中都高于化肥处理，显示了施用有机肥处理在提高土壤肥力尤其是土壤氮素肥力上的作用。

（4）土壤氨基糖态氮含量的剖面分布变化与施肥的影响：从表59数据可以看出，红壤氨基糖态氮含量在剖面上的由耕层向下快速降低，而后在20～100cm范围内虽各有不同，但整体上比较平稳，其比例在土壤剖面上整体上也比较平稳，各处理稍有不同。

表 59　红壤氨基糖态氮含量及其比例的剖面分布

项　目	土　层 (cm)	休　闲	CK	N	NP	NK	PK	NPK	M	M+ NPK	S+ NPK	1.5 (M+NPK)	M+NPK (豆)
含　量 (mg/kg)	0～20	58.14	32.25	42.67	37.84	37.88	28.43	43.32	53.28	63.69	61.08	50.92	42.74
	20～40	45.76	32.53	18.20	27.91	14.75	7.73	10.48	17.95	28.34	16.11	50.08	33.35
	40～60	36.55	19.82	17.35	14.57	13.92	2.78	13.31	19.18	33.13	26.28	33.08	21.03
	60～80	28.23	19.78	18.61	8.61	16.72	6.47	18.23	17.61	52.96	26.86	24.13	13.88
	80～100	36.89	10.51	14.85	2.46	27.21	9.22	12.06	26.89	23.76	22.58	24.44	25.10
比　例 (%)	0～20	6.73	3.68	4.47	4.56	3.77	3.35	4.74	4.63	5.13	6.36	4.33	4.49
	20～40	7.86	4.10	2.64	4.90	2.11	1.55	2.11	2.48	2.99	2.37	4.69	5.09
	40～60	7.60	4.12	3.57	2.69	2.27	0.68	3.03	3.98	5.14	4.99	4.48	3.31
	60～80	6.20	4.80	3.70	1.79	2.72	1.37	4.46	3.59	9.03	5.49	4.99	2.77
	80～100	10.22	2.70	3.09	0.51	4.17	2.22	2.53	5.32	5.83	4.25	5.12	4.95

耕作和种植作物处理各层土壤氨基糖态氮的含量及比例均明显低于休闲处理，表明耕作和种植作物处理对于红壤有机氮的转化和分布有非常重要的作用。

因为氨基糖态氮的含量较低，易出现误差，而且规律性不强。所以，暂不单独作具体分析。

(5) 土壤酸解未知态氮含量的剖面分布变化与施肥的影响：由表60数据显示可知，红壤酸解未知态氮含量在土壤剖面上整体呈现出随土层加深逐渐降低的分布规律，但各肥料处理间有差异，其比例在土壤剖面上也相对比较稳定。

表60　红壤酸解未知态氮含量及其比例的剖面分布

项　目	土　层 (cm)	休　闲	CK	N	NP	NK	PK	NPK	M	M+NPK	S+NPK	1.5 (M+NPK)	M+NPK (豆)
含　量 (mg/kg)	0～20	191.46	27.29	177.21	224.76	120.01	79.65	144.84	159.77	116.72	122.16	168.63	88.57
	20～40	169.69	44.68	79.40	105.43	102.78	43.02	98.33	48.36	75.39	107.59	125.64	54.21
	40～60	123.95	55.13	63.34	49.28	80.38	51.30	111.71	60.24	21.64	38.78	132.46	25.07
	60～80	111.18	54.58	86.47	40.89	53.56	74.82	66.64	52.39	22.00	39.82	87.84	14.36
	80～100	113.14	68.02	71.84	60.90	69.83	42.94	52.39	46.51	10.19	77.55	30.50	3.71
比　例 (%)	0～20	22.15	3.11	18.56	27.09	11.95	9.39	15.86	13.89	9.40	12.72	14.36	9.30
	20～40	29.16	5.64	11.53	18.53	14.69	8.63	19.76	6.67	7.95	15.83	11.76	8.28
	40～60	25.78	11.47	13.03	9.09	13.13	12.50	25.46	12.50	3.36	7.37	17.94	3.95
	60～80	24.43	13.25	17.19	8.51	8.70	15.81	16.32	10.69	3.75	8.15	18.16	2.87
	80～100	31.33	17.45	14.92	12.63	10.69	10.35	10.98	9.20	2.50	14.60	6.39	0.73

耕作和种植作物处理各层土壤酸解未知态氮含量及其比例均极明显的低于休闲处理，表明耕作和作物种植对土壤有机氮的组成有非常重要的作用，使酸解未知态氮比例急剧减少。

单施化肥处理土壤酸解未知态氮含量在80cm以上明显高于对照处理，尤其在耕层土壤差异更为明显，其比例在60cm以上土壤中也都明显高于休闲土壤；而施用有机肥处理土壤平均酸解未知态氮含量在0～40cm土层高于对照处理，在60～100cm土层却明显低于对照，其比例也显示了相似的分布规律，表示施用有机肥的处理土壤平均酸解未知态氮含量随土层加深下降速度快于对照处理，说明施用有机肥后土壤有机氮的分布发生了较大的变化，或者土壤的保肥能力大为增强。施用有机肥的处理土壤平均酸解未知态氮的含量及比例也都低于化肥处理的平均含量，说明施用有机肥对土壤酸解未知态氮的含量分布影响较大。

(6) 土壤酸不溶性氮含量的剖面分布变化与施肥的影响：由表61可以看出，红壤酸不溶性氮含量在剖面上由耕层向下逐渐降低，在60～100cm土层范围内逐渐缓慢并趋于平稳，其比例没有很明显的分布规律，但在剖面上下整体分布比较稳定。

表61　红壤酸不溶性氮含量及其比例的剖面分布

项　目	土　层 (cm)	休　闲	CK	N	NP	NK	PK	NPK	M	M+NPK	S+NPK	1.5 (M+NPK)	M+NPK (豆)
含　量 (mg/kg)	0～20	275.89	477.72	286.62	257.42	429.78	394.40	293.18	354.12	435.49	325.63	444.19	299.82
	20～40	138.92	394.50	168.51	201.36	304.11	267.04	129.69	286.31	385.52	350.17	387.39	235.08
	40～60	162.30	227.29	122.03	199.17	228.29	156.24	153.08	174.30	278.79	223.58	275.83	250.36
	60～80	149.07	194.27	185.03	197.26	184.12	184.29	93.39	177.53	188.14	195.62	160.82	231.49
	80～100	73.43	186.43	215.22	193.02	192.63	177.12	158.03	154.69	151.21	206.56	172.73	239.00

（续）

项　目	土　层（cm）	休　闲	CK	N	NP	NK	PK	NPK	M	M+NPK	S+NPK	1.5（M+NPK）	M+NPK（豆）
比　例（%）	0～20	31.92	54.46	30.03	31.03	42.79	46.51	32.11	30.78	35.07	33.90	37.81	31.47
	20～40	23.88	49.76	24.48	35.38	43.45	53.58	26.07	39.49	40.67	51.53	36.27	35.89
	40～60	33.76	47.30	25.09	36.75	37.29	38.08	34.89	36.15	43.26	42.49	37.37	39.43
	60～80	32.76	47.17	36.78	41.05	29.90	38.95	22.87	36.22	32.06	40.01	33.25	46.27
	80～100	20.34	47.82	44.71	40.03	29.49	42.71	33.13	30.62	37.12	38.89	36.21	47.16

耕作和种植作物处理各层土壤酸不溶性氮含量及其比例都明显高于休闲处理，因为剖面各层土壤全氮含量两种处理相差不大。所以，耕作和种植作物处理主要影响了有机氮在各组分中的含量分布，影响了有机氮各形态之间的转化。

单施化肥处理土壤平均酸不溶性氮含量在 0～80cm 土层明显低于对照处理，由耕层至 1m 深处土壤其比例均明显的低于对照处理，这说明施用化肥也能明显的影响土壤有机氮的形态转化与分布，影响深度可达到 80～100cm；施用有机肥的处理土壤酸不溶性氮含量在 0～40cm 土层低于对照处理，40cm 以下土层中则相差不大，其比例在各土层中都明显低于对照；并且施用有机肥处理土壤酸不溶性氮含量在 0～80cm 范围内均高于化肥处理，其比例也在 20～80cm 范围内高于化肥处理，只是在耕层土壤反而较低，说明有机肥处理对土壤有机氮组分向酸不溶性氮组分转化的作用弱于化肥处理，一般其影响深度可达到剖面 80cm。

3. 小结

（1）定位试验种植 10 年后红壤 0～100cm 土层土壤氮素含量大约范围为 361～1 175 mg/kg，其中的大部分可以被 6 mol/L 盐酸水解，酸解氮的平均含量范围为 297～625 mg/kg，约占土壤全氮的 63.69%，而酸不溶性氮约占土壤全氮的 36.31%。

（2）在耕层（0～20cm），各有机氮的含量顺序为：酸不溶性氮＞氨基酸态氮＞铵态氮＞酸解未知态氮＞氨基糖态氮；在 20cm 以下土层，其含量顺序变为：酸不溶性氮＞铵态≥氨基酸态氮＞酸解未知态氮＞氨基糖态氮，显示了铵态氮的比例随土层加深而递增。

（3）对照（耕作、种植作物、不施肥）处理剖面各层土壤全氮含量与休闲处理相差不大，酸解氮含量及其比例都明显降低，酸不溶性氮含量及其比例均明显升高。有机氮组分中，氨基糖态氮与酸解未知态氮的比例也都明显低于休闲土壤，说明耕作与种植作物对土壤氮素的组成有重要的作用。

（4）单施化肥处理各层土壤的酸解氮含量及比例都不同程度地高于对照处理，酸不溶性氮的含量及其比例均低于对照，酸解氮中，氨基酸态氮、铵态氮、酸解未知态氮的比例均比对照有所提高。

（5）化肥与有机肥混施处理土壤全氮含量高于对照，酸解氮的含量及其比例均明显提高，酸不溶性氮的比例降低。酸解氮中，铵态氮与氨基酸态氮的比例均明显高于对照处理，混施处理对土壤有机氮的分布与转化都有明显的作用。

（6）红壤全氮含量在剖面上随土层加深而递减，酸解氮含量的剖面分布规律基本相同，但酸解氮相对于全氮的比率则在剖面上分布整体比较平稳。

（7）红壤铵态氮、氨基酸态氮、氨基糖态氮、酸解未知态氮及酸不溶性氮含量在土壤剖面上基本上都呈现出自耕层向下逐渐降低的分布规律，一般在上层土壤下降的速度相对较快，在下层土壤下降速度相对较慢；前两者的相对比例在土壤剖面上随土层加深而逐渐增加，后三者则相对比较平稳。

（8）不同种植方式影响红壤有机氮的组成与分布，M＋NPK 处理种植方式 2（小麦—大豆轮作）土壤上层全氮含量比种植方式 1（玉米—小麦轮作）低，酸解氮比例增加，土壤有机氮各组分的比例也各有变化，小麦—大豆轮作可提高上层土壤尤其是耕层土壤有机氮的植物有效性。

（五）讨论

虽然 Bremner 用化学提取的方法把土壤氮素分成了几种不同类别的氮组分，但分析鉴别的氮都不是具体的可知的形态，并且实验中发现应用该方法并不能很好的测定出理想的结果，而且该方法由于过程复杂、步骤较多，极容易受环境条件等外在因素干扰，试验操作者的能力也是很重要的一方面。因此，和实验室常规的分析方法相比，试验整体的可重复性相对较差。本项研究由于土壤类型、施肥处理、土壤分层较多。因此，需要测定的数量巨大，为了准确有效的完成分析研究工作，并且能在有限的时间内完成该项任务，本论文作者对分析系统作了一定程度的改进和完善，设计改进了能批量作业的回流水解系统和有效地冷凝系统，有效地解决了试验过程中的瓶颈问题，并使每一批回流水解的样品所处的条件基本相同。目前植物营养研究中关于有机营养的研究还相对较少，若要更加深入地研究土壤中的有机氮的相态分布与转化及与周围环境的互动作用，就需要对有机氮分组的方法进行必要的、系列的研究，努力探索更好的、更精确的、可操作性强的实验研究方法，只有这样，土壤的有机氮分组研究才会进入更准确的阶段。

休闲处理是指不耕作、不种植作物、不施肥的处理，也就是撂荒处理，对照是耕作、种植作物、不施肥的处理。因此，两者的数据进行比较可以得出耕作和种植作物对土壤有机氮组分含量与分布的作用，但实际上休闲土壤上会生长一些杂草，杂草的生长会给土壤带来光合作用的有机物，根系的生长和活动会影响土壤生物（包括微生物和动物）的种群、数量、土壤酶活性、土壤的物理化学结构、保肥、保水、保墒性质等，简单说，休闲处理有一定的培肥地力的作用。因此，将对照处理与休闲处理进行比较，进而将分析结果简单归结到耕作与种植作物的作用上理论上还不是很严谨，分析结果还有待进一步提炼，但从长期定位试验基地的小区设计上，没有很有效的办法将杂草的作用排除，这需要在以后的更精确的试验设计中探究其作用。

从前面的有关数据可知，4 种土壤的耕层中，黑土和紫色土的全氮含量较高，其次是红壤，含量最低的是褐潮土；休闲土壤的全氮含量以黑土为最高，最低的是紫色土，有机氮组分中，氨基酸态氮相对于全氮的比例以紫色土和褐潮土相对较高，红壤最低，酸解未知态氮的相对含量在红壤中最高，最低的是紫色土，其他组分的比例差异各有不同。这些差异可能与当地的气候、降水、施肥制度与种类、施肥量、轮作制度、土壤质地、农作物品种等众多因素有关，各种因素对这一差异的作用大小以及如何其作用，还需要设计专门的试验进行更为系统的研究。

4 种土壤耕层中，各施肥处理土壤铵态氮的比例以黑土与褐潮土稍高，紫色土与红壤略低；氨基酸态氮的比例以紫色土与褐潮土稍高，黑土与红壤略低；酸解未知态氮的比例以褐潮土最高，其他 3 种土壤较低并相差不大；而酸不溶性氮的比例则以褐潮土为最低，其他 3 种土壤较高；各施肥处理之间也有一定的差异。根据 Keeney 等（1966）证明的土壤中各形态有机氮组分的易分解顺序：氨基酸态氮＞酸解未知态氮＞非水解氮＞铵态氮＞氨基糖氮，紫色土整体有机氮的植物有效性相对较高，褐潮土土壤有机氮组分发生了分化，一部分向有效性较高的组分转化，一部分向有效性较低的组分转化，有效性介于中间的组分含量相对降低，黑土与红壤整体有机氮的有效性均向中间部分转化。不同土壤类型表现出了较明显的差异，这也可能与很多的相关因素有关。

（六）结论

1. 长期施肥 10 年后黑土、褐潮土、紫色土、红壤水稻土土壤剖面各层次氮素绝大部分可以被 6 mol/L 盐酸水解，酸不溶性氮仅占土壤全氮的一小部分。

2. 土壤各层次有机氮各组分的含量顺序在不同类型土壤表现略有不同，一般氨基酸态氮含量随土壤剖面加深相对下降较快；在黑土和红壤中，上层土壤的有机氮各组分含量顺序为：酸不溶性氮＞氨基酸态氮＞铵态氮＞酸解未知态氮＞氨基糖态氮，下层土壤中的顺序为：酸不溶性氮＞铵态氮＞氨基酸态氮＞酸解未知态氮＞氨基糖态氮；在褐潮土与紫色土中，上层土壤有机氮各组分的含量顺序为：氨基酸态氮＞酸不溶性氮＞铵态氮＞酸解未知态氮＞氨基糖态氮，下层土壤的含量顺序为：酸不溶性氮＞氨基酸态氮＞铵态氮＞酸解未知态氮＞氨基糖态氮。

3. 对照（耕作、种植作物、不施肥）处理各层土壤全氮、酸解氮以及有机氮各组分的含量及其比例与休闲土壤有不同程度的差异，说明耕作和种植作物对土壤有机氮的形态组成和转化分布有一定作用。

4. 单施化肥处理耕层土壤有机氮组分的平均比例与对照相比一般均有差异，表明耕作和种植作物对土壤有机氮的转化和形态分布有重要作用，并且从土壤有机氮比例上看其影响一般达到剖面 80cm。

5. 不同类型土壤单施化肥处理对土壤全氮含量的影响各不相同。黑土在 40cm 以上土壤全氮平均含量与对照相差不大，但在 40～80cm 土层出现相对的富集，高于对照处理，可能与黑土土壤较为肥沃，土壤全氮含量相对较高有关，单施化肥对土壤全氮含量的影响一般可达到 80cm；褐潮土单施化肥对土壤全氮含量的影响不明显，只在耕层全氮平均含量比对照略高，耕层以下与对照差异不大；紫色土单施化肥处理各层土壤全氮平均含量均比对照升高，只是越向下差距越小，在 80～100cm 土层中与对照基本相等，对各有机氮组分的比例也有一定影响，说明单施化肥对紫色土土壤氮素肥力提高有一定作用；水田土壤与旱地土壤在全氮含量上的不同可能是水田为水旱轮作，种植小麦时，氮素转化为硝态氮，种植水稻时灌水，硝态氮易淋失。

6. NPK 化肥与有机肥混施处理 4 种土壤土壤耕层全氮平均含量一般高于化肥处理，耕层以下一般相等或稍低，说明化肥与有机肥混施对土壤保肥能力有明显的提高，土壤氮素向下层淋溶明显减少；但耕层以下的土壤中有机氮各组分的平均含量及其比例在一定程度上与对照、单施化肥处理不同，说明混施处理对于土壤有机氮的转化与分布影响作用更大。

7. 黑土 NPK＋S 处理耕层土壤全氮含量在所有处理中最低，远低于其他化肥与有机肥混施处理，其中铵态氮、氨基酸态氮，酸不溶性氮含量也低于其他混施处理，只有酸解未知态氮含量明显较高，耕层以下各有机氮组分含量一般也低于多数处理。

8. 黑土土壤全氮以及各形态有机氮组分含量大都有随土壤剖面加深而逐渐减少的分布规律，一般由耕层向下开始减少较快，而后逐渐趋于缓慢，就各形态有机氮组分的比例来说，铵态氮的比例在土壤剖面上随土层加深而逐渐增加，氨基酸态氮的比例大体上有随剖面加深而递减的规律，但处理之间差异较大，其它有机氮组分的比例没有明显的剖面分布规律。

9. 褐潮土土壤全氮、铵态氮、氨基酸态氮含量在土壤剖面上一般是由耕层向下逐渐减少，一般在60～80cm土层中有一定的富集；氨基糖态氮没有明显的剖面分布规律；酸解未知态氮含量在60cm以上随剖面加深逐渐下降，60cm以下基本趋于稳定；酸不溶性氮含量由耕层到40cm土层基本趋于下降，在40～80cm逐渐升高并在60～80cm黏土层中出现明显的富集，然后快速下降。各有机氮的比例在剖面上也有各自的分布规律，铵态氮比例基本稳定，整体上随剖面加深略有上升；氨基酸态氮比例整体上略有下降，但在80～100cm土层有所升高；氨基糖态氮比例基本没有明显的分布规律；酸解未知态氮比例在土壤剖面上先逐渐下降而后略有升高；酸不溶性氮比例由耕层到80cm土层逐步递增，由80cm向下出现降低。

10. 紫色土土壤全氮以及各形态有机氮组分含量在剖面土壤上整体分布比较平稳，相比较而言，紫色土全氮在剖面上随土层加深先逐渐减少，而后又缓慢增加，铵态氮含量及比例在土壤剖面上比较平稳，氨基酸态氮和酸不溶性氮含量都有随土壤剖面加深先下降然后缓慢上升的分布规律，其比例土壤剖面上比较平稳，氨基糖态氮和酸解未知态氮含量及比例在剖面土壤上没有明显的分布规律。

11. 红壤全氮含量在剖面上随土层加深而递减，酸解氮含量的剖面分布规律基本相同，但酸解氮相对于全氮的比率则在剖面上分布整体比较平稳。

12. 红壤铵态氮、氨基酸态氮、氨基糖态氮、酸解未知态氮及酸不溶性氮含量在土壤剖面上基本上都呈现出自耕层向下逐渐降低的分布规律，一般在上层土壤下降的速度相对较快，在下层土壤下降速度相对较慢；前两者的相对比例在土壤剖面上随土层加深而逐渐增加，后三者则相对比较平稳。

13. 不同种植方式影响红壤有机氮的组成与分布，M+NPK处理种植方式2（小麦—大豆轮作）土壤上层全氮含量比种植方式1（玉米—小麦轮作）低，酸解氮比例增加，土壤有机氮各组分的比例也各有变化，小麦—大豆轮作可提高上层土壤尤其是耕层土壤有机氮的植物有效性。

14. 供试4种土壤中，土壤全氮、酸解氮含量、各有机氮组分的比例各不相同，表明土壤类型对土壤氮的形态分布及转化也有重要的作用。

长期施肥对土壤有机磷组成与分布的影响

一、长期施肥对黑土有机磷组成与分布的影响

（一）长期施肥对黑土不同层次土壤有机磷组成与分布的影响

1. 长期施肥对耕层土壤有机磷组成与分布的影响　从表1数据所示可知，黑土耕层土壤有机磷占了土壤全磷的大部分，含量约为139.94～210.23mg/kg，平均为181.85mg/kg，约占全磷的64.2%。在有机磷各组分中，活性有机磷含量在各肥料处理中变化不大，约

作者：张俊清、张夫道。

为2.48～4.76mg/kg，平均为3.55mg/kg，占有机磷总量的1.95%；中活性有机磷含量最高，约为77.20～106.80mg/kg，平均为94.29mg/kg，占有机磷总量的51.85%；中稳性有机磷平均含量为57.77mg/kg，约占有机磷总量的31.77%；高稳性有机磷含量平均为26.25mg/kg，约占有机磷的14.43%。因此，黑土耕层土壤中有机磷组分的含量顺序为：中活性有机磷＞中稳性有机磷＞高稳性有机磷＞活性有机磷，与国内外的报道基本一致。

表1　黑土耕层土壤有机磷组分含量及其比例

处　理	Olsenp	活性有机磷 LOP		中活性有机磷 MLOP		中稳性有机磷 MROP		高稳性有机磷 HROP		有机磷总和 TOP		全磷 TP
	(mg/kg)	含　量 (mg/kg)	%	含　量 (mg/kg)	%	含　量 (mg/kg)	%	含　量 (mg/kg)	%	含　量 (mg/kg)	TOP/TP (%)	(mg/kg)
休　闲	6.80	4.18	2.76	84.17	55.55	48.68	32.13	14.50	9.57	151.53	58.13	260.67
CK	5.57	3.09	1.99	97.46	62.58	36.23	23.26	18.96	12.17	155.75	62.98	247.31
N	2.41	2.76	1.97	77.20	55.17	44.33	31.68	15.65	11.18	139.94	61.41	227.88
NP	33.47	3.39	1.87	94.90	52.35	57.68	31.82	25.32	13.97	181.29	67.29	269.42
NK	7.46	3.57	2.09	90.05	52.76	60.32	35.34	16.73	9.80	170.66	74.76	228.28
PK	40.85	3.57	1.82	104.41	53.05	58.46	29.70	30.36	15.43	196.81	65.51	300.42
NPK	32.40	2.98	1.59	86.30	46.07	65.39	34.90	32.68	17.44	187.35	66.42	282.06
M1+NPK	40.84	3.46	1.70	105.44	51.76	61.38	30.13	33.44	16.41	203.71	67.67	301.03
1.5（M1+NPK）	68.96	2.48	1.18	96.92	46.10	70.24	33.41	40.58	19.30	210.23	66.83	314.57
S+NPK	18.89	4.75	2.50	95.47	50.22	61.12	32.15	28.76	15.13	190.10	70.08	271.24
M1+NPK 种植方式2	66.14	3.58	1.91	92.29	49.07	63.78	33.92	28.40	15.10	188.06	57.40	327.61
M2+NPK	80.23	4.76	2.30	106.80	51.65	65.61	31.73	29.61	14.32	206.78	56.08	368.75
平均值	33.67	3.55	1.95	94.29	51.85	57.77	31.77	26.25	14.43	181.85	64.20	283.27

与休闲土壤相比，耕作和种植作物后由于植物吸收了部分土壤磷素。所以，耕层土壤全磷含量降低，由于吸收的主要是无机磷形态，使无机磷含量降低，有机磷含量没有变化，但是其比例略有上升，数据显示耕作与种植作物有利于中稳性有机磷向中活性有机磷转化。

在各肥料处理中，单施化肥与化肥有机肥混施对土壤全磷、有机磷总量、有机磷各组分含量影响不同。化肥与有机肥混施处理耕层土壤全磷、有机磷总量、各形态有机磷平均含量均比单施化肥处理高，而且有机磷的比例有所降低，比例除了对高稳性有机磷影响较大外，其它组分两种处理影响差异不大。说明施用有机肥后土壤有机磷及其组分含量增加主要归因于土壤全磷含量增加，并且混施处理可促进土壤有机磷向无机形态转化。结合速效磷含量来看，1.5（NPK+M1）、NPK+M1（种植方式2）、NPK+M2有利于土壤磷素向速效磷转化。在所有化肥与有机肥混施处理中，NPK+S处理土壤全磷含量明显较低，而其有机磷比例明显高于其他处理，说明化肥配合秸秆施用对土壤磷素在无机与有机形态之间的分配上与其他处理稍有不同。

不施用P肥的N、NK处理土壤全磷均低于对照，并且中活性、高稳性有机磷含量均降低，土壤速效磷含量也与对照相差不大；但 PK、NPK＋M1、NPK＋M2 处理中活性有机磷含量高于对照，处理 N 有机磷总量、中活性有机磷含量均明显低于对照处理，其他各处理中活性有机磷含量与对照相差不大，与之相对应的是，各处理中稳性、高稳性（N、NK 除外）有机磷含量基本都明显高于对照，而活性有机磷各处理均差别不大。说明活性、中活性有机磷的植物有效性较高，较易转化为对植物有效的形态，并且在土壤磷素缺乏严重的情况下，土壤各形态有机磷会转化为对植物有效的形态，而在缺乏不严重的情况下，活性相对较高的形态较易为植物吸收利用。

处理 NPK＋M1 土壤全磷含量与 NPK 处理相比有一定增加，有机磷含量及比例也稍有增加，有机磷组分中只有中活性有机磷含量及比例明显提高，速效磷含量也有所增加；增施有机肥（M2＋NPK）处理耕层全磷含量大幅增加，速效磷含量明显增加，而有机磷比例却明显下降，各有机磷组分含量也与 NPK＋M1 处理没有大的差异。这说明虽然施肥量越高土壤全磷含量也越高，但有机肥施用量并不与土壤有机磷含量成正比，过量施用有机肥将转化成无机形态，其中很大一部分分布在速效磷形态中。在 NPK＋M1 施肥条件下，种植方式 2 与种植方式 1 相比，土壤全磷含量有一定增加，但有机磷含量及比例却有明显降低，其中主要是因为中活性有机磷含量降低，这可能与玉米—大豆轮作土壤中氮素投入增多有关，N 与 P 的交互作用使植物对磷素的吸收量增加，有效性相对较高的中活性有机磷转化为无机磷形态。

2. 长期施肥对耕层以下土壤有机磷组成与分布的影响　从表 2、表 3、表 4、表 5 数据可以看出，黑土 20～40cm 土层土壤有机磷平均含量为 119.89 mg/kg，占全磷的 56.39%，在 40cm 土层以下，无机磷含量超过了有机磷，并且越向下无机磷的比例越高。

表 2　黑土 20～40cm 土层土壤有机磷组分含量及其比例

处　理	Olsenp	活性有机磷 LOP		中活性有机磷 MLOP		中稳性有机磷 MROP		高稳性有机磷 HROP		有机磷总和 TOP		全磷 TP
	(mg/kg)	含　量 (mg/kg)	%	含　量 (mg/kg)	%	含　量 (mg/kg)	%	含　量 (mg/kg)	%	含　量 (mg/kg)	TOP/TP (%)	(mg/kg)
休　闲	2.14	1.67	2.10	43.39	54.42	21.81	27.35	12.86	16.13	79.73	37.46	212.82
CK	3.13	2.45	2.73	54.15	60.34	18.26	20.34	14.89	16.59	89.74	40.23	223.09
N	1.51	2.26	2.79	40.06	49.30	25.34	31.19	13.59	16.72	81.25	36.96	219.86
NP	5.91	2.66	2.05	69.07	53.31	39.69	30.63	18.16	14.01	129.57	61.61	210.30
NK	3.97	1.02	1.01	56.51	56.05	30.64	30.39	12.64	12.54	100.82	53.80	187.40
PK	3.28	1.69	1.25	70.72	52.33	39.11	28.94	23.62	17.48	135.13	68.80	196.40
NPK	6.15	1.94	1.45	59.14	44.20	48.98	36.60	23.74	17.75	133.81	66.54	201.09
M1＋NPK	9.06	1.58	1.13	72.84	52.20	43.98	31.52	21.13	15.14	139.52	66.92	208.48
1.5（M1＋NPK）	18.51	2.66	1.67	76.49	48.06	56.52	35.51	23.48	14.76	159.15	77.57	205.18
S＋NPK	2.74	3.61	3.29	52.57	47.98	34.69	31.66	18.69	17.06	109.56	51.10	214.41
M1＋NPK 种植方式 2	18.12	2.92	2.15	62.90	46.32	50.68	37.32	19.29	14.21	135.79	58.43	232.40
M2＋NPK	17.37	3.32	2.29	71.40	49.37	48.15	33.29	21.76	15.04	144.62	60.29	239.88
平均值	7.66	2.31	1.93	60.77	50.69	38.15	31.82	18.65	15.56	119.89	56.39	212.61

表 3　黑土 40～60cm 土层土壤有机磷组分含量及其比例

处　理	Olsenp (mg/kg)	活性有机磷 LOP 含　量 (mg/kg)	活性有机磷 LOP %	中活性有机磷 MLOP 含　量 (mg/kg)	中活性有机磷 MLOP %	中稳性有机磷 MROP 含　量 (mg/kg)	中稳性有机磷 MROP %	高稳性有机磷 HROP 含　量 (mg/kg)	高稳性有机磷 HROP %	有机磷总和 TOP 含　量 (mg/kg)	有机磷总和 TOP TOP/TP (%)	全磷 TP (mg/kg)
休　闲	1.99	1.86	2.84	39.11	59.59	13.03	19.85	11.63	17.72	65.63	31.65	207.34
CK	1.50	2.36	3.76	41.96	66.99	10.09	16.11	8.23	13.14	62.63	30.91	202.60
N	1.17	2.18	4.30	30.06	59.20	8.86	17.46	9.67	19.04	50.77	26.51	191.51
NP	4.09	2.69	3.12	51.24	59.41	18.52	21.47	13.79	15.99	86.24	43.15	199.85
NK	2.26	1.41	1.86	48.86	64.63	15.84	20.94	9.50	12.57	75.61	41.21	183.48
PK	3.64	1.25	1.34	54.52	58.40	21.86	23.41	15.73	16.85	93.35	50.02	186.65
NPK	3.16	1.32	1.02	64.87	50.12	41.38	31.97	21.85	16.89	129.42	63.41	204.11
M1+NPK	2.29	1.25	1.30	57.05	59.03	26.62	27.54	11.73	12.14	96.66	53.86	179.46
1.5（M1+NPK）	12.26	2.95	2.51	60.29	51.35	42.59	36.27	11.59	9.87	117.43	65.84	178.36
S+NPK	1.35	3.47	4.51	48.80	63.43	13.41	17.43	11.25	14.62	76.93	40.48	190.06
M1+NPK 种植方式 2	7.21	3.64	3.37	56.06	51.87	35.06	32.44	13.33	12.33	108.09	53.84	200.74
M2+NPK	3.04	3.69	5.79	41.43	65.01	8.33	13.07	10.28	16.13	63.73	35.59	179.08
平均值	3.66	2.34	2.73	49.52	57.89	21.30	24.90	12.38	14.47	85.54	44.57	191.94

表 4　黑土 60～80cm 土层土壤有机磷组分含量及其比例

处　理	Olsenp (mg/kg)	活性有机磷 LOP 含　量 (mg/kg)	活性有机磷 LOP %	中活性有机磷 MLOP 含　量 (mg/kg)	中活性有机磷 MLOP %	中稳性有机磷 MROP 含　量 (mg/kg)	中稳性有机磷 MROP %	高稳性有机磷 HROP 含　量 (mg/kg)	高稳性有机磷 HROP %	有机磷总和 TOP 含　量 (mg/kg)	有机磷总和 TOP TOP/TP (%)	全磷 TP (mg/kg)
休　闲	2.60	1.89	2.40	53.85	68.31	13.57	17.22	9.52	12.07	78.83	35.47	222.21
CK	1.04	2.24	3.78	37.64	63.52	11.55	19.50	7.82	13.20	59.25	30.01	197.47
N	1.59	1.43	2.89	33.52	67.58	5.57	11.23	9.08	18.30	49.60	25.30	196.06
NP	3.42	2.07	3.30	43.53	69.40	8.55	13.64	8.57	13.66	62.72	31.79	197.27
NK	3.63	0.95	1.20	60.79	76.77	10.42	13.16	7.03	8.88	79.18	41.41	191.23
PK	4.40	0.62	0.65	66.14	69.30	17.95	18.81	10.73	11.25	95.44	50.04	190.73
NPK	5.36	1.31	1.60	43.05	52.62	21.97	26.86	15.48	18.92	81.81	41.77	195.87
M1+NPK	4.16	1.00	1.16	45.81	53.09	29.84	34.58	9.63	11.16	86.28	44.08	195.71
1.5（M1+NPK）	4.63	3.27	2.78	69.14	58.69	35.87	30.45	9.53	8.09	117.80	65.00	181.23
S+NPK	1.37	2.43	3.49	45.81	65.85	10.68	15.36	10.65	15.31	69.56	36.30	191.65
M1+NPK 种植方式 2	4.16	1.88	2.02	56.92	61.12	23.04	24.74	11.28	12.11	93.13	47.60	195.63
M2+NPK	2.25	1.81	3.82	35.56	75.08	2.79	5.89	7.21	15.21	47.36	25.51	185.68
平均值	3.22	1.74	2.27	49.31	64.25	15.98	20.83	9.71	12.65	76.75	39.34	195.06

表5　黑土 80～100cm 土层土壤有机磷组分含量及其比例

处　理	Olsenp (mg/kg)	活性有机磷 LOP 含　量 (mg/kg)	活性有机磷 LOP %	中活性有机磷 MLOP 含　量 (mg/kg)	中活性有机磷 MLOP %	中稳性有机磷 MROP 含　量 (mg/kg)	中稳性有机磷 MROP %	高稳性有机磷 HROP 含　量 (mg/kg)	高稳性有机磷 HROP %	有机磷总和 TOP 含　量 (mg/kg)	有机磷总和 TOP TOP/TP (%)	全磷 TP (mg/kg)
休　闲	2.69	1.94	2.43	55.69	69.85	11.73	14.71	10.37	13.01	79.72	37.53	212.40
CK	2.05	1.46	2.68	34.77	63.55	9.21	16.83	9.27	16.94	54.71	30.61	178.72
N	1.59	1.06	2.45	29.82	68.65	4.05	9.32	8.51	19.58	43.44	23.07	188.32
NP	3.29	2.73	4.23	40.68	63.13	11.76	18.25	9.28	14.40	64.45	34.00	189.56
NK	5.04	1.32	1.49	61.52	69.69	14.28	16.17	11.17	12.65	88.28	46.91	188.18
PK	4.67	0.98	1.03	68.36	71.60	15.06	15.77	11.07	11.60	95.48	50.07	190.69
NPK	8.45	0.95	1.24	51.73	67.50	12.85	16.77	11.11	14.49	76.63	38.30	200.06
M1＋NPK	7.64	1.29	1.38	51.91	55.54	30.02	32.12	10.25	10.97	93.47	42.82	218.26
1.5（M1＋NPK）	6.10	2.12	1.94	64.95	59.67	31.45	28.90	10.33	9.49	108.85	55.75	195.24
S＋NPK	1.67	1.94	3.07	39.90	63.16	9.84	15.57	11.49	18.19	63.17	30.46	207.37
M1＋NPK 种植方式 2	4.71	3.27	3.91	37.37	44.70	32.89	39.35	10.06	12.04	83.60	44.04	189.84
M2＋NPK	3.07	2.55	5.34	35.17	73.73	2.67	5.60	7.31	15.33	47.70	27.03	176.51
平均值	4.25	1.80	2.40	47.66	63.58	15.48	20.66	10.02	13.37	74.96	38.52	194.60

耕层以下各土层中，有机磷各组分中含量最高的依然是中活性有机磷，在各土层中分别占有机磷的 50.69%、57.89%、64.25%、63.58%，占土壤有机磷的一半以上，其次是中稳性有机磷与高稳性有机磷，含量最低的是活性有机磷，在各土层中约占有机磷的 1.93%、2.73%、2.27%、2.4%。因此，各层土壤有机磷各组分的含量顺序为：中活性有机磷＞中稳性有机磷＞高稳性有机磷＞活性有机磷。

与休闲土壤相比，耕作与种植作物后 20～40cm 土层土壤全磷、有机磷含量及比例均有所增加，40cm 以下均不同程度地低于休闲土壤，而且随土层加深差距越大；20～60cm 土层中活性有机磷比例明显高于未开垦土壤，中稳性有机磷比例明显下降；但在 60～100cm 土层中情况正好相反，活性有机磷比例明显低于未开垦土壤，中稳性有机磷比例明显升高。说明耕作与种植作物后土壤无机磷与有机磷、有机磷各组分之间发生了转化与分配，耕作后使土壤磷素向活性高的方向转变，并且其影响深度达到 60cm。

化肥与有机肥混施处理在土壤全磷、有机磷总量、活性、中稳性有机磷含量等方面在各土层均不同程度地高于化肥处理，中活性有机磷含量在较上面的土层中含量也高于化肥处理，在较深土层中则基本没有差异，其比例一般等于或低于化肥处理；中稳性有机磷比例在各土层中也高于化肥处理；高稳性有机磷比例在 20～40cm 土层基本没有差异，40cm 以下则明显降低；而且化肥处理和混施处理与对照相比各方面差异也很大。这说明不同处理对土壤磷素的组成与分布有不同的作用，有机无机混施处理可明显提高土壤有机磷的比例，有机磷中活性较高的组分含量比例也较高，对于维持土壤磷素的养分供应，提高土壤磷素肥力有非常重要的作用。

与 NPK 处理相比，NPK＋M1 处理在 20～60cm 土层虽全磷和有机磷含量有一些变化，但中活性有机磷的比例明显提高，而中稳性有机磷的比例明显下降；在 60～100cm 土层中活性有机磷比例由基本与 NPK 处理相等到明显降低，中稳性有机磷比例则明显高于 NPK 处理，高稳性有机磷的比例在 20～100cm 土层中始终低于 NPK 处理。增施有机肥（NPK+M2）处理后土壤有机磷在全磷中占的比例在各层中均降低，中活性有机磷比例除在 20～40cm 土层稍有降低外，在 40cm 以下土层中均明显增加；中稳性有机磷比例又刚好相反，除在 20～40cm 土层略有增加外，在其下的土层均明显降低；高稳性有机磷的比例分布规律基本与中活性有机磷相同。这说明 NPK 化肥与有机肥的施用比例对土壤有机磷的比例及组成均有很大的影响，并且在土壤不同层次影响效果不同。

在 NPK+M1 施肥处理下，种植方式 2 在 0～60cm 土层中土壤全磷比种植方式 1 高，有机磷的比例也由较低变为相等，在 60～100cm 土层，土壤全磷由相等变为较低，有机磷的比例略高于 NPK+M1 处理；除 60～80cm 土层外其余各层土壤中活性有机磷比例明显低于种植方式 1，中稳性有机磷比例明显高于方式 1，高稳性有机磷比例在各层基本相等。说明种植方式对耕层以下土壤磷素的组成与分布也有重要影响。

（二）长期施肥对黑土剖面土壤有机磷组成与分布的影响

1. 长期施肥对土壤剖面各层次全磷含量的影响 从表 6 与表 7 可以看出，剖面土壤全磷含量呈现由耕层向下快速下降，随后基本平稳的分布规律。

表 6 黑土全磷与速效磷含量的剖面分布

项 目	土 层 (cm)	休 闲	CK	N	NP	NK	PK	NPK	M1+NPK	1.5 (M1+NPK)	S+NPK	M1+NPK 种植方式 2	M2+NPK
全磷 TP (mg/kg)	0～20	260.67	247.31	227.88	269.42	228.28	300.42	282.06	301.03	314.57	271.24	327.61	368.75
	20～40	212.82	223.09	219.86	210.30	187.40	196.40	201.09	208.48	205.18	214.41	232.40	239.88
	40～60	207.34	202.60	191.51	199.85	183.48	186.65	204.11	179.46	178.36	190.06	200.74	179.08
	60～80	222.21	197.47	196.06	197.27	191.23	190.73	195.87	195.71	181.23	191.65	195.63	185.68
	80～100	212.40	178.72	188.32	189.56	188.18	190.69	200.06	218.26	195.24	207.37	189.84	176.51
Olsenp (mg/kg)	0～20	6.80	5.57	2.41	33.47	7.46	40.85	32.40	40.84	68.96	18.89	66.14	80.23
	20～40	2.14	3.13	1.51	5.91	3.97	3.28	6.15	9.06	18.51	2.74	18.12	17.37
	40～60	1.99	1.50	1.17	4.09	2.26	3.64	3.16	2.29	12.26	1.35	7.21	3.04
	60～80	2.60	1.04	1.59	3.42	3.63	4.40	5.36	4.16	4.63	1.37	4.16	2.25
	80～100	2.69	2.05	1.59	3.29	5.04	4.67	8.45	7.64	6.10	1.67	4.71	3.07

表 7 黑土有机磷及其比例的剖面分布

项 目	土 层 (cm)	休 闲	CK	N	NP	NK	PK	NPK	M1+NPK	1.5 (M1+NPK)	S+NPK	M1+NPK 种植方式 2	M2+NPK
总有机磷 TOP (mg/kg)	0～20	151.53	155.75	139.94	181.29	170.66	196.81	187.35	203.71	210.23	190.10	188.06	206.78
	20～40	79.73	89.74	81.25	129.57	100.82	135.13	133.81	139.52	159.15	109.56	135.79	144.62
	40～60	65.63	62.63	50.77	86.24	75.61	93.35	129.42	96.66	117.43	76.93	108.09	63.73
	60～80	78.83	59.25	49.60	62.72	79.18	95.44	81.81	86.28	117.80	69.56	93.13	47.36
	80～100	79.72	54.71	43.44	64.45	88.28	95.48	76.63	93.47	108.85	63.17	83.60	47.70

（续）

项　目	土　层（cm）	休　闲	CK	N	NP	NK	PK	NPK	M1+NPK	1.5（M1+NPK）	S+NPK	M1+NPK种植方式2	M2+NPK
TOP/TP（%）	0～20	58.13	62.98	61.41	67.29	74.76	65.51	66.42	67.67	66.83	70.08	57.40	56.08
	20～40	37.46	40.23	36.96	61.61	53.80	68.80	66.54	66.92	77.57	51.10	58.43	60.29
	40～60	31.65	30.91	26.51	43.15	41.21	50.02	63.41	53.86	65.84	40.48	53.84	35.59
	60～80	35.47	30.01	25.30	31.79	41.41	50.04	41.77	44.08	65.00	36.30	47.60	25.51
	80～100	37.53	30.61	23.07	34.00	46.91	50.07	38.30	42.82	55.75	30.46	44.04	27.03

在耕层，除了N、NK两个不施磷肥的处理外，其余施P处理全磷含量均明显高于对照处理，在耕层以下的土壤中，除了NPK+M2、NPK+M1（种植方式2）在20～40cm土层，其余处理在80cm以上土层的全磷含量均不同程度地低于对照，说明磷素在土壤中的迁移距离很少，施肥对土壤全磷含量的增加作用基本仅限于耕层土壤，耕层以下影响不大。NPK化肥有机肥混施处理40cm以上土壤全磷含量高于化肥处理，40～60cm土层NPK处理全磷含量高于所有有机无机混施处理，60cm以下土层NPK处理与有机无机混施处理差别不大。耕作与种植作物处理（对照）土壤全磷含量在60cm以上与休闲土壤相差不大，但在60～100cm土层比休闲土壤明显降低。

有机磷含量在剖面上也显示出耕层含量最高，随着剖面加深而递减的现象，但由耕层向下减少较快，在土壤剖面深层有机磷含量变化幅度不大，有的处理基本平衡。有机磷占全磷的比例也随着剖面的加深而递减，表明随着剖面加深有机磷的减少幅度更大。化肥有机肥混施处理各层土壤的有机磷平均含量均不同程度地高于单施化肥处理，而且耕层以下土壤有机磷的比例也升高，不过耕层土壤有机磷的比例反而有所减少，说明耕层土壤的特殊环境使土壤有机磷容易转化分解。各处理不同土层有机磷含量及其比例均高于对照处理，但全磷含量除了耕层高于对照外，耕层以下土壤全磷含量并没有增加，说明施肥会影响土壤中磷在无机与有机形态之间的转化，增加有机磷的含量比例。

与休闲土壤相比，耕作与种植作物后除20～40cm土层土壤全磷含量略高外，其余土层包括耕层都不同程度地低于休闲土壤，40cm深度以上土壤有机磷含量与比例高于休闲处理，40cm以下土壤有机磷含量及其比例则不同程度地低于休闲处理。表明耕作与种植作物处理促进了耕层或者说上层土壤中磷素的形态分布与转化。

单施N处理各层土壤中全磷、有机磷总量、有机磷的比例都不同程度地低于对照处理或基本持平，表明长期施N不施P加剧了土壤中磷素的缺乏，尤其是由于有机磷的分解转化，有机磷缺乏症更严重。NK处理也是不施用P肥的处理，其剖面土壤中全磷含量明显低于对照，但是有机磷含量与比例却明显高于对照，说明NK处理能使土壤无机磷向有机磷形态转化。其余处理也表现出了能影响土壤磷素转化的能力，只是影响的土壤深度有所不同。

2. 长期施肥对剖面土壤活性磷组成与分布的影响　从表8可以看出，土壤活性有机磷含量也有随土壤剖面加深而递减的趋势，并且由耕层向下减少较快，而后逐渐趋缓，其比例在剖面上没有明显的分布规律。

表 8　黑土活性有机磷及其比例的剖面分布

项　目	土　层 (cm)	休　闲	CK	N	NP	NK	PK	NPK	M1+NPK	1.5 (M1+NPK)	S+NPK	M1+NPK 种植方式 2	M2+NPK
活性有机磷 LOP (mg/kg)	0～20	4.18	3.09	2.76	3.39	3.57	3.57	2.98	3.46	2.48	4.75	3.58	4.76
	20～40	1.67	2.45	2.26	2.66	1.02	1.69	1.94	1.58	2.66	3.61	2.92	3.32
	40～60	1.86	2.36	2.18	2.69	1.41	1.25	1.32	1.25	2.95	3.47	3.64	3.69
	60～80	1.89	2.24	1.43	2.07	0.95	0.62	1.31	1.00	3.27	2.43	1.88	1.81
	80～100	1.94	1.46	1.06	2.73	1.32	0.98	0.95	1.29	2.12	1.94	3.27	2.55
LOP/TOP (%)	0～20	2.76	1.99	1.97	1.87	2.09	1.82	1.59	1.70	1.18	2.50	1.91	2.30
	20～40	2.10	2.73	2.79	2.05	1.01	1.25	1.45	1.13	1.67	3.29	2.15	2.29
	40～60	2.84	3.76	4.30	3.12	1.86	1.34	1.02	1.30	2.51	4.51	3.37	5.79
	60～80	2.40	3.78	2.89	3.30	1.20	0.65	1.60	1.16	2.78	3.49	2.02	3.82
	80～100	2.43	2.68	2.45	4.23	1.49	1.03	1.24	1.38	1.94	3.07	3.91	5.34

因为土壤中活性有机磷含量测试值太低，容易受误差干扰，测试时操作难度太大，故不易对其进行分析，下同。

3. 长期施肥对剖面土壤中活性磷组成与分布的影响　从表 9 可以看出，土壤中活性有机磷以耕层含量最高，并随剖面加深不断降低，不过降低的幅度不断减小，60cm 以下渐趋平稳，但其比例却随土壤剖面加深缓慢升高。

表 9　黑土中活性有机磷及其比例的剖面分布

项　目	土　层 (cm)	休　闲	CK	N	NP	NK	PK	NPK	M1+NPK	1.5 (M1+NPK)	S+NPK	M1+NPK 种植方式 2	M2+NPK
中活性有机磷 MLOP (mg/kg)	0～20	84.17	97.46	77.20	94.90	90.05	104.41	86.30	105.44	96.92	95.47	92.29	106.80
	20～40	43.39	54.15	40.06	69.07	56.51	70.72	59.14	72.84	76.49	52.57	62.90	71.40
	40～60	39.11	41.96	30.06	51.24	48.86	54.52	64.87	57.05	60.29	48.80	56.06	41.43
	60～80	53.85	37.64	33.52	43.53	60.79	66.14	43.05	45.81	69.14	45.81	56.92	35.56
	80～100	55.69	34.77	29.82	40.68	61.52	68.36	51.73	51.91	64.95	39.90	37.37	35.17
MLOP/TOP (%)	0～20	55.55	62.58	55.17	52.35	52.76	53.05	46.07	51.76	46.10	50.22	49.07	51.65
	20～40	54.42	60.34	49.30	53.31	56.05	52.33	44.20	52.20	48.06	47.98	46.32	49.37
	40～60	59.59	66.99	59.20	59.41	64.63	58.40	50.12	59.03	51.35	63.43	51.87	65.01
	60～80	68.31	63.52	67.58	69.40	76.77	69.30	52.62	53.09	58.69	65.85	61.12	75.08
	80～100	69.85	63.55	68.65	63.13	69.69	71.60	67.50	55.54	59.67	63.16	44.70	73.73

与单施化肥相比，化肥有机肥混施处理耕层土壤中活性有机磷含量明显较高，并且随着土壤剖面的加深不断降低，但是其降低的速度高于化肥处理，以致在较深的土层与化肥处理相差不多甚至还低于化肥处理，但其比例却自耕层向下一直低于化肥处理，并且越向下延伸，这一差别越大。说明施用有机肥影响了土壤有机磷在各组分之间的含量分布，并且有机肥的培肥地力主要作用在靠近耕层的土壤，在土壤深层其作用不大。

休闲土壤耕层中活性有机磷含量最高，然后下降，在 60cm 土层以下含量又有所上升，其比例却随土壤剖面加深而不断增加。与休闲土壤相比，耕作与种植作物后土壤中活性有机磷含量随土壤剖面加深不断降低，而其比例却基本保持稳定。在60cm以上土壤中活性有机磷含量不同程度地高于休闲土壤，60cm以下其含量低于休闲土壤，比例也表现出了相同的分布规律。说明耕作活动与种植作物影响了土壤有机磷的剖面分布，其影响深度达到了60cm。

单施N肥剖面土壤中活性有机磷含量低于对照处理，比例在60cm以上低于对照，但在60cm以下则略高于对照处理，说明不施用P肥的N处理使60cm以上土层土壤中活性有机磷耗竭，表明其影响深度大约到60cm。增施P肥（NP处理）、K肥（NK处理）使各层土壤中活性有机磷含量有不同程度地提高，在耕层以下已经超过对照处理，但是其比例并没有增加，在60cm以上土层均明显低于对照；NK处理在60cm以上土壤中中活性有机磷含量低于NP处理；PK处理各层土壤中活性有机磷含量均高于对照，但其比例也在60cm以上低于对照；这说明这些处理对土壤有机磷的组分含量的影响主要发生在60cm以上的土层中。NPK处理各层土壤中活性有机磷含量不同程度地低于PK处理，比例也有明显的降低，并且影响到80cm，说明N、P协同作用明显，N的施用会增加作物对土壤磷素的吸收，更多的中活性有机磷被转化或吸收。

与NPK处理相比，增施有机肥40cm以上土壤中活性有机磷含量增加，深层土壤相差不大，其比例在60cm以上土层也都高于NPK处理；增加有机肥施用量（NPK+M2）后与NPK+M1相比可以看到，40cm以上土层中活性有机磷含量没有增加，40cm以下含量则有较大幅度的下降，但40cm以上土壤中活性有机磷比例基本没有变化，40cm以下其比例则有较大幅度的上升，说明施用有机肥能提高土壤中活性有机磷的比例，但主要影响60cm以上的土层，施用高量有机肥后土壤有机磷包括中活性有机磷向下层移动减缓，可能是与有机质的保肥能力有关。

NPK+M1处理中，种植方式2在40cm以上土壤中活性有机磷含量低于方式1，比例分布规律相同，说明不同种植方式对土壤有机磷的组分转化的影响主要出现在40cm以上的土壤中。

4. 长期施肥对剖面土壤中稳性磷组成与分布的影响　从表10可以看出，土壤中稳性有机磷含量在耕层最高，然后随土壤剖面加深不断下降，但下降速度趋缓，多数处理比例整体也有随剖面加深而下降的趋势，但处理之间差异较大。

表10　黑土中稳性有机磷及其比例的剖面分布

项　目	土　层（cm）	休　闲	CK	N	NP	NK	PK	NPK	M1+NPK	1.5（M1+NPK）	S+NPK	M1+NPK种植方式2	M2+NPK
中稳性有机磷MROP（mg/kg）	0～20	48.68	36.23	44.33	57.68	60.32	58.46	65.39	61.38	70.24	61.12	63.78	65.61
	20～40	21.81	18.26	25.34	39.69	30.64	39.11	48.98	43.98	56.52	34.69	50.68	48.15
	40～60	13.03	10.09	8.86	18.52	15.84	21.86	41.38	26.62	42.59	13.41	35.06	8.33
	60～80	13.57	11.55	5.57	8.55	10.42	17.95	21.97	29.84	35.87	10.68	23.04	2.79
	80～100	11.73	9.21	4.05	11.76	14.28	15.06	12.85	30.02	31.45	9.84	32.89	2.67
MROP/TOP（%）	0～20	32.13	23.26	31.68	31.82	35.34	29.70	34.90	30.13	33.41	32.15	33.92	31.73
	20～40	27.35	20.34	31.19	30.63	30.39	28.94	36.60	31.52	35.51	31.66	37.32	33.29
	40～60	19.85	16.11	17.46	21.47	20.94	23.41	31.97	27.54	36.27	17.43	32.44	13.07
	60～80	17.22	19.50	11.23	13.64	13.16	18.81	26.86	34.58	30.45	15.36	24.74	5.89
	80～100	14.71	16.83	9.32	18.25	16.17	15.77	16.77	32.12	28.90	15.57	39.35	5.60

与休闲土壤相比，耕作后土壤剖面各层中稳性有机磷含量不同程度地降低，其比例在60cm土层以上也较低，以下则较休闲处理高。说明耕作与种植作物后土壤磷素的亏缺也会引起中稳性有机磷的分解转化。

与单施化肥的处理相比，化肥有机肥混施处理土壤剖面各层中稳性有机磷含量均不同程度地增高，其比例在耕层基本相等，耕层以下逐渐高于化肥处理，但化肥有机肥混施处理其比例下降速度较化肥处理慢。所以，随剖面加深差距越来越大。这说明化肥处理与化肥有机肥混施处理对土壤剖面有机磷组成的影响作用不同，这可能也是施用有机肥能较大的提高土壤肥力，改善土壤结构的原因之一。

各肥料处理自耕层到40cm中稳性有机磷含量均明显高于对照处理，在40cm以下土壤中，各处理表现各有不同，体现了不同施肥处理对土壤有机磷组成转化影响的深度不同。相比较而言，单施化肥处理对土壤有机磷含量分布与转化的影响较浅，一般达到60cm深，而施用有机肥处理影响相对较深，部分处理可达到1米深。值得注意的是，NPK＋秸秆处理只增加了60cm以上土壤的中稳性有机磷含量，而NPK＋M2处理则只影响到40cm深度。

5. 长期施肥对剖面土壤高稳性磷组成与分布的影响 从表11所示可知，土壤高稳性有机磷含量在耕层最高，随土壤剖面加深而逐渐降低，最后渐趋平缓；而其比例在剖面土壤中没有明显的分布规律。

表11 黑土高稳性有机磷及其比例的剖面分布

项 目	土 层 (cm)	休 闲	CK	N	NP	NK	PK	NPK	M1＋NPK	1.5 (M1＋NPK)	S＋NPK	M1＋NPK 种植方式2	M2＋NPK
高稳性 HROP (mg/kg)	0～20	14.50	18.96	15.65	25.32	16.73	30.36	32.68	33.44	40.58	28.76	28.40	29.61
	20～40	12.86	14.89	13.59	18.16	12.64	23.62	23.74	21.13	23.48	18.69	19.29	21.76
	40～60	11.63	8.23	9.67	13.79	9.50	15.73	21.85	11.73	11.59	11.25	13.33	10.28
	60～80	9.52	7.82	9.08	8.57	7.03	10.73	15.48	9.63	9.53	10.65	11.28	7.21
	80～100	10.37	9.27	8.51	9.28	11.17	11.07	11.11	10.25	10.33	11.49	10.06	7.31
高稳性 HROP/TOP (%)	0～20	9.57	12.17	11.18	13.97	9.80	15.43	17.44	16.41	19.30	15.13	15.10	14.32
	20～40	16.13	16.59	16.72	14.01	12.54	17.48	17.75	15.14	14.76	17.06	14.21	15.04
	40～60	17.72	13.14	19.04	15.99	12.57	16.85	16.89	12.14	9.87	14.62	12.33	16.13
	60～80	12.07	13.20	18.30	13.66	8.88	11.25	18.92	11.16	8.09	15.31	12.11	15.21
	80～100	13.01	16.94	19.58	14.40	12.65	11.60	14.49	10.97	9.49	18.19	12.04	15.33

与休闲土壤相比，对照处理耕层土壤高稳性有机磷含量升高，耕层以下变化不大，其比例分布规律相同。说明耕作活动与种植作物对耕层以下的有机磷分布影响不大。

NPK化肥与有机肥混施处理土壤高稳性有机磷平均含量在40cm以上土层比单施化肥处理高，但随土壤剖面加深其含量下降较快，在40cm以下则较化肥处理低，其比例也表现出了相同的分布规律。说明施用有机肥能影响高稳性有机磷在剖面上的含量分布，某种程度上有利于其向其他形态有机磷转化。

不同施肥处理对剖面上高稳性有机磷分布的影响结果与深度不同。N、NK两个不施P肥的处理土壤各层高稳性有机磷含量均低于对照，NP、NPK＋M2处理60cm以上土壤的高稳性有机磷含量高于对照处理，其余处理在各层土壤中的含量均不同程度地高于对照处理，比例除在耕层差异较大外，耕层以下差异不大，各处理表现各有不同。

（三）小结

1. 定位试验10年后黑土40cm土层以上土壤磷素中大部分以有机磷形态存在，土壤有机磷的平均比例为56.4%～64.2%，在40cm以下主要以无机磷形态存在，整体上有机磷含量及其占土壤全磷的比例随土壤剖面的加深而递减。

2. 黑土各层土壤中有机磷各组分的含量顺序为：中活性有机磷>中稳性有机磷>高稳性有机磷>活性有机磷。

3. 黑土土壤活性有机磷含量在剖面上随土层加深而减少，在土壤深层逐渐趋于平缓，其比例基本没有明显的分布规律。

4. 黑土土壤中活性有机磷含量随剖面加深而不断减少，在深层土壤逐渐趋于平缓，其比例却随土壤剖面加深而缓慢升高。

5. 黑土土壤中稳性有机磷含量随剖面加深而不断减少，在深层土壤逐渐趋于平缓，其比例整体上随土壤剖面加深而缓慢下降，但各处理间有差异。

6. 黑土土壤高稳性有机磷含量在剖面上随土层加深而减少，在土壤深层逐渐趋于平缓，其比例基本没有明显的分布规律。

7. 不同种植方式对土壤磷素在无机与有机形态之间的分布、有机磷各组分的分布与转化有一定的作用，玉米与大豆轮作使上层尤其是耕层土壤的有机磷比例降低，并且中活性有机磷的比例也有所降低。

二、长期施肥对褐潮土有机磷组成与分布的影响

（一）长期施肥对褐潮土各层土壤有机磷组成与分布的影响

1. 长期施肥对耕层土壤有机磷组成与分布的影响　从表12可以看出，褐潮土耕层土壤全磷平均含量约为400mg/kg，各处理变化范围为307.23～660mg/kg，其中有机磷的平均含量约为176.08mg/kg，约占土壤全磷的43.98%，大部分磷素以无机形态存在。在4种有机磷形态中，含量最高的是中活性有机磷，平均含量为129.33mg/kg，占土壤有机磷含量的73.45%，其次分别是中稳性有机磷与高稳性有机磷，平均含量分别为26.7mg/kg与17.54mg/kg，占有机磷的15.16%与9.96%，含量最低的是活性有机磷，平均含量2.5mg/kg，占有机磷的1.42%。因此，褐潮土耕层土壤中各形态有机磷的含量顺序为：中活性有机磷>中稳性有机磷>高稳性有机磷>活性有机磷。

表12　褐潮土耕层土壤有机磷组分含量及其比例

处理	Olsenp	活性有机磷 LOP		中活性有机磷 MLOP		中稳性有机磷 MROP		高稳性有机磷 HROP		有机磷总和 TOP		全磷 TP
	(mg/kg)	含量 (mg/kg)	%	含量 (mg/kg)	%	含量 (mg/kg)	%	含量 (mg/kg)	%	含量 (mg/kg)	TOP/TP (%)	(mg/kg)
休闲	4.43	1.84	1.49	78.13	63.01	24.70	19.92	19.33	15.59	124.00	40.04	309.66
CK	1.93	1.38	1.20	73.73	63.75	20.64	17.85	19.89	17.20	115.65	37.64	307.23
N	1.87	0.56	0.50	68.04	60.62	26.61	23.71	17.02	15.17	112.24	36.33	308.94

（续）

处理	Olsenp	活性有机磷 LOP		中活性有机磷 MLOP		中稳性有机磷 MROP		高稳性有机磷 HROP		有机磷总和 TOP		全磷 TP
	(mg/kg)	含量 (mg/kg)	%	含量 (mg/kg)	%	含量 (mg/kg)	%	含量 (mg/kg)	%	含量 (mg/kg)	TOP/TP (%)	(mg/kg)
NP	16.17	1.76	1.18	101.79	67.89	25.98	17.33	20.39	13.60	149.93	42.82	350.17
NK	1.79	0.84	0.76	76.97	69.87	23.15	21.01	9.21	8.36	110.17	34.78	316.74
PK	28.35	0.99	0.60	130.10	78.98	18.59	11.29	15.05	9.14	164.73	40.54	406.35
NPK	22.80	1.10	0.55	163.99	82.05	21.64	10.83	13.13	6.57	199.86	54.52	366.61
M+NPK	50.40	6.20	2.80	177.14	80.07	22.83	10.32	15.07	6.81	221.23	41.64	531.26
1.5M+NPK	69.30	10.48	3.04	284.76	82.69	30.82	8.95	18.33	5.32	344.38	52.18	660.00
S+NPK	19.43	2.77	1.63	119.69	70.55	33.35	19.66	13.84	8.16	169.65	45.63	371.79
NPK 种植方式 2	19.90	1.20	0.73	118.44	72.12	28.71	17.48	15.88	9.67	164.23	41.02	400.38
NPK（节水）	23.19	1.96	0.95	142.89	69.50	40.59	19.74	20.16	9.80	205.60	51.66	398.02
$N_{过}$ PK	25.27	1.47	0.71	145.67	70.26	29.46	14.21	30.72	14.82	207.32	43.47	476.93
平均值	21.91	2.50	1.42	129.33	73.45	26.70	15.16	17.54	9.96	176.08	43.98	400.31

与休闲土壤相比，对照处理耕层土壤全磷基本没有变化，但是速效磷、有机磷总量、中活性与中稳性有机磷含量均有一定地降低，说明由于作物的吸收使土壤速效磷亏缺，活性较高的土壤有机磷转化分解以维持磷素平衡，供作物吸收利用。

在化肥处理中，没有施用 P 肥的 N、NK 处理耕层土壤全磷、有机磷总量、有机磷各组分含量都与对照相差不大，除 N、NK 之外的所有施 P 处理耕层土壤中全磷、有机磷总量、中活性有机磷、速效磷含量均高于对照处理；在中稳性有机磷含量上各处理表现稍有不同，除 PK 处理略低于对照外，其他处理包括 N、NK 处理中稳性有机磷含量均高于对照处理；而除了 $N_{过}$ PK 处理外，各处理高稳性有机磷含量均不同程度地低于或等于对照。说明不同肥料处理对耕层土壤无机磷与有机磷之间的组成、有机磷各形态之间的分布转化影响不同。总的来说，施肥降低了活性较低的高稳性有机磷的比例，相应提高了有效性较高的中活性与中稳性有机磷的比例。与单施化肥相比，施用有机肥的处理土壤平均全磷、有机磷总量、速效磷、活性有机磷、中活性有机磷、中稳性有机磷含量均较高，除中稳性有机磷外，其比例也有不同程度地提高，只有高稳性有机磷含量及其比例低于化肥处理。说明施用有机肥后不仅增加了褐潮土耕层土壤的全磷含量，还改变了磷素在无机形态与有机形态、有机磷各组分之间的组成分布，减少了磷素在土壤中的固定，使土壤有机磷向对植物有效的形态转化。

从 N 与 NP、NK 与 NPK 比较可知，增施 P 肥土壤全磷、有机磷总量、中活性有机磷、高稳性有机磷、速效磷含量均明显提高，中稳性有机磷、无机磷含量降低或基本相等，尤其对于 NPK 处理，增施 P 肥后有机磷含量增加幅度大于全磷增加幅度，其中主要归因于中活性有机磷的大幅增加，土壤有机磷的植物有效性明显提高。

在常量 NPK 施肥条件下，增施常量有机肥（M+NPK）土壤全磷、有机磷总量、各形态有机磷、速效磷含量均有不同程度地提高，无机磷的比例也大幅提高；施用高量有机肥（1.5M+NPK）后与 M+NPK 相比，土壤全磷、有机磷总量、各形态有机磷、速效磷含量均有所增加，其中有机磷、中活性有机磷比例也有一定地增加，无机磷比例相应减少。说明在化肥施用基础上增施有机肥会明显增加土壤全磷含量，各有机磷组分的比例变化不大，有机磷的80%以上以中活性有机磷形态存在于土壤中。而如果用秸秆代替有机肥（S+NPK处理），土壤全磷虽稍有增加，有机磷总量及比例却下降较多，其中中活性有机磷比例明显下降，中稳性、高稳性有机磷比例有一定升高。说明秸秆的施用会产生与普通有机肥截然不同的效果，这可能与秸秆比较高的C/N比有关。

对于NPK处理，种植方式2土壤有机磷总量有较大幅度地降低，其中主要是中活性有机磷含量降低造成的，可能是由于小麦与大豆的轮作使土壤氮素投入量增加，由于N、P的协同作用。所以，有效性较高的中活性有机磷发生转化并进而为植物吸收，使土壤有机磷含量下降。NPK节水处理耕层全磷含量增加，有机磷含量基本没有增加而其比例略有下降，但各形态有机磷有一定程度地转化，中活性有机磷比例明显降低，而中稳性、高稳性有机磷比例明显增加，导致土壤有机磷的植物有效性相应降低。可能由于节水后影响了土壤磷素向下层土壤迁移，在耕层土壤相对富集，但引起有机磷组分如此大幅度转化的原因还不清楚。$N_{过}$PK处理土壤磷素的分布转化规律与节水模式基本相同，只是土壤全磷含量明显增加，有机磷比例明显降低，而且有更多的有机磷分布在高稳性有机磷组分中，可能与耕层土壤中较高的氮素浓度有关。

2. 长期施肥对耕层以下土壤有机磷组成与分布的影响　从表13、表14、表15与表16所示可知，耕层以下土壤全磷、有机磷以及各有机磷组分含量分布很多特点与耕层土壤基本相同。土壤全磷含量均低于耕层，平均含量由294.16mg/kg→262.82mg/kg→243.47mg/kg→227.92mg/kg逐渐降低，有机磷在全磷中的比例在33.03%～39.16%之间，土壤磷素主要以无机形态存在；在有机磷各形态组分中，含量最高的是中活性有机磷，含量占有机磷的一半以上，其次是中稳性有机磷与高稳性有机磷，含量最低的是活性有机磷。因此，褐潮土耕层以下土壤各形态有机磷的含量顺序依然为：中活性有机磷＞中稳性有机磷＞高稳性有机磷＞活性有机磷。

与休闲土壤相比，对照在20～40cm土层中土壤全磷、有机磷总量及比例均有所降低，中稳性有机磷含量及其比例明显降低，而中活性有机磷比例明显升高；在40～100cm土层土壤全磷、有机磷含量虽有增减，但差异不大，中活性有机磷比例明显低于未耕作处理，而中稳性有机磷比例明显升高，并且在各层土壤中高稳性有机磷比例对与休闲处理相差不大。说明耕作与种植作物处理同样对土壤有机磷的转化有一定的作用。

各肥料处理在60cm以上土壤全磷平均含量明显高于对照处理，各有机磷组分中，中活性有机磷平均含量在各层都明显高于对照，高稳性有机磷平均含量都明显降低，说明施肥使有机磷向有效性较高的形态转化。与单施化肥相比，化肥有机肥混施处理在耕层以下各层土壤中全磷、有机磷总量、中活性有机磷都没有明显差异，中稳性有机磷含量各有起伏，但高稳性有机磷含量及其比例都低于化肥处理，有机磷的植物有效性相应提高。

将处理N与NP、NK与NPK相比较可知，增施无机磷肥在各层土壤中活性有机磷的比例都升高，而中稳性、高稳性有机磷的比例一般明显降低，对促进土壤有机磷向有效性高的方向转化起了重要的作用。NPK、M+NPK和1.5M+NPK相比结果表明，有机肥施用比例较高时，土壤中活性有机磷比例下降，而中稳性有机磷比例升高，说明有机肥施用量过高时，会有一部分中活性有机磷转化为中稳性有机磷而储存起来，有机磷的植物有效性相应降低。

对于NPK处理，种植方式2与种植方式1相比，20～60cm土层中有机磷比例有一定降低，中活性有机磷比例也明显降低；60～100cm土层中有机磷比例有所升高，各有机磷组分比例较为稳定，在80～100cm土层中活性有机磷有部分向中稳性有机磷转化。说明种植方式2对土壤有机磷组分的转化与分布的影响达到60cm深。NPK节水处理在20～100cm土层中活性有机磷比例均明显降低，中稳性、高稳性有机磷比例有不同程度地升高，有机磷整体向对植物有效性较低的方向转化。增施化肥N（$N_{过}$PK），土壤全磷在20～100cm土层基本与NPK处理相等，但有机磷的比例有不同程度地升高，中稳性、高稳性有机磷比例也有不同程度地升高，表明土壤中氮素的含量不同也会对土壤有机磷的转化与分布产生影响。

表13 褐潮土20～40cm土层土壤有机磷组分含量及其比例

处理	Olsenp (mg/kg)	活性有机磷 LOP		中活性有机磷 MLOP		中稳性有机磷 MROP		高稳性有机磷 HROP		有机磷总和 TOP		全磷TP (mg/kg)
		含量 (mg/kg)	%	含量 (mg/kg)	%	含量 (mg/kg)	%	含量 (mg/kg)	%	含量 (mg/kg)	TOP/TP (%)	
休闲	1.43	1.16	0.89	61.25	47.06	45.49	34.96	22.24	17.09	130.15	45.23	287.75
CK	0.82	0.80	0.87	56.38	61.61	18.69	20.43	15.64	17.09	91.51	35.65	256.66
N	0.67	0.70	0.67	44.68	42.84	37.69	36.14	21.23	20.36	104.30	38.82	268.68
NP	1.55	1.70	1.58	70.07	65.37	20.33	18.97	15.08	14.07	107.19	35.63	300.85
NK	1.46	0.90	0.91	63.93	64.30	21.97	22.10	12.62	12.70	99.43	33.89	293.39
PK	2.30	0.67	0.63	76.51	71.48	14.19	13.26	15.66	14.63	107.03	37.17	287.96
NPK	3.39	1.04	0.90	83.90	72.59	16.96	14.67	13.69	11.85	115.59	38.79	297.98
M+NPK	3.67	2.07	1.84	79.74	71.00	17.68	15.74	12.82	11.42	112.31	37.72	297.73
1.5M+NPK	5.26	2.28	2.05	73.85	66.29	24.18	21.71	11.09	9.96	111.40	36.28	307.09
S+NPK	2.37	2.31	2.32	63.52	63.96	20.65	20.79	12.84	12.93	99.31	33.13	299.78
NPK种植方式2	2.64	1.34	1.19	70.82	62.90	28.10	24.96	12.32	10.94	112.58	35.51	317.08
NPK（节水）	2.70	1.08	0.86	79.63	63.43	28.16	22.43	16.67	13.28	125.55	41.72	300.93
$N_{过}$PK	4.64	1.54	1.11	84.93	61.07	24.59	17.69	27.99	20.13	139.06	45.12	308.23
平均值	2.53	1.35	1.21	69.94	62.47	24.51	21.90	16.15	14.42	111.95	38.06	294.16

表14 褐潮土40～60cm土层土壤有机磷组分含量及其比例

处理	Olsenp (mg/kg)	活性有机磷 LOP		中活性有机磷 MLOP		中稳性有机磷 MROP		高稳性有机磷 HROP		有机磷总和 TOP		全磷TP (mg/kg)
		含量 (mg/kg)	%	含量 (mg/kg)	%	含量 (mg/kg)	%	含量 (mg/kg)	%	含量 (mg/kg)	TOP/TP (%)	
休闲	1.47	0.91	1.05	50.43	58.21	18.24	21.06	17.04	19.67	86.62	38.73	223.64
CK	0.67	0.84	1.03	41.91	51.83	23.71	29.32	14.41	17.82	80.87	37.03	218.41
N	0.35	0.82	1.04	41.27	52.13	21.94	27.71	15.13	19.11	79.15	30.63	258.40
NP	1.14	1.14	1.23	58.88	63.37	18.68	20.10	14.21	15.30	92.90	34.02	273.04
NK	0.75	0.37	0.44	51.74	60.50	20.92	24.46	12.48	14.59	85.52	31.14	274.66
PK	1.05	0.80	0.68	78.59	67.51	19.32	16.60	17.70	15.21	116.41	41.39	281.27
NPK	0.95	1.20	1.11	64.15	59.29	30.47	28.16	12.38	11.44	108.20	40.37	268.00
M+NPK	1.80	1.70	1.83	58.65	63.09	21.04	22.63	11.58	12.46	92.96	34.92	266.19
1.5M+NPK	5.41	1.11	1.09	55.17	53.98	31.85	31.17	14.07	13.76	102.20	36.41	280.66
S+NPK	0.95	1.01	1.07	55.97	59.01	22.29	23.50	15.58	16.43	94.86	35.99	263.55
NPK种植方式2	1.84	1.77	1.84	54.54	56.89	22.97	23.96	16.60	17.31	95.87	35.33	271.36
NPK（节水）	1.87	0.87	0.87	50.25	49.95	30.60	30.42	18.88	18.77	100.60	37.71	266.76
$N_{过}$PK	1.81	1.01	0.89	63.49	55.95	32.91	29.00	16.07	14.16	113.49	41.91	270.76
平均值	1.54	1.04	1.08	55.77	58.02	24.23	25.20	15.09	15.69	96.13	36.58	262.82

表 15　褐潮土 60～80cm 土层土壤有机磷组分含量及其比例

处　理	Olsenp (mg/kg)	活性有机磷 LOP 含　量 (mg/kg)	活性有机磷 LOP %	中活性有机磷 MLOP 含　量 (mg/kg)	中活性有机磷 MLOP %	中稳性有机磷 MROP 含　量 (mg/kg)	中稳性有机磷 MROP %	高稳性有机磷 HROP 含　量 (mg/kg)	高稳性有机磷 HROP %	有机磷总和 TOP 含　量 (mg/kg)	有机磷总和 TOP TOP/TP (%)	全磷 TP (mg/kg)
休　闲	0.95	0.86	1.02	45.36	53.96	22.15	26.35	15.69	18.67	84.06	35.31	238.05
CK	0.55	1.02	1.06	43.08	44.83	34.64	36.05	17.35	18.05	96.09	40.37	238.00
N	0.15	0.47	0.54	39.57	44.90	30.80	34.94	17.30	19.62	88.14	36.26	243.06
NP	0.67	1.14	1.23	51.60	55.85	26.38	28.55	13.28	14.37	92.40	36.36	254.14
NK	1.00	0.37	0.40	45.27	48.81	32.95	35.53	14.15	15.26	92.74	37.84	245.06
PK	0.47	0.40	0.44	53.60	59.35	21.32	23.61	14.98	16.59	90.30	39.06	231.17
NPK	0.91	1.09	1.17	48.12	51.82	32.63	35.14	11.03	11.88	92.87	37.47	247.85
M+NPK	1.84	1.60	1.63	53.34	54.51	33.47	34.21	9.44	9.64	97.85	40.26	243.06
1.5M+NPK	2.45	0.61	0.63	45.57	47.22	37.81	39.18	12.51	12.97	96.51	37.88	254.80
S+NPK	0.85	0.83	0.84	48.08	48.18	38.74	38.81	12.15	12.17	99.80	39.19	254.68
NPK 种植方式 2	1.21	0.84	0.81	56.81	54.81	35.50	34.25	10.50	10.13	103.65	42.03	246.62
NPK（节水）	1.35	0.75	0.83	40.74	44.84	37.27	41.02	12.10	13.32	90.86	41.21	220.49
$N_{过}$ PK	2.00	1.19	1.04	55.18	48.34	37.19	32.58	20.59	18.04	114.14	46.00	248.13
平均值	1.11	0.86	0.90	48.18	50.53	32.37	33.96	13.93	14.61	95.34	39.16	243.47

表 16　褐潮土 80～100cm 土层土壤有机磷组分含量及其比例

处　理	Olsenp (mg/kg)	活性有机磷 LOP 含　量 (mg/kg)	活性有机磷 LOP %	中活性有机磷 MLOP 含　量 (mg/kg)	中活性有机磷 MLOP %	中稳性有机磷 MROP 含　量 (mg/kg)	中稳性有机磷 MROP %	高稳性有机磷 HROP 含　量 (mg/kg)	高稳性有机磷 HROP %	有机磷总和 TOP 含　量 (mg/kg)	有机磷总和 TOP TOP/TP (%)	全磷 TP (mg/kg)
休　闲	1.27	0.58	0.80	40.12	54.63	17.17	23.38	15.57	21.20	73.45	33.56	218.88
CK	0.50	0.87	1.23	35.92	50.31	19.34	27.09	15.26	21.37	71.39	30.29	235.67
N	0.10	0.50	0.74	33.59	49.16	15.71	22.98	18.54	27.13	68.34	32.43	210.76
NP	0.90	0.90	1.24	39.54	54.40	20.51	28.23	11.73	16.13	72.68	32.89	220.93
NK	0.70	0.35	0.47	40.98	55.10	21.12	28.40	11.92	16.03	74.38	35.10	211.90
PK	0.87	0.50	0.70	44.13	62.09	9.36	13.17	17.08	24.04	71.07	31.54	225.34
NPK	0.90	0.95	1.51	40.96	65.04	11.88	18.87	9.18	14.58	62.97	24.24	259.75
M+NPK	1.62	1.94	2.45	48.38	61.11	18.68	23.60	10.17	12.85	79.17	34.79	227.56
1.5M+NPK	1.17	0.51	0.82	40.92	65.74	17.75	28.52	3.07	4.93	62.25	27.13	229.48
S+NPK	0.42	0.71	0.95	43.20	57.76	19.08	25.51	11.80	15.78	74.79	33.06	226.20
NPK 种植方式 2	1.27	0.79	0.90	44.12	50.73	28.92	33.26	13.13	15.10	86.96	37.87	229.61
NPK（节水）	1.07	0.71	0.87	46.37	56.81	16.21	19.85	18.34	22.47	81.63	36.70	222.44
$N_{过}$ PK	1.66	1.28	1.29	54.77	55.06	27.44	27.59	15.98	16.06	99.48	40.69	244.46
平均值	0.96	0.82	1.08	42.54	56.51	18.71	24.85	13.21	17.55	75.27	33.03	227.92

（二）长期施肥对褐潮土剖面土壤有机磷组成与分布的影响

1. 长期施肥对剖面土壤全磷、有机磷、速效磷含量的影响 表17与表18所示，褐潮土土壤全磷含量在耕层最高，然后随着剖面的加深而递减，并且在耕层各处理之间差异较大，但在耕层以下尤其至40cm以下各处理之间基本没有大的差异。速效磷含量分布也显示了同样的特点。土壤有机磷也是在耕层含量最高，随着土壤剖面加深而递减，而且开始含量减少较快，而后减缓并逐渐趋于平稳，其占土壤全磷的的比例相对比较平稳，但从整个土壤剖面来看，表现出了随着土层加深而递减的趋势。

表17 褐潮土全磷与速效磷含量的剖面分布

项 目	土 层（cm）	休 闲	CK	N	NP	NK	PK	NPK	M+NPK	1.5M+NPK	S+NPK	NPK 种植方式2	NPK（节水）	$N_{过}$ PK
全磷TP（mg/kg）	0～20	309.66	307.23	308.94	350.17	316.74	406.35	366.61	531.26	660.00	371.79	400.38	398.02	476.93
	20～40	287.75	256.66	268.68	300.85	293.39	287.96	297.98	297.73	307.09	299.78	317.08	300.93	308.23
	40～60	223.64	218.41	258.40	273.04	274.66	281.27	268.00	266.19	280.66	263.55	271.36	266.76	270.76
	60～80	238.05	238.00	243.06	254.14	245.06	231.17	247.85	243.06	254.80	254.68	246.62	220.49	248.13
	80～100	218.88	235.67	210.76	220.93	211.90	225.34	259.75	227.56	229.48	226.20	229.61	222.44	244.46
Olsenp（mg/kg）	0～20	4.43	1.93	1.87	16.17	1.79	28.35	22.80	50.40	69.30	19.43	19.90	23.19	25.27
	20～40	1.43	0.82	0.67	1.55	1.46	2.30	3.39	3.67	5.26	2.37	2.64	2.70	4.64
	40～60	1.47	0.67	0.35	1.14	0.75	1.05	0.95	1.80	5.41	0.95	1.84	1.87	1.81
	60～80	0.95	0.55	0.15	0.67	1.00	0.47	0.91	1.84	2.45	0.85	1.21	1.35	2.00
	80～100	1.27	0.50	0.10	0.90	0.70	0.87	0.90	1.62	1.17	0.42	1.27	1.07	1.66

表18 褐潮土有机磷及其比例的剖面分布

项 目	土 层（cm）	休 闲	CK	N	NP	NK	PK	NPK	M+NPK	1.5M+NPK	S+NPK	NPK 种植方式2	NPK（节水）	$N_{过}$ PK
有机磷总和TOP（mg/kg）	0～20	124.00	115.65	112.24	149.93	110.17	164.73	199.86	221.23	344.38	169.65	164.23	205.60	207.32
	20～40	130.15	91.51	104.30	107.19	99.43	107.03	115.59	112.31	111.40	99.31	112.58	125.55	139.06
	40～60	86.62	80.87	79.15	92.90	85.52	116.41	108.20	92.96	102.20	94.86	95.87	100.60	113.49
	60～80	84.06	96.09	88.14	92.40	92.74	90.30	92.87	97.85	96.51	99.80	103.65	90.86	114.14
	80～100	73.45	71.39	68.34	72.68	74.38	71.07	62.97	79.17	62.25	74.79	86.96	81.63	99.48
TOP/TP（%）	0～20	40.04	37.64	36.33	42.82	34.78	40.54	54.52	41.64	52.18	45.63	41.02	51.66	43.47
	20～40	45.23	35.65	38.82	35.63	33.89	37.17	38.79	37.72	36.28	33.13	35.51	41.72	45.12
	40～60	38.73	37.03	30.63	34.02	31.14	41.39	40.37	34.92	36.41	35.99	35.33	37.71	41.91
	60～80	35.31	40.37	36.26	36.36	37.84	39.06	37.47	40.26	37.88	39.19	42.03	41.21	46.00
	80～100	33.56	30.29	32.43	32.89	35.10	31.54	24.24	34.79	27.13	33.06	37.87	36.70	40.69

化肥有机肥混施处理只有耕层土壤全磷、速效磷、有机磷总量及其比例高于化肥处理，耕层以下土壤全磷、有机磷、速效磷含量基本相同，有机磷比例也没有大的差异，说明有机肥对土壤磷含量及其形态的影响主要表现在耕层。

2. 长期施肥对土壤剖面活性磷组成与分布的影响　所测活性有机磷含量因为很低，很难予以分析讨论。

表 19　褐潮土活性有机磷及其比例的剖面分布

项　目	土　层（cm）	休　闲	CK	N	NP	NK	PK	NPK	M+NPK	1.5M+NPK	S+NPK	NPK种植方式 2	NPK（节水）	$N_{过}$ PK
活性有机磷 LOP（mg/kg）	0～20	1.84	1.38	0.56	1.76	0.84	0.99	1.10	6.20	10.48	2.77	1.20	1.96	1.47
	20～40	1.16	0.80	0.70	1.70	0.90	0.67	1.04	2.07	2.28	2.31	1.34	1.08	1.54
	40～60	0.91	0.84	0.82	1.14	0.37	0.80	1.20	1.70	1.11	1.01	1.77	0.87	1.01
	60～80	0.86	1.02	0.47	1.14	0.37	0.40	1.09	1.60	0.61	0.83	0.84	0.75	1.19
	80～100	0.58	0.87	0.50	0.90	0.35	0.50	0.95	1.94	0.51	0.71	0.79	0.71	1.28
LOP/TOP（%）	0～20	1.49	1.20	0.50	1.18	0.76	0.60	0.55	2.80	3.04	1.63	0.73	0.95	0.71
	20～40	0.89	0.87	0.67	1.58	0.91	0.63	0.90	1.84	2.05	2.32	1.19	0.86	1.11
	40～60	1.05	1.03	1.04	1.23	0.44	0.68	1.11	1.83	1.09	1.07	1.84	0.87	0.89
	60～80	1.02	1.06	0.54	1.23	0.40	0.44	1.17	1.63	0.63	0.84	0.81	0.83	1.04
	80～100	0.80	1.23	0.74	1.24	0.47	0.70	1.51	2.45	0.82	0.95	0.90	0.87	1.29

3. 长期施肥对剖面土壤中活性有机磷组成与分布的影响　从表 20 数据所示可知，土壤中活性有机磷含量随土壤剖面加深而递减，并且在耕层以下含量差异不大，下降趋势也比较平缓，其比例随土壤剖面下降平稳，只是在 80～100cm 土层略有升高。

表 20　褐潮土中活性有机磷及其比例的剖面分布

项　目	土层（cm）	休　闲	CK	N	NP	NK	PK	NPK	M+NPK	1.5M+NPK	S+NPK	NPK种植方式 2	NPK（节水）	$N_{过}$ PK
中活性有机磷 MLOP（mg/kg）	0～20	78.13	73.73	68.04	101.79	76.97	130.10	163.99	177.14	284.76	119.69	118.44	142.89	145.67
	20～40	61.25	56.38	44.68	70.07	63.93	76.51	83.90	79.74	73.85	63.52	70.82	79.63	84.93
	40～60	50.43	41.91	41.27	58.88	51.74	78.59	64.15	58.65	55.17	55.97	54.54	50.25	63.49
	60～80	45.36	43.08	39.57	51.60	45.27	53.60	48.12	53.34	45.57	48.08	56.81	40.74	55.18
	80～100	40.12	35.92	33.59	39.54	40.98	44.13	40.96	48.38	40.92	43.20	44.12	46.37	54.77
MLOP/TOP（%）	0～20	63.01	63.75	60.62	67.89	69.87	78.98	82.05	80.07	82.69	70.55	72.12	69.50	70.26
	20～40	47.06	61.61	42.84	65.37	64.30	71.48	72.59	71.00	66.29	63.96	62.90	63.43	61.07
	40～60	58.21	51.83	52.13	63.37	60.50	67.51	59.29	63.09	53.98	59.01	56.89	49.95	55.95
	60～80	53.96	44.83	44.90	55.85	48.81	59.35	51.82	54.51	47.22	48.18	54.81	44.84	48.34
	80～100	54.63	50.31	49.16	54.40	55.10	62.09	65.04	61.11	65.74	57.76	50.73	56.81	55.06

化肥有机肥混施处理耕层平均中活性有机磷含量明显高于化肥处理，但在耕层以下土壤中相差不大或基本相等，比例在耕层与 80～100cm 土层中比化肥处理高，其他土层中相差不大；从中活性有机磷来看，施用有机肥主要影响耕层土壤磷素的组成与转化。

在所有处理中，N 处理是唯一一个土壤各层中活性有机磷含量均低于对照的处理，其比例也基本等于或低于对照处理；NK 处理也没有施用 P 肥，但土壤各层中活性有机磷含量都略有提高，其比例也有不同程度地提高，可能由于 N 与 K 的施用，促进了作物生长，土壤根系活动增加，导致土壤磷素形态发生转化，使中活性有机磷含量及比例增加；其他处理各层次土壤中活性有机磷含量均不同程度地高于对照处理，其比例也有相同的分布规律。说明各种含 P 肥的处理不仅增加了土壤有机磷、全磷的含量，还影响了有机磷各形态在土壤各层次中的分布与转化。

4. 长期施肥对土壤剖面中稳性磷组成与分布的影响 从表 21 可以看出，中稳性有机磷含量在土壤剖面上呈现由耕层至 40cm 土层递减、并在 60～80cm 土层出现富集、然后降低的“И”字形分布规律，其比例则有从耕层到 80cm 不断升高、然后递减的剖面分布规律，中稳性有机磷比例在 60～80cm 土层为最高。

表 21 褐潮土中稳性有机磷及其比例的剖面分布

项 目	土 层 (cm)	休 闲	CK	N	NP	NK	PK	NPK	M+ NPK	1.5M+ NPK	S+ NPK	NPK 种植方式 2	NPK (节水)	$N_{过}$ PK
中稳性有机磷 MROP (mg/kg)	0～20	24.70	20.64	26.61	25.98	23.15	18.59	21.64	22.83	30.82	33.35	28.71	40.59	29.46
	20～40	45.49	18.69	37.69	20.33	21.97	14.19	16.96	17.68	24.18	20.65	28.10	28.16	24.59
	40～60	18.24	23.71	21.94	18.68	20.92	19.32	30.47	21.04	31.85	22.29	22.97	30.60	32.91
	60～80	22.15	34.64	30.80	26.38	32.95	21.32	32.63	33.47	37.81	38.74	35.50	37.27	37.19
	80～100	17.17	19.34	15.71	20.51	21.12	9.36	11.88	18.68	17.75	19.08	28.92	16.21	27.44
MROP/TOP (%)	0～20	19.92	17.85	23.71	17.33	21.01	11.29	10.83	10.32	8.95	19.66	17.48	19.74	14.21
	20～40	34.96	20.43	36.14	18.97	22.10	13.26	14.67	15.74	21.71	20.79	24.96	22.43	17.69
	40～60	21.06	29.32	27.71	20.10	24.46	16.60	28.16	22.63	31.17	23.50	23.96	30.42	29.00
	60～80	26.35	36.05	34.94	28.55	35.53	23.61	35.14	34.21	39.18	38.81	34.25	41.02	32.58
	80～100	23.38	27.09	22.98	28.23	28.40	13.17	18.87	23.60	28.52	25.51	33.26	19.85	27.59

与休闲土壤相比，对照 40cm 以上土壤中稳性有机磷含量及比例均低于休闲处理，在 40～100cm 土层则明显升高。说明耕作与种植作物引起耕层附近土壤中稳定性有机磷的亏缺，还会使下层土壤有机磷发生转化，使有机磷在不同形态之间发生再分配。

将 NPK、M+NPK 和 1.5M+NPK 处理之间相比较，随着有机肥施用量的增加，有机肥与化肥的比例不断升高，各层次土壤中稳性有机磷的含量及其比例也都不断增加（40～60cm 土层除外），表明有机无机的施用比例可以影响土壤有机磷的转化与分布；S+NPK 处理各层次土壤中稳性有机磷含量及其比例均不同程度地高于 M+NPK 处理，说明秸秆配合化肥 NPK 肥施用同样可以影响有机磷的转化。

对于 NPK 处理，种植方式 2 在 40cm 以上土层中稳性有机磷比例明显高于种植方式 1，节水处理各层土壤中稳性有机磷比例均不同程度地高于常量灌水处理，表明不同种植方式与节水处理均会影响土壤有机磷各形态之间的转化。增施化肥 N 肥（$N_{过}$ PK）处理土壤各层次中稳性有机磷比例也显示了相同的分布变化规律。

5. 长期施肥对土壤剖面高稳性磷组成与分布的影响 表 22 表明，高稳性有机磷含量在土壤剖面上没有很明显的分布规律，整体比较平稳，与之相比，其比例随土壤剖面加深有递增趋势。

表 22　褐潮土高稳性有机磷及其比例的剖面分布

项　目	土　层 (cm)	休　闲	CK	N	NP	NK	PK	NPK	M+ NPK	1.5M+ NPK	S+ NPK	NPK 种植方式 2	NPK (节水)	$N_{过}$ PK
高稳性有机磷 HROP (mg/kg)	0～20	19.33	19.89	17.02	20.39	9.21	15.05	13.13	15.07	18.33	13.84	15.88	20.16	30.72
	20～40	22.24	15.64	21.23	15.08	12.62	15.66	13.69	12.82	11.09	12.84	12.32	16.67	27.99
	40～60	17.04	14.41	15.13	14.21	12.48	17.70	12.38	11.58	14.07	15.58	16.60	18.88	16.07
	60～80	15.69	17.35	17.30	13.28	14.15	14.98	11.03	9.44	12.51	12.15	10.50	12.10	20.59
	80～100	15.57	15.26	18.54	11.73	11.92	17.08	9.18	10.17	3.07	11.80	13.13	18.34	15.98
HROP/TOP (%)	0～20	15.59	17.20	15.17	13.60	8.36	9.14	6.57	6.81	5.32	8.16	9.67	9.80	14.82
	20～40	17.09	17.09	20.36	14.07	12.70	14.63	11.85	11.42	9.96	12.93	10.94	13.28	20.13
	40～60	19.67	17.82	19.11	15.30	14.59	15.21	11.44	12.46	13.76	16.43	17.31	18.77	14.16
	60～80	18.67	18.05	19.62	14.37	15.26	16.59	11.88	9.64	12.97	12.17	10.13	13.32	18.04
	80～100	21.20	21.37	27.13	16.13	16.03	24.04	14.58	12.85	4.93	15.78	15.10	22.47	16.06

与休闲土壤相比，对照各层次土壤高稳性有机磷含量及其比例均差别不大；各施肥处理与对照相比，除处理 N 耕层以下高稳性有机磷比例比对照有所增加外，其他各处理基本都低于对照处理，说明施肥影响土壤有机磷的转化，一般使有机磷的植物有效性相对提高；化肥有机肥混施处理土壤各层高稳性有机磷平均含量及其比例均不同程度地低于单施化肥处理，说明施用有机肥能更大地提高有机磷的植物有效性。

（三）小结

1. 褐潮土各层次土壤中磷素主要以无机形态存在，有机磷只占土壤全磷的小部分，并且有机磷的含量及其占全磷的比例随土壤剖面加深不断递减，由耕层的平均约 44%逐渐下降到约 33%。

2. 褐潮土各层次土壤中有机磷各组分的含量顺序为：中活性有机磷>中稳性有机磷>高稳性有机磷>活性有机磷。

3. 耕作与种植作物后上层土壤全磷含量变化不大，但有机磷的含量及比例、各有机磷组分的含量及比例发生了一定程度的变化，主要表现为有机磷、中稳性有机磷比例降低而中活性有机磷比例升高，可能植物的吸收活动引起的速效磷亏缺刺激了土壤有机磷的转化。

4. 土壤中活性有机磷含量在耕层最高，耕层以下随土壤剖面加深而缓慢下降，其比例也随剖面加深平稳下降。

5. 褐潮土中稳性有机磷含量在土壤剖面上呈现由耕层至 40cm 土层递减、在 60～80cm 土层出现富集、然后降低的“И”字形分布规律，其比例呈从耕层到 80cm 深度不断升高、然后递减的剖面分布规律，并且中稳性有机磷比例在 60～80cm 深度土层为最高。

6. 高稳性有机磷含量在土壤剖面上没有很明显的分布规律，整体比较平稳，与之相比，其比例随土壤剖面加深有递增趋势。

7. 不同种植方式对褐潮土土壤磷素的分布与转化有一定的作用，对上层土壤，NPK 施肥条件下种植方式 2 土壤有机磷含量有较大幅度的降低，中活性有机磷含量及其比例有较大幅度的降低。

8. 与常规用水处理相比，NPK 节水处理土壤有机磷含量基本稳定，其比例降低，各有机磷组分中，中活性有机磷比例降低，中稳性和高稳性有机磷比例升高，有机磷整体上向对植物有效性较低的方向转化。

9. 与 NPK 处理相比，增施化肥 N 土壤各层次中稳性有机磷和高稳性有机磷比例上升，中活性有机磷的比例下降，土壤有机磷整体向有效性相对较低的方向转化。

三、长期施肥对紫色土有机磷组成与分布的影响

（一）长期施肥对紫色土各层土壤有机磷组成与分布的影响

1. 长期施肥对耕层土壤有机磷组成与分布的影响 表 23 表明，紫色土耕层土壤全磷含量平均为 295.35mg/kg，其中有机磷的平均含量为 128.73 mg/kg，约占土壤全磷的 43.58%，土壤磷素中无机磷仍然占了大部分。在 4 种有机磷形态中，含量最高的是中活性有机磷，平均含量达到 72.15 mg/kg，占土壤有机磷平均含量的 56.05%，其次分别是中稳性有机磷与高稳性有机磷，其平均含量分别是 33.26 mg/kg 与 19.66 mg/kg，分别占土壤全磷的 25.84%与 15.27%，含量最低的是活性有机磷，平均含量为 3.65 mg/kg，占土壤有机磷的 2.84%。因此，紫色土耕层土壤有机磷各形态的含量顺序为：中活性有机磷＞中稳性有机磷＞高稳性有机磷＞活性有机磷。

表 23　紫色土耕层土壤有机磷组分含量及其比例

处　理	Olsenp (mg/kg)	活性有机磷 LOP		中活性有机磷 MLOP		中稳性有机磷 MROP		高稳性有机磷 HROP		有机磷总和 TOP		全磷 TP (mg/kg)
		含　量 (mg/kg)	%	含　量 (mg/kg)	%	含　量 (mg/kg)	%	含　量 (mg/kg)	%	含　量 (mg/kg)	TOP/TP (%)	
休　闲	4.71	1.62	2.00	58.22	71.86	11.63	14.36	9.54	11.78	81.01	36.08	224.54
CK	3.14	2.61	2.96	60.18	68.48	13.36	15.20	11.74	13.36	87.89	40.76	215.62
N	3.39	3.48	3.74	52.43	56.28	22.23	23.86	15.01	16.12	93.15	45.51	204.67
NP	23.73	4.98	3.85	67.78	52.41	35.53	27.48	21.02	16.26	129.31	41.24	313.56
NK	2.49	3.19	2.78	73.19	63.80	25.32	22.07	13.03	11.36	114.72	52.61	218.08
PK	35.72	5.68	4.52	64.69	51.55	33.74	26.89	21.38	17.04	125.48	38.17	328.72
NPK	22.83	4.25	3.46	61.75	50.21	37.47	30.46	19.52	15.87	122.98	40.57	303.17
S	2.95	2.70	1.94	73.48	52.72	38.31	27.49	24.88	17.85	139.37	59.56	234.01
M+NPK	32.71	4.81	2.28	137.58	65.21	37.97	18.00	30.62	14.51	210.98	60.46	348.95
M+NPK 种植方式 2	34.85	3.48	2.44	80.42	56.38	41.85	29.34	16.89	11.84	142.63	40.71	350.37
S+（NPK）Cl	28.38	2.91	2.18	66.46	49.80	40.16	30.09	23.93	17.93	133.46	41.56	321.10
S+1.5（NPK）	44.53	4.49	3.30	62.84	46.21	42.84	31.50	25.82	18.99	135.99	31.16	436.49
S+NPK	33.77	3.31	2.12	78.90	50.43	52.02	33.25	22.21	14.20	156.44	45.98	340.23
平均值	21.02	3.65	2.84	72.15	56.05	33.26	25.84	19.66	15.27	128.73	43.58	295.35

各肥料处理中，只有不施 P 肥的处理 N 与 NK 土壤全磷含量基本等于或低于对照处理，秸秆处理 S 土壤全磷含量增加也不多，其他肥料处理土壤全磷均明显的高于对照。

与休闲土壤相比，对照土壤全磷含量略有降低而有机磷含量略有升高。因此，有机磷的比例升高，升高幅度达到 13%，其中中活性有机磷的比例稍有下降，其他 3 种有机磷组分

比例都略有升高，土壤活性有机磷的含量也略有下降，可能作物的吸收引起了有机磷植物有效性的相对下降。

单施化肥处理土壤平均全磷含量明显高于不施肥处理，有机磷平均含量及其比例也有一定的升高。在有机磷组分中，中活性有机磷比例有较大地下降，中稳性有机磷的比例有明显的升高，活性有机磷与高稳性有机磷的比例都略有升高，有机磷的生物有效性下降，土壤速效磷的含量却大幅上升；施用有机肥的处理表现与化肥处理基本相同，不同的是，施用有机肥的处理土壤全磷、有机磷平均含量及其比例、速效磷含量都比单施化肥处理高，但有机磷各组份的比例基本等同于后者，这表明施肥种类不同可以改变土壤无机磷与有机磷的含量、比例与速效磷的含量，但整体上对土壤有机磷各组分的比例影响不大。

将 N 与 NP、NK 与 NPK 处理进行比较，增施化肥 P 土壤全磷含量会大幅增加，但有机磷比例会明显降低，土壤速效磷含量也会大幅增长。有机磷组分中，中活性有机磷比例降低，而中稳性有机磷比例增加，表明施用化肥 P 虽有一部分无机磷转化为有机磷，但大部分还是以无机磷形态储存在土壤中，另外施用无机磷肥还会促进土壤有机磷的转化及各组分在土壤中的分布。

2. 长期施肥对耕层以下土壤有机磷组成与分布的影响　从表 24～27 数据可以看出，紫色土耕层以下土壤全磷平均含量大约在 201.66～247.93mg/kg 之间，其中有机磷平均含量相对于土壤全磷的比例比较稳定，在 41.02%～43.95%之间。在 4 种有机磷组分中，含量最高的是中活性有机磷，其平均含量占土壤有机磷的一半以上，其次分别是中稳性有机磷与高稳性有机磷，含量最低的是活性有机磷，其占有机磷的比例大约只有 2%左右。因此，紫色土耕层以下土壤有机磷各组分的含量顺序与耕层顺序相同：中活性有机磷>中稳性有机磷>高稳性有机磷>活性有机磷。

表 24　紫色土 20～40cm 土层土壤有机磷组分含量及其比例

处　理	Olsenp (mg/kg)	活性有机磷 LOP		中活性有机磷 MLOP		中稳性有机磷 MROP		高稳性有机磷 HROP		有机磷总和 TOP		全磷 TP (mg/kg)
		含　量 (mg/kg)	%	含　量 (mg/kg)	%	含　量 (mg/kg)	%	含　量 (mg/kg)	%	含　量 (mg/kg)	TOP/TP (%)	
休　闲	6.25	1.69	2.13	61.98	78.22	8.19	10.34	7.38	9.31	79.23	33.47	236.69
CK	3.30	2.11	2.85	49.41	66.66	11.69	15.78	10.90	14.71	74.11	34.56	214.44
N	2.93	2.70	3.37	42.18	52.75	18.86	23.58	16.22	20.29	79.96	37.54	212.98
NP	12.05	4.60	3.77	73.56	60.39	25.70	21.10	17.95	14.74	121.82	49.19	247.63
NK	3.04	2.97	2.70	69.32	62.92	23.18	21.04	14.70	13.34	110.17	48.76	225.92
PK	15.25	2.55	2.36	58.33	54.04	28.93	26.80	18.14	16.81	107.94	40.74	264.96
NPK	11.81	2.37	2.18	64.48	59.13	25.85	23.71	16.33	14.98	109.04	45.32	240.58
S	2.41	2.56	2.26	60.59	53.55	29.87	26.40	20.13	17.79	113.14	53.38	211.96
M+NPK	12.40	1.18	0.76	100.81	64.60	29.20	18.71	24.86	15.93	156.06	59.96	260.27
M+NPK 种植方式 2	16.57	1.80	1.74	54.19	52.37	31.77	30.70	15.72	15.19	103.48	35.89	288.31
S+（NPK）Cl	13.81	2.22	2.08	51.99	48.59	31.21	29.17	21.57	20.16	107.00	37.74	283.53
S+1.5（NPK）	21.99	2.47	1.96	64.46	51.11	36.54	28.98	22.63	17.95	126.10	46.67	270.19
S+NPK	15.59	1.48	1.15	75.38	58.72	34.56	26.92	16.94	13.20	128.36	48.32	265.63
平均值	10.57	2.36	2.17	63.59	58.36	25.81	23.69	17.19	15.78	108.96	43.95	247.93

表 25　紫色土 40～60cm 土层土壤有机磷组分含量及其比例

处　理	Olsenp (mg/kg)	活性有机磷 LOP 含　量 (mg/kg)	活性有机磷 LOP %	中活性有机磷 MLOP 含　量 (mg/kg)	中活性有机磷 MLOP %	中稳性有机磷 MROP 含　量 (mg/kg)	中稳性有机磷 MROP %	高稳性有机磷 HROP 含　量 (mg/kg)	高稳性有机磷 HROP %	有机磷总和 TOP 含　量 (mg/kg)	有机磷总和 TOP/TP (%)	全磷 TP (mg/kg)
休　闲	7.33	1.47	1.88	62.22	79.88	7.37	9.46	6.84	8.78	77.89	31.38	248.22
CK	5.00	2.05	2.79	47.84	65.26	12.38	16.88	11.05	15.07	73.32	34.06	215.25
N	2.92	3.17	4.24	45.63	61.06	12.26	16.40	13.67	18.29	74.74	37.40	199.82
NP	6.37	2.06	1.94	66.10	62.35	22.46	21.19	15.40	14.52	106.01	48.03	220.72
NK	2.10	2.59	2.76	50.27	53.67	25.90	27.65	14.90	15.91	93.66	41.48	225.79
PK	7.49	3.05	3.62	47.64	56.44	19.16	22.70	14.55	17.24	84.41	36.34	232.26
NPK	6.69	2.60	2.59	60.87	60.64	22.15	22.07	14.74	14.69	100.37	44.07	227.78
S	2.58	1.93	1.82	63.00	59.38	21.22	20.00	19.95	18.80	106.09	51.27	206.91
M+NPK	8.73	1.51	1.22	78.05	63.05	23.28	18.80	20.95	16.93	123.79	51.04	242.55
M+NPK 种植方式 2	9.43	1.74	2.19	40.42	50.92	23.38	29.45	13.84	17.44	79.38	32.71	242.69
S+（NPK）Cl	8.62	1.28	1.43	44.22	49.20	25.68	28.57	18.70	20.80	89.88	38.871	231.23
S+1.5（NPK）	11.29	1.36	1.21	67.41	60.03	25.44	22.66	18.07	16.10	112.29	48.17	233.12
S+NPK	8.92	1.59	1.75	47.11	52.02	27.41	30.26	14.46	15.96	90.57	39.51	229.23
平均值	6.73	2.03	2.18	55.45	59.45	20.62	22.11	15.16	16.26	93.26	41.02	227.35

表 26　紫色土 60～80cm 土层土壤有机磷组分含量及其比例

处　理	Olsenp (mg/kg)	活性有机磷 LOP 含　量 (mg/kg)	活性有机磷 LOP %	中活性有机磷 MLOP 含　量 (mg/kg)	中活性有机磷 MLOP %	中稳性有机磷 MROP 含　量 (mg/kg)	中稳性有机磷 MROP %	高稳性有机磷 HROP 含　量 (mg/kg)	高稳性有机磷 HROP %	有机磷总和 TOP 含　量 (mg/kg)	有机磷总和 TOP/TP (%)	全磷 TP (mg/kg)
休　闲	4.87	1.32	1.78	56.85	76.60	8.85	11.93	7.19	9.69	74.21	34.75	213.56
CK	5.48	1.84	2.75	42.27	63.38	12.56	18.84	10.03	15.03	66.69	32.26	206.73
N	2.36	2.07	3.00	43.61	63.22	9.92	14.38	13.39	19.40	68.99	35.73	193.12
NP	5.20	1.41	1.60	58.45	66.16	14.04	15.89	14.45	16.36	88.35	45.10	195.92
NK	3.02	1.79	2.12	48.94	57.73	23.17	27.33	10.87	12.82	84.77	47.71	177.69
PK	6.17	1.88	2.33	45.81	56.85	18.83	23.37	14.06	17.45	80.57	38.27	210.54
NPK	3.82	2.44	2.51	62.92	64.72	18.96	19.50	12.90	13.27	97.22	48.13	201.99
S	2.57	1.49	1.55	60.16	62.31	19.21	19.90	15.69	16.25	96.56	47.22	204.48
M+NPK	6.20	0.27	0.24	70.93	62.69	23.81	21.04	18.14	16.03	113.16	51.20	221.02
M+NPK 种植方式 2	9.10	1.14	1.44	40.57	50.90	23.46	29.44	14.53	18.23	79.70	34.39	231.75
S+（NPK）Cl	5.65	1.44	1.56	48.89	53.13	22.37	24.31	19.33	21.00	92.03	42.42	216.98
S+1.5（NPK）	7.43	1.20	1.13	58.55	55.28	26.17	24.71	19.99	18.87	105.91	50.58	209.39
S+NPK	4.77	1.71	2.02	46.94	55.65	22.26	26.39	13.45	15.94	84.36	42.73	197.40
平均值	5.13	1.54	1.77	52.68	60.48	18.74	21.51	14.15	16.25	87.12	42.25	206.20

表 27　紫色土 80～100cm 土层土壤有机磷组分含量及其比例

处　理	Olsenp (mg/kg)	活性有机磷 LOP 含　量 (mg/kg)	%	中活性有机磷 MLOP 含　量 (mg/kg)	%	中稳性有机磷 MROP 含　量 (mg/kg)	%	高稳性有机磷 HROP 含　量 (mg/kg)	%	有机磷总和 TOP 含　量 (mg/kg)	TOP/TP (%)	全磷 TP (mg/kg)
休　闲	3.19	1.17	1.67	53.47	76.38	7.75	11.07	7.62	10.88	70.01	33.54	208.73
CK	5.92	1.41	2.37	35.63	59.89	12.68	21.31	9.77	16.42	59.48	29.37	202.53
N	2.76	1.87	2.50	47.92	64.02	13.32	17.79	11.74	15.69	74.86	40.87	183.17
NP	5.22	1.49	1.70	57.38	65.26	16.33	18.57	12.72	14.47	87.92	46.09	190.75
NK	3.08	1.54	1.96	41.65	52.83	24.34	30.87	11.30	14.34	78.83	39.19	201.14
PK	4.58	1.02	1.30	41.42	53.21	22.30	28.65	13.10	16.83	77.84	39.92	195.00
NPK	4.07	2.83	2.82	62.14	61.93	23.33	23.25	12.05	12.01	100.35	50.18	199.99
S	2.81	1.28	1.31	61.59	62.87	20.33	20.75	14.77	15.08	97.97	51.49	190.27
M+NPK	4.53	0.82	0.82	66.55	66.65	14.90	14.92	17.58	17.61	99.84	49.14	203.17
M+NPK 种植方式 2	9.38	0.99	1.35	35.24	48.10	23.77	32.44	13.27	18.10	73.27	30.18	242.80
S+（NPK）Cl	4.92	1.05	1.12	53.05	56.82	22.89	24.52	16.36	17.53	93.35	45.94	203.19
S+1.5（NPK）	6.63	1.27	1.29	54.58	55.51	24.18	24.59	18.29	18.61	98.32	51.42	191.21
S+NPK	4.91	1.97	2.47	48.42	60.84	15.79	19.83	13.41	16.85	79.59	37.97	209.62
平均值	4.77	1.44	1.71	50.70	60.37	18.61	22.16	13.23	15.76	83.97	41.64	201.66

对照各层次土壤全磷含量都略低于休闲处理，但有机磷的比例则在各层中稍有不同，在 20～60cm 土层中对照土壤有机磷的比例略高于休闲处理，而在 60～100cm 土层中有一定的降低；各有机磷组分占有机磷的比例在各层中的变化规律相同，都表现为中活性有机磷的比例明显下降，而活性、中稳性、高稳性有机磷的比例明显升高，这可能与中活性有机磷的有效性相对较高有关，而活性有机磷含量由于在各层土壤中都很低。所以，其比例的升降不具有代表性。

在各施肥处理中，使用含有机肥的处理其各层土壤平均全磷含量都不同程度地高于化肥处理，在 20～80cm 土层其有机磷占土壤全磷的比例也相对较高，各有机磷组分中中稳性与高稳性有机磷的比例也高于化肥处理，但活性与中活性有机磷的比例则有所下降；80～100cm 土层，有机磷与全磷的比例、各有机磷的比例在有机肥处理与化肥处理中相差不大，只有高稳性有机磷的比例在有机肥处理中大于化肥处理，这可能与施用有机肥处理总体施肥量大于化肥处理有关，但化肥处理与含有机肥处理对土壤有机磷组分的含量分布的影响主要在 80cm 以上的土层中。单施化肥和施用有机肥处理的土壤平均全磷含量在 20～60cm 范围内明显高于对照，在 60～100cm 土层中则相差不大；但各施肥处理在耕层以下土壤有机磷的比例均比对照明显提高；各肥料处理对土壤各有机磷组分的组成分布也有影响，但影响大小随土壤深度的变化而不同，各肥料处理土壤高稳性有机磷的比例在各土层中都与对照相差不大，在 20～60cm 土层中中活性有机磷的比例却明显低于对照，中稳性有机磷的比例则明显高于对照，在 60～100cm 土层中活性有机磷与中稳性有机磷的比例与对照的差异急剧减小甚至基本相等。

将处理 N 与 NP 相比较可以看到，增施 P 肥在 20～60cm 土层土壤全磷含量高于处理 N，而在 60～100cm 土层中相差不大，但 NP 处理各层土壤中有机磷的比例明显高于不施 P 的 N 处理，只是在深层土壤差异减小。施用 P 肥后土壤有机磷各组分的相对分布也有变化，表现为中活性有机磷比例有所升高，高稳性有机磷比例有所降低，但各层次影响稍有不同。

而将 NK 与 NPK 进行比较，在施用 NK 的基础上增施 P 肥土壤全磷含量变化不大，整体有机磷的比例除了 80～100cm 土层外也没有很大的变化，但在 40～100cm 土层中活性有机磷的比例明显升高而中稳性有机磷的比例明显下降。将处理 PK 与 NPK 比较可知，增施 N 肥后耕层以下土壤全磷含量略有降低，但下降幅度不大，有机磷的比例却明显增加，其中中活性有机磷比例明显增加，中稳性、高稳性有机磷比例都有所下降。

相对于 M+NPK 施肥处理，种植方式 2 土壤全磷含量在各层都不低于种植方式 1，在有的土层还明显升高，但其有机磷的比例却比种植方式 1 大幅降低，有机磷各组分的比例也有相应的变化，中活性有机磷比例明显降低，中稳性有机磷比例明显升高，高稳性有机磷的比例基本相等，但在深层土壤中也略有升高。将处理 S+NPK 与 S+（NPK）Cl 相比较，施用含氯化肥耕层以下土壤全磷含量与不施用含氯化肥总体相差不大，其有机磷的比例在20～40cm 土层明显低于不施用含氯化肥处理，在 40～80cm 土层基本相等，在 80～100cm 土层还明显升高，其中中活性有机磷的比例在各层土壤中不同程度地低于不施用含氯化肥处理，而高稳性有机磷的比例则不同程度地高于后一处理。增施化肥［S+1.5（NPK）］与 S+NPK 相比，土壤全磷含量在耕层以下各层次相差不大，在 20～40cm 土层有机磷比例略有降低，在 40～100cm 土层中却明显高于 S+NPK 处理，有机磷组分中高稳性有机磷的比例在各层都不同程度地高于 S+NPK 处理，其他有机磷组分在不同的土层各有升降。这些表明不同种植方式、施用含氯化肥、化肥与有机肥的施用比例等都会影响土壤磷素的组成与有机磷的形态分布。

（二）长期施肥对紫色土剖面土壤有机磷组成与分布的影响

1. 长期施肥对剖面土壤全磷与速效磷含量的影响 表 28 数据显示，紫色土土壤全磷与速效磷含量在剖面上呈现一定的分布规律。因施肥处理的不同主要分为两种情况：一种是以休闲处理、CK 与不施化肥 P 的处理 N、NK、S 为代表，其在土壤剖面上全磷与速效磷含量不随土壤深度变化而变化，基本保持稳定，但含量相对偏低；另一种是其他施 P 的肥料处理，其全磷与速效磷含量随土壤层次的加深而递减，并在较深层次的土壤中下降幅度趋缓。出现这一差异可能是因为施用了化肥 P 的处理耕层土壤中 P 含量较高，而不施用 P 的处理因为作物的吸收，土壤整体出现了 P 的亏缺。所以，没有出现剖面上的分布梯度。

表 28　紫色土全磷与速效磷含量的剖面分布

项目	土层（cm）	休闲	CK	N	NP	NK	PK	NPK	S	M+NPK	M+NPK 种植方式 2	S+（NPK）Cl	S+1.5（NPK）	S+NPK
全磷 TP（mg/kg）	0～20	224.54	215.62	204.67	313.56	218.08	328.72	303.17	234.01	348.95	350.37	321.10	436.49	340.23
	20～40	236.69	214.44	212.98	247.63	225.92	264.96	240.58	211.96	260.27	288.31	283.53	270.19	265.63
	40～60	248.22	215.25	199.82	220.72	225.79	232.26	227.78	206.91	242.55	242.69	231.23	233.12	229.23
	60～80	213.56	206.73	193.12	195.92	177.69	210.54	201.99	204.48	221.02	231.75	216.98	209.39	197.40
	80～100	208.73	202.53	183.17	190.75	201.14	195.00	199.99	190.27	203.17	242.80	203.19	191.21	209.62
Olsenp（mg/kg）	0～20	4.71	3.14	3.39	23.73	2.49	35.72	22.83	2.95	32.71	34.85	28.38	44.53	33.77
	20～40	6.25	3.30	2.93	12.05	3.04	15.25	11.81	2.41	12.40	16.57	13.81	21.99	15.59
	40～60	7.33	5.00	2.92	6.37	2.10	7.49	6.69	2.58	8.73	9.43	8.62	11.29	8.92
	60～80	4.87	5.48	2.36	5.20	3.02	6.17	3.82	2.57	6.20	9.10	5.65	7.43	4.77
	80～100	3.19	5.92	2.76	5.22	3.08	4.58	4.07	2.81	4.53	9.38	4.92	6.63	4.91

与休闲土壤相比，对照各层土壤全磷含量都不同程度地降低，土壤上层的速效磷含量也明显低于休闲土壤，说明由于植物的吸收土壤磷素出现了亏缺。

NP 处理在 60cm 以上土壤全磷含量都高于处理 N，NPK 处理土壤全磷在 40cm 以上也高于 NK 处理，而且增施 P 肥后土壤速效磷的含量明显高于未施磷处理，说明增施 P 肥能明显改善土壤的磷素状况。在 M+NPK 施肥条件下，两种种植方式在各土壤剖面的全磷含量基本相等，种植方式 2 在深层土壤中速效磷含量略高于方式 1；施用含氯化肥［S+(NPK) Cl 处理］对土壤全磷含量影响也不大，但其耕层到 40cm 土层土壤速效磷含量明显低于 S+NPK 处理；增量施用化肥；［S+1.5（NPK）处理］耕层土壤全磷含量大幅增加，明显高于 S+NPK 处理，但耕层以下土壤全磷含量相差不大，并且增施化肥后各层土壤速效磷含量都明显高于 S+NPK 处理，只施用秸秆肥的处理 S 各层土壤全磷、速效磷含量都是施用有机肥处理中最低的，显示了施用化肥在提高土壤速效养分上的重要作用。

2. 长期施肥对剖面土壤有机磷、速效磷含量的影响 从表 29 可以看出，紫色土土壤剖面有机磷含量整体随土壤层次的加深而递减，但下降幅度较小，趋势较缓和，有机磷与土壤全磷的比例在剖面上虽各有差异，但整体上比较平稳。

表 29 紫色土有机磷及其比例的剖面分布

项 目	土 层 (cm)	休 闲	CK	N	NP	NK	PK	NPK	S	M+NPK	M+NPK 种植方式 2	S+(NPK)Cl	S+1.5 (NPK)	S+NPK
有机磷总和 TOP (mg/kg)	0～20	81.01	87.89	93.15	129.31	114.72	125.48	122.98	139.37	210.98	142.63	133.46	135.99	156.44
	20～40	79.23	74.11	79.96	121.82	110.17	107.94	109.04	113.14	156.06	103.48	107.00	126.10	128.36
	40～60	77.89	73.32	74.74	106.01	93.66	84.41	100.37	106.09	123.79	79.38	89.88	112.29	90.57
	60～80	74.21	66.69	68.99	88.35	84.77	80.57	97.22	96.56	113.16	79.70	92.03	105.91	84.36
	80～100	70.01	59.48	74.86	87.92	78.83	77.84	100.35	97.97	99.84	73.27	93.35	98.32	79.59
TOP/TP (%)	0～20	36.08	40.76	45.51	41.24	52.61	38.17	40.57	59.56	60.46	40.71	41.56	31.16	45.98
	20～40	33.47	34.56	37.54	49.19	48.76	40.74	45.32	53.38	59.96	35.89	37.74	46.67	48.32
	40～60	31.38	34.06	37.40	48.03	41.48	36.34	44.07	51.27	51.04	32.71	38.87	48.17	39.51
	60～80	34.75	32.26	35.73	45.10	47.71	38.27	48.13	47.22	51.20	34.39	42.42	50.58	42.73
	80～100	33.54	29.37	40.87	46.09	39.19	39.92	50.18	51.49	49.14	30.18	45.94	51.42	37.97

对照耕层土壤有机磷含量及其比例略高于休闲处理，在 60～100m 土层不同程度地低于休闲土壤，中间土层则相差不大。

在各肥料处理中，只有处理 N 各层土壤有机磷含量与对照相差不大，其他处理各层土壤有机磷含量基本都明显高于对照处理，但其比例表现各不相同。有机无机混施处理其各层土壤有机磷含量的平均值明显高于各层单施化肥处理，其比例虽然也高于化肥处理，但幅度很小，说明施用有机肥的处理主要增加了土壤全磷含量，而对磷素在无机与有机形态之间的分配作用不大。

NP 处理各层土壤有机磷含量都明显高于处理 N，其比例在耕层以下也有相同的差异，说明施用 P 能增加有机磷的含量与磷素在无机、有机形态之间的分配，但这一作用在 NK 与 NPK 之间稍有不同，后者只是在 60cm 以下土壤中表现了类似的作用。处理 NPK 在 40cm 以上土壤有机磷的含量与 PK 处理相差不大，但在 40cm 以下则明显升高，其比例在各层都不同程度地升高，表明施用 N 也能影响土壤磷素含量与磷素在无机、有机形态之间的分配。

在 M+NPK 施肥处理条件下，种植方式 2 土壤剖面各层次的有机磷含量及其比例都明显地低于种植方式 1，显示了不同种植方式虽然对土壤全磷与速效磷的含量影响作用不大，但其对土壤磷素在无机与有机形态之间的分配作用非常大；施用含氯化肥［S+（NPK）Cl 处理］40cm 以上土壤有机磷含量及其比例都明显低于 S+NPK 处理，在 40cm 以下土壤中基本等于或高于后者，说明施用含氯化肥对土壤有机磷的比例的影响一般出现在 40cm 以上；处理 S+1.5（NPK）耕层土壤有机磷含量及其比例都低于 S+NPK 处理，在 20～40cm 土层基本相等，但在 40cm 以下则不同程度地高于后一处理，显示秸秆肥与化肥施用比例的不同也会对土壤磷素的含量与分布有重要影响。

3. 长期施肥对剖面土壤活性磷组成与分布的影响 从表 30 可知，各层次土壤活性有机磷含量很低，无法进行讨论。

表 30 紫色土活性有机磷及其比例的剖面分布

项 目	土 层 (cm)	休 闲	CK	N	NP	NK	PK	NPK	S	M+NPK	M+NPK 种植方式 2	S+(NPK)Cl	S+1.5(NPK)	S+NPK
活性有机磷 LOP (mg/kg)	0～20	1.62	2.61	3.48	4.98	3.19	5.68	4.25	2.70	4.81	3.48	2.91	4.49	3.31
	20～40	1.69	2.11	2.70	4.60	2.97	2.55	2.37	2.56	1.18	1.80	2.22	2.47	1.48
	40～60	1.47	2.05	3.17	2.06	2.59	3.05	2.60	1.93	1.51	1.74	1.28	1.36	1.59
	60～80	1.32	1.84	2.07	1.41	1.79	1.88	2.44	1.49	0.27	1.14	1.44	1.20	1.71
	80～100	1.17	1.41	1.87	1.49	1.54	1.02	2.83	1.28	0.82	0.99	1.05	1.27	1.97
LOP/TOP (%)	0～20	2.00	2.96	3.74	3.85	2.78	4.52	3.46	1.94	2.28	2.44	2.18	3.30	2.12
	20～40	2.13	2.85	3.37	3.77	2.70	2.36	2.18	2.26	0.76	1.74	2.08	1.96	1.15
	40～60	1.88	2.79	4.24	1.94	2.76	3.62	2.59	1.82	1.22	2.19	1.43	1.21	1.75
	60～80	1.78	2.75	3.00	1.60	2.12	2.33	2.51	1.55	0.24	1.44	1.56	1.13	2.02
	80～100	1.67	2.37	2.50	1.70	1.96	1.30	2.82	1.31	0.82	1.35	1.12	1.29	2.47

4. 长期施肥对剖面土壤中活性磷组成与分布的影响 表 31 表明，紫色土土壤剖面中活性有机磷含量整体上自耕层向下呈现递减趋势，各肥料处理中有的下降速度较快，有的相对缓慢，有的处理如 NPK 处理土壤中活性有机磷含量及其比例在剖面上基本比较平稳，但总体上呈现出一定的缓慢上升趋势，但各肥料处理之间也有差异。

表 31 紫色土中活性有机磷及其比例的剖面分布

项 目	土 层 (cm)	休 闲	CK	N	NP	NK	PK	NPK	S	M+NPK	M+NPK 种植方式 2	S+(NPK)Cl	S+1.5(NPK)	S+NPK
中活性有机磷 MLOP (mg/kg)	0～20	58.22	60.18	52.43	67.78	73.19	64.69	61.75	73.48	137.58	80.42	66.46	62.84	78.90
	20～40	61.98	49.41	42.18	73.56	69.32	58.33	64.48	60.59	100.81	54.19	51.99	64.46	75.38
	40～60	62.22	47.84	45.63	66.10	50.27	47.64	60.87	63.00	78.05	40.42	44.22	67.41	47.11
	60～80	56.85	42.27	43.61	58.45	48.94	45.81	62.92	60.16	70.93	40.57	48.89	58.55	46.94
	80～100	53.47	35.63	47.92	57.38	41.65	41.42	62.14	61.59	66.55	35.24	53.05	54.58	48.42
MLOP/TOP (%)	0～20	71.86	68.48	56.28	52.41	63.80	51.55	50.21	52.72	65.21	56.38	49.80	46.21	50.43
	20～40	78.22	66.66	52.75	60.39	62.92	54.04	59.13	53.55	64.60	52.37	48.59	51.11	58.72
	40～60	79.88	65.26	61.06	62.35	53.67	56.44	60.64	59.38	63.05	50.92	49.20	60.03	52.02
	60～80	76.60	63.38	63.22	66.16	57.73	56.85	64.72	62.31	62.69	50.90	53.13	55.28	55.65
	80～100	76.38	59.89	64.02	65.26	52.83	53.21	61.93	62.87	66.65	48.10	56.82	55.51	60.84

对照耕层土壤中活性有机磷含量与休闲土壤基本相等，但耕层以下却明显低于休闲处理，其比例在土壤剖面各层次也不同程度地低于后者，并且越向下这一差异越大，表明耕作与种植作物处理对紫色土土壤有机磷组分的分布转化有重要作用。

各施肥处理在土壤剖面各层次中活性有机磷平均含量都不同程度地高于对照，但其比例的平均值却明显低于对照处理，说明通过施肥影响了土壤有机磷在各组分之间的转化与分布。与单施化肥的处理相比，使用有机肥的处理耕层土壤中活性有机磷含量明显提高，耕层以下虽然也有所增加，但整体差异不大，而其在各层次比例比化肥处理有不同程度地下降，整体下降幅度不大。

在各肥料处理中，处理NP各层土壤中活性有机磷含量明显地高于处理N，其比例整体上差异不大；处理NPK在0～40cm土层中活性有机磷含量低于处理NK（不施P肥），而在40～100cm土层则明显提高，其比例也表现出了相同的分布规律，显示了在不同的施肥条件下增施P肥对土壤中活性有机磷的含量与分布转化有不同的作用。

在M+NPK施肥条件下，种植方式2在土壤剖面各层次中活性有机磷远低于种植方式1，其比例在土壤剖面各层次也明显的低于种植方式1，说明不同种植方式对土壤有机磷的组成分布有不同的作用，稻—油种植方式有利于中活性有机磷向其他有机磷形态转化。与M+NPK处理相比，施用秸秆肥料（S+NPK）处理各层土壤中活性有机磷含量均明显下降，比例也有不同程度地降低；施用含氯化肥［S+（NPK）Cl处理］在0～60cm土层土壤中活性有机磷含量低于S+NPK处理，60cm以下有不同程度地升高，而其比例在各层土壤中基本等于或低于后一处理；增施化肥处理［S+1.5（NPK）］对土壤有机磷的分布影响与含氯化肥处理基本相同，只是在耕层至40cm土层中活性有机磷含量低于S+NPK处理。凡此种种，说明种植方式、有机肥的种类、含氯化肥施用、有机肥与化肥的使用比例均会影响土壤各层的有机磷各形态组分的含量与分布，不同处理的影响各不相同，整体上施用秸秆肥料会使土壤各层的中活性有机磷含量及其比例均下降，较高的化肥施用比例、施用含氯化肥都会使土壤上层的中活性有机磷含量降低，其比例也有类似的规律。

5. 剖面土壤中稳性磷组成与分布的影响 表32紫色土土壤中稳性有机磷含量在土壤剖面上整体呈现随土层加深逐渐递减的趋势，在土壤深层变化幅度逐渐减小并基本趋于平稳；但土壤有机磷比例在土壤剖面上整体比较平稳，但各处理之间有一定的差异。

表32 紫色土中稳性有机磷及其比例的剖面分布

项 目	土 层 (cm)	休 闲	CK	N	NP	NK	PK	NPK	S	M+NPK	M+NPK 种植方式2	S+(NPK)Cl	S+1.5(NPK)	S+NPK
中稳性有机磷 MROP (mg/kg)	0～20	11.63	13.36	22.23	35.53	25.32	33.74	37.47	38.31	37.97	41.85	40.16	42.84	52.02
	20～40	8.19	11.69	18.86	25.70	23.18	28.93	25.85	29.87	29.20	31.77	31.21	36.54	34.56
	40～60	7.37	12.38	12.26	22.46	25.90	19.16	22.15	21.22	23.28	23.38	25.68	25.44	27.41
	60～80	8.85	12.56	9.92	14.04	23.17	18.83	18.96	19.21	23.81	23.46	22.37	26.17	22.26
	80～100	7.75	12.68	13.32	16.33	24.34	22.30	23.33	20.33	14.90	23.77	22.89	24.18	15.79
MROP/TOP (%)	0～20	14.36	15.20	23.86	27.48	22.07	26.89	30.46	27.49	18.00	29.34	30.09	31.50	33.25
	20～40	10.34	15.78	23.58	21.10	21.04	26.80	23.71	26.40	18.71	30.70	29.17	28.98	26.92
	40～60	9.46	16.88	16.40	21.19	27.65	22.70	22.07	20.00	18.80	29.45	28.57	22.66	30.26
	60～80	11.93	18.84	14.38	15.89	27.33	23.37	19.50	19.90	21.04	29.44	24.31	24.71	26.39
	80～100	11.07	21.31	17.79	18.57	30.87	28.65	23.25	20.75	14.92	32.44	24.52	24.59	19.83

在所有处理中，休闲土壤剖面各层中稳性有机磷含量均为最低；对照（CK）土壤各层次中稳性有机磷含量及其比例均高于休闲土壤，相比较而言，耕层土壤两者差距较小。

无论是单施化肥处理还是有机肥处理，各层土壤的中稳性有机磷含量及其比例均比对照明显提高；除80～100cm土层外，以上各层土壤中施用有机肥处理的土壤平均中稳性有机磷的含量均明显高于单施化肥处理，其比例也显示了一定程度的提高，表明施用有机肥对于土壤有机磷的各组份的相对分布有一定的影响。

没有使用P肥的处理N、NK在0～40cm土层中稳性有机磷的含量均明显低于其他肥料处理，而且处理N各层土壤的中稳性有机磷含量在所有肥料处理中都是最低的，但是它们的比例并没有显示出相同的分布规律，表明施P与否对土壤中稳性有机磷的分布相对影响不大，主要是因为土壤总磷量与有机磷含量的差异影响了土壤中稳性有机磷的含量分布。在M+NPK条件下，种植方式2（稻—麦—油2年5茬轮作）各层土壤中稳性有机磷含量都不低于种植方式1（稻—麦轮作），其比例更是明显高于后者，说明不同种植方式对土壤中有机磷含量及中稳性有机磷的相对分布有较大的影响；与M+NPK处理相比，处理S+NPK在60cm以上土壤中中稳性有机磷含量明显较高，各层次土壤中其比例也都明显高于M+NPK处理，说明施用秸秆肥料也能影响土壤中有机磷的形态分布，尤其是上层土壤的分布状况；增施化肥［S+1.5（NPK）处理］各层土壤的中稳性有机磷含量及其比例与S+NPK处理相比虽各有升降，但整体差异不大。与S+NPK处理相比，施用含氯化肥［S+（NPK）Cl处理］上层土壤中稳性有机磷含量较低，但随着土壤深度的增加，差异减小，到土壤深层反而有所提高，其比例只是在耕层略低于S+NPK处理，耕层以下都明显高于后一处理，并且差异随深度增加而加大。因此，施用含氯化肥后剖面土壤随着深度增加中稳性有机磷含量及其比例均下降较缓慢，而未施用含氯化肥的土壤下降速度相对较快。

6. 剖面土壤高稳性磷组成与分布的影响 表33表明，紫色土土壤剖面随深度增加高稳性有机磷含量整体上呈现递减的趋势，其比例基本保持稳定。

表33 紫色土高稳性有机磷及其比例的剖面分布

项 目	土 层（cm）	休 闲	CK	N	NP	NK	PK	NPK	S	M+NPK	M+NPK 种植方式2	S+（NPK)Cl	S+1.5（NPK）	S+NPK
高稳性有机磷 HROP（mg/kg）	0～20	9.54	11.74	15.01	21.02	13.03	21.38	19.52	24.88	30.62	16.89	23.93	25.82	22.21
	20～40	7.38	10.90	16.22	17.95	14.70	18.14	16.33	20.13	24.86	15.72	21.57	22.63	16.94
	40～60	6.84	11.05	13.67	15.40	14.90	14.55	14.74	19.95	20.95	13.84	18.70	18.07	14.46
	60～80	7.19	10.03	13.39	14.45	10.87	14.06	12.90	15.69	18.14	14.53	19.33	19.99	13.45
	80～100	7.62	9.77	11.74	12.72	11.30	13.10	12.05	14.77	17.58	13.27	16.36	18.29	13.41
HROP/TOP（%）	0～20	11.78	13.36	16.12	16.26	11.36	17.04	15.87	17.85	14.51	11.84	17.93	18.99	14.20
	20～40	9.31	14.71	20.29	14.74	13.34	16.81	14.98	17.79	15.93	15.19	20.16	17.95	13.20
	40～60	8.78	15.07	18.29	14.52	15.91	17.24	14.69	18.80	16.93	17.44	20.80	16.10	15.96
	60～80	9.69	15.03	19.40	16.36	12.82	17.45	13.27	16.25	16.03	18.23	21.00	18.87	15.94
	80～100	10.88	16.42	15.69	14.47	14.34	16.83	12.01	15.08	17.61	18.10	17.53	18.61	16.85

对照剖面各层次的高稳性有机磷含量都明显高于休闲处理，比例也都有明显地提高，说明耕作与种植作物处理对土壤各层有机磷的组分分布有一定的作用。

各施肥处理的各层土壤高稳性有机磷含量都明显的高于对照处理，但在其比例上则没有显示出相同的变化规律，各施肥处理或高或低，整体与对照差异不大，表明施肥对高稳性有机磷的相对组成影响不大，主要通过土壤有机磷的含量变化而影响土壤中高稳性有机磷的含量。与单施化肥的处理相比，有机无机混施的处理土壤各层高稳性有机磷含量都明显增加，其比例在上层土壤基本相同，但是单施化肥处理在剖面上随土层加深稳中有降，而施用有机肥的处理则稳中有升。所以，在下层土壤中施用有机肥的处理土壤高稳性有机磷的比例不同程度地高于单施化肥处理，表明有机肥施用与否对土壤尤其是深层土壤有机磷的组成分布也有一定的影响。

将处理 NP 与 N 比较，增施 P 肥后耕层土壤高稳性有机磷含量明显升高，但耕层以下差别不大，而其比例在耕层基本相等，耕层以下有不同程度地降低，表明在施化肥 N 的基础上增施 P 肥，增加了土壤有机磷的含量，可能由于增施的化肥 P 主要转化为活性较高的有机磷形态，相应降低了高稳性有机磷的比例；将 NPK 与 NK 处理比较后可表明，增施化肥 P 后主要增加了上层土壤高稳性有机磷的比例，其含量也有所升高，40cm 以下整体差异不大，表明在施用 NK 的前提下增施 P 肥主要对土壤上层的高稳性有机磷的组分分布有一定的作用。

在 M＋NPK 施肥条件下，种植方式 2（稻—麦—油 2 年 5 茬轮作）各层土壤的高稳性有机磷含量明显低于种植方式 1（稻—麦轮作），而其比例除在耕层较低外，在耕层以下基本与方式 1 相等，说明种植方式不同对土壤高稳性有机磷含量的影响主要是通过影响了土壤有机磷的含量。与 M＋NPK 处理相比，处理 S＋NPK 各层土壤高稳性有机磷含量都明显降低，但其比例只是略有降低，施用秸秆肥料对土壤高稳性有机磷的相对分布影响不大。从表中还可以看出，在施用秸秆肥的情况下，增施化肥［处理 S＋1.5（NPK）与 S＋NPK 比较］剖面各层土壤的高稳性有机磷含量及其比例均明显提高，表明化肥与秸秆肥料的施用比例不同对土壤各层有机磷的组分分布也有重要的影响作用；含氯化肥的施用［处理 S＋（NPK）Cl 与 S＋NPK 比较］也表现出了相同的肥料效应，显示施用含氯化肥对各层土壤有机磷的组分分布也有重要的作用。

（三）小结

1. 定位试验 10 年后紫色土土壤磷素主要以无机形态存在，各层土壤有机磷占全磷的平均比例大约为 41％～44％，变化幅度较窄。

2. 紫色土各层土壤中各有机磷组分的含量顺序为：中活性有机磷＞中稳性有机磷＞高稳性有机磷＞活性有机磷。

3. 不同施肥条件下，耕作与种植作物后上层土壤全磷含量变化不大，但有机磷的含量及比例、各有机磷组分的含量及比例发生了一定程度的变化，主要表现为有机磷比例降低，中稳性、高稳性有机磷比例升高而中活性有机磷比例下降。

4. 紫色土剖面土壤中活性有机磷含量整体上自耕层向下呈现递减趋势，各肥料处理中有的下降速度较快，有的相对缓慢，有的处理如 NPK 处理土壤中活性有机磷含量及其比例在剖面上基本比较平稳，总体上呈现出一定的缓慢上升趋势，但各肥料处理之间也有差异。

5. 紫色土土壤中稳性有机磷含量在土壤剖面上整体呈现随土层加深逐渐递减的趋势，在土壤深层变化幅度逐渐减小并基本趋于平稳；土壤有机磷总量的比例在土壤剖面上整体比较平稳，但各处理之间有一定的差异。

6. 紫色土土壤剖面随深度增加高稳性有机磷含量整体上呈现递减的趋势，其比例基本保持稳定，但各处理的情况有所不同。

7. 不同种植方式对紫色土土壤磷素的分布与转化有一定的作用，NPK＋M1 施肥条件下种植方式 2 土壤有机磷含量及比例有较大幅度的降低，中活性有机磷含量及其比例有较大幅度的降低，中稳性有机磷的比例大幅提高。

四、结　　论

1. 定位试验 10 年后黑土上层土壤磷素大部分以有机磷形态存在，下层主要以无机磷形态存在，褐潮土与紫色土各层次土壤中磷素主要以无机形态存在，有机磷只占土壤全磷的小部分，整体上有机磷含量及其占全磷的比例随土壤剖面的加深而递减。

2. 3 种土壤各层次有机磷各组分的含量顺序均为：中活性有机磷＞中稳性有机磷＞高稳性有机磷＞活性有机磷。

3. 各土壤中活性有机磷含量随剖面加深而不断减少，在深层土壤逐渐趋于平缓，但在黑土中其比例却随土壤剖面加深而缓慢升高，在褐潮土其比例随剖面加深平稳下降，紫色土中其比例相对较为平稳。

4. 黑土与紫色土土壤中稳性有机磷含量随剖面加深而不断减少，在深层土壤逐渐趋于平缓，黑土中其比例整体上随土壤剖面加深而缓慢下降，而在紫色土中其比例整体比较平稳；褐潮土中稳性有机磷含量在土壤剖面上呈现由耕层至 40cm 土层递减、在 60～80cm 土层出现富集、然后降低的“И”字形分布规律，其比例呈从耕层到 80cm 深度不断升高、然后递减的剖面分布规律，并且中稳性有机磷比例在 60～80cm 深度土层为最高。

5. 黑土与紫色土土壤高稳性有机磷含量在剖面上随土层加深而递减，在土壤深层逐渐趋于平缓，其比例基本没有明显的分布规律；褐潮土高稳性有机磷含量在土壤剖面上没有很明显的分布规律，整体比较平稳，但其比例随土壤剖面加深有递增趋势。

6. 3 种土壤中不同种植方式对土壤磷素在无机与有机形态之间的分布、有机磷各组分的分布与转化有一定的作用。主流种植方式（黑土：玉米连作；褐潮土：玉米—小麦轮作；紫色土：水稻—小麦）土壤有机磷的比例不同程度地高于次要种植方式（黑土：玉米—大豆轮作；褐潮土：小麦—玉米—小麦—大豆；紫色土：中稻—再生稻—小麦—中稻—油菜轮作），并且中活性有机磷的比例也有所升高。

7. 褐潮土 NPK 节水处理土壤有机磷含量基本稳定，其比例低于常规用水处理，各有机磷组分中，中活性有机磷比例降低，中稳性和高稳性有机磷比例升高，有机磷整体上向对植物有效性较低的方向转化。

8. 与 NPK 处理相比，褐潮土增施化肥 N 土壤各层次中稳性有机磷和高稳性有机磷比例上升，中活性有机磷的比例下降，土壤有机磷整体向有效性相对较低的方向转化。

长期施肥对土壤腐殖质组成及其理化性质的影响

一、供试土壤与作物

供试土壤分别采自河北省辛集市马兰农场和江西省进贤县江西省红壤研究所的长期定位试验基地。田间试验设计与采样方法如下：

（一）潮土

试验从1980年开始在河北省辛集市马兰农场进行，供试土壤为潮土，质地为轻壤。供试土壤基本性质见表1。

表1 供试土壤基本性质（试前）

土壤名称	土壤质地	有机质（%）	pH	全N (g/kg)	全P_2O_5 (g/kg)	全K_2O (g/kg)	碱解N (mg/kg)	速效P (mg/kg)	速效K (mg/kg)	CEC (cmol/kg)
潮　土	轻　壤	1.1	7.8	0.66	0.53	20.0	41.0	5.0	87.0	15.24
旱地红壤	黏　土	1.6	6.0	0.98	1.42	15.8	60.3	12.9	102.0	7.34
红壤性水稻土	黏　土	2.8	6.9	1.49	1.11	12.5	150	9.5	97.8	11.9

试验设CK（不施肥）、N、NP、NPK、OM（有机肥）、N＋OM、NP＋OM、NPK＋OM 8个处理。小区面积80.0m^2，3次重复，顺序排列。试验采用冬小麦—夏玉米轮作制。1996年小麦品种为冀麦38，玉米品种为7505。肥料品种为尿素、普通过磷酸钙、氯化钾及农家肥。氮肥40%作底肥，60%在小麦起身期追施，其他肥料均一次性基施，玉米生长期再追施375kg/hm^2尿素。各种肥料用量见表2。本试验仅在CK、NPK、OM、NPK＋OM 4个处理取样。

表2 供试土壤每年施肥情况

（kg/hm^2）

土壤名称	CK（不施肥）	NPK			有机肥	NPK＋有机肥
		N	P_2O_5	K_2O		
潮　土	0	150＋172.5	150	150	37 500	622.5＋37 500
旱地红壤	0	60×2	30×2	60×2	15 000×2	300＋30 000
红壤性水稻土	0	90×2	45×2	75×2	22 500×2	420＋45 000

（二）旱地红壤

试验从1986年开始在江西省进贤县江西省红壤研究所进行，供试土壤为旱地红壤，质

作者：史吉平、张夫道、林　葆，史吉平为1998年7月毕业的博士研究生。

地为黏土。供试土壤基本性质见表 1。

试验设 CK（不施肥）、N、P、K、NP、NK、NPK、2 倍 NPK、OM（有机肥）、NPK＋OM 10 个处理。小区面积 22.22m^2，3 次重复，随机排列。试验采用早玉米—晚玉米—休闲制。1996 年早玉米品种为湘玉 7 号，晚玉米品种为郑三 3 号。肥料品种为尿素、钙镁磷肥、氯化钾及猪粪。各种肥料用量见表 2。本试验仅在 CK、NPK、OM、NPK＋OM 4 个处理取样。

（三）红壤性水稻土

试验从 1981 年开始在江西省进贤县江西省红壤研究所进行，供试土壤为红壤性水稻土，质地为黏土。供试土壤基本性质见表 1。

试验设 CK（不施肥）、N、P、K、NP、NK、NPK、2 倍 NPK、NPK＋OM 9 个处理。小区面积 46.6m^2，3 次重复，随机排列。试验采用早稻—晚稻—冬闲制。早晚稻品种组合 5 年一换，1996 年早稻品种为 2106，晚稻品种为汕优 64。肥料品种为尿素、钙镁磷肥、氯化钾、紫云英（早稻）和猪粪（晚稻）。各种肥料用量见表 2。本试验仅在 CK、NPK、NPK＋OM 3 个处理取样。

（四）采样时间与方法

潮土采样时间为 1996 年 6 月 12 日，旱地红壤采样时间为 1996 年 7 月 20 日，红壤性水稻土采样时间为 1996 年 7 月 24 日。用土钻分 0～20、20～40、40～60、60～80、80～100cm 五层采集，每个处理随机取 6 个点，取完后混合制样。样品风干后过 1mm 和 0.25mm 筛备用。

二、测试项目与方法

（一）土壤腐殖质的分离与纯化

用 0.1mol/L $Na_4P_2O_7$－NaOH 混合液分离，渗析法和离子交换法纯化（文启孝等，1984）。

（二）土壤腐殖质分组

根据 Кононова（1961）和曹恭（1986）的修改法，将腐殖质分为胡敏酸和富里酸两组。

（三）土壤腐殖质结合形态测定

参照傅积平（1983）修改法，将腐殖质结合形态分为 3 种，即松结态腐殖质，紧结态腐殖质和稳结态腐殖质。

（四）土壤不同粒级复合体分级

用超声分散重力分级法测定（严昶升，1988），共分 4 级，即黏粒级（＜2μm）、粉砂级（2～20μm）、细砂级（20～200μm）和粗砂级（＞200μm）。

（五）土壤有机无机复合度和复合量测定

用杜列液比重分离法测定（傅积平等，1978）。

用下列公式计算复合量与复合度：

原土复合量（%）＝重组含碳量（%）×重组土重/原土重

原土复合度（%）＝原土复合量（%）×100/原土含碳量（%）

增值复合量（%）＝施肥土壤复合量（%）－原土复合量（%）

增值复合度（%）＝增值复合量（%）×100/［施肥土壤含碳量（%）－原土含碳量（%）］

（六）土壤胶散复合体分组

参照 Тюлин 和傅积平的方法（严昶升，1988），将复合体分为 G_0、G_1、G_2 三组。

（七）其他指标的分析与测定

1. 土壤有机质　用丘林法测定（Кононова，1961）。

2. 土壤活性腐殖质　用 0.1mol/L NaOH 提取，丘林法定碳（严昶升，1988）。

3. 腐殖质含氧功能团测定　总酸性基用氢氧化钡法测定（Schnitzer 等，1965）；羧基用醋酸钡法测定（Schnitzer 等，1965）；酚羟基用差减法测定，即酚羟基含量＝总酸性基－羧基含量。

4. 腐殖质紫外吸收光谱特征的测定　将纯化好的胡敏酸和富里酸用 0.05mol/L $NaHCO_3$ 分别稀释至含碳量为 0.625mg/ml 和 0.678mg/ml，然后分别在 200、250、300、350、400nm 波长下测定光密度，并绘制光谱图（严昶升，1988）。

5. 腐殖质可见光谱特征的测定　将纯化好的胡敏酸和富里酸用 0.05 mol/L $NaHCO_3$ 分别稀释至含碳量为 0.136mg/ml，测定其在 465nm 和 665nm 波长下的光密度（严昶升，1988）。

6. 腐殖质结合态微量元素的测定　将分离纯化好的胡敏酸和富里酸，用 1mol/L HCl 浸提 24h，原子吸收分光光度法测定（南京农业大学，1992）。

三、对土壤有机质含量与分布的影响

土壤有机质既是植物矿质营养和有机营养的源泉，又是土壤中异养型微生物的能源物质，同时也是形成土壤结构的重要因素。土壤有机质直接影响着土壤的耐肥性、保墒性、缓冲性、耕性和通气状况等。因此，有机质含量是土壤肥力高低的重要指标之一。

土壤中有机物质的种类很多，但对土壤肥力影响最大的是腐殖质。腐殖质的结构、组成和性质都与其功能密切相关。

本文将探讨长期施用化肥和有机肥对潮土、旱地红壤和红壤性水稻土 0～20、20～40、40～60、60～80、80～100cm 五个层次中的有机质含量、腐殖质组成及 0～20cm 土层中腐殖质的光谱特征和含氧功能团等的影响。

表 3 为长期施肥条件下 3 种土壤有机质在不同层次的分布情况。从表中数据可以看出，

红壤性水稻土耕层（0～20cm）中的有机质含量最高，是旱地红壤和潮土的2倍多，旱地红壤和潮土的有机质含量相差不大。有机质在土壤不同层次的分布情况基本上是由上至下依次降低，而且最上层的有机质含量远远高于以下几层，但第3层的有机质含量略高于第2层。这种情况在潮土中比其他两种土壤明显。长期施用化肥或有机肥均可提高土壤有机质含量，尤以施用有机肥或有机无机肥配施的效果显著。有机无机肥配施提高土壤有机质的效果因土而异，以0～20cm土层为例，有机无机肥配施可使潮土有机质含量增加0.43%，比对照提高46.7%，而旱地红壤和红壤性水稻土有机质含量分别增加0.28%和0.29%，两者相差不大，但两者比对照分别提高24.1%和11.7%，前者是后者的2倍多。施肥提高土壤有机质的效果不仅局限于土壤耕层，但以0～60cm土层效果明显。施肥对潮土下层有机质含量的影响较大，而对红壤性水稻土下层有机质含量的影响较小。这可能与潮土质地较砂，且不同层次的质地、水分含量和通气性不完全相同，而红壤性水稻土质地较黏，且不同层次的质地、水分含量和通气性相差不大有关。因此，两种土壤有机质的累积与矿化效果不同。

表3　各施肥处理土壤有机质含量

（%）

土壤名称	层　次（cm）	施　肥　处　理			
		CK	NPK	OM	NPK+OM
潮　土	0～20	0.92	1.07	1.16	1.35
	20～40	0.60	0.92	0.80	0.87
	40～60	0.81	1.05	1.00	1.06
	60～80	0.49	0.80	0.66	0.68
	80～100	0.35	0.41	0.42	0.49
旱地红壤	0～20	1.16	1.27	1.26	1.44
	20～40	0.86	0.66	0.71	0.76
	40～60	0.61	0.67	0.82	0.68
	60～80	0.42	0.42	0.62	0.41
	80～100	0.36	0.43	0.45	0.39
红壤性水稻土	0～20	2.47	2.49		2.76
	20～40	0.73	0.64		0.68
	40～60	0.69	0.69		0.62
	60～80	0.72	0.66		0.72
	80～100	0.55	0.60		0.62

四、对土壤腐殖质组成与性质的影响

（一）对土壤腐殖质组成与分布的影响

长期施肥对土壤腐殖质含量及组成的影响与对有机质的影响相似，长期施用化肥、有机肥，或有机无机肥配施，均可提高潮土（表 4）、旱地红壤（表 5）和红壤性水稻土（表 6）的腐殖质含量，其中胡敏酸和富里酸含量均相应地增加，但以有机无机肥配施的效果最好。3 种土壤中的腐殖质含量基本上是上层土壤高，下层土壤低，最上层和最下层之间相差 3～5 倍。3 种土壤腐殖质的胡/富比值在不同层次之间变化不规律，但从耕层土壤来看，施肥的比不施肥的土壤中胡/富比值高（图 1），且潮土腐殖质的胡/富比值远高于旱地红壤和红壤性水稻土。这是因为北方土壤中的腐殖质以胡敏酸为主，而南方土壤中的腐殖质则以富里酸为主。红壤性水稻土的胡/富比值较旱地红壤略高一些，说明土壤类型、利用方式和培肥条件不同，其腐殖质的组成也不相同。

表 4　各施肥处理潮土腐殖质含量

（C%）

项　目	层　次（cm）	施　肥　处　理			
		CK	NPK	OM	NPK+OM
总腐殖质	0～20	0.205	0.233	0.220	0.300
	20～40	0.184	0.160	0.162	0.220
	40～60	0.160	0.215	0.192	0.220
	60～80	0.140	0.175	0.106	0.149
	80～100	0.082	0.099	0.058	0.076
胡敏酸	0～20	0.140	0.160	0.151	0.210
	20～40	0.127	0.108	0.106	0.171
	40～60	0.097	0.161	0.149	0.168
	60～80	0.089	0.114	0.048	0.080
	80～100	0.049	0.056	0.045	0.041
富里酸	0～20	0.065	0.073	0.069	0.090
	20～40	0.056	0.052	0.056	0.050
	40～60	0.063	0.054	0.043	0.052
	60～80	0.051	0.060	0.050	0.069
	80～100	0.033	0.043	0.035	0.035

表 5　各施肥处理旱地红壤腐殖质含量

（C%）

项　目	层　次（cm）	施　肥　处　理			
		CK	NPK	OM	NPK+OM
总腐殖质	0～20	0.296	0.359	0.313	0.393
	20～40	0.170	0.188	0.198	0.221
	40～60	0.145	0.136	0.178	0.168
	60～80	0.121	0.126	0.145	0.150
	80～100	0.099	0.112	0.197	0.145

（续）

项　目	层　次（cm）	施　肥　处　理			
		CK	NPK	OM	NPK+OM
胡敏酸	0～20	0.087	0.110	0.104	0.133
	20～40	0.062	0.076	0.082	0.097
	40～60	0.038	0.041	0.076	0.091
	60～80	0.030	0.039	0.052	0.084
	80～100	0.030	0.028	0.069	0.076
富里酸	0～20	0.209	0.248	0.210	0.260
	20～40	0.108	0.112	0.116	0.124
	40～60	0.107	0.095	0.102	0.078
	60～80	0.091	0.087	0.093	0.066
	80～100	0.069	0.084	0.127	0.069

表 6　各施肥处理红壤性水稻土腐殖质含量

（C%）

项　目	层　次（cm）	施　肥　处　理			
		CK	NPK	OM	NPK+OM
总腐殖质	0～20	0.525	0.520		0.542
	20～40	0.149	0.143		0.156
	40～60	0.214	0.160		0.192
	60～80	0.136	0.153		0.164
	80～100	0.127	0.153		0.127
胡敏酸	0～20	0.173	0.178		0.205
	20～40	0.063	0.043		0.060
	40～60	0.084	0.056		0.054
	60～80	0.043	0.048		0.043
	80～100	0.041	0.045		0.037
富里酸	0～20	0.352	0.342		0.337
	20～40	0.086	0.099		0.096
	40～60	0.130	0.104		0.138
	60～80	0.093	0.106		0.121
	80～100	0.086	0.108		0.091

土壤腐殖质碳占土壤有机碳的比例因土而异，潮土和红壤性水稻土的腐殖质碳占土壤有机碳的比例相差不大（图 2），约为 40%左右，而旱地红壤的腐殖质碳占土壤有机碳的比例略高一些，接近 50%。从图中还可看出，施有机肥的土壤中腐殖质碳占土壤有机碳的比例低于其他施肥处理，甚至低于不施肥的土壤。可能是刚施入的有机肥尚未转化成土壤腐殖质的缘故。

土壤腐殖质中胡敏酸与富里酸占总腐殖质的比例也因土而异，潮土中胡敏酸占腐殖质的比例较高（图 3），达 70%左右，而旱地红壤和红壤性水稻土中富里酸占腐殖质的比例较高

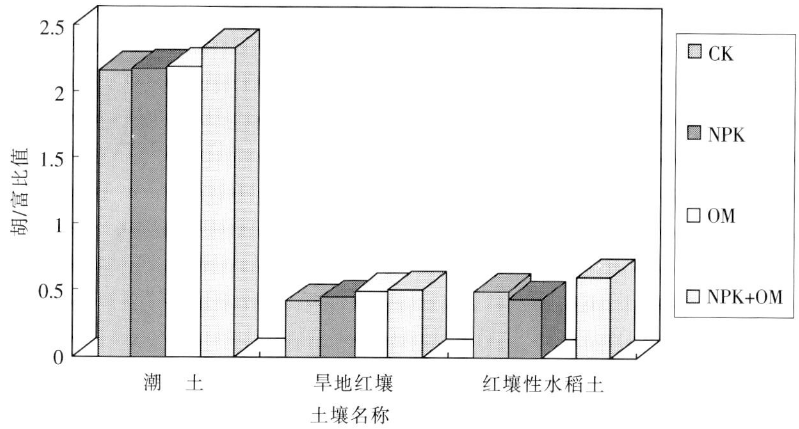

图1 各施肥处理土壤耕层胡敏酸与富里酸的比值

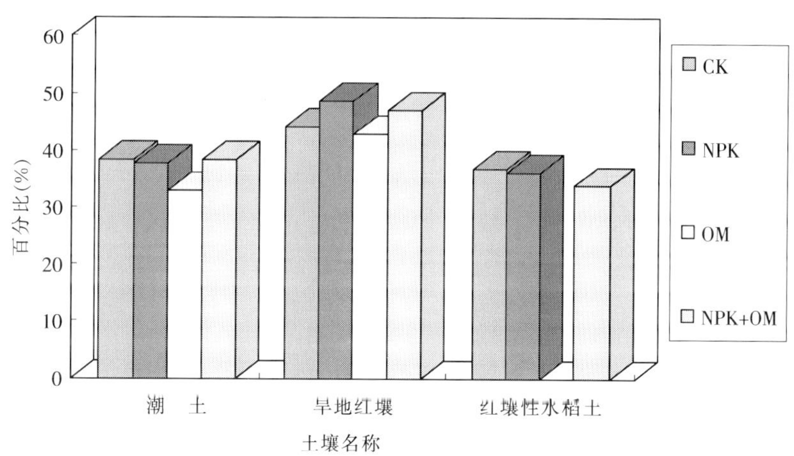

图2 各施肥处理土壤腐殖质碳占有机碳百分比（%）

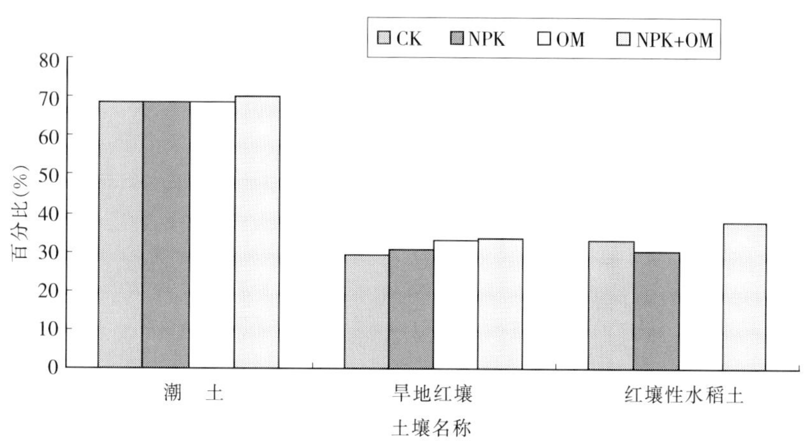

图3 各施肥处理土壤耕层胡敏酸占总腐殖质百分比（%）

(图 4)，也达 70%左右。施有机肥或有机无机肥配施均能增加腐殖质中胡敏酸的比例，降低富里酸的比例，但在潮土上的效果不如旱地红壤和红壤性水稻土。施化肥对潮土腐殖质中胡敏酸与富里酸的比例影响不大，但提高旱地红壤腐殖质中胡敏酸的比例，降低红壤性水稻土腐殖质中胡敏酸的比例。腐殖质中胡敏酸的比例高低，决定着腐殖质的品质，胡敏酸比例越高，腐殖质的品质越好（赖庆旺等，1991；Щевцова 等，1989）。

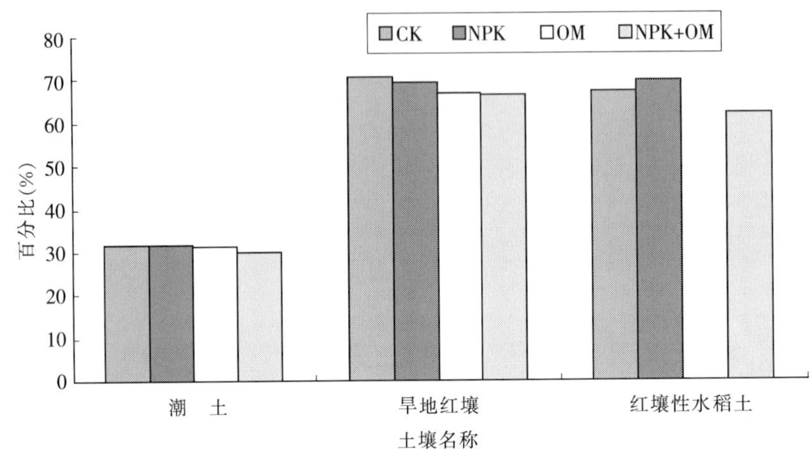

图 4　各施肥处理土壤耕层富里酸占总腐殖质百分比（%）

（二）对土壤不同层次活性腐殖质含量的影响

长期施肥对土壤活性腐殖质的影响见表 7、表 8 和表 9。从表中数据可以看出，3 种土壤的活性腐殖质含量相差较大，红壤性水稻土的活性腐殖质含量最高，潮土最低，两者相差 2～3 倍，与土壤有机质和腐殖质的情况相似。3 种土壤的活性腐殖质含量均是耕层（0～20cm）最高，以下几层的含量显著低于耕层，且呈现由上至下依次降低的趋势，但在不同土壤之间不完全一样。潮土 20～40cm 和 40～60cm 土层的活性腐殖质含量比较接近，其余各层的活性腐殖质含量相差较大。旱地红壤施有机肥或有机无机肥配施的 40～60cm 土层中的活性腐殖质含量略高于 20～40cm 土层，其余各施肥处理的活性腐殖质含量也是由上至下依次降低。红壤性水稻土不施肥或施化肥的 20～40cm 土层的活性腐殖质含量略低于以下各层，且各施肥处理的 20～100cm 土层之间的活性腐殖质含量相差不大。

表 7　各施肥处理潮土活性腐殖质含量

层　次（cm）	项　　目	施　肥　处　理			
		CK	NPK	OM	NPK+OM
0～20	活性腐殖质含量（C%）	0.102	0.117	0.180	0.200
	占土壤有机碳（%）	19.11	18.85	26.75	25.54
	占土壤总腐殖碳（%）	49.71	50.15	81.70	66.61
20～40	活性腐殖质含量（C%）	0.028	0.033	0.039	0.034
	占土壤有机碳（%）	8.05	6.18	8.40	6.74
	占土壤总腐殖碳（%）	15.25	20.65	24.07	15.43

（续）

层　次（cm）	项　　目	施　肥　处　理			
		CK	NPK	OM	NPK+OM
40～60	活性腐殖质含量（C%）	0.025	0.030	0.030	0.026
	占土壤有机碳（%）	5.32	4.93	5.17	4.23
	占土壤总腐殖碳（%）	15.64	13.95	15.61	11.80
60～80	活性腐殖质含量（C%）	0.015	0.024	0.021	0.016
	占土壤有机碳（%）	5.28	5.17	5.47	4.06
	占土壤总腐殖碳（%）	10.68	13.72	19.84	10.74
80～100	活性腐殖质含量（C%）	0.007	0.009	0.015	0.014
	占土壤有机碳（%）	3.45	3.78	6.16	4.93
	占土壤总腐殖碳（%）	8.53	9.06	25.72	18.52

表 8　各施肥处理旱地红壤活性腐殖质含量

层　次（cm）	项　　目	施　肥　处　理			
		CK	NPK	OM	NPK+OM
0～20	活性腐殖质含量（C%）	0.189	0.200	0.206	0.238
	占土壤有机碳（%）	28.09	27.15	28.19	28.49
	占土壤总腐殖碳（%）	63.85	55.78	65.77	60.54
20～40	活性腐殖质含量（C%）	0.110	0.102	0.127	0.100
	占土壤有机碳（%）	22.05	26.64	30.84	22.62
	占土壤总腐殖碳（%）	64.71	54.28	64.14	45.25
40～60	活性腐殖质含量（C%）	0.101	0.096	0.151	0.105
	占土壤有机碳（%）	28.54	24.70	31.75	26.72
	占土壤总腐殖碳（%）	69.66	70.55	84.83	62.32
60～80	活性腐殖质含量（C%）	0.063	0.062	0.117	0.088
	占土壤有机碳（%）	25.86	25.45	32.53	37.45
	占土壤总腐殖碳（%）	52.08	49.21	80.85	58.67
80～100	活性腐殖质含量（C%）	0.047	0.064	0.080	0.076
	占土壤有机碳（%）	22.27	25.66	30.65	33.63
	占土壤总腐殖碳（%）	47.30	56.98	40.70	52.52

表 9　各施肥处理红壤性水稻土活性腐殖质含量

层　次（cm）	项　　目	施　肥　处　理			
		CK	NPK	OM	NPK+OM
0～20	活性腐殖质含量（C%）	0.347	0.360		0.411
	占土壤有机碳（%）	24.22	24.93		25.67
	占土壤总腐殖碳（%）	66.11	69.23		75.81
20～40	活性腐殖质含量（C%）	0.072	0.061		0.091
	占土壤有机碳（%）	17.00	16.43		23.07
	占土壤总腐殖碳（%）	48.31	42.79		58.33

（续）

层 次（cm）	项 目	施 肥 处 理			
		CK	NPK	OM	NPK+OM
40～60	活性腐殖质含量（C%）	0.101	0.077		0.073
	占土壤有机碳（%）	25.24	19.24		20.30
	占土壤总腐殖碳（%）	47.23	48.17		37.97
60～80	活性腐殖质含量（C%）	0.090	0.074		0.087
	占土壤有机碳（%）	21.55	19.33		20.83
	占土壤总腐殖碳（%）	66.14	48.25		53.00
80～100	活性腐殖质含量（C%）	0.076	0.067		0.070
	占土壤有机碳（%）	23.82	19.25		19.46
	占土壤总腐殖碳（%）	59.64	43.69		54.93

3 种土壤耕层的活性腐殖质碳占土壤有机碳的百分比均低于 30%，而活性腐殖质碳占土壤腐殖质碳的百分比高于 50%，甚至可达 80%左右。旱地红壤和红壤性水稻土的活性腐殖质含量虽然相差较大，但其占土壤有机质或腐殖质的百分比却比较接近。潮土耕层的活性腐殖质碳占土壤有机碳或腐殖质碳的百分比与旱地红壤和红壤性水稻土接近，但以下几层的活性腐殖质碳占土壤有机碳或腐殖质碳的百分比却显著低于旱地红壤和红壤性水稻土。

从不同施肥处理来看，3 种土壤的活性腐殖质含量基本上是施有机肥或有机无机肥配施的处理高于不施肥或施化肥的处理。从活性腐殖质的组成来看（图 5），潮土的活性腐殖质仍以活性胡敏酸为主，占总活性腐殖质的 70%左右，旱地红壤和红壤性水稻土则以活性富里酸为主，占总活性腐殖质的 60%～80%。施有机肥或有机无机肥配施均可提高 3 种土壤活性胡敏酸占总活性腐殖质的百分比，施化肥则降低潮土和红壤性水稻土活性胡敏酸占总活性腐殖质的百分比，提高活性富里酸占总活性腐殖质的百分比。从土壤耕层活性胡敏酸与活性富里酸的比值来看（图 6），潮土的活性胡敏酸/活性富里酸的比值较高，达 1.5～2.5，旱地红壤和红壤性水稻土的活性胡敏酸/活性富里酸的比值较低，一般低于 1.0，与 3 种土壤的胡/富比值相近（图 1）。

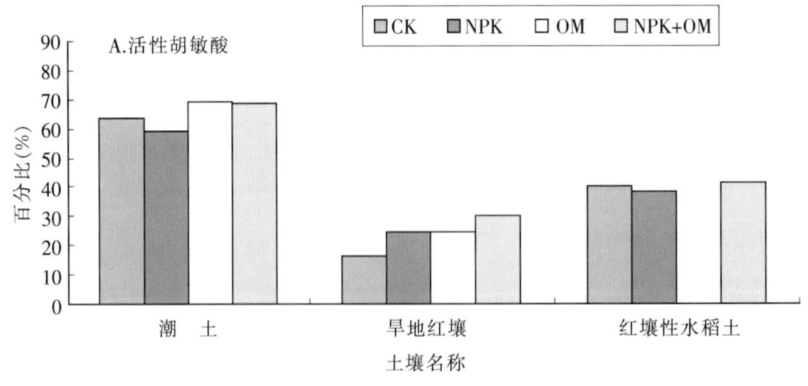

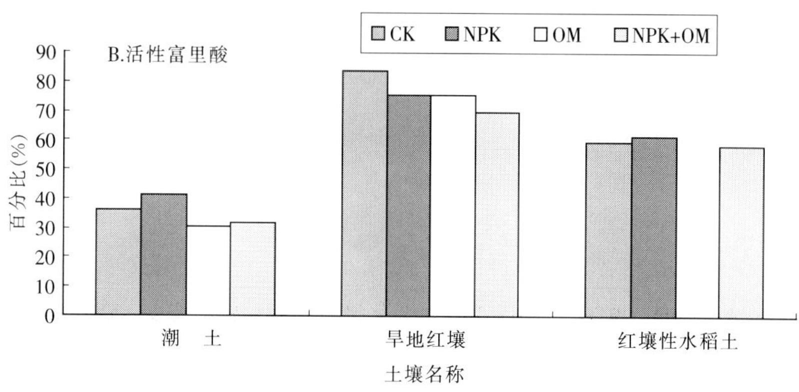

图 5　各施肥处理土壤耕层活性胡敏酸与富里酸占总活性腐殖质百分比（%）

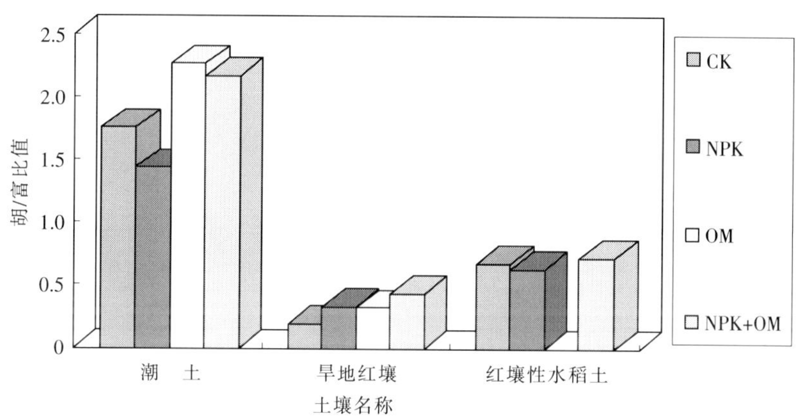

图 6　各施肥处理土壤耕层活性胡敏酸与活性富里酸的比值

从图 7 可以看出，施有机肥或有机无机肥配施可以提高潮土和红壤性水稻土的活性腐殖质占腐殖质的百分比，其中活性胡敏酸与活性富里酸占胡敏酸与富里酸的百分比也相应提高。施有机肥或有机无机肥配施，虽然不能提高旱地红壤活性腐殖质占腐殖质的百分比，但可以提高活性胡敏酸占胡敏酸的百分比。说明施用有机肥或有机无机肥配施，对于提高土壤活性腐殖质含量，改善活性腐殖质的品质非常重要。

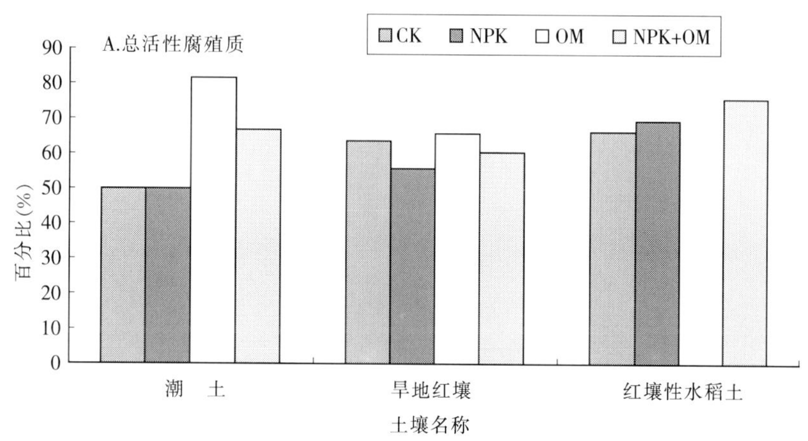

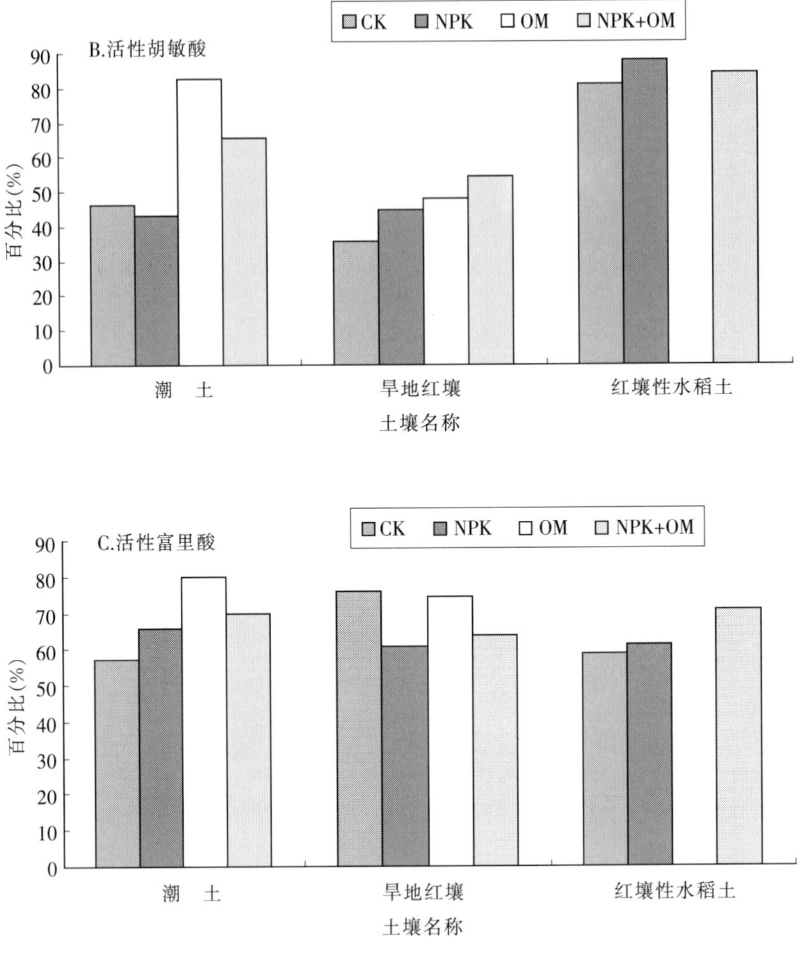

图 7　各施肥处理土壤耕层活性腐殖质占腐殖质百分比（%）

(三) 对土壤腐殖质结合形态分组的影响

1. 对潮土腐殖质结合形态分组的影响　土壤中的腐殖质大多数与矿物部分相结合形成有机无机复合体，游离态腐殖质为数不多。土壤腐殖质与矿物质的结合形态可分为 3 种，即松结态腐殖质、稳结态腐殖质和紧结态腐殖质（傅积平，1983）。长期施肥对潮土腐殖质结合形态的影响见表 10，从表中数据可以看出，长期施用化肥、有机肥或有机无机肥配施，均能提高潮土各层次 3 种结合态腐殖质含量，其中有机无机肥配施的效果最好，化肥的效果不如有机肥。各结合态腐殖质在土壤中的分布情况与土壤有机质的分布情况相似，也是 0～20cm 土层含量最高，40～60cm 土层次之。3 种结合态腐殖质碳占重组有机碳的比例，以紧结态腐殖质最高，达 70%左右，松结态腐殖质所占比例最低，只有 7%～15%，稳结态腐殖质所占比例比松结态腐殖质高近 1 倍（图 8）。施化肥、有机肥或有机无机肥配施均能提高土壤耕层松结态腐殖质和稳结态腐殖质碳占重组有机碳的比例，但降低紧结态腐殖质碳占重组有机碳的比例。

表 10　各施肥处理潮土腐殖质结合形态分组

（C%）

项　目	层　次（cm）	施　肥　处　理			
		CK	NPK	OM	NPK+OM
松结态腐殖质	0～20	0.040	0.055	0.067	0.083
	20～40	0.028	0.039	0.041	0.050
	40～60	0.030	0.042	0.054	0.070
	60～80	0.034	0.038	0.046	0.053
	80～100	0.015	0.018	0.023	0.026
稳结态腐殖质	0～20	0.106	0.131	0.129	0.170
	20～40	0.077	0.103	0.095	0.118
	40～60	0.088	0.112	0.103	0.130
	60～80	0.071	0.109	0.080	0.091
	80～100	0.045	0.056	0.050	0.068
紧结态腐殖质	0～20	0.322	0.351	0.356	0.425
	20～40	0.229	0.321	0.335	0.318
	40～60	0.272	0.347	0.364	0.360
	60～80	0.151	0.206	0.236	0.230
	80～100	0.141	0.145	0.164	0.179

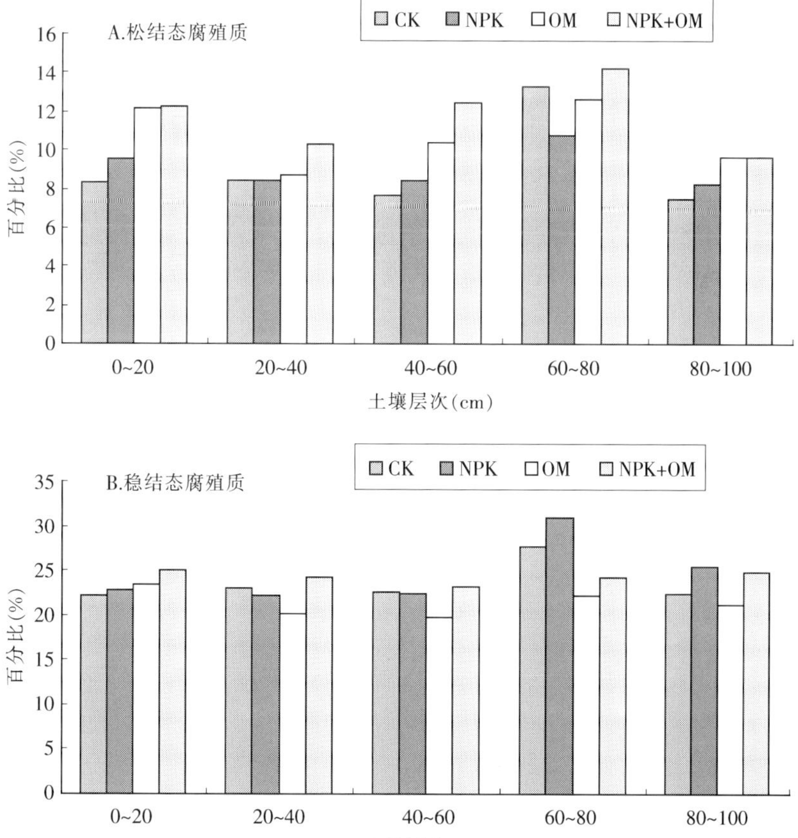

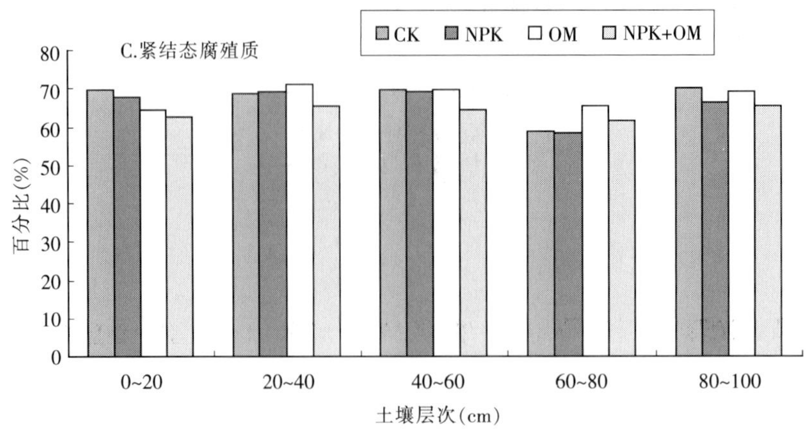

图 8　各施肥处理潮土不同结合形态腐殖质碳占重组有机碳百分比（%）

2. 对旱地红壤腐殖质结合形态分组的影响　旱地红壤各结合态腐殖质在土壤中的分布情况与潮土略有不同（表 11），3 种结合态腐殖质的绝对含量也是 0～20cm 土层最高，以下几层的稳结态腐殖质含量相差不大，松结态腐殖质 20～60cm 土层的含量略高于 60～100cm 土层，而紧结态腐殖质 20～60cm 土层的含量相近，且高于 60～100cm 土层 1 倍左右。施化肥、有机肥或有机无机肥配施均能提高耕层土壤中 3 种结合态腐殖质含量，但 20cm 以下土层中个别施肥处理个别土层的松结态腐殖质或稳结态腐殖质含量略低于不施肥处理，而紧结态腐殖质含量无论是耕层或是下层，均是施肥处理高于不施肥处理。

表 11　各施肥处理旱地红壤腐殖质结合形态分组

（C%）

项　目	层　次（cm）	施　肥　处　理			
		CK	NPK	OM	NPK＋OM
松结态腐殖质	0～20	0.146	0.167	0.157	0.173
	20～40	0.101	0.092	0.092	0.079
	40～60	0.085	0.071	0.103	0.074
	60～80	0.072	0.065	0.076	0.063
	80～100	0.053	0.060	0.058	0.058
稳结态腐殖质	0～20	0.049	0.051	0.064	0.078
	20～40	0.035	0.047	0.059	0.047
	40～60	0.048	0.050	0.041	0.053
	60～80	0.059	0.059	0.071	0.055
	80～100	0.047	0.035	0.041	0.041
紧结态腐殖质	0～20	0.346	0.374	0.352	0.373
	20～40	0.183	0.228	0.232	0.278
	40～60	0.181	0.230	0.245	0.256
	60～80	0.092	0.109	0.098	0.121
	80～100	0.103	0.133	0.139	0.123

从 3 种结合态腐殖质碳占重组有机碳的比例来看（图 9），紧结态腐殖质所占比例最高，达 40%～60%，松结态腐殖质所占比例次之，稳结态腐殖质所占比例最低。其中 0～60cm 土层松结态腐殖质碳占重组有机碳的比例比稳结态腐殖质高 1 倍左右，而 60～100cm 土层的松结态腐殖质和稳结态腐殖质所占比例差别不大。

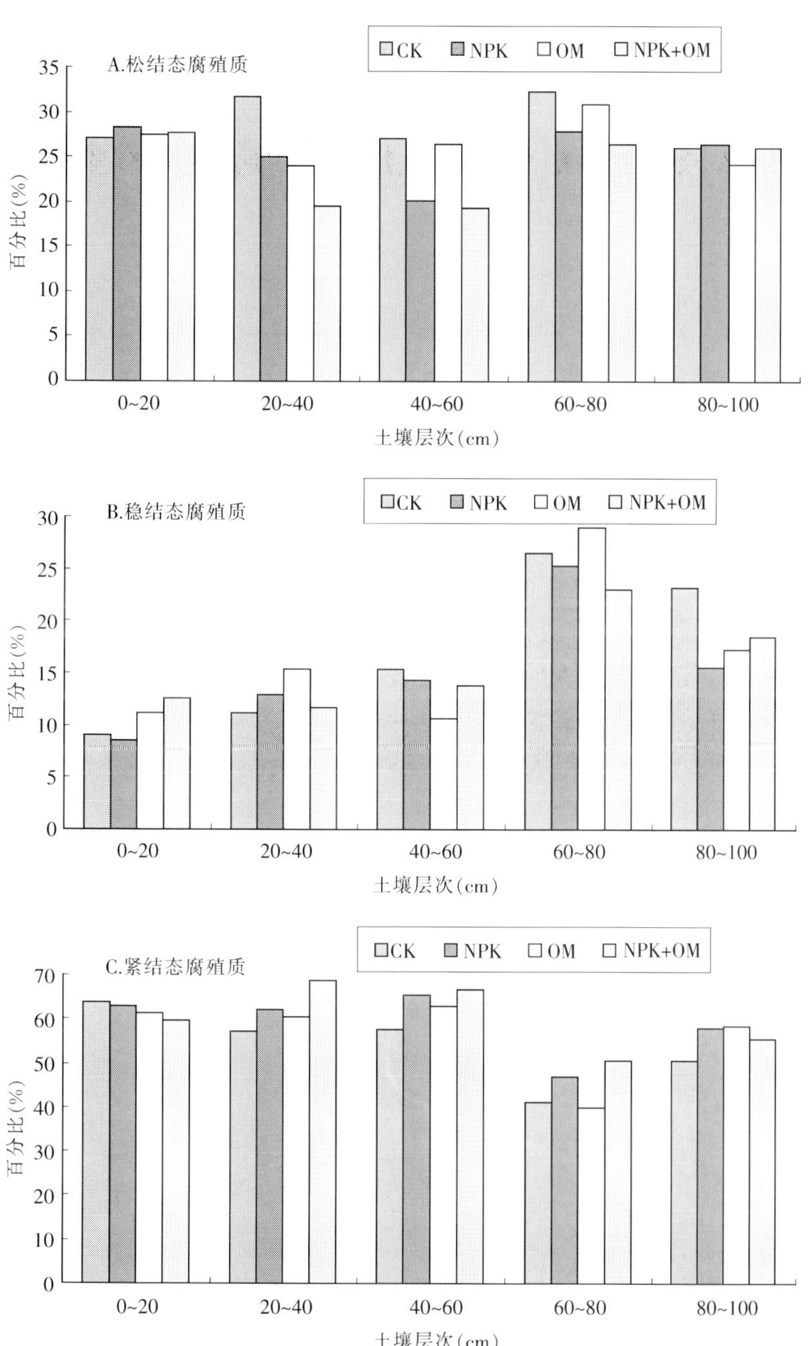

图 9　各施肥处理旱地红壤不同结合形态腐殖质碳占重组有机碳百分比（%）

3. 对红壤性水稻土腐殖质结合形态分组的影响 长期施肥对红壤性水稻土腐殖质结合形态的影响与旱地红壤相似（表 12），3 种结合态腐殖质都是 0～20cm 土层最高，以下几层的各结合态腐殖质含量显著低于耕层。松结态腐殖质 60～80cm 土层的含量略高于耕层以下其他 3 层，而稳结态腐殖质 20～40cm 土层的含量略高于以下 3 层。施化肥或有机无机肥配施可以提高耕层土壤 3 种结合态腐殖质含量，但耕层以下土壤中个别施肥处理个别土层的松结态腐殖质或稳结态腐殖质含量略低于不施肥处理。从 3 种结合态腐殖质碳占重组有机碳的比例来看（图 10），仍以紧结态腐殖质所占比例最高，其次是松结态腐殖质，稳结态腐殖质所占比例极低，不到 10%。从土壤不同层次来看，松结态腐殖质碳占重组有机碳的比例是 60～80cm 土层最高，耕层次之，而稳结态腐殖质碳占重组有机碳的比例则是 20～40cm 土层最高，耕层次之。

表 12 各施肥处理红壤性水稻土腐殖质结合形态分组

（C%）

项 目	层 次（cm）	施 肥 处 理			
		CK	NPK	OM	NPK+OM
松结态腐殖质	0～20	0.363	0.377		0.398
	20～40	0.092	0.080		0.083
	40～60	0.068	0.089		0.068
	60～80	0.107	0.101		0.115
	80～100	0.083	0.080		0.086
稳结态腐殖质	0～20	0.088	0.090		0.112
	20～40	0.035	0.030		0.035
	40～60	0.012	0.020		0.012
	60～80	0.025	0.029		0.020
	80～100	0.018	0.020		0.018
紧结态腐殖质	0～20	0.838	0.833		0.892
	20～40	0.235	0.257		0.266
	40～60	0.248	0.232		0.277
	60～80	0.179	0.197		0.232
	80～100	0.193	0.211		0.210

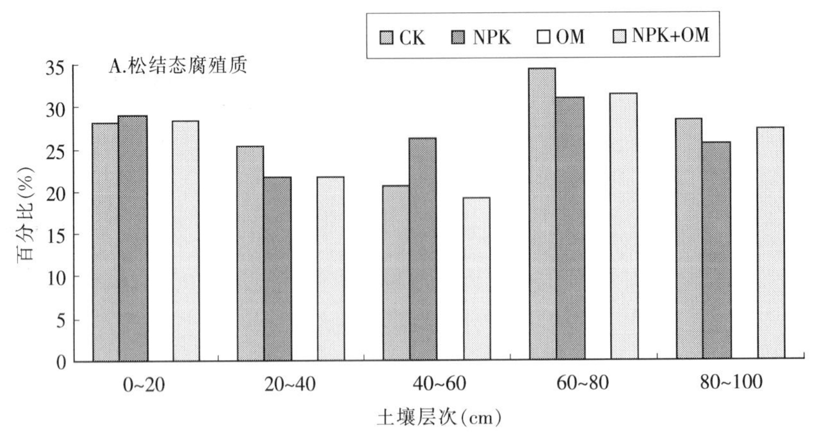

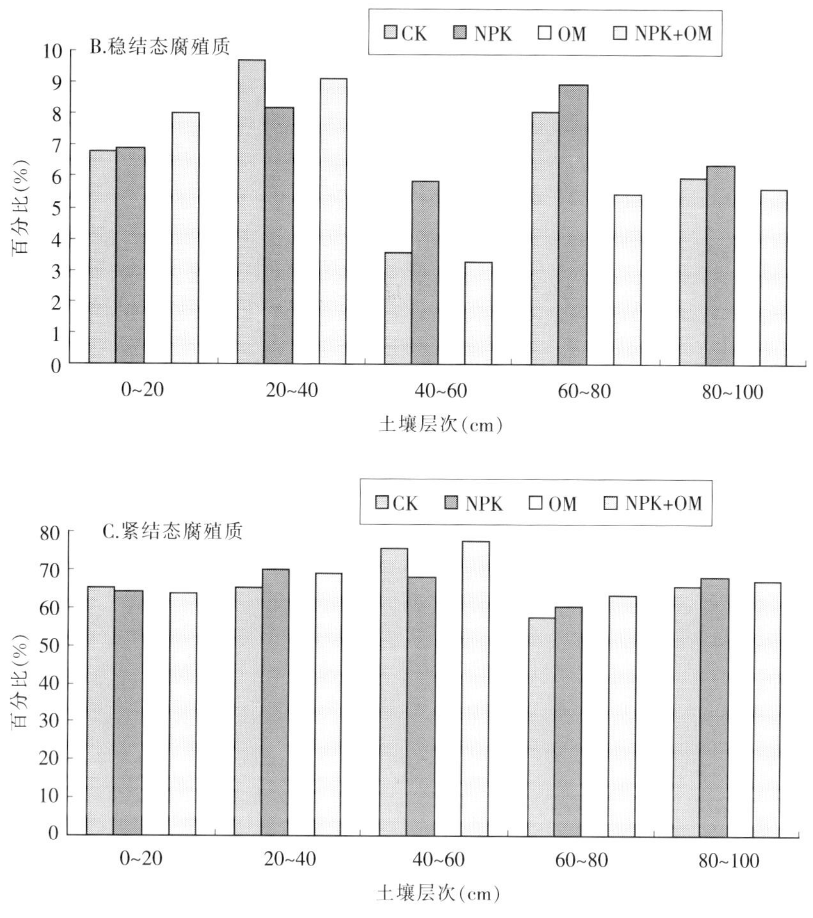

图 10　各施肥处理红壤性水稻土不同结合形态腐殖质碳占重组有机碳百分比（%）

4. 3 种土壤结合态腐殖质含量与分布的比较　3 种土壤各结合态腐殖质含量或占重组有机碳的比例均以紧结态腐殖质最高，而红壤性水稻土耕层紧结态腐殖质含量又远远高于旱地红壤和潮土，后两者的紧结态腐殖质含量比较接近。虽然红壤性水稻土耕层紧结态腐殖质含量远高于旱地红壤和潮土，但其占重组有机碳的比例则与旱地红壤和潮土相近。在潮土中稳结态腐殖质含量高于松结态腐殖质，而在旱地红壤和红壤性水稻土中稳结态腐殖质含量则低于松结态腐殖质，尤其是在红壤性水稻土中表现突出。3 种土壤松结态腐殖质碳占重组有机碳的比例，旱地红壤和红壤性水稻土比较接近，潮土松结态腐殖质碳占重组有机碳的比例比两者低 1 倍左右。施化肥、有机肥或有机无机肥配施均能提高 3 种土壤耕层中松结态腐殖质和稳结态腐殖质碳占重组有机碳的比例，降低紧结态腐殖质碳占重组有机碳的比例。施肥还可以提高 3 种土壤耕层松结态腐殖质/紧结态腐殖质的比值（图 11），这种效果在潮土上非常显著，在红壤性水稻土上不太显著。有机无机肥配施对潮土和旱地红壤耕层松/紧比值的影响大于化肥，单施有机肥对潮土耕层松/紧比值的影响大于化肥，但对旱地红壤的影响与化肥相近。说明施肥，尤其是有机无机肥配施对于提高土壤松结态腐殖质和稳结态腐殖质含量，改善土壤腐殖质品质具有重要作用。

从图 11 还可看出，旱地红壤和红壤性水稻土的松/紧比值较高，也比较接近，而潮土的松/紧比值比两者低 1 倍多。这可能是因为旱地红壤和红壤性水稻土中富里酸含量较潮土高的缘故，因为富里酸的分子量比胡敏酸小的多，结构也比较简单，故多以松结态腐殖质的形式存在。

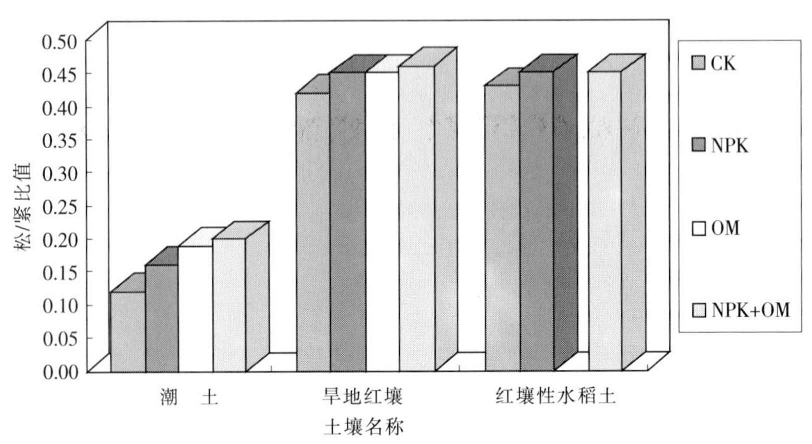

图 11　各施肥处理对土壤松结态腐殖质与紧结态腐殖质比值的影响

五、对土壤腐殖质物理化学性质的影响

（一）对腐殖质光谱特征的影响

1. 对腐殖质可见光谱特征的影响　土壤腐殖质的 E_4 值和 E_4/E_6 比值可作为判断土壤腐殖质复杂程度的指标，特别是 E_4 值和腐殖质的芳化度呈显著正相关（彭福泉等，1985）。胡敏酸的光密度愈大，则分子的复杂程度愈高，芳香核原子团多，缩合度较高；相反，较为简单的胡敏酸则芳化度小，脂肪侧键多，其光密度也较小。长期施肥对土壤耕层胡敏酸可见光谱特征的影响见表 13，从表中数据可以看出，潮土的 E_4 和 E_6 值均显著高于旱地红壤和红壤性水稻土，而 E_4/E_6 比值却明显低于旱地红壤和红壤性水稻土，表明潮土胡敏酸分子的复杂程度远比旱地红壤和红壤性水稻土高。施有机肥或有机无机肥配施降低潮土和旱地红壤的 E_4 和 E_6 值，提高其 E_4/E_6 比值，单施化肥对潮土和旱地红壤胡敏酸 E_4 和 E_6 值及 E_4/E_6 比值影响不大。施肥虽然可以提高红壤性水稻土胡敏酸的 E_4 和 E_6 值，但对其 E_4/E_6 比值没有影响。施肥使潮土和旱地红壤胡敏酸分子的复杂程度趋于降低，而使红壤性水稻土胡敏酸分子的复杂程度趋于增高，但这些作用都不太显著。说明只有水热条件不同的土壤类型的胡敏酸光学性质才会相差较大，施肥对胡敏酸光学性质的影响较小。从旱地红壤和红壤性水稻土不施肥处理来看，旱地红壤的 E_4 值比红壤性水稻土要高一些，说明旱地红壤的胡敏酸比红壤性水稻土缩合度高。

长期施肥对土壤耕层富里酸可见光谱的影响与胡敏酸不同（表 14），施有机肥或有机无机肥配施均能提高 3 种土壤富里酸的 E_4 和 E_6 值及 E_4/E_6 比值，且两者的效果相近，单施化肥对 3 种土壤富里酸的光学性质基本上没有影响。潮土的 E_4 和 E_6 值及 E_4/E_6 比值与旱地红壤接近，且远高于红壤性水稻土，说明潮土和旱地红壤富里酸分子的复杂程度比红壤性水稻土高。从表 13 还可看出，富里酸的 E_4 和 E_6 值非常低，几乎不到胡敏酸 E_4 和 E_6 的 1/10。

表 13　长期施肥对土壤耕层胡敏酸可见光谱的影响（消光值）

土壤外称	波　长（nm）	施　肥　处　理			
		CK	NPK	OM	NPK+OM
潮　土	465	1.107	1.103	1.071	1.071
	665	0.235	0.231	0.220	0.219
	E_4/E_6	4.71	4.77	4.87	4.90
旱地红壤	465	0.567	0.475	0.501	0.490
	665	0.082	0.069	0.069	0.064
	E_4/E_6	6.96	6.94	7.31	7.65
红壤性水稻土	465	0.507	0.527		0.587
	665	0.083	0.086		0.096
	E_4/E_6	6.11	6.12		6.12

表 14　长期施肥对土壤耕层富里酸可见光谱的影响（消光值）

土壤外称	波　长（nm）	施　肥　处　理			
		CK	NPK	OM	NPK+OM
潮　土	465	0.136	0.161	0.233	0.196
	665	0.011	0.014	0.017	0.015
	E_4/E_6	12.32	11.91	13.71	13.03
旱地红壤	465	0.166	0.189	0.206	0.196
	665	0.010	0.012	0.012	0.011
	E_4/E_6	16.60	16.73	17.90	17.82
红壤性水稻土	465	0.091	0.087		0.108
	665	0.053	0.052		0.058
	E_4/E_6	1.72	1.68		1.86

2. 对腐殖质紫外光谱特征的影响　土壤腐殖质是一类比较复杂的大分子有机化合物，其分子中含有大量的发色团（如 C=C 和 C=O 基团）和助色团（如 C—OH 和 $C=NH_2$），它们都在紫外光区出现吸收。测定土壤腐殖质的紫外光谱特征，可以了解它们的结构特征及其与土壤肥力的关系。长期施肥对胡敏酸紫外吸收光谱的影响见图 12，从图中曲线可以看出，除潮土 250nm 波长处的吸光值接近甚至略高于 200nm 处外，3 种土壤胡敏酸的紫外吸收光谱的共同特征都是吸收值随波长增加而减少。从图 13 还可看出，潮土胡敏酸的紫外吸收光谱曲线明显高于旱地红壤和红壤性水稻土，旱地红壤 200nm 处的吸收值略低于红壤性水稻土，其余波长处的吸收值与红壤性水稻土接近。长期施用化肥可以提高潮土胡敏酸的紫外吸收值，降低旱地红壤的紫外吸收值，对红壤性水稻土的紫外吸收值影响不大。长期施用

有机肥或有机无机肥配施只能提高 3 种土壤胡敏酸在 200nm 处的紫外吸收值，但却降低 250nm 以上波长的紫外吸收值。

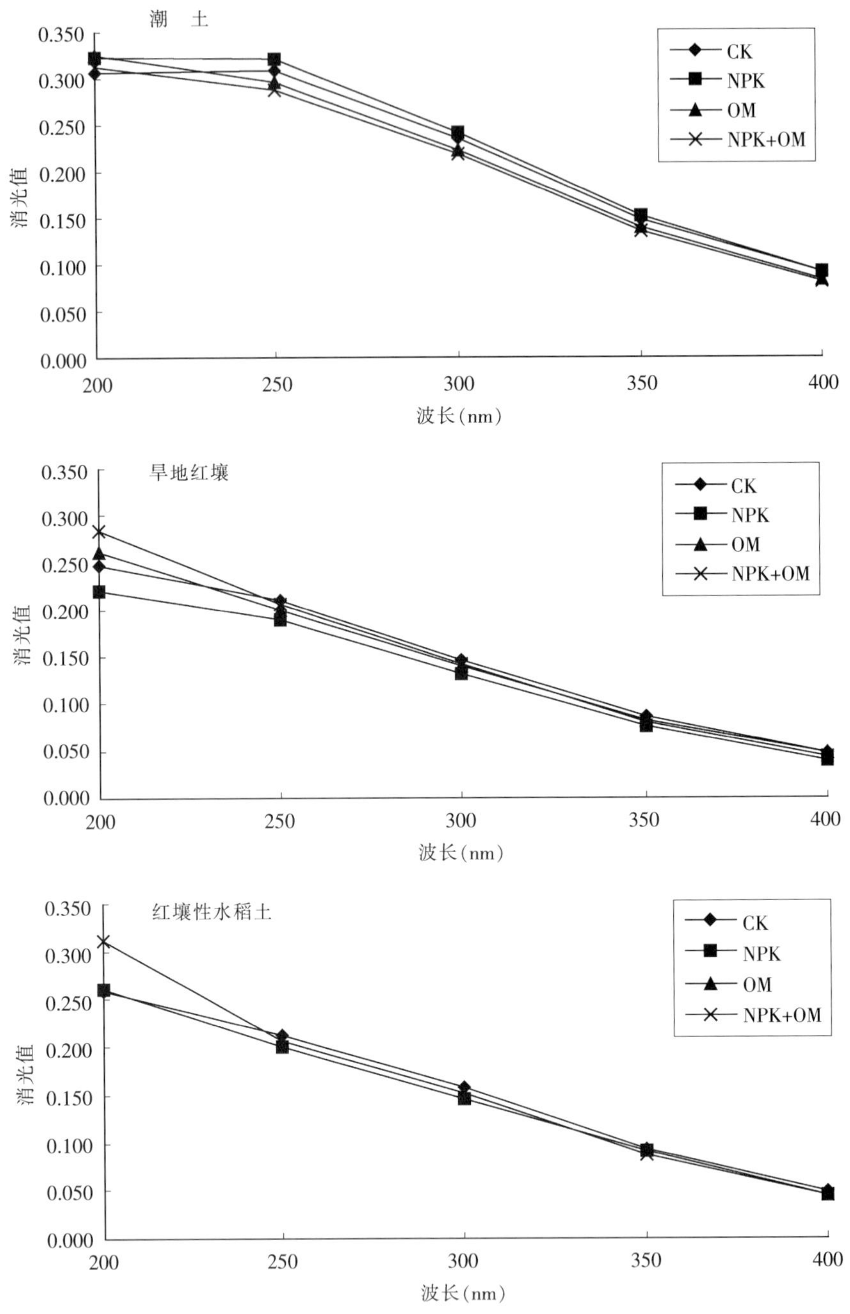

图 12　长期施肥对土壤耕层胡敏酸紫外吸收光谱的影响

长期施肥对富里酸紫外吸收光谱的影响与胡敏酸不同（图 13），3 种土壤富里酸的紫外吸收值比较接近。长期施用化肥、有机肥或有机无机肥配施均能提高潮土和旱地红壤富里酸的紫外吸收值，但降低红壤性水稻土富里酸的紫外吸收值。从图 14 还可看出，富里酸的紫外吸收值也随波长的增加而减少，但其递减速率比胡敏酸高。富里酸在 200～250nm 处的紫外吸收值与胡敏酸接近，但随着波长的增加，富里酸的紫外吸收值显著低于胡敏酸，这种现象在潮土中尤为明显。

从胡敏酸和富里酸的紫外吸收光谱图中可以看出，无论是胡敏酸还是富里酸，施肥对其的影响只在短波长区明显，随着波长的增加影响减小。同时也说明，土壤腐殖质虽然是一类分子结构比较复杂的有机化合物，但其在土壤中的结构特性还是比较稳定的，施肥等耕作措施对其含量虽然影响较大，但对其结构特性影响较小。

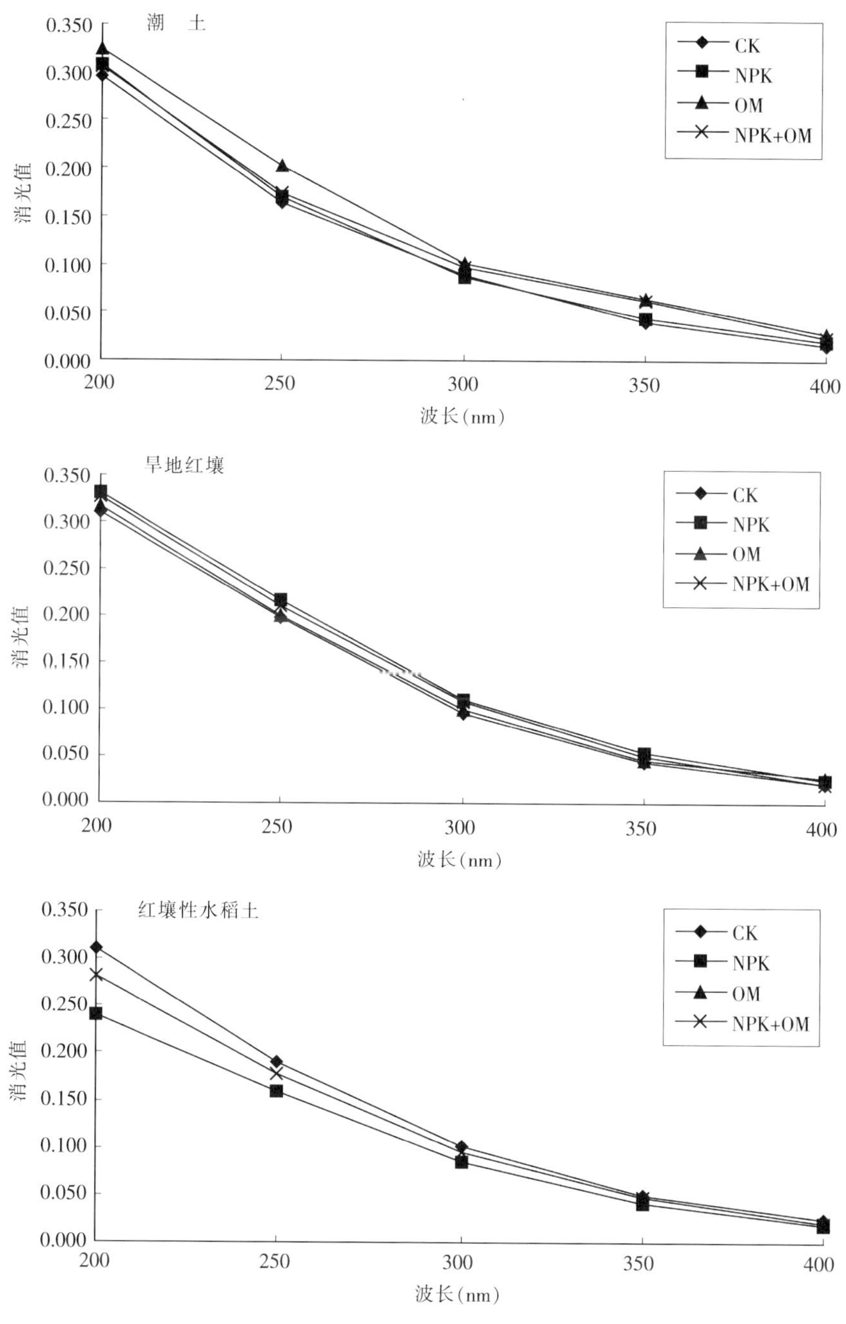

图 13　长期施肥对土壤耕层富里酸酸紫外吸收光谱的影响

（二）对腐殖质含氧功能团的影响

胡敏酸结合态较活泼的功能团大部分属于含氧功能团，如羧基、酚羟基和醇羟基等。这些功能团可与土壤中的金属离子、黏土矿物、水合氧化物发生相互作用，对土壤营养元素的保持与释放，以及对土壤中所进行的物理化学和生物化学反应都有着重要影响。长期施肥对胡敏酸含氧功能团的影响见表15。从表中数据可以看出，潮土胡敏酸的总酸性基和羧基含量均明显高于旱地红壤和红壤性水稻土，酚羟基含量介于旱地红壤和红壤性水稻土之间，且相差不大。旱地红壤和红壤性水稻土的总酸性基含量虽然相差不大，但两者的羧基和酚羟基含量相差较大，旱地红壤的羧基含量高于红壤性水稻土，而酚羟基含量却低于红壤性水稻土。单施化肥对3种土壤胡敏酸的含氧功能团的影响均不大，但施有机肥或有机无机肥配施可以提高3种土壤胡敏酸的含氧功能团含量。从表15中还可看出，胡敏酸的羧基含量显著高于酚羟基，羧基与酚羟基之比约为1～1.5。

表15　长期施肥对土壤耕层胡敏酸含氧功能团含量的影响

(mmol/g・C)

土壤外称	含氧功能团	施　肥　处　理			
		CK	NPK	OM	NPK+OM
潮　土	总酸性基	14.64	15.46	16.46	17.80
	羧　基	9.84	10.44	10.88	12.10
	酚羟基	4.80	5.02	5.58	5.70
旱地红壤	总酸性基	11.80	11.20	13.20	14.40
	羧　基	7.34	7.01	8.11	8.86
	酚羟基	4.46	4.22	5.09	5.54
红壤性水稻土	总酸性基	10.54	11.87		13.28
	羧　基	5.33	5.30		6.12
	酚羟基	5.68	6.57		7.16

表16　长期施肥对土壤耕层富里酸含氧功能团含量的影响

(mmol/g・C)

土壤外称	含氧功能团	施　肥　处　理			
		CK	NPK	OM	NPK+OM
潮　土	总酸性基	27.65	29.12	31.08	33.09
	羧　基	23.95	25.25	26.95	28.68
	酚羟基	3.70	3.87	4.13	4.41
旱地红壤	总酸性基	21.73	22.53	25.23	24.72
	羧　基	18.87	19.58	22.16	21.54
	酚羟基	2.86	2.95	3.07	3.18
红壤性水稻土	总酸性基	20.05	21.31		24.82
	羧　基	17.72	18.76		21.85
	酚羟基	2.33	2.55		2.97

长期施肥对富里酸含氧功能团的影响与胡敏酸相似（表 16）。潮土的总酸性基、羧基和酚羟基含量均明显高于旱地红壤和红壤性水稻土，后两者的含氧功能团含量相差不大。长期施用有机肥或有机无机肥配施均能提高 3 种土壤富里酸的含氧功能团含量，单施化肥对富里酸含氧功能团含量的影响不大。富里酸的羧基含量也远远高于酚羟基，且羧基与酚羟基之比约为 6～10，远高于胡敏酸的羧基与酚羟基之比。从表 16 还可看出，富里酸的总酸性基和羧基含量高于胡敏酸 1 倍左右，而酚羟基含量却比胡敏酸低近 1 倍。由于酚羟基在总酸性基中所占比例较低，故富里酸有较高的代换量和移动性。

（三）对土壤腐殖质结合态微量营养元素含量的影响

1. 对胡敏酸结合态微量营养元素含量的影响 长期施肥对土壤耕层胡敏酸结合态微量元素含量的影响见表 17，从表中数据可以看出，3 种土壤的胡敏酸结合态铁含量最高，其次是结合态铜，结合态锰和锌的含量较低。长期施用有机肥可以提高潮土胡敏酸结合态铁、锰、铜、锌含量，有机无机肥配施则降低潮土胡敏酸结合态铁、锰、铜、锌含量，单施化肥可以提高潮土胡敏酸结合态铁含量，降低胡敏酸结合态铜和锌含量，对胡敏酸结合态锰含量影响不大。

表 17 各施肥处理土壤耕层胡敏酸结合态微量元素含量

(mg/g・C)

土壤外称	元 素	施 肥 处 理			
		CK	NPK	OM	NPK+OM
潮 土	Fe	0.404	0.484	0.594	0.276
	Mn	0.033	0.034	0.043	0.024
	Cu	0.282	0.228	0.306	0.163
	Zn	0.080	0.071	0.112	0.046
旱地红壤	Fe	0.533	0.872	0.696	0.629
	Mn	0.049	0.085	0.060	0.054
	Cu	0.181	0.264	0.216	0.200
	Zn	0.081	0.107	0.101	0.082
红壤性水稻土	Fe	0.644	0.699		0.916
	Mn	0.048	0.069		0.093
	Cu	0.109	0.145		0.200
	Zn	0.025	0.040		0.056

长期施用化肥、有机肥或有机无机肥配施，也能提高旱地红壤和红壤性水稻土胡敏酸结合态铁、锰、铜、锌含量，但不同施肥处理的效果不同。在旱地红壤上施化肥的效果最好，而在红壤性水稻土上有机无机肥配施的效果最佳。

如果将胡敏酸结合态微量元素的含量换算成每 100g 土中胡敏酸结合的微量元素含量（表 18），则施化肥、有机肥或有机无机肥配施同样可以提高旱地红壤和红壤性水稻土中胡敏酸结合态铁、锰、铜、锌含量，原来在潮土有机无机肥配施处理中含量较低的结合态铁、锰、铜、锌，现在也接近或高于不施肥处理。

表 18　各施肥处理土壤耕层胡敏酸结合态微量元素含量

（μg/100g 土）

土壤外称	元　素	施　肥　处　理			
		CK	NPK	OM	NPK+OM
潮　土	Fe	56.5	77.5	89.7	57.9
	Mn	4.58	5.41	6.57	4.96
	Cu	39.5	36.5	46.3	34.2
	Zn	11.2	11.4	16.9	9.63
旱地红壤	Fe	46.3	95.9	72.4	83.7
	Mn	4.27	9.35	6.28	7.18
	Cu	15.7	29.0	22.5	26.5
	Zn	7.03	11.7	10.5	10.8
红壤性水稻土	Fe	111	124		188
	Mn	8.30	12.3		19.1
	Cu	18.8	25.8		40.9
	Zn	4.33	7.10		11.5

2. 对富里酸结合态微量营养元素含量的影响　长期施肥对土壤耕层富里酸结合态微量元素含量的影响见表 19，从表中数据可以看出，富里酸结合态铁含量最高，且 3 种土壤相差很大。潮土富里酸结合态铁的含量几乎是旱地红壤的 3～4 倍，而红壤性水稻土富里酸结合态铁的含量也比旱地红壤高很多。

长期施用化肥、有机肥或有机无机肥配施均能提高旱地红壤和红壤性水稻土富里酸结合态微量元素含量，但不同施肥处理的效果不同。在旱地红壤上施化肥的效果最好，而在红壤性水稻土上有机无机肥配施的效果最好。施肥对潮土富里酸结合态微量元素的影响与旱地红壤和红壤性水稻土不同，单施有机肥可以提高潮土富里酸结合态铁、锰、铜、锌含量，但单施化肥或有机无机肥配施则降低潮土富里酸结合态微量元素含量。

表 19　各施肥处理土壤耕层富里酸结合态微量元素含量

（mg/g・C）

土壤外称	元　素	施　肥　处　理			
		CK	NPK	OM	NPK+OM
潮　土	Fe	2.175	2.071	2.493	1.760
	Mn	0.233	0.227	0.365	0.192
	Cu	0.411	0.341	0.490	0.340
	Zn	0.200	0.175	0.226	0.162
旱地红壤	Fe	0.733	0.880	0.821	0.766
	Mn	0.063	0.108	0.062	0.096
	Cu	0.154	0.281	0.182	0.269
	Zn	0.063	0.144	0.097	0.143
红壤性水稻土	Fe	1.200	1.627		1.773
	Mn	0.121	0.403		0.580
	Cu	0.151	0.157		0.209
	Zn	0.099	0.142		0.218

如果将富里酸结合态微量元素的含量换算成每百克土中富里酸结合的微量元素含量（表20），则施化肥、有机肥、或有机无机肥配施同样可以提高旱地红壤和红壤性水稻土中富里酸结合态铁、锰、铜、锌含量。原来在潮土上施化肥或有机无机肥配施处理中含量较低的结合态铁、锰，铜、锌，现在也高于不施肥处理，施有机肥处理的潮土富里酸结合态铁、锰、铜、锌含量也明显高于不施肥处理。

表 20　各施肥处理土壤耕层富里酸结合态微量元素含量

（μg/100g 土）

土壤外称	元　素	施　肥　处　理			
		CK	NPK	OM	NPK+OM
潮　土	Fe	141	151	172	158
	Mn	15.1	16.6	25.2	17.3
	Cu	26.7	24.9	33.8	30.6
	Zn	13.0	12.7	15.6	14.6
旱地红壤	Fe	153	218	172	199
	Mn	13.2	26.8	12.9	25.0
	Cu	32.1	69.8	38.3	69.9
	Zn	13.2	35.7	20.3	37.1
红壤性水稻土	Fe	422	556		597
	Mn	42.5	138		195
	Cu	53.2	53.8		70.4
	Zn	34.8	48.6		73.3

3. 腐殖质结合态微量元素占有机态微量元素的百分比　从各施肥处理土壤耕层腐殖质结合态微量元素占有机态微量元素的百分比可以看出（表21），潮土腐殖质结合态微量元素占有机态微量元素的百分比远高于旱地红壤和红壤性水稻土，旱地红壤腐殖质结合态微量元素占有机态微量元素的百分比最低。潮土腐殖质结合态铁、铜、锌占有机态铁、铜、锌的比例较高，也比较接近，而腐殖质结合态锰占有机态锰的比例极低，不到1%。旱地红壤和红壤性水稻土均是腐殖质结合态铜占有机态铜的比例最高，而腐殖质结合态锰占有机态锰的比例最低。

表 21　各施肥处理土壤耕层腐殖质结合态微量元素占有机态微量元素的百分比

（%）

土壤外称	元　素	施　肥　处　理			
		CK	NPK	OM	NPK+OM
潮　土	Fe	53.47	69.94	64.28	43.70
	Mn	0.66	0.69	0.92	0.64
	Cu	57.57	51.14	72.83	56.29
	Zn	62.11	52.49	38.67	32.64

（续）

土壤外称	元 素	施 肥 处 理			
		CK	NPK	OM	NPK+OM
旱地红壤	Fe	3.41	6.05	3.16	4.41
	Mn	0.11	0.19	0.12	0.19
	Cu	18.75	51.45	23.83	33.24
	Zn	4.77	11.53	6.63	8.63
红壤性水稻土	Fe	9.88	10.81		10.44
	Mn	1.11	2.35		3.04
	Cu	29.35	38.19		44.75
	Zn	19.16	33.18		36.07

长期施用化肥提高潮土腐殖质结合态铁、锰占有机态铁、锰的比例，降低腐殖质结合态铜、锌占有机态铜、锌的比例。长期施用有机肥则提高潮土腐殖质结合态铁、锰、铜占有机态铁、锰、铜的比例，降低腐殖质结合态锌占有机态锌的比例。有机无机肥配施则降低腐殖质结合态铁和锌占有机态铁和锌的比例，对腐殖质结合态锰和铜占有机态锰和铜的比例影响不大。

长期施用化肥或有机无机肥配施均能提高旱地红壤腐殖质结合态铁、锰、铜、锌占有机态铁、锰、铜、锌的比例，而长期施用有机肥只能提高旱地红壤腐殖质结合态铜和锌占有机态铜和锌的比例，对腐殖质结合态铁、锰占有机态铁、锰的比例影响不大。长期施用化肥或有机无机肥配施也可以提高红壤性水稻土腐殖质结合态锰、铜、锌占有机态锰、铜、锌的比例，但对于腐殖质结合态铁占有机态铁的比例影响不大。

4. 腐殖质结合态微量元素与土壤腐殖质或有效态微量元素的相关分析 腐殖质结合态微量元素与土壤腐殖质的相关分析表明（表 22、表 23），胡敏酸或富里酸结合态微量元素与土壤中胡敏酸或富里酸的相关性较大，但对于胡敏酸来说，红壤性水稻土胡敏酸结合态微量元素与土壤中胡敏酸的相关性较高；对于富里酸来说，旱地红壤和红壤性水稻土富里酸结合态微量元素与土壤中富里酸的相关性较高，如红壤性水稻土富里酸结合态铁、锰与土壤中富里酸的相关系数达极显著水平，旱地红壤富里酸结合态锰、铜、锌与土壤中富里酸的相关系数也达显著水平。从表 22 和表 23 还可看出，红壤性水稻土胡敏酸结合态微量元素与胡敏酸呈正相关，而富里酸结合态微量元素与富里酸呈负相关。

表 22 土壤耕层胡敏酸结合态微量元素与胡敏酸之间的相关系数

土壤名称	元 素 种 类			
	Fe	Mn	Cu	Zn
潮 土	−0.349 5	−0.197 2	−0.655 5	−0.520 1
旱地红壤	0.722 5	0.581 7	0.768 3	0.721 4
红壤性水稻土	0.999 9**	0.974 0*	0.985 6*	0.968 9*

注：* 表示 $P_{0.05}$ 水平上显著，** 表示 $P_{0.01}$ 水平上显著，下同。

表 23　土壤耕层富里酸结合态微量元素与富里酸之间的相关系数

土壤名称	元素种类			
	Fe	Mn	Cu	Zn
潮　土	0.224 4	−0.139 8	0.194 1	0.272 8
旱地红壤	0.859 0	0.958 2**	0.976 8**	0.963 2**
红壤性水稻土	−0.994 2**	−0.998 8**	−0.777 8	−0.939 4

腐殖质结合态微量元素与土壤有效态微量元素的相关分析表明（表 24，表 25），胡敏酸或富里酸结合态微量元素与土壤有效态微量元素的相关性不高，除红壤性水稻土胡敏酸结合态铁与土壤有效铁的相关系数达显著水平外，其余各元素均未达显著水平。

表 24　胡敏酸结合态微量元素与土壤有效态微量元素之间的相关系数

土壤名称	元素种类			
	Fe	Mn	Cu	Zn
潮　土	0.161 7	0.556 0	0.551 3	−0.103 5
旱地红壤	0.200 8	−0.507 4	0.664 1	0.395 0
红壤性水稻土	0.966 0*	0.930 8	0.307 0	0.905 2

注：土壤有效态微量元素含量见第 6 章。

表 25　富里酸结合态微量元素与土壤有效态微量元素之间的相关系数

土壤名称	元素种类			
	Fe	Mn	Cu	Zn
潮　土	0.799 9	0.710 4	0.806 0	0.706 4
旱地红壤	0.077 9	−0.097 0	0.615 1	0.558 4
红壤性水稻土	0.603 4	0.786 9	0.559 3	0.918 4

注：土壤有效态微量元素含量见第 6 章。

六、长期施肥条件下土壤腐殖质与有机质的相关分析

（一）长期施肥条件下土壤腐殖质与有机质的相关分析

1. 土壤腐殖质与有机质的相关分析　长期施肥条件下土壤腐殖质与有机质的相关分析见表 26，从表中数据可以看出，3 种土壤的总腐殖质、胡敏酸或富里酸与有机质的相关性极高。

表 26　长期施肥条件下土壤腐殖质与有机质的相关系数

土壤名称	自由度	腐殖质	胡敏酸	富里酸
潮　土	19	0.915 5**	0.896 2**	0.732 9**
旱地红壤	19	0.931 4**	0.760 3**	0.925 7**
红壤性水稻土	14	0.988 8**	0.981 5**	0.982 4**

2. 土壤活性腐殖质与有机质的相关分析 长期施肥条件下土壤活性腐殖质与有机质的相关性与腐殖质相似（表27），3种土壤的活性腐殖质和活性胡敏酸与有机质呈显著或极显著正相关，而活性富里酸与有机质的相关系数只在潮土中达显著水平，在旱地红壤和红壤性水稻土中相关性不大。

表 27 长期施肥条件下土壤活性腐殖质与有机质的相关系数

土壤名称	自由度	活性腐殖质	活性胡敏酸	活性富里酸
潮 土	3	0.933 6*	0.898 6*	0.988 2**
旱地红壤	3	0.981 0**	0.992 8**	0.638 7
红壤性水稻土	2	0.990 9**	0.996 4**	0.923 8

3. 土壤结合态腐殖质与有机质的相关分析 长期施肥条件下土壤结合态腐殖质与有机质的相关性极高（表28），3种土壤的松结态腐殖质、稳结态腐殖质和紧结态腐殖质与有机质的相关系数均达显著或极显著水平。说明土壤结合态腐殖质与有机质的关系非常密切。

表 28 长期施肥条件下土壤结合态腐殖质与有机质的相关系数

土壤名称	自由度	松结态腐殖质	稳结态腐殖质	紧结态腐殖质
潮 土	19	0.871 1**	0.962 5**	0.957 4**
旱地红壤	19	0.974 8**	0.582 6*	0.928 9**
红壤性水稻土	14	0.995 5**	0.974 7**	0.992 9**

（二）长期施肥条件下土壤腐殖质组分与腐殖质的相关分析

1. 土壤胡敏酸和富里酸与腐殖质的相关分析 土壤胡敏酸和富里酸与腐殖质的相关性极高（表29），除红壤性水稻土外，其他土壤的胡敏酸和富里酸与腐殖质的相关系数均达显著或极显著水平。活性胡敏酸和活性富里酸与活性腐殖质的相关性也很高，除旱地红壤活性富里酸与活性腐殖质的相关系数没有达到显著水平外，其他两种土壤的活性富里酸和3种土壤的活性胡敏酸与活性腐殖质的相关系数均达显著或极显著水平。说明胡敏酸和富里酸与土壤腐殖质的关系非常密切。

表 29 长期施肥条件下土壤胡敏酸和富里酸与腐殖质的相关系数

土壤名称	自由度	胡敏酸与腐殖质	富里酸与腐殖质	活性胡敏酸与活性腐殖质	活性富里酸与活性腐殖质
潮 土	3	1.000 0**	0.999 6**	0.995 5**	0.947 1*
旱地红壤	3	0.951 7*	0.980 8**	0.970 6**	0.762 3
红壤性水稻土	2	0.934 4	−0.596 0	0.97 59*	0.966 9*

2. 土壤结合态腐殖质与腐殖质的相关分析 长期施肥条件下土壤结合态腐殖质与腐殖质的相关分析见表30，从表中数据可以看出，除旱地红壤稳结态腐殖质与腐殖质的相关系数没有达到显著水平外，3种土壤的松结态腐殖质、稳结态腐殖质或紧结态腐殖质与腐殖质

的相关系数均达极显著水平。

表 30　长期施肥条件下土壤结合态腐殖质与腐殖质的相关系数

土壤名称	自由度	松结态腐殖质	稳结态腐殖质	紧结态腐殖质
潮　土	19	0.812 2**	0.940 7**	0.866 6**
旱地红壤	19	0.932 9**	0.408 7	0.893 3**
红壤性水稻土	14	0.976 9**	0.941 5**	0.993 1**

七、讨　　论

土壤有机质含量是土壤肥力的主要影响因素之一。本研究表明，长期施用化肥或有机肥均能提高潮土、旱地红壤和红壤性水稻土的有机质含量，尤以施用有机肥或有机无机肥配施的效果显著。这与前人在多种土壤上得到的研究结果相似（姚源喜等，1991；高宗等，1992；薛坚等，1993；吴祖堂等，1988；Govi 等，1992；Sommerfeldt 等，1988；Алешин 等，1971）。

施肥对土壤有机质的影响，因土壤类型、肥料种类和作物轮作方式等而异。一般说来，施有机肥或有机无机肥配施的效果好于化肥，化肥配施的效果又好与单施。有机肥种类不同对土壤有机质的影响亦不相同，一般是秸秆的效果大于厩肥，厩肥的效果又大于堆肥，绿肥的效果较差（袁玲等，1993；沈善敏，1984；上村幸广等，1983）。本研究表明，施肥提高土壤有机质的效果在质地较砂的潮土上好于质地较黏的旱地红壤和红壤性水稻土。这可能是因为旱地红壤和红壤性水稻土本身的有机质含量较高，而其水热状况又有利于有机质的矿化，故其有机质累积效果不如潮土。

施肥提高土壤有机质的效果不仅局限于土壤耕层，但以 0～60cm 土层效果明显。这与 Щевцова 等（1989）的研究结果是一致的。

土壤中有机物质的种类很多，但对土壤肥力影响最大的是腐殖质。土壤腐殖质是土壤有机质在土壤中形成的一类特殊的高分子化合物，土壤腐殖质的积累，在很大程度上影响着土壤肥力。本研究表明，长期施用化肥、有机肥，或有机无机肥配施，均能提高潮土、旱地红壤和红壤性水稻土的腐殖质含量，其中胡敏酸和富里酸含量均相应地增加，但以有机无机肥配施的效果最好。这与前人的研究结果相似（周广业等，1991；王旭东等，1997；张夫道，1995；Щевцова 等，1989；Черников 等，1988）。施有机肥或有机无机肥配施还能增加腐殖质中胡敏酸的比例，降低富里酸的比例，即提高土壤腐殖质的胡/富比值。单施化肥对土壤胡/富比值的影响因土而异，单施化肥可以提高旱地红壤的胡/富比值，降低红壤性水稻土的胡/富比值，对潮土的胡/富比值影响不大。施肥所增加的土壤腐殖质，除了砂壤土外，主要累积在 0～60cm 土层，60cm 以下土层施肥效果不明显，这一点与有机质的分布情况相似。

张夫道（1995）的研究表明，施肥主要是增加了胡敏酸组分Ⅰ（游离的及与活性 R_2O_3 结合态）的含量和腐殖酸相对迁移率，而与 Ca^{++} 离子结合的胡敏酸组分Ⅱ含量下降。按丘林分组法，游离态腐殖质属于组分Ⅰ，它对肥料的作用比较敏感，最容易分解而供植物利用。长期施用化肥或有机肥均能提高土壤中的水溶性腐殖质含量（Щевцова 等，1989）。本研究表明，长期施用有机肥或有机无机肥配施也可以提高潮土、旱地红壤和红壤性水稻土的活性腐殖质含量，并能提高 3 种土壤活性胡敏酸占总活性腐殖质的比例，说明施用有机肥或有机无机肥配施，对于改善活性腐殖质的品质非常重要。

土壤中的腐殖质大多数与矿物部分相结合形成有机无机复合体，游离态腐殖质为数不多。土壤腐殖质与矿物质的结合形态可分为 3 种，即松结态腐殖质、稳结态腐殖质和紧结态腐殖质（傅积平，1983）。土壤中腐殖质与矿物质结合的松紧程度不同，对土壤肥力的贡献亦不同相（熊毅，1982）。重组腐殖质中的松结态腐殖质主要是新鲜的腐殖质，它的活性较大，其含量以及与紧结态腐殖质含量的比值是反映腐殖质活性和品质的重要指标。本研究表明，长期施用化肥、有机肥或有机无机肥配施均能提高 3 种土壤耕层松结态腐殖质、稳结态腐殖质和紧结态腐殖质含量，但以有机无机肥配施的效果最好。魏朝富等（1995）和党萍莉等（1994）在水稻土上的研究表明，长期施用有机肥后，土壤松结态腐殖质的含量以及松结态与紧结态腐殖质的比值均比对照和化肥区的高。王旭东等（1997）的研究表明，长期施用有机肥料的 土中 3 种形态的腐殖质含量均明显增加，不同有机物料处理的效果不同，厩肥大于秸秆，高量秸秆大于低量秸秆。松/紧比也是衡量腐殖质品质的一个重要指标，比值大标志着腐殖质活性较高，比值小则说明腐殖质的活性较低。本研究表明，长期施用化肥、有机肥或有机无机肥配施均能提高 3 种土壤腐殖质的松/紧比值，但张付申（1997）和王旭东等（1997）的研究结果表明，长期施用有机肥或有机无机肥配施，可以提高土壤腐殖质的松/紧比值，单施化肥使松/紧比值略有下降。须湘成等（1993）在棕壤上所进行的试验表明，不论施用何种有机物料，经长期腐解后，松结态腐殖质所占比例降低，紧结态腐殖质所占比例相应增加，说明长期施肥，尤其是施用有机肥或有机无机肥配施可以提高土壤 3 种结合态腐殖质含量及松结态腐殖质与紧结态腐殖质的比例，这是施用有机肥能够培肥土壤重要原因之一，但土壤类型对腐殖质结合形态的影响也非常重要。

施肥对土壤腐殖质结合形态的影响也不仅局限于土壤耕层，对 20cm 以下土层的腐殖质结合形态也有影响。相关分析表明，土壤结合态腐殖质与土壤有机质或腐殖质呈显著正相关。

腐殖质的作用，在很大程度上取决于腐殖酸表面大量功能团的含量。胡敏酸中较活泼的功能团大部分属于含氧功能团，如羧基、酚羟基和醇羟基等。这些功能团可与土壤中的金属离子、黏土矿物、水合氧化物发生相互作用，对土壤营养元素的保持与释放，以及对土壤中所进行的物理化学和生物化学反应都有着重要影响。胡敏酸甲氧基功能团的含量多寡是衡量土壤腐殖质化的重要指标，胡敏酸甲氧基含量增加，说明土壤有机质腐殖质化程度加剧。本研究表明，长期施用有机肥或有机无机肥配施均能提高 3 种土壤胡敏酸和富里酸的总酸性基、羧基和酚羟基含量，单施化肥对胡敏酸和富里酸含氧功能团含量的影响不大。但张夫道（1995）和 Щевцова 等（1989）的研究表明，有机肥或化肥均可提高胡敏酸的酚羟基和甲氧基含量，降低羧基含量。这可能与土壤类型、定位试验的时间长短、肥料种类以及施肥量的多少有关。本研究还表明，富里酸的总酸性基和羧基含量高于胡敏酸 1 倍左右，而酚羟基含量却比胡敏酸低近 1 倍。这与彭福泉等（1985）和 Schnitzer（1977）的研究结果相似。由于酚羟基在总酸性基中所占比例较低，故富里酸有较高的代换量和移动性。

长期施肥也影响土壤腐殖质的光学性质。施有机肥或有机无机肥配施降低潮土和旱地红壤的 E_4 和 E_6 值，提高红壤性水稻土胡敏酸的 E_4 和 E_6 值。单施化肥也能提高红壤性水稻土胡敏酸的 E_4 和 E_6 值，但对潮土和旱地红壤胡敏酸 E_4 和 E_6 值影响不大。长期施肥对土壤耕层富里酸可见光谱的影响与胡敏酸不同，施有机肥或有机无机肥配施均能提高 3 种土壤富里酸的 E_4 和 E_6 值，单施化肥对 3 种土壤富里酸的 E_4 和 E_6 值基本上没有影响。Ndayeyamiye 等（1989）的研究表明，长期施用农家肥和猪粪液的土壤腐殖质的相对数量虽然无显著差异，但农家肥处理的土壤胡敏酸中的有机碳含量和 E_4/E_6 比值均高于猪粪液处理。长期施用有机肥或有机无机肥配施均能提高 3 种土壤胡敏酸和富里酸的紫外吸收光谱值，但这种作用只在短波长方向明显，随着波长的增加影响减小。单施化肥也可以提高富里酸的紫外吸收值，但只能提高潮土胡敏酸的紫外吸收值。

施肥虽然影响土壤腐殖质的含氧功能团含量和光学性质，但施肥的影响不如土壤类型的影响显著。说明土壤腐殖质虽然是一类分子结构比较复杂的有机化合物，但其在土壤中的结构特性还是比较稳定的，施肥等耕作措施对其含量虽然影响较大，但对其结构特性影响较小，土壤腐殖质的结构和特性主要与土壤的水热状况有关（严昶升，1988）。

长期施肥也影响土壤腐殖质结合态微量元素含量。长期施用化肥、有机肥或有机无机肥配施，均能提高旱地红壤和红壤性水稻土胡敏酸与富里酸结合态铁、锰、铜、锌含量，但不同施肥处理的效果不同。长期施用有机肥也可以提高潮土胡敏酸和富里酸结合态铁、锰、铜、锌含量，有机无机肥配施则降低潮土胡敏酸和富里酸结合态铁、锰、铜、锌含量。单施化肥也降低潮土富里酸结合态铁、锰、铜、锌含量，但提高潮土胡敏酸结合态铁含量，降低胡敏酸结合态铜和锌含量，对胡敏酸结合态锰含量影响不大。相关分析表明，胡敏酸或富里酸结合态微量元素与土壤有效态微量元素的相关性不高，而与土壤中胡敏酸或富里酸的相关性较高，但对于胡敏酸来说，红壤性水稻土胡敏酸结合态各元素与土壤中胡敏酸的相关性较高，对于富里酸来说，旱地红壤和红壤性水稻土富里酸结合态微量元素与土壤中富里酸的相关性较高。

八、结　　论

1. 长期施用化肥或有机肥均能提高潮土、旱地红壤和红壤性水稻土耕层的有机质含量，尤以施用有机肥或有机无机肥配施的效果显著。施肥提高土壤有机质的效果不仅局限于土壤耕层，但以 0～60cm 土层效果明显。施肥提高土壤有机质的效果因土而异，在质地较砂的潮土上施肥提高土壤有机质的效果好于质地较黏的旱地红壤和红壤性水稻土。

2. 长期施用化肥、有机肥或有机无机肥配施均能提高潮土、旱地红壤和红壤性水稻土耕层的腐殖质含量，其中胡敏酸和富里酸含量均相应地增加，但以有机无机肥配施的效果最好。施有机肥或有机无机肥配施还能增加腐殖质中胡敏酸的比例，降低富里酸的比例，即提高土壤腐殖质的胡/富比值。施化肥对土壤胡/富比值的影响因土而异，施化肥可以提高旱地红壤的胡/富比值，降低红壤性水稻土的胡/富比值，对潮土的胡/富比值影响不大。施肥对土壤腐殖质的影响也不仅局限于土壤耕层，20cm 以下土层的腐殖质含量也受施肥的影响。

3. 长期施肥对土壤活性腐殖质的影响与腐殖质相似，施有机肥或有机无机肥配施的土壤活性腐殖质含量高于不施肥或施化肥的土壤。施有机肥或有机无机肥配施也能提高 3 种土壤耕层活性胡敏酸占总活性腐殖质的百分比，施化肥则降低潮土和红壤性水稻土活性胡敏酸占总活性腐殖质的百分比，提高活性富里酸占总活性腐殖质的百分比。

4. 长期施用化肥、有机肥或有机无机肥配施均能提高 3 种土壤耕层松结态腐殖质、稳结态腐殖质和紧结态腐殖质含量，但以有机无机肥配施的效果最好。施肥对土壤腐殖质结合形态的影响也不仅局限于土壤耕层，对 20cm 以下土层的腐殖质结合形态也有影响。施肥还可以提高 3 种土壤耕层松结态腐殖质和稳结态腐殖质占重组有机碳的比例，降低紧结态腐殖质占重组有机碳的比例。亦即施肥可以提高土壤耕层松结态腐殖质/紧结态腐殖质的比值。

5. 长期施肥不仅影响土壤腐殖质的含量与组成，还影响腐殖质的理化性质。施有机肥或有机无机肥配施降低潮土和旱地红壤的 E_4 和 E_6 值，提高红壤性水稻土胡敏酸的 E_4 和 E_6 值。单施化肥也能提高红壤性水稻土胡敏酸的 E_4 和 E_6 值，但对潮土和旱地红壤胡敏酸 E_4 和 E_6 值影响不大。长期施肥对土壤耕层富里酸可见光谱的影响与胡敏酸不同，施有机肥或有机无机肥配施均能提高 3 种土壤富里酸的 E_4 和 E_6 值，单施化肥对 3 种土壤富里酸的 E_4 和 E_6 值基本上没有影响。

6. 长期施肥也影响腐殖质的紫外吸收光谱，长期施用有机肥或有机无机肥配施均能提高 3 种土壤胡敏酸和富里酸的紫外吸收光谱值，但这种作用只在短波长方向明显，随着波长的增加影响减小。单施化肥也可以提高富里酸的紫外吸收值，但只能提高潮土胡敏酸的紫外吸收值。长期施用有机肥或有机无机肥配施均能提高 3 种土壤胡敏酸和富里酸的总酸性基、羧基和酚羟基含量，单施化肥对胡敏酸和富里酸含氧功能团含量的影响不大。

7. 长期施用化肥、有机肥或有机无机肥配施，均能提高旱地红壤和红壤性水稻土胡敏酸与富里酸结合态铁、锰、铜、锌含量，但不同施肥处理的效果不同。长期施用有机肥也可以提高潮土胡敏酸和富里酸结合态铁、锰、铜、锌含量，有机无机肥配施则降低潮土胡敏酸和富里酸结合态铁、锰、铜、锌含量。单施化肥也降低潮土富里酸结合态的铁、锰、铜、锌含量，但提高潮土胡敏酸结合态铁含量，降低胡敏酸结合态铜和锌含量，对胡敏酸结合态锰含量影响不大。

8. 相关分析表明，土壤腐殖质与有机质、腐殖质各组分与腐殖质之间均呈显著或极显著正相关。土壤腐殖质中结合态微量元素与土壤有效态微量元素的相关性不高，而与土壤中胡敏酸或富里酸的相关性较高，但对于胡敏酸来说，红壤性水稻土胡敏酸结合态微量元素与土壤中胡敏酸的相关性较高，对于富里酸来说，旱地红壤和红壤性水稻土富里酸结合态微量元素与土壤中富里酸的相关性较高。

我国肥料结构现状与前景预测

现代化农业需要合理的作物布局，而合理的肥料结构是获得作物高产的必要条件，研究

作者：张夫道、余永年、金维续、赵学蕴、吴国富、顾　岚，原载于 1983 年第 57 期《农业现代化探讨》。

我国的肥料结构及其前景则是一个重要的方面，然而，报道不多。

过去，我国靠施用有机肥料提供作物所需养分，培肥地力，维持水平不高的物质和能量循环。新中国成立后，特别从20世纪60年代中期开始，化肥工业迅速发展，促进和扩大了物质与能量循环，从而使作物产量逐年提高。我国的肥料结构也发生了变化，由两肥结构（有机肥、绿肥）变成了三肥（化肥、有机肥，绿肥）结构。那么，我国的肥料结构的现状如何？它们在农业生产中的地位？将来的肥料结构又怎样？这是人们关心的问题。本文根据“未来学”的“现在—未来—现在”的基本原理，总结了新中国成立以来33年（1949—1981）资料，用数学的方法进行归纳和分析，并通过电子计算机计算，从现在看未来，再从未来看现在，找出问题，寻求解决途径，同时，对有关数学模式进行了探讨。这是我们的初次尝试，抛砖引玉，以达对我国肥料结构深入研究和争鸣之目的。

一、计算依据和统计模型的选择

根据国家统计局和商业部农业生产资料局历年的统计资料，为相互比较，采用供作物吸收的主要养分氮磷钾计算。化学氮肥按含N 20%，磷肥按含P_2O_5 18%，钾肥按含K_2O 60%，复合肥按N 15%、P_2O_5 15%、K_2O 15%计算为纯养分。有机肥料包括各种家畜粪尿，人粪尿和作物秸秆，不包括禽类、海肥、饼粕肥、土杂肥等，因这些肥料的数量很难统计。折算标准按联合国粮农组织（FAO）提出的牲畜粪便在积、制、保、运过程中损失40%的养分，即还剩下60%折算，每头牲畜的粪便排泄量按《中国肥料概论》提供的数字再乘上60%，养分含量按《肥料手册》中数据的平均数计算。人粪尿在南方保存较好，在北方损失较大，特别是尿流失更多。因此，按总排粪尿量的50%折算。秸秆的计算方法是：旱作物按谷草比1∶1，水稻谷草比按1∶0.9。假定50%的秸秆烧掉。因此，只计算这一半秸秆的磷钾量，剩下50%假设为牲畜饲草和垫圈材料，参加新的循环，不计在内。诚然，有不少地区直接用秸秆还田，但就全国范围来说，数量是有限的，本文未予考虑。绿肥按每666.7m^2产草量1 500kg，只计算氮的含量，不考虑根茬和磷钾。另外，本研究只考虑肥料因素与粮、棉、油料产量的关系，没有考虑自然条件、水浇地面积、育种、植保和农业机械化政策等因素，它们的影响反映在历年的粮、棉、油料的产量上，好像用气象预报粮食产量并不考虑其他因素的研究一样，本文对上述因素也不予涉及。

对于33年的33组数据，利用数理统计方法处理，分别考虑粮、棉、油料与各种肥料之间的函数关系，建立它们之间的统计模型，进而产量进行预报。

分别利用“多元线性回归”、“逐步回归”、“二次多项式回归”、“自回归”、“差分自回归”、“混合自回归”等试算。经过比较发现，粮、棉、油料分别对化肥、有机肥、绿肥的二次多项式回归的残差平方和最小；同样，粮、棉、油料产量分别对化肥氮磷钾，有机肥氮磷钾，绿肥N的二次多项式回归的残差平方和亦最小。而各种肥料量用自回归处理为好。简述如下：

1. 多元回归　若影响因素变量y的自变量有m个，即X_1，X_2，……，X_m；并获得n组数据｛X_i，X_{i1}，X_{i2}，……，X_{im}｝，i=1，2……，n。如果y与这m个自变量之间有线性关系存在，则设其回归方程为：

$$Y=a+b_1x_1+b_2x_2+\cdots\cdots b_mx_m \tag{1}$$

（二）历年的有机肥结构及其变化

由表3看出，有机肥料主要是牲畜粪便，占有机肥总量的63%～71%左右，人粪尿和作物秸秆提供的养分比重差不多，人粪尿为13%～20%左右，作物秸秆占13%～17%左右。在牲畜粪便中，以猪提供养分最多，而且在33年中有发展的趋势，20世纪50年代，猪占有机肥料总量的20%左右。70年代提高至30%～38%；牛在50年代有上升趋势，由占总有机肥量20%增加到28%，70年代之后下降，占17%～20%左右；马骡驴等在整个有机肥中的比例的趋势是下降的，由12%降至5%～6%；羊的比重是稳步上升，由6.5%～6.9%增加到9%。倘若按占有机肥比例的大小排队，猪＞牛＞羊＞马骡驴。这与我国的传统思想“六畜猪为首”以及过去的政策有关。

表3　部分年份有机肥的内部结构

年　份	猪粪尿（%）	牛粪尿（%）	马驴骡粪尿（%）	羊粪尿（%）	人粪尿（%）	秸秆（%）	牲畜粪尿占总肥量（%）
1949	23.42	20.02	12.14	6.90	21.73	15.8	62.77
1952	23.69	30.11	9.78	6.55	14.14	15.72	70.14
1956	20.66	28.23	9.70	9.06	14.82	17.13	68.05
1961	19.51	28.44	6.94	12.77	19.04	13.29	67.67
1964	29.89	24.95	5.95	10.76	15.11	13.33	71.56
1970	30.39	24.07	6.29	9.58	15.20	14.45	70.35
1974	36.58	20.66	5.90	8.88	14.05	13.93	72.02
1977	39.92	18.93	5.67	8.64	14.23	13.60	72.17
1979	39.60	17.80	5.40	9.11	13.39	14.70	71.92
1980	38.52	18.07	5.54	9.49	13.65	14.71	71.64
1981	36.95	17.33	5.88	9.49	15.22	15.11	69.67

（三）肥料中的养分结构及其变化

由表4看出，1949年之后我国的化肥结构发生了很大变化，由新中国成立初期的单一的氮肥品种，1953年开始有少量磷肥，1957年以后又有少量钾肥，以后逐渐形成氮磷钾的化肥结构。氮肥的发展大致分为以下几个阶段：1954年之前全国不足20万t N，1961—1964年不到50万t N，1965—1970年在155万～280万t N；20世纪70年代大发展，至1979年迅速达到1 038万t N，1980—1981年处于停顿并少量减少。磷肥在1970年之前不到100万t，1979年之前不到200万t，1980—1981年也只有260万～276万t。钾肥发展速度更慢，直至1977年产量只有12.6万t K_2O，近几年数量有较大增加，但也只有40万t。从化肥氮磷钾的比例可清楚地看到，对于磷来说，最好的年份NP比只有1∶0.38，钾最大的比例是1981年，N∶K_2O比例是1∶0.044，由此看出，我国氮磷钾比例严重失调。

有机肥的氮磷钾比例变化不大，N∶P_2O_5∶K_2O=1∶0.8∶0.8～1。

表 4　化肥与有机肥中 N、P、K 所占的比例

年　份	化　肥（%）				有机肥（%）				总肥料量中
	N	P_2O_5	K_2O	N∶P_2O_5∶K_2O	N	P_2O_5	K_2O	N∶P_2O_5∶K_2O	N∶P_2O_5∶K_2O
1949	100	0	0	1∶0∶0	38.46	30.10	31.43	1∶0.78∶0.82	1∶0.78∶0.81
1953	92.74	7.26	0	1∶0.078∶0	37.30	30.08	32.62	1∶0.81∶0.88	1∶0.69∶0.74
1957	87.06	12.69	0.25	1∶0.14∶0.0029	33.88	35.20	30.90	1∶1.04∶0.91	1∶0.85∶0.73
1965	67.78	32.21	0	1∶0.34∶0	37.25	30.11	32.64	1∶0.81∶0.88	1∶0.61∶0.52
1967	74.53	25.28	0.19	1∶0.34∶0.0025	36.77	29.78	33.44	1∶0.81∶0.91	1∶0.55∶0.50
1970	75.19	23.83	0.98	1∶0.32∶0.0026	35.72	28.97	35.31	1∶0.81∶0.99	1∶0.53∶0.51
1975	74.33	24.61	1.06	1∶0.33∶0.014	36.08	29.40	34.50	1∶0.81∶0.96	1∶0.50∶0.42
1977	76.57	22.0	1.43	1∶0.29∶0.019	42.12	26.57	31.31	1∶0.63∶0.74	1∶0.41∶0.32
1978	86.62	11.71	1.67	1∶0.14∶0.019	35.81	29.28	34.90	1∶0.82∶0.97	1∶0.34∶0.32
1979	82.68	15.66	1.66	1∶0.19∶0.020	35.42	29.15	35.43	1∶0.82∶1	1∶0.36∶0.31
1980	74.90	22.08	3.02	1∶0.29∶0.040	35.53	29.25	35.22	1∶0.82∶0.99	1∶0.45∶0.34
1981	75.06	21.63	3.30	1∶0.29∶0.044	36.34	29.38	34.28	1∶0.8∶0.94	1∶0.46∶0.36

表 5　三肥及其中 N、P、K 与粮、棉、油料产量的相关阵

	粮	棉	油	化　肥	化肥 N	化肥 P	化肥 K	有机肥	有机肥 N	有机肥 P	有机肥 K
棉	0.856 9										
油	0.710 7	0.638 7									
化肥	0.937 7	0.724 3	0.718 0								
化肥 N	0.929 3	0.696 9	0.708 6	0.996 7							
化肥 P	0.923 1	0.793 1	0.684 0	0.952 7	0.925 5						
化肥 K	0.742 9	0.566 0	0.841 8	0.872 1	0.862 2	0.827 8					
有机肥	0.967 9	0.851 7	0.663 9	0.891 0	0.878 7	0.902 7	0.631 3				
有机肥 N	0.948 9	0.832 9	0.568 7	0.898 0	0.881 9	0.920 9	0.662 1	0.981 6			
有机肥 P	0.943 6	0.839 3	0.631 6	0.856 9	0.844 6	0.864 2	0.651 6	0.967 8	0.936 4		
有机肥 K	0.986 8	0.876 3	0.642 0	0.923 1	0.909 9	0.931 4	0.696 4	0.986 0	0.971 0	0.954 3	
绿肥 N	0.842 1	0.707 4	0.291 1	0.729 4	0.718 9	0.760 3	0.359 4	0.908 0	0.886 8	0.823 5	0.881 4

$R_{0.05}=0.514$，$R_{0.01}=0.591$。

有机肥在整个三肥的氮磷钾比例下降趋势很显著，由 1∶0.7～0.85∶0.73～0.81 下降为 1∶0.34～0.46∶0.32～0.36。其原因，一是化肥发展快，而且是氮肥发展最快，磷钾相对较慢，而导致氮磷比例下降；从作物需要来说，是不利的，然而，正是由于化肥的发展，改变了我国的肥料结构，打破了有机农业的旧平衡系统，促进了物质和能量的再循环，从而增加物质财富，其作用是积极的。平衡→不平衡→平衡→不平衡，螺旋式上升，这是事物发展的普遍规律，肥料的发展也离不开这个规律，只不过我国的化肥工业起步太晚，打破旧有的平衡太迟而已。

（四）各肥料在粮、棉、油增产中的作用

由表 5 可看出：（1）化肥、有机肥与 33 年的粮、棉、油的产量均呈极显著正相关，绿肥与粮、棉产量呈极显著正相关，与油料相关性不显著；（2）从三肥与粮棉油的相关值的大小可看出，对粮油产量影响最大的是有机肥（R 分别为 0.967 9 和 0.851 7），化肥次之（R 值分别为 0.973 3 和 0.724 3），绿肥最小。粮食与三肥的相关值最大，说明用于粮食生产的肥料量最大，其次是棉花，而油料与三肥的相关值最小，说明油料生产不仅是个营养问题，其他原因影响更大，特别是政策；（3）从三肥中的氮磷钾与粮油相关值的大小可看出，对粮食产量的影响顺序是：有机肥 K>有机肥 N>有机肥 P>化肥 N>化肥 P>绿肥 N>化肥 K；对棉花产量的影响顺序是：有机肥 K>有机肥 P>有机肥 N>化肥 P>绿肥 N>化肥 N>化肥 K；对油料产量影响的顺序是：化肥 K>化肥 N>化肥 P>有机肥 K>有机肥 P>有机肥 N>绿肥 N。感兴趣的无论粮、棉还是油料钾均占着位，也就是说，在粮棉油的生产中钾是最大的影响元素，其次是有机肥 N、P、K 和化肥 N，在实际生产中，作物吸收钾的量也是比较高的，该统计值与实际生产是吻合的。

（五）三肥用量预报

由图 1 可以看出，粮食在 20 世纪 50 年代（1958 年之前）增长速度较快，经济困难时期（50 年代末 60 年代初）显著下降，而后比较平稳的递增，但速度不如 50 年代快。70 年代末速度加快。棉花几乎是波浪形发展，特别是 1961—1962 年下降显著，近几年速度加快。油料比较平稳，1960—1961 年也有所降低，近几年迅速增长。上文已提及从拟合的角度利用多元多项式回归比多元线性回归的残差平方和要小得多，然而，我们所关心的不仅仅是拟合问题，重要的在于预报。而预报实际上是回归方程的外延预报，由于近几年增长速度较快，因而对于多项式回归方程的预报值偏大，不管所选用的多项式回归方程是几次多项式，最后总是上升趋势，外延预报值增长速度一年比一年加快，至后来完全不可信。对于多元线性回程方程的外延预报值不存在这个缺陷，效果较好些，故最后用多元线性回归方程进行预报。此外，还分别用自回归模型进行预报，以作比较。各种肥料均采用差分自回归模型预报。如上所述，油料受政策影响较大，近年来由于价格调整，油料面积迅速增加，但政策调动积极性有一定的限度。因此，预报时 1985 年之前用自回归较好，1985 年之后用多元线性回归较好。

1. 三肥及其中的氮、磷、钾养分预报 由表 6 可看出，1982—2000 年化肥发展的趋势大致可分为 3 个阶段，1982—1986 年化肥产量为上升期，1987—1988 年两年为调整期，1989—1991 年又开始上升，1992—1993 年第 2 次调整，1994 年之后逐年增加。由此可看到化肥生产具有上升—调整—上升的周期性变化。至 20 世纪末预计达到 2 990.3±489.2 万 t，高于中国农业科学院土壤肥料研究所拟定的“我国化肥需要量规划的数字

2 400万 t。低于农牧渔业部预测值：N 3 150 万 t，P_2O_5 1 350 万 t，K_2O 750 万 t，总量 5 250万 t。而氮、磷、钾分品种预报（表 7）出现了不同类型的情况。氮肥年年增多，2000 年比 1981 年增长 2.4 倍；磷肥稳定增加，2000 年比 1981 年增长 1.9 倍；钾肥 1982—1984 年稍调整后迅速增加，1989—1991 年再次调整，1992 年又上升，1996 年之后出现第 3 次调整期，但总的趋势是钾的增长速度快，2000 年比 1981 年增长 17.4 倍，这与钾肥的基数低有关。

由预报可看出，有机肥是稳步增大，每年虽然有增加，但步子不快。这是我国的国情所决定的。有机肥料的主要来源是畜禽粪便，而畜牧业的发展受很多因素制约，发展速度不可能很快。

绿肥是个特殊的“肥料”，虽然我国栽培绿肥历史悠久，但需要“栽培”。随着化肥的快速发展，有机肥所占的比例都在逐年下降，何况是绿肥。但有机肥会长久存在，尽管人们嫌它脏、臭，但畜牧业要发展，粪便需要处理，产品还是有机肥。绿肥就不一样了，人们可以去栽培它，也可以不去栽培，关键看效益。随着改革开放进一步深入，新一代农民不再愿意花力气种植绿肥了。因此，绿肥只预报到 1990 年，之后，即使预报也是空对空。所以，不再预报，中国的肥料结构将从三肥结构演变为有机肥和化肥两肥结构。

2. 预报值中的肥料结构　表 8 指出，在三肥结构中，化肥的比例将继续增加，1986 年以后将上升至 50%以上，至本世纪末估计占氮磷钾总养分量的 55%～60%。有机肥提供养分的比重将继续下降，目前，有机肥占氮磷钾总养分量的 50%左右，1994 年将降至 45%左右，20 世纪末将降至 40%～42%。由于整个肥料量的提高，绿肥的比例将继续下降，由现在的 3.0%左右降至 1.5%左右，甚至更低。所以，从 1991 年开始，不再预报。在化肥上升、有机肥料下降的总趋势下，氮、磷、钾的比例稍有区别。氮素营养中化肥 N 由现在占总 N 量的 60%上升至 75%左右，有机肥 N 由 40%降至 25%左右；在磷营养中，化肥 P_2O_5 由占总磷量的 38%上升至 53%左右。有机肥磷由 60%降至 47%左右；在钾营养中，化肥钾，将由现在占总钾量的 7%提高到 16%左右，有机肥钾由现在的 90%以上降至 84%左右。由此可看出，20 世纪末的肥料结构将由目前的有机与无机肥养分比例旗鼓相当，发展到化肥氮占绝对优势、化肥磷占优势，钾素营养有机肥料依然占有优势。

化肥中的氮磷钾的比例与目前的状况略有变化，氮素由 1981 年占整个化肥量的 75%下降到 70%以下，磷素将维持在 21%左右，钾素的比例将大大提升。有机肥料中氮磷钾的比例变化不大，N 素占整个有机肥养分量的 35.7%左右，磷素占 29%左右，钾素 34%～35%左右，N∶P_2O_5∶K_2O=1∶0.82∶0.98。

我国钾资源匮乏，缺钾问题，在相当的时间内还要存在下去。有关计划部门必须予以应有的重视。

3. 肥料预报值检验　用 1982 年实际产量来检验它们预报值的可靠程度（表 9）。从中可看到化肥、有机肥以及其中的 N、P_2O_5、K_2O 的实际产量与预报值均较吻合，如化肥 K_2O、有机肥 N、有机肥 P_2O_5 的产量与预报值几乎一样。化肥总量，有机肥总量、化肥 N、化肥 P_2O_5、有机肥 K_2O 的实际产量也在相应的预报值的两倍标准差的范围内（本文采用正负两倍标准差在概率中具有 95%的准确性）。

表 6　化肥、有机肥、绿肥预报值

（万 t）

年　份	1982	1983	1984	1985	1986	1987	1988	1989	1990	1991
化　肥	1 243.7±356.8	1 417.2±356.8	1 667.7±356.8	1 747.9±356.8	1 823.6±122.0	1 798.0±122.0	1 807.1±122.0	1 971.1±122.0	2 147.5±122.0	2 305.5±334.9
有机肥	1 492.4±125.4	1 540.0±125.4	1 597.6±125.4	1 629.3±125.4	1 670.4±83.4	1 700.9±83.4	1 735.6±83.4	1 755.0±83.4	1 774.1±83.4	1 800.0±117.9
绿　肥	65.0±2.02	62.9±2.02	63.0±2.02	64.2±2.02	67.9±4.13	67.5±4.13	68.9±4.13	70.1±4.13	71.1±4.13	—
年　份	1992	1993	1994	1995	1996	1997	1998	1999	2000	
化　肥	2 206.3±334.9	2 264.3±334.9	2 338.9±334.9	2 490.5±334.9	2 653.0±489.2	2 748.6±489.2	2 742.0±489.2	2 838.5±489.2	2 990.3±489.2	
有机肥	1 831.5±117.9	1 868.4±117.9	1 901.9±117.9	1 937.3±117.9	1 970.6±91.7	2 002.7±91.7	2 031.7±91.7	2 058.9±91.7	2 087.4±91.7	
绿　肥	—	—	—	—	—	—	—	—	—	

表 7　化肥与有机肥中氮磷钾数量预报值

（万 t）

年　份		1982	1983	1984	1985	1986	1987	1988	1989	1990	1991
化　肥	N	933.0±388.5	1 113.9±388.5	1 317.3±388.5	1 441.9±388.5	1 356.8±156.5	1 348.3±156.5	1 358.8±156.5	1 522.6±156.5	1 706.4±156.5	1 820.2±69.0
	P_2O_5	276.7±21.1	275.5±21.1	309.3±21.1	258.9±21.1	315.6±28.1	376.2±28.1	371.2±28.1	380.9±28.1	382.2±28.1	409.1±38.2
	K_2O	34.0±8.4	27.8±8.4	41.1±8.4	47.1±8.4	51.3±10.6	73.5±10.6	77.1±10.6	67.6±10.6	58.9±10.6	76.2±21.0
有机肥	N	540.5±17.9	552.9±17.9	567.9±17.9	581.7±17.9	587.3±16.4	592.9±16.4	602.2±16.4	614.5±16.4	627.7±16.4	639.8±15.7
	P_2O_5	441.8±11.5	450.4±11.5	459.5±11.5	468.4±11.5	477.4±14.2	486.4±14.2	495.5±14.2	504.3±14.2	513.3±14.2	522.3±14.2
	K_2O	510.1±19.9	523.3±19.9	545.6±19.9	553.2±19.9	570.7±15.5	578.8±15.5	592.7±15.5	600.2±15.5	608.8±15.5	619.7±18.3
年　份		1992	1993	1994	1995	1996	1997	1998	1999	2000	
化　肥	N	1 747.9±69.0	1 743.6±69.0	1 756.2±69.0	1 904.8±69.0	2 071.2±37.4	2 175.5±37.4	2 114.5±37.4	2 134.0±37.4	2 165.4±37.4	
	P_2O_5	374.7±38.2	418.3±38.2	464.6±38.6	463.2±38.2	472.5±16.3	475.8±16.3	507.6±16.3	574.9±16.3	688.8±16.3	
	K_2O	83.7±21.0	88.9±21.0	118.1±21.0	122.5±21.0	109.3±15.6	97.6±15.6	119.9±15.6	129.6±15.6	136.1±15.6	
有机肥	N	649.0±15.7	658.0±15.7	668.2±15.7	679.9±15.7	691.9±16.7	703.3±16.7	713.6±16.7	723.8±16.7	734.4±16.7	
	P_2O_5	531.3±14.2	540.4±14.2	549.2±14.2	558.2±14.2	567.2±14.2	576.2±14.2	585.2±14.2	594.1±14.2	603.1±14.2	
	K_2O	630.2±18.3	643.2±18.3	653.4±18.3	665.8±18.3	676.7±17.1	688.2±17.1	698.8±17.1	709.2±17.1	720.3±17.1	

表 8　预报的化肥、有机肥、绿肥及其中氮磷钾在三肥中的比例情况

	总　肥　量				N				P_2O_5			K_2O		
	总肥量（万 t）	化肥（%）	有机肥（%）	绿肥（%）	总 N（万 t）	化肥 N（%）	有机肥 N（%）	绿肥 N（%）	总 P_2O_5	化肥 P_2O_5	有机肥 P_2O_5	总 K_2O（%）	化肥 K_2O（%）	有机肥 K_2O（%）
1982	3 067.9	48.48	49.40	2.12	1 757.8	65.24	31.05	3.71	752.8	41.05	58.95	563.3	6.30	93.70
1983	3 020.1	46.93	50.99	2.08	1 729.7	64.40	31.97	3.63	725.9	37.95	62.05	551.1	5.03	94.97
1984	3 328.3	50.11	48.0	1.89	1 948.2	67.62	29.15	3.23	768.8	40.23	59.77	586.7	7.00	93.0
1985	3 441.4	50.79	47.34	1.87	2 087.8	69.06	27.86	3.08	727.3	35.60	64.40	600.3	7.85	92.15
1986	3 561.9	51.20	46.90	1.90	2 012.0	67.44	29.19	3.37	793.0	39.80	60.20	622.0	8.25	91.75
1987	3 564.4	50.41	47.69	1.90	2 008.7	67.12	29.52	3.36	862.6	43.60	56.40	652.3	11.27	88.73
1988	3 611.6	50.04	48.46	1.85	2 029.9	66.94	29.67	3.39	866.7	42.83	57.17	669.8	11.50	88.50
1989	3 796.2	51.92	46.23	1.78	2 207.2	68.98	27.84	3.18	885.2	43.0	57.0	667.8	10.12	89.88
1990	3 992.7	53.79	44.43	—	2 405.2	70.95	26.10	2.95	895.5	42.68	57.32	667.7	8.82	91.18
1991	4 105.5	56.16	43.84	—	2 460.0	73.99	26.01	—	931.4	43.92	56.08	695.9	10.95	89.05
1992	4 037.8	54.64	45.36	—	2 396.9	72.92	27.08	—	906.0	41.36	58.64	713.9	11.72	88.28
1993	4 132.7	54.79	45.21	—	2 401.6	72.60	27.40	—	958.7	43.63	56.37	732.1	12.14	87.80
1994	4 240.8	55.15	44.85	—	2 424.4	72.44	27.56	—	1 013.8	45.83	54.17	771.5	15.31	84.69
1995	4 427.8	56.25	43.75	—	2 584.7	73.70	26.3	—	1 021.4	45.35	54.65	788.3	15.54	84.46
1996	4 623.6	57.38	42.62	—	2 763.1	74.96	25.04	—	1 039.7	45.45	54.55	786.0	13.90	86.10
1997	4 751.3	57.85	42.15	—	2 878.8	75.57	24.43	—	1 052.0	45.23	54.77	785.5	12.39	87.61
1998	4 773.7	57.40	42.60	—	2 828.1	74.77	25.23	—	1 092.8	46.45	53.55	818.7	14.65	85.35
1999	4 897.4	57.96	42.04	—	2 857.8	74.67	25.33	—	1 169.0	49.18	50.82	838.8	15.45	84.55
2000	5 027.7	58.48	41.52	—	2 899.8	74.67	25.33	—	1 291.9	53.32	46.68	856.4	15.89	84.10

注：1982 年为实际产量。

表 9　1982 年实际产量与预报值比较

项　　目	1982 年实际产量	1982 年预报值
化肥总量（万 t）	1 487.4	1 243.7±356.8
化肥 N（万 t）	1 142.9	933.0±388.5
化肥 P_2O_5（万 t）	309.0	276.7 ±21.1
化肥 K_2O（万 t）	35.5	34.0 ±8.4
有机肥总量（万 t）	1 515.5	1 492.4 ±125.4
有机肥 N（万 t）	543.9	540.5±17.9
有机肥 P_2O_5（万 t）	443.8	441.8 ±11.5
有机肥 K_2O（万 t）	527.8	510.1±19.9

三、讨　　论

1. 本项研究的肥料预测，是以现有资料为基础，建立数学模型，基本是采用外延法进行计算，存在一定的缺点，表现在以下方面：欧美发达国家化肥的发展是按钾、磷、氮的顺序，我国化肥的发展是按照氮、磷、钾的顺序。1970 年后，氮肥发展快，磷肥发展慢，钾肥尚处于起步阶段。特别是我国引进了发达国家 13 套尿素（30 万 t 合成氨、52 万 t 尿素）成套标准设备，正逐步建成投产，据化工部消息，我国还将仿制 20 套标准尿素生产设备，这足以说明，本来磷肥与氮肥比例就低，以后逐步将变得更低；钾肥的资源在我国匮乏，目前只发现青海盐湖钾肥，从中、长期看，主要靠进口。化肥发展现状揭示出两个问题，一是我国化肥氮、磷、钾的比例不平衡，将在相当长的时间内无法解决，特别是钾，即使到 20 世纪末，也大部分靠进口。欧美发达国家从历史上到现在，从来都是卡中国人的脖子。因此，我们不能乐观，应该有钾肥大幅度提高价格的思想准备；二是从预测的角度，氮肥相对稳定，预测数值相对准确，2000 年的化肥（N）的数量应基本上在预测值加正负 2 倍标准差范围内，可以预见，随着尿素成套设备的逐步投产，再加上我国各省市（特别是山西等能源大省）将会大量建设尿素厂，逐步淘汰碳铵和氨水厂。所以，不用担心实际产量低于预测值；但是，磷、钾的数量却很难预测，一是化工部领导的思想比农业部门开放，继尿素成套设备之后，将会引进磷铵成套设备，磷的预测值肯定低于届时的实际数量；随着粮、棉、油掠夺式生产加剧，我国土壤缺钾面积将逐步扩大，靠有机肥钾已无法满足需要，必将大量进口，我国将成为世界第一钾肥进口大国。因此，本研究的钾肥预测值肯定偏低。所以，磷、钾肥只预报产量，不包括进口在内。

2. 本项研究的有机肥预测值偏高。北京红兴机械化养猪场和养鸡场的建设投产和正常运营，预示着我国畜禽养殖将进入规模化时代，家家户户养猪的时代将被规模化养殖取代，未来很可能是养殖专业户与规模化养殖并存。因此，畜禽粪便不再是单纯有机肥的原料问题，将会是环境治理的一部分，传统的费时、费力的有机肥料积、制、保、用经验将过时，取而代之的是如何处置规模化养殖场的粪污问题，粪便发酵后的有机肥或有机—无机复混肥可能成为商品，参于市场流通。这是一个崭新的课题，我们要作为思想准备。预计 20 世纪末，化肥养分与有机肥养分的比例可能变为 70%：30%，化肥氮的比例将占 80%以上。

3. 绿肥种植面积将持续下降。安徽省小岗村已分田到户，这是个风向标，正在全国范围推广。地里种什么，将由农民自己做主。《中国绿肥规划草案》估计 20 世纪末可种植绿肥面积 0.333 亿 hm^2，包括粮田间作套种、果园、水生、饲草、荒地等种植绿肥。大集体年代，领导说了算，以后，就很难说了。农民不光是种田，也可以经商，可以做工，北京不是有很多浙江人经商？君不见，不少上山下乡回城的青年有相当一部分在干“个体户”，农民为什么不能干？农民青年为什么必须呆在农村种田？精耕细作是中国农业的经验，看来也要过时了，可以预计粮田套种绿肥可能成为历史，果园绿肥可能也保不住。东部沿海地区农民一年两熟，已够辛苦了，为什么还要求他们加班加点种植绿肥？个人认为，江西的红壤荒地可种蚕豆，人畜两用。总的来说绿肥过去未成为肥料当家品种，未来也不会。随着化肥的迅猛发展，有机肥的地位都在逐年下降，绿肥面积下降速度将更快。因此，从 1991 年开始不再预报绿肥。

四、结　论

1. 中国已从有机肥料为主的肥料结构逐渐转向以化肥为主。

2. 预测 2000 年，我国氮肥（N）用量为 2 165.4±37.4 万 t，磷肥（P_2O_5）产量为 668.8±16.3 万 t，钾肥（K_2O）的产量为 136.1±15.6 万 t，磷钾肥不包括进口肥料在内。

3. 预测至 2000 年，我国有机肥养分总量为 2 057.8±125 万 t，其中，有机肥氮（N）为 734.4±16.7 万 t，有机肥磷（P_2O_5）为 603.1±14.2 万 t，有机肥钾（K_2O）为 720.3±17.1 万 t。有机肥养分预测可能偏高，因随着规模化养殖场大力发展，畜禽粪便将成为污染源，虽然有粪便却无法利用。

4. 绿肥面积将逐年减少，我国的肥料结构将从目前的化肥、有机肥、绿肥三肥结构演变为化肥、有机肥两肥结构。

5. 我国氮、磷、钾比例不平衡是个长期存在的问题，特别是钾，预计 20 世纪末，钾主要依靠进口。

编后感：

1. 将本文入编是由于首选建立数学模型预测我国肥料结构。当时将摘要发表于中国科学院农业研究委员会《农业现代化探讨》1983（57），在土壤肥料界引起很大争议，特别是研究有机肥和绿肥的同仁们。

2. 本文对化肥的预测值与实际量相比较，氮肥和磷肥几乎一样，预测值中 2000 年氮肥（N）量为 2 165.4±37.4 万 t，磷肥（P_2O_5）688.8±16.3 万 t；2000 年实际量：氮肥（N）2 161.6 万 t 磷肥（P_2O_5）690.5 万 t。当时只有进口的复合肥，还没有复混肥，无法预测。钾肥主要靠进口，我们预测中国将成为世界上第一钾肥进口国，价格肯定上涨，与实际情况相符。

3. 本文对有机肥的预测是，规模化畜禽养殖将大力发展，畜禽粪便将成为污染源，与我国实际发展是一致的。

4. 本文对绿肥的预测是种植面积越来越少，1991 年之后不再预测，与实际情况吻合。综上所述，说明该项研究还是有意义的。

有机—无机肥料配合是现代施肥技术的发展方向

随着化肥工业的发展，农田施用化肥量急剧增加。还要不要发展有机肥料？单纯靠施用化肥能否保证持续高产？对这个问题，提点看法。

一、我国的三肥现状及其在粮棉油增产中的效果

（一）计算标准

为比较方便，化肥、有机肥均用主要的有效成分 N、P_2O_5 和 K_2O 表示，绿肥只计算 N。有机肥料包括家畜粪尿、人粪尿和作物秸秆，而不包括海肥、饼肥、土杂肥、各种禽类粪肥等，因这些肥料的数里很难统计，折算标准是：按 FAO 提出的有机肥料在积、制、运、施过程中损失 40%，还剩下 60%，再按《中国肥料概论》所介绍的各种牲畜产粪尿和养分含量的平均数折算。人粪尿在北方损失较大。因此，按总排粪尿量的 50%计算。秸秆计算方法是：旱作物按谷草比 1∶1，水稻 1∶0.9 计算，假定 50%的秸秆烧掉。因此，只计算这一半秸秆的磷、钾量，余下的秸秆为牲畜饲料，垫圈材料和其他的原料，参加别的循环，不计在内。绿肥按每 666.7m^2 产草量 1 500kg 计算。

（二）三肥的现状

1949—1981 年 33 年期间，化肥生产量增长的速度很快，1949 年总有效成分只有 1.3 万 t，1979 年提高至 1 255 万 t，1981 年为 1 232 万 t（其中 N 924.8 万 t，$P_2O_5$266.5 万 t，K_2O 40.8 万 t）。在化肥中以氮肥增长最快，特别是 20 世纪 70 年代以后。磷、钾肥则较慢。有机肥 1949 年氮磷钾总有效成分为 479 万 t，1979 年 1 392 万 t；1981 年 1 469 万 t（其中 N 534 万 t，$P_2O_5$431.6 万 t，K_2O 503.4 万 t），1981 年比 1949 年增加 3.1 倍。与化肥比较，有机肥增长速度较慢，而且有波动。绿肥虽有增长，但数里一直较低。图 1 指出历年各种肥料在三肥总养分中所占的比重，从中可看出，化肥的比重一直是上升的，有机肥的比重下降趋势很明显。大致分 4 个阶段：1956 年以前，有机肥提供的总养分量占 90%以上，1964 年以前占 80%以上，1970 年之前占 70%以上，1976 年以前占 60%以上，1976 年之后占 50%，基本上每过 6～7 年下降 10%。但氮、磷、钾各自所占的比重差别很大，以 1981 年为例，有机肥料提供大约 1/3 的氮，2/3 的磷和 92.5%的钾。绿肥提供 4.7%的氮。其他为化肥提供。这就是说，氮素营养以有机肥料占主导地位已让位给化学氮肥，但磷钾营养以有

原载于 1984 年第 1 期《土壤肥料》。

机肥为主，特别是钾。这儿没有计算碳素营养和微量元素，其一是因为化肥中的碳的利用率很难计算；其二化肥所提供的微肥里就全国范围来说是较少的，有机肥料基本上占绝对优势。

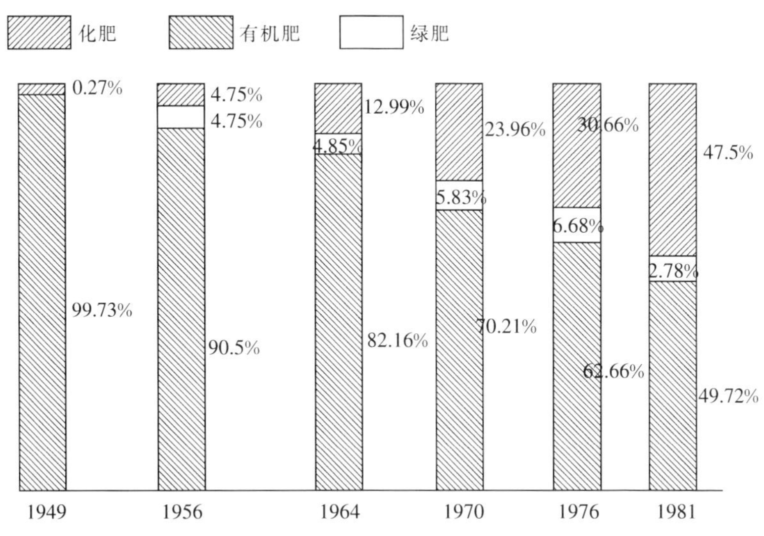

图1　化肥、有机肥、绿肥在三肥总养分中所占比重示意图

（三）三肥在粮棉油增产中的作用

将1949—1981年33年粮食、棉花、油料料的产量和每年化肥、有机肥、绿肥的总养分量及它们各自的氮磷钾养分量输入电子计算机，获得以下相关阵（表1），根据相关系数的大小可判别在33年中各肥料与粮、棉、油的相关显著程度。由表1可看出：(1) 化肥、有机肥与33年的粮、棉、油的产量分别呈极显著正相关：绿肥仅与粮、棉产量呈极显著正相关，与油料相关性不显著；(2) 有机肥与粮、棉产量的相关值最大（R值分别是0.967 9和0.851 7)，化肥次之（R值分别是0.937 7和0.724 3)，绿肥最小；与油料产量相关值最大的是化肥，有机肥次之，绿肥不显著；(3) 粮食与各肥料的相关值最大，说明用于粮食生产的肥料最多，其次是棉花，油料最小。油料生产不仅取决于营养，关键是政策；(4) 各种肥料中的氮磷钾对粮、棉、油料产量影响是不同的。对与粮食产量相关值大小的顺序是：有机肥K＞有机肥N＞有机肥P＞化肥N＞化肥P＞绿肥N＞化肥K，与棉花产量相关值大小的顺序是：有机肥K＞有机肥P＞有机肥N＞化肥P＞绿肥N＞化肥N＞化肥K。感兴趣的是，在粮棉生产中有机肥钾的相关值最大，说明在我国土壤中除了原有的钾，有机肥是主要的补给者。另外，根据主要作物对氮磷钾的吸收量，小麦N：P_2O_5：K_2O=1：0.43：1.54；水稻N：P_2O_5：K_2O=1：0.25：1～2；杂交水稻需磷钾量更高些，N：P_2O_5：K_2O=1：0.5：1.5；玉米N：P_2O_5：K_2O=1：0.61：1.30；棉花N：P_2O_5：K_2O=1：0.42：1.24；油菜N：P_2O_5：K_2O=1：0.51：1.2。可见，在实际生产中作物吸收钾的量也是比较高的。以上分析表明，无论是我国目前三肥结构的现状，还是三肥及其中的氮磷钾养分在33年粮、棉、油生产中的效果，均说明，三肥是一个整体，缺一不可，必须有机地结合起来。

表 1 三肥及三肥中的氮磷钾分别与粮棉油产量的相关阵

	粮	棉	油料	化肥	化肥 N	化肥 P	化肥 K	有机肥	有机 N	有机 P	有机 K
化肥	0.937 7	0.724 3	0.718 0								
化肥 N	0.929 3	0.698 9	0.708 6	0.996 7							
化肥 P	0.923 1	0.793 1	0.884 0	0.952 7	0.925 5						
化肥 K	0.742 9	0.566 0	0.841 8	0.872 1	0.862 2	0.827 8					
有机肥	0.967 9	0.851 7	0.563 9	0.891 0	0.878 7	0.902 7	0.631 3				
有机 N	0.948 9	0.832 9	0.568 7	0.898 0	0.881 9	0.920 9	0.662 1	0.981 8			
有机 P	0.943 6	0.839 3	0.631 6	0.856 9	0.844 6	0.864 2	0.651 6	0.967 8	0.936 4		
有机 K	0.986 8	0.876 3	0.642 0	0.923 1	0.909 9	0.931 4	0.696 4	0.986 0	0.971 0	0.954 3	
绿肥 N	0.842 1	0.707 4	0.291 1	0.729 4	0.718 9	0.760 3	0.359 4	0.908 0	0.886 8	0.823 5	0.881 4

二、有机—无机肥料配合施用的优越性

(一) 有机—无机配合有利于培养地力

位于黄淮海的河南新乡县刘庄大队，由于注意有机肥与化肥配合施用，是土壤越种越肥的例证之一。该大队耕地面积 120hm^2，粮棉间作，1960 年以前，粮食 666.7m^2 产 200kg 以下，皮棉单产 50kg 左右。20 世纪 60 年代以后，大力发展畜牧业，养猪 1 000～1 200 头，大牲畜 350～400 头，羊 250 头左右，秸秆垫圈后还田。化肥用量变化不大，每 666.7m^2 氮肥 65～90kg，磷肥 25～30kg。1981 年粮食 666.7m^2 产 850kg，666.7m^2 产皮棉 87.5kg，土壤有机质由 0.5%～0.7%增至 0.8%～1.04%。

近年来，我们在华北各地试验，666.7m^2 施 1 000～500kg 优质厩肥＋化肥的处理，土壤有机质 3 年内比单施化肥的土壤多 0.08%～0.11%；土壤有机—无机复合度增加 30%～130%。

(二) 有机—无机配合利于作物高产

据中国农业科学院土壤肥料研究所有机肥组在华北 63 个点试验资料，无论中、低产田还是高产田，单施化肥或有机肥的处理，随着施用量的增加，产最逐渐增高，但均有限度，至一定的产量水平后，有机肥不再增产，而化肥表现减产。有机肥与化肥配合施用产量均比单施者高，其后效可延至第三茬作物。1979—1981 年，我们在山东莱阳定位试验，在 3 年 6 季当中，小麦和玉米的总产量化肥处理为 1 180.5kg/666.7m^2，有机肥＋化肥为 2 132kg/666.7m^2，配合施用比单施化肥增产 80.6%。浙江省黄岩县 1974—1979 年进行双三熟，每 666.7m^2 施 27.5kg 纯 N 和东阳县在第四季发育的红壤水稻土上一季 666.7m^2 施 10.2kg 纯 N 的试验，均以猪厩肥 N 与化肥 N 大致各半产量最高。湖北、四川、江苏盐城试验的趋势与浙江是一致的。陕西试验，有机肥与化肥的比例按施入 N 量计，以 1∶0.4～1∶1 为好，最高不宜超过 1∶2.5，最低不宜小于 1∶0.2。

（三）有机—无机配合利于提高化肥利用率

国内外学者用很大的力量研究氮磷配合或氮钾配合或氮磷钾配合，可提高氮肥利用率，其效果多在10%～15%左右。国内有些试验有高于这个数字的。我们多年的试验结果，在增施有机肥料的基础上增施化学氮肥与单施氮肥比较，可使氮肥效果提高1倍左右。Burge等研究指出，土壤中各种有机质中的碳含量与氮的固定呈正相关。浙江农业大学摸拟试验指出，有机肥与化学氮肥配合施用能降低土壤的氧化还原电位，减少氨的硝化，故可提高氮肥利用率。

（四）有机—无机配合利于提高农产品品质

据测定，鸡粪中含游离氨基酸2.4%，猪粪0.29%、乳牛粪0.98%、羊粪0.15%、兔粪0.81%。此外，还含有各种糖类、蛋白质、RNA、DNA及其降解产物如尿嘧啶、胸腺嘧啶、腺嘌呤等，这些化合物用灭菌培养试验证明大部分能被水稻吸收利用。据本课题组与山东莱阳农学院联合定位试验，666.7m^2施相当于优质有机肥1 000kg的土粪+20kg尿素，小麦籽粒中蛋白质含量比单施20kg尿素的约高1%；面筋含量高2.3%；籽粒全N高0.19%，全磷（以P计）高0.02%，全钾（以K计）高0.04%。有机—无机肥料配合施用对蔬菜的品质影响也很大，在正常土壤上，能使白菜、菠菜等可食部分的硝酸盐含量由1 000mg/kg降至600mg/kg左右，使亚硝酸盐降至0.5mg/kg，而维生素C的含量却由单施化肥的18mg/100g提高到21mg/100g。而且，可减少烂菜率，延长储存时间。

三、未来的肥料结构还是有机与无机配合

现在，我国的肥料结构是有机与无机配合，以后会如何呢？我们把1949—1981年的三肥与粮、棉、油的产量编程序输入电子计算机，并建立合适的数学模式进行预测，1985年粮食预计3 717.5±378亿kg，化肥提供的N、P_2O_5、K_2O总养分为1 590.6±556.5万t，有机肥提供的N、P_2O_5、K_2O为1629±125万t，绿肥64.2±2.0万t，即化肥占48.4%，有机肥占49.6%，绿肥2%。1990年粮食总产估计2 502±236.5亿kg，化肥提供的总养为1 712.6±122万t，有机肥提供1 774±83.4万t，绿肥71.1±4.1万t，即化肥占48.1%，有机肥49.9%，绿肥2.0%。诚然，预测数字仅是个参考，但也已证明，我国以后的肥料结构依然是有机与化肥相结合的结构。

四、结　　论

1. 有机肥、化肥和绿肥在新中国成立后33（1949—1981年）的粮、棉、油产量中均发挥了自己应有的作用。这是有机与无机配合的共同效果。

2. 有机—无机配合施用有利于提高土壤肥力，增加粮食产量、提高化肥利用率和改善农产品品质。

3. 预测结果证明，我国未来的肥料结构仍然是有机与无机配合的结构。

4. 我国的磷钾资源有限，特别是钾贫乏，应充分发挥有机肥料中磷、钾的潜力和作用。

有机肥与氮肥配合施用对小麦和玉米产量和品质的影响

最近，国外土壤肥料工作者不仅注意作物的产量，更注意作物的品质，但多用化肥为试验材料，有机肥及其与化肥配合施用的报道不多。在国内，多偏重于提高作物产量和提高肥料利用率的研究，而肥料对作物品质的影响则研究较少。近年来，我们在一些地区布置了有机—无机肥配合定位观测点，肥料对提高产品品质的作用是该项研究的一部分。试验结果将陆续予以报道。

一、试验处理与测试方法

定位试验在山东莱阳农学院农场进行。供试土壤系无石灰性潮土，表土质地为轻壤，pH为6.8，0～20cm土层有机质0.43%，全N 0.05%，有效 P_2O_5 15mg/kg，有效 K_2O 50mg/kg，阳离子代换量11.88m・e/100g土。供试有机肥为当地土粪，有机质2.27%，全N 0.20%，有效 P_2O_5 0.50%，有效 K_2O_5 0.40%。无机肥为尿素，含N 46%。一年两季作物，即冬小麦—夏玉米。小麦品种泰山1号，夏玉米是鲁原丹4号和莱农4号。土粪全部作小麦基肥，尿素作小麦种肥和追肥。试验处理见表1，小区面积33.34m²，重复3次，方块排列。

品质测定选用第4季（1982）的小麦和玉米为材料。

测定方法：淀粉用酸解法，可溶性糖用蒽酮比色法。蛋白质用蛋白质分析仪测定。小麦面筋用面筋测定仪测定。氨基酸系采用6mol/L HCl水解后用氮基酸分析仪测定。玉米中维生素A用比色法、维生素 B_1 和 B_2 用荧光法；不同可溶性糖的分离测定是：用80%乙醇提取，分别通过“732”强酸型阳离子交换树脂柱和“717”强碱型阴离子交换树脂柱后用高效液相色谱仪测定。微量元素用ACP－800等离子仪测定。

表1 有机—无机肥配合试验处理

处理	有机肥（t/666.7m²）	尿素（kg/666.7m²）
Ⅰ	0	0
Ⅱ	0	10
Ⅲ	0	20
Ⅳ	5	0
Ⅴ	5	10
Ⅵ	5	20
Ⅶ	15	0
Ⅷ	15	10
Ⅸ	15	20

作者：张夫道、金维续、余永年、王小平、曾木祥、赵学蕴、姚源喜，原载于1984年第3期《土壤肥料》。

二、结果与讨论

（一）有机肥与氮肥配合对作物产量的影响

由表2可看出，单施尿素或有机肥区均比相应的配合区产量低。配合施用无论对小麦还是后茬玉米肥效均较好，5年平均，小麦增产134.37%～175.64%，玉米增产78.61%～105.73%。5年总产以处理Ⅸ最高，其产值是：每吨有机肥增产小麦4.9kg，玉米4.5kg；每千克尿素增产小麦4.0kg、玉米3.0kg。处理Ⅵ总产量虽名列第3，但每吨有机肥增产小麦4.0kg、玉米10.8kg；每千克尿素增产小麦5.1kg、玉米5.3kg。从经济效益考察，处理Ⅵ较好。

回归分析表明，理论最高产最996.5kg/666.7m^2，经济最适用肥量为每666.7m^{2}施有机肥5.6t，尿素23kg，与处理Ⅵ的肥料用量比较接近。

（二）有机肥—氮肥配合对作物品质的影响

表3指出，不同处理的小麦和玉米矿质成分是不一样的。全N量小麦以处理Ⅵ最高（2.3%）、玉米以处理Ⅷ和处理Ⅸ最高（1.54%和1.52%），两者均以对照最低（分别为1.74%和1.06%）。感兴趣的是处理Ⅸ施肥量最高，产量亦最高，第1茬小麦为全N量却名列第4，至第2茬玉米才趋于一致。籽粒中的全磷和全钾量，无论小麦还是玉米均是处理Ⅵ最高，对照最低。玉米的中量元素镁和微量元素含量，硼以处理Ⅶ最高，铜、铁、镁、锰、钼以处理Ⅷ最高，锌以处理Ⅵ最高，总的趋势是与施用有机肥有关。

表4的结查表明，小麦籽粒的淀粉含量以处理Ⅳ（56.58%）和处理Ⅶ（55.65%）最高。玉米是处理Ⅶ（65.04%）、处理Ⅱ（65.29%）最高。总的趋势是单施有机肥区比其他区淀粉含量高。

可溶糖含量，小麦以处理Ⅲ最高（1.76%），玉米以处理Ⅳ（1.74%）最高。处理Ⅲ 666.7m^{2}施尿素30kg而未施用有机肥，处理Ⅳ施土粪5t而未施化肥，在其他营养元素不足的情况下，即便有丰富的N营养或碳营养，由于植株内代谢速度慢，糖还没有来得及转化为淀粉等产物以糖的形态被贮存。在可溶性糖的组成中（表5），小麦和玉米均以果糖、葡萄糖、蔗糖、木糖＋核糖（以木糖为主）含量较多，但小麦尤以木糖＋核糖为多，占主导地位。玉米果糖含量较多，蔗糖次之，各处理的小麦和玉米的不同组成糖的总量与可溶糖总量基本一致。

表2　各处理对作物产量的影响

	处　理	1979	1980	1981	1982	1983	5年总产	平均产量	比对照增产	
									kg/666.7m^2	%
冬小麦产量（kg/666.7m^2）	Ⅰ	226.05	156.4	86.6	128.4	54.3	651.75	130.35	—	—
	Ⅱ	383.4	236.5	154.5	286.5	240	1 301.2	260.25	129.9	99.65
	Ⅲ	448.35	267.1	166	288.05	260	1 429.5	285.9	155.55	119.33
	Ⅳ	267.1	223.4	153	226.6	155	1 025.1	205	74.65	57.27
	Ⅴ	394.55	330.9	168	360.7	273.3	1 527.45	305.5	175.15	134.37
	Ⅵ	455.4	333.35	184.5	242.05	313.3	1 529.5	305.9	175.55	134.68
	Ⅶ	298.35	349.7	220	322.85	210	1 401.5	280.3	149.95	115.04
	Ⅷ	429.3	370.2	230	306.4	328.3	1 664.2	332.85	202.5	155.35
	Ⅸ	460	349.9	270	363.35	353.3	1 796.55	359.3	228.95	175.64

（续）

	处理	1979	1980	1981	1982	1983	5年总产	平均产量	比对照增产	
									kg/666.7m²	%
玉米产量（kg/666.7m²）	Ⅰ	339.6	105.2	179.1	150	152.9	925.8	185.15	—	—
	Ⅱ	406.1	115.65	185.15	379.25	271.1	1 357.25	271.45	83.3	46.61
	Ⅲ	422.75	160.65	211.2	432.65	335	1 562.25	312.45	127.3	68.76
	Ⅳ	434.65	151.2	201.85	272.15	202.15	1 302	260.4	75.25	40.64
	Ⅴ	441.75	191.55	257.05	448.25	314.95	1 653.55	330.7	145.55	78.61
	Ⅵ	473.75	270.35	259.25	459.85	362.4	1 831.6	366.3	181.15	97.84
	Ⅶ	432.25	260.15	297.2	360	253	1 599.9	320	134.85	72.83
	Ⅷ	432.25	277.55	301.55	476.25	415.05	1 904.45	380.9	195.25	105.73
	Ⅸ	434.5	300.75	180.95	527.55	452.9	1 896.65	397.35	194.2	104.89

注：$y=687.7158+0.01749X_1+25.9345X_2-0.3099x_2^2-0.000231X_1X_2$（$X_1$—有机肥，$X_2$—尿素，y—产量）$F=5^{**}$（$F_{0.01}=3.70$）；$R$（复相关系数）$=0.689$（$R_{0.01}=0.591$）

表3　小麦和玉米中矿质成分含量

处理	小麦			玉米									
	全N（%）	全P（%）	全K（%）	全N（%）	全P（%）	全K（%）	Mg（mg/kg）	B（mg/kg）	Cu（mg/kg）	Fe（mg/kg）	Mn（mg/kg）	Mo（mg/kg）	Zn（mg/kg）
Ⅰ	1.74	0.34	0.38	1.06	0.63	0.72	1 400	30.5	1.54	150	10.40	13.05	0.50
Ⅱ	1.82	0.37	0.39	1.32	0.64	0.78	2 200	57.0	2.40	150	16.65	3.85	6.70
Ⅲ	2.11	0.40	0.42	1.35	0.66	0.81	2 300	79.2	2.47	300	12.50	1.10	8.85
Ⅳ	1.75	0.35	0.37	1.14	0.34	0.74	2 300	51.0	2.65	200	12.50	11.55	16.0
Ⅴ	2.02	0.39	0.43	1.44	0.67	0.82	2 300	22.9	2.47	300	14.58	3.85	18.5
Ⅵ	2.30	0.42	0.46	1.51	0.75	0.93	2 700	67.2	2.47	400	17.70	1.60	18.74
Ⅶ	1.94	0.39	0.42	1.29	0.68	0.81	2 700	99.2	2.62	600	52.38	11.10	16.25
Ⅷ	2.16	0.40	0.44	1.54	0.71	0.88	2 300	95.8	2.70	300	40.28	8.38	17.40
Ⅸ	2.09	0.39	0.43	1.52	0.69	0.85	3 000	75.0	2.45	300	37.88	2.75	17.0

表4　小麦和玉米中几种有机成分含量

处理	小麦				玉米					
	淀粉（%）	可溶糖（%）	蛋白质（%）	面筋（%）	淀粉（%）	可溶糖（%）	蛋白质（%）	Vit. A（u）	Vit. B₁（mg/100g）	Vit. B₂（mg/100g）
Ⅰ	52.62	1.68	10.76	10.24	64.7	1.58	6.32	72	0.338	1.594
Ⅱ	54.72	1.60	11.25	8.67	65.2	1.50	7.68	75	0.514	1.481
Ⅲ	55.53	1.76	12.73	12.29	64.5	1.61	8.04	75	0.587	1.769
Ⅳ	56.58	1.52	10.67	8.92	64.2	1.74	6.71	69	0.442	1.654
Ⅴ	55.06	1.52	12.48	11.06	64.1	1.53	8.34	49	0.572	1.688
Ⅵ	54.48	1.20	13.60	14.62	62.9	1.44	9.15	43	0.575	1.683
Ⅶ	55.65	1.67	11.46	11.10	65.0	1.65	7.59	81	0.430	1.377
Ⅷ	54.72	1.68	13.47	14.17	64.7	1.66	8.78	80	0.505	1.407
Ⅸ	54.60	1.60	12.78	12.67	62.6	1.62	9.14	63	0.536	1.651

表 5 小麦和玉米中可溶糖的组成

(mg/100g)

处理	小麦							玉米					
	果糖	蔗糖	麦芽糖	木糖+核糖	葡萄糖	阿拉伯糖	总计(%)	果糖	葡萄糖	蔗糖	木糖+核糖	阿拉伯糖	总计(%)
Ⅰ	98.52	5.09	16.16	1 052.12	140.45	—	1.31	522.27	339.30	372.61	102.82	19.46	1.36
Ⅱ	87.68	4.15	8.49	884.79	80.83	—	1.07	413.38	95.63	281.65	94.60	—	0.89
Ⅲ	127.75	12.08	8.53	1 252.75	160.48	—	1.56	437.29	93.41	323.86	92.38	36.65	0.98
Ⅳ	68.24	4.62	5.33	972.15	79.81	42.83	1.17	608.72	263.09	304.36	87.69	65.40	1.33
Ⅴ	86.90	10.84	—	1 025.43	59.36	—	1.18	364.55	136.58	242.86	130.42	15.95	0.89
Ⅵ	—	17.42	16.20	760.43	77.49	—	0.87	476.86	128.46	334.31	156.21	—	1.10
Ⅶ	26.65	7.99	—	879.40	64.49	—	0.98	360.71	90.43	349.71	117.15	30.26	0.95
Ⅷ	114.35	13.16	16.18	1254.19	104.57	—	1.50	285.81	246.70	290.54	65.79	91.55	0.98
Ⅸ	186.84	14.09	17.33	1 088.30	172.17	—	1.48	449.22	176.81	311.16	87.38	27.40	1.05

小麦和玉米的蛋白质含量均是处理Ⅵ最多（分别是 13.60%和 9.15%），比对照分别高 2.87%和 2.82%。小麦的面筋含量与蛋白质含量的趋势比较一致，也是处理Ⅵ最高（14.62%），处理Ⅷ次之（14.17%），分别比对照高 4.38%和 3.93%。面筋是小麦品质的一个极重要的指标，不仅要看其含量，还要观其色、看其弹性。据观察，颜色最好的是处理Ⅲ、处理Ⅵ、处理Ⅸ，呈深米黄色；其次是处理Ⅶ和处理Ⅷ，呈浅灰米黄色；再其次是处理Ⅴ、处理Ⅳ、呈灰米黄色；处理Ⅱ呈灰色，处理Ⅰ是深灰色。发现施 N 量越高颜色越浅，空白对照无肥，颜色最黑。面筋的弹性以处理Ⅵ、处理Ⅷ、处理Ⅸ最好，处理Ⅶ、处理Ⅴ、处理Ⅲ次之，处理Ⅳ再次之，处理Ⅱ、处理Ⅰ软、黏，弹性最差。

玉米中的维生素含量，维生素 A 似乎与淀粉和全糖的含量相一致。维生素 B_1 与施 N 水平有一定的关系，随施 N 量的提高而增加。维生素 B_2 各处理的差异不大。

表 7 和表 8 列出了小麦与玉米的氨基酸组成，就氨基酸总量来说，小麦和玉米均是处理Ⅵ最高（分别是 14.58%和 9.94%）比对照高 4.61%和 3.42%。小麦的排列顺序是：Ⅵ＞Ⅷ＞Ⅲ＞Ⅸ＞Ⅴ＞Ⅶ＞Ⅱ＞Ⅰ＞Ⅳ，玉米的排列顺序是：Ⅵ＞Ⅸ＞Ⅷ＞Ⅴ＞Ⅶ＞Ⅲ＞Ⅱ＞Ⅳ、Ⅰ。就氨基酸的种类来说，谷氨酸含量最高，其中小麦以处理Ⅵ（4.61%）、处理Ⅷ（4.55%）、处理Ⅲ（4.38%）、处理Ⅶ（4.22%）较多；玉米以处理Ⅵ（2.00%）、处理Ⅸ（1.96%）、处理Ⅷ（1.88%）较多。谷氨酸含量高可增加产品的香味。从人类必需的氨基酸看，苏氨酸、蛋氨酸、异亮氨酸、亮氨酸、赖氨酸、苯丙氨酸等，小麦除赖氨酸外，处理Ⅵ含量较多，王米以处理Ⅵ、处理Ⅸ和处理Ⅷ较多。赖氨酸是人们很重视的一个指标，小麦处理Ⅳ较高（0.6%）其他处理均较低；玉米以处理Ⅵ（0.32%）处理Ⅸ（0.32%）和处理Ⅷ（0.30%）较高。

表 6 各处理小麦籽粒中氨基酸含量（%）

氨基酸	Ⅰ	Ⅱ	Ⅲ	Ⅳ	Ⅴ	Ⅵ	Ⅶ	Ⅷ	Ⅸ
天门冬氨酸	0.49	0.54	0.62	0.54	0.59	0.69	0.56	0.63	0.59
苏氨酸	0.28	0.31	0.36	0.31	0.34	0.37	0.32	0.36	0.34
丝氨酸	0.42	0.47	0.57	0.45	0.53	0.57	0.49	0.57	0.53
谷氨酸	3.23	3.39	4.38	3.34	3.86	4.61	3.40	4.55	4.22
甘氨酸	0.41	0.44	0.52	0.43	0.50	0.52	0.45	0.51	0.48

（续）

氨基酸	Ⅰ	Ⅱ	Ⅲ	Ⅳ	Ⅴ	Ⅵ	Ⅶ	Ⅷ	Ⅸ
丙氨酸	0.41	0.42	0.48	0.41	0.46	0.48	0.42	0.48	0.44
半胱氨酸	0.29	0.35	0.37	0.31	0.42	0.42	0.35	0.45	0.41
缬氨酸	0.50	0.56	0.61	0.54	0.59	0.64	0.54	0.62	0.58
蛋氨酸	—	—	—	—	0.12	0.16	—	0.17	0.13
异亮氨酸	0.39	0.41	0.44	0.11	0.45	0.44	0.41	0.19	0.41
亮氨酸	0.68	0.73	0.89	0.41	0.82	0.91	0.74	0.89	0.84
酪氨酸	0.34	0.36	0.17	0.73	0.45	0.44	0.41	0.45	0.43
苯丙氨酸	0.59	0.63	0.71	0.40	0.72	0.76	0.62	0.69	0.67
赖氨酸	0.26	0.28	0.32	0.60	0.34	0.32	0.28	0.31	0.29
组氨酸	0.19	0.23	0.27	0.41	0.26	0.31	0.18	0.27	0.23
精氨酸	0.53	0.71	0.87	0.22	0.78	1.62	0.72	0.82	0.82
脯氨酸	0.96	1.00	1.22	0.56	1.13	1.32	1.04	1.30	1.26
总　计	9.97	10.83	13.10	9.77	12.36	14.58	10.93	13.56	12.67

表 7　各处理玉米中氨基酸含量

（%）

氨基酸	Ⅰ	Ⅱ	Ⅲ	Ⅳ	Ⅴ	Ⅵ	Ⅶ	Ⅷ	Ⅸ
天门冬氨酸	0.56	0.63	0.64	0.53	0.65	0.70	0.60	0.52	0.75
苏氨酸	0.22	0.25	0.26	0.23	0.26	0.30	0.25	0.29	0.36
丝氨酸	0.23	0.26	0.27	0.23	0.26	0.32	0.25	0.29	0.45
谷氨酸	1.24	1.43	1.55	1.30	1.67	2.00	1.63	1.88	1.96
脯氨酸	0.65	0.72	0.76	0.67	0.84	1.00	0.83	0.94	0.98
甘氨酸	0.29	0.32	0.31	0.29	0.34	0.34	0.33	0.37	0.37
丙氨酸	0.49	0.55	0.61	0.50	0.65	0.88	0.63	0.74	0.77
半胱氨酸	—	—	—	—	—	—	—	—	—
缬氨酸	0.35	0.40	0.40	0.35	0.46	0.52	0.31	0.57	0.45
蛋氨酸	0.20	0.19	0.17	0.20	0.17	0.22	0.23	0.21	0.21
异亮氨酸	0.26	0.31	0.32	0.26	0.33	0.42	0.39	0.38	0.38
亮氨酸	0.73	0.85	0.95	0.77	1.01	1.25	0.98	1.17	1.22
酪氨酸	0.27	0.30	0.31	0.26	0.33	0.42	0.51	0.38	0.40
苯丙氨酸	0.30	0.37	0.41	0.32	0.42	0.51	0.38	0.48	0.50
赖氨酸	0.22	0.25	0.24	0.21	0.25	0.32	0.28	0.30	0.32
组氨酸	0.19	0.23	0.24	0.20	0.26	0.31	0.27	0.29	0.30
精氨酸	0.32	0.39	0.38	0.33	0.41	0.44	0.38	0.42	0.45
总　计	6.52	7.45	7.85	6.65	8.31	9.94	8.07	9.23	9.87

表 8 和表 9 指出：

表 8　小麦品质各指标与产量相互间的相关系数

	全 N	全 P	全 K	淀　粉	可溶糖	蛋白质	总氨基酸	面　筋
全 P	0.955**							
全 K	0.962**	0.949**						
淀　粉	0.03	0.188	0.04					
可溶糖	−0.385	−0.347	−0.392	−0.018				
蛋白质	0.978**	0.909**	0.939**	−0.03	−0.308			
总氨基酸	0.987**	0.926**	0.935*	−0.036	−0.376	0.988**		
面　筋	0.934**	0.821**	0.904**	−0.163	−0.288	0.925**	0.913**	
产　量	0.744**	0.825**	0.733*	0.350	−0.319	0.682*	0.683*	0.592

注：$r_{0.05}=0.632$；$r_{0.01}=0.765$。

表 9　玉米品质各指标及其产量相互间的相关系数

	全 N	全 P	全 K	淀　粉	可溶糖	蛋白质	总氨基酸	$V_{it}A$	$V_{it}B_1$	$V_{it}B_2$	B	Cu	Fe	Mg	Mn	Mo	Zn
全 P	0.794**																
全 K	0.907**	0.968**															
淀　粉	−0.546*	−0.594**	−0.562*														
可溶糖	−0.333	−0.345	−0.408	0.229													
蛋白质	0.991**	0.835**	0.933**	−0.620	−0.376												
总氨基酸	0.943**	0.904**	0.947**	−0.694**	−0.334	0.967**											
$V_{it}A$	−0.382	−0.470*	−0.448	0.725**	0.613**	−0.436	−0.436										
$V_{it}B_1$	0.794**	0.519*	0.685**	−0.429	−0.414	0.798**	0.639**	−0.483*									
$V_{it}B_2$	0.030 4	−0.032 5	0.003 3	−0.547*	−0.207	0.098	0.020	−0.608**	0.444								
B	0.411	0.475*	0.484*	0.034	0.308	0.414	0.461*	0.491*	0.159	−0.478							
Cu	0.556*	0.435	0.501*	−0.094	0.270	0.514*	0.436	0.014	0.567*	−0.160	0.569*						
Fe	0.354	0.572*	0.505*	−0.124	0.030	0.375	0.464*	−0.024	0.158	−0.298	0.617**	0.460					
Mg	−0.068 9	0.192	0.161	0.456*	−0.132	−0.083	−0.142	−0.004	0.148	−0.198	0.153	0.397	0.367				
Mn	−0.403	0.410	0.383	−0.008	0.322	0.371	0.478*	0.384	−0.078	−0.699*	0.770**	0.441	0.711**	−0.067			
Mo	−0.301	−0.142	−0.252	0.401	0.728**	−0.361	−0.290	0.470*	−0.471*	−0.603	0.307	0.443	0.290	0.328	0.473*		
Zn	0.675**	0.696**	0.680**	−0.505*	0.103	0.660**	0.674**	−0.423	0.511*	−0.013	0.330	0.798**	0.569*	0.210	0.457*	0.322	
产　量	0.968**	0.684**	0.825**	−0.497*	−0.224	0.954**	0.871**	−0.300	0.880**	0.091	0.457*	0.667**	0.365	−0.061	0.395	−0.257	0.682**

注：$r_{0.05}=0.456$，$r_{0.01}=0.575$。

(1) 小麦各项品质指标除可溶糖外，均与产量呈正相关，其中淀粉和面筋不显著，全氮、全磷、全钾、蛋白质、氨基酸与产量呈极显著正相关；玉米的氮、磷、钾、蛋白质、总氨基酸、维生素 B_1、铜、锌与产量呈极显著正相关，硼与产量呈显著正相关，淀粉与产量呈显著负相关。

(2) 氮磷钾之间及其蛋白质、面筋、总氨基酸、维生素 B_1 之间除了磷与维生素 B_1 呈显著正相关，其他均呈极显著正相关。说明氮磷钾对这些有机成分的合成有促进作用，而且作物对氮磷钾的吸收有相互促进作用。但玉米中 NPK 与淀粉呈显著的负相关，这似乎与通常的观点即磷、钾对淀粉的合成有促进作用相矛盾。可能在 NPK 都充足的条件下，更有利于蛋白质的合成，淀粉含量相应地降低。

(3) 在微量元素中，淀粉与锌、镁，全糖与钼，蛋白质与锌、铜，氨基酸与硼、铁、锰、锌，维生素 A 与硼、钼，维生素 B_1 与锌、铜、钼，维生素 B_2 与硼、锰、钼呈显著正（或负）相关。说明这些元素对上述有机成分的合成有促进（或抑制）作用。

三、结　　论

1. 本试验无论作物产量还是品质，有机肥与氮肥配合均比单施好。结果表明，两者配合，养分完全。而氮磷钾和微量元素对于蛋白质、面筋、氨基酸的合成、对于中间产物如糖等的转化均有促进作用。

2. 认为处理Ⅵ不仅产量较高，经济效益高，而且小麦和玉米各项品质指标也较好。回归分析表明，本试验条件下的最佳肥料配比是有机肥 5.6t、尿素 23kg，以全氮计，有机肥 N 与化肥 N 以 1∶1 最好。处理Ⅵ施有机肥 5t，尿素 20kg，与最佳养分比例较接近，因而养分协调，可满足作物的需要，这是处理Ⅵ比较好的基础条件。

3. 本试验已进行 5 年 10 季作物，凡是有机肥与化肥配合的处理年产量依然在 500kg 以上，土壤有机质每年增加 0.1%左右，有效磷、钾也有增加的趋势。认为有机肥可代替部分磷钾肥，以调节目前磷、钾之不足。

有机肥与氮肥配合施用对高产水稻土和稻麦品质的影响

在华北旱地土壤上，有机肥与化肥配合施用对小麦、玉米和蔬菜产量与品质的影响已分别作了报道。本文将研讨在南方高肥力水稻土上，有机肥与氮肥配合施用的效果。

一、试验处理和测试方法

田间定位试验：于 1982—1985 年在上海松江县进行。土壤有机质含量 4.88%；土壤全 N 0.29%，水解 N 342mg/kg，速效 P 18.6mg/kg，速效 K 85.0mg/kg。试验小区面积 66.7m^2，重

作者：张夫道、金维续、王小平、余永年、田仲和，原载于 1987 年第 6 期《土壤肥料》。

复3次，试验作物为水稻和小麦，一年两熟，整个试验为稻—稻—麦—稻—麦—稻，试验处理见表1。

表1 有机—无机配合试验处理

处理编号	猪厩肥（t/666.7m²）	尿素（kg/666.7m²）
1	0	0
2	0	15
3	0	30
4	1.0	0
5	1.0	15
6	1.0	30
7	2.0	0
8	2.0	15
9	2.0	30

测定方法：淀粉用旋光法，直链淀粉用比色法。全糖量用碘量法，粗蛋白用凯氏法，结构蛋白用蛋白质分析仪测定，氨基酸系采用6mol/L HCl水解后用氨基酸析仪测定。维生素B_1和维生素B_2用荧光法。土壤养分测定按中国科学院南京土壤研究所编《土壤理化分析》常规方法。

二、试验结果

（一）各处理对土壤的影响

1. 对土壤有机质的影响 1983年的第1季试验作物是早稻，气温低和淹水条件有利于土壤有机质积累。所以第1季作物收获后，各处理土壤有机质增加。第2季作物是晚稻，气温高加速了土壤有机质分解，各处理土壤有机质均有不同程度的下降。从表2可明显看出，凡施用有机肥的处理，土壤有机质下降幅度均略大于单施化肥的速度，但从第3季作物开始，土壤有机质有回升的趋势，施有机肥回升的速度又略大于单纯使用化肥的。对照处理至第3季作物后基本稳定。土壤可氧化有机质含量与土壤有机质含量趋势基本一致。从各年份的分析结果看，在同一年当中，施有机肥的各处理均大于单独施用化肥者。总的来说，土壤有机质回升的速度是缓慢的。

表2 各处理土壤有机质的变化

（%）

取样日期 \ 处理		1	2	3	4	5	6	7	8	9
土壤有机质	1982.10	4.88								
	1983.10	5.04	6.02	5.02	5.06	5.21	5.26	5.27	5.13	5.85
	1984.5	4.32	4.44	4.57	4.48	4.39	4.36	4.34	4.41	4.44
	1984.10	4.10	4.43	4.44	4.63	4.52	4.43	4.48	4.66	4.46
	1985.5	4.14	4.31	4.49	4.66	4.63	4.55	4.51	4.71	4.64
土壤易氧化有机质	1982.10	—	—	—	—	—	—	—	—	—
	1983.10	2.86	2.79	2.86	3.05	3.05	3.09	2.88	2.88	3.05
	1984.5	—	—	—	—	—	—	—	—	—
	1984.10	2.37	2.58	2.48	2.52	2.54	2.47	2.50	2.63	2.57
	1985.5	2.40	2.33	2.49	2.54	2.63	2.53	2.52	2.66	2.57

2. 对土壤矿质养分的影响 各处理土壤全氮和水解氮的变化与土壤有机质的变化是一致的，从第3季作物开始下降，无论施氮量的高低至1985年5月仍未达到试验前原土壤的含氮水平。施用有机肥料对土壤速效磷和速效钾影响较大，凡施用有机肥料的处理土壤速效磷钾均有提高，而且，随着有机肥施用量增加，土壤有效磷有增加的趋势，例如施用1.0 t/666.7m^2 猪厩肥，土壤有效磷增加8.5～11.2mg/kg，施用2.0t/666.7m^2 猪厩肥，土壤有效磷增加12.2～14.2mg/kg。施用有机肥可提高土壤速效钾16～25mg/kg，但施用1 t/666.7m^2 与2t/666.7m^2 的处理差异不大。单独施用氮肥的处理，土壤有效磷钾均有下降的趋势，特别是土壤速效钾比试验前降低11mg/kg。

（二）各处理对稻麦产量和品质的影响

1. 对稻麦产量的影响 表3指出，每千克尿素平均增产1.95～3.8kg粮食，每吨有机肥平均增产18.75～26.5kg粮食，每666.7m^2 施用15kg尿素与30kg尿素的增产作用基本一样，每666.7m^2 施1t与2t猪栏粪也差别不大，有机肥与尿素配合施用，增产率比单施者高，但经济效益并不比分别单施的总和大，而且，施肥量越高，经济效益越小。从对粮食增产的作用考虑，化学氮肥的作用大于有机肥。若从经济效益考虑，处理5（猪栏粪1t，尿素15kg）较好。

表3 各处理的历年产量

（kg/666.7m^2）

处理	1983年早稻	1983年晚稻	1984年小麦	1984年晚稻	1985年小麦	1985年晚稻	总计	平均666.7m^2 产	增产（%）
1	148	305	180	331	213.5	346.5	1 524	254	—
2	259	335.5	252.5	372.5	246	401.5	1 867	311	22.44
3	262.5	321	248	385	253.5	420	1 890	315	24.02
4	191.5	315	202	361.5	241	351.5	1 662.5	277	9.06
5	255	334.5	251.5	407	290.5	434.5	1 973	329	29.53
6	270	331.5	216.5	421	266	436.5	1 941.5	323.5	27.36
7	190.5	326.5	230	391	227	400	1765	294	15.75
8	253	343.5	253.5	414.5	290.5	410	1965	327.5	28.94
9	301	320	240	425.5	264.5	451.5	2002.5	333.75	31.40

2. 对稻麦品质的影响

（1）对小麦矿质成分的影响：品质分析采用1983年晚稻和1984年小麦样品，结果指出（表4），施用有机肥料，无论对小麦的氮磷钾还是几种微量元素含量均有一定的影响。例如氮，有机肥和有机—氮肥配合的处理，比对照增加0.14%～0.71%；有机—无机配合的处理比相应单施氮肥的处理高0.14～0.71%；比相应单施有机肥处理增加0.39～0.56%；单纯施用氮肥籽粒氮比对照增加0.49%～0.62%。由此可见，提高籽粒全氮含量主要是氮肥的作用；施用氮肥也可增加小麦籽粒磷含量，但总的趋势不如有机肥与氮肥配合施用增加得更多些。至于小麦籽粒钾的含量，无论是单独施用氮肥还是单独施用有机肥，似乎作用都不大，只有两者配合施用方有效果。籽粒中的微量元素含量与施用有机肥关系比较密切，从本试验所测定的5种微量元素看，施用有机肥的处理均比对照和单独施用氮肥的处理高。

表 4　小麦籽粒矿质成分含量（1984）

处理	全 N (%)	全 P (%)	全 K (%)	Mg (mg/kg)	Cu (mg/kg)	Fe (mg/kg)	Mn (mg/kg)	Zn (mg/kg)
1	1.58	0.411	0.395	0.128	10.3	110	29.2	5.0
2	2.07	0.432	0.419	0.131	12.0	97	35.0	5.0
3	2.20	0.448	0.426	0.136	16.0	132	36.3	5.7
4	1.72	0.437	0.396	0.141	12.7	150	29.2	8.6
5	2.11	0.483	0.432	0.152	16.2	126	33.4	7.8
6	2.28	0.483	0.432	0.152	16.2	126	33.4	7.8
7	1.78	0.445	0.396	0.137	21.2	166	32.0	10.8
8	2.24	0.502	0.439	0.154	21.5	244	35.1	13.3
9	2.29	0.500	0.469	0.160	20.2	254	39.0	16.0

（2）对稻麦籽粒有机组分的影响：主要分析了小麦和水稻籽粒中的蛋白质、淀粉、全糖、维生素 B_1、维生素 B_2 和氨基酸含量，结果（表 5）是：小麦和稻米中的蛋白质与施氮量有关。随着施氮水平的提高，粗蛋白含量也随之提高。但非结构蛋白质含量也有所增加，总趋势是有机肥与氮肥配合施用，结构蛋白的含量比单独施用的处理高。小麦以处理 6，即 1t 猪厩肥＋30kg 尿素的处理结构蛋白含量最高（13.86%），非结构蛋白最少（0.39%）。处理 9 虽然施肥水平高（2t 猪厩肥＋30kg 尿素），粗蛋白含量略高于处理 6，但结构蛋白含量（12.60%）却低于处理 6，非结构蛋白含量（1.69%）却高于处理 6，仅次于处理 5（1.97%）。稻米中的结构蛋白含量以处理 9 和处理 6 最高，分别为 9.37%和 9.24%。在本试验条件下，施氮量越高，非结构蛋白含量越多。

表 5　小麦和水稻籽粒有机成分含量

处　理		蛋白质（%）			淀　粉（%）			全　糖（%）	维生素 B_1 (mg/100g)	维生素 B_2 (mg/100g)
		粗蛋白	结构蛋白	非结构蛋白	淀　粉	支　链	直　链			
小麦籽粒	1	9.86	8.87	0.99	63.89	17.55	82.45	4.57	0.558	0.205
	2	12.94	12.31	0.63	55.88	14.80	85.20	4.57	0.690	0.212
	3	13.75	12.67	1.08	52.15	14.05	85.95	4.48	0.663	0.256
	4	10.75	9.60	1.15	59.60	15.79	84.21	4.48	0.634	0.210
	5	13.19	11.22	1.97	57.09	15.70	84.30	4.31	0.647	0.218
	6	14.25	13.86	0.39	54.02	16.16	83.84	4.98	0.696	0.224
	7	11.13	10.08	1.05	58.02	15.95	84.05	4.39	0.614	0.247
	8	14.0	12.85	1.15	56.53	14.70	85.30	4.39	0.614	0.247
	9	14.29	12.60	1.69	55.60	15.29	84.71	4.39	0.657	0.216
稻米	1	—	6.75	—	73.04	16.80	83.20	5.40	0.467	0.168
	2	—	7.49	—	72.58	16.70	83.30	4.31	0.535	0.173
	3	—	8.04	—	72.31	15.91	84.09	4.54	0.558	0.178
	4	—	7.33	—	67.46	17.54	82.46	2.64	0.515	0.151
	5	—	8.40	—	67.36	17.51	82.49	3.61	0.660	0.152
	6	—	9.24	—	66.82	18.37	81.63	3.61	0.594	0.153
	7	—	7.59	—	69.20	18.34	81.66	2.38	0.535	0.160
	8	—	8.71	—	72.95	18.23	81.77	2.13	0.591	0.165
	9	—	9.37	—	70.77	18.69	81.31	2.67	0.534	0.166

淀粉含量随着施氮水平提高而降低。有机肥与氮肥配合对小麦籽粒总淀粉含量影响不明显，对水稻稻米影响较大，形成明显的阶梯。例如单独施用氮肥的处理总淀粉含量为 72%多一些，而每 666.7m^2 施用 1t 猪厩肥及其加氮肥的处理总含量为 66.8%～67.5%，平均降

低 5.23%，施肥量再提高，总淀粉含量平均增加 3.76%。但有机肥与氮肥配合施用对淀粉的品质影响较大，特别是稻米的支链淀粉所占的比重大大增加，基本上形成了一个明显的阶梯。例如，单独施用氮肥的处理支链淀粉占总淀粉量 15.91%～16.70%，平均 16.30%，施用 1 000kg 猪厩肥/666.7m^2 及其加氮肥的处理为 17.51%～18.37%，平均 17.81%，比单独施用氮肥的处理平均增加 1.51%；施 2t 有机肥/666.7m^2 及其加氮肥的各处理为 16.23%～19.69%，平均 18.42%，比单独施用氮肥的处理多 2.12%，比 1t 有机肥/666.7m^2 的各处理平均多 0.61%。说明施用有机肥稻米有糯化现象。

有机肥与氮肥配合施用对小麦全糖含量影响不显著，对稻米全糖含量较明显，随着施有机肥量增大，全糖含量降低。例如施用 2t 有机肥的各处理（平均全糖量 2.39%）比施用 1t 有机肥的各处理全糖量降低 0.9%，比单独施用氮肥的处理降低 2.03%，比对照降低 3.01%。施用 1t 有机肥的各处理（平均 3.29%）比单独施用氮肥的各处理（4.42%）平均降低 1.13%，比对照降低 2.11%。

维生素 B_1 和 B_2 的含量，无论是小麦还是稻米各处理间差异不明显。

从氨基酸总重来看：小麦籽粒中的氨基酸总量（表 6）依次是处理 9（14.02%）>处理 6（13.54%）>处理 8（13.0%）>处理 3（12.79%）>处理 2（12.45%）>处理 5（11.37%）>处理 4（9.74%）>处理 1（9.01%）。稻米籽粒中的氨基酸总量（表 7）依次是：处理 9（9.51%）>处理 6（9.37%）>处理 8（8.77%）>处理 5（8.54%）>处理 3（8.17）>处理 7（8.06%）>处理 4（7.72%）>处理 2（7.63%）>处理 1（6.81%）。总的趋势是籽粒中的氨基酸总重随施氮量的提高而增加，有机肥与氮肥配合施用比单独施用为高，这可能是总施氮水平提高的缘故。小麦籽粒以处理 9 和处理 6 的总氨基酸含量最高，分别为 14.02%和 13.57%；稻米亦是这样，分别为 9.51%和 9.37%。就必需氨基酸而论，也是处理 9 和处理 6 的含量最高。

表 6　小麦籽粒的氨基酸含量

（%）

氨基酸＼处理	1	2	3	4	5	6	7	8	9
天门冬氨酸	0.48	0.64	0.68	0.53	0.57	0.68	0.58	0.68	0.74
苏氨酸	0.24	0.32	0.34	0.27	0.31	0.34	0.28	0.35	0.36
丝氨酸	0.30	0.42	0.46	0.34	0.44	0.44	0.35	0.48	0.49
谷氨酸	2.93	4.19	4.24	3.09	3.72	4.54	3.32	4.37	4.75
脯氨酸	1.00	1.41	1.45	1.04	1.26	1.48	1.13	1.47	1.58
甘氨酸	0.40	0.53	0.55	0.43	0.50	0.56	0.45	0.57	0.69
丙氨酸	0.36	0.46	0.49	0.39	0.44	0.56	0.41	0.51	0.62
缬氨酸	0.42	0.60	0.63	0.49	0.57	0.63	0.51	0.64	0.69
蛋氨酸	0.13	0.13	0.13	0.14	0.10	0.19	0.10	0.10	0.12
异亮氨酸	0.30	0.48	0.41	0.34	0.37	0.42	0.34	0.42	0.45
亮氨酸	0.61	0.86	0.84	0.66	0.75	0.94	0.69	0.86	0.92
酪氨酸	0.28	0.38	0.39	0.29	0.35	0.40	0.31	0.41	0.43
苯丙氨酸	0.44	0.60	0.62	0.46	0.55	0.68	0.49	0.62	0.69
赖氨酸	0.27	0.36	0.39	0.35	0.38	0.49	0.34	0.40	0.45
组氨酸	0.15	0.29	0.31	0.25	0.29	0.32	0.25	0.31	0.35
精氨酸	0.56	0.64	0.71	0.53	0.62	0.72	0.53	0.66	0.73
色氨酸	0.14	0.14	0.15	0.14	0.15	0.15	0.14	0.15	0.16
总　计	9.01	12.45	12.79	9.74	11.37	13.54	10.22	13.00	14.06

表7　稻米的氨基本酸含量

(%)

氨基酸＼处理	1	2	3	4	5	6	7	8	9
天门冬氨酸	0.66	0.72	0.79	0.72	0.82	0.96	0.83	0.96	0.90
苏氨酸	0.23	0.24	0.26	0.26	0.27	0.27	0.22	0.28	0.28
丝氨酸	0.28	0.26	0.31	0.31	0.34	0.32	0.34	0.38	0.31
谷氨酸	1.31	1.45	1.60	1.47	1.68	1.85	1.63	1.78	1.87
脯氨酸	0.33	0.40	0.42	0.39	0.44	0.48	0.39	0.40	0.46
甘氨酸	0.35	0.39	0.40	0.39	0.42	0.46	0.38	0.48	0.45
丙氨酸	0.43	0.44	0.49	0.47	0.51	0.56	0.46	0.48	0.58
缬氨酸	0.42	0.53	0.53	0.48	0.56	0.61	0.52	0.67	0.65
蛋氨酸	0.16	0.15	0.16	0.18	0.18	0.17	0.14	0.14	0.17
异亮氨酸	0.30	0.30	0.30	0.33	0.32	0.34	0.33	0.29	0.41
亮氨酸	0.57	0.61	0.67	0.65	0.70	0.77	0.63	0.64	0.81
酪氨酸	0.34	0.35	0.41	0.37	0.41	0.48	0.46	0.39	0.49
苯丙氨酸	0.37	0.41	0.45	0.41	0.47	0.53	0.47	0.43	0.53
赖氨酸	0.29	0.35	0.33	0.32	0.34	0.39	0.32	0.39	0.38
组氨酸	0.17	0.21	0.20	0.20	0.21	0.23	0.18	0.19	0.24
精氨酸	0.54	0.68	0.72	0.64	0.73	0.82	0.62	0.74	0.84
色氨酸	0.10	0.14	0.13	0.13	0.14	0.13	0.14	0.13	0.14
总　计	6.85	7.63	8.17	7.72	8.54	9.37	8.06	8.77	9.51

3. 对稻草营养元素含量的影响　太湖流域素有用稻草作饲料和养殖的传统，了解施肥对水稻茎秆中营养元素的作用是很重要的，为此，我们对稻草的一些营养元素进行了测定。结果是单施尿素 30kg 的处理稻草中的全氮、磷、钾含量分别是 0.808%、0.097% 和 1.397%。单施 2t 厩肥的处理是 0.896%、0.148% 和 1.685%，而每 666.7m^2 施 2t 厩肥＋30kg 尿素的处理稻草中的氮、磷、钾含量分别为 0.986%、0.148% 和 1.763%。可见有机—无机配合施用能够有效的提高稻草中的氮、磷、钾含量。此外施用有机肥也显著提高了稻草中的微量元素含量。稻草中氮、磷、钾和微量元素含量基本上是随施肥水平的提高而增加。

三、结　　论

1. 在高肥力的水稻上上，采用稻—稻—麦—稻—麦—稻的种植方式，施用有机肥料对土壤有机质积累的作用不大，土壤有机质虽然有增加趋势，却十分缓慢，但施用有机肥料，有利于增加土壤磷钾有效含量。在本试验条件下，连续种植 5 季后。猪厩肥与氮肥配合施用，土壤有效磷增加 8.5～14.2mg/kg，土壤有效钾增加 16～25mg/kg

2. 有机肥与氮肥配合施用，可提高小麦籽粒中的氮磷和微量元素含量，本试验条件下，对籽粒钾含量影响不大。

3. 有机肥与氮肥配合，可提高作物蛋白质和必需氨基酸的含量，但施氮水平高，非结构蛋白含量增加。本试验以每 666.7m^2 施 1t 猪厩肥和 30kg 尿素处理结构蛋白含量最高，增施有机肥可明显提高淀粉的品质，增加支链淀粉的比例，并减少全糖含量，尤以水稻更为突出。

4. 综合评价各品质指标，并从经济效率考虑，认为试验以每 666.7m^2 施猪厩肥比加 15～30kg 尿素为佳。

厩肥与氮肥配合对蔬菜品质影响的研究

影响蔬菜品质的因素很复杂，它有品种、栽培、管理、贮运等许多方面的问题。近年来在蔬菜生产上常因过量地增施氮化肥而导致病害，烂菜增多，硝酸盐含量增多，品质下降。本研究仅就厩肥和氮化肥的施用问题进行一些分析。

一、材料和方法

本研究在北京郊区的潮土及褐土上进行。土壤有机质 1.4%～2.8%，全氮 0.11%～0.12%，碱解氮 58～88mg/kg，速效磷 15～206mg/kg，速效钾 100 mg/kg 左右。这些土壤基本上代表了京郊不同肥力水平的菜园土。其中也有个别菜地，因过多施用城市垃圾肥料，土壤渣化和水肥漏失比较严重。

试验自 1980 年开始，供试蔬菜有大白菜、小白菜、生菜、甘蓝、茄子、大椒、番茄、菜花、苋菜 9 种。试验田设 4 个处理：（1）完全无肥区［CK］；（2）单施氮化肥区，666.7m^2 施含 10kg 纯氮的尿素［N］；（3）单施厩肥区，666.7m^2 施含 10kg 纯氮的厩肥约 5t［M］；（4）厩肥与氮化肥配合施用区，其用量为单施氮化肥及厩肥量之和，相当于纯氮 20kg/666.7m^2［MN］。重复至少 3 次。个别试验增加了其他肥料处理。

品质测定方法：（1）硝酸盐为酚二磺酸比色法，采用 721 分光光度计；（2）亚硝酸盐为对氨基苯磺酸-2-萘胺法，仪器同上；（3）维生素 C 为 2，6-靛酚法；（4）全糖为蒽酮法；（5）各种单糖为液相色谱法；（6）钙为原子吸收光谱法；（7）钾为火焰光度法。

还有一些盆栽辅助试验作对比，同时测定其相同项目。

二、结果与讨论

（一）硝酸盐含量

从 9 种蔬菜上进行的试验表明，不同蔬菜硝酸盐含量有较大的差异。番茄、菜花类含量较少；甘蓝居中；白菜、菠菜含量最高。按不同施肥小区进行比较表明，凡是施化肥的小区，其硝酸盐含量都最高，而有机无机配合区则有所不同（表 1）。

这些结果还表明了另一个值得重视的问题，即如何计算氮肥利用率的问题。按照过去氮

与金维续、赵学蕴、王小平、曾木祥、余永年合作，原载于 1985 年第 3 期《中国农业科学》。

肥利用率的常规概念，把施入的总氮和进入植株的总氮之比作为指标则很不合理。因为进入蔬菜中的氮素，有相当一部分以硝酸盐形成存在于食品中，这一部分是对人体有害的。在白菜、菠菜、生菜的全氮中，将有一半是非营养成分，这一部分计算成氮肥利用率，显然是不恰当的。对于蔬菜而言，氮肥利用率应以施入的总氮与转化为食品营养成分的氮素两者之比值来计算较为合理。

表 1　施肥对几种蔬菜 NO_3^- －N 含量的影响

(mg/kg)

处理 \ 含量 \ 菜类	番　茄	菜　花	苋　菜	甘　蓝 (1)	甘　蓝 (2)	大白菜	生　菜 (1)	生　菜 (2)	小白菜	菠　菜
CK	52	63	13			131	615	71	150	960
N	64	66	158	294	208	507	1 305	226	870	1 560
M	58	62	17	265	231	122	1 275	160	150	832
MN	74	79	47			953			625	1 695
2N				319	278		1 470	220		
NPK				285	281		1 720	216		

注：甘蓝（1）品种为庆丰；（2）品种为京丰；生菜（1）施肥 1 个月后；（2）施肥 2 个月后。

进一步分析大白菜各叶片及叶柄的硝酸盐含量表明，心叶的含量低于外叶，叶片的含量低于叶柄。有机肥处理的叶片又低于氮化肥处理的叶片占（表 2）。

表 2　大白菜可食部分 NO_3^- －N 含量

(mg/kg)

叶　片		1		2		3		4		5		6		7		8	
		叶	柄	叶	柄	叶	柄	叶	柄	叶	柄	叶	柄	叶	柄	叶	柄
鲜　菜	粪　稀	80	110	80	170	50	118	100	180	80	236	118	310	106	384	244	656
	尿　素	110	110	80	244	80	244	100	305	100	320	118	410	330	810	640	1 120
贮存菜	粪　稀	130	138	101	102	101	182	102	152	102	275	152	364	102	364		
	尿　素	200	200	138	212	145	242	145	302	205	382	182	302	385	520		

表 2 的叶片顺序从 1 至 8 片，即从心叶开始向外计数。至第 8 片叶的叶柄施氮化肥者硝酸盐含量已高至 1 120 mg/kg 以上。一般 1 棵大白菜可食部分的叶片数可达 15 片之多，按这个规律外推，其硝酸盐含量还会上升。另一方面，只要我们控制施用氮化肥，增施厩肥，这种现象即可明显克服。

（二）亚硝酸盐含量

蔬菜中亚硝酸盐含量一般比硝酸盐含量要低得多，只为其千分之几。但是亚硝酸盐对人体的危害则大得多。硝酸盐含量高的蔬菜，在加工贮存中，往往也因呈还原状态而部分转化为亚硝酸盐。据测定，茄果类蔬菜中其含量极微。叶菜类含量多在 1mg/kg 以下（表 3）。

但氮素施用过量仍然是亚硝酸盐含量上升的一个因素。

亚硝酸根是一类活泼的离子，在测定过程中，由于蔬菜的预处理会导致其氧化。因此，其测定值只是一个变化的大体幅度。同时在别的状况下，比如水分含量及放置时间的差异，也会产生波动。本研究仅表明施肥不当会产生的不良后果。

表 3　叶类蔬菜亚硝酸盐的含量

(mg/kg)

处理＼菜类	小白菜		甘　篮		生　菜	
	含量范围	平均	含量范围	平均	含量范围	平均
CK	0.42～0.46	0.44			0.20～1.04	0.66
N	0.51～0.57	0.54	0.64～0.72	0.68	0.16～1.36	0.73
M	0.43～0.51	0.47	0.62～0.73	0.68	0.12～1.40	0.62
MN	0.51～0.57	0.57				
2N			0.75～0.77	0.76		
NPK			0.65～0.71	0.68		

（三）维生素 C 含量

按 D. Fritz 的意见，蔬菜品质中维生素 C 含量高低是一个最重要的标准。我们的研究表明，通过施用不同肥料是可以改善蔬菜中维生素 C 含量的。特别是采用厩肥与化肥的配合施用，效果相当突出（表 4）。

表 4　不同肥料对蔬菜维生素 C 的影响

(mg/100g)

处理＼菜类	小白菜	生菜(1)	生菜(2)	苋菜	番茄	菜花		甘蓝(1)	甘蓝(2)
CK	13	6.3	8～11	16	22	60	N	35	34
N	16	6.8	10～17	16	33	80	2N	36	33
M	18	10.6	13～22	19	22	79	M	41	38
MN	21	9.8		19	38	86	NPK	31	34

从表 4 的 6 种蔬菜 8 次试验中可以得到以下几个结果：按蔬菜维生素含量看，以菜花最为丰富，次为甘蓝和番茄，含量最低者为白菜和生菜。无论哪种蔬菜，任何施肥处理均能提高维生素 C 含量，但仍以厩肥、或厩肥与化肥配合区最好。表 4 只表示厩肥与氮化肥施用后，导致蔬菜维生素 C 含量的提高。若我们折算成施肥后的 666.7m^2 增产量，以及 666.7m^2 增产菜量中所能多得的维生素 C 的量，则为 15～150g/666.7m^2。这种施肥效益，是值得注意的。

（四）钙、钾含量与烂菜的关系

蔬菜烂菜问题涉及面很广，它受包括品种选育、栽培方式、贮存运输方式、管理水平等许多领域的影响，有一些文献对大白菜“干烧心”病作过报道。提高钙的含量可明显减轻这种病害。由于在许多蔬菜中均有干烧心现象，因此提高各种蔬菜中钙的含量，也就显得十分重要（表 5）。

表 5　有机无机肥料对茄子、大椒钙、钾的影响

(mg/kg)

处理＼项目＼菜类	茄子		大椒	
	Ca	K	Ca	K
CK	204	2 060	98～116	720～990
M	168～248	2 300～2 460	156～177	1 120～1 480
N	168～192	1 980～2 280	115～136	720～1 140
MN	288～448	2 260～2 460		

表 5 反映出：单施氮肥，蔬菜中钙含量最低，而配施厩肥后，则钙含量明显提高。我们将它们置于 20±3℃条件下，进行贮藏试验，1 个月后霉烂率如表 6。

关于蔬菜中钾的含量是否与烂菜有关？尚待进一步研究。从我们的试验中表明，施厩肥能明显提高钾含量。由于我们的试验中，多数未设磷、钾、钙化肥的处理。因此，不能认为化肥处理都不利贮藏，这里所指的仅仅是单施氮素化肥的不良效果，

表 6　几种蔬菜的烂菜率　(%)

处理＼菜类	茄子	大椒	苋菜	甘蓝	小白菜
CK	40～70	50～75	85～88	10～30	56～57
M	45～65	55～70	40～80	10～20	41～53
N	55～75	70～90	85～95	40～80	82～83
MN	45～60	55～75	81～92		88～89

（五）全糖及单糖含量

在我们的试验中，对甘蓝和生菜专门作了全糖和单糖的分析，将所得数据按有机肥与化肥分别作出统计。对于甘蓝而言，有机肥比化肥处理者，全糖多 0.23%，果糖多 0.10%，葡萄糖多 0.20%，蔗糖增加甚微为 0.03%。对于生菜，除果糖，葡萄糖、麦芽糖差异不显著外，其余均有不同程度的提高，其中全糖多 0.14%、木糖多 0.07%，蔗糖多 0.02%。

三、结　　论

1. 单施厩肥或厩肥和氮素化肥的配合施用，对改善几种蔬菜中的硝酸盐、亚硝酸盐、维生素 C、全糖、果糖、葡萄糖、蔗糖、木糖、麦芽糖、钙、钾的含量，有显著效果。从而使蔬菜品质、主要指营养成分相应提高，有害成分及烂菜现象相应下降。

2. 单施氮肥，或超量施氮在 20kg/666.7m^2 的情况下，叶菜类的硝酸盐含量可达500～1 700mg/kg 之间。它不仅严重浪费了氮素，而且产生的硝酸盐为人体食用后会产生不良影响。

（3）有机肥与无机肥配合对土壤有机质活性部分的影响：众所周知，土壤有机质中的不同部分，其活性是不一样的。肥料有机质和植物残体进入土壤后，不仅可形成腐殖质来补偿土壤的矿化损失，而且可更新土壤有机质。不施肥的土壤有机质下降并不明显，但产量越来越低，其原因在于活性物质降低，有机质老化，易氧化有机质减少。这种情况在江苏、浙江一些双三熟制地区尤为显著。根据徐菁报道，苏州地区前几年由于双三熟制增加，土壤淹水时间增长，爽水和滞水型水稻土都因嫌气条件土壤有机质相应地增加，由于土壤通透性变坏，鳝血土因之减少，而对稻麦发棵不利的僵黄泥土，水网地区都有增加。僵黄泥土耕层有机质组成中，不易分解的胡敏素占70%以上，鳝血泥土一般占60%～65%或更低。由此可看出，土壤有机质也有“品质”问题。

施肥种类不同，土壤有机质的“品质”是不一样的。表10指出，不施肥处理和施化肥处理，无论是易氧化有机质，还是活性腐殖酸和水溶性腐殖酸都比较低，由于活性腐殖酸中的胡敏酸消耗多。所以，胡富比值低。施用绿肥，稻草的处理，不论用弱碱提取的活性腐殖酸或水溶性简单腐殖酸，也就是新的腐殖酸都比不施肥和施化肥的高。

江西省农业科学院土壤肥料研究所陶其骧、范业成的大田试验结果，不施肥处理，由于胡敏酸、富非酸消耗多。所以，胡敏酸、富非酸少，且胡、富比值低，这与上述盆栽试验的结果是一致的。表11还表明，土壤复合度，凡有机与化肥配合施用的，均大于分别单施者。

表10　连续6季施用不用C/N比肥料土壤活性有机质的变化（盆栽）

土壤类型	处理代号	籽实总产量（g/盆）	有机碳（%）	易氧化有机质（%）	活性腐殖酸（mg/100g土）			水溶性腐殖酸（mg/100g土）	胡/富（活性）	水解N（mg/kg）	速效 P_2O_5（mg/kg）
					总　量	胡敏酸	富非酸				
青泥土	CK	22.67	1.657	41.27	184	64	120	4.8	5.33	171	5.9
	S	71.97	1.708	41.27	204	82	123	5.9	6.66	177	2.4
	NPK	87.52	1.729	41.52	202	103	121	6.2	8.51	180	14.2
	G	81.35	1.891	51.20	261	122	138	10.5	8.85	205	19.9
	R	28.39	1.880	42.54	267	116	150	8.1	7.7	190	9.2
夹沙土	CK	24.71	1.008	53.27	119	37	82	5.0	4.36	117	7.9
	S	74.51	1.046	59.44	150	48	102	5.7	4.7	125	2.25
	NPK	91.21	1.159	62.49	155	48	106	8.7	4.7	126	40.9
	G	88.04	1.271	65.93	194	78	116	10.6	6.72	171	23.0
	R	26.25	1.227	62.69	213	82	132	7.5	6.21	148	9.0

注：1. 处理代号：S—每季施硫铵2g/盆，折每666.7$m^2$83kg；NPK—N同S，另加过磷酸钙和氯化钾各1g；G—每季施苕子16g，折每666.7m^2鲜绿肥约4 000kg；R—每季施稻草5g，折每666.7m^2 205kg。

2. 易氧化有机质：0.2mol/ L重铬酸钾—硫酸在130℃油浴锅内氧化的有机质占总有机质%；活性腐殖酸；可诺诺娃法；水溶性腐殖酸：30℃恒温下1∶2水浸提7d。

表 11　不同施肥处理对土壤腐殖质组成的影响

处理号	处　理	土壤有机碳（%）	腐殖酸组成（占全碳%）					复合量（%）	复合度（%）
			胡敏酸		富非酸		胡富比值		
			量	%	量	%	NA/FA		
1	CK	1.734	0.162	9.34	0.254	12.4	0.633	1.421	76.1
2	早稻 750kg 紫云英，晚稻干稻草 1 500kg/666.7m^2	2.024	0.177	8.75	0.767	13.19	0.66	1.484	73.3
3	处理 2+N 10，P_2O_5 5，K_2O 10kg/666.7m^2	1.821	0.170	9.34	0.275	15.10	0.62	1.570	86.2
4	处理 2+N 20，P_2O_5 10，K_2O 10kg/666.7m^2	1.902	0.184	9.67	0.259	13.6	0.71	1.551	81.5
5	早、晚稻各施 N 10，P_2O_5 5，K_2O 5kg/666.7m^2	1.781	0.173	9.71	0.272	15.27	0.64	1.444	74.8
6	早、晚稻各施 N 20，P_2O_5 5，K_2O 10kg/666.7m^2	1.809	0.164	9.07	0.247	13.65	0.66	1.426	78.8
7	早稻 1 500kg 紫云英，晚稻干稻草 300kg/666.7m^2	2.053	0.170	8.28	0.277	13.49	0.61	1.571	76.5
8	处理 7+N 10，P_2O_5 5，K_2O 5kg/666.7m^2	1.856	0.179	9.64	0.761	14.06	0.19	1.557	89.5
9	处理 7+N 20，P_2O_5 10，K_2O 10kg/666.7m^2	1.931	0.180	9.32	0.269	12.89	0.72	1.478	82.9

土壤黏土矿物与土壤中的腐殖质相互结合的程度是土壤肥力的一个重要指标。一般的说，紧结态有机质和重组有机质含量越高，土壤中有机、无机胶体复合得越好，所形成的团粒越稳定，土壤肥力也就越高。表 12 列出了山东莱阳农学院定位试验 5 年后的有机—无机复合胶体的变化情况。由表中可看出，凡是有机肥与化肥配合的处理，重组有机质和紧结态有机质含量均较高，其次是单施有机肥的处理，单施化肥和对照最低。

表 12　有机—无机肥定位观测 5 年有机—无机复合胶体的变化（1983）

处　理	原始土有机质（%）	游离有机质（%）	松结有机质（%）	紧结有机质（%）	重组有机质（%）
对　照	0.815	0.034	0.519	0.483	0.781
土粪 5 000kg/666.7m^2	1.254	0.215	0.672	0.646	1.039
土粪 15 000kg/666.7m^2	1.334	0.297	0.919	0.866	1.037
土粪 5 000kg+尿素 10kg/666.7m^2	1.350	0.176	0.751	0.581	1.174
土粪 5 000kg+尿素 20kg/666.7m^2	1.301	0.344	0.772	0.656	0.957
土粪 15 000kg+尿素 10kg/666.7m^2	1.690	0.646	0.892	0.877	1.045
土粪 15 000kg+尿素 20kg/666.7m^2	1.358	0.302	0.772	0.677	1.056
尿素 10kg/666.7m^2	0.918	0.079	0.446	0.425	0.840
尿素 20kg/666.7m^2	0.916	0.060	0.578	0.514	0.856

2. 有机—无机肥配合对土壤结构的影响　土壤有机质“品质”的好坏影响到土壤的复合程度，也必然反映在有机、无机土壤结构上。表 13 指出：

凡是施用绿肥和稻草的处理，大于 0.25mm 的团聚体增加，小于 0.01mm 的团聚体减少。而施用化肥和不施肥的处理，大于 0.25mm 的团聚体减少，小于 0.01mm 的团聚体增加，所以土粒分散，土体僵板。对有机无机复合团聚体分析结果，施肥与不施肥、施化肥与施有机肥比较，增加的新鲜有机质，主要在 G_1 这一组上，夹沙土 G_2 组施有机肥也较多，但主要仍在 G_1 组上，即可用钠盐粉碎的和 Ca^{2+} 结合的团聚体增加。这说明了新鲜的有机物质与土壤无机粘粒胶结，开始主要增加与钙结合且易分离的复合体及其胶结成大于0.25mm的大团聚体。每666.7m^{2}施用200kg稻草，或4 000kg绿肥，其改土效果，从土壤有机质积累、活性胡敏酸、水稳性团聚体上看，基本相近。

表13　土壤水稳性团聚体及有机复合团聚体分析结果

土壤类型	处理代号	粒级（mm）				复合团聚体重量	
		3～1（%）	1～0.25（%）	0.25～0.01（%）	0.01	G_1	G_2
青泥土	CK		30.47	46.3	22.0	20.85	28.95
	S		35.0	43.0	22.0	22.84	32.18
	NPK	1.75	39.5	49.5	9.25	26.64	30.22
	G	1.51	43.26	47.74	7.5	27.90	31.45
	R	2.75	47.0	41.0	9.25	26.88	30.96
夹沙土	CK	0.5	26.15	60.85	12.5	21.38	29.10
	S	0.25	32.50	56.0	11.25	23.38	29.65
	NPK	0.5	42.2	47.3	10.5	23.70	29.02
	G	0.5	47.65	40.85	11.0	28.16	31.47
	R	0.75	47.25	41.25	10.75	25.31	32.88

注：处理代号同表10。

大田试验进一步证实了上述结论。江西省农业科学院3年定位观测结果（表14），施用化肥和对照，大于0.25mm的团聚体减少，小于0.01mm物理性黏粒增多，土壤容重大，总孔隙度少。所以，单施化肥或不施肥处理，土粒易分散，土体易僵板，耕性不良。

表14　土壤团聚体及物理性质分析结果

处理代号	粒级（mm）			土壤容重（g/cm^3）	总孔隙度（%）
	1～0.25（%）	0.25～0.01（%）	<0.01（%）		
1	13.0	42.5	43.2	1.25	52.8
2	16.7	41.5	39.5	1.07	59.6
3	15.4	41.3	37.2	1.09	58.9
4	19.4	41.7	38.5	1.13	57.4
5	14.4	42.4	43.0	1.18	55.5
6	13.5	42.8	41.9	1.17	55.8
7	16.0	41.4	40.6	1.14	57.0
8	16.1	41.6	39.0	1.14	57.0
9	19.5	40.2	37.7	0.95	64.0

注：处理代号见表11。

在旱地土壤上，江苏省滨海地区农业科学研究所陆炳章等试验结果，3年种植6季作物后，随着施有机肥比例增加，土壤水稳性团粒结构、总孔隙率和非毛管孔隙率均增加，土壤容重降低，三相比例更趋于协调；而单施化肥氮的土壤结构、容重、孔隙率却和对照接近。

这说明单施化肥氮在 3 年 6 季作物后对土壤物理性质变异的影响尚不明显（表 15）。

表 15　氮肥配比对土壤性质的影响

有机氮：化肥氮	>0.05mm 水稳性团聚体（%）	容　重（g/cm^3）	总孔隙（%）	非毛管孔隙（%）	毛管孔隙（%）	三相比 固：液：气
对　照	16.9	1.31	50.6	7.4	42.2	0.50：0.29：0.21
0：100	17.9	1.29	51.3	8.0	43.3	0.49：0.26：0.25
70：30	24.6	1.14	56.9	14.8	42.1	0.44：0.33：0.23
50：50	23.9	1.11	58.1	16.9	42.2	0.42：0.28：0.20
30：70	19.8	1.20	54.7	11.7	43.0	0.46：0.33：0.21

（二）提高土壤养分含量，全面供给作物营养

1. 供给无机和有机养料　有机肥与化肥配合施用，既可提供速效的无机养分，又可供给有机营养。据测定：家禽、家畜粪中，鸡粪的养分含量最高，猪、羊粪次之，牛粪较低，绿肥以细绿萍养分含量较高。按有效成分计算，各种粪中有效钾约占总钾量的 68%～74%，有效磷约占总磷量的 48%～74%，氮含量则较低。微量元素钼、铜、锌为土壤平均含量的 1 倍以上，锰、硼分别超过土壤临界浓度的 17 倍和 40 倍。阳离子代换量一般在 0.09～0.12mol/100g 土之间（表 16）。

表 16　几种有机肥的无机营养成分（干重）

营养成分		牛　粪	猪　粪	羊　粪	鸡　粪	马　粪	兔　粪	紫花苜蓿	苕　子	细绿萍
氮	全氮（%）	0.87	1.25	1.25	1.78	0.59	3.32	3.08	3.97	2.96
	水解氮（mg/100g）	178.8	269.2	178.4	493.4	—	238.7	250.8	276.5	260.1
	NH_4^+—N（mg/100g）	336.2	342.5	150.1	378.1	—	182.7	166.7	190.0	232.9
磷	全磷（P）	0.37	0.64	0.59	0.62	2.18	0.68	0.11	0.10	0.38
	有效磷（mg/100g）	246.1	470.9	295.2	295.2	—	—	—	—	—
	有效磷占全磷（%）	66	74	50	48	—	—	—	—	—
钾	全钾（%）	0.53	1.05	0.95	1.37	0.95	0.58	1.20	1.83	2.02
	缓效性钾（mg/100g）	59.7	117.5	113.3	130.8	—	—	—	—	—
	速效性钾（mg/100g）	400.5	778.1	699.0	934.5	—	—	—	—	—
	有效钾占全钾（%）	70	74	74	68	—	—	—	—	—
微量无素（mg/kg）	钼（Mo）	3.7	3.0	3.4	4.2	10	—	—	—	69.8
	锰（Mn）	355.0	291.0	172.0	143.0	343	—	—	—	98.2
	铜（Cu）	16.3	50.0	23.0	18.0	73.0	—	—	—	18.5
	硼（B）	22.8	21.7	30.8	24.0	12.0	—	—	—	29.6
	锌（Zn）	187.0	199.0	146.0	130.0	118.0	—	—	—	210.0
	铁（Fe）	1 592.1	1 845.0	1 921.0	1 901.0	1 050.6	—	—	—	475.5
有机质（%）		39.9	41.6	41.4	33.4	34.5	20.47	36.75	33.63	40.0
阳离子交换量（m·e/100g 土）		0.123 4	0.101 3	0.113 8	0.092 3	—	—	—	—	—

注："—"未检测。

此外，有机肥还含有各种有机成分，如蛋白质和各种氨基酸、各种糖，RNA、DNA及其降解产物，如尿嘧啶、腺嘌呤、尿嘧啶、核甙等。灭菌培养试验证明，这些化合物中有很多都能被水稻吸收利用（表17、表18、表19）。

表17 几种有机肥中游离氨基酸含量

（mg/100g，干重）

氨基酸 \ 肥料	猪粪	牛粪	羊粪	鸡粪	兔粪	紫苜蓿	苕子	细绿萍
天门冬氨酸	22.1	47.6	6.8	190.4	17.1	4.3	6.3	38.9
苏氨酸	8.4	1.2	6.7	50.6	21.1	0.5	—	—
丝氨酸	4.9	0.7	17.2	54.3	44.1	1.1	12.5	121.9
谷氨酸	51.4	76.0	58.1	440.4	191.9	0.6	26.0	212.8
脯氨酸	46.7	55.3	10.4	344.4	74.1	56.7	11.8	18.0
甘氨酸	12.3	31.1	10.0	84.0	28.7	0.3	4.4	23.7
丙氨酸	84.7	293.8	17.9	283.9	290.5	1.5	39.2	207.7
胱氨酸	6.7	—	—	22.6	—	—	—	68.5
缬氨酸	17.2	21.9	8.5	116.2	63.9	—	6.5	25.4
蛋氨酸	0.7	0.2	—	36.3	0.4	—	1.0	—
异亮氨酸	4.1	35.2	2.3	127.6	12.9	—	2.8	39.0
亮氨酸	5.5	78.8	3.9	179.0	9.6	—	1.9	22.0
酪氨酸	3.2	21.8	2.7	183.3	14.2	—	2.2	86.3
苯丙氨酸	6.6	158.8	1.6	96.2	0.9	0.5	8.0	168.9
赖氨酸	14.9	130.0	5.9	96.9	36.1	7.9	5.4	46.1
组氨酸	1.3	21.5	1.2	37.3	1.1	0.7	1.5	7.9
精氨酸	0.7	10.1	1.0	57.1	1.0	0.4	—	2.2
总计（%）	0.29	0.98	0.15	2.40	0.81	0.07	0.13	1.09

注：“—”为未检出。

表18 家畜、家禽粪中核酸含量

粪肥种类	核糖核酸（mg/100g）	脱氧核糖核酸（mg/100g）
牛粪	220.6	18.6
猪粪	279.4	23.2
羊粪	269.4	40.3
鸡粪	196.8	21.4
厩肥	260.6	31.0

表19 家畜、家禽粪中可溶糖的组成

（mg/100g，干重）

肥料 \ 糖	阿拉伯糖	果糖	葡萄糖	蔗糖	麦芽糖	木+核糖	总计（%）
猪粪	199.51	74.74	62.12	161.63	76.25	—	0.57
马粪	—	—	24.74	8.87	22.96	—	0.056
牛粪	—	96.71	153.56	198.12	103.56	—	0.55
羊粪	37.32	19.45	84.57	42.23	30.17	—	0.31
鸡粪	169.50	190.03	71.55	86.80	—	—	0.52
兔粪	226.59	149.51	322.17	420.03	—	81.33	1.35

注：①“—”未检出；②检测样品用新鲜生粪。

2. 提高氮肥利用率　有机肥与化肥配合施用，最好是将化肥与有机肥掺混在一起施用，可起到相互提高养分利用率的作用，可做到速效养分与缓效养分“接力”的效果，即使在作物生长期间不追肥，其增产效果也是非常明显的，是名符其实的缓释肥料。根据上海市农业科学院土壤肥料研究所沈瑞芝等 1978—1980 年的研究结果，在有机质含量较高的青紫泥水稻土中，有机肥与化肥配合表现了合理的分配率和较高的利用率。表 20 指出：(1) 投氮量基本相同的单一化肥区与有机—无机配合区相比，化肥区在起初 1～2 茬作物上表现了较高的利用率（32.19%～57.04%），但随后下降，低于配合区，这与产量的趋势是基本一致的；(2) 有机肥—无机肥配合区在相似的栽培条件下，肥料中氮素利用率有增长的趋势，而全化肥区看不出有相似情况；(3) 由于有机肥提供的养分除当季消耗外，尚有相当数量残留在土壤中。因此，配合区土壤中氮素利率有连续增长的趋势，并表现出一定的稳定性。进一步分析植株吸收氮的分配状况，可看到有机与无机配合区较多地分配于稻谷部分，尤以晚稻更为明显。江苏、湖北、四川、宁夏、福建、湖南等省（自治区）的试验结果与上述试验基本一致。根据我们在华北多年的试验结果，在增施有机肥的基础上增施化学氮肥与单施氮肥比较，可使氮肥效果提高 1 倍左右。有很多试验报道：在有机氮存在时，无论水田、旱地，均可促进土壤中无机氮的固定，减少无机氮肥的损失。据 Bnrge 等研究指出，土壤中各种有机质中的碳含量与氨的固定呈正相关。浙江农业大学模拟试验指出，有机肥与化肥配合施用能降低土壤氧化还原电位，减少氨的硝化作用。同时，由于有机肥的分解，所产生的有机酸与化肥中的氨化合，在酶的作用下，形成氨基酸，从而延长化学氮肥的肥效。

表 20　不同施肥处理下，各种氮源之氮素利用率的比较（1978—1980）

年　份	茬　口	处　理	各种氮素吸收量（g）			各种氮源利用率（%）		
			谷	草	总　量	土　壤	有机肥	化　肥
1978	早　稻	CK	0.462 4	0.713 3	1.175 7	100	—	—
		化　肥	0.902 8	1.009 4	1.912 2	67.81	—	32.19
		绿　肥	0.631 5	0.920 6	1.552 1	75.75	24.25	—
		绿化肥	0.773 2	1.003 9	1.777 1	66. 16	21.18	12.66
		厩　肥	0.663 7	1.010 2	1.673 9	70.24	29.76	—
		厩化肥	0.837 8	1.081 6	1.919 4	61.25	25.96	12.79
	晚　稻	CK	0.652 5	0.360 8	1.013 3	100	—	—
		化　肥	0.939 0	0.869 0	1.808 0	42.96	—	57.04
		绿　肥	0.083 6	0.530 0	1.413 6	71.68	28.32	—
		绿化肥	1.053 6	0.598 6	1.652 2	61.33	24.27	14.40
		厩　肥	0.839 0	0.450 9	1.289 9	78.56	21.44	—
		厩化肥	1.169 3	0.680 0	1.849 3	54.79	30.25	14.96

（续）

年 份	茬 口	处 理	各种氮素吸收量（g）			各种氮源利用率（%）		
			谷	草	总 量	土 壤	有机肥	化 肥
1979	早 稻	CK	0.396 4	0.341 5	0.737 9	100	—	—
		化 肥	1.091 6	0.665 1	1.756 7	42.0	—	58.00
		绿 肥	0.731 3	0.344 9	1.076 2	68.57	31.43	—
		绿化肥	1.142 5	0.551 3	1.693 8	43.56	19.98	36.46
		厩 肥	0.696 7	0.429 8	1.126 5	65.50	34.50	—
		厩化肥	0.988 8	0.649 2	1.638 0	45.05	23.72	31.23
	晚 稻	CK	0.695 6	0.325 7	1.021 3	100	—	—
		化 肥	0.993 9	0.446 0	1.439 1	57.04	18.56	24.40
		绿 肥	0.928 8	0.325 3	1.254 1	81.44	18.56	—
		绿化肥	1.145 3	0.513 1	1.659 0	63.43	36.57	29.07
		厩 肥	0.832 9	0.271 3	1.104 2	92.50	7.50	—
		厩化肥	1.083 3	0.443 5	1.526 8	43.25	29.07	27.68
1980	早 稻	CK	0.546 8	0.313 1	0.859 9	100	—	—
		化 肥	1.024 4	0.599 6	1.624 0	52.95	—	47.05
		绿 肥	0.939 1	0.583 4	1.520 5	56.55	43.45	—
		绿化肥	1.073 5	0.727 7	1.799 2	47.79	36.72	15.49
		厩 肥	0.822 4	0.634 8	1.457 2	59.01	40.99	—
		厩化肥	1.053 9	0.691 4	1.745 3	49.27	34.22	16.51

注：氮素利用率用差减法测得。

3. 对补给土壤养分的作用

（1）对土壤氮素状况的影响：江苏省农业科学院土壤肥料研究所黄东迈等的研究结果，在小麦—水稻—小麦—水稻 4 季轮作中，第 1 季作物收获后，残留在土壤中的柽麻氮含量范围为施入量的 47%～62%，硫铵氮 19%～26%，柽麻与硫铵混施的为 40%～44%，肥料氮的残留效应很低，各季稻麦吸收残留肥料氮均仅占施入肥料氮的 2.5±2%。4 季稻麦轮作中，残留氮的有效率平均为原有土壤氮的 1.9±0.7 倍。中国科学院南京土壤研究所林心雄、文启孝研究指出，无论哪一种植物残体，不管其含氮量和 C/N 比值如何，均能增加土壤的氮素贮量。由表 21 可见，不仅含氮量较高的绿萍、紫云英具有增加土壤氮素贮量的作用，即使含氮量 1.53%的水葫芦，施入土壤后，除了能提供当季作物以氮素外，也有增加土壤氮素贮量的作用。甚至含氮量更低，C/N 比值更宽的植物体，也不例外。例如，含^{15}N 量 0.94%的稻草施入土壤，除了当季作物吸收和损失外，仍有 48%～52%的氮素留存于土壤中。与此相反，无论哪一种化学氮肥，无论在哪一种土壤上，都无助于土壤氮素贮量的增加。表 21 指出，种植一季水稻后，表面上看似乎土壤中仍残留一定量的硫铵，但是，如果把激发氮量结合起来考虑，就不难看出，施入的硫铵氮丝毫无助于土壤氮素贮量的增加，残留于土壤中的^{15}N，实际上是由于肥料氮和土壤氮发生交换作用所致。

表 21　绿肥及硫铵在补给土壤氮素贮量中的作用

(mg/kg±)

肥料种类	N%	激发氮量	残留肥料^{15}N 量	净增减值
紫云英	2.40	17.6	47.0	+29.4
绿　萍	5.01	3.8	63.0	+59.2
柽　麻	—	7.17	55.27	+48.1
水葫芦	1.53	−10.17	65.3	+75.47
硫　铵		17.57	14.97	−2.6

注：供试作物水稻。

不同之点是对土壤矿质态氮的影响，可分对当季作物氮供应的影响和对后季作物氮素供应的影响。前者大体可分以下几种情况。一是粪肥，由于施用前已经腐熟或半腐熟，有机质大量分解，速效养分大量增加，而且，我国的传统是在有机肥中加土，造成"土肥相融"，对当季作物一般可提供 40%～75%的氮，人粪尿更多一些；二是绿肥，如紫云英、苕子等地上部分，全氮含量在 3%以上，木质素含量在 12%以下，易于分解，一般当季作物可利用其中 50%～70%的氮；绿萍含氮量虽也在 3%以上，但木质素含量较高（18%～25%）。因此，不易分解，对当季作物大约提供 17%～33%的氮；而水葫芦、青草等含氮量在 1.5%以上，木质素在 10%以下，它们对当季作物提供的氮素低于或等于绿萍，因含氮量不同，在分解初期，甚至还要夺取一部分土壤中的氮；三是稻草、玉米秸等作物的秸秆类，含氮量低，多在 1%以下，木质素含量在 13%以上，不容易分解，但在分解的相当一段时间内，不仅不能提供氮源，而且要固定土壤中的一部分矿质态氮，其固定量视其含氮量而定，含量越低，固氮量越多。

对后季作物供氮的影响，大体有 3 种情况：一是不但第 2 季作物供应氮量相对较高，且第 3 季、第 4 季作物期间，其氮素的有效性仍显著高于土壤原来的有机氮，各种粪肥、紫云英、苕子等均属于此类；二是以绿萍为代表的植物体，在第 2 季作物虽可供应一部分氮素，但较少，至第 3 季作物已与土壤原有机氮相近；三是介于上述两者之间，如水葫芦等。

各地田间定位试验结果，在水稻土上，有机无机区的土壤全氮消长曲线相对平稳，尤以厩肥化肥区为最，而化肥区土壤氮起伏变化较大。以水、旱茬比较，厩肥—化肥区在栽稻期，土壤氮素一般均有积累，只是在旱茬后有较大的消耗，这与好气分解在关（图 1）。

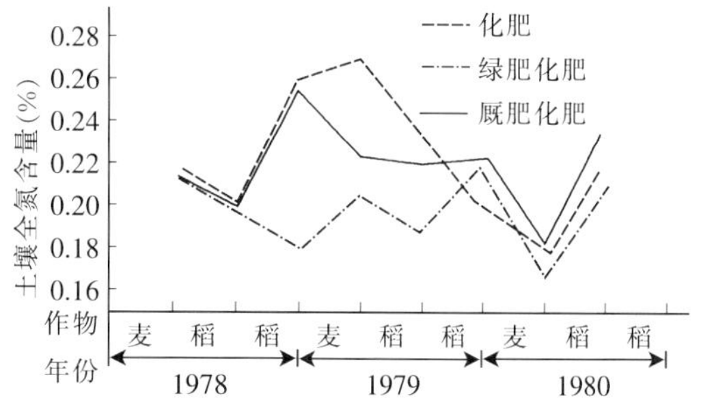

图 1　不同施肥处理对土壤氮消长的影响

在北方旱地土壤上，单施有机肥区氮素逐年积累，尤以 5 000kg 以上土粪处理明显。单施氮肥，土壤中氮素增加较少，氮肥与有机肥配合区，土壤氮素积累比较明显，但积累数量似乎不如单施有机肥的高（表 22）。

表 22　不同肥料对土壤全氮的影响

处　理 (kg/666.7m²)	1979 年 10 月（%）	1983 年 10 月（%）	净增减值（%）	处　理 (kg/666.7m²)	1979 年 10 月（%）	1983 年 10 月（%）	净增减值（%）
NO＋土粪 0	0.073	0.075	0.002	N12kg＋土粪 0	0.071	0.077	0.006
NO＋土粪 2 500kg	0.068	0.078	0.010	N12kg＋2 500 土粪	0.065	0.077	0.012
NO＋土粪 5 000kg	0.067	0.086	0.019	N12kg＋5 000 土粪	0.066	0.098	0.032
NO＋土粪 7 500kg	0.073	0.104	0.031	N12kg＋7 500 土粪	0.075	0.096	0.021
NO＋土粪 10 000kg	0.062	0.098	0.036	N12kg＋10 000 土粪	0.071	0.088	0.017

（2）对土壤磷、钾的影响：表 23 指出，凡施用有机肥的处理，历年来无论速效磷、速效钾均比不施为高，即有机肥处理比对照速效磷相差 23～34mg/kg，速效钾相差 88～196 mg/kg；有机肥与氮、磷配合比氮、磷处理速效磷相差 2～46 mg/kg，速效钾相差 123～216 mg/kg。处理间以速效钾差异最大，至 1982 年施有机肥比对照几乎高 1 倍。可见施有机肥对土壤速效钾的补充有着明显的作用，氮、磷处理比对照速效磷含量虽略有提高，但远不如有机肥处理增长明显。

表 23　各处理耕层（0～20cm）土壤速效养分变化

（mg/kg）

处　理	1979			1980			1981			1982		
	水解氮	速效磷	速效钾	水解氮	速效磷	速效钾	水解氮	速效磷	速效钾	水解氮	速效磷	速效钾
CK	47	58	294	75	55	260	47	75	222	54	48	216
NP	53	77	226	87	83	251	50	65	209	51	57	217
M	49	81	382	108	89	378	46	79	360	44	78	412
MNP	42	81	378	95	85	374	52	110	382	82	103	433

可见，利用有机物的再循环，增施有机肥料，是弥补和缓冲目前磷、钾肥不足的一项重要措施。

（三）提高土壤生物活性，加速有效物质转化

家畜和家禽粪中酶的活性特别高，其测定结果见表 24。

表 24　家畜家禽粪肥酶的活性

粪肥种类	脱氢酶 (TPF：mg/g・24h)	过氧化氢酶 ($KMnO_4$：mg/g・3h)	转化酶 (还原糖 mg/g・3h)	脲　酶 (NH_4^+－N mg/100g・3h)	蛋白酶 (氨基 N mg/g・4h)
牛　粪	3.11～4.83 (3.72)	0.14～0.20 (0.17)	7.0～22.0 (14.0)	153～465 (248)	7 100～18 800 (13 900)
猪　粪	5.74～7.54 (6.71)	0.17～0.23 (0.19)	14.0～66.8 (52.0)	550～1 510 (956)	2 200～16 400 (10 340)
羊　粪	2.61～3.26 (4.10)	0.15～0.31 (0.25)	10.0～51.0 (25.0)	348～1 560 (877)	8 700～33 100 (16 090)
鸡　粪	4.05～9.64 (6.08)	0.19～0.31 (0.25)	7.0～53.0 (31.0)	52～1 050 (483)	1 300～17 900 (7 640)
堆厩肥	3.51～4.88 (4.33)	0.16～0.20 (0.18)	6.0～30.0 (20.0)	30～585 (272)	8 500～21 500 (11 620)

注：括号内为平均值。

表25指出，家畜和家禽粪中酶的活性除了过氧化氢酶外，脱氢酶、脲酶、转化酶和蛋白酶均比当地土壤中酶活性高得多。蛋白酶能促进蛋白质的水解，将植物难以吸收利用的氮转变为植物能利用的氮素形态。粪肥中转化酶的活性，据统计分析，与肥料中全氮、全磷、全钾以及有效磷、钾呈正相关，相关系数超过1%。

表25　猪粪与当地土壤酶比较

采样地点	土壤种类	脱氢酶 (TPF: mg/g·24h)	过氧化氢酶 ($KMnO_4$: mg/g·3h)	脲　酶 (NH_4^+-N mg/100g·3h)	转化酶 (还原糖 mg/g·3h)	蛋白酶 (氨基N mg/g·4h)
浙江双桥农场	青紫泥	0.74	0.52	0.30	3.6	24.5
	猪　粪	7.34	0.18	600.0	63.9	15 500
金华地区农科所	黄筋泥	0.46	0.41	9.63	4.15	81.9
	猪　粪	7.24	0.17	550	54.1	2 200

粪肥或厩肥施入土壤后，大大激发了土壤中各种酶的活性，使各类微生物繁殖旺盛。山东莱阳田间定位试验测定结果，根际细菌总数2t/666.7m^{2}有机肥区为10 500万/g土，1t有机肥区为9 100万/g土，化肥区2 000万/g土。施有机肥区分别是化肥区的5.25倍和4.55倍。非根际细菌的趋势也是2t有机肥区（2 400万/g土）大于1t有机肥区（1 700万/g土），大于化肥区（300万/g土）。土壤脲酶活性，有机与氮肥配合区为10.32～18.34mgNH_4^+-N/100g土，有机肥区为10.23～10.32mgNH_4^+-N/100g土，化肥区9.52～10.16mgNH_4-N/100g土，对照8.41mgNH_4^+-N/100g土。即配合区大于有机肥区、大于化肥区、大于对照。

江苏陆炳章等人的研究结果：施用有机肥猪粪区的细菌、放线菌、真菌、固氮菌、好气性纤维菌均有明显增长，比对照增加11.4～17倍。土壤呼吸强度和脲酶活性也随有机肥的比例增加而提高。单独施用化肥区各类微生物总量虽也有所提高，但不如有机肥区显著，呼吸强度和脲酶活性则与对照接近。

三、有机—无机肥配合对作物产量的影响

有机肥与化肥配合施用，不仅可提高土壤肥力，而且对作物增产也有积极的作用。

在旱地土壤上，据山东莱阳农学院田间定位试验结果（表26），单施尿素或有机肥区均比相应的配合区产量低。配合施用无论对小麦还是后茬玉米肥效均较好，5年平均，小麦增产134.37%～175.64%，玉米增产78.61%～105.73%。5年总产以处理9即1.5万kg土粪+20kg尿素区最高，其产值是：每500kg有机肥增产小麦2.45kg、玉米2.25kg；每千克尿素增产小麦4.0kg、玉米3.0kg。处理6即666.7m^{2}施5 000kg土粪+20kg尿素区总产量虽名列第3，但500kg有机肥增产小麦2.0kg、玉米5.4kg；每千克尿素增产小麦5.1kg、玉米5.3kg。从经济效益上看，处理6较好。回归分析表明，经济最适用肥量有机肥5 597.5kg，尿素23kg，与处理6的肥料用量比较接近。

表 26　各处理对作物产量的影响

	处　理	1979	1980	1981	1982	1983	5 年总产（kg）	平均产量（kg）	比对照增产	
									kg/666.7m²	%
冬小麦产量（kg/666.7m²）	1	226.05	156.4	86.6	128.4	54.3	651.75	130.35	—	—
	2	383.4	236.5	154.5	286.5	240	1 301.2	260.25	129.9	99.65
	3	448.35	267.1	166	288.05	260	1 429.5	285.9	155.55	119.33
	4	267.1	223.4	153	226.6	155	1 025.1	205	74.65	57.27
	5	394.55	330.9	168	360.7	273.3	1 527.45	305.5	175.15	134.37
	6	455.4	333.35	184.5	242.95	313.3	1 529.5	305.9	175.55	134.68
	7	298.35	349.7	220	322.85	210	1401.5	280.3	149.95	115.04
	8	429.3	370.2	230	306.4	328.3	1 664.2	332.85	202.5	155.35
	9	460	349.9	270	363.35	353.3	1 796.55	359.3	228.95	175.64
夏玉米产量（kg/666.7m²）	1	339.6	105.2	179.1	150	152.9	925.8	185.15	—	—
	2	406.1	115.65	185.15	379.25	271.1	1 357.25	271.45	83.3	46.61
	3	422.75	160.65	211.2	432.65	335	1 562.25	312.45	127.3	68.76
	4	434.65	151.2	241.85	272.15	202.15	1 302	260.4	75.25	40.64
	5	441.75	191.55	257.05	448.25	314.95	1 653.55	330.7	145.55	78.61
	6	473.75	270.35	259.25	459.85	362.4	1 831.6	366.3	181.15	97.84
	7	432.25	260.15	297.2	360	253	1 599.9	320	134.85	72.83
	8	432.25	277.55	301.55	476.25	415.05	1 904.45	380.9	195.25	105.73
	9	434.5	300.75	180.95	527.55	452.9	1 896.65	379.35	194.2	104.89

注：①$Y=687.715\,8+0.0174\,9X_1+25.934\,5X_2-0.309\,9X_2^2-0.000\,231X_1X_2$（$X_1$—有机肥，$X_2$—尿素，Y—产量）

$F=5^{**}$（$F_{0.01}=3.70$）；R（复相关系数）$=0.689$（$R_{0.01}=0.591$）。

②处理代号：1. 对照；2. 土粪 0＋尿素 10kg/666.7m²；3. 土粪 0＋尿素 20kg/666.7m²；4. 土粪 5t/666.7m²；5. 土粪 5t/666.7m²＋尿素 10kg/666.7m²；6. 土粪 5t/666.7m²＋尿素 20kg/666.7m²；7. 土粪 15 t/666.7m²；8. 土粪 15t/666.7m²＋尿素 10kg/666.7m²；9. 土粪 15t/666.7m²＋尿素 20kg/666.7m²。

我们在华北 38 个点试验结果，为便于分析统计，以试验的第 1 季作物的完全无肥对照区小麦产量为准，将全部试验田分为 3 大类，即 666.7m² 产 250kg 为高产田，150～250kg 为中产田，150kg 以下为低产田。产量结果如表 27：从中看出：（1）凡是有机—无机配合的处理，农作物的产量是最高的。有机肥和化肥配合与单施化肥比较，其增产效果由 11.5%～19.5%增至 18.3%～50.0%，平均 26.3%～36.4%；（2）1979—1980 年气候反常，在小麦普遍减产的情况下，低产区肥效显然不如高中产区发挥得好。

表 27　有机—无机肥配合在当季小麦上的增产效果

类　型	项　　目	CK	M 1 000	M 1 000＋N 10	M 1 000＋N 20	M 2 000	M 2 000＋N 10	M 2 000＋N 20	N 10	N 20
高产田	平均产量（kg/666.7m²）	270	312.5	330	343.5	325.5	357.5	368	315.5	335
	增产（kg/666.7m²）		42.5	60	73.5	55.5	87.5	98	45.5	65
	当季肥效（%）		13.7	18.3	21.4	17.2	24.6	26.7	14.5	19.5
	有机：无机			48：52	38：62		55：45	46：54		

（续）

类　型	项　　目	CK	M 1 000	M 1 000+N 10	M 1 000+N 20	M 2 000	M 2 000+N 10	M 2 000+N 20	N 10	N 20
中产田	平均产量（kg/666.7m^2）	162.5	187.5	211	229.5	218	235.5	243.5	183.5	189
	增产（kg/666.7m^2）		25	48.5	52	55.5	73	81	21	26.5
	当季肥效（%）		13.42	29.3	30.4	34.1	45.0	50.0	11.5	14.0
	有机：无机			54：46	49：51		69：31	66：34		
低产田	平均产量（kg/666.7m^2）	88.5	104.5	119	132.5	117.5	133	244	102	108.5
	增产（kg/666.7m^2）		16	30.5	44	29	44.5	55.5	13.5	20
	当季肥效（%）		15.3	25.6	33.0	24.6	33.5	38.5	13.2	18.4
	有机：无机			54：46	45：55		66：34	58：42		

注：M—有机肥，N—尿素。

在上述田间试验小区不动的情况下，以后分别按夏玉米—冬小麦—夏玉米的轮作方式播种，每季作物均追施尿素 20kg/666.7m^2，观察各处理后效（表 28）。可以看出，有机肥—化肥配合施用的后效多数好于单施，特别是好于单施化肥的效果。从等氮量看，以配合的效果更为突出。单施有机肥的效果又明显地比单施化肥高 1 倍。这些均可说明，有机肥—化肥配合或单施有机肥均优于单施化肥。若以土壤生产力（即亩产粮食水平为准）来分析，有机肥—化肥配合施用后土壤生产力水平可从 250kg/666.7m^2 迅速提高到 350kg/666.7m^2。对上述产量进行统计分析（表 29），以小麦水平为 150～250kg 的中产田，施肥效果最突出。在施肥方式上，又以有机肥—化肥配合效果最佳。

表 28　有机肥—无机配合的后效

	处理 项目	CK	M 1 000	M 2 000	M 1 000+N 10	M 1 000+N 20	M 2 000+N 10	M 2 000+N 20	N 10	N 20
第二季夏玉米	产量（kg/666.7m^2）	293.5	326	345	351.5	373.5	381	380.5	297	338
	净增（kg/666.7m^2）		32.5	51.5	58	80	87.5	87	3.5	44.5
	MN				116	160	175	174		
	M+N				72	154	110	192		
	等 N 量			103	116					89
	M 1 000+M 2 000		168							
	N 10+N 20								96	
第三季冬小麦	产量（kg/666.7m^2）	232	248	260	262	267	267	271.5	241.5	247
	净增（kg/666.7m^2）		16	28	30	35	35	39.5	9.5	15
	MN				60	70	70	79		
	M+N				51	62	75	86		
	等 N 量			56	51					30
	M 1 000+M 2 000		88							
	N 10+N 20								49	

（续）

项目	处理	CK	M 1 000	M 2 000	M 1 000+N 10	M 1 000+N 20	M 2 000+N 10	M 2 000+N 20	N 10	N 20
第四季夏玉米	产量（kg/666.7m²）	135	220	239.5	244	240.5	249.5	258.5	216.5	219.5
	净增（kg/666.7m²）		17.5	37	41.5	38	47	56	14	17
	MN				83	76	94	112		
	M+N				63	69	102	108		
	等N量			74	83					
	M 1 000+M 2 000		109							
	N 10+N 20								62	

表 29　有机—无机肥配合效果数量总计表（F 值）

项　　目	低	中	高	CK－N	CK－M	CK－MN
当季小麦产量（kg/666.7m²）	＜150	150～250	250＜350			
当季效果（小麦）	1.8	7.0	4.8		3.94	4.46
第 2 季后效（玉米）		4.0	1.9	0.64	2.76	4.19
第 3 季后效（小麦）	1.8	1.44	0.1	0.03	1.11	3.16
第 4 季后效（玉米）		1.2	0.2	0.09	0.24	0.19

由于各施肥小区，即使是配合的小区，至第 4 季作物后效已经完全失去。因此，从第 5 季开始，又重新按各小区原来的施肥方案施肥。由第 2 轮的效果可明显看出（表 30），越到后来，有机肥的后效越明显。在第 5 季作物上，有机肥处理的增产效果 1 倍于化肥处理。在第 6 季作物上，高达 5～6 倍。从等氮量看，有机肥的后效也比化肥高 1 至数倍。

在水稻土地区，江西试验结果，有机肥与化肥配合的处理，1981—1983 年平均每季单产都在 400kg 以上，尤以早稻 666.7m² 施紫云英 1 500kg，晚稻 666.7m² 施干稻草 30kg，另加化肥 N 10kg、P_2O_5 5kg、K_2O 10kg 的处理最高最稳，变异系数最小（3.5），全年平均 666.7m² 产 853.9kg（早稻 432.9kg）；不施肥区变异系数最大（4.34），产量最不稳定，全年平均 666.7m² 产 594.3kg（早稻 276.95kg，晚稻 317.35kg）。理论最适用氮量，早稻为 12.5kg，其中紫云英 1 500kg（折 N5.25kg），化肥氮 7.25kg；晚稻为 10kg，其中干稻草 150kg，化肥氮 8.9kg。单施有机肥，500kg 鲜紫云英增产 25.7～31.3kg 稻谷，每千克有机氮增值 15.0～17.9kg 稻谷，总养分每千克增 6.19～7.4kg。单施化肥，总养分每千克增产 5.58～8.42kg。两者配合时，有机氮、化肥氮、总养分每千克增产稻谷分别为 3.9～12.9kg、8.2～18.5kg、4.24～7.03kg。稻草中含氮量较低，作为一种氮源增产甚微，50kg 稻草平均增产稻谷 5kg，稻草中总养分每千克增产 1.5～2.32kg。666.7m² 施 150kg 干稻草与化肥配施后，出现负效益。但稻草中含钾丰富，利用率虽较低，但残留在土壤中，有利于土壤钾素营养的平衡。

表 30　有机—无机肥配合后效

	项　目	CK	M 1 000	M 2 000	M 1 000+N 10	N 1 000+N 20	N 2 000+N 10	N 2 000+N 20	N 10	N 20
第 5 季小麦	产量（kg/666.7m²）	212.5	242.5	248	286	289	289.5	310	218.5	237.5
	净增（kg/666.7m²）		30	35.5	73.5	76.5	77	97.5	6	25
	MN				147	153	154	195		
	M+N				72	110	83	121		
	等 N 量			71	147					50
	M 1 000+M 2 000		131							
	N 10+N 20								62	
第 6 季夏玉米	产量（kg/666.7m²）	366	400	425	397.5	411.5	425	461.5	369	371.5
	净增（kg/666.7m²）		34	59	31.5	45.5	59	95.5	3	5.5
	MN				63	91	115	191		
	M+N				92	97	142	147		
	等 N 量			118	63					
	M 1 000+M 2 000		196							
	N 10+N 20								17	

上海沈瑞芝等在青紫泥上试验，有机与化肥配合区除第 1 季作物产量的略低于化肥外，其余各茬产量均居首位，尤以厩肥—化肥区产量最高。由于配合区化肥用量为全化肥区的一半，有机肥用量同单一有机肥区，若以等氮量计，在早稻上，绿肥—化肥区比单施绿肥和化肥区产量之和增产 2.3%，厩肥—化肥区比单施厩肥与化肥区之和增产 24.7%。晚稻稍差，厩肥—化肥区比分别单施区之和增产 11.2%；而绿肥—化肥区则低于增产之和。

江苏、浙江、福建、宁夏、四川、河北、黑龙江、陕西、河南等地试验结果，在各种类型的土壤上，有机肥与化肥配合区均比单施区产量高。

四、有机—无机肥配合对作物品质的影响

（一）对粮食作物品质的影响

目前，我国进行该项研究尚不多，大家的注意力多集中在提高土壤肥力、增产和提高化肥利用率上。然而，提高农副产品的品质对于国民经济的发展，对于外贸，对于人民的身体健康，对于保护城乡环境和农业生态平衡确实具有非常重要的意义。

1. 有机—无机肥配合施用对小麦和玉米矿质成分的影响　表 31 指出，不同处理的小麦和玉米矿质成分是不一样的。全氮量小麦以处理 6 最高（2.30%），玉米以处理 8 和处理 9 最高（1.54%和 1.52%）。使我们感兴趣的是，处理 9 施肥量最高，产量也最高，第 1 茬小麦的全氮量却名列第 4，至第 2 茬玉米才趋于一致。籽粒中的全磷、全钾量，无论小麦和玉米均是处理 6 最高，对照最低。玉米的中量元素镁和微量元素含量，硼处理 6 最高，铜、铁、锰、镁、钼以处理 8 最高，锌以处理 6 最高。总的趋势是与施用有机肥有关。

表 31 小麦和玉米中矿质成分含量

处理	小麦			玉米									
	全N (%)	全P (%)	全K (%)	全N (%)	全P (%)	全K (%)	Mg (mg/kg)	B (mg/kg)	Cu (mg/kg)	Fe (mg/kg)	Mn (mg/kg)	Mo (mg/kg)	Zn (mg/kg)
1	1.74	0.34	0.38	1.06	0.63	0.72	1 400	30.5	1.54	150	10.40	13.05	0.50
2	1.82	0.37	0.39	1.32	0.64	0.78	2 200	57.0	2.40	150	16.65	3.85	6.70
3	2.11	0.40	0.42	1.35	0.66	0.81	2 300	79.2	2.47	300	12.50	1.01	8.85
4	1.75	0.35	0.37	1.14	0.64	0.74	2 300	51.0	2.65	200	12.50	11.55	16.0
5	2.02	0.39	0.43	1.44	0.67	0.82	2 300	22.9	2.47	300	14.58	3.85	18.50
6	2.30	0.42	0.46	1.51	0.75	0.93	2 700	67.2	2.47	400	17.70	11.60	18.74
7	1.94	0.39	0.42	1.29	0.68	0.81	2 700	99.2	2.62	600	52.38	11.10	16.25
8	2.16	0.40	0.44	1.54	0.71	0.88	2 300	95.8	2.70	300	40.28	8.38	17.40
9	2.09	0.39	0.43	1.52	0.69	0.85	3 000	75.0	2.45	300	37.88	2.75	17.0

2. 有机—无机肥配合对小麦和玉米的有机组成的影响 表 32 指出，小麦籽粒的淀粉含量以处理 4（56.68%）和处理 7（55.65%）最高。玉米是处理 7（65.04%）、处理 2（65.29%）最高。总的趋势是单施有机肥区比其他小区含量高。

表 32 小麦和玉米中几种有机成分含量

处理	小麦				玉米					
	淀粉 (%)	可溶糖 (%)	蛋白质 (%)	面筋 (%)	淀粉 (%)	可溶糖 (%)	蛋白质 (%)	Vit. A (u)	Vit. B_1 (mg/100g)	Vit. B_2 (mg/100g)
1	52.62	1.68	10.76	10.24	64.71	1.58	6.33	72	0.338	1.594
2	54.72	1.60	11.25	8.67	65.29	1.50	7.68	75	0.514	1.481
3	55.53	1.76	12.73	12.29	64.54	1.61	8.04	75	0.587	1.769
4	56.58	1.52	10.67	8.92	64.29	1.74	6.71	69	0.442	1.654
5	55.06	1.52	12.48	11.06	64.12	1.53	8.34	49	0.572	1.688
6	54.48	1.20	13.60	14.62	62.91	1.44	9.15	43	0.575	1.683
7	55.65	1.67	11.46	11.10	65.04	1.65	1.59	81	0.430	1.377
8	54.72	1.68	13.47	14.17	64.71	1.66	8.78	80	0.505	1.407
9	54.60	1.60	12.78	12.67	62.61	1.62	9.14	63	0.536	1.651

可溶性糖含量，小麦以处理 3 最高（1.76%），玉米以处理 4（1.74%）最高。处理 3 每 666.7m^2 施尿素 20kg，未施用有机肥，处理 4 施土粪 5 000kg 而未施化肥，在其他营养不足的情况下，即便有丰富的氮营养或碳营养，由于植株内代换速度慢，糖还没有来得及转化为淀粉等产物便以糖的形态被贮存。在可溶性糖的组成中（表 33）。小麦和玉米均以果糖、葡萄糖、蔗糖、木糖+核糖（以木糖为主）含量较多，但小麦尤以木糖+核糖为多，占主导地位。玉米果糖含量较多，蔗糖次之。各处理的小麦和玉米的不同组分糖的总量与可溶糖总量基本一致。

表 33 小麦和玉米中可溶糖的组成

(mg/100g)

处理	小麦							玉米					
	果糖	蔗糖	麦芽糖	木糖+核糖	葡萄糖	阿拉伯糖	总计(%)	果糖	葡萄糖	蔗糖	木糖+核糖	阿拉伯糖	总计(%)
1	98.52	5.09	16.16	1 052.12	140.45	—	1.31	522.27	339.30	372.61	102.82	19.46	1.36
2	87.68	4.15	8.49	884.79	80.83	—	1.07	413.38	95.63	281.65	94.60	—	0.89
3	127.75	12.08	8.53	1 252.75	160.48	—	1.56	437.29	93.41	323.86	92.38	36.65	0.89
4	68.24	4.62	5.33	972.15	79.81	42.83	1.17	608.72	263.09	304.36	87.69	65.40	1.33
5	86.90	10.84	—	1 025.43	59.36	—	1.18	364.55	136.58	242.86	130.42	15.95	0.89
6	—	17.42	16.20	760.43	77.49	—	0.87	476.86	128.46	334.31	156.21	—	1.10
7	26.65	7.99	—	879.40	64.49	—	0.98	360.71	90.43	349.71	117.15	30.26	0.95
8	114.35	13.16	16.18	1 254.19	104.57	—	1.50	285.81	246.70	298.54	65.79	91.55	0.98
9	186.84	14.09	17.33	1 088.30	172.17	—	1.48	449.22	176.81	311.16	87.38	27.40	1.05

小麦和玉米的蛋白质含量均是处理 6 最多（分别是 13.6%和 9.15%），比对照分别高 2.87%和 2.82%。小麦的面筋含量与蛋白质含量的趋势比较一致，也是处理 6 最高（14.62%），处理 8 次之（14.17%），分别比对照高 4.38%和 3.93%。

玉米中的维生素含量，维生素 A 似乎与淀粉和全糖的含量一致。维生素 B_1 与施氮水平有一定的关系，随着施氮量的提高而增加。维生素 B2 各处理的差异不大。

表 34 和表 35 列出了小麦与玉米的氨基酸组成。就氨基酸总量来说，小麦和玉米中均是处理 6 最高（分别是 14.58%和 9.94%），比对照高 4.61%和 3.42%。小麦的排列顺序是：6>8>3>4、9>5>7>2>1>4；玉米的排列顺序是：6>9>8>5>7>3>2>4>1。就氨基酸的种类来说，谷氨酸含量最高，其中小麦以处理 6（4.61%）、处理 8（4.55%）、处理 3（4.38%）较多，玉米以处理 6（2.00%）、处理 9（1.96%）、处理 8（1.88%）较多。谷氨基酸含量高可增加产品的香味。从人类必需的氨基酸看，苏氨酸、蛋氨酸、异亮氨酸、亮氨酸、赖氨酸、苯丙氨酸等，小麦除赖氨酸外，处理 6 含量较多，玉米以处理 6，处理 9 和处理 8 较多。赖氨酸是人们很重视的一个指标，小麦处理 4 较高（0.60%），其他处理均较低；玉米以处理 6、处理 9（0.32%）和处理 8（0.30%）较高。

表 34 各处理小麦籽粒中氨基酸含量

(%)

处理	1	2	3	4	5	6	7	8	9
天门冬氨酸	0.49	0.54	0.62	0.54	0.59	0.69	0.56	0.63	0.59
苏氨酸	0.28	0.31	0.36	0.31	0.34	0.37	0.32	0.36	0.34
丝氨酸	0.42	0.47	0.57	0.45	0.53	0.57	0.49	0.57	0.53
谷氨酸	3.23	3.39	4.38	3.34	3.86	4.61	3.40	4.55	4.22
甘氨酸	0.41	0.44	0.52	0.43	0.50	0.52	0.45	0.51	0.48
丙氨酸	0.41	0.42	0.48	0.41	0.46	0.48	0.42	0.48	0.44
半胱氨酸	0.29	0.35	0.37	0.31	0.42	0.42	0.35	0.45	0.41

（续）

处 理	1	2	3	4	5	6	7	8	9
缬氨酸	0.50	0.56	0.61	0.54	0.59	0.64	0.54	0.62	0.58
蛋氨酸	—	—	—	—	0.12	0.16	—	0.17	0.13
异亮氨酸	0.39	0.41	0.44	0.11	0.45	0.44	0.41	0.49	0.41
亮氨酸	0.68	0.73	0.89	0.41	0.82	0.91	0.74	0.89	0.84
酪氨酸	0.34	0.36	0.47	0.73	0.45	0.44	0.41	0.45	0.43
苯丙氨酸	0.59	0.63	0.71	0.40	0.72	0.76	0.62	0.69	0.67
赖氨酸	0.26	0.28	0.32	0.60	0.34	0.32	0.28	0.31	0.29
组氨酸	0.19	0.23	0.27	0.41	0.26	0.31	0.18	0.27	0.23
精氨酸	0.53	0.71	0.87	0.22	0.78	1.62	0.72	0.82	0.82
脯氨酸	0.96	1.00	1.22	0.56	1.13	1.32	1.04	1.30	1.26
总计（%）	9.97	10.83	13.10	9.77	12.36	14.58	10.93	13.56	12.67

表 35　各处理玉米中氨基酸含量

（%）

氨基酸 \ 处 理	1	2	3	4	5	6	7	8	9
天门冬氨酸	0.56	0.63	0.64	0.53	0.65	0.70	0.60	0.52	0.75
苏氨酸	0.22	0.25	0.26	0.23	0.26	0.30	0.25	0.29	0.36
丝氨酸	0.23	0.26	0.27	0.23	0.26	0.32	0.25	0.29	0.45
谷氨酸	1.24	1.43	1.55	1.30	1.67	2.00	1.63	1.88	1.96
脯氨酸	0.65	0.72	0.79	0.67	0.84	1.00	0.83	0.94	0.98
甘氨酸	0.29	0.32	0.31	0.29	0.34	0.34	0.33	0.37	0.37
丙氨酸	0.49	0.55	0.61	0.50	0.65	0.88	0.63	0.74	0.77
半胱氨酸	—	—	—	—	—	—	—	—	—
缬氨酸	0.35	0.40	0.40	0.35	0.46	0.52	0.31	0.57	0.45
蛋氨酸	0.20	0.19	0.17	0.20	0.17	0.22	0.23	0.21	0.21
异亮氨酸	0.26	0.31	0.32	0.26	0.33	0.41	0.33	0.38	0.38
亮氨酸	0.73	0.85	0.95	0.77	1.01	1.25	0.98	1.17	1.22
酪氨酸	0.27	0.30	0.31	0.26	0.33	0.42	0.39	0.38	0.40
苯丙氨酸	0.30	0.37	0.41	0.32	0.42	0.51	0.38	0.48	0.50
赖氨酸	0.22	0.25	0.24	0.21	0.25	0.32	0.28	0.30	0.32
组氨酸	0.19	0.23	0.24	0.20	0.26	0.31	0.27	0.29	0.30
精氨酸	0.32	0.39	0.38	0.33	0.41	0.44	0.38	0.42	0.45
总计（%）	6.52	7.45	7.85	6.65	8.31	9.94	8.07	9.23	9.87

对上述各指标进行回归分析后，可以看出：（1）小麦各项指标除可溶糖外，均与产量呈正相关，其中淀粉和面筋不显著，全氮、全磷、全钾、蛋白质、氨基酸与产量皆呈显著正相关；玉米的氮、磷、钾、蛋白质、总氨基酸、维生素 B_1、铜、锌与产量呈极显著正相关，

硼与产量呈显著正相关；（2）氮、磷、钾之间及其与蛋白质、面筋、总氨基酸、维生素 B_1 之间除了磷与维生素 B_1 呈显著正相关外，其他均呈极显著正相关。说明氮、磷、钾对这些有机成分的合成有促进作用；（3）在微量元素中，淀粉与锌、镁，全糖与钼，蛋白质与锌、铜，氨基酸与硼、铁、锰、锌，维生素 A 与硼、钼，维生素 B1 与锌、铜、钼、硼、锰呈显著正（或负）相关。说明这些元素对上述有机成分的合成有促进（或抑制）作用。

（二）有机—无机肥配合对蔬菜品质的影响

目前，国内外都很重视硝酸盐的污染问题，目前有两种观点，一种认为硝酸盐是亚硝胺的前体；另一种认为，证据不足。两种均认为过多的硝酸盐含量，对于人体总不是一件好事。对于亚硝酸和亚硝胺的危害，观点是一致的。迄今为止，发现的亚硝胺已有 120 种之多，其中确证有致癌性的约占 75%，它对试验动物几乎全部的重要内脏如肝、食管、胃、肺、肾、膀胱、小肠、脑、神经系统和造血系统都能诱发癌症。有人作过调查，在人的日常饮食中，由蔬菜摄入的硝酸盐量占 50%～70%。因此，蔬菜中硝酸盐的含量是人们十分关注的问题，硝酸盐含量便成为蔬菜品质重要的指标之一。诚然，蔬菜中的硝酸盐含量与许多因素有关，诸如蔬菜的种类、品种、生长期、温度、光照等，但在相同的环境条件中，施肥是一个最关键的因素。

1. 对元白菜品质的影响　表 36 指出，元白菜品种之间各项指标是有些差异的，但无论是庆丰还是京丰其趋势都是一致的，即有机肥的全糖量和各种可溶糖量、维生素 C 均最高，而硝态氮含量最低，亚硝态氮含量差异很小。贮存 1 个月后测定，有机肥区的硝态氮含量，庆丰品种稍高于氮肥区，但低于 2 倍氮区；京丰品种有机肥区依然是各处理中含量最低的。无论哪个品种，有机肥区的维生素 C 含量均为最高。

从贮存后的烂菜情况看，若用 0 表示没有烂菜，+表示轻度、++表示中度、+++表示严重烂菜，结果是，2 倍氮区和氮区烂菜最多，有机肥区最少。与硝态氮含量的趋势是一致的。

表 36　施肥对元白菜品质的影响（1983）

品种	处理（kg/666.7m²）	全糖（%）	果糖（%）	葡萄糖（%）	蔗糖（%）	维生素 C mg/100g	NO_3^--N（mg/kg）	NO_2^--N（mg/kg）	贮存1月后观测		
									烂菜	维生素 C（mg/100g）	NO_3^--N（mg/kg）
庆丰	N 10	3.03	0.83	1.41	0.15	35.27	294	0.68	+++，+，0，0	26.8	95
	麻渣 150	3.47	1.00	1.62	0.17	40.87	265	0.68	0，0，+0	27.9	107
	N 10 P_2O_5 5 K_2O 5	3.25	0.88	1.12	0.16	36.89	285	0.88	++，0，0，0	26.0	80
	N 10	3.26	0.84	1.44	0.14	35.65	319	0.76	++，+，+，0	25.9	124
京丰	N 10	2.91	0.74	1.40	0.13	34.42	208	—	++，0，0	26.9	93
	麻渣 150	3.15	0.75	1.39	0.14	38.24	231	0.60	+，0，0，0	27.0	83
	N 10 P_2O_5 5 K_2O 5	3.00	0.68	1.26	0.11	34.18	281	—	++，0，0	27.2	101
	N 20	3.03	0.69	1.28	0.09	32.84	278	0.78	++，0，+	23.4	104

注：麻渣风干后含 N 5.36%，P_2O_5 1.14%，K_2O 1.50%。

2. 不同施肥对生菜品质的影响　生菜，又名叶用莴苣，是国外研究硝酸盐积累的重要菜类。由表 37 可看出：（1）生菜苗期的硝态氮含量远大于收获期；（2）不同的土壤施肥效应差别很大。在褐土上，无论苗期还是收获期，总的趋势均是尿素和氮、磷、钾处理的硝态氮含量大于有机肥各处理。在垃圾渣化的潮土上，苗期有机肥各处理，特别是猪粪和鸡粪处理的硝态氮含量大于氮肥和 2 倍氮处理，其原因可能是历年施用未经处理的城市垃圾，土壤已发生渣化，通透性好，有机肥矿化能力强，有机氮迅速转化为矿质态氮，生菜吸收后，导致硝态氮积累；（3）维生素 C 的含量与硝态氮含量趋势基本一致。

表 37 施肥对生菜硝态氮含量的影响

取样时间	处 理	褐土（巨山土）				潮土（垃圾土）			
		产 量（g/盆）	NO_3^- - N（mg/kg）	NO_3^- - N（mg/kg）	VC（mg/100g）	产 量（g/盆）	NO_3^- - N（mg/kg）	NO_2^- - N（mg/kg）	VC（mg/100g）
苗期	CK		680	0.20	12.53		560	0.64	11.95
	猪粪 100g（干）		1 840	0.16	9.79		710	0.64	14.11
	猪粪 200g（干）		1 886	0.12	12.53		1 150	0.16	11.95
	鸡粪 100g（干）		—	—	—		1 300	0.16	8.64
	鸡粪 200g（干）		—	—	—		1 200	0.32	5.76
	尿素 4g		1 890	0.16	10.37		720	0.42	10.94
	尿素 8g		2 320	0.32	17.86		620	1.04	8.06
	NPK		2 320	0	8.93		1 120	0.64	7.92
	饼肥 50g		2010	0.16	7.06		650	0.16	11.33
收获期	CK	172	33	1.04	11.13	218	120	0.80	8.19
	猪粪 100g（干）	302	154	1.40	9.17	232	167	0.96	14.33
	猪粪 200g（干）	219	95	1.40	15.47	265	94	0.96	13.20
	鸡粪 100g（干）	419	143	1.20	13.80	258	216	1.00	11.19
	鸡粪 200g（干）	267	381	0.80	22.0	290	470	0.88	14.35
	尿素 4g	259	253	0.96	13.85	297	199	0.80	10.15
	尿素 8g	257	234	1.36	13.80	212	204	0.72	17.02
	NPK	257	234	0.96	12.48	209	188	0.80	12.47
	厩肥 50g	223	252	1.00	12.93	260	63	0.72	20.33

生菜中糖含量测定结果（表 38），在褐土上，全糖量以饼肥处理最高，鸡粪次之；可溶性糖以氮、磷、钾和猪粪处理最高，饼肥次之。在潮土上，全糖量以鸡粪处理最高，氮、磷、钾和饼肥处理次之；可溶性糖以鸡粪处理最高，氮、磷、钾处理次之。总的来说，有机肥和氮、磷、钾处理的糖含量比单施氮肥的高。

表 38 施肥对生菜糖含量的影响

（%）

处理＼项目	褐土							潮土						
	全 糖	果 糖	木 糖	葡萄糖	蔗 糖	麦芽糖	总 计	全 糖	果 糖	木 糖	葡萄糖	蔗 糖	麦芽糖	总 计
CK	1.26	0.53	—	0.43	0.16	0.07	1.19	1.52	0.51	—	0.64	0.05	0.07	1.27
猪 粪	1.38	0.87	—	0.70	0.20	0.06	1.83	1.74	0.46	—	0.69	0.08	0.06	1.29
倍量猪粪	1.38	0.61	—	0.57	0.11	0.06	1.35	1.40	0.58	0.04	0.68	0.07	—	1.37
鸡 粪	1.68	0.75	—	0.45	0.17	0.05	1.42	2.30	0.75	0.15	0.57	0.13	0.07	1.67
倍量鸡粪	1.48	0.70	—	0.41	0.07	0.04	1.22	1.44	0.50	0.33	0.56	0.05	0.03	1.47
尿 素	1.46	0.71	—	0.58	0.16	0.05	1.50	1.35	0.59	—	0.77	0.07	0.05	1.48
倍量尿素	1.40	0.78	—	0.48	0.08	0.05	1.39	1.39	0.60	—	0.64	0.06	0.09	1.39
NPK	1.59	0.85	0.10	0.77	0.11	0.03	1.86	1.86	0.71	0.10	0.63	0.06	0.08	1.58
饼 肥	1.84	0.81	—	0.67	0.20	0.07	1.75	1.75	0.51	—	0.55	0.11	0.08	1.25

3. 不同肥料对大白菜和菠菜品质的影响 大白菜和菠菜的试验表明（表39），在等氮量的条件下，尿素处理的大白菜硝态氮含量比有机肥区高2.9～3.4倍，菠菜高0.8倍。有机肥与氮肥配合施用的处理，不管大白菜还是菠菜，硝态氮含量均比单施者高，这可能是两者配合后总的施氮水平提高的缘故。

表39 不同肥料处理的大白菜和菠菜 NO_3^-－N 含量（1983）

处 理	大白菜（mg/kg）	菠菜（mg/kg）
CK	128～135	960
尿素 20kg/666.7m^2	447～568	1560
粪尿肥 1 000kg/666.7m^2	115～128	832
尿素 20kg＋粪尿肥 1 000kg/666.7m^2	727～1 180	1 695

注：试验地点是中国农业科学院北圃场。

综合上述试验结果，施用化学氮肥可提高蔬菜中硝态氮含量和提高烂菜率，有机肥料具有降低蔬菜中硝态氮含量、减少烂菜率和增加维生素C、糖含量的功效。有机肥与化肥配合施用，由于提高了施氮总量，反而提高了蔬菜硝态氮含量。

五、有机肥与无机肥的最佳经济比例

华北地区试验结果，有机肥与化肥的最佳经济比例以有机氮与无机氮1∶1较好，大约等于厩肥1 000kg加尿素20kg。江苏龙德敏在水稻上进行7季定位试验结果表明，每666.7m^2施用氮素8.5～9kg，其有机氮与无机氮比为1∶1，以稻草和猪粪混合沤肥的效果最适于该地区。江苏盐城陆炳章、王雪冲等进行的麦—稻两熟试验结果，在每季15kg纯氮的施用量时，3年6季的平均单产以猪厩肥氮与化肥氮之比50∶50为最高。浙江省黄岩县1974—1979年进行双三熟试验、每666.7m^2施27.5kg纯氮，东阳县在第4纪发育的红壤水稻土上一季施10.2kg纯氮的试验结果，以猪厩肥氮与化肥氮大致各半产量最高。江西范业成等在近代冲积物发育的黄泥田上进行3年试验（1981—1983）结果，以有机氮与无机氮比例1∶1为好，还认为3∶7或7∶3均是可行的。四川杨帮俊在川东南陵中等肥力紫色土上1981—1984年试验结果，水稻666.7m^2产600～650kg，每666.7m^2需施纯氮10～11kg，其中有机氮与化肥氮之比为1∶1.2～1.5。陕西彭琳等根据西北黄土区的特点，也进行了有机与无机肥配合试验，20组试验表明，有机氮与无机氮之比以1∶0.4～1∶1为宜，最高不宜超过1∶2.5，最低不宜小于1∶0.2，过高或过低均不利于增产和改土。

我国土壤类型很多，土壤肥力不一，种植方式迥异，要制定有机肥与化肥的最合适比例，目前尚不成熟，各地尚需做大量的田间长期定位试验，并通过电子计算机统计分析，方可拟定。

氮素营养研究中的几个热点问题

氮素化肥在农业生产中一直发挥重要作用，氮素化肥的生产和施用量急剧增加。20世

原载于1998年第4卷第4期《植物营养与肥料学报》。

纪 80 年代初，世界氮肥施用量（以 N 计算）6 100 万 t，1984/1985 年 7 000 多万 t，1994/1995 年约 8 000 万 t，预计 20 世纪末为 1 亿 t 左右；我国 1996 年氮肥施用量达 2 200 多万 t。因此，氮素营养的研究一直是植物营养与施肥学界活跃的研究内容。关于矿质氮（NH_4^+）的矿物固定和释放，研究较多，综述也较多，本文仅就化肥氮和有机肥氮的土壤有机固定和矿化等研究领域的几个热点进行评述。

一、氮素的有机固定和矿化

（一）土壤中的有机氮

土壤耕层中有机态氮占总量的 90%以上。自从 100 多年前 Detmer 提出土壤有机态氮有相当一部分为蛋白质态氮以来，各国学者相继报道了土壤有机氮的组成和分配比例。根据 Kononova、Bremner、Stevenson、Orlov 等研究资料，土壤有机氮的组成可分为：铵态氮、氨基氮（包括氨基酸态氮和氨基糖态氮）、酸解未知态氮、非酸解残渣氮，并有少量核酸（包括 RNA 和 DNA）固定氮。

化学氮肥施入土壤后，残留于土壤的氮，大约有 30%～40%进入与三氧化物及黏土矿物结合态的组分，10%～15%进入铵态氮（这部分铵态氮是腐殖质的组成部分，并非游离态），40%～44%进人氨基氮。根据沈其荣和史瑞和对江苏、浙江、安徽、山东 4 省 22 个土壤样品测定结果，不同土壤中各种有机氮组分占土壤全氮的百分比差异不大，反映土壤有机氮有较大的共性，这与国外的报道是一致的，其中氨基酸态氮＞酸解性氨态氮≈非酸解性氮＞氨基糖态氮。以江苏兴化红砂土、苏州黄泥土、泰安棕壤、淮阴二合土为例，残留化肥氮在各有机氮组分中的分布为：氨基酸态氮占 36.9%～47.8%，氨基糖氮和酸解性氨态氮 19.9%～25.86%，酸解未知态氮 27.9%～34%，非水解氮 4.3%～6.5%。土壤中各组分氮对矿化氮贡献大小为：氨基酸态氮＞酸解未知态氮＞酸解氨态氮＞氨基糖氮＞非酸解性氮。

对于酸解未知态氮，据 Bremner 等的研究结果，该类氮化合物为类黑素氮，或称氨基酸缩合氮，土壤有机质或腐殖质中含有大量的碳，特别是与糠醛联结的氨基酸（例如色氨酸），在酸解过程中，由于温度的不均匀性，氨基酸发生缩合作用，生成溶胶状产物。应该说，这是研究手段落后而造成的人为化合物，如果采用微波全封闭消煮器，此类化合物就失去了产生的条件。关于未水解残渣氮，莫斯科大学 Orlov 和德国 Flaig 的研究认为，未水解残渣氮全部是芳香族化合物；作者在他们研究的基础上，将未水解残渣氮进一步划分为杂环化合物氮、非苯系化合物氮和苯系化合物氮。对不同类型土壤腐殖质的研究表明，在 6 mol/L盐酸水解氮中，氨基氮含量高于铵态氮，其比例为 2/3～3/4，铵态氮占 1/4～1/3，相对而言，富里酸铵态氮比例大于胡敏酸。荒地开垦后，施肥可减少富里酸中铵态氮的比例，提高氨基氮的比例，在长期施肥条件下，NPK 处理富里酸铵态氮减少高于有机肥处理。在非水解残渣氮中，杂环化合物氮占 37.5%～52.5%，非苯系化合物氮占 10.6%～26.7%，苯系化合物氮占 31%～35.2%。长期施用有机肥和化肥，杂环化合物氮比例减少，苯系和非苯系化合物氮比例增加。苯系化合物是土壤腐殖质最核心的组分，尽管土壤类型不同，“腐殖质核”中的碳、氮含量是相对稳定的。

（二）腐殖质氮更新机理

Bartholomew 的资料表明，全世界大约有 9×10^{11} t 的氮被固定在土壤腐殖质中，氮素固定于土壤腐殖质中的作用是伴随着氧化作用进行的，其影响因素有土壤有机质的含量、氨的浓度、土壤含水量、温度和土壤酸碱度等。

有机氮化合物的分解和固定是与有机物质在土壤中的降解同步进行的。作物秸秆、厩肥和作物残茬等有机物在土壤微生物的作用下，分解并产生两大类腐殖物质，一类直接参与腐殖质的结构，如富里酸和胡敏酸；另一类并不是腐殖质结构的直接组成成分，如氨基酸、核酸及其衍生物等。后一类氮化合物可继续被微生物分解为二氧化碳和氨，也可进一步参与腐殖质更新。Fokin 等曾用^{14}C和^{15}N双标记的氨基酸和核酸降解产物尿嘧啶进行研究，结果表明：甘氨酸、丙氨酸和尿嘧啶的碳和氮均进入了所有被分离的腐殖质组分中，施人土壤1～3 周达最大值，1～2 个月后进入量迅速减少。1 年后测定，被标记的氨基酸的第 2 个碳原子^{14}C和^{15}N依然留在腐殖质组分中，充分说明了加入的外源氨基酸不仅更新了腐殖质中的碳，而且更新了腐殖质中的氮。与氨基酸相比较，尿嘧啶上的第 2 个碳原子却从腐殖物质的组分中脱掉了。这说明尿嘧啶碳虽然参与了腐殖质的更新，但容易被微生物分解。动力学研究表明，氨基酸和尿嘧啶的碳和氮更新土壤腐殖质分两个过程，开始是标记的有机化合物很快与腐殖质表面分子官能团结合，形成腐殖物质的分子片断，这仅仅是松散的键合，进而才转化为稳定的分子结构；第二个过程是连续的微生物分解过程，由于微生物的活动，使已形成键合的腐殖物质分子片断从腐殖质表面解离出来，而首先被解离出来的是键合不牢固的分子断片，尿嘧啶的第 2 个标记碳原子就属于此类。对被分离的各腐殖质组分的组成测定结果，氮的总更新速度比碳快 1～2 倍，而胡敏酸表面进入的氨基酸和尿嘧啶氮远远大于富里酸，这可能是富里酸本身为植物残茬降解过程中最年轻的不稳定产物，要么进一步胡敏化形成胡敏酸，或者被微生物分解为氨基化合物、氨和二氧化碳，也说明胡敏酸表层氮的更新多于富里酸。对于胡敏素，无论碳还是氮，更新速度均较慢。外源有机氮化合物参与腐殖质更新的数量主要取决于氮化合物的种类。在腐殖质氮的更新中，氨基酸的作用大于尿嘧啶，大约高 1 个数量级；其次取决于碳和氮在氨基酸和尿嘧啶分子上的位置，由于均是处于第 2 个碳原子上。所以，氨基酸和尿嘧啶中的氮和碳进人腐殖质的强度基本相等，比羧基上的碳高数倍，但尿嘧啶上的氮参与对腐殖质的更新比碳多。腐殖质氮更新机理的研究，对于提高土壤肥力和提高肥料效益均有很重要意义，由于研究难度较大，至今尚有不少问题未研究清楚。

（三）有机氮化合物的矿质固定

有机氮化合物被黏土矿物固定，可减少这部分氮的损失，暂时或较长时间贮存在土壤中，补充和丰富土壤养分库。Aseeva 用核酸降解产物与吸附物质——膨润土、高岭石、氢氧化铁、阳离子交换树脂安伯来特 IRC－50 进行等温吸附模拟研究。结果表明，核酸衍生物上的氨基强烈地被黏土矿物、离子交换树脂吸附，并不同程度地被氢氧化铁吸附，其吸附机制可能是以阳离子形态或者在吸附剂表面上形成质子化的中性分子被吸附，也可能与金属离子形成配位键。尿嘧啶和胸腺嘧啶形成键合较少，核甙被吸附的也较少。被吸附的数量与pH、阳离子交换量、电解质含量、被吸附物质分子的化学性质、吸附剂的种类有关。核苷酸的磷酸基对核甙酸的键合起决定性作用。所有的核苷酸均强烈地被吸附于氢氧化铁上，但黏土矿物和阳离子对核甙酸吸附较弱。阳离子的交换作用是，确定了黏土矿物质子化作用的能力和形成了与有机化合物的配位键。在吸附体系中，钠离子增加时，由于离子交换平衡和吸附表面质子化能力的变化，黏土矿物和阳离子减少了对氨基的吸附。在溶液中有柠檬酸盐和磷酸盐等阴离子存在时，氢氧化铁和阳离子吸附核甙的能力增强，由于竞争作用使核甙进入 Fe 和 Al 原子的配位体中。在阳离子饱和的条件下，对核酸降解产物吸附能力的顺序为：膨润土＞阳离子交换树脂＞高岭土＞氢氧化铁。

（四）微生物体氮

没有微生物的活动，就不可能有肥沃的土壤。根据著名土壤学家 H. B. 丘林的意见，土壤中微生物体的最高含量可达 0.5～0.7t/hm²，世界土壤微生物氮总量约为 6×10^9t。在土壤中，微生物体不但数量大，而且是最易变化的有机体部分，它的生命周期短，很快死亡和矿化。据 Marumotol 研究，将标记的真菌和细菌在土壤中培养 10d 后，平均分解量为 43%和 34%，28d 达到 50%左右，微生物分解产物最易进入土壤腐殖质部分。就氮素而言，微生物体是植物营养重要的氮库和转运站。至于微生物固定态氮如何转入土壤腐殖质中的机理，目前有两种观点，一种认为，微生物死后，其体内的蛋白质分解为氨基酸，在酶的作用下，通过转氨基作用与腐殖质功能团上的羧基（—COOH）生成 $CONH_2$ 和水；也有人解释为，微生物体分解后形成氨，与腐殖质上的醌基形成复杂的含氮化合物，这一反应是一般的化学反应还是酶促反应，目前尚不清楚，但测定出这一含氮化合物为杂环化合物氮。无疑，氮的生物固定作用对减少土壤中氮的流失具有重要意义。关于有机固定氮的生物降解作用，法国学者 Guckert 等把它分为两个阶段，第一阶段为初级氧化阶段，表现为新鲜有机物质的转化和微生物旺盛的发育；第二阶段是再矿化阶段，表现为微生物细胞及其合成产物的分解。微生物细胞质的氮矿化之后，可能再一次合成为异养型微生物的蛋白质成分。Jansson 认为，土壤中生物固定态氮的年总矿化量为 3%～4.7%；Kundier 提出，在分解的第 1 年内，植物可吸收生物结合态氮量的 4%～12%，之后将降至 0%～2%。根据朱兆良的资料，用风干土淹水密闭培养法，太湖地区水稻土耕层土壤氮矿化率为 0.08%～7.75%。

如何测定微生物体内的氮含量，其困难在于必须将其与土壤中其他有机氮源区分开来。1966 年 Jekinson 研究 $^{14}CO_2$ 为碳源标记 Nitrosomonas 时采用氯仿熏蒸—培养法测定 CO_2 量，为研究微生物体氮奠定了基础。之后 Vinograskii 用氯仿熏蒸法研究 ^{14}C 标记的黑麦草残体在土壤中的分解，3 年内土壤中 ^{14}C 含量从 49.4mg/kg 减少至 16.9mg/kg，但非示踪碳的释放却没有如此强烈。Jankinson 在解释氯仿等作为防腐剂作用机理时指出，微生物大量死亡，必将伴随着微生物躯体的矿化和释放二氧化碳。在这种理论的指导下，Paul 和 Azam 研究了微生物体 NH_4^+ 离子与 ^{14}N 在微生物残体中的分布。1985 年 Brookes 还提出了用烘干代换熏蒸，用化学浸提代替培养的方法。同时，Carter 利用这一技术和不同的改良方法测定了一些土壤中微生物体的氮量和矿化量，研究了不同耕作制度下微生物体氮的动态。这一领域一下子成为各国学者研究的热点。我国 20 世纪 90 年代开始该领域的研究，属于起步阶段。

二、硝化和反硝化作用

有机固定氮矿化为铵或氨后，除了植物吸收和再固定外，其余部分将进入硝化和反硝化作用过程。硝化过程的生物学特性最早是 1878 年由俄国学者 Shlezing 和 Miunce 所证实，1952 年 Vinogradskii 揭开了硝化作用的微生物学本质，并确立这一过程的基本规律。多年来，学术界一直认为硝化作用是专一性的自养型硝化细菌活动的结果，20 世纪 60 年代中期以后，关于异养型微生物氧化还原态氮化物和低氧化态氮化物的报道不断出现。自养型细菌的硝化过程分两个阶段，铵（或氨）氧化为亚硝酸盐的第一阶段是亚硝化细菌（*Nitrosomonas*），并释放 661.31J 能量；第二阶段是硝化细菌（*Nitrobacter*）。经过众多学者的努力，已发现靠氨氧化为亚硝酸而生活的硝化细菌有：*Nitrosomonas europaea*，*Nitrosocystis oceanus*，*Nitrosomonas nitrosus*，*Nitrosolobus maltiformis*，*Nitrosospira briensis* 等。目前已明确氧化还原态氮和低氧化态氮化物的异养型微生物有 100 多种，包括细菌、放线菌和真菌。自养型与异养型硝化细菌生理作用机制的区别概括如下：

（1）自养型硝化细菌的生命活动完全依赖于氮的氧化作用，反应所产生的能量可作为这些细菌活动的能源；异养型细菌虽可使氮氧化，但不一定从氮的氧化作用中获得能量。

（2）自养型硝化细菌的活动虽然需要碳源，却更需要氮源，例如每同化一个单位 CO_2 的碳 *Nitrosomonas* 需氧化 35 单位氮，*Nitrobacter* 需要氧化 100 单位氮；异养型微生物的活动中碳素是主要的限制因素。

（3）自养型细菌把中间产物经氨氧化为亚硝酸和把亚硝酸氧化为硝酸均与细胞色素系统有关，而异养型硝化细菌中，尚未发现硝化作用与细胞色素活性之间有任何关系。

（4）自养型硝化细菌对氨的氧化过程是放热反应，而在异养型细菌对氮的氧化作用中目前还未发现与 ATP 形成之间有任何联系。

（5）自养型硝化细菌对氨氧化时需要的氧主要来源于水；而异养型微生物氧化铵或胺时，所需要的氧是来自空气的分子氧，而不是水中的氧。

（6）自养型硝化细菌氧化的氮源是铵或氨，属无机态；而异养型硝化作用的氮源是无机态和有机态，对铵或胺态氮初始氧化作用基本是通过有机途径，即在有机化合物的参与或存在下进行。

（7）自养型硝化作用的产物（包括中间产物）均是氮的无机化合物；而异养性硝化作用的代谢产物要复杂得多，有氮的无机化合物，也有有机化合物和一些毒素，甚至还有致癌的物质（目前已得到证明的是氧肟酸类化合物 RCONHOH），还含有生理活性物质，如生长素、抗生素、抗生菌抑制剂、细胞分裂抑制剂等；另一类异养型硝化产物如羟氨、C-亚硝胺、N-亚硝基化合物，明显具有毒性和诱变特性。然而，对异养型硝化作用代射产物的研究还很不够，这是植物营养学科今后研究的任务之一。

（8）自养型和异养型硝化作用需要的条件和抑制剂不同。例如，自养型硝化细菌将铵态氮氧化为硝态氮的最适温度为 28℃，这个过程中，氨的浓度为 0.5‰时，会延缓硝酸细菌的生长，当达 0.015%时，生长完全受阻，$KClO_3$ 和氯霉素是该类细菌的生长抑制剂；异养型微生物在 37～40℃下活动较好，不受上述抑制剂所抑制。

综上所述，硝化作用一方面可将有机态氮变成作物吸收利用的无机态氮，但同时，由于硝酸盐易被淋溶或经反硝化作用形成气态化合物而损失。因此，人们企图使用硝化抑制剂将氮素损失减少至最低限度。然而，作为硝化抑制剂的某些化学物质对作物有一定的毒性，例如硝基吡啶及在土壤中的转化产物 6-氯吡啶羧酸，双子叶植物在大多数情况下对后者的敏感性较前者大 3 倍，而禾本科植物正好相反，对前者的敏感性较后者大 0.5～1.5 倍。这两种化合物对蔬菜的毒性较大，对圆白菜、小红萝卜和萝卜的试验结果，当硝基吡啶用量为 3mg/kg（相当于硫铵氮的 2%）时，产量较硫铵对照减产 50%以上。我国在制作长效尿素时添加双氰胺（化工原料），试验表明，可抑制几乎所有与氮化合物转化有关的微生物生长和酶的活性，同时，可被植物直接吸收，由于双氰胺是致癌物质，在蔬菜上，特别是叶菜类和根茎类蔬菜上施用必须慎重。目前市场上所销售的硝化抑制剂对于土壤生物（包括土壤微生物和土壤动物）的毒害作用大多未作评价；这些化学物质及其中间产物对人、畜的毒性也未见报道；而且所使用的硝化抑制剂大多是针对自养型硝化细菌，异养型硝化微生物更为复杂，几乎包括了土壤微生物的所有类群。因此，使用硝化抑制剂时要慎重。大量的研究证明，氯离子、钾离子、铝、锌、铜等离子均抑制硝化作用，通过平衡施肥可能是抑制硝化作用最有效的措施之一。

三、提高氮肥利用率的机理和施肥技术研究

（一）氮素在植物体内的代谢

各国学者研究了氮素进入植物体后，各种氮化合物的合成、分解、相互转化、相互制约以及转换过程中的酶促反应和能量代换，其目的在于促进蛋白质、核酸、糖类、脂类、维生素的合成，从而增加作物产量和提高产品品质，提高氮素的利用率。概括起来，有以下几个方面的内容：(1) 植物根系对土壤中的氮素吸收，其中包括生物膜理论，氮素的主动吸收及其影响因子等；(2) 氮素化合物的转化，其中包括硝态氮在硝酸还原酶作用下同化为氨，氨同化形成氨基酸，简单的含氮有机化合物进入植物体后的分解和转化等；(3) 细胞中氮的再分配，其中包括各种氨基酸的生物合成，生物碱、乙烯、卟啉类化合物（如叶绿素等）、吡咯环化合物、氰的糖甙、氨基糖、芥子油等的形成；(4) 核酸，其中包括嘌呤碱基、嘧啶碱基、核甙、核甙酸及其衍生物的生物合成、分解和调节，细胞中 DNA 的定位，染色体、叶绿体和线粒体中 DNA 序列，DNA 复制，RNA 结构、RNA 的合成，遗传密码等；(5) 蛋白质的合成，其中包括蛋白质生物合成过程（氨基酸的激活和氨基—酰胺基—tRNA 的合成，肽链的起始、延伸和合成的终止）；在转录过程中蛋白质合成的调节、转录后的修饰，在细胞质中和运输过程中蛋白质合成的假说等。通过这些研究，试图调节氮化合物在植物体内的代谢，从而提高作物产量和品质，减少植物体的氨和其他氮化合物的挥发损失。

（二）植物营养遗传性状的改良

过去，细胞工程和遗传工程多用于植物抗病品种的筛选，部分植物营养工作者对植物营养遗传虽然做了不少工作，但偏重于种质资源的搜集、比较各品种之间对某些营养元素吸收的差异、根系分泌物、胁迫条件下养分的吸收、一些生理生化指标测定等。国家自然科学基金所列的重大项目，是“挖掘作物高效利用土壤养分的潜力及其遗传规律”。实际情况是，我国大部分土壤氮素含量不丰富；土壤磷素近年来虽有缓解，但潜力有限，而且尚有大约一半的土壤依然缺磷；由于我国钾肥资源贫乏，单纯依靠有机肥中的钾还田是远远不够的，土壤钾亏损严重，这种情况还将继续发展。因此，植物营养遗传性状改良的研究方向应该是提高化肥、特别是提高氮肥的利用率。

（三）新剂型肥料的研制

20 世纪 90 年代以来，发达国家围绕提高肥料利用率进行新剂型肥料的研究和生产，概

括如下：

1. 可控释放肥料（Controlled Availability Fertilizers，缩写为以 CAFs）　近年来，该肥料成为各发达国家的研究热点。它不同于过去的长效肥或缓效肥，长效—缓效肥料只是比常规肥料养分释放慢，并不一定与作物对养分的需要相吻合，作物大量需要时供应不上，作物需要少时肥料依然释放养分，造成养分流失。而可控释放肥料的养分释放速度与作物需肥规律基本同步，因此，肥效有很大的提高。由于可控释放肥料一次性施用，可节省大量劳力。据报道，日本 Nutricote（含 NPK13－13－13）的包膜可控释放复合肥，氮素释放速度控制在 100～350d，氮素释放量 80%，氮素利用率 60%～70%。这是农艺与工艺相结合的产品，国外称"这是施肥技术的一次革命"，"21 世纪的肥料"。这方面的研究，美国、西欧和日本开展较早，而且各具特点。美国主要用于非农业方面，如高尔夫球场的草坪，优质观赏植物；日本主要用于水稻和蔬菜；西欧用于果、林。由于生产成本太高，尚未普遍使用。今后的研究重点是寻求物美价廉的包膜材料，以降低生产成本。

2. 有机—无机复合肥料　随着集约化畜牧养殖业的发展，产生了大量的畜禽粪便、处理利用得好，是宝贵的肥料资源，若不予以处理，任意堆放，则成为严重污染环境的污染源。发达国家处理利用畜禽粪便向资源化、商品化、与化肥营养元素复合化的方向发展。处理利用畜禽粪便的关键技术，一是发酵脱水技术；二是除臭技术。

3. 防止稻田氨挥发的分子膜技术　为了防止水稻田的氨从水面挥发，一些发达国家研制了一种有机化合物，施入稻田后在水面形成分子膜，使水面与空气隔绝，减少了氨的挥发损失。

（四）提高氮肥利用率的施肥新技术研究

所谓施肥新技术，是指该技术可提高肥料利用率与肥料效益、提高土壤肥力与耕地产出率、保护农业生态环境。总之，是提高农业发展的可持续性。国内外研究的趋势是：

1. 施肥由一季作物向轮作制中的肥料统筹安排发展。

2. 利用肥料长期定位试验的研究成果，由注重单纯的肥料报酬，转向既考虑肥料效益、又考虑培肥地力、建立土壤养分库，从而提高耕地产出率。由于土壤肥力的提高，反过来又提高了肥料利用率和肥料效益。例如 1990/1991 年度，美国和前苏联每公顷耕地化肥施用量相近（按有效成分计算，美国为 97kg/hm^2，前苏联为 93.8kg/hm^2），但每公顷的粮食产量美国比前苏联高 1.18 倍，肥/谷比高 1.12 倍。除了气候原因之外，主要的原因是美国的土壤肥力比前苏联高。

3. 由平衡施肥向高产施肥发展。平衡施肥是根据李比希最小养分率而发展起来的一项较先进的施肥技术，由于土壤中缺少 1 种或几种营养元素，而影响作物对其他营养元素的吸收，从而影响产量。这一技术对农业的发展做过很大贡献。但随着粮食产量的提高，仅仅考虑土壤养分的平衡是不够的，必须研究肥料、灌水、作物品种、植保、其他农业措施（如种植密度、种植方式、轮作周期、耕作等）、施肥机具兼顾的配套施肥技术。

4. 由注重施肥提高产量向施肥提高产品质量发展。发达国家由于早已解决了粮食问题，因此特别注重产品的品质，施肥与产品品质方面的研究非常活跃，发表的论文和专著也很多。我国已由温饱型向小康型过渡，近年来开始注意农产品的品质问题。绿色食品就是一个典型例证。尽管对绿色食品所使用肥料的规定尚有争议，但它必竟是一个良好开端，应剔除偏激，加以完善。

5. 由研究肥料—土壤—作物三者的关系向肥料—土壤—植物—动物—人类整个食物链中生命元素的循环与平衡发展。这方面的研究包含两个方面的内容：硝酸盐、亚硝基化合物和一些有害元素及其化合物通过食物链进入动物体和人体，危害人、畜健康。氮肥与有益元素的合理配合施用，有利于人、畜健康。蛋白质营养理论是很重要的，在营养学上一直认为蛋白质是“头等质量”的有机化合物，但又是不全面的。人类除了需要蛋白质、脂肪、糖类和维生素外，科学已证明人体需要的化学元素有 54 种，还有 20 多种尚未阐明其功能。这些元素绝大多数来自土壤，通过膳食获得。因此，氮肥施用，除了与磷肥、钾肥、中、微量元素肥料合理地配合施用外，还必须与有机肥按一定的比例施用，所获得的产品才有利于人、畜健康。

有机—无机复合肥对番茄产量、品质和有关生理特性的影响

导致蔬菜质量下降的原因是多方面的，其中不合理施肥是一个重要原因。大量施用氮肥，忽视磷钾肥和有机肥的施用，一方面使蔬菜产品的维生素 C 等含量下降、硝酸盐积累；另一方面降低了蔬菜的抗病虫害能力，并影响其产量。畜禽粪便、堆肥等有机肥直接与化肥混合使用，不但费工、污染环境、易烧苗，而且存在畜禽产粪常年性和农田用肥季节性的矛盾，也不便于长途运输。因此，采用胶结技术，利用有机废弃物与化肥生产有机—无机复合肥，为满足无公害蔬菜生产对新型肥料的需求有重要意义。本试验就自行研制的几种有机—无机复合肥对番茄产量和品质的影响及其生理原因进行了初步探讨。

一、材料与方法

（一）试验地点及材料

试验于 2002 年在山东省苍山县蔬菜局所属益丰园冬暖式大棚内进行，采用盆栽方式。每盆装土 11kg，土壤采自苍山县项城镇苏圈村，前茬种植黄瓜。土壤为淋溶褐土，质地为砂质壤土。土壤活性有机质含量 7.5g/kg、全氮 1.24g/kg、全磷 2.39g/kg、全钾 3.60 g/kg、碱解氮（N）155.40mg/kg、速效磷（P_2O_5）68.2mg/kg，速效钾（K_2O）233.6 mg/kg。试验材料为番茄，品种为 L402，2 月 6 日栽苗。

供试肥料为有机—无机复合肥，该肥料由尿素、硫酸钾、磷酸一铵和有机物料等制成。采用造粒黏结剂 CF－2，圆盘造粒机造粒。复合肥料 N、P_2O_5 和 K_2O 含量分别为 12.82%、7.21%和 10.30%，肥料施用量为 375g/m^2。

（二）试验处理

试验设 5 个处理：CK1（不施肥对照），CK2（等量氮、磷、钾养分对照），A1（有

作者：史春余、张夫道（通讯作者）、张树清、李　辉、付成高，原载于 2004 年第 37 卷第 8 期《中国农业科学》。

机—无机复合肥料 A1），A2（有机—无机复合肥料 A2），B（有机—无机复合肥料 B）。其中有机—无机复合肥料 A1 由 A 类有机物料（鸡粪＋20％小麦秸秆腐熟）与氮、磷、钾无机养分制成。有机—无机复合肥料 A2 由 A1 加 1-萘乙酸制成；有机—无机复合肥料 B 由 B 类有机物料（经氨化的风化煤，含腐殖酸 59％）与氮、磷、钾无机养分制成。每处理种植 20 盆，肥料分 2 次施用。其中，50％的肥料于栽苗前（2 月 6 日）基施，另外 50％的肥料于第一果穗迅速膨大、第二果穗开始膨大时（3 月 19 日）追施。

（三）取样及其测定方法

分别于 3 月 19 日、4 月 3 日、4 月 18 日、5 月 4 日、5 月 19 日上午，在每处理中取有代表性的植株，冲洗出根系，同时取有代表性的功能叶片，置于冰壶中带回室内用于测定根系活力和硝酸还原酶活性。根系活力测定采用红四氮唑（TTC）法；硝酸还原酶的测定采用活体法。果实成熟期分次称重计产，同时选取成熟度一致、有代表性的果实用于品质分析。采用紫外分光光度法测定维生素 C 含量，蒽酮比色法测定可溶性总糖含量；滴定法测定总有机酸含量。

采用高效液相色谱法测定主要的可溶性糖和有机酸含量。样品处理：取 10g 样品放入加有石英砂的研钵内研碎，用 20ml 80％乙醇转移到 50ml 离心管中，放在 75℃水浴中浸提 20min，10 000r/min 离心 10min，沉淀用 10ml 80％乙醇洗 2 次，上清液定容至 50ml。可溶性糖测定：取提取液 6ml 于蒸发皿中 75℃蒸干，残渣用 1ml 流动相溶解、离心，上清液超滤后进样。流动相：0.001mol/L，EDTA－Ca 钠盐，色谱柱 Sugarpak I，柱温 90℃，流速 0.5ml/min，进样量 20μl。有机酸测定：取提取液 3ml 于蒸发皿中 750C 蒸干，残渣用 1ml 流动相溶解、离心，上清液超滤后进样。流动相：0.5％的 $NH_4H_2PO_4$（用磷酸调 pH＝2.5），色谱柱：钻石 C18（250mm×4.6mm），柱温：室温（25～30℃），流速 0.5ml/min，进样量 20μl。

二、结果与分析

（一）番茄产量

产量结果见表 1。经新复极差检验表明，施用肥料 B 产量最高，分别比无肥对照（CK1）和等氮、磷、钾养分对照（CK2）增产 28.31％和 17.13％，增产极显著；其次是施用肥料 A2，分别比 CK，和 CK2 增产 27.44％和 16.33％，增产也达极显著水平；施用肥料 A1 的产量显著高于无肥对照，但是与等氮磷钾养分对照差异不显著，分别比 CK1 和 CK2 增产 12.04％和 2.27％；CK2 显著高于 CK1，增产 9.55％。

表 1　有机—无机复合肥料对番茄产量的影响

处　理	产量（kg/pot）	增产幅度（％）	
CK1	1.478cC	—	—
CK2	1.629bB	+9.55	—
A1	1.666bB	+12.04	+2.27
A2	1.895aA	+27.44	+16.33
B	1.908aA	+28.31	+17.13

进一步分析表明（表 2），前期产量所占的比例，CK2 明显低于 CK1。施用有机—无机复合肥料的处理高于或类似于 CK1，说明大量施用化肥做基肥不利于早期产量的形成，施用有机—无机复合肥料可以克服这一弊端。后期产量所占的比例，CK1 最低，A2 和 B 较高。CK1 后期产量所占比例最低与其后期脱肥早衰有关，A2 和 B 后期所占比例较高可能与该肥料能防止番茄早衰有关。

表 2　番茄在不同时期形成的产量①

处　理	前　期		中　期		后　期		合计
	(g/盆)	%	(g/盆)	%	(g/盆)	%	(g/盆)
CK1	328.50	22.09	819.13	55.10	339.25	22.81	1 486.88
CK2	209.50	12.86	1 027.38	63.05	392.50	24.09	1 629.38
A1	442.00	26.52	797.20	47.83	427.60	25.65	1 666.80
A2	368.38	19.44	937.75	49.47	589.25	31.09	1 895.38
B	404.43	21.19	977.57	51.22	526.43	27.75	1 908.43

①前期、中期和后期产量分别是指 4 月 4 日前、4 月 4 日至 5 月 4 日和 5 月 4 日后所结果实的重量。

（二）番茄品质

1. 果实维生素 C 含量　从图 1 可以看出，番茄果实的维生素 C 含量，氮、磷、钾无机养分对照（CK2）和无肥对照（CK1）之间的差异不明显。在施用有机—无机复合肥料的处理中，A2 处理最高，其次是 B 处理，这两个处理均高于等氮、磷、钾无机养分对照和无肥对照；A1 处理最低，与等无机养分对照、无肥对照差异不明显。说明增施氮、磷、钾无机肥不能提高维生素 C 含量，有机—无机复合肥 A1 也不能提高维生素 C 含量；而有机无机复合肥 A2 和 B 可提高维生素 C 含量。

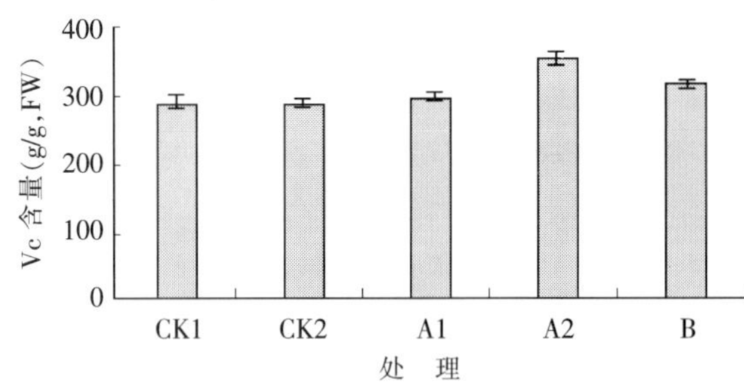

图 1　有机—无机颗粒肥对果实维生素 C 含量的影响

2. 果实可溶性糖和有机酸含量　通过高效液相色谱分析（表 3）表明，果实中主要的 3 种可溶性糖是果糖、葡萄糖和低聚果糖。其中：果糖＞葡萄糖＞低聚果糖。与无肥对照比较，施用氮、磷、钾化肥，3 种主要可溶性糖的含量下降。与等氮、磷、钾无机养分对照比较，施用有机—无机复合肥料（A1、A2 和 B 处理）可以提高果实中 3 种主要可溶性糖的含量，其中果糖和葡萄糖含量 B 处理最高，低聚果糖含量 A2 处理最高。

表 3　有机—无机复合肥料对番茄果实可溶性糖含量的影响

处　理	低聚果糖	蔗　糖	葡萄糖	果　糖	甘露醇
CK1	0.538	—	0.699	0.896	0.003
CK2	0.463	0.000 1	0.632	0.732	0.001
A1	0.617	0.038	0.644	0.797	0.012
A2	0.866	0.017	0.858	1.058	0.007
B	0.706	0.015	1.104	1.284	0.006

果实中蔗糖和甘露醇含量：A1 处理最高，A2、B 次之，CK1、CK2 很少或未测出。说明单纯施用氮、磷、钾化肥会降低可溶性糖含量，而有机—无机复合肥有利于增加番茄果实中可溶性糖含量。

表 4　有机—无机复合肥料对番茄果实有机酸含量的影响

(mg/g)

处　理	草　酸	酒石酸	苹果酸	乙　酸	柠檬酸
CK1	1.972	0.242	0.558	0.149	2.532
CK2	0.146	0.361	0.999	0.709	1.497
A1	1.298	1.134	0.548	0.381	2.218
A2	1.296	1.521	0.537	2.024	2.537
B	0.918	0.155	0.664	0.462	1.307

在所分析出的有机酸中（表 4），柠檬酸含量最高，其次是草酸（A2 是乙酸），CK1、CK2 和 B 的酒石酸含量最低，A1 的乙酸含量最低，A2 的苹果酸含量最低。从表 4 还可以看出，与无肥对照比较，施用氮、磷、钾化肥，柠檬酸、草酸和乙酸的含量下降；施用有机—无机复合肥料的处理，A1 处理柠檬酸、草酸、苹果酸和乙酸均下降，酒石酸增加；A2 处理只有草酸、苹果酸下降，而酒石酸和乙酸明显增加，柠檬酸差别不大；B 处理柠檬酸、草酸、酒石酸和乙酸均下降，苹果酸增加。A1 和 A2 处理酒石酸含量均增加可能与 A 类有机物料有关；A2 处理的乙酸含量显著高于 A2 处理可能与使用 1-萘乙酸有关。果实可溶性总糖和总有机酸含量以及糖/酸比见表 5。经新复极差检验表明，与无肥对照比较，施用氮、磷、钾化肥可显著降低可溶性总糖含量，但是施用有机—无机复合肥料可显著提高可溶性糖含量，其中 B 处理的可溶性总糖含量增幅最大，达极显著水平。与无肥对照比较，施用氮、磷、钾化肥也会降低总有机酸含量，而施用有机—无机复合肥料的处理，总有机酸的变化表现不一，A2 处理增加，B 处理下降，A1 处理与无肥对照相似。一般认为，糖/酸比与番茄果实风味密切相关，糖/酸比高，果实风味好。从表 5 可以看出，与无肥对照比较，施用化肥会降低果实的糖/酸比，这是由于化肥处理可溶性总糖的下降幅度大于有机酸的下降幅度。施用有机—无机复合肥料 A1 和 B 可极显著提高果实糖/酸比，使果实风味变优，其中肥料 B 表现最好。但是，施用肥料 A2 使果实糖/酸比降低，原因有待于进一步研究。

表 5　有机—无机复合肥料对果实糖/酸比的影响①

处　理	可溶性总糖（mg/g，FW）	总有机酸（mg/g，FW）	糖/酸
CK1	39.61cBC	66.70bB	0.594cC
CK2	34.14dC	58.50cB	0.584cC
A1	50.62abA	65.10bB	0.778bB
A2	46.39bAB	86.50aA	0.536cC
B	52.90aA	46.40dC	1.139aA

①不同小写和大写字母分别表示差异达 5%和 1%显著水平。

（三）根系活力和叶片硝酸还原酶活性

1. 根系活力　从表 6 可以看出，番茄的根系活力在不同生育时期有差异，结果初期（3 月 19 日）根系活力最高，之后下降，结果盛期（4 月 18 日、5 月 4 日）最低，到结果后期（5 月 19 日）又有所提高，这可能与果实和根系之间的养分竞争有关，因为结果后期成熟果已采摘，单株挂果数减少。不同处理番茄的根系活力有明显差异。与不施肥对照（CK1）比较，施肥可以提高根系活力。与施用等氮、磷、钾无机养分对照（CK2）比较，施用肥料 A1，4 月 18 日之前根系活力较低，之后根系活力较高。但是，施用肥料 A2，番茄的根系活力在各个生育时期均高于等无机养分对照。施用肥料 B 时，其根系活力不但高于等氮、磷、钾无机养分对照，而且高于施用肥料 A2 的处理。

表 6　有机—无机复合肥料对番茄根系活力的影响

（μg/h/g，FW）

处　理	日期（月/日）				
	3/9	4/3	4/18	5/4	5/19
CK1	182.16	174.07	138.26	88.79	105.52
CK2	279.29	213.87	167.29	90.28	110.83
A1	183.60	171.99	148.22	119.68	163.46
A2	382.54	234.10	181.46	155.44	169.49
B	394.98	244.19	214.24	268.78	285.90

2. 叶片硝酸还原酶活性　番茄叶片的硝酸还原酶活性见表 7。与不施肥对照比较，施肥可以提高叶片的硝酸还原酶活性。在大部分时间内，肥料 A1 处理的硝酸还原酶活性比等氮、磷、钾无机养分对照低，这可能与其根系活力较低有关，说明该肥料存在一定缺陷。但是，肥料 A2 处理的硝酸还原酶活性比等氮、磷、钾无机养分对照高。施用肥料 B 的处理，叶片的硝酸还原酶活性最高。

表 7　有机—无机复合肥料对番茄叶片 NR 活性的影响

（μg/h/g，FW ）

处　理	日期（月/日）			
	4/3	4/18	5/4	5/9
CK1	106.33	150.88	77.77	78.92
CK2	130.73	155.08	11.27	97.80
A1	108.87	161.48	95.27	85.23
A2	135.42	178.63	171.15	126.36
B	201.20	260.49	199.99	134.07

三、讨　论

（一）有机—无机复合肥对番茄产量和品质的影响

与不施肥对照比较，施用氮、磷、钾化肥可以增加后期产量所占比例，显著提高产量；对果实中维生素 C 含量影响不大，但降低果实中有机酸和可溶性糖的含量，导致糖/酸比下降。

与施用等氮、磷、钾无机养分对照比较，施用有机—无机复合肥料 A1，可增加糖/酸比。施用有机—无机复合肥料 A2，增加前期和后期产量所占比例，显著提高产量，明显提高果实中维生素 C 含量，导致糖/酸比下降。施用有机—无机复合肥料 B，增加前期和后期产量所占比例，显著提高产量，增加糖/酸比。

根据试验结果分析认为，有机—无机复合肥提高番茄果实产量可能与有机成分或 1-萘乙酸的加入以及有机复合肥料有一定的缓释性能有关系。有机—无机复合肥提高果实维生素 C 含量的主要原因是肥料中含有 1-萘乙酸或腐殖酸，生理原因有待于进一步研究。有机物料 A 和 B 虽然都有增加果实糖/酸比、改善果实风味的作用，但是作用机制不同。A 类有机物料使果实可溶性糖含量的增幅大于有机酸含量的增幅，而 B 类有机物料使果实可溶性糖含量增加、有机酸含量下降。添加 1-萘乙酸虽然显著提高产量和维生素 C 含量，但是导致糖/酸比下降，应引起注意。

（二）有机—无机复合肥对番茄部分生理特性的影响

施用氮、磷、钾化肥可以提高根系活力和叶片硝酸还原酶活性，有利于防止番茄后期早衰。这可能是其增加后期产量所占比例、显著提高产量的原因之一。

施用有机—无机复合肥料 A1，结果前期根系活力较低、叶片硝酸还原酶活性较高；结果后期根系活力较高、叶片硝酸还原酶活性较低。施用有机—无机复合肥料 A2，可以提高根系活力和叶片硝酸还原酶活性。施用有机—无机复合肥料 B，也可以提高根系活力和叶片硝酸还原酶活性。初步分析认为，施用有机—无机复合肥料 A2 和 B 提高根系活力和叶片硝酸还原酶活性与 1-萘乙酸和腐殖酸的作用有关，而后期仍然有较高的根系活力和叶片硝酸还原酶活性则可能与肥料具有一定的缓释性能有关。因此，A2 和 B 处理后期产量所占的比例明显高于其他处理，这是其显著提高产量的重要原因。

第二篇

农用纳米材料及其在生态环境中应用技术

农用纳米材料国家发明专利说明书

纳米级腐殖酸类混聚物生产技术及农用

本发明所涉及的纳米级腐殖酸类共聚物是以用风化煤、泥炭、煤矸石、粉煤灰为原料，采用纳米材料技术加工而成的一类产品，用于农业和生态环境。

煤废弃物指风化煤、煤矸石和电厂粉煤灰。我国风化煤资源约 823 亿 t；每年煤矸石产生量约 1.5 亿 t，历年堆存煤矸石已达近 20 亿 t；火力发电厂每年排粉煤灰约 1.5 亿 t，近 70%的粉煤灰堆放在灰场；我国泥炭储量 124 亿 t。除了泥炭埋在地下外，风化煤、煤矸石和粉煤灰均占用土地，影响生态环境。

煤废弃物和泥炭利用现状与存在问题如下：

风化煤主要加工为腐殖酸类产品，包括腐殖酸肥料，腐殖酸复合肥，改善土壤物理性状，黄腐酸抗旱剂，饲料添加剂等；在医药上虽有部分试验，但未普遍使用。煤矸石的利用主要为两个方面，一是作为劣质燃料，二是生产建材，如水泥、废渣砖、耐火材料、铸造砂等。全国煤矸石综合利用率 17.16%。粉煤灰主要用于铺路，建材（砖、水泥、混凝土掺合料），漂珠；在农业上主要施用于黏重土壤和碱化土壤，近年来出现了粉煤灰磁化复合肥，在肥料界争议很大。泥炭又称草炭，主要用于牲畜垫圈，腐殖酸肥料，有机—无机复混肥填料，设施农业基质材料，泥炭营养土等。

我国煤废弃物和泥炭资源丰富，但利用率不高；加工工艺存在很大问题，表现如下：

腐殖酸加工工艺存在的问题 20 世纪 70 年代曾在全国掀起过推广腐殖酸热，1975 年在湛江召开过推广腐殖酸肥料的全国会议，时过 27 年，单独施用腐殖酸肥料的仍然不多。主要是生产工艺不完善。利用风化煤和草炭生产腐殖酸一共有 3 套工艺：硫酸丙酮法、树脂交换法和酸（或碱）直接抽提法。硫酸丙酮法中丙酮回收困难，树脂交换法中树脂破碎严重，均存在成本高的问题，在实践中无法应用。酸（或碱）直接抽提法的缺点是腐殖酸抽出率低，抗絮凝性差、固液分离困难等。

粉煤灰农用存在的问题 粉煤灰农用可减轻火力发电厂的压力，但无论是直接施用于土壤，还是制造成磁化复合肥，均是物理搬运，未发生任何化学反应，在质上未有任何变化。所以，效果一直不佳。而且，在应用基础研究上，一直未证明磁化能强化土壤磁场或提高 N、P、K 的肥效，也未证明磁化粉煤灰对植物生长发育如何产生电磁感应，甚至未证明磁化粉煤灰与未磁化粉煤灰在肥效上有何区别，由于在复肥中加入大量粉煤灰，显然降低复肥的 NPK 养分，提高单位养分价格，增加生产和销售成本，很难大规模推广（以上参考：李善祥，窦琇云 . 1996. 我国风化煤利用现状与展望 . 腐殖酸，2：P. 1～4；邵毅，王卓昆. 1991. 我国煤矸石、粉煤灰排放利用现状及对策 . 中国人口 · 资源环境，1（3～4）：P. 70～74；李贵宝等 . 2000. 粉煤灰农业利用研究进展 . 磷肥与复肥，15（6）：P. 59～60；郭晓峰.

张夫道，等（专利号：ZL02123975.4）。

2001. 也谈黄腐酸液体制剂的生产开发。腐殖酸，1：P12～13；李善祥．1999. 腐殖酸的研究与开发进展，2：P.1～5。

本发明的目的：鉴于目前我国煤废弃物和泥炭农业应用存在的问题，本发明拟采用纳米材料技术，对现有生产工艺予以改造，以风化煤、煤矸石、粉煤灰和泥炭为原料，研制纳米级固沙保水剂、防旱保水液体地膜、土壤结构改良剂、多功能种衣剂、缓/控释肥料包膜剂等生产新工艺及在农业上的应用技术，提高煤废弃物和泥炭的资源利用率。

本发明的主要技术路线：采用化学反应和高剪切技术、微乳化技术、微胶囊技术，将风化煤、煤矸石和泥炭中的有机质加工为纳米级腐殖酸，粉煤灰和煤矸石中的硅、钙等化合物加工为纳米级硅、钙化合物。

本发明的流程见附图1（略）。

本发明的详细描述：按《GB8173—87农用粉煤灰中污染物控制标准》对原料成分分析，测定项目必须符合以上标准。

分析测定项目：有机质、硅、钙、铁、铅、汞、铬、镍、镉、砷。

（一）纳米级腐殖酸类聚合物生产工艺

1. 原料烘干，球磨机粉碎，过200目筛孔；

2. 在带有搅拌设备的反应釜中加入粉碎的风化煤、泥炭、煤矸石、粉煤灰，加入稀酸反应：

（1）风化煤和泥炭加入45%～50% H_2SO_4 或 HNO_3，加入量1∶0.2～0.25（重量比），反应时间1h；

（2）煤矸石和粉煤灰加入 $HCl—H_2SO_4$ 混合酸，盐酸和硫酸的比例视原料中硅含量和硅化合物的形态而定，硅含量越高，较难分解的硅酸盐含量越高，盐酸比例越大。

（3）化学反应结束后，用石灰水或氨水中和至pH7.0左右。

（4）加入分散剂十二烷基苯磺酸钠，加入量5%～10%，搅拌均匀。

3. 上述反应生成物放入高剪切设备（见本发明人2002年7月2日提交的02123522.8发明专利申请），转速2万r/min，高剪切时间5～10min，即生成纳米级腐殖酸类化合物，该化合物实际上是各类化合物胶团的集合体，包括纳米级腐殖酸盐，各类纳米级无机化合物，腐殖酸与各金属元素的络合（螯合）物等，它们的共同特点是具有胶体特性。

（二）淀粉—丙烯腈共聚物生产工艺

1. 淀粉糊化 用冷水将马铃薯淀粉分散（淀粉为10%～15%），在搅拌下加热至65～75℃糊化1h，再冷却至室温（25～30℃）。

2. 淀粉—丙烯腈共聚 冷却后的糊化淀粉液，在聚合反应器中加入硝酸铈铵与硝酸混合液（1mol/L硝酸中0.1mol/L的铈离子），搅拌10～15min，加入丙烯腈，加入量为淀粉量的50%～120%，在 N_2 气保护下继续搅拌3～4h，反应温度70～75℃。然后加入KOH水-甲醇混合溶液，加热至95℃皂化水解2～3h，再用硫酸或盐酸中和pH为7.0左右。

原材料用量：马铃薯淀粉 150kg，水 1 000kg，丙烯腈 150kg，硝酸铈铵溶液 12～15L（1ml 硝酸中含 10mol 铈离子），氢氧化钾 40～42kg，甲醇 180～200L。

经典的淀粉—丙烯腈共聚物制备，尚需要反复洗涤、过滤、干燥、粉碎，本方法将后续工序省去。

（三）纳米级腐殖酸类混聚物的制备

将纳米级腐殖酸聚合物与淀粉—丙烯腈共聚物按比例（5∶1）充分混合，加十二烷基苯磺酸钠和 OP－10（5～10∶1）搅拌分散（加入量为上述混合物的 5%～10%），经高速乳化机充分乳化、分散 0.5h，使两种成分均合掺合而成混聚物成品，装桶。

（四）固化沙保水剂和缓释肥包膜胶结剂

1. 固沙保水剂　使用时，再加水 20 倍稀释，喷洒于荒漠化和沙化土地土层 10cm 左右，先将沙固定住，再种草植树，恢复植被。保水过程是个动态平衡，水被土壤慢慢吸走，降雨时又将水吸回，再渗透于土壤。

2. 缓/控释肥料包膜胶结剂　将上述纳米级腐殖酸类混聚物用水稀释 10 倍，在圆盘或转鼓造粒机上，用高压喷嘴（大于 3kg）喷雾，边喷边包膜，至全部包裹后停喷，被包裹的肥料颗粒再用少许滑石粉扑粉，热风（80～100℃）干燥后装袋。

3. 液体地膜　将上述纳米级腐殖酸类混聚物用水稀释 5～10 倍，喷洒于旱地土壤表层 2～3cm，有防水分蒸发和保持土壤水分作用。

（五）多功能种衣剂

将上述纳米级腐殖酸类混聚物与 N、P、K 化肥元素，杀虫杀菌剂（根据不同地区病虫害的类型而定不同的农药品种）充分混合均匀，比例为（10∶2∶0.01），包裹种子，热风烘干（35～40℃），种子表面形成薄膜，播种后有促根、保水、营养、防苗期病虫害作用。

本发明的优点：

由于纳米材料的小尺寸效应、隧道效应和表面界面效应，这些纳米级化合物具有良好的胶结性能，抗旱保水性能，养分缓释性能。田间小区试验结果：

1. 固沙保水剂　完全溶于水，喷洒后迅速渗入土层，形成较坚硬网状表面复盖层，雨水可从网眼进入土层，不破坏表面复盖层的强度；固沙强度：风速 17.2～20.7m/s（8 级风）时不起尘，不扬沙。

2. 多功能种衣剂　集促根、营养缓释、防病虫害、保水功能于一体，旱地土壤上出苗率提高 30%以上，吸水倍数 30～50 倍，N、P、K 养分缓释时间 50～100d。

3. 缓/控释肥包膜胶结材料　包膜厚度：10μm～100μm，包裹率 95%以上，在土壤中氮素缓释时间 30～100d，氮肥利用率提高 10%，该包膜剂适用于玉米、蔬菜和小麦专用缓/控释肥料包膜。

纳米黏土—聚酯混聚物肥料包膜胶结剂生产技术

本发明属农业、生态环境领域。

黏土矿物最多的应用于陶瓷、水泥和耐火材料。在农业上，过去曾作为“客土”改良沙性土壤，20 世纪 90 年代之后用于无机复混肥的造粒黏结剂和填充料。在地球上黏土矿物分布很广，最有代表性的是高岭土和蒙脱土。

高岭土是正长石通过高岭化而生成高岭石（$Al_2O_3 \cdot 2SiO_2 \cdot 2H_2O$），风化后生成高岭土。矿物晶体由一层（四面体的）硅氧片与一层（八面体的）水铝片相间组成，故称为 1∶1 型矿物。单个高岭石晶体中的两层，是由每层中各自的硅原子和铝原子通过共同的氧原子连接，再通过氢链将各个晶体单元连接起来，其晶格是固定的。与蒙脱石相比，其半径较大，0.1～5μm，多数在 0.2～2μm 之间。与其他类型的硅酸盐相比，高岭石的可塑性、黏结性、收缩性以及膨胀性均较低。

蒙脱土，其矿物晶体由一个水铝片（八面体）夹在两个硅氧片（四面体）之间，故称为 2∶1 型矿物。晶体单元之间由很弱的氢链松驰地连接，水分和阳离子很容易被吸引至两个晶体单元之间的空隙处，造成晶格膨胀。晶体的厚度在 0.01～1μm 之间，比高岭石胶核要小得多。与高岭石相比，蒙脱石晶体很容易被人为地分割成接近单个晶体大小的微粒。蒙脱石具有很高的可塑性和内聚力，干燥时将发生急剧收缩。

北京化工大学利用原位聚合插层技术制成了黏土/尼龙 6 纳米复合材料和凹凸棒土/尼龙 6 纳米复合材料；应用大分子插层法制成了黏土/聚苯乙烯、黏土/聚甲基丙烯酸、黏土/聚氧化乙烯、黏土/丁苯橡胶、黏土/丁腈橡胶、黏土/聚乙烯醇等纳米复合材料。其工艺路线为：黏土（蒙脱土、高岭土）经层间改性，使亲水变成亲油层间→加聚合物单体→聚合物单体进入层间，再经聚合后，将黏土矿物晶层“涨开”，黏土微粒分散于高聚物连接液中→黏土聚合物纳米复合材料［N. C. Brady. The Nature and Properties of Soil，Macmillan，New York，1974；王一中、董华、余鼎声．尼龙 6/凹凸棒土纳米级复合材料的合成．合成树脂与塑料，14（2）：16（1997）；余鼎声、王一中．“尼龙 6/黏土嵌入化合物的合成和表征”．高分子材料科学与工程，14（2）：26～29，（1998）］。

黏土类矿物农用存在以下的问题：（1）用于无机复混肥造粒时，由于分散性差，分布不均匀，每个复混肥颗粒养分含量不一样；（2）用黏土类矿物包裹尿素时，包膜太厚，降低养分含量。干燥后，肥料颗粒表层黏土成粉状，易脱落，影响包膜质量；（3）黏土纳米复合材料成本太高，而且仅局限于实验室阶段，未曾中试，农用很困难。

本发明的目的：是针对黏土类矿物在肥料应用中存在的问题，采用水合离子膨胀方法和微乳化技术、高剪切技术，将黏土（高岭土、蒙脱土）与不饱和树脂制备成纳米级黏土—聚酯混聚物水溶液，用于缓/控释肥料包膜胶结剂，有机—无机复混肥料造粒黏结剂、旱地土

张夫道，等（专利号：ZL02126009.5）

壤保水剂和液体地膜、砂质土壤结构改良剂等。

本发明的详细描述：

本发明运用的原理是钾、钠水合离子将高岭土晶层氧—氢氧根离子键“撑松”，再“拦腰一刀”，晶层成为单体层面，通过高剪切，单体层面破碎，成为纳米尺寸断片。蒙脱土晶体单元之间氧—氧离子键吸引力微弱，更易为人工破坏。

主要工艺路线：

（一）纳米黏土矿物悬浮液的制备

1. 黏土颗粒的分散　将高岭土或蒙脱土烘干磨细过 300 目筛孔，筛孔直径相当于 0.053～0.044mm，称取 1 000g，加水 1 000ml，加入分散剂十二烷基苯磺酸钠水溶液（20%）200～500ml，充分搅拌，成为黏土悬浮液。加入 0.5mol/L NaOH（南方酸性土壤地区使用）或 KOH 溶液（北方石灰性土壤地区使用）100～150ml，3 000～5 000r/min 搅拌 1h，放置 24h 成黏土矿粉碱性悬浮液。

2. 纳米级黏土矿物悬浮溶液的制备　将上述黏土矿粉碱性悬浮液，在搅拌条件下加入 HCl 或 H_2SO_4 水溶液（1∶1）调 pH 为 7 左右，然后倒入高剪切设备（见本发明人 2002 年 7 月 2 日提交的 02123522.8 发明专利申请），3 万 r/min 高剪切 5～10min，蒙脱土矿物晶层易人工破坏，时间可短些，即为纳米级黏土矿物悬浮液。

（二）纳米级不饱和聚酯水溶液制备

1. 不饱和聚酯乳液制备　不饱和聚酯简称聚酯，我们采用通用型不饱和聚酯树脂（Unsaturated polyester rosins of general purpose types，缩写 UP），基本组分为二元醇、顺丁烯二酸酐和邻苯二甲酸酐，选用天津合成材料厂产 306 和 307。

在搅拌的条件下，在 306 树脂内加入 20%十二烷基苯磺酸钠溶液，加入量为 306 树脂的 25%～30%。306 由浅黄色变为白色乳状液。

2. 纳米级不饱和聚酯水溶液的制备　将上述 306 乳液倒入高剪切设备（见本发明人 2002 年 7 月 2 日提交的 02123522.8 发明专利申请），加入等体积的水，3 万 r/min 剪切 10min 左右，即成为纳米级不饱和聚酯水溶液。

（三）纳米级黏土—聚酯水溶液

将纳米级黏土矿物悬浮液与纳米级不饱和聚酯水溶液混合，其比例为 5～10∶1，根据不同农作物而定，水稻作物专用肥不饱和聚酯比例最高，其次为小麦、玉米，蔬菜中的叶菜类比例最低。两种溶液在高速乳化分散器（3 万 r/min）中搅拌 20min 左右，成为非均相纳米级黏土—聚酯混聚水溶液，颜色为乳白色。

（四）纳米级黏土—聚酯混聚物的应用

1. 缓/控释肥料包膜胶结剂　在搅拌条件下，将纳米级黏土—聚酯混聚水溶液稀释，以黏土为基准，稀释至含黏土 0.1%～1%，视作物不同而定。在圆盘造粒机或转鼓造粒机上将圆颗粒状 N、P、K 复混肥、有机—无机复混肥或尿素颗粒包膜，圆盘或转鼓边旋转，一边高压喷雾（大于 0.3MPa）包裹。用量：1 000kg 颗粒肥料使用稀释后的黏土—聚酯混聚物水溶液 50～70kg，然后用滑石粉扑粉，热风干燥。

2. 无机或有机—无机复混肥造粒黏结剂 将上述稀释后的黏土—聚酯混聚物水溶液喷洒于无机肥料掺混料或有机与无机肥料掺混料中，在混料机中掺混均匀，在圆盘造粒机或转鼓造粒机上造粒。混聚物水溶液用量：物料重量（干基）的 10%～15%。

本发明的工艺流程见附图 1（略）。

附图说明：

图 1 纳米黏土—聚酯混聚物肥料包膜胶结剂生产工艺流程图（略）

本发明的优点：

1. 原料高岭土和蒙脱土资源丰富，成本低，1 000kg 包膜肥料的成本与等 N、P、K 养分的复混肥相比，成本仅增加 50～100 元。

2. 纳米级黏土—聚酯混聚物为水溶性，包膜均匀，用量省，强度较高，抗压碎力可达 15N 以上。

3. 对土壤和生态环境无污染。

4. 该包膜胶结剂还可用于复混肥造粒黏结剂、旱地土壤保水剂和液体地膜、砂质土壤结构改良剂，“一剂”多用。

纳米级磺化木质素混聚物肥料包膜胶结剂生产方法

本发明涉及一种肥料包膜胶结剂的生产方法，属农业、生态环境领域。

本发明涉及一种肥料包膜胶结剂的生产方法，即本发明是将污染环境的造纸黑液变为纳米级木质素混聚物肥料包膜胶结剂。所谓造纸黑液，是指在造纸工艺流程采用硫酸盐法和碱法制浆过程中，大约有 50%左右的纤维素和几乎全部木质素原料物质溶解于蒸煮液中，成为黑色溶液。造纸黑液中总固体物含量为 55～220g/L，有机物含量 45～145g/L，无机物含 35%左右。有机物包括木质素、纤维素、蜡质化合物、多糖、树脂类物质、脂肪酸、塔罗油、沥青等，其中木质素含量最高，在造纸黑液中的浓度为 20 波美度（Be′）时木质素含量为 21%～29.2%。造纸黑液排入江河湖泊中，严重污染水体，毒害鱼类，也影响城镇饮用水和生态环境。目前造纸污水处理利用有以下途径：

（1）碱回收：通过燃料炉，回收黑液中的碱；

（2）石油钻井泥浆分散剂：在泥浆中添加一定比例的造纸黑液，分散黏土，用于石油钻井；

（3）农药乳化剂：在农药中添加一定比例的造纸黑液，制备成农药乳液，造纸黑液有使农药乳化、分散和在植物叶片上铺展的作用；

（4）提取二甲基亚砜；

（5）提取木质素；

张夫道，等（专利号：ZL02149247.6）

（6）利用造纸黑液生产铵化木质素、白地霉和碱熔磷肥，这是本发明人之一张夫道1971—1973年研制的造纸黑液综合利用工艺。

本发明的目的：是寻找廉价的肥料用包膜胶结剂，即利用造纸黑液中的木质素、纤维素、多糖等的黏结性能和树脂类物质的胶结强化作用，采用空气氧化、磺化和高剪切技术，添加分散剂，制备纳米级磺化木质素混聚物水溶液，用于缓/控释肥料包膜胶结剂，有机—无机复混肥料造粒黏结剂，南方酸性土壤旱季保水剂，荒漠化土壤固沙保水剂等。

本发明的详细描述：本发明的原理是在浓造纸黑液中加入硫酸以调节 pH 和生成磺化木质素后加入分散剂分散，通过高剪切，使磺化木质素由微米级变成纳米级，从而提高磺化木质素混聚物的应用效果。

主要工艺路线：

（一）浓造纸黑液的提取

使用螺旋压榨机、双辊沟纹挤浆机、六辊压滤机均可，将蒸煮球（或喷放锅）浆料中的造纸黑液提取出来，取第一次挤压出来的浓造纸黑液（固形物含量可达50%以上）。

（二）黑液的氧化

最简单的方法是氧化槽间隙氧化法，氧化槽容积大小视造纸黑液量而定，根据我们的经验，以 $2\sim5m^3$ 为宜，大于 $5m^3$，氧化不完全，小于 $2m^3$，处理量太小。用空气压缩机将空气从氧化槽底部送入。在氧化槽底部安装一个多孔旋转圆盘，在圆盘上开有不同朝向的空气喷嘴，工作时多孔圆盘转动，通过空气喷嘴喷出压缩空气，空气不断改变方向，使氧化槽中的黑液形成湍流液，可提高氧化率（多孔旋转圆盘是医药包膜用流化空气床的重要部件——参见梁治齐编著．微胶囊技术及其应用。中国轻工业出版社，1999.4，北京，本发明将该部件移置造纸黑液的空气氧化工艺过程中）。在造纸黑液通入空气氧化时产生大量泡沫，可以机械去除，也可加入食用豆油或松节油去除，或者两者结合去除。造纸黑液的氧化率比较高，可达90%～100%。每立方米浓黑液需 $80\sim120m^3$ 空气，氧化温度70℃左右，低于这个温度可能产生部分元素硫，在碱性条件下转化为 Na_2S，进而转化为 H_2S 和 NaOH。氧化条件下将生成 $Na_2S_2O_3$，减少硫的损失。

$$Na_2S+2H_2O \xrightarrow{\triangle} H_2S\uparrow+2NaOH$$

造纸黑液氧化的主要反应：

$$2Na_2S+2O_2+H_2O \rightarrow Na_2S_2O_3+2NaOH$$

（三）纳米级磺化木质素混聚物的制备

加入10%～20%硫酸溶液将造纸黑液酸化至 pH 7.0 左右，一方面是调节 pH，同时磺化木质素呈淡棕黄色析出，此时该液称为磺化木质素混合溶液。对此混合溶液有两种处理办法：

1. 提取磺化木质素并生产纳米级磺化木质素混聚物　将上述磺化木质素混合溶液用板框过滤机过滤，并用水冲洗除去硫酸钠，获得磺化木质素滤饼，经破碎后，加入5～10倍自来水中，边加边搅拌，制备成木质素悬浮液，加入十二烷基苯磺酸钠，搅拌分散（1万

r/min）10～15min，再送入高剪切机中（本发明人2002年7月2日提交的02123522.8号发明专利申请书）经3万r/min高剪切5～10min，形成纳米级磺化木质素混聚物溶液。该工艺适合于石灰性土壤。十二烷基苯磺酸钠加入量为木质素量的5%～10%。

2. 制备纳米级磺化木质素混聚物胶团溶液 在上述磺化木质素混合溶液中，加入木质素量5%～10%的十二烷基苯磺酸钠，溶解后，搅拌分散（1万r/min）10～15min，再送入高剪切机（3万r/min）高剪切5～10min，即生成纳米级磺化木质素混聚物胶团溶液。该工艺所得产品适合于在酸性土壤使用。

（四）磺化木质素混聚物应用实例

1. 有机—无机复混肥料造粒黏结剂 在搅拌条件下，将纳米级磺化木质素混聚物用水稀释至含有机物0.1%～0.5%，在有机发酵物料与氮、磷、钾化肥混合时加入，加入量为物料重量（干重计）10%～15%，视圆盘造粒机和转鼓造粒机而定，搅拌均匀后用皮带输送机送至圆盘或转鼓中造粒。其他工序与有机复混肥相同，见本发明人2002年7月2日提交的02123522.8发明专利申请书。

2. 缓/控释肥料包膜胶结剂 在搅拌条件下，将纳米级木质素混聚物用水稀释至含有机物2%～5%，在圆盘造粒机或转鼓造粒机上将圆颗粒氮、磷、钾复混肥或有机—无机复混肥包膜，圆盘或转鼓边旋转，一边高压喷雾（大于0.4MPa）包裹，用量为肥料重量的1%～5%。然后用滑石粉（过300目筛孔，筛孔直径相当于0.044～0.053mm）扑粉，热风干燥。

3. 荒漠化土地固沙保水剂 在搅拌条件下，将纳米级木质素混聚物水溶液稀释至含有机物0.1%～0.2%，喷洒于土壤，下渗深度10cm左右，撒播牧草种子，再复土1～2cm，出苗率比喷洒等量清水对照高30%～50%。

本发明的特点：

造纸污水污染江河、湖泊、水库，世人皆知。本项技术利用造纸浓黑液生产纳米级木质素混聚物肥料包膜胶结剂，肥料养分缓释时间50～100d（释放时间长短与包膜胶结剂浓度和用量有关），变废物为有使用价值的材料，不仅减少了环境污染，还有一定的经济效益。

一种多功能固沙保水剂生产方法

本发明所涉及的一种多功能固沙保水剂是以风化煤和废弃塑料为主原料，采用液相化学方法，微乳化、高剪切和非均相混聚技术，加工而成的胶团结构产品，用于荒漠化土地修复和农业领域。

对于防沙治沙，国外研究较早，而且已广泛应用。按其防沙治沙类型，可分为物理治沙、植物治沙和化学治沙。

物理治沙有两种：一是在风沙地带设置屏障，防止起尘；二是在沙地上设置卵石层，防

张夫道，等（专利号：ZL200310116855.2）

止起尘。

植物治沙，是指在沙地上种草植树，覆盖沙地，削弱风速，使沙丘和沙地不再经受风蚀，得以永久固定。

化学固沙（或治沙）起源于20世纪30年代，沙漠中的钻井和勘探人员为了防治风沙的危害，采用原油喷洒周围沙丘，以保护井架、设备和人员的安全与生产。随着科学技术的发展，化学治沙材料种类越来越多，按原料的来源，可归纳为以下几类：

（1）天然化学治沙材料：指天然物质或已有的化工产品，不需要加工即可直接用于治沙的材料。如泥炭、黏土、水泥、水玻璃、高炉矿渣、原油、沥青、纸浆废液、污泥、畜禽粪便等。

（2）人工配制化学治沙材料：是指经化学处理或乳化而成的材料，如硅酸盐乳液，乳化沥青或乳化石油产品，改性水玻璃浆液等。

（3）合成化学治沙材料：利用现代化工合成技术，将某类或某几类材料单体聚合或缩合而成。如聚丙烯酸钠、聚丙烯腈、脲甲醛树脂、聚醋酸乙烯乳液、聚乙烯醇、甲基丙烯酸酯、聚酯树脂、聚氨酯树脂、合成橡胶乳液等。

近年来，我国铁道部门也在使用国外进口的化学治沙材料，由于成本太高，只在局部重风沙区应用。

总结国内外的经验，大面积、大范围的防沙治沙，必须采用化学固沙与植物治沙相结合的方法，也就是采用化学制剂首先将沙固定，然后建立人工植被或恢复天然植被。在土壤沙化地区，由于降水量少，土壤含水量低。因此，在研制化学治沙剂时，必须具备固沙和保水双重功能，才能创造稳定的生态环境。同时，有机—无机复合化学固沙材料将成为研究热点，有机材料和无机材料的复合，优势互补，可提高固沙材料的性能。有机物的加入降低了无机物的脆性，提高了韧性，而无机物又提高了有机物的高温稳定性和抗老化性。

本发明的目的：是为寻找一种廉价实用的有机材料和无机材料的复合物作为固沙保水剂用于治沙生产实践。

本发明是通过采用液相化学方法，微乳化、高剪切和非均相混聚技术，以风化煤和废弃塑料为主原料来制备成多功能固沙保水剂水溶液，主要用于荒漠化和沙化土地修复，也可用于砂质土壤改良，旱地农业和林木、草坪保水、节水，保水型缓/控释肥料包膜胶结剂，种子包衣剂，高速公路边坡绿化。

本发明的详细描述：

（一）腐殖酸混聚物生产工艺

原料选择：

（1）风化煤：腐殖酸含量45%以上，Ca含量5%以上，Si含量1%以上。目前尚未制定风化煤的国家标准，按《GB8173—87农用粉煤灰中污染物控制标准》对原料成分分析，重金属含量必须符合国家标准。

（2）塑料：选择废弃的聚苯乙烯泡沫塑料、塑料薄膜（包括食品袋）和混合塑料制品。

（二）生产工艺

1. 原料烘干，球磨机粉碎，过200目筛孔（筛孔直径0.074mm）。

2. 在带搅拌装置的反应釜中加入20%稀硫酸和10%稀盐酸混合酸溶液，盐酸加入量视钙、硅化合物含量而定，风化煤与 H_2SO_4—HCl 质量比为1∶2，反应时间1.5～2.0h。化学反应结束后，用石灰乳液中和至pH 7.0左右。

3. 加入分散剂十二烷基苯磺酸钠，加入量为5%～10%，搅拌均匀。

4. 上述反应生成物放入高剪切设备（见本发明人2002年7月2日提交的02123522.8发明专利申请书），转速3万r/min，高剪切时间10min左右，即生成腐殖酸混聚物。

（三）废弃塑料—淀粉混聚物生产工艺

（见本发明人2002年7月26日提交的02125678.0发明专利申请书）

1. 废弃塑料分选，洗净，干燥，粉碎。

2. 溶剂溶解：本工艺选用乙酸乙酯作溶剂，混合塑料用乙酸乙酯与二甲苯混合溶液（比例1∶1）溶解。均放置12～24h。

3. 乳化：聚苯乙烯塑料的乙酸乙酯溶液加吐温－80表面活性剂乳化，边加边搅拌，至溶液颜色发白为止，吐温－80加入量为1%～5%；混合废塑料溶液加入吐温－60表面活性剂乳化，加入量为1%～5%。

4. 塑料水溶液的制备：在高剪切设备（本发明人2002年7月2日提交的02123522.8发明专利申请）中，一边高速剪切（1万r/min），一边加入5%～10%十二烷基苯磺酸钠水溶液，加入量与塑料乳化溶液的体积基本相当（1∶1）。继续高剪切（3万r/min）10～15min。

5. 交联淀粉溶液的制备

A. 淀粉糊化：用冷水将淀粉（小麦、玉米、马铃薯）分散（淀粉浓度为15%～20%），在搅拌下加热60～90℃（视淀粉种类不同，温度稍有差异，）糊化1h，再冷却至室温（20～35℃）。

B. 交联淀粉：用硫酸调pH至2.0～3.0，再慢慢加入40%的工业甲醛，加入量为淀粉量的0.7%～0.8%，升温至40℃左右，搅拌30～60min。冷却后加入氨水调pH至7左右，多余的甲醛与 NH_3 起反应。

6. 塑料—淀粉胶团混聚物制备：将废弃塑料水溶液与交联淀粉溶液混合，容积比例为1∶1，在高速剪切设备中（3万r/min）高剪切5～10min，即成为废弃塑料—淀粉胶团混聚水溶液。为防止液面上结皮，加0.01%丁酮肟。

（四）氮、磷、钾肥料混合水溶液制备

1. 原料：尿素，磷酸一铵，氯化钾。

2. 比例：N—P_2O_5—K_2O=1—0.5—0.5。

3. 混合后放入70～80℃热水中，边搅拌边溶解，直至完全溶解为止。

（五）多功能固沙保水剂生产工艺

在高速乳化分散器中，分别加入腐殖酸混聚物、塑料—淀粉混聚物和氮磷钾肥料水溶液，比例为1∶0.3～0.6∶0.5～1（氮磷钾水溶液加入量视固沙保水剂固形物含量而定），在2万r/min条件下，搅拌15～20min，即生成非均相多功能固沙保水剂。

（六）多功能固沙保水剂质量指标（表 1）

表 1　固沙保水剂质量指标

项　　目	多功能固沙保水剂指标
外　观	半透明黑色黏液
固形物含量（%）	20～25
水溶性	全水溶
黏度（涂－4 杯，Pa・S）	20～22
pH	7.0
颗粒度（nm）	20～100
燃烧性	不燃烧
稳定性（－10～70℃）	无沉淀
保存期（月，20℃）	6
N、P_2O_5、K_2O 含量（%）	N2.0%，P_2O_5 1.0%，K_2O 1.0%

附图说明：

图 1　多功能固沙保水剂生产工艺流程图（略）

图 2　多功能固沙保水剂电镜照片（5～100nm）（略）

本发明的优点：

1. 本技术产品集固沙、保水、赋肥、改良砂质土地于一体。

2. 荒漠化和沙化土地，沙粒之间是有孔隙的，经测定，其孔隙大小在 8μm 以上，水分很容易通过，保水能力很差。本固沙保水剂胶团直径均在 100nm 以内，除了与沙粒黏结、减少孔隙外，固沙保水剂胶团含有功能团或存在电性，它们与沙粒之间会产生电荷作用、分子内力作用，形成连续或非连续网状结构，从而延缓水分蒸发，具有较好的保水功能。

3. 本技术采用风化煤和废弃塑料为固沙保水剂的主原料，风化煤含有丰富的腐殖酸有机物，又含有钙和硅无机成分，在制作过程中以石灰乳中和酸碱度，增强了材料的抗压强度。加入废弃塑料—淀粉混聚物，是为了提高其黏结和保水性能。

实验 1：多功能固沙保水剂修复荒漠化土地试验

1. 固结层抗压强度　选用内蒙古自治区荒漠化土壤，栗钙土，质地为砂壤，制备成固沙标准试件。固沙剂使用量为 0.3g/cm^2 时，固结层抗压强度为 6.36MPa；使用量 0.4g/cm^2 时抗压强度为 9.83MPa；使用量 0.5g/cm^2 时抗压强度可达 16.10MPa。均超过国际上对固沙强度 1MPa 的要求。

2. 稳定性　在－10～70℃范围内反复试验 12 次，未发现沉淀现象。

3. 固结层抗冻融性能　将固沙标准试件放置在－20℃冰室中 6h，拿出后再放入 60±1℃恒温室中放置 6h，反复 12 次。试验结果，标准试件的重量无损失。抗压强度增加 5.5%～10.2%。

4. 耐老化性能　经过紫外线连续照射 300h，固沙标准试件重量损失率为 0.2%～0.5%，抗压强度损失率为 1.0%～1.3%，无论是试件的颜色还是外形均无变化，显示了优良的抗老化性。

5. 保水性 试验设在本所网室内，土壤取自北京昌平国家土壤肥力与肥料效益监测基地，褐潮土，质地粉砂壤土。

（1）无种植条件下土壤水分蒸发试验 空白对照在10d时间水分蒸发95.8%，15d累计蒸发了99.8%。多功能固沙保水剂处理65d累计蒸发97.4%。

（2）种植条件下保水试验 在种植黑麦草条件下，在60d时间内，空白对照土壤水分损失率为57.28%，多功能固沙保水剂处理组土壤水分损失率为14.10%。

黑麦草鲜草产量的趋势与土壤水分蒸发损失率相反，多功能固沙保水剂处理产量最高，为14.5kg/池，对照平均产量为3.6kg/池（水泥池长×宽×深=70cm×70cm×150cm）。处理组比对照增产3倍。在等N、P、K养分的条件下，对照产量最低，其根本原因在于土壤含水量的多寡，说明本多功能固沙保水剂的保水效果；另外，处理中的N、P、K养分与纳米胶团形成络合物，具有缓释作用，提高了肥料利用率。

6. 风洞试验 土壤取自内蒙古自治区荒漠化土地，质地沙土，沙盘按标准尺寸制作（沙盘外尺寸为35cm×35cm，盘内尺寸30cm×30cm，内高4.0cm）。将多功能固沙保水剂用水稀释5倍，喷洒于沙盘表面，用量0.40g/cm^2（母液），放置24h，在风速15m/s、25m/s（相当于8级风）连续吹30min，风速30m/s（相当于11级风）吹5min，未见起尘及风蚀现象。

生活污泥—废弃塑料混聚物修复岩石坡面技术

本发明属于生态环境、农业领域。

生活污泥利用现状和问题 生活污泥是指城镇生活污水处理后的固形物，包括人粪便和厨房污水的残渣，近年来其范围有所扩大，还包括啤酒厂、酒精厂（用粮食为原料）、味精厂等污水处理后的固形物。据2001年统计结果，我国县级市以上城市每年污泥总量大约2 500万t左右，还不包括县以下城镇污泥量，北京市至2008年污水处理厂每年将产生80万t污泥。生活污泥具有两重性，一方面在污泥中含有大量的有机质、氮磷钾和中、微量营养元素，是较好的肥料；另一方面，由于污泥中含有病原微生物和重金属，不能不引起人们的重视。因此，对于污泥的处理利用，各国根据自身的地理环境、经济水平、交通状况等因素，因地制宜选择处置方法。主要采用以下4种方式：填埋、焚烧、投海和农业利用，其中农业利用的比例很小。例如美国，传统的污泥处理方式为投海、填地和焚烧，农业利用生产或用于复垦造地的比例很小，作为有机肥料销售的比例更低。英国40%的污泥用于农田，36%投海，13%填地，7%焚烧。据报道，按照欧共体城市污水处理条例规定，1998年开始，将不再采用投海的方式处置污泥，污泥应尽可能再利用。我国在20世纪70、80年代曾将生活污泥农用，限于当时的科技水平，对农田和作物均产生过不同程度的污染；90年代之后，随着改革开放的深入发展，种植业逐渐转向省工、省力、高效、清洁的栽培方式，农

张夫道，等（专利号：ZL200310116856.7）

民很少进城拉粪。污水处理厂的污泥基本上无出路，大量堆积，占用土地；有条件的城市利用山沟或坑塘填埋，植树种草，但渗滤液污染地下水源。因此，生活污泥处理利用，成为国内外关注的焦点之一。

创伤岩石边坡和采石场立面生物修复现状和问题　发展陆地交通和空中交通（建设机场）是以破坏地表生态为代价的现代化建设项目。公路、铁路及采石场所形成的岩石边坡的生态重建，是当今最大的一个技术难题，也是当前国内外资源与环境生态学的一个研究热点。由于岩石边坡缺乏植物生长所必需的土壤及养分条件，坡陡壁峭，水土冲蚀严重，直接种草植树难以成活。因此，在岩石边坡的生态防护处理上，常采用覆盖生态法，即下栽攀缘植物，上栽垂吊植物，靠爬藤覆盖，绿化时间短，景观效果差。日本采用绿化网植草技术对弱风化岩石边坡生态防护有良好的效果，在植被型混凝土植草方面也做了大量的研究，但成本过高，不适合在我国推广。韩国用植生袋植草治理石质边坡也获得成功。近几年国内在引进日本、美国等岩石边坡植草技术的同时，开始研究水泥生态种植基料植草、有机基料植草、喷混植草等生态治理岩石边坡新技术，并取得了初步进展。但主要存在以下问题：

（1）胶结剂（或称黏合剂）的问题：国内外均选择用水泥作为与岩石结合的胶结（黏合）剂，加入土壤或有机物料后大大地降低了水泥的强度。

（2）基料选择的问题：国内外采用客土或客土加有机物料作为基料，由于土壤与有机物料未融合在一起，呈松散状，下暴雨时易流失。

（3）喷混植物关键技术还不成熟，有待深入研究。

本发明的目的：是为寻找解决岩石坡面生物修复的基料及与之相适应的一套完整的岩石坡面修复施工技术，同时也达到解决了生活污泥的出路问题。

本发明是通过采用微乳化、高剪切和非均相混聚技术，以生活污泥和废弃塑料为原料制备而成的纳米、亚微米级污泥—塑料混聚物作为修复基料，并使用与之相适应的一套完整的岩石坡面修复施工技术来实现岩石坡面的生物修复。

本发明的详细描述：

本发明的工艺流程见附图1（略）。

（一）纳米、亚微米级生活污泥—废弃塑料混聚物生产工艺

1. 纳米、亚微米级生活污泥的制备　污水处理厂处理后的污泥均已经过生物发酵腐熟，已脱1次水，含水量70%左右。加入5%～10%的分散剂十二烷基苯磺酸钠，搅拌均匀溶解后放入高剪切设备（见本发明人2002年7月2日提出的02123522.8发明专利申请），3万r/min，高剪切15～20min，即生成纳米至亚微米级污泥［见附图2：纳米、亚微米级生活污泥电镜照片（略）］。

2. 纳米级废弃塑料胶团水溶液的制备　（按发明人2002年7月26日提交的02125678.0发明专利申请书提供的技术）

（1）废弃塑料分选、洗净、干燥、粉碎；

（2）溶剂溶解。

A. 聚苯乙烯泡沫塑料溶液：用乙酸乙酯溶解。

B. 用甲苯（或二甲苯）与乙酸乙酯混合溶液（比例为1：1）溶解混合废塑料，放置12～24h。两者均加入苯乙烯或200号汽油调至塑料含量30%～35%，放置12～24h。

（3）乳化

A. 聚苯乙烯塑料的乙酸乙酯溶液加吐温－80 表面活性剂乳化，边加边搅拌，至溶液颜色发白为止，加入量 1%～5%。

B. 混合废塑料溶液加入吐温－60 乳化，加入量 1%～5%。

（4）纳米级塑料水溶液的制备：在高剪切设备中，一边高速剪切（1 万 r/min），一边加入十二烷基苯磺酸钠水溶液（浓度 5%～10%），加入量与塑料乳化溶液的体积基本相当（1∶1）。继续高剪切（3 万 r/min）10～15min，即成为纳米级废塑料胶团水溶液。

3. 污泥—塑料混聚物的制备 用高速乳化分散器将纳米至亚微米级污泥与纳米级废弃塑料胶团水溶液（比例为 1∶0.3～0.5）通过高速搅拌（2 万 r/min）5～10min 混合，用 5%稀 H_2SO_4 或石灰水（根据各地区污泥本身的酸碱度和降雨量而定）调节 pH 至 7～8，即生成非均相污泥—塑料胶团混聚物。

4. 污泥—塑料胶团混聚物质量指标

（1）外观：深灰色黏液。

（2）固形物含量：20%～25%。

（3）水溶性：悬浮液。

（4）黏度（涂-4 杯，Pa·S）：20～25。

（5）pH：7～8。

（6）颗粒度（nm）：20～500。

（7）保存期（月，20℃）：6 个月。

（二）岩石坡面生物修复技术

1. 基料的制备 用搅拌机将污泥—塑料混聚物、土壤和缓释肥料搅拌均匀，污泥—塑料混聚物与土壤比例为 0.3～0.6∶1（质量比）。养分含量（干基）：N 0.5%，P_2O_5 0.25%，K_2O 0.25%。如果基料含水量不够，在混料时适当加水，至高压喷料机可喷出为宜。

2. 生活污泥—塑料混聚物—土壤基料喷射植草技术

（1）施工工序包括：清理坡面（片石、碎石和杂物）、风钻钻锚杆孔（1.9～1.95m 深）、灌水泥浆固定锚杆、挂铁丝网（12＃或 14＃铁丝双扭挂网）、高压机械喷射污泥—塑料混聚物基料（厚度 5～6cm）、第二次喷射混聚物基料（2～3cm）、混聚物基料与草籽混合、高压机械喷播（1～2cm）、盖无纺布、管理养护。

（2）污泥—塑料混聚物基料喷射种草要点

①坡面清理：岩石坡面凹凸不平，无土层，石壁开采立面基底部有碎石堆积。首先将碎石运走。然后将石壁上松动的片石、碎石、污淤泥和杂物清理，刷清坡面，为铺挂铁丝格网打好基础。如石壁上有大的裂缝或有大的石头松动而又不便于搬运，可采用水泥沙浆填缝加固。

②挂铁丝格网

A. 风钻钻锚杆孔：石壁硬度大，需采用风钻钻孔，孔洞深 1.9～1.95cm，φ25mm，孔与石壁坡面基本垂直。锚孔穴布设，以网左右边缘每隔 2～3m，穴对应打孔。

B. 水泥沙浆固定锚杆：锚杆采用 φ18mm 螺纹钢，每杆长 2.0m，打入锚孔内，用水泥沙浆灌注穴孔，将锚杆固牢。

C. 铺挂铁丝网：铁丝网采用12＃或14＃（φ2.6mm或3.0mm）制成的双扭挂网，每张网规格为20m（长）×2.0m（宽）＝40m^{2}或30m×3.0m＝90m^2，网与网之间采用平行对接方法，不重叠搭接。

D. 锚杆固网：铁丝网边缘网眼左右挂入锚杆，用铁丝扎紧，如两网之间有缝隙，也用铁丝扎牢。

③草种选择：草本植物种类可根据不同地区气候特点而定，原则上是匍伏型与直立型相结合，禾本科与豆科草混播。

④基料准备：污泥—塑料混聚物基料中的塑料胶结剂胶团直径在200nm以内，污泥胶团直径20～500nm。

⑤高压机械喷浆播种；分3次喷浆于岩石表面，厚度10～12cm。第1次喷射基料5～6cm，胶结（黏合）剂含量较高；第2次喷射2～3cm，胶结剂含量减少；第3次1～2cm，胶合剂含量再减少，草籽混合在基料中。

⑥盖无纺布；方法同挂铁丝网。

⑦管理养护：纳米、亚微米级污泥—废弃塑料混聚物本身有保水功能，前期不需要浇水，以后的管理主要是逢旱喷水，湿润即可。1年后需施肥，喷洒氮磷钾肥料水溶液，同时，要注意病虫害的防治。

附图说明：

图1　本发明工艺流程图

图2　纳米、亚微米级生活污泥—废弃塑料混聚物电镜照片（黑色为污泥胶团）

图3　纳米、亚微米级生活污泥—废弃塑料混聚物电镜照片（白色为塑料胶团）

本发明的优点：

（1）胶结（黏合）剂的先进性：基料与岩石表面结合需要胶结（黏合）剂，国内外采用水泥作为胶结剂，无疑与岩石表面可牢固结合，但是，与有机物料和土结合，就必须“搭桥”，这是世界上还未解决的难题。因此，带来了结合强度低、与有机物和土形成“两层皮”、雨季易脱落等问题。本技术采用纳米级废弃塑料胶团水溶性胶结剂，解决了与岩石表面结合及与有机物料和土胶结的难题。

（2）有机基料的先进性：本技术采用城镇生活污泥资源化利用与岩石坡面生物修复基料相结合的技术路线，解决了生活污泥的出路问题，这是其一；其二仅就生活污泥本身而言，由于经过充分发酵腐熟，成为胶体，比国内外惯用的“土＋有机物”基料技术优越得多。

纳米级甲基丙烯酸羟乙酯混合物肥料包膜胶结剂生产方法

在农业生产中氮肥用量最大，利用率不高，影响生态环境，始终是植物营养与肥料学科

张夫道，等（专利号：ZL200310116857.1）

研究的热点。世界上主要的氮肥品种是尿素，所以缓释肥的首选品种是尿素。美国最早开展包膜尿素的研究，1961 年 TVA 在 1～7kg/h 装置上进行了包硫尿素（SCU）小试，1978 年在美建成 10t/h SCU 示范生产厂。以后又进行了包硫氯化钾（SCK）、包硫磷酸二铵（SCP）等的研究。日本在研究初期基本上是学习美国的技术，20 世纪 70 年代研制热塑性树脂聚烯烃包膜肥料，简称 POCF 工艺。该包膜剂是由聚烯烃（PE）—乙烯和乙酸乙烯酯的共聚物（ethalene vinyl accetate，EVA）和无机填充料滑石粉所组成。PE 所形成的薄膜水渗透性很低，EVA 能形成水渗透性很强的薄膜。将 PE 与 EVA 按不同比例混合，便能控制氮的释放速率，添加滑石粉可以调节包膜肥养分释放的温度系数。

包膜型缓/控释肥料养分释放时间的长短取决于包膜材料，我国在包膜材料研究方面虽然取得了一定的进展，但品种较少，而不同作物的生长期是不同的，现有的缓/控释肥料无法满足不同作物的需要。因此，需要研制多种不同时间释放养分的包膜胶结剂。

本发明的目的：在于研制一种黏结和成膜性能均较好、肥料养分释放时间适中、兼顾保水性能的缓释肥料包膜胶结剂。

本发明是采用微乳化，高剪切技术，以液态甲基丙烯酸羟乙酯、丙烯腈和淀料为原料制备而成的纳米级甲基丙烯酸羟乙脂—丙烯腈—淀粉混合物，用于缓/控释肥料包膜胶结剂，有机—无机复合肥料造粒黏结剂。

本发明的详细描述：

本发明的工艺流程见图 1（略）。

（一）甲基丙烯酸羟乙酯乳液制备

选择北京东光化工厂生产的液态甲基丙烯酸羟乙酯，加入 50%十四烷基苯磺酸钠水溶液，加入量 10%～15%（质量百分比），充分搅拌后即生成完全溶于水的甲基丙烯酸羟乙酯乳液。

（二）丙烯腈乳液制备

选择北京东光化工厂生产的液态丙烯腈，加入表面活性剂吐温－20 乳化，加入量 5%～10%（质量百分比），充分搅拌均匀后，加入 50%十四烷基苯磺酸钠水溶液，加入量 5%～10%（质量百分比），混合均匀后即生成丙烯腈乳化水溶液。

（三）交联淀粉溶液的制备

（见本发明人 2002 年 7 月 26 日向我国专利局提交的 02125678.0 发明专利申请书）

1. 淀粉糊化 用冷水将淀粉（小麦、玉米、马铃薯）分散（淀粉浓度质量百分比为 15%～20%），在搅拌下加热 60～90℃（视淀粉种类不同，温度稍有差异，）糊化 1h，再冷却至室温（20～35℃）。

2. 交联淀粉 用硫酸调 pH 至 2.0～3.0，再慢慢加入 40%的工业甲醛，加入量为淀粉量的 0.7% ～0.8%（质量百分比），升温至 40℃左右，搅拌 30～60min。冷却后加入氨水调 pH 至 7 左右，多余的甲醛与 NH_3 起反应。

（四）纳米级甲基丙烯酸羟乙酯—丙烯腈—淀粉混合物制备

将甲基丙烯酸羟乙酯乳化液、丙烯腈乳化液、交联淀粉溶液分别放入高剪切设备（见本发明人 2002 年 7 月 2 日向我国专利局提交的 02123522.8 发明专利申请）中，容积比为 1∶1∶2，在 3 万 r/min 速度下高剪切 5～10min，即生成纳米级甲基丙烯酸羟乙酯—丙烯腈—淀粉胶团混合溶液。

（五）纳米级甲基丙烯酸羟乙酯混合物使用

1. 用作缓/控释肥包膜胶结剂时，按 1∶5（质量比）加入水，充分搅拌、完全溶于水后使用。

2. 用作有机—无机复混肥造粒黏结剂时，按肥料干重的 0.5%～1.0%的比例加入水中，充分搅拌完全溶于水后使用。

附图：

图 1　本发明的工艺流程图（略）。

图 2　纳米级甲基丙烯酸羟乙酯—丙烯腈—淀粉混合物电镜图（略）

本发明的优点：

（1）工艺简单，易推广应用。

（2）黏结性与固结强度兼顾。制备成缓释肥料后氮素缓释时间适中，50～80d。

（3）具有一定的保水性能。

纳米—亚微米级沼渣—煤矸石化合物混聚物生产方法

本发明属于农业、生态环境领域。

沼气发展现状和问题　沼渣是指有机物料经过沼气池厌氧发酵后的残余物，包括农村沼气池，大、中型畜禽场沼气池，一些酒精厂和糖厂废液的沼气发酵池等。农村发展沼气，解决燃料问题，1973 年由我国四川省遂宁县农民首先发起，经过专家们的总结、完善和发展，20 世纪 70 年代中、后期开始在全国推广。据不完全统计，至目前为止，全国共有沼气池 700 余万个。今后 5 年内，国家将投资 10 亿元人民币，继续在全国、特别是西部地区农村推广沼气，以解决农村的能源问题。发达国家对沼气发酵后的水和渣利用很简单，采用挂有罐车的液体施肥机直接施入土壤，有的还将化肥、农药溶于发酵后的水中，一起施用于农田。我国在 20 世纪对沼气肥作过不少研究，例如肥田、放入鱼塘养鱼、防病等，均仅限于科研院所和高校的小规模试验中，未推广应用。近年来，随着农村电力的发展，沼气池发酵后的水用泥浆泵抽出并直接随灌水施入菜地或农田，已基本得到解决。而沼气渣由于含水量高、养分含量低，未得到有效

张夫道，等（专利号：ZL200410004533.3）

利用，就地堆放，成为农村环境污染源之一。

本发明的目的：将目前尚未有效利用的沼渣和煤矸石制备成具有胶结和固沙保水性能的农用纳米材料。

本发明是通过以下途径来实现的：即以沼气池厌氧发酵后的有机残渣和煤矸石为主原料，采用盐酸与硫酸混合酸解的液相化学方法、微乳化、非均相混聚和高剪切技术，制备成为纳米—亚微米级沼渣—煤矸石酸解化合物混聚物胶体溶液；而本方法由以下过程组成：即煤矸石酸解化合物的制备，沼渣—煤矸石酸解化合物混聚物的制备和纳米—亚微米级沼渣—煤矸石化合物混聚物的制备 3 个过程。

本发明的详细描述：

（一）本发明的工艺流程见附图 1（略）

（二）本发明的主要工艺路线

1. 原料选择

（1）沼渣：含水量 70%～85%，按农业部《有机肥料行业标准（暂定）》对沼渣分析，重金属含量和大肠杆菌等指标必须符合行业标准。

（2）煤矸石的选择　煤矸石分类标准很多，成分复杂，而且不同煤矿的煤矸石各化学元素含量差异很大（表 1），本发明主要根据两个指标选择煤矸石：

①Al_2O_3/SiO_2 比值：铝硅比越高，碱性氧化物含量越高，愈易酸解。当铝硅比为0.3～0.7 时，煤矸石的矿物组成以高岭石、伊利石为主，次生矿有石英、长石和方解石等，当铝硅比大于 0.7 时，煤矸石含铝量较高，Al—O 键更易被酸破坏。

②碳含量：碳含量需大于 10，煤矸石和沼渣中均含有腐殖酸，用酸提取后，腐殖酸中含有邻苯二酚［$C_6H_4(OH)_2$］，不但能分解硅酸盐矿物，而且也能使石英分解（于天仁、陈志诚主编：土壤发生中的化学过程，科学出版社，1990，北京）。本发明不采用碳含量小于 10%的煤矸石，因其使用价值不大。

（3）酸及其用量的确定　本项研究选择的煤矸石以高岭石和伊利石为主要矿物成分。

高岭石［$Al_4(SiO_4O_{10})(OH)_8$］：属于黏土矿物，由一层硅氧四面体和一层“氢氧铝石”八面体构成的 1∶1 型两层构造，结构单元层间靠氢键联结成重叠的层间堆叠。高岭石结构中 Si—O 键主要以共价键为主，而八面体中 Al—O 键约有 63%为离子键，其层间氢键或范德瓦耳斯力小于离子键和共价键能。

伊利石 $KAl_2[(OH)_2(AlSi_4)O_{10}]$：属于黏土矿物，其结晶格架与蒙脱石类相似，为 3 层构造（2∶1），结构单元层间被 K^+ 牢固地结合。

硅酸盐矿物晶格的解体主要取决于 Si－O－Si、Si－O－Al、Si－O－M（M 为各种金属离子）3 种键的破裂。金属阳离子的电负性愈强，则与氧的电荷差别（△E）愈小其键能愈大。煤矸石长期堆放的风化过程中，M－O 键最易破裂，其次是 Al－O 键，而 Si－O 键最难破裂。但是，由于相邻金属离子的存在，增加了 Si－O－M 的双键特性，而且这些金属离子所起的作用随着电负性的减低而加强。因此，风化作用为破坏硅酸盐的矿物晶格打下了良好的基础。

采用化学方法分解硅酸盐矿物，一般采用混合酸法和 Na_2CO_3 碱熔法。本发明选择盐酸与硫酸混合酸解的方法。准确计算酸的用量是很困难的，铝及其他金属化合物与酸反应式均可列出，而硅与酸反应的最终产物，除了生产普钙过程中硅的产物清楚之外，煤矸石与酸反应的产物并不完全清楚，很难准确列出硅的化学反应式。本发明用酸的量只能依据实验室试验结果计算。本发明所用煤矸石采自内蒙古包头市的煤矿，化学组成如下：SiO_2 44.0%，Al_2O_3 26.4%，Fe_2O_3 3.3%，CaO 2.7%，MgO 0.8%，SO_4^{2-} 0.5%，K_2O+Na_2O 2.6%，C 11.4%。

（4）煤矸石烘干后用球磨机粉碎过 200 目筛孔（0.074mm）。按《农用粉煤灰中污染物控制标准》（GB8173—87），重金属含量不得超过国家规定标准。

表 1　煤矸石的化学组成

测定项目	平均值（%）	含量范围（%）
SiO_2	48.2	40～60
Al_2O_3	24.1	20～30
Fe_2O_3	3.7	2～5
CaO	1.3	1～2.5
MgO	0.3	0.2～0.5
SO_4^{-2}	0.4	0.3～1.0
Na_2O+K_2O	2.1	1～4
有机碳（C）	10.4	8～15

注：（1）表中数据为内蒙古自治区包头市石拐、赤峰市，黑龙江省鸡西市，河北省开栾，山西大同市、阳泉，山东省兖洲市、枣庄市，河南平顶山等煤矿矸石山取样分析结果；（2）煤矸石还含有部分微量元素，因含量少未列出。

2. 煤矸石酸解化合物的制备　在搪瓷反应釜中放入 20% HCl—20% H_2SO_4 混合酸，稀盐酸与稀硫酸质量比为 3∶2，开动搅拌器，边搅拌边加入煤矸石，混合酸溶液与煤矸石质量比为 2∶1，反应时间为 2.5～3.0h，视 SiO_2 含量多寡而定。反应完成后即生成煤矸石酸解化合物的混合物。

3. 沼渣—煤矸石酸解化合物混聚物的制备　在煤矸石酸解化合物的反应釜中，边搅拌边缓慢加入含水量 70%～85%的沼渣，煤矸石与沼渣的质量比为 1∶3。余酸与沼渣中有机物及氮、磷、钾、中微量元素反应，成为各种化合物和络合物的混合体，反应时间 1～1.5h。反应完成后，继续搅拌，加入石灰乳液调节 pH 至 6.5～7.5（南方酸性土壤地区 pH 可高些，北方石灰性土壤地区 pH 可低些）。

4. 纳米—亚微米级沼渣—煤矸石化合物混聚物的制备　在上述沼渣—煤矸石酸解化合物混聚物中边搅拌边加入 OP—10（烷基酚聚氧乙烯醚），加入量 5%～10%（质量比），搅拌均匀后生成黏稠状胶体溶液，然后，加入分散剂十二烷基苯磺酸钠，加入量 5%～10%（质量比），搅拌完全溶解后，放入高剪切设备（见本发明人 2002 年 7 月 2 日提交的 02123522.8 发明专利申请书）中，3 万 r/min，高剪切 10min 左右，即生成纳米—亚微米级沼渣—煤矸石酸解化合物混聚物。

5. 沼渣—煤矸石化合物混聚物质量指标

表 2　产品质量指标

项　目	指　标
外　观	灰色黏液
固形物含量（%）	20～25
水溶性	全水溶
黏度（涂-4 杯，Pa·S）	15～20
pH	6.5～7.5
颗粒度（nm）	20～500
燃烧性	不燃烧
稳定性（20℃）	无沉淀
保存期（月，20℃）	12

本发明附图：

附图 1　工艺流程图（略）

附图 2　纳米级沼渣—煤矸石化合物混聚物电镜照片（略）

本发明的优点：

（1）选择沼渣和煤矸石为主原料，变废物为有使用价值的农用纳米—亚微米级材料。

（2）生产工艺简单，成本低。

（3）产品为有机—无机复合材料，缓/控释肥包膜胶结性能和固沙保水性能均较好。

实施例：

1. 原料　沼渣 1 500kg 含水量 70%，按农业部《有机肥料行业标准（暂定）》对沼渣分析，重金属含量和大肠杆菌等指标必须符合行业标准。

煤矸石烘干后用球磨机粉碎过 200 目筛孔（0.074mm）500kg。按《农用粉煤灰中污染物控制标准》(GB8173—87)，重金属含量不得超过国家规定标准。

2. 煤矸石酸解化合物的制备　在搪瓷反应釜中放入 20% HCl—20% H_2SO_4 混合酸，稀盐酸与稀硫酸的用量分别为 600kg 和 400kg。开动搅拌器，边搅拌边加入煤矸石 500kg，反应时间为 2.5～3.0h（视 SiO_2 含量多寡而定）。反应完成后即生成煤矸石酸解化合物的混合物。

3. 沼渣—煤矸石酸解化合物混聚物的制备　在煤矸石酸解化合物的反应釜中，边搅拌边缓慢加入含水量 70%的沼渣 1 500kg。余酸与沼渣中有机物及氮、磷、钾、中微量元素反应，成为各种化合物和络合物的混合体，反应时间 1.5h。反应完成后，继续搅拌，加入石灰乳液（熟石灰 30kg，加水 100kg 调制为石灰乳液）调节 pH 至 6.5～7.5（南方酸性土壤地区 pH 可高些，北方石灰性土壤地区 pH 可低些）。

4. 纳米—亚微米级沼渣—煤矸石化合物混聚物的制备　在上述沼渣—煤矸石酸解化合物混聚物中边搅拌边加入 160kg OP—10（烷基酚聚氧乙烯醚），搅拌均匀后生成黏稠状胶体溶液，然后，加入分散剂十二烷基苯磺酸钠 110kg，搅拌完全溶解后，放入高剪切设备（见本发明人 2002 年 7 月 2 日提交的 02123522.8 发明专利申请书）中，3 万 r/min，高剪切 10min 左右，即生成纳米—亚微米级沼渣—煤矸石酸解化合物混聚物 3 400kg。

本产品符合以下产品质量指标：外观为灰色黏液；固形物含量：20%～25%；全水溶性；黏度（涂-4杯，pa. s)：15～20；pH：6.5～7.5；颗粒度：20～500nm；不燃烧；稳定性：在20℃下无沉淀；保存期在20℃ 12个月。

一种保水型包膜尿素肥料的生产方法

本发明涉及一种保水型包膜尿素肥料的生产方法，属于农业和生态环境领域。

保水型包膜肥料研究现状：目前农业使用的肥料主要是高水溶性肥料，这类肥料的特点是水溶性高，养分速效。但缺点是养分释放快、有效期短、养分释放与作物养分吸收不相协调、肥料养分易损失或被土壤固定、利用率低。

利用包膜材料包裹现有常规高水溶性颗粒肥料制造缓/控释肥料是提高化肥利用率，降低化肥损失，减轻环境污染的重要技术（何绪生，李素霞等，控效肥料研究进展，植物营养与肥料学报，1998，7（2）：97～106）。聚合物包膜肥料是发展较快，缓/控释性能较好的一类缓/控释肥料。目前，已研究和开发的包膜材料分为无机材料和有机材料。无机材料包括硫，难溶性矿物如磷矿粉、金属磷酸盐、黏土等；有机材料为高分子聚合材料（如树脂、塑料）和有机废弃物（如木质素，磺化或氨化木质素及废弃塑料）。在高分子聚合材料中，聚异戊二烯、聚乙烯、聚氯乙烯、聚氨酯、聚砜、聚烯烃及其重复合材料等。1964年，美国ADM（Archer Daniels Midland）公司开发以热固性树脂为包膜的肥料，并首先在世界上实现树脂型包膜肥料的工业化生产（陆建刚，周莺，国内外新型肥料的开发，化肥工业，1994，3：8～10）。此后，德国、加拿大、日本等许多国家相继研发以不同聚合物包膜的肥料。研究过或者已采用的聚合物材料有：聚氨酯（Christianson C. B.，Factors affecting N release of urea from reactive layer coated urea. Fertilizer Research，1988，16：273～284.），聚烯烃（Kosuge N.，Tobataku K.，Coated granular fertilizers. EP 030331，1989.），聚乙烯（Salman O. A.，Polyethylene-coated urea. 1. Impoved storage and handling properties. Ind. Eng. Chem. Res. 1989，28：630～632），交联聚丙烯酰胺（Rajsekharan A. J. and V. N. Pillai.，Membrance-encapsulated contolled-release urea fertilizers based on acrylamide coplymers. J. Appl. Polym. Sci.，1996，60：2347～2351），接枝松木质素（Garcia M.，*et al*. Use of kraft lignin in controlled-release fertilizer formulations. Ind. Eng. Chem. Res.，1996，35：245～249），氨化木质素［Ramirez F.，V. Gonzalez，*et al*. Ammoxidized kraft lignin as a slow-release fertilizer tested on Sorghum vulgare. Bioresource Technology，1997，61（1）：43～46］，木质素或磺化木质素（王德汉，彭俊杰，廖宗文，木质素包膜尿素（LCU）的研制及其肥效试验．农业环境科学学报，2003，22（2）：185～188.；穆环珍，杨问波等，造纸黑液木质素在肥料中的应用［J］．环境保护，2003，6：51～53）等。目前生产中常用聚合物树脂有3大类：醇酸类树脂（如Osmocote），聚氨酯类树脂（如Ployon，Plantacote和Multicote）及热塑性树脂（日本Chisso-Asahi公司的

何绪生，张夫道等（专利号：ZL200410078165.7）

Meister 和 Nutricote)。无论是常规化学肥料，还是目前塑料和普通树脂包膜缓/控释肥料，都不具有吸水保水及释水作用，而且塑料和一些普通树脂在土壤中残留对作物还有毒害作用。由于旱地农业和节水农业发展的需要，保水剂作为肥料养分缓释载体，将肥料和保水剂复合一体化，制造具有保水功能和养分缓释功能的保水型缓释肥料成为肥料研究前沿课题和最新方向，也是农业生产实际的迫切需要。

用保水剂作为肥料养分的载体，其对肥料养分的吸附与结合，可以延缓肥料养分的释放，从而降低肥料养分的损失。同时，由于保水剂材料的吸水作用，它能够在土壤水分多时(如灌溉和降雨)，吸收保存水分，使得在土壤水分降低时释放出其吸纳的水分，供给植物利用。更重要的是，保水型肥料吸纳水分后，相当一个个“微型水库”和“养分库”，可改善肥料颗粒周围的水分状况，有利于植物根系趋化性生长，有利于根系发达和水肥吸收，进而促进植物健壮生长，最终促进植物增产。此外，保水剂本身也是一种土壤结构改良剂，可以改善土壤结构及土壤吸水保水性能，其在土壤中残留不会毒害土壤生物。

保水剂和肥料复合一体化制造保水型缓/控释肥料的工艺主要有 3 类：①将保水剂材料添加到肥料溶液中，制成富营养溶胶或凝胶肥，或干化为固体的干凝胶肥料；②用保水剂作为包膜材料，包裹常规水溶性颗粒肥料，制成保水型包膜缓/控释肥料；③采取化学合成的方法，将肥料养分元素化合或聚合到聚合有机分子中，制成化学合成保水型缓/控释肥料。

有关肥料和保水剂复合一体化工艺较多地侧重于第①类物理混合工艺，这种方式操作简单，能够提供一定量的水分和养分，但是对于许多养分，其养分浓度不易提高，除了尿素外，大部分限于微量元素养分的吸附。此外，由于其溶液黏度高，增加了机械施肥难度。因此，有的采用烘干工艺，将富营养溶液肥或凝胶肥干燥固化为富营养干凝胶肥。

按照第③类化学合成的方法，德国斯特豪森公司生产的聚丙烯酸聚酯-聚丙烯酰胺三聚体保水剂含有 21.4%氧化钾的超强保水剂，但其钾素的营养作用研究未见报道。第③类工艺生产保水型缓释肥料的报道和专利仍存在着空白。

用保水剂作为肥料的包膜材料制备保水型缓释肥料工艺已有研究报道。Abraham 和 Pillai [Abraham J. and V. N. R. Pillai. Membrane-encapsulated controlled-release urea fertilizers based on acrylamide copoly mers. J. Appl. Polym. Sci., 1996, 60, 2347～2351; Abraham J. and V. N. R Pillai. N, N′-methylene bisacrylamide-crosslinked polyacrylmied for controlled release urea fertilizer formulations. Communications in Soil Science and Plant Analysis, 1995, 26 (19&20): 3231～3241.] 研究了用交联聚丙烯酰胺包裹尿素，醋酸乙烯乙酯做密封剂的包膜肥料养分控释性能，认为交联聚丙烯酰胺具有一定的密封性及养分缓释性，具有一定的保水性，可以作为缓/控释肥料的包膜材料，但是，该工艺成膜过程中，使用有机溶剂氯仿，易造成生产车间的污染，使用和回收有机溶剂增加工艺难度，生产成本高。杜建军（杜建军，保水型控释肥料的研制及控释肥料评价方法的研究．博士论文，广州：华南农业大学，2002.）用改性矿物做尿素颗粒包膜的内膜，保水剂材料做外膜，通过物理涂覆制备包膜肥料。吴春华等［吴春华，安鑫南，刘应隆，淀粉基缓释肥料的研制，南京林业大学学报（自然科学版），2002，26（5）：21～23］以淀粉与聚乙烯醇为原料，在交联剂的作用下，制备包膜料液，用物理涂层法制作包膜尿素。叶云等［叶云，崔英德等，保水长效复合肥的生产与应用．广州化工，2000，28（4）：91～93，78］则是先制备保水剂，然后将制成保水剂与肥料进行混合造粒制造保水长效复合肥料，其工艺复杂，成本高。张禄和王清（张禄，王清，一种长效保水型化肥及其制造方法．中国专利，公开号：CN1107458A，1995.）利用氮、磷、钾或其混合肥料与沙蒿籽为主要原料混合制备一种长效保水型化肥，但沙蒿籽原料资源有其局限性。刘玉清和石文堂（刘玉清，石文堂，一种能吸水、保水的化肥及其制造方法。中国专利，公开号：CN1297871A，2001.）申请了一种能吸水、保水的化肥及其制造方法的专利，它是由能够吸收并且保持水分的高分子树脂如淀粉基聚丙烯酰胺胶或交联聚丙烯酸钠等与化肥如尿素，普通过磷酸钙及硝酸铵等为原料，经过复混包裹或包覆涂膜处理而成，但保水剂与肥料的结合牢固程度比较低，在贮运施肥过程中保水剂材料易脱落。

存在问题：目前的保水型包膜肥料，在制造工艺上，交联聚丙烯酰胺型保水剂包膜尿素成膜过程中使用有机溶剂氯仿，有机溶剂的回收增加生产成本，同时也存在泄漏污染问题，其包膜的吸水倍率较低。而已有的其他保水型肥料的制造工艺复杂，首先制备保水剂材料或料浆，然后采用喷涂或滚动涂覆方法将保水剂材料或料浆包裹到肥料颗粒上，而且保水剂材料或料浆与肥料难以牢固结合，其包膜易受潮或在搬运过程中脱落。

本发明的目的：

（1）利用聚合单体原料液的聚合反应在肥料颗粒表面反应直接成膜，使成膜工艺简化。

（2）用原液化学聚合反应成膜，不使用有机溶剂，降低生产成本，解决了使用有机溶剂可能带来的污染问题。

（3）使用交联聚丙烯酸钾保水剂，消除钠离子的不良影响。

（4）提高保水型肥料的吸水倍率，改善保水型肥料的吸水保水性能。

本发明的方案：将丙烯酸和固体氢氧化钾进行不完全的中和反应而生成丙烯酸和丙烯酸钾的混合溶液，再分别加入交联剂N，N-亚甲基双丙烯酸胺和引发剂过硫酸钾，制备成交联丙烯酸钾聚合原液；在圆盘造粒机中，将聚合原液喷洒于尿素颗粒表面，用热风加热，并用高岭土或硅藻土粉进行扑粉及喷洒乳化石蜡，即形成交联聚丙烯酸钾保水剂包膜尿素。

本发明的详细描述：

一种保水型包膜尿素肥料的生产方法，采用两种工艺路线实施。

工艺路线1为：首先制备交联聚丙烯酸钾聚合液（丙烯酸钾混合液＋交联剂＋引发剂），然后包裹尿素，再经扑粉及涂蜡而成；

工艺路线2为：丙烯酸钾混合液＋尿素＋交联剂＋引发剂，再经扑粉及涂蜡而成。

工艺路线1：

工艺流程见附图1（略）。

1. 交联聚丙烯酸钾聚合原液制备　采用减压抽气法或加热法除去丙烯酸的阻聚物，将丙烯酸液体加到带搅拌器的反应釜中，然后向丙烯酸液中缓慢加入固体氢氧化钾，其用量为使丙烯酸中和达60%～70%时所需氢氧化钾的量（$CH_2CHCOOH+KOH\rightarrow CH_2CHCOOK+H_2O$），氢氧化钾完全溶解，形成丙烯酸和丙烯酸钾混合溶液（不完全中和反应液）。

向上述反应液中加入混合原液0.1%～0.125%（质量比）交联剂N，N-亚甲基双丙烯酰胺。

向上述反应液中加入混合原液0.06%～0.1%（质量比）引发剂过硫酸钾，不断搅拌，使其溶解于反应物中，形成交联聚丙烯酸钾聚合原液，简称聚合原液。

2. 尿素包膜

（1）聚合原液包膜：使用圆盘造粒机，在搅拌条件下，每 100kg 尿素颗粒肥料加入占肥料质量 10%～15%的聚合原液，用压强≥0.4MPa 的喷嘴将聚合原液均匀喷洒到肥料颗粒表面，使聚合原液均匀黏附到肥料表面，然后用热风给反应物料加热，温度维持在 45～50℃左右，直至反应物料释放热量，快速升温（温度超过 80℃），聚合原液黏稠，肥料颗粒出现轻度黏连现象。

（2）扑粉：在继续搅拌的条件下，迅速向上述反应物料中加入占尿素质量 2.5%～5%的 200 目粒度高岭土或硅藻上，至包膜尿素颗粒表面全部沾上高岭土或硅藻土为止。然后向上述反应物料通入干热风（100℃左右）烘干。

（3）涂蜡：包裹尿素烘干后，用≥0.4MPa 压强的喷嘴喷洒乳化石蜡，用量占尿素质量的 1%～2.5%，全部包裹冷却后，即形成交联丙烯酸钾保水型包膜尿素。

工艺路线 2：

工艺流程见附图 2（略）。

1. 丙烯酸和丙烯酸钾混合溶液的制备：采用减压抽气法或加热法除去丙烯酸中的阻聚物［李结英，姚学俊等。河北科技大学学报，2001，2（2）：8～11］，然后在搅拌条件下向丙烯酸液中加入固体氢氧化钾，氢氧化钾用量为将丙烯酸中和达 60%～70%时所需氢氧化钾的量（根据丙烯酸与氢氧化钾的反应方程式预先计算，$CH_2CHCOOH + KOH \rightarrow CH_2CHCOOK + H_2O$），至氢氧化钾完全与丙烯酸中和反应，形成丙烯酸和丙烯酸钾混合溶液（不完全反应液）。

2. 使用圆盘造粒机，开动造粒机，放入尿素，用压强≥0.4MPa 喷嘴喷洒聚合原液。聚合原液的量占尿素质量的 10%～15%，使聚合原液均匀黏附到肥料颗粒表面，同时用热风给反应物料加热，使反应物料温度维持在 45～50℃。

3. 向上述物料中加入占所加丙烯酸和丙烯酸钾混合溶液量 0.1%～0.125%（质量比）的交联剂 N，N—亚甲基双丙烯酰胺，不断搅拌，并用热风给反应物料加热，温度维持在 45～50℃。

4. 向上述反应物料中加入占所加丙烯酸和丙烯酸钾混合溶液量 0.06%～0.1%（质量比）的过硫酸钾引发剂（促使聚合反应起始反应的化学物质），用热风加热，温度维持在 45～50℃，直至反应物料产生大量的热、温度迅速升高（温度超过 80℃），尿素颗粒表面出现黏液，肥料颗粒间出现轻度黏连。

5. 一边搅拌，一边向上述反应物料中加入占尿素质量 2.5%～5%粒度为 200 目高岭土或硅藻土扑粉，用 100℃左右的热风烘干。烘干物料用压强≥0.4MPa 喷嘴喷洒占尿素质量 1%～2.5%的乳化石蜡。肥料颗粒表面全部涂蜡后，采用常温空气吹风冷却，即得到交联聚丙烯酸钾保水型包膜尿素肥料产品。

本发明的优点：

（1）本发明利用了原液化学聚合反应在肥料颗粒表面直接成膜制造保水剂包膜肥料的工艺，简化了保水剂包膜工艺，该工艺不使用有机溶剂，无污染，成本低。

（2）采用该工艺制造的交联聚丙烯酸钾保水剂包膜尿素颗粒肥料，由于聚合反应在肥料颗粒表面形成的保水剂包膜与肥料颗粒结合牢固，包膜质地坚硬。因此，其保水剂包膜耐磨损、不易脱落。

（3）由于该保水剂是一种凝胶型保水剂，其包膜具有吸水倍率高（以膜量为基数，吸水倍率可达30倍以上)，而且在一般环境贮存搬运时，包膜不易吸潮及磨损脱落，具有良好的贮运性能。

(4) 采用该工艺制造的保水剂包膜尿素肥料施入土壤具有如下优点：

①保水剂包膜尿素是一种缓释肥料，施入土壤能够延缓肥料养分的释放，降低肥料淋失损失，提高尿素氮的利用率；

②保水剂包膜尿素具有一定的保水剂功能，施入土壤后能够吸水保水，在植物需要时，其吸纳的水分可被植物吸收利用，提高土壤水分利用效率；

③保水型肥料吸水后，形成了一个个"微型水库"和"养分库"，改善肥料颗粒周围的水分状况，利于水肥交互促进作用，提高作物水分吸收利用效率，因而，相当于节约了水肥用量，降低农业生产成本。

实施例1：

1. 交联聚丙烯酸钾聚合原液制备　采用减压抽气法除去丙烯酸的阻聚物，将丙烯酸液体1 000kg加到带搅拌器的反应釜中，然后向丙烯酸液中缓慢加入固体氢氧化钾545kg，氢氧化钾完全溶解，形成丙烯酸和丙烯酸钾混合溶液(不完全中和反应液)。

向上述反应液中加入1.9kg交联剂N，N-亚甲基双丙烯酰胺。

向上述反应液中加入1kg引发剂过硫酸钾，不断搅拌，使其溶解于反应物中，形成交联聚丙烯酸钾聚合原液，简称聚合原液。

2. 尿素包膜

(1) 聚合原液包膜：使用圆盘造粒机，在搅拌条件下，每1 000kg尿素颗粒肥料加入130kg聚合原液，用压强≥0.4MPa的喷嘴将聚合原液均匀喷洒到肥料颗粒表面，使聚合原液均匀黏附到肥料表面，然后用热风给反应物料加热，温度维持在45～50℃左右，直至反应物料释放热量，快速升温(温度超过80℃)，聚合原液黏稠，肥料颗粒出现轻度黏连现象。

(2) 扑粉：在继续搅拌的条件下，迅速向上述反应物料中加入30kg的200目粒度高岭土或硅藻上，至包膜尿素颗粒表面全部沾上高岭土或硅藻土为止。然后向上述反应物料通入干热风(100℃左右)烘干。

(3) 涂蜡：包裹尿素烘干后，用≥0.4MPa压强的喷嘴喷洒乳化石蜡20kg，全部包裹冷却后，即形成交联丙烯酸钾保水型包膜尿素。

实施例2：

1. 交联聚丙烯酸钾聚合原液的制备：采用减压抽气法除去丙烯酸中的阻聚物，在搅拌条件下，向丙烯酸液(1 000kg)中，加入固体氢氧化钾545kg，至氢氧化钾完全与丙烯酸中和反应，形成丙烯酸和丙烯酸钾混合溶液(不完全反应液)，此为聚合原液。

2. 使用圆盘造粒机，开动造粒机，放入尿素1 000kg，用压强≥0.4MPa喷嘴喷洒聚合原液130kg。使聚合原液均匀黏附到肥料颗粒表面，同时用热风给反应物料加热，使反应物料温度维持在45～50℃。

3. 向上述物料中加入0.156kg的交联剂N，N-亚甲基双丙烯酰胺，不断搅拌，并用热风给反应物料加热，温度维持在45～50℃。

4. 向上述反应物料中加入0.13kg的过硫酸钾引发剂(促使聚合反应起始反应的化学物质)，用热风加热，温度维持在45～50℃，直至反应物料产生大量的热、温度迅速升高(温度超过 80℃)，尿素颗粒表面出现黏液，肥料颗粒间出现轻度黏连。

5. 一边搅拌，一边向上述反应物料中加入 30kg 粒度为 200 目高岭土或硅藻土扑粉，用 100℃左右的热风烘干。烘干物料用压强≥0.4MPa 喷嘴喷洒乳化石蜡 20kg。肥料颗粒表面全部涂蜡后，采用常温空气吹风冷却，即得到交联聚丙烯酸钾保水型包膜尿素肥料产品。

纳米—亚微米级石蜡混合物包膜剂生产方法

本发明属农业、生态环境领域。

石蜡包膜广泛用于大颗粒尿素、圆颗粒状复混肥和胶结型缓释肥料，但目前市场上缺乏另人满意的石蜡包膜剂。我们曾使用金陵石化公司化工二厂生产的石蜡乳化剂 RZB201，石蜡乳化效果很好，制作后当天使用也获得满意的效果，制备后加水稀释放置 24h 即出现石蜡与水分层的问题。诚然，加热搅拌后仍然可以使用，但作为商品外观上不美观。

本发明的目的：在于制备一种可使石蜡完全乳化分散的乳化分散剂，不仅能将石蜡完全乳化，加水后放置不分层，而且成为石蜡包膜剂的商品。

本发明的原理：首先制备可使石蜡完全乳化分散的乳化分散剂，然后使用酒精—柴油混合溶液加热后溶解石蜡，再加入石蜡乳化分散剂，将石蜡乳化，加适量高岭土混合均匀后通过高剪切制备成纳米—亚微米级石蜡混合物包膜剂。

本发明的详细描述：

(一) 工艺流程见附图 1（略）

(二) 主要工艺路线

1. 石蜡乳化分散剂的制备

(1) 配方

原　料	质　量 (kg)	占水质量 (%)
水	1 000	—
山梨糖醇酐油酸酯聚氧乙烯醚	150～200	15～20
油酸钠	80～100	8～10
十二烷基苯磺酸钠	150～180	15～18
脂肪醇聚氧乙烯醚硫酸钠	100～150	10～15
工业酒精 (95%)	80～100	8～10

(2) 操作：在反应釜中加入工业净水 1 000kg，加热至 90℃左右，开动搅拌器，加入水质量 8%～10%的油酸钠，完全溶解后，降温并保持温度在 45～50℃（不超过 50℃），在连

张夫道，等（专利号：ZL200410101497.2）

续搅拌条件下，缓慢加入脂肪醇聚氧乙烯醚硫酸钠，加入量为水质量的 10%～15%；完全溶解后加入 15%～20%山梨糖醇酐油酸酯聚氧乙烯醚；溶解后，加入水质量 15%～18%十二烷基苯磺酸钠。全部溶解后降温至 40℃以下，加入水质量 8%～10%工业酒精（含量 95%），搅拌均匀即成为石蜡乳化分散剂。

2. 乳化石蜡的制备　在反应釜中加入工业酒精（95%）1 000kg，0 号柴油 500kg，混合均匀后加热至 65～70℃。开动搅拌器，加入 48°～65°石蜡 1 000kg，至石蜡全部溶解后加入石蜡质量的 15%～30%的石蜡乳化分散剂，充分搅拌均匀，溶液变为乳白色，表明乳化完全，成为石蜡乳化液。再加入石蜡质量 25%～30%过 300 目筛孔的高岭土（筛孔直径 0.044mm），搅拌均匀后即成为乳化石蜡—高岭土混合物溶液。

3. 纳米-亚微米级石蜡包膜剂的制备　将上述乳化石蜡—高岭土混合液放入本发明使用的高剪切设备中，2 万 r/min 速度下剪切 5～10min，即成为纳米—亚微米级乳化石蜡—高岭土混合物溶液［附图 2（略）］，又称为纳米—亚微米级石蜡混合物包膜剂母液，简称纳米—亚微米级石蜡混合物包膜剂。

4. 高剪切设备　该设备主要由以下部件组成［附图 3（略）］：

（1）电机：江苏星轮高速电机设备制造公司制造。

（2）刀轴与高剪切刀：采用高铬高镍奥氏体不锈钢材料加工制造，剪切刀为锯齿状。刀轴通过三爪夹头与电机输出轴连接。

（3）不锈钢罐体：直径 500mm，高 700mm。

（4）导流筒：内衬于罐体中部起到导流的作用，使物料呈湍流状态循环高剪切，筒体直径 200mm，高 350mm。

（5）封盖：不锈钢封盖周边及与轴接触部分均黏有密封圈，起到密闭的作用。

（6）进出料口：进料口位于罐体上部，出料口位于罐体下部。

（三）石蜡包膜剂的使用

1. 预处理　预处理设备为 1m^3 带夹层搅拌罐，开动循环热水，将石蜡混合物包膜剂加水稀释至 5～6 倍，加热至 45～50℃，搅拌均匀。

2. 尿素或胶结型缓释肥料包裹石蜡　在圆盘造粒机或旋转包膜筒中放入大颗料尿素或 1～5mm圆颗粒胶结型缓释复合（混）肥料，圆盘或包膜筒一边旋转一边用压强≥0.4MPa 喷嘴喷洒稀释后的石蜡包膜剂，至尿素或圆颗粒胶结型缓释复合（混）肥料表面完全湿润、出现黏连状态为止。石蜡包膜剂用量为 5～8kg 母液/t 干基肥料，加水稀释 5～6 倍后使用。然后通过扑粉管扑撒过 200 目筛孔（筛孔直径 0.074mm）滑石粉，其用量为肥料质量的 3%～5%。80～100℃热风干燥，即形成石蜡与滑石粉融为一体的石蜡包裹尿素或石蜡包裹胶结型缓释复合（混）肥料。

本发明的优点：

（1）石蜡加工成纳米—亚微米级水溶液后提高了产品质量，用量省，减少成本。

（2）工艺简单，便于推广使用。

附图说明：

附图 1　纳米—亚微米级石蜡混合物包膜剂生产的工艺流程图（略）。

附图 2　纳米—亚微米级石蜡混合物包膜剂电镜照片（略）。

附图 3　高剪切设备（略）。

实施例：

1. 石蜡乳化分散剂的制备　在反应釜中加入工业净水 1 000kg，加热至 90℃左右，开动搅拌器，加入 80kg 油酸钠，完全溶解后停止加热，冷却并保持温度在 45～50℃，在连续搅拌条件下，加入 100kg 脂肪醇聚氧乙烯醚硫酸钠；完全溶解后依次加入 150kg 山梨糖醇酐油酸酯聚氧乙烯醚、150kg 十二烷基苯磺酸钠（每种表面活性剂完全溶解后再加入下一种），全部溶解后冷却至 40℃以下，加入工业酒精（95%）80kg，充分搅拌均匀后即成为石蜡乳化分散剂。

2. 石蜡混合物包膜剂的制备　在反应釜中加入 1 000kg 工业酒精（95%）和 500kg 0 号柴油，搅拌均匀后加热至 65～70℃，开动搅拌器，加入 52°石蜡 1 000kg，至完全溶解。加入石蜡乳化分散剂 250kg，充分搅拌，至石蜡溶液变为乳白色，表明乳化完全。加入 300kg 过 300 目筛孔（筛孔直径 0.044mm）的高岭土，继续搅拌 20min 以混合均匀。放入高剪切设备中，2 万 r/min 速度下剪切 5min，既成为纳米—亚微米级石蜡—高岭土混合物溶液，简称纳米—亚微米级石蜡混合物包膜剂。

3. 尿素包裹　选用河北沧州化肥公司产大颗料尿素（直径 3.35～5.60mm），采用本实验室自行加工的圆盘造粒机，加入尿素 50kg，圆盘一边旋转一边加入稀释后的石蜡包膜剂（用量为 0.5kg，加水稀释至 2.5kg 后使用），用压强≥0.4Mpa 喷嘴喷洒，至肥料颗粒表面完全湿润，出现黏连现象为止，使用扑粉管扑撒过 200 目筛孔的滑石粉 2kg，用 80～100℃电热风干燥，即成为石蜡混合物包裹尿素。

纳米—亚微米级酸化磷矿粉混合物生产方法

本发明属农业、生态环境领域。

1842 年英国学者劳斯使用骨粉加硫酸制取过磷酸钙，后来人们用磷矿粉取代骨粉，至今磷肥生产已有 162 年历史。1898 年俄罗斯农业化学奠基人 D. N. 普良尼释尼柯夫开始系统研究磷矿粉直接施用的效果。20 世纪 70 年代初，中国农业科学院土壤肥料研究所陈尚谨、张夫道利用摩洛哥磷矿粉，中国科学院南京土壤研究所李庆逵等利用国产磷矿粉在全国各种类型土壤和作物上布置了田间肥效试验，在酸性土壤和中性土壤上直接施用磷矿粉显示出良好的效果。20 世纪 80 年代末、90 年代初，中国科学院南京土壤研究所鲁如坤等与法国合作，开展了酸化磷矿粉效果的研究，获得了良好的效果。我国绝大多数农业土壤缺氮、缺磷或施用磷肥有效，但我国磷矿除了云南和贵州品位较高外，其他基本上为中、低品位磷矿。据统计资料，全国磷矿平均品位为 20.36%（P_2O_5，下同）。在 308 个矿点中，品位>30%的储量占 7%，品位 25%～30%占 15%，品位 20%～25%占 25%，品位<20%的占 53%［鲁如坤：我国的磷矿资源和磷肥生产消费，土壤，2004，36（1）：1～4］。如何充分有效地利用大量的中、低品位磷矿石，一直是肥料专家们探索的问题。

张夫道，等（专利号：ZL200410101498.7）

本发明目的：是应用纳米技术，将中、低品位磷矿粉加工为纳米—亚微米级酸化磷矿粉，以减少硫酸用量、提高磷的利用率。

本发明人在研究工作中发现，95%以上的纳米—亚微米级酸化磷矿粉中的磷可被风化煤和有机肥分解的小分子有机化合物物理性吸附或包敷，从而减少土壤黏土矿粉对磷的吸附和固定。

本发明采用的主要技术是将磷矿粉粉碎过 200 目筛孔（筛孔直径 0.074mm），加入硫酸溶液酸化，通过高剪切（2 万 r/min），即成为纳米—亚微米级酸化磷矿粉；加入过 200 目筛孔的风化煤，有效磷被风化煤物理性吸附，烘干后加造粒黏结剂制成颗粒状磷肥。既便于施用，又可减少土壤对磷的固定。

为了确定在本发明工艺过程中的硫酸用量和酸化后的高剪切时间，作了如下工艺条件的生物学试验：

1. 工艺条件试验　使用本实验室回转化成混合器（四桨式）进行工艺条件试验。

试验分 3 组：

（1）磷矿粉（过 200 目筛孔，下同）加全量硫酸水溶液，搅拌反应 0.5h，制备成普通过磷酸钙料浆，放置备用；

（2）磷矿粉加生产过磷酸钙全酸量 50%的硫酸水溶液，搅拌反应 0.5h，生成酸化磷矿粉料浆，然后高剪切（2 万 r/min）5min，加入过 200 目筛孔的风化煤，1 万 r/min 速度下继续剪切 5min，放置备用；

（3）磷矿粉加生产过磷酸钙全酸量 50%的硫酸水溶液，搅拌反应 0.5h，生成酸化磷矿粉料浆，放置 5h 后加进高剪切设备，2 万 r/min 速度下剪切 5min，加入过 200 目筛孔的风化煤，1 万 r/min 速度下继续剪切 5min，放置备用。

2. 生物学试验结果　采用石英砂砂培试验，作物为玉米，品种为中单 8578，重复 4 次，营养液使用霍格兰营养液（配方见毛达如主编：植物营养研究方法，北京农业大学出版社，北京，1994，P. 17），营养液 P_2O_5 浓度 0.094g/L，生长时间 32d，每 4d 浇灌 100ml 营养液，共浇灌 8 次。试验结果见下表：

砂培玉米植株茎叶氮磷钾含量及分布（生长期 32d）

处　理	茎叶生物量（干重，g）	全 N（%）	全 P_2O_5（%）		全 K_2O（%）
			含量（%）	茎叶吸收总量（mg）	
空白对照（CK）	2.11	1.076	0.165	3.48	1.445
磷矿粉对照	2.20	1.760	0.178	3.92	2.782
过磷酸钙	3.20	3.380	0.337	10.78	3.853
酸化磷矿粉当时高剪切+风化煤	2.83	2.877	0.257	7.27	3.419
酸化磷矿粉 5h 后高剪切+风化煤	3.22	3.144	0.342	11.01	3.427
风化煤	2.40	1.798	0.173	4.15	2.208

砂培试验结果，酸化磷矿粉放置 5h 进行高剪切并加入风化煤处理的玉米植株（茎叶）总含磷量（P_2O_5）最高，达 0.342%，玉米茎叶吸收 P_2O_5 总量 11.01mg；其次是过磷酸钙处理，茎叶含总磷量（P_2O_5）0.337%，玉米茎叶吸收 P_2O_5 总量 10.78mg；再其次是酸化

磷矿粉当时就进行高剪切并加风化煤处理，茎叶含总磷量（P_2O_5）0.257%，玉米茎叶吸收 P_2O_5 总量 7.27mg。

由以上试验结果可得出以下结论：(1) 玉米可吸收利用纳米—亚微米级酸化磷矿粉中的磷；(2) 过磷酸钙全硫酸量减半加工而成的酸化磷矿粉放置 5h，进行高剪切加工并加入风化煤的处理（简称纳米—亚微米级酸化磷矿粉混合物）与全硫酸量加工而成的过磷酸钙处理玉米植株吸收的磷量基本上相等；(3) 酸化磷矿粉放置 5h 进行高剪切的生物学效果比当时立即进行高剪切加工的效果要好得多。因此，通过本研究确立了酸化磷矿粉放置 5h 再进行高剪切的工艺。

本发明的详细描述：

(一) 工艺流程见附图 1（略）

(二) 主要工艺路线

1. 原料加工

(1) 磷矿石粉碎：磷矿石经粗碎、中碎、干燥后采用旋风式球磨机粉碎过 200 目筛孔（筛孔直径 0.074mm）。

(2) 风化煤粉碎：风化煤（腐殖酸含量 50%以上）粉碎过 200 目筛孔（筛孔直径 0.074mm）。

2. 酸化磷矿粉的制备

(1) 硫酸用量的确定：在传统普通过磷酸钙生产中，理论的硫酸用量比较常用的计算方法是按照磷矿石中的五氧化二磷（P_2O_5）、二氧化碳（CO_2）、三氧化二铁（Fe_2O_3）、三氧化二铝（Al_2O_3）等成分加以计算而得出的，酸用量为这四种耗酸成分消耗硫酸量的总和。

磷矿的理论硫酸用量＝P_2O_5 含量（%）(1.61 耗酸单位)＋CO_2 含量（%）(2.23 耗酸单位)＋Fe_2O_3 含量（%）(1.84 耗酸单位)＋Al_2O_3 含量（%）(2.88 耗酸单位)

计算结果，锦屏磷矿每 100 单位磷矿理论酸用量为 72.12（100%硫酸），开阳磷矿每 100 单位磷矿理论酸用量为 64.0（100%硫酸），昆阳磷矿每 100 单位磷矿理论酸用量为 59.75（100%硫酸）。荆襄磷矿每 100 单位磷矿理论酸用量为 51.56（100%硫酸）。理论酸用量往往与生产实际酸需求量不一致，对于难分解的磷矿，一般采用理论酸量的 100%～110%。

常用磷矿的化学组成

(%)

产地	P_2O_5	CO_2	Fe_2O_3	Al_2O_3
锦屏精矿	29.72	9.87	0.49	0.65
开阳磷矿	30.00	4.07	1.66	1.24
昆阳磷矿	29.26	2.21	1.82	1.52
荆襄磷矿	20.26	4.80	2.60	1.02
浏阳磷矿	25.71	1.25	3.68	2.68

引自南京化学工业公司磷肥厂、广东省湛江化工厂编．《普通过磷酸钙生产工艺与操作》，北京：化学工业出版社，1979.1，P.89.

（2）普通过磷酸钙和酸化磷矿粉制备：本项发明研究选用荆襄磷矿石，全 P_2O_5 含量 16.02%，CO_2 含量 8.91%，Fe_2O_3 含量 4.65%，Al_2O_3 含量 4.21%。计算结果，生产普通过磷酸钙硫酸用量为每 100 单位磷矿理论酸用量 66.34（100%硫酸）。普通过磷酸钙加工业硫酸量：1 000kg 磷矿粉加入工业硫酸（93%）713.3kg，首先将硫酸配制成 1 070kg 硫酸水溶液，一边搅拌一边加入 1 000kg 磷矿粉，反应 0.5h 后放置，继续进行化学反应，也称为熟化；酸化磷矿粉的操作程序为：称取工业硫酸（93%）356.7kg，加入 713.3kg 水中，配制成 1 070kg 硫酸水溶液，一边搅拌，一边加入 1 000kg 磷矿粉，反应 0.5h，成为酸化磷矿粉料浆，放置熟化。

3. 纳米—亚微米级酸化磷矿粉制备

（1）酸化磷矿粉料浆放置 5h 后放进本发明使用的高剪切设备中，2 万 r/min 速度下剪切 5～10min，即成为纳米—亚微米级酸化磷矿粉料浆［附图 2（略）］。加入磷矿粉质量 20%的过 200 目筛孔（筛孔直径 0.074mm）的风化煤（腐殖酸含量 50%以上）或过 50～60 目筛孔（筛孔直径 0.30～0.25mm）的腐熟畜禽粪便，1 万 r/min 速度下继续剪切 5～10min，即成为纳米—亚微米级酸化磷矿粉—风化煤（或畜禽粪便）混合物料浆，简称纳米—亚微米级酸化磷矿粉混合物。

（2）颗料状纳米—亚微米级酸化磷矿粉混合物的制备：将纳米—亚微米级酸化磷矿粉—风化煤（或畜禽粪便）混合物在 80～100℃温度下烘干至含水量 5%左右，加入造粒黏结剂，加入量为磷矿粉质量的 1%～1.5%，用水稀释 6～8 倍后与烘干后的酸化磷矿物混合物掺混均匀，采用圆盘或转鼓式造粒机造粒、旋转干燥筒干燥、筛分，即成为直径 1～5mm 圆颗粒状纳米—亚微米级酸化磷矿粉混合物。

4. 高剪切设备［附图 3（略）］　该设备主要由以下部件组成：

（1）电机：江苏星轮高速电机设备制造公司制造。

（2）刀轴与高剪切刀：采用高铬高镍奥氏体不锈钢材料加工制造，剪切刀为锯齿状。刀轴通过三爪夹头与电机输出轴连接。

（3）不锈钢罐体：直径 500mm，高 700mm。

（4）导流筒：内衬于罐体中部起到导流的作用，使物料呈湍流状态循环高剪切，筒体直径 200mm，高 350mm。

（5）封盖：不锈钢封盖周边及与轴接触部分均黏有密封圈，起到密闭的作用。

（6）进出料口：进料口位于罐体上部，出料口位于罐体下部。

5. 造粒黏结剂　采用纳米黏土—聚酯混聚物肥料胶结剂作为造粒黏结剂（见本发明人 2002 年 8 月 9 日提交的发明专利申请书，申请号：02126009.5，公开号：CN1414033A，专利号：ZL02126009.5）。

本发明的优点：

（1）节约硫酸量 50%，有效利用中、低品位磷矿。

（2）减少磷在土壤中的固定，提高磷的有效利用率。

（3）本发明研究证实了植物根系可吸收利用纳米—亚微米级酸化磷矿粉中的磷。

附图说明：

附图 1　纳米—亚微米级酸化磷矿粉混合物生产工艺流程图（略）。

附图 2　纳米—亚微米级酸化磷矿粉混合物电镜照片（略）。

附图3　高剪切设备（略）。

实施例：

称取工业硫酸（93%）35.7kg，缓慢放入71.3kg工业净水中，配制成107kg硫酸水溶液，一边搅拌一边加入100kg荆襄磷矿石、过200目筛孔的磷矿粉（P_2O_5含量16.02%），放置5h后，放进高剪切设备中，2万r/min剪切10min，再加入20kg过200目筛孔的风化煤，1万r/min速度下继续剪切10min，即成为纳米—亚微米级酸化磷矿粉—风化煤混合物料浆，放进搪瓷托盘中，在干燥烘箱中100℃温度下烘干至含水量5.5%。使用本实验室自制圆盘造粒机造粒，造粒黏结剂选用黏土—聚酯混聚物肥料胶结包膜剂，用量1.5kg，加水释释至10kg，与烘干后的酸化磷矿粉—风化煤混合物充分掺混均匀，放入圆盘中造粒，再烘干、筛分，即成为圆颗粒状纳米—亚微米级酸化磷矿粉—风化煤混合物（P_2O_5含量11.33%，有效P_2O_5含量5.34%）。

冬小麦用缓/控释肥料生产方法

本发明属于农业、生态环境领域。

本发明专用名词解释：

1. 缓释肥　国内外公认的意见是指氮素在土壤中20d以上开始释放的肥料。

2. 胶结型缓释肥　采用具有缓释性能的胶结（黏结）剂制备的颗粒肥料，改肥料中的养分（氮、磷、钾）在土壤中缓慢释放，养分释放时间长短取决于胶结（黏结）剂的性质。

3. 包膜型缓释肥　采用可以成膜的材料（又称包膜剂）包裹在尿素或复合（混）肥颗粒表面，使肥料氮具有缓慢释放的作用，释放时间长短取决于包膜材料的性质和包膜的厚度。

4. 包膜胶结型缓释肥　在胶结型缓释肥颗粒表面再包裹一层膜而形成的缓释肥料，从而延长了肥料养分的释放时间。

5. 氮素释放时段　指肥料氮在某一时间段内全部从肥料中释放至土壤中。

6. 异粒变速　所谓异粒变速，是指使用不同包膜胶结剂生产的肥料颗粒，其养分释放速率（或释放时段）是不一样的。

包膜型缓/控释肥料现状和问题　缓/控释肥料是一种新剂型肥料，由于肥料养分特别是化肥氮在土壤中缓慢释放，提高了作物对肥料养分利用率，减少流失率，受到世界各国的重视，特别是发达国家加速该类肥料的研究。但目前国内外所有包膜型缓/控释肥料均属于缓释肥料范畴，尚未达到控释，养分释放速率与作物需肥规律基本上不一致。包膜肥料存在以下问题：

（1）国外包膜肥料需要专门的喷流层流化床设备，造价较高，运行成本高，而且生产规模较小，年产在1万t以下；（2）包膜材料需用有机溶剂溶解和稀释，有机溶剂回收不完全，原料成本高；（3）热塑性树脂在土壤中降解缓慢，造成污染；（4）从技术角度，每一种

张夫道，等（专利号：ZL 200410088478.0）

包膜材料包裹生产的缓释肥养分释放只有一个高峰期，而作物需肥规律一般有2个以上高峰期，缓释肥若要形成2个以上养分释放高峰，必须多层包膜，在工艺上难度较大，在经济上增加成本，种植业特别是粮食作物产值不高，若肥料售价高，无法在粮食作物上使用；（5）包膜肥料目前主要是尿素，品种单一，其他养分仍需按作物需求施用，劳力节省较少。

本发明的目的：将不同时段释放养分的胶结型和包膜胶结型缓释肥料，通过“异粒变速”工艺，按冬小麦各生长发育期养分需求比例掺混成冬小麦专用缓/控释肥料。

本发明的详细描述：

（一）冬小麦各生育期养分需求特点

冬小麦生育期分为3个阶段：出苗至拔节期，拔节至抽穗期，抽穗至成熟期。从养分的角度，冬季低温期养分特别是氮素释放越少越好，避免越冬后浇灌返青水时造成养分流失。因此，从施肥的角度将冬小麦生育期重新划分为以下3个时期：冬前期、返青至拔节期、拔节至成熟期，3个阶段对氮素的需求比例大致为20%∶25%∶55%；对磷素需求比例大致为：15%∶15%∶70%；对钾肥需求比例大致为17.5%∶16%∶66.5%。共同的规律是拔节至成熟期为冬小麦吸收氮、磷、钾高峰期。冬小麦全生育期吸收氮、磷、钾总量的比例为$N:P_2O_5:K_2O=1:0.4\sim0.5:1.5\sim2$。冬小麦种植区主要分布在长城以南的黄淮海平原和长江流域，总的来说，冬小麦种植地区土壤缺氮、缺磷，钾相对含量较高，冬小麦吸收磷、钾的高峰期为拔节至成熟期，届时气温较高，土壤释放磷、钾的量较多，因此，缓/控释肥主要是控制氮素的释放。

（二）本发明的技术关键

1. 研制了系列水溶性（或胶团水溶液）而又具有不同缓释性能的肥料包膜胶结剂

申报本专利的前期工作共研制了7种胶结（黏结）包膜剂：

（1）有机复混肥造粒黏结剂（申请号：02123522.8，公开号：CN1390812A，见本发明人2002年7月2日提交的发明专利申请书）。

（2）纳米级腐殖酸类混聚物肥料包膜胶结剂（申请号：02123975.4，公开号：CN1390877A，见本发明人2002年7月11日提交的发明专利申请书）。

（3）纳米级废弃塑料—淀粉混聚物肥料包膜胶结剂（申请号：02125678.0，公开号：CN1388169A，见本发明人2002年7月26日提交的发明专利申请书）。

（4）纳米级黏土—聚酯混聚物肥料包膜胶结剂（申请号：02126009.5，公开号：CN1414033A，见本发明人2002年8月9日提交的发明专利申请书）。

（5）纳米级磺化木质素混聚物肥料包膜胶结剂（申请号：02149247.6，公开号：CN1417173A，见本发明人2002年11月11日提交的发明专利申请书）。

（6）纳米级烯烃类化合物—淀粉混聚物肥料包膜胶结剂（申请号：200310116857.2，公开号：CN1546543A，见本发明人2003年12月1日提交的发明专利申请书）。

其生产方法为：

甲基丙烯酸羟乙酯乳液制备：选择北京东光化工厂生产的液态甲基丙烯酸羟乙酯，加入北京金鱼科技股份有限公司生产的金鱼牌洗涤灵溶液，加入量10%～15%，充分搅拌均匀后即生成完全溶于水的甲基丙烯酸羟乙酯乳液。

丙烯腈乳液制备：选择北京东光化工厂生产的液态丙烯腈，加入表面活性剂吐温－20乳化，加入量5%～10%，充分搅拌均匀后，加入金鱼牌洗涤灵溶液，加入量10%～15%，混合均匀后即生成丙烯腈乳化水溶液。

交联淀粉溶液的制备：（见本发明人2002年7月26日提交的02125678.0发明专利申请书）

① 淀粉糊化：用冷水将淀粉（小麦、玉米、马铃薯）分散（淀粉浓度为15%～20%），在搅拌下加热60～90℃（视淀粉种类不同，温度稍有差异，）糊化1h，再冷却至室温（20～35℃）。

② 交联淀粉：用硫酸调pH至2.0～3.0，再慢慢加入40%的工业甲醛，加入量为淀粉量的0.7%～0.8%，升温至40℃左右，搅拌30～60min。冷却后加入氨水调pH至7左右，多余的甲醛与NH_3起反应。

纳米级甲基丙烯酸羟乙酯—丙烯腈—淀粉混聚物制备：将甲基丙烯酸羟乙酯乳化液、丙烯腈乳化液、交联淀粉溶液分别放入高剪切设备（见本发明人2002年7月2日提交的发明专利申请）中，容积比为1∶1∶2，在3万r/min速度下高剪切5～10min，即生成纳米级甲基丙烯酸羟乙酯—丙烯腈—淀粉胶团混聚水溶液，或称纳米级烯烃类化合物—淀粉混聚物。

（7）石蜡—滑石粉（或高岭土）混合乳液：其生产方法为固体石蜡（选取低熔点的石蜡）加热50℃以上熔化后，加入石蜡乳化剂RZB201（石蜡重量的15%～25%），搅拌，生成石蜡膏状物，加水（石蜡重量的5倍），高速搅拌（2万r/min）10min左右，生成石蜡乳液。然后加入滑石粉（或高岭土，过300目筛孔，筛孔直径相当于0.053～0.04mm，加入量为石蜡质量的20%～30%），高速搅拌（2万r/min）10min左右，即为石蜡—滑石粉（或高岭土）混合乳液。

2. 不同包膜胶结剂生产的缓释肥在土壤中氮素释放时段 采用北京昌平褐潮土和江西省进贤红壤，不同胶结和包膜胶结型缓释肥料氮素释放时段如下：

（1）尿素（对照） 2周内在土壤中全部释放并转化为硝态氮。

（2）石蜡混合乳液涂层尿素 施入土壤后氮素10～50d全部释放。

（3）有机复混肥造粒黏结剂（CF2）胶结型缓释肥 施入土壤后氮素30～80d全部释放。

（4）黏土—聚酯混聚物胶结型缓释肥 施入土壤后氮素50～100d全部释放。

（5）磺化木质素混聚物胶结型缓释肥 施入土壤后氮素50～90d全部释放。

（6）烯烃类化合物—淀粉混聚物胶结型缓释肥 施入土壤后氮素50～80d全部释放。

（7）废弃塑料—淀粉混聚物胶结型缓释肥 施入土壤后氮素80～130d全部释放。

（8）腐殖酸类混聚物胶结型缓释肥 施入土壤后氮素50～100d全部释放。

（9）CF2胶结、废弃塑料—淀粉混聚物包膜型缓释肥 施入土壤后氮素100～150d全部释放。

各地区可根据原料来源和土壤理化性状不同，因地制宜地选择上述缓释肥料并按比例组合掺混。

3. "异粒变速"养分缓/控释工艺 根据每种作物对氮、磷、钾需求量，使用上述包膜胶结剂，生产出不同时段释放养分的NPK缓释复合肥料，再根据每种作物不同生育期对养分的需求比例（以N为基准），将不同时间段释放养分的缓释肥料按此比例组合掺混均匀，成为养分释放时段各异的缓/控释肥料，即所谓“异粒变速”养分缓/控释工艺。每到作物的一个生育阶段，就有一种缓释肥开始释放养分，形成数个养分释放高峰期，与作物每个生育期对养分的需求量基本吻合。

4. 冬小麦肥效试验

(1) 供试土壤：北京昌平“国家褐潮土土壤肥力与肥料效益监测基地”，土壤质地为粉砂质壤土，试验前已种植 2 年谷子匀地。土壤有机质含量 1.2%，全 N 0.888g/Kg，碱解 N 76.43g/Kg，速效 P 4.12 g/Kg，速效 K 90g/Kg。

(2) 施肥量：小区面积 $20m^2$，重复 3 次，缓释复合肥料 N—P_2O_5—K_2O＝15—7.5—15，按 N 量计，每 $666.7m^2$ 施用 10kg，对照为等 N、P、K 养分化肥。小麦品种：京 9428。

(3) 试验结果（2 年的试验结果）：与等 N、P、K 化肥对照比较：

①CF2 胶结型肥料增产 12.06%～15.0%。

②磺化木质素混聚物胶结型肥料增产 10.54%～12.75%。

③黏土—聚酯混聚物胶结型肥料增产 15.8%～20.27%。

④腐殖酸类混聚物胶结型肥料增产 14.65%～17.83%。

⑤烯烃类化合物—淀粉混聚物胶结型肥料增产 13.42%～15.85%。

⑥塑料—淀粉混聚物胶结型肥料增产 22.53%～27.48%。

⑦20%石蜡—滑石粉包裹尿素 N＋25%CF2 胶结肥 N＋55%CF2 胶结、塑料—淀粉混聚物包膜型肥料 N 掺混型缓释肥增产 26.65%～35.43%。

试验结果，以氮素为基准，20%石蜡—滑石粉包裹尿素 N＋25%CF2 胶结型缓释肥 N＋55%塑料—淀粉混聚物包膜型肥料 N（CF_{-2}胶结后包膜）处理增产幅度最大。

(三) 主要工艺路线

1. 工艺流程见附图 1（略）。

2. 工艺路线：本发明的工艺路线包括两个部分，一是胶结型缓释肥料制备，二是包膜胶结型缓释肥料制备。

(1) 胶结型缓释肥料生产工艺

①原料准备

〈1〉氮、磷、钾化肥原料：氮选用尿素，磷选用磷酸一铵，钾选用氯化钾或硫酸钾。粉碎过 60～70 目筛孔，筛孔直径相当于 0.25～0.21mm；

〈2〉有机原料：畜禽粪便、作物秸秆需发酵至半腐熟程度，烘干粉碎或湿磨粉碎过 20～25目筛孔，筛孔直径 0.84～0.71mm；风化煤烘干、粉碎过 100 目筛孔。

〈3〉包膜胶结剂的选择和稀释：选择包膜胶结剂需根据作物种类和当地原料供应情况，因地制宜。胶结剂稀释：在试车时首先应摸清不同原料使用不同胶结剂时的最佳浓度范围。在上述包膜胶结剂中，除了石蜡—滑石粉（或高岭土）混合乳液稀释 5 倍（以石蜡计）外，其他一般用水稀释至 1%～2%。加水稀释时，需用搅拌器搅拌。

②原料混合：按冬小麦生育期对养分需求和肥料原料养分含量按比例称取原料，在钾含量相对较高的华北、西北冬小麦区土壤上，N∶P_2O_5∶K_2O=1∶0.5∶0.5～1；在缺钾土壤上（土壤速效 K<100mg/kg）N∶P_2O_5∶K_2O=1∶0.5∶1～1.5。在非对称双螺旋混料机中充分混匀，再加入稀释后的胶结剂。胶结剂加入量：按肥料干基计，胶结（黏结）剂加入

量为肥料质量的0.5%～1.0%。

③加入胶结（黏结）剂水溶液并搅拌均匀后的物料经皮带输送机送至造粒圆盘或转鼓造粒机中造粒，如果水分不足，可通过圆盘内物料上方或转鼓内物料上方工业净水喷洒管按需要补充。

④干燥：皮带输送机将造粒后肥料送入旋转干燥筒中，随着干燥筒的旋转，也是再造粒过程，进行肥料颗粒的干燥工序。

⑤筛分：肥料颗粒干燥后直接送进圆筒转筛或往复式振动筛，小于1mm的粉末物和大于5mm的大颗粒均为返料，经粉碎再使用。

⑥涂蜡刨光：用传送带将筛分后的颗粒肥料送至圆盘或转筒（Φ1 400mm×8 000mm）中，一边旋转，一边加压（压强≥0.4MPa）雾喷石蜡—滑石粉混合乳液，至肥料颗粒全部湿润，用量为肥料质量的1%～2%。最后用80～100℃热风烘干，石蜡与滑石粉融为一体，冷却后在肥料颗粒表面形成具有一定强度的光滑蜡质外壳，即为胶结型缓释肥料成品。

（2）包膜胶结型缓释肥料生产工艺：将上述造粒、干燥和筛分而未涂蜡刨光的胶结肥料再用包膜胶结剂包裹，即为包膜胶结型缓释肥料。

缓释复合肥包膜在自行设计加工的包膜转筒中进行［包膜转筒见附图2（略）］，主要由以下部分组成：

①包膜胶结剂预处理装置：为1m^{3}带搅拌器的夹层罐，层间通入热水循环流动加热，包膜胶结剂用压力泵打入罐内，加水搅拌稀释至5%左右。

②加压喷雾装置：用压力泵加压，压力大于0.4MPa，喷嘴孔径5～10μm。

③旋转包膜筒：圆筒直径1 500mm，长8 000mm，分为两段，前半段为包膜室，后半段为扑粉干燥室，在内壁中间4 000mm处焊有一半圆形隔档，高100mm，内壁还焊有12排抄料板，抄料板长250～300mm，高150mm，交错排列。包膜筒入料端伸进1根喷洒包膜剂管子，长800mm、直径为25mm不锈钢管，管子两端安装2个喷头，喷嘴孔径5～10μm，包膜剂用水稀释至5%由压力泵（压强大于0.4MPa）压入管内，呈雾状喷洒［附图2（略）］。

④包膜操作：A. 开动包膜转筒；B. 用皮带输运机将上述含NPK的圆颗粒胶结缓释肥或大颗粒尿素送入包膜转筒，由于圆筒的旋转作用，筒内抄板将肥料颗粒在圆筒内扬起；C. 开动加压喷雾装置，包膜剂呈雾状与滚动扬起的肥料颗粒接触，将其表面湿润，形成一定厚度的包膜；D. 从包膜转筒出口端伸进一扑粉管，包膜后的肥料越过圆筒中间隔挡后进入扑粉室，滚动上扬的肥料颗粒与滑石粉相遇，肥料颗粒表面黏上一层滑石粉，滑石粉用量为肥料干基质量的1%～2.5%；E. 从包膜转筒出口端吹入80～100℃热风，扑粉后湿润的薄膜干燥后，与滑石粉一起包裹在肥料颗粒表面。由于包膜转筒有一定斜度（可根据包膜厚度和产量调节），包膜干燥后的肥料颗粒流入皮带输送机，进入肥料储存仓。

本发明的优点：

（1）选用不同的包膜胶结材料，胶结与胶结后再包膜相结合，制造不同时段释放养分的缓释肥料，再根据冬小麦各生育期的需肥规律，采用“异粒变速”工艺，做到一次施肥可满足冬小麦各个生育期对肥料养分的需求。

（2）可制造多功能缓释肥：胶结和包膜胶结型缓释肥工艺，不仅可生产NPK微多元素缓释肥、有机—无机缓释肥，而且可根据实际需要，制造保水型、防病型或集营养、保水、防病于一体的多功能型缓释肥。

实施例：

1. 原料配比（在缺钾土壤上，按 N：P_2O_5：K_2O=15%：7.5%：15%计算进行配料）

（1）胶结型缓释肥：尿素（含 N 46%）286.3kg；磷酸一铵（含 P_2O_5 45%，N 11%）166.7kg；氯化钾（含 K_2O 60%）250kg；风化煤（辅料）294kg；CF2（固形物含量 10%）10kg；石蜡滑石粉乳液（固形物含量 20%）10kg；合计（固形物质量）1 000kg。

（2）包膜胶结型缓释肥：尿素（含 N46%）286.3kg；磷酸一铵（含 P_2O_5 45%，N 11%）166.7kg；氯化钾（含 K_2O 60%）250kg；风化煤（辅料）274kg；胶结剂（固形物含量 10%）10kg；包膜剂（固形物含量 20%）10kg；滑石粉 20kg；合计（固形物质量）1 000kg。

2. 冬小麦用胶结和包膜胶结型缓/控释肥料生产程序

（1）胶结型缓释肥料生产（按每吨干基肥料计）：称取尿素 286.3kg、磷酸一铵 166.7kg、氯化钾 250kg、风化煤 294kg，在非对称双螺旋混料机中充分混合均匀，加入稀释后的胶结剂（CF2，黏土—聚酯混聚物胶结剂，磺化木质素混聚物胶结剂，烯烃类化合物—淀粉混聚物胶结剂，腐殖酸类混聚物胶结剂，废弃塑料—淀粉混聚物胶结剂），每种缓释肥料一次只添加一种胶结剂，用量为 10kg 母液/t 干基肥料（稀释倍数视原料含水量而定），用皮带输送机送入造粒机中（圆盘造粒机或转鼓式造粒机均可），造粒后干燥、筛分，小于 1mm 粉末和大于 5mm 的大颗粒返料循环利用；1～5mm 直径颗粒肥料送至圆盘或转鼓（Φ1 400mm×8 000mm）中，一边旋转，一边通过压强≥0.4MPa 喷嘴喷洒石蜡—滑石粉混合乳液，用量 10kg 左右母液/t 干基肥料，用 80～100℃热风烘干，即为胶结型缓释肥料。

（2）包膜胶结型缓释肥料生产：按每吨肥料干基计，称取尿素 286.3kg、磷酸一铵 166.7kg、氯化钾 250kg、风化煤 274kg，按照胶结型缓释肥工艺生产系列胶结型缓释肥，选择未涂蜡的 1～5mm 直径圆颗粒肥料送入专用包膜圆筒，通过压强≥0.4Mpa 喷嘴雾喷废弃塑料—淀粉混聚物包膜剂水溶液，用量 10kg 左右母液/t 干基肥料，至肥料颗粒表面完全湿润，形成一定厚度的包膜。随着包膜圆筒的转动，包膜后的肥料颗粒通过隔挡进入扑粉工序，滑石粉用量为 20kg 左右/ t 干基肥料；从包膜圆筒出料端通入热风管，在 80～100℃热风下干燥，即为包膜胶结型缓释肥料。

（3）"异粒变速"型小麦专用缓/控释肥料的加工：按照冬小麦冬前期，返青至拔节期，拔节至成熟期 3 个生长发育阶段对养分的需求比例，以氮素为基准，其比例为 20%：25%：55%，每 666.7m^2 按 12kg 氮（N）施用，加工成以下"异粒变速"型小麦专用缓/控释肥料：

①5.2kg 涂蜡尿素＋20kgCF2 胶结型缓释肥＋44kgCF2 胶结、废弃塑料—淀粉混聚物包膜型缓释肥；

②5.2kg 涂蜡尿素＋20kg 黏土—聚酯混聚物胶结型缓释肥＋44kg CF2 胶结、废弃塑料—淀粉混聚物包膜型缓释肥；

③5.2kg 涂蜡尿素＋20kg 磺化木质素混聚物胶结型缓释肥＋44kg CF2 胶结、废弃塑料—淀粉混聚物包膜型缓释肥；

④5.2kg 涂蜡尿素＋20kg 烯烃类化合物—淀粉混聚物胶结型缓释肥＋44kg CF2 胶结、废弃塑料—淀粉混聚物包膜型缓释肥；

⑤5.2kg 涂蜡尿素＋20kg 腐殖酸类混聚物胶结型缓释肥＋44kg CF2 胶结、废弃塑料—淀粉混聚物包膜型缓释肥。

将上述 5 组肥料分别在混料机中掺混均匀，送入自动包装机装袋包装，即成为冬小麦专用缓/控释肥料。

水稻用缓/控释肥料生产方法

水稻施肥一直是个复杂的问题，其原因有三，一是我国水稻种植区域大，南起海南岛，北至黑龙江，气候条件、土壤类型均相差太大；二是水稻分早稻、中稻、晚稻；三是品种繁多，营养特性各异，过去有籼稻、粳稻之分，近年来又有杂交稻、超级稻、直播稻之别。这是肥料界很少有人研究水稻专用肥的根本原因。至于水稻专用缓/控释肥，至今国内外尚无人问津。

本发明专用名词解释：

1. 缓释肥：国内外公认的意见是指氮素在土壤中 20d 以上开始释放的肥料。

2. 胶结型缓释肥：采用具有缓释性能的胶结（黏结）剂制备的颗粒肥料，改肥料中的养分（氮、磷、钾）在土壤中缓慢释放，养分释放时间长短取决于胶结（黏结）剂的性质。

3. 包膜型缓释肥：采用可以成膜的材料（又称包膜剂）包裹在尿素或复合（混）肥颗粒表面，使肥料氮具有缓慢释放的作用，释放时间长短取决于包膜材料的性质和包膜的厚度。

4. 包膜胶结型缓释肥：在胶结型缓释肥颗粒表面再包裹一层膜而形成的缓释肥料，从而延长了肥料养分的释放时间。

5. 氮素释放时段：指肥料氮在某一时间段内全部从肥料中释放至土壤中。

6. 异粒变速：所谓异粒变速，是指使用不同包膜胶结剂生产的肥料颗粒，其养分释放速率（或释放时段）是不一样的。

本发明的目的：

1. 从植物营养学的角度，在复杂的水稻施肥体系中找出规律。

2. 从缓释肥料的角度，研制系列水稻专用缓/控释肥料。

3. 将不同时段释放养分的胶结型和包膜胶结型缓释肥料，通过“异粒变速”工艺，按水稻各生长发育期养分需求比例掺混成水稻专用缓/控释肥料。

本发明的详细描述：

（一）水稻各生育期的营养特性

1. 早稻 本田全生育期 80～90d，一般 4 月下旬插秧，7 月中旬收割，生长处于气温由低逐渐升高的季节，品种基本上为常规水稻品种，也有部分杂交稻。早稻营养生长与生殖生

张夫道，等（专利号：ZL 200410088479.5）

长重叠，界限不明显，双季早稻一般移栽后15～20d达到分蘖高峰，分蘖至孕穗期吸收氮、磷、钾养分占吸收总量的80%，后期为20%；杂交早稻前、中期吸收养分量占全生育期的60%左右，后期占40%左右。以氮为基准，早稻最佳施肥量为9～10kgN/666.7m^2。

2. 晚稻　目前各地双季晚稻品种基本上为优质粳稻，也有部分杂交稻（湖南），本田生育期90多d，一般7月20日左右插秧，10月20日左右收获。与双季早稻相反，双季晚稻生长处于气温由高逐渐降低的季节，前期吸氮多，占全生育期吸氮总量的30%，中期占50%左右，后期占20%左右。单季晚稻多为超级稻，本田生育期为100～110d，在长江流域一般6月20日左右插秧，9月30日左右收割。由于单季晚稻生育期较长，有明显的分蘖、拔节、抽穗长穗阶段，单季晚稻吸收氮、磷、钾养分比例，前中期占75%，后期占25%，最佳施肥量（以N计）：双季晚稻10kgN/666.7m^2，单季晚稻12kgN/666.7m^2。

3. 中稻　目前种植的中稻多为杂交稻，本田的生育期为100～110d，在长江流域一般5月上旬插秧，8月中、下旬收割。营养生长与生殖生长的关系为衔接型，吸收养分有两个明显的高峰期，一是分蘖期，一是幼穗分化期，而且后期吸收养分的数量比前期高，营养生长期与生殖生长期养分比例（以N计）大致为40%∶60%。一般一季中稻最佳施肥量（以N计）为12kg/666.7m^2。

各种类型水稻全生育期吸收氮、磷、钾的比例大致为N∶P_2O_5∶K_2O=1∶0.5∶0.8。

（二）本发明的技术关键

1. 研制了系列水溶性（或胶团水溶液）**而又具有不同缓释性能的肥料包膜胶结剂**　申报本专利的前期工作共研制了7种胶结（黏结）包膜剂：

（1）有机复混肥造粒黏结剂（申请号：02123522.8，公开号：CN1390812A，见本发明人2002年7月2日提交的发明专利申请书）。

（2）纳米级腐殖酸类混聚物肥料包膜胶结剂（申请号：02123975.4，公开号：CN1390877A，见本发明人2002年7月11日提交的发明专利申请书）。

（3）纳米级废弃塑料—淀粉混聚物肥料包膜胶结剂（申请号：02125678.0，公开号：CN1388169A，见本发明人2002年7月26日提交的发明专利申请书）。

（4）纳米级黏土—聚酯混聚物肥料包膜胶结剂（申请号：02126009.5，公开号：CN1414033A，见本发明人2002年8月9日提交的发明专利申请书）。

（5）纳米级磺化木质素混聚物肥料包膜胶结剂（申请号：02149247.6，公开号：CN1417173A，见本发明人2002年11月11日提交的发明专利申请书）。

（6）纳米级烯烃类化合物—淀粉混聚物肥料包膜胶结剂（申请号：200310116857.1，公开号：CN1546543A，见本发明人2003年12月1日提交的发明专利申请书）。

其生产方法为：

①甲基丙烯酸羟乙酯乳液制备：选择北京东光化工厂生产的液态甲基丙烯酸羟乙酯，加入北京金鱼科技股份有限公司生产的金鱼牌洗涤灵溶液，加入量10%～15%，充分搅拌后即生成完全溶于水的甲基丙烯酸羟乙酯乳液。

②丙烯腈乳液制备：选择北京东光化工厂生产的液态丙烯腈，加入表面活性剂吐温—20乳化，加入量5%～10%，充分搅拌均匀后，加入金鱼牌洗涤灵溶液，加入量10%～15%，混合均匀后即生成丙烯腈乳化水溶液。

③交联淀粉溶液的制备（见本发明人 2002 年 7 月 26 日提交的 02125678.0 发明专利申请书）

A. 淀粉糊化：用冷水将淀粉（小麦、玉米、马铃薯）分散（淀粉浓度为 15%～20%），在搅拌下加热 60～90℃（视淀粉种类不同，温度稍有差异，）糊化 1h，再冷却至室温（20～35℃）。

B. 交联淀粉：用硫酸调 pH 至 2.0～3.0，再慢慢加入 40%的工业甲醛，加入量为淀粉量的 0.7%～0.8%，升温至 40℃左右，搅拌 30～60min。冷却后加入氨水调 pH 至 7 左右，多余的甲醛与 NH_3 起反应。

④纳米级甲基丙烯酸羟乙酯—丙烯腈—淀粉混聚物制备：将甲基丙烯酸羟乙酯乳化液、丙烯腈乳化液、交联淀粉溶液分别放入高剪切设备（见本发明人 2002 年 7 月 2 日提交的发明专利申请）中，容积比为 1∶1∶2，在 3 万 r/min 速度下高剪切 5～10min，即生成纳米级甲基丙烯酸羟乙酯—丙烯腈—淀粉胶团混聚水溶液。

（7）纳米级腐殖酸—废弃塑料—淀粉混聚物肥料包膜胶结剂（申请号：200310116855.2，公开号：CN1546607A，见本发明人 2003 年 12 月 1 日提交的发明专利申请书）

其生产方法为：

①纳米级腐殖酸混聚物生产工艺

原料选择：

A. 风化煤：腐殖酸含量 45%以上，Ca 含量 5%以上，Si 含量 1%以上。目前尚未制定风化煤的国家标准，按《GB8173—87 农用粉煤灰中污染物控制标准》对原料成分分析，重金属含量必须符合国家标准。

B. 塑料：选择废弃的聚苯乙烯泡沫塑料、塑料薄膜（包括食品袋）。

生产工艺：

A. 风化煤原料烘干，球磨机粉碎，过 200 目筛孔（筛孔直径 0.074mm）。

B. 在带搅拌装置的反应釜中加入 20%稀硫酸和 10%稀盐酸混合酸溶液，盐酸加入量视钙、硅化合物含量而定，风化煤与 H_2SO_4—HCl 混合酸质量比为 1∶2，反应时间 1.5～2.0h。化学反应结束后，用石灰乳液中和至 pH 7.0 左右。

C. 加入分散剂十二烷基苯磺酸钠，加入量为 5%～10%，溶解并搅拌均匀。

D. 上述反应生成物放入高剪切设备（见本发明人 2002 年 7 月 2 日提交的 02123522.8 发明专利申请书），转速 3 万 r/min，高剪切时间 10min 左右，即生成纳米级腐殖酸混聚物。

②纳米级废弃塑料—淀粉混聚物生产工艺（见本发明人 2002 年 7 月 26 日提交的 02125678.0 发明专利申请书）

A. 废弃塑料分选，洗净，干燥，粉碎。

B. 溶剂溶解：本工艺选用乙酸乙酯作溶剂，混合塑料用乙酸乙酯与二甲苯混合溶液（比例 1∶1）溶解。均放置 12～24h。

C. 乳化：聚苯乙烯塑料的乙酸乙酯溶液加吐温－80 表面活性剂乳化，边加边搅拌，至溶液颜色发白为止，吐温－80 加入量为 1%～5%；混合废塑料溶液加入吐温－60 表面活性剂乳化，加入量为 1%～5%。

D. 纳米级塑料水溶液的制备：在高剪切设备（本发明人 2002 年 7 月 2 日提交的

02123522.8 发明专利申请）中，一边高速剪切（1 万 r/min），一边加入 5%～10%十二烷基苯磺酸钠水溶液，加入量与塑料乳化溶液的体积基本相当（1∶1）。继续高剪切（3 万 r/min）10～15min。

E. 交联淀粉溶液的制备

淀粉糊化：用冷水将淀粉（小麦、玉米、马铃薯）分散（淀粉浓度为 15%～20%），在搅拌下加热 60～90℃（视淀粉种类不同，温度稍有差异，）糊化 1h，再冷却至室温（20～35℃）。

交联淀粉：用硫酸调 pH 至 2.0～3.0，再慢慢加入 40%的工业甲醛，加入量为淀粉量的 0.7%～0.8%，升温至 40℃左右，搅拌 30～60min。冷却后加入氨水调 pH 至 7 左右，多余的甲醛与 NH_3 起反应。

F. 纳米级塑料—淀粉胶团混聚物制备：将废弃塑料水溶液与交联淀粉溶液混合，容积比例为 1∶1，在高速剪切设备中（3 万 r/min）高剪切 5～10min，即成为纳米级废弃塑料—淀粉胶团混聚物水溶液。为防止液面上结皮，加 0.01%丁酮肟。

③纳米级腐殖酸—废弃塑料—淀粉混聚物肥料包膜胶结剂生产工艺：在高速乳化分散器中，分别加入纳米级腐殖酸混聚物、纳米级塑料—淀粉混聚物，比例为 1∶0.3～0.6，在 2 万 r/min 条件下，搅拌 15～20min，即生成非均相纳米级腐殖酸—废弃塑料—淀粉混聚物肥料包膜胶结剂。

（8）石蜡—滑石粉（或高岭土）混合乳液其生产方法为：固体石蜡（选择低熔点的石蜡）加热 50℃以上熔化后，加入石蜡乳化剂 RZB201（石蜡重量的 15%～25%），搅拌，生成石蜡膏状物，加水（石蜡重量的 5 倍），高速搅拌（2 万 r/min）10min 左右，生成石蜡乳液。然后加入滑石粉（或高岭土，过 300 目筛孔，筛孔直径相当于 0.053～0.04mm，加入量为石蜡重量的 20%～30%），高速搅拌（2 万 r/min）10min 左右，即为石蜡—滑石粉（或高岭土）混合乳液。

2. 不同缓释肥料在淹水条件下氮素释放时段　水稻基本上在淹水条件下生长，缓释肥料养分释放速率较快。采集浙江嘉兴青紫泥水稻土，在无栽培淹水条件下，各种缓释肥氮素释放时段如下：

（1）尿素（对照）：1 周内在土壤中全部释放。

（2）石蜡混合物包裹尿素：施入土壤后氮素 2 周内全部释放。

（3）有机复混肥造料黏结剂（CF2）胶结型缓释肥：施入土壤后氮素 15～40d 全部释放。

（4）黏土—聚酯混聚物胶结型缓释肥：施入土壤后氮素 30～50d 全部释放。

（5）磺化木质素混聚物胶结型缓释肥：施入土壤后氮素 25～50d 全部释放。

（6）烯烃类化合物—淀粉混聚物胶结型缓释肥：施入土壤后氮素 20～40d 全部释放。

（7）废弃塑料—淀粉混聚物胶结型缓释肥：施入土壤后氮素 50～70d 全部释放。

（8）腐殖酸类混聚物胶结型缓释肥：施入土壤后氮素 40～60d 全部释放。

（9）腐殖酸—废弃塑料—淀粉混聚物胶结型缓释肥：施入土壤后氮素 35～55d 全部释放。

（10）CF2 胶结、废弃塑料—淀粉包膜型缓释肥：施入土壤后氮素 60～75d 全部释放。

（11）黏土—聚酯混聚物胶结、废弃塑料—淀粉包膜型缓释肥：施入土壤后氮素 60～

80d 全部释放。

(12) 磺化木质素混聚物胶结、废弃塑料—淀粉混聚物包膜型缓释肥：施入土壤后氮素 55～75d 全部释放。

(13) 废弃塑料—淀粉胶结、废弃塑料—淀粉混聚物包膜型缓释肥：施入土壤后氮素 70～95d 全部释放。

3. “异粒变速”养分缓/控释工艺 根据每种作物对氮、磷、钾需求量，使用上述包膜胶结剂，生产出不同时段释放养分的 NPK 缓释复合肥料，再根据每种作物不同生育期对养分的需求比例（以 N 为基准），将不同时间段释放养分的缓释肥料按此比例组合并掺混均匀，成为养分释放时段各异的缓/控释肥料，即所谓“异粒变速”养分缓/控释工艺。每到作物的一个生育阶段，就有一种缓释肥开始释放养分，形成数个养分释放高峰期，与作物每个生育期对养分的需求量基本吻合。

4. 水稻田间肥效试验

(1) 地点：湖南省长沙县和宁乡县湖南农业大学试验基地。

表 1 供试土壤养分含量

地 点	pH	有机质（g/kg）	全 N（g/kg）	碱解 N（mg/kg）	速效 P（mg/kg）	速效 K（mg/kg）
长 沙	5.5	26.40	2.94	96.15	43.90	66.23
宁 乡	6.0	21.80	1.83	72.78	14.30	41.10

(2) 小区面积：$40m^2$（5m×8m），重复 3 次。

(3) 水稻品种：双季晚稻为新香优 80。

(4) 施肥量：专用肥 N∶P_2O_5∶K_2O＝15∶7.5∶12，以氮量计，$10kgN/666.7m^2$，对照为等 N、P、K 化肥。

(5) 试验结果：与等 NPK 化肥对照比较：

(1) CF2 胶结型缓释肥增产 11.72%～13.54%。

(2) 黏土—聚酯混聚物胶结型缓释肥增产 15.45%～28.34%。

(3) 废弃塑料—淀粉混聚物胶结型缓释肥增产 21.73%～30.15%。

(4) 磺化木质素混聚物胶结型缓释肥增产 12.5%～13.87%。

(5) 腐殖酸类混聚物胶结型缓释肥增产 13.64%～15.75%。

(6) 烯烃类化合物—淀粉混聚物胶结型缓释肥增产 13.55%～14.6%。

(7) 腐殖酸—废弃塑料—淀粉混聚物胶结型缓释肥增产 16.43%～21.85%。

(8) CF2 胶结、废弃塑料—淀粉混聚物包膜型缓释肥增产 24.70%～31.79%。

(9) CF2 胶结、黏土—聚酯混聚物包膜型缓释肥增产 17.60%～29.55%。

(10)（10%石蜡混合物包裹尿素 N＋20%CF2 胶结型缓释肥 N＋50%黏土—聚酯混聚物胶结型缓释肥 N＋20%黏土—聚酯混聚物胶结、废弃塑料—淀粉混聚物包膜型 N）缓释肥增产 32.39%～37.25%。

2 个点的田间试验结果一致表明，胶结和包膜胶结型掺混的缓释肥料效果较好。

(三) 主要工艺路线

1. 工艺流程 见附图 1（略）。

2. 工艺路线　本发明的工艺路线包括两个部分，一是胶结型缓释肥料制备，二是包膜胶结型缓释肥料制备。

（1）原料准备

①氮、磷、钾化肥原料：氮选用尿素，磷选用磷酸一铵，钾选用氯化钾或硫酸钾。粉碎过 60～70 目筛孔，筛孔直径相当于 0.25～0.21mm。

②有机原料：畜禽粪便、作物秸秆需发酵至半腐熟程度，烘干粉碎或湿磨粉碎过 20～25 目筛孔，筛孔直径 0.84～0.71mm；风化煤烘干、粉碎过 100 目筛孔。

③包膜胶结剂的选择和稀释：选择包膜胶结剂需根据作物种类和当地原料供应情况，因地制宜。胶结剂稀释：在试车时首先应摸清不同原料使用不同胶结剂时的最佳浓度范围。在上述包膜胶结剂中，除了石蜡—滑石粉（或高岭土）混合乳液稀释 5 倍（以石蜡计）外，其他一般用水稀释至 1%～2%。加水稀释时，需用搅拌器搅拌。

（2）原料混合：按水稻生育期对养分需求和肥料原料养分含量按比例称取原料，在钾含量相对较高的土壤上，$N:P_2O_5:K_2O=1:0.5:0.5\sim0.8$；在缺钾土壤上（土壤速效 K<100mg/kg）$N:P_2O_5:K_2O=1:0.5:0.8\sim1$。在非对称双螺旋混料机中充分混匀，再加入稀释后的胶结剂。胶结剂加入量：按肥料干基计，胶结（黏结）剂加入量为肥料质量的 0.5%～1.0%。

（3）加入胶结（黏结）剂水溶液并搅拌均匀后的物料经皮带输送机送至造粒圆盘或转鼓造粒机中造粒，如果水分不足，可通过圆盘内物料上方或转鼓内物料上方工业净水喷洒管按需要补充。

（4）干燥：皮带输送机将造粒后肥料送入旋转干燥筒中，随着干燥筒的旋转，也是再造粒过程，进行肥料颗粒的干燥工序。

（5）筛分：肥粒颗粒干燥后直接送进圆筒转筛或往复式振动筛，小于 1mm 的粉末物和大于 5mm 的大颗粒均为返料，经粉碎再使用。

（6）涂蜡刨光：用传送带将筛分后的颗粒肥料送至圆盘或转筒（Φ1 400mm×8 000mm）中，一边旋转，一边加压（压强≥0.4MPa）雾喷石蜡—滑石粉混合乳液，至肥料颗粒全部湿润，用量为肥料质量的 1%～2%。最后用 80～100℃热风烘干，石蜡与滑石粉融为一体，冷却后在肥料颗粒表面形成具有一定强度的光滑蜡质包膜层，即为胶结型缓释肥料成品。

（7）包膜胶结型缓释肥料生产工艺：将上述造粒、干燥和筛分而未涂蜡刨光的胶结肥料再用包膜胶结剂包裹，即为包膜胶结型缓释肥料。

缓释肥包膜在自行设计加工的包膜转筒中进行［包膜转筒见附图 2（略）］，主要由以下部分组成：

①包膜胶结剂预处理装置：为 $1m^3$ 带搅拌器的夹层罐，层间通入热水循环流动加热，包膜胶结剂用压力泵打入罐内，加水搅拌稀释至 5%左右。

②加压喷雾装置：用压力泵加压，压力大于 0.4MPa，喷嘴孔径 5～10μm。

③旋转包膜筒：圆筒直径 1 500mm，长 8 000mm，分为两段，前半段为包膜室，后半段为扑粉干燥室，在内壁中间 4 000mm 处焊有一半圆形隔档，高 100mm，内壁还焊有 12 排抄料板，抄料板长 250～300mm，高 150mm，交错排列。包膜筒入料端伸进一根喷洒包膜剂管子，长 800mm、直径为 25mm 不锈钢管，管子两端安装 2 个喷头，喷嘴孔径 5～

10μm，包膜剂用水稀释至5%，由压力泵（压强大于0.4MPa）压入管内，呈雾状喷洒。

④包膜操作：A. 开动包膜转筒；B. 用皮带输运机将上述含NPK的圆颗粒胶结型缓释肥或大颗粒尿素送入包膜转筒，由于圆筒的旋转作用，筒内抄板将肥料颗粒在圆筒内扬起；C. 开动加压喷雾装置，包膜剂呈雾状与滚动扬起的肥料颗粒接触，将其表面湿润，形成一定厚度的包膜；D. 从包膜转筒出口端伸进一扑粉管，包膜后的肥料越过圆筒中间隔挡后进入扑粉室，滚动上扬的肥料颗粒与滑石粉相遇，肥料颗粒表面黏上一层滑石粉，滑石粉用量为肥料干基质量的1%～2.5%；E. 从包膜转筒出口端吹入80～100℃热风，扑粉后湿润的薄膜干燥后，与滑石粉一起包裹在肥料颗粒表面。由于包膜转筒有一定斜度（可根据包膜厚度和产量调节），包膜干燥后的肥料颗粒流入皮带输送机，进入肥料储存仓。

本发明的优点：

根据不同类型水稻各生育期的营养特性，选择不同时段释放氮素的胶结和包膜胶结型缓释肥料，按不同类型水稻各生育期需肥比例掺混，即成为“异粒变速”的水稻专用缓/控释肥料系列，做到一次作基肥施用，可满足不同类型水稻全生育期的养分需求。

实施例：

1. 原料配比

在缺钾土壤上，按N∶P_2O_5∶K_2O=15%∶7.5%∶15%计算进行配料，在非缺钾土壤上，按N∶P_2O_5∶K_2O=15%∶7.5%∶12%计算进行配料，

（1）胶结型缓释肥

原料	缺钾土壤	非缺钾土壤
尿素（含N 46%）	286.3kg	286.3kg
磷酸一铵（含P_2O_5 45%，N 11%）	166.7kg	166.7kg
氯化钾（含K_2O 60%）	250kg	200kg
风化煤（辅料）	294kg	344kg
胶结（黏结）剂（固形物含量10%）	10kg	10kg
石蜡滑石粉乳液（固形物含量20%）	10kg	10kg
合计（固形物质量）	1 000kg	1 000kg

（2）包膜胶结型缓释肥

原料	缺钾土壤	非缺钾土壤
尿素（含N46%）	286.3kg	286.3kg
磷酸一铵（含P_2O_5 45%，N 11%）	166.7kg	166.7kg
氯化钾（含K_2O 60%）	250kg	200kg
风化煤（辅料）	274kg	324kg
胶结（黏结）剂（固形物含量10%）	10kg	10kg
包膜剂（固形物含量20%）	10kg	10kg
滑石粉	20kg	20kg
合计（固形物质量）	1 000kg	1 000kg

2. 水稻用胶结和包膜胶结型缓释肥料生产程序

（1）胶结型缓释肥料生产（按每吨干基肥料计）：称取尿素 286.3kg、磷酸一铵 166.7kg、氯化钾 250kg（非缺钾土壤 200kg）、风化煤 294kg（非缺钾土壤 344kg），在非对称双螺旋混料机中充分混合均匀，加入稀释后的胶结剂（CF2、黏土—聚酯混聚物胶结剂、磺化木质素混聚物胶结剂、烯烃类化合物—淀粉混聚物胶结剂、腐殖酸类混聚物胶结剂、废弃塑料—淀粉混聚物胶结剂、腐殖酸—废弃塑料—淀粉混聚物胶结剂），每种缓释肥料一次只添加一种胶结剂，用量为 10kg 母液/t 干基肥料（稀释倍数视原料含水量而定），用皮带输送机送入造粒机中（圆盘造粒机或转鼓式造粒机均可），造粒后干燥、筛分，小于 1mm 粉末和大于 5mm 的大颗粒返料循环利用；1～5mm 直径颗粒肥料送至圆盘或转鼓造粒机（Φ1 400mm×8 000mm）中，一边旋转，一边通过压强≥0.4MPa 喷嘴喷洒石蜡—滑石粉混合乳液，用量 10kg 左右母液/t 干基肥料，用 80～100℃热风烘干，即为胶结型缓释肥料。

（2）包膜胶结型缓释肥料生产（按每吨干基肥料计）：称取尿素 286.3kg、磷酸一铵 166.7kg、氯化钾 250kg（非缺钾土壤 200kg）、风化煤 274kg（非缺钾土壤 324kg），按照胶结缓释肥料生产工序制备胶结型缓释肥，将未涂蜡的 1～5mm 直径圆颗粒肥料送入专用包膜圆筒，通过压强≥0.4MPa 喷嘴雾喷废弃塑料—淀粉混聚物包膜剂水溶液，用量 10kg 左右母液/t 干基肥料，至肥料颗粒表面完全湿润，形成一定厚度的包膜。随着包膜圆筒的转动，包膜后的肥料颗粒通过隔挡进入扑粉工序，滑石粉用量为 20kg 左右/ t 干基肥料；从包膜圆筒出料端通入热风管，在 80～100℃热风下干燥，即为包膜胶结型缓释肥料。

3.“异粒变速”型水稻专用缓/控释肥料的加工

（1）早稻专用缓/控释肥料：根据早稻营养生长与生殖生长重叠、移栽后 15～20d 达到分蘖高峰的特点，拟采用速效肥与胶结型缓释肥相结合为主的方案，以氮素（N）为基准，施肥量 10kg N/666.7m^2。

①4.3kg 涂蜡尿素＋26.7kgCF2 胶结型缓释肥＋26.7kg 腐殖酸类混聚物胶结型缓释肥。

②4.3kg 涂蜡尿素＋26.7kg 黏土—聚酯混聚物胶结型缓释肥＋26.7kg 废弃塑料—淀粉混聚物胶结型缓释肥。

③4.3kg 涂蜡尿素＋26.7kg 磺化木质素混聚物胶结型缓释肥＋26.7kg 腐殖酸—废弃塑料—淀粉混聚物胶结型缓释肥。

④4.3kg 涂蜡尿素＋26.7kg 烯烃类化合物—淀粉混聚物胶结型缓释肥＋26.7kgCF2 胶结、废弃塑料—淀粉混聚物包膜型缓释肥。

⑤4.3kg 涂蜡尿素＋26.7kgCF2 胶结型缓释肥＋26.7kgCF2 胶结、废弃塑料—淀粉混聚物包膜型缓释肥。

（2）中稻专用缓/控释肥料：中稻有两个明显的吸收养分高峰期，即分蘖期和幼穗分化期，营养生长与生殖生长期养分比例（以 N 计）大致为 40%∶60%，每 666.7m^2 施肥量（以 N 计）为 12kgN。根据中稻的营养特性，拟采用以下方案：

①5.2kg 涂蜡尿素＋16kgCF2 胶结型缓释肥＋48kg CF2 胶结、废弃塑料—淀粉混聚物包膜型缓释肥。

②5.2kg 涂蜡尿素＋16kg 磺化木质素混聚物胶结型缓释肥＋48kg 磺化木质素混聚物胶结、废弃塑料—淀粉混聚物包膜型缓释肥。

③5.2kg 涂蜡尿素＋16kg 烯烃类化合物—淀粉混聚物胶结型缓释肥＋48kg 烯烃类化合物—淀粉混聚物胶结、废弃塑料—淀粉混聚物包膜型缓释肥。

④5.2kg 涂蜡尿素＋16kg 黏土—聚酯混聚物胶结型缓释肥＋48kg 黏土—聚酯混聚物胶结、废弃塑料—淀粉混聚物包膜型缓释肥。

⑤5.2kg 涂蜡尿素＋16kg 腐殖酸类混聚物胶结型缓释肥＋48kg 腐殖酸类混聚物胶结、废弃塑料—淀粉混聚物包膜型缓释肥。

⑥5.2kg 涂蜡尿素＋16kg 废弃塑料—淀粉混聚物胶结型缓释肥＋48kg 废弃塑料—淀粉混聚物胶结后再用其包膜型缓释肥。

（3）晚稻专用缓/控释肥料

①双季晚稻：双季晚稻营养特点为前、中、后期各占吸收养分总量（以 N 计）30%、50%、20%，重点是中期养分的供应，晚稻施肥量以 N 计为 10kgN/666.7m^2。

〈1〉4.4kg 涂蜡尿素＋40kgCF2 胶结型缓释肥＋13.4kg CF2 胶结、废弃塑料—淀粉混聚物包膜型缓释肥。

〈2〉4.4kg 涂蜡尿素＋40kg 黏土—聚酯混聚物胶结型缓释肥＋13.4kg CF2 胶结、废弃塑料—淀粉混聚物包膜型缓释肥。

〈3〉4.4kg 涂蜡尿素＋40kg 磺化木质素混聚物胶结型缓释肥＋13.4kg CF2 胶结、废弃塑料—淀粉混聚物包膜型缓释肥。

〈4〉4.4kg 涂蜡尿素＋40kg 烯烃类化合物—淀粉混聚物胶结型缓释肥＋13.4kg CF2 胶结、废弃塑料—淀粉混聚物包膜型缓释肥。

〈5〉4.4kg 涂蜡尿素＋40kg 腐殖酸类混聚物胶结型缓释肥＋13.4kg CF2 胶结、废弃塑料—淀粉混聚物包膜型缓释肥。

〈6〉4.4kg 涂蜡尿素＋40kg 废弃塑料—淀粉混聚物胶结型缓释肥＋13.4kg CF2 胶结、废弃塑料—淀粉混聚物包膜型缓释肥。

②单季晚稻　单季晚稻营养特点是前、中期吸收养分（以 N 计）占 75%，后期占 25%，最佳施肥量（以 N 计）为 12kgN/666.7m^2。

〈1〉5.2kg 涂蜡尿素＋44kgCF2 胶结型缓释肥＋20kg CF2 胶结、废弃塑料—淀粉混聚物包膜型缓释肥。

〈2〉5.2kg 涂蜡尿素＋44kg 黏土—聚酯混聚物胶结型缓释肥＋20kg 黏土—聚酯混聚物胶结、废弃塑料—淀粉混聚物包膜型缓释肥。

〈3〉5.2kg 涂蜡尿素＋44kg 磺化木质素混聚物胶结型缓释肥＋20kg 磺化木质素混聚物胶结、废弃塑料—淀粉混聚物包膜型缓释肥。

〈4〉5.2kg 涂蜡尿素＋44kg 烯烃类化合物—淀粉混聚物胶结型缓释肥＋20kg 烯烃类化合物—淀粉混聚物胶结、废弃塑料—淀粉混聚物包膜型缓释肥。

〈5〉5.2kg 涂蜡尿素＋44kg 腐殖酸类混聚物胶结型缓释肥＋20kg 腐殖酸类混聚物胶结、废弃塑料—淀粉混聚物包膜型缓释肥。

〈6〉5.2kg 涂蜡尿素＋44kg 腐殖酸—塑料—淀粉混聚物胶结型缓释肥＋20kg 腐殖酸—塑料—淀粉混聚物胶结、废弃塑料—淀粉混聚物包膜型缓释肥。

将上述各肥料组合分别在混料机中掺混均匀，送入自动包装机装袋包装，即成为不同类型水稻专用缓/控释肥料。

夏玉米用缓/控释肥料生产方法

本发明属于农业、生态环境领域。

目前国内外生产的缓释肥料有 3 个特点，一是养分释放只有一个高峰期，与作物生育期需肥高峰不一致；二是通用型，缺乏专用型；三是成本过高，粮食作物产值不高，农民买不起。

本发明专用名词解释：

1. 缓释肥：国内外公认的意见是指氮素在土壤中 20d 以上开始释放的肥料。

2. 胶结型缓释肥：采用具有缓释性能的胶结（黏结）剂制备的颗粒肥料，改肥料中的养分（氮、磷、钾）在土壤中缓慢释放，养分释放时间长短取决于胶结（黏结）剂的性质。

3. 包膜型缓释肥：采用可以成膜的材料（又称包膜剂）包裹在尿素或复合（混）肥颗粒表面，使肥料氮具有缓慢释放的作用，释放时间长短取决于包膜材料的性质和包膜的厚度。

4. 包膜胶结型缓释肥：在胶结型缓释肥颗粒表面再包裹一层膜而形成的缓释肥料，从而延长了肥料养分的释放时间。

5. 氮素释放时段：指肥料氮在某一时间段内全部从肥料中释放至土壤中。

6. 异粒变速：所谓异粒变速，是指使用不同包膜胶结剂生产的肥料颗粒，其养分释放速率（或释放时段）是不一样的。

本发明的目的：将不同时段释放养分的胶结型和包膜胶结型缓释肥料，通过“异粒变速”工艺，按夏玉米各生长发育期养分需求比例掺混成夏玉米专用缓/控释肥料。

本发明的详细描述：

（一）夏玉米各生育期养分需求特点

夏玉米生育期为：苗期，拔节至孕穗期，孕穗至成熟期。各生育期养分需求比例：氮素为 10%、76%、14%；磷素为 10%、63%、27%；钾素为 10%、74%、16%。共同的规律是，拔节至孕穗期均是夏玉米吸收氮、磷、钾的高峰期。夏玉米全生育期对氮、磷、钾的吸收比例为：$N:P_2O_5:K_2O=1:0.34\sim0.45:0.77\sim0.91$。因夏玉米的播种时间在每年 6 月份，温度较高，土壤磷、钾释放较多，除了考虑各地土壤肥力状况对夏玉米专用肥氮、磷、钾比例进行调整外，主要对氮素进行控释。

（二）本发明的技术关键

1. 研制了系列水溶性（或胶团水溶液）而又具有不同缓释性能的肥料包膜胶结剂　申报本专利的前期工作共研制了 5 种胶结（黏结）包膜剂：

（1）有机复混肥造粒黏结剂（申请号：02123522.8，公开号：CN1390812A，见本发明

张夫道，等（专利号：ZL 200410088480.8）

人 2002 年 7 月 2 日提交的发明专利申请书）。

（2）纳米级腐殖酸类混聚物肥料包膜胶结剂（申请号：02123975.4，公开号：CN1390877A，见本发明人 2002 年 7 月 11 日提交的发明专利申请书）。

（3）纳米级废弃塑料—淀粉混聚物肥料包膜胶结剂（申请号：02125678.0，公开号：CN1388169A，见本发明人 2002 年 7 月 26 日提交的发明专利申请书）。

（4）纳米级黏土—聚酯混聚物肥料包膜胶结剂（申请号：02126009.5，公开号：CN1414033A，见本发明人 2002 年 8 月 9 日提交的发明专利申请书）。

（5）纳米级磺化木质素混聚物肥料包膜胶结剂（申请号：02149247.6，公开号：CN1417173A，见本发明人 2002 年 11 月 11 日提交的发明专利申请书）。

2. 不同胶结和包膜胶结型缓释肥料氮素在土壤中释放时段 在北京昌平褐潮土和江西进贤红壤上试验结果：

（1）尿素：2 周内在土壤中全部释放并转化为硝态氮。

（2）有机复混肥造粒黏结剂（CF2）胶结型缓释肥：施入土壤后氮素 30～80d 全部释放。

（3）黏土—聚酯混聚物胶结型缓释肥：施入土壤后氮素 50～100d 全部释放。

（4）磺化木质素混聚物胶结型缓释肥：施入土壤后 50～90d 氮素全部释放。

（5）腐殖酸类混聚物胶结型缓释肥：施入土壤后氮素 50～100d 全部释放。

（6）CF2 胶结、废弃塑料—淀粉混聚物包膜型缓释肥：施入土壤后氮素 100～150d 全部释放。

3. "异粒变速"养分缓/控释工艺 根据每种作物对氮、磷、钾需求量，使用上述包膜胶结剂，生产出不同时段释放养分的 NPK 缓释复合肥料，再根据每种作物不同生育期对养分的需求比例（以 N 为基准），将不同时间段释放养分的缓释肥料按此比例组合并掺混均匀，成为养分释放时段各异的缓/控释肥料，即所谓"异粒变速"养分缓/控释工艺。每到作物的一个生育阶段，就有一种缓释肥开始释放养分，形成数个养分释放高峰期，与作物每个生育期对养分的需求量基本吻合。

4. 夏玉米肥效试验

（1）供试土壤：北京昌平"国家褐潮土土壤肥力与肥料效益监测基地"，土壤质地为粉砂质壤土，试验前已种植 2 年谷子匀地。土壤有机质含量 1.2%，全 N 0.888g/kg，碱解 N 76.43g/kg，速效 P4.12g/kg，速效 K 90g/kg。

（2）施肥量：小区面积 20m^2，重复 3 次，缓释复合肥料 N—P_2O_5—K_2O=15—7—14，按 N 量计，每 666.7m^2 施用 15kg，对照为等 N、P、K 养分化肥。玉米品种：中单 8578。

（3）试验结果：与等 N、P、K 化肥对照比较：

①CF2 胶结型缓释肥处理增产 8.0%。

②磺化木质素混聚物胶结型缓释肥增产 12.05%。

③黏土—聚酯混聚物胶结型缓释肥增产 18.45%。

④CF2 胶结、废弃塑料—淀粉混聚物包膜型缓释肥增产 27%。

⑤腐殖酸类混聚物胶结型缓释肥处理增产 23.57%。

⑥10%尿素 N+76% CF2 胶结缓释肥 N+14% CF2 胶结、废弃塑料—淀粉混聚物包膜型缓释肥 N 处理增产 30.21%。

田间试验结果，处理6增产率最高，其次是处理5和处理4，可见“异粒变速”型玉米专用缓/控释肥效果最好。

（三）主要工艺路线

1. 工艺流程　见附图1（略）。

2. 工艺路线　本发明的工艺路线包括两个部分，一是胶结型缓释肥料制备，二是包膜胶结型缓释肥料制备。

（1）原料准备

①氮、磷、钾化肥原料：氮选用尿素，磷选用磷酸一铵，钾选用氯化钾或硫酸钾。粉碎过60～70目筛孔，筛孔直径相当于0.25～0.21mm。

②有机原料：畜禽粪便、作物秸秆需发酵至半腐熟程度，烘干粉碎或湿磨粉碎过20～25目筛孔，筛孔直径0.84～0.71mm；风化煤烘干、粉碎过100目筛孔。

③包膜胶结剂的选择和稀释：选择包膜胶结剂需根据作物种类和当地原料供应情况，因地制宜。胶结剂稀释：在试车时首先应摸清不同原料使用不同胶结剂时的最佳浓度范围。在上述包膜胶结剂中，一般用水稀释至1%～2%。加水稀释时，需用搅拌器搅拌。

（2）原料混合：按夏玉米生育期对养分需求和肥料原料养分含量按比例称取原料，在钾含量相对较高的土壤上，N∶P_2O_5∶K_2O＝1∶0.4∶0.5～0.8；在缺钾土壤上（土壤速效K＜100mg/kg＝N∶P_2O_5∶K_2O＝1∶0.5∶0.7～0.9。在非对称双螺旋混料机中充分混匀，再加入稀释后的胶结剂。胶结剂加入量：按肥料干基计，胶结（黏结）剂加入量为肥料质量的0.5%～1.0%。

（3）加入胶结（黏结）剂水溶液并搅拌均匀后的物料经皮带输送机送至造粒圆盘或转鼓造粒机中造粒，如果水分不足，可通过圆盘内物料上方或转鼓内物料上方工业净水喷洒管按需要补充。

（4）干燥：皮带输送机将造粒后肥料送入旋转干燥筒中，随着干燥筒的旋转，也是再造粒过程，进行肥料颗粒的干燥工序。

（5）筛分：肥粒颗粒干燥后直接送进圆筒转筛或往复式振动筛，小于1mm的粉末物和大于5mm的大颗粒均为返料，经粉碎再使用。

（6）涂蜡刨光：用传送带将筛分后的颗粒肥料送至圆盘或转筒（Φ1 400mm×8 000mm）中，一边旋转，一边加压（压强≥0.4MPa）雾喷石蜡—滑石粉混合乳液，至肥料颗粒全部湿润，用量为肥料质量的1%～2%。最后用80～100℃热风烘干，石蜡与滑石粉融为一体，冷却后在肥料颗粒表面形成具有一定强度的光滑蜡质外壳，即为胶结型缓释肥料成品。

（7）包膜胶结型缓释肥料生产工艺：将上述造粒、干燥和筛分而未涂蜡刨光的胶结肥料再用包膜胶结剂包裹，即为包膜胶结型缓释肥料。

缓释复合肥包膜在自行设计加工的包膜转筒中进行（包膜转筒见附图2），主要由以下部分组成：

①包膜胶结剂预处理装置：为1m^3带搅拌器的夹层罐，层间通入热水循环流动加热，包膜胶结剂用压力泵打入罐内，加水搅拌稀释至5%左右。

②加压喷雾装置：用压力泵加压，压力大于0.4MPa，喷嘴孔径5～10μm。

③旋转包膜筒：圆筒直径1 500mm，长8 000mm，分为两段，前半段为包膜室，后半

段为扑粉干燥室，在内壁中间 4 000mm 处焊有一半圆形隔档，高 100mm，内壁还焊有 12 排抄料板，抄料板长 250～300mm，高 150mm，交错排列。包膜筒入料端伸进一根喷洒包膜剂管子，长 800mm、直径为 25mm 不锈钢管，管子两端安装 2 个喷头，喷嘴孔径 5～10μm，包膜剂用水稀释至 5%由压力泵（压强大于 0.4MPa）压入管内，呈雾状喷洒。

④包膜操作：A. 开动包膜转筒；B. 用皮带输运机将上述含 NPK 的圆颗粒胶结缓释肥或大颗粒尿素送入包膜转筒，由于圆筒的旋转作用，筒内抄板将肥料颗粒在圆筒内扬起；C. 开动加压喷雾装置，包膜剂呈雾状与滚动扬起的肥料颗粒接触，将其表面湿润，形成一定厚度的包膜；D. 从包膜转筒出口端伸进一扑粉管，包膜后的肥料越过圆筒中间隔挡后进入扑粉室，滚动上扬的肥料颗粒与滑石粉相遇，肥料颗粒周围黏上一层滑石粉，滑石粉用量为肥料干基质量的 1%～2.5%；E. 从包膜转筒出口端吹入 80～100℃热风，扑粉后湿润的薄膜干燥后，与滑石粉一起包裹在肥料颗粒表面。由于包膜转筒有一定斜度（可根据包膜厚度和产量调节），包膜干燥后的肥料颗粒流入皮带输送机，进入肥料储存仓。

本发明的优点：

根据夏玉米各生育期对养分的需求特点，选择不同时段释放氮素的胶结和包膜胶结型缓释肥料，按夏玉米各生育期需肥比例组合、掺混，即成为“异粒变速”的夏玉米专用缓/控释肥料，做到一次作基肥施用，可满足夏玉米各生育期的养分需求。

实施例：

1. 原料配比（在缺钾土壤上，按 N：P_2O_5：K_2O=15%：7%：14%计算进行配料）

（1）胶结型缓释肥：尿素（含 N 46%）288.9kg；磷酸一铵（含 P_2O_5 45%，N 11%）155.6kg；氯化钾（含 K_2O 60%）233.4kg；风化煤（辅料）319.1kg；胶结（黏结）剂（固形物含量 10%）10kg；石蜡滑石粉乳液（固形物含量 20%）10kg；合计（固形物质量）1 000kg。

（2）包膜胶结型缓释肥：尿素（含 N46%）288.9kg；磷酸一铵（含 P_2O_5 45%，N 11%）155.6kg；氯化钾（含 K_2O 60%）233.4kg；风化煤（辅料）299.1kg；胶结（黏结）剂（固形物含量 10%）10kg；包膜剂（固形物含量 20%）10kg；滑石粉 20kg；合计（固形物质量）1 000kg。

2. 夏玉米用胶结和包膜胶结型缓/控释肥料生产程序

（1）胶结型缓释肥料生产（按每吨干基肥料计）：按照 N：P_2O_5：K_2O=15：7：14 的比例，称取尿素 288.9kg、磷酸一铵 155.6kg、氯化钾 233.4kg、风化煤 319.1kg，在非对称双螺旋混料机中充分混合均匀，加入稀释后的胶结剂（CF2，黏土—聚酯混聚物胶结剂，磺化木质素混聚物胶结剂，腐殖酸类混聚物胶结剂），每种缓释肥料一次只添加一种胶结剂，用量为 10kg 母液/t 干基肥料（稀释倍数视原料含水量而定），用皮带输送机送入造粒机中（圆盘造粒机或转鼓式造粒机均可），造粒后干燥、筛分，小于 1mm 粉末和大于 5mm 的大颗粒返料循环利用；1～5mm 直径颗粒肥料送至圆盘或转鼓造粒机（Φ1 400×8 000mm）中，一边旋转，一边通过压强≥0.4MPa 喷嘴喷洒石蜡—滑石粉混合乳液，用量 10kg 左右母液/t 干基肥料，用 80～100℃热风烘干，即为胶结型缓释肥料。

（2）包膜胶结型缓释肥料生产：按每吨肥料干基计，称取尿素 288.9kg、磷酸一铵 155.6kg、氯化钾 233.4kg、风化煤 299.1kg，按上述胶结型缓释肥工艺生产系列胶结型缓释肥，选择未涂蜡的 1～5mm 直径圆颗粒肥料送入专用包膜圆筒，通过压强≥0.4MPa 喷嘴雾喷废弃塑料—淀粉混聚物包膜剂水溶液，用量 10kg 左右母液/t 干基肥料，至肥料颗粒表面完全湿润，形成一定厚度的包膜。随着包膜圆筒的转动，包膜后的肥料颗粒通过隔挡进入扑粉工序，滑石粉用量为 20kg 左右/ t 干基肥料；从包膜圆筒出料端通入热风管，在 80～100℃热风下干燥，即为包膜胶结型缓释肥料。

(3)“异粒变速”型夏玉米专用缓/控释肥料的加工：夏玉米长发育分为 3 个阶段，即苗期、拔节至孕穗期、孕穗至成熟期，各生育期养分需求比例，以氮素为基准，3 个生育期的比例为 10%：76%：14%，每 666.7m^2 按 15kg 氮（N）施用，加工成以下“异粒变速”型夏玉米专用缓/控释肥料组合：

①3.3kg 尿素＋76kgCF2 胶结型缓释肥＋14kgCF2 胶结、废弃塑料—淀粉混聚物包膜型缓释肥。

②3.3kg 尿素＋76kg 黏土—聚酯混聚物胶结型缓释肥＋14kg CF2 胶结、废弃塑料—淀粉混聚物包膜型缓释肥。

③3.3kg 尿素＋76kg 磺化木质素混聚物胶结型缓释肥＋14kg CF2 胶结、废弃塑料—淀粉混聚物包膜型缓释肥。

④3.3kg 尿素＋76kg 腐殖酸类混聚物胶结型缓释肥＋14kg CF2 胶结、废弃塑料—淀粉混聚物包膜型缓释肥。

将上述 4 组肥料分别在混料机中掺混均匀，送入自动包装机装袋包装，即成为夏玉米专用缓/控释肥料。

设施番茄用缓/控释肥料生产方法

本发明涉及一种番茄专用缓/控释肥料的生产方法，属于农业、生态环境领域。

设施蔬菜又称为大棚蔬菜，因为我国绝大部分为塑料大棚设施，是 20 世纪 90 年代发展起来的新兴产业，目前种植面积全国已达 140 万 hm^2。由于发展迅速，植物营养与肥料科技工作者尚未研究出成熟的施肥技术，缺乏专用的肥料。至于缓释肥料，只有日本将热塑型包膜尿素用于蔬菜作物上，品种单一，价格昂贵。我国农民在设施蔬菜上盲目施肥。调查结果，山东寿光日光温室和塑料拱棚中的蔬菜一般施有机肥 120～225t/（hm^2·年）、磷酸二铵 1～1.5t/（hm^2·年）、NPK 三元复合肥（N15—$P_2O_5$15—K_2O15）3～5t/（hm^2·年）；由于施肥量大，养分利用率低，大量氮素淋失至地下水中，对 46 个点调查结果，地下水硝态氮含量（NO_3^-—N）均超过 50mg/L，其中最高达 500mg/L。[史春余、张夫道等：长期施肥条件下设施蔬菜地土壤养分变化研究，植物营养与肥料学报，2003，9（4）：437～441]。番茄是设施蔬菜中最主要的蔬菜种类之一，急需要专用的缓/控释肥料。

本发明的目的：将不同时段释放养分的胶结型和包膜胶结型缓释肥料，通过“异粒变速”工艺，按设施番茄各生长发育阶段养分（N，P_2O_5，K_2O）需求比例组合并掺混成设施番茄专用缓/控释肥料。

张夫道，等（专利号：ZL200510002731.0）

本发明的详细描述：

（一）设施番茄各生育期养分需求特点

番茄生育期分为3个阶段：幼苗期，开花期，结果期。在大棚番茄栽培中，从番茄幼苗移栽成活至第1花序坐果，一般为40d左右，从坐果至全部采收（又称拉秧）一般为90d左右。大棚番茄产量很高，一般为8 000～10 000kg/666.7m^2。高产出需高投入，需肥量较大，从幼苗移栽成活至全部收获，番茄全生育期需施用氮肥（以N计）40～60kg/666.7m^2、磷肥（以P_2O_5计）20～30kg/666.7m^2，钾肥（以K_2O计）50～80kg/666.7m^2，N：P_2O_5：K_2O=1：0.3～0.5：1.3～1.5。为便于施肥，将大棚番茄生育期划分为两个阶段：幼苗—开花期，（从现蕾至第1花序果实坐住称为开花期），结果期（从第1花序果实坐住至全部采收，称为结果期）。幼苗—开花期需肥量占整个生育期需肥量的20%～25%，结果期需肥量占75%～80%。因大棚番茄结果期长，对于氮素化肥，更需要缓慢释放。

（二）申报本专利的前期工作

1. 研制了8种具有不同缓释性能的胶结（黏结）剂和包膜胶结剂

（1）有机复混肥料造粒黏结剂CF2（申请号：02123522.8，公开号：CN1390812A，见本发明人2002年7月2日提交的发明专利申请书）。

（2）纳米级腐殖酸类混聚物肥料包膜胶结剂（申请号：02123975.4，公开号：CN1390877A，见本发明人2002年7月11日提交的发明专利申请书）。

（3）纳米级废弃塑料—淀粉混聚物肥料包膜胶结剂（申请号：02125678.0，公开号：CN1388169A，见本发明人2002年7月26日提交的发明专利申请书）。

（4）纳米级黏土—聚酯混聚物肥料包膜胶结剂（申请号：02126009.5，公开号：CN1414033A，见本发明人2002年8月9日提交的发明专利申请书）。

（5）纳米级磺化木质素混聚物肥料包膜胶结剂（申请号：02149247.6，公开号：CN1417173A，见本发明人2002年11月11日提交的发明专利申请书）。

（6）纳米级烯烃类化合物—淀粉混聚物肥料包膜胶结剂（申请号：200310116857.2，公开号：CN1546543A，见本发明人2003年12月1日提交 的发明专利申请书）。

（7）纳米—亚微米级泡沫塑料混聚物肥料胶结包膜剂（申请号：200410088477.6，见本发明人2004年11月3日提交的发明专利申请书）。

其生产方法为：

泡沫塑料溶解：

①废弃泡沫塑料去杂、清洗、粉碎。

②溶剂溶解：在反应釜中加入乙酸乙酯和200号溶剂油混合溶液，其质量比为1：1，缓慢放入粉碎泡沫塑料，在常温条件下（20～35℃），100kg混合有机溶剂可溶解60～65kg泡沫塑料。放置8～12h，一些包裹在塑料溶液中的颗粒可继续溶解。

泡沫塑料乳化剂制备：将脱离子水加入反应釜，打开循环热水加热，水温至45～50℃，开动搅拌器，缓慢加入山梨糖醇酐油酸酯聚氧乙烯醚，质量百分比为水的10%～15%，温度保持在40～50℃。全部溶解后，加入脂肪醇聚乙烯（7）醚，质量百分比为水的5%～7%；溶解后再加入椰子油酸二乙醇酰胺，用量为水质量的4%～5%；溶解后加入蓖麻油聚氧乙烯醚，用量为水质量的4%～5%；全部溶解后降温至40℃以下，加入EDTA（乙二胺四乙酸），占水的质量百分比0.1%。继续搅拌，直至混合均匀为止，用稀硫酸调pH至7.0～7.5。加入无水硫酸钠，占水的质量百分比为0.5%，全部溶解后，冷却至常温装桶。

泡沫塑料乳化溶液制备：泡沫塑料溶解放置后，加入泡沫塑料乳化剂，加入量为塑料溶解液质量的15%～25%，开动搅拌器（由于塑料溶解液黏稠度大，先点动电源开关数次后再连续搅拌），溶液颜色由灰色变为乳白色，表明乳化完全，生成泡沫塑料乳化液。

有机复混肥造粒黏结剂的生产：见本发明人2002年7月2日提交的发明专利申请，申请号：02123522.8，公开号：CN1390812A。

纳米—亚微米级废弃泡沫塑料—造粒黏结剂混聚物（PS塑料—CF2）的制备：在PS泡沫塑料乳化液和造粒黏结剂中分别加入OP—10（十二烷基酚聚氧乙烯醚），其质量百分比为5%～10%，分别搅拌均匀后，按照质量比1∶2将该两种乳化溶液在反应釜中充分混合，放入高剪切设备中（见本发明人2002年7月2日提交的02123522.8发明专利申请），3万r/min剪切5～10min，即成为纳米—亚微米级PS塑料—CF2混聚物。用作缓释肥料胶结剂或包膜胶结剂。

（8）纳米—亚微米级聚乙烯醇混聚物肥料胶结包膜剂（申请号：200410091315.8，见本发明人2004年11月22日提交的发明专利申请书）。

其生产方法为：

乳化剂的制备：

①在反应釜中加入工业净水，加热至45～50℃（不超过50℃），开动搅拌器，缓慢加入脂肪醇聚氧乙烯醚硫酸钠，加入量为水质量（下同）的8%～10%，至完全溶解。

②保持温度40～50℃，在连续搅拌下加入十二烷基苯磺酸钠，加入量为15%～20%，至完全溶解。

③加入蓖麻油聚氧乙烯醚，加入量为4%～5%，至完全溶解。

④加入椰子油酸二乙醇酰胺，加入量为4%～5%，至完全溶解。

⑤降温至40℃以下，加入工业酒精（95%），加入量为2%～3%，搅拌均匀。

⑥测定pH，用稀硫酸调节pH至7.0～7.5，即成为乳化剂成品。

聚乙烯醇缩甲醛溶液的制备：

①在反应釜中加入工业净水，加热至90℃～95℃，开动搅拌器，缓慢加入聚乙烯醇，加入量为水质量（下同）的10%～15%，保持温度在90℃以上，至全部溶解。

②聚乙烯醇全部溶解后，降温至70℃左右，加入稀HCl调节pH至2.0。

③加入含甲醛37%的甲醛溶液，加入量4%～6%，反应时间30～35min，停止热水循环。

④加入2%～3%尿素水溶液，与多余甲醛生成羟甲基脲，至闻不到甲醛味为止。

⑤用NaOH水溶液调节pH至7.0～7.5，即成为聚乙烯醇缩甲醛溶液。

聚丙烯酰胺溶液制备：在反应釜中加入工业净水，加热至50～60℃（不超过60℃），缓慢加入阴离子型聚丙烯酰胺（分子量400万～600万），加入量为水质量的2%～2.5%，至完全溶解，即成为聚丙烯酰胺溶液。

纳米—亚微米级聚乙烯醇混聚物的制备：

①将聚乙烯醇缩甲醛溶液与聚丙烯酰胺溶液按质量比2∶1混合，开动搅拌器，至混合

均匀为止。

②加入乳化剂，加入量为上述混合溶液质量的5%～10%，充分搅拌均匀使其完全乳化，即成为聚乙烯醇缩甲醛—聚丙烯酰胺混合乳化液。

③将聚乙烯醇缩甲醛—聚丙烯酰胺混合乳化液放入高剪切设备中，2万r/min速度下剪切5～10min，即成为纳米—亚微米级聚乙烯醇缩甲醛—聚丙烯酰胺混聚物水溶液，简称纳米—亚微米级聚乙烯醇混聚物。

2. 胶结型与包膜胶结型缓释肥在土壤中氮素释放时段 选择北京昌平褐潮土和江西省进贤红壤（土壤水分含量为田间最大持水量的70%～80%；温度：15～25℃），不同胶结和包膜胶结型缓释肥料氮素释放时段如下：

（1）尿素（对照）：2周内在土壤中释放98%以上并转化为硝态氮。

（2）有机复混肥造粒黏结剂（CF2）胶结型缓释肥：施入土壤后30～80d氮素释放98%以上。

（3）黏土—聚酯混聚物胶结型缓释肥：施入土壤后50～100d氮素释放98%以上。

（4）磺化木质素混聚物胶结型缓释肥：施入土壤后50～90d氮素释放98%以上。

（5）烯烃类化合物—淀粉混聚物胶结型缓释肥：施入土壤后50～80d氮素释放98%以上。

（6）废弃塑料—淀粉混聚物胶结型缓释肥：施入土壤后80～130d氮素释放98%以上。

（7）腐殖酸类混聚物胶结型缓释肥：施入土壤后50～100d氮素释放98%以上。

（8）泡沫塑料混聚物胶结型缓释肥：施人土壤后60～110d氮素释放98%以上。

（9）聚乙烯醇混聚物胶结型缓释肥：施入土壤后40～90d氮素释放98%以上。

（10）CF2胶结、废弃塑料—淀粉混聚物包膜型缓释肥：施入土壤后100～150d氮素释放98%以上。

（11）黏土—聚酯混聚物胶结、废弃塑料—淀粉混聚粉包膜型缓释肥：施入土壤后100～160d氮素释放98%以上。

（12）磺化木质素混聚物胶结、废弃塑料—淀粉混聚物包膜型缓释肥：施入土壤后100～160d氮素释放98%以上。

（13）烯烃类化合物—淀粉混聚物胶结、废弃塑料—淀粉混聚物包膜型缓释肥：施入土壤后100～150d氮素释放98%以上。

（14）腐殖酸类混聚物胶结、废弃塑料—淀粉混聚物包膜型缓释肥：施入土壤后100～160d氮素释放98%以上。

（15）聚乙烯醇混聚物胶结、废弃塑料—淀粉混聚物包膜型缓释肥：施入土壤后100～150d氮素释放98%以上。

由于设施（或塑料大棚）内温度高、湿度大，肥料养分释放速度远大于上述试验结果，但这些结果可作为参考。

3. 番茄肥效试验

（1）试验地点与土壤概况：试验于2003年在山东苍山县冬暖式大棚内进行，土壤为潮土，质地为砂质壤土。土壤活性有机质含量0.75%，全氮（N）0.124%，全磷（P_2O_5）0.239%，全钾（K_2O）0.36%，碱解氮（N）155.4mg/kg，有效磷（P_2O_5）338.8mg/kg，有效钾（K_2O）233.6mg/kg。番茄品种：L402。小区面积20m^2（4m×5m），重复3次。2

月 6 日移栽番茄幼苗。

（2）肥料：实践证明，种植蔬菜离不开有机肥料，试验用肥料为有机—无机复混缓释肥料。有机肥原料为腐熟鸡粪，按风干基计算，含 N 4.11%、P_2O_5 2.68%，K_2O 2.95%。化肥原料：尿素，含 N 46%；磷酸一铵，含 P_2O_5 45%、N 11%；硫酸钾，含 K_2O 50%；N：P_2O_5：K_2O=1：0.5：1.3。按 N 量计，每 666.7m^2 施用量为 50kgN，对照除不施肥空白对照外，还设置了等量 NPK+等量腐熟鸡粪对照处理。

（3）试验结果：与等量 NPK+等量腐熟鸡粪对照处理比较：

①造粒黏结剂 CF2 胶结型缓释肥料增产 7.53%～8.10%。

②黏土—聚酯混聚物胶结型缓释肥料增产 8.31%～8.75%。

③磺化木质素混聚物胶结型缓释肥料增产 8.80%～8.95%。

④聚乙烯醇混聚物胶结型缓释肥料增产 8.45%～8.62%。

⑤泡沫塑料混聚物胶结型缓释肥料增产 13.45%～13.83%。

⑥烯烃类化合物—淀粉混聚物胶结型缓释肥料增产 12.96%～13.22%。

⑦腐殖酸类混聚物胶结型缓释肥料增产 15.78%～16.10%。

⑧废弃塑料—淀粉混聚物胶结型缓释肥料增产 17.30%～17.66%。

⑨CF2 胶结、废弃塑料—淀粉混聚物包膜型缓释肥料增产 18.95%～19.15%。

⑩腐殖酸类混聚物胶结、废弃塑料—淀粉混聚物包膜型缓释肥料增产 19.58%～19.79%。

⑪25%CF2 胶结肥 + 75% CF2 胶结、废弃塑料—淀粉混聚物包膜型缓释肥料增产 28.37%～28.84%。

⑫25%黏土—聚酯混聚物胶结肥+75%黏土—聚酯混聚物胶结、废弃塑料—淀粉混聚物包膜型缓释肥料增产 29.77%～30.33%。

⑬25%磺化木质素混聚物胶结肥+75%磺化木质素混聚物胶结、废弃塑料—淀粉混聚物包膜型缓释肥料增产 31.55%～31.81%。

⑭25%聚乙烯醇混聚物胶结肥+75%聚乙烯醇混聚物胶结、废弃塑料—淀粉混聚物包膜型缓释肥料增产 31.76%～31.93%。

⑮25%泡沫塑料混聚物胶结肥+75%泡沫塑料混聚物胶结、废弃塑料—淀粉混聚物包膜型缓释肥料增产 34.48%～34.87%。

⑯25%烯烃类化合物—淀粉混聚物胶结肥+75%烯烃类化合物—淀粉混聚物胶结、废弃塑料—淀粉混聚物包膜型缓释肥料增产 33.15%～33.46%。

⑰25%腐殖酸类混聚物胶结肥+75%腐殖酸类混聚物胶结、废弃塑料—淀粉混聚物包膜型缓释肥料增产 35.53%～35.82%。

试验结果，单独施用胶结型和包膜胶结型缓释肥料对番茄虽然有增产作用，但增幅不大，在 7.53%～19.79%范围之内。按照西红柿吸收养分的特点，幼苗—开花期需求氮磷钾养分量为 25%左右、结果期为 75%左右，将胶结型缓释肥与胶结后再包膜型缓释肥按此比例掺混，增产幅度较大，增幅在 28.37%～35.82%范围内。感兴趣的是，无论胶结型还是"胶结+包膜"掺混型缓释肥第 1 和第 2 穗果数量增多，经济效益较大。

（三）本发明的技术关键

1. 具有不同缓释性能的胶结（黏结）剂和包膜胶结剂生产方法　研制了 CF2 胶结（黏

结）剂、黏土—聚酯混聚物包膜胶结剂、磺化木质素混聚物包膜胶结剂、烯烃类化合物—淀粉混聚物包膜胶结剂、腐殖酸类混聚物包膜胶结剂、废弃塑料—淀粉混聚物包膜胶结剂、泡沫塑料混聚物包膜胶结剂、聚乙烯醇混聚物包膜胶结剂的生产方法。

2. 胶结（黏结）型和包膜胶结型缓释肥生产方法 使用肥料胶结剂和包膜胶结剂，研制了系列（释放时段不同）胶结（黏结）型和包膜胶结型缓释肥料的生产方法。

3. "异粒变速"养分缓/控释工艺 根据大棚番茄不同生育期对养分的需求比例（以N为基准），将不同时间段释放养分的缓释肥料按比例组合掺混均匀，成为养分释放时段各异的缓/控释肥料，即所谓"异粒变速"养分缓/控释工艺。番茄每到一个生育阶段，相应地就有一种缓释肥开始释放养分，形成两个养分释放高峰期，与番茄两个生育阶段对养分的需求量基本吻合。

（四）主要工艺路线

1. 工艺流程 见附图1（略）。

2. 工艺路线 本发明的工艺流程包括3个部分，一是胶结型缓释肥料制备；二是包膜胶结型缓释肥料制备；三是"异粒变速"型大棚番茄专用缓/控释肥料的制备。

（1）胶结型缓释肥料生产工艺

①原料准备

〈1〉氮、磷、钾化肥原料：氮选用尿素，磷选用磷酸一铵，钾选用硫酸钾和氯化钾。粉碎过60～70目筛孔，筛孔直径相当于0.25～0.21mm。

〈2〉有机肥：经过高温发酵腐熟的鸡粪经过烘干、粉碎、过50～60目筛孔（筛孔直径0.30～0.25mm）。

〈3〉胶结剂稀释：在试车时，首先应摸清不同原料使用不同胶结剂时的最佳浓度范围。在上述胶结剂中，一般用水稀释至固形物含量1%～2%。加水稀释时，需开动搅拌机搅拌。

②原料混合：试验结果，设施番茄从幼苗移栽成活至果实采收完毕（拉秧），每666.7m^2地最佳施肥量为40～60kg N，20～30kg P_2O_5，50～80kg K_2O，氮、磷、钾最佳比例为N∶P_2O_5∶K_2O=1∶0.4～0.5∶1.3；有机肥与化肥的质量比例为40%∶60%。按照以上设施番茄对养分需求和肥料原料养分含量按比例称取化肥和有机肥料原料。原料在非对称双螺旋混料机中混匀，加入稀释后的胶结（黏结）剂，与原料充分混合均匀。胶结（黏结）剂加入量：按肥料干基计，胶结（黏结）剂母液（固形物含量8%～10%）为肥料质量的0.5%～1%，即5～10kg母液/t干基肥料原料。

③造粒：加入胶结（黏结）剂水溶液并混合均匀后的物料经皮带输送机送至造粒圆盘或转鼓造粒机中造粒，如果水分不足，可通过圆盘内物料上方或转鼓内物料上方工业净水喷洒管按需要补充。

④干燥：皮带输送机将造粒后肥料送入旋转干燥筒中，随着干燥筒的旋转，也是再造粒过程，进行肥料颗粒的干燥工序。

⑤筛分：肥料颗粒干燥后直接送进圆筒转筛或往复式振动筛，小于1mm的粉末物和大于5mm的大颗粒均为返料，经粉碎再使用。

（2）包膜胶结型缓释肥料生产工艺：将上述造粒、干燥和筛分后1～5mm直径的胶结肥料再用包膜胶结剂包裹，即为包膜胶结型缓释肥料。

缓释复混肥包膜在自行设计加工的包膜转筒中进行，主要由以下部分组成：

①包膜胶结剂预处理装置：为 $1m^3$ 带搅拌器的夹层罐。

②加压喷雾装置：用压力泵加压，压强≥0.4MPa，喷嘴孔径 5～10μm。

③旋转包膜圆筒［见附图 2（略）］：圆筒直径 1 500mm，长 8 000mm，分为两段，前半段为包膜室，后半段为扑粉干燥室，在内壁中间 4 000mm 处焊有一半圆形隔档，高 100mm，内壁还焊有 12 排抄料板，抄料板长 250～300mm，高 150mm，交错排列。包膜筒入料端沿轴线方向伸进一根管子，管端垂直轴线方向焊有包膜胶结剂喷洒管（不锈钢管），长 800mm、直径为 25mm，管子两端安装 2 个喷头，喷嘴孔径 5～10μm，包膜胶结剂用水稀释至固形物含量 5%～8%，由压力泵（压强≥0.4MPa）压入管内，呈雾状喷洒。包膜胶结剂母液用量为肥料干基质量的 1%～2%。

④包膜操作：A. 将废弃塑料—淀粉混聚物包膜胶结剂用压力泵打入夹层罐内，加水稀释至固形物含量 5%～8%，春、夏、秋季在常温（20～35℃）条件下稀释，冬季通入循环热水加热至 20～40℃。B. 开动包膜转筒；C. 用皮带输运机将上述含 NPK 的圆颗粒有机—无机胶结型缓释肥送入包膜转筒，由于圆筒的旋转作用，筒内抄板将肥料颗粒在圆筒内扬起；D. 开动加压喷雾装置，包膜剂呈雾状与滚动扬起的肥料颗粒接触，将其表面湿润，形成一定厚度的包膜；E. 从包膜转筒出口端伸进一扑粉管，扑撒过 200 目筛孔的滑石粉，包膜后的肥料越过圆筒中间隔挡后进入扑粉室，滚动上扬的肥料颗粒与滑石粉相遇，肥料颗粒表面黏上一层滑石粉，滑石粉用量为肥料干基质量的 2%～3%；F. 从包膜转筒出口端吹入 100℃左右热风，扑粉后湿润的薄膜干燥后，与滑石粉一起包裹在肥料颗料表面。由于包膜转筒有一定斜度（可根据包膜厚度和产量调节），包膜干燥后的肥料颗料流入皮带输送机，进入肥料储存仓。

（3）设施番茄用“异粒变速”型缓/控释肥料的加工：按照设施番茄幼苗—开花期需求养分比例占 25%，结果期占 75%进行计算，施肥量以 N 计，按 $50\sim60kgN/666.7m^2$ 计算，$N:P_2O_5:K_2O=1:0.4\sim0.5:1.3$。胶结型缓释肥养分释放速度相对较快，胶结后包膜型缓释肥养分释放速度相对较慢，按胶结型肥料 N 占 25%、包膜胶结型肥料 N 占 75%的比例组合并掺混均匀，即成为设施番茄用缓/控释肥料。

附图说明：

附图 1　本发明的生产工艺流程图（略）

附图 2　旋转包膜圆筒结构示意图（略）

本发明的优点：

1. 选用不同的胶结和包膜胶结材料，胶结与胶结后再包膜相结合，制造不同时段释放养分的缓释肥料，再根据设施番茄各生育期的需肥规律，采用“异粒变速”工艺，制备不同组合的掺混型缓/控释肥料，做到一次施肥可满足设施番茄各个生育阶段对肥料养分的需求。

2. 无机养分与有机养分相结合，既可满足番茄对养分的需求，又可保证番茄的品质及保持土壤肥力不衰退。

3. 茄果类蔬菜需肥规律有其共性，可根据黄瓜、茄子各生育期的需肥特点，将胶结型与包膜胶结型缓释肥按比例掺混，即成为黄瓜和茄子专用缓/控释肥料。

本发明申请中的词语的定义：

1. 缓释肥　指肥料养分特别是氮素在土壤中具有缓慢释放的效果。目前国内外所采用的缓释标准是以氮在24h内水初期溶出率和48h内土柱淋出率或微分溶出率为指标。在田间土壤中尚未有统一标准，与国内几位著名肥料专家讨论结果（仅作为参考指标），肥料氮素在土壤中（土壤含水量为田间最大持水量的70%～80%）释放时间为20d以上，方可称为缓释肥料。

2. 胶结型缓释肥 采用具有缓释性能的胶结（黏结）剂制备的颗粒肥料，该肥料中的养分（氮、磷、钾）在土壤中缓慢释放，养分释放时间长短取决于胶结（黏结）剂的性质。

3. 包膜型缓释肥 采用可以成膜的材料（又称包膜剂）包裹在尿素或复合（混）肥颗粒表面，使肥料氮具有缓慢释放的作用，释放时间长短取决于包膜材料的性质和包膜的厚度。

4. 包膜胶结型缓释肥 在胶结型缓释肥颗粒表面再包裹一层膜而形成的缓释肥料，从而延长了肥料养分的释放时间。

5. 氮素释放时段 指肥料氮在某一时间段内基本上从肥料中释放至土壤中。

6. 异粒变速 所谓异粒变速，是将使用不同胶结剂和包膜胶结剂生产的颗粒肥料按比例进行组合并掺混均匀，该肥料组合中不同肥料颗粒的养分释放速率（或释放时段）是不一样的。

实施例1：

对于设施番茄施用一定比例的有机肥有利于改善番茄的品质，在有机肥料中以发酵腐熟后的鸡粪效果较好。但是，我国规模化畜禽场粪便含盐量太高，以风干基计算，NaCl含量为5%～7%，长期施用，将导致土壤盐渍化，因此，在生产有机—无机复混缓释肥时，鸡粪原料比例不宜太大。

1. 原料 尿素 含N 46%；磷酸一铵，含 P_2O_5 45%，含N 11%；硫酸钾，含 K_2O 50%；氯化钾，含 K_2O 60%。

鸡粪：经高温发酵（65～70℃）后，含碳量降低，又由于发酵前调节C/N比时，添加了氮素化肥，所以发酵后的鸡粪N、P_2O_5 和 K_2O 含量均有所提高。据31个点发酵试验结果，按干基计算，发酵后的鸡粪平均含N量为6.55%，平均含 P_2O_5 量为4.12%，平均含 K_2O 量为3.90%。

2. 原料比 按质量比，发酵鸡粪占40%，化肥占56.7%，胶结（黏结）和包膜胶结剂占0.3%，滑石粉占3%。在钾肥中，硫酸钾中的 K_2O 与氯化钾中的 K_2O 各占50%，N：P_2O_5：K_2O=1：0.4：1.3，缓释肥料中有机肥N+化肥N的含量为13%，有机肥 P_2O_5+化肥 P_2O_5 的含量为5.2%，有机肥 K_2O+化肥 K_2O 的含量为16.9%。

3. 有机—无机复混缓释肥料原料质量（干基）

原　　料	质量（kg）
尿素（含N46%）	206.7
磷酸一铵（含 P_2O_5 45%、N11%）	79.1
硫酸钾（含 K_2O 50%）	153.4
氯化钾（含 K_2O 60%）	127.8
腐熟鸡粪（含N 6.55%、P_2O_5 4.12%、K_2O 3.90%）	400

（续）

原　料	质量（kg）
胶结（黏结）剂（固形物含量10%）	10（固形物含量1kg）
包膜胶结剂（固形物含量20%）	10（固形物含量2kg）
滑石粉（过200目筛孔）	30
合　计	1 000

4. 设施番茄用缓/控释肥料生产程序

（1）胶结型缓释肥料生产

①CF2胶结型缓释肥料生产（按每吨干基原料计）：称取尿素206.7kg、磷酸一铵79.1kg、硫酸钾153.4kg、氯化钾127.8kg、腐熟干燥鸡粪400kg，在非对称双螺旋混料机中充分混合均匀，加入稀释后的CF2胶结剂，用量为10kg母液/t干基原料，加水稀释至120kg/t干基原料，与原料混合均匀，用皮带输送机送入造粒机中（圆盘造粒机或转鼓式造粒机均可），造粒后干燥、筛分，小于1mm粉末和大于5mm的大颗粒返料循环利用，即成为CF2胶结型缓释肥料。

②黏土—聚酯混聚物胶结型缓释肥料生产：按以上①项CF2胶结型缓释肥料的生产方法进行生产，仅以黏土—聚酯混聚物胶结剂代替其中的CF2胶结剂。

③磺化木质素混聚物胶结型缓释肥料生产：按以上①项CF2胶结型缓释肥料的生产方法进行生产，仅以磺化木质素混聚物胶结剂代替其中的CF2胶结剂。

④聚乙烯醇混聚物胶结型缓释肥料生产：按以上①项CF2胶结型缓释肥料的生产方法进行生产，仅以聚乙烯醇混聚物胶结剂代替其中的CF2胶结剂。

⑤泡沫塑料混聚物胶结型缓释肥料生产：按以上①项CF2胶结型缓释肥料的生产方法进行生产，仅以泡沫塑料混聚物胶结剂代替其中的CF2胶结剂。

⑥烯烃类化合物—淀粉混聚物胶结型缓释肥料生产：按以上①项CF2胶结型缓释肥料的生产方法进行生产，仅以烯烃类化合物—淀粉混聚物胶结剂代替其中的CF2胶结剂。

⑦腐殖酸类混聚物胶结型缓释肥料生产：按以上①项CF2胶结型缓释肥料的生产方法进行生产，仅以腐殖酸类混聚物胶结剂代替其中的CF2胶结剂。

（2）包膜胶结型缓释肥料生产工艺

①CF2胶结、废弃塑料—淀粉混聚物包膜型缓释肥料生产：选择直径1～5mm圆颗粒CF2胶结型缓释肥送入包膜圆筒，通过压强≥0.4MPa、喷嘴直径10μm雾喷废弃塑料—淀粉包膜胶结剂水溶液；使用量10kg母液，在20～35℃温度下加水稀释至4倍，固形物含量5%。至肥料颗粒表面完全湿润，形成一定厚度的包膜。随着包膜圆筒的转动，包膜后的肥料颗粒通过隔挡进入扑粉工序，滑石粉用量为30kg/t干基肥料；从包膜圆筒出料端通入热风管，在100℃左右热风下干燥，即为CF2胶结、废弃塑料—淀粉混聚物包膜胶结型缓释肥料。

②黏土—聚脂混聚物胶结、废弃塑料—淀粉混聚物包膜型缓释肥料的生产：按以上①项CF2胶结、废弃塑料—淀粉混聚物包膜型缓释肥料生产方法进行生产，仅以黏土—聚酯混聚物胶结型缓释肥料代替其中的CF2胶结型肥料，即成为黏土—聚酯混聚物胶结、废弃塑

料—淀粉混聚物包膜型缓释肥料。

③磺化木质素混聚物胶结、废弃塑料—淀粉混聚物包膜型缓释肥料的生产：按以上①项CF2胶结、废弃塑料—淀粉混聚物包膜型缓释肥料生产方法进行生产，仅以磺化木质素混聚物胶结型缓释肥料代替其中的CF2胶结型缓释肥料，即成为磺化木质素混聚物胶结、废弃塑料—淀粉混聚物包膜型缓释肥料。

④聚乙烯醇混聚物胶结、废弃塑料—淀粉混聚物包膜型缓释肥料的生产：按以上①项CF2胶结、废弃塑料—淀粉混聚物包膜型缓释肥料生产方法进行生产，仅以聚乙烯醇混聚物胶结型缓释肥料代替其中的CF2胶结型缓释肥料，即成为聚乙烯醇混聚物胶结、废弃塑料—淀粉混聚物包膜型缓释肥料。

⑤泡沫塑料混聚物胶结、废弃塑料—淀粉混聚物包膜型缓释肥料的生产：按以上①项CF2胶结、废弃塑料—淀粉混聚物包膜型缓释肥料的生产方法进行生产，仅以泡沫塑料混聚物胶结型缓释肥料代替其中的CF2胶结型缓释肥料，即成为泡沫塑料混聚物胶结、废弃塑料—淀粉混聚物包膜型缓释肥料。

⑥烯烃类化合物—淀粉混聚物胶结、废弃塑料—淀粉混聚物包膜型缓释肥料的生产：按以上①项CF2胶结、废弃塑料—淀粉混聚物包膜型缓释肥料生产方法进行生产，仅以烯烃类化合物—淀粉混聚物胶结型缓释肥代替其中的CF2胶结型缓释肥料，即成为烯烃类化合物—淀粉混聚物胶结、废弃塑料—淀粉混聚物包膜型缓释肥料。

⑦腐殖酸类混聚物胶结、废弃塑料—淀粉混聚物包膜型缓释肥料的生产：按以上①项CF2胶结、废弃塑料—淀粉混聚物包膜型缓释肥料生产方法进行生产，仅以腐殖酸类混聚物胶结型缓释肥料代替其中的CF2胶结型缓释肥料，即成为腐殖酸类混聚物胶结、废弃塑料—淀粉包膜型缓释肥料。

(3)“异粒变速”型设施番茄专用缓/控释肥料的加工：按照设施番茄幼苗—开花期和结果期两个生育阶段对N、P_2O_5、K_2O的需求比例大致为25％∶75％，按N∶P_2O_5∶K_2O＝1∶0.4∶1.3的比例，即缓释肥料中含N13％、P_2O_5 5.2％、K_2O16.9％，以N量计，每666.7m^2按50kg氮(N)施用，加工成以下“异粒变速”型设施番茄专用缓/控释肥料：

①96.2kg CF2胶结型缓释肥＋288.5kgCF2胶结、废弃塑料—淀粉混聚物包膜型缓释肥料。

②96.2kg黏土—聚酯混聚物胶结型缓释肥料＋288.5kg黏土—聚酯混聚物胶结、废弃塑料—淀粉混聚物包膜型缓释肥料。

③96.2kg磺化木质混聚物胶结型缓释肥料＋288.5kg磺化木质素混聚物胶结、废弃塑料—淀粉混聚物包膜型缓释肥料。

④96.2kg聚乙烯醇混聚物胶结型缓释肥料＋288.5kg聚乙烯醇混聚物胶结、废弃塑料—淀粉混聚物包膜型缓释肥料。

⑤96.2kg泡沫塑料混聚物胶结型缓释肥料＋288.5kg泡沫塑料混聚物胶结、废弃塑料—淀粉混聚物包膜型缓释肥料。

⑥96.2kg烯烃类化合物—淀粉混聚物胶结型缓释肥料＋288.5kg烯烃类化合物—淀粉混聚物胶结、废弃塑料—淀粉混聚物包膜型缓释肥料。

⑦96.2kg腐殖酸类混聚物胶结型缓释肥料＋288.5kg腐殖酸类混聚物胶结、废弃塑料—淀粉混聚物包膜型缓释肥料。

将上述7个肥料组合的缓释肥料分别在混料机中掺混均匀，送入包装机包装，即成为7种组合类型的设施番茄专用缓/控释肥料。

纳米—亚微米级泡沫塑料混聚物肥料胶结包膜剂生产方法

本发明属农业、生态环境领域。

在城乡生活垃圾中，废弃塑料已成为“白色污染”，世人皆知。近年来，为了节省木材，泡沫塑料成为主要的包装箱材料，在市场上见到的废弃泡沫材料中有PS、PE、PU、PP、PVC，但作为包装箱材料主要是PS（聚苯乙烯），由于质量比例较小，体积大，运输不便，给废物处理带来很大困难；又由于焚烧热量大（热值达4.39万J/kg），易损坏焚烧炉，烟气污染环境，北京市顺义曾建有塑料焚烧炉，由于影响机场飞机起降，不得不搬家。

本发明的目的在于将质量比例小、体积大、难于处理的包装箱材料—聚苯乙烯泡沫塑料废弃物加工为有经济和使用价值的纳米—亚微米级废弃泡沫塑料混聚物，用于缓/控释肥料的胶结包膜剂。

本发明的原理是将废弃聚苯乙烯泡沫塑料溶解，乳化，与有机复混肥造粒黏结剂CF2按比例混合，再通过高剪切（3万r/min），即成为纳米—亚微米级废弃泡沫塑料—造粒黏结剂混聚物，简称纳米—亚微米级PS塑料—CF2混聚物。

本发明的详细描述：

（一）工艺流程见附图1（略）

（二）主要工艺路线

1. 泡沫塑料溶解

（1）废弃泡沫塑料去杂、清洗、粉碎：泡沫塑料虽然是整块的，但由于混杂在生活垃圾中，所以首先需分拣，上面的泥土需用水洗净并凉干，然后用链条式粉碎机粉碎成颗粒。

（2）溶剂溶解：在反应釜中加入乙酸乙酯和200号溶剂油混合溶液，其质量比为1∶1，缓慢放入粉碎泡沫塑料，在常温条件下（20～35℃），100kg混合有机溶剂可溶解60～65kg泡沫塑料。放置8～12h，一些包裹在塑料溶液中的颗粒可继续溶解。

2. 泡沫塑料乳化剂制备　将脱离子水加入反应釜，打开循环热水加热，水温至45～50℃，开动搅拌器，慢慢加入山梨糖醇酐油酸酯聚氧乙烯醚，质量百分比为10%～15%，温度保持在40～50℃。全部溶解后，加入脂肪醇聚乙烯（7）醚，质量百分比为5%～7%；溶解后再加入椰子油酸二乙醇酰胺，用量为4%～5%；溶解后加入蓖麻油聚氧乙烯醚，用量为4%～5%；全部溶解后降温至40℃以下，加入EDTA（乙二胺四乙酸），质量百分比0.1%。继续搅拌，直至混合均匀为止，用稀硫酸调pH至7.0～7.5。加入无水硫酸钠，质

张夫道，等（专利号：ZL 200410088477.6）

量百分比为 0.5%，全部溶解后，冷却至常温装桶。

3. 泡沫塑料乳化溶液制备 泡沫塑料溶解放置后，加入泡沫塑料乳化剂，加入量为塑料溶解液质量的 15%～25%，开动搅拌器（由于塑料溶解液黏稠度大，先点动电源开关数次后再连续搅拌），溶液颜色由灰色变为乳白色，表明乳化完全，生成泡沫塑料乳化液。

4. 有机复混肥造粒黏结剂的生产 （见本发明人 2002 年 7 月 2 日提交的发明专利申请，申请号：02123522.8，公开号：CN1390812A）

本发明所涉及的造粒黏结剂生产工艺分为以下 5 步，即：

（1）聚乙烯醇缩甲醛的制备：在带有搅拌器的反应釜中，将聚乙烯醇溶于水后与甲醛在酸性催化剂存在下进行缩合反应而制得，多余甲醛与尿素反应，生成羟甲基脲。

具体操作如下：在 90～95℃条件下，将聚乙烯醇全部溶解，降温至 50～55℃，加入盐酸水溶液调整 pH2 左右后，加入稀释甲醛水溶液，在 50℃左右反应 45～50min，然后升温至 75℃左右，继续反应 45～50min，冷却至 60℃，加 NaOH 水溶液中和至 pH7.0。

原材料用量：聚乙烯醇 100kg，甲醛（40%）40～50kg，水 1 000kg，HCl 和 NaOH 均用于调 pH，尿素用于中和多余甲醛，用量依需要定。

（2）羟甲基化聚丙烯酰胺的制备：聚丙烯酰胺与甲醛的羟甲基化反应在碱性条件下（pH8～10）反应。在实际操作中，将聚丙烯酰胺溶液 pH 调节至 10.2，加入甲醛，在 30℃左右搅拌 2～3h，再用 HCl 调节 p H 至 7.5。

原材料用量：聚丙烯酰胺 20kg（分子量 400 万～600 万），水 1 000kg，甲醛 50～60kg，NaOH 和 HCl 用于调节 pH，用量依需要定。

（3）交联淀粉的制备：在醛类化合物作为交联剂条件下，淀粉发生交联反应。

$$\text{淀粉-OH}+\text{HO-淀粉}\xrightarrow{H_2CO}\text{淀粉-O-甲醛-O-淀粉}$$

在装有搅拌器的反应釜内，将马铃薯淀粉用冷水分散为浆液，用稀硫酸调 pH 至 2.0～3.0，加热至 90～95℃糊化 1h，冷却至常温，加入 40%的工业甲醛溶液，搅拌 30～40min 进行初步交联反应，再升温至 50℃左右，继续反应 2h，用 NaOH 或氨水调 pH 至 7 左右。

原材料用量：马铃薯淀粉 120～150kg，水 1 000kg，40%甲醛 8～12kg，H_2SO_4 和 NaOH 用于调节 pH，用量依需要定。

（4）上述 3 种生成物按比例混合（5∶3∶2），用 Amway 乐新多用途浓缩清洁剂乳化（美国安利公司生产，原名为安利 Amway，北京市魏公村设有专卖店），用量为上述溶液质量的 5%～10%，生成高分子造粒黏结剂 CF2。

5. 纳米—亚微米级废弃泡沫塑料—造粒黏结剂混聚物（PS 塑料—CF2）**的制备** 在 PS 泡沫塑料乳化液和造粒黏结剂中分别加入 OP-10（十二烷基酚聚氧乙烯醚），其质量百分比为 5%～10%（OP-10 起“搭桥”作用），分别搅拌均匀后，按照质量比 1∶2 将该两种乳化溶液在反应釜中充分混合，放入高剪切设备中（见本发明人 2002 年 7 月 2 日提交的 02123522.8 发明专利申请），3 万 r/min 剪切 5～10min，即成为纳米—亚微米级 PS 塑料—CF2 混聚物。

6. 使用方法

（1）用作胶结剂的使用方法。

（2）用作包膜剂的使用方法。

本发明的优点：

1. 利用废弃而又难处理的泡沫塑料生产纳米—亚微米级废弃泡沫塑料混聚物，用于缓释肥料的胶结包膜剂，既减少了环境污染，又制备了有经济和使用价值的新型材料。

2. 该混聚物既可用作胶结型缓释肥料的胶结（黏结）剂，又可作为包膜型缓释肥料的包膜剂。

3. 由于纳米材料的小尺寸和表面界面效应，纳米—亚微米级泡沫塑料混聚物具有胶体性质，在土壤中成为土壤胶体的一部分，不存在污染问题。

4. 该混聚物中造粒黏结剂的成份是聚乙烯醇缩甲醛、羟甲基化聚丙烯酰胺和交联淀粉，对土壤结构有改良作用和保墒作用。

纳米—亚微米级聚乙烯醇混聚物肥料胶结包膜剂生产方法

本发明属农业、生态环境领域。

本发明涉及一种用于缓释肥料包膜剂、又可作为胶结剂的水溶性缓释肥料胶结包膜剂的生产工艺流程。

本发明的原理是将聚乙烯醇溶解、醛化，聚丙烯酰胺溶解，两种溶液按比例混合、乳化，再通过高剪切（2 万 r/min），即成为纳米—亚微米级聚乙烯醇—聚丙烯酰胺混聚物，简称纳米—亚微米级聚乙烯醇混聚物，用于缓释肥料胶结剂和包膜剂。

目前，有机物料造粒工艺有以下两大类：即挤压式造粒，生产条状（又称棒状）和圆球状有机复混肥；用污泥或黏土类作黏结剂，生产圆颗粒状有机复混肥。

国内有机物料造粒工艺的不足之处：(1) 挤压式生产的条状和圆球状有机复混肥施肥机械无法施用，含水量均大于 20%，运输过程中易破碎，气温高时易发霉（有机物料含水量大于 15%，均易发霉）；(2) 用污泥或黏土类作黏结剂，适用于城市污泥粪便处理利用，不适用于规模化畜禽场粪便、作物秸秆和城市有机发酵物料生产圆颗粒状有机复混肥，特别是生产有效养分大于 30%的有机复混肥，污泥或黏土无法再加进去。

有机肥料商品化的难题是有机物料的造粒问题，不制造成具有一定抗压碎能力的圆颗粒状，就无法长途运输和机械化施肥。

20 世纪 90 年代以来，国内外缓释肥料研究和生产迅速发展，其中包膜型缓释肥料占主导地位，在包膜剂中有机高分子材料又占大多数，其特点是使用有机溶剂溶解和稀释，生产成本较高。缓释肥料的发展方向将是包膜型与胶结型相结合，无机缓释肥与有机—无机缓释肥相结合。包膜胶结剂向脂溶性与水溶性并重的方向发展。

本发明的目的是制备一种既可作为缓释肥料包膜剂、又可作为胶结剂的水溶性缓释肥料胶结包膜剂，又不会对环境造成污染。

本发明的详细描述：

张夫道，等（专利号：ZL 200410091315.8）

1. 聚乙烯醇缩甲醛的制备 将聚乙烯醇溶于水后与甲醛在酸性催化剂存在下进行缩合反应而制得，多余甲醛与尿素反应，生成羟甲基脲。

具体操作如下：在 90～95℃条件下，将聚乙烯醇全部溶解，降温至 50～55℃，加入稀释甲醛水溶液，再加入盐酸水溶液调整 pH2 左右，在 50℃左右反应 45～50min，然后升温至 75℃左右，继续反应 45～50min，冷却至 60℃，加 NaOH 水溶液中和至 pH7.0。

原材料用量：聚乙烯醇 100kg，甲醛（40%）40～50kg，水 1 000kg，HCl 和 NaOH 均用于调 pH，尿素用于中和多余甲醛，用量依需要定。

2. 羟甲基化聚丙烯酰胺的制备 聚丙烯酰胺与甲醛的羟甲基化反应在碱性条件下（pH8～10）反应速度比酸性条件下更快，在实际操作中，将聚丙烯酰胺溶液 pH 调节至 10.2，加入甲醛，在 30℃左右搅拌 2～3h，再用 HCl 调节 p H 至 7.5。

原材料用量：聚丙烯酰胺 100kg，水 1 000kg，甲醛 25～30kg，NaOH 和 HCl 用于调节 pH，用量依需要定。

3. 交联淀粉的制备 在醛类化合物作为交联剂条件下，淀粉发生交联反应。

在装有搅拌器的釜内，将马铃薯淀粉用冷水分散为浆液，用稀硫酸调 pH 至 2.0～3.0，加热至 90～95℃糊化 1h，冷却至常温，假如 40%的工业甲醛溶液，搅拌 30～40min 进行初步交联反应，再升温至 50℃左右，继续反应 2h，用 NaOH 或氨水调 pH 至 7 左右。

原材料用量：马铃薯淀粉 120～150kg，水 1 000kg，40%甲醛 8～12kg，H_2SO_4 和 NaOH 用于调节 pH，用量依需要定。

4. 纳米—亚微米级聚乙烯醇混聚物的制备

（1）将聚乙烯醇缩甲醛溶液与聚丙烯酰胺溶液按质量比 2∶1 混合，开动搅拌器，至混合均匀为止。

（2）加入乳化剂，加入量为上述混合溶液质量的 5%～10%，充分搅拌均匀，即成为聚乙烯醇缩甲醛—聚丙烯酰胺混合乳化液。

（3）将聚乙烯醇缩甲醛—聚丙烯酰胺混合乳化液放入高速乳化设备（剪切型）中，2 万 r/min 速度下乳化 5～10min，即成为纳米—亚微米级聚乙烯醇缩甲醛—聚丙烯酰胺混聚物水溶液（附图 2），简称纳米—亚微米级聚乙烯醇混聚物。

5. 纳米—亚微米级聚乙烯醇混聚物的使用

（1）胶结剂：用于胶结（黏胶）型缓释肥料的胶结（黏结）剂，使用量 10kg 母液/t 干基肥料，在搅拌的条件下，加入母液质量 9 倍的水稀释至 10 倍左右后使用（稀释倍数视原料含水量而定）。

（2）包膜剂：用于大颗粒尿素和复合肥包膜剂，使用量 10kg 母液/t 干基肥料，加入母液质量 2～3 倍的水稀释至 3～4 倍后使用。

本发明的优点：

1. 纳米—亚微米级聚乙烯醇混聚物为全水溶性，不使用有机溶剂，降低了生产成本，对环境无污染，是缓释肥料的发展方向之一。

2. 该混聚物既可用作缓释肥料的包膜剂，又可作为胶结型缓释肥料的胶结剂；既可使用纯化肥生产缓释肥料，也可用于生产有机—无机复混型缓释肥料。

3. 生物试验结果，使用该混聚物生产的缓释肥料对作物出苗无影响，对土壤微生物无任何抑制作用。

4. 该混聚物对土壤结构有改良作用，且可增加土壤保墒能力。

附图说明：

图 1 造粒黏结剂的工艺流程图（略）

图 2 高剪切设备示意图（略）

本发明的特点：

1. 该造粒黏结剂全水溶，适用于城乡有机废弃物发酵物料的造粒，可生产 NPK 有效含量为 30%以上，有机物含量 40%以上的圆颗粒有机复混肥，水分含量 1.2%～1.7%，黏结剂用量为肥料量的 0.3%～0.5%，成粒率 90%以上，颗粒平均抗压碎力 10～15N，产品符合“复混肥料”国家标准 GB 15063—94 要求，也符合农业部“有机复混肥料”的行业标准。

2. 造粒黏结剂在土壤中 3 个月内可全部降解，对环境不产生污染。

3. 适用于转鼓式造粒机和圆盘造粒机造粒。

4. 也适用于高浓度无机复混肥（N、P、K 有效养分≥45%）的造粒。

掺混型高浓度缓释肥料生产方法

本发明属农业、生态环境领域。

在复合（混）肥料生产中，N+P_2O_5+K_2O 总有效养分含量≥45%称为高浓度复（混）肥（见国家复混肥标准 GB15063—2001）。高浓度复合肥基本上采用喷浆造粒的工艺，例如 N 15—P_2O_5 15—K_2O 15 总养分含量为 45%的三元素复合肥，俄罗斯近几年生产的 N 16—P_2O_5 16—K_2O 16 总养分含量为 48%的三元素复合肥。采用复混肥生产工艺，若要生产 N+P_2O_5+K_2O 总养分含量为 45%的三元素肥料，从原料的角度，需使用尿素、磷酸二铵和氯化钾，而且必须使用造粒黏结剂，否则成粒率只有 50%左右，成本大大提高；而且，尿素粉碎后易吸潮结块，特别在南方空气湿度大的地区吸潮更甚。缓释肥料目前国内外生产的品种只有包膜尿素，包膜磷酸二铵，至于三元素的缓释肥料，氮磷钾总有效养分含量均低于 45%，而且，所采用的设备基本上为流化床喷动设备，缓释肥生产成本至少增加 40 个百分点，所以很难推广应用。

本发明的目的：是取缓释肥料包膜技术和复混肥料技术两者的优点，包膜与胶结相结合，生产氮（N）、磷（P_2O_5）、钾（K_2O）总养分含量 45%～50%的掺混型高浓度缓释肥料，降低缓释肥料的生产成本。

本发明的原理：缓释肥料技术的核心是控制氮素养分的释放速率或称释放时段，磷、钾主要是减少在土壤中的固定，其目的在于提高氮磷钾养分利用率，以减少损失。本发明采用尿素直接包膜技术，磷、钾肥加入造粒黏结剂制备为圆颗粒状二元复混肥后包裹石蜡混合物，再根据不同作物对氮、磷、钾的需求比例，将包膜尿素与磷、钾复混肥按比例掺混，成为作物专用的高浓度缓释肥料。

张夫道，等（专利号：ZL 200510002732.5）

本发明的详细描述

（一）工艺流程 见附图1（略）。

（二）主要工艺路线

1. 原料的选择

（1）尿素：颗粒直径1.0～5.6mm，含氮（N）量46%。

（2）磷酸一铵：粉状，过100目筛孔（筛孔直径0.149mm）；含P_2O_5 45%，含N 11%。

（3）氯化钾：选用俄罗斯或国产白色氯化钾，粉碎过100目筛孔（筛孔直径0.149mm），含K_2O 60%。不选用加拿大红色氯化钾，因其中的红颜色是另外添加的一种肥料分散剂。因氯化钾含有Cl^-离子，所以只适用于非忌氯作物。

2. 肥料包膜剂和胶结（黏结）剂的选择

（1）尿素包膜剂的选择：尿素包膜可任选以下5种包膜胶结剂中的任何一种：

①纳米级腐殖酸类混聚物肥料包膜胶结剂（申请号：02123522.8，公开号：CN1390812A，见本发明人2002年7月2日提交的专利申请书）。

②纳米级废弃塑料—淀粉混聚物肥料包膜胶结剂（申请号：02125678.0，公开号：CN1388169A，见本发明人2002年7月26日提交的专利申请书）。

③纳米级黏土—聚酯混聚物肥料包膜胶结剂（申请号：02126009.5，公开号：CN1414033A，专利号：ZL02126009.5，见本发明人2002年8月9日提交的专利申请书）。

④纳米级磺化木质素混聚物肥料包膜胶结剂（申请号：02149247.6，公开号：CN1417173A，专利号：ZL02149247.6，见本发明人2002年11月11日提交的专利申请号）。

⑤纳米级烯烃类化合物—淀粉混聚物肥料包膜胶结剂（申请号：200310116857.2，公开号：CN1546543A，见本发明人2003年12月1日提交的专利申请书）。

（2）复混肥胶结（黏结）剂的选择：磷、钾复混胶结型缓释肥料造粒胶结（黏结）剂选用有机肥料造粒黏结剂CF2（申请号：02123522.8，公开号：CN1390812A，见本发明人2002年7月2日提交的专利申请书）。试验结果，用该黏结剂制备的胶结型缓释肥料在旱地土壤中（含水量为田间最大持水量的70%～80%）氮素30～80d释放98%以上。因此，该胶结剂具有一定的缓释性能。

3. 缓释肥料生产工艺

（1）尿素包膜设备

①包膜剂稀释罐：该装置为1m^3带搅拌器的夹层罐，夹层间通入循环热水加热至50～60℃；在20～35℃条件下稀释。包膜剂用压力泵打入罐内，在搅拌条件下加水稀释至固形物含量5%～8%。

②包膜圆盘：尿素包膜圆盘在复混肥造粒圆盘基础上改造而成（附图2），由以下部分组成：

〈1〉圆盘：直径2 000～4 000mm，可根据产量确定。

〈2〉抄板：宽150mm×高150mm×长500～1 000mm，起阻隔物料并上扬的作用。

〈3〉传动系统：包括电机，调速器，皮带轮，圆盘转速 30～22r/min。

〈4〉喷雾系统：由空气压缩机、喷枪（喷嘴孔径 5～10μm）组成。

〈5〉扑粉系统：扑粉管、电磁振荡器。

〈6〉热风干燥系统：电加热管，吹风机，温度调控器。

③包膜圆筒：包膜圆筒主要由以下部分组成［附图 3（略）］

A. 旋转包膜筒：圆筒直径 1 500mm，长 8 000mm，分为两段，前半段为包膜室，后半段为扑粉干燥室，在内壁中间 4 000mm 处焊有一般圆形隔档，高 100mm，内壁还焊有 12 排抄料板，抄料板长 250～300mm，高 150mm，交错排列，包膜筒入料端沿轴线方向伸进一根管子，管端垂直轴线方向焊有包膜剂喷洒管（不锈钢管），长 800mm、直径为 25mm，管子两端安装 2 个喷头，喷嘴孔径 5～10μm，用水稀释后的包膜剂用压力泵（压强≥0.4MPa）压入管内，呈雾状喷洒（附图 3）。

B. 加压喷雾装置：用压力泵加压，压强≥0.4MPa，喷嘴孔径 5～10μm。

C. 扑粉干燥装置。

（2）尿素包膜工艺

①尿素包膜：将尿素输入圆盘［附图 2（略）］或包膜圆筒［附图 3（略）］内，圆盘或圆筒一边转动，用压强≥0.4MPa 的喷嘴雾喷稀释后的包膜剂（纳米级腐殖酸类混聚物、纳米级废弃塑料—淀粉混聚物、纳米级黏土—聚酯混聚物、纳米级磺化木质素混聚物、纳米级烯烃类化合物—淀粉混聚物）一次尿素包膜只使用一种包膜剂，用量为尿素质量的 1%～2%，继续转动圆盘至尿素颗粒全部被包裹。

②扑粉：开动扑粉管开关，随着圆盘或圆筒的转动，扑撒过 200 目筛孔（筛孔直径 0.074mm）的滑石粉，用量为尿素质量的 3%～5%，至包膜尿素表面全都沾上滑石粉，并有少量多余滑石粉在盘内随物料转动为止。

③热风干燥：开动热风干燥系统，用 100℃左右热风干燥。

（3）磷钾复混缓释肥料生产工艺

①原料混合：采用非对称双螺施混料机混料，氯化钾（以 K_2O 计）与磷酸一铵（以 P_2O_5 计）质量比为 1∶0.4～0.6（K_2O∶P_2O_5＝1∶0.4～0.6）。加入造粒黏结剂，用量为肥料干基质量的 0.5%～1.0%，加水稀释倍数视原料含水量而定，一般稀释 8～10 倍后使用。

②生产程序

〈1〉选粒黏结剂：选择有机肥料造粒黏结剂 CF2（申请号：02123522.8，公开号：CN1390812A，见本发明人 2002 年 7 月 2 日提交的专利申请书）。

〈2〉造粒设备：可选用圆盘造粒机或转鼓式造粒机。

〈3〉石蜡包膜剂（专利申请号：200410101497.2，见 2004 年 12 月 22 日提交的专利申请书）。

制备分为 2 个工序：石蜡乳化分散剂的制备，石蜡—高岭土混合物的制备。

A. 石蜡乳化分散剂的制备：在反应釜中加入工业净水 1 000kg，加热至 90℃左右，开动搅拌器，加入水质量 8%～10%的油酸钠，完全溶解后，降温并保持温度在 45～50℃（不超过 50℃），缓慢加入脂肪醇聚氧乙烯醚硫酸钠，加入量为水质量的 10%～15%；完全溶解后加入水质量 15%～20%山梨糖醇酐油酸酯聚氧乙烯醚；溶解后，加入水质量 15%～18%

十二烷基苯磺酸钠。全部溶解后降温至40%以下，加入水质量8%～10%工业酒精（95%），搅拌均匀即成为石蜡乳化剂。

B. 乳化石蜡的制备：在反应釜中加入工业酒精（95%）1 000kg，零号柴油500kg，混合均匀后加热至65～70℃。开动搅拌器，加入48°～65°石蜡1 000kg，至石蜡全部溶解后加入石蜡质量15%～30%的石蜡乳化分散剂，充分搅拌均匀，溶液变为乳白色，表明乳化完全，成为石蜡乳化液。再加入石蜡质量25%～30%过300目筛孔的高岭土（筛孔直径0.044mm），搅拌均匀后即成为乳化石蜡—高岭土混合物溶液。

C. 纳米—亚微米级石蜡包膜剂的制备：将上述乳化石蜡—高岭土混合液放入本发明使用的高剪切设备中，2万r/min速度剪切5～10min，即成为纳米—亚微米级乳化石蜡—高岭土混合物溶液，又称为纳米—亚微米级石蜡混合物包膜剂母液。

D. 高剪切设备：该设备主要由以下部件组成［附图4（略）］：a. 电机：江苏星轮高速电机设备制造公司制造；b. 刀轴与高剪切刀：采用高铬高镍奥氏体不锈钢材料加工制造，剪切刀为锯齿状。刀轴通过三爪夹头与电机输出轴连接；c. 不锈钢罐体：直径500mm，高700mm；d. 导流筒：内衬于罐体中部起到导流的作用，使物料呈湍流状态循环高剪切，筒体直径200mm，高350mm；e. 封盖：不锈钢封盖周边及与轴接触部分均黏有密封圈，起到密闭作用；f. 进出料口：进料口位于罐体上部，出料口位于罐体下部。

〈4〉操作：将加入造粒黏结剂并混合均匀的物料通过皮带输送机进入转鼓式造粒机；造粒后送入旋转干燥筒进一步造粒，干燥；干燥后的造粒肥料进入冷却筒；然后通过圆筒筛筛分，小于1mm粉末和大于5mm的大颗粒肥料返料循环使用。直径1～5mm的磷钾复混肥用皮带机输送进石蜡包膜圆筒。

包膜圆筒主要由以下部分组成：

A. 石蜡包膜剂预处理装置：为1m^{3}带搅拌器的夹层罐，夹层间通入循环热水加热至50～60℃，石蜡包膜剂用压力泵打入罐内，加水稀释至5～6倍。

B. 加压喷雾装置：用压力泵加压，压强≥0.4MPa，喷嘴孔径5～10μm。

C. 旋转包膜筒：见附图3（略）。

D. 包膜操作：a. 开动包膜转筒；b. 用皮带输运机将磷钾复混肥送入包膜圆筒，由于圆筒的旋转作用，筒内抄板将肥料颗粒在圆筒内扬起；c. 开动加压喷雾装置，包膜剂呈雾状与滚动扬起的肥料颗粒接触，将其表面湿润，形成一定厚度的包膜，石蜡包膜剂母液用量为肥料干基质量的1%～2%；d. 从包膜筒出口端吹入80～100℃热风，湿润的薄膜干燥冷却后，石蜡—高岭土混合物包裹在肥料颗粒表面。

(4) 掺混型缓释肥料加工工艺：按照不同作物对氮（N）、磷（P_2O_5）、钾（K_2O）的需求比例，将包膜尿素与石蜡混合物包裹磷钾复混肥进行掺混。

附图说明：

附图1　掺混型高浓度缓释肥料的生产工艺流程图（略）

附图2　包膜圆盘（略）

附图3　包膜圆筒（略）

附图4　高剪切设备（略）

本发明的优点：

1. 本发明集成了缓释肥料和复混肥料技术两种技术之所长，既可保持氮素缓慢释放的优点，又保持了复混肥根据不同作物、不同土壤需求灵活配方的优越性。可根据不同用户的需求进行生产。

2. 可解决复混肥料存在的高浓度养分造粒难和尿素粉碎后吸潮的问题。

3. 采用圆盘或圆筒包膜，有利于现有复混肥料技术升级。

4. 因养分浓度高，施用量少，可减少运输量。

实施例 1：采用圆盘造粒机生产掺混型高浓度缓释肥料

1. 包膜尿素生产程序　尿素包膜在直径 2 000mm 圆盘中实施［附图 2（略）］。

（1）腐殖酸类混聚物包膜尿素生产：分别称取普通尿素（直径 1～3mm）或大颗粒尿素（直径 3.35～5.6mm）各 300kg，含氮（N）量均为 46%。分别放入圆盘中，转动圆盘（转速 17r/min），尿素颗粒碰到抄板受阻后上场，用压强 0.5MPa、孔径 10μm 喷嘴雾喷腐殖酸类混聚物包膜胶结剂至上扬的尿素颗粒上，用量 4.5kg（固形物含量 20%），用水稀释至 13.5kg 水溶液使用。随着圆盘旋转和尿素颗粒不断上扬、下落和滚动，腐殖酸类混聚物包膜胶结剂充分包裹在尿素颗粒表面。至尿素颗粒间出现黏连现象时，开动扑粉系统，扑撒过 200 目筛孔（筛孔直径 0.074mm）滑石粉，用量 9kg。开动电热烘干系统，用 100℃左右热风吹干即成为腐殖酸类混聚物包膜尿素。

（2）废弃塑料—淀粉混聚物包膜尿素生产：按本实施例（1）腐殖酸类混聚物包膜尿素生产方法进行生产，仅以废弃塑料—淀粉混聚物包膜胶结剂代替其中的腐殖酸类混聚物包膜胶结剂。不同之处是废弃塑料—淀粉混聚物包膜胶结剂在 20～35℃条件下稀释。

（3）黏土—聚酯混聚物包膜尿素生产：按本实施例（1）腐殖酸类混聚物包膜尿素生产方法进行生产，仅以黏土—聚酯混聚物包膜胶结剂代替其中的腐殖酸类混聚物包膜胶结剂。

（4）磺化木质素混聚物包膜尿素生产：按本实施例（1）腐殖酸类混聚物包膜尿素生产方法进行生产，仅以磺化木质素混聚物包膜胶结剂代替其中的腐殖酸类混聚物包膜胶结剂。

（5）烯烃类化合物—淀粉混聚物包膜尿素生产：按本实施例（1）腐殖酸类混聚物包膜尿素生产方法进行生产，仅以烯烃类化合物—淀粉混聚物包膜胶结剂代替其中的腐殖酸类混聚物包膜胶结剂。

2. 磷钾胶结型缓释肥料生产

（1）原材料

①磷酸一铵：国产，含 P_2O_5 45%，含 N 11%；粉状，过 100 目筛孔。

②氯化钾：俄罗斯产，白色，含 K_2O 60%；过 100 目筛孔。

③胶结（黏结）剂：使用有机肥料造粒黏结剂 CF2，固形物含量 8%～10%。

④石蜡—高岭土混合物包膜剂：石蜡含量 25%左右。

（2）生产工序

①圆盘造粒机生产工艺

〈1〉称取烘干、粉碎过 100 目筛孔氯化钾 180kg（含 K_2O 108kg），磷酸一铵 120Kg（含 P_2O_5 54Kg），K_2O 与 P_2O_5 之比为 1∶0.5。掺混均匀后，加入有机肥料造粒黏结剂 CF2，用量为 3kg，加水稀释至 36kg，与物料充分混合均匀后放入圆盘内，开动圆盘（转速 17r/min），随着物料的旋转，上扬和滚动，逐渐由粉料变为圆颗粒。烘干后过筛，1～5mm 圆颗粒复混肥为 292.5kg（即成粒率占原料质量的 97.5%）。

〈2〉将烘干后 1～5mm 直径的磷钾复混肥重新放入圆盘内，转动圆盘（转速17r/min），用压强 0.5MPa、孔径 10μm 的喷嘴喷洒石蜡—高岭土混合物包膜剂。包膜剂用量 3.0kg，稀释至 12kg 水溶液后使用。圆颗粒肥料表层全部湿润、出现黏连现象时开动电热风烘干器，80～100℃热风吹干，至颗粒表面光滑时，改吹常温风冷却。即成为胶结型磷钾缓释肥料。

〈3〉掺混：化学分析测定结果，包膜尿素含氮（N）量为 42.7%；磷钾复混胶结型缓释肥含磷（P_2O_5）17.9%，含 K_2O35.8%，含氮（N）4.1%。

根据测定结果，称取包膜尿素 440kg，磷钾复混肥 560kg，掺混均匀，即成为 1 000kg 掺混型含氮、磷、钾的缓释肥料。该肥料含氮（N）22.88%，含磷（P_2O_5）10%、含钾（K_2O）20%，总养分含量为 50.88%；N：P_2O_5：K_2O=1：0.44：0.88。对于小麦、玉米、水稻作物，按包膜尿素与石蜡包裹磷钾复混肥按质量比 44%：56%进行掺混。

实施例 2：采用转鼓造粒机和包膜圆筒生产掺混型高浓度缓释肥料

1. 包膜尿素生产程序

（1）开动包膜转筒，用皮带输送机将尿素输入圆筒，用压强 0.5MPa、孔径 10μm 喷嘴雾喷腐殖酸类混聚物包膜胶结剂至上扬的尿素颗粒上，用量为 15kg 母液（固形物含量 20%）/t 尿素，用水稀释至 4 倍后使用。随着尿素颗粒不断上扬、下落和滚动，腐殖酸类混聚物充分包裹在尿素颗粒表面。开动扑粉系统，扑撒过 200 目筛孔（筛孔直径 0.074mm）滑石粉，用量 30kg/t。开动电热烘干系统，100℃左右热风吹干即成为腐殖酸类混聚物包膜尿素。

（2）废弃塑料—淀粉混聚物包膜尿素生产：按本实施例（1）腐殖酸类混聚物包膜尿素生产方法进行生产，除以废弃塑料—淀粉混聚物包膜胶结剂代替腐殖酸类混聚物包膜胶结剂外，包膜剂在温度 20～35℃下加水稀释。

（3）黏土—聚酯混聚物包膜尿素生产：按本实施例（1）腐殖酸类混聚物包膜尿素生产方法进行生产，仅以黏土—聚酯混聚物包膜胶结剂代替其中的腐殖酸类混聚物包膜胶结剂。

（4）磺化木质素混聚物包膜尿素生产：按本实施例（1）腐殖酸类混聚物包膜尿素生产方法进行生产，仅以磺化木质素混聚物包膜胶结剂代替其中的腐殖酸类混聚物包膜胶结剂。

（5）烯烃类化合物—淀粉混聚物包膜尿素生产：按本实施例（1）腐殖酸类混聚物包膜尿素生产方法进行生产，仅以烯烃类化合物—淀粉混聚物包膜胶结剂代替其中的腐殖酸类混聚物包膜胶结剂。

2. 转鼓式造粒机生产和石蜡混合物包裹工序

（1）原料混合：称取烘干、粉碎、过 100 目筛孔的磷酸一铵 20t，氯化钾 30t，在非对称双螺旋混料机中掺混均匀。加入有机肥料造粒黏结剂 CF2，用量 1.0t，用水稀释至 6t，喷入混料机，与物料充分混合。

（2）造粒：加入有机肥料造粒黏结剂 CF2 水溶液并混合均匀后的物料经皮带输送机送至转鼓造粒机中造粒，如果水分不足，可通过转鼓内物料上方工业净水喷洒管按需要补充。

（3）干燥：皮带输送机将造粒后肥料送入旋转干燥筒中，随着干燥筒的旋转，也是再造粒过程，进行肥料颗粒的干燥工序。

（4）筛分：肥料颗粒干燥后直接输送进圆筒转筛，小于 1mm 的粉末和大于 5mm 的大颗粒均为返料，经粉碎循环使用。直径 1～5mm 肥料成粒率为 96.5%。

（5）石蜡—高岭土混合物包膜：用传送带将筛分后的颗粒肥料送至包膜转筒

（Φ1 500mm×8 000mm）中，一边旋转，一边加压（压强 0.5MPa）雾喷石蜡—高岭土混合物水溶液，至肥料颗粒全部湿润。石蜡包膜剂用量为 1.0t，加水稀释至 4.5t，在预处理罐中加热至 60℃左右，充分搅拌均匀后使用。最后用 80～100℃热风烘干，冷却后即成为磷钾复混胶结型缓释肥料成品。

（6）掺混：对于小麦、玉米、水稻作物，按包膜尿素与石蜡包裹磷钾复混肥按质量比 44%∶56%进行掺混。

溶胶硅酸钠混合物内质性缓释剂生产方法

技术领域：本发明属农业、生态环境领域。

名词界定：

1. 溶胶硅酸钠混合物：实际是溶胶硅酸钠与聚乙烯醇缩甲醛的混合物，由于题目太长，简称溶胶硅酸钠混合物。

2. 溶胶硅酸钠：又称为溶胶水玻璃，制备时为溶液，放置一段时间后为凝胶体，但可溶于 40℃以上热水，故称为溶胶硅酸钠。

3. 内质性缓释剂：一种水溶性混合物或聚合物，既具有缓释性能，又具有黏结性能，与尿浆或 NPK 化肥原料融合性能好，在尿素和复混肥生产过程中直接加入，尿素或复混肥成粒干燥后即成为缓释尿素或缓释复混肥，该类缓释剂称为内质性缓释剂。

背景技术：为了提高肥料氮素利用率，国内外科学家均致力于缓释肥料的研究。按其生产工艺，国外 85%为树脂和硫磺包裹尿素。高分子材料分为两大类，一是溶剂性聚合物，又称为树脂；二是水溶性聚合物，又称为水溶性高分子材料。大田作物用缓释材料的首要条件是生物可降解性，方能保证耕地土壤生态环境的安全性。溶剂性树脂材料只有通过化学方法或在高温、高压条件下方能裂解，很难被土壤生物降解，而水溶性聚合物可以被土壤生物降解。为此，从 2001 年开始，张夫道等研制水溶性混聚物。多年来，我们试图研制一种与尿浆或 NPK 化肥原料融合性能好的缓释剂，可在尿素或高氮（N≥20%）含量复混肥料生产过程中直接加入，成粒干燥后即为缓释尿素或缓释复混肥料，这就是本发明的目的。

原理：硅酸钠的耐水性能较好，与肥料中的氨反应生成硅酸铵，更增强了耐水性，但硅酸钠性质脆硬，黏结性能差；聚乙烯醇缩甲醛黏度较大，柔韧性能较好，对硅酸钠具有改性作用，两种化合物混合后，加入尿浆或 NPK 化肥混合物料中，可与尿浆或 NPK 物料融为一体，成粒干燥后，即成为缓释性能良好的缓释肥料。

本发明的详细描述：本发明的工艺过程由三道工序组成：溶胶硅酸钠的制备，聚乙烯醇缩甲醛的制备，溶胶硅酸钠—聚乙烯醇缩甲醛混合物的制备。工艺流程见附图 1（略）。

1. 溶胶硅酸钠的制备

（1）在 10%工业硫酸中加入其质量 0.05%～0.15%的三乙醇胺，搅拌均匀，生成硫酸与三乙醇胺缔合物，备用。

王学江，张夫道（专利号：ZL200810157355.6）

（2）在工业净水中加入模数为3.2～3.6（$Na2SiO_3$含量53.30%～55.05%）的液体硅酸钠，水与液体硅酸钠的质量比为6～9∶1，搅拌至完全溶解。

（3）在搅拌条件下，于上述硅酸钠溶液中加入含有三乙醇胺的10%H_2SO_4溶液，调节pH至10.5～11.5，即成为溶胶硅酸钠。

2. 聚乙烯醇缩甲醛的制备

（1）在带有回流管的反应釜中加入工业净水，升温至65～70℃。

（2）开动搅拌器，缓慢加入水质量10%～15%的聚乙烯醇（75～98），继续升温并保持温度在90～95℃，至聚乙烯醇全部溶解。

（3）关闭蒸汽阀门，开启冷水循环，降温至80℃，用稀盐酸溶液调节pH至1.5～2.5，加入36%～37%工业级甲醛溶液，甲醛用量为聚乙烯醇质量的0.14%～0.16%，在80～85℃条件下反应35～40min。

（4）停止热水循环，开启冷水循环，降温至55～60℃，加入5%～10%尿素水溶液，与多余的甲醛生成羟甲基脲。

3. 溶胶硅酸钠—聚乙烯醇缩甲醛混合物的制备 在上述聚乙烯醇缩甲醛溶液中加入溶胶硅酸钠，溶胶硅酸钠与聚乙烯醇缩甲醛的质量比为1∶1.4～1.7，调节pH至7.5～8.0，继续搅拌30～40min，即成为溶胶硅酸钠—聚乙烯醇缩甲醛混合物，降温至40℃出料。

4. 产品的技术指标（表1）

表1 溶胶硅酸钠混合物产品的技术指标

项 目	指 标
外 观	暗米黄色液体
黏度（涂－4杯，mPa·S）	200～300
pH	7.5～8.0
固形物含量（%）≥	10
Na_2SiO_3 含量（%）≥	1.5

本发明的优点：

1. 溶胶硅酸钠—聚乙烯醇缩甲醛与尿浆或NPK化肥原料融合性能好。

2. 内质性缓释剂直接加入大颗粒尿素生产线的二级混合器、高塔熔体复混肥二级混合槽、蒸汽造粒的转鼓中，加入量为尿素或NPK化肥原料质量的1%～2%，可以直接生产缓释尿素或缓释复混肥，工艺简单，可提高成品率5%～15%，产量大，规模与原尿素或复混肥生产规模相同，同时可节约能量和减少运输成本。

3. Na_2SiO_3与NH_3反应生成$(NH_4)_2SiO_3$，提高肥料氮素的缓释性能。

4. 硅酸钠可提高肥料颗粒的抗磨擦和抗压碎强度。

实验1：溶胶硅酸钠—聚乙烯醇缩甲醛混合物内质型缓释肥料的缓释效果

（一）水淋洗效果

1. 内质型缓释复混肥 在年产30万t高塔熔体造粒复混肥生产线上进行生产性中试，N—P_2O_5—K_2O=20—8—12，总养分含量40%，采用加压计量泵将上述内质性缓释剂加入二级混合槽中，其用量为 NPK 化肥原料质量的 1.5%。因缓释剂完全固化需要 21d 左右，所以取缓释复混肥样品后在塑料袋内放置 21d 后测定。

（1）普通复混肥氮素初级溶出率 47.6%，5 次累积溶出率 97.7%。

（2）内质型缓释复混肥氮素初级溶出率 31.85%，20 次累积溶出率 83.97%。

2. 内质型缓释尿素　在年产 20 万 t 合成氨的大颗粒尿素生产线上进行生产性中试，缓释剂直接加入二级混合器中，其用量为尿素质量的 1.8%。测定方法同缓释复混肥。

（1）大颗粒尿素氮（N）初级溶出率 94.10%，2 次累积溶出率 97.72%。

（2）内质型缓释尿素氮（N）初级溶出率 32.90%，10 次累积溶出率 74.62%。

日本肥料法（1996）对大田作物使用的缓释肥料规定氮素初级溶出率<50%。“国家土壤肥力与肥料效益监测基地网”通过 16 年监测结果，大田作物前期需氮量占整个生育期总氮量的 1/3，中、后期占 2/3。内质型缓释尿素和缓释复混肥的初级溶出率基本上符合大田作物的需氮规律。

（二）田间肥效试验结果

1. 内质型缓释复混肥

（1）试验基本概况：试验布置在北京昌平“国家褐潮土土壤肥力与肥料效益监测基地”，潮土土类，褐潮土亚类，土壤质地为粉砂壤土。土壤理化性状：pH 8.11，有机质 16.42g/kg，全氮（N）1.03g/kg，全磷（P_2O_5）0.89g/kg，碱解氮（N）61.67mg/kg，速效磷（P_2O_5）9.79mg/kg，速效钾（K_2O）40mg/kg。试验作物为夏玉米，玉米品种：中单 8578。小区面积：2.5m×4m，3 次重复。施肥量：氮（N）180kg/hm^2，磷（P_2O_5）108kg/hm^2，钾（K_2O）72kg/hm^2。设不施肥空白对照（CK）和等 NPK 复混肥对照。

（2）夏玉米试验结果：试验结果，夏玉米籽粒产量，内质型缓释复混肥比等 NPK 复混肥处理增产 20.82%（见下表）。综合上述水淋洗结果，内质型缓释复混肥的缓释效果较好。

处　理	重　复	玉米产量（kg/hm^2）	玉米平均产量（kg/hm^2）	比 CK 增产（%）	比 NPK 增产（%）
空白对照（CK）	1	2 701	2 600.7		
	2	2 441			
	3	2 660			
等 NPK	1	4 876	4 791.3	84.23	
	2	4 579			
	3	4 919			
内质型缓释复混肥	1	5 952	5 788.7	122.58	20.82
	2	5 572			
	3	5 842			

2. 缓释尿素

（1）试验基本概况：试验布置在湖南长沙湖南农业大学试验基地，土壤为红壤发育的水稻土。土壤理化性状：pH 6.70，有机质 23.25g/kg，全 N 1.53g/kg，全 P 0.41g/kg，全 K

1.46g/kg，碱解 N 103.28mg/kg，有效 P 16.32mg/kg，有效 K 107.70mg/kg。试验作物为水稻，水稻品种：新香优 80，双季晚稻。2006 年 6 月 23 日播种，7 月 13 日移栽。施肥量：氮（N）150kg/hm，P_2O_5 75kg/hm，K_2O 135kg/hm。小区面积 $40m^2$（4m×10m），重复 3 次。所有肥料均在圆盘耙翻地前一次基施。

（2）晚稻试验结果：试验结果，在晚稻上“缓释尿素＋PK”处理比等 NPK 化肥处理增产 28.34%（见下表）。

处　理	重　复	产　量 (kg/hm^2)	平均产量 (kg/hm^2)	比 CK 增产 (%)	比等 NPK 增产（%）
CK	1	3 488.6	3 533.9		
	2	3 569.1			
	3	3 604.0			
等 NPK	1	4 857.3	4 942.5	39.86	
	2	5 061.8			
	3	4 908.4			
缓释尿素＋PK	1	6 279.1	6 343.2	79.50	28.34
	2	6 392.7			
	3	6 357.8			

纳米肥料研究进展与前景

我们承担了国家“十五”863“纳米肥料关键技术研究”课题。现将有关纳米肥料研究现状、前景以及所取得的初步研究成果，简要介绍如下：

一、纳米科学技术——21 世纪科技产业革命

纳米科学技术（Nano－ST）是 20 世纪 80 年代末期刚刚诞生并正在崛起的新科技，它的基本涵义是在纳米尺寸（10^{-7}～10^{-9}m）范围内认识和改造自然，通过直接操作和安排原子、分子创制新的物质。纳米材料科学是 21 世纪科技产业革命的重要内容之一，是高度交叉的综合性学科，包括物理、化学、生物学、材料科学和电子学。纳米材料科学是新学科生长点，其内容主要包括：(1) 纳米体系物理学；(2) 纳米化学；(3) 纳米材料学；(4) 纳米生物学；(5) 纳米电子学；(6) 纳米加工学；(7) 纳米力学共 7 个部分。纳米科技的前景是诱人的，其发展速度也令人吃惊，有关方面的论文及研究成果急剧增长。检索结果，仅美国化学文摘 1995—2001 年关于纳米材料的报道达 6 786 篇。

美国、日本、英国和德国的科学家都在纳米材料科学方面进行了开创性研究工作。1962

与张　骏、何绪生、张俊清、史春余合作，原载于 2002 年第 2 期《植物营养与肥料学报》。

年日本久保提出了著名的久保理论；1990 年江崎与朱兆祥首先提出了半导体超晶格概念；1990 年 7 月在美国巴尔的摩召开了国际第一届纳米科学技术会议，正式把纳米材料科学作为材料科学的一个新的分支公布于世，很快形成了世界性的“纳米热”；1994 年在美国波士顿召开的 MRS 秋季会议上正式提出纳米材料工程学科。在这个时期，国际上还把 0.1～100nm 技术加工的公差作为纳米技术的概念。由于纳米材料具有小尺寸效应、表面界面效应、量子尺寸效应和量子隧道效应等基本特性，因此，出现许多传统材料不具备的奇异特性。纳米材料在吸附催化、敏感特性和磁效应方面都表现出明显不同于传统材料的特性，在高技术应用上显示出巨大的潜力，引起各发达国家的高度重视。1997 年美国、日本及西欧政府投入纳米技术的开发经费约 3.6 亿美元，日本 MITI 每年投入约 5 000 万美元，德国政府投入约 5 000 万美元，用于基础及应用开发。

二、纳米生物技术研究方兴未艾

纳米技术无处不在，但追根溯源，生物活的细胞就是天然的纳米技术，生物细胞中的大分子就是纳米尺度。细胞内的核糖体是生产蛋白质的纳米流水装配线，将各种氨基酸制造成蛋白质，再由叫做戈尔吉器的纳米装置予以组装。某些特殊的蛋白质—酶本身就是 1 台纳米机器，可以根据细胞的需要，将分子分开或组装起来。

在植物矿质营养学中，植物细胞也是天然的纳米技术。例如，植物通过根吸收 $Si(OH)_4$或 H_4SiO_4，通过生物矿化沉淀模板体系，将硅沉淀于细胞壁、细胞膜、细胞间隙、纤维素和木质素内，而细胞壁和细胞膜是合成组装 SiO_2 的模板，生物矿化形成硅体最初可能以纳米粒子（5～15nm）在有机的二维表面排列。

生物细胞天然的纳米技术给予人们启示，通过人工的纳米技术，将会促进科学技术飞跃发展。最敏感的科学家是美国著名物理学家、诺贝尔奖获得者费曼，早在 1959 年他就设想：“如果有朝一日人们能把百科全书存储在一个针尖大小的空间内并能移动原子，那么将给科学带来什么!”这预示着，人工纳米技术时代正式开始。

生物纳米技术的实质是将生物天然纳米技术和人工纳米技术有机地结合。近 20 年来，纳米技术为生物学研究注入了高效催化剂，使生物学研究焕然一新。迄今为止，主要成果有：利用纳米微粒进行细胞分离、细胞染色及研制特殊药物或新型抗体进行局部定向治疗等。美国 MIT 已成功研制了以纳米磁性材料为药物载体的靶向药物，称为“生物导弹”，即用磁性四氧化三铁纳米微粒包敷蛋白质表面携带药物，通过磁场导航运输到病态部位，释放药物。另外，也可将药物研制成纳米尺寸，直接注射到病变部位，可大大提高医疗效果，减少副作用。总之，纳米技术可使人们根据需要，制造各种各样的生物产品。

三、纳米肥料有广阔的应用前景

（一）何谓纳米肥料

纳米肥料是纳米生物技术的一个分支，是用纳米材料技术构建、用医药微胶囊技术和化工微乳化技术改性而形成的全新肥料，包括纳米结构肥料与纳米材料包膜或胶结缓/控释肥料。

（二）为什么要研究纳米肥料

1. 缓/控释肥料包膜和胶结材料需创新 为了提高肥料利用率，保护生态环境，肥料工作者加速研究包膜肥料或称为缓/控释肥料，大大提高了肥料养分利用率。由于包膜材料取自于市场上的树脂涂料，价格过高，包膜肥料的价格也随之提高，与等养分的原肥料相比，每吨提高500元以上。因此，大田作物很难使用，基本上用于草坪和园林。发达国家对农业采取补贴政策，我国则靠农业进行原始资本积累，肥料价格高，农民买不起。发展包膜肥料的关键是降低材料成本和保证土壤生态环境的安全性。在缓/控释肥料技术研究上，我国材料研究滞后，基本上按发达国家的模式。“九五”以来，因为知识产权的原因，开始研究新的肥料包膜和胶结材料，大多处于中试阶段，未在生产中推广应用。使用纳米材料包膜由于用料省，本身就是从源头上对缓/控释肥料的创新。

2. 发展无公害设施蔬菜急需替代肥料 我国现有140万hm^2设施蔬菜，居世界第一，但是，“家家建大棚，户户育菜苗，人人卖蔬菜”的超小规模经营，成本高，附加值低，产品市场竞争力不强，而且土壤污染严重。要解决大棚土壤污染问题，基质栽培必将代替土壤栽培，营养液是必不可少的生产技术。无论是温室用全价营养液，还是目前社会上时髦的“冲施肥”，当水溶液的pH超过7时，离子态的磷和中、微量元素将产生沉淀，堵塞管道。一般将pH控制在6.0～6.5，在实践中应用很困难，特别是北方石灰性土壤地区，水的pH甚至达到8.0，软化水的处理费用太高。纳米结构肥料由于小尺寸效应，有可能解决养分的沉淀问题。

3. 有机肥料产业化需要纳米级造粒黏结剂 我国城乡有机废弃物每年产出量40亿t，其中规模化畜禽场粪便每年大约17亿t，成为农村主要面源污染源，资源化产业化处理利用是解决有机废弃物污染的根本出路，而有机肥料产业化的关键是造粒问题。“九五”期间，曾研制了CF－2造粒黏结剂，但发酵物料需烘干粉碎后方能造成园颗粒状。在上海攻关项目实施过程中，我们又研制了纳米级造粒黏结剂CF－3，解决了发酵有机物料直接造粒问题。在农业可持续发展中，有机肥料产业化和商品化是必然趋势。

（三）纳米肥料研究进展

1. 纳米包膜和胶结材料 已研制了以下纳米材料：

（1）有机肥料和有机—无机复混肥纳米造粒黏结剂（图1）。

（2）纳米风化煤缓/控释肥料复合包膜剂和胶结剂（图2）。

（3）纳米不饱和树脂—淀粉缓/控释肥包膜剂和胶结剂（图3）。

（4）纳米高岭土缓/控释肥复合包膜剂和胶结剂（图4）。

（5）纳米—亚微米级多功能固沙保水剂（图5）。

（6）纳米级不饱和树脂秸秆板材胶结剂（图6）。

（7）纳米—亚微米级塑料—淀粉缓/控释复合包膜剂和胶结剂。

（8）纳米酚醛树脂秸秆板材胶结剂。

（9）纳米脲醛树脂秸秆板材胶结剂。

2. 纳米结构肥料 已研制出结构肥料：

（1）纳米 Fe_2O_3 结构肥料。

（2）纳米 $CaCO_3$ 结构肥料。

3. 设备　研制出了微米级（φ5μm）气动喷嘴，用于纳米材料包膜和胶结肥料的生产。

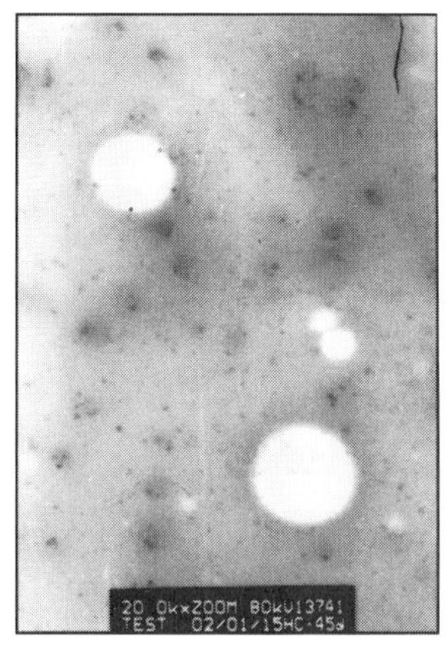

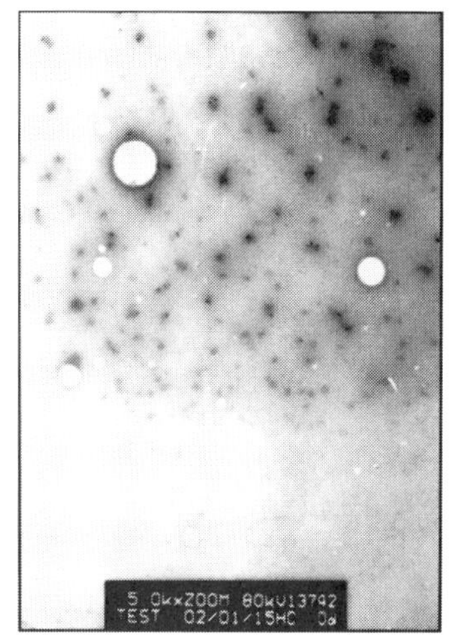

图 1　有机肥和有机—无机混肥纳米造粒黏结剂　造粒黏结剂 CF－2

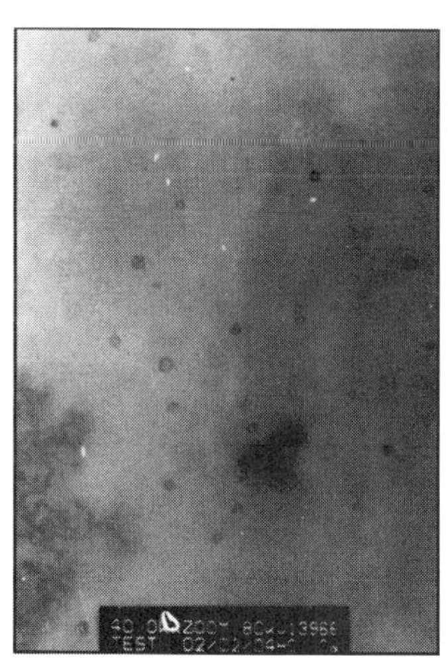

图 2　纳米风化煤缓/控释肥复合包膜剂和胶结剂

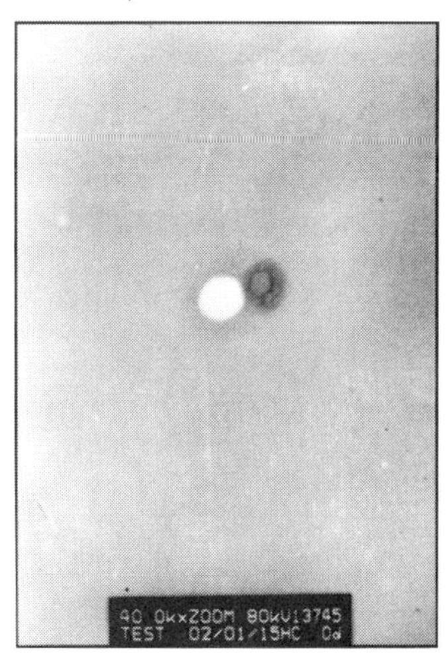

图 3　纳米级不饱和树脂混聚物

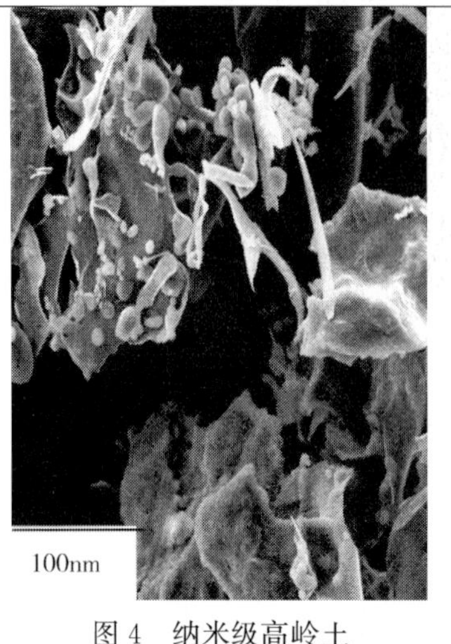

图 4　纳米级高岭土　　　　天然高岭土

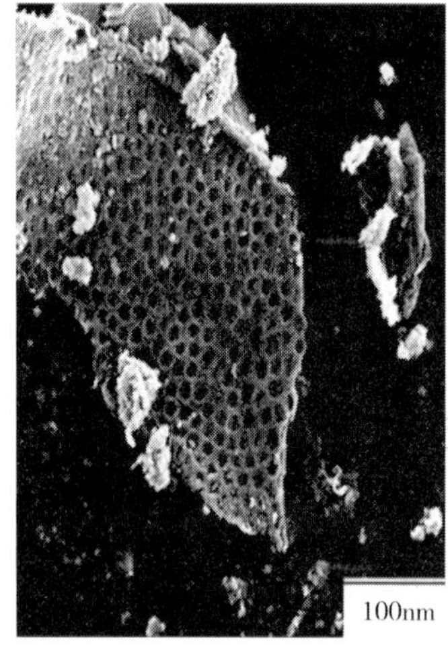

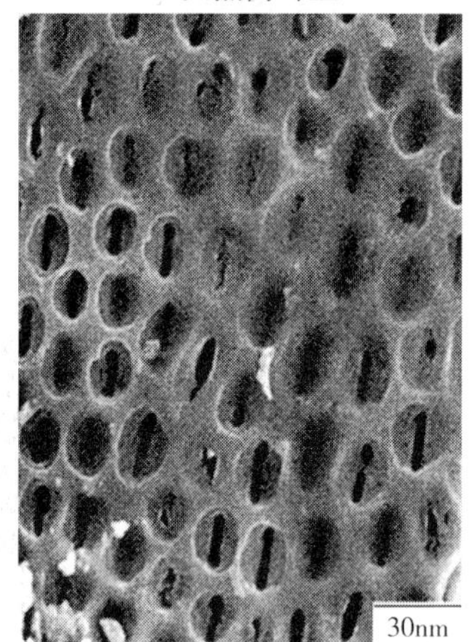

图 5　纳米—亚微米级多功能固沙保水剂

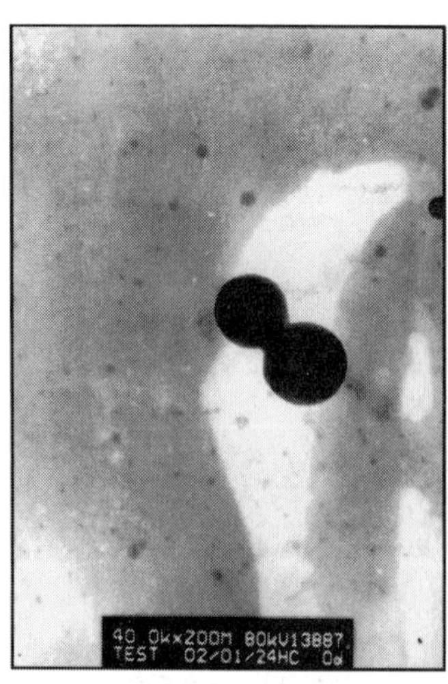

图 6　纳米级不饱和树脂秸秆板材胶结剂

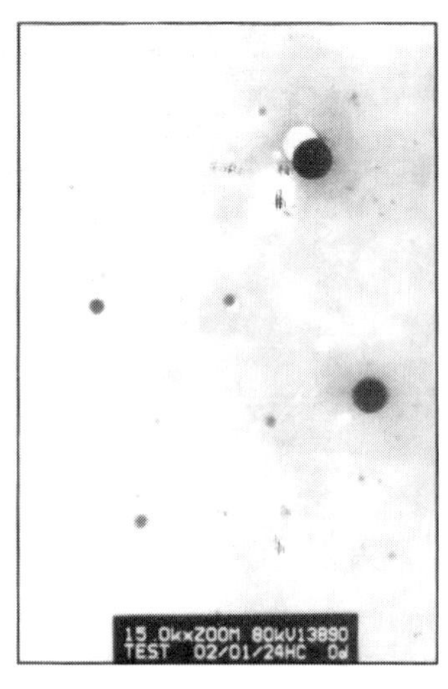

图 7　纳米—亚微米级塑料—淀粉复合材料

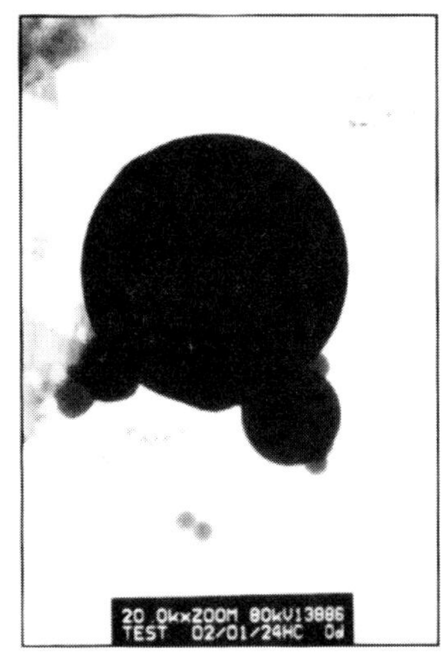

塑料—淀粉分散相

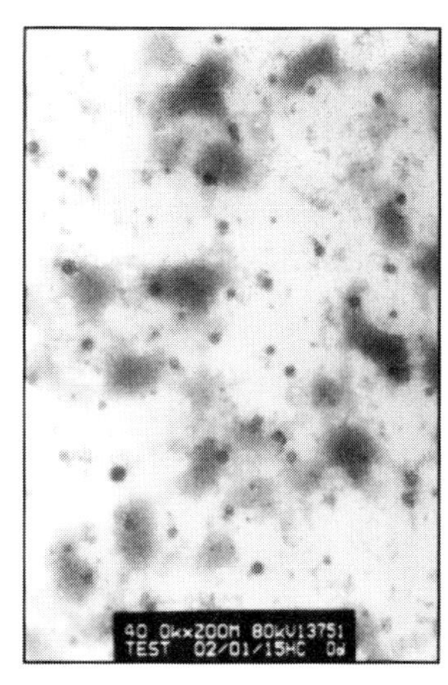

图 8　纳米 Fe_2O_3 结构肥料

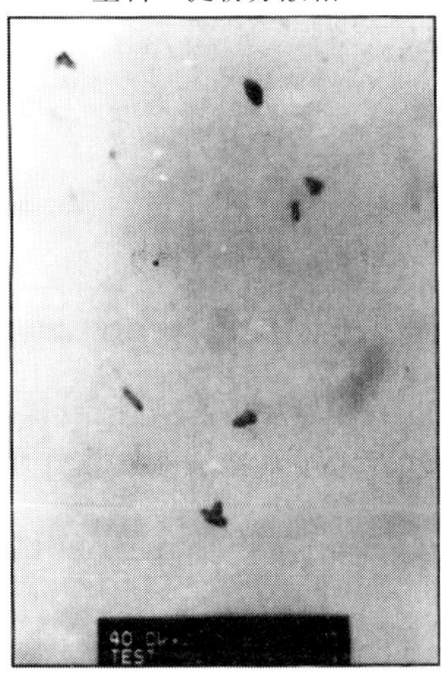

图 9　纳米级酚醛树脂秸秆板材胶结剂

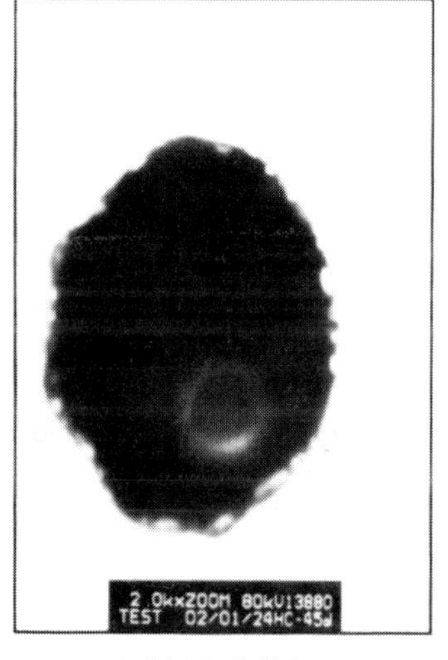

酚醛树脂分散相

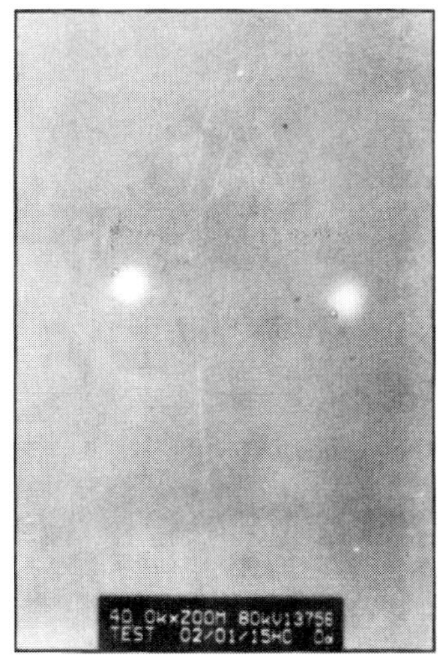

图 10　纳米级脲醛树脂秸秆板材胶结剂

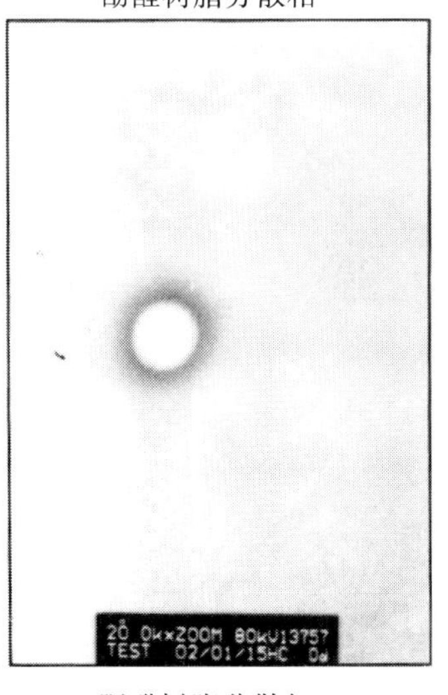

脲醛树脂分散相

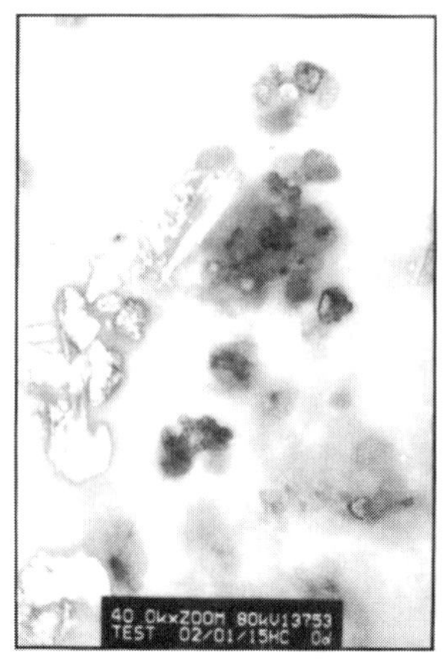

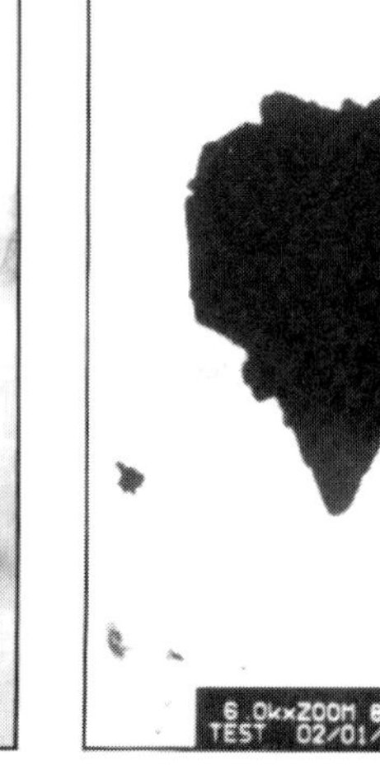

图 11　纳米 $CaCO_3$ 结构肥料　　　　$CaCO_3$ 结构

我国缓/控释肥料的发展方向

一、现　　状

（一）百花齐放是我国缓/控释肥料研究的最大特色

1972 年中国科学院南京土壤研究所李庆逵院士在我国首先开展缓释肥料的研制，基本上与日本同期研究；1985 年原郑州工学院许秀成、李药苹使用磷酸铵钾盐包裹尿素成功。至目前为止，我国已发展为世界上缓/控释肥料种类最多的国家。

1. 包膜型缓释肥料

（1）包膜材料

①热塑性材料：包括废弃地膜材料和树脂材料。

②废弃物改性材料。

③化成材料：在包裹肥料颗粒过程中，材料之间、材料与肥料养分之间发生化学反应而成为防水膜。

④无机材料：硫磺，磷酸铵钾盐，高岭土，蒙脱土，硅藻土等。

⑤水溶性混聚物材料

（2）包膜设备

①底喷式流化床，又称为流化床喷动塔。

与王玉军合作，原载于 2008 年第 4 期《中国土壤与肥料》。

②转筒连续装置。

2. 内质型缓释肥料　使用水溶内质性缓释剂与尿浆或 NPK 料浆充分融合技术，达到肥料氮缓慢释放的肥料，适用于高塔复混肥和尿素装置直接生产缓释肥料，也适用于半料浆法缓释复混肥料生产。

3. 胶结型（或称胶黏型）**缓释肥料**　使用具有胶结性能（胶黏性能）的缓释剂将肥料粉末黏结成具有缓释性能的圆颗粒肥料，适用于转鼓造粒的复混肥和缓释钾肥。

4. 缓释型 BB 肥

（1）将缓释尿素与颗粒状磷、钾肥或复混肥料掺混而成的肥料。

（2）按不同作物生育期需肥量将不同时间段释放的缓释肥料掺混而成的肥料。

（二）自主创新形成了我国缓/控释肥料的独特体系

我国缓释肥料的研制从起步阶段走的就是自主创新的道路，而且，一直围绕大田作物专用缓释肥料开展科研工作。纵观我国缓释肥料行业，除了树脂包膜和硫包膜技术是引进日本、美国和加拿大技术并经过改进外，肥包肥技术、废弃物改性技术、化成材料包膜技术、水溶性混聚物技术、保水型缓释尿素技术、内质型缓释肥料技术，胶结型缓释肥料技术、缓释 BB 肥技术、缓释钾肥技术等均是我国科学家首创的，到目前为止，已获国内外授权的发明专利有 20 余项。

（三）产、学、研有机结合加速了缓/控释肥料产业化

我国缓/控释肥料的特点就是科研院所和高等院校与企业密切合作，实验室研究与工厂的中试和规模化生产相结合，大大缩短了产业化的周期。目前，我国已投产的厂家年生产能力为 240 多万 t。

（四）各类缓释材料和工艺设备的优缺点

1. 树脂类材料和工艺设备的优缺点

（1）优点：采用树脂类材料包膜肥料养分释放时间长，其中肥料氮素的释放时间可长达 500d。欧美和日本等发达国家在草坪、花卉和林木上施用，特别是欧洲和美国严禁在耕地上施用。

（2）缺点

①树脂在土壤中很难降解，通常降解期为 30～50 年，树脂包膜尿素中树脂含量为 13%～20%，也就是说，每 100 kg 包膜尿素中含有 13～20kg 树脂，长期施用，必然破坏土壤的物理结构，比塑料地膜破坏力更大。日本有两种可降解树脂材料，一种是树脂与淀粉的混合物，淀粉被微生物分解后，树脂壳呈筛状物或崩解成碎片状残留在土壤中，仍会破坏土壤结构；另一种是光降解树脂，倘若制作成地膜，见光后可缓慢降解，若用作膜材，地下无光，则不能降解。

②影响肥料氮含量，例如树脂包裹尿素，含氮（N）量 33%～40%，也就是说，农民购买 100kg 缓释尿素，只有 80～87 kg 尿素，其他为污染物树脂。

③树脂包膜型缓释肥料采用底喷式流化床，受鼓风机的鼓风量限制，其产量一般为 1t/h，世界上最大的也只有 3～5 t/h，若欲提高产量，需制作很多流化床，耗能、耗工、

费时。

2. 硫磺类材料和工艺设备的优缺点

(1) 优点

①适合于缺硫土壤上施用，对环境无污染。

②包膜效果较好，缓释时间长。

(2) 缺点

①硫磺性能较脆，肥料包膜时，易出现微小的裂纹，影响缓释效果。为了弥补缺陷，包硫后还需补包一层树脂。

②降低肥料氮含量，硫包膜尿素含硫（S）量为18%～20%，也就是说，农民购买100kg硫包膜尿素，只买到80～82 kg尿素，18～20 kg硫磺。我国耕地土壤基本上不缺硫，只有油料作物施用硫肥有效。在南方酸性土壤上长期施用硫磺，土壤将进一步酸化；在北方石灰性土壤上长期施用硫磺，将改变土壤生物区系（包括微生物和土壤动物）和土壤微生态环境，不利于作物生长和土壤健康。

③加工设备采用流化床，其缺点与树脂包膜材料相同。

3. 水溶性聚合物材料和工艺设备优缺点

(1) 优点

①环境友好型，在土壤中易降解，其降解产物进入土壤有机—无机复合胶体内，提高土壤有机—无机复合体含量，而土壤有机—无机复合体是土壤肥力的核心。

②无论内质型还是包膜型缓释肥料，均可规模化连续生产。

(2) 缺点

①由于是水溶性材料，在包裹尿素时，尿素表面溶解。因此，工艺条件较苛刻，要求“三迅速”，即迅速包膜，迅速烘干、迅速冷却。

②由于是水溶性材料，胶团直径为纳米—亚微米级，包膜时间短，膜厚度仅为微米级，肥料养分释放比树脂和硫磺包膜尿素快，时间较短，最长可达到200d，适宜于大田作物上施用。

③包膜设备尚需进一步完善。

4. 磷酸铵钾盐材料及工艺设备的优缺点

(1) 优点：肥膜和肥核（又称肥心）均可为作物提供养分，无副产物，是最环保的缓释肥料。

(2) 缺点

①与树脂和硫磺包膜缓释肥相比，养分释放相对较快，适宜于在大田作物上施用。

②采用圆盘包膜，生产量相对较低。

二、存在问题和商榷

(一) 对缓/控释肥料的界定不规范

1. 缓释肥料和控释肥料的界定不清 无论在学术界还是在肥料行业内，对缓/控释肥料的界定不统一，有的称为缓释肥料，有的称为控释肥料，有的称为智能肥料；有的将树脂包膜型肥料称为控释肥料，将其他材料包裹的肥料称为缓释肥料。“缓释”和

“控释”是两个不同的概念。我国《肥料标识、内容和要求》的国家标准 GB18382—2001 规定了“缓效肥料（Slow-release fertilizer）的定义：养分所呈的化合物或物理状，能在一段时间内缓慢释放供植物持续吸收利用的肥料。”世界标准化组织（ISO）对缓释肥料（Slow-release fertilizer）的定义：一种肥料所含有养分是以化合物或以物理状态存在，以使其养分对植物的有效性延长。建议对缓释肥料和控释肥料做出以下界定：“缓释肥料：采用物理、化学和生物方法使肥料氮在一段时间内于土壤中缓慢释放，对作物的有效性比原来的氮肥延长，该类肥料称为缓释肥料”；“控释肥料：肥料养分释放速率与作物各生育期需肥规律基本吻合，该类肥料称为控释肥料。”缓/控释肥料即为缓释肥料和控释肥料，两者是并列关系。

2. 将缓释氮肥与缓释氮磷钾复混肥相混淆　从 20 世纪 60 年代初美国学者研制硫包裹尿素至今，国内外科学家研制缓释肥料的目的是为了提高氮素化肥的利用率，其中氮肥的主要品种是尿素。从化学成分上，尿素颗粒内、外基本上是均一的，复混肥的成分相对来说是非均一的，而且各个厂家的氮、磷、钾配方和辅料，工艺设备均不一样。因此，不能将缓释尿素氮（或缓释氮肥）与缓释复混肥料氮混为一谈，这是其一；其二，不能将缓释氮与缓释磷或缓释钾混为一谈。众所周知，肥料氮进入土壤后很快转化为硝态氮（NO_3^-—N），易于流失；水溶性磷进入土壤后，迅速被土壤矿物吸附固定，对于磷，不是“缓释”，也不是“控释”，而是促进释放减少固定。至于钾，因作物而论，只有烟草和大棚茄果类蔬菜较特殊，它们大约在移栽后 50～60 d 进入吸收钾的高峰期，北方土壤正值天旱，钾易被土壤矿物吸附固定，在南方和在大棚中降雨或浇水濒繁，钾易被淋失。因此，肥料钾需要缓释和控释。其他作物则不需要。

3. 养分溶出率与肥效不能等同　目前，有些单位套用欧盟应用于草坪、花卉的缓释尿素推荐标准：即 25℃水温满足 3 个条件：24h 初级溶出率≤15％，28 d≤75％，规定时间≥75％。该标准对大田作物很难使用。实验室测定的养分释放率仅是相对数值，不等于田间肥效。例如，尿素氮（N）在 25℃水中 1～5 min 全部溶解，在土壤中 15 d 基本转化，其肥效可达 30 d 左右。肖强的博士论文研究结果，在黑土、褐潮土和红壤中，4 种缓释肥 120 d 的氮素（N）累积释放率为 79％～88％；25℃下在装有粒径 0.25～1、0.16～0.25、0.08～0.16、<0.08 mm 河砂的砂柱中，氮素（N）6～7、5～6 h 和 4～5 h 累积溶出率分别为 68.93％、73.99％、77.24％和 80.4％。每小时淋洗 1 次，每次缓释肥在水中的浸泡时间为 5 min。缓释肥氮素（N）在水中与 3 种旱地土壤中释放速率相比较，在水中 1 min 氮素（N）释放率相当于在土壤中 3.4～5 d。从作物需氮规律上看，所有大田作物（包括茄果类蔬菜），前期需氮（N）量大约占总需氮量的 1/3，中、后期占 2/3。这就是说，对于大田作物而言，氮素（N）初级释放率以 30％～40％为宜。大田肥效试验结果，缓释尿素在水中 0.5～2 h 全部溶解，可基本上满足旱地和水田作物的需要。

4. 应正确对待缓/控释肥料的效果　根据各种作物单季和田间定位肥效试验结果，缓释肥料氮的利用率可提高 10～30 个百分点，足以显示缓释肥料的优越性。但是，也应该看到，随着原材料的涨价，树脂和硫磺包膜型缓释肥料的效果与附加价格呈现不平衡，需要技术升级，降低生产成本。

with organic molecular. As shown in Fig. 1 (a), blocky structure of natural kaoline was dissociated to flake and its thickness was smaller than 10 nm and its length and width were about 150 nm and 60 nm. Macromolecular matter combined with each flake increased not only surface area of kaoline, but also the active absorption spot. Transmitting electronic-microscope shows the diameter of nano-submicron composites of kaoline was at the range of 20～150 nm [Fig. 1 (b)].

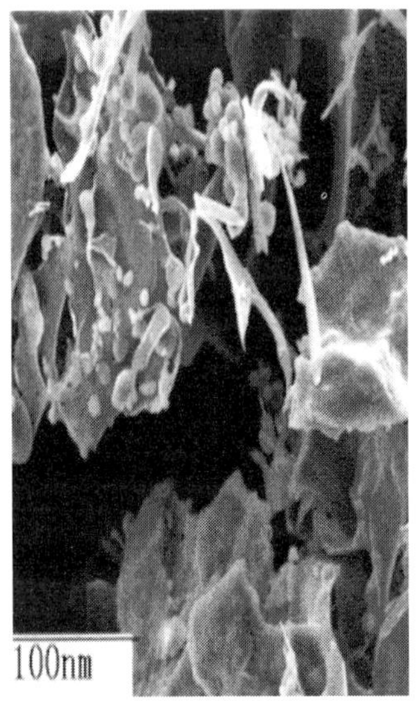

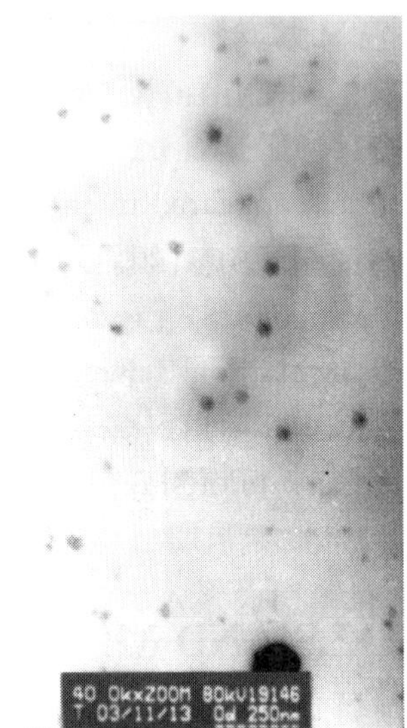

SEM of nano-kaoline-polymer (a)　　TEM of nano-kaoline-polymer (b)

Fig. 1　EM photograph of nano-kaoline-polymer

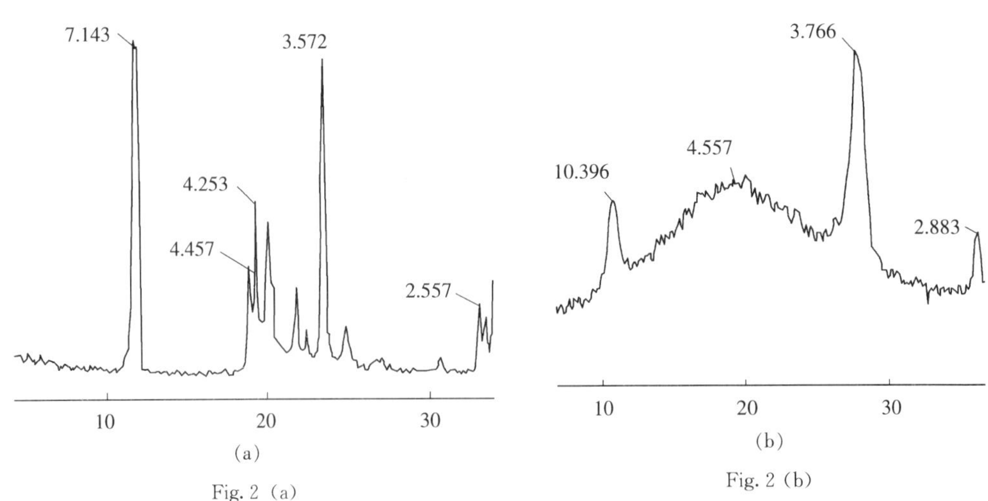

Fig. 2 (a)　　Fig. 2 (b)

Fig. 2　XRD of natural (a) and nano-submicron composites (b) kaoline-polymer

2.1.2　X-radial diffraction device (XRD) measurement and analysis

Fig. 2 (a) and Fig. 2 (b) were the XRD of natural kaoline and nano-submicron composites of kaoline respectively. There were diffraction peaks of the two kinds of kaolines when 2θ

=10～30°. The characteristic peaks of natural kaoline was d=7. 143 nm, d=4. 457 nm, d=4. 253 nm and d= 3. 572 nm and they were very sharp, but the characteristic peaks of nano-submicron composites of kaoline moved forward and their diffraction peaks inactivated. Two characteristic peaks in the middle became one characteristic peaks which was a gently buninoid peak. It was shown that the interlayer spacing of kaoline enlarged when it was inserted by organic polar monomer, and its basic structure changed. More importantly, organic matter reacted with surface of kaoline. Infrared optical spectrometer (FTIR) measurement and analysis In mask pattern structure of natural kaoline, there was a 1: 1 unit of structure which was made up of one layer of silicon-oxy tetrahedron combined with one layer of aluminium-oxy octahedron with only one oxygen. This 1: 1 unit of structure heaped along c axis and shaped. Interlayer contained organic molecular and inorganic ion. Fig. 3 (a) and (b) were the FTIR of natural kaoline and nano-submicron composites of kaoline, respectively. In Fig. 3 (a), 3 697 cm^{-1} was the absorption peak of expansion shaking frequency of —OH in surface of kaoline. 3 621 cm^{-1} was that of —OH in silicon-oxy tetrahedron and aluminium-oxy octahedron of kaoline. 3 456 cm^{-1} and 1 039 cm^{-1} were the absorption peak of expansion shaking frequency of Si—O—Si of kaoline. 1 653 cm^{-1} was the absorption peak of bend shaking frequency of —OH on Al—O—Al of kaoline. 913 cm^{-1} was the absorption peak of bend shaking frequency of Al—OH. 696 cm^{-1} and 538 cm^{-1} was the absorption peak of expansion shaking frequency of Si—O—Al. In Fig. 3 (b), the absorption peak of expansion shaking frequency of —OH in silicon-oxy tetrahedron and aluminium-oxy octahedron became weak, which indicated the function of interlayer of kaoline weakened. In 800～2 000 cm^{-1}, there were three new peaks which were 1 604 cm^{-1}, 1 418 cm^{-1}, 856 cm^{-1}, and they were the

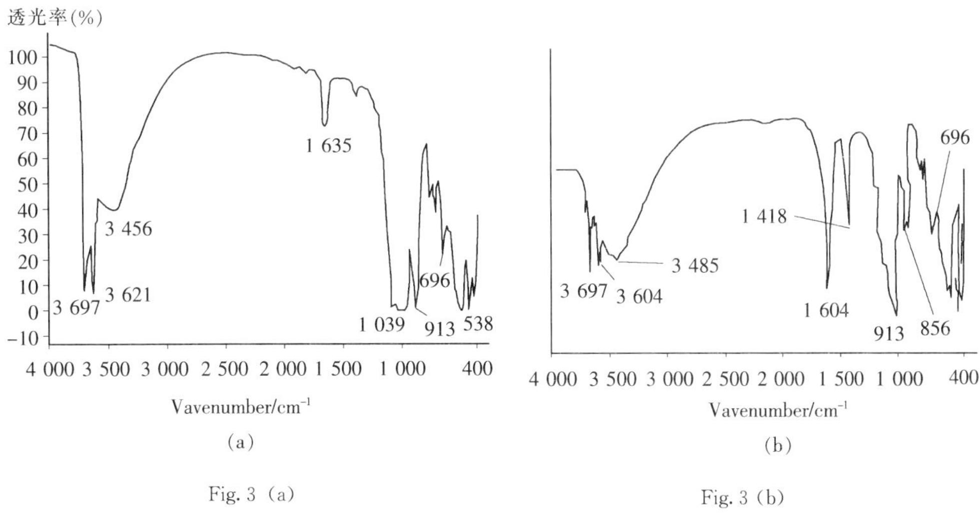

Fig. 3 (a)　　Fig. 3 (b)

Fig. 3　FTIR of natural kaoline-polymer (a) and nano-submicron composites of kaoline-polymer (b) absorption peaks of C=C and C—C of organic inserting agents, which indicated that during inserting of kaoline, the —OH in surface with organic matter. The bonding maybe the connection of hydrogen bond shaped by oxygen atom in aluminium-oxy octahedron and —OH of organic matter or other chemical bond, which indicated that organic matter inserted interlayer of kaoline, and enlarged interlayer space. This result was the same with that of Pusino and XRD.

2.1.3 Laser granularity analysis

Fig. 4 is the distribution curve of particle size of nano-submicron composites of kaoline by laser granularity analyzing device. Results showed that the percentage of particles with average diameter of 60 nm was 10%, that of 75 nm was 50% and that of 110 nm was 90%. Because of the structure of kaoline was flake between the results of the scanning electronic-microscope. So laser granularity analysis was fit for measuring and indicating nano-particle of ball-type.

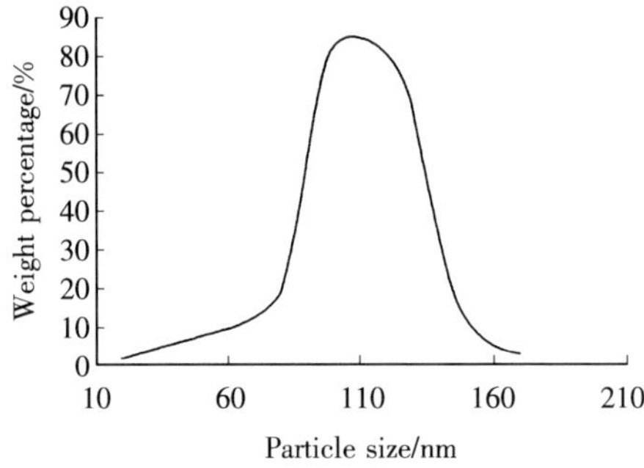

Fig. 4 Particle size distribution of nano-kaoline

Tab. 1 Position and assignment of infrared bands of kaoline

	Position of infrared bands/cm^{-1}	Assignment of infrared bands
High frequency (3 700～3 000)	3 697	—O—H
	3 621	Al—OH
	3 456	Si—O—Si (H)
Middle frequency (1 700～1 600)	1 635	O—H
	1 604	C=C
Middle-low frequency (1 300～800)	1 039	Si—O—Si 或 Al—O
	913	Al—OH
	856	C—C
Low frequency (800～400)	696	Si—O—Al
	538	Al—O—Si

2.2　Humic acid-polymer composites

2.2.1　Electronic-microscope measurement and analysis

Fig. 5 shows the EM of nano-submicron composites of humic acid (pH =6.5) . Nano-submicron composites of humic acid were added with active and deflocculating agents. It was found in Fig. 5 (a) that the loose network structure of natural humus was dissociated to small particle shape which was 20～50nm in diameter and increased not only the surface area of humic acid but also the active bonding spot of nudity. Fig. 5 (b) was transmitting electronic-microscope and the diameters of humus-polymer composites were mainly below 60nm.

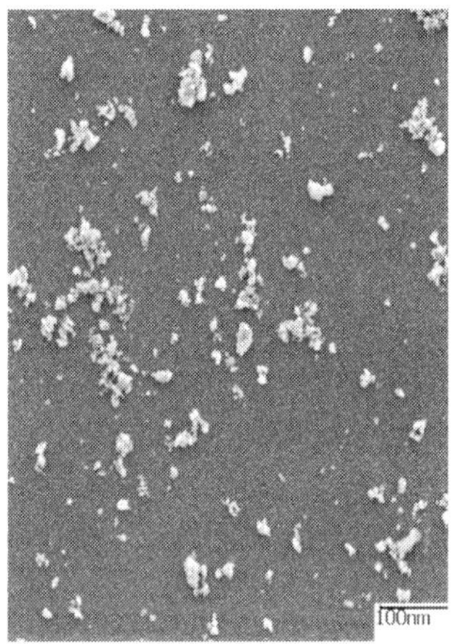

SEM of Nano-humic acid and polymer (a)

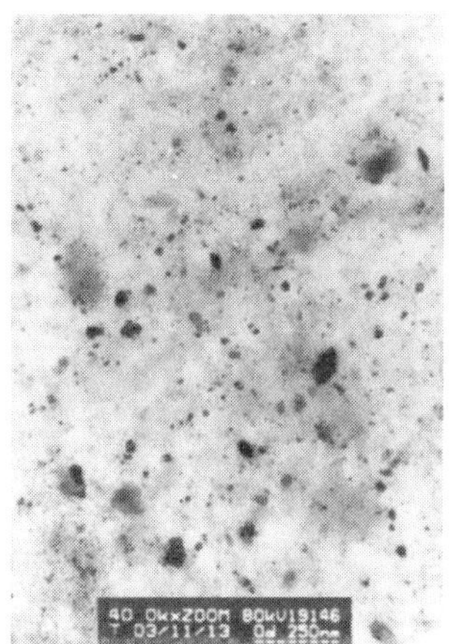

TEM of nano-humic acid and polymer (b)

Fig. 5　EM photograph of nano-humic acid and polymer

2.2.2　Infrared optical spectrometer (FTIR) measuement and analysis

Fig. 6 (a) and (b) were the FTIR of natural humic acid and nano-submicron composites of humus, respectively. In Fig. 6 (a), 3 434 cm^{-1} was the absorption peak of expansion shaking frequency of —OH in natural humus. 1 460 cm^{-1} was the absorption peak of bend shaking frequency of —OH. 1 406 cm^{-1} was the absorption peak of expansion shaking frequency of carboxylic acid radical. 1 213 cm^{-1} was the absorption peak of bend shaking frequency of fragrant aether, ester and carboxylic acid. 690 cm^{-1} was the absorption peak of expansion shaking frequency of amide or Si—O—C. In Fig. 6 (b), the FTIR changed significantly. Not only the absorption peak of characters had moved and shape of peak became sharp, but also appeared two new peaks in fingerprint region. 3 369 cm^{-1} was the absorption peak of bend shaking frequency of —OH of hydroxybenzene or alcohol. 1 720 cm^{-1} was the absorption peak of expansion shaking frequency of carboxyl group or ketone. 1 630 cm^{-1} was the absorption peak of expansion shaking frequency of carboxylic acid radical or C—C. 1 405 cm^{-1} was the absorption peak of expansion shaking frequency of carboxylic acid radical. 1 235 cm^{-1} was the absorption peak of expansion shaking frequency of alkoxy, hydro-xybenzene and alcohol. 1 075 cm^{-1} frequency of dissociative hydroxy, amino carbonyl or ester. 826 cm^{-1} was the absorption peak of bend shaking frequency of alkyl or heterocycle. Compared Fig. 6 (a) with (b), it was found that nano-submicron composites of humus increased new functional group and active spot which indicated the performance of nano-submicron composites of humus changed was the absorption peak of expansion shaking.

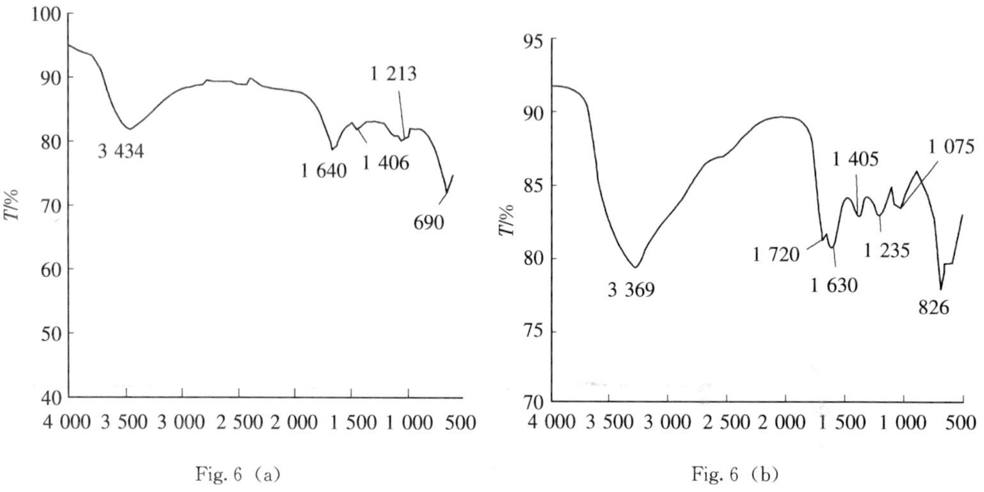

Fig. 6 (a) Fig. 6 (b)

Fig. 6 FTIR of natural humic acid-polymer (a) and nano-submicron composites of humic acid-polymer (b)

2.2.3 Laser granularity analysis

Results showed that the percentage of particles with an average diameter at 15 nm was 10%, that of 30 nm was 50% and that of 45 nm was 70%. The result was the same with that of the scanning electronic-microscope (Fig. 7).

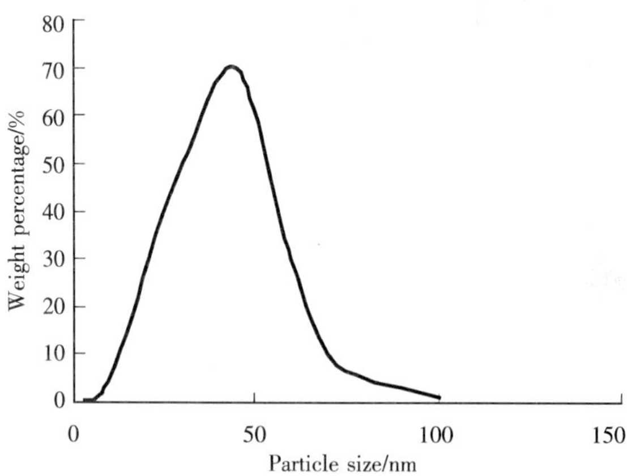

Fig. 7 Particle size distribution of Nano-humic acid-polymer

Table 2　The position and assignment of infrared bands of humic acid

	Position of infrared bands/cm^{-1}	Assignment of infrared bands
High frequency (3 700～3 000)	3 434	—O—H
	3 369	—OH or —NH
	1 720	—C=O
Middle frequency (1 700～1 600)	1 640	O—H
	1 630	$—COO^-$ or C—C
	1 405	$—COO^-$
Middle-low frequency (1 300～800)	1 235	C—O or C—O—C
	1 213	C—OH or C—O—H
	1 075	—OH or —NH、C—O
	826	C=C
Low frequency (800～400)	690	Si—O—C

2.3　Abandoned plastics-starch composites

2.3.1　The electronic-microscope measure- ment and analysis

Fig. 8 was the electronic-microscope photo of plastic composites. Fig. 8 (a) was the nano-submicron composites of plastic- starch and it has many minipores. Amplifying the photo, it was found that there were many minipores with diameters from 10 to 20 nm on the surface of nano-submicron composites of plastic-starch, thus providing basis for slow-release of nutrients. Particle size of plastic-starch composites were mainly below 80nm by transmitting electronic-Microscope [Fig. 8 (b)] .

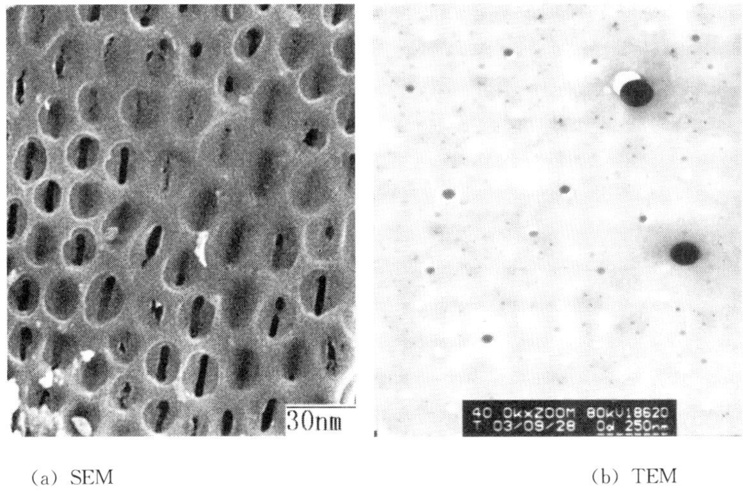

(a) SEM　　(b) TEM

Fig. 8　EM photograph of nano-submicron composites of plastic- starch

2.3.2 laser granularity analysis

Fig. 9 showed the distribution curve of particle size of nano-submicron composites of plastics-starch by laser granularity analysis. Results showed that the percentage of particles with an average diameter being 50 nm was 10%, that of 60 nm was 50% and that of 70 nm was 70%.

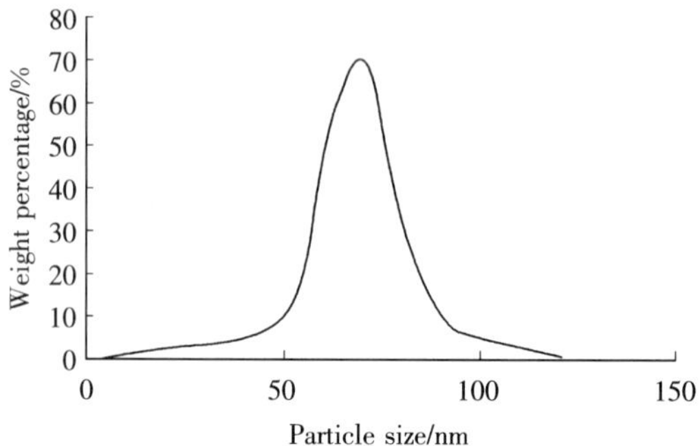

Fig. 9 Particle size distribution of nano- submicron composites of plastic- starch

2.4 Polyvinyl alcoholstarch composites

2.4.1 The electronic-microscope measure- ment and analysis

The particle sizes of polyvinyl alcohol- starch composites were mainly below 90nm by transmitting electronic-micros cope (Figure 10).

2.4.2 Laser granularity analysis

The distribution curve of particle size by laser granularity analysis showed that the percentage of particles with an average diameter being 30nm was 80% (Fig. 11).

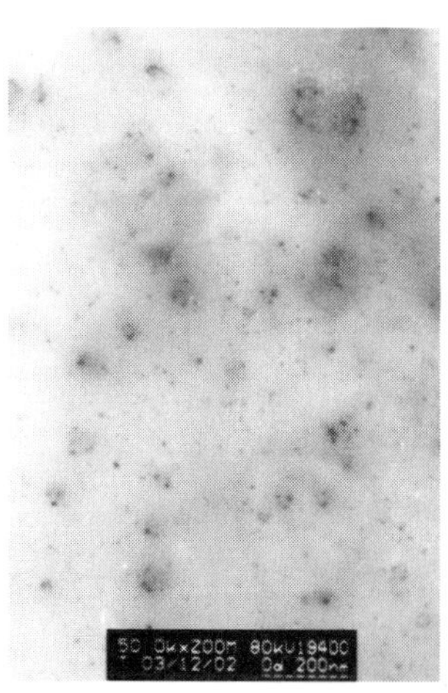

Fig. 10 TEM photograph of nano-submicron composites of polyvinyl alcohol-starch

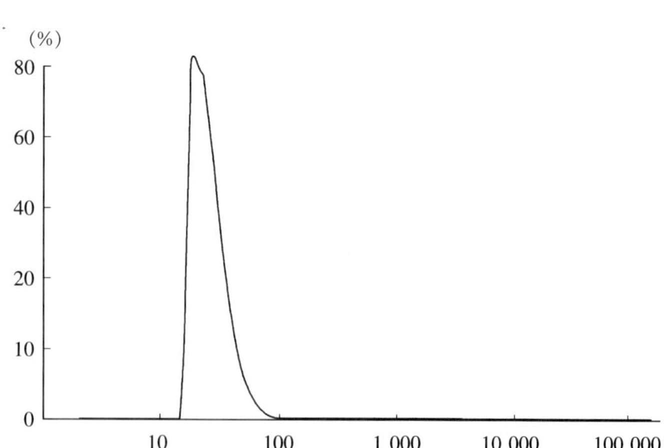

Fig. 11 Particle size distribution of nano-submicron composites of polyvinyl alcohol-starch

3 CONCLUSIONS

The surface of clay mineral could adsorb some organic compound molecular whose properties were the same to water easily. Because the interaction of clay and organic compound was weak, some non-polar molecular could adsorb physically. However, polar or ionogenic organic molecular could have chemical adsorption and bonding with clay minerals and shape clay-organic composites. According to the properties of organic molecular, the bonding functions of clay-organic composites were created by following ways: hydrogen bond, power of ion dipole, "water bridge" of organic molecular and hydrating ion, cation and anion exchange, and so on. In this study, through kaoline inserted organic matter, nano-submicron composites of kaoline were obtained, and through the scanning electronic-microscope, transmitting electronic- microscope, X-radial diffraction device (XRD), infrared optical spectrometer (FTIR) and laser granularity analysis, nano-submicron composites of kaoline were measured and presented. It is concluded that the organic compound has been inserted into interlayer of kaoline, enlarged interlayer space and shaped clay-organic composites.

The percentage of nano-submicron composites of humic acid-polymer with an average diameter below 100nm was 100% and that of 85% was 20～60nm.

The particle sizes of abandoned plastic-starch composites were from 10nm to 80nm.

The particle sizes of abandoned plastic-starch. composites were from 10nm to 90nm.

Effects of Slow/Controlled-Release Fertilizer Cemented and Coated by Nano-Materials on Biology Ⅱ. Effects of Slow/Controlled-Release Fertilizer Cemented and Coated by Nano-Materials on Plants

INTRODUCTION

Nano-ST, which appeared in the end of 1980s and developed fast, is a new scientific Scientists in America, Japan, England and Germany have made much initiative researches. nano-com- posites, presented by Roy and Komarneni at the beginning of 1980s, are applied widely in material scientific field, but none research is found in agriculture, especially in fertilizer. In recent years, we developed some kinds of nano-composites used as

与 Xiumen LIU, Qiang XIAO, Yujun WANG, Jianfeng ZHANG 合作，原载于 Nanoscience Vol. 11, No. 1, 18～26, March, 2006。

felting and coating agents of slow/controlled release fertilizer and they were tested in wheat and corn.

1 MATERIALS AND METHODS

1.1 Materials

1.1.1 Slow/controlled—release fertilizer felted and coated by nano-submicron materials

Slow—release fertilizer cemented by: clay- polyester, humus-polyester and plastic-starch.

Slow—release fertilizer coated by: clay-poly- ester, humus-polyester and plastic-starch. Slow- release fertilizer bulk blended by: three fertilizers of (1), (2) and (3) were blended in proportion as 20%, 25% and 55% of total amount of nitrogen and they were as follows:

Type 1 bulk (1) urea (2) humus- polyester felting (3) plastic-starch felting

Type 2 bulk (1) urea (2) clay-po- lyester felting (3) plastic-starch felting

Type 3 bulk (1) urea (2) CF2 felting (3) plastic-starch felting

Type 4 bulk (1) urea (2) CF2 felting (3) plastic-starch coating

Type 5 bulk (1) urea (2) CF2 felting (3) clay-polyester coating

Common fertilizers are urea, potassium chloride and monoammonium phosphate. Nutrient conte- nts of slow-release fertilizer are N 15%, P_2O_5 8%, K_2O 8%. The variety of wheat is Beijing 9 428.

1.1.2 Experimental soil

The soil was obtained from experimental station of changping. Brown aquic soil genus, aqu- ic soil great group and silt loam. pH 8.11, OM. 16.42g/kg, TN 0.69 g/kg, TP 0.87 g/kg, alkaline hydrolizable N 76.43mg/kg, rapidly avail. P 4.12mg/kg, and rapidly avail. K 90mg/kg.

1.2 Methods

1.2.1 Methods for measuring the safety of materials

1.2.1.1 Effect of water solution of nano-submicron composites on germination of wheat seeds

One hundred wheat seeds were put in a culture dish with two layers of filter paper and then seeds were covered with one layer of filter paper. Composites were formulated to a water solution in proportion as 1%, 3%, 5% and 10%, which were filled into culture dish. Filter paper was kept wet all the time until seed germinated and percentage of seed germination was calculated. Water of no ion was used as CK and there were 3 repetitions for each treatment.

1.2.1.2 Effect of slow-release fertilizer on emergence of wheat seedlings

There were 9 treatments and 3 repetitions for each treatments with random permutation. Each pot filled with 8 kg of soil. Except CK, other treatments were designed with equal amount of NPK. Fertilizers were filled into pots according to 1.5g N/pot and N : P_2O_5 : K_2O

was 15 ∶ 8 ∶ 8 before mixed with soil, then they were watered and seeds were sowed.

Treatments were slow-release fertilizers cemented by CF－2, clay-polymer, humus-poly- mer, plastic-starch, coated by clay-polymer, humus-polymer, plastic-starch, equal amount of NPK chemical fertilizer and CK.

Measuring indexes: rate of emergence of seedlings, dry weight of aerial part of wheat before winter, leaf area and chorophyll content.

1.2.2　Applying leaching nitrogen of soil column method

There were 9 treatments and 2 repetitions for each treatment in seriation. Except CK, other treatments were designed with equal amount of nitrogen. Air-dried soil of 200g through 2mm sieve was put on the end of leaching tube wetted with 50ml water until soil was saturated. Then, slow-release fertilizer of 4g was put on the soil and on it was 20 g air-dried soil using 20 ml distilled water to wet the fertilizers and the soil on them, then leaching the soil column with 20 ml distilled water again after 48h of cultivation. Before collecting filtrate, two drops of H_2SO_4 were put into triangular flask. Filtrate was collected at 4 th, 6 th, 8 th, 14 th, 20 th, 25 th, 30 th, 35 th, 40th day, made it 100ml water and nitrogen content in filtrate was measured.

1.2.3　Method for leaching nitrogen with water

Chemical fertilizer with equal amount of NPK was used as CK. Slow-release fertilizer of 5 g was put into triangular flask and then ion-free water of 100ml at around 25℃ was put into it too (the ratio of the amount of fertilizer to water was 1 ∶ 20) . After 24h at 25℃, nitrogen was measured and the primary dissolved rate which was the percentage of dissolved nutrition to total nutrition of slow-release fertilizer was calculated. In addition, if slow-release fertilizer of 5 g was put for 7 d in the same way, nitrogen was measured and micro dissolved rate was calculated.

micro dissolved rate (%) ＝ [(accumulated dissolved amount of nutrition×100 / total amount of nutrition of sample) －primary dissolved rate] × [1/ (laying days－1)] .

1.2.4　Potted experiment of wheat

There were 9 treatments and 3 repetition for each treatments with random permutation. Each pot filled with soil of 8kg. Except CK, other treatments were designed with equal amount of NPK. Fertilizers were filled into pots according to 1.5g N/pot and N ∶ P_2O_5 ∶ K_2O was 15 ∶ 8 ∶ 8.

Treatments were CF－2 cemented, clay-polymer cemented, humus-polymer cemented, plasticstarch cemented, clay-polymer coated, humus-polymer coated, plastic-starch coated, Type 1 bulk blended, Type 2 bulk blended, Type 3 bulk blended, Type 4 bulk blended, Type 5 bulk blended slow-release fertilizers, equal amount of NPK chemical fertilizer and CK.

Seeds of wheat were sowed on October, 15, 2002 and harvested on June, 2, 2003.

1.2.5　Indexes and methods for measuring nutrients

1.2.5.1　Indexes for measuring soil nutrients

Potted wheat: Soil samples in 0～20cm layer of depth were obtained in the reviving, shooting, booting, heading, filling and mature period and their alkaline hydrolizable nitrogen, rapidly available phosphorus and potassium were measured. Total nitrogen, total phosphorus and alkaline hydrolizable nitrogen, rapidly available phosphorus and potassium of basic soil samples were measured.

1.2.5.2 Methods for measuring soil nutrients (Baoshidan, 1999)

1.2.5.3 Measuring indexes of plant nutrition

Potted wheat: Plant samples were obtained in the reviving, shooting, booting, heading, filling and mature period and their total nitrogen, phosphorus, potassium, leaf area and chorophyll content were measured.

1.2.5.4 Methods for measuring plant nutrients (Baoshidan, 1999)

2 RESULTS AND ANALYSIS

2.1 Effect of nano-composites on germination of wheat seed and emergence of wheat seedlings

2.1.1 Effect of water solution of nano-submicron composites on germination of wheat seed

Tab. 1 Effects of cementing agent on germination percentage of winter wheat

Cementing agent	0%	1%	3%	5%	10%
CF-2	99.7	99.7	100	99.7	99.7
Plastics-Starch	100	99.7	99.7	100	99.3
Clay-Polyester	99.7	100	99.3	99.7	100
Humic-Acid	100	100	99.7	99.7	100

The germination percentage of winter wheat treated with the four cementing agents at different concentrations was all over 99%, which was similar to distilled water and indicated that the four cementing agents used in this experiment were safe to germination of wheat seeds (Tab. 1).

2.1.2 Effect of cemented and coated slow/controlled-release fertilizers on emergence and grown of wheat seedlings

The emergence rates of wheat seedlings in all treatments were over 95% and seven kinds of slow/controlled-release fertilizers were safe which were similar to chemical fertilizer of equal amount of NPK and CK. The indexes of dry weight and leaf area in December 9th before winter indicated that the dry weight of aerial part of wheat, leaf area and chorophyll of wheat in treatments with seven kinds of slow/ controlled-release fertilizers increased compared with chemical fertilizer of equal amount of NPK and CK. The results showed slow/controlled- release fertilizers cemented and coated by four kinds of cementing and coating agents were safe to growth of seedlings.

2.1.3 Conclusions

Four kinds of water solution of nano-submicron composites were safe to germination of wheat seed. At different concentrations, the germination percentages of wheat seeds were all over 99%, which were similar to distilled water. The results showed that using nano-submicron composites as cementing and coating agents was safe to the germination of wheat seeds.

Applying above four kinds of cemented and coated slow/controlled-release fertilizers by nano-composites, and equal amount of NPK chemical fertilizer and no fertilizer were used as CK, the effect of new type fertilizers on emergence of wheat seedlings and growth of seedlings was researched under the conditions of pot experiment. Results showed that the emergence rates of wheat seedlings for all treatments were over 95% which were similar to chemical fertilizer of equal amount of NPK and no fertilizer. The indexes of dry weight and leaf area in December 9th before winter indicated hat the dry weight of aerial part of wheat, leaf area and chorophyll of wheat increased compared with chemical fertilizer of equal amount of NPK and CK. The results showed that slow/controlled- release fertilizers cemented and coated by four kinds of cementing and coating agents were safe to growth of seedlings.

Tab. 2　Effects of controlled-release fertilizer on seeding emergence and growth of winter wheat

Treatment	Rate of emergence (%)	Dry weight (g/plant)	Leaf area (cm^2)	Chorophyll (%)
Cemented by CF2	97.3	0.148	4.46	0.25
Cemented by clay-polyester	96.3	0.159	4.90	0.27
Cemented by humus acid	97.7	0.158	4.71	0.27
Cemented by platics-starch	97.5	0.152	4.39	0.28
Coated by clay-polyester	95.3	0.133	5.49	0.25
Coated by humus acid	97.5	0.172	4.76	0.25
Coated by platics-starch	96.8	0.127	3.81	0.27
Chemical fert.	97.2	0.134	4.45	0.19
No fert.	96.7	0.116	4.28	0.15

* Average, the followings were the same.

2.2　The slow-release performance of slow/ controlled-release fertilizers cemented and coated by nano-composites

2.2.1　The leaching ratio of fertilizer nitrogen in soil column

2.2.1.1　The leaching ratio of fertilizer nitrogen

The nitrogen release rates of CF2, clay-polymer, humus-polymer, plastics-starch cemented fertilizers and chemical fertilizer of equal amount of NPK in soil column were shown in Fig. 1 Using chemical fertilizer of equal amount of NPK as CK, the nitrogen release rates increased rapidly in forth day and reached the peak in sixth day which was 50%, and then

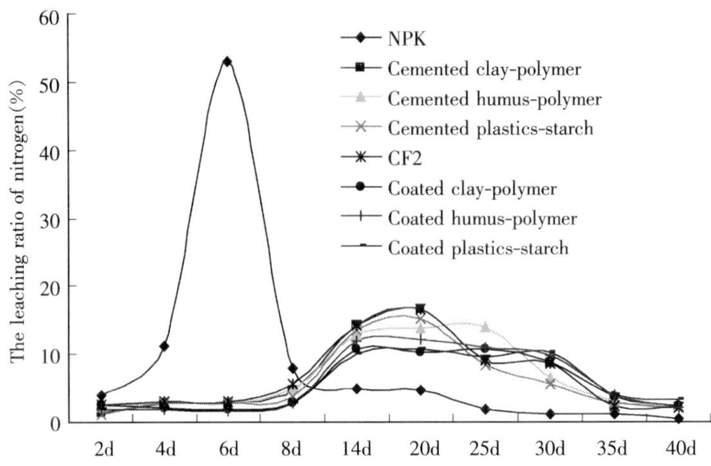

Fig. 1 The leaching ratio of fertilizer nitrogen

decreased fast; however, the nitrogen release curves of the four kinds of cemented slow-release fertilizers were gentle and they all rose slowly until the 20th d, the peak appeared which was 13. 74%~16. 62%, and then declined gently. Compared the four kinds of cemented slow-release fertilizers, the nitrogen release rate was in the order of: CF2>humus-polymer>clay-polymer>plastics-starch. The nitrogen release curves of the three kinds of coated slow-release fertilizers were gentler than that of cemented slow- release fertilizers and chemical fertilizer of equal amount of NPK. The nitrogen release rates were 10. 15%~11. 89%, 10. 16%~12. 08%, 9. 52%~10. 88%, 8. 98%~10. 21% in 14th d, 20th d, 25th d and 30th d, respectively. Compared the three kinds of coated slow-release fertilizers, the release curve of plastics-starch was the most gentle.

2. 2. 1. 2 The accumulated leaching ratio of fertilizer nitrogen

Tab. 3 showed the accumulated leaching ratio of nitrogen of cemented and coated slow-release fertilizer. The accumulated leaching ratio of nitrogen was 1. 25%~2. 65% of cemented and coated slow-release fertilizer. At the beginning, the accumulated leaching ratio of nitrogen was the highest for chemical fertilizer of equal amount of NPK which was close to 70% in 7d, and subsequent change was relatively stable. In 14d and 40d, the accumulated leaching ratio of nitrogen was 81. 08% and 90. 32%, respectively. For four kinds of cemented slow-release fertilizer, the accumulated leaching ratio of nitrogen rose slowly and were 6. 84%~8. 70%, 24. 12%~28. 62% and 58. 30%~67. 68% in 6d, 14d and 40d, respectively. Compared the four kinds of cemented slow-release fertilizers, the accumulated leaching ratio of nitrogen was in the order of: CF—2>humus-polymer>clay-polymer>plastics-starch.

The curves of accumulated leaching ratio of nitrogen of the three kinds of coated slow-release fertilizers were more gentle than that of cemented slow-release fertilizers and chemical fertilizer of equal amount of NPK. The nitrogen accumulated release rates were 5.32%~6.30%, 18.35%~19.98% and 55.92%~58.95% in 6d, 14d and 40d, respectively. Compared the three kinds of coated slow-release fertilizers, the accumulated leaching ratio of nitrogen was in the order of: humus-polymer>clay-polymer>plastics-starch.

Tab. 3　Accumulated release of fertilizer nitrogen

Fert.	2d	4d	6d	8d	14d	20d	25d	30d	35d	40d
Chemical fert.	4.01	15.32	68.43	76.26	81.08	81.77	87.62	88.71	89.80	90.32
Felted by clay-polyester	1.42	4.19	7.01	11.77	26.11	41.30	51.90	60.58	62.99	65.17
Felted by humus acid	2.33	5.09	7.86	12.66	25.45	36.86	53.19	59.64	62.59	64.93
Felted by plastics-starch	1.25	4.10	6.84	10.54	24.12	38.11	47.70	53.38	56.17	58.30
Felted by cf2	2.65	5.58	8.70	14.29	28.62	42.59	54.41	63.09	65.50	67.68
Coated by clay-polyester	2.50	4.51	6.300	9.10	19.95	27.61	40.94	49.92	53.63	55.92
coated by humus acid	1.84	3.61	5.34	8.10	19.98	30.22	42.94	52.84	56.82	58.95
Coated by plastics-starch	1.85	3.67	5.32	8.20	18.35	27.34	38.71	48.92	52.96	56.13

2.2.1.3 The dissolved ratio of fertilizer nitrogen in water

The dissolved ratio of three cemented slow- release fertilizers was 34.86%~39.56% and its micro dissolved ratio was 1.45%~2.07%. The primary dissolved ratio of plastics-starch, clay-polymer and humus-polymer cemented fertilizer was 8.28%, 10.75% and 12.42% and their micro dissolved ratio s were 0.62%, 0.78% and 1.16%, respectively. The primary dissolved ratio and micro dissolved ratio of coated slow- release fertilizer were lower than that of cemented slow-release fertilizer. Compared the three kinds of cemented slow-release fertilizers, the primary dissolved rate and micro dissolved rate of plastics-starch was the lowest. Compared the three kinds of coated slow- release fertilizers, theprimary dissolved ratio and micro dissolved ratio of plastics-starch was the lowest too (Tab. 4) .

Tab. 4　The primary and differential dissolve ratio of fertilizers

Fertilizers	Total nitrogen (mg)	Primary dissolve ratio		Differential dissolve ratio (%)
		W (mg)	(%)	
Cemented by clay-polyester	750	283.95	37.86	2.07
Cemented by humus acid	750	296.70	39.56	2.01
Cemented by plastics-starch	750	261.45	34.86	1.45
Coated by clay-polyester	750	80.63	10.75	0.78
Coated by humus acid	750	93.15	12.42	1.16
Coated by plastics-starch	750	62.1	8.28	0.62
CK (Equal amount of NPK chemical fertilizer)	750	549.68	73.29	2.67

2.2.2 Conclusions

The leaching experiment of cemented and coated slow-release fertilizers showed that using chemical fertilizer of equal amount of NPK as CK, the nitrogen release rates increased rapidly in forth day and reached the peak in sixth day which was 50%, and then decreased fast; The nitrogen release peak appeared in 14～25d for cemented slow-release fertilizers, but their release rates were lower than that of chemical fertilizer of equal amount of NPK, so their effects were good. The nitrogen release rates of coated slow-release fertilizer were lower than that of cemented slow-release fertilizer and their release peaks appeared in 14～35th d. The curve of release rate became gentler. Compared the four kinds of cemented slow-release fertilizers, the nitrogen release rate of was in the order of: CF2>humus- polymer>clay-polymer>plastics-starch. Compared the three kinds of coated slow-release fertilizers, the nitrogen release rate was in the order of: humus-polymer>clay-polymer>plastics-starch. Thus, these new types of fertilizers can be used selectively according to fertilizer requirement of crops in practice.

2.3 Effect of different slow-release fertilizers on wheat in pot experiment

2.3.1 Effect of different slow-release fertilizers on yield of wheat and its com-posing factors

2.3.1.1 Effect of different cemented slow-release fertilizers on yield of wheat and its composing factors

In appraising the quality or the effect of slow-release fertilizer, the yield of crop is an important index. Tab. 5 showed the yields of wheat of fertilized with cemented slow-release fertilizers were all higher than that of chemical fertilizer of equal amount of NPK and no fertilizer. Compared with chemical fertilizer of equal amount of NPK, the cemented fertilizer of clay-polymer, humus-polymer and plastics- starch increased the yield by 14.84%, 1.96% and 27.48%. The differences among all treatments were very significant (Pr>F 0.000 1) .

Tab. 5 Effects of cemented controlled-release fertilizer on yield of wheat

Treatment	No fert.	Chemical fert.	Cemented by clay	Cemented by humus acid	Cemented by plastics
Plant height (cm)	36.43	47.96	49.34	48.25	51.34
Length of ear (cm)	4.44	5.73	5.83	5.60	5.89
Spikelet number	11.9	14.6	14.1	14.4	14.7
Sterile spikelet number	7.0	4.9	4.7	4.6	3.6
Seed number per spike	5.7	11.8	14.6	13.7	13.9
Seed weight per spike (g)	0.195	0.630	0.673	0.652	0.697
Yield (g)	2.794c	7.147b	8.208a	8.002ab	9.111a
Increasing in yield compared	CK1	155.80	193.77	186.40	226.09
with CK (%)	CK2		14.85	11.96	27.48

Among the factors of yield compositions, the plant height, spike length, number of seeds and seed weight per spikelet of in treatments with cemented slow-release fertilizers were higher than that of chemical fertilizer of equal amount of NPK and no fertilizer, but the sterile spikelet number were opposite and they were the same in spikelet but higher than that of no fertilizer.

2.3.1.2 Effect of different coated slow-release fertilizers on yield of wheat and its composing factors

Tab. 6　Effects of coated controlled-release fertilizers on yield of wheat and their factors of yield compositions

Treatment		CK1, No fert.	CK2, Chemical fert.	Coated by clay	Coated by humus	Coated by plastics
Plant height (cm)		36.43	47.96	47.86	43.55	39.40
Length of ear (cm)		4.44	5.73	5.70	6.18	5.23
Spikelet number		11.9	14.6	14.3	14.3	13.2
Sterile spikelet number		7.0	4.9	4.1	4.5	4.1
Seed number per spike		5.7	11.8	15.0	12.9	13.1
Seed weight per spike (g)		0.195	0.630	0.680	0.668	0.702
Yield (g)		2.794a	7.147b	7.457b	7.340b	7.451b
Increasing in yield compared with CK (%)	CK1		155.80	166.89	162.71	166.68
	CK2			4.34	2.70	4.25

Tab. 6 showed that the yields of wheat tre- ated with coated slow-release fertilizers were all higher than that of chemical fertilizer of equal amount of NPK and no fertilizer. Compared with the chemical fertilizer of equal amount of NPK, the coated fertilizer of clay-polymer, humus-polymer and plastics-starch increased the yield by 4.33%, 2.70% and 4.25%. The differences between treatments of coated slow-release fertilizer and treatment of chemical fertilizer of equal amount of NPK were not significant (Pr>F 0.000 1). Among the factors of yield compositions, compared with the chemical fertilizer of equal amount of NPK, the plant height and sterile spikelet number decreased in little, number of seeds and seed weight per spike increased in little and spike length and spikelet number were the same.

2.3.1.3 Effect of different bulk blended slow-release fertilizers on yield of wheat and its composing factors

Tab. 7 showed the yields of wheat treated with bulk blended slow-release fertilizers were all remarkably higher than that of chemical fertilizer of equal amount of NPK and no fertilizer. Compared with no fertilizer and chemical fertilizer of equal amount of NPK, the yield increased by 203.15%～225.38% and 18.51%～27.20% respectively. The difference among seven treatments was very significant. The difference between Type 4 and 5 of bulk blended fertilizers was not significant, nor between Type 2 and 3, and the difference among other treatments was significant. Compared with chemical fertilizer of equal amount of NPK, the five kinds of bulk blended slow- release fertilizers reduced sterile spikelet number, increased the number of seeds and seed weight per spike.

Tab. 7 Effects of BBCRF on yield and its compositions factors of potted wheat

Treatment	CK1, No fert.	CK2, Chemical fert.	BBCRF1	BBCRF2	BBCRF3	BBCRF4	BBCRF5
Plant height (cm)	36.43	47.96	49.96	49.64	49.33	49.76	47.66
Length of ear (cm)	4.44	5.73	5.99	5.67	5.86	5.82	5.45
Spikelet number	11.9	14.6	14.5	14.4	14.5	14.5	14.1
Sterile spikelet number	7.0	4.9	4.4	4.7	4.2	4.6	4.6
Seed number per spike	5.7	11.8	16.6	15.7	16.9	15.5	12.8
Seed weight per spike (g)	0.195	0.630	0.738	0.674	0: 777	0.673	0.671
Yield (g)	2.794c	7.147b	8.774ab	9.091a	9.019a	8.670ab	8.470ab
Increasing in yield compared	CK1	155.80	214.03	225.38	222.80	210.31	203.15
with CK (%)	CK2		22.77	27.20	26.19	21.31	18.51

2.3.2 Effect of different fertilizers on nutrient content of plant in different growth seasons of wheat

2.3.2.1 Effect of different fertilizers on nitrogen content of wheat plant

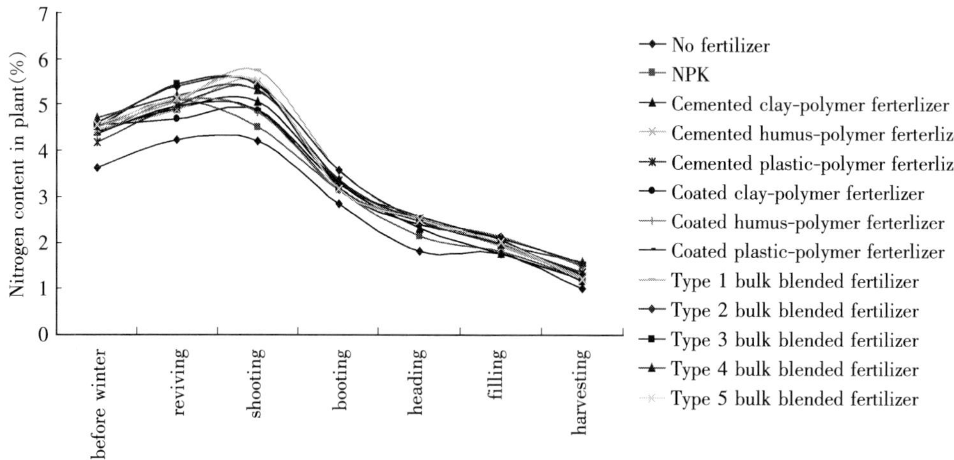

Fig. 2 Effects of controlled-release on nitrogen content in potted wheat plant

FromFig. 2 we could see that nitrogen content in plants before winter and in reviving period in treatment of chemical fertilizer of equal amount of NPK was higher than that of different slow-release fertilizers and no fertilizer. But at the beginning of shooting period, nitrogen contents of wheat plant in treatment of cemented and bulk blended slow-release fertilizers were higher than that of chemical fertilizer of equal amount of NPK and that of the bulk blended slow-release fertilizers was higher than that of cemented slow-release fertilizers. This tendency lasted until harvest. As for the coated slow—release fertilizers, from previous winter to booting, their contents were the same as in treatment with chemical fertilizer of equal amount of NPK and that increased from booting.

2.3.2.2 Effect of different fertilizers on phosphorus content of wheat plant

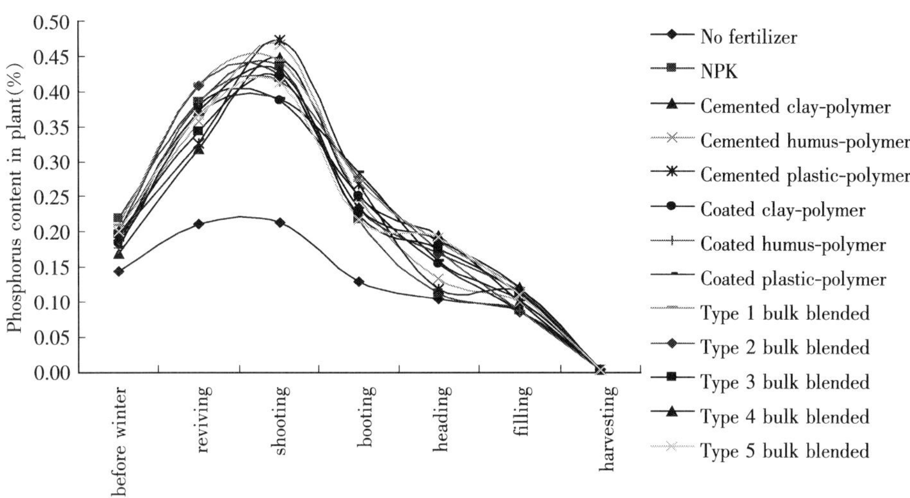

Fig. 3　Effects of controlled-release on phosphorus content in potted wheat plant

Fig. 3 showed that the effect on phosphorus content of wheat plant was obvious. Phosphorus content in plants before winter and in reviving period in treatment with chemical fertilizer of equal amount of NPK was higher than that of different slow-release fertilizers and no fertilizer. From the beginning of shooting period, phosphorus content of wheat plant in treatment of cemented and bulk blended slow-release fertilizers were higher than that of chemical fertilizer of equal amount of NPK, which indicated that cemented and bulk blended slow-release fertilizers acted greatly in increasing phosphorus content of wheat plant. As for the coated slow-release fertilizers, from previous winter to booting, their yields were the same as with chemical fertilizer of equal amount of NPK and increased from booting. The curve of phosphorus content of wheat plant was the same as with nitrogen content in all treatments.

2.3.2.3 Effect of different fertilizers on potassium content of wheat plant

Fig. 4 showed that during the whole growth season, potassium content of wheat plant was highest in the shooting period, and then declined. The effect of cemented slow-release fertilizers on potassium content of wheat plant was not obvious.

After the booting period, potassium content of wheat plant of coated slow-release fertilizers was higher than chemical fertilizer of equal amount of NPK. Before winter, potassium content of wheat plant of bulk blended slow-release fertilizers was the same as with chemical fertilizer of equal amount of NPK and after reviving, the former was higher than latter.

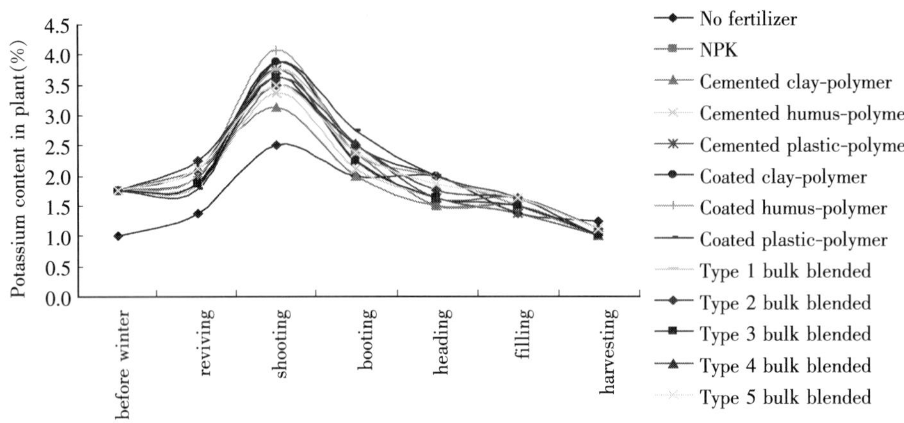

Fig. 4 Effects of controlled-release on potassium content in potted wheat plan

3 CONCLUSIONS

The four kinds of water solution of nano-submicron composites were safe to germination of wheat seed, emergence of seedlings and growth in seedling stage, so were the slow-release fertilizers coated and cemented by the four kinds of water solution of nano-submicron composites.

Results of leaching experiment showed that nitrogen release rate of fertilizer coated by plastics-starch composites was the lowest, accumulated leaching ratio of soil column in 40d was 56.13%, primary dissolved rate was 8.28% and micro dissolved rate was 0.62%. The tendency was that nitrogen release rates of coated slow-release fertilizers were lower than that of cemented slow-release fertilizers.

Results of potted wheat showed that the yield increased by bulk blended slow-release fertilizer according to the requirement of nutrients in different growth seasons was higher than that of single slow-release fertilizer. Among the blended slow-release fertilizers, the effect of Type 2 and 3 of bulk blended fertilizers were the best, and the yield increased by 27.2% and 26.19%, respectively, as compared to chemical fertilizer of equal amount of NPK. Results of measurements on nutrients of wheat plant showed that in treatments with the five kinds of bulk blended slow-release fertilizers, the contents of NPK absorbed by wheat in shooting period were higher than that of chemical fertilizer of equal amount of NPK, which was consistent with the rule of nutrients demanded by wheat.

保水包膜尿素肥料理化特征

干旱是全球旱地农业面临的主要问题，世界水资源的欠缺又使灌溉农业也面临节水问题。水分不但直接影响作物生产，而且通过对肥料肥效的发挥也影响作物的产量，肥料效应的发挥是离不开适宜的土壤水分，水肥交互作用及耦合模型的研究为水肥最佳效益发挥提供科学调控措施。尽管如此，由于降雨的难以预测性及调控技术推广有限性，水肥一体化调控仍大多停留在理论研究上。然而，近年来保水肥料的研制和开发为水肥一体化调控打开了一条新的技术途径，为农业节水和水肥调控提供了新的技术。直接用成品吸水剂或保水剂吸附溶液中的肥料养分制成水化富营养凝胶肥或干凝胶肥是保水肥料较为简便的制备方法，但是这种保水肥料养分含量偏低，而且因商品保水剂成本高而使这种肥料难以大田应用。用保水剂与常规肥料混合造粒（挤压造粒）也有报道。有人用保水剂和无机矿物混合材料作为常规肥料的包膜材料制备保水包膜缓释肥料，但是未见其工艺报道。用磷酸酯化聚乙烯醇合成保水磷肥，其吸水倍率为85g/g（蒸馏水）。笔者曾对一种保水剂包膜尿素做过报道。由于氮肥是肥料三元素之一，每季都需要补施，氮肥的损失达一半，而且氮肥损失与环境状况关系密切。因此，研发新型保水缓释氮肥十分必要。吸水材料（工业上称作吸水剂，农业上应用称为保水剂）按其吸水量划分为传统吸水材料和超强吸水材料。目前，公认的是将能够吸收自身质量百倍以至千倍以上水分的吸水材料称为超强吸水剂，农业上称为超强保水剂。由于保水剂单独使用，不仅增加农田作业次数及成本，而且单位面积保水剂用量少，不利于所吸持水分与肥料相互作用。因此，为了促进水肥一体化，提高水肥效益，笔者对用超强保水剂材料作肥料包膜材料制备保水包膜缓释氮肥进行了系统研究，本文就是这方面研究的报道之一。

一、材料与方法

（一）样品制备

保水包膜缓释氮肥样品制备：颗粒尿素放入一种超强保水剂的复合单体溶液中，水浴加热，温度维持在70±1℃左右，加入交联剂和诱发剂，不断搅拌下反应至发生聚合反应，尿素颗粒轻度黏连时，加入调理剂搅拌后倒出产物，烘干即得到保水包膜缓释氮肥。超强保水材料样品制备：一种合成超强保水剂的单体水溶液，加入交联剂和诱发剂，将反应器放在70±1℃水浴中恒温加热0.5h后，发生聚合反应，得到的透明凝胶破碎烘干后即为超强保水材料。

（二）物理结构观察

采用扫描电镜观察，取少量保水材料及包膜肥料样品，用解剖刀剖开保水材料颗粒及保

作者：何绪生、张夫道（通讯作者）、张树清、耿增超、同延安、刘秀梅，原载于2007年第38卷第2期《土壤通报》。

水包膜肥料颗粒，制得完整颗粒和肥料颗粒剖面观察样，黏在电镜观察样台上，材料及肥料颗粒剖面向上，样品全部黏排好后，用粒子溅射仪在观测样品表面全部喷镀金粉，然后用日本日立 S-570 型扫描电镜扫描观察，并记录扫描图。

（三）肥料与材料作用特征

采用红外光谱谱图判别分析法：红外光谱扫描样品为（1）有机单体；（2）尿素颗粒；（3）尿素颗粒＋有机单体；（4）保水剂材料；（5）保水包膜尿素肥料。

（四）保水包膜尿素肥料包膜吸附性能评价

采用红外光谱谱图判别分析法，定量称取少量保水包膜尿素肥料样品，放置在加有滤纸的过滤漏斗上，用蒸馏水反复浸泡淋洗 10 次后，将滤纸上的残留物收集后烘干，即为水洗膜，水洗膜上红外光谱仪扫描图谱，图谱与其他处理样品图谱对比判别，即可评价吸附性能。

（五）吸水倍率及吸水速率测定

分别称取保水材料、保水包膜尿素肥料样品 2g（0.01g）多份，分别放在盛有 200ml 去离子水中，不同时刻取其中 1 份，过滤，称量重量，以实际测定的含氮量求出尿素含量，然后计算出实际包膜量，最终计算出吸水倍率和达最大吸水倍率时的时间。

（六）养分含量及 pH 测定

养分含量测定：称取烘干的保水包膜尿素肥料 0.5g（0.001g），用浓硫酸和混合催化剂消化，消化液定容至 100ml 用开氏半微量法蒸馏定氮。pH 测定：称取保水包膜尿素肥料 5g，按 1∶5 肥/水比例加去离子水，溶解后，搅拌使溶液均匀，静置 5min 后，用 PS-2 酸度计测定 pH。

二、结果与分析

（一）保水材料及保水包膜尿素肥料物理结构

超强保水材料是一种低度交联的聚合物。观察图 1A 中保水材料（干固体粉末）的电镜成像可看出，在×2 000 的放大倍数下，保水材料表面电镜图像显示为像迷宫一样的多孔网状结构，其相互连接的骨架类似扭曲蠕虫，这些似虫状物是保水材料的结晶物，而其多孔网状结构是保水材料聚合过程中晶体堆积形成的，它是水分最初进入保水材料聚集体内部的通道，也是贮存水分的空间。量算结果表明，保水材料空隙孔径长径最大为 8μm，大部分孔径小于 8μm，孔径大小不一，这种孔隙的大小随机分布可能是聚合物晶体随机性堆积造成的。图 1B 是保水材料粉末在 10 000 倍放大率情况下的电镜扫描成像图，可以看出，保水材料的细微网络结构更加清晰，可以明显看清网络骨架和网络空隙，网络孔隙大小大部分较为相似，有部分孔隙偏大，说明网络空隙大小不均匀，大多小于 1.5μm，这些不规则空隙是保水材料吸收水分的通道和贮存水分的场所。图 1C 是保水材料充分吸水膨胀后，在－40℃的生物组织冷冻箱中冷冻减压抽气所得样品的电镜图。在 1 000 倍的电镜图中，可以看出，吸水膨胀后保水材料具有明暗可辨的网络状结构，明亮部分可能是网络骨架边缘紧吸附水分的反映，暗色部分为吸水基质部分，质地致密。图 1D 是保水包膜尿素肥料的水洗膜烘干电镜图，可以看出，在 1 000 放大倍数下，保水材料水洗膜显得致密无结构，这可能是在用水

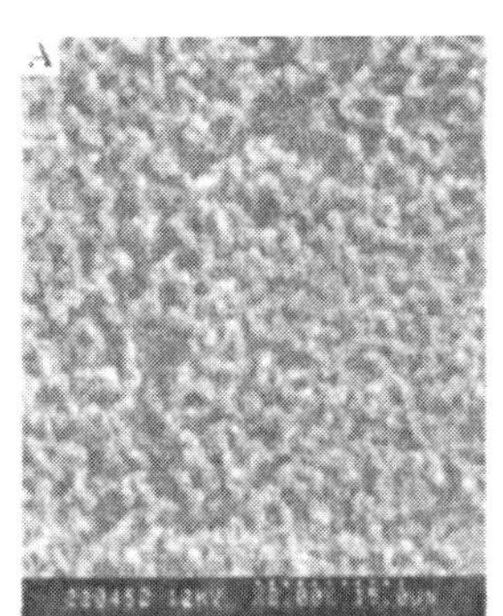

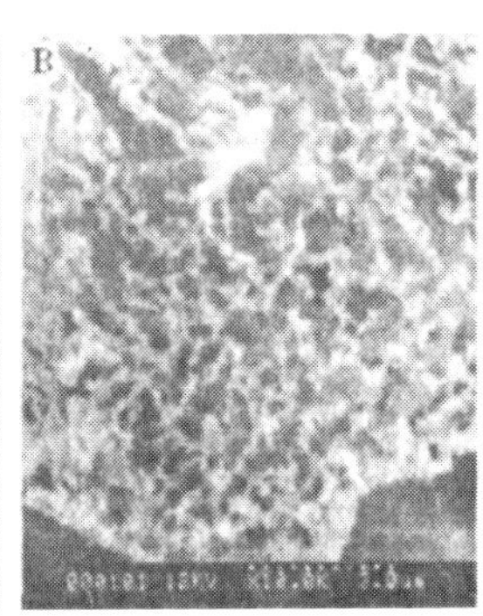

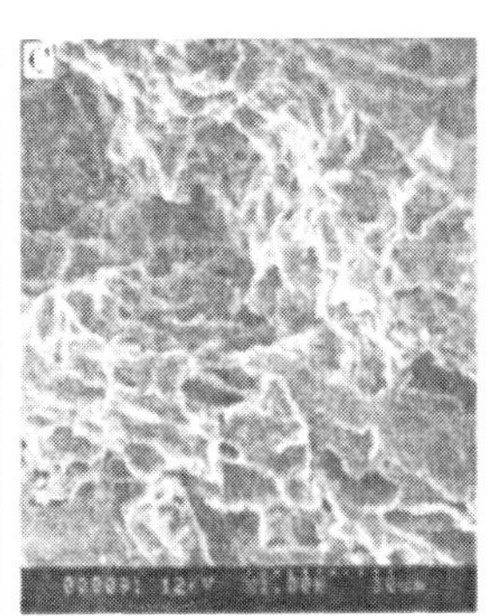

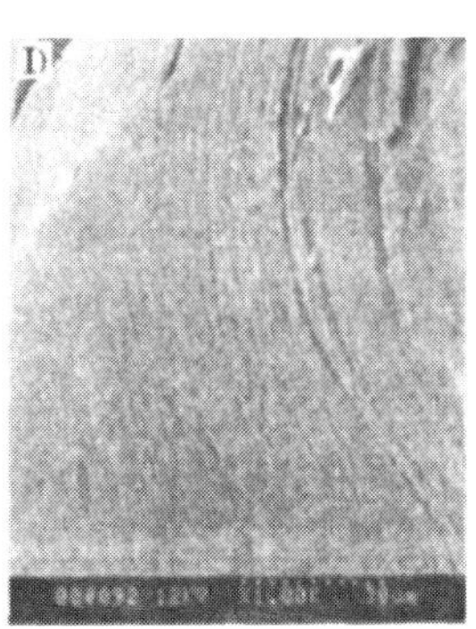

图 1 保水包膜材料（干材料及吸水材料）扫描电镜图

淋洗保水包膜尿素。肥料过程中，尿素溶解后被保水材料吸附，填充了保水材料的网络孔隙，使保水材料成为保水肥料而结构变得致密。裸眼观察保水包膜尿素，其颗粒表面粗糙，手感不光滑，电镜图中保水包膜尿素的表面粗糙特征反映的更加清楚，由图 2a（×40）可以看出，保水包膜尿素整体颗粒十分粗糙，左侧具有高的隆起表面，正面具有很多孔洞，显然，保水包膜尿素包膜光滑度和圆整性差，这与保水包膜尿素反应性成膜工艺有关。保水包膜材料是水相聚合反应成膜的，成膜聚合液具有较强的黏附性，成膜过程中无有机溶剂的阻隔作用。因此，在尿素表面形成的聚合产物使得尿素颗粒之间发生黏连造成膜表面光滑度差。因此，该工艺成膜过程中需要不断地搅拌物料，并选择最佳时间终止反应，并用调理剂调理才可得到较理想的包膜效果。从图 2b（×50）可以看出，保水材料包膜与其内部尿素没有明显的反差，质地相似，但包膜和尿素颗粒之间具有可见的边界，膜与尿素有些部分黏连紧密，有些部分存在孔隙，而且膜厚度不均一，膜表面可看到很细的拉丝，这是成膜过程中的黏连引起的。量算可知，包膜厚处厚度为 0.3mm，薄处厚度为 0.12mm，这说明保水包膜厚度不均匀。由图 2c（×300）可以看出，图中左斜上半部分为尿素晶体，右斜下半部分为包膜材料，尿素晶体密实，包膜材料晶体大，有孔隙，由于晶体大小和紧密度的差异使包膜材料和尿素颗粒间具有可区分的界面。但是，保水材料和尿素表面具有紧密的结合点，

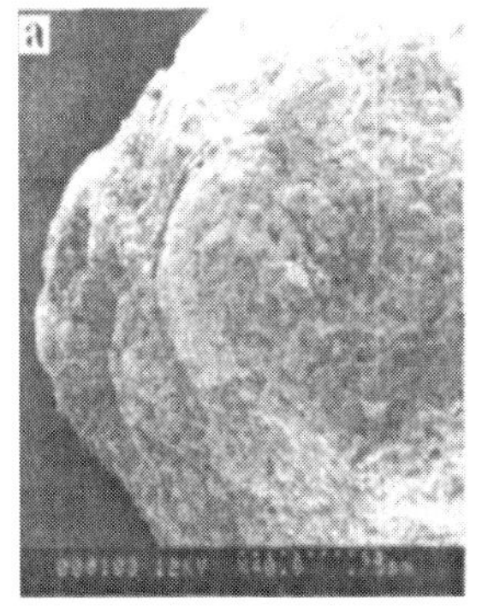

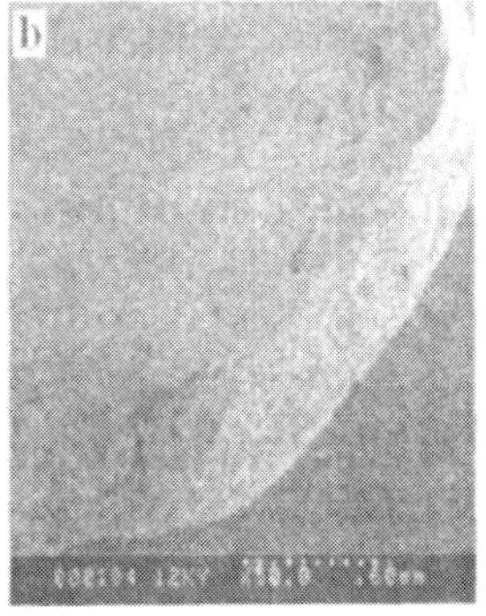

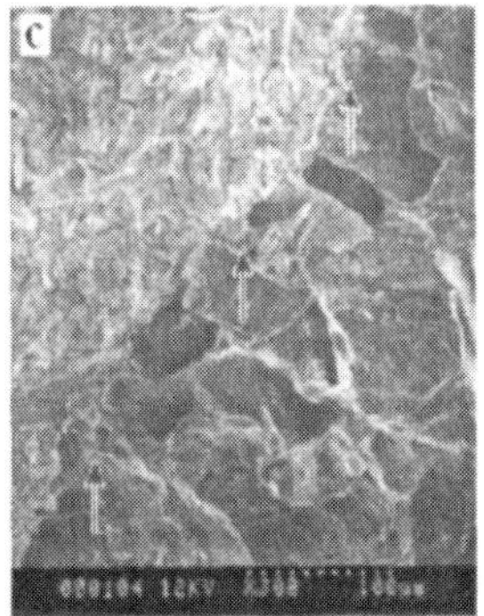

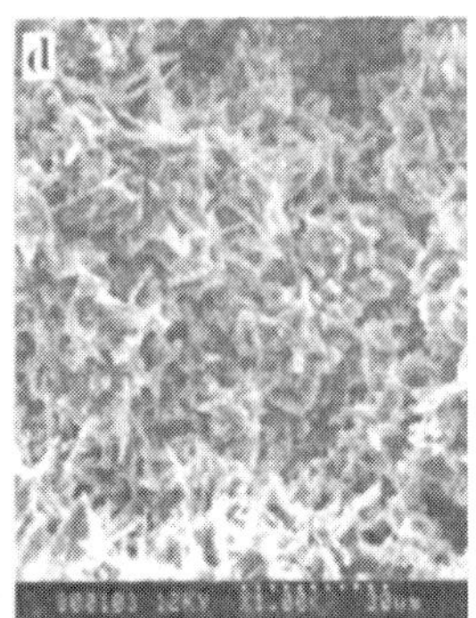

图 2 保水包膜尿素颗粒、剖面及膜表面的电镜图

保水材料紧紧地黏接在尿素颗粒表面（如图 2c 中箭头所示），说明保水材料分子与尿素分子之间可能有某种键合作用，这种键合作用反映在红外图谱中（图 3）。由图 2d（×1 000）中可以看出，保水材料包膜表面具有许多尖突状晶体层叠交错堆积，其间存在大量孔隙，这些孔隙是包膜材料吸水贮存水分的物理微结构，保水材料包膜的这些尖突状晶体可能混有尿素针状晶体，这些巨大数量的孔隙可能是保水材料包膜呈较高吸水倍率的原因之一。

（二）保水材料与尿素作用的化学特征

由图 3 可看出，在红外光谱的官能团区（4 000～1 500/cm^{-1}波数），尿素＋单体混合物的吸收峰不是由尿素与单体谱图简单叠加，而是与尿素和单体各自吸收峰有差异。尿素—NH_2 的两个 NH 吸收峰（3 447cm^{-1}和 3 348cm^{-1}）在（尿素＋单体）混合物中出现(3 427/cm^{-1}，3 327/cm^{-1})，比尿素 NH_2 两个吸收峰波数偏低，说明尿素 NH_2 两个氢原子受到氢键作用。在尿素＋单体混合物的 3 252/cm^{-1}吸收峰为水羟基振动峰，而 3 228/cm^{-1}吸收峰是尿素 NH_2 的 NH 受氢键作用产生的，说明尿素的 HN_2 发生了强烈氢键缔合作用。单体羧酸 OH 因氢键作用而吸收频率降低到 2 993/cm^{-1}和 2 935/cm^{-1}的吸收峰在尿素＋单体复合物中未出现，表明单体羧基氢质子给与了尿素共振结构中的 C＝O—的氧原子，形成弱的脲盐，并使尿素羰基吸收峰移向低波数，而单体羰基（1 702/cm^{-1}）也因受氢键作用波数降低，两羰基以复合吸收峰 1 675/cm^{-1}出现在复合物图谱中。因此，复合物中分子间强烈氢键缔合作用及单体羧基给出 H 与尿素羰基缔合作用使得保水包膜材料与尿素结合牢固，包膜不易脱落。而在 500～1 000/cm^{-1}波数指纹区，（尿素＋单体）红外吸收峰是尿素和单体红外吸收峰的叠加，这说明两者分子的结构并未破坏，只是通过氢键作用形成弱盐复合物。此外，由于尿素颗粒表面形成的吸水聚合物具有亲水性基团羰基、羧基及胺基，这些是保水包膜尿素肥料可吸附一定量水分的化学机制。

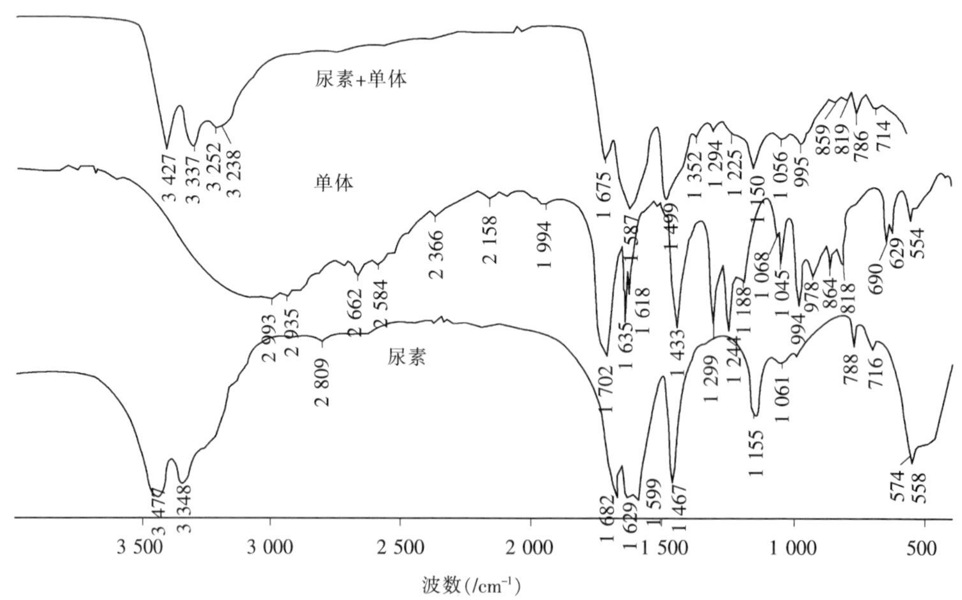

图 3 尿素、有机单体及（尿素＋单体）复合物的红外图谱

从图4可以看出，保水包膜尿素经过蒸馏水反复淋洗后，保水包膜尿素水洗膜仍与保水包膜尿素红外图谱仍然相似，而与尿素则有着更多相同，尤其是在500～1 500/cm^{-1}指纹区，水洗膜红外吸收峰与尿素吸收峰基本相同，这说明尽管保水包膜尿素经蒸馏水反复淋洗，但保水膜材料内仍保留有尿素，这可能与保水包膜尿素肥料水淋洗过程中，尿素溶解后较多地被保水材料吸附有关，这种吸附是保水包膜尿素养分缓释作用的机制之一。

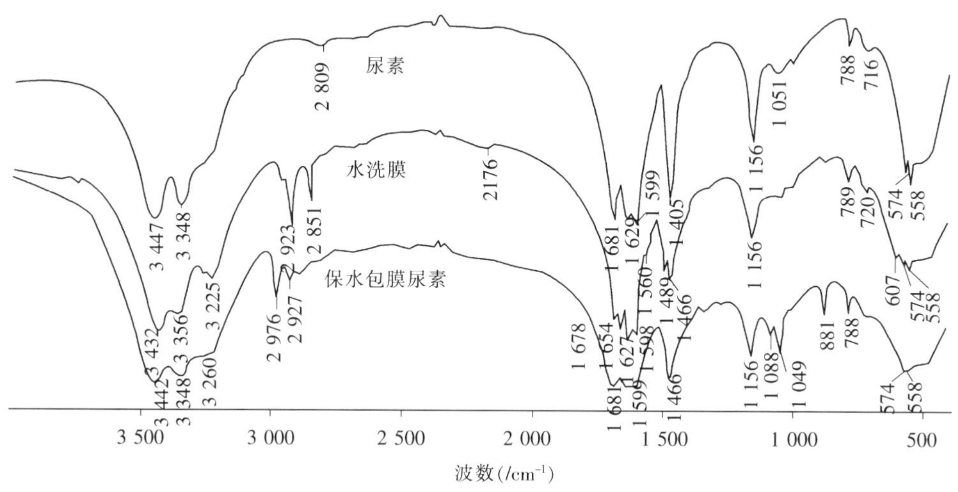

图4　尿素、水洗膜及保水包膜尿素的红外光谱图

（三）其他一些特征

实际测定的保水包膜尿素的含氮量为35%，是一个高养分含量的保水包膜肥料。而其pH为6.87，接近中性。吸水达到饱和所需的时间1.4h，比保水材料的吸水速度缩短，但是保水包膜尿素的吸水倍率也远低于保水材料的吸水倍率，大约仅有保水材料吸水倍率的1/4，在盐水中保水包膜尿素的吸水倍率为保水材料的1/4。

表1　保水包膜尿素的含氮量、pH、吸水倍率及吸水速度

材　料	含氮量（%）	pH	吸水速率	吸水倍率　(g/g)	
				蒸馏水	盐水（0.9% NaCl）
保水材料	0.0	7.10±0.14	5.2h	267	58.4
保水包膜尿素	35.0±0.2	6.87±0.17	1.4h	70.2	14.6

三、讨　　论

实验制备的保水剂是一个亲水高分子聚合物，它具有很高的吸水倍率。但是，利用聚合反应将其在尿素颗粒表面形成包膜后，其吸水倍率有所下降，约是原保水剂吸水倍率的1/4，其吸水倍率和耐盐性有待进一步提高。尽管如此，本研究使得尿素颗粒肥料和保水剂复合一体化，成为一种可吸水保水的肥料，首先解决了保水剂和肥料混施用时的颗粒分离现象，增加肥料与保水剂所保持水分的相互作用，有利于水肥效应的发挥。保水包膜尿素的吸水作用与保水材料包膜的物理结构和化学性质有关，在物理结构上，保水包膜材料具有网络孔隙，这些网状空隙是保水包膜尿素肥料贮存大量水分的主要物理空间。在化学结构上，保水包膜材料和尿素具有形成氢键的基团，是其能够吸水保水的化学机制。另一方面，由于保水材料与尿素的氢键缔合作用，使得保水材料可吸附一定量的尿素或其溶液，能够延缓尿素的释放，因而赋予保水包膜尿素一定的养分缓释作用。因此，保水包膜尿素肥料是一种保水缓释氮肥肥料。

掺混型缓释肥对小麦产量及品质的影响

冬小麦的品质性状除与品种特性有关外，还受环境条件和栽培措施的影响。在研究小麦生长环境与品质的关系方面，既要重视土壤、气候等环境的作用，也要研究施肥等农业措施对作物品质的定向调控。目前更多的研究集中在普通化肥对小麦籽粒蛋白质及产量的影响方面，而有关缓释肥料对小麦营养品质和加工品质的影响方面研究较少。通过前人对缓释肥料的研究发现，包膜肥料的养分释放期虽然延长，但有的包膜肥料也出现了前期供肥不足的问题。为了克服包膜肥料的供肥滞后和无包膜肥料后期供肥不足的弊端，本试验通过将不同类型的缓释肥料按照一定比例进行掺混，以期在小麦的两个需肥高峰期都有充足的养分供给，研究了掺混型缓释肥料对冬小麦产量及品质性状的影响，为通过合理施用缓释肥料获得高产、优质的冬小麦提供参考。

一、材料与方法

（一）试验设计

试验于2002—2003年在中国农业科学院昌平试验基地进行，试验地土壤类型为褐潮土，基本性状为：pH为8.1，有机质16.4 g/kg，全氮1.03 g/kg，全磷（P_2O_5）0.89 g/kg，碱解氮62 mg/kg，速效磷（P_2O_5）9.8 mg/kg，速效钾（K_2O）40 mg/kg。供试肥料为：CF－2胶结肥，为短效缓释肥，该肥料主要原料是聚醋酸乙烯酯、酰胺树脂、淀粉等，养分含量N为15%、P_2O_5为8%、K_2O为8%；塑料-淀粉包膜肥为长效缓释肥，该肥料主要原料是废弃塑料、乙酸乙酯、淀粉等，养分含量N为15%、P_2O_5为8%、K_2O为8%；尿素含N 46%；将尿素、CF－2胶结肥、塑料-淀粉包膜肥以纯氮为标准按20%：25%：55%进行掺混，配成养分含量：N为15%、P_2O_5为8%、K_2O为8%掺混型缓释肥料，其中磷、钾不足部分由磷酸一铵（含量N为12%，P_2O_5为46%）和氯化钾（含量K_2O为46%）补齐。等NPK养分化肥（CK2）由尿素、磷酸一铵、氯化钾组配而成。小麦品种为中作9705。试验共设3个处理，采用随机区组设计，重复3次，共9个小区，小区宽2.5 m，长4 m。小麦

作者：王茹芳、刘俊滨、张夫道（通讯作者）、王玉军，原载于2007年第2期《中国土壤与肥料》。

播种日期为2002年10月11日，播种量每公顷150 kg，每小区播种12行，收获日期2003年6月15日。3个处理分别为：（1）无肥对照（CK1）；（2）化肥（CK2）；（3）掺混型缓释肥。除无肥对照外，其他2个处理均为等NPK养分设计。以氮素计每公顷施入纯氮180 kg，肥料一次基施，其他管理措施按常规。

（二）测定项目与方法

小麦成熟时分别收获每小区中间8行计产，测定每平方米穗数，并在每小区连续拔取10株有代表性的植株，分别测定株高、穗长、小穗数、不育小穗数、穗粒数、穗粒重、千粒重、小区产量。籽粒烘干后，分别测定容重、粗蛋白含量、湿面筋含量、沉降值、氨基酸含量及其组分，可溶性糖含量及其组分。测定方法：容重采用GB/T5498—1985法；粗蛋白含量采用GB2905—82法；氨基酸含量及其组分采用GB7649—1987测定法；湿面筋含量采用GB/T14608—1993法；沉降值采用AACC 56—61A测定法；降落值采用GB/T10361—1989法；可溶性糖及其组分采用高效液相色谱法。

二、结果与分析

（一）不同处理对小麦产量及产量构成因素的影响

由表1可以看出，掺混型缓释肥处理的产量高于等NPK养分化肥处理（CK2）和无肥对照（CK1），与CK1相比，掺混型缓释肥处理增产幅度为271.42%；与CK2相比，掺混型缓释肥处理增产幅度为23.77%。方差分析表明，各个处理之间差异达显著水平。掺混型缓释肥处理与CK1、CK2之间穗粒数、千粒重的差异均达显著水平。说明施用掺混型缓释肥可明显地提高小麦产量，能够促进穗粒数及千粒重的增加。

表1　不同施肥处理对大田小麦产量及产量构成因素的影响

处　理	穗　长（cm）	小穗数（个）	不育小穗数（个）	穗粒数（粒）	千粒重（g）	产　量（kg/hm²）
CK1	4.8±0.62h	11±1.49a	3±0.78a	10±3.34c	30.823±0.26c	736.75c
CK2	7.3±0.92h	15±1.91a	2±1.35b	23±8.00b	36.584±0.17b	2 210.93b
掺混肥	7.0±0.80a	14±1.45a	2±1.56b	25±6.33a	38.023±0.16a	2736.47a

（二）不同施肥处理对小麦籽粒品质的影响

1. 对小麦容重的影响　制粉研究发现，容重越高，出粉率越高。表2表明，与施用等NPK养分化肥（CK2）相比，施用掺混型缓释肥可以提高小麦的容重，提高1.58%；但方差分析表明差异不显著。

2. 对小麦粗蛋白含量的影响　蛋白质含量是评价籽粒营养品质的重要指标。表2表明，无论施用掺混型缓释肥还是等NPK养分化肥（CK2）均能提高小麦籽粒蛋白质含量，这一结论与以往的研究结果相同；施用掺混型缓释肥处理的小麦籽粒蛋白质含量为16.92%，较等NPK养分化肥（CK2）处理的小麦籽粒高出3.49%，较不施肥处理（CK1）的小麦籽粒高出7.02%，方差分析表明差异显著。说明掺混型缓释肥通过调控养分（尤其是氮素）的供应提高了小麦籽粒蛋白质含量。

表 2　不同施肥处理对小麦籽粒品质的影响

处　理		容　重 (g/L)	湿面筋 (%)	沉降值 (ml)	粗蛋白含量 (%)
CK1		756±10.02a	30.2±0.60c	48.8±1.65c	15.81±0.22c
CK2		760±11.38a	30.6±0.20b	57.8±1.55b	16.35±0.33b
掺混肥		772±11.86a	32.0±0.41a	64.0±1.80a	16.92±0.26a
比对照增	CK1		5.96	31.15	7.02
(%)	CK2	1.58	4.58	10.73	3.49

3. 对小麦籽粒氨基酸及其组分的影响　由表 3 可以看出，施肥均能提高小麦籽粒氨基酸含量。施用掺混型缓释肥的小麦籽粒氨基酸总量为 17.01%，分别较等 NPK 养分化肥（CK2）处理及不施肥（CK1）处理的小麦籽粒氨基酸总量提高 20.33%和 21.33%，经检验，差异达显著水平。与等 NPK 养分化肥（CK2）处理相比较，所测 18 种氨基酸中除色氨酸含量下降外，其余 17 种氨基酸含量均有不同程度的增加；经检验，只有天门冬氨酸差异不显著，其余 16 种氨基酸含量差异均达到显著水平。

表 3　不同施肥处理对小麦总氨基酸和各氨基酸组分的影响

处　理	CK1 (%)	CK2 (%)	掺混肥 (%)	比 CK2 增 (%)
天门冬氮酸	0.73±0.02b	0.82±0.02a	0.84±0.03a	2.43
丝氨酸	0.79±0.01b	0.81±0.03b	1.01±0.02a	24.23
谷氨酸	2.73±0.01c	2.89±0.02b	3.42±0.04a	18.39
甘氨酸	0.63±0.01b	0.59±0.01c	0.75±0.01a	26.77
组氢酸	0.54±0.00b	0.51±0.01c	0.67±0.01a	30.39
精氨酸	0.94±0.03b	0.90±0.01c	1.17±0.02a	29.46
苏氨酸	0.48±0.00b	0.48±0.01b	0.60±0.04a	25.10
丙氨酸	0.59±0.01c	0.63±0.01b	0.75±0.01a	19.62
脯氨酸	1.33±0.03b	1.32±0.02b	1.67±0.03a	26.46
胱氨酸	0.99±0.01b	1.01±0.02b	1.23±0.02a	22.39
酯氨酸	0.56±0.00b	0.52±0.01c	0.65±0.01a	24.57
缬氨酸	0.64±0.01b	0.63±0.01b	0.76±0.01a	20.66
蛋氨酸	0.12±0.00b	0.11±0.00c	0.14±0.00a	23.85
赖氨酸	0.59±0.01b	0.61±0.02b	0.71±0.00a	16.67
异亮氨酸	0.51±0.01b	0.50±0.00b	0.59±0.01a	17.33
亮氨酸	1.01±0.02b	1.01±0.01b	1.15±0.03a	14.48
苯丙氨酸	0.73±0.01b	0.69±0.02c	0.80±0.00a	16.40
色氨酸	0.10±0.00a	0.10±0.00a	0.09±0.00a	−5.05
总氨酸	14.02±0.03b	14.13±0.02b	17.01±0.01a	20.33

4. 对小麦面粉湿面筋含量的影响　面筋是小麦蛋白质存在的一种特殊形式，小麦面粉之所以能够加工成种类繁多的食品，就在于具有特有的面筋，强筋粉面包小麦的标准是湿面筋含量＞300 g/kg。由表 2 可以看出，无论施用等 NPK 养分化肥（CK2）还是掺混型缓释肥均能提高小麦面粉的湿面筋含量。掺混型缓释肥处理较等 NPK 养分化肥（CK2）处理的小麦面粉湿面筋含量增加 4.58%；较不施肥（CK1）处理的小麦面粉湿面筋含量增加 5.96%，经检验，差异达显著水平。因此，掺混型缓释肥的应用能够明显改善优质小麦湿面筋含量。

5. 对小麦面粉沉降值的影响　沉降速度和体积反映了面筋含量和质量。面筋含量越高，质量越好，形成的絮状物就越多，沉降速度越缓慢，一定时间内沉淀的体积就越多。测定值越大，面筋强度越大，面粉的烘烤品质就越好。以往的研究表明，不同的施肥方法对小麦面粉的沉降值有一定的影响。从表 2 看出，与不施肥处理（CK1）相比，施用掺混型缓释肥和施用等 NPK 养分化肥（CK2）均能提高小麦面粉的沉降值。施用掺混型缓释肥的处理沉降值为 64ml，较等 NPK 养分化肥（CK2）处理增加 10.73%，较不施肥（CK1）处理增加 31.15%，方差分析表明，差异达显著水平。表明掺混型缓释肥的施用可以提高小麦面粉的沉降值，从而改善其烘烤品质。

6. 对小麦面粉可溶性糖及其组分的影响　表 4 为通过高效液相色谱法测定小麦籽粒中的可溶性糖及其含量。表 4 表明，小麦籽粒中的可溶性糖包括：多糖、四糖、二糖、葡萄糖、果糖等，其中多糖＞二糖＞葡萄糖＞果糖＞四糖。与施用等 NPK 养分化肥（CK2）相比，施用掺混型缓释肥处理可以提高总糖、多糖、四糖、二糖含量，降低葡萄糖、果糖含量。施用掺混型缓释肥处理的小麦总糖含量为 47.74%，较不施肥（CK1）增加 36.60%，较施用等 NPK 养分化肥（CK2）增加 43.75%，方差分析表明，差异达显著水平。掺混型缓释肥处理小麦的多糖、四糖、二糖含量分别为 42.60%、0.18%、4.20%，较等 NPK 养分化肥（CK2）处理的小麦分别增加 50.96%、12.50%、7.41%，方差分析表明，差异达显著水平。施用掺混型缓释肥处理的小麦葡萄糖、果糖含量分别为 0.51%、0.26%，较等 NPK 养分化肥（CK2）处理的小麦分别减少 13.56%、18.75%，经检验，差异达显著水平。

表 4　不同施肥处理小麦籽粒的含糖量

处　理		多　糖（%）	四　糖（%）	二　糖（%）	葡萄糖（%）	果　糖（%）	总　糖（%）
CK1		31.24±0.23b	0.24±0.01v	2.90±0.10c	0.46±0.01c	0.12±0.01c	34.95±1.85b
CK2		28.22±0.52c	0.16±0.01c	3.92±0.14b	0.59±0.02a	0.32±0.01a	33.21±2.03c
掺混肥		42.60±0.56a	0.18±0.02b	4.20±0.16a	0.51±0.02b	0.26±0.01b	47.74±1.08a
比对照增（%）	CK1	36.36	−25.00	44.83	10.87	116.67	36.60
	CK2	50.96	12.50	7.14	−13.56	−18.75	43.75

三、结　　论

1. 本试验结果表明，掺混型缓释肥的施用能明显提高小麦产量，提高 23.77%。主要表现在促进小麦的生长发育，有效增加穗粒数、穗粒重及千粒重。

2. 掺混型缓释肥的施用能明显改善小麦品质，与 CK2 相比，粗蛋白含量增加 3.49%，湿面筋含量增加 4.58%，沉降值增加 10.73%，氨基酸总量提高 21.33%，可溶性总糖含量增加 43.75%。

3. 以往对缓/控释肥料的研究，多是通过对肥料中氮素释放速率的调控，提高肥料利用率，从而提高产量。本试验证明通过不同肥料品种的合理搭配，弥补了由于单一肥料品种在实际应用中出现的问题，肥料中营养元素利用率提高，可满足小麦整个生育期对养分的需求。不仅提高了小麦产量，而且改善了籽粒的品质。

胶结型缓释肥在小麦上应用效果的研究

缓/控释肥料的研制与应用以其养分释放具有控释与缓释的双重功能，一次性施肥节省劳力和成本，肥料利用率显著提高，NO_3^- 渗漏及氮素挥发明显减少。因此，自 20 世纪 80 年代以来，美国、日本、以色列及西欧一些国家均在大力发展缓/控释肥料。我国自 20 世纪 60～70 年代，中国科学院南京土壤研究所就开始了包膜缓释肥料的研究；80～90 年代郑州工业大学开发成功包膜型复合肥并出口到美国、澳大利亚等国。从世界各国缓/控释肥生产现状看，已成功实现了工业化生产的缓/控释肥品种主要为脲甲醛、草酰胺、硫包衣尿素及聚合物包膜肥料。与普通化肥相比，世界上缓/控释肥的用量还很小，仅占化肥用量的 0.15%，目前主要用于经济作物和高尔夫球场的草坪。限制其应用的主要原因是价格过高。目前的缓/控释肥之所以价格高主要原因是包膜材料成本高。而缓/控释肥料质量好坏，价格高低，与包膜或胶黏材料有很大关系。加速研究价格低廉的包膜和胶黏材料是发展新型缓控/释肥料的当务之急。本试验利用几种自行研制的胶结剂生产的胶结型缓释肥，通过研究其在小麦上的应用效果，以期筛选出较为理想的胶结剂及胶结型缓释肥，为缓/控释肥料生产提供依据。

一、材料与方法

（一）试验设计

盆栽试验于 2002 年在中国农业科学院土壤肥料研究所网室进行。供试土壤采自北京昌平试验基地，褐潮土，其基本养分性状：pH 8.1，有机质 16.4 g/kg，全 N0.89 g/kg，全 P 0.70 g/kg，碱解 N 76 mg/kg，速效 P 4.1 mg/kg，速效 K 90 mg/kg。

供试两种胶结肥，其肥料与胶结材料质量比为 10∶1；胶结型缓释肥加工剂型为颗粒状肥料。塑料—淀粉胶结肥（Felted by plastic，FP 表示）：该肥料胶结剂的主要原料是废弃

作者：王茹芳、张夫道（通讯作者）、刘秀梅、张树清、何绪生、王玉军，原载于 2005 年第 11 卷第 3 期《植物营养与肥料学报》。

塑料、乙酸乙酯、淀粉等；N、P_2O_5、K_2O 养分含量为 15%、8%、8%。黏土—聚酯胶结肥（Felted by clay，FC 表示）：该肥料胶结剂主要原料是高岭土、蒙脱土、不饱和树酯等；N、P_2O_5、K_2O 养分含量为 15%、8%、8%。

其他肥料为尿素（含 N 46%），磷酸一铵（含 N11%、$P_2O_5$44%）；氯化钾（含 K_2O 54%）。试验设：①不施肥 CK1；②等 NPK 养分化肥 CK2（尿素＋磷酸一铵＋氯化钾）；③黏土—聚酯胶结肥（用 FC 表示）；④塑料—淀粉等 4 个处理。随机排列，重复 4 次。除无肥对照外其他各处理均等 NPK 养分设计。胶结肥。试验用盆为盛土 6kg 的瓦盆，供试肥料按 N 0.25 g/kg 折算作基肥在装盆时与土壤拌匀一次施用，然后浇水，播种。供试小麦品种为京 9428。在小麦生育期内，各处理管理措施相同。

（二）采样与分析测定方法

分别于冬前、返青期、拔节期、孕穗期、抽穗期、鼓粒期、成熟期取小麦植株与土样，测定植株的鲜重、干重、含氮量、叶绿素含量以及土壤中碱解氮、速效磷、速效钾含量。

土壤与植株含氮量用凯氏定氮法；土壤含磷量用钼锑抗比色法，植株含磷量用钒钼黄比色法；叶绿素含量用 80%丙酮浸提后用 ZF—50 分光光度计比色。

二、结果与分析

（一）不同缓释肥对小麦产量及产量构成因素的影响

在评价缓释肥肥料质量或肥效方面，作物的产量是一项重要指标。表 1 表明，施用胶结型缓释肥的小麦产量均高于等 NPK 养分化肥的处理及不施肥处理，黏土—聚酯胶结肥、塑料—淀粉胶结肥两处理比等 NPK 养分化肥处理分别增产 14.85%、27.48%；方差分析表明，4 个处理之间差异达极显著（Pr>F 0.000 1），经 T 检验，施肥与不施肥对照（CK1）差异达极显著水平，处理③、④之间差异显著，处理③、④与处理②之间差异达极显著水平。产量构成各因素中，施用胶结型缓释肥的两个处理其穗长、穗粒数、穗粒重均高于等 NPK 养分化肥及不施肥处理，不育小穗数均低于等养分化肥及不施肥处理，等 NPK 化肥处理与胶结型缓释肥两个处理的小穗数基本相同，但均高于不施肥处理。

表 1　胶结型缓释肥对小麦产量及其构成因素的影响

处　理	穗　长 (cm)	小穗数 (No.)	不育小穗数 (No.)	穗粒数 (No.)	穗粒重 (g)	产　量 (g)	增产率（%）	
							CK1	CK2
CK1	25.9	12	7	6	0.195	2.794c	—	
CK2	33.5	15	5	14	0.630	7.147h	155.80	—
FC	35.0	14	5	15	0.670	8.208a	193.77	14.85
FP	35.6	15	5	15	0.673	9.111a	226.09	27.48

注：CK1—无肥对照；CK2—等 NPK 养分化肥；FC 黏土—聚酯胶结肥；FP—塑料—淀粉胶结肥。

土—聚酯胶结肥及塑料胶结肥处理，但是从拔节期至灌浆期等 NPK 养分化肥处理土壤中的钾素水平开始下降，低于黏土—聚酯胶结肥及塑料胶结肥处理。在收获期等 NPK 养分化肥处理、黏土—聚酯胶结肥及塑料胶结肥处理土壤中速效钾的含量基本相同，分析原因可能与土壤本身速效钾含量较低有关。

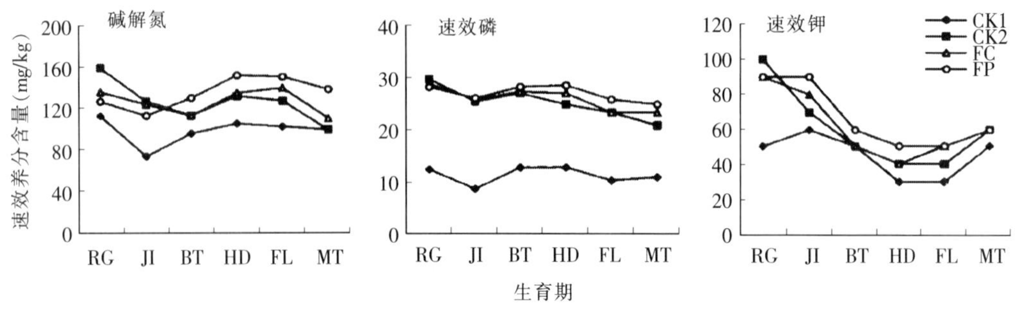

图 1　不同处理小麦各生育期土壤速效养分的变化

三、小　　结

施用胶结型缓释肥在小麦生长前期土壤中积累的养分浓度低于等 NPK 养分化肥处理，但是在小麦生长中后期土壤中积累的养分浓度高于等 NPK 养分化肥处理，从而保证了小麦生长中后期对养分的大量需求。

胶结型缓释肥影响小麦生长各个时期植株中氮、磷含量。在返青期胶结型缓释肥植株中氮、磷含量虽低于等 NPK 养分化肥处理，但是从拔节期开始胶结型缓释肥处理植株中氮、磷含量则高于等 NPK 养分化肥处理，说明胶结型缓释肥有利于小麦生长中后期氮、磷养分的供应。

胶结型缓释肥能明显促进小麦的生长发育。在产量、株高、叶绿素、地上部干重、穗长、不育小穗数、穗粒数、穗粒重等均与等 NPK 养分化肥处理有显著差异。

风化煤腐殖酸对氮、磷、钾的吸附和解吸特性

风化煤中含有活性物质腐殖酸，开发利用风化煤这一资源具有广泛的前景。中国风化煤储量丰富，且分布广泛，尤其是山西大同、新疆梧桐、内蒙古公乌素、云南陆良等地风化煤中游离腐殖酸含量达 50%以上。腐殖酸是一种天然大分子芳香族、羟基羧酸的混合物，它

作者：刘秀梅、张夫道（通讯作者）、冯兆滨、张树清、何绪生、王茹芳、王玉军，原载于 2005 年第 11 卷第 5 期《植物营养与肥料学报》。

的主要元素组成有碳、氢、氧、氮和硫，氮一般占1%左右，但不是植物可直接利用的速效氮。腐殖酸具有的多种活性基团（羧基、酚羟基、醇羟基、甲氧基等），赋予了腐殖酸的多种功能，如酸性、亲水性、阳离子交换性、络合能力及较高的吸附能力等，正是基于腐殖酸的这种特性，有关它的研究一直为人们所关注。许多研究表明，腐殖酸可以改良土壤，提高作物产量和品质，在农业用上有巨大的潜力。但在不同pH条件下腐殖酸对氮、磷、钾的吸附与解吸特性还少见报道。为此，开展了在pH 4～8条件下风化煤腐殖酸对氮、磷、钾的吸附和解吸的研究，旨在为风化煤腐殖酸用作缓释肥料包膜胶结剂原料的生产实践提供理论依据。

一、材料与方法

（一）试验方法

1. 腐殖酸的提取　风化煤采自辽宁阜新煤矿，总腐殖酸含量63%，游离腐殖酸含量58%。参照郑平和、成绍鑫和王如阳方法，在风化煤中加入浓 H_2SO_4 和丙酮的水溶液，搅拌2h后，用碱调pH至6，水浴蒸干后研磨过75μm筛，备用。所得腐殖酸的主要元素组成为碳66.09%、氧24.49%、氢2.89%、氮0.78%、硫0.67%；主要功能团有酸基、羟基、羧基、酚羟基、甲氧基，含量分别为7.30、4.33、6.19、1.45、1.59 mmol/g。

2. 吸附等温线的测定　参照严昶升、刘维屏等方法进行。称取腐殖酸360份，分为3组（每组120份）分别加入氮、磷、钾的系列标准溶液，使液/土比为20∶1，溶液总体积100ml，用0.10mol/L的HCl（或NaOH）调节每一种元素的每一个处理浓度的pH分别为4.00、5.00、6.00、7.00、8.00，重复3次，置于25℃恒温水浴震荡机上，每2h震荡1次，每次30min，震荡4次后取出，4 000r/min离心10min，吸取上清液测定氮、磷、钾的含量，根据溶液平衡前后浓度差计算吸附量。各种营养元素的初始浓度处理见表1，氮磷钾的标准溶液分别用硫酸铵、磷酸二氢钾和氯化钾制得。

表1　氮、磷、钾标准溶液初始浓度

元　素	初始浓度（mg/L）										
N	0	10	20	30	40	50	60	70	80	90	100
P	0	5	10	15	20	25	30	35	40	—	—
K	0	10	20	30	40	50	60	70	80	—	—

3. 解吸量的测定　将测定吸附等温线后离心管中的上清液全部倒掉，补加蒸馏水和解吸剂，氮的解吸剂为KCl，磷、钾的解吸剂为 $CaCl_2$，用0.10mol/L的HCl（或NaOH）调节pH到吸附平衡前的原初数据，总体积仍为100ml，与测定吸附曲线相同条件下解吸，离心后，测定上清液中的氮、磷和钾含量即为解吸量，碱性溶液中氮的解吸量根据解吸前后沉淀中氮含量的差值计算。

（二）测定项目与方法

NH_4^+—N的测定采用开氏半微量定氮法，磷的测定采用钼锑抗比色法，钾用火焰光度计测定。按下列公式计算吸附量、解吸量和解析率：

吸附量（mg/g）=（初始浓度－平衡浓度）×溶液体积/称样质量

解吸量（mg/g）=解吸液浓度×解吸液体积/称样质量

解吸率（%）=解吸量/吸附量×100%

二、结果与分析

（一）腐殖酸对氮的吸附和解吸特性

不同 pH 条件下腐殖酸对氮的等温吸附曲线见图 1。从中看出，腐殖酸在各种相同的初始处理浓度中达到吸附平衡后对氮的吸附量，当 pH 为 8 时，吸附量最高，达 11.8 mg/g，其余处理对氮的吸附量排列顺序为：pH7（9.5 mg/g）＞pH6（8.5 mg/g）＞pH5（7.8 mg/g）＞pH 4（6.8 mg/g）。可见，在 pH 为 4～8 时，随着 pH 的升高，腐殖酸对氮的吸附量逐渐增高。当 pH 8 时，腐殖酸对氮的吸附量最高，其原因可能是在弱碱条件下，NH_4^+ 与 OH^- 发生了化学反应，致使由差减法算出的吸附量增高。在中性或酸性介质中，随着 pH 的降低，腐殖酸对氮的吸附量降低，可能是介质溶液中的 H^+ 与 NH_4^+ 发生了竞争吸附作用，或者是由于腐殖酸在酸性介质中主要以纤维和纤维索大体积状存在，降低了表面的吸附位点。

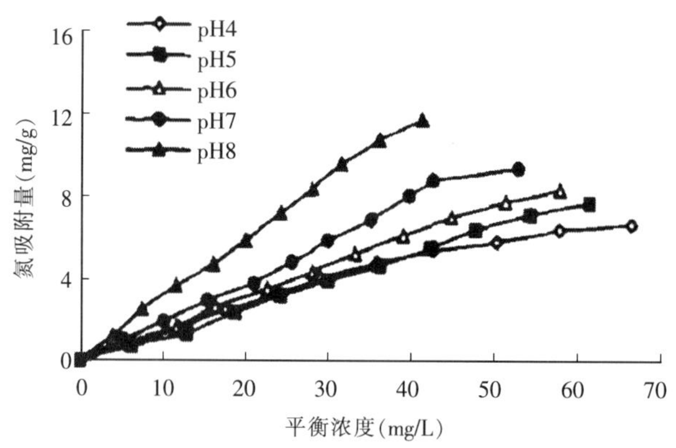

图 1　不同 pH 条件下腐殖酸对氮的等温吸附曲线

不同 pH 条件下腐殖酸对氮（N）的等温吸附方程拟合结果（表 2）表明，当介质中 pH 为 4 时，腐殖酸对氮的等温吸附符合 Langmuir 方程，相关性达极显著水平；pH 为 5 时，符合 Langmuir 和 Freundlich 方程，相关性显著；pH 为 6 时，仅符合 Freundlich 方程，相关性显著；pH 为 7、8 时，符合 Freundlich 和 Linear 方程，分别达极显著和显著水平在相同 pH 条件下，随着氮初始处理浓度的增高，腐殖酸对氮的解吸量呈上升趋势，但解吸率逐渐降低，最后趋于稳定。表 3 看出，当 pH 为 8 时，腐殖酸对氮的解吸量和解吸率最高，分别达 2.59mg/g 和 58.9%；其他 pH 处理腐殖酸对氮的解吸量和解吸率顺序是 pH 7＞pH 6＞pH 5＞pH 4，与腐殖酸对氮的吸附量一致。说明在 pH 为 4～8 时，随着 pH 的升高，腐殖酸对氮的吸附和解吸过程更易进行，特别是在弱碱性条件下，腐殖酸对氮的吸附和解吸效果更好。这与梁宗存等的研究结果基本一致。

表 2　不同 pH 下腐殖酸对氮（N）的等温吸附方程拟合

pH	Linear 方程		Freundlich 方程		Langmuir 方程	
	$X=KC+b$	r	$LnX=1/n*lnC+K$	r	$1/X=1/(KX_m)\cdot 1/C+1/X_m$	r
4	$X=0.108C+0.508$	0.963	$LnX=0.913\cdot lnC+0.764$	0.984	$1/X=7.388\cdot 1/C+0.061$	0.997**
5	$X=0.137C+0.063$	0.987	$LnX=1.036\cdot lnC+0.941$	0.993*	$1/X=7.718\cdot 1/C+0.063$	0.995*
6	$X=0.153C+0.104$	0.992	$LnX=0.985\cdot lnC+0.783$	0.996*	$1/X=6.146\cdot 1/C+0.091$	0.977
7	$X=0.191C+0.054$	0.996*	$LnX=0.989\cdot lnC+0.697$	0.997**	$1/X=4.977\cdot 1/C+0.078$	0.968
8	$X=0.290C+0.239$	0.997**	$LnX=0.972\cdot lnC+0.481$	0.998**	$1/X=3.267\cdot 1/C+0.014$	0.936

*　$a=0.05$；**　$a=0.01$；下同。

表 3　不同 pH 下风化煤腐殖酸对氮的解吸

pH	项　目	初始浓度（mg/L）									
		10	20	30	40	50	60	70	80	90	100
4	DA	0.21	0.40	0.57	0.69	0.84	0.88	0.93	0.96	0.98	1.02
	DR	25.3	25.0	23.2	20.9	20.1	18.1	16.8	16.2	15.0	14.9
5	DA	0.18	0.34	0.51	0.67	0.88	0.96	1.01	1.04	1.15	1.17
	DR	24.8	24.2	21.7	21.0	21.5	20.2	18.3	16.1	16.0	15.4
6	DA	0.27	0.47	0.75	0.91	1.05	1.08	1.12	1.14	1.17	1.27
	DR	30.1	28.3	27.8	25.9	24.4	20.2	18.3	16.0	15.4	15.1
7	DA	0.42	0.49	0.62	0.69	0.81	0.94	1.02	1.20	1.33	1.41
	DR	41.8	24.5	21.4	18.1	16.5	15.6	14.5	14.8	14.9	14.8
8	DA	0.72	1.47	1.85	2.02	2.04	2.09	2.18	2.33	2.48	2.59
	DR	58.9	58.8	50.2	42.3	34.1	29.4	26.0	24.2	23.3	22.1

DA：解吸量（mg/g）；DH：解吸率（%），下同。

（二）腐殖酸对磷的吸附和解吸特性

腐殖酸与磷素相互作用机理有分解与复分解、络合、代换吸附等。不同 pH 下腐殖酸对磷的等温吸附线如图 2 所示。与腐殖酸对氮的吸附相比，不同 pH 下的各等温吸附曲线显著不同，排列顺序正好相反。在 pH 为 4～8 范围内，随着 pH 的增高，腐殖酸对磷的吸附量降低。当 pH 为 4 时，在各种初始处理浓度下，腐殖酸达到吸附平衡后对磷的吸附量与在其他 pH 溶液中的吸附量相比均最高，高达 4.5 mg/g；其余处理对磷的吸附量由大到小依次为：pH 5（4.0 mg/g）、pH 6（3.0 mg/g）、pH7（2.2 mg/g）、pH8（1.5 mg/g），pH 为 4 时的最大吸附量是 pH 为 8 时的 3 倍。原因可能是在酸性溶液中，带负电荷的腐殖酸与 H^+ 和 $H_2PO_4^-$ 形成了稳定“双电层”结构，促进了腐殖酸对 $H_2PO_4^-$ 的吸附，而在碱性介质中，OH^- 和 $H_2PO_4^-$ 发生了竞争吸附作用，降低了腐殖酸对 $H_2PO_4^-$ 的吸附。不同 pH 下腐殖酸对磷的等温吸附方程拟合结果看出，当溶液中 pH 为 4 时，腐殖酸对磷的等温吸附符合 Linear 和 Freundlich 方程，相关性达极显著水平；pH 为 5 时的等温吸附与 Linear 和 Freundlich 方程拟合相关性达显著水平；pH 为 6 时，仅符合 Freundlich 方程，相关性显著；pH 为 7 时，符合 Freundlich 和 Langmuir 方程，相关性均为显著；pH 为 8 时，与 Langmuir 方程显著相关（表 4）。

表 4　不同 pH 下腐殖酸对磷的等温吸附方程拟合

pH	Linear 方程		Freundlich 方程		Langmuir 方程	
	$X=KC+b$	r	$LnX=1/n*lnC+K$	r	$1/X=1/(KX_m)\cdot 1/C+1/X_m$	r
4	$X=0.252C+0.511$	0.998**	$LnX=0.625\cdot lnC+0.123$	0.997**	$1/X=1.794\cdot 1/C+0.130$	0.990
5	$X=0.192C+0.168$	0.995*	$LnX=0.818\cdot lnC+0.482$	0.995*	$1/X=3.126\cdot 1/C+0.141$	0.992
6	$X=0.126C+0.265$	0.983	$LnX=0.828\cdot lnC+0.623$	0.994*	$1/X=4.778\cdot 1/C+0.126$	0.992
7	$X=0.078C+0.172$	0.975	$LnX=0.788\cdot lnC+0.780$	0.993*	$1/X=6.964\cdot 1/C+0.238$	0.993*
8	$X=0.046C+0.171$	0.951	$LnX=0.747\cdot lnC+0.916$	0.974	$1/X=10.732\cdot 1/C+0.336$	0.995*

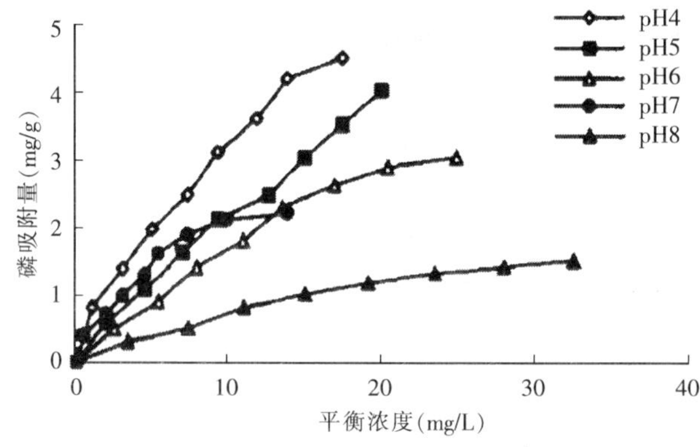

图 2　不同 pH 条件下腐殖酸对磷的等温吸附曲线

不同 pH 下风化煤腐殖酸对磷的解吸量和解吸率见表 5。随着初始处理浓度的增加，解吸量逐渐增大，而解吸率逐渐下降。腐殖酸对磷的最大解吸量，当 pH 为 4 时达 1.08mg/g，解吸率达 37.9%；pH 为 5 时，最大解吸量和解吸率分别达 0.68 mg/g 和 29.9%；其他处理依次为 pH 6（0.48mg/g、27.2%）>pH 7（0.24 mg/g、20.3%）>pH 8（0.13 mg/g、14.3%）。可见，与磷的吸附相同，在 pH4～8 范围内，对风化煤腐殖酸解吸磷的影响随 pH 的增加，解吸量亦逐渐降低。

表 5　不同 pH 下风化煤腐殖酸对磷的解吸量和解吸率

pH	项　目	初始浓度（mg/L）							
		5	10	15	20	25	30	35	40
4	DA	0.30	0.51	0.68	0.82	0.93	0.97	1.05	1.08
	DR	37.9	36.4	34.1	33.2	30.3	27.2	25.0	24.4

（续）

pH	项　目	初始浓度（mg/L）							
		5	10	15	20	25	30	35	40
5	DA	0.18	0.31	0.43	0.52	0.57	0.63	0.66	0.68
	DR	29.9	28.2	27.3	25.4	23.5	21.0	19.3	17.4
6	DA	0.13	0.22	0.29	0.36	0.41	0.46	0.46	0.48
	DR	27.2	24.9	20.8	20.1	18.2	18.0	16.1	15.9
7	DA	0.08	0.13	0.16	0.18	0.19	0.23	0.23	0.24
	DR	20.3	18.4	16.2	13.8	12.3	12.0	11.5	11.1
8	DA	0.04	0.06	0.08	0.09	0.12	0.12	0.13	0.13
	DR	14.3	12.1	10.4	9.8	9.3	9.1	9.0	8.5

（三）腐殖酸对钾的吸附和解吸特性

不同 pH 下腐殖酸对钾的等温吸附线（图 3）表明，与腐殖酸对氮的吸附情况有所不同，不同 pH 条件下，腐殖酸在相同的初始处理浓度达到吸附平衡后对钾的吸附量各不相同。当 pH 为 7 时，腐殖酸对钾的吸附量最高，达 8.50mg/g；pH 为 6 和 8 时，其吸附量分别达 6.92mg/g 和 6.90mg/g；而 pH 为 5 和 4 时，吸附量则达 5.81mg/g 和 4.80mg/g。可见，腐殖酸对同是一价阳离子的吸附规律不尽相同。在 pH 7 时腐殖酸对钾的吸附量最高，可能是 K^+ 在微小颗粒表面的吸附和解吸是扩散控制过程，在中性介质溶液中，这种过程比较容易进行。腐殖酸对钾的等温吸附方程拟合结果（表 6）表明，当介质中 pH 为 4 时，腐殖酸对钾的等温吸附符合 Langmuir 方程，相关性达极显著水平；pH 为 5 时，符合 Langmuir 和 Freundlich 方程，相关性显著；pH 为 6、7、8 时，符合 Freundlich 和 Linear 方程，相关性分别为极显著和显著水平。腐殖酸对钾的解吸量和解吸率与氮、磷相似，在各种不同的 pH 条件下，随着钾初始处理浓度的增高，腐殖酸对钾的解吸量均呈上升趋势，解吸率是下降趋势。表 7 表明，pH 为 7 时，在相同的初始浓度下，腐殖酸对钾的解吸量和解吸率最高，分别达 1.95 mg/g 和 41.3%；其他处理依次为 pH 6>pH 8>pH5>pH4。这可能是

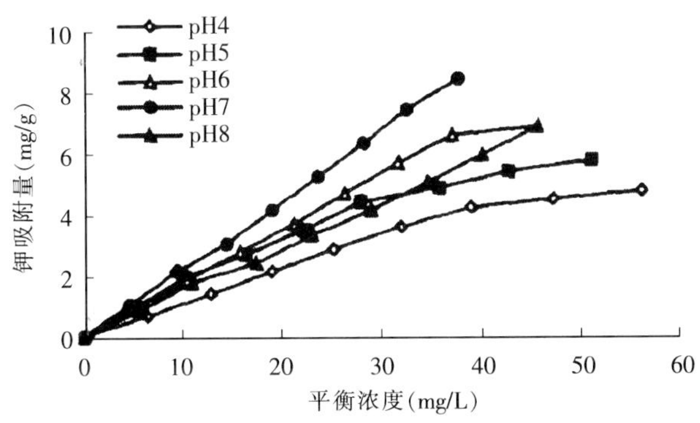

图 3　不同 pH 条件下腐殖酸对钾的等温吸附曲线

K^+在微小颗粒表面的解吸是扩散控制过程，在中性介质溶液中，这种过程比较容易进行。说明与腐殖酸对钾的吸附相同，在中性条件下钾在腐殖酸上的解吸易于进行，其次是弱酸或弱碱条件。

表 6 不同 pH 下腐殖酸对钾的等温吸附方程拟合

pH	Linear 方程		Freundlich 方程		Langmuir 方程	
	$X=KC+b$	r	$LnX=1/n*\ln C+K$	r	$1/X=1/(KX_m)\cdot 1/C+1/X_m$	r
4	$X=0.091C+0.349$	0.936	$LnX=0.913\cdot\ln C+0.851$	0.982	$1/X=8.751\cdot 1/C+0.017$	0.997**
5	$X=0.114C+0.648$	0.955	$LnX=0.773\cdot\ln C+0.510$	0.993*	$1/X=4.792\cdot 1/C+0.064$	0.996*
6	$X=0.162C+0.250$	0.995*	$LnX=0.950\cdot\ln C+0.687$	0.996**	$1/X=5.354\cdot 1/C+0.013$	0.992
7	$X=0.227C+0.012$	0.999**	$LnX=0.973\cdot\ln C+0.609$	0.997**	$1/X=4.044\cdot 1/C+0.019$	0.986
8	$X=0.148C+0.048$	0.994*	$LnX=0.951\cdot\ln C+0.755$	0.995*	$1/X=5.971\cdot 1/C+0.023$	0.968

表 7 不同 pH 下风化煤腐殖酸对钾的解吸量与解析率

pH	项 目	初始处理浓度（mg/L）							
		10	20	30	40	50	60	70	80
4	DA	0.17	0.31	0.42	0.50	0.54	0.51	0.50	0.53
	DR	23.9	22.1	19.3	17.0	15.4	11.8	11.6	11.2
5	DA	0.26	0.47	0.60	0.67	0.75	0.78	0.87	0.88
	DR	26.7	24.3	22.2	19.1	17.6	16.4	16.2	15.5
6	DA	0.36	0.62	0.85	1.08	1.28	1.31	1.38	1.45
	DR	37.9	33.3	30.0	28.8	27.4	23.3	21.4	21.1
7	DA	0.45	0.81	1.08	1.38	1.59	1.60	1.72	1.95
	DR	41.3	38.2	34.9	33.3	30.4	25.4	23.2	23.0
8	DA	0.28	0.48	0.62	0.74	0.88	0.92	0.96	1.03
	DR	31.1	27.3	24.0	22.2	21.4	17.8	15.7	15.1

三、讨论与结论

在各种 pH 条件下，随着初始处理浓度的增加，腐殖酸对氮、磷、钾的吸附量和解吸量均呈上升趋势，但解吸率均呈下降趋势。在相同的初始处理浓度下，随着 pH（在 4～8 范围内，7 除外）的升高，腐殖酸对氮的吸附量、解吸量和解吸率逐渐增加。当 pH 为 8 时，腐殖酸对氮的吸附量、解吸量和解吸率均最高，分别高达 11.8 mg/g、2.59 mg/g 和 58.9%；而腐殖酸对磷的吸附和解吸随着 pH 的升高均呈下降趋势，即 pH 为 4 时，腐殖酸对磷的吸附量、解吸量和解吸率均最高，分别高达 4.5mg/g、1.08 mg/g 和 37.9%；而腐殖酸对钾的吸附和解吸作用在中性条件下最易进行，其次是在弱酸和弱碱条件下，当 pH 为 7 时，腐殖酸对钾的吸附量和解吸量高达 8.50 mg/g、1.95 mg/g 和 41.3%。在各种 pH 的介质溶液中，腐殖酸对氮、磷、钾的等温吸附可用 Linear、Langmuir 和 Freundlich 三个吸附方程拟合，但以 Freundlich 方程为最优。由此可见，在不同 pH 条件下，风化煤腐殖酸对氮、磷、钾各养分的吸附量和解吸量差异较大，选用风化煤腐殖酸作胶结包膜材料的缓释复合肥，在碱性土壤中磷有缓释效果，在酸性土壤中氮有缓释效果，而对于钾，无论是碱性土壤还是酸性土壤，均有缓释效果。在生产此种复合肥时，应根据作物对养分的需求和土壤的酸碱性选择适合的氮、磷、钾养分配比，达到缓释肥的“缓释”效果。

缓/控释肥料纳米—亚微米级胶结包膜复合材料的制备与表征

一、引　言

【本研究的重要意义】提高化肥利用率、减轻或免除肥料污染对于当今农业的可持续发展至关重要，而世界肥料的发展方向是缓/控释化、精准化、环境友好化，其中缓/控释肥料较早地引起了研究人员的注意，并且近年来成为肥料创新研究和技术革新的热点，包膜肥料是近年来发展迅速的一种缓/控释肥，具有灵活多变的配方，通过调节包膜和胶结材料性质调控内核肥料养分的溶解释放，以适应不同作物对养分的需求特点。

【前人研究进展】国内外对胶结包膜材料的筛选作了大量的研究，20 世纪 90 年代初，日本采用聚烯烃树脂作包膜材料，向聚烯烃树脂熔融体中加入滑石粉和金属氧化物改善聚烯烃薄膜的弥透性和降解性；1993 年，加拿大采用聚偏二氯乙烯的水乳胶包膜尿素和粒状复合肥；1996 年，波兰采用聚砜和聚丙烯腈作为缓/控释肥料的包膜剂，并实现了产业化；2003 年，美国采用醋酸纤维素和淀粉包膜尿素，改善了包膜材料的生物降解性。国内对包膜材料也有较多的研究，20 世纪 60 年代末至 70 年代，在李庆逵先生主持下研究了磷矿粉包裹碳酸氢铵，但未能产业化；1973 年，辽宁盘锦农业科学研究所成功采用沥青石蜡包膜碳铵；20 世纪末，中国科学院兰州化学物理研究所采用生物可降解高分子材料（聚乙烯醇磷酸脲、聚乙烯醇缩脲等）作尿素的包膜材料；同一时期郑州工业大学工学院研制出了“肥包肥”型缓/控释包膜肥料，并已成功地商业化生产，商标名为 Luxecote（乐喜施），它的包膜材料主要是难溶物磷酸铵盐；近年来，中国农业大学采用聚烯烃复合物作包膜材料；昆明理工大学选用桐油作包膜材料。

作者：刘秀梅、张夫道（通讯作者）、王玉军、张建峰、冯兆滨、张树清、肖　强，原载于 2006 年第 8 期《中国农业科学》。

【本研究切入点】目前，广泛采用的胶结包膜材料主要有沥青、树脂（热固性和热塑性）、石蜡、各种聚合物（聚烯烃、聚乙烯、聚丙烯酰胺、聚酯、木质素）、脲醛、硫磺、难溶性磷肥、膨润土等。但上述胶结包膜材料存在一些问题：一是材料价格高；二是材料功能单一，仅限于控制养分的释放，如普通树脂和塑料只控制养分的释放时段，不具有附加功能（吸附养分、改善土壤理化性质）；三是包膜材料在土壤中难以降解，对土壤生物及作物有潜在危害。高岭土是天然黏土矿物，在农业领域，可用作化肥、农药、杀虫剂的载体，因为其颗粒表面具有微细孔隙，有一定的吸附性，纳米级高岭土对氮磷钾和有机碳有良好的吸附和解吸性；废弃泡沫塑料遍地可见，并且污染环境。

【拟解决的关键问题】选用高岭土和泡沫塑料的复合材料作缓/控释肥料的胶结包膜材料是一项创新性技术，有巨大的应用潜力，因为材料廉价易得，并且在土壤中易于降解。本研究采用插层复合、微乳化、高剪切方法制备高岭土纳米—亚微米级复合材料、塑料—淀粉纳米—亚微米级复合材料，并通过扫描电镜、X-射线衍射、红外光谱、激光粒度分析对复合材料进行了测试和表征，旨在充分挖掘天然粘土矿物资源，利用废弃塑料垃圾，为高效环保缓/控释肥料的研制和生态环境的改良提供理论依据和创新技术。

二、材料与方法

（一）试验材料

天然高岭土采自广东省焦岭县广福镇；泡沫塑料；分析纯的有机极性单体乙烯醇作插层剂；十二醇聚氧乙烯醚硫酸钠（AES）和十二烷基苯磺酸钠（ABS）作表面活性剂；乙酸乙酯作溶剂；淀粉、甲醛作交联剂。

（二）高岭土纳米—亚微米级复合材料的制备

通过有机单体插层复合和高剪切工艺方法制取高岭土纳米—亚微米级复合材料。具体方法为：天然高岭土泥浆经浮选和纯化后，超声波分散 20min，加入非离子表面活性剂 AES 和助剂，45～50℃下搅拌活化 2 h，3×10^4 r/min 高剪切 10 min 后，加入 1∶5 的有机极性单体乙烯醇，仍然在 45～50℃下搅拌 2 h，3×10^4 r/min 高剪切 10 min，反应溶液冷却至室温后减压抽滤，所得沉淀物用稀酸或氨水调节 pH 至 6.5，然后用无水乙醇反复洗涤 5～7 次，再用去离子水洗涤 3 次，沉淀在 80～90℃下干燥至恒重，得到高岭土纳米—亚微米级复合材料，用作缓/控释肥料的胶结剂。

（三）塑料—淀粉纳米—亚微米级复合材料的制备

通过高剪切和微乳化工艺方法制取塑料—淀粉纳米—微米级复合材料。具体方法为：泡沫塑料加入 1∶1.5 的乙酸乙酯溶解，静止陈化 4h，加入双亲性混合表面活性剂 ABS，1 000 r/min 搅拌活化 2 h 后，3×10^4 r/min 高剪切 10min，反应溶液冷却至室温后，称为塑料纳米—亚微米级复合材料，备用。

淀粉 90℃下糊化，用盐酸调 pH 为 2，加甲醛进行交联反应后，用尿素去除剩余的甲醛，用 KOH 溶液调 pH 为 7.0，与上述塑料纳米—亚微米级复合材料混合，加入 ABS 和助剂，3×10^4 r/min 高剪切 10min 后，即生成塑料—淀粉纳米—亚微米级复合材料，用作缓/控释肥的包膜剂。反应溶液冷却至室温后沿着光滑玻璃板倾倒，水分蒸发后，得到一层薄膜，用刀片切取 $1mm^2$ 大小薄膜，平贴在电镜铜质载样台上，用粒子溅射仪喷涂金钯粉，使样品表面形成金钯膜，供扫描电镜观察，把薄膜溶解在溶剂中，进行激光粒度分析。

（四）表征与测试

高岭土和塑料—淀粉的纳米—亚微米级复合材料的形貌、尺寸、纯度和插层复合状况的测试采用综合分析方法。用日立 S-570 扫描电子显微镜观察纳米—亚微米级材料的形貌；采用日本理学 D/max ⅢB 型 X 射线衍射仪观察高岭土纳米—亚微米级复合材料的层间距变化和插层状况；高岭土与插层剂的反应和键合特征用美国的 NicoletNexus 470 傅立叶红外光谱仪进行测定；高岭土和塑料—淀粉的纳米—亚微米级复合材料的粒度及纯度分布测试在美国 Coulter Nuplus 型激光粒度分析仪上进行。

三、结果与分析

（一）电镜测试分析（SEM）

通过扫描电镜图像可以观察到纳米—亚微米级复合材料的大小和形状，对纳米—亚微米级材料有个形象直观的认识。图 1 是高岭土和塑料的扫描电镜照片（SEM），其中，图 A 指天然高岭土，图 B 指插入了有机分子的高岭土纳米—亚微米级复合材料，比较 A 和 B 发现，天然高岭土的块状结构被解离成薄片状，长和宽大约分别为 150、60nm，每个薄片上结合有大分子物质，不但增加了高岭土的表面积，而且增加了高岭土的活性吸附位点。图 C 是泡沫塑料，图 D 是微乳化和高剪切后的塑料纳米—亚微米级复合材料，未经微乳化处理的塑料表面凹凸不平，几乎不见小孔隙，而塑料纳米—亚微米级复合材料表面出现了许多蜂窝状的小皱褶和小孔隙，这为养分的缓释、慢释放提供条件。图 E 为塑料—淀粉纳米—亚微米级复合材料，图 E 与图 D 的不同之处是，出现了许多小孔，进一步放大该图片（图 F），可见到 10～20nm 左右大小不一的孔径分布在塑料—淀粉纳米—亚微米级复合材料的表面，这为养分的缓慢释放提供基础。

（二）X-射线衍射分析（XRD）

X-射线方法被广泛地用于结晶学和矿物学研究领域，高岭土由层状硅酸盐组成，未经改性的高岭土层间距和各层的排列方向是有一定规律的，其内部质点（原子）在三维空间呈周期性重复排列。当入射 X 射线撞击到这些特定方向上，散射 X 射线（光波）相位相同（即彼此的光程差等于波长的整数倍）时，彼此相互叠加，这种叠加干涉现象即称为衍射。以入射角 2θ 为横坐标，衍射强度（CPS）为纵坐标得出的图谱称为 X 射线衍射图谱，根据衍射峰的变化和入射角可以判断分析高岭土晶体构造、层间距、单位晶胞的形状和大小，粒径越小，其衍射峰将出现平缓，如果衍射峰尖锐说明结晶度好，衍射峰钝化表示插入了有机

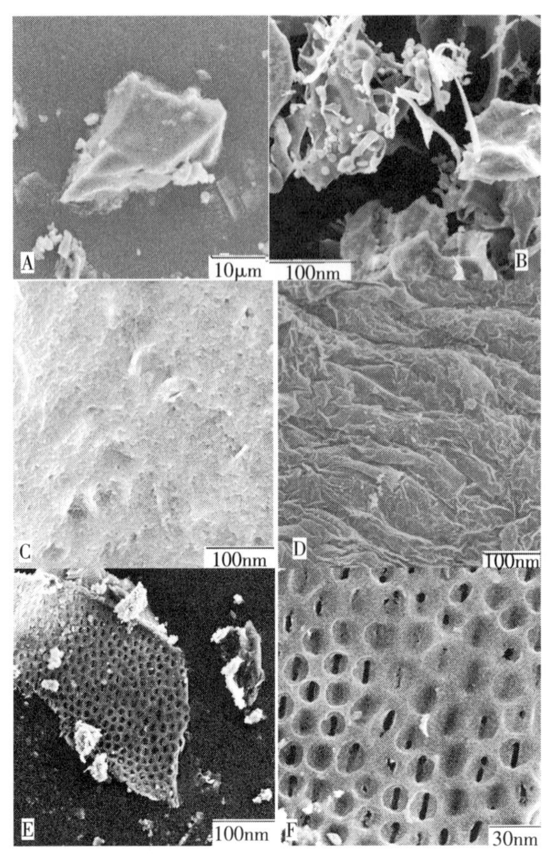

图 1　复合材料的扫描电镜照片

注：图 A、B、C、D、E、F 分别指天然高岭土、高岭土复合材料、塑料、塑料复合材料、塑料—淀粉复合材料、塑料—淀粉复合材料。

物质，衍射峰前移，说明层间距变大。如果入射角 2θ 在 0～9°之间没有衍射峰，说明硅酸盐的层间距大（如高岭土），反之可以根据 Bragg 方程：$2d\sin\theta=\lambda$ 算出层状硅酸盐片层之间的距离，$d=\lambda/2\sin\theta$，式中 d 为硅酸盐片层之间的平均距离，θ 为半衍射角，λ 为入射 X-射线波长（$\lambda=0.154$nm）。

图 2 中的 A 和 B 分别是天然高岭土和高岭土纳米-亚微米级复合材料的 XRD 图谱，两种高岭土在入射角 $2\theta=10～30°$之间有衍射峰，天然高岭土的特征峰分别为 d=7.143 nm、d=4.457 nm、d=4.253 nm、d=3.572nm，并且比较尖锐；而高岭土纳米—亚微米级复合材料的上述特征峰均前移，并且衍射峰出现钝化，中间 2 个特征峰成为 1 个，变成平缓的丘状峰，说明经过有机极性单体插层的高岭土层间距变大，基本结构发生变化，有机物质插入到高岭土层间，更重要的是有机物质与高岭土表面发生了化学反应。

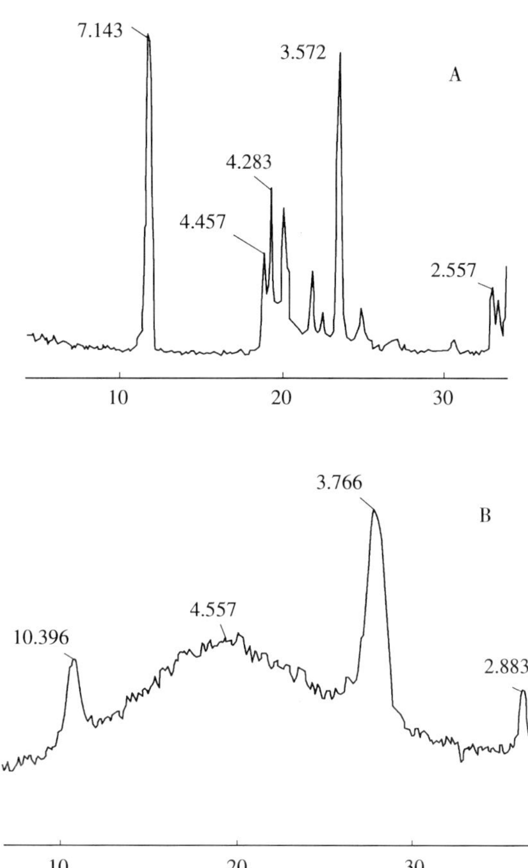

图 2　高岭土的 XRD

(三) 红外光谱测试分析 (IR)

在每一种物质的体内，不同原子沿着联结它们的化学键在振动着，这种振动分为两类，一类是沿着化学键的方向振动，称为伸缩振动，频率为伸缩振动频率；另一类是一种原子围绕另一种原子来回摆动，称为弯曲振动，频率为弯曲振动频率。负载上述原子间振动及分子转动信息的信号是红外光，其波长区间约为 0.8～1 000μm（波数为 12 500～10/cm^{-1}），这个谱区比紫外、可见谱区宽，容纳的信息量也丰富，以透光率为纵坐标，光波数为横坐标，得出的红外光吸收图谱可以判读物质分子的原子组成、空间分布及化学键的特性，也可以根据图谱的变化了解物质之间发生的化学反应。红外光谱分两个区域：官能团区（4 000～1 500/cm^{-1}）和指纹区（600～1 500/cm^{-1}），官能团区的吸收峰是由 2 个原子组成的官能团如 OH，NH，C=C，CC 和>C=O 等的化学键的伸缩振动，光谱比较简单，可以初步判断待测物质中有何官能团；指纹区的吸收峰比较复杂，不仅含有 C—C、C—O 单键的伸缩振动和 C-H、C-O 等键的弯曲振动，还有整个分子转动和原子间键振动的加和，故较困难指定其归属，但对每种物质而言在这段都有自己特定的吸收峰，如同指纹一样，红外光谱指纹区相同，表明物质是同一物质，反之，则发生了化学反应。

天然高岭土晶架结构均有一层硅氧（Si－O）四面体和一层铝氧（Al－O）八面体靠共用氧原子构成的 1∶1 结构单元沿 c 轴方向堆叠而成，层间可以容纳有机分子或无机离子。图 3 的 A 和 B 分别是天然高岭土和高岭土纳米—亚微米级复合材料的红外图谱，在图谱 3（A）中，3 697/cm^{-1}为高岭土表面-OH 的伸缩振动频率吸收峰，3 621/cm^{-1}为高岭土中四面体片和八面体片的内部—OH 的伸缩振动频率吸收峰，3 456/cm^{-1}和 1 039/cm^{-1}为高岭土 Si－O－Si 键的伸缩振动，1 635/cm^{-1}为水铝片上 O－H 的弯曲振动，913/cm^{-1}归属于 Al－OH 键的弯曲振动，696/cm^{-1}和 538/cm^{-1}为 Si－O－Al 伸缩振荡吸收峰。在图 3（B）中，四面体片和八面体片的内部-OH 的伸缩振动频率吸收峰变得很弱，说明高岭土层间作用减弱。在 800～2 000/cm^{-1}内，出现了 3 个新峰，分别是 1 604/cm^{-1}、1 418/cm^{-1}和 856/cm^{-1}，此为有机插层剂中的 C═C 双键和 C－C 骨架的吸收峰，这表明在高岭土在插层过程中，表面的羟基与有机物质发生了键合，可能是铝氧八面体和有机物羟基中的氧原子成氢键连接，也可能是其它化学键，这说明有机物质已经插入高岭土的层间，层间距变大，这与上述 X-射线衍射分析的结果一致。表 1 列出了天然高岭土和高岭土纳米—亚微米级复合材料的红外光谱振动谱带及其归属。

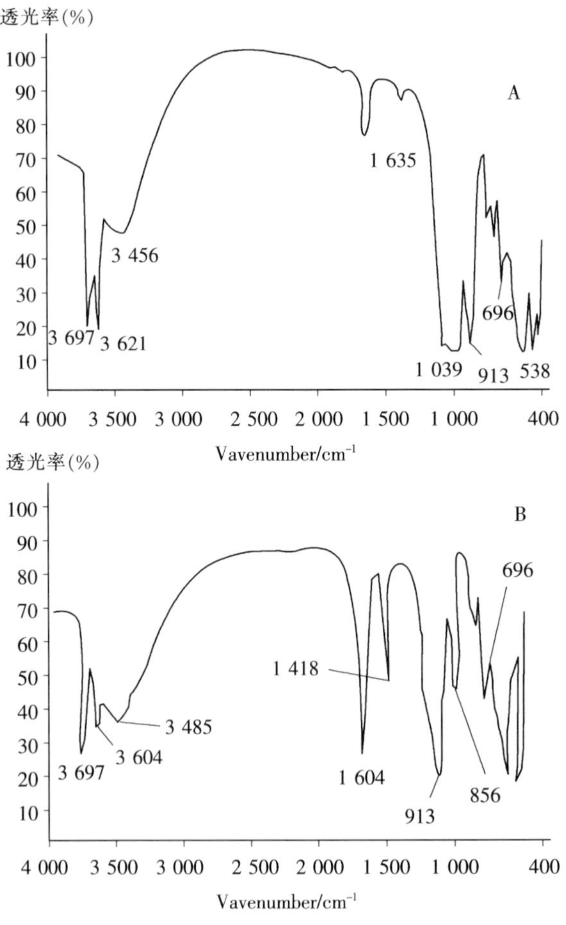

图 3　高岭土的红外图谱

表 1　高岭土的红外光谱振动谱带及其归属

	谱带位置（/cm^{-1}）	谱带归属
高频区（3 700～3 000）	3 697	—O－H
	3 621	Al－OH
	3 456	Si－O－Si（H）
中频区（1 700～1 600）	1 635	O－H
	1 604	C=C
中低频区（1 300～800）	1 039	Si－O－Si 或 Al－O
	913	Al－OH
	856	C－C
低频区（800～400）	696	Si－O－Al
	538	Al－O－Si

（四）激光粒度分析

光在行进过程中遇到颗粒（障碍物）时，将有一部分偏离原来的传播方向，这种现象称为光的散射。颗粒尺寸越小，散射角越大；颗粒尺寸越大，散射角越小。这里所说的"散

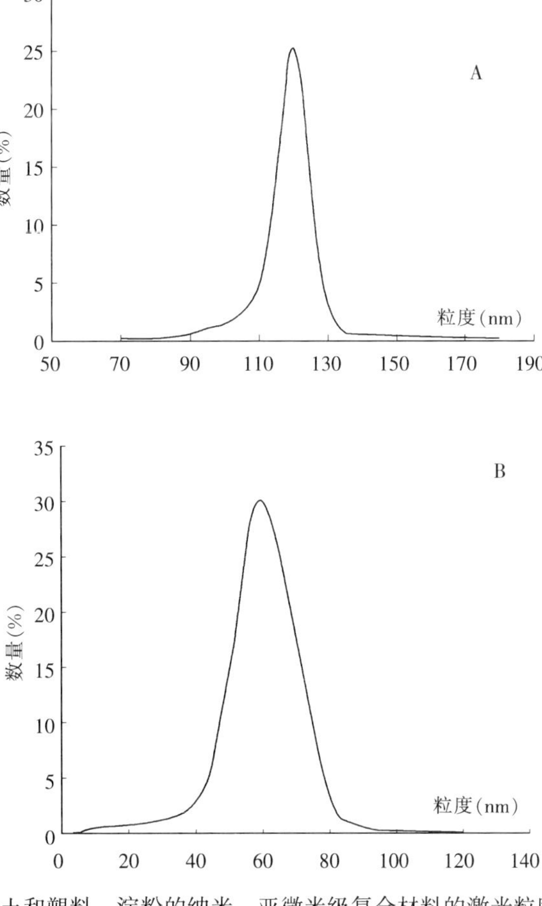

图 4　高岭土和塑料—淀粉的纳米—亚微米级复合材料的激光粒度分析曲线

射”是指用严格的电磁波理论，即 Mie 散射理论描述的现象。Mie 散射理论是描述散射光场的严格理论，可适用的粒度范围下限在 20nm 左右。激光粒度分析仪就是根据光的散射现象测量颗粒大小的。图 4 为激光粒度分析仪所得出的高岭土（A）和塑料—淀粉（B）的纳米—亚微米级复合材料的激光粒度分布曲线。结果显示，所测高岭土 10%颗粒平均粒径 30 nm，50%颗粒平均粒径 90 nm，90%颗粒平均粒径 110nm，原因是高岭土是片层结构，a 轴和 b 轴方向均大于 100nm，而此曲线得出的是平均粒径，与扫描电镜观察的结果相比有一定差异；塑料—淀粉纳米—亚微米级复合材料的激光粒度分布曲线结果显示，所测样品 10%颗粒平均粒径 10 nm，50%颗粒平均粒径 30 nm，80%颗粒平均粒径 80nm。

四、讨　　论

提高肥料利用率，改善土壤理化性状，节约可利用资源是农业生产中急需解决的问题，肥料的缓/控释化是提高肥料利用率的新方向，而缓/控释肥料胶结剂和包膜剂的选择又是关键，合适的材料不但可以改善土壤理化性状，而且节约资源，降低生产成本。近年来发展迅速的纳米技术在生物科学研究中发挥了巨大的作用，在农业领域中也应该有广阔的发展前景，采用纳米技术制备缓/控释肥料的胶结剂和包膜剂是一个发展方向。

黏土矿物能够与有机物和无机物发生吸附、插层和离子交换等相互作用，生成黏土纳米复合物。高岭土是 1∶1 型层状黏土，在一定条件下，有机分子（脲、二甲亚砜、乙酸钾、N-甲基酰胺、甲酰胺、甲醇）能插入高岭土的层间，使高岭土的层间距增大，甚至可以使高岭土剥片形成单层黏土，客体分子进入高岭土层间，可以打断高岭土层间的氢键，与高岭土的内表面羟基或内表面氧发生化学吸附和键合，形成黏土—有机复合体，依据有机分子的性质，黏土—有机复合体中的成键作用主要以下面几种方式产生：氢键、离子偶极力、有机分子与水化离子之间的“水桥”成键作用、阳离子交换、阴离子交换等。此类纳米复合体的制备，对于高岭土和插层剂都有要求，层状硅酸盐和有机分子的选择、片层的分散及片层的表面处理与修饰直接影响到所得复合体的性能。国内外的学者对黏土—有机复合体的制备与表征进行了大量的研究，均为了增加高岭土的黏度、屈服应力、剪切应力、光洁度等，在医药、化妆品、工业石油转井、橡胶业等领域有应用，并没有涉及到农业领域的研究，今后应加强插层高岭土纳米复合材料在农业中的研究与应用。

微乳化方法制备纳米材料是最近几年发展起来的新方法，由于颗粒的形成空间被限定在微乳液的内部，使得粒子的形态、大小、组成和机构等都将受到微乳体系影响，通过调节微乳体系油、水和表面活性剂的比例从而达到对产物粒径的智能控制。微乳体系一般由 4 部分组成：表面活性剂（如 SDS、CTAB 等）、助剂（正辛醇等）、溶剂（乙酸乙酯、甲苯、三氯乙烷等）和水溶液。本实验制备塑料纳米—亚微米级复合材料采用此方法在全返混均质乳化器中实现。全返混均质乳化器由一网孔状定子和互成一定角度的叶轮状转子组合组成，在电机的高速驱动下，反应物料吸入转子，在短时间内承受几十万次的剪切作用，形成一个个微细液膜单元，在剪切过程中，微细液膜单元在转子、定子的精密间隙中离心摩擦、高速撞击作用下分裂、分散；同时，由于高频机械的强大动能，使物料形成强烈的液力剪切、液层摩擦、撕裂碰撞而达到充分分散、均质。经扫描电镜和激光粒度分析证明此方法制备纳米—亚微米级复合材料具有可行性。

在土壤中，此纳米—亚微米级复合材料本身独具的许多优异性能为肥料的高效利用提供了可能，复合材料具有表面效应和小尺寸效应，与植物所需的大量营养元素氮、磷、钾和微量元素铁、硼、钼等发生吸附或化合后成为多功能高效复合肥料，增强了植物对肥料的吸附性能，减少肥料的流失、淋失和固定；另一方面，此复合体和土壤中自然形成的有机无机复合体发生相互作用，可引起多价交换性阳离子的吸附、铝的聚合、包敷黏粒表面的氢氧化铁膜的形成、黏粒边缘的阴离子交换以及某一特殊表面的强配合键的形成，明显地影响和控制土壤的结构和渗透性等理化性质，可以增加土壤的团粒结构，充分发挥土壤的蓄肥保肥能力，还有促进土壤中微生物活动的可能性，调节土壤中的C/N比，培肥土壤。

五、结　　论

本研究利用超声波分散高岭土，并用表面活性剂处理，在一定温度和压强下，使有机分子插入到高岭土的层间，制得高岭土纳米—亚微米级复合材料，并用先进的科学仪器和方法对高岭土复合材料进行了测试，证实了有机分子已经插入到高岭土的层间，增大了层间距，形成黏土—有机复合体。此复合体对养分氮磷钾和有机碳有良好的吸附作用，黏性较强，可以用作缓/控释肥的胶结包膜材料。

废弃泡沫塑料经过微乳化、高剪切等技术，制得塑料纳米—亚微米级复合材料或塑料—淀粉纳米—亚微米级复合材料，通过扫描电镜观察，证实了塑料—淀粉纳米—亚微米级复合材料表面存在10～20nm左右大小不一的皱褶或孔径，为肥料养分的控制释放提供物质基础。

纳米氧化铁对花生生长发育及养分吸收影响的研究

铁是植物生长必须的微量元素，在植物体内参与光合作用、氧化还原反应和电子传递以及呼吸作用等众多生理过程。在我国华北、西北地区的石灰性土壤中，尤其是干旱和半干旱地区的土壤中常有缺铁现象发生，特别是在果树上尤为明显。受害作物叶片黄化、植株生长受到质，甚至死亡。多年来，国内外学者对造成植物缺铁的原因及防治做了大量的研究，对植物利用土壤铁的机理也作了许多的探讨，但迄今尚缺少既经济又有效的施铁方法。国内外学者称铁为“难以捉摸的微量元素（elusory microelement）”。本研究把纳米氧化铁作为铁肥使用到花生的栽培上，并通过不同的施用方法探讨了纳米氧化铁对花生生长发育及吸收养分的影响，为提高铁肥的生物有效性提供理论依据。

一、材料与方法

（一）试验材料

纳米氧化铁（Nano - Fe）采用液相沉淀和高剪切（30 000 r/min）工艺自行研制。

作者：刘秀梅、张夫道（通讯作者）、冯兆滨、张树清、何绪生、王茹芳、王玉军，原载于2005年第11卷第4期《植物营养与肥料学报》。

Fe_2O_3 粒径范围在 20～80nm 之间（图 1）。

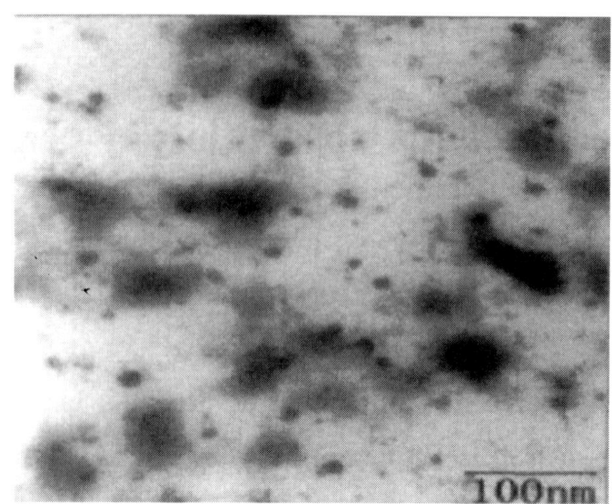

图 1　纳米氧化铁的电镜照片

风化煤采自辽宁阜新煤矿，总腐殖酸含量 63%，游离腐殖酸含量 58%。采用 H_2SO_4—丙酮法从风化煤中提取腐殖酸，该腐殖酸的主要元素组成为 C 66.09%，H 2.89%，N 0.78%，S 0.67%，主要功能团有酸基、羟基、羧基、酚羟基、甲氧基。

有机肥为鸡粪，风干样含全 N 30.41g/kg，全 P10.13 g/kg，全 K 20.22 g/kg，C/N 为 17.7，粗纤维 84.5 g/kg，水溶物 16.9 g/kg。有机肥进行腐熟处理后使用。

供试花生品种为鲁花 12 号，属铁敏感品种，种子引自山东省花生研究所。

（二）试验方法

砂培试验用盆为直径 20cm，高 15cm 的塑料盆，石英砂粒径为 1～2mm，去杂质，3% 盐酸溶液浸泡 1 周，自来水洗净，蒸馏水漂洗至 pH 为 7，风干后装盆，每盆 6.5kg。试验设 8 个处理，4 次重复，试验方案见表 1。各处理以液态形式施入。挑选大小一致无病害的花生种子，50℃温水消毒处理，放于培养箱中 25～26℃催芽，待幼苗根长至 2～4cm，移植于石英砂中，每盆 3 棵。浇霍格兰营养液。苗子长至 80d，从花生长势表现出明显差别时，测定花生叶片叶绿素含量和光合强度，收获植株后测定花生生育状况指标和养分含量。

表 1　纳米铁肥试验设计

处理代码	施肥方案
CK	不施铁
Nano-Fe	17mg/L 纳米氧化铁
CA-Fe	24.5mg/L 柠檬酸铁
EDTA-Fe	74.6mg/L EDTA 和 17mg/L 纳米氧化铁配施
HAs-Fe	1g/L 腐殖酸和 17mg/L 纳米氧化铁配施
OM-Fe	8g/L 有机肥和 17mg/L 纳米氧化铁配施
HAs	1g/L 腐殖酸 1g/L
OM	8g/L 有机肥 8g/L

（三）测定项目和方法

花生叶面积用称重法测定；叶片叶绿素含量用95%的乙醇浸提，分光光度计比色测定；光合强度的测定参照干重方法。

植株样品用浓 $H_2SO_4-H_2O_2$ 消煮后，全氮用开氏半微量定氮法、全磷用钒钼黄比色法、全钾用火焰光度计、全铁含量用原子吸收分光光度计测定。

二、结果与分析

（一）纳米氧化铁对花生花针期生育状况的影响

不同配施方法的铁处理对花生花针期生育状况的各项指标有显著影响。表2看出，有机肥和纳米氧化铁配施（OM－Fe）效果最好，能显著地促进花生的生育状况，其主茎高、有效果针数目、总分蘖数和干重均显著地高于单施有机肥（OM）和单施纳米氧化铁（Nano－Fe）的处理。单施纳米氧化铁（Nano－Fe）处理，花生根长、总分蘖数和叶面积显著地高于柠檬酸铁处理（CA－Fe），说明纳米氧化铁对花生生育状况的影响在某些方面优于柠檬酸铁。腐殖酸和纳米氧化铁配施（HAs－Fe），花生茎高、根长、有效果针数目和总分蘖数虽高于柠檬酸铁处理，但差异不显著。从总体来看，各处理对花生生育状况产生正效应的顺序是OM－Fe>Nano－Fe>HAs－Fe>CA－Fe>OM>HAs>EDTA－Fe>CK。

表2　纳米氧化铁对花生花针期生育状况的影响

处　理	茎　高（cm）	根　长（cm）	有效果针数目（个/株）	总分蘖数（个/株）	叶面积（cm^2）	干　重（g/株）
CK	19.79cd	40.27b	8.10c	9.00bc	3.47bc	5.97b
Nano-Fe	19.88c	46.90a	11.61b	10.17ab	3.61bc	6.35ab
CA-Fe	21.63ab	34.35c	12.84ab	8.51c	4.03a	6.29ab
EDTA-Fe	16.83d	23.12d	8.18c	6.34d	3.41c	5.91bc
HAs-Fe	22.01ab	35.35c	10.98bc	9.68bc	3.81b	5.88c
OM-Fe	23.77a	45.15ab	14.21a	10.92a	4.01ab	6.75a
HAs	22.02ab	40.00bc	8.56c	8.96c	2.84d	5.55c
OM	21.57b	36.64c	10.16bc	9.23b	3.14c	4.49d

注：在同一列中不同字母表示差异达5%显著水平，下同。

（二）纳米氧化铁对花生叶片叶绿素含量和光合强度的影响

花生叶片叶绿素含量是表征植株体内铁营养状况的重要指标，许多研究资料都证明，植物体内的铁含量与叶绿素的含量呈正相关。大多数植物中铁与叶绿素含量摩尔比是1∶4～10；铁还与光合作用有密切关系，直接参与 CO_2 的还原过程。不同铁处理对花生叶片叶绿素含量和光合强度的影响（表3）表明，有机肥和纳米氧化铁配施处理（OM－Fe）中，花生叶片叶绿素含量为2.89 mg/g，显著高于柠檬酸铁处理（CA－Fe），与单施纳米氧化铁（Nano－Fe）差异不显著。正常叶片的叶绿素a/b值一般为3/1。

表 3　纳米氧化铁对花生叶片叶绿素含量和光合强度的影响

处　理	Chl.（a+b）(m/g，FW)	Chl. a+b（m/g，FW）	光合强度［mg/（dm^2·h）］
CK	2.25c	2.04	2.53d
Nano-Fe	2.79ab	2.94	7.66bc
CA-Fe	2.45bc	2.93	7.35c
EDTA-Fe	2.66b	3.08	9.84ab
HAs-Fe	2.80ab	3.31	10.76a
OM-Fe	2.89a	2.96	10.00ab
HAs	2.54bc	3.30	7.89bc
OM	2.40bc	2.91	9.40ab

在本试验中除去缺铁处理（CK）中叶绿素 a/b 为 2.04 外，其余处理的叶绿素 a/b 均在 3/1 左右，说明在本试验缺铁处理中花生叶片叶绿素 a 难以转化为叶绿素 b，而施用各种形态的纳米铁肥，其叶片中叶绿素 a 易于转化成 b，且比较稳定，对花生叶绿素的合成有不同程度的促进作用。

表 3 还看出，不同配施纳米氧化铁处理均能促进花生叶片的光合作用，以腐殖酸和纳米氧化铁配施（HAs－Fe）、有机肥和纳米氧化铁配施（OM－Fe）中光合强度均显著地高于柠檬酸铁处理（CA－Fe）。

（三）纳米氧化铁对花生吸收铁肥的影响

本试验结果（表 4）表明，所有的处理中，花生吸收的铁主要累积在植株的根部，其次是叶或茎。腐殖酸与纳米氧化铁配施（HAs－Fe）处理根部含铁量最高，达 1 130.58 mg/kg，其次是 CA－Fe、Nano－Fe 和 OM－Fe 处理，分别为 980.01、955.31mg/kg 和 880.07mg/kg。在腐殖酸和有机肥与纳米氧化铁配施的（HAs－Fe 和 OM－Fe）处理中，植株叶部含铁量大于茎部含铁量，而 Nano－Fe、CA－Fe 和 EDTA－Fe 处理中，叶部含铁量均小于茎部含铁量。可见，纳米氧化铁与腐殖酸或有机肥配施不仅促进了花生根部对铁的吸收，而且还有助于铁从茎部转移到叶部。一般认为，Fe^{2+} 是植物吸收的主要形式，螯合态铁也可以被吸收。当 Fe^{2+} 被根吸收后，在大部分的根细胞中可氧化成 Fe^{3+}，并被柠檬酸螯合，通过木质部被运输到地上部。业已证明，铁从根部到茎部的运输是以柠檬酸螯合物的形式进行的，柠檬酸和铁离子有很强的亲和力。而纳米氧化铁与腐殖酸或有机肥结合可被植物根系吸收，目前尚未见报道。纳米 Fe_2O_3 的结合物被植株吸收后，在体内以何种形式移动或转化，还有待进一步研究。

在所有的处理中，植株叶的含铁量差异比较大。有机肥与纳米氧化铁配施、纳米氧化铁、腐殖酸与纳米氧化铁配施的处理中，其植株叶部含铁量分别为 218.95、207.48、206.64 mg/kg，均大于柠檬酸铁处理（187.00 mg/kg），说明有机肥或腐殖酸与纳米 Fe_2O_3 结合后使铁在植株体内的移动性增强，致使叶片中含铁量增加，从而提高铁的利用率，充分发挥铁在植株体内的有效性。纳米氧化铁具体以何种形式被根系吸收，又以何种形式在植株体内运输或移动，有待进一步研究。

有关铁在植株体内的运输与移动情况，根和茎或叶中铁含量的比值也是一个重要指标。结果看出，有机肥和纳米氧化铁配施处理中茎/根和叶/根含铁量比值分别为0.24、0.25，两者均高于其他处理中的茎/根和叶/根；其次是单施纳米氧化铁处理，茎/根和叶/根含铁量比值分别为0.23、0.22；而柠檬酸铁处理中茎/根和叶/根含铁量比值分别为0.23、0.19。可见，施用纳米氧化铁对铁吸收效果好于柠檬酸铁，并且纳米氧化铁促进了铁在植株体内由根部到地上部的移动，有助于新生叶片对铁的吸收和利用，以满足植株生长和发育的需要。

表4　纳米氧化铁对花针期花生养分含量的影响

处　理	器　官	N (%)	P (%)	K (%)	N∶P∶K	Fe (mg/kg)
CK	茎	1.29	0.20	1.42	6.5∶1.0∶7.0	108.01
	叶	2.13	0.28	1.26	7.6∶1.0∶4.5	188.23
	根	1.79	0.19	1.30	9.4∶1.0∶6.8	667.68
Nano-Fe	茎	2.05	0.24	1.80	8.5∶1.0∶3.3	223.33
	叶	2.69	0.29	1.04	9.3∶1.0∶3.6	207.48
	根	1.54	0.28	1.76	5.5∶1.0∶2.7	955.31
CA-Fe	茎	2.08	0.27	2.13	7.7∶1.0∶7.9	224.46
	叶	2.84	0.28	1.64	10.0∶1.0∶5.8	187.00
	根	1.98	0.28	1.32	7.0∶1.0∶7.0	980.01
EDTA-Fe	茎	1.97	0.28	1.96	7.0∶1.0∶7.8	228.28
	叶	2.31	0.21	1.48	11.0∶1.0∶7.0	162.13
	根	1.76	0.23	1.80	7.6∶1.0∶7.8	720.08
HAs-Fe	茎	2.72	0.27	2.84	10.0∶1.0∶10.5	204.42
	叶	3.12	0.36	2.45	8.7∶1.0∶6.8	206.64
	根	2.29	0.27	2.28	8.5∶1.0∶8.4	1130.58
OM-Fe	茎	3.07	0.29	2.72	10.6∶1.0∶9.4	210.09
	叶	3.73	0.38	1.98	9.8∶1.0∶5.2	218.95
	根	2.73	0.31	1.84	8.8∶1.0∶5.9	880.07
HAs	茎	2.54	0.23	2.76	11.0∶1.0∶12.0	123.56
	叶	2.72	0.35	2.09	6.8∶1.0∶5.2	143.31
	根	1.94	0.26	1.76	7.5∶1.0∶6.7	840.22
OM	茎	2.10	0.20	1.88	10.5∶1.0∶9.4	166.70
	叶	2.46	0.31	2.80	8.0∶1.0∶9.0	182.55
	根	1.76	0.25	1.81	7.0∶1.0∶7.3	814.38

(四) 纳米氧化铁对花生吸收氮磷钾及其分布的影响

花生对各种养分的吸收高峰在开花下针期。在该生育期间对氮磷钾的吸收量比苗期增加8～10倍。对氮的吸收量是全生育期需氮量的42%，磷占50%，钾为60%。表4看出，花针期花生吸收的氮和磷主要累积在叶中，其次是茎和根部，而钾主要在茎，其次是叶和根部。不同的处理下，花生的各器官氮磷钾的积累量不同。有机肥和纳米氧化铁配施（OM－Fe）处理，植株的茎和叶含氮量最高，分别是3.07%和3.73%；其次是腐殖酸和纳米氧化铁配施（HAs－Fe）处理，花生茎和叶的含氮量分别是2.72%和3.12%，均高于柠檬酸铁（CA－Fe）处理中相应部位的含氮量；花生叶含磷量最高的是OM－Fe处理，其次是HAs－Fe处理；茎中含钾量最高的是HAs－Fe处理；Nano－Fe与CA－Fe处理花针期花生各部位氮、磷、钾和铁的含量相差不大。可见，纳米氧化铁能不同程度地促进植株对氮、磷、钾的吸收。

三、结　论

本研究发现，纳米氧化铁配施有机肥或腐殖酸可以被植物吸收，而且在植株体内的移动性优于柠檬酸铁。结合物被植株吸收后，在体内以何种形式移动或转化，还有待进一步研究。

有机肥和纳米Fe_2O_3配施（OM－Fe）能显著地促进花生生长；纳米氧化铁对花生生育状况的影响在某些方面优于柠檬酸铁。总体来看，各处理对花生生育状况产生正效应的优先顺序是OM－Fe>Nano－Fe>HAs－Fe>CA－Fe>OM>HAs>EDTA－Fe>CK。供试的各种纳米Fe_2O_3配施组合均能促进花生植株的正常生长，并且对叶片叶绿素的合成也有不同程度的促进作用。

施用纳米氧化铁能不同程度地促进植株对氮、磷、钾的吸收。在纳米氧化铁与腐殖酸、有机肥配施处理中，花生体内的氮、磷、钾含量均高于腐殖酸、有机肥或纳米氧化铁单施处理。

纳米碳酸钙在花生上的施用效果研究

钙是花生生长发育必需的主要元素之一，在整个生育期中，花生对钙的需求量仅次于氮、钾，居第3位，与同等产量水平的其他作物相比，约为水稻的5倍，小麦的7倍。花生不同生育期对钙的吸收量不同，以结荚期最多，开花下针期次之，幼苗期和饱果期较少。钙在花生体内的生理功能是非常重要的，钙对碳水化合物的转化和氮素代谢有良好作用，钙充足时，有利于花生对硝态氮的吸收，缺钙时，花生只能利用铵态氮；钙还能与钾离子相互配合，调节原生质的胶体状态，使细胞的充水度、黏滞性、弹性、渗透性等适合花生正常生长，保证代谢作用的顺利进行；钙能调节外部介质的生理平衡，消除某些过多离子的毒害作用，又能加速铵的转化；在酸性土壤中，钙能减轻氢离子、铝离子的毒害；在碱性土壤中，钙能减轻钠离子的毒害。近些年来，随着农业集约化程度的提高，人们要求花生“高产、优质、高效”，花生的钙营养引起人们的极大重视，前人对花生钙肥的施用途径及效果作过较

作者：刘秀梅、张夫道（通讯作者）、张树清、何绪生、王茹芳、冯兆滨、王玉军。

多研究，目前并没有研究报道纳米 $CaCO_3$ 作为钙肥运用到花生的栽培上，本文选取对钙肥较敏感的花生品种鲁花 4 号和纳米 $CaCO_3$ 为研究对象，通过温室砂培，研究了其施用效果，旨在充分利用废弃资源，拓展植物需求的钙肥种类、为改善植物的钙营养和实现纳米$CaCO_3$的产业化提供理论依据。

一、材料与方法

（一）试验材料

1. 供试材料　供试材料主要有纳米 $CaCO_3$、风化煤和有机肥。

纳米 $CaCO_3$：采用液相沉淀和高剪切（3 万 r/min）工艺自行研制，$CaCO_3$ 粒径范围在 20～80nm 之间（图 1 的电镜照片）。

风化煤：风化煤采自辽宁阜新煤矿，总腐殖酸含量 63%，游离腐殖酸含量 58%。采用 H_2SO_4—丙酮法从风化煤中提取腐殖酸，该腐殖酸的主要元素组成为碳 66.09%，氢 2.89%，氮 0.78%，硫 0.67%，主要功能团有酸基、羟基、羧基、酚羟基、甲氧基。

有机肥：有机肥为鸡粪，风干样全氮含量 30.41g/kg，全磷 10.13 g/kg，全钾 20.22 g/kg，C/N17.7，粗纤维含量 84.5 g/kg，水溶物 16.9 g/kg。在实验室内把有机肥进行腐熟处理后使用。

2. 供试作物　供试花生品种为鲁花 4 号，要求中等肥力以上的砂壤土，生育期 140d 左右，在高产栽培条件下，产量可达 7 500kg/hm^2。种子来自山东省花生研究所。

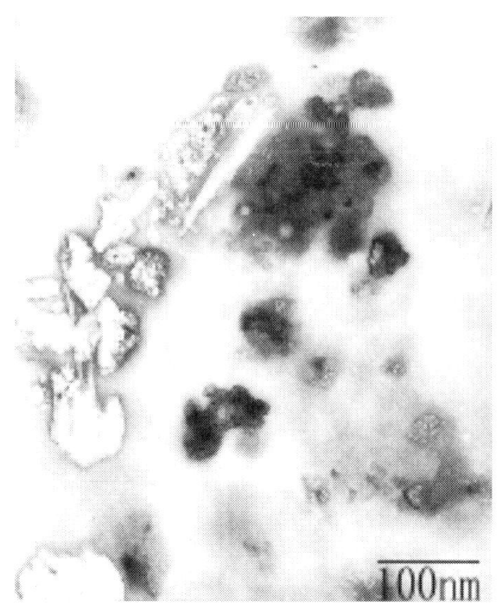

图 1　纳米 $CaCO_3$ 的电镜照片

（二）试验方法

1. 试验方案　试验共设 8 个处理，试验方案见表 1，各处理以液态形式施入。

2. 温室砂培　试验用盆为直径 20cm，高 15cm 的塑料盆，石英砂粒径为 1～2mm，去杂质，3%盐酸溶液浸泡 1 周，自来水洗净，蒸馏水漂洗至 pH 为 7，风干，装盆(6.5kg/盆)，4 次重复。挑选大小一致无病害的花生种子，50℃温水消毒处理，放于培养箱中 25～26℃催芽，待幼苗根长至 2～4cm，移植于石英砂中，每盆 3 棵。浇霍格兰营养液。苗子长至 80d，从花生长势看，表现出明显的差别，收获植株后测定花生生育状况的各项指标、茎叶中可溶性糖和蛋白质总量、植株养分含量等。

表 1　花生施钙处理

处理代号	试验处理	施肥方案
CK	缺钙	不施钙
Ca $(NO_3)_2$	硝酸钙	820mg/L 硝酸钙
N-$CaCO_3$	纳米 $CaCo_3$	400mg/L 纳米碳酸钙
EDTA-Ca	EDTA 和纳米碳酸钙配施	74.6mg/L EDTA 和 400mg/L 纳米碳酸钙配施
HAs-Ca	腐殖酸和纳米 $CaCO_3$ 配施	1g/L 腐殖酸和 400mg/L 纳米碳酸钙配施
O. M. —Ca	有机肥和纳米 $CaCO_3$ 配施	8g/L 有机肥和 400mg/L 纳米碳酸钙配施
HAs	腐殖酸	1g/L 腐殖酸
O. M.	有机肥	8g/L 有机肥

注：在预备试验中施用普通 $CaCO_3$，植物不能吸收，所以本试验未设普通 $CaCO_3$ 处理。

3. 测定方法　花生叶面积的测定用称重法；可溶性蛋白质含量的测定：采用考马斯亮蓝 G-250 比色法；可溶性糖含量的测定：蒽酮比色法；植株氮、磷、钾、铁含量的测定：浓 H_2SO_4—H_2O_2消煮样品后，全氮采用开氏半微量定氮法，全磷用钒钼黄比色，全钾用火焰光度计，全钙含量用 EDTA 络合滴定法测定。

二、结果与分析

(一) 纳米 $CaCO_3$ 对花生花针期生长发育状况的影响

从 50%的植株开始开花到 50%的植株出现鸡头状的幼果，为花生的开花下针期，简称花针期。突出特点是大量开花，并随之形成大批果针。花针期营养生长显著加快，叶面积、茎高、干重等迅速增加，此期间生殖生长与营养生长并重，表现为一致的关系，植株对外界环境条件比较敏感，包括养分、水分、光照等。由表 2 可见，纳米 $CaCO_3$ 对花生的生长和发育有显著影响，腐植酸与纳米 $CaCO_3$ 配施的处理中，植株的茎高、根长、有效果针数目、叶面积和干重均大于其他处理，其中，茎高、有效果针数目和叶面积均显著地大于对照和硝酸钙处理；其次是有机肥与纳米 $CaCO_3$ 配施，花生生长发育的各项指标均大于对照和硝酸钙处理，但差异不显著；对于单施纳米 $CaCO_3$ 的处理，除了根长一项指标不如对照，其他所有指标均显著高于对照，与硝酸钙处理相比，植株有效果针数目显著高于硝酸钙处理，其余指标低于硝酸钙处理，但差异不显著。说明纳米碳酸钙能够促进花生的生长和发育，效果与硝酸钙相当，但纳米碳酸钙与腐植酸或有机肥配施，效果更好。

表 2　纳米碳酸钙对花生生长发育状况的影响

处　理	茎　高 (cm)	根　长 (cm)	有效果针数目 (个/株)	总分蘖数 (个/株)	单叶面积 (cm^2)	干　重 (g/株)
CK	17.28c	39.81ab	6.00d	7.11bc	3.17bc	4.42c
$Ca(NO_3)_2$	19.74b	38.28ab	7.72c	8.22ab	3.76b	5.28b
$N-CaCO_3$	18.73bc	36.23b	9.48b	7.85b	3.82ab	5.07bc
EDTA-Ca	17.23c	25.42c	6.15cd	6.07c	3.46bc	4.78bc
HAs-Ca	24.63a	41.63a	12.23a	8.44ab	4.81a	5.78a
O. M. -Ca	22.13ab	39.63ab	10.87ab	9.35a	3.94ab	5.71ab
HAs	22.02ab	40.00ab	8.56bc	8.96ab	2.84c	5.55ab
O. M.	21.57ab	36.64ab	10.16ab	9.23ab	3.14bc	4.49bc

注：在同一列中数据用邓肯多重比较，凡尾部标有不同字母的数据表示它们之间有显著差异（$p<0.05$），以下同。

（二）纳米 $CaCO_3$ 对花生可溶性糖和蛋白质含量的影响

在花生的花针期，植株茎叶中可溶性糖和蛋白质的含量是表征花生生长和发育状况的关键性指标，可溶性糖代表植株体内碳水化合物的运转情况，蛋白质不仅是构成植物体的物质基础，而且决定着氨基酸的种类和含量，随着花生荚果的发育，茎叶中的可溶性糖和蛋白质，转至果壳，然后转移至种仁。图 2 是花生茎叶中可溶性糖和蛋白质的含量情况，不同的钙肥处理差异比较明显。其中，纳米碳酸钙和腐殖酸配施处理的可溶性糖和蛋白质含量均最高，分别达 4.2%、2.4mg/g，与硝酸钙相比，差异显著，分别是硝酸钙处理的 1.17 倍、1.26 倍；其次是纳米碳酸钙和有机肥配施，植株茎叶中的可溶性糖和蛋白质含量亦高于硝酸钙处理，但差异不显著；而单施纳米碳酸钙处理中的可溶性糖和蛋白质含量低于硝酸钙处理，差异不显著。

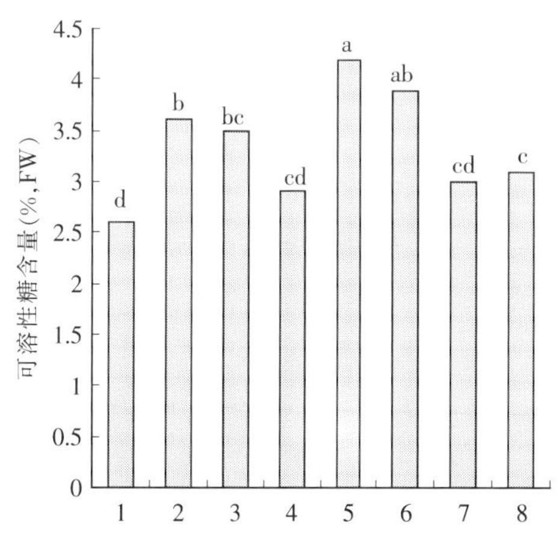

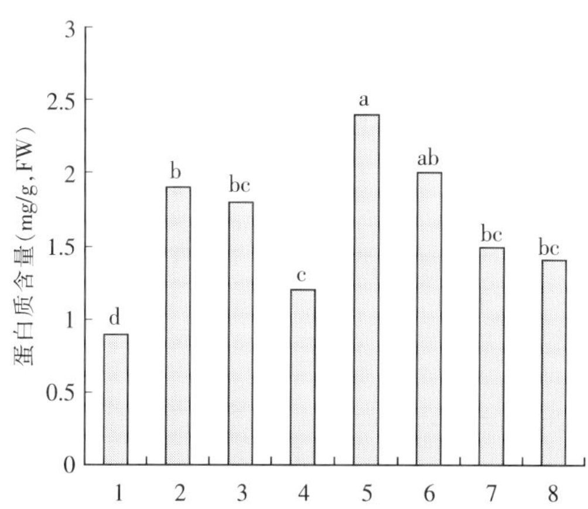

图 2　纳米碳酸钙对花生茎叶可溶性糖和蛋白质含量的影响

注：图 2 中的横坐标 1～8 指 8 种钙肥处理，分别是：CK、$Ca(NO_3)_2$、$N-CaCO_3$、EDTA-Ca、HAs-Ca、O. M. -Ca、HAs、O. M. 。标有小写不同的英文字母的柱形图它们之间有显著差异（$p<0.05$）。

（三）Ca在花生植株体内的分布与含量

花生在花针期对钙的吸收量比较大，占整个生育期吸收钙量的36.8%。表3是不同钙肥处理下花生植株体内钙及其他营养元素的含量与分布情况，在所有的处理中，茎叶含钙量均大于根系含钙量，其中，茎叶含Ca量大小排列顺序为：纳米$CaCO_3$配施腐殖酸处理（3.67%）>纳米$CaCO_3$配施有机肥处理（3.21%）>纳米$CaCO_3$处理（3.04%）>硝酸钙处理（2.95%）>有机肥处理（2.71%）>腐殖酸处理（2.37%）>纳米$CaCO_3$配施EDTA处理（2.29%）>对照（0.58%）；根系中含Ca量大小排列顺序为：纳米$CaCO_3$配施腐殖酸处理（2.40%）>纳米$CaCO_3$配施EDTA处理（2.21%）>硝酸钙处理（2.08%）>有机肥处理（1.89%）>纳米$CaCO_3$配施有机肥处理（1.74%）>腐殖酸处理（1.62%）>纳米$CaCO_3$处理（1.58%）>对照（0.43%）。由此可见，纳米$CaCO_3$配施腐殖酸、有机肥和单施纳米$CaCO_3$的3个处理中，其殖株茎叶中Ca含量超过硝酸钙处理，纳米$CaCO_3$配施腐殖酸、EDTA处理中其根系Ca含量均大于硝酸钙处理。

对于钙在植株体内的运输与移动情况，茎叶和根系中钙含量的比例也是一个重要指标。其中，有机肥和纳米$CaCO_3$配施处理中含钙全量茎叶/根系值最高，为1.84。其次单施纳米$CaCO_3$，茎叶/根系值为1.70。其余处理钙全量茎叶/根系值排列顺序为：腐殖酸配施纳米$CaCO_3$处理（1.53）>腐殖酸处理（1.46）>有机肥处理（1.44）>硝酸钙处理（1.42）>对照（1.34）>纳米$CaCO_3$配施EDTA处理（1.04）。

表3　纳米$CaCO_3$对花生花针期植株养分含量的影响

处　理		全N（%）	全P（%）	全K（%）	N∶P∶K	Ca含量（%）
CK	SL	1.97	0.17	1.36	11.6∶1∶8	0.58
	R	1.73	0.13	1.32	13∶1∶10	0.43
$Ca(NO_3)_2$	SL	2.51	0.29	1.96	8.6∶1∶6.7	2.95
	R	1.99	0.24	2.02	8.3∶1∶8.4	2.08
N-$CaCO_3$	SL	2.56	0.11	1.85	23.3∶1∶16.8	3.04
	R	1.78	0.15	0.98	11.8∶1∶6.5	1.58
EDTA-Ca	SL	1.72	0.22	1.76	7.8∶1∶8	2.29
	R	1.05	0.29	1.02	3.6∶1∶3.5	2.21
HAs-Ca	SL	3.81	0.37	2.45	10.3∶1∶6.6	3.67
	R	2.42	0.28	2.03	8.6∶1∶7.3	2.40
O.M.-Ca	SL	2.85	0.31	1.12	9.2∶1∶3.6	3.21
	R	2.15	0.23	1.89	9.4∶1∶8.2	1.74
HAs	SL	2.60	0.26	2.15	10∶1∶8.3	2.37
	R	1.94	0.26	1.75	7.5∶1∶6.7	1.62
O.M.	SL	2.26	0.24	2.36	9.4∶1∶9.8	2.71
	R	1.76	0.25	1.81	7∶1∶7.3	1.89

注：SL指茎叶；R指根系。

试验结果可看出以下趋势：（1）纳米$CaCO_3$可被花生根系吸收并转移至茎叶中；（2）腐殖酸、有机肥和EDTA均可促进花生根系对钙的吸收，并促进根系中的钙向地上部的茎叶中转移或运输。可能是纳米$CaCO_3$与腐殖酸、有机肥中的活性成分结合，或与EDTA络合，从而促进了Ca在植株体内的移动或转化。纳米$CaCO_3$具体以何种形式被根系吸收，又以何种形式在植株体内运输或移动，还有待于进一步的研究。

（四）纳米 $CaCO_3$ 对花生植株吸收氮磷钾的影响

花生对各种养分的吸收高峰在开花下针期，在该生育期间对氮磷钾的吸收量比苗期增加8～10倍，对氮的吸收量是全生育期需氮量的42%，对磷的需求量是全生育期的50%，钾是60%。不同处理下，花生花针期植株对氮磷钾的吸收量及其分布情况见表3。从总体看，花生植株吸收的氮磷钾主要累积在茎叶，其次是根部。对于不同的处理，花生植株的不同部位对氮磷钾的吸收量是不同的，其中，腐殖酸与纳米碳酸钙配施处理中植株的茎叶和根部氮磷钾含量均高于其他处理，并且是硝酸钙处理同等植株部位的1.2～1.5倍；其次是有机肥和纳米碳酸钙配施处理中花生茎叶中氮磷和根部的氮含量高于硝酸钙处理，而茎叶中的钾和根部的磷钾含量低于硝酸钙处理；单施纳米碳酸钙、EDTA－Ca处理中花生植株的茎叶和根部氮磷钾含量均低于硝酸钙处理。由此可见，纳米碳酸钙和腐殖酸、有机肥配施均能促进花生植株对氮磷钾的吸收，满足花生在花针期生长发育所需要养分，利于提高花生的坐果率和产量。

三、结　　论

（一）纳米 $CaCO_3$ 能促进花生的生长和发育

纳米碳酸钙与腐殖酸、有机肥配施，能促进花生的分蘖，使有效果针数目、叶面积和干重增加，并且对花生的生理状况有改善作用，使可溶性糖和蛋白质含量增加，与硝酸钙处理相比，且效果显著。纳米 $CaCO_3$ 具体以何种形式被根系吸收，又以何种形式在植株体内运输或移动，还有待于进一步的研究。

（二）纳米 $CaCO_3$ 能促进花生植株对钙及其他营养元素的吸收

纳米碳酸钙与腐植酸、有机肥配施能促进植株根系对钙和氮、磷、钾的吸收，与硝酸钙处理相比，植株钙含量增加12.5%～20.7%，氮增加16.2%～45.6%，磷增加10.8%～27.5%，钾增加10.8%～25%。由此可见，纳米碳酸钙和腐殖酸、有机肥配施均能补充花生花针期对大量矿质营养元素的需求，并且提高了各营养元素在植株体内的移动性，满足花生各部位的生长和发育，利于提高花生的坐果率，为花生的优质高产打下物质基础。

纳米级高岭土对氮、磷、钾和有机碳的吸附及解吸特性的研究

中国高岭土资源丰富，矿床分布广泛，全国16个省、自治区都有产出，但主要分布在东南沿海一带。华东、中南地区探明储量为全国总储量的80%，其中以江苏、浙江、山东、

作者：刘秀梅、张夫道（通讯作者）、张树清、冯兆滨、何绪生、王玉军、王茹芳，原载于2005年第38卷第1期《中国农业科学》。

10μm 的粒级，一般无可塑性和膨胀性，但有一定的透水性，其吸湿力、保肥力和黏结力都很微弱，而小于 10μm 的土粒，则具有明显的可塑性和膨胀性，但无透水性。其吸湿力、保肥力和黏结力等也都有突出的增加。分析结果（表 2）表明，供试褐潮土中<10μm（F_1 和 F_2）的颗粒约占 21%～26%，此粒级属于物理性黏粒，35%～42%的土壤组分是 10～50μm（F_3）的颗粒，50～100μm（F_4）粒级的复合体约占 11%～16%，>100μm（F_5）的颗粒占 12.6%～15.1%，此粒级主要为石砾，养分的含量很少，对土壤蓄肥的能力甚微，在以下的排序中省去不用。其他 4 个粒级的复合体在褐潮土中所占比例高低顺序为：$F_3>F_2>F_4>F_1$。

不同的复合材料对褐潮土中<10μm 和>10μm 颗粒比例影响不同。在对照（CK）中，<10μm 和>10μm 颗粒的含量分别为 20.9%、68.1%，而各种复合材料的加入促进了褐潮土中<10μm 复合体的形成，降低了>10μm 复合体的含量，各种复合材料对<10μm 复合体形成产生正效应的大小排序为：蒙脱土复合材料（含量为 26.1%）>高岭土复合材料（23.7%）>塑料复合材料（23.6%）>天然蒙脱土（22.7%）>天然高岭土（21.7%）；各处理中>10μm 复合体含量大小排列顺序为：天然高岭土（67.3%）>天然蒙脱土（65.7%）>塑料复合材料（63.5%）>高岭土复合材料（64.7%）>蒙脱土复合材料（63.5%），其顺序与<10μm 颗粒含量正好相反，说明各种复合材料的理化性质有差异。

表 2　纳米—亚微米级复合材料对褐潮土不同粒级复合体组成的影响

（%，W/W）

处　理	粒　级（μm）					回收率（%）
	<2（F_1）	2～10（F_2）	10～50（F_3）	50～100（F_4）	>100（F_5）	
CK	6.5a	14.4c	42.0a	11.0c	15.1a	89.0
T-KL	6.1a	15.6c	40.1ab	12.2bc	15.0a	89.1
T-MMT	5.2ab	17.5bc	38.4b	12.8b	14.5a	88.4
N-KL	4.5b	19.2ab	37.2bc	14.1ab	13.4ab	88.5
N-MMT	4.3b	21.8a	35.1c	15.8a	12.6b	89.6
N-PS	5.5ab	18.1b	38.0b	13.1b	14.2a	88.9

注：在同一列中数据用邓肯多重比较，凡尾部标有不同字母的数据表示它们之间有显著差异（$p<0.05$），以下同。

由于纳米—亚微米级复合材料的胶结作用，供试土壤已具有较高的团聚度，土壤不同粒级复合体的组成发生了变化，<2μm（F_1）粒级的含量明显降低，与对照相比，差异显著；2～10μm（F_2）粒级的数量则增加，与对照相比，增加达显著水平。造成这种现象的原因可能是纳米—亚微米级复合材料促进了土壤中有机质的矿化，新形成的腐殖质首先与<2μm 的黏粒矿物结合，再经胶结后复合为 2～10μm 的复合体。而纳米—亚微米级复合材料却降低了 10～50μm（F_3）和>100（F_5）2 个粒级复合体的含量，原因可能是纳米—亚微米级复合材料夺取了腐殖质与无机矿物的吸附位点，使原来的大团聚体分解为小团聚体。

表 2 的结果还表明，各种材料对褐潮土各粒级组成的影响因材料种类不同而异。加入高岭土或蒙脱土的影响较小，与对照相比，F_1 粒级降低了约 0.5 个百分点，F_2 增加了 1～3 个百分点，F_3 降低了 2～3 个百分点，F_4 增加了约 1 个百分点；而加入了高岭土、蒙脱土或塑料的纳米-亚微米级复合物，F_1 粒级降低了约 2 个百分点，F_2 增加了 5～7 个百分点，F_3 降

低了 5～7 个百分点，F_4 增加了约 3～6 个百分点。不同材料对各粒级组成之间的这种差异来源于各种材料与土壤中的有机胶体（腐殖质）和无机胶体（无机矿物）的相互作用，包括阴离子桥、氢键合、阴离子交换、配位体交换等等，其机理有待进一步研究。

（二）纳米—亚微米级复合材料对褐潮土各粒级复合体中有机碳含量与分配的影响

不同粒径土壤复合体中的有机碳含量是土壤有机质平衡与矿化速率的微观表征。本实验结果（表 3）表明，不同粒级复合体中有机碳含量因粒径而异，粒径愈细，有机碳含量愈高。随着粒径变粗，比表面积变小，与有机碳的结合能减弱，致使有机碳含量下降。

各种供试材料可使褐潮土及各粒级中有机碳含量增加（表 3），但增幅因粒级和材料而异。与对照相比，5 种材料施入土壤后，在<2、2～10、10～50、50～100μm 4 个粒级中各粒级有机碳分别提高了 1.49%～5.43%、2.11%～4.92%、1.92%～10.25%、3.41%～9.6%。各粒级中有机碳含量增加幅度大小排列顺序大体为：$F_3>F_4>F_2>F_1$。相同粒级不同的材料处理中有机碳含量因材料种类而异。以 F_3（10～50μm）粒级为例，施高岭土、蒙脱土、塑料纳米—亚微米级复合物的 3 种处理有机碳含量分别比对照增加了 9.66%、10.25%和 5.86%。

从分配系数上看（图 1），土壤有机碳含量 7%～12%集中在<2μm 的黏粒中成为有机无机复合体，23%～29%的有机碳与中、细粉砂粒相结合而存在于 2～10μm 粒级中；41%～48%的有机碳存在于 10～50μm 粒级中；9%～17%的有机碳存在于 50～100μm 粒级中。尽管>100μm 的粗砂粒中有机碳的分配系数最低，但由于该粒级在土壤总重量中不足 15%，加之此粒级含有有机碎屑的残留，对土壤碳素平衡与转化及养分供应的作用甚微，可以不予考虑。从图 1 可以看出，有机碳在褐潮土各粒级中的分配系数的大小排列顺序为：$F_3>F_2>F_4>F_1$。

纳米—亚微米级复合材料不仅影响不同粒级中的有机碳含量，而且还影响有机碳在不同粒级中的分布，从图 1 中可知，与对照和天然高岭土、蒙脱土相比，纳米—亚微米级复合材料使<2μm 颗粒中有机碳占全土有机碳总量的比例（即分配系数）降低，而 2～10、10～50μm 及 50～100μm 粒级中有机碳的比例则增加。造成这种现象的原因是土壤中黏粒含量相对较低，而纳米—亚微米级复合材料带有较多的有机活性位点，当黏粒结合的有机质达到饱和后，有机质向较大颗粒中的积累便增多。

表 3　纳米—亚微米级复合材料对褐潮土不同粒级中有机碳含量的影响

处　理	各粒级有机碳含量（mg/g）				全　土（mg/g）
	<2μm	2～10μm	10～50μm	50～100μm	
CK	18.62d	17.60c	10.81d	8.94d	11.22c
T-KL	20.11c	19.71bc	12.93c	12.35c	11.31c
T-MMT	21.66bc	20.68b	15.38b	14.62b	13.47bc
N-KL	23.38ab	22.08a	20.47a	17.89a	16.03ab
N-MMT	24.05a	22.52a	21.06a	18.54a	17.11a
N-PS	22.52b	21.11ab	16.67ab	15.23b	14.53b

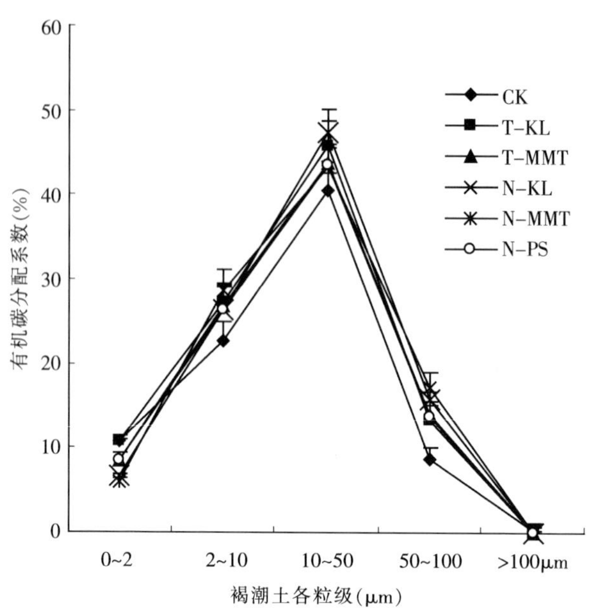

图 1　纳米—亚微米级复合材料对褐潮土不同粒级复合体中有机碳分配系数的影响

不同纳米—亚微米级复合材料对褐潮土各粒级中有机碳分配系数的影响不同，与对照相比，高岭土纳米—亚微米级复合物使 10～50μm 粒级复合体中有机碳的分配系数提高了 17.3%，蒙脱土纳米—亚微米级复合物使 2～10μm 粒级复合体中有机碳的分配系数提高了 22.4%，而塑料纳米—亚微米级复合物使＜2μm 粒级复合体中有机碳的分配系数降低了 20.8%。其原因有待进一步研究。

（三）纳米—亚微米级复合材料对褐潮土各粒级复合体中全氮含量与分配的影响

氮素在土壤中主要以有机氮的形态存在，故其含量与土壤有机碳化合物含量密切相关。由于有机碳在不同粒级中分布的差异，从而造成全氮含量的差异。不同粒级中氮含量也以＜2μm 粒级最高，随着复合体粒径的增大，全氮含量逐渐降低（表 4）。除了有机碳化合物的作用外，纳米—亚微米级复合材料对不同粒级中 NH_4^+ 的吸附与解吸性能的差异也是重要的原因之一。颜丽等的结果显示，小粒级的团聚体有较强的保存氮素养分的能力，随着微团聚体粒级的增大，对 NH_4^+ 的吸附量明显减少。

表 4　纳米—亚微米级复合材料对褐潮土不同粒级中氮（N）含量的影响

处理	各粒级氮含量（mg/g）				全土 (mg/g)
	＜2μm	2～10μm	10～50μm	50～100μm	
CK	2.24b	1.99a	1.31b	0.54b	1.05b
T-KL	2.31b	2.09a	1.58ab	0.54b	1.24ab
T-MMT	2.44ab	2.09a	1.79a	0.78ab	1.37a
N-KL	2.59a	2.11a	1.84a	0.91a	1.42a
N-MMT	2.63a	2.08a	1.89a	1.01a	1.51a
N-PS	2.48ab	2.07a	1.75a	0.85a	1.39a

加入纳米—亚微米级材料后，各处理土壤和不同粒级复合体中全氮含量都比对照增加，但增幅因材料种类不同而异。施用高岭土纳米—亚微米级复合材料使 2～10μm 粒级中全氮的增幅大于其他材料，施用蒙脱土纳米—亚微米级复合材料使＜2μm 、10～50μm 、50～100μm 和＞100μm 4 个粒级复合体及全土中全氮含量的增幅大于其他材料。这是由于纳米—亚微米级复合材料吸附了 NH_4^+ 后包敷在各级复合体上，致使土壤及各级复合体中的含氮量增加。

纳米—亚微米级复合材料对土壤氮在不同粒级中分布的影响趋势类似有机碳，但数量上存在差异。从分配系数上看（图 2），土壤全氮含量 8%～14%集中在＜2μm 的粘粒中；27%～31%的全氮与中、细粉砂粒相结合而存在于 2～10μm 粒级中。44%～53%的全氮存在于 10～50μm 粒级中。上述 3 个粒级中全氮的分配系数均大于有机碳的分配系数。从图 2 可以看出，全氮在褐潮土各粒级中的分配系数的大小排列顺序为：$F_3>F_2>F_4>F_1$。此结果同于有机碳分配系数的顺序。

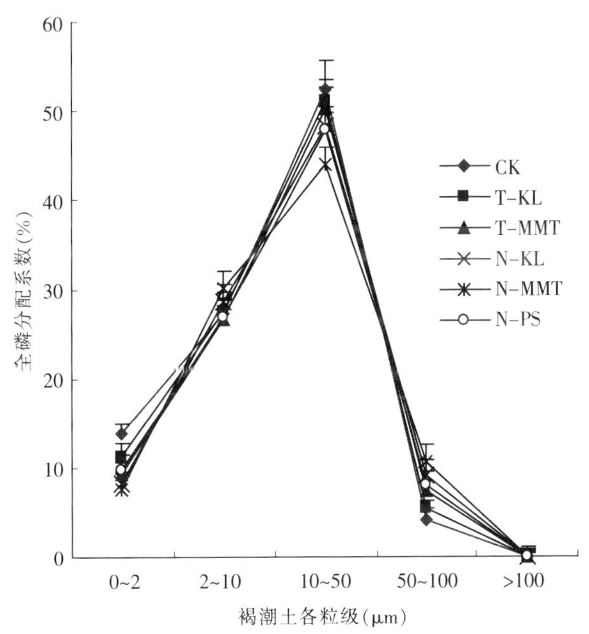

图 2　纳米—亚微米级复合材料对褐潮土不同粒级复合体中全氮分配系数的影响

纳米—亚微米级复合材料不仅影响不同粒级中全氮含量，而且还影响全氮在不同粒级中的分布，与对照和天然高岭土、蒙脱土相比，施用纳米—亚微米级复合材料降低了＜2μm 、10～50μm 两个粒级中的全氮分配系数；而增加了 2～10μm 、50～100μm 2 个粒级中的全氮分配系数，徐阳春结果表明，2～10μm 和 50～100μm 这两个粒级的复合体对土壤有机氮的转化起着重要作用。与对照相比，蒙脱土纳米—亚微米级复合物使 2～10μm 粒级复合体中全氮的分配系数提高了 14.3%，使 50～100μm 粒级复合体中全氮的分配系数提高了 58.6%。Balabane 用 ^{15}N 标记氮肥施入土壤，得出结论新近固定的 N 很快汇集到这两个微团聚体中。

水，对环境无污染。纳米级材料作为胶结包膜材料是缓/控释肥料研究上一个新的领域，还存在诸多方面不足。今后，在同行专家们共同努力下，将有助于该项研究的进一步深入和完善。

纳米材料胶结包膜型缓/控释肥料对作物产量和品质的影响

肥料作为现代农业生产中作物养分的主要来源，直接参与或调节作物营养代谢与循环与作物的产量和品质有密切的关系。但是常规肥料养分利用率低，对环境污染造成严重的影响，而热塑性材料包膜缓/控释肥料虽能缓解上述问题，但是由于膜壳在土壤中的降解期为30～50年，造成对土壤的污染，价格也偏高，投入产出比不合理，应用范围有限。由于小麦和玉米是我国的主要粮食作物，其产量和品质日益受到重视，有关氮肥对小麦和玉米产量和品质的研究报道较多，而利用缓/控释肥料进行定位施肥对小麦和玉米产量和品质的影响研究报道较少。为此，采用价格低廉的废弃资源作为包膜材料与纳米技术结合研制出纳米级材料胶结包膜型缓/控释肥料，对冬小麦和夏玉米进行了3年6季作物定位试验，研究作物产量和品质的变化，为该类肥料的合理利用提供依据。

一、材料与方法

（一）试验方案

试验在北京昌平试验基地进行。土壤属潮土土类，褐潮土土属，质地为粉砂壤土。土壤耕层有机质含量16.42 g/kg，pH 8.11，全氮0.69 g/kg，全磷0.87 g/kg，有效氮76.43 mg/kg，有效磷4.12 mg/kg，有效钾90 mg/kg，容重1.27 g/cm^3。

试验设4种纳米级材料胶结包膜型缓/控释肥料，即腐殖酸-BC208胶结包膜肥料（简称F208）、废弃塑料胶结包膜肥料（简称PS）、306胶结包膜肥料（简称306）和BC208胶结包膜肥料（简称BC208）；养分含量均为N 20%，P_2O_5 10%，K_2O 10%和普通氮、磷、钾化肥（简称NPK），并设无肥处理做对照（CK）共6个处理。供试小麦品种为京9428；玉米品种为中单8578。

试验采用随机区组设计，小区面积30m^2，3次重复。4种纳米级材料胶结包膜肥料施用量为N 180 kg/hm^2，P_2O_5 90 kg/hm^2 和 K_2O 90 kg/hm^2；普通氮磷钾化肥为尿素，氯化钾，磷酸一铵，其成分与4种胶结包膜肥料一致。施入量与纳米级材料胶结包膜肥料施用量相同。2002年10月11日开始种小麦，小麦与玉米轮作，连续种植3年，最后一季玉米收获时间为2005年10月18日。

（二）采样及样品测定方法

小麦成熟期每小区取1 m^2 内小麦植株进行考种，玉米成熟期每小区取10株进行室内考

作者：肖　强、张夫道（通讯作者）、王玉军、张建峰、张树清，原载于2008年第14卷第5期《植物营养与肥料学报》。

种，调查株高、穗长、穗粒数、穗粒重、千粒重，按小区单收单打，晒干测产。

小麦及玉米籽粒品质的测定。蛋白质含量用凯氏定氮法；可溶性糖及其组分采用蒽酮比色法。

试验数据采用 SPSS 11.5 分析处理。

二、结果与分析

（一）不同施肥处理对小麦和玉米产量的影响

施肥处理与未施肥处理相比，小麦产量增产均达极显著水平，说明普通 NPK 化肥配施处理和纳米级材料胶结包膜肥料对小麦均有增产作用。与普通 NPK 化肥配施处理相比，4 种纳米级材料胶结包膜缓/控释肥的小麦产量 3 年来均高于普通 NPK 化肥配施处理，其增高趋势逐年显著，但是 4 种纳米级材料胶结包膜缓/控释肥料增产效果却各不相同。其中，PS 肥料增产效果最显著，与 NPK 化肥配施处理相比，产量提高 19.6%～20.63%；F208 肥料效果最差，虽比普通 NPK 化肥配施处理增产，但未达到显著水平，2003—2005 年比普通 NPK 化肥配施处理提高 6.81%～8.35%；BC208 和 306 增产效果居于其中且前者好于后者（表 1）。

表 1　不同肥料处理 2003—2005 年小麦和玉米籽粒产量统计分析

处　理	产　量（kg/hm²）			增　产（%）		
	2003 年	2004 年	2005 年	2003 年	2004 年	2005 年
			小　麦			
CK	1 537±86d	2 032±43d	2 096±92d			
NPK	3 511±97 c	4 082±272 c	4 013±299 c	—	—	—
PS	4 203±344 a	4 924±214 a	5 038±213 a	19.72	20.63	19.6
BC208	4 044±147 ab	4 767±303 ab	4 832±279 ab	15.19	16.78	14.69
306	3 878±33 ab	4 599±286 ab	4 642±321 abc	10.44	12.66	10.18
F208	3 804±226 bc	4 360±248 bc	4 516±212 bc	8.35	6.81	7.21
			玉　米			
CK	2 389±245 c	2 607±241 e	2 601±140 e			
NPK	4 536±276 b	4 836±252d	4 895±300d	—	—	0
PS	5 389±428 a	5 789±196 a	5 912±136 a	18.8	19.72	20.79
BC208	5 179±304 a	5 596±150 ab	5 744±204 ab	14.16	15.72	17.35
306	5 012±281 ab	5 302±265 bc	5 408±227 bc	10.49	9.65	10.48
F208	4 821±420 ab	5 029±253 cd	5 112±259 cd	6.28	4.00	4.43

表 1 还看出，玉米的增产效果与小麦相似。施肥处理与未施肥处理相比，玉米产量增产均达极显著水平，说明普通 NPK 化肥配施处理和纳米级材料胶结包膜肥料对玉米均有增产作用，施肥显著增加了玉米产量。与普通 NPK 化肥配施处理相比，4 种纳米级材料胶结包膜缓/控释肥料的玉米产量 3 年来均高于普通 NPK 化肥配施处理，其增高趋势逐年显著。

其中，PS肥料增产效果最显著，2003—2005年与普通NPK化肥配施处理相比，产量提高18.8%～20.79%；F208肥料效果最差，虽比普通NPK化肥配施处理增产，但未达到显著水平，2003—2005年比普通NPK化肥配施处理提高4%～6.28%；BC208和306处理增产效果居中且前者好于后者。

（二）不同施肥处理对小麦和玉米籽粒蛋白质含量及蛋白质产量的影响

表2看出，2003—2005年3季小麦籽粒蛋白质含量，施肥处理都显著高于未施肥处理，说明施肥能够显著增加小麦蛋白质含量。以PS处理蛋白质含量最高，普通NPK化肥配施处理最低。PS包膜肥料显著高于普通NPK化肥配施处理，BC208、306和F208肥料与普通NPK处理不显著。PS、BC208、306和F208处理蛋白质含量平均比普通NPK化肥配施处理分别增加0.36、0.21、0.14、0.05个百分点。从蛋白质含量差异程度看出，施肥处理之间基本呈不显著趋势，说明籽粒产量显著增加时蛋白质含量不一定显著增加。

从小麦籽粒的蛋白质产量结果（表2）看，4种纳米级材料胶结包膜肥料与普通NPK化肥配施处理的差别同蛋白质含量的相同，只有F208处理的其差异未达到显著水平。2003—2005年PS、BC208、306和F208处理蛋白质产量平均比普通NPK化肥配施处理增加132.19、99.04、70.1、44.9 kg/hm²。说明与普通NPK化肥配施处理相比，4种纳米级材料胶结包膜肥料对氮素都呈现了不同程度的缓释作用，提高了蛋白质产量，更能接近作物的需肥规律。

表2　不同处理对小麦和玉米籽粒蛋白质含量与产量的影响

项　目	处　理	2003年		2004年		2005年	
		小　麦	玉　米	小　麦	玉　米	小　麦	玉　米
含　量（%）	CK	13.9±0.2 c	6.9±0.2 c	13.9±0.1 c	6.8±0.2d	13.8±0.1 c	6.5±0.1d
	NPK	14.5±0.2 b	9.4±0.3 b	14.6±0.1 b	9.6±0.4 c	14.8±0.1 b	9.7±0.3 c
	PS	14.9±0.1 a	9.9±0.3 a	15.0±0.2 a	10.2±0.2 a	15.1±0.1 a	10.3±0.3 a
	BC208	14.8±0.1 ab	9.9±0.2 a	14.8±0.2 ab	10.0±0.3 ab	15.0±0.3 ab	10.1±0.2 ab
	306	14.7±0.2 ab	9.8±0.2 a	14.7±0.1 ab	9.9±0.2 abc	14.9±0.1 ab	10.0±0.1 abc
	F208	14.6±0.2 b	9.6±0.1 b	14.6±0.1 b	9.6±0.1 bc	14.9±0.19 ab	9.8±0.19 bc
产　量（kg/hm²）	CK	213.7±12.0d	164.5±16.8d	282.1±6.3d	176.1±16.5 e	288.4±13.5d	169.7±9.5 e
	NPK	510.3±14.0 c	425.2±26.1 c	594.8±40.3 c	462.4±25.0d	621.7±44.9 c	474.2±29.1d
	PS	627.7±51.4 a	535.5±43.0 a	737.6±32.6 a	592.0±19.9 a	758.1±33.3 a	606.0±13.7 a
	BC208	596.3±21.3 ab	511.6±30.1 ab	704.0±45.4 a	559.4±13.8 ab	723.7±41.4 ab	578.2±20.08 ab
	306	569.1±3.8 b	491.9±27.7 ab	676.5±42.3 ab	523.3±28.5 bc	691.5±48.4 b	541.5±25.9 bc
	F208	554.3±31.9 bc	464.9±41.0 bc	636.7±36.7 bc	484.9±26.3 cd	670.5±31.5 bc	502.7±26.8 cd

注：数据后不同字母表示处理间差异达5%显著水平，下同。

表2还表明，玉米籽粒蛋白质含量，施肥处理都显著高于未施肥处理，说明施肥能够显著增加玉米籽粒蛋白质含量。4种纳米级材料胶结包膜肥料与NPK化肥配施处理相比，3季玉米籽粒蛋白质含量差异各不相同，2003年PS、BC208和306与普通NPK化肥配施处理差异显著，F208差异不显著；2004—2005年PS、BC208与普通NPK化肥配施处理差异

显著，而306、F208差异不显著。2003—2005年PS、BC208、306和F208处理籽粒蛋白质含量平均比普通NPK化肥配施处理增加0.6、0.44、0.36、0.16个百分点。从蛋白质含量差异程度看出，4种纳米级材料胶结包膜肥料之间差异呈不显著趋势，而玉米籽粒产量之间基本呈显著状态，同样说明玉米籽粒产量显著增加时蛋白质含量不一定显著增加。

从玉米籽粒的蛋白质产量（表2）结果看，PS、BC208、306胶结包膜肥料都显著高于普通NPK化肥配施处理，F208肥料与其差异不显著。4种纳米级材料胶结包膜肥料中也是PS蛋白质产量最高。2003—2005年PS、BC208、306和F208玉米籽粒蛋白质产量平均比普通NPK化肥配施处理增加123.89、95.82、65、30.22 kg/hm^2。说明与普通NPK化肥配施处理相比，4种包膜肥料对氮素都呈现了不同程度的缓释作用，提高了蛋白质产量，更能接近作物的需肥规律。

（三）不同施肥处理对小麦和玉米可溶性糖含量的影响

表3看出，CK处理小麦可溶性总糖含量最高，NPK化肥配施处理次之，PS处理最低。由于养分供应不足或不能及时满足作物的需肥要求，植株体内代谢速度缓慢，糖还没有来得及转化淀粉等产物而以糖的形式被贮存。对于PS和BC208处理，各种糖分含量与普通NPK化肥配施处理差异显著；306处理葡萄糖含量与普通NPK化肥配施处理差异不显著，而F208处理各种糖含量与普通NPK化肥配施处理无差别。在小麦可溶性总糖中，蔗糖、果糖与葡萄糖含量之和远小于可溶性总糖，且葡萄糖>果糖>蔗糖，说明其他糖分占了主要比例。根据张夫道的测定结果，小麦籽粒可溶性糖组成中，除了葡萄糖、果糖和蔗糖外，还含有麦芽糖、木糖、阿拉伯糖、核糖。

玉米可溶性总糖含量与小麦相似，也是CK处理最高，普通NPK化肥配施处理次之，PS处理最低（表3）。在可溶性糖组成中，蔗糖、果糖与葡萄糖之和约等于可溶性总糖，且果糖>蔗糖>葡萄糖。4种纳米级材料胶结包膜肥料可溶性总糖与普通NPK化肥配施处理差异显著；但蔗糖、葡萄糖和果糖其差异性无固定规律。说明玉米籽粒各种糖分的转化受施肥方式及种类影响不显著。

表3　不同施肥处理对小麦和玉米可溶性糖含量的影响

（%）

处　理	可溶性糖		蔗　糖		葡萄糖		果　糖	
	小　麦	玉　米	小　麦	玉　米	小　麦	玉　米	小　麦	玉　米
CK	6.7±0.1 c	7.3±0.5 c	1.1±0.1d	2.2±0.0 b	2.2±0.2 c	1.5±0.4 c	1.4±0.1 c	2.4±0.2d
NPK	5.6±0.4d	6.0±0.3 b	1.0±0.1d	1.1±0.1 a	1.4±0.1 b	1.1±0.1 bc	1.3±0.1 c	1.7±0.0 a
PS	3.6±0.1 a	2.5±0.3 a	0.3±0.1 a	1.2±0.0 a	1.0±0.1 a	0.8±0.1 ab	0.6±0.0 a	1.4±0.0 a
BC208	4.5±0.34 b	3.3±0.6 a	0.5±0.0 ab	1.0±0.2 a	1.2±0.1 ab	0.6±0.1 a	0.7±0.1 a	1.0±0.1 b
306	4.7±0.2 b	3.3±0.3 a	0.6±0.0 bc	1.1±0.1 a	1.3±0.1 b	1.4±0.2 c	1.1±0.0 b	2.1±0.2 c
F208	6.3±0.1 c	5.5±0.4 b	0.6±0.17 c	2.2±0.1 b	2.1±0.1 c	1.2±0.0 bc	0.7±0.1 a	2.4±0.1d

三、讨　　论

目前对缓/控释肥料的研究集中于作物产量和养分利用率方面，对作物品质方面的影响研究报道较少。本研究通过冬小麦-夏玉米3年6季的田间试验，验证了自行研制的纳米级材料胶结包膜缓/控释肥料确实能提高小麦和玉米的产量，具有显著的增产效果。但是通过对营养品质和加工品质的分析得知，与普通NPK化肥配施处理相比，4种纳米级材料胶结包膜肥料中只有PS肥料处理使其蛋白质含量显著增高，且4种纳米级材料胶结包膜肥料之间差异不显著；对于可溶性糖含量，4种纳米级材料胶结包膜肥料都不同程度的低于普通NPK化肥配施处理，说明纳米级材料胶结包膜肥料并不能显著地提高小麦和玉米籽粒的蛋白质含量和可溶性糖含量等品质指标，没有保证产量与品质的同步提高。可能的原因是在小麦和玉米生长后期，氮素供应不足或不适度，导致部分品质指标之间过量转化而使其含量降低；也可能是纳米级材料胶结包膜缓/控释肥料由于对磷钾素也存在一定的缓释作用。磷素在增加产量的同时一般导致蛋白质的降低，钾素能够使籽粒产量和蛋白质含量同步提高，导致最终结果差异不显著。对于可溶性糖的提高如何与籽粒产量保持一致，纳米级材料胶结包膜缓/控释肥料似乎也没有体现出来，可能的原因是磷钾素溶出速率不同导致对作物供应的强度和浓度不同（配比不同）。当然，除了上述原因外，也与小麦和玉米品种、土壤和肥料以及微量元素的供应和水分、温度等诸多因素有关。如要保证产量与品质的协调提高，就不仅要使得缓释肥料养分释放高峰期与作物需肥期相一致，还要在后期生殖生长阶段，一定程度地供应养分，使其适度的向籽粒转移，保证品质之间各项指标适度的转化，既提高产量又增加品质。所研制的纳米级材料胶结包膜缓控释肥料虽能起到缓释的作用，但还没有达到控释的程度，将来进一步的研究应是在保证产量显著提高的同时，如何进一步提高品质的问题。

活化磷矿粉的生物学效果研究初报

磷素是农业生产的重要物质保证，磷矿又是不可再生的矿产资源。另外，世界上绝大部分农业土壤中又严重缺磷，全世界1 319亿 hm^2 的耕地中约有43%缺磷，我国107亿 hm^2 农田中大约有2/3严重缺磷，然而我国是一个磷矿资源丰富的国家，中、低品位磷矿占总资源量的80%以上，特别是云南、贵州、湖北等省生产大量的中、低品位磷矿粉，但富矿较少。我国的这些磷矿粉在制造磷肥时不能完全酸化，但国内外的很多学者认为这些磷矿粉可以作为磷肥直接施用，并且可以取得一定效果。对于低品位磷矿粉的改性或活化，有些学者也进行了探讨。李淑仪通过加入有机活化剂对磷矿粉进行了改性，效果好于过磷酸钙；魏静在低品位磷矿粉中加入糠醛渣和膨润土对其进行改性，提高了磷矿粉中有效磷的含量。郭荣发利用有机高分子化合物对磷矿粉进行了活化，种植的甘蔗和白菜均取得了增产效果。所以，从各个方面来探讨中，低品位磷矿粉的有效利用，提高其利用率，是提高磷肥肥效、节约矿产资源的基本前提。基于上述思路，本研究利用无机和有机活化剂对低品位磷矿粉进行了改性，通过砂培玉米对磷矿粉的活化效果作了探讨，旨在充分利用中、低品位磷矿资源，改善生态环境，为提高磷肥的利用率，降低磷肥的生产成本提供理论依据。

作者：冯兆滨、张夫道（通讯作者）、刘秀梅、张建峰、王玉军、肖　强，原载于2006年第2期《中国土壤与肥料》。

一、材料与方法

（一）供试材料

磷矿粉产自云南，样品粉碎粒度<0.15mm。全磷（P_2O_5）含量为16.02%，有效磷（P_2O_5）含量2.16%。

活化磷矿粉：磷矿粉和硫酸溶液按一定比例混合（pH<1），酸化反应3h，加入活化剂，3×10^4 r/min高剪切2 h，加入活化剂A或B，继续反应30min，反应溶液冷却至室温后减压抽滤，所得沉淀在大约60℃下干燥至恒重，得到活化磷矿粉A和B。两种产品的全磷（P_2O_5）含量分别为15.96%和15.89%，有效磷（P_2O_5）含量分别为4.60%和4.65%。

风化煤：风化煤采自辽宁阜新煤矿，总腐殖酸含量63%，游离腐殖酸含量58%。采用$H_2SO_4^-$丙酮法从风化煤中提取腐殖酸，该腐殖酸的主要元素组成为碳66.09%，氢2.89%，氮0.78%，硫0.67%，主要功能团有酸基、羟基、羧基、酚羟基、甲基。

有机肥：有机肥为鸡粪，风干样全氮含量30.41g/kg，全磷10.13 g/kg，全钾20.22 g/kg，C/N17.7，粗纤维含量84.5 g/kg，水溶物16.9 g/kg，有效P_2O_5含量为0.15%。在实验室内把有机肥进行腐熟处理后使用。

（二）试验方法

采用温室砂培，8kg石英砂/盆。试验共设10个处理，试验方案见表1，4个重复。玉米品种为紧凑型掖单13，4棵/盆。苗子7月22日定植，8月23日收获，生长期32d。不同磷肥处理以液态形式施入，其他营养元素按照霍格兰营养液配方。在玉米生长期间，磷肥和霍格兰营养液共浇8次，每次100ml/盆，从玉米生长势看，表现出明显的缺磷症状后收获植株后测定玉米生育状况的各项指标、植株养分含量等。

表1　玉米施磷处理

试验处理	施肥方案
D-P（对照）	2.5g/L未经活化的中低品位磷矿粉
Ca（H_2PO_4）$_2$	0.24g/L磷酸二氢钙
A	2.5g/L活化磷矿粉A
B	2.5g/L活化磷矿粉B
A+HAs	1g/L腐殖酸和2.5g/L活化磷矿粉A配施
A+O.M.	8g/L有机肥和2.5g/L活化磷矿粉A配施
B+HAs	1g/L腐殖酸和2.5g/L活化磷矿粉B配施
B+O.M.	8g/L有机肥和2.5g/L活化磷矿粉B配施
HAs	1g/L腐殖酸
O.M.	8g/L有机肥

（三）测定方法

玉米第3、4叶叶面积的测定Pearce法：叶长×最大叶宽×0.75求出各单叶面积；玉米植株对磷的养分利用率（%）$=\frac{\text{植株体内含磷量}-\text{不施磷植株含磷量}}{\text{累计施入的有效磷总量}}\times 100\%$；叶片叶绿素含量的测定用 95%的乙醇浸提，分光光度计比色；植株氮磷钾含量的测定：浓 H_2SO_4 - H_2O_2消煮样品后，全氮测定采用开氏半微量定氮法，全磷用钒钼黄比色，全钾的测定用火焰光度计测定。

二、结果与分析

（一）活化磷矿粉对玉米生长性状的影响

玉米幼苗期的根长、茎高和干重是表征植株健康生长的关键指标，也是影响玉米生物学产量的主要因子之一；玉米叶面积大小是高产理论的重要组成部分，在光合效率大致相同的条件下，玉米叶面积的大小和叶片工作时间的长短，直接影响干物质积累乃至最终经济产量。磷矿粉的不同施用方法对玉米幼苗期的上述各项生长指标有显著影响（表 2）。未经活化的中低品位磷矿粉对玉米的生长效果最差，植株的各项生长指标均最低。$Ca(H_2PO_4)_2$ 作为全溶性磷肥其效果最好，其次是活化磷矿粉 B 和腐殖酸配施（B+HAs），该处理中的根长、茎高、叶面积、干重和叶片叶绿素含量仅次于 $Ca(H_2PO_4)_2$，而且上述各项指标差异均不显著，说明活化磷矿粉 B 和腐殖酸配施的效果和全溶性磷肥 $Ca(H_2PO_4)_2$ 的效果相当；再次是活化磷矿粉 B 和有机肥配施（B+O. M.）处理中玉米的各项指标与 $Ca(H_2PO_4)_2$ 处理中各指标相比，叶面积和叶绿素含差异显著，说明活化磷矿粉 B 与腐殖酸配施效果好于与有机肥配施，原因是腐殖酸分子中大量的活性官能团连接了活化磷矿粉中的磷酸根离子形成了有机-无机络合物，这种络合物极易被植物所吸收，在土壤中不易沉淀。另外，活化磷矿粉 A 效果仅次于活化磷矿粉 B 效果，单施活化磷矿粉或腐殖酸、有机肥效果不如配施，从总体来看，各处理对花生生育状况产生正效应的排列顺序是 $Ca(H_2PO_4)_2$>B+HAs>B+O. M.>A+HAs>A+O. M.>B>A>O. M.>D-P>HAs。

表 2 活化磷矿粉对玉米幼苗生长的影响

处 理	根长（cm）	茎高（cm）	叶面积（cm^2/g，DW）		干重（g/棵）	Chl（a+b）	Chl（a/b）
			No. 3	No. 4			
D-P	35.0c	14.4d	220.8g	295.9d	2.26bc	19.34c	2.75
$Ca(H_2PO_4)_2$	60.5a	30.2a	381.1a	420.0a	3.22a	30.16a	2.99
A	41.1bc	25.7bc	301.5d	314.2cd	2.66b	22.12bc	2.76
B	43.6bc	26.2bc	328.6c	352.6c	2.71b	22.33bc	2.63
A+HAs	47.3b	27.5b	346.7bc	408.4ab	3.05ab	23.92bc	2.88
A+O. M.	45.4b	27.3b	340.9bc	377.8bc	2.83ab	22.88bc	2.91
B+HAs	54.7ab	29.4ab	367.5ab	411.3ab	3.17ab	28.17ab	3.02
B+O. M.	50.2ab	28.2ab	352.4b	390.7b	2.96ab	25.43b	2.93
HAs	35.5c	19.6c	233.9f	287.9e	1.56c	22.76bc	2.74
O. M.	37.4c	25.4bc	258.7e	300.1d	2.40bc	20.19c	2.78

注：同一列数据采用邓肯多重比较，凡尾部标有不同字母的数值表示它们之间差异显著（$p<0.05$），以下同。No. 3 指第 3 片叶，No. 4 片指第 4 片叶。

(二) 活化磷矿粉对植株 P 含量和 P 利用率的影响

磷肥的品种和施用方法影响玉米植株体内的磷含量及分布，由表 3 可知，玉米吸收的磷主要分布在茎叶部位，根系含量次之。在所有施肥处理中，$Ca(H_2PO_4)_2$ 处理其植株茎叶和根系中含磷量均最高；其次是活化磷矿粉 A、B 与腐殖酸或有机肥配施的 4 个处理，与 $Ca(H_2PO_4)_2$ 处理相比较差异不显著；再次是单施活化磷矿粉 B、A 处理；与未经活化的磷矿粉处理相比较，各处理植株茎叶和根系中的含磷量均增加，增幅大小因磷肥施用方法不同而异，单施活化磷矿粉 B 处理中茎叶和根系含磷量分别增加了 50%、60%；腐殖酸和活化磷矿粉 B 配施使茎叶和根系含磷量均增加约 1 倍，说明配施方法大大提高了低品位磷矿粉中磷的有效性，从而能满足玉米植株正常生长对磷的需求。

表 3　砂培玉米植株氮磷钾含量及分布

处　理	全氮 (%)		全磷 (%)		全钾 (%)	
	S	R	S	R	S	R
D-P	1.82cd	1.10bc	0.12c	0.10c	2.83c	1.20c
Ca $(H_2PO_4)_2$	3.38a	1.63a	0.34a	0.21a	3.85a	1.57a
A	2.07c	1.21b	0.17bc	0.15bc	2.89c	1.50a
B	2.57bc	1.23b	0.18bc	0.16ab	2.98c	1.43b
A+HAs	2.87b	1.03c	0.25ab	0.18 ab	3.43b	1.51ab
A+O. M.	2.74b	0.99c	0.22ab	0.16ab	3.10bc	1.51ab
B+HAs	3.14ab	1.59a	0.33a	0.20a	3.42b	1.42b
B+O. M.	3.01ab	1.43ab	0.31a	0.18ab	3.11bc	1.43b
HAs	1.79d	1.08bc	0.11c	0.10c	2.21d	1.48ab
O. M.	2.66bc	1.23b	0.13c	0.11c	2.15d	1.50a

注：S 指茎叶部分，R 指根系。

不同磷肥处理条件下植株对有效磷（P_2O_5）的利用率如图 1 所示，利用率最高的是 $Ca(H_2PO_4)_2$ 处理，达 32%；其次是 B+HAs 处理，利用率为 24%；利用率最低的是未经活化的低品位磷矿粉，只有 2%。各处理对磷矿粉中有效磷的利用率高低排列顺序为：$Ca(H_2PO_4)_2$>B+HAs>B+O. M. >A+HAs>A+O. M. >B>A>O. M. >D-P，此排列中没有单施腐殖酸的处理，因为单纯的腐殖酸中几乎不存在有效磷。

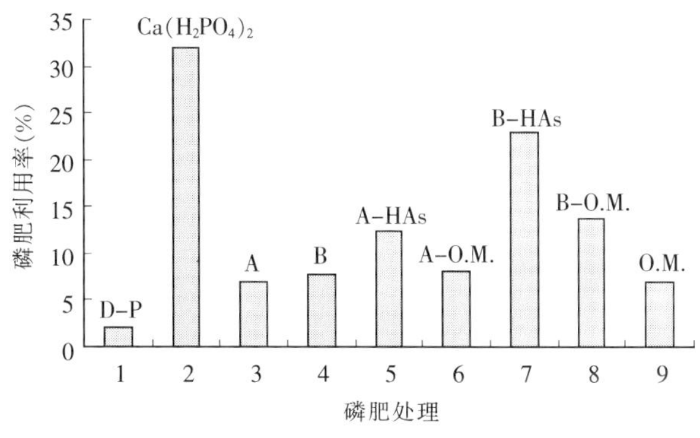

图 1　玉米对磷肥的利用率

（三）磷矿粉对植株 N、K 含量的影响

不同处理下，玉米对氮和钾的吸收量及其分布情况见表 3。从总体看，玉米吸收的氮和钾主要分布在茎叶，其次是根部。对于不同的处理，玉米的不同部位对氮、钾的吸收量是不同的，其中，全溶性的磷肥 $Ca(H_2PO_4)_2$ 处理中植株的茎叶部和根系中含氮量均高于其他处理，分别是 3.38%、1.63%，其次是腐殖酸和活化磷矿粉 B 配施处理其茎叶和根系中含氮量分别是 3.14%、1.59%，是未经活化低品位磷矿粉处理的 1.7 倍和 1.4 倍。活化磷矿粉 B 和腐殖酸或有机肥配施，其茎叶和根部中的含氮量与 $Ca(H_2PO_4)_2$ 处理相比较差异不显著，此结果同于磷的含量，亦说明氮和磷的协同作用。

植株茎叶和根部含钾量最高的亦是 $Ca(H_2PO_4)_2$ 处理，分别为 3.85%、1.57%；其次是活化磷矿粉 A 和腐殖酸配施，为 3.43%、1.51%，此规律不同于氮和磷含量，但此处理与活化磷矿粉 B 和腐殖酸配施处理差异并不显著。

由此可见，经过活化的低品位磷矿粉各处理均能不同程度地提高植株对氮磷钾的吸收。其中，活化磷矿粉 B 与腐殖酸或有机肥配施效果尤为显著，植株体内的氮、磷、钾含量比单施低品位磷矿粉其植株含氮量茎叶增加 65.4%～72.5%、根部增加 30%～44%；含磷量茎叶增加 151%～172%、根部增加 80%～100%；含钾量茎叶增加 9.3%～15.8%、根部增加 8.9%～12.6%。

三、结论与讨论

在所有处理中，未经活化的磷矿粉的肥效相对最差，而且有效磷的利用率最低，从玉米生长状况看，明显缺磷，玉米叶片边缘发红、发黄、枯萎，已表现出严重缺磷症状；$Ca(H_2PO_4)_2$ 作为全溶性磷肥在本试验中作为参比与活化磷矿粉的各种施用方法相比较，其效果最好，玉米生长的各项指标、叶片叶绿素含量、植株体内氮磷钾含量及有效磷的利用率均最高；对于活化磷矿粉的多种施用方法，对玉米生长产生正效应的顺序为：B＋HAs＞B＋O. M. ＞A＋HAs＞A＋O. M. ＞B＞A，这与有效磷利用率的大小排列顺序相同，说明活化磷矿粉 B 效果好于 A，配施效果好于单施，而在配施中腐殖酸好于有机肥。

有机活化剂 A、B、腐殖酸或有机肥，对磷矿粉中的磷起释放作用和控释作用的原因：①可能是由于有机活化剂中的有机阴离子与磷矿粉晶格中的 PO_4^{3-} 发生离子交换，而释放出有效磷；②可能是有机活化剂中的有机物质与磷矿粉中的金属离子产生络合、螯合作用面释放出磷；③可能是有机活化剂中的碳水化合物对植株生长介质中的磷吸附位点可起掩蔽作用，而同时降低介质中对磷矿粉已被活化出来的有效磷的固定作用；④可能是有机活化剂促进了植物根系有机酸的分泌从而降低了有效磷的固定；⑤可能是有机活化剂与 PO_4^{3-} 形成了有机—无机复合体促进了植株对有效磷的吸收和利用。对于上述的可能机制①～③，国内外均有报道，但研究对象主要是有机肥对磷的活化，且施用量或施用比例较大，而利用有机活化剂对磷矿粉活化作为控释磷肥的研究还鲜有报道。本研究初步结果显示，对低品位磷矿粉采用活化控释技术甚至可获得和过磷酸钙相当的肥效。低品位磷矿粉成本较低，并且资源丰富。因此可以认为，对磷矿粉采用活化技术以提高其中的有效磷含量是一种经济有效、切实可行的磷源途径。

多功能固沙保水剂性能及其效果的研究

中国是世界上沙漠化面积较大、危害较严重的国家之一。沙漠及沙漠化土地面积达149万 km^2，其中沙漠化土地面积达33.4万 km^2。全国每年因沙漠化危害造成的直接经济损失约540亿元人民币，这给工农业生产、人民生活及人体健康带来了严重的影响。沙漠化已成为我国当前最为严重的生态环境问题之一。为此，许多学者对于沙漠化的防治和治理进行了相关研究，现今比较成熟的固沙方式有3种：工程固沙、植物（生物）固沙和化学固沙。由于前两种方法不仅费时、费力，而且需要消耗大量资金。所以，化学固沙成为国内外学者研究的热点。化学固沙包含了沙地固结和保水增肥两方面，它和植物固沙相结合可大大提高植物的成活率。本研究以风化煤和废弃泡沫塑料为主原料，采用液相化学方法，微乳化、高剪切和非均相混聚技术，研制出集固沙、保水、赋肥、改良土壤作用于一体的多功能固沙保水剂，并对此功效进行了研究，为保护生态环境，防止、修复和绿化沙漠化土地提供理论根据和技术方法。

一、材料与方法

（一）材料

风化煤：采自辽宁阜新煤矿，总腐殖酸含量63%，游离腐殖酸含量58%，Ca含量5%以上，Si含量1%以上。

塑料：选择废弃的聚苯乙烯泡沫塑料、塑料薄膜（包括食品袋）和混合塑料制品。

供试土壤：采自包头毛乌素沙漠边缘，栗钙土类，质地为沙土，无黏性，质地松散，pH为6.50，有机质0.12%。

（二）固沙保水剂的制备

1. 腐殖酸混聚物制备　风化煤烘干，球磨机粉碎，过200目筛孔；在反应釜中（带有搅拌设备）加入粉碎的风化煤，再加入45%～50% H_2SO_4，适当加入稀HCl，加入量视钙、硅化合物含量而定，反应时间为1.5～2.0h。工艺方法见专利ZL 02123975.4。

2. 塑料—淀粉混聚物制备　塑料混聚物的制备：废弃塑料分选，洗净，干燥，粉碎。聚苯乙烯泡沫废弃塑料选用乙酸乙酯作溶剂，混合塑料用乙酸乙酯与二甲苯混合溶剂溶解，放置12～24h，采用自制混合乳化剂在高剪切设备中（2万r/min）乳化，加水稀释至固形物含量25%时使用。工艺方法见专利ZL 200310116855.2。

3. 腐殖酸—塑料混聚物制备　在高速乳化分散器中，分别加入腐殖酸混聚物、塑料—淀粉混聚物，比例为1∶0.3～0.6，在2万r/min条件下，搅拌15～20min，即生成腐殖酸—塑料混聚物固沙保水剂。

作者：张建峰、杨俊诚、张夫道（通讯作者）、姜慧敏、刘秀梅、王玉军、张　骏，原载于2008年第27卷第5期《农业环境科学学报》。

4. 风化煤多功能固沙保水剂制备 氮、磷、钾肥料混合水溶液制备：原料为尿素、磷酸一铵、氯化钾；比例为 N：P_2O_5：K_2O=1：0.5：0.5；混合后放入 70～80℃热水中，边搅拌边溶解，直至完全溶解为止。

风化煤多功能固沙保水剂制备：在高速乳化分散器中，分别加入腐殖酸混聚物、塑料—淀粉混聚物和氮、磷、钾肥料水溶液，比例为 1：0.3～0.6：0.5～1（氮、磷、钾水溶液加入量视固沙保水剂固形物含量而定），在 2 万 r/min 条件下，搅拌 15～20min，即生成非均相风化煤多功能固沙保水剂。

5. 风化煤多功能固沙保水剂质量指标 见表 1。

表 1 多功能固沙保水剂质量指标

项　目	多功能固沙保水剂指标
外　观	半透明黑色黏液
固形物含量（%）	20～25
水溶性	全水溶
黏度（涂－4 杯，Pa·S）	20～22
pH	7.0
颗粒度（nm）	20～100
燃烧性	不燃烧
稳定性（－10～70℃）	无沉淀
保存期（月，20℃）	6
N、P_2O_5、K_2O（%）	N 2.0%，P_2O_5 1.0%，K_2O 1.0%

（三）表征与测试

风化煤多功能固沙保水剂固形物的形态、尺寸和性能情况的测试采用综合分析方法。用日立 S－570 扫描电子显微镜观察材料的形态；粒度及纯度分布测试在美国 Coulter Multisizer Ⅱ型激光粒度分析仪上进行。

二、结果与分析

（一）扫描电镜测试分析（SEM）

作为固沙保水剂，颗粒粒径是其分散均匀性的重要表征。通过扫描电镜图像可以观察到材料的大小和形状，对材料有个形象直观的认识。天然风化煤和风化煤多功能固沙保水剂 SEM 如图 1 所示，图 1a 是未经加工的风化煤天然胶团，图 1b 是加入了活化剂和反絮凝剂的风化煤多功能固沙保水剂固形物胶团，比较图 1a 和图 1b 发现，天然风化煤的疏松网状结构被解离成小颗粒状，颗粒大小在 20～60nm 之间，不但增加了其表面积，而且增加了裸露在表面的活性结合位点，为保水和养份缓慢释放提供基础。

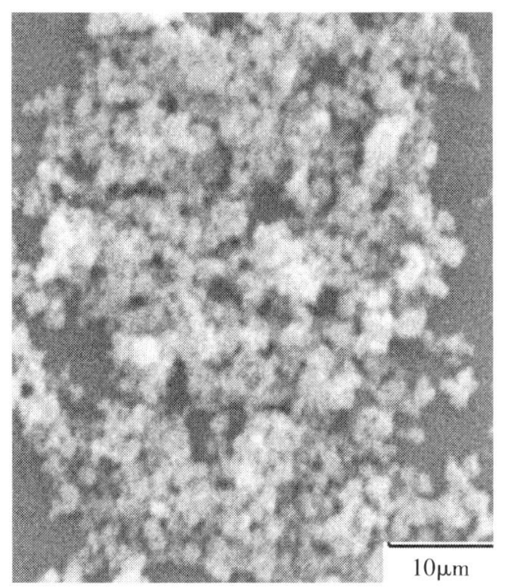

a.天然风化煤

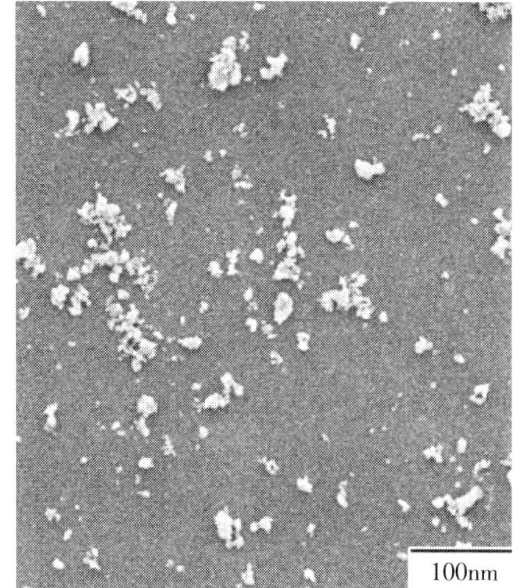

b.风化煤多功能固沙保水剂

图 1　风化煤扫描电镜照片 ×40K 倍

（二）激光粒度分析

图 2 为激光粒度分析仪利用光的散射现象测量颗粒大小所得出的多功能固沙保水剂的粒度分布曲线。结果显示（图 2），所测风化煤多功能固沙保水剂复合材料固形物 75%粒径在 20～60nm 之间，这与扫描电镜的观察结果很相似。

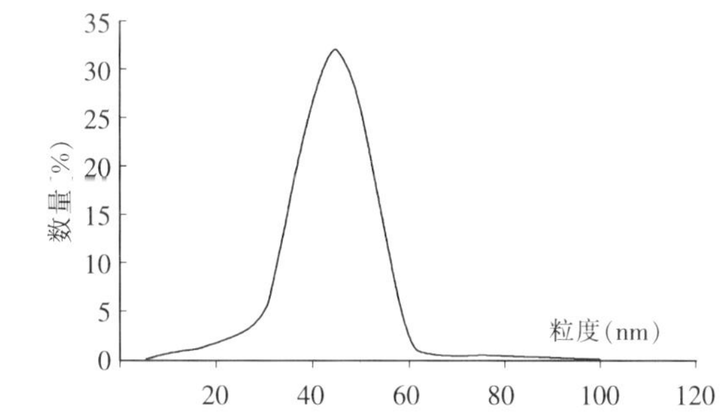

图 2　风化煤多功能固沙保水剂复合材料的激光粒度分析曲线

（三）黏度

表 2 列出的是在常温下测定的风化煤多功能固沙保水剂母液黏度，黏度与固沙剂的浓度和温度关系很大，浓度越大，温度越低，其黏度越大，反之亦然（表 2）。试验选用风化煤多功能固沙保水剂，当固形物含量为 20%、0℃时，黏度达到 28Pa. s，处于基本不流动状态，60℃时下降为 14Pa・S；固形物含量 5%时，0℃黏度仅 9Pa・S，60℃下降为 3Pa・S。

表 2　浓度和温度对风化煤多功能固沙保水剂黏度的影响

(Pa・S)

固形物含量（%）	0℃	20℃	40℃	60℃
1.0	5	3	2	1

（续）

固形物含量（%）	0℃	20℃	40℃	60℃
5.0	9	7	5	3
10.0	16	12	10	7
15.0	22	16	14	11
20.0	28	21	18	14

固沙保水剂的黏度与其在土壤中的渗透性能直接相关。溶液浓度大，固沙强度较高，但在土壤中下渗困难，聚集于土层表面，将降低固沙效果，并影响植物的出苗率；固沙保水剂黏度过小，固然在土层中的渗透能力强，但固结强度达不到预期目标。在实验室内用40cm×40cm×40cm玻璃槽试验结果，浇灌固沙保水剂原液200ml，基本上集中在0～10cm土层中，试验用黑麦草出苗率只有10%，如果用自来水稀释5倍，1小时内可渗透至20cm土层。

（四）固结层抗压强度

固沙保水剂的固沙抗压强度体现了固沙土层的承载力，土层固结强度越高，越耐风蚀，抗人力破坏能力也越强，但野外很难测定固结层实际抗压能力。所以，本文采用国际通用方法，用室内模拟试验来测试固沙保水剂的性能。

固沙保水剂加水稀释5倍，加入供试土壤，放入标准模具制成的试件，模具直径ф100mm，24h后脱模，室温下（20～25℃）养护7d，用材料压力试验机测试，结果见表3。

表3　固沙保水剂固结层抗压强度测试结果

固沙保水剂名称	编　号	用　量（g/cm²）	抗压强度（MPa）
HAS	1	0.3	6.36
	2	0.4	9.45
	3	0.5	15.90
PS	4	0.3	5.30
	5	0.4	8.52
	6	0.5	13.05
HAS+PS	7	0.3	6.15
	8	0.4	9.83
	9	0.5	16.10

注：表中HAs、PS、HAs+PS分别指腐殖酸—塑料混聚物、塑料—淀粉混聚物、风化煤多功能固沙保水剂，以下表示同。

模拟试验结果表明，固沙保水剂的使用量不同，固结层抗压强度差异很大。随固沙保水剂用量的增加，抗压强度增加，且均超过国际上对固沙强度1MPa的要求。就固沙保水剂而言，腐殖酸—塑料混聚物和风化煤多功能固沙保水剂固结层抗压强度稍大于塑料—淀粉混聚物。

（五）固结层抗冻融性能

一般在沙漠化地区昼夜温差很大，本试验模拟温差变化，将标准试件（见固结层抗压强度试验）放置在−20℃冰室中6个h，拿出后再放入60℃±1℃恒温室中放置6个h，反复

12 次，定期测定其重量损失和抗压强度损失。

试验结果（表 4）表明，各标准试件的重量无损失。抗压强度，除了塑料—淀粉混聚物 0.3g/cm 试件无变化外，其他试件的抗压强度均有不同程度的增加，特别是 3 号、8 号、9 号试件增加较多，其机理是否与腐殖酸有关，尚需进一步探讨。李臻等曾报道，有机固沙剂固结层在冻融过程中有抗压强度增强的现象。总的来说，本研究的 3 种固沙保水剂抗冻融性能较好，是否与材料性能改变有关，目前还缺乏足够的论据。

表 4　多功能固沙保水剂试件冻融试验结果

项目	编号	用量 (g/cm^2)	重量损失率（%）						强度损失率（%）					
			2 次	4 次	6 次	8 次	10 次	12 次	2 次	4 次	6 次	8 次	10 次	12 次
HAS	1	0.3	0.0	0.0	0.0	0.0	0.0	0.0	0.0	0.0	0.0	0.0	−2.5	−3.8
	2	0.4	0.0	0.0	0.0	0.0	0.0	0.0	−2.9	−4.3	−5.6	−6.7	−7.7	−8.5
	3	0.5	0.0	0.0	0.0	0.0	0.0	0.0	−3.3	−4.8	−6.9	−7.5	−8.8	−9.2
PS	4	0.3	0.0	0.0	0.0	0.0	0.0	0.0	0.0	0.0	0.0	0.0	0.0	0.0
	5	0.4	0.0	0.0	0.0	0.0	0.0	0.0	−0.5	−0.8	−1.2	−1.9	−2.4	−3.0
	6	0.5	0.0	0.0	0.0	0.0	0.0	0.0	−0.7	−0.9	−1.2	−2.1	−2.8	−3.6
HAS+PS	7	0.3	0.0	0.0	0.0	0.0	0.0	0.0	0.0	0.0	−1.6	−2.3	−2.7	−3.1
	8	0.4	0.0	0.0	0.0	0.0	0.0	0.0	−3.2	−3.8	−4.3	−4.8	−7.4	−8.3
	9	0.5	0.0	0.0	0.0	0.0	0.0	0.0	−5.5	−6.8	−7.2	−8.7	−9.5	−10.2

（六）耐老化性能

将上述标准试件放置于紫外光试验箱中，经紫外线连续照射，定期测定标准试件的重量损失和抗压强度损失，并记录其形体的变化。

试验结果表明（表 5），经过紫外线的连续照射，固沙保水剂标准试件的重量和强度虽有变化，但变化不大，重量损失率为 0～1.9%，抗压强度损失率为 0.2%～3.7%，无论是试件的颜色还是外形均无变化，显示了优良的抗老化性。

表 5　固沙保水剂标准试件老化试验结果

项目	编号	用量 (g/cm^2)	重量损失率（%）			强度损失率（%）			形体变化
			100h	200h	300h	100h	200h	300h	
HAS	1	0.3	0.6	0.8	1.4	1.2	1.5	1.8	颜色及外形均无变化
	2	0.4	0.3	0.5	1.0	0.9	1.1	1.6	
	3	0.5	0.2	0.5	0.7	0.7	0.9	1.2	
PS	4	0.3	0.5	1.1	1.3	2.0	3.4	4.7	颜色及外形均无变化
	5	0.4	0.5	1.4	1.9	1.7	1.9	2.1	
	6	0.5	0.3	0.5	0.8	1.7	1.8	2.5	
HAS+PS	7	0.3	0.4	0.3	0.5	0.6	0.9	1.3	颜色及外形均无变化
	8	0.4	0.3	0.2	0.5	0.5	1.0	1.0	
	9	0.5	0	0	0.2	0.5	1.3	1.1	

（七）风洞试验

土壤取自包头市沙漠化土地，质地沙土。沙盘按标准尺寸制作，外径长 35 cm、宽为 35cm，内径 30cm×30cm，底内高 4.0cm，底木板厚 5.0cm。处理 2 个：腐殖酸—废弃塑料混聚物固沙保水剂；风化煤多功能固沙保水剂。将上述两种固沙保水剂用水稀释 5 倍，喷洒于沙盘表面，用量 0.40g/cm^2（母液），放置 24h，送北京航天航空大学流体研究所第一风洞试验检测。在风速 15m/min、25m/min 连续吹 30min，风速 30m/min 吹 5min，均未见起尘及风蚀现象，试验结果表明该固沙保水剂抗风蚀能力相当强。

三、保水性能试验结果和分析

作为固沙保水剂，保水性能是最重要的指标之一。沙土质地松散，保水性能差，蒸发量大。对于西部沙漠化地区，蒸降比较高。因此，固沙保水剂的保水性能尤为重要。所以，选择典型的包头地区沙土为供试土壤，试验分为无种植土壤水分蒸发试验和种植条件下土壤水分蒸发试验两部分。无种植条件采用有机玻璃槽，容积为 40 cm×40 cm×40cm，装土 15.0kg。种植条件下采用水泥池，长、宽、高为 70 cm×70 cm×150cm，3 种固沙保水剂用量均为 0.3g/cm^2，2007 年 4 月 30 日播种黑麦草，60d 收获，每隔 10d 用土钻取 0～20cm 土层土样，测定含水量。

（一）无种植条件下土壤水分蒸发率

供试土壤装入玻璃槽中后，表面压实，其空隙大小在 8μm 以上，水分很容易通过，而使用固沙保水剂溶液后，由于其材料胶团直径均在 100nm 之内，除了与沙粒黏结，减少孔隙之外，固沙保水剂胶团含有功能团或存在电性，它们与沙粒之间会产生电荷作用、分子内力作用，形成连续或非连续网状结构，或称为油包水的结构，从而延缓水分的蒸发，具有保水的功能。表 6 为无种植条件下土壤水分蒸发率，由表 6 可知，对照在 10d 时间水分蒸发 95.8%，15d 累计蒸发了 99.8%，而腐殖酸—塑料混聚物处理 60d 累计蒸发 98.2%，塑料—淀粉混聚物处理 50d 累计蒸发 98.1%。风化煤多功能固沙保水剂处理 65d 累计蒸发 97.4%。从保水的角度来看，风化煤多功能固沙保水剂效果最佳，腐殖酸—塑料混聚物次之，塑料—淀粉混聚物再次之。

表 6　无种植条件下土壤水分蒸发率

处　理	水分蒸发率（%）													总蒸发率（%）
	5d	10d	15d	20d	25d	30d	35d	40d	45d	50d	55d	60d	65d	
对　照	55.5	40.3	4.0	—	—	—	—	—	—	—	—	—	—	99.8
HAS	9.0	10.2	10.3	10.4	10.6	10.6	10.4	10.0	9.7	6.9	—	—	—	98.1
PS	7.5	8.0	8.4	8.7	8.2	8.5	8.1	8.5	8.3	8.0	8.1	7.9	—	98.2
HAS+PS	7.2	7.5	7.7	7.6	7.6	7.5	7.5	7.7	7.7	7.6	7.5	7.3	7.0	97.4

（二）种植条件下土壤水分蒸发率

表 7 为种植黑麦草条件下的土壤含水量变化。在种植条件下，土壤水分蒸发速度较慢，

在60d时间内，对照土壤水分损失率57.28%，塑料—淀粉混聚物处理水分损失率23.95%，腐殖酸—塑料混聚物处理水分损失率20.77%，风化煤多功能固沙保水剂处理水分损失率14.10%。从播种到第10d，因无植物覆盖，水分损失较多，其中对照处理土壤水分含量下降幅度为3.38%，塑料—淀粉混聚物处理土壤含水量下降幅度为1.38%，腐殖酸—塑料混聚物处理土壤含水量下降幅度为1.15%，而风化煤多功能固沙保水剂处理土壤水分损失率最低，下降幅度为0.70%。其中对照水分损失率为17.33%，塑料—淀粉混聚物处理水分损失率7.08%，腐殖酸—塑料混聚物处理水分损失率5.90%，风化煤多功能固沙保水剂处理土壤水分损失率最低，为3.59%。说明在黑麦草未出苗前风化煤多功能固沙保水剂的保水效果最好，腐殖酸—塑料混聚物次之，其次是塑料—淀粉混聚物。随着黑麦草的生长，覆盖率增加，土壤水分损失率降低，各处理土壤水分含量下降平稳，到黑麦草播种第60d，对照、塑料—淀粉混聚物、腐殖酸—塑料混聚物和多功能固沙保水剂处理土壤中含水量分别为8.33%、14.83%、15.45%、16.35%，3种保水剂处理土壤含水量是对照的2倍左右，从黑麦草生长状况来看，加入保水剂的处理仍能正常生长，而对照处理的黑麦草已经干枯死亡。

表7　种植条件下土壤含水量

处　理	土壤含水量（%）							土壤水分损失率（%）
	播种时	10d	20d	30d	40d	50d	60d	
CK	19.50	16.12	15.17	14.66	12.50	10.53	8.33	57.28
HAS	19.50	18.12	17.66	16.88	16.43	15.75	14.83	23.95
PS	19.50	18.35	17.95	17.23	16.84	16.00	15.45	20.77
HAS+PS	19.50	18.80	18.04	17.56	17.10	16.75	16.35	14.10

四、结　　论

腐殖酸—塑料混聚物、塑料—淀粉混聚物和风化煤多功能固沙保水剂3种产品均能降低土壤水分蒸发，保持土壤含水量，是对照处理的2倍左右；从耐水性、耐老化性、抗冻融性等性能综合分析，风化煤多功能固沙保水剂优于腐殖酸塑料—混聚物、塑料—淀粉混聚物；从保水和增肥的角度来看，风化煤多功能固沙保水剂处理效果好于腐殖酸—塑料混聚物，腐殖酸—塑料混聚物处理效果好于塑料—淀粉混聚物。

微生物对几种水溶性聚合物的降解作用

缓/控释肥料由于可延续和控制肥料氮的释放，提高氮肥资源的利用率，成为国内外肥

作者：张建峰、姜慧敏、李桂花、王玉军、杨俊诚、张夫道（通讯作者），原载于2009年第28卷第5期《农业环境科学学报》。

料界的研究热点，其中包膜型缓释肥料占85%以上。目前，颗粒肥料所使用的包裹材料基本上为树脂和硫磺。树脂为溶剂性高分子材料，在土壤中很难降解，只有采用化学方法或在高压条件下方能分解或裂解，长期施用，势必造成对土壤的污染。硫磺性能较脆，包裹肥料时，易出现微小裂缝，包硫后仍需补包一层树脂，称为PSCU技术。针对缓/控释肥料的包裹材料存在的突出问题，我们研制了系列水溶性聚合物，作为肥料的缓释材料，由于该类材料在国内外首次应用于缓释肥料生产中，对其生物降解性能尚不清楚。本文探讨了微生物菌群对几种水溶性聚合物的降解作用，以期阐明微生物对水溶性聚合物的降解机理，为环境友好型的缓释材料研制提供理论依据。

一、材料与方法

（一）供试材料

1. 微生物菌剂 马粪中含有细菌、真菌、放线菌等土壤中所有的好氧微生物。选择马粪提取液，水：马粪＝5：1，浸泡后用高速离心机（2万r/min）离心5min，取上清液，即为微生物混合菌剂。

2. 微生物培养基 牛肉膏3g，蛋白胨5g，$MgSO_4 \cdot 7H_2O$ 0.5g，$FeSO_4 \cdot 7H_2O$ 0.01g，NaCl 0.5g，$CaCl \cdot 7H_2O$ 0.1g，KH_2PO_4 1.0g，可溶性淀粉5g，琼脂20g，去离子水1 000ml，pH7.0。

3. 水溶性聚合物 水溶性聚合物为本实验室自制，各种材料性质见表1。

表1 供试材料的性质

材料名称	pH	固形物含量（%）	粒径（nm）	颜色
CF-2	7.0	18.5	10～80	米黄色
N-KL	7.0	35.0	30～160	灰白色
JBQ	7.0	28.5	140～317	黄棕色
N-FZ	7.0	41.5	110～316	浅黑色
N-PS	7.0	45.0	105～403	白色
N-BX	7.0	46.8	32～93	泛蓝光白色
Sty-MM	7.0	62.5	58～135	白色

注：CF-2：聚乙烯醇混聚物；N-KL：黏土—聚酯混聚物；JBQ：甲基丙烯酸羟乙酯混聚物；N-FZ：腐殖酸混聚物；N-PS：废弃聚苯乙烯泡沫塑料混聚物；N-BX：丙烯酸酯类混聚物；Sty-MM：苯乙烯—丙烯酸酯混聚物。

（二）试验方法

1. 操作方法 本试验选择250ml三角瓶，加入通用淀粉琼脂培养基150ml，水溶性聚合物稀释至固形物含量10%，每个三角瓶中加入20g稀释后的水溶性聚合物溶液，重复20次，灭菌并冷却至室温后，每瓶接种混合菌剂1ml。

2. 培养温度 真菌生长的最适温度为20～28℃，细菌生长的最适温度为28～37℃，为了照顾两类微生物种群的生长温度需要，本试验选择 28℃±1℃，在恒温箱中培养。每周（7d）测定 1 次。

（三）测定方法

1. 聚乙烯醇混聚物（CF－2）**降解产物的测定方法**　通过对聚乙烯醇缩醛的醋酸根含量测定，可检测聚乙烯醇混聚物的降解作用。方法要点是：试样用乙醇溶解，以酚酞作指示剂，用稀碱溶液中和，然后用氢氧化钾—乙醇溶液水解聚合物分子中残存的醋酸乙烯酯单元，过剩的氢氧化钾用盐酸标准溶液回滴。以此可计算出降解率，测定方法详见：龚云表（1993）主编，《合成树脂与塑料手册》。

2. 黏土—聚酯混聚物（N－KL）**降解产物和甲基丙烯酸羟乙酯混聚物**（JBQ）**的测定方法**　黏土—聚酯混聚物中的高岭土或蒙脱土不存在污染问题，主要是观察不饱和聚酯和丙烯酸羟乙脂降解过程。不饱和聚酯是以二元酸（包括饱和二元酸和不饱和二元酸）和二元醇为主要原料，经缩聚反应而得到的线型聚合物在烯烃类活性单体中的溶液。丙烯酸羟乙酯在分子主链中同时含有酯键和不饱和双链，在引发剂作用下与烯烃类活性单体共聚交联而得到梯形结构的热固性树脂，经微乳化后成为胶结型缓释剂。通过测定 COD 的变化，确定不饱和聚酯和甲基丙烯酸羟乙酯降解情况。

3. 腐殖酸混聚物（N－FZ）**降解产物的测定方法**　腐殖酸混聚物中含有腐殖酸共聚物，丙烯腈接枝直链淀粉，只要测定单体丙烯腈的含量，就可推算其降解情况。采用气相色谱仪测定。

4. 废弃聚苯乙烯泡沫塑料混聚物（N－PS）**降解产物的测定方法**　聚苯乙烯泡沫塑料是以过氧化苯甲酰为引发剂，羟乙基纤维素为分散剂，将苯乙烯和水加入装有搅拌器的反应釜中，在 85～90℃下进行悬浮聚合而成。由于含纤维素和自由基，可降解为单体或片断，采用硫醇加成法测定。

5. 丙烯酸酯类混聚物（N－BX）**降解产物的测定方法**　丙烯酸酯混聚物单体之间靠自由基连接，只要将自由基降解，单体就会从混聚物中游离出来。测定方法要点：聚丙烯酸酯混聚物的游离单体与一定的过量十二烷基硫醇起加成反应，过量的硫醇可在酸性条件下，用硝酸银标准溶液进行电位滴定，由空白和试样滴定时硝酸银溶液的消耗体积计算游离单体的含量。

6. 苯乙烯—丙烯酸酯混聚物（Sty－MM）**降解产物的测定方法**　同丙烯酸酯类混聚物降解产物的测定方法。

二、结果与讨论

（一）试验结果

试样测定结果见图 1，由此可见：

1. 聚乙烯醇混聚物处理　从第 4 周开始醋酸根减少 4.55%，说明微生物在 4 周内只分解或利用 CF－2 中的淀粉和酰胺化合物。从第 4 周至第 6 周，每隔 1 周醋酸根大约减少 10%左右；从第 7 周至第 9 周每隔 1 周，醋酸根减少速度直线上升至 20%以上；至 11 周已检测不出醋酸根，说明聚乙烯醇混聚物已全部降解。

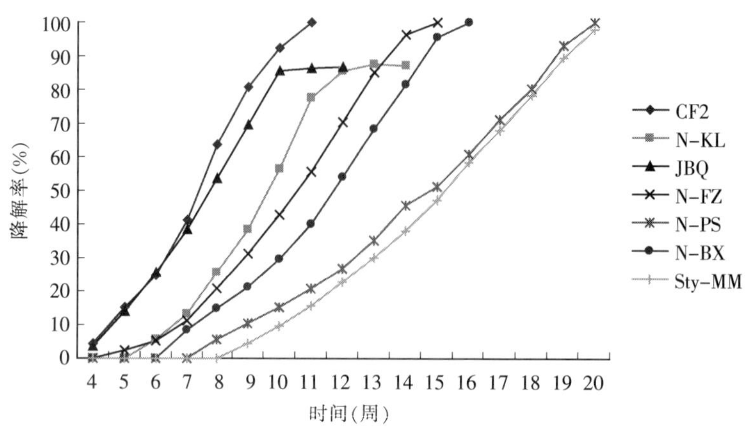

图1　各种水溶性聚合物在不同时间的累积降解率（%）

2. 黏土—聚酯混聚物处理　从第6周后开始检测出COD减少5.60%，第7周至第10周，每周COD减少量较均匀地增加；第10周至第11周，COD减少量猛增至10%；第12周开始，COD减少量基本上不变，保持在同一个水平上，聚酯降解率为85.24%～85.70%。

3. 甲基丙烯酸羟乙酯混聚物处理　在第4周末COD即开始减少，减少率3.60%；第5周至第10周，每周均以较匀速的速度降解，COD减少率均在10%以上；第10周开始，COD变化不大，基本保持在同一水平上，甲基丙烯酸羟乙酯混聚物降解率为85.50%～86.65%。

4. 腐殖酸混聚物处理　前4周未发生任何变化，第5周检测出丙烯腈，占丙烯腈总量的2.45%；第7周至第11周，丙烯腈检出量每周均以10%左右速度增加；第11周至第13周丙烯腈检出累积率以每周15%的速度增长，第15周丙烯腈检出率已达100%，说明丙烯腈接枝淀粉已全部降解。

5. 废弃聚苯乙烯泡沫塑料混聚物处理　在第8周后检测出苯乙烯片断，占苯乙烯总量的5.52%；第9周至第12周，累积检出率以每周5%左右速度增加；第12周至第19周，每周以10%左右的速度增加，第20周检出率100%，说明废弃聚苯乙烯泡沫塑料混聚物已全部降解。

6. 丙烯酸酯混聚物处理　在第7周开始降解，降解率8.50%；第8周至第11周，每周的降解率保持在6.50%～10.00%之间；至第12周，降解率升至26.09%；之后开始下降，每周降解率为13%～14%；第16周已全部降解。

7. 苯乙烯—丙烯酸酯混聚物处理　在第9周后开始出现游离单体，占单体总量的4.35%；第9周至第20周，基本上以每周逐渐递增的趋势降解，第20周后降解98%。

（二）讨论

1. 水溶性聚合物中的淀粉在生物降解中的作用　本试验所采用的缓释复合材料中，淀粉有两种形态，一是交联淀粉；二是接枝直链淀粉，它们除了与氮、磷、钾养分结合在一起，使这些养分缓慢释放外，还为微生物生长提供了丰富的碳源。微生物首先将淀粉分解，同时又将淀粉作为繁殖生长的基地，在其繁殖的过程中，又分泌出一系列的酶，然后降解水溶性聚合物胶团。由此看出，淀粉的作用，一是扮演微生物降解水溶性胶团的缓冲者；二是为微生物提供营养物质，作为微生物生长和繁殖的基地。

2. 脂肪族水溶性聚合物的微生物降解机理　脂肪族水溶性聚合物是指主要生产原料为广义的脂肪族化合物，例如二元酸化合物，醇类化合物及其它们的共聚物。脂肪族水溶性聚合物的生物降解包括微生物降解和酶降解两个过程。

（1）微生物降解：脂肪族水溶性聚合物中含有肽键、酰胺键、氨基键时，微生物利用其中的碳源和氮源将这些键打断，使其分解，这些键断裂后，聚合物将生成大小不等的片断，有利于进一步降解。

（2）酶水解：脂肪族水溶性聚合物基本上都含有酯键，微生物分泌的脂肪酶对聚合物中的酯键进行水解。以脂肪酸的酶降解为例可表示为：

$$RCOOH + \text{辅酶 A} \rightarrow RCH_2COSCOA$$

继而β－C断裂形成两个碳的乙酰基辅酶A和类似于脂肪族结构的辅酶A衍生物。如此反复进行，最后形成两个碳的辅酶A进入柠檬酸循环，成为微生物的碳能源。而多元醇经脱氢酶作用后变成β－二酮，再经水解酶水解为羧酸和酮，最后再与上述类似的羧酸酶降解成为微生物的碳能源。试验发现，微生物酶易于分解的化合物结构为：$C-NH_2$，$-CH=CH-$，$-C-O-$，$-C-S-$，$-C-N-$，$C=O$等。

在自然界，特别在土壤和畜禽粪便中存在大量可分解脂肪族水溶性聚合物的微生物，包括细菌和霉菌，这些微生物可在细胞外分泌聚合物分解酶，将聚合物分解为低聚物、单体，最后分解为CO_2和H_2O。

3. 水溶性丙烯酸酯聚合物的微生物降解机理　水溶性丙烯酸酯聚合物含有羧基（$-COO-$）、胺基（$-NH_2$）、酰胺基（$-CONH_2$）、羰基（$C=O$），酯键等，微生物首先利用$-NH_2$，然后水解酶破坏羧基键，酰胺键，羰基键和酯键，第2步是分解活性$C-C$结合高分子，水解反应如下：

$$[CH_2-C(CN)]_{2-n} + H_2O \rightarrow nCH_2O + nCH_2(CN)_2$$

$$(CH_2-NH-CO)_n + H_2O \rightarrow nNHCH_2COOH$$

第3步是水解苯乙烯化合物，如果在土壤中降解，苯乙烯化合物在微生物和酶的作用下，将转化为苯系化合物，成为腐殖质的组分。

4. 水溶性废弃聚苯乙烯泡沫塑料混聚物的微生物降解机理　水溶性废弃聚苯乙烯泡沫塑料混聚物由3部分组成：交联直链淀粉，乳化剂，聚苯乙烯胶团。交联直链淀粉和乳化剂均是微生物生长的营养源。由于泡沫塑料中含有羟乙基纤维素，聚合时使用过氧化苯甲酰为引发剂。所以，含有羰基（$C=O$），首先，应该是纤维分解菌和纤维素酶分解羟乙基纤维素，然后在微生物活性作用下，酶进入大分子的活性位置，渗透到羰基作用点，使大分子发生解聚反应，大分子骨架结构断裂成小的链段，最终被降解为稳定的小分子产物。在土壤中，在微生物和酶的作用下，这些小分子片断将进入土壤有机—无机复合胶体。

三、结　　论

模拟土壤微生物种群，从马粪中提取的微生物混合菌剂在pH＝7条件下可降解水溶性聚合物，结论如下：

1. 聚乙烯醇混聚物的降解主要通过微生物先分解混聚物中淀粉和酰胺化合物，然后断其主链，形成小分子产物；聚合物在第4周开始降解，第11周全部降解；

2. 高岭土—聚酯混聚物的降解主要通过微生物降解和酶降解两个过程；聚合物在第6周开始降解，第12周降解率为85.7%，此后降解率保持同一水平；

3. 甲基丙烯酸羟乙酯通过微生物和酶的作用降解聚合物中酯键和不饱和双链；混聚物在第4周开始降解，第10周降解率为86.65%；

4. 腐殖酸混聚物通过微生物降解聚合物中接枝直链淀粉，将聚合物分解成小分子产物。在第5周开始降解，第15周全部降解；

5. 废弃聚苯乙烯泡沫塑料混聚物在微生物作用下，酶进入大分子的活性位置，渗透到羰基作用点，使大分子发生解聚反应；聚合物在第8周开始降解，第20周全部降解；

6. 丙烯酸酯类混聚物在微生物作用下利用胺基，在水解酶作用下破坏聚合物分子键，分解C—C结合高分子，最后水解苯乙烯化合物。聚合物在第7周开始降解，第16周全部降解；

7. 聚苯乙烯—丙烯酸酯混聚物的降解主要通过微生物将混聚物自由基降解，游离出单体，通过酶的作用降解游离单体。聚合物在第9周开始降解，第20周降解率为98%。

水稻分蘖功能叶激素水平变化及其成穗率的关系

分蘖期是水稻生育过程中的重要时期，了解水稻分蘖的发育规律就有可能确保高产所需要的穗数。有关水稻分蘖与成穗的研究已有较多报道，蒋彭炎等总结的水稻分蘖与叶片出生的“同生原理”，认为水稻分蘖芽的分化发育过程与母茎叶片同步生长。因此，根据主茎叶龄判断处于敏感期的分蘖芽所着生的节位，可作为准确控制水稻分蘖的形态诊断指标，提出了“干重滞增期”作为有效、无效分蘖转折期的直接诊断指标。构建健康的个体与合理的群体结构是获得高产的基础，凌启鸿等提出的“水稻小群体、壮个体栽培模式”，阐明了水稻个体与群体对产量贡献的辨证关系，以及无效分蘖对产量的微小贡献，指出以控制最高分蘖数来提高成穗率是稳穗增产的积极栽培措施。

有关农艺栽培措施对成穗及籽粒灌浆的影响以及内源激素在水稻籽粒发育成熟过程中的动态变化和外源植物生长调节剂对籽粒发育的调控作用已有较多的报道，对激素在小麦、油菜生殖器官成熟中的作用也有较多论述，而有关水稻功能叶激素水平对分蘖成穗作用的研究尚未见正式报道。本文试图通过对水稻不同发育时期、不同分蘖功能叶激素水平的动态测定，阐述内源激素对决定水稻分蘖成穗率所起的重要作用，为杂交稻的高产栽培理论充实资料。

一、材料与方法

（一）试验材料

选用亚种间杂交稻协优9308为材料，协优9308属大穗型高产组合，每穗总粒数200～220粒，最高实收产量曾达到12.4 t/hm^2。试验在中国水稻研究所试验基地进行（浙江富

作者：陶龙兴、王　熹、谈惠娟、张夫道（通讯作者），原载于2006年第21卷第1期《杂交水稻》。

阳)，田间肥力均一，2002 年作单季稻种植，5 月 20 日播种，6 月 20 日移栽，移栽规格 20 cm×30 cm，田间管理同大田生产，分析测定材料均取自田间。

（二）试验处理

1. 分蘖出生标记 从秧苗移栽开始，分 A、B 两组对主茎与分蘖分别挂牌标记，每 5d 挂牌 1 次，直至最高分蘖期，并标明分蘖出生类型（秧田分蘖、大田分蘖）与顺序。A 组材料用于不同时期的功能叶取样，B 组材料用于成熟时考查分蘖成穗率及穗部性状分析。

2. 水稻不同分蘖及功能叶的定义 除水稻主茎外，最早产生的分蘖为第 1 分蘖，次后产生的分蘖为第 2 分蘖，再后产生的分蘖为第 3 分蘖，依此类推；在本试验中，主茎为第 0 个分蘖。本文中的功能叶定义为单茎最上部的一片完全展开叶。

3. 不同分蘖功能叶取样 从最高分蘖期前 7d 开始，每隔 7d 取样 1 次，直至水稻齐穗期，每次取样 15 丛，并按不同分蘖类型分样，取不同分蘖的最上面一张完全展开叶（功能叶）。将功能叶（10 片）用清水冲洗擦干后按叶脉方向分成 3 段，取中部叶段，剪碎混匀后先用液氮处理，后放置于低温冰箱（−30℃）保存待测。

4. 植物激素的提取与测定 取低温保存的叶片鲜样 2 g，放入研钵中，加 1 g 石英砂及 3 ml 80%冷甲醇，充分磨成匀浆后转入离心管，并用 3 ml 80%冷甲醇冲洗，合并液体后于 0℃下静置 1 h，0℃条件下 8 500 g 离心 20 min，上清液用 Waters 公司生产的 Sep -PAKC18 小柱纯化后待测。采用酶联免疫法（ELISA）分析吲哚乙酸（IAA）、脱落酸（ABA）及赤霉素（GA_1）含量，测定方法基本按吴颂如等的方法进行。

二、结果与分析

（一）功能叶中 IAA 含量的动态变化

从不同分蘖的功能叶中吲哚乙酸（IAA）水平随水稻发育进程的动态变化（图 1）可以看出，同一分蘖不同时期功能叶中 IAA 的水平差异甚大，不同分蘖的功能叶中，IAA 的水平也不同。在最高分蘖期前 7d 至最高分蘖期后 7d，主茎功能叶中 IAA 水平相对低于第 1、3 分蘖功能叶中 IAA 的水平；第 1、3 分蘖功能叶中的 IAA 含量始终保持较高水平，而第

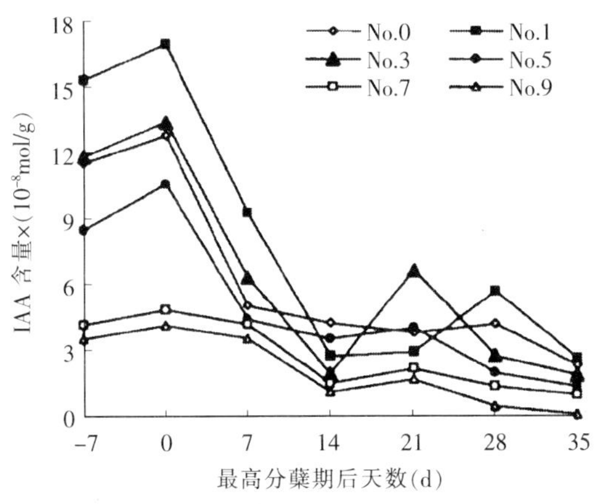

图 1　不同分蘖功能叶中 IAA 含量的变化

7、9 分蘖功能叶中 IAA 含量一直维持在低下水平。不同功能叶中 IAA 水平的总的变化趋势为：最高分蘖期最高，14d 后跌入低谷，最高分蘖期后第 21d 略有上升，以后平稳下降。

（二）功能叶中 GA_1 含量的动态变化

从不同分蘖功能叶中的赤霉素（GA_1）含量动态变化（表 1）可以看出，除主茎及第 1 分蘖外，功能叶中 GA_1 的水平随发育进程呈上升趋势，即最高分蘖期前 7d GA_1 含量较低，随后开始上升，至最高分蘖期后 35d（齐穗期）达最高点。但功能叶中 GA_1 水平上升的幅度随分蘖出生的推迟而减小，如最迟出生的第 9 分蘖功能叶中，齐穗期 GA_1 含量上升至 2 658.7 pmol/g，比最高分蘖期前 7d 的 GA_1 含量（1 243.9 pmol/g）仅增加 1 倍左右，而同一时间段的第 2 分蘖增加了近 28 倍。主茎及第 1 分蘖功能叶中 GA_1 水平随发育进程变化表现出先降后升的趋势。同一发育时期的不同分蘖间功能叶中 GA_1 水平差异明显，从最高分蘖期前 7d 至最高分蘖期后 28d，就其总变化趋势而言，随着分蘖出生时间的推迟，功能叶中 GA_1 的水平逐渐上升。从最高分蘖期后 28d 至最高分蘖期后 35d，主茎及大分蘖功能叶中的 GA_1 含量大幅度上升，其上升的幅度远远超过出生较迟的小分蘖，如第 2 分蘖功能叶中 GA_1 含量，在最高分蘖期后 28d 为 12.87×10^{-10} mol/g，齐穗期上升至 221.27×10^{-10} mol/g，增加了 16 倍，而同一时期的第 9 分蘖功能叶中 GA_1 含量仅增加了 0.4 倍。把最高分蘖期前 7d 至最高分蘖期后 28d 的 6 次样品功能叶 GA_1 含量求和，不同分蘖 GA_1 总含量从高到低的排名分别为第 9、8、7、6、5、1、4、0、2、3 分蘖；值得注意的是，如果把最高分蘖期前 7d 至齐穗期的 7 次样品功能叶 GA_1 含量求和，则各分蘖 GA_1 总含量从高到低的排序分别为第 2、1、0、3、4、5、6、7、8、9 分蘖，与前次排序几乎相反。

表 1　不同分蘖功能叶中的赤霉素（GA_1）含量变化

（$\times10^{-10}$mol/g）

最高分蘖期后天数（d）	主　茎	第1蘖	第2蘖	第3蘖	第4蘖	第5蘖	第6蘖	第7蘖	第8蘖	第9蘖	合　计
−7	9.89	9.12	7.56	6.15	5.58	7.01	7.84	9.59	11.02	12.44	86.20
0	9.25	8.83	7.89	7.01	6.11	7.64	8.97	10.06	12.16	13.25	91.17
7	7.48	11.85	8.51	7.16	6.85	8.87	9.69	11.26	13.27	14.28	99.21
14	6.57	7.41	8.72	7.82	7.21	9.39	12.86	12.15	14.58	15.25	101.96
21	10.29	9.94	9.65	8.29	13.98	12.65	12.99	13.85	16.05	16.18	123.88
28	11.79	11.20	12.87	12.93	16.59	14.80	13.42	15.91	19.92	18.66	148.09
35	144.08	173.94	221.27	99.75	76.18	62.56	57.01	47.92	32.07	26.59	941.36
总　和	199.34	232.30	276.49	149.10	132.50	122.92	122.78	120.74	119.06	116.64	
排　序	3	2	1	4	5	6	7	8	9	10	

（三）功能叶中 ABA 含量的动态变化

表 2 为不同分蘖功能叶中的脱落酸（ABA）含量，从表 2 可以看出：不同分蘖功能叶中 ABA 的水平不同。主茎及第 1、第 2 大分蘖 ABA 水平的变化随发育进程呈上升趋势，即最高分蘖期前 7d ABA 含量较低，随后开始上升，至最高分蘖期后 35d（齐穗期）达最高点。第 3～9 分蘖功能叶 ABA 水平随发育进程呈“V”字形变化，即先下降后上升，转折点

约在最高分蘖期后 14～21d。同一发育时期的不同分蘖间功能叶中 ABA 水平不同。从最高分蘖期前 7d 至最高分蘖期后 21d，随着分蘖出生时间的推迟，不同功能叶中 ABA 的含量变化幅度较小，没有明显的变化规律；从最高分蘖期后 28d 至最高分蘖期后 35d，不同功能叶中 ABA 的水平随着分蘖出生时间的推迟基本上呈“V”字形变化，与各分蘖功能叶中 ABA 的水平相比，主茎功能叶中的 ABA 水平相对较低。从最高分蘖期前 7d 至最高分蘖期后 21d，不同分蘖功能叶中 ABA 水平变化相对比较平缓。最高分蘖期后 28～35d，出生较迟的第 7～9 分蘖功能叶 ABA 水平大幅度上升，其上升的幅度远远超过其他分蘖。如第 1 分蘖功能叶中 ABA 含量，最高分蘖期后 21d 为 6.34×10^{-10}mol/g，至齐穗期上升至 18.72×10^{-10}mol/g，增加了近 2 倍，而同一时期的第 9 分蘖功能叶中 ABA 含量从 3.00×10^{-10}mol/g 上升至 61.26×10^{-10}mol/g，增加了近 20 倍。

表 2　不同分蘖功能叶中的脱落酸（ABA）含量变化

（$\times10^{-10}$mol/g）

最高分蘖期后天数 (d)	主　茎	第 1 蘖	第 2 蘖	第 3 蘖	第 4 蘖	第 5 蘖	第 6 蘖	第 7 蘖	第 8 蘖	第 9 蘖	合　计
−7	2.42	4.60	6.94	7.66	6.97	6.89	6.25	5.89	5.30	7.01	
0	2.87	5.13	7.26	7.04	6.71	6.54	6.10	5.78	5.08	6.68	59.18
7	4.07	5.21	7.79	6.55	5.97	6.04	5.09	4.77	4.25	5.03	54.75
14	4.65	5.74	8.28	5.18	5.67	5.01	4.37	3.75	3.20	5.00	50.86
21	5.29	6.34	8.87	4.30	5.63	3.65	4.58	4.73	3.19	3.00	49.58
28	9.01	6.73	8.94	5.15	4.93	5.15	5.01	15.28	26.71	40.16	127.07
35	11.87	18.72	20.56	16.63	10.47	9.32	12.50	36.63	43.79	61.26	241.73
总　和	40.17	52.46	68.64	52.51	46.34	42.60	43.89	76.83	91.52	128.15	
排　序	10	6	4	5	7	9	8	3	2	1	

（四）不同分蘖功能叶激素水平与成穗率的相关性

考种结果表明，在本试验条件下，主茎及第 1～3 分蘖的成穗率均为 100%，第 4～5 分蘖的成穗率分别是 98%与 95%，第 6～9 分蘖的成穗率分别是 71%，55.3%，25.6%及 11.6%。对不同等级分蘖成穗率的变化与最高分蘖期后 14d 不同分蘖功能叶激素水平变化的单因子变量模型参数分析表明，分蘖成穗率与分蘖功能叶中吲哚乙酸含量呈极显著正相关，相关系数为 0.769 5，与分蘖功能叶中脱落酸含量呈极显著负相关，相关系数为−0.882 7。把促进型激素含量总和（IAA+GA1）与 ABA 相除的商再与分蘖成穗率作线性回归分析，结果为极显著正相关，相关系数为 0.969 8。

三、小结与讨论

在水稻生产中，籽粒灌浆结实前消亡的无效分蘖，对水稻产量有微弱贡献，但消耗了相当一部分光合产物及根系吸收的无机营养，影响水稻产量的发挥。20 世纪 90 年代初期，国际水稻研究所的科学家提出了水稻“理想株型”，其主要观点为大穗、低分蘖能力、中等株高、强根系、高收获指数等，并追求100%的分蘖成穗率。中国稻作学家经过长期的生产实践后，提出了分别适合中国北方粳稻稻作区、长江中下游稻作区及南方稻作区的3种“理想株型”的模型，认为一定数量的无效分蘖有利于次库物质向籽粒的运转，对高产潜力的发挥有积极贡献。本试验通过对不同时期出生的分蘖挂牌标记，系统测定了不同分蘖功能叶在不同发育进程的激素变化，并分析了不同激素水平与其分蘖成穗率的相关性。本试验中，功能叶中吲哚乙酸的水平在最高分蘖期达到峰值，其后14d内吲哚乙酸水平大幅度下降，之后开始上升，于最高分蘖期后第21d又形成一个较小峰值，至最高分蘖期后第35d降至最低值。从协优9308穗发育进程来看，最高分蘖期后第35d正进入受精灌浆阶段期，籽粒启动灌浆需要较高的IAA水平，可能此时功能叶中的吲哚乙酸大多以其合成前体——脯氨酸的形式存在，有利于向穗部的快速输出。功能叶中GA_1水平的上升幅度在最高分蘖期至最高分蘖期后第28d表现比较平缓，在最高分蘖期后第28d至最高分蘖期后第35d的时间段，GA_1水平的上升幅度激增，这可能与籽粒的受精及灌浆需要较高浓度的赤霉素有关。从最高分蘖期后21d开始，出生较迟的第7～9分蘖功能叶ABA水平大幅度上升，其上升的幅度远远超过其他分蘖功能叶中ABA含量的上升幅度，且越是晚出生的分蘖，其功能叶中ABA的上升幅度越大，而这部分分蘖的成穗率相对较低，可能与小分蘖在发育后期的消亡有关。功能叶中促进型激素（IAA、GA_1）的水平往往在第1～3分蘖中较高，主茎功能叶中促进型激素的水平排在其后，而它们在每穗总粒数、结实率及千粒重等穗部指标上没有差异，这与水稻生殖生长后期主茎的顶端生长优势不明显的事实相符。不同分蘖的成穗率与最高分蘖期后14d不同分蘖功能叶中IAA水平呈极显著正相关，与ABA水平呈极显著负相关，与（IAA+GA_1）/ABA呈极显著正相关，由此推测，多种激素调控水稻的分蘖成穗率，IAA对分蘖成穗率起重要促进作用。关于孕穗期前后功能叶中激素的流向、分配以及与灌浆初期籽粒中内源激素的关系等尚待进一步研究。

内源IAA对协优9308籽粒灌浆的生理作用

利用亚种间杂交优势是我国超级杂交稻选育的主要途径之一，袁隆平指出亚种杂交稻存在结实率低、充实度差的普遍性。研究证明，亚种杂交稻结实率低下主要表现为秕谷率高，往往发生在1穗的弱势粒，1穗中先开花的强势粒先灌浆结实，后开花的弱势粒后充实灌浆，即所谓“阶梯式灌浆”或“两步灌浆”。解释这种“有序、异步灌浆”的生物学现象有两种基本观点，即“库/源/流限制”说及“能量障碍”说，这两种解说在相关领域主导了几十年。植物生理学专家认为，内源激素调控1穗中籽粒发育过程，亚种间杂交水稻强、弱势粒的灌浆异步现象是一种“粒间顶端优势”现象，这种现象似为内源IAA所调节。基于前人关于多种内源激素在籽粒发育成熟过程中重要作用的研究，本文试图通过植物激素生理学研究，并结合同位素示踪技术，阐述IAA与籽粒灌浆的相互关系，探索亚种间杂交稻结实障碍的生理原因。

作者：陶龙兴、王　熹、张夫道（通讯作者），原载于2003年第17卷第4期《核农学报》。

一、材料与方法

（一）材料

选用杂交稻协优 9308 及其恢复系中恢 9308 为材料，协优 9308 是农业部跨越计划“超级杂交稻的技术集成”中的首选组合，最高实收产量达到 $12t/hm^2$，属大穗型高产组合，每穗籽粒数在 200～220 粒，“二段灌浆”现象明显。3H－葡萄糖、3H－色氨酸及 3H－吲哚乙酸由中国原子能科学研究院帮助标记合成，所有样品都经过纸层析纯化。

（二）方法

1. 田间试验　在中国水稻研究所试验基地进行，田间肥力均一，田间管理同大田生产。杂交组合及其恢复系以间比法排列种植，小区面积 6m×6m，重复 4 次，穗部性状考种及籽粒灌浆分析、植物生长调节剂对灌浆结实的影响等材料均取自田间。

吲哚乙酸处理：于破口前 3d 挂牌标记同期抽穗且发育一致的穗头，用毛笔向剑叶、剑叶鞘及穗茎涂抹浓度为 2mmol/L 的三碘苯氧乙酸（TIBA）或浓度为 10mmol/L 的 2－（对-氯苯氧）—异丁酸（PCIB），TIBA 或 PCIB 用 5％吐温配制，并分别于破口前 2d、破口当天、开花（顶端 1/5 穗开花）、花后 1、3、5、7、9d 取样。强、弱势粒的分取方法同田淑兰等，样品先用液氮速冻处理后放入－20℃冰柜储存备用。

2. 盆栽试验　试验用土取自水稻田表土，每桶（ϕ45cm）装干土 20kg，每盆栽 1 丛（单本插），示踪分析材料取自盆栽。处理时期在破口前 3d，选择发育一致的穗头挂牌标记，先用毛笔在剑叶上涂抹 5％吐温（约 0.5ml），再用定量加液器定量滴加同位素 20μl，放射强度为 200μCi/ml，TIBA 及 PCIB 的处理部位及时期同田间处理。同位素处理后 6h、12h、1d、2d、3d、5d、7d、9d 取样，样品先用液氮速冻后放入－20℃冰柜贮存备用。

3. 放射性样品的制备与测定

（1）3H－IAA 的提取：取籽粒鲜样 150 粒，加 5ml 80％乙醇匀浆，用 10ml 80％乙醇分 2 次洗涤，合并后置离心管中于 0℃静置过夜，0℃、8 500g 离心 20min，取上清液于试管中，冻溶法（－40℃）去除大部分色素，氮气吹干后用 80％乙醇定容至 5ml 待液闪测定。

（2）同位素样品的制备：将样品烘干至恒重，磨粉后称取 500mg，氧化燃烧法制样，氧化吸收 4min，用 Wallac 1414 LSC 测定放射强度。闪烁液配方：10g PPO＋0.5g POPOP＋350ml 乙二醇乙醚＋650ml 二甲苯，液体闪烁计数仪型号为 Wallac 1414 LSC。

（3）糖类样品的制备：样品烘干、粉碎，取 500mg 样品，加入 20ml 80％乙醇，在 80℃水浴上提取 30min，3 000 转离心，倾出上清液，残渣再分别用 2×10ml 80％乙醇提取 15min，合并提取液，在水浴上蒸干，用 3ml 重蒸馏水重新溶解，离心，过 45μm 膜，滤液准备 HPLC 进样。HPLC 分析条件：Waters Millennium 2010 液相色谱系统。色谱条件：Sugar－Pak I（6mm×300mm）柱，柱温为 90℃；流动相：水（含 0.001mol/L EDTAER 二钠钙），检测器：RI4014X，进样量 20μl。外标法测定果糖、葡萄糖及蔗糖的含量，仪器的最小检测量为 10～6g。

（4）ELISA 测定样品的前处理：取鲜样 100 粒，称鲜重，于磨钵中加 2g 石英砂及 3ml 80％冷甲醇，充分匀浆后转入离心管，用 3ml 80％冷甲醇冲洗，合并后 0℃静置 1h，0℃8 500g

离心 20min，上清液用 Waters 公司生产的 Sep-PAKC18 小柱浓缩纯化后待 ELASA 测定。

（5）IAA 的测定：采用酶联免疫法（ELISA），在南京农业大学植物激素研究室完成。测定方法基本按吴颂如法进行，样品中 IAA 含量以 OD 490nm 值对数换算。

二、结　　果

（一）强势粒、弱势粒的灌浆动态

从图 1 可以看出：（1）超级杂交稻协优 9308 与其恢复系中恢 9308 的强势粒在受精后 1d 就开始表现出增重的趋势，协优 9308 强势粒的灌浆势高于中恢 9308。受精后 9d 协优 9308 百籽粒干重达 1.41g，是中恢 9308 的近 1.4 倍；（2）协优及中恢 9308 的弱势粒在受精后 3d 干物质开始增加，从受精后 7d，中恢 9308 弱势粒的灌浆势高于协优 9308，至受精后 9d，中恢 9308 百籽粒弱势粒干重 0.586g，是协优 9308 的约 1.4 倍；（3）协优 9308 强势粒与弱势粒之间籽粒灌浆速率的差异明显高于中恢 9308，例如受精后 9d，协优 9308 强势粒（100 粒）的干重 1.41g，是弱势粒干重（0.44g）的 3.2 倍，而中恢 9308 强势粒干重（1.026g）是弱势粒（0.586g）的 1.8 倍。

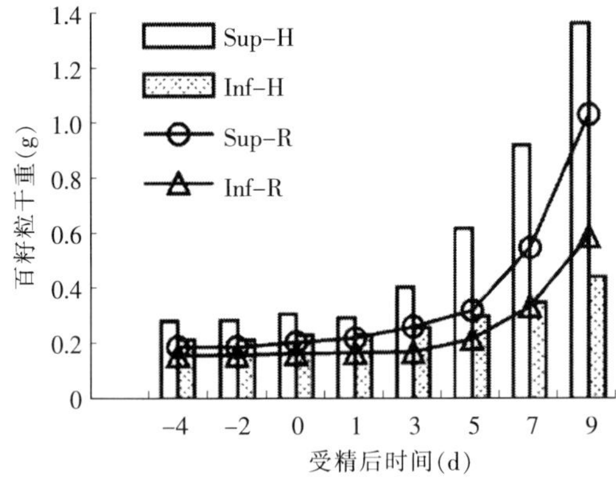

图 1　协优 9308 及其恢复系中恢 9308 灌浆初期的灌浆动态

（Sup-H：协优 9308 强势粒；Inf-H：协优 9308 弱势粒：Sup-R：中恢 9308 强势粒；Inf-R：中 9308 弱势粒）

（二）强、弱势籽粒中糖的变化

用液相色谱法对水稻籽粒中 3 种主要糖即蔗糖、葡萄糖及果糖进行测定，结果表明（表 1）：

表 1　灌浆初期籽粒中糖分含量的变化

（g/kg DW）

受精后天数（d）	协优-9308				中恢-9308			
	蔗　糖	葡萄糖	果　糖	总　计	蔗　糖	葡萄糖	果　糖	总　计
				强势粒				
−2	1.05	1.28	5.98	8.31	0.96	1.54	7.96	10.46
0	0.90	1.16	5.73	7.78	0.66	1.07	7.25	8.98

（续）

受精后天数（d）	协优-9308				中恢-9308			
	蔗　糖	葡萄糖	果　糖	总　计	蔗　糖	葡萄糖	果　糖	总　计
1	0.78	1.25	5.83	7.87	0.92	1.63	7.57	10.12
3	5.45	5.68	13.33	24.46	0.98	2.68	7.86	11.53
5	6.06	6.04	13.46	25.56	1.06	5.48	11.46	17.99
7	7.24	5.01	10.21	22.46	6.85	8.32	9.02	24.19
9	5.68	4.32	7.27	17.26	5.89	6.54	7.02	19.45
弱势粒								
−2	2.58	2.56	8.56	13.70	0.86	1.50	10.24	12.60
0	1.70	2.46	7.39	11.55	0.66	1.37	8.25	10.28
1	1.51	2.32	4.83	8.66	0.56	0.63	6.20	7.39
3	2.03	2.48	9.36	13.86	0.90	3.41	6.43	10.74
5	3.50	2.60	11.34	17.44	1.25	5.28	10.24	16.77
7	4.13	4.20	12.65	20.98	3.88	8.55	11.35	23.78
9	4.52	6.03	16.54	27.09	4.12	9.68	12.02	25.82

1. 强势粒：协优 9308 从受精前 2d 至受精后 9d，强势粒中 3 种糖含量的变化呈现高—低—高—低的变化态势。以果糖为例，破口期含量较高（5.98g/kg DW），受精当天达到最低值（5.73g/kg DW），至受精后 5～7d 达到峰值（13.46g/kg DW），之后开始下降，至受精后 9d 下降至 7.27g/kg DW。其恢复系的强势粒糖含量变化趋势与之相似。

2. 弱势粒：协优 9308 弱势粒糖含量的变化表现为高—低—高的 V 字形曲线。以果糖为例，破口期弱势粒中果糖含量为 8.56g/kg DW，高于受精后 1d 值（7.39g/kg DW），至受精后 9d 达到 16.54g/kg DW，并继续呈现出上升趋势。中恢 9308 弱势粒糖含量变化趋势与协优 9308 相似。

3. 在受精后 9d，协优 9308 及其恢复系中恢 9308 的强势粒中 3 种糖总含量低于弱势粒中 3 种糖总含量。例如，协优 9308 与中恢 9308 的强势粒中 3 种糖总量分别是 17.26g/kg DW 与 19.45g/kg DW，而此时弱势粒中 3 种糖的总含量分别为 27.9g/kg DW 及 25.82g/kg DW，分别是强势粒中 3 种糖总含量的 1.62 倍及 1.32 倍。

4. 从表 1 还可以看到，灌浆初期，籽粒中的糖以果糖为主，占 50%左右，其次为葡萄糖，蔗糖含量较少。

（三）3H-标记化合物在籽粒中的分配与转化

于协优 9308（盆栽）破口前 3d，选择大小及发育一致的穗子进行挂牌标记，在剑叶上涂抹 3H-葡萄糖（3H-G）、3H-吲哚乙酸（3H-IAA）以及 3H-色氨酸（3H-Try），于不同时期取样，经分析测定计算出强、弱势粒中放射性强度，并通过提取 3H-IAA 的方法，计算出 3H-Try 转化为 3H-IAA 的转化效率，结果见表 2。同位素处理后 6h，3 种标记化合物在籽粒中就有较高的积累，于处理后 2～3d 达到峰值，之后由于光合产物向籽粒的运输，籽粒中单位重量的放射性物质逐渐被稀释，3 种标记化合物在籽粒中的放射性强度逐渐下降。强势粒与弱势粒表现出相似的变化趋势。在 3H-G 喂饲后 2d 前，3H-G 在弱势粒中的积累低于强势粒。从第 3d 开始，3H-G 在弱势粒中的积累开始超过强势粒，并维持超过强势粒积累量 40%～70%的优势。从同位素处理后 6h 至处理后 15d，3H－IAA 及 3H－Try 在强势粒中的积累量一直高于弱势粒，这种差异于同位素处理后 1～3d 达到最大，两种放射性物质在强势粒中的积累是弱势粒的 5.6～11.6 倍。利用 3H－Try 喂饲处理的样品，采用植物内源激素的提取方法，测定籽粒中的 3H－IAA 的放射性强度，并与未经提取处理的样品相比，即可计算出 3H－Try 转化为 3H－IAA 的转化效率。从表中可以看到，强势粒 3H－Try 转化为 3H－IAA 的效率在 40.7%～85.6%，弱势粒在 33.4%～75.1%，强势粒高出弱势粒 7.3～17.5 个百分点。

表 2　协优 9308 强、弱势粒对标记同位素的吸收与转化

处理后时间	放射强度（Bq）										
	^{3}H-glucose		^{3}H－IAA		^{3}H－Try		^{3}H-Try to ^{3}H－IAA				
	S	I	S	I	S	I	S	%	I	%	S%～I%
6h	2 016	2 900	800	148	950	321	813	85.6	241	75.1	10.5
12h	11 700	8 000	3 800	500	4 980	1 100	3 819	76.7	730	66.4	10.3
1d	35 700	16 900	7 570	1 180	22 800	1 869	17 320	76.0	1 230	65.8	10.2
2d	38 900	32 600	24 500	2 106	24 369	2 564	19 000	77.3	1 700	66.3	11.0
3d	34 302	50 300	25 400	4 300	22 592	4 000	16 570	73.3	2 550	63.8	9.6
5d	26 760	47 400	23 300	4 700	16 100	4 680	12 830	79.7	3 000	64.1	15.6
7d	20 807	28 176	19 856	3 500	12 700	3 750	7 490	59.0	1 680	44.8	14.2
9d	17 400	22 146	14 500	2 879	8 100	3 900	4 360	53.8	1 547	39.7	14.2
11d	12 300	17 077	3 700	2 000	2 320	3 800	1 310	56.5	1 707	44.9	11.5
13d	9 077	12 447	1 500	1 500	1 600	3 100	1 049	65.6	1 490	48.1	17.5
15d	6 067	10 129	900	1 500	1 203	2 991	490	40.7	1 000	33.4	7.3

注：S：强势粒；I：弱势粒。

（四）吲哚乙酸抑制物质对标记化合物运输及转化的影响

三碘苯氧乙酸（TIBA）是吲哚乙酸运输抑制剂，2－（对-氯苯氧）-异丁酸（PCIB）为吲哚乙酸生物合成抑制剂。在破口前 3d，先对剑叶、剑叶鞘及穗茎喂饲这两种化合物，再进行同位素喂饲处理，以考查 TIBA 及 PCIB 抑制 3H－IAA 在籽粒中累积的效果，取样测定此时籽粒对 3H－G 的吸收积累情况，分析 IAA 水平对 3H－G 积累的影响，见图 2。图 2－A是 TIBA 抑制 3H－IAA 运输的动态曲线，喂饲物为 3H－IAA。可以看出，施用 TIBA 后，强、弱势粒中 3H－IAA 的放射性强度明显降低。例如，未经 TIBA 处理的籽粒，其强、弱势粒对 3H－IAA 吸收峰值分别为 25 000Bq 和 6 800Bq，TIBA 处理后，相应的吸收峰值分别为 14 100Bq 和 2 700Bq，相当于未施用 TIBA 的 56.4%和 39.7%。另外，施用 TIBA 后，籽粒到达吸收峰值的时间也推迟了 2d。

图 2－D 是 PCIB 对 3H－Try 吸收总量的影响，喂饲物为 3H－Try，测定物为 3H 放射性总量。对照中强、弱势粒的放射性峰值分别为 24 800Bq 和 4 680Bq，施用 PCIB 后，强、

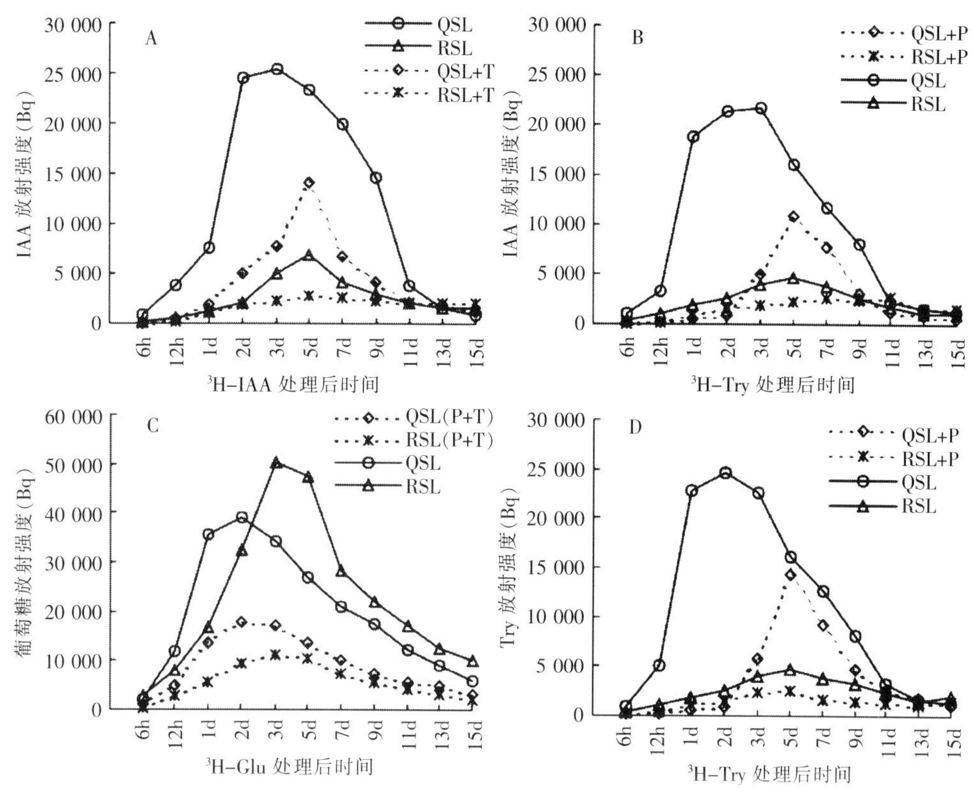

图 2　IAA 阻抑剂对核素在籽粒中累积的影响

弱势粒的放射量峰值分别降低到 14 300Bq 和 2 600Bq，为相应对照值的 57.6%及 55.5%。从图 2－D 还可看出，强势粒达放射强度峰值的时间也因 PCIB 的作用而推迟了 3d，对弱势粒达放射强度峰值的时间没有明 277 显的影响。图 2－B 是 PCIB 抑制 3H－Try 向 3H－IAA 生物合成的动态曲线，喂饲化合物为 3H－Try，测定物为 3H－IAA。可以看到，未施用 PCIB 的对照，其强、弱势粒中 3H－IAA 的最大积累值分别为 21 800Bq 和 4 680Bq，而施用 PCIB 后相应的积累值为 10 800Bq 和 2 600Bq，仅为对照值的 49.5%及 55.5%，到达最大积累值的时间也因为 PCIB 的作用而推迟了 2d。图 2－C 是在对剑叶喂饲 3H－G 的同时，在剑叶、剑叶鞘及穗茎上施用 TIBA 及 PCIB，用于抑制内源 IAA 的合成及 IAA 向籽粒的运输。可以看到，TIBA＋PCIB 处理后，强、弱势粒中 3H－G 的放射量大幅度降低，强、弱势粒的放射量峰值（38 900、50 300Bq）仅为对照（未施 PCIB＋TIBA）值（17 940、11 290Bq）的 46.1%及 22.4%。对照中，从处理后 2d 开始，弱势粒中 3H－G 的累积值超过强势粒；TIBA＋PCIB 处理后，强势粒中 3H－G 的累积值始终高于弱势粒。

（五）外源 IAA 对籽粒结实率的影响

为了验证 IAA 对推动籽粒灌浆的作用，设计了 IAA 的淹没试验，即在协优 9308 破口前 2d，选择生长发育一致的幼穗，用毛笔定量涂抹不同浓度的 IAA（含 5%吐温），涂抹部位为整个幼穗。用高浓度的外源 IAA 处理来淹没（缩小）强、弱势粒籽粒间内源 IAA

水平的差异，成熟时取样，并按强、弱势粒分类，考查不同处理的穗部特性，结果见图 3。

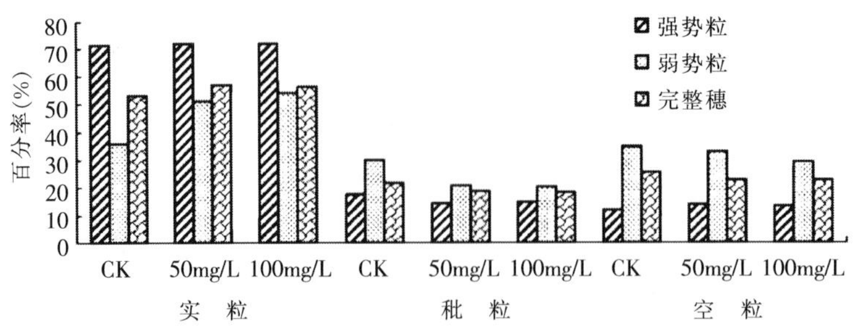

图 3　IAA 淹没试验对结实率的影响

1. 实粒数　在本试验条件下，未进行任何处理的对照（CK）穗中，强势粒中实粒数占 71.2%，弱势粒中的占 35.7%，完整穗中的占 53%（结实率）。50mg/L IAA 淹没处理后，强势粒中的实粒数占 71.7%，弱势粒中的占 51%，完整穗的（结实率）为 56.9%，分别比 CK 增加了 0.5、15.3 个及 3.9 个百分点。100mg/L IAA 淹没处理的结果与 50mg/L 相似，即外源 IAA 处理幼穗明显提高了弱势粒籽粒中的实粒数比例，对强势粒中实粒数比例没有明显影响，整个穗子的结实率稍有提高。

2. 秕粒数　对照穗中，强势粒中秕粒数占 17.4%，弱势粒中占 29.8%，完整穗占 21.6%。50mg/L 淹没处理后，强势粒中秕粒数占 14.4%，弱势粒中占 20.6%，完整穗占 18.5%，分别比 CK 下降了 3.0、9.2 个及 3.1 个百分点，即 50mg/ IAA 处理幼穗明显降低了弱势粒中秕粒所占比例，强势粒及完整穗中秕粒比例也因 IAA 处理而降低。

3. 空粒数　IAA 淹没处理后，强势粒中空粒数比例上升 2 个百分点，而弱势粒中的空粒比例下降了约 4～5 个百分点。完整穗的空粒数比例下降了 2.8 个百分点。

三、讨　　论

我国大面积种植的亚种间杂交水稻，如协优 9308、两优培九、IIyou162 等，显示了 10～12t/hm^2 的高产水平，是解决我国粮食安全的重要途径。但无论是品种间杂交稻还是亚种间杂交稻，普遍存在结实障碍，限制了产量潜力的发挥。稻作学家十分重视杂交稻结实生理研究，认为杂交稻结实率低的主要原因是由于“两段灌浆”导致弱势粒的结实率低，而这种现象的生理学本质是“粒间顶端优势”现象。本文从激素生理学的角度，研究了 IAA 运输抑制剂 TIBA 以及 IAA 合成抑制剂 PCIB 对籽粒中 3H－IAA 水平的影响，以及吲哚乙酸及其抑制物质对光合产物在籽粒中分配的影响。结果表明，IAA 具有推动籽粒灌浆的生理作用，似为启动籽粒灌浆的活性物质，本文还验证了外源吲哚乙酸可以调节水稻一穗中存在的“粒间顶端优势”现象的观点。本试验还观察到，弱势籽粒中糖含量并非始终低于强势籽粒，在受精后 7d，弱势籽粒中的糖含量高于强势粒，由此推测，同化物供应可能不是弱势粒灌浆慢、充实不良的唯一原因，弱势籽粒中较高的糖浓度不利于光合产物向弱势籽粒的输送。因此，与糖转化为淀粉有关酶的生理活性可能也是弱势粒充实的重要限制因子。

无公害农产品市场准入及相关对策

改革开放以来，我国农业生产取得了世人瞩目的成就，尽管人口剧增，我国人均农业生产指数仍然达到181，比世界平均值115高57%，解决了近13亿人口的温饱问题。农业的高速发展，化肥、农药、兽药、饲料添加剂等农用化学品的大量使用起到了非常重要的作用。但由此而引发的土壤生产力下降、农产品污染与农业环境退化、生态环境破坏等严重问题，特别是农产品质量安全问题，成为新阶段农业生产能否可持续、高效发展的关键。随着经济全球化的趋势和我国加入WTO，我国农业生产不仅要满足整个国民经济对农产品的需求，而且不可避免地要卷入激烈的国际竞争。国际间农产品的贸易壁垒正在逐步消失，但农产品中农药残留等污染物问题依然存在，并随时都可能被某些国家特别是西方发达国家用作技术壁垒加以运用。在此形势下，发展无公害农产品生产成为我国农业生产与农产品贸易中非常重要的一环。无公害农业是以生产无污染的安全、优质、营养农产品和保持生态环境良性循环与农业可持续发展为目标，是由环保安全型生产资料、清洁生产过程控制技术、产品质量标准体系和检测技术等综合集约集成的新型现代农业体系。发展无公害农业的核心就是如何立足国情，把传统农业生产技术与现代农业高新科技相结合，建立农产品全过程生产质量控制，控制农业环境污染，改善农业生态环境，提高农产品质量和产量，增强农产品国际市场竞争力，提高农业效益，促进农业可持续发展。

一、国内外农产品污染现状及原因

众所周知，食物是人类生存最不可缺少的。然而，随着社会的进步和经济的发展，食物的营养和安全卫生问题越来越突出。化学药品、生长激素、食品添加剂等盲目使用，破坏人体平衡等造成的恶性事件屡见不鲜。随着环境的持续恶化，人们越来越重视无公害生态研究的重要性。粮食、水果、蔬菜等农作物和畜禽产品，尤其是蔬菜因生长速度快，生长期较短，可食用部分比例较高，与人类日常生活关系更密切，受污染后对人类影响较大而倍受重视。人们强烈期望生产和供应无污染、富营养的优质农产品。

（一）硝酸盐和亚硝酸盐污染

硝酸盐含量过高会在人体内还原成亚硝酸盐，引起高铁血红蛋白症，即亚硝酸盐中毒症。亚硝酸盐与人体次级胺结合形成亚硝胺将产生致癌作用。日本人每天摄入的硝酸盐相当于美国人摄入的3～4倍，因此日本人胃癌死亡率比美国高6～8倍。人体摄取硝酸盐81.2%来自蔬菜。由于蔬菜极易富集硝酸盐，所以蔬菜的硝酸盐污染最为严重。世界卫生组织（WHO）和联合国粮农组织（FAO）1973年规定，NO_3^- 的允许日摄入量为3.6 mg/(kg・d)。亚硝酸盐的允许日摄入量为0.13mg/（kg・d)。世界健康保护组织规定食品

与张俊清、史春余、何绪生、张　骏合作，原载于2002年第8卷第1期《植物营养与肥料学报》。

（鲜物）中硝酸盐含量不得超过700mg/kg；欧洲共同体卫生组织提出饮用水中NO_3^-最大限量为50 mg/L；美国规定饮用水中NO_3^-－N含量不得超过10mg/L。中国尚未制定食品中硝酸盐含量的标准，而蔬菜亚硝酸盐含量限量标准，以$NaNO_2$计为4mg/kg。按照这一标准，中国大部分地区蔬菜中硝酸盐和亚硝酸盐的污染已不容忽视。调查发现，北京市菠菜硝酸盐含量高达2 358 mg/kg，萝卜2 177 mg/kg；上海、广州等大城市部分蔬菜中亚硝酸盐含量超标2～8倍；山东省临沂市根茎叶类蔬菜中亚硝酸盐含量竟然超标近12倍；青岛市对25种蔬菜进行抽检，硝酸盐的检出率为100%，超标率高达84%。蔬菜污染的程度不得不引起人们的注意。氮素化肥和有机肥大量施用于菜田会明显提高蔬菜中硝酸盐含量。但不同种类蔬菜中的硝酸盐含量差别很大。一般叶菜和根菜类蔬菜的硝酸盐含量高于瓜、果、豆类蔬菜；同一蔬菜的不同品种、不同器官中的硝酸盐含量也不相同，这说明蔬菜中累积硝酸盐的数量受植物本身遗传因素与生理特性制约。氮肥形态、用量、施肥时期和施肥方法等均影响植物中硝酸盐含量。此外，化肥大量使用还造成土壤物理性状恶化、水体污染和空气污染等。

（二）重金属污染

我国各城市郊区都受到不同程度的重金属污染。上海市多种蔬菜及菜田土壤中7种重金属元素含量都显著增高，局部地区污染严重。沈阳市郊的各种蔬菜均受到不同程度的重金属污染，铜、锌、铅、铬、镉5种重金属的综合超标率达到36.19%。1996年调查表明，沈阳地区土壤均受到铅、镉、铬、汞污染，大白菜中铅超标率为100%，镉为58.3%；番茄镉、铅超标，黄瓜、菜豆、大白菜中锰、汞、铅均超标。铅是西安市郊区蔬菜中的主要污染元素，在检测的9种蔬菜样品中，铅的超标率为48.0%，最高超标6.91倍。天津市郊耕层土壤（0～20cm）中铜、铅、镉、汞、砷、镍等元素的含量均超过土壤背景值，大白菜、水萝卜、芹菜、小白菜4种蔬菜中铅和汞超标，蔬菜重金属污染主要是污水灌溉和施用污泥造成的。南京市郊小青菜中镉和汞含量超过了食品卫生标准；湖南邵阳市郊大白菜、大蒜、萝卜等蔬菜中镉的含量均超过卫生标准（0.05mg/kg），最高超标1.3～1.4倍。

不同种类的蔬菜对重金属的吸收富集能力不同。一般而言，根据蔬菜主要食用器官划分依次为叶菜类＞根茎类＞茄果类，蔬菜对镉的累积能力依次为叶菜类＞根菜类＞莴苣（茎）＞果菜类＞豆科类。不同重金属在蔬菜中的积累水平不同可能与蔬菜的生理功能有关。铜、锌是叶绿素组成元素，光合作用强的叶菜类和豆类、瓜果类蔬菜的营养体光合作用比根菜类蔬菜强。所以，含量明显增高。对于以大气污染为主要来源的气态和尘态重金属（如铅等），表面吸附能力较强的叶菜类中含量明显增高。蔬菜的重金属污染主要来自于工业“三废”的排放，工业“三废”包括废气、废水和废渣。工业“三废”中的重金属有铅、锌、铜、铬、镉、砷、汞等20多种物质，不但直接影响蔬菜生长发育，导致蔬菜减产；还以离子迁移形式通过土壤和水进入植物体内，在植物体内富集，进而使蔬菜品质变劣。对蔬菜影响较大的重金属有铬、镉、汞、砷等。据报道，全国遭受“三废”污染农田面积1 000万hm^2，不仅造成上百亿的经济损失，食用受污染农产品还会影响人畜健康。20世纪70年代初全国日排放污水量3 000万～4 000万t，目前已超过1亿t，其中大部分未作处理就排入水体。经检测的532条河流中有436条受到了不同程度的污染。每年因污染事故就造成鱼虾贝类死亡达20万t。而且，城市生活垃圾、污泥及含重金属的农药、化肥也会造成农业环境中的重金属污染。此外，汽车尾气的排放也会影响附近的土壤和农作物的铅污染。目前，土壤环境中的重金属污染因其隐蔽性、不可逆性、长期性及后果的严重性而日益引起人们的重视。

（三）生物污染

生物污染物是指包括细菌、霉菌、寄生虫、病毒等直接对人体有害的或产生有毒物质的微生物。蔬菜生物污染与其他污染物不同，通过根从土壤吸收的可能性不大。蔬菜的生物污染主要来源于有机肥料（人畜粪便），屠宰厂排出的废物、废水以及生活污水灌溉，还有从医院排出的污水，含有各种沙门氏杆菌、各种病毒、大肠杆菌、寄生性蛔虫、绦虫卵等，如果不进行无害化处理，利用这些废弃物作肥料或排入菜田，就会引起土壤和水质污染并进而造成农产品污染，使消费者食用后引起多种疾病。在蔬菜中细菌的污染较为严重。一般叶菜类检出率最高，根菜类次之。因此，在无公害农产品生产中畜禽粪尿及农作物生物残体的无害化处理是十分关键的步骤。我国目前还没有一个统一的评价标准和检测标准。

（四）农药污染

进入 20 世纪 80 年代，随着温室、大棚蔬菜种植面积的迅速增加，蔬菜病虫害不断加重，每年总产量损失 20 %以上。各地在防治蔬菜病虫害中，大量使用化学农药，长江流域一般使用农药 30～45kg/hm^2，多的 75 kg/hm^2 以上；北方保护地蔬菜用量更大，据有关单位调查，北京郊区菜地用量为 135kg/hm^2 以上。大棚、温室由于黄瓜种植面积大，因此仅黄瓜用药量就占总用药量的 60%。1994 年北京市市场蔬菜抽样检测有机磷超标率 33.3%，其中韭菜有机磷超标率 100%，小白菜超标率 80%，白菜超标率 50%；有些菜农图省事，不管蔬菜是否有病虫，而是每周都喷 1 次杀菌剂，1 次杀虫剂，这样虽然蔬菜产量未受损失，但蔬菜中的农药残留量却让人触目惊心。20 世纪 90 年代初对我国生产和使用的农药品种毒理学评价结果表明，用量最多的前 5 种杀虫剂：甲胺磷、敌敌畏、敌百虫、乐果和氧化乐果均属危险级农药，它们或为高毒农药；或具有潜在的“三致”（致畸、致癌、致突变）作用。这 5 种农药占全国杀虫剂用量的 56.7%，农药总用量的 44.7%，加上其他危险级农药，其比例将超过全国总用量的 50%。农药对人类造成的危害不胜枚举。据统计，1992 年我国农药中毒人数 76 068 例，死亡 8 562 人；1998 年调查中毒人数 10 万人，死亡人数 23 000 人。以上仅为急性中毒情况，而慢性农药中毒则难以统计。大量数据表明，农药对我国食物污染最严重的是水果、蔬菜和茶叶。而其中以十字花科、茄科和葫芦科蔬菜特别是白菜、韭菜、黄瓜等的问题最大。就农药品种看，主要是一些高毒、剧毒有机磷、氨基甲酸酯杀虫剂问题最大。

（五）饲料污染

近年来，由于饲料安全问题而引发的食品安全问题的事件不断出现，如 1999 年比利时等西欧国家发生的二噁英污染而导致肉、蛋、奶污染的事件，引起了国际社会的极大关注。在全球闹的沸沸扬扬的“污染鸡”事件，最近法国食品卫生安全所负责人说很有可能是在饲料中掺入含有珀瑞玲（pyralene）的工业用油造成的。英国发生的“疯牛病”也是由于动物摄入被病毒污染的饲料感染而引起的。近几年，我国出口的畜产品由于农药、兽药残留量超标而遭到进口国退货和中断进口等事件时有发生。这些事件警示我们，必须重视饲料安全性。

目前我国饲料行业中还存在一些问题，主要包括人为地加入有毒有害化学物质（例如瘦肉精）、过量添加微量元素、环境化学污染物对饲料造成污染、饲料含有天然有毒有害物质、饲料霉变、饲料被致病微生物污染等问题。其中过量添加微量元素还导致产生另一个环境问题。由于高铜和高锌对猪有促进生长等作用，很多厂家竞相在饲料中添加铜和锌。但饲料中过量铜和锌的使用，不仅引起畜禽中毒，而且危害人体健康。畜禽粪便中含有大量重金属，还造成环境污染。有机砷制剂（对氨基苯砷酸等）的使用带来的环境砷污染令人担忧。砷容易在植物，特别是在水生生物中富集，最后转移到人类食物链中，从而危害人体健康。国内畜禽生产污染环境严重，例如我国养猪场普遍使用砷制剂和高铜、锌饲料，并使用火碱消毒。在年出栏1万头的猪场，粪便中每年排泄砷元素量为150kg，折合As_2O_5为230kg；排出铜元素450～750kg，折合$CuSO_4$ 1 130～1 583kg，排出废水的pH为9～10。另外，还有Zn、Mn及P、S的污染问题。进入21世纪，随着人们环保意识的进一步增强，生产无污染的蔬菜和肉制品，将受到全社会的关注。

二、国内外无公害农业发展现状

在表达农产品内在质量方面，近些年来出现不少提法：如无公害农产品、绿色农产品、有机农产品、无污染农产品等。蔬菜作为一种食品有绿色食品蔬菜、无公害蔬菜、有机蔬菜、无污染蔬菜、健康食品蔬菜、环保蔬菜、洁净蔬菜、放心蔬菜等。尽管提法很多，着眼点和要求也有差别，但其最基本的要求却是一致的，即蔬菜优质、营养、无污染。有机农产品从作物栽培角度要求不施用合成农药和化肥，肥料以天然有机物及粪肥补给，且不说在植物营养学上的不科学性，即使在实践中起码在中国是行不通的。无公害农产品则重点从其名称上就强调了对农产品中污染物含量控制的要求。因此，无公害农产品的基本属性是优质、洁净、安全，即污染物含量符合规定要求。

（一）国内外绿色战略形势

当今全球范围的环境恶化和日益严重的生态危机迫使人们采取共同行动来保护人类赖以生存的地球环境。近些年来各国环保战略开始了新的转折，在产品结构调整时出现了新的绿色战略趋势，绿色产品和绿色技术（无害化生产技术）不断问世。

绿色产品是指产品从原料及能源的选择和使用及整个生产过程都符合规定的环保要求，对生态环境无害或危害极少，有利于资源再利用的产品。目前绿色产品包罗了各种各样的产品，食品作为人类生存的基础受到了普遍重视。世界各国都制订了食品中各种污染物的容许含量标准。欧盟国家一直注重加强对化学农药使用的管理；自巴西“世界环境和发展”大会以来，日本推出和宣传了“环保型”农业，以具体的农业技术措施防治环境污染和农产品污染；澳大利亚提出可持续发展的农林渔战略，提出了“洁净食品计划”；瑞典作出决定，到2000年把10%耕地转为生态耕种以推动生态农业和生态食品；荷兰计划将农药使用量在2000年减少一半。蔬菜、水果和畜禽产品是我国传统出口商品。近年来，在国际贸易中对于食品卫生和环境监控进一步强化。俄罗斯对从中国进口的蔬菜、水果要求产品产地生态环境清洁，规定农作物种植时可使用的农药和禁用农药，并需附有产品检测报告和卫生报告。

美国对加工食品（粮食、干果、蔬菜）及茶叶等不允许含有敌敌畏和三氯杀螨醇残留。另一方面，在生产过程对环境的影响也将受到严格控制。最近国际标准化委员会（ISO）推出了环境管理标准 ISO14000，它涉及企业的环境管理、审核、环境影响、产品标志、产品生命周期评价等。产业界推崇的 ISO9000 侧重于产品质量和管理，两者将一起作为世界贸易的标准，它是世界贸易市场目前经过权威机构认证的一张"绿色"通行证。可见，发展我国无公害食品不仅是人们不断提高环保意识的需要，也是农产品国际贸易中必须考虑到的重要一环。

（二）我国无公害蔬菜生产的发展

早在 20 世纪 80 年代中期，全国植物保护总站在全国 22 个省、直辖市，200 多城市组织了无公害蔬菜生产实施计划，面积 10.6 万多 hm^2。其重点是减少蔬菜中的农药污染，主要通过植保人员和蔬菜技术人员等应用栽培措施、生物防治、合理用药等一系列措施达到蔬菜中农药残留符合食品卫生标准的要求，生产了无公害蔬菜 640 余万 t，大大推动了无公害蔬菜的发展。在此后的工作中，特别是大城市不少地区都开展了以降低蔬菜中污染物残留为目的的研究和实践。所生产的蔬菜有的称无公害蔬菜、无污染蔬菜，也有叫洁净蔬菜、卫生蔬菜等。污染物指标大多以重金属、农药为主，部分还增加了硝酸盐和生物性污染。产品也多以不同形式标明商品蔬菜的内在质量特点，以求得到市场的认可。但由于生产的无公害蔬菜没有统一机构认定，商品没有指定的权威性机构的检验，没有规定的标识等，产品也难免良莠难辨。

三、国内外无公害农产品标准

目前，人们越来越倾向于消费安全无污染的农产品。世界各国也都制定各自的农产品安全卫生标准，来保护各国人民的身体健康，同时维护国家的农产品经济贸易利益。但由于受各国的条件和社会综合因素的影响，世界各国制定的农产品安全卫生标准不尽相同，而且有时出入很大，这就要求政府研究了解其他各国农产品安全标准，以使自己国家在国际双边贸易中占据有利的地位。目前国际上主要考虑的农产品污染物有：致病病原菌、真菌毒素类、人造化学品及工业污染物、海藻毒素类和某些植物毒素类等污染物质，我国对其某些污染物质还没有引起足够的重视。世界各国都对农产品中一些污染物最大限量作了规定，相对于其他国家来说，美国和欧盟的限定标准要完备一些。美国、联合国粮农组织（FAO）、北美和欧洲一些发达国家还有日本等国也对食品中污染物控制标准作了详细的限定。

我国从 20 世纪 80 年代开始，由卫生部门牵头，先后颁布过两批以国标形式出现共涉及 62 种化学污染物在食物中最大限量标准。这些化学污染物主要涉及化学农药和少量诸如砷、汞、氰化物、多氯联苯等外来污染物；所涉及的农产品包括原粮、茶叶、蔬菜、水果、植物油等。与国外相应的标准相比，我国所颁布的农产品中化学残留最大限量控制标准还存在一些问题。

（一）控制标准项目数量少

联合国粮农组织（FAO）迄今已经公布了相关农药在食品中最大限量控制标准共 2 522 项，美国已经公布了类似标准 4 000 多项。其他诸如西欧、北美发达国家、澳大利亚、日本等有关国家及我国台湾地区都公布了数百甚至上千项控制标准，而我国目前仅有 62 项，差距相当明显。

（二）控制标准制定比较含糊

笼统地用原粮、蔬菜、水果、水产品等模糊概念来表示农产品或食物。相比之下，FAO和美国等国家一般用比较准确的食品名称来表达。据报道，美国已经制定了食物：165种苹果，87种梨，59种白菜，38种芹菜，36种菠菜中的化学农药残留最大限量控制标准；就农药讲，对甲萘威在150种、对硫磷在198种食物中制定了最大限量控制标准。

（三）有的项目控制过紧

我国对食品中敌敌畏、马拉硫磷、甲铵磷、对硫磷、甲萘威、亚胺硫磷等的最大限量控制标准明显比美国和FAO低。其他有关重金属如汞、砷、镉和硝酸盐也有类似的情况。标准控制过紧既不利于执行，又无法保证农药在农业上的合理使用，还可能使我国在国际农产品贸易中处于不利地位。

四、相关对策

借鉴发达国家的经验，发展我国无公害农业，从无公害新型生产资料、新产品入手，对农产品产前的无公害生产资料创新和环境条件改善、产中的清洁生产过程控制技术，产后农产品达到无公害质量标准、废弃物资源化利用，切实实现农产品生产全过程无公害控制才能最终实现无公害农产品的生产，为实现这一目标，需要在以下几方面做出努力。

（一）提高生产环境质量，使达到无公害农产品生产环境要求

无公害农产品生产基地环境条件主要是指与产出无污染、安全、优质的农产品密切相关的外界条件，其重点是基地内直接和间接影响农产品产量和质量的各类污染物的水平、比例和分布。农作物栽培生产过程中农药、肥料的施用以及农业废弃物的排放等对基地本身及其周围环境会产生直接和间接影响，因而在基地环境质量评价时作为污染源进行调查，并在农业生产中加以控制，维护基地的健康生态环境。无公害农产品基地的环境质量评价要素主要是大气、土壤和灌溉水。大气中的有害气体和物质、被污染的灌溉水、还有大气、灌溉水、或肥料和农药施用过程中造成的土壤污染均会直接或间接地影响农产品的品质和产量。因此，要通过各种手段，有效地抑制各种污染物在农业生态环境中的残留，提高生产环境质量，使之达到无公害农产品生产所要求的环境质量各项指标；同时建立农产品生产环境中污染物含量快速检测技术和环境质量监测控制技术，为无公害农产品的生产建立良好的前提条件是非常重要的。在采取各项措施时，还要考虑对作物产量、农产品污染物累积水平、土壤生物（土壤微生物和土壤动物）活性和数量以及地面水和地下水污染的影响。

（二）研制新型替代生产资料

目前农产品受到污染与所使用的生产资料也有很大关系，剧毒、高残留分解缓慢的农药的大量施用给人类带来了巨大的危害，含有潜在污染物如硝酸盐和重金属元素的传统肥料也给农产品的安全生产带来了威胁，含有各种激素如生长激素、雌激素等化学物质和含有重金

属添加剂的饲料不仅对饲养动物健康有危害作用，对人类身体健康也有非常大的潜在危害。目前我国农业生产中，造成产品污染严重的常规肥料、农药、兽药和饲料添加剂等，市场份额占到95%以上，用于生产无公害农产品的生产资料不足5%。随着无公害农产品在国内外市场需求量逐年递增，农民迫切期望使用环保新型替代农用生产资料，替代高污染、高残留的品种，加速研制新型替代安全生产资料已经势在必行。国家科研机构应该尽快研制高效、低毒、低残留安全型农药和生物源农药，降低农药使用量；研制环境友好型缓释控释肥、有机—无机复混肥和生物肥料，努力提高肥料利用率，降低损失；研制新型饲料添加剂，替代传统对人、畜有很大潜在危害的饲料添加剂；研制安全型兽药、疫苗，替代已有传统抗生素、抗病兽药、疫苗。

（三）改善无害化生产过程控制技术

我国传统的农业生产方式是以化学肥料、农药、兽药和饲料添加剂等农业生产资料为基础的生产技术系统，农业生产者片面追求数量。因此，缺乏相对完整、配套、可操作的无公害农产品生产过程控制技术体系、标准和具体措施。许多规模化的无公害生产基地、绿色食品基地、有机食品基地由于缺少无公害型农用生产资料的技术支撑，产品质量名不副实。必须建立起适合中国国情的无公害生产技术示范样板，真正实现产前—产中—产后的全程无害化生产技术管理。以无公害农产品生产为技术平台，进而为有机食品的升级和扩大发展提供技术支撑。从加强农牧业安全生产的角度，研究并应用生态调控杀灭病虫害技术、微生态调控防病技术；改善和提高农药使用技术，降低农药施用量；合理施用化肥，加强有机无机配施，平衡施肥，经济合理施用氮肥，提高肥料施用技术和有机肥无害化处理技术，提高肥料利用率；建立各种无公害农产品生产技术规范和规程；建立农产品中污染物含量多指标快速检测技术；研究建立畜禽疾病快速检测技术及畜禽健康预警系统，开发多种畜禽疾病高效防治技术；开发无公害饲料生产技术；建立种植业废弃物、畜禽场粪便高效无害化处理技术等。通过一系列生产过程控制技术措施，大幅度提高无公害农产品生产控制水平，为无公害农产品的高效、安全生产提供高技术支撑。

（四）完善无公害农产品质量及其监测检验标准，并与国际接轨

农产品质量标准建立与农产品中污染物含量水平的快速检测技术确立是无公害农产品生产中非常重要的环节，也是技术含量相当高的一项任务。我国制定的有关无公害农产品质量标准数量与发达国家差距甚大。无公害农产品的生产过程控制和品质监测、检测手段是发展无公害农产品生产极为关键的技术之一。目前国内已有的检测技术和各种设备，重点是针对产后商品的安全性检测，普遍忽视了产前—产中生产过程控制的质量检测。由于农产品质量检测的结果滞后，已于事无补。因此，加速制定我国的无公害农产品安全卫生标准和建立完善农产品快速检测技术已势在必行。必须把研究开发无公害农产品的生产过程控制检测作为技术突破的重点，突出小型化、特异化和简易化，作到准确、快速。

（五）加强教育与引导，提高菜农无公害生产意识

另外，还有一项最基本，也是最重要的措施，就是加强对农民，尤其是菜农和牧民包括养殖业者的科技与经济思想教育，引导农民对无公害农产品生产的兴趣，使农民自觉掌握无

公害农产品生产中产前—产中—产后全程无害化控制技术和手段，将所有有效技术手段应用到具体生产中去。因为，只有农民才是无公害农产品生产的具体实施者和执行者，只有切实应用到生产中去，无公害农产品生产的目标才能最终实现。

生态修复功能材料和缓/控释肥料生态环境安全评价研究

自1960年，美国TVA研制硫磺包膜成功，1964年ADM公司热固性树脂包膜尿素工艺成熟，至今已近50年，尚未看到国内外关于包膜材料和缓释肥料对生态环境影响的报道。生态环境指标体系是个系统工程，一个人是无法完成的，现将这一集体研究成果总结如下：

本项技术中所制备的水溶性聚合物有腐殖酸混聚物，聚乙烯醇混聚物，黏土-聚酯混聚物，甲基丙烯酸羟乙酯混聚物，废弃聚苯乙烯泡沫塑料（PS）混聚物，丙烯酸酯类混聚物，苯乙烯—丙烯酸酯混聚物等。这些水溶性聚合物使用的安全性包括两个方面，一是功能复合材料的生态环境安全评价；二是使用这些材料制作的缓释肥料的生态环境安全评价。

缓释材料的安全评价包括以下内容：复合材料的生物可降解性；复合材料对作物出苗和苗期生长的影响；复合材料对土壤生物的影响；复合材料对土壤有机—无机复合胶体的影响。

缓释肥料的生态环境安全性评价：采用施肥后土壤剖面硝态氮含量进行评价。

一、复合材料的生物可降解性

（一）微生物菌剂

不同类型土壤或不同污泥微生物种群和和数量均不一样，只有风干骡马粪中微生物种群及其数量是稳定的，本研究选择马粪提取液作为混合微生物菌剂，制备方法为：水：马粪=5：1，用高速离心机（2万r/min）离心5min，取上清液，即成为混合菌剂。

（二）试验方法

1. 本试验选择250ml三角瓶，加入通用琼脂培养基150ml，水溶性聚合物稀释至固形物含量10%，每个三角瓶中加入20g稀释后的水溶性聚合物溶液，重复20次，灭菌并冷却至室温后，每瓶接种混合菌剂1ml。

2. 培养温度：真菌生长的最适温度为20～28℃，细菌生出的最适温度为28～37℃，为了照顾两类微生物种群的生长温度需要，本试验选择28℃±1℃，在恒温箱中培养。每周（7d）测定1次。

与刘秀梅、张建峰、史春余、王茹芳、王玉军、肖　强、张　骏等合作。土壤动物还得到李枢强教授的帮助，特此致谢。

（三）测定方法

1. 聚乙烯醇混聚物（CF2）降解产物的测定方法　通过对聚乙烯醇缩醛的醋酸根含量测定，可检测聚乙烯醇混聚物的降解作用。方法要点是：试样用乙醇溶解，以酚酞作指示剂，用稀碱溶液中和，然后用氢氧化钾-乙醇溶液水解聚合物分子中残存的醋酸乙烯酯单元，过剩的氢氧化钾用盐酸标准溶液回滴。以此可计算出降解率，测定方法详见：龚云表主编，合成树脂与塑料手册，上海科学技术出版社，1994，P. 661～662。

2. 黏土—聚酯混聚物（N－KL）降解产物和甲基丙烯酸羟乙酯（JBQ）的测定方法　黏土—聚酯混聚物中的高岭土或蒙脱土不存在污染问题，主要是观察不饱和聚酯的降解情况。不饱和聚酯是以二元酸（包括饱和二元酸和不饱和二元酸）和二元醇为主要原料，经缩聚反应而得到的线型聚合物在烯烃类活性单体中的溶液。在分子主链中同时含有酯键和不饱和双链，在引发剂作用下与烯烃类活性单体共聚交联而得到体型结构的热固性树脂。通过测定 COD 的变化，确定不饱和聚酯和甲基丙烯酸羟乙酯降解情况。

3. 腐殖酸混聚物（N－FZ）降解产物的测定方法　腐殖酸混聚物中含有腐殖酸共聚物，丙烯腈接枝淀粉，只要测定单体丙烯腈的含量，就可推算其降解情况。采用气相色谱仪测定（龚云表等，合成树脂与塑料手册，P. 628）。

4. 聚苯乙烯泡沫塑料混聚物（N－PS）降解产物的测定方法　聚苯乙烯泡沫塑料是以过氧化苯甲酰为引发剂，羟乙基纤维素为分散剂，将苯乙烯和水加入装有搅拌器的反应釜中，在 85～90℃下进行悬浮聚合而成。由于含纤维素和自由基，可降解为单体或片断。采用硫醇加成法测定。详见龚云表主编，合成树脂与塑料手册，P. 630～631。

5. 丙烯酸酯类混聚物（N－BX）降解产物的测定方法　丙烯酸酯混聚物单体之间靠自由基连接，只要将自由基降解，单体就会从混聚物中游离出来。测定方法要点：聚丙烯酯混聚物的游离单体与一定的过量十二烷基硫醇起加成反应，过量的硫醇可在酸性条件下，用硝酸银标准溶液进行电位滴定，由空白和试样滴定时硝酸银溶液的消耗体积计算游离单体的含量。详细测定方法见：龚云表主编，合成树脂与塑料手册，P. 630～631。

6. 苯乙烯—丙烯酸酯混聚物（Sty－MM）降解产物的测定方法　同丙烯酸酯类混聚物降解产物的测定方法。

（四）结果与分析

表 1 结果说明以下问题：

1. 聚乙烯醇混聚物处理　从第 4 周开始醋酸根减少 4.55%，说明微生物在 4 周内只分解或利用 CF2 中的淀粉和酰胺化合物。从第 4 周至第 6 周，每隔 1 周醋酸根大约减少 10%左右；从第 7 周至第 9 周每隔 1 周，醋酸根减少速度直线上升至 20%以上；至 11 周已检测不出醋酸根，说明聚乙烯醇混聚物已全部降解。

表 1　不同复合材料在不同时间的累积降解率

（%）

时　间（周）	CF2	N－KL	JBQ	N－FZ	N－PS	N－BX	Sty-MM
4	4.55	0	3.63	0	0	0	0

（续）

时　间（周）	CF2	N-KL	JBQ	N-FZ	N-PS	N-BX	Sty-MM
5	15.30	0	14.10	2.45	0	0	0
6	24.82	5.60	25.47	5.22	0	0	0
7	41.25	13.18	38.25	11.35	0	8.50	0
8	63.42	25.66	53.60	20.70	5.52	14.75	0
9	81.00	38.25	69.72	31.17	10.46	21.25	4.35
10	92.33	56.50	85.50	42.65	15.37	29.42	9.51
11	100.00	77.44	86.40	55.50	21.00	40.00	15.46
12		85.70	86.65	70.48	26.75	53.91	22.64
13		87.55		85.22	35.10	68.37	30.11
14		87.24		96.34	45.60	81.80	38.00
15				100.00	51.20	95.62	47.10
16					60.88	100.00	58.32
17					71.35		67.81
18					80.55		78.50
19					93.30		89.45
20					100.00		98.00

2. 黏土—聚酯混聚物处理　从第 6 周后开始检测出 COD 减少 5.60%，第 7 周至第 10 周，每周 COD 减少量较均匀地增加；第 10 周至第 11 周，COD 减少量猛增至 10%；第 12 周开始，COD 减少量基本上不变，保持在同一个水平上。

3. 甲基丙烯酸羟乙酯混聚物处理　在第 4 周未 COD 即开始减少，减少率 3.6%；第 5 周至第 10 周，每周均以较匀速的速度，COD 减少率均在 10%以上，第 10 周开始，COD 变化不大，基本保持在同一水平上。

4. 腐殖酸混聚物处理　在第 5 周后发生任何变化，第 2 周后检测出丙烯腈，占丙烯腈总量的 2.45%；第 7 周至第 11 周，丙烯腈检出量每周均以 10%左右速度增加；第 11 周至第 13 周丙烯腈检出累积率以每周 15%的速度增长，第 15 周丙烯腈检出率已达 100%，说明丙烯腈接枝淀粉已全部降解。

5. 废弃聚苯乙烯泡沫塑料混聚物处理　在第 8 周后检测出苯乙烯片断，占苯乙烯总量的 5.52%；第 9 周至第 12 周，累积检出率以每周 5%左右速度增加；第 12 周至第 19 周，每周以 10%左右的速度增加，第 20 周检出率 100%，说明废弃聚苯乙烯泡沫塑料混聚物已全部降解。

6. 丙烯酸酯混聚物处理　在第 7 周开始降解，降解率 8.50%；第 8 周至第 11 周，每周的降解率保持在 6.5%～10%之间；至第 12 周，降解率升至 26.09%；之后开始下降，每周降解率为 13%～14%；第 16 周已全部降解。

7. 苯乙烯-丙烯酸酯混聚物处理　在第 9 周后开始出现游离单体，占单体总量的 4.35%；第 9 周至第 20 周，基本上以每周逐渐递增的趋势增长，第 20 周后基本上全部降解。

（五）讨论

现就微生物对水溶液聚合物的降解机理讨论如下：

1. 淀粉在生物降解中的作用　本项技术所研发的缓释复合材料中，淀粉有两种形态，一是交联淀粉，二是接枝淀粉，它们除了与氮、磷、钾养分结合在一起，使这些养分缓慢释放外，还为微生物生长提供了丰富的碳源。微生物首先将淀粉分解，同时又将淀粉作为繁殖生长和壮大的基地，在其繁演的过程中，又分泌出一系列的酶，然后向水溶性聚合物胶团发起攻击。由此看出，淀粉扮演相互矛盾的角色，一是扮演微生物降解水溶性胶团的缓冲者，或称为"挡箭牌"；二是为微生物提供营养物质，作为微生物生长和繁演的基地。

2. 微生物对脂族水溶性聚合物的降解机理　这里所讨论的脂肪族水溶性聚合物是指主要生产原料为广义的脂肪族化合物，例如二元酸化合物，醇类化合物及其它们的共聚物。生物降解脂肪族水溶性聚合物的机理包括两个方面：微生物降解和酶降解。

A. 微生物降解：脂肪族水溶性聚合物中含有肽键、酰胺键、氨基键时，微生物将对这些键发起攻击，将其分解，这些键断裂后，聚合物将生成大小不等的片断。

B. 酶水解：脂肪族水溶性聚合物基本上都含有酯键，微生物分泌的脂肪酶对聚合物中的酯键进行水解。以脂肪酸的酶降解为例可表示为：

$$RCOOH + 辅酶A \rightarrow RCH_2COSCOA$$

继而β-C断裂形成两个碳的乙酰基辅酶A和类似于脂肪族结构的辅酶A衍生物。如此反复进行，最后形成两个碳的辅酶A进入柠檬酸循环，成为微生物的碳能源。而多元醇经脱氢酶作用后变成β-二酮，再经水解、酶水解为羧酸和酮，最后再与上述类似的羧酸-酶降解成为微生物的碳能源。试验发现，微生物酶易于分解的化合物结构为：$C—NH_2$，—CH=CH—，—C—O—，—C—S—，—C—N—，C=O等。

在自然界，特别在土壤和畜禽粪便中存在大量可分解脂肪族水溶性聚合物的微生物，包括细菌和霉菌，这些微生物可在细胞外分泌聚合物分解酶，将聚合物分解为低聚物、单体，最后分解为 CO_2 和 H_2O。

3. 微生物对水溶性丙烯酸酯聚合物的降解机理　水溶性丙烯酸酯聚合物含有羧基（—COO—）、胺基（$—NH_2$）、酰胺基（$—CONH_2$）、羰茎（C=O），酯腱等，微生物首先利用 NH_2，然后水解酶破坏羧基键，酰胺键，羰基键和酯键，第2步是分解活性C—C结合高分子，水解反应如下：

$$—CH_2—C(CN)_{2-n} + H_2O \rightarrow nCH_2O + nCH_2(CN)_2$$

$$—CH_2—NH—CO—n + H_2O \rightarrow nNHCH_2COOH$$

第3步是水解苯乙烯化合物，如果在土壤中降解，苯乙烯化合物在微生物和酶的作用下，将转化为苯系化合物，成为腐殖质的组分。

4. 微生物对水溶性聚苯乙烯泡沫塑料混聚物的降解机理　水溶性聚苯乙烯泡沫塑料混聚物由3部分组成：交联淀粉，乳化剂，聚苯乙烯胶团。交联淀粉和乳化剂均是微生物生长的营养源。由于泡沫塑料中含有羟乙基纤维素，聚合时使用过氧化苯甲酰为引发剂。所以，含有羰基（C=O），首先，应该是纤维分解菌和纤维素酶分解羟乙基纤维素，然后在微生物活性作用下，酶进入大分子的活性位置，渗透到羰基作用点，使大分子发生解聚反应，大分子骨架结构断裂成小的链段，最终被降解为稳定的小分子产物。在土壤中，在微生物和酶的作用下，这些小分子片断将进入土壤腐殖质，成为土壤腐殖质中苯系化合物组分（见张夫道，1994：作物秸碳在土壤中分解和转化规律的研究，植物营养与肥料学报，1：27～38.）。

（六）小结

1. 纳米—亚微米级聚乙醇混聚物在第 4 周开始降解，第 11 周全部降解。

2. 纳米—亚微米级高岭土-聚酯混聚物在第 6 周开始降解，第 12 周基本上已降解。

3. 纳米—亚微米级甲基丙烯酸羟乙酯混聚物在第四周开始降解，第 10 周基本上已降解。

4. 纳米—亚微米级腐殖酸混聚物在第 5 周开始降解，第 15 周全部降解。

5. 纳米—亚微米级废弃聚苯乙烯泡沫塑料混聚物在第 8 周开始降解，第 20 周全部降解。

6. 纳米—亚微米级丙烯酸酯类混聚物在第 7 周开始降解，第 16 周全部降解。

7. 纳米—亚微米级聚苯乙烯—丙烯酸酯混聚物在第 9 周开始降解，第 20 周基本上全部降解。

二、复合材料对小麦出苗的影响

（一）对小麦出苗率的影响

1. 供试材料 复合材料：CF2，塑料—淀粉混聚物，黏土—聚酯混聚物，腐殖酸混聚物。

小麦品种：中作 9428。

2. 试验方法 取 100 粒小麦种子，放入铺有滤纸的培养皿中，种子上面再盖一层滤纸；分别将复合材料配成 1%、3%、5%和 10%的水溶液，以清水为对照，把配置好的水溶液注放入培养皿中，每个处理 3 次重复；使滤纸保持湿润，直到种子发芽。计算每个处理种子平均发芽率。

3. 结果与分析 从表 2 可以看出，4 种复合材料，在不同的浓度下，种子发芽率均在 99%以上，与清水对照相似。说明本试验所使用的 4 种复合材料对小麦种子的发芽是安全的。

表 2 复合材料水溶液对冬小麦发芽率的影响

复合材料	0%	1%	3%	5%	10%
CF2	99.7	99.7	100	99.7	99.7
塑料—淀粉	100	99.7	99.7	100	99.3
黏土—聚酯	99.7	100	99.3	99.7	100
腐殖酸混聚物	100	100	99.7	99.7	100

（二）对小麦出苗和苗期生长的影响

1. 供试材料 供试肥料：分别用 CF2，塑料—淀粉混聚物，黏土混聚物，腐殖酸—聚酯混聚物作为黏结剂生产颗粒状缓释胶结肥；用 CF2 作黏结剂制成颗粒肥料，然后分别用塑料—淀粉混聚物、黏土—聚酯混聚物，腐殖酸混聚物作为包膜材料制成胶结—包膜型缓释肥。供试肥料分别是：CF2 胶结肥，黏土—聚酯胶结肥，腐植酸混聚物胶结肥，塑料—淀粉胶结肥，黏土—聚酯包膜肥，腐植酸混聚物包膜肥，塑料—淀粉包膜肥，尿素，氯化钾，磷酸一铵。缓释肥养分含量：N15%，$P_2O_5$8%，K_2O8%。

土壤来源：昌平试验基地，其基本性状：pH 8.11，有机质 16.42g/kg，全氮 0.69 g/kg，全磷 0.87 g/kg，碱解氮 76.43mg/kg，速效磷 4.12 mg/kg，速效钾 90 mg/kg。

小麦品种：中作 9428。

2. 试验方法　试验采用随机排列，共设 9 个处理，重复 3 次，每盆装风干 8kg。除无肥对照外，其他各处理按等 NPK 养分设计，以氮素计每盆施入纯氮 1.5g，N∶P_2O_5∶K_2O 为 15∶8∶8。将土壤与肥料充分混匀后装盆，浇水，播种。9 个处理分别是：（1）CF2 胶结肥；（2）黏土—聚酯胶结肥；（3）腐殖酸混聚物胶结肥；（4）塑料—淀粉胶结肥；（5）黏土—聚酯包膜肥；（6）腐殖酸混聚物包膜肥；（7）塑料—淀粉包膜肥；（8）等 NPK 化肥；（9）无肥对照。

3. 测定项目　出苗率，冬前小麦植株地上部干重、叶面积、叶绿素含量。

4. 结果与分析　从表 3 可以看出，各个处理小麦的出苗率均在 95%以上，7 种缓释肥对小麦的出苗均无影响，与等 NPK 养分化肥及无肥对照相似。冬前 12 月 9 日调查小麦地上部干重、叶面积等指标显示，7 种施用缓肥。

的处理小麦地上部干重、叶面积、叶绿素含量与等 NPK 养分化肥和无肥对照处理相比不但没有降低，反而有所升高，说明用 4 种复合材料制成的胶结、胶结—包膜型缓释肥对小麦苗期的生长没有不良影响。

表 3　胶结—包膜型缓释肥对小麦出苗期和苗生长的影响

处　理	出苗率（%）	地上部干重（g/株）	单株叶面积（cm^2）	叶绿素含量（%）
CF2 胶结肥	97.3	0.148	4.46	0.25
黏土-聚酯胶结肥	96.3	0.159	4.90	0.27
腐殖酸混聚物胶结肥	97.7	0.158	4.71	0.27
塑料-淀粉胶结肥	97.5	0.152	4.39	0.28
黏土-聚酯包膜肥	95.3	0.133	5.49	0.25
腐殖酸混聚物包膜肥	97.5	0.172	4.76	0.25
塑料-淀粉胶结包膜肥	96.8	0.127	3.81	0.27
等 NPK 化肥	97.2	0.134	4.45	0.19
无肥对照（CK）	96.7	0.116	4.28	0.15

5. 小结　4 种新研制的复合材料对小麦的发芽没有抑制作用，在不同的浓度下，小麦种子的发芽率都在 99%以上，与清水对照相似。说明 CF2，塑料—淀粉混聚物，黏土混聚物，腐殖酸-聚酯混聚物对小麦的发芽是安全的。

采用以上 4 种复合材料研制的新型胶结—包膜型缓释肥，以等 NPK 养分化肥和不施肥为对照，在盆栽条件下研究大田作物专用缓/控释肥料对小麦出苗及苗期生长的影响。结果表明，各个处理小麦的出苗率均在95%以上，与等NPK养分化肥和不施照对照相似。冬前调查显示，小麦地上部干重、叶面积、叶绿素含量与等NPK养分化肥和不施肥对照各项指标不但没有减少反而有所增加。说明用4种复合材料制成的胶结包膜型缓释肥对小麦出苗以及苗期的生长没有不良影响。

三、复合材料对土壤生物的影响

（一）供试土壤

试验在北京昌平"国家褐潮土土壤肥力与肥料效益监测基地"试验池进行，长、宽、深为1.0m×1.0m×1.5m，试验土壤从预备地中挖取，分层放进试验池。2002年7月12日全部将试验池装满土壤，7月20日将纳米—亚微米复合材料原液与耕层土壤（0～20cm）按照1∶100的质量比混合均匀。2003年7月20日取土样测定微生物的种群数量，并调查土壤动物的种群数量。耕层土壤pH7.8（H_2O），有机质14.4g/kg，全N 0.80g/kg，速效N 65.52mg/kg，速效P 4.0 g/kg，速效K 87.0mg/kg。

（二）试验处理

（1）CK；（2）CK2；（3）纳米—亚微米级高岭土-聚酯混聚物（N-KL）；（4）纳米—亚微米级腐殖酸混聚物（N-FZ）；（5）纳米—亚微米级丙烯酸酯类混聚物（N-BX）；（6）纳米—亚微米级PS混聚物（N-PS），共设6个处理，无重复，无种植，撂荒，放任杂草生长。

（三）测试方法

1. 微生物种群的分离计数采用平板接种和平板计数法，参见张夫道等著：中国土壤生物演变及安全评价，中国农业出版社，2006，北京，P34。

2. 土壤动物采集选用改良干漏斗（Modified Tullgern）和Cobb过筛法，参见土壤动物研究方法手册，科学出版社，1998，北京。

（四）试验结果

1. 不同缓释材料对土壤微生物种群数量的影响

表4 不同缓材料处理微生物种群数量

（cfu/g干土）

处　理	CK	CF2	N-KL	N-FZ	N-BX	N-PS
细菌（$\times10^6$）	13.62	28.37	30.51	45.50	36.77	34.28
真菌（$\times10^4$）	2.05	2.49	2.65	3.26	2.35	2.47
放线菌（$\times10^5$）	8.75	13.55	12.0	17.14	13.05	14.83
固氮菌（$\times10^6$）	13.11	14.28	12.74	13.55	13.18	13.24

（续）

处　理	CK	CF2	N-KL	N-FZ	N-BX	N-PS
氨化细菌（$\times10^6$）	6.56	9.43	8.75	20.08	8.41	8.52
硝化细菌（$\times10^2$）	3.41	6.70	5.17	7.32	5.82	5.66
反硝化细菌（$\times10^4$）	15.63	13.10	12.96	12.76	12.45	12.35
纤维分解菌（$\times10^4$）	2.08	22.47	21.35	69.18	28.11	30.86

从表4可得出如下结果：

（1）对细菌种群数量的影响：腐殖酸混聚物（N-FZ）处理对细菌种群影响最大，其数量比对照增大了2.34倍；其次为丙烯酸酯类混聚物（N-BX）处理和PS混聚物处理（PS），比对照增加了1.7倍和1.52倍；再其次是CF2处理和高岭土—聚酯混聚物（N-KL）处理，比对照增加了1.08倍和1.24倍。

（2）对真菌、固氮菌数量的影响：与对照土壤相比，虽然各处理真菌和固氮菌种群数量均有增加，但差异不显著。

（3）对放线菌数量的影响：与对照土壤相比，各处理放线菌种群数量均有所增加，按大小顺序为：N-FZ（17.14×10^5 个/g 干土）>N-PS（14.83×10^5 个/g 干土）>CF2（13.55×10^5 个/g 干土）、N-BX（13.05×10^5 个/g 干土）>N-KL（12.0×10^5 个/g 干土）。

（4）对氨化细菌数量的影响：腐殖酸混聚物（N-FZ）处理氨化细菌种群数量比对照增加了2.06倍，其他处理虽然均有增加，但均处在同一个数量级水平上。

（5）对硝化细菌数量的影响：与对照相比，各处理硝化细菌数量虽然均处在同一个数量级水平上，但由于土壤中硝化细菌数量相对较低，各处理比对照硝化细菌的数量还是增加了0.52～1.15倍，其中腐殖酸混聚物（N-FZ）增加的数量相对较大。

（6）对反硝化细菌数量的影响：缓释材料各处理与对照相比，反硝化细菌数量均有下降趋势，下降率为26.56%～19.31%，以PS混聚物处理下降较多。说明各处理验的缓释材料对反硝化细菌有抑制作用。

（7）对纤维分解菌数量的影响：各缓释材料处理纤维分解菌数量比对照均有大幅度增加，其中腐殖酸混聚物（N-FZ）处理比对照增加了32.26倍，其他处理增加了9.26～13.84倍。这可能是各缓释材料中均含有大量的有机化合物，从而激活了纤维分解菌的繁殖和增长。

2. 不同缓释材料对土壤动物种群数量的影响　表5结果表明：

表5　不同缓释材料处理土壤动物种群数量

（cfu/m^3）

处　理	CK	CF2	N-KL	N-FZ	N-BX	N-PS
线虫动物门	5 215	6 001	6 358	7 975	6 435	6 720
寡毛纲	663	1 560	1 431	2 173	1 843	1 917
腹足纲	0	0	0	151	107	115

（续）

处　理	CK	CF2	N-KL	N-FZ	N-BX	N-PS
蜘蛛目	0	0	0	46	35	37
蜱螨目	227	255	239	682	312	405
等足目	0	0	0	52	42	51
倍足目	0	0	0	61	57	43
弹尾目	0	0	0	88	79	94
鞘翅目	218	237	225	310	262	281
膜翅目	0	0	0	155	138	130

（1）各缓释材料处理土壤中线虫动物门、寡毛纲、蜱螨目、鞘翅目动物种群数量均有所增加，其中腐殖酸聚合物（N-FZ）处理增加最多。

（2）腹足目、蜘蛛目、等足目、倍足目、弹尾目、鞘翅目、膜翅目土壤动物只有在腐殖酸聚合物（N-FZ）处理、丙烯酸酯类混聚物（N-BX）处理和PS混聚物（PS）处理中出现，其他处理中未检出。

（五）小结

1. 各缓释材料处理对细菌、放线菌、氨化细菌、硝化细菌、纤维分解菌种群数量均有所增加，共中腐殖酸混聚物处理增加量最大；对真菌、固氮菌种群数量影响不大；对反硝化细菌种群数量有减少的趋势。

2. 各缓释材料处理对土壤动物的线虫动物门、寡毛钢、蜱螨目、鞘翅目的数量均有增加，其中腐殖酸混聚物处理增加数量最多，其次是废弃PS混聚物处理；在腐殖酸混聚物、丙烯酸酯类混聚物、废弃PS混聚物处理中检测出腹足目、蜘蛛纲、等足目、倍足目、弹尾目、膜翅目土壤动物，同样是腐殖酸混聚物处理中最多，在CK、聚乙烯醇混聚物、高岭土-聚酯混聚物处理中未检出。

四、复合材料对土壤有机-无机复合体的影响

（一）对褐潮土有机—无机复合体含量及各粒级复合体中C、N、P含量与分布的影响

土壤中有机无机复合体的组成及肥力特征是表征土壤质量的关键指标，也是决定性因素。一方面，有机和无机胶体的复合是形成土壤良好结构的主要机理，只有在土壤有机质和矿物密切复合的情况下，才能形成高水稳性和疏松多孔的团聚体和良好的土壤结构，才能维持土壤良好的通气和透水性能，使渗透度、持水性等土壤物理形状得到改善（魏朝富，1996）；另一方面，土壤有机无机复合体有集中和保持土壤养分的作用，土壤中绝大多数养分存在于有机无机复合体中。

目前，有机无机复合体分级有物理法和胶体化学法两类。物理法只用超声波分散土壤，不加任何化学试剂提取不同粒级的土壤复合体，对土壤复合体几乎没有破坏和改变，使分离出的复合体更接近土壤中实际存在的状态。前人对此作了大量的研究，刘忠翰等（1984）采

用超声波-沉降法研究了施用绿肥对土壤复合体的影响，结论表明施用稻草、紫云英一年半后土壤复合体的组成和性质发生了改变；邢雪荣等（1999）用白浆土进行的盆栽试验也获得了类似的结果；史吉平等（2002）探讨了长期定位施肥对土壤复合状况的影响，得出结论：施用有机肥或有机无机肥配施能改善不同粒级复合体的养分状况，提高水稳性复合体的含量；Christensen 等发现 3 种不同的土壤施用秸秆后其不同粒径颗粒中的含氮量发生了变化。然而，所有这些报道绝大部分都是土壤中施入了有机肥或绿肥的试验结果，而向土壤中施入纳米—亚微米级复合材料后土壤中有机无机复合体的组成和养分含量变化未见报道。本试验采用超声波-沉降法研究了高岭土、蒙脱土和塑料的纳米—亚微米级复合材料对 3 种土壤不同粒级复合体组成及其中 C、N、P 等含量与分配变化情况，以阐明纳米—亚微米级复合材料培肥土壤的机制。

1. 供试土壤　供试土壤采自“国家土壤肥力与肥料效益监测基地网”北京昌平基地，土壤为 0～20cm 耕层土壤，土壤为褐潮土（土属），质地为轻壤土，黏粒 20.9%；pH7.8，有机质 11.4mg/g，全氮 0.89 mg/g，全磷 0.39 mg/g，全钾 17.2 mg/g，速效氮 49.1 mg/kg，速效磷 3.9mg/kg，速效钾 72.2mg/kg；阳离子交换量（CEC）15.24cmol（+）/kg。

2. 试验方案　共设 6 个处理：（1）对照；（2）天然高岭土；（3）天然蒙脱土；（4）高岭土纳米—亚微米级复合物；（5）蒙脱土纳米—亚微米级复合物；（6）塑料纳米—亚微米级复合物。各种供试材料性质见表 1～表 4，各材料和褐潮土按照 1：500 的重量比例装盆，土壤为 8kg/盆。每处理 5 次重复，氮磷钾分别以尿素、过磷酸钙、氯化钾形式施入，氮施用量为 0.20g/kg（以纯 N 计），磷和钾施用量均为 0.15g/kg（以 P_2O_5、K_2O 计）；连续种植玉米和紫花苜蓿两季作物。

3. 土壤不同粒级复合体的分离　称取土壤样品，使水/土比 10：1，用超声波发生器（上海超声仪器厂 CSF－B 型）于 21.5kHz、300mA 处分散 30min，过 140 目（0.11mm 孔径）湿筛，湿筛上残留为＞100μm 的复合体，根据 Stockes 定律计算每个粒级沉降的时间，用虹吸法分别吸取＜2、2～10、10～50、50～100μm 4 个粒级的复合体，各个粒级约提取 35～40 次。5 个粒级的颗粒悬浮液用巴士滤管抽滤后置于 38℃干燥箱去除水分，自然风干，称重磨细供分析使用。

原始土壤及不同粒级中的有机碳、全氮、全磷测定均采用土壤农化常规分析方法（鲁如坤，2000）。

4. 养分分配系数的计算　对于每个处理，某一粒级复合体中的养分（有机碳、全氮、全磷）分配系数用以下公式计算：

$$\text{养分分配系数}=\frac{\text{各粒级养分含量}\times\text{该粒级占全土的质量百分数}}{\text{全土养分含量}}$$

5. 结果与分析

（1）纳米—亚微米级复合材料对褐潮土不同粒级复合体组成的影响：在土壤学中，1 000～10μm 称为“物理性砂粒”，小于 10μm 称为“物理性黏粒”，把物理性黏粒和物理性砂粒的分界线定在 10μm 这一数值上是有一定科学意义的。粒径大于 10μm 的粒级，一般无可塑性和膨胀性，但有一定的透水性，其吸湿力、保肥力和黏结力都很微弱，而小于 10μm 的土粒，则具有明显的可塑性和膨胀性，但无透水性。其吸湿力、保肥力和黏结力等也都有突出的增加（华孟，1993）。分析结果（表6）表明，供试褐潮土中<10μm（F_1和F_2）的颗粒约占21%～26%，此粒级属于物理性黏粒，35%～42%的土壤组分是10～50μm（F_3）的颗粒，50～100μm（F_4）粒级的复合体约占11%～16%，>100μm（F_5）的颗粒占12.6%～15.1%，此粒级主要为石砾，养分的含量很少，对土壤蓄肥的能力甚微，在以下的排序中省去不用。其他4个粒级的复合体在褐潮土中所占比例高低顺序为：$F_3>F_2>F_4>F_1$。由于纳米—亚微米级复合材料的胶结作用，供试土壤已具有较高的团聚度，土壤不同粒级复合体的组成发生了变化，<2μm（F_1）粒级的含量明显降低，与对照相比，差异显著；2～10μm（F_2）粒级的数量则增加，与对照相比，增加达显著水平。造成这种现象的原因可能是纳米—亚微米级复合材料促进了土壤中有机质的矿化，新形成的腐殖质首先与<2μm的黏土矿物结合，再经胶结后复合为2～10μm的复合体。而纳米—亚微米级复合材料却降低了10～50μm（F_3）和>100（F_5）2个粒级复合体的含量，原因可能是纳米—亚微米级复合材料夺取了腐殖质与无机矿物的吸附位点，使原来的大团聚体分解为小团聚体。

表6 纳米—亚微米级复合材料对褐潮土不同粒级复合体组成的影响

（%，W/W）

处 理	粒 级（μm）					回收率（%）
	<2（F_1）	2～10（F_2）	10～50（F_3）	50～100（F_4）	>100（F_5）	
CK	6.5a	14.4c	42.0a	11.0c	15.1a	89.0
T-KL	6.1a	15.6c	40.1ab	12.2bc	15.0a	89.1
T-MMT	5.2ab	17.5bc	38.4b	12.8b	14.5a	88.4
N-KL	4.5b	19.2ab	37.2bc	14.1ab	13.4ab	88.5
N-MMT	4.3b	21.8a	35.1c	15.8a	12.6b	89.6
N-PS	5.5ab	18.1b	38.0b	13.1b	14.2a	88.9

注：1. T-KL指天然高岭土，T-MMT指天然蒙脱土，N-KL指高岭土纳米—亚微米级复合物，N-MMT指蒙脱土纳米—亚微米级复合物，N-PS指塑料纳米—亚微米级复合物，以下同。2. 在同一列中数据用邓肯多重比较，凡尾部标有不同字母的数据表示它们之间有显著差异（$p<0.05$），以下同。

表6的结果还表明，各种材料对褐潮土各粒级组成的影响因材料种类不同而异。加入高岭土或蒙脱土的影响较小，与对照相比，F_1粒级降低了约0.5%，F_2增加了1%～3%，F_3降低了2%～3%，F_4增加了约1%；而加入了高岭土、蒙脱土或塑料的纳米—亚微米级复合物，F_1粒级降低了约2%，F_2增加了5%～7%，F_3降低了5%～7%，F_4增加了约3%～6%。不同材料对各粒级组成之间的这种差异来源于各种材料与土壤中的有机胶体（腐殖质）和无机胶体（无机矿物）的相互作用，包括阴离子桥、氢键合、阴离子交换、配位体交换等等，其机理有待进一步研究。

（2）纳米—亚微米级复合材料对褐潮土各粒级复合体中有机碳含量与分配的影响：不同粒径土壤复合体中的有机碳含量是土壤有机质平衡与矿化速率的微观表征。本实验结果（表7）表明，不同粒级复合体中有机碳含量因粒径而异，粒径愈细，有机碳含量愈高。随着粒径变粗，比表面积变小，与有机碳的结合能减弱，致使有机碳含量下降。

表 7　纳米—亚微米级复合材料对褐潮土不同粒级中有机碳含量的影响

处　理	各粒级有机碳含量（mg/g）				全盆土
	<2μm	2～10μm	10～50μm	50～100μm	
CK	18.62d	17.60c	10.81d	8.94d	11.22c
T-KL	20.11c	19.71bc	12.93c	12.35c	11.31c
T-MMT	21.66bc	20.68b	15.38b	14.62b	13.47bc
N-KL	23.38ab	22.08a	20.47a	17.89a	16.03ab
N-MMT	24.05a	22.52a	21.06a	18.54a	17.11a
N-PS	22.52b	21.11ab	16.67ab	15.23b	14.53b

各种供试材料可使褐潮土及各粒级中有机碳含量增加（表 7），但增幅因粒级和材料而异。与对照相比，5 种材料施入土壤后，在<2、2～10、10～50、50～100μm 4 个粒级中各粒级有机碳分别提高了 1.49%～5.43%、2.11%～4.92%、1.92%～10.25%、3.41%～9.6%。各粒级中有机碳含量增加幅度大小排列顺序大体为：$F_3>F_4>F_2>F_1$。相同粒级不同的材料处理中有机碳含量因材料种类而异。以 F_3（10～50μm）粒级为例，施高岭土、蒙脱土、塑料纳米—亚微米级复合物的 3 种处理有机碳含量分别比对照增加了 9.66%、10.25%和 5.86%。

从分配系数上看（图 1），土壤有机碳含量 7%～12%集中在<2μm 的黏粒中成为有机无机复合体，这一结果小于 Schulten 等报道的数值，可能与土壤母质及成土气候有关；23%～29%的有机碳与中、细粉砂粒相结合而存在于 2～10μm 粒级中；41%～48%的有机碳存在于 10～50μm 粒级中；9%～17%的有机碳存在于 50～100μm 粒级中。尽管>100μm 的粗砂粒中有机碳的分配系数最低，但由于该粒级在土壤总重量中不足 15%，加之此粒级含有有机碎屑的残留，对土壤碳素平衡与转化及养分供应的作用甚微，可以不予考虑。从图 1 可以看出，有机碳在褐潮土各粒级中的分配系数的大小排列顺序为：$F_3>F_2>F_4>F_1$。

纳米—亚微米级复合材料不仅影响不同粒级中的有机碳含量，而且还影响有机碳在不同粒级中的分布，与对照和天然高岭土、蒙脱土相比，纳米—亚微米级复合材料使<2μm 颗粒中有机碳占全土有机碳总量的比例（即分配系数）降低，而 2～10μm、10～50μm 及 50～100μm 粒级中有机碳的比例则增加（图 1）。造成这种现象的原因是土壤中黏粒含量相对较低，而纳米—亚微米级复合材料带有较多的有机活性位点，当黏粒结合的有机质达到饱和后，有机质向较大颗粒中的积累便增多。

不同纳米—亚微米级复合材料对褐潮土各粒级中有机碳分配系数的影响不同，与对照相比，高岭土纳米—亚微米级复合物使 10～50μm 粒级复合体中有机碳的分配系数提高了 17.3%，蒙脱土纳米—亚微米级复合物使 2～10μm 粒级复合体中有机碳的分配系数提高了 22.4%，而塑料纳米—亚微米级复合物使<2μm 粒级复合体中有机碳的分配系数降低了 20.8%。

（3）纳米—亚微米级复合材料对褐潮土各粒级复合体中全氮含量与分配的影响：氮素在土壤中主要以有机氮的形态存在，故其含量与土壤有机碳化合物含量密切相关。由于有机碳

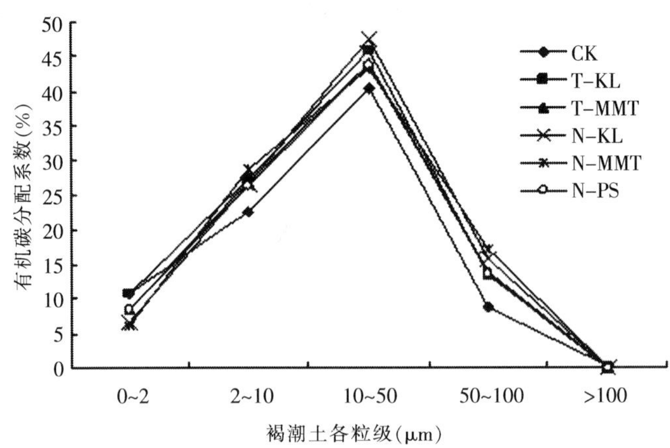

图 1 纳米—亚微米级复合材料对褐潮土不同粒级复合体中有机碳分配系数的影响

（注：图例中 T-KL 指天然高岭土，T-MMT 指天然蒙脱土，N-KL 指高岭土纳米—亚微米级复合物，N-MMT 指蒙脱土纳米—亚微米级复合物，N-PS 指塑料纳米—亚微米级复合物。）

在不同粒级中分布的差异，从而造成全氮含量的差异。不同粒级中氮含量也以＜2μm 粒级最高，随着复合体粒径的增大，全氮含量逐渐降低（表 8）。除了有机碳化合物的作用外，纳米-亚微米级复合材料对不同粒级中 NH_4^+ 的吸附与解吸性能的差异也是重要的原因之一。颜丽等的结果显示，小粒级的团聚体有较强的保存氮素养分的能力，随着微团聚体粒级的增大，对 NH_4^+ 的吸附量明显减少。

表 8 纳米—亚微米级复合材料对褐潮土不同粒级中氮（N）含量的影响

处 理	各粒级氮含量（mg/g）				全盆土
	＜2μm	2～10μm	10～50μm	50～100μm	
CK	2.24b	1.99a	1.31b	0.54b	1.05b
T-KL	2.31b	2.09a	1.58ab	0.54b	1.24ab
T-MMT	2.44ab	2.09a	1.79a	0.78ab	1.37a
N-KL	2.59a	2.11a	1.84a	0.91a	1.42a
N-MMT	2.63a	2.08a	1.89a	1.01a	1.51a
N-PS	2.48ab	2.07a	1.75a	0.85a	1.39a

加入纳米—亚微米级材料后，各处理土壤和不同粒级复合体中全氮含量都比对照增加，但增幅因材料种类不同而异。施用高岭土纳米—亚微米级复合材料使 2～10μm 粒级中全氮的增幅大于其他材料，施用蒙脱土纳米—亚微米级复合材料使 0～2、10～50、50～100μm 和＞100μm，4 个粒级复合体及全土中全氮含量的增幅大于其他材料。这是由于纳米—亚微米级复合材料吸附了 NH_4^+ 后包敷在各级复合体上，致使土壤及各级复合体中的含氮量增加。

纳米—亚微米级复合材料对土壤氮在不同粒级中分布的影响趋势类似有机碳，但数量上存在差异。从分配系数上看（图 2），土壤全氮含量 8%～14%集中在＜2μm 的黏粒中；27%～31%的全氮与中、细粉砂粒相结合而存在于 2～10μm 粒级中。44%～53%的全氮存在于 10～50μm 粒级中。上述三个粒级中全氮的分配系数均大于有机碳的分配系数。从图 2 可以看出，全氮在褐潮土各粒级中的分配系数的大小排列顺序为：$F_3>F_2>F_4>F_1$。此结果同于有机碳分配系数的顺序。

纳米—亚微米级复合材料不仅影响不同粒级中全氮含量，而且还影响全氮在不同粒级中的分布，与对照和天然高岭土、蒙脱土相比，施用纳米—亚微米级复合材料降低了 0～2 、10～50μm 2 个粒级中的全氮分配系数；而增加了 2～10、50～100μm，2 个粒级中的全氮分配系数，该结果表明，2～10μm 和 50～100μm 这 2 个粒级的复合体对土壤有机氮的转化起着重要作用。与对照相比，蒙脱土纳米—亚微米级复合物使 2～10μm 粒级复合体中全氮的分配系数提高了 14.3%，使 50～100μm 粒级复合体中全氮的分配系数提高了 58.6%。Balabane 用^{15}N 标记氮肥施入土壤，得出结论新近固定的 N 很快汇集到这 2 个微团聚体中。

C/N 比值对于土壤微生物的活动至关重要，进而影响到有机质的矿化和腐殖化过程。褐潮土中的 C/N 比值一般稳定在 7～13。由表 9 可知，施入纳米—亚微米级复合材料增加了 0～2、2～10、10～50μm3 个粒级复合体和全土中的 C/N 比值，这将对微生物的活动起到促进作用。

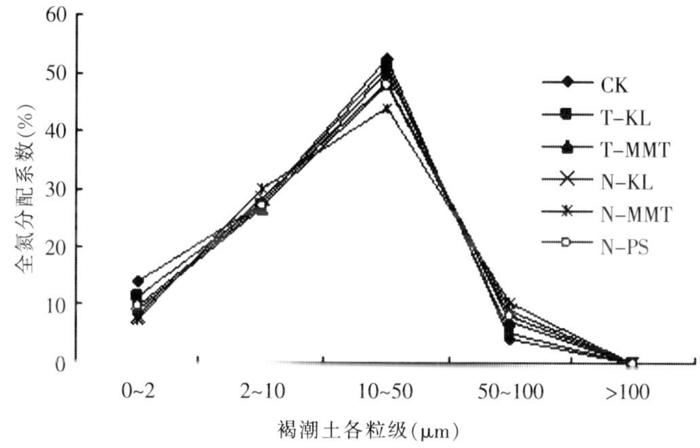

图 2　纳米—亚微米级复合材料对褐潮土不同粒级复合体中全氮分配系数的影响

表 9　纳米—亚微米级复合材料对褐潮土不同粒级 C/N 的影响

处　理	各粒级碳/氮				全盆土
	<2μm	2～10μm	10～50μm	50～100μm	
CK	8.31	8.84	8.25	22.82	10.68
T-KL	8.70	8.99	8.28	22.87	9.11
T-MMT	8.88	9.89	8.59	18.74	9.83
N-KL	9.03	10.46	11.13	19.65	11.29
N-MMT	9.15	10.82	11.15	18.36	11.33
N-PS	9.08	10.20	9.53	17.92	10.45

（4）纳米—亚微米级复合材料对褐潮土各粒级复合体中全磷含量与分配的影响：土壤中

的有机磷约占土壤全磷的30%～50%，就其形态来看，主要是肌醇磷酸盐、磷脂、核酸和未知形态的磷，它们与土壤胶体颗粒紧密结合（孙华，1998；武心华，1998）。土壤中的无机磷主要存在于次生矿物中，由于成土条件的不同，北方土壤中以Ca-P为主，南方酸性土壤中以Fe-P和Al-P为主。磷在土壤中的分布形态，在一定程度上可以反映土壤的风化程度和风化过程（甘海华，1994）。由表10可知，2～10μm粒级复合体的含磷量最高，其次是10～50μm或<2μm粒级，含量相对较少的是50～100μm粒级，此分布结果说明该土壤的风化程度不高，这与土壤本身的性质如土壤pH、有机质、氧化还原状况、风化程度等有很大关系。

纳米—亚微米级复合材料对于全土和各粒级复合体中的含磷量影响很大，与对照相比，纳米—亚微米级复合材料增加了全土和4个粒级（<2、2～10、10～50μm和50～100μm）复合体中的含磷量，却降低了大粒级颗粒（>100μm）的含磷量（表10），可能是纳米—亚微米级复合材料促进了大粒级中有机磷的分解或活化，并吸附了被活化的土壤磷，然后形成了外源物质-P的复合体；也可能是纳米—亚微米级复合材料“争夺”吸附大颗粒级中的磷。

纳米—亚微米级复合材料在提高土壤及各粒级含磷量的同时，也影响磷在不同粒级中的分配系数（图3），影响较显著的是2～10μm和10～50μm两个粒级，与对照相比，纳米—亚微米级复合材料增加了2～10μm粒级中全磷的分配系数，增加幅度在30.0%～54.4%之间；而降低了10～50μm粒级中磷的分配系数。

表10　纳米—亚微米级复合材料对褐潮土不同粒级中磷含量的影响

处　理	各粒级磷含量（%）				全盆土
	<2μm	2～10μm	10～50μm	50～100μm	
CK	0.63b	0.77b	0.68b	0.45a	0.61a
T-KL	0.65b	0.85b	0.70b	0.48a	0.63a
T-MMT	0.74ab	0.97ab	0.73ab	0.52a	0.68a
N-KL	0.81a	1.14a	0.76ab	0.55a	0.70a
N-MMT	0.90a	1.20a	0.81a	0.58a	0.75a
N-PS	0.70ab	0.98ab	0.73ab	0.53a	0.67a

6. 讨论　施用纳米—亚微米级复合材料能改变土壤不同粒级复合体的组成，由于纳米—亚微米级复合材料和有机质的吸附和胶结作用使褐潮土中<2μm的颗粒减少，2～10μm粒级的微团聚体含量增加，进而利于土壤团粒结构的形成。尽管10～50μm粒级中有机碳、全氮、全磷含量较低，但因该粒级复合体含量占土壤固相的比重最大。因此，该粒径中C、N、P对土壤肥力的贡献较大。纳米—亚微米级复合材料可提高土壤及各粒级中C、N、P的含量，而增加幅度高低不一。在本试验条件下，施入纳米—亚微米级复合材料的处理与对照相比，土壤的有机碳、氮、磷在各粒级复合体中分配系数的增加以2～10μm粒级最高，说明各养分进入2～10μm粒级最多，表明该粒级对土壤养分的转化和平衡起着重要的调节作用，这与徐阳春（2000）的结论一致。

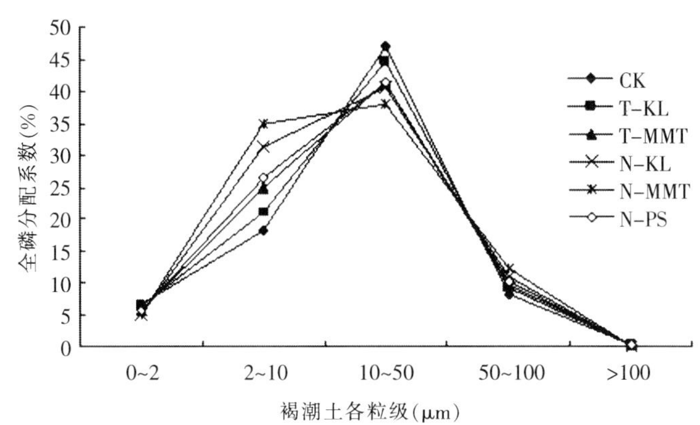

图 3　纳米—亚微米级复合材料对褐潮土不同粒级复合体中全磷分配系数的影响

(二) 对红壤有机-无机复合体含量及各粒级复合体中 C、N、P 含量与分布的影响

1. 供试土壤　供试土壤采自“国家土壤肥力与肥料效益监测基地网”湖南祁阳基地，土壤为 0～20cm 表层土，土壤类型为红壤，质地为黏土，黏粒含量 26.0%；pH6.3，有机质含量 10.2mg/g，全氮 0.73 mg/g，全磷 0.44 mg/g，全钾 13.11mg/g，速效氮 50.3 mg/kg，速效磷 3.64mg/kg，速效钾 68.61mg/kg；阳离子交换量（CEC）11.92cmol（+）/kg。

2. 试验方案　同褐潮土。

3. 土壤不同粒级复合体的分离　同褐潮土。

4. 养分分配系数的计算　同褐潮土。

5. 结果与分析

(1) 纳米—亚微米级复合材料对红壤不同粒级复合体组成的影响：由表 11 可知，供试红壤中<10μm（F_1 和 F_2）的物理性黏粒含量约占 24.6%～26.0%，36%～39%的土壤组分是 10～50μm（F_3）的颗粒，50～100μm（F_4）粒级的复合体约占 13%～17%，>100μm（F_5）的颗粒占 11%～13%，此粒级主要为石砾，养分含量很少，对土壤蓄肥的能力甚微，在以下的排序中不予考虑。其他 4 个粒级的复合体在红壤中所占比例高低顺序为：$F_3>F_2>F_4>F_1$。由于纳米—亚微米级复合材料的胶结和分解作用，供试红壤不同粒级复合体的组成发生了变化（表 11），<2μm（F_1）粒级的含量明显降低；2～10μm（F_2）粒级的数量则增加，造成这种现象的原因可能是纳米—亚微米级复合材料促进了土壤中有机质的矿化（欧阳华，2004），新形成的腐殖质首先与<2μm 的黏粒矿物结合，再经胶结后复合为 2～10μm 的复合体；纳米—亚微米级复合材料增加了 F_2（2～10μm）和 F_4（50～100μm）2 个粒级复合体的含量，而降低了 10～50μm（F_3）和>100μm（F_5）2 个粒级复合体的含量，原因可能是纳米—亚微米级复合材料“夺取”了腐殖质与无机矿物的吸附位点，使原来具有胶结作用的部分腐殖质失去了作用，大团聚体分解为小团聚体；也可能由于土壤微生物的活动促进了纳米—亚微米级复合材料中活性基团的胶结或分解作用，使红壤各粒径的复合体含量处于动态平衡中，较大和较小粒径的复合体相互转化，部分较大颗粒（>100μm）分解为次级颗粒（50～100μm），部分 F_3（10～50μm）分解为 F_2（2～10μm），而最小颗粒 F_1（0～2μm）胶

结为 F_2（2～10μm）。

表 11　纳米—亚微米级复合材料对红壤不同粒级复合体组成的影响

（%，W/W）

处　理	粒级（μm）					回收率（%）
	<2（F_1）	2～10（F_2）	10～50（F_3）	50～100（F_4）	>100（F_5）	
CK	9.4a	16.6b	38.7a	12.6bc	12.8a	90.1
T-KL	8.6a	17.0b	38.1a	13.4bc	12.6a	89.6
T-MMT	7.5ab	18.2ab	37.5ab	14.3b	11.9ab	89.4
N-KL	6.2b	19.0a	37.1ab	16.2a	11.8ab	90.2
N-MMT	5.5b	19.6a	36.2b	16.8a	11.2ab	88.9
N-PS	7.8ab	18.5a	37.8ab	15.0ab	10.7b	89.8

表 11 的结果还表明，各种材料对红壤各粒级组成的影响因材料种类不同而异。加入纳米—亚微米级复合材料比天然高岭土、蒙脱土的影响较大，与对照相比，高岭土、蒙脱土或塑料纳米—亚微米级的纳米—亚微米级复合材料，使 F_1 粒级含量降低了 17.2%～41.49%，F_2 含量增加了 11.44%～18.07%，F_3 含量降低了 2.33%～6.46%，F_4 含量增加了 19.05%～28.57%。不同材料使各粒级的组成发生了很大变化，这种影响来源于各种材料与土壤中的有机胶体（腐殖质）和无机胶体（无机矿物）的相互作用，包括阴离子桥、氢键合、阴离子交换、配位体交换等等，有待进一步研究。

（2）纳米—亚微米级复合材料对红壤各粒级复合体中有机碳含量与分配的影响：不同粒径土壤复合体中的有机碳含量是土壤有机质平衡与矿化速率的微观表征。不同粒级复合体中的有机碳含量不同（表 12），粒径愈细，有机碳含量愈高。随着粒径变粗，比表面积变小，与有机碳的结合能减弱，致使有机碳含量下降。由于受粗有机残体的影响，>50μm 后有机碳含量又随粒径增加而略有递增。

各种供试材料使红壤及各粒级（除>100μm 外）中有机碳含量增加（表 12），但增幅因粒级和材料而异。与对照相比，5 种材料施入土壤后，4 个粒级（<2、2～10、10～50、50～100μm）的有机碳分别提高了 9.58%～27.68%、18.20%～40.35%、19.45%～30.70%、19.89%～33.33%。各粒级中有机碳含量增加幅度大小排列顺序大体为：$F_4>F_2>F_3>F_1$。相同粒级不同的材料处理中有机碳含量因材料种类而异。以 F_4（50～100μm）粒级为例，施纳米—亚微米级复合材料的 3 种处理有机碳含量分别比对照增加了 20.96%和 59.38%、16.51%。可能是纳米—亚微米级复合材料促进了土壤生物残体的矿质化和腐殖化过程的发生，使红壤及各粒级的有机碳含量增加。

从分配系数上看（图 4），土壤有机碳含量 8%～15%集中在<2μm 的黏粒中成为有机无机复合体，22%～18%的有机碳与中、细粉砂粒相结合而存在于 2～10μm 粒级中，40%～47%的有机碳存在于 10～50μm 粒级中，3%～8%的有机碳存在于 50～100μm 粒级中，>100μm的粗砂粒中有机碳的分配系数最低。从图 5 可以看出，有机碳在红壤各粒级中的分配系数的大小排列顺序为：$F_3>F_2>F_1>F_4$。

表 12　纳米—亚微米级复合材料对红壤不同粒级中有机碳含量的影响

处　理	各粒级有机碳含量（mg/g）				全盆土
	<2μm	2～10μm	10～50μm	50～100μm	
CK	14.67b	12.69b	10.88b	2.29b	9.58b
T-KL	16.43ab	14.17ab	12.25b	3.42b	10.06b
T-MMT	17.32ab	15.62ab	13.35ab	4.28ab	11.14ab
N-KL	18.11a	17.09a	13.68a	5.06a	12.23a
N-MMT	18.73a	17.81a	14.12a	5.94a	12.65a
N-PS	17.21ab	16.13ab	14.22a	4.50ab	11.55ab

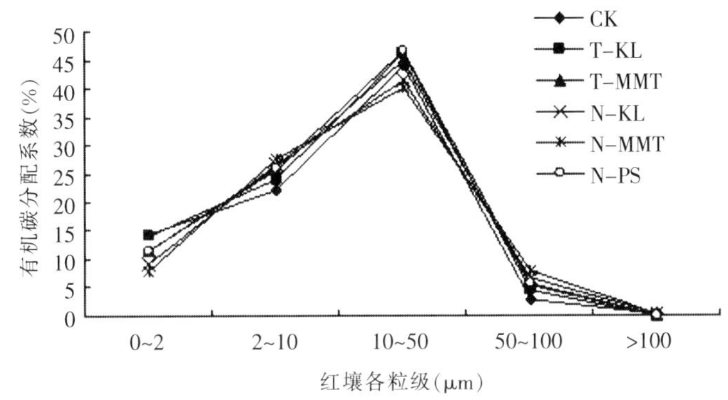

图 4　纳米—亚微米级复合材料对红壤不同粒级复合体中有机碳分配系数的影响

纳米—亚微米级复合材料不仅影响不同粒级中的有机碳含量，而且还影响有机碳在不同粒级中的分布，与对照和天然高岭土、蒙脱土相比，纳米—亚微米级复合材料使<2μm 颗粒中有机碳占全土有机碳总量的比例（分配系数）降低，而 2～10、10～50μm 及 50～100μm 粒级中有机碳的分配系数则增加（图 4）。造成这种现象的原因是纳米—亚微米级复合材料使红壤中 F_1 黏粒含量相对较低（与对照相比），而纳米—亚微米级复合材料带有较多的有机活性位点，当与 F_1 黏粒结合的有机质达到饱和后，有机质向较大颗粒中的积累便增多。

各种纳米—亚微米级复合材料对红壤各粒级中有机碳分配系数的影响不同，与对照相比，高岭土纳米—亚微米级复合材料使 0～2μm 粒级复合体中有机碳的分配系数降低了 36.25%，蒙脱土纳米—亚微米级复合材料使 2～10μm 粒级复合体中有机碳的分配系数提高了 25.45%，而塑料纳米—亚微米级复合材料使 10～50μm 粒级复合体中有机碳的分配系数提高了 5.68%。

（3）纳米—亚微米级复合材料对红壤各粒级复合体中全氮含量与分配的影响：氮素含量与土壤有机碳密切相关。各粒级复合体含氮量规律同于有机碳，不同粒级中氮含量也以<2μm粒级最高，随着复合体粒径的增大，全氮含量逐渐降低（表 13），而>100μm 后又随粒径增粗而增加。除了有机碳的作用外，各种供试材料对不同粒级中 NH_4^+ 的吸附与解吸性能的差异也是重要的原因之一。

加入纳米—亚微米级复合材料后，各处理土壤和不同粒级复合体中全氮含量均比对照增加，但增幅因纳米—亚微米级复合材料种类不同而异。蒙脱土纳米—亚微米级复合材料使红壤各粒级复合体及全土中含氮量达到最高值，分别为：2.02mg/g（F_1）、1.35mg/g（F_2）、1.21mg/g（F_3）、0.55mg/g（F_4）、1.33mg/g（F_4）、1.05mg/g，与对照相比，含氮量分别增加12.85%、14.41%、24.74%、111.54%、28.05%。各种供试材料对红壤各粒级复合体中含氮量产生正效应的排列顺序大体是：蒙脱土纳米—亚微米级复合材料＞高岭土纳米—亚微米级复合材料＞塑料纳米—亚微米级复合材料＞蒙脱土＞高岭土。各种材料吸附了 NH_4^+ 后包被在各级复合体上，致使土壤及各级复合体中的含氮量增加。

从分配系数上看（图5），土壤全氮含量11%～21%集中在＜2μm的黏粒中；23%～26%的全氮与中、细粉砂粒相结合而存在于2～10μm粒级中；42%～47%的全氮存在于10～50μm粒级中；4%～9%的全氮存在于50～100μm粒级中。全氮在红壤各粒级中的分配系数的大小排列顺序为：F_3＞F_2＞F_1＞F_4。此结果同于有机碳在红壤各粒级中分配系数的顺序。

表13　纳米-亚微米级复合材料对红壤不同粒级中氮（N）含量的影响

处　理	各粒级氮（N）含量（mg/g）				全盆土
	＜2μm	2～10μm	10～50μm	50～100μm	
CK	1.79b	1.18a	0.97b	0.26b	0.82b
T-KL	1.83ab	1.22a	1.04ab	0.28b	0.88ab
T-MMT	1.87ab	1.25a	1.11a	0.33b	0.91ab
N-KL	1.94a	1.32a	1.16a	0.51a	1.01a
N-MMT	2.02a	1.35a	1.21a	0.55a	1.05a
N-PS	1.86ab	1.29a	1.13a	0.49ab	0.92ab

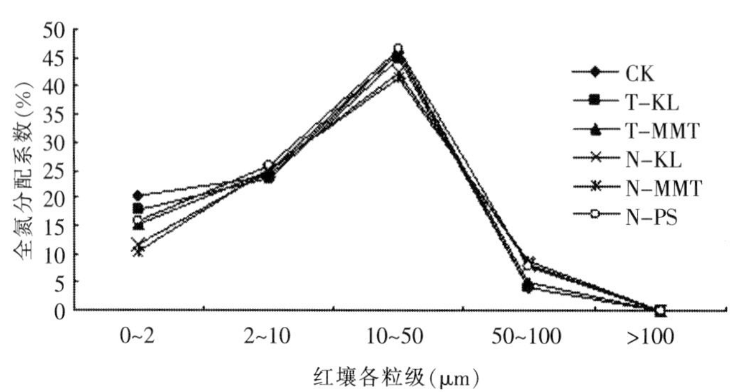

图5　纳米—亚微米级复合材料对红壤不同粒级复合体中有机碳分配系数的影响

纳米—亚微米级复合材料不仅影响不同粒级中全氮含量，而且还影响全氮在不同粒级中的分布，与对照和天然高岭土、蒙脱土相比，纳米-亚微米级复合材料使0～2 、10～50μm 2个粒级中的全氮分配系数降低，而增加了2～10 、50～100μm两个粒级中的全氮分配系数，该结果同于褐潮土，这表明2～10μm和50～100μm这2个粒级的复合体对土壤有机氮的转化起着重要作用。与对照相比，塑料纳米—亚微米级复合材料使2～10μm粒级复合体中全氮的分配系数提高了5.3%，蒙脱土纳米—亚微米级复合材料使50～100μm粒级复合体中全氮的分配系数提高了11.0%。Balabane用^{15}N标记氮肥施入土壤，得出结论新近固定的N很快汇集到这2个微团聚体中。

C/N 比值对于土壤微生物的活动至关重要，进而影响到有机质的矿化和腐殖化过程。褐潮土中的C/N 比值一般稳定在 8～16。由表 14 可知，施入纳米-亚微米级复合材料增加了红壤中 0～2、2～10、10～50、50～100μm 4 个粒级复合体和全土中的C/N 比值，这对于微生物的活动起到了促进作用。

表 14　纳米—亚微米级复合材料对红壤不同粒级中 C /N 的影响

处　理	各粒级碳/氮（C/N ）				全盆土
	＜2μm	2～10μm	10～50μm	50～100μm	
CK	8.19	10.75	11.22	8.80	11.68
T - KL	8.98	11.61	11.78	12.21	11.43
T - MMT	9.26	12.50	12.03	12.97	12.24
N - KL	9.34	12.95	11.79	9.92	12.11
N - MMT	9.27	13.19	11.67	10.81	12.05
N - PS	9.25	12.50	12.58	9.18	12.55

（4）纳米—亚微米级复合材料对红壤各粒级复合体中全磷含量与分配的影响：尽管土壤中有机磷只占土壤全磷的 30%～50%，但不同粒级中磷含量却与有机碳和全氮相似，由表 15 可知，红壤各粒级复合体的含磷量大小排列顺序同于有机碳和全氮，规律为：＜ 2μm ＞2～10μm＞10～50μm＞50～100μm，随着粒径增大，含磷量降低。这与 Pierzynski 等人的结果一致，黏粒组分含磷量高于其他粒级。

纳米—亚微米级复合材料对于耕作层土壤和各粒级复合体中的含磷量影响很大，与对照相比，纳米—亚微米级复合材料增加了土壤和 5 个粒级（＜2μm、2～10μm、10～50μm、50～100μm 和＞100μm）复合体中的含磷量（表 15），可能是纳米—亚微米级复合材料促进了土壤中有机磷的分解或活化，并吸附了被活化的土壤磷，然后形成了外源物质- P 的复合体，该复合体不仅吸附磷，还易解吸磷。

纳米—亚微米级复合材料在提高土壤及各粒级含磷量的同时，也影响磷在不同粒级中的分配情况，由图 6 可知，影响较显著的是＜2μm 、2～10μm 和 10～50μm 3 个粒级，与对照相比，纳米—亚微米级复合材料降低了＜2μm 粒级复合体中磷的分配系数，特别是蒙脱土纳米—亚微米级复合材料使 0～2μm 复合体磷分配系数降低了 38.5%；而纳米—亚微米级复合材料增加了 2～10μm 粒级中全磷的分配系数，增加幅度在 10.7%～21.5%之间；塑料纳米-亚微米级复合材料使 10～50μm 复合体磷分配系数增加了 10.2%。

表 15　纳米—亚微米级复合材料对红壤不同粒级中磷含量的影响

处　理	各粒级磷含量（mg/g）				全盆土
	＜2μm	2～10μm	10～50μm	50～100μm	
CK	1.16a	0.59b	0.33b	0.14a	0.52b
T - KL	1.20a	0.60b	0.35ab	0.16a	0.55ab
T - MMT	1.23a	0.63ab	0.37ab	0.17a	0.58a
N - KL	1.31a	0.65ab	0.39a	0.16a	0.60a
N - MMT	1.35a	0.70a	0.42a	0.17a	0.62a
N - PS	1.30a	0.66a	0.40a	0.15aa	0.56ab

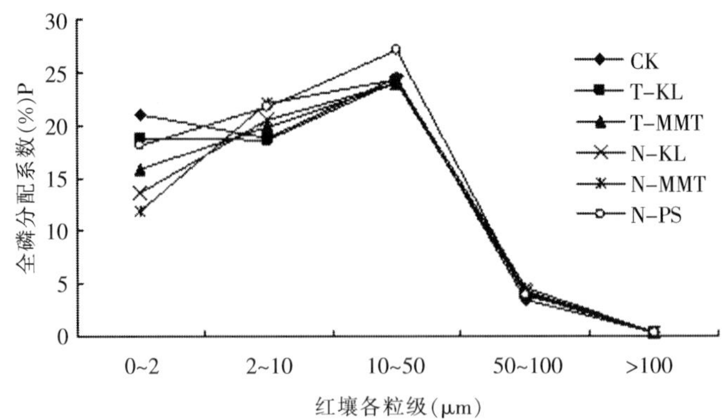

图 6　纳米—亚微米级复合材料对红壤不同粒级复合体中有机碳分配系数的影响

6. 讨论　纳米—亚微米级复合材料可改变红壤不同粒级复合体的组成，由于纳米—亚微米级复合材料和有机质的吸附及胶结作用使红壤中<2μm 的颗粒减少，2～10μm 粒级的微团聚体含量增加，利于土壤团粒结构的形成。尽管 F_3（10～50μm）粒级中有机碳、全氮、全磷含量较低，但因该粒级复合体含量占土壤固相的比重最大。因此，该粒级复合体中 C、N、P 对土壤肥力的贡献较大。纳米—亚微米级复合材料可提高土壤及各粒级中 C、N、P 的含量，而增加幅度高低不一。在本试验条件下，施入纳米—亚微米级复合材料的处理与对照相比，土壤的有机碳、氮、磷在各粒级复合体中分配系数的增加以 2～10μm 粒级最高，说明各养分进入 2～10μm 粒级最多，表明该粒级对土壤养分的转化和平衡起着重要的调节作用，该结果同于褐潮土。

（三）对风沙土有机-无机复合体含量及各粒级复合体中 C、N、P 含量与分布的影响

1. 供试土壤　供试土壤采自北京郊区的大兴科技示范园区，土壤为 0～20cm 表层土，土壤为风沙土，质地为砂土，黏粒含量 10.5%；pH7.7，有机质含量 4.09mg/g，全氮含量 0.42mg/g，全磷含量 0.21 mg/g，全钾含量 8.11 mg/g，速效氮 21.24mg/kg，速效磷 2.78mg/kg，速效钾 30.65mg/kg；阳离子交换量（CEC）3.31cmol（+）/kg。

2. 试验方案　同褐潮土 。

3. 土壤不同粒级复合体的分离　同褐潮土。

4. 养分分配系数的计算　同褐潮土。

5. 结果与分析

（1）纳米—亚微米级复合材料对风沙土不同粒级复合体组成的影响：分析结果表明（表 16），供试风沙土中<10μm（F_1 和 F_2）的颗粒约占 10.5%～17.6%，此粒级属于物理性黏粒，10～50μm（F_3）粒级复合体约占 12.5%～14.2%，50～100μm（F_4）粒级的复合体约占 5.7%～6.8%，>100μm（F_5）的颗粒最多，占 55.2%～58.9%，此粒级主要为石砾，养分的含量很少，对土壤蓄肥的能力甚微，在以下的排序中忽略不计。其他 4 个粒级的复合体在风沙土中所占比例高低顺序为：$F_3>F_2>F_4>F_1$。由于纳米—亚微米级复合材料的胶结作用，供试风沙土已具有一定的团聚度，土壤不同粒级复合体的组成发生了变化（表 16），<2μm（F_1）和 2～10μm（F_2）2 个粒级的含量明显增加；而 10～50μm（F_3）和 50～100μm（F_4）2 个粒级的数量则降低，造成这种现象的原因可能是纳米—亚微米级复合材料

促进了土壤中有机质的矿化，新形成的腐殖质首先与<2μm 的黏粒矿物结合，再经胶结后复合为 2～10μm 的复合体，或者是纳米—亚微米级复合材料和微生物的相互作用分解了 F_3 和 F_4 粒级而形成了 F_1 和 F_2 粒级。大颗粒复合体不断地在分解，小颗粒复合体不断地形成，这是一个周而复始的动态平衡过程。

表 16　纳米—亚微米级复合材料对风沙土不同粒级复合体组成的影响

（%，W/W）

处　理	粒　级（μm）					回收率（%）
	<2（F_1）	2～10（F_2）	10～50（F_3）	50～100（F_4）	>100（F_5）	
CK	1.6b	8.9b	14.2a	6.8a	58.9a	90.4
T-KL	1.8b	9.0b	13.8ab	6.3a	58.5a	89.1
T-MMT	2.5ab	11.1ab	13.5ab	6.0a	56.9a	90.0
N-KL	2.8a	13.5ab	13.0ab	5.8a	56.1a	91.2
N-MMT	3.0a	14.6a	12.5b	5.7a	55.2a	91.1
N-PS	2.6ab	11.8ab	13.6ab	6.1a	56.7a	90.8

表 16 的结果还表明，各种材料对风沙土各粒级组成的影响因材料种类不同而异。加入高岭土或蒙脱土的影响小于纳米—亚微米级复合材料，与对照相比，高岭土和蒙脱土使 F_1 粒级含量增加了 12.5%～56.25%，F_2 含量增加了 1.12%～24.72%，F_3 降低了 2.82%～4.93%，F_4 降低了 7.36%～11.76%；而加入了高岭土、蒙脱土或塑料的纳米—亚微米级复合材料，F_1 粒级含量增加了 62.50%～87.50%，F_2 增加了 32.58%～64.04%，F_3 降低了 4.22%～11.97%，F_4 降低了 10.29%～16.18%。纳米—亚微米级复合材料对各粒级含量的增加或降低幅度是天然材料的 2～3 倍。不同材料对各粒级组成之间的这种差异来源于不同材料与土壤中的有机胶体（腐殖质）和无机胶体（无机矿物）的相互作用，包括阴离子桥、氢键合、阴离子交换、配位体交换等等。

（2）纳米—亚微米级复合材料对风沙土各粒级复合体中有机碳含量与分配的影响：不同粒径土壤复合体中的有机碳含量是土壤有机质平衡与矿化速率的微观表征。本实验结果表明，不同粒级复合体中有机碳含量因粒径而异（表 17），>100μm 粒级除外，F_2 粒级含量最多，范围在 16.35～23.64mg/g 之间，F_4 粒级含量最少，为 2.12～7.27mg/g。各粒级有机碳含量的大小排列顺序为：$F_2>F_1>F_3>F_4$。这与褐潮土和红壤的规律不同，可能是风沙土的特殊之处。

表 17　纳米-亚微米级复合材料对风沙土不同粒级中有机碳含量的影响

处　理	各粒级有机碳含量（mg/g）				全盆土
	<2μm	2～10μm	10～50μm	50～100μm	
CK	13.07b	16.35b	9.52b	2.12b	3.68c
T-KL	15.95ab	19.05ab	11.18b	3.89b	4.04bc
T-MMT	16.54ab	21.51ab	14.55ab	5.48ab	5.59bc
N-KL	17.41a	23.19a	15.81a	6.88a	7.68ab
N-MMT	17.95a	23.64a	16.27a	7.27a	8.92a
N-PS	16.88ab	22.01ab	14.99ab	5.97ab	5.94b

各种供试材料使风沙土及各粒级（除>100μm外）中有机碳含量增加（表17），对于每一种粒级复合体和全土，5种材料处理中有机碳含量大小顺序均为：蒙脱土纳米—亚微米级复合材料>高岭土纳米—亚微米级复合材料>塑料纳米—亚微米级复合材料>蒙脱土>高岭土；与对照相比，各种材料对每一种粒级复合体及全土中有机碳含量的增加幅度大小顺序亦为：蒙脱土纳米—亚微米级复合材料>高岭土纳米—亚微米级复合材料>塑料纳米—亚微米级复合材料>蒙脱土>高岭土。对于同一种材料，不同粒级复合体中有机碳的增幅不同，以高岭土纳米—亚微米级复合材料为例，与对照相比，F_1 有机碳含量增加了22.04%、F_2 增加了16.51%、F_3 增加了16.60%、F_4 增加了74.53%，各粒级中有机碳含量增加幅度大小排列顺序为：$F_4>F_1>F_3>F_2$。

从分配系数上看（图7），土壤有机碳的6%～8%集中在<2μm的黏粒中成为有机无机复合体，40%～44%的有机碳存在于2～10μm粒级中，22%～35%的有机碳存在于10～50μm粒级中，4%～6%的有机碳存在于50～100μm粒级中。有机碳在风沙土各粒级中的分配系数的大小排列顺序为：$F_2>F_3>F_1>F_4$。

各种材料不仅影响不同粒级中的有机碳含量，而且还影响有机碳在不同粒级中的分配系数，与对照和天然高岭土、蒙脱土相比，纳米—亚微米级复合材料使 F_1、F_2 和 F_4 3个粒级复合体中有机碳含量占全土有机碳含量的比例增加，而使 F_3 粒级中有机碳的分配系数降低（图7）。

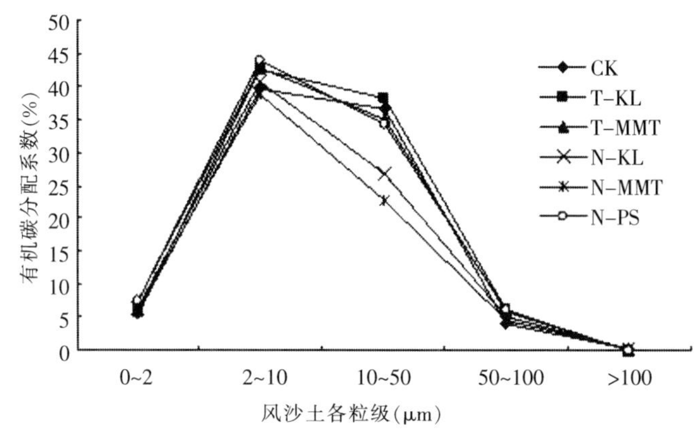

图7　纳米—亚微米级复合材料对风沙土不同粒级复合体中有机碳分配系数的影响

各种材料对风沙土各粒级中有机碳分配系数的影响不同，纳米—亚微米级复合材料的影响大于天然材料，以 F_3 粒级为例，与对照相比，塑料纳米—亚微米级复合材料使10～50μm粒级复合体中有机碳的分配系数降低了6.5%，蒙脱土纳米—亚微米级复合材料使该粒级复合体中有机碳的分配系数降低了37.9%，高岭土纳米—亚微米级复合材料使该粒级复合体中有机碳的分配系数降低了27.0%，蒙脱土使分配系数降低了4.4%，而高岭土使分配系数降低了2.6%，5种材料对 F_3 粒级复合体中有机碳分配系数的影响大小顺序为：蒙脱土纳米—亚微米级复合材料>高岭土纳米—亚微米级复合材料>塑料纳米—亚微米级复合材料>蒙脱土>高岭土。

（3）纳米—亚微米级复合材料对风沙土各粒级复合体中全氮含量与分配的影响：氮素在土壤中主要以有机氮的形态存在，故其含量与土壤有机碳密切相关。由于有机碳在不同粒级中分布的差异，从而造成全氮含量的差异。对于每一种处理，不同粒级（>100μm 粒级除外）中氮含量均以 F_2 粒级含量最多，范围在 1.27～2.55mg/g 之间，F_4 粒级含量最少，为 0.78～0.97mg/g（表 18）。各粒级中氮含量的大小排列顺序为：$F_2>F_1>F_3>F_4$，此规律同于有机碳在风沙土各粒级复合体中的分别顺序。

加入各种材料后，风沙土和不同粒级复合体中全氮含量都比对照增加，但增幅因材料种类不同而异，纳米—亚微米级复合材料比天然材料的影响大。以 F_2 为例，与对照相比，蒙脱土纳米—亚微米级复合材料使氮含量增加 1.00 mg/g，高岭土纳米—亚微米级复合材料使氮含量增加 0.82 mg/g，塑料纳米—亚微米级复合材料增加 0.64 mg/g，蒙脱土增加 0.50 mg/g，高岭土增加 0.16mg/g，5 种材料对 F_2 粒级中氮含量增加的贡献依次降低，说明纳米—亚微米级复合材料增加各粒径复合体及全土中氮含量的效果好于天然材料，这可能是由于纳米—亚微米级复合材料吸附了风沙土中的活性有机碳，有机碳又吸附了 NH_4^+，或是纳米—亚微米级复合材料与有机碳的相互作用使 NH_4^+ 包敷在各级复合体上，致使土壤及各级复合体中的含氮量增加。除了有机碳的作用外，各种纳米—亚微米级复合材料对不同粒级中 NH_4^+ 的吸附与解吸性能的差异也是重要的原因之一。

风沙土各粒级复合体中氮的分配情况类似于有机碳在各粒径中的分布。从分配系数上看（图 8），土壤全氮含量的 4%～10%集中在<2μm 的黏粒中，34%～56%的全氮存在于 2～10μm 粒级中，26%～30%的全氮存在于 10～50μm 粒级中，7%～10%的全氮存在于 50～100μm 粒级中。上述 4 个粒级中全氮分配系数的大小排列顺序为：$F_2>F_3>F_1>F_4$。此结果同于有机碳在风沙土各粒径复合体中分配系数的顺序。

各种材料不仅影响不同粒级中全氮含量，而且还影响全氮在不同粒级中的分布，与对照相比，各种材料均能提高风沙土中 F_1 和 F_2 粒径全氮的分配系数，却降低了 F_3 和 F_4 中的分配系数，增加或降低的幅度因材料而异，纳米—亚微米级复合材料高于天然材料，特别是在 F_2 粒级中，与对照相比，蒙脱土纳米—亚微米级复合材料使全氮分配系数提高了 44%，高岭土纳米—亚微米级复合材料使全氮分配系数提高了 27%，塑料纳米—亚微米级复合材料提高了 14%，蒙脱土提高了 10%，高岭土提高了 3%，由此可见，纳米—亚微米级复合材料对于较小粒级复合体中养分的蓄积效果好于天然材料，这在风沙土的保肥方面非常重要。这也说明风沙土中氮素营养主要储存在 F1（0～2μm）和 F2（2～10μm）2 个粒级中，这 2 个粒级的复合体对土壤有机氮的转化起着重要作用。

表 18　纳米—亚微米级复合材料对风沙土不同粒级中氮（N）含量的影响

处　理	各粒级氮含量（mg/g）				全盆土
	<2μm	2～10μm	10～50μm	50～100μm	
CK	1.27b	2.02b	1.10b	0.78b	0.53b
T-KL	1.36b	2.18b	1.15b	0.82ab	0.56ab
T-MMT	1.89ab	2.52ab	1.28ab	0.87ab	0.63ab
N-KL	2.42a	2.90a	1.55a	0.93a	0.78a
N-MMT	2.55a	3.02a	1.65a	0.97a	0.79a
N-PS	1.94ab	2.66ab	1.33ab	0.88ab	0.69ab

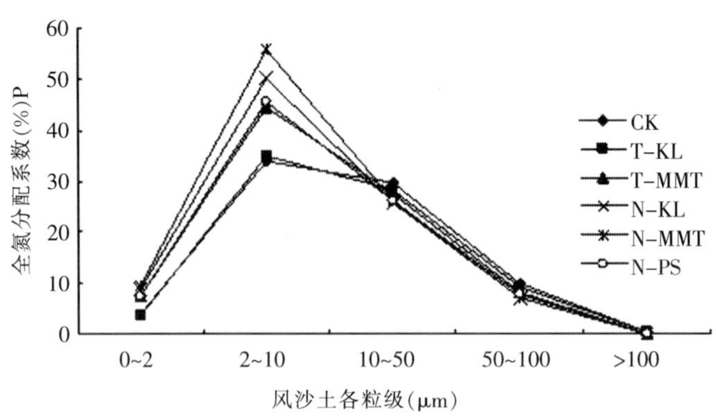

图 8　纳米—亚微米级复合材料对风沙土不同粒级复合体中全氮分配系数的影响

C/N 比值对于土壤微生物的活动至关重要，进而影响到有机质的矿化和腐殖化过程。风沙土中的 C/N 比值一般稳定在 7～12。由表 19 可知，与对照相比，施入各种材料增加了 2～10 、10～50、50～100μm3 个粒级复合体和全土中的 C/N 比值，但增加幅度纳米—亚微米级复合材料和天然材料的差异不大。

表 19　纳米—亚微米级复合材料对风沙土不同粒级中 C/N 的影响

处　理	各粒级碳/氮（C/N ）				全盆土
	<2μm	2～10μm	10～50μm	50～100μm	
CK	10.29	8.09	8.65	2.72	6.94
T - KL	11.73	8.73	9.72	4.74	7.21
T - MMT	8.75	8.53	11.36	6.30	8.87
N - KL	7.19	8.12	10.20	7.39	9.85
N - MMT	7.04	8.32	9.86	7.49	11.29
N - PS	8.70	8.27	11.27	6.78	8.61

（4）纳米—亚微米级复合材料对风沙土各粒级复合体中全磷含量与分配的影响：由表 20 可知，不同粒级复合体中全磷含量因粒径而异，对于每一种处理，粒径越小含磷量越高，随着粒径的增大，含磷量逐渐降低，F_1 粒级含量最多，范围在 0.89～1.38mg/g 之间，F_4 粒级含量最少，为 0.30～0.53mg/g。各粒级磷含量的大小排列顺序为：$F_1>F_2>F_3>F_4$。这与红壤中磷含量在各粒级复合体中的规律相同。

与对照相比，各种供试材料使风沙土及各粒级（除＞100μm 外）中磷含量增加（表 20），增加幅度因材料而异，对于每一种粒级复合体和全土，纳米—亚微米级复合材料高于天然材料。可能与纳米—亚微米级复合材料的吸附性质有关。

各种材料在提高土壤及各粒级含磷量的同时，也影响磷在不同粒级中的分配情况（图 9），影响较显著的是 F_2（2～10μm）和 F_3（10～50μm）2 个粒级，与对照相比，各种材料增加了 F_1（0～2μm）和 F_2（2～10μm）粒级中全磷的分配系数，增加幅度在 20.0%～44.4%之间；而降低了 F_3（10～50μm）和 F_4（50～100μm）粒级中磷的分配系数，增加或降低幅度纳米-亚微米级复合材料高于天然材料。

表 20　纳米—亚微米级复合材料对风沙土不同粒级中磷含量的影响

处　理	各粒级磷含量（mg/g）				全盆土
	<2μm	2～10μm	10～50μm	50～100μm	
CK	0.89b	0.76b	0.74b	0.30b	0.33b
T-KL	0.93b	0.79b	0.77b	0.33b	0.38ab
T-MMT	1.11ab	0.82ab	0.80ab	0.41ab	0.43ab
N-KL	1.27a	0.90a	0.83ab	0.48a	0.48a
N-MMT	1.38a	0.95a	0.90a	0.53a	0.50a
N-PS	0.97ab	0.85a	0.82ab	0.44ab	0.42ab

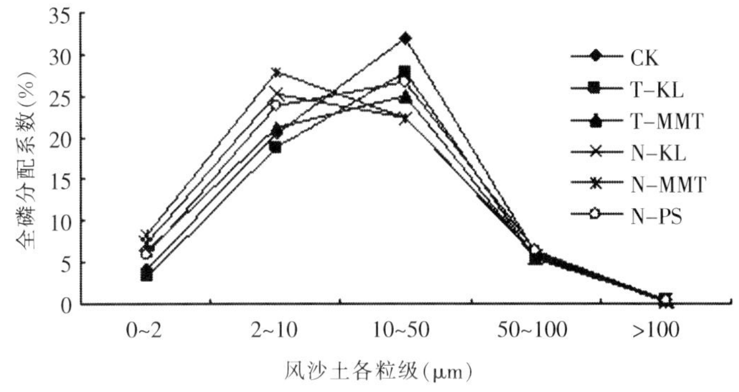

图 9　纳米—亚微米级复合材料对风沙土不同粒级复合体中全磷分配系数的影响

6. 讨论　施用纳米—亚微米级复合材料可改变风沙土不同粒级复合体的组成，由于纳米—亚微米级复合材料和有机质的吸附和胶结作用，使风沙土中<2μm 的颗粒增加，2～10μm 粒级的微团聚体含量增加，从而提高风沙土的蓄水保肥性能，这对于改良风沙土具有积极意义。纳米—亚微米级复合材料可提高土壤及各粒级中 C、N、P 的含量，而增加幅度高低不一。在本试验条件下，施入纳米—亚微米级复合材料的处理与对照相比，土壤的有机碳、氮、磷在各粒级复合体中分配系数的增加以 2～10μm 粒级最高，说明各养分进入 2～10μm 粒级最多，表明该粒级对土壤养分的转化和平衡起着重要的调节作用。

（四）复合材料对风沙土保肥持水性能的影响

风沙土养分贫瘠，并且颗粒较粗，孔隙度大，施入肥料后，极易漏水漏肥，不适宜农作物生长，必须进行改良。改良剂材料选择保水保肥的纳米—亚微米级复合材料，例如高岭土、蒙脱土、塑料等。因为纳米—亚微米级复合材料的颗粒细，比表面积比大，对养分的吸附性强，减少风沙土中养分的流失或淋失；纳米—亚微米级复合材料中加入了有机物质，含有活性官能团，施入风沙土，不仅可以作为有效养分的“缓冲库”，而且成为有效养分的“贮存库”，对于风沙土中微生物的活动也有一定的平衡作用（滕险峰，2003；吕双庆，1999；鞠建英，2003）。本实验采用温室盆栽小麦方法，选取 2 种天然黏土和 3 种纳米—亚微米级复合材料，按照不同的配施方法和比例施入风沙土，观测各种纳米—亚微米级复合材料对风沙土保肥蓄水性能和小麦生长状况的影响，寻求一条提高风沙土保肥、持水能力和改良风沙土的有效途径，为充分利用土地资源，营造良好的生态环境提供理论依据。

1. 试验材料 试验材料包括天然高岭土和蒙脱土、高岭土纳米—亚微米级复合材料、蒙脱土纳米—亚微米级复合材料、塑料纳米-亚微米级复合材料，其基本理化性状见表21。

2. 供试土壤 土壤采自内蒙古鄂尔多斯市杭锦旗梁外0～20cm表层土壤，土类属于风沙土，土壤颗粒较粗，呈细砂、粉砂状，无黏性，质地松散，pH6.52，有机质0.12%，全氮0.42mg/g，速效氮18.42mg/kg，速效磷2.19mg/kg，速效钾40.48mg/kg；阳离子交换量（CEC）5.11cmol（+）/kg（表21）。养分含量较低，保肥保水性差，不适宜种植作物。

表21 供试纳米-亚微米级复合材料的理化性状

供试材料	pH	有机质（%）	全氮（%）	速效氮（mg/kg）	速效磷（mg/kg）	速效钾（mg/kg）	比表面积（m^2/g）	可溶性盐（%）	CEC（cmol/kg）
T-KL	6.50	0.11	0.01	7.91	1.07	22.25	83.66	0.19	6.53
T-MMT	8.16	0.10	0.01	8.10	1.06	34.04	562.33	0.33	98.67
N-KL	6.57	0.17	0.01	8.65	1.48	59.72	201.15	0.10	18.14
N-MMT	6.83	0.18	0.02	8.33	1.17	36.67	821.40	0.21	132.45
N-PS	6.40	0.15	0.02	—	0.74	8.54	11.15	0.02	2.14

3. 试验方案 共设6个处理：（1）对照；（2）天然高岭土；（3）天然蒙脱土；（4）高岭土纳米—亚微米级复合材料；（5）蒙脱土纳米—亚微米级复合材料；（6）塑料纳米—亚微米级复合材料。各种供试材料和风沙土按照1∶500的重量比例装盆，土壤为10kg/盆。每处理4次重复，各处理施肥量均一致，氮磷钾分别为尿素、过磷酸钙和氯化钾，施用量分别为0.20g N/kg土、0.15g P_2O_5/kg土、0.20g K_2O/kg土。小麦生长2个月，收获植株，测定植株干重、氮磷钾含量和叶片叶绿素含量等指标。测定土壤容重、有机质含量、pH、速效氮磷钾含量。

4. 测定方法

（1）土壤指标的测定：土壤有机质的测定按照重铬酸钾油浴法，全氮含量的测定参照半微量开氏法，速效氮按照碱解扩散法，速效磷-碳酸氢钠浸提分光光度法，速效钾-醋酸铵浸提火焰光度法，阳离子交换量（CEC）-中性醋酸铵法或乙酸钠—火焰光度法，可溶性盐-电导法（鲁如坤，2000）。

（2）植株指标的测定（张治安，2004）：叶片叶绿素含量的测定用95%的乙醇浸提，分光光度计比色。

植株氮磷钾含量的测定：浓H_2SO_4—H_2O_2消煮样品后，全氮测定采用开氏半微量定氮法，全磷用钒钼黄比色，全钾的测定用火焰光度法。

（3）数据的统计分析：试验数据的统计分析采用SAS软件学习版分析。

5. 结果与分析

（1）纳米-亚微米级复合材料对小麦苗期生长的影响：小麦根长和茎高能反应小麦苗期的长势，干重可以代表其生物量，叶片叶绿素含量是表征光合作用的参数，上述指标或参数可以综合地考察栽培基质对小麦苗期生长状况的影响。从表22可见，各种材料施入风沙土均能促进小麦苗期的生长。其中，施入纳米—亚微米级复合材料的处理小麦的各项指标均高于天然材料和对照。处理N-MMT（蒙脱土纳米—亚微米级复合材料）效果最好，小麦的根长、茎高、干重与对照相比，分别提高了40.6%、11.9%、17.3%，且差异显著；叶绿素含量与对照相比，增加了18.1%，但差异不显著。与施入天然高岭土和蒙脱土相比，上述各项生长指标（根长、茎高、干重和叶绿素含量）增加幅度依次为13.4%、5.2%、7.6%、14.9%左右。其次是高岭土纳米—亚微米级复合材料和塑料纳米—亚微米级复合材料处理中小麦的根长、茎高、干重、叶绿素含量均大于天然材料的处理。由此可见，风沙土施入农用纳米—亚微米级复合材料能显著地促进指示作物小麦的生长。

表22　纳米-亚微米级复合材料对小麦苗期生长的影响

处理编号	根　长(cm)	茎　高(cm)	干　重(g/10棵)	叶绿素	全N(%)	全P(%)	全K(%)
CK	2.93c	21.33b	0.209b	2.15	2.32	0.16	1.72
T-KL	3.60bc	22.35ab	0.235ab	2.20	2.37	0.17	1.75
T-MMT	3.71b	22.81ab	0.237ab	2.22	2.41	0.17	1.86
N-KL	4.09a	23.52a	0.251a	2.45	2.56	0.18	1.88
N-MMT	4.14a	23.78a	0.254a	2.54	2.62	0.18	1.94
N-PS	3.95ab	23.22a	0.249a	2.25	2.47	0.18	1.87

注：在同一列中数据用邓肯多重比较，凡尾部标有不同字母的数据表示它们之间有显著差异（$p<0.05$），以下同。

植株全氮磷钾含量反应了小麦对养分的吸收和利用状况见表22，与对照相比，各种供试材料均能提高小麦植株中氮磷钾的含量，但纳米—亚微米级复合材料高于天然材料，蒙脱土纳米—亚微米级复合材料效果最好，植株体内氮磷钾含量与对照相比，分别增加了12.9%、6.2%、12.8%；与天然蒙脱土相比，分别增加了8.7%、5.8%、4.3%，说明纳米—亚微米级复合材料用作风沙土的改良剂可提高小麦对氮磷钾养分的吸收和利用。

（2）纳米—亚微米级复合材料对风沙土保肥性能的影响：土壤有机质含量和速效氮磷钾含量是表征土壤肥力的参数，纳米—亚微米级复合材料对风沙土保肥性能的影响见表23，与对照相比，各种供试材料均能提高风沙土中的有机质含量和速效氮磷钾的含量，说明各种材料能降低风沙土中养分的流失，具有保肥作用，但作用大小因材料而异，大小排列顺序为：蒙脱土纳米—亚微米级复合材料＞高岭土纳米—亚微米级复合材料＞塑料纳米—亚微米级复合材料＞天然蒙脱土＞天然高岭土。原因是纳米—亚微米级复合材料具有多个活性位点，吸持了风沙土中的养分减少淋失，纳米—亚微米级复合材料中的有机物质提高了风沙土中的黏粒复合体含量，而黏粒复合体对风沙土中养分的蓄积作用比较大（邹国元，2002）。

表23　纳米—亚微米级复合材料对风沙土保肥性能的影响

处　理	pH	有机质(%)	速效N(mg/kg)	速效P(mg/kg)	速效K(mg/kg)	容　重(g/cm^3)
CK	6.6	0.135	29.76	8.68	53.02	1.645
T-KL	6.6	0.143	59.74	12.20	65.21	1.635
T-MMT	6.8	0.155	60.87	15.79	66.91	1.641
N-KL	6.5	0.172	72.00	17.20	79.07	1.645
N-MMT	6.6	0.200	78.11	18.74	79.19	1.550
N-PS	6.5	0.165	62.05	16.37	70.46	1.601

容重可以反应土壤的孔隙度，风沙土的容重一般在 1.7g/cm^3 左右，由于颗粒粗，土壤孔隙度大，极易漏水漏肥，应加入改良剂，降低风沙土的容重，才可以种植农作物。施入各种材料的风沙土其容重均低于对照。由此可见，在本实验条件下所选择的材料中，纳米—亚微米级复合材料好于天然材料，不但提高了风沙土中有机质和速效氮磷钾的含量，而且降低了风沙土的容重。纳米—亚微米级复合材料不仅可以防止风沙土中有效养分的流失或淋失，而且改善了风沙土中的孔隙状况，增加了风沙土中的团粒结构，为蓄水保肥提供了有利条件。

（3）纳米—亚微米级复合材料对风沙土持水性状的影响：土壤水分变化曲线指土壤一次性浇水后，不同时期内土壤中的含水量，可以反应土壤在一定阶段时期内的持水性状，图10是不同材料处理下的风沙土在 1 个月时间内土壤中水分含量变化曲线。1 月 3 日各处理浇水 500ml 后不再浇水，至 2 月 3 日，每隔 1d 各处理称重 1 次，记录风沙土含水量，以此判断各处理的持水性状。由图 10 可见，对照处理中风沙土水分含量曲线始终在最下方，说明

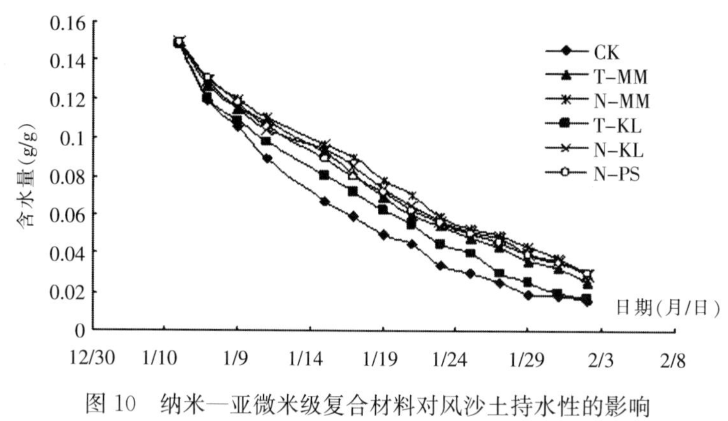

图 10　纳米—亚微米级复合材料对风沙土持水性的影响

该处理含水量少，持水性状较差；而施入 3 种纳米—亚微米级复合材料的风沙土水分变化曲线始终在其他曲线的上方，表明含水量高，对风沙土的持水效果好，其次是天然高岭土和蒙脱土处理中风沙土含水量亦高于对照。从浇水后 14～24d 内，施入各种材料的处理与对照的差异较大，蒙脱土纳米—亚微米级复合材料处理中风沙土的含水量一直是对照处理含水量的 2 倍左右。由此可见，纳米—亚微米级复合材料对风沙土中的水分有蓄积作用，改善了风沙土的持水性。

6. 结论与讨论　各种材料对风沙土均有一定改良效果，使速效氮磷钾含量增加，沙土容重降低，免于有效养分的流失或淋失，而且改善了风沙土中的孔隙状况，增加了风沙土中的团粒结构，为蓄水保肥提供了有利条件。但纳米—亚微米级复合材料优于天然材料。因为纳米—亚微米级复合材料具有极大的比表面积，表面有负电荷与其邻近的土壤水中的阳离子形成双电层；巨大的表面积和表面电荷使得纳米—亚微米级复合材料有极强的吸附水分子的能力，与其粒径比较，形成相对厚的吸附水层或水膜，从而增强风沙土的持水能力。

加入风沙土中的各种供试材料对小麦的生长均有促进作用，说明被改良的风沙土能提供小麦生长所需要的各种养分，适宜小麦苗期的正常生长。

7. 小结　不同的土壤类型，各粒级复合体的组成和养分含量不相同。对于褐潮土和红壤，含量最多的复合体是 F_3（10～50μm）粒级，其次是 F_2（2～10μm）粒级；在风沙土

中，F_5（>100μm）含量最多，含量大于 50%，其次是 F_3（10～50μm）、F_2（2～10μm）。此 3 种土壤的各级复合体中养分含量各不相同，随着复合体粒径的增大，3 种土壤的复合体中有机碳和全氮含量降低，对于全磷含量，情况则不同，在红壤和风沙土中，随着复合体粒径的增大全磷含量降低，而在褐潮土中，F_2 粒级中含磷量最高，其次是 F_3、F_1 和 F_2。

供试材料对于不同土壤中各级复合体的含量影响不相同，在褐潮土和红壤中，各供试材料增加了 F_2 和 F_4 2 个粒级复合体的含量，降低了 F_1 和 F_3 粒级的含量，而在风沙土中，各种材料增加了 F_1 和 F_2 2 个粒级复合体的含量，降低了 F_3 和 F_4 粒级的含量。增加或降低的幅度，纳米—亚微米级复合材料大于天然材料，且差异显著。

各种材料施入 3 种土壤中均能提高土壤及各粒级中 C、N、P 的含量，与对照相比，差异显著，而增加幅度高低不一，纳米—亚微米级复合材料大于天然材料。各种材料使褐潮土和红壤中 F_1、F_2 和 F_3 粒级中的 C/N 增加，风沙土中 F_2、F_3 和 F_4 粒级中的 C/N 增加。

褐潮土、红壤和风沙土中的 F_2 和 F_3 两个粒级复合体包含了土壤中的绝大部分养分，特别是有机碳、氮和磷。各种供试材料的加入使褐潮土和红壤中 F_1 粒级的上述各养分含量占全土含量的比重（分配系数）降低，F_2、F_3 和 F_4 粒级中的养分比重增加，即大部分的养分进入了 F_2、F_3 和 F_4 粒级复合体中。在风沙土中，各种材料使 F_1 和 F_2 粒级中的养分比重增加，F_3 和 F_4 粒级中的养分比重降低。总之，对于此 3 种土壤来说，F_2（2～10μm）粒级的复合体对于土壤养分的保持非常重要，该粒级对土壤养分的转化和平衡起着重要的调节作用。对于褐潮土和红壤，尽管 F_3（10～50μm）粒级中 C、N、P 的含量较低，但因此粒级占土壤固相的比重最大，该粒级对土壤肥力的贡献较大。

纳米—亚微米级复合材料对风沙土的保肥持水性状有影响。纳米—亚微米级复合材料对小麦的生长有促进作用，植株根长、茎高、干重、全氮磷钾和叶片叶绿素含量增加；纳米—亚微米级复合材料保持了风沙土中速效氮磷钾的含量，为作物的生长提高充足的养分；纳米—亚微米级复合材料提高了风沙土中的水分含量，延缓了小麦的旱情，施入纳米—亚微米级复合材料的风沙土含水量是对照的 2 倍左右。

（五）缓/控释肥料对土壤剖面硝态氮含量的影响

在北京昌平“国家褐潮土土壤肥力与肥料效益监测基地”种植小麦—玉米 6 季后在土壤剖面上取土样，测定硝态氮含量。

1. 土壤剖面硝态氮的分布规律　硝态氮是土壤氮素淋溶的主要形式。试验结果表明，不同种类肥料对土壤硝态氮的含量及其空间分布有着显著影响。虽然不同肥料处理下硝态氮均随土壤剖面的加深而下降，但不同处理土壤硝态氮含量及峰值出现深度均存在明显差异。

从图 11 可见，对照处理（CK）土壤硝态氮含量最低，通体不超过 6 mg/kg。氮磷钾处理土壤硝态氮含量最高，通体都显著高于其他处理；硝态氮峰值出现在 40～60cm 土层，达 17.79 mg/kg，在接近地下水水位土层（140～160cm）其含量仍高达 3.5 mg/kg；而其 0～20cm 和 20～40cm 土层也很高，硝态氮分别为 17.34 mg/kg 和 17.44mg/kg。4 种胶结包膜肥料土壤硝态氮峰值出现在 0～60cm 不等，其中 KL 和 FZ 处理峰值出现在 40～60cm 土层，分别为 13.66、14.13 mg/kg，100cm 以下硝态氮含量降至 0～3mg/kg；而对于 BX 和 PS，其土壤硝态氮峰值则上升到 0～20cm 土层，分别为 10.38 mg/kg 和 10.20mg/kg；与氮磷钾化肥配施相比，不同土层硝态氮淋失浓度明显减弱。说明缓释肥料相对于等氮磷钾养分化

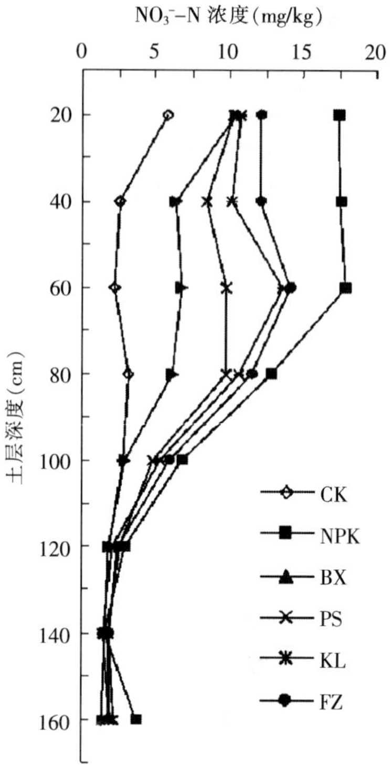

图 11　施肥对土壤剖面硝态氮含量的影响

肥，对减少硝态氮的淋失强度确实起到了一定的作用，其中 BX 缓释肥硝态氮淋失浓度最小（1.33～10.38mg/kg）。另外，在 120～140cm，NPK 处理、PS、KL、FZ 处理的硝态氮含量都比 140～160cm 的低，可能的原因为 120～140cm 土壤的质地比 140～160cm 土壤更偏砂。从 140～160cm 土层硝态氮含量看，胶结包膜肥料的硝态氮含量都低于 3mg/kg，最小值为 1.33 mg/kg，比氮磷钾减少 64.66%，显著减小了硝态氮向地下水的流失风险，其含量也符合地下水硝酸盐含量标准。

2. 土壤剖面硝态氮的累积量　从表 24 可看出，CK 处理土壤硝态氮累积量很低，为 56.31 kg/hm²，淋溶风险很轻。NPK 处理土壤硝态氮累积量极高，达到 212.67 kg/hm²，是不施肥料 CK 的 3.78 倍，比 BX 处理高 1.15 倍比较而言，4 种包膜型缓释肥料土壤硝态氮累积量介于两者之间，能够有效的减少硝态氮的累积淋失量，其硝态氮累积淋失量的大小为 FZ（163.49 kg/hm²）＞KL（148.25 kg/hm²）＞PS（131.52kg/hm²）＞BX（98.81 kg/hm²）。

表 24　0～160cm 土体硝态氮累积量

（kg/hm²）

土　层（cm）	CK	NPK	BX	PS	KL	FZ
0～20	14.58±3.52	44.08±20.66	26.37±7.81	25.92±4.31	27.32±11.15	30.58±5.27
20～40	6.54±1.85	45.02±10.37	16.58±5.48	21.66±5.01	26.07±16.5	31.22±6.14
40～60	5.81±2.66	46.65±6.85	17.81±7.16	25.67±2.10	35.82±10.22	37.05±4.65

（续）

土　层（cm）	CK	NPK	BX	PS	KL	FZ
60～80	9.03±5.5	36.25±8.97	17.31±5.79	27.85±10.68	30.11±2.71	32.62±2.6
80～100	7.60±2.13	18.11±6.7	7.88±0.61	13.00±5.36	14.22±1.39	15.67±6.17
100～120	4.88±0.48	7.92±1.39	4.91±0.68	6.67±3.24	5.64±0.94	6.55±2.79
120～140	4.59±0.53	4.44±0.42	4.33±0.21	4.91±2.26	3.89±1.17	4.86±1.16
140～160	3.62±0.44	10.21±1.7	3.61±0.76	5.83±3.75	5.18±2.78	4.94±0.78
0～160	56.31±15.83	212.67±52.93	98.81±21.04	131.52±28.13	148.25±42.97	163.49±4.30

3. 土壤剖面硝态氮表观淋失率　表25是土壤剖面硝态氮的淋溶损失率。计算方法为各处理各层硝态氮淋失量减去不施肥处理后除以施氮量而得。与NPK处理相比，4种包膜肥料各土层硝态氮损失率均小于NPK处理（除120～140cm），对于120～140cm，BX的损失率接近于零，KL的为负值，PS和FZ此层硝态氮损失率大于NPK处理。从0～100cm土层看出，NPK处理下，以硝态氮形式淋失的量为氮肥施入量的13.57%，BX、PS、KL、FZ处理分别为3.93%、6.53%、8.33%和9.59%，分别比NPK处理减少9.64、7.04、5.24%和3.98%，说明包膜肥料比NPK复混肥能大幅度地减少硝态氮地淋溶损失。

表25　土壤剖面硝态氮表观淋失率

（%）

处　理	0～20（cm）	20～40（cm）	40～60（cm）	60～80（cm）	80～100（cm）	0～100（cm）	100～120（cm）	120～140（cm）	140～160（cm）	0～160（cm）
NPK	2.73	3.56	3.78	2.52	0.97	13.57	0.28	-0.01	0.61	14.48
BX	1.09	0.93	1.11	0.77	0.03	3.93	0.00	−0.02	0.00	3.94
PS	1.05	1.40	1.84	1.74	0.50	6.53	0.17	0.03	0.20	6.96
KL	1.18	1.81	2.78	1.95	0.61	8.33	0.07	−0.06	0.14	8.51
FZ	1.48	2.29	2.89	2.18	0.75	9.59	0.15	0.03	0.12	9.92

第三篇

土壤生态环境

不同土壤不同种植制度下土壤肥力与肥料效益演变研究

“七五”期间，由国家计委立项，在农业部的领导下，由中国农业科学院土壤肥料研究所主持，吉林省农业科学院土壤肥料研究所、河南省农业科学院土壤肥料研究所、浙江省农业科学院土壤肥料研究所、广东省农业科学院土壤肥料研究所、陕西省农业科学院土壤肥料研究所、新疆农业科学院土壤肥料研究所、中国农业科学院祁阳红壤改良实验站、西南农业大学资源与环境学院参加，在全国主要土壤类型上建立了 9 个土壤肥力与肥料效益监测基地，通过匀地，1990 年起布置试验，开始了监测研究。在常规监测的基础上，还做了部分补充试验。

一、试验概况

（一）土壤条件

监测研究上要在 1990 年建成的全国 9 个土壤肥力监测基地上进行。

广东广州监测基地：土壤系花岗岩和红色砂页岩母质。为赤红壤发育而成的潴育性水稻土的渗鳝泥田土种（简称广东赤红壤），从 1999 年开始，现试验中止；浙江杭州监测基地：土壤母质为湖积相过渡地带浅海沉积物，为淹育性水稻土的黄松田土种（简称浙江水稻土）；重庆北碚监测基地：土壤母质系侏罗纪沙溪庙组中性紫色砂页岩，为紫色土发育的潴育性水稻土的大眼泥土种（简称重庆紫色土）；湖南祁阳监测基地：土壤母质为第 4 纪红壤，属红壤土类、红壤亚类，浅红土土种（简称湖南红壤）；河南郑州监测基地：土壤母质为黄土性沉积物质，属潮土土类，潮土亚类的两合土土种（简称河南潮土）；北京昌平监测基地：土壤母质为黄土性物质、属潮土土类，褐潮土亚类的黏性两合土土种（简称北京褐潮土）；陕西杨陵监测基地：土壤母质为第 4 纪风积黄土，属褐土土类，塿土亚类，厚层红油土种（简称陕西黄土）；吉林公主岭监测基地：土壤母质为第四纪黄土状沉积物，为黑土土类，黑土亚类，肥黑土土种（简称吉林黑土）；新疆乌鲁木齐监测基地：土壤母质为冲积洪积性黄土，属灰漠土土类的中度熟化灰漠土（简称新疆灰漠土）。

为了保证监测研究的准确性，9 种供试土壤进行 3 茬作物的匀地试验，以不同产量差异变幅在 10％以下为符合监测研究的要求。

（二）试验设计

田间试验共设 10 个处理：永久休闲（不施肥，不种作物）、对照（不施肥）、N、NP、NK、PK、NPK，MNPK［有机肥＋ NPK（常量）］，1.5MNPK［有机肥＋NPK（增量）］，秸秆还田＋ NPK（常量）。小区面积北方旱地不小于 200m^2；南方稻田不小于 120m^2，不设重复。肥料用量：有机肥与无机肥为等氮量，按收获 500kg 产量施用氮素 187.5kg/hm^2。

与张淑香、李小平合作，原载于 2002 年第 8 卷《植物营养与肥料学报》（增刊）。

有机氮与无机氮比例为3∶7。施用有机肥料首先测定养分含量，有机无机肥料配合的NPK增量处理比NPK常量处理增加30%～50%。N，P，K养分比例为1∶0.5∶0.5。秸秆还田处理如氮素不足，增施无机氮肥补充。

种植方式：广东赤红壤为一年两熟（早稻—晚稻—冬炕）；浙江水稻土为一年三熟（大麦—早稻—晚稻，2000年开始改为小麦—水稻一年两熟）；重庆紫色土为一年两熟（小麦—水稻）；湖南红壤、河南潮土、北京褐潮土、陕西黄土均为为一年两熟（小麦—玉米）：吉林黑土为，一年一熟（玉米连作）；新疆灰漠土为一年一熟（玉米小麦轮作）。

二、结果与讨论

（一）产量变化

与1991年相比，9个监测基地产量变化分为3种类型：

1. 产量基本上呈上升趋势 该类型有吉林公主岭黑土、湖南祁阳红壤、北京昌平褐潮土、河南郑州潮土、新疆乌鲁木齐灰漠土等监测基地，特别是有机肥与NPK配合处理优于NPK处理。例如湖南红壤监测基地，有机肥与NPK配合施用的处理2001年比1991年增产33.75%～35.19%，比NPK处理增产69.96%～79.26%。

2. 产量先上升后下降 该类型有陕西杨陵黄土、浙江杭州水稻土、广东广州赤红壤等监测基地，其中黄土监测基地1991—1998年产量略有上升，1999年产量开始下降，杭州水稻土监测基地从1992年产量开始下降（表1、图1），至2000年，杭州水稻土监测基地NP处理产量下降了24.98%，NPK处理下降了22.46%，MNPK处理下降了27.97%，1.5MNPK处理下降了26.31%。广州赤红壤监测基地产量下降幅度最大，至1998年，NP处理下降了58.27%，NPK处理下降了43.69%。

表1 3个基地产量变化

基地	处理	产量（kg/hm²）				
		1991	1998	±%	2001[1)]	±%
杭州	NP	15 600	12 720	−23.11	12 530	−24.98
	NPK	15 540	13 000	−19.54	12 690	−22.46
	MNPK	16 610	13 950	−19.00	12 980	−27.97
	1.5MNPK	16 370	13 620	−20.19	12 960	−26.31
陕西	NP	10 038	14 675	46.20	12 455	24.07
	NPK	10 689	13 281	24.25	13 859	29.65
	MNPK	10 251	13 202	28.78	13 140	28.18
	1.5MNPK	10 911	14 642	34.19	14 099	29.21
广州	NP	13 368	8 447	−58.27	—	—
	NPK	13 191	9 180	−43.69	—	—
	MNPK	13 091	9 540	−37.22	—	—
	1.5MNPK	13 191	10 200	−29.32	—	—

1）注（Note）：杭州点为2000年产量。

3. 产量变化不显著　重庆紫色土监测基地2001年与1991年产量比较，除了NP处理下降24.58%，NPK，MNPK处理产量变化不显著。

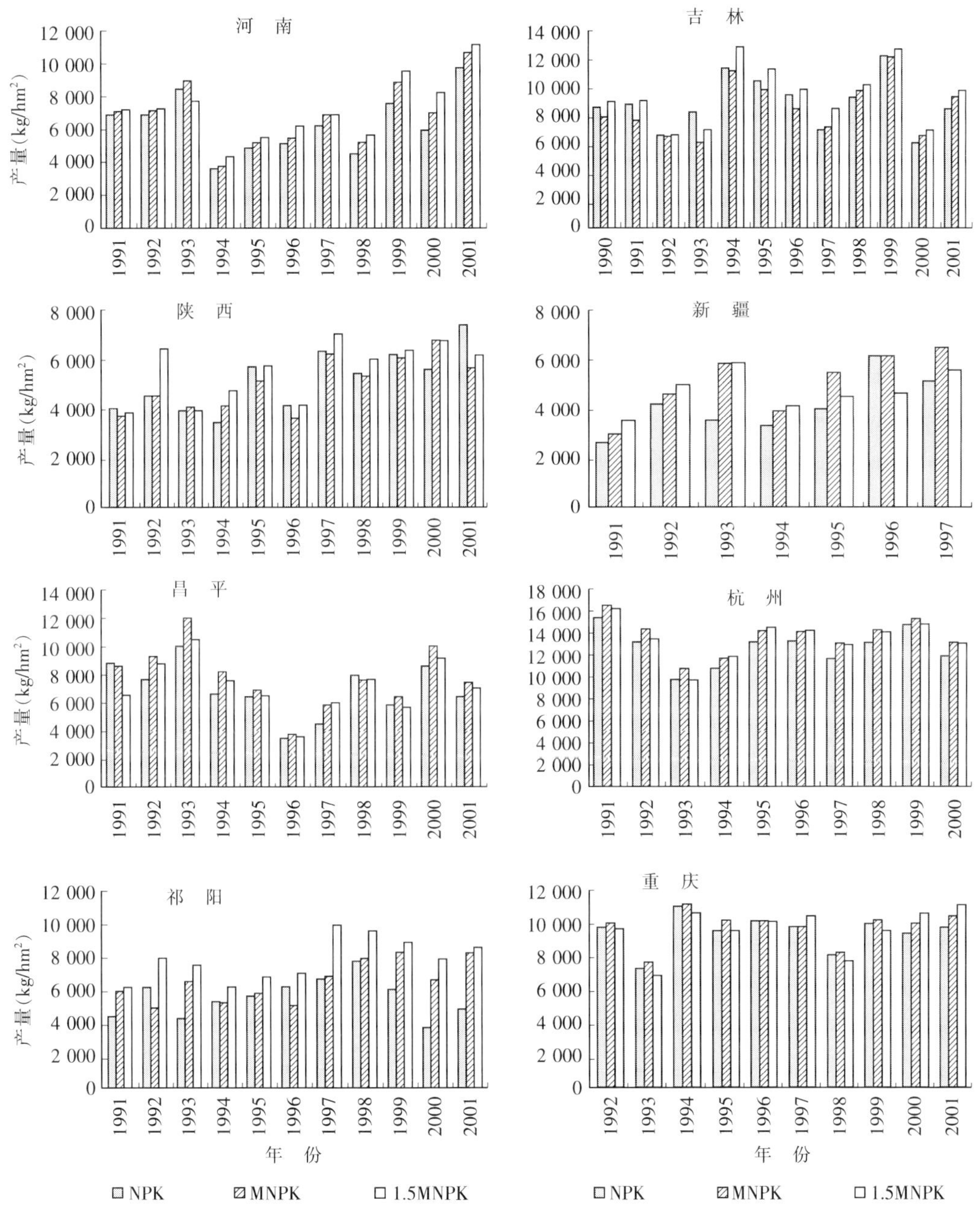

图1　不同监测点不同处理产量变化

（二）肥料氮的损失与提高利用率

1. NO_3^-－N在土壤中的分布与减少淋失措施　历经12年的连续施肥，土壤剖面上NO_3^-－N累积分布规律如下：

（1）旱地土壤

A. 上层高，下层低：该类型有吉林公主岭黑土，北京昌平褐潮土，河南郑州潮土，新疆乌鲁木齐灰漠土，湖南祁阳旱地红壤。在土壤剖面中的分布规律为：0～20cm 土层 NO_3^-－N 积累最多，其次是 20～40cm 土层，40～200cm 土层其含量逐渐减少。

B. 上下层低中间高：该类型为陕西杨陵黄土（塿土），0～400cm 土层均有 NO_3^-－N 积累，其中，单施 N 肥处理硝态氮剖面分布基本上呈上升趋势，一直到 400cm 未见下降；NK 处理在 280cm 后出现下降，NP 处理 160cm 开始下降；NPK 处理 140cm 开始下降，MNPK 处理 40cm 开始下降。该土壤为褐土土类、红油土种，土层通体以粉砂质黏壤土为主，棱柱状结构，有垂直裂隙，正因为土层结构特殊，所以，硝态氮在土壤剖面上的运移规律与其他类型土壤不同。

（2）水田土壤

A. 小麦—水稻轮作制：该种植制度在南方水稻区很有代表性。在重庆紫色土监测基地，小麦生育期间土壤通气性好，肥料氮和土壤氮转化为硝态氮，未检测出铵态氮。土壤中 NO_3^-－N 的淋失主要集中在 60～100cm，占整个小麦生育期淋失总量的 70%，其他层次仅占 30%左右。在小麦生育前期（播种后 50d 左右）NO_3^-－N 表现出急剧下降趋势，呈“V”字形，小麦生育中后期一直处于下降趋势。在水稻生育期间，中性和钙质紫色土上，NO_3^-－N 有随生育期延长向土体下层渗滤的趋势，但不显著。NO_3^-－N 主要累积在 0～20cm，到后期 20～40cm，40～60cm 土层中 NH_4^+－N 有一定的累积。总的来说，水稻生育期间，氮损失的主要形态为氨的损失。

B. 水稻—水稻轮作制：在双季稻种植条件下 NO_3^-－N 淋失有其季节性特点。早稻生育期间，NO_3^-－N 随时间延续而增加，晚稻相反，随时间延长而减少，主要与温度有关。

（3）减少 NO_3^-－N 淋失的技术措施

A. 氮肥与磷、钾肥及有机肥（特别是秸秆）配合施用，可显著减少硝态氮的淋失量，特别与有机肥配合施用，硝态氮主要积累在 0～20cm 土层，其次是 20～40cm，40cm 以下极少。

B. 在水稻田，Cl^- 和 K^+ 离子可抑制硝化作用，减少硝态氮淋失。

2. 氨挥发与减少措施

（1）小麦生育期氨挥发规律：试验布置在中国农业科学院土壤肥料研究所网室内，土壤为北京昌平褐潮土，共 21 个水泥池，池内面积 0.36m^2，设 7 个处理，重复 3 次，作物为春小麦—中 7712。气体收集采用动态气体交换法，以铝合金为框架、内镶嵌玻璃，长、宽、高为 72cm×72cm×110cm，与水泥池相配套，密闭玻璃罩上方，一边有进气孔（为防空气中的氨进入罩内，安装有空气过滤器），另一边有对角抽气孔，用真空泵将罩内空气—氨的混合气抽出，外接装有硼酸溶液的氨气吸收瓶。水泥栽培池定量灌水，不存在 NO_3^-－N 淋失问题，土壤湿润灌溉无积水，也不存在反硝化问题，认为氮素基本上以 NH_3 形态损失。

试验结果表明，在氮肥深施条件下，氨挥发损失有两个高峰，一是小麦播种后 9～10d，肥料氮每天挥发氨量为 0.2～0.93mg（已减去对照土壤）；二是扬花灌浆期，每天挥发氨量为 0.35～0.79mg，前者小麦刚出苗不久，氨态氮来自于土壤氮和肥料氮，后者全部封垄，氨态氮基本上由小麦植株体内排出。整个春小麦生育期肥料氮挥发损失为 10%～21%，植株体内氨挥发占总氮量的9.5%～25%。

(2) 减少氨挥发损失的技术措施：农艺措施方面主要是促根，用萘乙酸浸种，使作物根系发达，从而多吸收养分，肥料N利用率提高了22.22%～23.55%；和在小麦扬花期喷洒植物生长调节剂（多效唑和6-BA），分别减少氨挥发24.46%和48.48%。工艺措施方面主要是改变肥料剂型，一是合成了有机物料造粒黏结剂，生产有机—无机复混肥；二是合成了缓释包膜胶结剂，生产缓释专用复合肥。与等N，P，K养分比较，有机—无机复混肥提高氮肥利用率8.5%～12%，缓控释专用复合肥提高15%～25%。

3. 化肥氮土壤残留与后效　1992—1993年我们在北京昌平基地的渗滤池上利用^{15}N同位素示踪法对氮肥利用率进行了研究。结果表明，春麦施用10kg尿素N或硝铵N第1茬的利用率分别31.6%和60.1%，第2茬利用率分别为12.3%和12.0%，第3茬利用率分别为3.7%和5.30%，第4茬分别为3.3%和3.9%，4茬总利用率分别为50.9%和51.3%，硝酸铵和尿素的利用率相差不大。值得注意的是，第2、3、4茬作物的累计后效利用率可达20%左右（尿素为19.3%，硝酸铵为21.1%），是当季氮肥利用率的2/3。浙江省农业科学院土壤肥料研究所王胜佳等应用^{15}N示踪研究结果，3年种植6季作物，第5季水稻（$(^{15}NH_4)_2SO_4$中^{15}N回收率仍有0.5%。由此可见，在计算氮肥利用率时，仅计算当季利用率是不够的，应包括当季和后效的利用率才能准确地反应客观情况。

试验结果还看出，使用差值计算的1992年春麦氮肥利用率比示踪法高出5%～7%，而到1993年9月夏玉米时差值法比示踪法高出4%～14%。差值法结果高于同位素示踪法的原因，是作物吸收的养分除来自当季施入的肥料外，还有来自土壤养分库的部分，而当季施用的肥料又有一部分残留于土壤中参加土壤养分库的循环供下季作物利用，这样一季复一季就有一个肥料利用率的累加效应，差值法计算肥料利用率包括了这部分累加效应，使结果逐年偏高。

（三）钾在不同类型土壤上的表现

施用钾肥的效果其规律很明显，基本上是从南向北、从东向西推移，9个基地分为3种类型：

1. 钾成为产量的限制因子　比较典型的有广东的赤红壤和湖南的红壤，湖南最为明显，2001年NPK处理比NP处理增产125.90%。

2. 施用钾肥有效果　该类型有北京昌平褐潮土、河南郑州潮土和重庆紫色土，NPK处理比NP处理分别增产34.24%，21.98%，35.53%（图2）。

3. 施用钾肥无效果　该类型有陕西杨陵黄土、新疆乌鲁木齐灰漠土、吉林公主岭黑土和杭州水稻土，施用钾肥效果不明显。但不同作物表现不一样，例如陕西黄上，NPK与NP处理相比较，2001年小麦仅增产3.83%，，而玉米却增产19.26%。

（四）中量元素镁成为红壤、赤红壤的障碍因子

在既缺钾又缺镁的广东赤红壤和湖南红壤上，单独施钾，效果不显著，钾镁同时施用，交互作用显著。为了摸清不同营养元素的增产作用，在广东赤红壤上，布置了不同作物（花生、甘薯、木薯）的补充试验。试验处理：CK（不施肥），K+Mg+S（进口硫酸钾镁）、

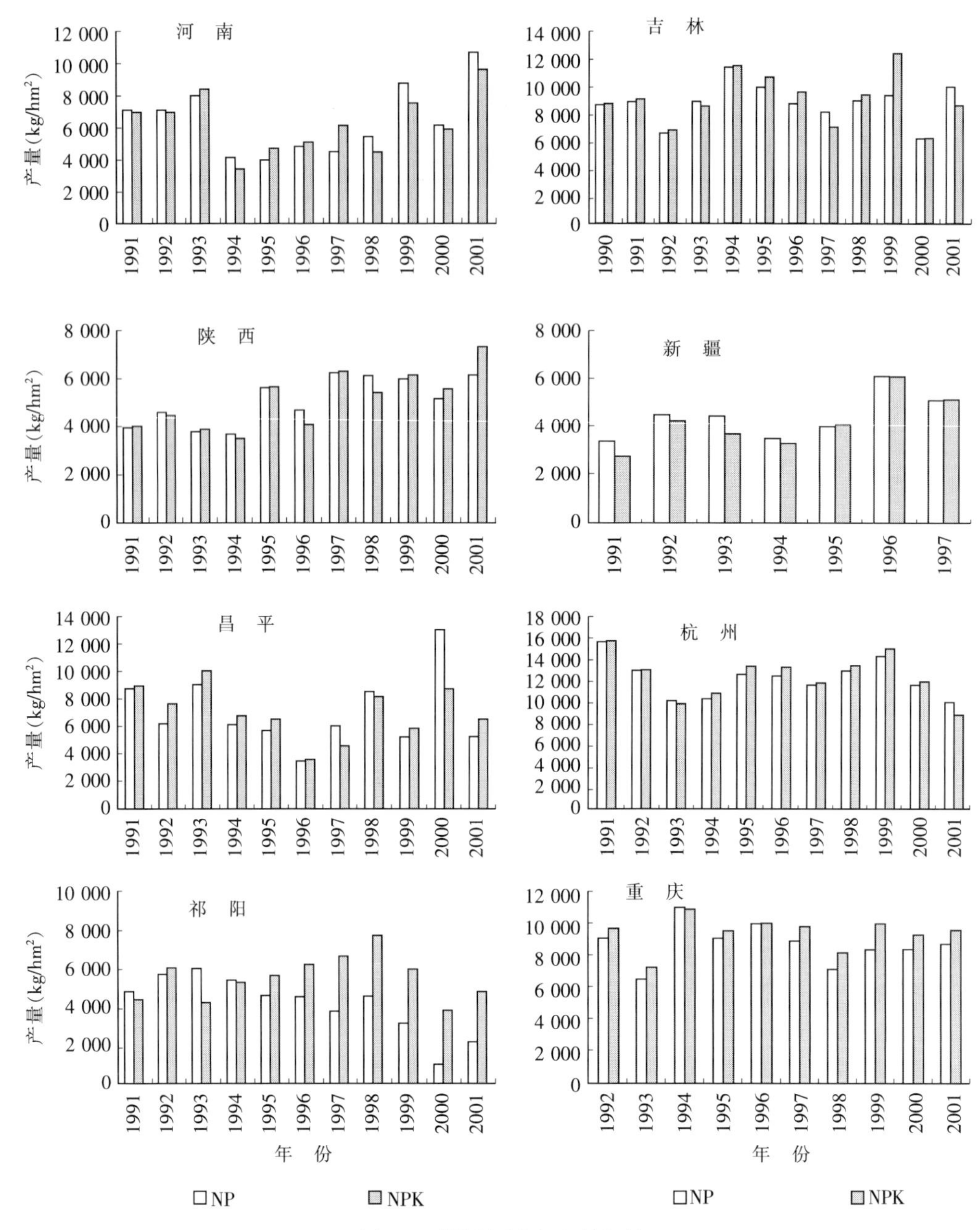

图 2　不同监测点钾肥的肥效

Mg（$MgCO_3$）、Mg＋Ca（镁矿粉），K＋Mg＋S＋Ca（钾镁复合肥）、S（硫磺）、Ca（$CaCO_3$）、K（K_2CO_3）。小区面积 15m×4m，重复 3 次。除了空白对照外，各处理施肥量（kg/hm^2）：K_2O 187.5、MgO 108、S 37.5、CaO 112.5，氮磷营养各处理均一样（包括 CK），为了减少磷肥中带进的中量元素的影响，试验选用磷酸二铵，按 450kg/hm^2 施用。试验结果（表 2）表明，在土壤有效钾（K_2O）含量只有 20～55mg/kg 的缺钾赤红壤上，单纯施用钾肥，即使是喜钾作物，增产率也比预料的低，花生为 5.39%，甘薯和木薯几乎不增产，其原因在于该类土壤既缺钾又缺镁，缺镁影响了作物对钾的吸收。在同时使用钾、镁、硫的处理中，花生增产了近19.0%，甘薯增产15.1%，木薯增产22.1%。过去在土壤农化界一直认为钾—镁在作物吸收上有颉颃作用，可能是研究条件不同所致。在广东赤红壤和湖南红壤基地的试验结果，钾、镁同时施用，镁对钾的吸收有促进作用。

表2　施肥对作物产量的影响

处　理	花　生		甘　薯		木　薯	
	产　量 (kg/hm²)	增　产 (%)	产　量 (kg/hm²)	增　产 (%)	产　量 (kg/hm²)	增　产 (%)
CK	2 818	—	24 370	—	25 510	—
K+Mg+S	3 353	18.98	28 050	15.10	31 150	22.11
Mg	3 136	11.28	27 320	12.11	27 440	7.57
Mg+Ca	3 140	11.43	27 680	13.58	28 690	12.45
K+Mg+S+Ca	3 400	20.65	28 780	18.10	32 440	27.17
S	2 958	4.97	26 230	7.63	26 410	3.53
Ca	3 060	8.59	26 280	7.84	26 775	4.96
K	2 970	5.39	24 978	2.49	25 990	1.88

（五）土壤磷的积累和移动

12年试验监测基本呈现以下趋势：

1. 土壤中磷的积累　土壤剖面有两个磷的富集层，一是耕作层（0～20cm），一是犁底层（或称心土层，20～30cm）。无论是施用化学磷肥（NP，NPK）还是有机肥与化学磷肥配合施用（MNPK，1.5MNPK），土壤有机磷和无机磷的含量均有提高，在北方石灰性土壤上，主要是提高了土壤无机磷的含量，占87%，有机磷占13%。就磷的形态而言，长期施用磷肥，在北方石灰性土壤上，耕层中的无机磷以Ca_2-P，Ca_8-P，Al-P，Fe-P含量最高，20～30cm土层以Ca_8-P，Al-P，O-P，Fe-P含量最高。在江西酸性红壤上，长期施用磷肥，土壤有机磷占全磷的28.6%～42.3%，远高于北方石灰性土壤；耕作层无机磷以Fe-P，O-P含量最高，其次为Al-P和Ca_{10}-P，Ca_2-P含量较少，Ca_8-P含量最低。在有机磷组分中，北方石灰性土壤增加幅度最大的是高稳性有机磷，其次是中稳性有机磷和活性有机磷，中活性有机磷增加的幅度最小；在红壤性水稻土中，中度活性有机磷增加最高，其次为中稳性有机磷，再其次是高稳性有机磷和活性有机磷。

2. 土壤中磷的移动　磷在土壤中的移动，不仅有横向移动，而且有上下移动。所谓上下移动，一方面作物根系从土壤深层吸收磷富集至耕作层，同时，耕作层的磷也下移至犁底层甚至更下层。20世纪80年代张夫道测定了前苏联和欧洲50年以上的长期定位试验土壤剖面磷分布时，发现磷已下移至70cm以下。中国农业科学院土壤肥料研究所梁国庆研究河北省辛集市马兰农场长期定位试验（1978—1994年）时，发现长期施肥的处理磷下移至30～50cm剖面。国家土壤肥力与肥料效益监测基地网已连续12年，有的基地已种植36季作物。根据张俊清博士论文测定结果，长期施用化学磷肥的处理（NP，NPK），磷下移至30～50cm；有机肥与化肥配合施用的处理（MNPK，1.5MNPK），磷已下移至50～60cm。在下移的有机磷组分中，以中活性有机磷含量最高，中稳性和高稳性有机磷含量次之，活性有机磷含量最低。

（六）种植制度对土壤肥力和作物产量的影响

作物影响下土壤肥力的变化是一个缓慢的过程，短期内难以得到肯定的结沦，现只将重要种植制度初步研究结果介绍如下：

1. 一年一熟种植制度　吉林黑土上两年玉米一年大豆轮作试验结果表明，大豆后两茬玉米产量较高，平均产量 8997kg/hm^2，比玉米连作增产 13.1%，轮作区土壤养分状况和物理性状稍好于连作区，土壤有机质提高 1.7%～2.70%，全氮提高 1.6%～2.3%，碱解氮提高 2.1%～4.3%；土壤容重减低 3%～4.5%，总孔隙度高 2.0%左右。

2. 一年两熟种植制度　主要在北京、河南、陕西进行。北京潮土上小麦玉米轮作，小麦玉米与豆类轮作试验结果看出，小麦玉米、豆类轮作的总产量不如小麦玉米轮作高、经济效益也较差，但小麦玉米与豆类轮作有利于提高土壤养分含量和改善土壤物理性状。表层土壤有机质比小麦玉米轮作提高 15.70%和 28. 92%。碱解氮、有效磷、有效钾分别提高 8.0%、199.29%与 12.12%。土壤容重降低，孔隙度增加。湖南红壤小麦套种玉米比小麦套种大豆、甘薯，小麦籽粒增产 24.1%，秸秆增加 17.8%；土壤容重降低 15.9%，孔隙度增加 16.1%；土壤有机质、全氮、全磷、全钾及有效磷、有效钾和缓效钾分别增加 5.9%、11.9%、11.2%、0.19%、9.65%、30.17%、18.5%。小麦套种玉米是湘南红壤旱地当前一种较好的种植制度。

3. 一年三熟种植制度　主要在浙江水稻土、广东水稻土上试验。广东水稻土早晚稻年产量平均值：蔬菜—早稻—晚稻（11 659.5kg/hm^2），晒冬—早稻—晚稻（11 215.5kg/hm^2），豆科绿肥—早稻—晚稻（10 963.5 kg/hm^2），每千克养分或每千克 N、P、K 单质养分增产量以冬种绿肥为最低，冬种蔬菜的各项效果均较好。土壤有机质、全氮、全磷、碱解氮、有效磷、有效钾含量，蔬菜—稻—稻轮作分别提高 49.35%、29.27%、78.9%、131.43%、400%、43.59%，提高最多；绿肥—稻—稻次之，晒冬—稻—稻最差。不同种植方式的影响下，使土壤物理性质能得到了改善，但以蔬菜—稻—稻轮作的效果最好，试验结果初步得出蔬菜—稻—稻是一种较好的种植方式，而冬种绿肥并非有特异作用。

江西进贤长期定位试验与广州试验结果相反，种植和施用紫云英，早稻增产 1.21～1.46 倍，晚稻增产 26.90%～30.61%。连续 19 年施用紫云英区，土壤全氮，12 年次测定均值比试验前增幅达 0.28～0.29g/kg，比无肥对照区增加 0.13～0.14g/kg。两地结果不同的原因，可能与气候有关，广州比进贤温度高，有机质分解速度快。因此，种植绿肥应因地而异。

三、结　　论

1. 连续 12 年作物产量变化分 3 种类型：基本上呈上升趋势的有吉林黑土、北京褐潮土、湖南红壤、河南潮土、新疆灰漠土；产量先上升后下降的有陕西黄土、广东赤红壤、杭州水稻土；产量变化不显著的有重庆紫色土。

2. 硝态氮在土壤剖面上的分布，旱地土壤分为两种类型：一是上层多下层低，二是上下层低中间高；水田土壤也分两种类型：一是麦—稻轮作，硝态氮淋失主要在小麦生育期内；二是双季稻种植制度下，硝态氮淋失主要在早稻生育期内。

3. 在氮肥深施条件下，小麦有两个氨挥发损失高峰，一是小麦播种后 9～10d；二是小麦扬花灌浆期，前者为土壤氮（包括肥料氮）损失，后者为作物体内氮损失。通过促根和用生长调节剂抑制植株体内氨挥发，可减少氨挥发 22.2%～24.4%；通过有机—无机复混肥可提高氮肥利用率 8.5%～12%，缓/控释专用复合肥可提高 15%～25%。

4. 化肥氮的后效可至第 5 季作物，后效利用率为当季利用率的 2/3。

5. 施用钾肥有效果的基地为：北京褐潮土、郑州潮土、重庆紫色土；施用钾肥无效果的为杨陵黄土、乌鲁木齐灰漠土、公主岭黑土、杭州水稻土；钾肥成为产量限制因子的为湖南红壤和广东赤红壤。此外，中量元素镁成为红壤和赤红壤产量限制因子，在既缺钾又缺镁的土壤上，单独施钾效果不明显，镁对钾的吸收有促进作用。

6. 长期连续施磷的条件下，土壤剖面有两个磷的富集层：耕作层和犁底层。在有机肥与 NPK 配合施用小区，磷已下移至 50～60cm。

7. 种植制度对土壤肥力影响较大。

长期施肥对土壤钙、镁含量及形态分级的影响

一、试验材料与方法

钙和镁与硫一起被称为土壤中的中量营养元素，其在农业生产中的作用越来越引起人们的注意。但是有关这方面的研究，尤其是在长期定位施肥条件下的研究，还非常有限。因此，研究长期施肥对土壤钙、镁含量及其形态分级的影响非常必要。

本文探讨了长期施用化肥、有机肥或有机无机肥配施对潮土、旱地红壤和红壤性水稻土 0～20、20～40、40～60、60～80、80～100cm 五个层次中的全钙、全镁、有效钙、有效镁及钙和镁形态分级的影响，并对长期施肥条件下土壤有效态钙、镁与全量及各形态钙、镁的相关性进行了分析。

（一）供试土壤

供试土壤为河北辛集潮土、江西省红壤研究所红壤，其土壤理化性能见“长期施肥对土壤腐殖质组成及其理化性质的影响”。

（二）测定方法

1. 土壤钙、镁的测定　Ca、Mg 全量用 $HCl-HNO_3-HClO_4$ 消化，Ca、Mg 有效量用 1mol/L 醋酸铵溶液浸提（袁可能，1983），原子吸收分光光度法测定。

2. 土壤 Ca、Mg 形态分级方法　参照 Page 等（1982）介绍的土壤 Ca、Mg 形态分级方法。分 4 种形态：水溶液、交换态、酸溶态和非酸溶态。水溶态 Ca、Mg 采用去离子水提

作者：史吉平、张夫道、林　葆。

取，交换态 Ca、Mg 采用 1mol/L NH_4OAC（pH7.0）溶液提取，酸溶态 Ca、Mg 用 0.25mol/L HCl 提取，非酸溶态用 $HCl-HNO_3-HClO_4$ 消化，原子吸收分光光度法测定。

二、结果与讨论

（一）对土壤钙、镁含量及其在土体中垂直分布的影响

1. 全钙 长期施肥对土壤全钙含量的影响见表 1，从表中数据可以看出，潮土的含钙量极高，是旱地红壤和红壤性水稻土的 20 多倍，红壤性水稻土的含钙量略高于旱地红壤。土壤各层次之间的含钙量也不完全相同，潮土 40～60cm 土层含钙量最高，耕层最低，其他 3 层略低于 40～60cm 土层。旱地红壤则是耕层含钙量最高，20～40cm 和 40～60cm 土层含钙量相近，且高于下面 2 层。红壤性水稻土是耕层土壤含钙量最低，下面 4 层土壤的含钙量相差不大。

表 1 各施肥处理土壤全钙含量

(mg/g)

土壤名称	层次（cm）	施肥处理			
		CK	NPK	OM	NPK+OM
潮土	0～20	30.8	35.5	31.4	33.7
	20～40	36.9	41.6	39.6	45.1
	40～60	44.0	47.4	49.6	49.1
	60～80	38.9	45.3	39.1	44.3
	80～100	37.9	38.9	39.4	42.1
旱地红壤	0～20	1.44	1.61	1.56	1.70
	20～40	1.15	1.02	1.16	1.08
	40～60	1.05	1.10	1.33	1.22
	60～80	0.64	0.78	0.95	0.94
	80～100	0.60	0.56	0.90	0.62
红壤性水稻土	0～20	1.55	1.70		1.79
	20～40	2.06	1.90		2.03
	40～60	2.00	2.08		2.16
	60～80	1.93	2.04		2.09
	80～100	1.92	1.99		2.10

长期施用化肥或有机无机肥配施均能提高 3 种土壤耕层的全钙含量，单施有机肥也能提高旱地红壤耕层的全钙含量，但对潮土耕层全钙含量影响不大。施用化肥或有机无机肥配施不但可以提高潮土耕层的全钙含量，也能提高潮土下层的全钙含量，但对旱地红壤和红壤性水稻土效果不大。说明施肥提高土壤全钙的效果，在不同土壤和不同施肥处理中不完全相同，北方的石灰性土壤效果好于南方的酸性土壤，施含钙量较高的肥料（普通过磷酸钙、钙镁磷肥）效果好于含钙量较低的肥料（有机肥）。

2. 全镁　长期施肥对土壤全镁含量的影响见表2，从表中数据可以看出，潮土的含镁量较高，是旱地红壤和红壤性水稻土的2～3倍，旱地红壤的含钙量略高于红壤性水稻土。从镁在土体中的分布情况来看，潮土40～60cm土层含镁量最高，其他层次相差不大。旱地红壤也是40～60cm土层含镁量最高，耕层最低，其他层次相差不大。红壤性水稻土则是20～40cm和40～60cm土层含镁量较高，其他层次相差不大。

表2　各施肥处理土壤全镁含量

(mg/g)

土壤名称	层次(cm)	施肥处理			
		CK	NPK	OM	NPK+OM
潮土	0～20	8.88	9.02	8.56	8.72
	20～40	8.19	9.40	9.79	10.21
	40～60	11.0	12.3	12.8	13.4
	60～80	8.64	9.90	8.80	9.69
	80～100	7.92	8.41	8.80	9.13
旱地红壤	0～20	2.44	2.84	2.98	3.02
	20～40	3.02	2.93	3.02	2.84
	40～60	3.41	3.61	3.23	3.61
	60～80	2.84	3.11	2.98	3.05
	80～100	2.88	3.02	3.02	3.01
红壤性水稻土	0～20	1.88	1.98		2.10
	20～40	2.38	2.38		2.35
	40～60	2.21	2.35		2.38
	60～80	2.02	2.00		2.04
	80～100	1.96	1.88		1.98

长期施用化肥、有机肥或有机无机肥配施对潮土耕层全镁含量影响不大，但可以提高旱地红壤和红壤性水稻土耕层的全镁含量，且以有机无机肥配施效果最好。施肥也可以提高潮土下层的全镁含量，但对旱地红壤和红壤性水稻土没有效果。施肥提高土壤全镁含量的效果是旱地红壤>红壤性水稻土。

(二) 对土壤有效态钙、镁含量及其在土体中垂直分布的影响

1. 有效钙　长期施肥不但影响土壤中的全钙含量，也影响土壤的有效钙含量（表3）。潮土的有效钙含量较高，是旱地红壤和红壤性水稻土的20倍左右，红壤性水稻土的有效钙含量又略高于旱地红壤。土壤有效钙在土体中的垂直分布情况与全钙相似，潮土40～60cm土层的有效钙含量最高，耕层最低。旱地红壤耕层的有效钙含量最高，20～40cm和40～60cm土层的有效钙含量又高于下面两层。红壤性水稻土则是耕层的有效钙含量最低，下面几层的有效钙含量相差不大。从土壤耕层有效钙占全钙的比例来看（图1），潮土有效钙占全钙的比例低于旱地红壤和红壤性水稻土，但3种土壤耕层有效钙占全钙的比例均较高，达60%以上。

表 3 各施肥处理土壤有效钙含量

(mg/g)

土壤名称	层 次 (cm)	施 肥 处 理			
		CK	NPK	OM	NPK+OM
潮 土	0～20	18.5	22.3	19.3	20.8
	20～40	22.4	30.3	31.5	33.6
	40～60	32.5	35.1	35.1	34.9
	60～80	27.5	33.0	26.2	34.0
	80～100	22.8	27.6	26.2	29.3
旱地红壤	0～20	1.11	1.24	1.33	1.38
	20～40	0.94	0.87	0.96	0.92
	40～60	0.73	0.86	0.95	0.89
	60～80	0.36	0.53	0.76	0.67
	80～100	0.34	0.31	0.60	0.34
红壤性水稻土	0～20	1.20	1.28		1.50
	20～40	1.76	1.61		1.72
	40～60	1.69	1.69		1.84
	60～80	1.57	1.68		1.78
	80～100	1.59	1.66		1.70

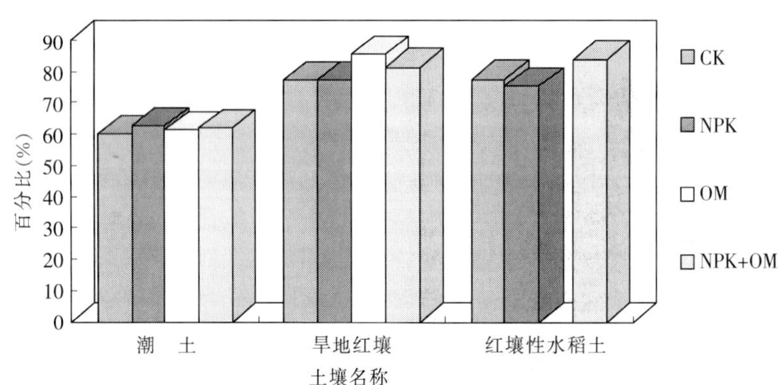

图 1 各施肥处理土壤耕层有效钙占全钙的百分比（%）

长期施肥可以提高 3 种土壤耕层的有效钙含量，但不同施肥处理间的效果不同。在潮土上施化肥的效果最好，有机无机肥配施效果次之。旱地红壤和红壤性水稻土均以有机无机肥配施的效果最好。施肥同样可以提高潮土下层土壤的有效钙含量，但对旱地红壤和红壤性水稻土没有效果。说明施肥提高土壤有效钙的作用，在不同土壤和不同施肥处理中不完全相同。同时也可看出，土壤有效钙在土壤中的分布情况与全钙极为相似，凡是全钙含量高的土壤或土壤层次，其中的有效钙含量也高。施肥对潮土耕层有效钙占全钙的比例影响不大，施有机肥或有机无机肥配施可以提高旱地红壤和红壤性水稻土耕层有效钙占全钙的比例。

2. 有效镁 长期施肥对土壤有效镁的影响见表 4，从表中数据可以看出，潮土的有效镁含量最高，是旱地红壤的 2～4 倍，旱地红壤耕层的有效镁含量又比红壤性水稻土高近 1 倍，但两种红壤下层中的有效镁含量相差不大。从有效镁在土体中的垂直分布情况来看，潮土20～40cm和40～60cm土层的有效镁含量较高，耕层次之。旱地红壤是耕层中有效镁含量最高，以下几层土壤中有效镁含量相差不大。红壤性水稻土则是40～60cm土层中有效镁含量最高，耕层土壤中有效镁含量最低。从土壤耕层有效镁占全镁的比例来看（图2），3种土壤耕层有效镁占全镁的比例均不高，只有10%左右。

表4　各施肥处理土壤有效镁含量

(mg/g)

土壤名称	层　次（cm）	施　肥　处　理			
		CK	NPK	OM	NPK+OM
潮　土	0～20	0.743	0.809	0.775	0.791
	20～40	0.805	0.943	1.008	1.014
	40～60	0.929	0.940	0.979	0.962
	60～80	0.697	0.772	0.620	0.760
	80～100	0.558	0.597	0.592	0.642
旱地红壤	0～20	0.240	0.299	0.313	0.346
	20～40	0.209	0.212	0.202	0.224
	40～60	0.204	0.217	0.198	0.211
	60～80	0.213	0.188	0.161	0.182
	80～100	0.236	0.243	0.159	0.212
红壤性水稻土	0～20	0.119	0.153		0.177
	20～40	0.170	0.164		0.175
	40～60	0.205	0.164		0.239
	60～80	0.154	0.158		0.208
	80～100	0.162	0.168		0.218

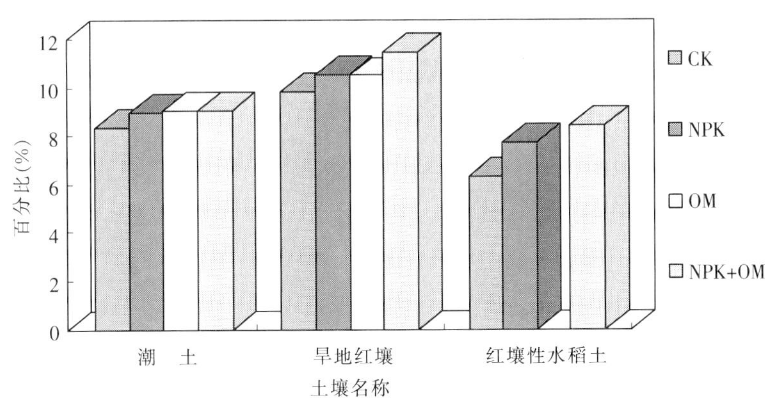

图2　各施肥处理土壤耕层有效镁占全镁的百分比（%）

长期施肥均能提高3种土壤耕层的有效镁含量，但对不同土壤和不同肥料来说效果不同。在潮土上施化肥的效果最好，有机无机肥配施的效果次之。在旱地红壤和红壤性水稻土上均以有机无机肥配施的效果最好。有机无机肥配施还可以提高3种土壤下层的有效镁含量，而单施化肥或有机肥则只能提高潮土 60cm 以上土层的有效镁含量。从表中数据还可看出，施肥提高土壤有效镁的效果是北方的石灰性土壤好于南方的酸性土壤。施肥不但可以提高 3 种土壤耕层的有效镁含量，也可以提高 3 种土壤耕层有效镁占全镁的比例。

（三）对土壤钙、镁形态分级的影响

1. 对土壤钙形态分级的影响

（1）潮土：长期施肥对潮土钙形态分级的影响见表 5，从表中数据可以看出，潮土的交换态钙含量极高，约占全钙的 60%～70%。其次是酸溶态钙，约占全钙的 30%～40%。水溶态钙含量极低，仅占全钙的 0.3%～0.5%。从各形态钙在土体中的垂直分布情况来看，水溶态钙和交换态钙均是 40～60cm 土层含量最高，耕层含量较低。酸溶态钙和非酸溶态钙均是 20～40cm 土层含量最低，耕层含量较高。

表 5　各施肥处理潮土钙形态分级

（mg/kg）

形　态	层　次（cm）	施　肥　处　理			
		CK	NPK	OM	NPK+OM
水溶态	0～20	122	155	132	139
	20～40	134	166	192	173
	40～60	153	165	178	186
	60～80	183	148	161	167
	80～100	124	162	146	167
交换态	0～20	18 398	22 095	19 148	20 646
	20～40	22 241	30 104	31 269	33 462
	40～60	32 332	34 910	34 877	34 709
	60～80	27 317	32 847	26 034	33 838
	80～100	22 701	27 453	26 079	29 108
酸溶态	0～20	10 180	10 050	10 360	12 795
	20～40	9 505	10 470	7 340	10 505
	40～60	9 595	10 885	13 385	13 265
	60～80	9 640	10 785	11 785	9 235
	80～100	11 015	9 945	11 535	11 685
非酸溶态	0～20	2 100	1 380	1 800	1 940
	20～40	1 040	900	760	960
	40～60	1 940	1 440	1 180	920
	60～80	1 740	1 520	1 080	1 020
	80～100	1 080	1 320	1 620	1 160

长期施用化肥、有机肥或有机无机肥配施，均能提高潮土耕层水溶态钙和交换态钙的含量，降低非酸溶态钙含量。其中，化肥的效果大于有机肥或有机无机肥配施。有机无机肥配施也能提高潮土耕层的酸溶态钙含量，而单施化肥或有机肥对潮土耕层酸溶态钙的含量影响

不大。施肥不仅可以提高潮土耕层各种形态钙的含量，也可以提高潮土下层各种形态钙的含量。若以施化肥处理为例，则施肥对潮土耕层各种形态钙的影响大小为非酸溶态>水溶态>交换态>酸溶态。长期施肥对潮土各形态钙的影响不仅限于土壤耕层，施肥对土壤下层各形态钙的含量也有明显影响。

（2）旱地红壤：长期施肥对旱地红壤钙形态分级的影响与潮土不同（表6），长期施用化肥、有机肥或有机无机肥配施均能提高旱地红壤耕层水溶态钙和交换态钙含量，降低旱地红壤耕层的非酸溶态钙含量，但以有机无机肥配施的效果显著。施肥对旱地红壤耕层酸溶态钙含量影响不大。施肥提高土壤水溶态钙和交换态钙的作用，一般仅限于土壤耕层，对耕层以下土壤各形态钙的影响不规律。若以有机无机肥配施处理为例，则施肥对旱地红壤耕层各种形态钙的影响大小为水溶态>非酸溶态>交换态>酸溶态。

表6　各施肥处理旱地红壤钙形态分级

(mg/kg)

形　态	层　次 (cm)	施　肥　处　理			
		CK	NPK	OM	NPK+OM
水溶态	0～20	11.62	13.63	15.64	20.31
	20～40	17.44	14.63	17.24	22.07
	40～60	14.01	16.24	18.45	15.84
	60～80	7.41	13.83	13.02	12.62
	80～100	6.20	3.60	12.42	2.80
交换态	0～20	1 017	1 209	1 150	1 338
	20～40	918	851	946	898
	40～60	713	846	929	874
	60～80	354	513	744	657
	80～100	331	305	583	339
酸溶态	0～20	171	168	164	176
	20～40	54.1	30.6	43.1	39.6
	40～60	38.5	27.5	42.5	30.6
	60～80	18.2	13.3	18.4	13.7
	80～100	12.5	21.1	14.5	18.5
非酸溶态	0～20	242	220	229	146
	20～40	159	125	152	120
	40～60	290	210	335	295
	60～80	257	240	177	259
	80～100	250	230	293	260

从表中数据还可看出，旱地红壤交换态钙的含量最高，约占全钙的70%左右。非酸溶态钙次之，约占全钙的15%左右。水溶态钙含量最低，仅占全钙的1%左右。从各形态钙在土体中的垂直分布情况来看，水溶态钙是20～40cm和40～60cm土层含量较高，而交换态钙和酸溶态钙则是耕层含量最高，底层含量最低。非酸溶态钙是40～60cm土层含量最高，耕层含量最低。

（3）红壤性水稻土：长期施肥对红壤性水稻土钙形态分级的影响与旱地红壤略有不同（表7），长期施用化肥或有机无机肥配施均能提高红壤性水稻土水溶态钙和交换态钙含量，降低酸溶态钙和非酸溶态钙含量，其中有机无机肥配施的效果大于化肥。施肥虽然降低红壤性水稻土耕层的酸溶态钙含量，但提高 20～40cm 和 40～60cm 土层的酸溶态钙含量。施肥提高红壤性水稻土水溶态钙的效果不仅局限于土壤耕层，对 20～40cm 和 40～60cm 土层的效果更好。若以有机无机肥配施处理为例，则施肥对红壤性水稻土耕层各种形态钙的影响大小为水溶态>交换态>酸溶态>非酸溶态。

表 7　各施肥处理红壤性水稻土钙形态分级

(mg/kg)

形　态	层　次 (cm)	施　肥　处　理			
		CK	NPK	OM	NPK+OM
水溶态	0～20	14.46	16.84		18.85
	20～40	25.70	29.53		29.53
	40～60	28.72	32.56		35.21
	60～80	23.68	22.88		19.86
	80～100	22.07	20.66		19.25
交换态	0～20	1 177	1 352		1 476
	20～40	1 732	1 583		1 689
	40～60	1 663	1 657		1 792
	60～80	1 541	1 656		1 758
	80～100	1 569	1 636		1 774
酸溶态	0～20	114	96.9		94.0
	20～40	118	133		183
	40～60	62.2	71.8		93.0
	60～80	65.0	42.5		24.5
	80～100	92.3	76.4		59.8
非酸溶态	0～20	245	239		203
	20～40	179	153		133
	40～60	242	322		243
	60～80	298	318		289
	80～100	240	253		249

从表中数据还可看出，红壤性水稻土钙的形态分级情况与旱地红壤相似。红壤性水稻土也是交换态钙的含量最高，约占全钙的 70%～80%。非酸溶态钙次之，约占全钙的 10%～15%。水溶态钙含量最低，仅占全钙的 1%左右。从各形态钙在土体中的垂直分布情况来看，水溶态钙和交换态钙均是耕层土壤最低。酸溶态钙是 0～20cm 和 20～40cm 土层含量较高，而非酸溶态钙则是 20～40cm 土层含量最低，其他几层相差不大。

（4）长期施肥条件下 3 种土壤钙形态分级的比较：从表 5，表 6 和表 7 可以看出，3 种土壤均以交换态钙含量最高，约占土壤全钙的 60%～80%。水溶态钙含量最低，仅占土壤全钙的 0.3%～1%。酸溶态钙和非酸溶态钙在 3 种土壤中的分布情况略有不同，潮土酸溶态钙的含量高于非酸溶态钙，而旱地红壤和红壤性水稻土则是非酸溶态钙含量高于酸溶态钙。虽然潮土交换态钙的含量远高于旱地红壤和红壤性水稻土，但其占全钙的比例则略低于旱地红壤和红壤性水稻土。从各形态钙在土体中的垂直分布情况来看，3 种土壤的水溶态钙均是 20～40cm 和 40～60cm 土层含量最高，潮土和红壤性水稻土耕层的水溶态钙含量最低，而旱地红壤则是底层的水溶态钙含量最低。交换态钙在潮土和红壤性水稻土中均是耕层含量最低，而在旱地红壤中则是耕层含量最高。酸溶态钙在 3 种土壤中均是耕层含量较高，而非酸溶态钙在 3 种土壤中均是 20～40cm 土层含量较低。

长期施用化肥、有机肥或有机无机肥配施均能提高 3 种土壤耕层的水溶态钙和交换态钙含量，降低 3 种土壤耕层的非酸溶态钙含量。有机无机肥配施也可以提高潮土耕层的酸溶态钙含量，降低红壤性水稻土耕层的酸溶态钙含量，对旱地红壤耕层酸溶态钙含量影响不大。施肥还可以提高潮土下层各种形态钙的含量，但对旱地红壤和红壤性水稻土下层各种形态钙的影响不规律。

2. 对土壤镁形态分级的影响

（1）潮土：长期施肥对潮土镁形态分级的影响见表 8，从表中数据可以看出，潮土的非酸溶态镁含量较高，约占土壤全镁的 70%～80%。酸溶态镁含量次之，约占全镁的 20%左右。水溶态镁含量最低，仅占全镁的 0.3%左右。从各形态镁在土体中的垂直分布情况来看，水溶态镁是 0～20cm 和 20～40cm 土层含量较高，以下几层土壤中的水溶态镁含量逐层递减。交换态镁是 20～40cm 和 40～60cm 土层含量较高，耕层次之，底层最低。酸溶态镁在土壤各层次之间的分布比较均匀，含量相差不大。非酸溶态镁则是 40～60cm 土层含量较高，其他几层的含量相差不大。

表 8　各施肥处理潮土镁形态分级

(mg/kg)

形　态	层　次（cm）	施　肥　处　理			
		CK	NPK	OM	NPK+OM
水溶态	0～20	28.64	31.04	30.04	30.04
	20～40	29.15	30.22	30.04	32.84
	40～60	28.15	23.36	23.14	22.40
	60～80	21.07	16.73	17.31	19.34
	80～100	17.94	15.38	15.05	17.56
交换态	0～20	733	778	745	761
	20～40	952	912	978	981
	40～60	911	917	955	939
	60～80	719	755	602	740
	80～100	606	581	577	624
酸溶态	0～20	1 925	1 894	1 863	1 847
	20～40	1 577	1 695	1 746	1 808
	40～60	1 705	1 812	1 666	1 792
	60～80	1 940	1 646	1 999	1 681
	80～100	1 120	2 083	2 066	1 996
非酸溶态	0～20	6 192	6 519	5 922	6 078
	20～40	5 636	6 766	7 036	7 388
	40～60	8 400	9 592	10 202	10 642
	60～80	5 958	7 480	6 180	7 250
	80～100	6 178	5 728	6 140	6 496

长期施用化肥、有机肥或有机无机肥配施均能提高潮土耕层水溶态镁和交换态镁的含量，且以单施化肥的效果较好。施肥则降低潮土耕层酸溶态镁含量。长期施用化肥也能提高潮土耕层非酸溶态镁含量，但单施有机肥或有机无机肥配施对潮土耕层的非酸溶态镁含量影响不大。施肥不但可以提高潮土耕层的水溶态镁和交换态镁含量，也能提高下层土壤的水溶态镁和交换态镁含量，但以 60cm 以上土层效果显著。若以单施化肥处理为例，则施肥对潮土耕层各形态镁含量的影响大小为水溶态＞交换态＞非酸溶态＞酸溶态。

（2）旱地红壤：旱地红壤的镁形态分级与潮土略有不同（表 9），旱地红壤也是非酸溶态镁含量最高，约占土壤全镁的 80%～90%。但交换态镁含量远远超过酸溶态镁，约占全镁的 10%～15%。水溶态镁含量最低，仅占全镁的 0.1%～0.3%。从各形态镁在土体中的垂直分布情况来看，水溶态镁是上面 3 层土壤中的含量较高，下面两层的含量略低一些。交换态镁和酸溶态镁均是耕层土壤含量最高，以下几层相差不大。非酸溶态镁则是 40～60cm 土层含量最高，其他几层相差不大。

表 9　各施肥处理旱地红壤镁形态分级

(mg/kg)

形　态	层　次 (cm)	施　肥　处　理			
		CK	NPK	OM	NPK+OM
水溶态	0～20	2.77	3.64	4.65	8.63
	20～40	4.20	3.98	6.43	5.42
	40～60	4.35	5.24	5.18	3.53
	60～80	0.99	1.14	2.78	2.95
	80～100	1.53	1.94	2.38	2.35
交换态	0～20	237	296	308	337
	20～40	204	208	195	218
	40～60	202	212	193	208
	60～80	212	187	159	179
	80～100	234	242	156	212
酸溶态	0～20	21.6	25.6	27.3	28.9
	20～40	20.1	19.1	19.7	20.7
	40～60	20.1	20.8	19.6	19.6
	60～80	20.8	19.1	16.9	20.0
	80～100	21.8	21.6	16.1	19.9
非酸溶态	0～20	2 178	2 520	2 641	2 659
	20～40	2 800	2 703	2 809	2 602
	40～60	3 189	3 376	3 021	3 381
	60～80	2 608	2 902	2 801	2 851
	80～100	2 624	2 760	2 851	2 779

长期施用化肥、有机肥或有机无机肥配施均能提高旱地红壤耕层各种形态镁的含量，但以有机无机肥配施效果最好，单施有机肥的效果次之。长期施肥不但可以提高旱地红壤耕层的水溶态镁含量，也可以提高耕层以下土壤中的水溶态镁含量。但施肥对旱地红壤下层交换态镁、酸溶态镁和非酸溶态镁含量的影响不规律。若以有机无机肥配施处理为例，则施肥对旱地红壤耕层各形态镁含量的影响大小为水溶态＞交换态＞酸溶态＞非酸溶态。

(3) 红壤性水稻土：红壤性水稻土的镁形态分级情况与旱地红壤相似（表 10），红壤性水稻土也是非酸溶态镁含量最高，约占全镁的 90%左右。交换态镁含量次之，约占全镁的 10%。水溶态镁含量最低，仅占全镁的 0.1%～0.2%。从各形态镁在土体中的垂直分布情况来看，水溶态镁、交换态镁和酸溶态镁在土壤各层次之间的分布比较均匀，含量相差不大。而非酸溶态镁 20～40cm 和 40～60cm 土层的含量略高一些，其他几层相差不大。

长期施用化肥或有机无机肥配施均能提高红壤性水稻土耕层的水溶态镁、交换态镁和酸溶态镁含量，且以有机无机肥配施效果最好。长期施肥对红壤性水稻土耕层非酸溶态镁含量影响不大。施肥不但可以提高红壤性水稻土耕层的水溶态镁含量，也可以提高耕层以下土壤的水溶态镁含量，但施肥对红壤性水稻土下层其他形态镁含量的影响没有规律。若以有机无机肥配施处理为例，则施肥对红壤性水稻土耕层各形态镁含量的影响大小为交换态＞酸溶态＞水溶态＞非酸溶态。

表 10　各施肥处理红壤性水稻土镁形态分级

(mg/kg)

形　态	层　次 (cm)	施　肥　处　理			
		CK	NPK	OM	NPK+OM
水溶态	0～20	2.25	2.56		3.03
	20～40	2.49	2.95		3.40
	40～60	3.10	3.46		3.45
	60～80	3.03	2.89		2.53
	80～100	3.28	2.52		2.64
交换态	0～20	117	151		174
	20～40	167	161		172
	40～60	202	161		216
	60～80	151	155		206
	80～100	159	165		216
酸溶态	0～20	12.82	16.58		18.91
	20～40	18.09	18.91		18.99
	40～60	18.29	18.49		20.56
	60～80	17.58	18.36		18.91
	80～100	17.52	18.84		18.49
非酸溶态	0～20	1 751	1 812		1 706
	20～40	2 190	2 196		2 155
	40～60	1 988	2 167		2 139
	60～80	1 852	1 826		1 818
	80～100	1 782	1 697		1 745

(4) 长期施肥条件下 3 种土壤镁形态分级的比较：从表 8，表 9 和表 10 可以看出，3 种土壤均是非酸溶态镁含量最高，约占土壤全镁的 70%～90%。水溶态镁含量最低，仅占土壤全镁的 0.1%～0.3%。潮土酸溶态镁的含量高于交换态镁，而旱地红壤和红壤性水稻土则是交换态镁的含量高于酸溶态镁。从各种形态镁在土体中的垂直分布情况来看，旱地红壤和红壤性水稻土各形态镁在土壤各层次之间的分布比较均匀，含量相差不大。潮土水溶态镁

和交换态镁在土壤各层次之间的差异较大，但以上面3层含量较高。酸溶态镁在各层次间的差异不大，非酸溶态镁除40～60cm土层含量较高外，其他几层含量也相差不大。

长期施用化肥、有机肥或有机无机肥配施均能提高3种土壤耕层水溶态镁和交换态镁含量。施肥也可以提高旱地红壤和红壤性水稻土耕层的酸溶态镁含量，但降低潮土耕层的酸溶态镁含量。长期施用化肥也能提高潮土和旱地红壤耕层的非酸溶态镁含量，但对红壤性水稻土耕层非酸溶态镁含量影响不大。长期施肥不但可以提高3种土壤耕层的水溶态镁含量，也可以提高3种土壤下层的水溶态镁含量，但长期施肥仅能提高潮土下层的交换态镁含量，且以60cm以上土层效果显著。

（四）长期施肥条件下土壤有效态钙、镁与全量及各形态钙、镁的相关分析

1. 土壤有效钙与全钙及各形态钙的相关分析 土壤有效钙与全钙及各形态钙的相关分析表明（表11），土壤有效钙与土壤全钙、水溶态钙和交换态钙的相关性极高，相关系数达显著或极显著水平。旱地红壤有效钙与酸溶态钙的相关性也较高，其他土壤有效钙与酸溶态钙和非酸溶态钙的相关性不好，且部分呈负相关。水溶态钙和交换态钙是土壤有效钙的主要组成部分，故两者与有效钙的相关性极高。同时也可看出，土壤全钙与有效钙的关系非常密切。

表11 土壤有效钙与全钙及各形态钙的相关系数

土壤名称	自由度	全 钙	水溶态钙	交换态钙	酸溶态钙	非酸溶态钙
潮 土	19	0.968 2**	0.757 7**	1.000 0**	0.075 4	−0.471 3*
旱地红壤	19	0.982 2**	0.757 2**	0.994 4**	0.812 9**	−0.342 3
红壤性水稻土	14	0.974 3**	0.780 0**	0.989 1**	−0.323 1	0.027 2

2. 土壤有效镁与全镁及各形态镁的相关分析 土壤有效镁与全镁及各形态镁的相关分析表明（表12），土壤有效镁与交换态镁的相关性极高，3种土壤的相关系数均达极显著水平。有效镁与水溶态镁或酸溶态镁的相关性也较高，大部分相关系数达显著水平。潮土有效镁与全镁或非酸溶态镁的相关性也极高。说明潮土有效镁除与交换态镁和水溶态镁的关系密切外，与全镁和非酸溶态镁的关系也比较密切，而旱地红壤和红壤性水稻土有效镁除与交换态镁和水溶态镁的关系密切外，还与酸溶态镁的关系非常密切。这说明不同土壤决定有效镁的镁形态不完全相同。

表12 土壤有效镁与全镁及各形态镁的相关系数

土壤名称	自由度	全 镁	水溶态镁	交换态镁	酸溶态镁	非酸溶态镁
潮 土	19	0.703 0**	0.677 9**	0.960 6**	−0.150 6	0.659 6**
旱地红壤	19	−0.212 7	0.459 1*	0.999 2**	0.981 1**	−0.376 9
红壤性水稻土	14	0.328 4	0.319 1	0.987 5**	0.740 3**	0.193 3

（五）讨论

本研究表明，长期施用含钙或镁的化肥（如钙镁磷肥、普通过磷酸钙），可以提高旱地红壤和红壤性水稻土中的全镁含量及3种土壤中的全钙及有效钙、镁含量，但不同肥料不同

土壤之间的效果不同。施肥提高土壤全钙及有效钙、镁含量的效果是北方的石灰性土壤好于南方的酸性土壤。这主要是北方土壤的淋溶较弱，施入土壤中的钙较多地被固定于土壤中，虽然全量较高，但有效量占全量的比例并不高。而南方的土壤淋溶较强，施入土壤中的钙、镁大部分被淋溶损失了，剩余的钙、镁主要以交换态的形式吸附于土壤胶体上，虽然全量不高，但其有效性较高。从供试土壤每年的施肥量来看（表 2），红壤性水稻土每年施入的钙镁磷肥量比旱地红壤高 1/3，也就是说每年通过施肥带入红壤性水稻土中的钙比旱地红壤多 1/3，每年施入红壤性水稻土中的氮肥和钾肥的量也比旱地红壤高很多，通过氮肥和钾肥带入红壤性水稻土中的钙也应该比旱地红壤多，但是施化肥提高红壤性水稻土和旱地红壤耕层全钙的效果是一样的，施化肥使红壤性水稻土耕层全钙含量增加 0.15mg/g，使旱地红壤耕层全钙含量增加 0.17mg/g。与此相反，施化肥提高旱地红壤耕层的全镁和有效钙、镁的效果明显好于红壤性水稻土。这可能与两种土壤的理化性质不同有关。因为旱地红壤耕层的全钙含量显著高于下层土壤，而红壤性水稻土耕层的全钙含量则显著低于下层土壤，说明红壤性水稻土中的钙向下层的移动较强。

有机肥中的钙、镁含量虽然不如钙镁磷肥或普通过磷酸钙高，但有机肥的用量较大，因而通过有机肥带入土壤中的钙、镁比化肥还多，且这部分钙、镁的有效性较高，易被作物吸收利用。因此，有机肥提高土壤中钙、镁含量的作用是不容忽视的。

Krishnamoorethy（1982）的研究表明，长期施用磷酸钙能显著提高土壤中的含钙量，施用钙肥主要是增加土壤中的 EUF - Ca（Mercik 等，1985）。长期施用氮肥和钾肥减少土壤中的钙含量，尤其是代换性钙（Schwab 等，1989；Blasko 等，1983），但施用硝酸铵则可增加土壤代换性钙含量，因硝酸铵略增加土壤的 pH；硫酸铵则显著降低土壤的 pH。因此，硫酸铵用量越大，施用时间越长，土壤交换性钙含量下降越多（Sarkar，1990）。Darusman 等（1991）的研究表明，施用各种形态的氮肥均降低酸性土壤中的交换性钙和交换性镁含量。这与施氮肥导致土壤 pH 下降有关，因 pH 下降使钙和镁的淋溶加强。

长期施用有机肥（猪粪）也能提高旱地红壤耕层的全钙和全镁含量，但施用农家肥或猪粪对潮土和红壤性水稻土耕层的全钙和全镁含量影响不大。Krishnamoorethy（1982）和 King 等（1990）的研究表明，长期施用农家厩肥或猪粪液，降低土壤耕层的钙、镁含量，但心土层的钙、镁含量增加。这可能是施用有机肥活化了土壤中的钙和镁，使其向下层淋溶加强，本试验也观察到了这一现象。郭鹏程等（1993）在棕壤上的试验表明，长年施用氯化钾对土壤交换性钙和镁的含量影响不大，但若施用含氯量较高的氯磷铵钾复混肥，土壤交换性钙和镁含量明显下降。有机无机肥配施也能提高全钙和有效钙、镁含量，但只能提高旱地红壤的全镁含量。由此看来，施肥对土壤钙、镁含量及其有效性的影响，在不同土壤和不同施肥处理中不完全相同。一般说来，施用含钙、镁的肥料可以提高土壤中的钙、镁含量，而施用氮肥则降低土壤中的交换态钙、镁含量。

施肥不但影响土壤中的钙、镁含量，也影响钙、镁的形态分级。长期施用化肥、有机肥或有机无机肥配施均能提高 3 种土壤耕层的水溶态钙、镁和交换态钙、镁含量。相关分析表明，水溶态钙、镁和交换态钙、镁含量是土壤有效态钙、镁的主要组成部分，这是施肥可以提高土壤有效态钙、镁含量的重要原因。施肥对土壤酸溶态钙、镁和非酸溶态钙、镁含量的影响，在不同土壤和不同施肥处理中不完全相同。长期施肥降低 3 种土壤耕层的非酸溶态钙含量，有机无机肥配施可以提高潮土耕层的酸溶态钙含量，但降

壤不同肥料的效果不同。在潮土上施有机肥的效果最好，而在旱地红壤上有机无机肥配施的效果最好。施肥对红壤性水稻土全铜含量的影响不如潮土和旱地红壤显著。施肥不但可以提高土壤耕层的全铜含量，也可以提高下层土壤的全铜含量，但这种作用一般仅限于60cm以上土壤。

表3　长期施肥对土壤全铜含量的影响

(mg/kg)

土壤名称	层　次 (cm)	施　肥　处　理			
		CK	NPK	OM	NPK+OM
潮　土	0～20	17.60	20.18	21.10	19.00
	20～40	27.00	28.00	32.00	28.00
	40～60	33.00	38.00	39.00	31.00
	60～80	26.00	29.00	26.40	25.00
	80～100	17.00	18.00	19.00	23.00
旱地红壤	0～20	26.40	27.40	29.40	30.60
	20～40	25.20	24.20	27.40	29.40
	40～60	23.20	27.40	29.40	26.40
	60～80	24.20	25.20	27.40	26.40
	80～100	25.20	25.20	26.40	25.20
红壤性水稻土	0～20	20.00	21.00		21.00
	20～40	22.00	23.00		24.00
	40～60	24.00	24.00		24.00
	60～80	21.00	21.00		20.00
	80～100	20.00	20.00		20.00

4. 全锌　长期施肥对土壤全锌含量的影响见表4，从表中数据可以看出，3种土壤的全锌含量相差不大。潮土40～60cm土层的全锌含量最高，20～40cm和60～80cm土层次之，耕层和底层最低。旱地红壤和红壤性水稻土各层次的全锌含量相差不大。

长期施用化肥可以提高潮土和旱地红壤耕层的全锌含量，对红壤性水稻土耕层的全锌含量影响不大。长期施用有机肥对潮土和旱地红壤耕层全锌含量也影响不大。有机无机肥配施只能提高潮土耕层的全锌含量，对旱地红壤和红壤性水稻土耕层的全锌含量影响不大。长期施肥不但影响土壤耕层的全锌含量，也影响土壤下层的全锌含量，但这种作用一般只限于60cm以上土壤。

表4　长期施肥对土壤全锌含量的影响

(mg/kg)

土壤名称	层　次 (cm)	施　肥　处　理			
		CK	NPK	OM	NPK+OM
潮　土	0～20	66.24	77.60	65.40	71.80
	20～40	75.48	79.00	87.80	84.20
	40～60	98.40	92.60	96.00	107.00
	60～80	72.42	85.00	74.00	86.20
	80～100	66.62	70.00	69.00	78.00

（续）

土壤名称	层 次 (cm)	施 肥 处 理			
		CK	NPK	OM	NPK+OM
旱地红壤	0～20	85.60	92.60	84.45	87.40
	20～40	79.00	84.20	75.00	86.00
	40～60	76.60	88.80	73.20	77.80
	60～80	85.00	81.40	77.60	76.40
	80～100	86.20	84.60	82.80	78.20
红壤性水稻土	0～20	65.40	64.24		65.40
	20～40	73.60	69.60		69.00
	40～60	75.00	70.40		76.40
	60～80	68.20	73.77		71.10
	80～100	77.40	75.80		79.00

（二）对土壤有效态铁、锰、铜、锌含量及其在土体中垂直分布的影响

1. 有效铁 长期施肥对土壤有效铁含量的影响见表5，从表中数据可以看出，红壤性水稻土有效铁含量最高，几乎是旱地红壤的2倍，潮土的5～6倍。从有效铁在土体中的垂直分布情况来看，潮土40～60cm土层有效铁含量最高，20～40cm和60～80cm土层次之，耕层和底层较低。旱地红壤是耕层有效铁含量最高，40～60cm土层次之，底层最低。红壤性水稻土则是耕层有效铁含量最高，40～60cm土层次之，20～40cm土层最低。从土壤耕层有效铁占全铁的比例来看（图1），红壤性水稻土耕层有效铁占全铁的比例最高，旱地红壤次之，潮土最低，且三者之间相差较大。

表5 长期施肥对土壤有效铁含量的影响

（mg/kg）

土壤名称	层 次 (cm)	施 肥 处 理			
		CK	NPK	OM	NPK+OM
潮 土	0～20	5.28	5.22	8.52	8.98
	20～40	6.84	6.97	8.66	8.91
	40～60	8.73	8.94	9.85	10.19
	60～80	6.52	7.69	7.63	8.30
	80～100	4.84	6.01	6.87	6.53
旱地红壤	0～20	19.25	18.98	21.88	23.65
	20～40	10.36	10.04	12.42	12.70
	40～60	12.79	12.83	11.89	13.29
	60～80	11.04	11.90	8.73	9.88
	80～100	8.55	10.19	8.70	9.49
红壤性水稻土	0～20	31.45	30.14		41.90
	20～40	19.49	18.25		21.11
	40～60	31.43	28.76		35.63
	60～80	24.88	24.15		26.95
	80～100	24.58	26.11		26.07

长期施用有机肥或有机无机肥配施均能提高 3 种土壤耕层的有效铁含量，但以有机无机肥配施效果较好。单施化肥对 3 种土壤耕层有效铁含量影响不大。长期施用有机肥或有机无机肥配施不但可以提高土壤耕层的有效铁含量，也可以提高土壤下层的有效铁含量，一般以 60cm 以上土层效果显著，且潮土的效果好于旱地红壤和红壤性水稻土。从图 1 中可以看出，单施化肥对 3 种土壤耕层有效铁占全铁的比例影响不大，单施有机肥或有机无机肥配施均能提高 3 种土壤耕层有效铁占全铁的比例。

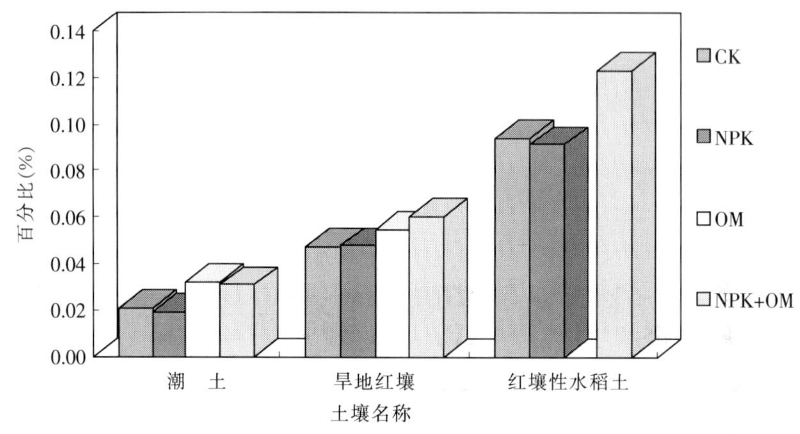

图 1　各施肥处理土壤耕层有效铁占铁的全百分比（%）

2. 有效锰　长期施肥对土壤有效锰的影响见表 6，从表中数据可以看出，红壤性水稻土有效锰含量最高，旱地红壤有效锰含量略低一些，潮土的有效锰含量最低。从有效锰在土体中的垂直分布情况来看，潮土 40～60cm 土层的有效锰含量最高，底层最低，耕层施有机肥或有机无机肥配施处理的有效锰含量也较高。旱地红壤耕层有效锰含量较高，20～40cm 土层施有机肥或有机无机肥配施处理的有效锰含量较低，其他几层土壤的有效锰含量相差不大。红壤性水稻土各层次有效锰含量基本上相同。从土壤耕层有效锰占全锰的比例来看（图 2），旱地红壤和红壤性水稻土耕层有效锰占全锰的比例较高，几乎是潮土的 3～5 倍。

表 6　长期施肥对土壤有效锰含量的影响

（mg/kg）

土壤名称	层　次（cm）	施　肥　处　理			
		CK	NPK	OM	NPK+OM
潮　土	0～20	4.47	4.80	8.31	8.18
	20～40	4.61	6.70	6.59	7.15
	40～60	7.27	9.79	9.95	9.33
	60～80	4.25	6.77	5.23	8.35
	80～100	3.16	3.85	4.32	5.69
旱地红壤	0～20	32.24	25.38	21.16	26.44
	20～40	29.50	22.14	14.48	18.74
	40～60	24.77	20.25	22.36	22.74
	60～80	24.47	20.53	19.82	20.97
	80～100	23.73	22.25	21.11	21.51

（续）

土壤名称	层　次（cm）	施　肥　处　理			
		CK	NPK	OM	NPK+OM
红壤性水稻土	0～20	34.31	34.31		34.50
	20～40	33.69	34.50		34.14
	40～60	34.50	34.60		34.50
	60～80	34.31	34.50		34.70
	80～100	34.21	34.40		34.11

长期施用化肥、有机肥或有机无机肥配施均能提高潮土耕层有效锰含量，降低旱地红壤耕层有效锰含量，对红壤性水稻土耕层有效锰含量影响不大。单施有机肥对土壤有效锰的影响最大，但在不同土壤上的效果不同。在潮土上施有机肥可以提高土壤的有效锰含量，而在旱地红壤上施有机肥则降低土壤的有效锰含量。施肥不但影响潮土和旱地红壤耕层的有效锰含量，也影响土壤下层的有效锰含量。从图 2 中可以看出，单施化肥对潮土和红壤性水稻土耕层有效锰占全锰的比例影响不大，单施有机肥或有机无机肥配施显著提高潮土耕层有效锰占全锰的比例，降低旱地红壤和红壤性水稻土耕层有效锰占全锰的比例。

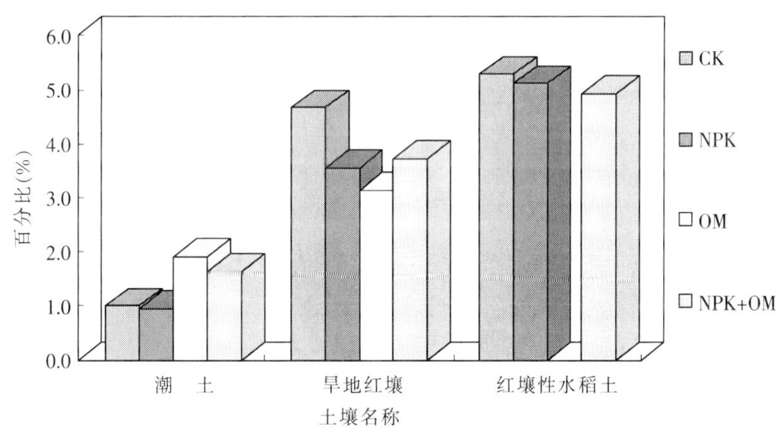

图 2　各施肥处理土壤耕层有效锰占全锰的百分比（%）

3. 有效铜　长期施肥对土壤有效铜的影响见表 7，从表中数据可以看出，潮土 40～60cm 土层的有效铜含量最高，20～40cm 和 40～60cm 土层次之，耕层和底层有效铜含量最低。旱地红壤则是耕层土壤有效铜含量最高，下面几层土壤的有效铜含量显著下降，且有逐层降低的趋势。红壤性水稻土也是耕层有效铜含量最高，20～40cm 土层有效铜含量最低，其他几层相差不大。从不同土壤来看，潮土和红壤性水稻土的有效铜含量要明显高于旱地红壤，但旱地红壤耕层的有效铜含量与潮土差不多。从土壤耕层有效锰占全锰的比例来看（图 3），红壤性水稻土耕层有效铜占全铜的比例最高，几乎是潮土的 2 倍，旱地红壤的 3 倍。

长期施用化肥、有机肥或有机无机肥配施均可提高潮土和旱地红壤耕层的有效铜含量，对红壤性水稻土耕层有效铜含量影响不大。施肥提高土壤有效铜的效果，在不同土壤和不同施肥处理中不完全相同。在潮土上单施有机肥的效果较好，而在旱地红壤上有机无机肥配施的效果较好。有机无机肥配施对红壤性水稻土耕层的有效铜含量影响不大。长期施肥不但可

表 7　长期施肥对土壤有效铜含量的影响

（mg/kg）

土壤名称	层　次（cm）	施　肥　处　理			
		CK	NPK	OM	NPK+OM
潮　土	0～20	1.060	1.118	1.203	1.133
	20～40	1.370	1.585	1.808	1.785
	40～60	1.905	2.023	2.050	2.120
	60～80	1.520	1.690	1.575	1.665
	80～100	1.010	1.130	1.083	1.273
旱地红壤	0～20	0.975	1.165	1.263	1.428
	20～40	0.345	0.368	0.405	0.415
	40～60	0.418	0.405	0.415	0.385
	60～80	0.190	0.260	0.245	0.260
	80～100	0.215	0.190	0.228	0.215
红壤性水稻土	0～20	2.453	2.375		2.463
	20～40	1.065	1.048		1.035
	40～60	1.428	1.370		1.363
	60～80	1.620	1.440		1.518
	80～100	1.333	1.525		1.380

以提高潮土和旱地红壤耕层的有效铜含量，也可以提高潮土和旱地红壤下层的有效铜含量。施肥对潮土有效铜含量的影响深度可达 60cm，而对旱地红壤有效铜含量的影响深度仅达 40cm。长期施肥对红壤性水稻土各层次有效铜含量的影响均不大。从图 3 中可以看出，施用化肥、有机肥或有机无机肥配施对潮土耕层有效铜占全铜的比例影响不大，但略提高旱地红壤耕层有效铜占全铜的比例，降低红壤性水稻土耕层有效铜占全铜的比例。

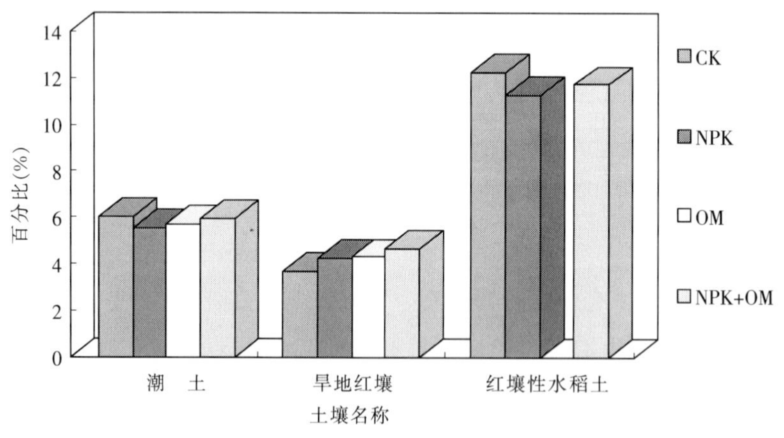

图 3　各施肥处理土壤耕层有效铜占全铜的百分比（%）

4. 有效锌　长期施肥对土壤有效锌的影响见表 8，从表中数据可以看出，潮土的有效锌含量较低，且各层次之间分布比较均匀。旱地红壤耕层的有效锌含量较高，下面几层的有效锌含量明显降低。红壤性水稻土有效锌含量较高，但上面两层的有效锌含量明显低于下面 3 层。从土壤耕层有效锌占全锌的比例来看（图 4），3 种土壤耕层有效锌占全锌的比例相差不大，旱地红壤和红壤性水稻土耕层有效锌占全锌的比例比潮土略高一些。

长期施用化肥降低潮土耕层及下层的有效锌含量，提高旱地红壤耕层有效锌含量，对红壤性水稻土耕层的有效锌含量影响不大，但降低旱地红壤 20～40cm 和 40～60cm 土层及红壤性水稻土 20～40cmm 土层的有效锌含量。单施有机肥可以提高潮土和旱地红壤耕层的有效锌含量，但降低下层土壤的有效锌含量。有机无机肥配施则可提高 3 种土壤耕层及红壤性水稻土下层的有效锌含量，但降低潮土和旱地红壤下层的有效锌含量。从图 4 中可以看出，潮土施化肥处理的土壤耕层有效锌占全锌的比例明显低于其他施肥处理和对照。旱地红壤和红壤性水稻土施有机肥或有机无机肥配施处理的土壤耕层有效锌占全锌的比例显著高于其他施肥处理和对照。说明有机无机肥配施可以提高土壤耕层有效锌占全锌的比例，但对旱地红壤和红壤性水稻土的效果显著。

表 8　长期施肥对土壤有效锌含量的影响

(mg/kg)

土壤名称	层　次 (cm)	施　肥　处　理			
		CK	NPK	OM	NPK+OM
潮　土	0～20	0.493	0.435	0.535	0.613
	20～40	0.593	0.523	0.493	0.395
	40～60	0.423	0.393	0.340	0.348
	60～80	0.428	0.405	0.333	0.343
	80～100	0.465	0.415	0.418	0.473
旱地红壤	0～20	0.890	0.935	1.108	1.488
	20～40	0.385	0.315	0.310	0.325
	40～60	0.555	0.405	0.345	0.360
	60～80	0.240	0.315	0.260	0.253
	80～100	0.295	0.215	0.205	0.180
红壤性水稻土	0～20	0.768	0.748		1.160
	20～40	0.815	0.785		1.193
	40～60	1.428	1.455		1.518
	60～80	1.493	1.510		1.550
	80～100	1.453	1.525		1.483

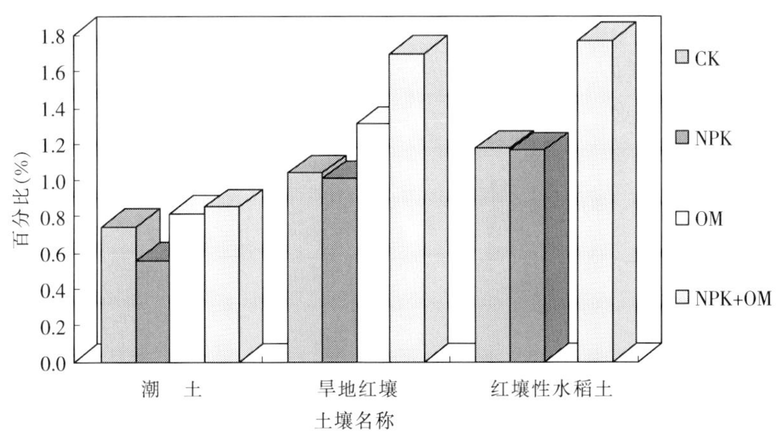

图 4　各施肥处理土壤耕层有效锌占全锌的百分比（%）

（三）对土壤铁、锰、铜、锌形态分级的影响

1. 对土壤铁形态分级的影响

（1）潮土：长期施肥对潮土铁形态分级的影响见表 9，从表中数据可以看出，潮土残留态铁含量最高，约占土壤全铁的 60%左右，晶形氧化态铁含量次之。无定形氧化态铁含量居第 3 位，但比残留态或晶形氧化态铁含量低很多。无定形氧化锰结合态铁含量也较高，比交换态、碳酸盐结合态和有机态三者的总和还高。从各形态铁在土体中的垂直分布情况来看，交换态和碳酸盐结合态铁在土壤各层次之间的分布比较均匀。无定形氧化锰结合态铁是耕层土壤含量最低，且比下面几层低 2～3 倍。有机态铁是耕层土壤含量最高，下面几层的含量相差不大。无定形氧化态、晶形氧化态和残留态铁都是 40～60cm 土层含量最高，耕层和底层含量较低。

表 9　长期施肥对潮土铁形态分级的影响

（mg/kg）

形　态	层　次（cm）	施　肥　处　理			
		CK	NPK	OM	NPK+OM
交换态	0～20	3.22	4.04	4.43	3.93
	20～40	3.27	3.48	3.59	3.43
	40～60	3.43	3.54	3.54	3.43
	60～80	3.27	3.43	3.43	3.38
	80～100	3.22	3.43	3.38	3.43
碳酸盐结合态	0～20	1.34	1.54	1.54	1.34
	20～40	1.69	2.04	1.79	1.90
	40～60	2.09	1.99	1.89	1.94
	60～80	1.79	1.99	2.19	1.79
	80～100	2.24	2.27	2.14	1.99
无定形氧化锰结合态	0～20	11.79	11.15	8.47	9.10
	20～40	28.15	25.71	25.33	29.89
	40～60	36.33	38.01	32.24	35.74
	60～80	35.64	32.57	29.37	33.68
	80～100	31.38	35.87	33.80	29.90
有机态	0～20	3.70	3.97	4.07	4.95
	20～40	1.89	2.29	2.24	2.09
	40～60	2.29	2.75	3.27	3.43
	60～80	2.70	1.89	2.09	2.34
	80～100	2.49	2.19	2.20	2.34
无定形氧化态	0～20	1 132	1 408	1 138	1 445
	20～40	1 475	1 714	1 761	1 901
	40～60	1 752	2 200	2 232	2 292
	60～80	1 542	1 963	1 471	1 887
	80～100	1 371	1 584	1 488	1 792

（续）

形　态	层　次（cm）	施　肥　处　理			
		CK	NPK	OM	NPK+OM
晶形氧化态	0～20	8 686	11 740	8 731	10 090
	20～40	11 850	14 140	14 020	14 600
	40～60	15 450	16 860	16 810	16 700
	60～80	11 690	15 060	10 180	15 190
	80～100	9 795	10 930	9 963	12 090
残留态	0～20	15 810	14 315	16 728	17 625
	20～40	18 700	20 461	17 702	20 661
	40～60	31 794	34 094	31 557	32 563
	60～80	18 894	18 081	22 075	18 509
	80～100	14 155	12 858	18 095	14 596

长期施用化肥可以提高潮土耕层交换态、碳酸盐结合态、有机态、无定形氧化态和晶形氧化态铁含量，降低无定形氧化锰结合态和残留态铁含量。长期施用有机肥也可以提高潮土耕层交换态、碳酸盐结合态、有机态和残留态铁含量，降低无定形氧化锰结合态铁含量，对无定形氧化态和晶形氧化态铁含量影响不大。有机无机肥配施可以提高潮土耕层交换态、有机态、无定形氧化态、晶形氧化态和残留态铁含量，降低无定形氧化锰结合态铁含量，对碳酸盐结合态铁含量影响不大。

施肥不但影响潮土耕层的各形态铁含量，也影响土壤下层的各形态铁含量，但不同施肥处理、不同铁形态之间的影响规律不同。一般情况是施肥对土壤下层各形态铁的影响与耕层相似，但施有机肥处理虽然对土壤耕层无定形氧化态和晶形氧化态铁含量影响不大，却可显著提高土壤下层的无定形氧化态和晶形氧化态铁含量，且以60cm以上土层效果显著。

（2）旱地红壤：长期施肥对旱地红壤铁形态分级的影响见表10，从表中数据可以看出，旱地红壤的晶形氧化态铁含量最高，几乎是残留态铁或无定形氧化态铁含量的4～5倍。无定形氧化锰结合态铁含量也较高，几乎是交换态、碳酸盐结合态和有机态铁三者之和的3～4倍。碳酸盐结合态铁含量最低。从各形态铁在土体中的垂直分布情况来看，交换态、碳酸盐结合态、无定形氧化态和晶形氧化态铁在土壤各层次之间的分布比较均匀。无定形氧化锰结合态铁是耕层含量略低一些，下面几层含量差不多。有机态铁是耕层含量略高一些，下面几层含量差不多。残留态铁则是40～60cm土层含量略高一些。

表10　长期施肥对旱地红壤铁形态分级的影响

（mg/kg）

形　态	层　次（cm）	施　肥　处　理			
		CK	NPK	OM	NPK+OM
交换态	0～20	10.91	11.36	11.68	11.99
	20～40	10.36	9.80	11.72	11.45
	40～60	9.80	9.80	11.45	11.18
	60～80	9.80	11.18	11.45	11.72
	80～100	10.08	11.72	11.65	11.18

（续）

形　态	层　次（cm）	施　肥　处　理			
		CK	NPK	OM	NPK+OM
碳酸盐结合态	0～20	7.52	7.23	6.93	6.93
	20～40	7.52	8.10	7.23	6.93
	40～60	8.10	8.10	7.23	7.23
	60～80	7.52	8.39	7.23	9.80
	80～100	7.23	7.81	7.52	9.24
无定形氧化锰结合态	0～20	210.3	187.7	175.3	189.9
	20～40	215.2	222.8	224.9	189.9
	40～60	240.7	238.3	236.1	250.1
	60～80	227.9	275.9	233.1	241.3
	80～100	250.4	257.1	235.8	262.0
有机态	0～20	58.50	61.98	77.01	64.10
	20～40	34.04	38.30	51.06	49.79
	40～60	31.31	28.27	37.69	33.13
	60～80	28.88	23.10	28.33	28.24
	80～100	25.81	21.95	27.99	24.92
无定形氧化态	0～20	5 939	5 895	5 721	6 070
	20～40	5 895	5 808	5 742	5 306
	40～60	6 201	5 284	5 524	5 480
	60～80	6 528	6 419	5 262	6 048
	80～100	5 306	6 288	5 568	6 943
晶形氧化态	0～20	26 725	26 315	27 225	26 950
	20～40	27 675	29 850	28 425	27 981
	40～60	26 250	29 075	26 450	27 600
	60～80	26 800	27 675	28 275	24 618
	80～100	28 425	28 000	27 775	27 125
残留态	0～20	7 609	7 152	6 983	5 775
	20～40	7 283	4 463	7 658	7 076
	40～60	8 139	4 701	9 734	9 458
	60～80	5 222	4 215	8 103	8 923
	80～100	5 375	4 569	8 814	5 881

长期施用化肥，可以提高旱地红壤耕层交换态和有机态铁含量，降低无定形氧化锰结合态和残留态铁含量，对碳酸盐结合态、无定形氧化态和晶形氧化态铁含量影响不大。长期施用有机肥，可以提高旱地红壤耕层交换态、有机态和晶形氧化态铁含量，降低碳酸盐结合态、无定形氧化锰结合态、无定形氧化态和残留态铁含量。有机无机肥配施可以提高旱地红壤耕层交换态和有机态铁含量，降低碳酸盐结合态、无定形氧化锰结合态和残留态铁含量，对无定形氧化态和晶形氧化态铁含量影响不大。

长期施肥不但影响旱地红壤耕层各形态铁的含量，也影响土壤下层各形态铁的含量。一般说来，施肥对旱地红壤下层各形态铁的影响与耕层相似。但施有机肥处理比较特殊，施有机肥虽然降低旱地红壤耕层的残留态铁含量，但可以提高土壤下层残留态铁含量。施肥对土壤下层各形态铁含量的影响以 60cm 以上土层效果显著。

（3）红壤性水稻土：长期施肥对红壤性水稻土铁形态分级的影响见表 11，从表中数据可以看出，红壤性水稻土的晶形氧化铁含量极高，约占土壤全铁的 70%～80%。残留态铁含量次之，其含量约是晶形氧化铁的 1/4～1/6。无定形氧化铁含量略低于残留态。无定形氧化锰结合态铁含量也较高，几乎是交换态、碳酸盐结合态和有机态铁三者之和的 3～4 倍。碳酸盐结合态铁含量最低。从各形态铁在土体中的垂直分布情况来看，交换态铁在土壤各层次之间的分布比较均匀，碳酸盐结合态和有机态铁均是耕层土壤含量高，几乎是下层土壤的 3～5 倍。无定形氧化锰结合态、无定形氧化态和晶形氧化态铁均是 40～60cm 土层含量较高，残留态铁则是 20～40cm 和 40～60cm 土层含量较高，其他几层含量差不多。

表 11　长期施肥对红壤性水稻土铁形态分级的影响

（mg/kg）

形　态	层　次（cm）	施　肥　处　理			
		CK	NPK	OM	NPK+OM
交换态	0～20	19.71	21.36		21.06
	20～40	19.17	18.6		16.98
	40～60	19.17	18.6		17.52
	60～80	18.06	17.52		16.98
	80～100	18.6	18.06		16.98
碳酸盐结合态	0～20	5.29	5.66		9.31
	20～40	2.19	2.37		2.37
	40～60	1.82	2.19		1.82
	60～80	2.19	2.01		1.64
	80～100	2.01	1.82		2.01
无定形氧化锰结合态	0～20	115.5	149.5		207
	20～40	162.3	162.3		203.9
	40～60	277.2	264.4		251.6
	60～80	199	142.5		195.7
	80～100	180.5	174.7		192.1
有机态	0～20	54.01	62.96		75.21
	20～40	9.12	6.39		7.85
	40～60	9.31	7.3		14.6
	60～80	10.04	9.12		9.85
	80～100	7.85	8.03		8.76
无定形氧化态	0～20	3 253	3 581		3 773
	20～40	3 341	3 166		3 421
	40～60	4 148	3 952		4 083
	60～80	2 948	2 955		3 001
	80～100	2 838	2 821		2 966

（续）

形　态	层　次（cm）	施　肥　处　理			
		CK	NPK	OM	NPK+OM
晶形氧化态	0～20	25 462	26 061		25 038
	20～40	27 912	29 113		27 814
	40～60	28 862	29 063		28 863
	60～80	25 063	24 551		26 514
	80～100	23 840	25 588		27 864
残留态	0～20	4 459	3 099		4 784
	20～40	9 314	8 132		6 478
	40～60	7 562	8 093		9 368
	60～80	3 584	4 755		3 241
	80～100	4 701	5 232		3 730

长期施用化肥，降低红壤性水稻土耕层残留态铁含量，提高其他形态铁的含量。有机无机肥配施对红壤性水稻土耕层晶形氧化铁含量影响不大，但可以提高其他形态铁的含量。长期施肥也影响红壤性水稻土下层各形态铁的含量。一般说来，施肥对红壤性水稻土下层各形态铁的影响与耕层相似。但施肥虽然提高红壤性水稻土耕层交换态、有机态和无定形氧化态铁含量，却降低土壤下层的交换态、有机态和无定形氧化态铁含量，且以 60cm 以上土层效果显著。

（4）长期施肥条件下 3 种土壤铁形态分级的比较：从表 9，表 10 和表 11 可以看出，潮土是残留态铁含量最高，晶形氧化态铁含量次之，而旱地红壤和红壤性水稻土则是晶形氧化态铁含量最高，残留态次之。3 种土壤均是无定形氧化态铁含量第 3，无定形氧化锰结合态铁含量第 4。但在潮土中无定形氧化铁含量远低于残留态铁或晶形氧化态铁，而在旱地红壤和红壤性水稻土中无定形氧化态铁含量与残留态铁含量比较接近。3 种土壤均是碳酸盐结合态铁含量最低。有机态铁和交换态铁在不同土壤之间相差较大。潮土的有机态铁和交换态铁含量差不多，旱地红壤的有机态铁含量显著高于交换态铁，而红壤性水稻土的有机态铁含量则显著低于交换态铁。

从不同土壤来看，潮土的残留态铁含量比旱地红壤和红壤性水稻土高很多，晶形氧化铁含量则比两者低很多。旱地红壤和红壤性水稻土的残留态铁或晶形氧化态铁含量比较接近。无定形氧化态、有机态、无定形氧化锰结合态或碳酸盐结合态铁在 3 种土壤中的含量大小均为旱地红壤＞红壤性水稻土＞潮土，而交换态铁在 3 种土壤中的含量大小则为红壤性水稻土＞旱地红壤＞潮土。

长期施用化肥有机肥或有机无机肥配施可以提高 3 种土壤耕层的交换态和有机态铁含量，降低残留态铁含量。长期施肥降低潮土和旱地红壤耕层无定形氧化锰结合态铁含量，提高红壤性水稻土耕层无定形氧化锰结合态铁含量。有机无机肥配施还可以提高土壤耕层的残留态铁含量。长期施肥对土壤其他形态铁的影响，在不同土壤和不同施肥处理中不完全相同。

2. 对土壤锰形态分级的影响

（1）潮土：长期施肥对潮土锰形态分级的影响见表 12，从表中数据可以看出，潮土无定形氧化态锰含量最高，约占土壤全锰的30%～60%。残留态锰含量次之，碳酸盐结合态锰含量也较高，有机态、无定形氧化铁结合态和晶形氧化铁结合态锰含量相差不大。交换态锰含量最低，仅占全锰2.94%～5.12%。从各形态锰在土体中的垂直分布情况来看，交换态、碳酸盐结合态、晶形氧化铁结合态锰在土壤各层次间的分布比较均匀。无定形氧化锰是耕层和底层含量较低，中间3层含量较高。有机态锰是上面3层含量较高，下面2层含量较低。无定形氧化铁结合态锰是40～60cm土层含量略高一些，其他几层含量相差不大。残留态锰则是耕层和底层含量较高，中间3层含量较低。

表12　长期施肥对潮土锰形态分级的影响

(mg/kg)

形　态	层　次(cm)	施　肥　处　理			
		CK	NPK	OM	NPK+OM
交换态	0～20	3.36	3.92	5.12	4.87
	20～40	2.94	3.01	3.01	3.08
	40～60	3.05	3.47	3.29	3.15
	60～80	3.22	3.29	3.43	3.40
	80～100	3.08	2.91	3.29	3.50
碳酸盐结合态	0～20	52.03	56.38	59.14	62.63
	20～40	56.88	58.81	62.38	50.79
	40～60	65.04	70.32	71.65	70.56
	60～80	68.48	66.03	63.94	73.01
	80～100	53.94	69.68	61.95	70.56
无定形氧化态	0～20	142.7	184.4	134.7	155.8
	20～40	285.9	323.7	271.8	322.2
	40～60	389.7	428.1	341.1	427.2
	60～80	253.9	341.3	241.8	254.6
	80～100	141.6	190.9	184.8	208.0
有机态	0～20	30.04	31.70	34.32	34.51
	20～40	33.64	41.17	41.72	42.64
	40～60	53.78	77.94	81.54	88.80
	60～80	16.45	18.42	13.49	19.99
	80～100	12.79	14.24	11.02	16.94
无定形氧化铁结合态	0～20	26.55	32.40	26.21	29.67
	20～40	38.03	39.52	41.72	43.71
	40～60	45.35	50.19	45.71	44.84
	60～80	31.77	41.35	27.04	35.50
	80～100	21.95	26.64	22.07	28.65
晶形氧化铁结合态	0～20	41.72	43.20	40.62	41.35
	20～40	39.62	39.37	43.88	41.48
	40～60	49.62	42.04	40.88	42.71
	60～80	41.54	40.20	36.84	43.13
	80～100	35.93	35.40	33.19	37.83

（续）

形　态	层　次 （cm）	施　肥　处　理			
		CK	NPK	OM	NPK+OM
残留态	0～20	152.3	156.0	132.9	170.4
	20～40	44.0	59.9	58.5	78.1
	40～60	45.7	66.5	42.8	31.7
	60～80	65.4	58.4	66.3	72.4
	80～100	144.8	138.8	166.1	112.3

长期施用化肥，对潮土耕层晶形氧化铁结合态锰含量影响不大，但可以提高其他形态锰含量。长期施用有机肥，可以提高潮土耕层交换态、碳酸盐结合态和有机态锰含量，降低无定形氧化态和残留态锰含量，对无定形氧化铁结合态和晶形氧化铁结合态锰含量影响不大。有机无机肥配施对潮土耕层晶形氧化铁结合态锰含量影响不大，但可以提高其他形态锰含量。长期施肥不但影响潮土耕层各形态锰的含量，也影响土壤下层各形态锰的含量。一般说来，施肥对潮土下层各形态锰的影响与耕层相似。

（2）旱地红壤：长期施肥对旱地红壤锰形态分级的影响见表13，从表中数据可以看出，旱地红壤无定形氧化锰含量最高，约占土壤全锰的40%～50%，有机态锰含量次之，残留态锰含量也较高。无定形氧化铁结合态和晶形氧化铁结合态锰含量比较接近，碳酸盐结合态锰含量最低。从各形态锰在土体中的垂直分布情况来看，交换态、无定形氧化铁结合态和晶形氧化铁结合态锰含量在土壤各层次之间的分布比较均匀。碳酸盐结合态锰是耕层含量最高，无定形氧化态和有机态锰均是下层含量比上层高，残留态锰则是底层含量最低，且比上层低3倍左右。

长期施用化肥，可以提高旱地红壤耕层无定形氧化态、有机态和晶形氧化铁结合态锰含量，降低交换态、碳酸盐结合态和残留态锰含量，对无定形氧化铁结合态锰含量影响不大。长期施用有机肥，对旱地红壤耕层无定形氧化态和有机态锰含量影响不大，但降低其他形态锰含量。有机无机肥配施降低旱地红壤耕层交换态、无定形氧化铁结合态和残留态锰含量，提高碳酸盐结合态、无定形氧化态、有机态和晶形氧化铁结合态锰含量。长期施肥也影响旱地红壤下层各形态锰的含量，施肥对旱地红壤下层各形态锰的影响与耕层相似。

表13　长期施肥对旱地红壤锰形态分级的影响

（mg/kg）

形　态	层　次 （cm）	施　肥　处　理			
		CK	NPK	OM	NPK+OM
交换态	0～20	28.95	16.58	12.04	19.05
	20～40	30.56	21.07	13.50	19.11
	40～60	26.97	21.94	22.57	13.08
	60～80	28.97	23.51	21.37	20.22
	80～100	27.58	32.59	20.17	25.85

（续）

形　态	层　次（cm）	施　肥　处　理			
		CK	NPK	OM	NPK+OM
碳酸盐结合态	0～20	14.34	13.55	13.60	15.30
	20～40	10.91	9.03	8.23	8.48
	40～60	8.38	8.80	10.09	7.83
	60～80	6.54	6.29	7.38	6.68
	80～100	7.13	6.88	7.13	5.84
无定形氧化态	0～20	311.6	343.2	322.4	338.3
	20～40	319.9	323.2	331.1	338.1
	40～60	316.1	313.4	329.6	380.0
	60～80	392.8	409.4	329.0	289.5
	80～100	417.5	421.6	361.3	376.4
有机态	0～20	159.1	166.2	162.0	167.3
	20～40	139.2	132.2	151.5	154.8
	40～60	166.4	152.9	130.8	131.3
	60～80	179.3	181.7	135.9	145.8
	80～100	195.8	204.9	178.3	209.7
无定形氧化铁结合态	0～20	38.28	38.88	34.96	36.22
	20～40	40.35	40.11	38.04	39.50
	40～60	52.92	44.29	34.96	34.96
	60～80	66.54	57.76	48.28	50.43
	80～100	56.96	54.64	44.82	64.18
晶形氧化铁结合态	0～20	41.25	46.29	38.61	44.18
	20～40	45.00	46.83	45.25	43.35
	40～60	52.15	36.94	36.17	37.12
	60～80	50.66	48.90	35.40	45.37
	80～100	53.16	50.19	46.44	57.84
残留态	0～20	98.1	88.1	92.4	90.7
	20～40	85.1	76.8	70.2	69.7
	40～60	94.4	89.6	84.9	71.7
	60～80	91.3	88.7	82.6	65.0
	80～100	28.1	22.6	27.1	27.4

（3）红壤性水稻土：长期施肥对红壤性水稻土锰形态分级的影响见表14，从表中数据可以看出，红壤性水稻土无定形氧化锰含量最高，约占土壤全锰的60%～80%。残留态锰含量次之，有机态锰的含量仅次于残留态锰，有机无机肥配施处理的有机态锰含量甚至超过残留态锰。晶形氧化铁结合态锰含量比有机态锰低近1倍。40～60cm土层的无定形氧化铁结合态锰含量高于碳酸盐结合态锰，而土壤耕层的碳酸盐结合态锰含量又高于无定形氧化铁

结合态锰。其他 3 层的无定形氧化铁结合态锰和碳酸盐结合态锰含量相差不大。从各形态锰在土体中的垂直分布情况来看，交换态和碳酸盐结合态锰均是耕层含量最高，下面几层含量相差不大。无定形氧化态和无定形氧化铁结合态锰均是耕层含量最低，40～60cm 土层含量最高。有机态和残留态锰也是 40～60cm 土层含量最高，而晶形氧化铁结合态锰则是各层次含量差不多。

长期施用化肥，可以提高红壤性水稻土耕层无定形氧化态、有机态和无定形氧化铁结合态锰含量，降低交换态、晶形氧化铁结合态和残留态锰含量，对碳酸盐结合态锰含量影响不大。有机无机肥配施可以提高红壤性水稻土耕层碳酸盐结合态、无定形氧化态、有机态、无定形氧化铁结合态和晶形氧化铁结合态锰含量，降低交换态和残留态锰含量。长期施肥也影响红壤性水稻土下层各形态锰的含量，施肥对红壤性水稻土下层各形态锰的影响与耕层相似，但这种影响一般以 60cm 以上土层效果显著。

表 14　长期施肥对红壤性水稻土锰形态分级的影响

(mg/kg)

形　态	层　次 (cm)	施　肥　处　理			
		CK	NPK	OM	NPK+OM
交换态	0～20	30.35	24.34		27.15
	20～40	3.69	3.50		4.58
	40～60	4.18	5.50		3.26
	60～80	6.54	5.99		6.19
	80～100	6.29	7.23		6.54
碳酸盐结合态	0～20	22.81	22.29		27.46
	20～40	9.64	10.04		18.27
	40～60	11.99	17.07		14.08
	60～80	11.99	10.96		12.35
	80～100	11.12	12.77		12.20
无定形氧化态	0～20	418.2	446.7		468.4
	20～40	742.8	793.3		808.5
	40～60	796.1	886.0		891.3
	60～80	635.6	600.5		676.8
	80～100	571.3	636.8		679.3
有机态	0～20	45.63	63.90		70.65
	20～40	89.63	79.65		94.90
	40～60	93.80	96.15		97.05
	60～80	69.83	68.93		71.93
	80～100	53.40	59.25		63.90
无定形氧化铁结合态	0～20	8.88	12.14		16.22
	20～40	17.62	14.29		20.09
	40～60	27.96	23.33		30.93
	60～80	17.29	15.21		21.49
	80～100	14.08	12.01		15.55

（续）

形　态	层　次 （cm）	施　肥　处　理			
		CK	NPK	OM	NPK+OM
晶形氧化铁结合态	0～20	45.11	38.48		48.25
	20～40	44.29	36.44		49.11
	40～60	44.89	43.54		43.84
	60～80	47.76	53.72		54.92
	80～100	47.67	53.27		55.26
残留态	0～20	79.0	64.4		43.9
	20～40	46.3	36.6		38.6
	40～60	107.1	97.6		45.5
	60～80	67.8	55.1		40.4
	80～100	102.7	83.5		64.2

（4）长期施肥条件下 3 种土壤锰形态分级的比较：从表 12、表 13 和 14 可以看出，3 种土壤均是无定形氧化态锰含量最高，潮土和红壤性水稻土是残留态锰含量次之，而旱地红壤则是有机态锰含量次之。潮土和红壤性水稻土的晶形氧化铁结合态、无定形氧化铁结合态和碳酸盐结合态锰含量也较高，而旱地红壤则是晶形氧化铁结合态、无定形氧化铁结合态和交换态锰含量较高。潮土和红壤性水稻土是交换态锰含量最低，而旱地红壤则是碳酸盐结合态锰含量最低。

从不同土壤来看，红壤性水稻土无定形氧化态锰含量比旱地红壤高很多，而旱地红壤无定形氧化态锰含量又比潮土高很多。3 种土壤的晶形氧化铁结合态锰含量差不多，而无定形氧化铁结合态锰含量是潮土和旱地红壤比红壤性水稻土略高一些。旱地红壤的有机态和交换态锰含量显著高于潮土和红壤性水稻土，而潮土的碳酸盐结合态锰含量显著高于旱地红壤和红壤性水稻土。

长期施用化肥、有机肥或有机无机肥配施可以提高潮土耕层交换态、碳酸盐结合态和有机态锰含量。长期施用化肥或有机无机肥配施可以提高旱地红壤耕层无定形氧化态、有机态和晶形氧化铁结合态锰含量，降低交换态和残留态锰含量。单施有机肥对旱地红壤无定形氧化态锰和有机态锰的影响不大，但降低其他形态的锰含量。长期施用化肥或有机无机肥配施可以提高红壤性水稻土耕层无定形氧化态、有机态和无定形氧化铁结合态锰含量，降低交换态和残留态锰含量。

3. 对土壤铜形态分级的影响

（1）潮土：长期施肥对潮土铜形态分级的影响见表 15，从表中数据可以看出，潮土晶形氧化铁结合态铜和残留态铜含量较高，且两者含量接近。无定形氧化铁结合态铜含量居第 3 位，其次是交换态铜，碳酸盐结合态铜含量最低。从各形态铜在土体中的垂直分布情况来看，交换态和无定形氧化锰结合态铜在土壤各层次间的分布比较均匀。碳酸盐结合态铜是耕层含量略低一些，下面几层含量差不多。有机态和无定形氧化铁结合态铜均是底层含量较低，上面几层含量差不多。晶形氧化铁结合态和残留态铜则是中间 3 层含量较高，耕层和底层含量较低。

长期施用化肥，对潮土耕层有机态和无定形氧化铁结合态铜含量影响不大。但可以提高其他各形态铜含量。长期施用有机肥，对潮土耕层有机态铜含量影响不大，但可提高其他各形态铜含量。有机无机肥配施则降低碳酸盐结合态铜含量，提高交换态、无定形氧化锰结合态和残留态铜含量，对有机态、无定形氧化铁结合态和晶形氧化铁结合态铜含量影响不大。

长期施肥不但影响潮土耕层各形态铜的含量，也影响土壤下层各形态铜的含量。长期施用化肥或有机肥虽可提高潮土耕层交换态、碳酸盐结合态和晶形氧化铁结合态铜含量，但对土壤下层交换态和晶形氧化铁结合态铜含量影响不大，并降低 20～40cm 和 40～60cm 土层的碳酸盐结合态铜含量。长期施肥虽然对潮土耕层有机态铜含量影响不大，但可显著降低 20～40cm 土层有机态铜含量，提高 40～60cm 和 60～80cm 土层有机态铜含量。长期施肥对潮土下层无定形氧化锰结合态和残留态铜的影响与耕层相似。

表 15　长期施肥对潮土铜形态分级的影响

(mg/kg)

形　态	层　次 (cm)	施　肥　处　理			
		CK	NPK	OM	NPK+OM
交换态	0～20	1.79	1.89	1.94	2.16
	20～40	1.79	1.84	1.74	2.00
	40～60	1.79	1.79	1.68	1.95
	60～80	1.74	1.74	1.68	1.79
	80～100	1.79	1.79	1.58	2.00
碳酸盐结合态	0～20	0.55	0.60	0.65	0.50
	20～40	1.10	0.80	0.85	0.80
	40～60	0.90	0.85	0.85	0.75
	60～80	0.85	0.85	0.75	0.75
	80～100	0.75	0.80	0.75	0.70
无定形氧化锰结合态	0～20	0.22	0.36	0.36	0.43
	20～40	0.29	0.36	0.43	0.43
	40～60	0.29	0.43	0.43	0.43
	60～80	0.29	0.43	0.43	0.43
	80～100	0.29	0.43	0.43	0.43
有机态	0～20	1.15	1.20	1.10	1.15
	20～40	1.75	1.30	1.30	1.25
	40～60	1.35	1.60	1.65	1.70
	60～80	1.10	1.20	1.20	1.30
	80～100	0.85	0.80	0.78	0.80
无定形氧化铁结合态	0～20	3.21	3.36	3.46	3.06
	20～40	4.19	4.32	4.72	4.62
	40～60	5.13	4.83	5.18	4.57
	60～80	3.46	4.32	3.01	3.51
	80～100	2.35	2.66	2.45	2.86

（续）

形　态	层　次（cm）	施　肥　处　理			
		CK	NPK	OM	NPK+OM
晶形氧化铁结合态	0～20	6.25	7.16	6.84	6.50
	20～40	10.38	9.31	10.80	9.92
	40～60	13.07	12.14	13.79	11.47
	60～80	8.13	8.95	8.60	8.64
	80～100	5.79	5.38	5.23	5.99
残留态	0～20	4.43	5.61	6.75	5.20
	20～40	7.50	10.07	12.16	8.98
	40～60	10.47	16.36	15.42	10.13
	60～80	10.43	11.51	10.73	8.58
	80～100	5.18	6.14	7.78	10.22

（2）旱地红壤：长期施肥对旱地红壤铜形态分级的影响见表16，从表中数据可以看出，旱地红壤残留态铜含量最高，约占土壤全铜的50%～60%，晶形氧化铁结合态铜含量次之，但只有残留态铜含量的一半左右。无定形氧化铁结合态、有机态和交换态铜含量差不多。无定形氧化锰结合态铜含量极低，只占土壤全铜的0.2%～0.4%。从各形态铜在土体中的垂直分布情况来看，交换态、碳酸盐结合态、无定形氧化锰结合态、晶形氧化铁结合态和残留态铜在土壤各层次的分布比较均匀。有机态和无定形氧化铁结合态铜则是耕层含量最高，20～40cm和40～60cm土层含量次之，下面2层含量较低。

长期施用化肥可以提高旱地红壤耕层有机态和残留态铜含量，降低碳酸盐结合态、无定形氧化锰结合态、无定形氧化铁结合态和晶形氧化铁结合态铜含量，对交换态铜含量影响不大。长期施用有机肥可以提高旱地红壤耕层有机态、晶形氧化铁结合态和残留态铜含量，降低碳酸盐结合态、无定形氧化锰结合态和无定形氧化铁结合态铜含量，对交换态铜含量影响不大。有机无机肥配施可以提高旱地红壤耕层有机态、晶形氧化铁结合态和残留态铜含量，降低碳酸盐结合态、无定形氧化锰结合态和无定形氧化铁结合态铜含量，对交换态铜含量影响不大。长期施肥不但影响旱地红壤耕层各形态铜的含量，也影响土壤下层各形态铜的含量。施肥对旱地红壤下层各形态铜的影响与耕层相似。

表16　长期施肥对旱地红壤铜形态分级的影响

（mg/kg）

形　态	层　次（cm）	施　肥　处　理			
		CK	NPK	OM	NPK+OM
交换态	0～20	1.99	1.92	1.91	2.06
	20～40	1.99	1.92	1.88	1.99
	40～60	1.92	1.85	1.85	1.99
	60～80	1.99	1.78	1.85	1.99
	80～100	1.99	1.78	2.06	1.92

（续）

形态	层次（cm）	施肥处理			
		CK	NPK	OM	NPK+OM
碳酸盐结合态	0～20	0.86	0.79	0.57	0.50
	20～40	0.86	0.72	0.50	0.50
	40～60	0.86	0.64	0.79	0.43
	60～80	0.64	0.57	0.43	0.50
	80～100	0.79	0.50	0.43	0.29
无定形氧化锰结合态	0～20	0.10	0.07	0.08	0.08
	20～40	0.07	0.08	0.07	0.07
	40～60	0.09	0.08	0.08	0.07
	60～80	0.07	0.07	0.06	0.06
	80～100	0.07	0.07	0.07	0.06
有机态	0～20	2.55	2.72	2.86	2.90
	20～40	1.64	1.78	1.82	1.72
	40～60	1.21	1.24	1.35	1.57
	60～80	0.86	0.64	0.57	0.72
	80～100	0.86	0.72	0.57	0.72
无定形氧化铁结合态	0～20	2.34	2.13	1.78	2.20
	20～40	1.85	1.28	1.14	0.86
	40～60	1.43	1.28	1.64	0.93
	60～80	0.79	0.86	0.79	0.72
	80～100	0.64	0.64	0.79	0.43
晶形氧化铁结合态	0～20	6.04	5.03	7.50	7.24
	20～40	5.09	4.96	7.45	6.64
	40～60	5.77	5.84	7.17	6.64
	60～80	5.77	4.75	6.77	5.97
	80～100	5.77	4.75	7.57	5.30
残留态	0～20	12.5	15.5	15.2	15.6
	20～40	13.7	14.0	14.9	17.6
	40～60	11.9	16.6	16.5	14.8
	60～80	14.1	16.5	16.9	16.4
	80～100	15.1	16.7	14.9	16.5

（3）红壤性水稻土：长期施肥对红壤性水稻土铜形态分级的影响见表 17，从表中数据可以看出，红壤性水稻土残留态铜和晶形氧化铁结合态铜含量较高，无定形氧化铁结合态、有机态和交换态铜含量次之，无定形氧化锰结合态铜含量最低。从各形态铜在土体中的垂直分布情况来看，残留态铜是耕层含量最低，其他形态铜均是耕层含量最高，下面几层的含量相差不大。

长期施用化肥，可以提高红壤性水稻土耕层残留态铜含量，对交换态、碳酸盐结合态、无定形氧化锰结合态、有机态、无定形氧化铁结合态和晶形氧化铁结合态铜含量影响不大。有机无机肥配施可以提高红壤性水稻土耕层碳酸盐结合态、无定形氧化锰结合态、晶形氧化铁结合态和残留态铜含量，对交换态、有机态和无定形氧化铁结合态铜含量影响不大。长期施肥不但影响红壤性水稻土耕层各形态铜的含量，也影响土壤下层各形态铜的含量。施肥对红壤性水稻土下层各形态铜的影响与耕层相似。

表 17　长期施肥对红壤性水稻土铜形态分级的影响

(mg/kg)

形　态	层　次 (cm)	施　肥　处　理			
		CK	NPK	OM	NPK+OM
交换态	0～20	4.061	3.933		4.098
	20～40	1.772	1.741		1.728
	40～60	2.372	2.278		2.269
	60～80	2.679	2.394		2.522
	80～100	2.216	2.541		2.301
碳酸盐结合态	0～20	1.287	1.301		1.396
	20～40	0.834	0.887		0.924
	40～60	0.919	0.92		0.957
	60～80	1.011	1.036		1.102
	80～100	0.954	0.935		0.966
无定形氧化锰结合态	0～20	0.233	0.229		0.275
	20～40	0.137	0.121		0.157
	40～60	0.155	0.146		0.178
	60～80	0.159	0.151		0.169
	80～100	0.146	0.139		0.166
有机态	0～20	3.434	3.296		3.482
	20～40	2.496	2.315		2.696
	40～60	2.747	2.568		2.941
	60～80	2.292	2.243		2.404
	80～100	2.141	2.146		2.248
无定形氧化铁结合态	0～20	2.188	2.159		2.203
	20～40	1.945	1.876		2.011
	40～60	2.026	1.957		2.088
	60～80	2.112	2.034		2.155
	80～100	1.869	1.833		2.031
晶形氧化铁结合态	0～20	7.114	6.922		7.632
	20～40	6.506	6.234		7.019
	40～60	6.911	6.772		7.013
	60～80	6.852	6.633		6.901
	80～100	6.747	6.511		6.602

（续）

形　态	层　次（cm）	施　肥　处　理			
		CK	NPK	OM	NPK+OM
残留态	0～20	1.683	3.568		1.914
	20～40	8.310	10.026		9.465
	40～60	8.870	9.359		8.554
	60～80	5.895	6.509		4.747
	80～100	5.927	5.895		5.686

（4）长期施肥条件下3种土壤铜形态分级的比较：从表15、表16和表17可以看出，3种土壤均是残留态和晶形氧化铁结合态铜含量最高，但在潮土和红壤性水稻土中两者含量相差不大，而在旱地红壤中残留态铜含量比晶形氧化铁结合态铜高1倍多。3种土壤的无定形氧化铁结合态、有机态和交换态铜含量也较高，但在旱地红壤和红壤性水稻土中三者的含量比较接近，而在潮土中无定形氧化铁结合态铜含量远高于有机态和交换态铜。3种土壤均是无定形氧化锰结合态铜含量最低。

从不同土壤来看，潮土和旱地红壤残留态铜含量比红壤性水稻土高近1倍。潮土晶形氧化铁结合态铜除中间3层含量明显高于旱地红壤和红壤性水稻土外，耕层和底层含量与旱地红壤和红壤性水稻土接近。潮土无定形氧化铁结合态铜含量明显高于旱地红壤和红壤性水稻土，而红壤性水稻土有机态、交换态和碳酸盐结合态铜含量又略高于潮土和旱地红壤。无定形氧化锰结合态铜在3种土壤中的含量大小为潮土＞红壤性水稻土＞旱地红壤。

长期施用化肥、有机肥或有机无机肥配施均能提高3种土壤耕层的残留态铜含量。施肥对潮土和红壤性水稻土耕层有机态铜的影响不太显著，但可提高旱地红壤耕层有机态铜含量。施肥还可提高潮土耕层交换态铜含量，对旱地红壤和红壤性水稻土耕层交换态铜含量影响不大。长期施肥还可提高潮土耕层无定形氧化锰结合态铜含量，降低旱地红壤耕层无定形氧化锰结合态铜和无定形氧化铁结合态铜含量。施肥对土壤中其他形态铜的影响，在不同土壤和不同施肥处理中不完全相同。

4. 对土壤锌形态分级的影响

（1）潮土：长期施肥对潮土锌形态分级的影响见表18，从表中数据可以看出，潮土残留态锌含量极高，约占土壤全锌的70%～80%。晶形氧化铁结合态锌含量次之，无定形氧化铁结合态和交换态锌含量差不多，无定形氧化锰结合态锌含量最低。从各形态锌在土体中的垂直分布情况来看，交换态、碳酸盐结合态、无定形氧化锰结合态、有机态、无定形氧化铁结合态和晶形氧化铁结合态锌在土壤各层次的分布比较均匀。残留态锌则是40～60cm土层含量略高一些，其他几层含量差不多。

长期施用化肥，可以提高潮土耕层碳酸盐结合态、有机态和残留态锌含量，降低无定形氧化锰结合态和无定形氧化铁结合态锌含量，对交换态和晶形氧化铁结合态锌含量影响不大。长期施用有机肥，可以提高潮土耕层交换态、碳酸盐结合态和有机态锌含量，降低无定形氧化锰结合态和晶形氧化铁结合态锌含量，对无定形氧化铁结合态和残留态锌含量影响不大。有机无机肥配施，可以提高潮土耕层交换态、碳酸盐结合态、有机态和残留态锌含量，对无定形氧化锰结合态、无定形氧化铁结合态和晶形氧化铁结合态锌含量影响不大。

长期施肥也影响潮土下层各形态锌的含量，一般说来，施肥对潮土下层各形态锌的影响与耕层相似，但也有特殊情况。有机无机肥配施虽可提高潮土耕层交换态和碳酸盐结合态锌含量，但降低下层土壤两者的含量。施有机肥或有机无机肥配施虽可提高潮土耕层碳酸盐结合态锌含量，但降低 20～40cm 土层的碳酸盐结合态锌含量。施化肥虽然对潮土耕层晶形氧化铁结合态锌含量影响不大，但显著降低土壤下层的晶形氧化铁结合态锌含量。

表 18　长期施肥对潮土锌形态分级的影响

(mg/kg)

形　态	层　次 (cm)	施　肥　处　理			
		CK	NPK	OM	NPK+OM
交换态	0～20	2.00	2.00	2.14	2.35
	20～40	2.10	2.39	2.55	2.10
	40～60	2.41	2.06	2.02	2.21
	60～80	2.19	2.06	2.06	2.15
	80～100	2.04	2.12	2.04	2.12
碳酸盐结合态	0～20	1.17	1.81	1.35	1.33
	20～40	1.33	1.50	1.13	1.16
	40～60	1.28	1.13	1.43	1.02
	60～80	1.09	1.02	1.09	1.33
	80～100	1.35	1.20	1.59	1.98
无定形氧化锰结合态	0～20	0.48	0.31	0.36	0.47
	20～40	0.65	0.53	0.43	0.74
	40～60	0.26	0.30	0.39	0.32
	60～80	0.28	0.30	0.21	0.28
	80～100	0.22	0.28	0.24	0.24
有机态	0～20	0.39	0.40	0.84	0.79
	20～40	0.21	0.56	0.80	0.65
	40～60	0.94	1.24	1.41	0.82
	60～80	1.05	1.33	1.50	1.30
	80～100	0.53	0.49	0.75	0.78
无定形氧化铁结合态	0～20	2.53	2.29	2.49	2.45
	20～40	2.33	2.15	1.52	1.86
	40～60	2.39	2.63	2.21	2.15
	60～80	1.79	2.00	1.84	2.14
	80～100	1.55	1.48	1.14	2.15
晶形氧化铁结合态	0～20	8.27	7.92	6.92	8.16
	20～40	9.52	7.51	8.02	7.19
	40～60	9.84	7.29	7.82	6.66
	60～80	9.02	7.21	6.84	7.85
	80～100	7.73	6.94	6.14	6.09
残留态	0～20	51.4	62.8	51.3	56.3
	20～40	59.3	64.4	73.4	70.5
	40～60	81.3	78.0	80.7	93.8
	60～80	57.0	71.1	60.5	71.2
	80～100	53.2	57.5	57.1	64.6

（2）旱地红壤：长期施肥对旱地红壤锌形态分级的影响见表 19，从表中数据可以看出，旱地红壤残留态锌含量极高，约占土壤全锌的 70%左右。晶形氧化铁结合态锌含量次之，但其含量只有残留态锌的 1/10 左右。交换态锌含量居第 3 位，碳酸盐结合态、有机态和无定形氧化铁结合态锌含量略低于交换态，且三者含量相差不大。无定形氧化锰结合态锌含量最低。从各形态锌在土体中的垂直分布情况来看，交换态、晶形氧化铁结合态和残留态锌在土壤各层次的分布比较均匀，碳酸盐结合态锌是上面两层含量较高，下面 3 层含量相差不大，其他各形态锌均是耕层含量最高，下面几层含量差不多。

长期施用化肥，可以提高旱地红壤耕层交换态、碳酸盐结合态、无定形氧化锰结合态、无定形氧化铁结合态和残留态锌含量，降低晶形氧化铁结合态锌含量，对有机态锌含量影响不大。长期施用有机肥，可以提高旱地红壤耕层碳酸盐结合态、无定形氧化锰结合态和有机态锌含量，降低交换态和无定形氧化铁结合态锌含量，对晶形氧化铁结合态和残留态锌含量影响不大。有机无机肥配施对旱地红壤耕层晶形氧化铁结合态和残留态锌含量影响不大，但可以提高其他形态锌含量。

长期施肥也影响旱地红壤下层各形态锌含量。施肥虽然可以提高旱地红壤耕层交换态、碳酸盐结合态、无定形氧化锰结合态、有机态和无定形氧化铁结合态锌含量，但降低土壤下层的交换态、碳酸盐结合态、无定形氧化锰结合态、有机态和无定形氧化铁结合态锌含量。

表 19　长期施肥对旱地红壤锌形态分级的影响

(mg/kg)

形　态	层　次 (cm)	施　肥　处　理			
		CK	NPK	OM	NPK+OM
交换态	0～20	4.75	5.37	4.17	5.55
	20～40	5.92	4.71	3.96	4.49
	40～60	4.14	4.42	4.14	4.32
	60～80	3.85	4.42	3.78	4.71
	80～100	4.10	4.46	6.56	5.04
碳酸盐结合态	0～20	2.43	3.19	3.05	4.35
	20～40	3.71	2.30	2.03	3.96
	40～60	1.96	2.13	1.39	2.20
	60～80	1.39	1.79	1.37	2.16
	80～100	1.93	1.83	1.74	1.79
无定形氧化锰结合态	0～20	1.83	2.40	2.57	3.09
	20～40	1.66	1.07	1.10	1.00
	40～60	1.03	0.93	1.16	1.00
	60～80	1.12	1.07	1.20	0.71
	80～100	1.10	0.87	1.06	0.71
有机态	0～20	4.24	4.11	4.64	5.55
	20～40	3.47	2.20	2.64	1.73
	40～60	1.93	2.13	2.60	1.93
	60～80	1.69	1.63	1.79	1.63
	80～100	2.37	2.09	2.06	1.46

（续）

形　态	层　次 （cm）	施　肥　处　理			
		CK	NPK	OM	NPK+OM
无定形氧化铁结合态	0～20	3.37	3.87	2.87	3.83
	20～40	3.00	2.42	1.73	1.73
	40～60	2.30	1.89	2.38	1.89
	60～80	1.93	1.89	1.57	1.81
	80～100	1.61	1.16	1.32	1.08
晶形氧化铁结合态	0～20	7.16	5.95	6.85	6.76
	20～40	7.10	6.76	6.82	5.38
	40～60	6.19	4.76	5.72	5.78
	60～80	6.64	4.90	5.63	5.75
	80～100	6.55	5.98	6.40	5.55
残留态	0～20	61.8	67.7	60.3	58.3
	20～40	54.1	64.7	56.7	67.7
	40～60	59.1	72.5	55.8	60.7
	60～80	68.4	65.7	62.3	59.6
	80～100	68.5	68.2	63.7	62.6

（3）红壤性水稻土：长期施肥对红壤性水稻土锌形态分级的影响见表20，从表中数据可以看出，红壤性水稻土也是残留态锌含量最高，约占土壤全锌的70%左右。晶形氧化铁结合态锌含量次之，但只有残留态锌的1/5左右。交换态锌含量居第3位，有机态和无定形氧化铁结合态锌含量差不多，无定形氧化锰结合态锌含量最低，但比碳酸盐结合态、有机态或无定形氧化铁结合态锌含量低得不多。从各形态锌在土体中的垂直分布情况来看，红壤性水稻土各形态锌在土壤各层次的分布比较均匀。

长期施用化肥，可以提高红壤性水稻土耕层交换态和碳酸盐结合态锌含量，降低无定形氧化锰结合态、有机态和无定形氧化铁结合态锌含量，对晶形氧化铁结合态和残留态锌含量影响不大。有机无机肥配施可以提高红壤性水稻土耕层碳酸盐结合态、有机态和晶形氧化铁结合态锌含量，降低无定形氧化锰结合态和无定形氧化铁结合态锌含量，对交换态和残留态锌含量影响不大。长期施肥也影响红壤性水稻土下层各形态锌的含量，施肥对红壤性水稻土下层各形态锌的影响与耕层相似。

表20　长期施肥对红壤性水稻土锌形态分级的影响

（mg/kg）

形　态	层　次 （cm）	施　肥　处　理			
		CK	NPK	OM	NPK+OM
交换态	0～20	3.63	3.93		3.72
	20～40	3.33	3.45		3.27
	40～60	3.51	3.60		3.24
	60～80	3.75	3.57		3.10
	80～100	3.75	3.60		2.84

（续）

形　态	层 次（cm）	施　肥　处　理			
		CK	NPK	OM	NPK+OM
碳酸盐结合态	0～20	0.95	1.22		1.19
	20～40	1.13	1.25		1.46
	40～60	1.54	1.68		1.77
	60～80	1.87	1.16		1.22
	80～100	1.57	1.46		1.16
无定形氧化锰结合态	0～20	0.55	0.47		0.46
	20～40	0.76	0.68		0.65
	40～60	1.54	1.29		1.18
	60～80	1.38	0.76		0.95
	80～100	0.95	1.00		1.19
有机态	0～20	2.04	1.68		2.35
	20～40	1.74	1.41		2.13
	40～60	2.32	2.07		2.07
	60～80	2.52	2.13		2.13
	80～100	2.32	2.41		2.21
无定形氧化铁结合态	0～20	2.46	1.77		1.89
	20～40	2.15	1.38		1.47
	40～60	1.68	1.38		1.63
	60～80	1.19	1.09		1.21
	80～100	1.00	0.94		0.96
晶形氧化铁结合态	0～20	9.52	9.37		11.03
	20～40	9.89	10.65		10.23
	40～60	8.94	9.23		11.27
	60～80	9.74	8.26		10.65
	80～100	7.26	7.87		9.78
残留态	0～20	46.3	45.8		44.9
	20～40	54.6	50.8		49.8
	40～60	55.5	51.2		55.2
	60～80	47.8	56.8		51.8
	80～100	60.6	58.5		60.9

（4）长期施肥条件下3种土壤锌形态分级的比较：从表18、表19和表20可以看出，3种土壤均是残留态锌含量最高。约占土壤全锌的70%左右。晶形氧化铁结合态锌含量次之。旱地红壤和红壤性水稻土交换态锌含量明显高于有机态和无定形氧化铁结合态锌，而潮土交换态锌含量与无定形氧化铁结合态锌差不多，但明显高于有机态锌。3种土壤均是无定形氧化锰结合态锌含量最低。

从不同土壤来看，3种土壤的残留态、晶形氧化铁结合态和无定形氧化铁结合态锌含量相差不大。但旱地红壤交换态和有机态锌含量明显高于红壤性水稻土和潮土，红壤性水稻土两者的含量又明显高于潮土。旱地红壤碳酸盐结合态和无定形氧化锰结合态锌含量略高于潮土和红壤性水稻土。

长期施用化肥、有机肥或有机无机肥配施均可以提高 3 种土壤耕层碳酸盐结合态锌含量，施肥也可以提高潮土耕层有机态锌和旱地红壤耕层无定形氧化锰结合态锌含量，对红壤性水稻土耕层残留态锌含量影响不大。有机无机肥配施可以提高潮土和旱地红壤耕层交换态锌及旱地红壤和红壤性水稻土耕层有机态锌含量。

（四）长期施肥条件下土壤有效态铁、锰、铜、锌与全量及各形态铁、锰、铜、锌的相关分析

1. 铁　土壤有效铁与全铁及各形态铁的相关分析表明（表 21），潮土有效铁与全铁、无定形氧化铁、晶形氧化铁和残留态铁的相关性较高，相关系数达极显著水平。旱地红壤有效铁与有机态铁呈极显著正相关，而与无定形氧化锰结合态铁呈极显著负相关。红壤性水稻土有效铁与碳酸盐结合态铁、有机态铁和无定形氧化态铁呈显著或极显著正相关。

表 21　长期施肥条件下土壤有效铁与全铁及各形态铁的相关系数

项　目	土　壤　名　称		
	潮　土	旱地红壤	红壤性水稻土
全　铁	0.746 9**	−0.219 5	−0.055 8
交换态铁	0.239 2	0.299 9	0.466 1
碳酸盐结合态铁	−0.040 6	−0.416 5	0.650 3**
无定形氧化锰结合态铁	0.192 9	−0.713 6**	0.344 7
有机态铁	0.128 1	0.882 7**	0.681 3**
无定形氧化态铁	0.665 0**	0.027 0	0.575 8*
晶形氧化态铁	0.640 8**	−0.265 8	−0.131 3
残留态铁	0.727 2**	0.010 5	−0.129 4

2. 锰　土壤有效锰与全锰及各形态锰的相关分析表明（表 22），潮土有效锰与全锰及各形态锰的相关性较高，相关系数达显著或极显著水平，但有效锰与残留态锰呈显著负相关。旱地红壤有效锰与交换态或碳酸盐结合态锰呈显著正相关。红壤性水稻土有效锰与土壤全锰及各形态锰的相关性不高。

表 22　长期施肥条件下土壤有效锰与全锰及各形态锰的相关系数

项　目	土　壤　名　称		
	潮　土	旱地红壤	红壤性水稻土
全　锰	0.711 9**	0.148 1	0.110 7
交换态锰	0.304 2	0.510 7*	0.056 9
碳酸盐结合态锰	0.442 9*	0.547 3*	0.157 4
无定形氧化态锰	0.594 0**	−0.087 2	0.076 7
有机态锰	0.778 7**	0.025 6	0.041 0
无定形氧化铁结合态锰	0.695 9**	−0.068 8	0.287 7
晶形氧化铁结合态锰	0.499 4*	0.071 9	0.039 6
残留态锰	−0.449 1*	0.283 7	0.085 0

3. 铜 土壤有效铜与全铜及各形态铜的相关分析表明（表 23），潮土有效铜与全铜及各形态铜的相关性较高，除交换态铜和无定形氧化锰结合态铜的相关系数没有达到显著水平外，其余各形态铜的相关系数均达显著或极显著水平。旱地红壤有效铜与全铜及各形态铜的相关性也较高，除交换态、碳酸盐结合态、晶形氧化铁结合态和残留态铜的相关系数没有达到显著水平外，其余各形态铜的相关系数均达显著或极显著水平。红壤性水稻土有效铜与各形态铜的相关性极高，相关系数均达显著或极显著水平，但与全铜的相关性不高，而与残留态铜呈显著负相关。

表 23 长期施肥条件下土壤有效铜与全铜及各形态铜的相关系数

项 目	土 壤 名 称		
	潮 土	旱地红壤	红壤性水稻土
全 铜	0.941 5**	0.598 7**	−0.448 0
交换态铜	−0.122 0	0.247 7	1.000 0**
碳酸盐结合态铜	0.488 8*	0.198 6	0.952 3**
无定形氧化锰结合态铜	0.348 3	0.483 6*	0.915 1**
有机态铜	0.730 0**	0.918 3**	0.766 5**
无定形氧化铁结合态铜	0.872 7**	0.827 5**	0.719 8**
晶形氧化铁结合态铜	0.915 9**	0.290 8	0.673 3**
残留态铜	0.838 7**	−0.160 5	−0.887 2**

4. 锌 土壤有效锌与全锌及各形态锌的相关分析表明（表 24），潮土有效锌与无定形氧化锰结合态锌呈显著正相关，而与全锌、有机态锌和残留态锌呈显著或极显著负相关。旱地红壤有效锌与全锌、碳酸盐结合态锌、无定形氧化锰结合态锌、有机态锌和无定形氧化铁结合态锌呈显著或极显著正相关。红壤性水稻土有效锌除与交换态锌和晶形氧化铁结合态锌的相关性不高外，与其他各形态锌的相关系数均达显著或极显著水平，但与无定形氧化铁结合态锌呈极显著负相关。

表 24 长期施肥条件下土壤有效锌与全锌及各形态锌的相关系数

项 目	土 壤 名 称		
	潮 土	旱地红壤	红壤性水稻土
全 锌	−0.503 8*	0.450 7*	0.610 0*
交换态锌	0.344 0	0.203 5	−0.273 5
碳酸盐结合态锌	0.235 4	0.656 9**	0.572 8*
无定形氧化锰结合态锌	0.449 7*	0.943 0**	0.702 1**
有机态锌	−0.636 6**	0.923 3**	0.745 7**
无定形氧化铁结合态锌	0.246 8	0.851 3**	−0.725 0**
晶形氧化铁结合态锌	0.317 4	0.377 2	−0.248 0
残留态锌	−0.546 9*	−0.209 1	0.555 1*

（五）讨论

土壤中铁的含量比较丰富，约占土壤的 0.7%～4.2%（以纯 Fe 计）。长期施肥不但影响土壤中的有效铁含量，也影响全铁含量。长期施用化肥、有机肥或有机无机肥配施均可以提高潮土耕层全铁含量，对旱地红壤和红壤性水稻土耕层全铁含量影响不大。长期施用化肥对3种土壤耕层的有效铁含量影响不大，单施有机肥或有机无机肥配施可以提高3种土壤耕层的有效铁含量，但以有机无机肥配施效果较好，且潮土的效果好于旱地红壤和红壤性水稻土。前人的研究也表明，单施化肥、有机肥或两者配施均可提高土壤有效铁含量（Schwab等，1990；Благовещенская，1980；Lal等，1989；姚源喜等，1996；郭鹏程等，1995）。施肥提高土壤全铁的原因，可能有以下几个方面。一是化肥，尤其是磷肥和有机肥中含有一定量的铁，常年大量的施入，必然导致土壤中铁含量的增加；二是施肥使植物生长繁茂，植物根系大量吸收土壤中其他矿物质，使铁含量相对提高；三是根系的代谢活动影响土壤矿物质的稳定性，加速土壤中其他矿物质的淋溶损失，使铁相对累积。施肥提高土壤有效铁的原因，是因为施用化肥，尤其是氮肥，导致土壤酸化，使土壤中有效铁含量增加，而有机肥，尤其是厩肥中含有较多的铁（Prasad等，1982），且多为有机结合态，对土壤有效铁的贡献比较大。施肥不但影响土壤耕层的全铁和有效铁含量，也影响土壤下层的全铁和有效铁含量，但以60cm以上土层效果显著，且以潮土的效果明显。

长期施肥也影响土壤中铁的形态分级。根据Shuman等（1985）和蒋廷惠等（1989）的分级方法，可将土壤中的铁分为交换态、碳酸盐结合态、无定形氧化锰结合态、有机态、无定形氧化态、晶形氧化态和残留态七级。长期施肥对土壤铁形态分级的影响，在不同土壤和不同施肥处理中不完全相同。一般说来，长期施用化肥有机肥或有机无机肥配施可以提高3种土壤耕层的交换态和有机态铁含量，降低残留态铁含量。长期施用有机肥或有机无机肥配施可以提高土壤耕层的交换态和有机态铁含量，也就是说，长期施肥可以促进难溶性的铁向交换态或有机态铁转化。长期施肥降低潮土和旱地红壤耕层无定形氧化锰结合态铁含量，提高红壤性水稻土耕层无定形氧化锰结合态铁含量。有机无机肥配施还可以提高土壤耕层的残留态铁含量。这是因为有机无机肥配施可以显著提高土壤全铁含量的缘故。蒋廷惠等（1989）的研究表明，土壤中的铁以交换态、氧化锰结合态和有机态为其有效或较有效的形态。因此，本研究中长期施肥提高土壤有效铁的原因，主要是施肥可以提高土壤中有机态铁的含量。相关分析也表明，旱地红壤和红壤性水稻土有效铁与有机态铁呈显著正相关。长期施肥也影响土壤下层的铁形态分级，但以60cm以上土层效果显著，且以潮土的效果明显。

锰也是土壤中含量较高的微量元素，约占土壤的0.01%～0.50%（以纯Mn计）。长期施肥对土壤全锰和有效锰的影响，在不同土壤和不同施肥处理中不完全相同。一般说来，长期施用化肥、有机肥或有机无机肥配施均能提高潮土耕层全锰和有效锰含量，对旱地红壤和红壤性水稻土耕层全锰含量影响不大。长期施肥降低旱地红壤耕层有效锰含量，对红壤性水稻土耕层有效锰含量影响不大。前人的研究结果也表明，长期施用氮肥或氮磷钾肥，使石灰性土壤有效锰含量增加（Darusman等，1991；Благовещенская，1980；姚源喜等，1995），但在酸性土壤上施化肥则使有效锰含量显著下降。在酸性土壤上氮磷钾化肥和石灰一起施用可显著提高有较锰含量（Lal等，1989）。单施有机肥或有机肥与化肥配施，土壤有效锰含量下降（刘杏兰等，1996；汪寅虎等，1996；韩晓日等，1993）。单施有机肥对土壤有效锰的影响最大，但在不同土壤上的效果不同。在潮土上施有机肥可以提高土壤的有效锰含量，而在旱地红壤上施有机肥则降低土壤的有效锰含量。金星耀等（1984）的研究也表明，单施有机肥处理，青紫泥土的有效锰下降幅度最大。杨玉爱等（1990）用盆栽的方式探讨了猪粪对小粉土锰的有效性的影响，结果表明，单施猪粪降低土壤中的有效锰含量，猪粪与化肥配合施用可以提高土壤中的有效锰含量，但降低大麦和晚稻植株中的锰含量。而 Shuman（1988）的研究表明，土壤中加入有机质将增加代换态锰和增加植物对锰的吸收。说明有机肥对土壤锰的有效性的影响比较复杂。

施有机肥提高潮土有效锰含量的原因，是因为有机肥中含有大量的锰，而且这部分锰的有效性很高。施有机肥还可以提高土壤的还原势，使更多的锰变成还原性锰，从而增加土壤中的有效锰含量。施有机肥降低旱地红壤有效锰含量的原因，是因为施有机肥使土壤 pH 升高，土壤中交换态锰减少，而交换态锰是土壤有效锰的主要部分。施有机肥还使土壤还原势增强，加大了还原性锰的淋溶，从而使旱地红壤有效锰含量减少。施肥对红壤性水稻土有效锰影响不大的原因，可能与红壤性水稻土还原势较强，还原性锰淋溶较弱有关。施肥不但影响土壤耕层的全锰和有效锰含量，也影响土壤下层的全锰和有效锰含量，但以 60cm 以上土层效果显著，且以潮土的效果明显。

长期施肥也影响土壤中锰的形态分级。土壤中的锰也可分为 7 种形态（Shuman 等，1985；蒋廷惠等，1989）。施肥对土壤中锰形态分级的影响，在不同土壤和不同施肥处理中不完全相同。一般说来，长期施用化肥、有机肥或有机无机肥配施可以提高潮土耕层交换态、碳酸盐结合态和有机态锰含量。长期施用化肥或有机无机肥配施可以提高旱地红壤耕层无定形氧化态、有机态和晶形氧化铁结合态锰含量，降低交换态和残留态锰含量。单施有机肥对旱地红壤无定形氧化态锰和有机态锰的影响不大，但降低其他形态的锰含量。长期施用化肥或有机无机肥配施可以提高红壤性水稻土耕层无定形氧化态、有机态和无定形氧化铁结合态锰含量，降低交换态和残留态锰含量。土壤中锰的有效形态主要是交换态、无定形氧化态和有机态（蒋廷惠等，1989），而且无定形氧化态和有机态锰的含量远高于交换态锰。从土壤有效锰含量的数值大小来看，土壤中的有效锰与交换态锰含量接近。因此，施肥对土壤有效锰含量的影响主要与施肥对土壤交换态锰含量的影响有关。长期施肥也影响土壤下层的锰形态分级，但以 60cm 以上土层效果显著，且以潮土的效果明显。

土壤中铜的含量较低，一般为 2～100mg/kg，平均约为 20mg/kg。长期施用化肥、有机肥或有机无机肥配施均可以提高潮土、旱地红壤和红壤性水稻土耕层全铜含量。施肥对土壤有效铜含量的影响，在不同土壤和不同施肥处理中不完全相同。长期施用化肥、有机肥或有机无机肥配施均能提高旱地红壤耕层有效铜含量，单施有机肥或有机无机肥配施也可以提高潮土耕层的有效铜含量，施肥对红壤性水稻土耕层的有效铜含量影响不大。刘杏兰等（1996）、Darusman 等（1991）和 Благовещенская（1980）的研究表明，单施氮、磷化肥土壤全铜及有效铜明显增加。但也有报道指出，单施化肥对土壤有效铜的影响不大，或降低土壤有效铜的含量（韩晓日等，1993；Schwab 等，1990；Муравска，1993）。单施有机肥降低土壤中的有效铜含量，这是因为有机肥中含铜量较低，并且土壤有机质固铜能力较强，致使土壤有效铜减少（刘杏兰等，1996；金星耀等，1984）。但汪寅虎等（1996）报道，单施有机肥土壤有效铜含量略有增加。若施用富铜的猪粪肥，可使土壤有效铜含量显著增加（Zhu 等，1991）。有机肥与无机化肥配施，土壤有效铜含量显著增加（姚源喜等，1995；韩晓日等，1993）。说明施肥对土壤有效铜的影响比较复杂，土壤中有效铜含量的变化取决于肥料成分和用量，以及土壤本身的特性和土地利用方式等。施肥不但影响土壤耕层的全铜和有效铜含量，也影响土壤下层的全铜和有效铜含量，但以 60cm 以上土层效果显著，且以潮土的效果明显。

施肥也影响土壤中铜的形态分级。长期施肥对土壤铜形态分级的影响，在不同土壤和不同施肥处理中不完全相同。长期施用化肥、有机肥或有机无机肥配施均能提高 3 种土壤耕层的残留态铜含量，这与施肥提高土壤全铜含量有关。说明施肥带入土壤中的铜主要转化成残留态铜的形式存在。施肥对潮土和红壤性水稻土耕层有机态铜的影响不太显著，但可提高旱地红壤耕层有机态铜含量。施肥还可提高潮土耕层交换态铜含量，对旱地红壤和红壤性水稻土耕层交换态铜含量影响不大。这是施肥影响土壤有效铜的主要原因。相关分析也表明，土壤有效铜与交换态铜或有机态铜呈显著正相关。韩晓日等（1992）在棕壤上的研究表明，单施化肥、有机肥或两者配施，均使土壤交换态铜和松结有机态铜含量明显减少，其他形态铜没有明显变化。施用有机肥可明显增加铁锰氧化物结合态铜含量。本研究也表明，施有机肥可以提高潮土铁锰氧化物结合态铜含量，但不能提高旱地红壤和红壤性水稻土铁锰氧化物结合态铜含量。说明施用有机肥对不同土壤铜形态的转化影响不同，施有机肥可能使中性或石灰性土壤中的铜向铁锰氧化物结合态的转化加强。长期施肥也影响土壤下层的铜形态分级，但以 60cm 以上土层效果显著，且以潮土的效果明显。

土壤中锌的含量也比较低，一般范围为 10～300mg/kg，平均约为 50mg/kg。长期施用化肥可以提高潮土和旱地红壤耕层全锌含量及旱地红壤耕层有效锌含量，但降低潮土耕层有效锌含量，对红壤性水稻土耕层全锌及有效锌含量影响不大。单施有机肥对潮土和旱地红壤耕层全锌含量影响不大，但可提高有效锌含量。有机无机肥配施可以提高潮土耕层全锌及 3 种土壤耕层有效锌含量，对旱地红壤和红壤性水稻土耕层全锌含量影响不大。说明施肥对土壤全锌和有效锌的影响不完全一致，施有机肥或有机无机肥配施均能提高 3 种土壤耕层的有效锌含量，而单施化肥对土壤有效锌的影响比较复杂。前人的研究结果也表明，单施化肥，土壤有效锌含量明显降低，这可能是作物每季从土壤中带走大量的有效锌，而土壤缓效锌转化速度较慢的缘故（刘杏兰等，1996；汪寅虎等，1996；金星耀等，1984；韩晓日等，1993；Lal 等，1989）。但也有学者报道，长期施用氮肥或氮磷钾肥可提高土壤有效锌含量（Муравска，1993）。有机肥单施或与无机肥配施均显著提高土壤有效锌含量（Благовещенская，1980；Минеев 等，1988），但单施不如配施效果好（姚源喜等，1995；韩晓日等，1993；金星耀等，1984）。施有机肥提高土壤有效锌的原因，是因为有机肥中含有较多的锌，而且大多为有机结合态锌，有机质分解后便可释放出锌。施有机肥还可提高土壤的 pH 和有机质含量，而土壤有效锌与土壤 pH 和有机质含量密切相关。土壤有机质对锌的吸附和络合，可减少锌的化学固定。此外，施有机肥料还可增加土壤松结有机态锌含量，松结有机态锌是土壤有效锌的主要部分（韩晓日等，1993）。

施肥不但影响土壤耕层的全锌和有效锌含量，也影响土壤下层的全锌和有效锌含量。一般说来，长期施肥对土壤下层全锌和有效锌的影响与耕层相似，但也有特殊情况。长期施用化肥或有机肥虽然不降低旱地红壤和红壤性水稻土耕层的有效锌含量，但降低旱地红壤 20～40cm 和 40～60cm 土层及红壤性水稻土 20～40cmm 土层的有效锌含量。单施有机肥略提高潮土和旱地红壤耕层的有效锌含量，但降低下层土壤的有效锌含量。有机无机肥配施虽可提高潮土和旱地红壤耕层的有效锌含量，但降低潮土和旱地红壤下层的有效锌含量。施肥对土壤下层全锌及有效锌的影响，以 60cm 以上土层效果显著，且以潮土的效果明显。

土壤中锌的有效性与其形态和转化密切相关，过去的一些研究已经注意到土壤中锌的形态及其有效性（蒋廷惠等，1989；韩风祥等，1990；Lyenger 等，1981），但大多数的研究仅限于自然土壤和短期试验，对长期施肥条件下，尤其是有机肥与无机肥配施对土壤中锌的形态及其有效性的影响研究较少。本研究表明，长期施用化肥可以提高潮土耕层碳酸盐结合态和有机态锌含量，降低无定形氧化锰结合态锌含量，对交换态锌含量影响不大。因交换态、无定形氧化锰结合态和有机态锌是土壤有效锌的主要形态（蒋廷惠等，1989），而无定形氧化锰结合态锌的下降幅度比有机态锌的增加幅度大，故长期施用化肥降低潮土耕层的有效锌含量。长期施用化肥可以提高旱地红壤耕层交换态和无定形氧化锰结合态锌含量，对有机态锌含量影响不大，故长期施用化肥可以提高旱地红壤耕层的有效锌含量。长期施用化肥虽可提高红壤性水稻土耕层的交换态锌含量，但降低无定形氧化锰结合态和有机态锌含量，两者增减幅度相差不大，故长期施用化肥对红壤性水稻土耕层的有效锌含量影响不大。长期施用有机肥可以提高潮土耕层交换态和有机态锌及旱地红壤耕层无定形氧化锰结合态和有机态锌含量，故长期施用有机肥可以提高潮土和旱地红壤耕层的有效锌含量。有机无机肥配施可以提高潮土耕层交换态和有机态锌及旱地红壤耕层交换态、无定形氧化锰结合态和有机态锌含量，故有机无机肥配施也可以提高潮土和旱地红壤耕层的有效锌含量。有机无机肥配施虽然对红壤性水稻土耕层交换态锌含量影响不大，并略降低无定形氧化锰结合态锌含量，但可显著提高有机态锌含量，故有机无机肥配施也能提高红壤性水稻土耕层的有效锌含量。韩晓日等（1992）的研究表明，棕壤有效锌与松结有机态锌呈极显著正相关，而与交换态锌的相关性不大。本研究表明，潮土有效锌与无定形氧化锰结合态锌呈显著正相关，而旱地红壤和红壤性水稻土有效锌则与无定形氧化锰结合态和有机态锌呈显著正相关。说明对不同土壤有效锌贡献最大的锌形态不同。

崔德杰等（1994）将土壤中的锌分为交换态、碳酸盐和专性吸附态、铁锰氧化物结合态、有机结合态和残留态 5 种形态，探讨了长期施肥和覆膜栽培对各形态锌的影响。试验表明，多年施用氮肥，使土壤交换态锌含量增加，施有机肥则增加了碳酸盐和专性吸附态、铁锰氧化物结合态、有机结合态、残留态和全锌量。有机无机肥长期配合施用，土壤各形态锌变化不大，作物吸锌量与施肥所提供的锌量基本持平。而韩晓日等（1992）则将土壤中的锌分为 7 种形态，并探讨了长期施肥对它们的影响。结果表明，施用氮磷钾化肥，土壤松结有机态锌减少，全锌亦减少。单施氮肥，土壤晶形氧化铁结合态锌逐年增加，而有机无机肥配施的晶形氧化铁结合态锌却略有减少。单施有机肥土壤交换态锌和松结有机态锌增加，其余各形态锌在各施肥处理中均没有明显变化。本研究也表明，不同土壤、不同施肥处理对土壤中各形态锌的影响不完全相同。说明长期施肥对土壤锌形态分级的影响，在不同土壤和不同施肥处理中不完全相同。

长期施肥不但影响土壤耕层各形态锌的含量，也影响土壤下层各形态锌的含量。一般说来，长期施肥对土壤下层各形态锌的影响与耕层相似，但也有特殊情况。有机无机肥配施虽可提高潮土耕层交换态和碳酸盐结合态锌含量，但降低下层土壤两者的含量。施化肥虽然对潮土耕层晶形氧化铁结合态锌含量影响不大，但显著降低土壤下层的晶形氧化铁结合态锌含量。施肥虽然可以提高旱地红壤耕层交换态、碳酸盐结合态、无定形氧化锰结合态、有机态和无定形氧化铁结合态锌含量，但降低土壤下层的交换态、碳酸盐结合态、无定形氧化锰结合态、有机态和无定形氧化铁结合态锌含量。

总之，长期施肥对土壤微量营养元素的影响比较复杂。经常使用矿质肥料，土壤中微量元素的变化决定于肥料成分和用量，以及土壤本身特性和土地利用方式等。其中土壤 pH 和有机质对微量元素的存在形态及其有效性影响较大。土壤中微量元素的有效性与其总含量有一定的关系，但与微量元素的存在形态关系更加密切。交换态、无定形氧化锰结合态和有机态微量元素是有效态微量元素的主要形态，但对不同土壤有效态微量元素贡献最大的微量元素形态不完全相同。

（六）结论

1. 长期施用化肥、有机肥或有机无机肥配施均能提高潮土耕层全铁和 3 种土壤耕层的全铜含量，且以有机无机肥配施效果较好。长期施肥对旱地红壤和红壤性水稻土耕层全铁含量影响不大。施肥对土壤全锰和全锌的影响，在不同土壤和不同施肥处理中不完全相同。施有机肥对潮土和旱地红壤耕层全锰和全锌含量的影响不大。单施化肥可以提高潮土耕层全锰和全锌含量，对旱地红壤耕层全锰和红壤性水稻土耕层全锰和全锌含量影响不大，但可提高旱地红壤耕层全锌含量。有机无机肥配施对旱地红壤耕层全锰和全锌及红壤性水稻土耕层全锌含量影响不大，但可提高潮土耕层全锰和全锌及红壤性水稻土耕层全锰含量。长期施肥不但影响土壤耕层的微量元素，也影响土壤下层的微量元素含量，但以 60cm 以上土层效果显著，且以潮土的效果明显。

2. 长期施用化肥、有机肥或有机无机肥配施均能提高 3 种土壤耕层有效铁和潮土耕层有效锰含量，降低旱地红壤耕层有效锰含量，对红壤性水稻土耕层有效锰含量影响不大。长期施肥对土壤有效铜和锌的影响，在不同土壤和不同施肥处理中不完全相同。长期施用化肥可以提高潮土耕层有效铜和旱地红壤耕层有效铜和有效锌含量，降低潮土耕层有效锌含量，对红壤性水稻土耕层有效铜和有效锌含量影响不大。单施有机肥可以提高潮土和旱地红壤耕层有效铜和有效锌含量。有机无机肥配施可以提高潮土和旱地红壤耕层有效铜及 3 种土壤耕层有效锌含量，对红壤性水稻土耕层有效铜含量影响不大。长期施肥也影响土壤下层的有效态微量元素，但以 60cm 以上土层效果显著，且以潮土的效果明显。

3. 长期施肥对土壤中微量元素形态分级的影响，因土因肥因元素种类而异。就是同一土壤、同一施肥处理、同一元素不同形态之间的变化规律也不相同。一般说来，凡是能提高土壤中微量元素总含量的施肥处理，也能提高无定形氧化铁结合态、晶形氧化铁结合态或残留态微量元素含量。凡是能提高土壤中有效态微量元素含量的施肥处理，一般也能提高交换态、无定形氧化锰结合态或有机态微量元素含量。施肥也影响土壤下层的各形态微量元素含量。一般说来，施肥对土壤下层各形态微量元素含量的影响与耕层相似，但也有特殊情况。施肥对土壤下层各形态微量元素含量的影响也以 60cm 以上土层效果显著，且以潮土的效果明显。

4. 土壤中微量元素的有效性与其总含量有一定的关系，但与微量元素的存在形态关系更加密切。有效态微量元素与各形态微量元素的相关分析表明，不同土壤不同元素的有效形态不同。潮土有效锰的主要形态是无定形氧化态和有机态锰，有效铜的主要形态是有机态铜，而有效锌的主要形态是无定形氧化锰结合态锌。旱地红壤有效铁的主要形态是有机态铁，有效锰的主要形态是交换态，而有效铜和锌的主要形态是无定形氧化锰结合态和有机态铜和锌。红壤性水稻土有效铁的主要形态是有机态铁，有效铜的主要形态是交换态、无定形氧化锰结合态和有机态铜，而有效锌的主要形态是无定形氧化锰结合态和有机态锌。

长期施肥条件下土壤有机质与中、微量元素之间相关性研究

一、土壤有机质与中量营养元素之间的相关分析

（一）土壤有机质与有效钙及各形态钙的相关分析

长期施肥条件下土壤有机质与有效钙及各形态钙的相关分析表明（表 1），潮土有机质与有效钙及各形态钙的相关性不高，旱地红壤和红壤性水稻土有机质与有效钙及各形态钙的相关性较高，但旱地红壤有机质与有效钙及各形态钙一般呈正相关，而红壤性水稻土有机质与有效钙及各形态钙一般呈负相关。从土壤有机质与有效钙、水溶态钙和交换态钙的相关性来看，有机质对旱地红壤和红壤性水稻土钙的有效性影响很大，而对潮土钙的有效性影响不大。土壤腐殖质与有效钙及各形态钙的相关性与有机质相似（表 2）。

表 1　长期施肥条件下土壤有机质与有效钙及各形态钙的相关系数

土壤名称	自由度	有效钙	水溶态钙	交换态钙	酸溶态钙	非酸溶态钙
潮　土	19	−0.018 1	0.015 4	−0.018 2	0.275 9	0.233 4
旱地红壤	19	0.934 4**	0.552 2**	0.918 5**	0.668 8**	−0.210 7
红壤性水稻土	14	−0.823 4**	−0.605 1*	−0.803 2**	0.163 6	−0.112 8

表 2　长期施肥条件下土壤腐殖质与有效钙及各形态钙的相关系数

土壤名称	自由度	有效钙	水溶态钙	交换态钙	酸溶态钙	非酸溶态钙
潮　土	19	−0.083 5	−0.034 9	−0.083 7	0.141 5	0.241 3
旱地红壤	19	0.861 5**	0.463 9*	0.847 3**	0.933 8**	−0.291 0
红壤性水稻土	14	−0.809 9**	−0.553 6*	−0.796 1**	0.155 2	−0.102 3

（二）土壤有机质与有效镁及各形态镁的相关分析

土壤有机质与有效镁及各形态镁的相关性不同于钙（表 3），潮土和旱地红壤有机质与有效镁及各形态镁的相关性较高，而红壤性水稻土有机质与有效镁及各形态镁的相关性不高。3 种土壤的有机质与非酸溶态镁的相关性不高，且多呈负相关。从土壤有机质与

作者：史吉平、张夫道、林　葆。

有效镁和交换态镁的相关性来看，有机质对潮土和旱地红壤镁的有效性影响很大，而对红壤性水稻土镁的有效性影响不大。土壤腐殖质与有效镁及各形态镁的相关性与有机质相似（表4）。

表3　长期施肥条件下土壤有机质与有效镁及各形态镁的相关系数

土壤名称	自由度	有效镁	水溶态镁	交换态镁	酸溶态镁	非酸溶态镁
潮　土	19	0.640 3**	0.665 7**	0.536 3*	0.062 5	0.400 4
旱地红壤	19	0.773 6**	0.653 1**	0.758 3**	0.749 4**	−0.349 4
红壤性水稻土	14	−0.419 9	−0.366 7	−0.429 6	−0.560 6*	−0.424 4

表4　长期施肥条件下土壤腐殖质与有效镁及各形态镁的相关系数

土壤名称	自由度	有效镁	水溶态镁	交换态镁	酸溶态镁	非酸溶态镁
潮　土	19	0.630 1**	0.736 5**	0.600 4**	−0.029 5	0.295 5
旱地红壤	19	0.762 4**	0.584 6**	0.750 0**	0.728 9**	−0.461 8*
红壤性水稻土	14	−0.368 6	−0.341 2	−0.388 3	−0.555 6*	−0.397 7

二、土壤有机质与微量营养元素之间的相关分析

（一）土壤有机质与有效铁及各形态铁的相关分析

长期施肥条件下土壤有机质与有效铁及各形态铁的相关分析表明（表5），3种土壤有机质与有效铁、交换态铁、碳酸盐结合态铁、无定形氧化锰结合态铁和有机态铁的相关性均较高，相关系数达显著或极显著水平。其中有机质与有效铁、交换态铁或有机态铁呈正相关，而潮土和旱地红壤有机质与碳酸盐结合态铁或无定形氧化锰结合态铁呈负相关。土壤有机质与残留态铁的相关性不高。交换态铁或有机态铁都是对植物有效性较高的铁形态，说明有机质对土壤铁的有效性影响很大。这与韩晓日等（1993）在棕壤上所进行的试验结果相似。但Lal等（1989）和Prasad等（1982）在酸性土壤上的研究结果表明，土壤有机质与有效铁的相关性不高。说明土壤类型不同，土壤有机质与有效铁的相关性也不完全相同。土壤腐殖质与有效铁及各形态铁的相关性与有机质相似（表6）。

表5　长期施肥条件下土壤有机质与有效铁及各形态铁的相关系数

项　目	土　壤　名　称		
	潮　土	旱地红壤	红壤性水稻土
有效铁	0.550 1**	0.912 1**	0.616 3*
交换态铁	0.661 3**	0.287 8	0.818 3**
碳酸盐结合态铁	−0.635 1**	−0.542 5*	0.941 0**
无定形氧化锰结合态铁	−0.573 5**	−0.835 8**	−0.356 2
有机态铁	0.733 7**	0.910 3**	0.989 7**
无定形氧化态铁	0.146 4	−0.169 2	0.237 1
晶形氧化态铁	0.232 8	−0.158 7	−0.345 3
残留态铁	0.376 5	0.150 0	−0.374 3

表 6　长期施肥条件下土壤腐殖质与有效铁及各形态铁的相关系数

项　目	土　壤　名　称		
	潮　土	旱地红壤	红壤性水稻土
有效铁	0.455 1*	0.892 2**	0.666 3**
交换态铁	0.527 6*	0.431 1	0.817 9**
碳酸盐结合态铁	−0.740 6**	−0.439 8*	0.908 9**
无定形氧化锰结合态铁	−0.547 5**	−0.827 5**	−0.296 8
有机态铁	0.691 0**	0.912 2**	0.980 5**
无定形氧化态铁	0.097 2	−0.065 3	0.322 0
晶形氧化态铁	0.206 2	−0.229 7	−0.290 9
残留态铁	0.275 9	0.150 8	−0.318 9

（二）土壤有机质与有效锰及各形态锰的相关分析

土壤有机质与有效锰及各形态锰的相关分析表明（表 7），潮土有机质与有效锰、交换态锰、有机态锰和晶形氧化铁结合态锰呈显著或极显著正相关，而与其他形态锰的相关性不高。旱地红壤有机质与碳酸盐结合态锰和残留态锰呈极显著正相关，而与无定形氧化态锰、无定形氧化铁结合态锰和晶形氧化铁结合态锰呈显著或极显著负相关。红壤性水稻土有机质与交换态锰和碳酸盐结合态锰呈极显著正相关，而与无定形氧化锰呈极显著负相关。Lal 等（1989）和 Prasad 等（1982）在酸性土壤上的研究结果也表明，土壤有机质与有效锰呈显著正相关。本研究还表明，有机质对潮土锰的有效性的影响比旱地红壤和红壤性水稻土显著。潮土和红壤性水稻土腐殖质与有效锰及各形态锰的相关性与有机质相似（表 8），而旱地红壤腐殖质与有效锰及各形态锰的相关性不如有机质。

表 7　长期施肥条件下土壤有机质与有效锰及各形态锰的相关系数

项　目	土　壤　名　称		
	潮　土	旱地红壤	红壤性水稻土
有效锰	0.712 5**	0.412 3	0.051 2
交换态锰	0.612 7**	−0.383 8	0.976 1**
碳酸盐结合态锰	−0.076 1	0.975 7**	0.893 7**
无定形氧化态锰	0.206 8	−0.461 3*	−0.751 7**
有机态锰	0.618 7**	−0.313 9	−0.408 1
无定形氧化铁结合态锰	0.420 0	−0.732 5**	−0.427 3
晶形氧化铁结合态锰	0.535 6*	−0.448 0*	−0.274 4
残留态锰	−0.029 7	0.582 4**	−0.089 3

表 8　长期施肥条件下土壤腐殖质与有效锰及各形态锰的相关系数

项　目	土　壤　名　称		
	潮　土	旱地红壤	红壤性水稻土
有效锰	0.576 2**	0.322 1	0.103 7
交换态锰	0.513 8*	−0.469 5*	0.964 2**
碳酸盐结合态锰	−0.185 8	0.900 7**	0.890 1**

（续）

项　　目	土　壤　名　称		
	潮　土	旱地红壤	红壤性水稻土
无定形氧化态锰	0.189 7	−0.390 8	−0.708 1**
有机态锰	0.552 1**	−0.160 7	−0.365 4
无定形氧化铁结合态锰	0.440 2*	−0.649 6**	−0.348 8
晶形氧化铁结合态锰	0.578 9**	−0.281 1	−0.305 8
残留态锰	−0.045 6	0.407 5	−0.038 2

（三）土壤有机质与有效铜及各形态铜的相关分析

土壤有机质与有效铜及各形态铜的相关分析表明（表 9），红壤性水稻土有机质与有效铜及各形态铜的相关性极高，相关系数均达极显著水平，但红壤性水稻土有机质与残留态铜呈负相关。潮土有机质与交换态铜、有机态铜和无定形氧化铁结合态铜呈显著正相关，而旱地红壤有机质与有效铜、无定形氧化锰结合态铜、有机态铜和无定形氧化铁结合态铜呈显著或极显著正相关。3 种土壤的有机质与无定形氧化锰结合态铜和有机态铜的相关性较高，且均呈正相关。韩晓日等（1992）在棕壤上所进行的试验也表明，土壤有机质与无定形氧化锰结合态铜、有机态铜（包括松结有机态铜和紧结有机态铜）和晶形氧化铁结合态铜呈显著正相关，而与交换态铜呈显著负相关。Prasad 等（1982）在酸性土壤上的研究表明，土壤有机质与有效铜的相关性不大，而 Lal 等（1989）在酸性土壤上的研究结果正好与此相反。我们的研究结果表明，潮土有机质与有效铜的相关性不大，但旱地红壤和红壤性水稻土有机质与有效铜的相关性极高。说明土壤类型不同，土壤有机质与有效铜或交换态铜的相关性不完全相同。蒋廷惠等（1989）的研究表明，交换态、无定形氧化锰结合态和有机态铜是铜的有效或较有效形态。从土壤有机质与有效铜、交换态铜、无定形氧化锰结合态铜或有机态铜的相关性较高来看，说明土壤有机质对铜的有效性影响较大。土壤腐殖质与有效铜及各形态铜的相关性与有机质相似（表 10）。

表 9　长期施肥条件下土壤有机质与有效铜及各形态铜的相关系数

项　　目	土　壤　名　称		
	潮　土	旱地红壤	红壤性水稻土
有效铜	0.285 8	0.949 5**	0.929 4**
交换态铜	0.528 0*	0.229 8	0.929 9**
碳酸盐结合态铜	−0.407 9	0.287 2	0.926 7**
无定形氧化锰结合态铜	0.140 7	0.503 3*	0.932 0**
有机态铜	0.505 4*	0.946 6**	0.877 3**
无定形氧化铁结合态铜	0.461 8*	0.908 1**	0.682 0**
晶形氧化铁结合态铜	0.350 2	0.314 9	0.670 6**
残留态铜	0.104 7	−0.175 4	−0.775 9**

表 10　长期施肥条件下土壤腐殖质与有效铜及各形态铜的相关系数

项　目	土　壤　名　称		
	潮　土	旱地红壤	红壤性水稻土
有效铜	0.230 7	0.947 7**	0.929 2**
交换态铜	0.584 4**	0.367 6	0.929 6**
碳酸盐结合态铜	−0.280 1	0.101 3	0.911 0**
无定形氧化锰结合态铜	−0.009 1	0.381 2	0.929 2**
有机态铜	0.565 3**	0.899 2**	0.915 2**
无定形氧化铁结合态铜	0.460 3*	0.789 4**	0.684 3**
晶形氧化铁结合态铜	0.333 6	0.352 5	0.684 9**
残留态铜	−0.023 8	−0.116 7	−0.741 9**

（四）土壤有机质与有效锌及各形态锌的相关分析

土壤有机质与有效锌及各形态锌的相关分析表明（表 11），潮土有机质与有效锌及各形态锌的相关性不高，只有无定形氧化铁结合态锌与有机质的相关系数达到了显著水平。旱地红壤有机质除与交换态锌、晶形氧化铁结合态锌或残留态锌的相关系数没有达到显著水平外，与其他形态锌的相关系数均达极显著水平。红壤性水稻土有机质与无定形氧化铁结合态锌呈极显著正相关，而与有效态锌、无定形氧化锰结合态锌和残留态锌呈显著负相关，这与韩晓日等（1992）在棕壤上的研究结果正好相反。Lal 等（1989）和 Prasad 等（1982）在酸性土壤上的研究表明，土壤有效锌与有机质呈显著正相关，而韩晓日等（1993）在棕壤上的研究也表明，土壤有效锌与有机质含量密切相关。本研究表明，旱地红壤和红壤性水稻土有效锌与有机质的关系非常密切，但潮土有效锌与有机质的相关性不高。说明土壤类型不同，土壤有机质与有效锌或各形态锌的相关性也不完全相同。土壤腐殖质与有效锌及各形态锌的相关性与有机质相似（表 12）。

表 11　长期施肥条件下土壤有机质与有效锌及各形态锌的相关系数

项　目	土　壤　名　称		
	潮　土	旱地红壤	红壤性水稻土
有效锌	0.192 5	0.912 0**	−0.580 2*
交换态锌	0.204 2	0.225 7	0.485 3
碳酸盐结合态锌	−0.102 7	0.706 2**	−0.487 5
无定形氧化锰结合态锌	0.341 7	0.913 5**	−0.646 1*
有机态锌	0.115 4	0.923 9**	−0.117 2
无定形氧化铁结合态锌	0.710 7**	0.893 9**	0.653 5**
晶形氧化铁结合态锌	0.077 7	0.387 4	0.226 2
残留态锌	0.284 9	−0.303 1	−0.725 4**

表 12　长期施肥条件下土壤腐殖质与有效锌及各形态锌的相关系数

项　目	土　壤　名　称		
	潮　土	旱地红壤	红壤性水稻土
有效锌	0.284 2	0.893 2**	−0.560 4*
交换态锌	0.148 3	0.379 8	0.482 9

（续）

项　　目	土　壤　名　称		
	潮　土	旱地红壤	红壤性水稻土
碳酸盐结合态锌	−0.227 5	0.701 9**	−0.456 0
无定形氧化锰结合态锌	0.525 3*	0.891 0**	−0.599 9*
有机态锌	−0.048 5	0.874 3**	−0.117 0
无定形氧化铁结合态锌	0.702 2**	0.819 4**	0.683 8**
晶形氧化铁结合态锌	0.297 4	0.382 0	0.216 3
残留态锌	0.212 4	−0.230 9	−0.699 5**

三、小　　结

1. 长期施肥条件下，土壤有机质与有效态钙、镁及水溶态和交换态钙、镁的相关性很高，说明有机质对土壤钙、镁的有效性影响很大，但不同土壤效果不同。土壤有机质对旱地红壤钙和镁的有效性影响很大，对潮土镁和红壤性水稻土钙的有效性影响也很大，但对潮土钙和红壤性水稻土镁的有效性影响不大。腐殖质对土壤钙、镁有效性的影响与有机质相似。

2. 长期施肥条件下，土壤有机质与有效态铁、锰、铜、锌及各形态铁、锰、铜、锌的相关性因土而异。潮土有机质与土壤有效铁、锰及各形态铁、锰的相关性较高，旱地红壤有机质与有效锌及各形态锌的相关性较高，而红壤性水稻土有机质则与有效铜及各形态铜的相关性较高。从土壤有机质与有效态铁、锰、铜、锌及交换态和有机态铁、锰、铜、锌的相关性来看，有机质对3种土壤铁和铜的有效性影响较大，对潮土和红壤性水稻土锰的有效性及旱地红壤和红壤性水稻土锌的有效锌影响也较大，但对潮土锌和旱地红壤锰的有效性影响不大。腐殖质对土壤铁、锰、铜、锌有效性的影响与有机质相似。

长期施肥条件下设施蔬菜土壤养分变化研究

设施蔬菜地常处在半封闭状态下，具有气温高、湿度大、肥料投入量多等特点。因此，这种土地种植蔬菜几年以后，土壤肥力状况将发生显著变化。20世纪70年代，日本在设施蔬菜生产中就出现了因土壤障害而造成产量下降的问题，主要表现为土壤盐分含量过高、盐基饱和度降低，土壤酸化，土壤病原菌数量增加，土壤中有效营养元素比例失衡等。近几年，国内一些研究单位对设施蔬菜地土壤肥力状况进行了一些调查和研究工作，他们发现设施蔬菜地化肥和有机肥的施用量过大，土壤速效氮和速效磷含量成倍增加；随着棚龄的增长，耕层的盐分含量已达到或超过限制蔬菜生长发育的临界值，微生物组成也发生了明显变化，突出表现为放线菌数量降低，细菌和真菌数量增加，其中以硝化细菌和反硝化细菌的数

作者：史春余、张夫道（通讯作者）、张俊清、何绪生、张　骏，原载于2003年第9卷第4期《植物营养与肥料学报》。

量增加幅度最大。这些变化直接导致蔬菜病虫害加重、产量下降、品质变劣。为进一步了解设施蔬菜地土壤的肥力特征，选择设施蔬菜栽培具有代表性的寿光市和苍山县，开展不同利用年限的设施蔬菜地土壤肥力状况和硝态氮污染现状的调查研究，以便为采取相应的农业措施克服土壤障碍因素、提高蔬菜产量和改善蔬菜品质提供依据。

一、材料与方法

（一）样品采集

供试土壤分别采自寿光市孙家集镇（S1）、古城镇（S2）、苍山县项城镇（S3）日光温室土壤和苍山县光明乡（S4）塑料拱棚土壤以及与日光温室或塑料拱棚相邻的露地菜田土壤。S1 和 S3 的土壤类型为棕壤，质地为砂质壤土；S2 和 S4 的土壤类型为棕壤，质地为壤质黏土。日光温室和塑料拱棚中的蔬菜一般施有机肥 120～225t/（hm^2·年）、磷酸二氨 1～1.5t/（hm^2·年）、NPK 复合肥（15－15－15）3～5t/（hm^2·年），塑料拱棚的施肥量少于日光温室；露地中的蔬菜一般施有机肥 90～150t/（hm^2·年）、磷酸二氨 0.75t/（hm^2·年）、NPK 复合肥（15－15－15）1～2t/（hm^2·年）。日光温室和塑料拱棚中的种植方式，寿光为一年一季或两季蔬菜，苍山为一年一季蔬菜加一季玉米。栽苗前（9 月份、尚未施基肥）取样，每个土样均为同一棚内的 3 点混合土样，供硝态氮测定土壤的采样深度为 0～20、20～40、40～60、60～80、80～100cm；供其他项目测定土壤的采样深度为 0～20cm。供试地下水分别采自寿光市孙家集镇、古城镇和苍山县项城镇、光明乡设施蔬菜栽培区域内的井水和普通粮田内的井水，水井深度 20～30m。每种类型的水样均为 5 个井水的混合样。

（二）测定方法

土壤硝态 N 用氯化钾浸提，紫外分光光度法分析；地下水硝态 N 直接用紫外分光光度法分析。开氏法测土壤全 N，钼锑抗法测土壤全 P，火焰光度法测土壤全 K，扩散皿法测定土壤碱解 N。应用联合浸提剂和实验室系列化操作测定土壤其他速效养分、活性有机质、pH 和活性酸。

（三）土壤速效养分分级指标

参照《精准农业与土壤养分管理》一书中提出的标准进行。

二、结果与分析

（一）设施蔬菜地土壤养分变化

1. 不同棚龄土壤有机质和氮磷钾含量 与露地菜田土壤相比，设施蔬菜地土壤有机质和氮磷钾含量发生了明显的变化，其变化趋势与设施蔬菜地使用年限有关（表 1）。土壤有机质、全 N、碱解 N、全 P、有效 P 和有效 K 含量均高于各自邻近露地菜田土壤，栽培蔬菜年限越长，含量越高；10 年（或 6 年）棚龄土壤的活性有机质含量增加 0.1～0.49 个百分点，全氮含量增加为 0.021～0.051 个百分点，全 P 含量增加为 0.06～0.22 个百分点；碱解

N含量增加60.9～107.8mg/kg，有效K含量增加28.6～223.6mg/L，有效P含量增加63.1～253.2mg/L；利用5年（或3年）左右的设施蔬菜地土壤全K含量则高于邻近露地菜田0.015～0.325个百分点；而利用10年（或6年）左右则呈下降趋势。根据分级指标，有效P含量，除了S2露地菜田在临界值（12mg/L）以下和S4露地菜田为中等（12～24mg/L）、3年棚龄塑料拱棚为高（24～60mg/L）外，其他均达到极高水平（>60mg/L）。有效K含量，各取样点露地菜田都在临界值（80mg/L）左右，S4塑料拱棚为中等（80～120mg/L），日光温室均为极高水平（>160mg/L）。

表1　土壤有机质和氮磷钾含量

采样地点	棚龄[1)]	活性有机质（%）	全氮（%）	全磷（%）	全钾（%）	碱解氮（mg/kg）	有效磷（mg/L）	有效钾（mg/L）
S1	0	0.59	0.050	0.052	0.360	46.90	60.4	70.2
	5	0.71	0.062	0.140	0.375	86.80	188.0	249.8
	10	0.73	0.071	0.150	0.355	154.70	211.6	293.7
S2	0	0.44	0.062	0.062	0.485	59.50	5.0	84.0
	5	0.69	0.088	0.260	0.585	89.60	62.7	232.2
	10	0.93	0.129	0.282	0.455	137.90	68.1	298.7
S3	0	0.60	0.073	0.071	0.350	94.50	85.6	81.4
	5	0.73	0.088	0.237	0.445	154.00	284.7	209.1
	10	0.75	0.124	0.239	0.360	155.40	338.8	233.6
S4	0	1.32	0.369	0.046	0.495	46.20	17.1	79.8
	3	1.31	0.080	0.084	0.820	74.90	34.0	90.1
	6	1.42	0.092	0.106	0.705	117.60	103.5	108.4

1）0年为露地土壤，下同。

2. 不同棚龄土壤中、微量元素含量　表2看出，设施蔬菜地土壤有效S含量普遍高于相邻露地菜田土壤，其增幅为32.79%～1 431.11%；随着土地使用年限延长，土壤有效硫含量大幅增加，10年（或6年）棚龄是5年（或3年）棚龄的2～16倍；设施蔬菜地土壤有效Mg含量也比相邻露地菜田土壤高，其增幅为11.99%～64.20%，棚龄增大，增幅减小；但是，土壤中的有效Ca含量下降，比各自相邻露地菜田土壤低3.38%～32.28%。表2还看出，设施蔬菜地土壤有效Mn和有效B含量均高于各自邻近露地菜田土壤，种植蔬菜年限越长，含量越高，其中有效Mn含量增幅为8.3%～1765%，有效B含量增幅为2.3%～490.9%；有效锌含量增幅16.7%～157.1%，有效铜含量增幅2.8%～180.0%，但是部分采样点10年棚龄日光温室（或6年棚龄塑料拱棚）土壤的有效Zn和有效Cu含量低于5年（或3年）棚龄。设施蔬菜地土壤有效Fe含量明显低于相邻露地菜田，种植蔬菜时间越长降幅越大，其降幅为2.5%～96.9%。根据分级指标，土壤有效S含量，只有寿光市10年棚龄日光温室达极高水平（>40mg/L），其他大部分采样点低于临界值（12mg/L）。土壤有效Mg含量，大部分采样点都处在高水平（300～1 460mg/L）。露地菜田和设施蔬菜地有效钙含量都在高水平范围之内（1 200～4 800mg/L）。有效Mn含量，大部分露地菜田在临界值（5mg/L）以下；除了寿光古城镇以外，多数设施蔬菜地在临界值以上。有效B、Zn和Cu

含量，除了部分露地菜田低于临界值，其他多在临界值以上。有效 Fe 含量，10 年棚龄日光温室、6 年棚龄塑料拱棚以及寿光古城 5 年棚龄日光温室均低于临界值（10mg/L），其他为中（10～30mg/L）或高（30～300mg/L）。说明设施蔬菜地土壤普遍缺乏有效 Fe。

表 2　土壤中、微量营养元素含量

采样地点	棚　龄	养分含量（mg/L）							
		Ca	Mg	S	Fe	Mn	B	Zn	Cu
S1	0	3 035.9	283.6	3.9	35.7	1.4	0.50	2.1	1.5
	5	2 672.0	317.6	6.4	14.3	4.1	0.75	5.4	2.9
	10	2 361.1	398.2	45.7	5.6	10.2	1.49	4.3	3.4
S2	0	4 659.5	362.7	4.5	88.1	1.2	0.33	1.7	0.9
	5	4 502.2	496.1	15.7	6.9	1.3	0.67	2.9	1.7
	10	3 523.1	476.1	68.9	4.8	1.4	1.95	2.7	1.6
S3	0	2 266.3	193.0	6.1	187.3	10.1	0.17	4.0	3.6
	5	1 893.6	316.9	8.1	182.7	15.9	0.24	5.9	5.2
	10	1 804.9	241.9	10.7	7.1	25.6	0.38	5.3	3.7
S4	0	5 500.1	368.9	5.1	170.2	2.0	0.43	1.2	1.0
	3	4 550.9	551.9	7.1	17.9	8.2	0.44	1.4	1.8
	6	3 724.6	531.8	14.7	5.3	37.3	0.77	2.7	2.8

（二）设施菜地土壤及其地下水 pH 和硝态 N 含量

1. 不同棚龄土壤 pH 和硝态 N 含量　对设施蔬菜地及其相邻露地菜田耕作层土壤 pH 和活性酸的测定结果表明，日光温室和塑料拱棚土壤的 pH 均低于相邻露地菜田，栽培年限越长，pH 越低，但降低幅度各取样点表现不一。寿光市孙家集（S1）5 年和 10 年棚龄土壤分别下降了 0.6 个和 1.1 个单位，苍山县项城镇（S3）分别降低了 1.4 个和 1.5 个单位；寿光市古城镇（S2）和苍山县兴明乡（S4）5 年棚龄土壤无变化，只有 10（6）年棚龄的降低了 0.1 个和 2.1 个单位。除了寿光市古城镇，日光温室使用 10 年或塑料拱棚使用 6 年后，耕作层土壤开始积累活性酸；而除了苍山县项城镇，日光温室使用 5 年或塑料拱棚使用 3 年后，耕作层土壤尚没有活性酸积累。苍山县两个取样点设施蔬菜地土壤的 pH 较低、活性酸含量较高，这可能与当地的生态条件和施肥习惯有关。在设施蔬菜生产中，当地农民有夏季揭棚习惯。因此，取样时设施蔬菜地土壤已经历了一个夏季的雨水淋洗。表 3 看出，虽然经历了一个夏季的雨水淋洗，设施蔬菜地耕作层（0～20cm）土壤中的硝态 N 含量仍然明显高于相邻的露地菜田，随着种植蔬菜年限延长，硝态 N 含量增加；10 年棚龄日光温室（或 6 年棚龄塑料拱棚）的土壤硝态 N 含量是其相邻露地菜田的 2 倍左右；寿光市设施蔬菜地的硝态 N 含量增幅和绝对含量都高于苍山县。可能与苍山县夏季在设施蔬菜地上种一季玉米的轮作方式有关。耕层以下露地菜田土壤的硝态 N 含量急剧下降，而设施蔬菜地则下降缓慢，10 年棚龄日光温室（或 6 年棚龄塑料拱棚）20～100cm 各层的硝态 N 含量基本与耕作层持平（表 3）。说明经过夏季的雨水淋洗，硝态 N 下移。因此，夏季揭棚对于防止耕作层中硝态 N 含量过高、减少硝酸盐在蔬菜体内积累有重要意义，但将会增加 20cm 以下土层和地下水硝酸盐的积累。

表3　土壤硝态氮含量

地　点	棚　龄	硝态氮含量（mg/L）				
		0～20cm	20～40cm	40～60cm	60～80cm	80～100cm
S1	0	6.97	3.90	1.18	0.47	0.75
	5	13.83	6.04	5.75	5.58	8.49
	10	15.41	15.66	13.98	14.39	14.77
S2	0	6.60	2.78	0.67	0.77	0.00
	5	14.92	7.59	3.73	4.22	3.31
	10	14.79	14.49	15.18	14.77	14.03
S3	0	6.81	4.25	3.93	1.45	1.47
	5	13.79	12.07	9.20	10.30	10.88
	10	13.66	13.67	13.66	13.49	12.70
S4	0	6.73	3.35	1.23	0.38	0.98
	3	8.83	3.15	0.66	0.85	1.11
	6	12.39	12.06	11.97	13.19	14.50

2. 不同棚龄的地下水pH和硝态N含量　设施蔬菜地区域内地下水的pH与普通粮田区域内地下水的pH差别不大，均在7～8之间。而设施蔬菜地区域内地下水中的硝态N含量明显高出普通粮田区，且种植蔬菜时间越长，含量越高。世界卫生组织（WHO）和欧美各国关于饮用水中NO_3^-－N的允许含量为10mg/L或11.3mg/L，相当于硝酸盐（NO_3^-）45mg/L或50mg/L。我国1986年制定的饮用水硝态N含量标准：一级为NO_3^-－N 10mg/L，即NO_3^- 45mg/L；二级为NO_3^-－N 20mg/L，即NO_3^- 90mg/L。本调查资料表明，普通粮田区域内地下水NO_3^-－N含量均在2.52～6.06mg/L均达到一级饮用水标准，而设施蔬菜地区域内S1、S2、S3、S4 5（3）年棚龄地下水NO_3^-－N含量分别为11.6、13.95、30.58、17.49mg/L；10（6）年棚龄分别为14.62、53.76、40.82、39.83mg/kg全部超过10mg/L，有的已超过20mg/L。

三、讨　　论

了解设施蔬菜地肥力状况及其变化规律是设施蔬菜合理施肥的基础。虽然各地设施蔬菜地土壤的肥力特征有许多相似之处，例如耕作层盐分积累、土壤酸化、速效氮和速效磷成倍增加、硝态氮积累、细菌和真菌数量增加等。但是由于生态条件、耕作制度、施肥等方面的差异，各地设施蔬菜地肥力状况并不完全一致，而且以往只重视大量营养元素的调查研究，忽视中、微量营养元素的研究。本研究表明，与露地菜田相比，设施蔬菜地土壤有机质和氮磷钾含量增加，其中有效磷和全磷含量增幅最大，一般地块均达极高水平；有效钾含量次之，塑料拱棚土壤达中等水平，日光温室土壤达极高水平；再次是碱解氮和全氮；活性有机质增幅最小。因此，在设施蔬菜生产中应降低磷肥施用量、控制钾肥和氮肥的使用，增施有机肥、尤其是C/N比高的有机肥。

的磷肥测定结果，总放射性强度为 $1.7\times10^{-12}-8.21\times10^{-10}$ Ci/g，地区差异较大。福建松溪磷肥厂制造过磷酸钙的废水中含铀 4×10^{-5} mg/g，钍 8.4×10^{-5} mg/g，镭- 226 3.35×10^{-14} Ci/g，总放射性强度比对照水高 17～840 倍。用该废水灌溉和施用磷肥的试验表明，田泥对核素有富集作用，但有一定的限度，至第 3 年趋于平衡，即比废水含量高 300 倍，相当于磷肥的水平。作物的积累规律是根吸收最多，茎秆次之，果实部分最少；在果实中，稻壳比米含量高，靠近废水的稻田，稻谷含铀 25.7×10^{-6} mg/g，是米的 41.4 倍；含钍 23.3×10^{-5} mg/g，是米的 60 倍；含镭- 226 4.5×10^{-14} Ci/g，是米的 13 倍。旱作物与水稻的结果是一致的。目前，我国食品标准铀和镭- 226 的限制浓度为 100μg/kg，相当于铀 68×10^{-12} μg/kg 和镭- 226 70×10^{-12} Ci/kg，根据目前的施磷肥水平，要达到这个浓度，需要几百年时间。

矿区周围存在着潜在危险，如四川某磷矿，磷块岩中含铀 0.002%～0.012%，天然伽玛强度为 $67.08\times10^{-4}\sim330.24\times10^{-4}$ C/kg，最高 397.32×10^{-4} C/kg；互生矿含铀 0.018%～0.035%，天然伽玛强度一般为 $56.76\times10^{-4}\sim461.82\times10^{-4}$ C/kg，最高 516×10^{-4} C/kg，井下工作人员已有轻度反应，如头昏者较多，白细胞 4 000 以下者稍多。

（3）重金属：对全国各地磷肥测定结果（氢氟酸提取，ICP－800 等离子仪测定），重金属含量在几至几百 mg/kg，只有钙镁磷肥含铬（Cr^{+++}）量较高，为 1 000～1 800mg/kg，即使 666.7m² 地施用 100kg，至 20 世纪末对土壤的影响也是不大的。但中国人口逐年增加，可达到 16 亿，甚至 18 亿，为保证粮食安全，施用磷肥是必需的。因此，应重视磷肥中的重金属对环境的风险。

（4）三氯乙醛的危害：一些小磷肥厂由于硫酸供应不足，利用含三氯乙醛或三氯乙酸的工业废硫酸或废盐酸为原料生产过磷酸钙，由于检测控制不严，将有毒、有害物质带到土壤里，污染土壤，危害农作物。这些磷肥的绝对数量虽然不多，实物量大约 10 多万 t，但由于小厂分散于全国各地，危害波及面较大，据不完全统计，危害农田先后达 0.67 万 hm²，损失粮食近 1.5 亿 kg。

（二）化肥对环境造成的污染

1. 使地表水源养分富集 地表水源的富营养化使藻类大量繁殖，水源缺氧而导致鱼类和有益水生生物死亡，从而对环境产生影响。

（1）引起海洋“赤潮”：1977 年 8 月，渤海出现了“赤潮”，面积 560km²，时间持续 20d，经中国科学院青岛海洋研究所鉴定，是一种微型原中藻在氮磷营养富集条件下，大量繁殖的结果，此后，渤海湾、大连湾、南海大亚湾及珠江口附近海域连接出现过“赤潮”。

（2）湖泊富营养化：据对 8 个城市的调查资料，在靠近城市周围的一些湖泊出现了富营养化，若以尚未受到明显污染的浙江莫干山剑池水中的氮、磷含量（总 N 为 0.80mg/L，总磷为 0.02mg/L）作为暂定标准，那么北京市积水潭氮超标 3.8 倍；江苏太湖（鼋头渚）氮超标 1.45 倍，磷超标 0.6 倍；杭州西湖氮超标 2.37 倍，磷超标 10.5 倍，武汉东湖氮超标 1.10 倍，磷超标 6.0 倍；南京玄武湖氮超标 1.73 倍，磷超标 7.5 倍；莫愁湖氮超标 2.72 倍，磷超标 6.0 倍；扬州瘦西湖氮超标 2.55 倍，磷超标 5.0 倍；无锡五里湖氮、磷分别超标 0.95 倍和 2.0 倍；这些湖泊已进入富营养化初期至中期。水库比较突出的是官厅水库和辽宁大伙房水库。据 1979 年对大伙房水库的测定资料，库区含 N 1.09mg/L，含 P 量达 0.08mg/L，“藻花”现象多次发生。官厅水库铵态氮含量除了清水河较低，其他均较高，入库河流为 2.52mg/L，水库为 0.17mg/L。这两个水库处于富营养初期阶段。

（3）河水富营养化：对全国 5.55 万 km 河段的调查表明，不符合饮水、渔业用水水质标准的河段 4.77 万 km，占 85.9%；不符合地面水质标准的河段 2.61 万 km，占 47%；不符合农田灌溉用水水质标准河段 1.28 万 km，占 23.7%；严重污染，鱼虾绝迹的河段 2 400km，占 4.3%。从全国情况来看，江河支流的污染普遍重于干流，据统计，全国各大江河的干流有 12.7%受到污染，支流有 55%受到污染。

（4）地面水源氮磷的主要来源：①地面水迳流和土壤侵蚀是河流和海洋富营养化的基础，我国水土流失面积 153km^2，流失土壤 50 亿 t 左右。初步估算，每年因水土流失的土壤养分大约是：有机质 3 000 万～4 000 万 t，N 500 万 t，P_2O_5 400 万 t，K_2O 1 000 万～2 000 万 t；②城市污染和农田大量施用化肥是富营养化的必要条件。已京津地区为例，据我们的调查结果，1979 年该区排污流入渤海的铵态氮为 8 720t，P_2O_5 638t，该区耕地施氮总量 16 万 t，若按 10%流失量计算，则有 1.6 万 t 进入地面水体，若入海量为 50%，则有 8 000 万 t N 进入渤海，与污水氮接近。在湖泊富营养化中，污水带入湖泊的氮量占入湖总氮量的 85%～89%，肥料（包括有机肥）的贡献是 11%～15%，其中因降水由大气来的氮占 4%～6%，通过地面迳流进入湖水的氮为 10%左右；进入湖泊中的磷，由污水进入的占 90%～96%，由肥料流失的占 4%～10%，主要的是有机肥中的磷，占 3%～7%，化肥磷占 1%～3%。

2. 地下水源的污染　主要发生在氮肥施用量高的高产地区和城市郊区，如北京市地下水硝态氮超标地区为 200km^2，上海青浦超标 1～1.7 倍。

二、化肥污染预测

要了解未来的化肥污染，首先应预测今后的化肥用量，我们采用 1949—1983 年全国化肥系统资料，编制数学模式进行预测，最佳数学模式见表 1。

1. 氮肥污染预测　根据上述数学模型推算化肥生产量，按氮肥利用率计算其损失量，即污染环境的污染量（表 2）。

表 1　化肥回归模型

类　　别	回归模型
化肥差分自回归	$Z_t=0.76Z_{t-7}-0.452Z_{t-3}+0.268Z_{t-2}$
化肥 N 差分自回归	$Z_t=0.888Z_{t-6}$
化肥 P_2O_5 差分自回归	$Z_t=0.728_{t-7}$

注：Zt——化肥量，单位：万 t；t——时间，单位：年。

表 2　氮肥污染量发展趋势预测

项　　目	1983	1990 年			1995 年			2000 年		
		1*	2*	3*	1*	2*	3*	1*	2*	3*
年氮肥产量（万 t N）	1 200		1 706			1 905			2 165	
利用率（%）	40～50	40	50	60	40	50	60	40	50	60
损失污染量（万 t N/年）	600～800	1 024	853	682	1 143	953	762	1 299	1 082.5866	

*1. 警告型预测；2. 可行性预测；3. 理想性预测。

在不合理施用的条件下，化肥施用量越大，其利用率越低。但随着科学的发展，施肥技术的改进，保住目前的利用率是可行的，由表 2 看出，若按照目前 50%的利用率计算，至 1990 年年损失污染量为 853 万 t N，2000 年为 1 082.5 万 t N，倘若任其自流，氮的损失污染量就会增加，按 40%的利用率计算，至 2000 年损失污染量将达 1 299 万 t N。当然，如果施肥技术能有所突破，把利用提高至 60%也是可能的。这样，至 1990 年污染量增加不大，2000 年也基本维持在 1983 年的水平，这是比较理想的预测。

当前，氮肥品种以碳铵和氨水为主，占氮肥总量的 70%。预计 20 世纪末，尿素将占绝对优势，占总 N 量的 90%以上，氮磷钾复混肥将占 20%以上，氨水将被淘汰，碳铵将低于 10%。

2. 氮磷污染预测 磷肥的主要污染是氟污染，表 3 指出本世纪末，将用标准磷矿石（P_2O_5 24%）3 100 万 t 左右，总氟量 68 万 t，目前大约有 34%的氟量进入大气和水域，按此计算，磷肥氟污染则比目前加重 2.1～2.5 倍。如果回收率提高 50%，则可减少排氟量 1/2，2000 年进入大气、水域的磷氟约为 13.6 万 t，仅为目前的 1.5 倍。

表 3 磷肥的氟污染趋势预测（警告性）

项　目	1983 年	1990 年	2000 年	备　注
磷矿石产量（万 t/年）	1 340	2 638	3 138	标　矿
磷肥产量（万 t P_2O_5 年）	320	633	764	
流失量（万 t/P_2O_5 年）	3.2	6.3	7.6	
总氟量（万 t F/年）	27.5	58	70	
排入江河大气（万 t F/年）	9.24	19.49	23.50	

三、对　策

目前化肥对环境的污染，主要是氮肥，关键在于氮素的利用率不高，为此，对策如下：

1. 增加磷钾肥生产和在化肥中的比例。目前化肥的氮磷钾比例是 1∶0.27∶0.031。据全国土壤普查估计，我国有 2/3 的耕地缺磷，大约 1/4 土壤缺钾，氮磷钾比例失调。根据全国化肥网 262 个试验结果，氮磷钾经济最佳配比为 1∶0.28∶0.32，考虑到增产的需要，至 20 世纪末争取 N∶ P_2O_5 ∶K_2O=1∶0.5∶0.2。

2. 提高施肥技术，改进目前的施肥技术，由撒施变成深施，水田土壤施入 5～15cm 的还原层，旱地土壤施入 10～12cm 土层，水田地区改串灌为畦灌。

3. 发展化肥新品种，大力发展复混肥和缓释肥。

4. 积极研究和发展水面养殖施用的肥料品种。陆地和浅海水面养殖将会有很大发展，要提高产量就需要施肥，势必增加环境负荷，对环境带来更大的污染，建议有关部门立即组织攻关，研制适于水面养殖的肥料品种和实用技术。

5. 增加土壤覆盖，控制和减少水土流失。过去，重平原建设不重视山区和河流上游建设是违反农业生态平衡规律的，是治标不治本，应树立山区平原一起抓的战略思想，植树种草，增加土壤覆盖率，是减少水土流失的根本。

肥料生态毒理学研究

所谓肥料生态毒理学包括以下研究内容：

1. 肥料本身含有的有毒有害物质，如重金属、苯并（α）芘、放射性物质、抗生素残留等。

2. 肥料加工过程中产生的有毒、有害物质，如磷肥加工过程中氟释放出来，并对生态环境产生污染；放射性物质铀、钍、镭等进入环境，通过水体、施肥进入作物，最后进入食物链；氮肥在生产过程中产生苯并（α）芘等。

3. 肥料所需矿物在开采过程中所产生的污染，包括重金属污染、放射性核素污染等。

4. 肥料施用过程中对生态环境产生污染、对作物导致毒害等。

本研究不包括肥料生产过程中的添加剂，因为添加剂种类太多，有的对作物生长有利，有的有害；有的虽对作物生长有利，但对生态环境有害；有的添加剂在发达国家早已禁用，我们却在大力推广应用。我国在肥料上尚未立法。因此，在发达国家已众所周知的事，在我们国家却无法可循。这类问题本研究予以回避。

借他山之石，可以攻玉。本文引用了诸多学者的研究与我们的研究成果连在一起，使“肥料生态毒理学”这一崭新的命题研究日臻成型。需说明的是，本文仅是个雏形，其机理尚待深入研究。

一、进入土壤的重金属

土壤中的重金属主要来源于土壤成土母岩、肥料、农药、大气沉降和灌溉污水。

（一）成土母质和土壤的重金属背景值

1. 成土母岩中的重金属背景值　地壳表层岩石经过风化成为风化物，它是土壤形成的物质基础，称为土壤母质，而地壳表层的各种岩石是风化物的母体，称为母岩。化学元素在母岩中的存在形态，可能是单一矿物，例如石英、石膏、石灰石等，也可能是复合矿物。

表1中列出了各种岩石中化学元素的含量。某些元素累积于沉积岩石中，例如，硅和锌富集于砂岩中；铝、铁、钾、钡、锰和硼较多地存在于黏土中。钙、镁、碳在石灰岩中有累积。除铁和锰外，钡、钴和砷也可以氧化物的形态积聚。能形成可溶性化合物的元素残留于海水中，并积聚在蒸发产物中。属于这类元素的有：钠、氯、钾、镁、硫（Rankama和Sahama，1970）。

岩石中的这些化学元素的数量在成土过程中产生变化。例如，硼、氟、溴、碘的数量减少，而其他一些元素的数量增多（表1、表2）。

与张树清、张建峰合作。

表 1　沉积岩、火成岩和土壤化学元素的平均含量和组成

（杨景辉，1995 和 Buracu，1978）

（mg/kg）

元　素	火成岩①	砂岩①	片状黏土①	石灰岩①	土　壤	
					1②	2③
Li	65	17	46	<26	—	—
Be	6	0	<3.6	0	—	0.1～10
B	2	8～31	310	3	10～20	2～100
C	820	13 800	15 300	113 500	—	—
F	600～900	—	510	250	20～1 000	10～500
Na	28 300	3 300	9 700	370	—	—
Mg	20 900	7 100	14 800	47 700	—	—
Al	81 300	25 300	81 900	4 300	—	—
Si	277 200	367 500	272 800	24 200		
P	1 180	350	740	175		
S	520	2 800	2 600	1 100		
Cl	314	痕　量	—	200		
K	25 900	11 000	27 000	2 700		
Ca	36 300	39 500	22 300	304 500		
Sc	5	0.7	6.5	0		
Ti	4 400	960	4 300	—		
V	150	20	120	<10	100	
Cr	200	68～200	410～680	2	200	1～100
Mn	1 000	痕　量	620	385	1 000	
Fe	50 000	9 900	47 300	4 000	30 000	—
Co	23	0	8	0	3	1～50
Ni	80	2～8	24	0	40	1～100
Cu	70	—	192	20.2	2～50	2～100
Zn	132	<20	200～1 000	≤50	60	10～300
Ga	15	7.4	50	≤3.7		
Ge	7	3	7	—		
As	5	—	5	—	1～10	50
Se	0.09	—	0.6	<0.1	0.01	0.1～10
Br	1.62	—	<0.2	—	6	
Rb	310	273	300	0		
Sr	300	<26	170	425～765		
Y	28.1	1.6	28.1	0		
Zr	220	—	120	—		

（续）

元　素	火成岩①	砂岩①	片状黏土①	石灰岩①	土　壤	
					1②	2③
Ag	0.10	0.44	0.5	0.2		
Cd	0.15	0	0.3	—	0.01～0.07	
In	0.1	0.3	0.5	—		
Sn	40	—	40	—		
Sb	1	1	3	—		
I	0.3	—	—	0.07～0.55	5	
Cs	7	—	12	—	—	
Ba	250	170	460	120	500	
W	1.5～6.9	—	1～2	—		
Re	0.001	<0.001	<0.001	—		
Au	0.005	0.028	—	0.035～0.09		
Hg	0.077～0.5	0.1	0.3	0.03		
Ti	0.3～3	2	2			0.01～1
Pb	16	20	20	5～10	12	0.1～10
Bi	0.2	0.3	1			
Ra	1.2×10^{-6}	0.71×10^{-6}	1.8×10^{-6}	0.42×10^{-6}		
Th	11.5	6.1	10.1	1.1		
U	4	1.2	1.2	1.3		

①Rankama，Sahama（1970）。

②Rankama，Sahama（1950）；Mason（1952）；Swaine（1955）；Goldschmidt（1958）；BHHOTpagoB（1959）。

③Tietjen（1976）。

表 2　岩石和土壤中化学元素的浓度①

（杨景辉，1995）

（mg/kg）

化学元素	地　壳	基性岩	酸性岩	沉积岩	土　壤
B	3	1～2	3	100	10～20
F	100	100	1 000	100～1 000	20～1 000
V	10	200	50	100	100
Cr	100	2 000	2	100～500	200
Mn	1 000	2 000	1 000	1000	1 000
Fe	250 000	100 000	25 000	35 000	30 000
Co	23	50	8	20	3
Ni	80	200～1 000	10	—	40
Cu	45	150	10	10～100	2～50
Zn	65	100	60	—	60

（续）

化学元素	地　壳	基性岩	酸性岩	沉积岩	土　壤
As	2	1.5	1.5	12	1.10
Se	0.09	0.1	0.1	—	0.01
Br	3	2.5	2.5	—	6
Mo	1	2	2.5	2	2.5
I	0.3	0.3	0.3	0.3	5
Ba	400	300	800	—	500
Pb	16	—	—	—	12

①Buracu（1978）；Rankama，Sahama（1950）；Mason（1952）；Swaine（1955）；Goldschmidt（1958）；BHHOTpagoB（1959）。

按照土壤发生学的理论，成土母质与土壤中元素背景值的关系大致可分为4种类型：

（1）基性岩：如玄岩、辉绿岩风化物，富含盐基，石英砂粒少，质地比较黏重，抗淋溶作用强。在其他条件相同的成土条件下，在基性岩上形成的土壤一般较为黏重，渗水性差，土壤盐基代换量也较高。该类土壤化学元素含量与成母质基本一致。

（2）花岗岩：风化体中石英含量较多，石英砂粒抗风化能力很强，可长期保存在所发育的土壤中；同时，花岗岩风化体中的铝硅酸盐矿物所含的盐基成分（Na_2O、K_2O、CaO、MgO）原本就比较少，在强淋溶条件下，极易完全淋失，使土壤呈酸性反应。该类土壤化学元素含量与成土母质相差很大。

（3）沉积岩：同样为富含石灰的沉积岩类的风化物，在不同气候带反映也不一样，在干旱和半干旱气候带，$CaCO_3$很少被淋失，该类风化物发育的土壤中化学元素的含量与成土母质基本一致；在雨量丰富的亚热带地区，钙很容易被淋失，与之伴生的碱土金属元素也一起被淋失，该类土壤中的化学元素含量与成土母质差异很大。

（4）其他岩类：其他岩类风化的母质对土壤中化学元素含量的影响介于第1种类和第2种类型之间。

2. 我国土壤金属元素的背景值　现代土壤学是以B. B. 道库恰耶大创立的土壤发生学理论为基础、引进达尔文进化论、融合信息科学中的“3S”技术和生态学原理而形成的多学科交叉学科，土壤是指在气候、母质、生物、地形和成土年龄及其人类活动等因素综合作用下而形成的可支持植物生长的独立的历史自然体。成土因素学说就是研究这些外在环境和人类活动干扰条件下对土壤发生过程和土壤性质影响的学说。鉴于这些复杂的情况，各国测定的土壤化学元素背景值均是相对值，是土壤发育的历史长河中某一个时间段的数值。

20世纪80年代中、后期，国家环保总局、农业部、中国科学院联合组织全国范围的土壤化学元素的背景值调查，共获取4 095个土壤样品。根据中国环境监测总站1990年中国土壤元素背景值资料：

（1）镉：土壤镉最小值为0.001mg/kg，最大值为13.4mg/kg，中位值为0.07mg/kg，算术平均值为0.097mg/kg，算术标准差为0.079mg/kg，几何平均值（GM）为0.074mg/kg，几何标准差（GD）为2.118，95%范围值为0.017～0.333mg/kg。原始数据呈对数正态分布，采用GM·GD=0.157mg/kg为全国背景值。

世界各类土壤耕层中镉的背景值为 0.01～0.02mg/kg，底土中为 0.01～0.07mg/kg（Buhozpagot，1959）。英国土壤中镉的算术平均值为 0.62mg/kg。日本水稻中镉的算术平均值为 0.45mg/kg，日本各类土壤中镉的算术平均值为 0.44mg/kg。这一数值要比我国土壤中镉的算术平均值偏高较多。大陆地壳中 Zn/Cd 比值为 350：1，但日本土壤中约为 200：1。

（2）铅：土壤铅最小值为 0.68mg/kg，最大值为 1 143mg/kg，中位值为 23.5mg/kg，算术平均值为 26.0mg/kg，算术标准差为 12.37mg/kg，几何平均值（GM）为 23.6mg/kg，几何标准差（GD）1.54，95%范围值为 10.0～56.1mg/kg。原始数据呈对数正态分布，采用 GM・GD=36.34mg/kg 为全国背景值。

世界各种类型土壤铅的背景值，据 Buhoiagol（1954）研究为 12mg/kg；而据 Granier 研究为 20mg/kg。美国大陆土壤中铅的算术平均值为 19mg/kg，几何平均值为 16mg/kg，最小值为 10mg/kg，最大值为 700mg/kg。在前苏联典型地带性土壤中铅的正常含量或背景含量（mg/kg）为：冻原潜育土 15～29，生草灰化土 6～15，灰色森林土 10～25，远尔地区棕色森林土 27（平均值），黑钙土 13～28，栗钙土 18～26，红壤 20～38；前苏联欧洲部分土壤中介于 15～47 之间。日本水稻土中铅的平均浓度为 29mg/kg，日本各类土壤中平均浓度也是 29mg/kg。

（3）铬：土壤铬最小值为 2.20mg/kg，最大值为 1 209mg/kg，中位值为 57.3mg/kg，算术平均值为 61.0mg/kg，算术标准差为 31.07mg/kg，几何平均值（GM）为 53.9mg/kg，几何标准差（GD）为 1.67，95%范围值为 19.3～150.2mg/kg。原始数据呈对数正态分布，采用 GM・GD=90.01mg/kg 为全国背景值。

世界各种类型土壤中铬的背景值平均为 200mg/kg（Buhozpagot，1954）。美国大陆土壤中铬的算术平均值为 54mg/kg，几何平均值为 37mg/kg，最小值为 1mg/kg，最大值为 2 000mg/kg。英国土壤中铬的算术平均值为 84mg/kg。前苏联黑土钙中平均为 440mg/kg，中亚灰钙土中为 31mg/kg，远东地区棕壤中平均为 42mg/kg。日本水稻土中铬的算术平均值为 64mg/kg，日本各类土壤中平均为 30mg/kg。

（4）汞：土壤汞最小值为 0.001mg/kg，最大值为 45.9mg/kg，中位值为 0.038mg/kg，算术平均值为 0.065mg/kg，算术标准差为 0.080mg/kg，几何平均值（GM）为 0.040mg/kg，几何标准差（GD）为 2.602，95%范围值为 0.006～0.272mg/kg。原始数据呈对数正态分布，采用 GM・GD=0.104mg/kg 为全国背景值。

美国大陆土壤中汞的算术平均值为 0.089mg/kg，几何平均值为 0.058mg/kg，最小值为 0.01mgkg，最大值为 4.6mg/kg；美国农业区土壤中汞的算术平均值为 0.05～0.10mg/kg。英国土壤中汞的算术平均值为 0.098mg/kg：瑞典土壤中为 0.004～0.992mg/kg；荷兰土壤中为 0.01～0.09mg/kg。日本水稻土中汞的算术平均值为 0.32mg/kg，日本各类土壤中为 0.28mg/kg，明显地高于我国土壤中汞的背景值。前苏联生草灰化土中汞的背景浓度（mg/kg）为 0.04～0.75（莫斯科州和阿尔泰地区），灰色森林土中为 0.10～0.80（图拉州），黑钙土中为 0.10～0.40（库尔斯克州）。

（5）砷：土壤砷最小值为 0.01mg/kg，最大值为 626mg/kg，中位值为 9.6mg/kg，算术平均值为 11.2mg/kg，算术标准差为 7.86mg/kg，几何平均值（GM）为 9.2mg/kg，几何标准差（GD）为 1.91，95%范围值为 2.5～33.5mg/kg。原始数据呈对数正态分布，采用 GM・GD=17.57mg/kg 为全国背景值。

世界各种类型土壤中砷的背景值，据 BHHOT Pagob（1954）研究为 1～10mg/kg，而据 Tietjen（1976）研究为 50mg/kg。美国大陆土壤中砷的算术平均值为 7.2mg/kg，几何平均值为 5.2mg/kg，最小值为 0.1mg/kg，最大值为 97mg/kg。英国土壤中砷的算术平均值为 11.3mg/kg。日本水稻土中砷的算术平均值为 9mg/kg，日本各类土壤中砷的算术平均值为 11mg/kg。

（二）肥料带入土壤的重金属

1. 化肥中的重金属

表 3　磷肥中重金属含量*

（mg/kg）

取样地点	肥料名称	AS	Cd	Cr	Cu	Ni	Pb	Sr	Ti	V	Zn	Hg
山东德州	普　钙	51.3	1.4	464	60.6	12.4	170.4	330	109.5	54.3	215.3	0.7
北京密云	普　钙	22.1	0.2	129.7	50.2	10.6	41.5	245.7	103.2	31.5	345.3	1.0
昌　平	普　钙	23.5	1.8	89.7	62.9	15.1	71.0	315.3	170.3	21.3	276.0	1.0
通　县	普　钙	36.4	1.9	39.9	61.4	10.1	124.1	267.0	123.9	20.8	253.2	1.1
云　南	磷矿粉	25.0	3.8	47.3	54.2	12.6	242.1	464.5	76.1	19.7	225.3	2.3
贵　州	磷矿粉	13.5	5.8	49.8	83.9	16.7	876.4	486.1	99.2	29.2	330.2	3.5
湖　北	磷矿粉	90.1	2.1	39.8	76.5	13.8	379.8	459.5	79.7	25.2	274.2	1.8
湖　南	磷矿粉	32.4	1.6	39.9	50.2	11.1	202.8	500	65.0	20.6	199.7	2.0
浙江义乌	钙镁磷肥	6.2	—	1 057.2	63.2	345.6	—	414.9	208.3	104.1	169.4	3.7
湖　南	铬渣磷肥	67.7	—	5 144	48.0	181.8	—	189.5	114.3	105.2	768.8	—
天　津	铬渣磷肥	26.9	—	3 328	51.3	139.5	—	455	255.7	32.9	150.9	—
	日本复合肥	—	4.7	79.7	36.6	10.1	—	46.8	270.1	93.6	106.8	2.4
	罗马尼亚复合肥	15.0	30.4	205.3	42.3	15.6	2.6	1 135.3	158.2	46.4	466.1	4.0
	美国磷酸二铵	140.5	270.7	65.5	154.2	84.6	510	135.1	190.5	245.7	350	

* 表中为 10 个样品的平均值。—表示未测定。

我国化肥使用量居于世界首位，据 2004 年农业统计年鉴资料，2003 年全国化肥施用量 4 412.3 万 t（纯养分），其中氮（N）2 738.2 万 t，磷（P_2O_5）1 303 万 t，钾（K_2O）671.1 万 t。在化肥中，氮肥采用合成氨生产，磷肥和钾肥来自于天然矿物的加工，在天然矿物中含有重金属元素。对我国市场上销售的磷肥测定结果（表 3），过磷酸钙和磷矿粉中砷的含量为 13.5～90.1mg/kg，铬 40～464mg/kg，铜 50～84mg/kg，铅 41～876mg/kg，镍 0.1～16.7mg/kg，锶 267～500mg/kg，钛 76～170mg/kg，锌 199.7～345.3mg/kg，镉和钒的含量较低。钙镁磷肥和铬渣磷肥的铬、锶、钛、锌含量均较高。其中钙镁磷肥铬 1 057mg/kg，锶 414.9mg/kg，钛 208.3mg/kg，锌 169.4mg/kg；铬渣磷肥含铬 3 328～5 144mg/kg，锶 189～455mg/kg，钛 114～255.7mg/kg，锌 105.9～768.8mg/kg。在国产肥料中汞的含量均较低，在 0.7～3.7mg/kg 之间。美国磷酸二铵中镉和汞含量均最高，分别达到 140.5mg/kg 和 350mg/kg。根据 Schroeder 和 Balassa 1963 年的资料，美国过磷酸钙含镉（Cd）50～170mg/kg，铬（Cr）66～243mg/kg，钴（Co）0～90mg/kg，铜（Cu）4～79mg/kg，铅（Pb）7～92mg/kg，镍（Ni）7～32mg/kg，钒（V）70～180mg/kg，锌

(Zn) 50～1430mg/kg。根据 Swaine 1962 年资料，美国佛罗里达州磷矿石中含汞（Hg）量为 10～1 000mg/kg。由此看出，美国磷酸二铵含镉和汞量高于其他磷肥，主要原因在于其原料磷矿石中含量高，这此元素，部分或全部进入肥料。在一些国家多数磷矿石含镉 5～100mg/kg，例如，波兰磷矿石含镉量小于 10mg/kg，大洋洲上岛屿磷矿石含镉量 110mg/kg，挪威磷灰石 13mg/kg，澳大利亚过磷酸钙 18～91mg/kg，澳大利亚钾盐 50～170mg/kg，摩洛哥和以色列磷矿石含镉量约 25mg/kg，突尼斯和西非磷矿石含镉约 50mg/kg，塞内加尔磷矿石含镉量在 70mg/kg 以上。前苏联科粒半岛磷矿石中镉的含量仅为 0.4～0.6mg/kg，由其制成的过磷酸钙含量镉量 0.2～0.7mg/kg。我国磷矿资源匮乏，富矿较少。除了云南和贵州品位较高外，其他均为中、低品位磷矿。据统计资料，全国磷平均品位为 20.36%（P_2O_5）。在 308 个矿点中，品位＞30%的储量占 7%，品位 25.0%～30%占 15%，品位 20%～25%占 25%，品位＜20%的占 53%。为了满足农业生产日益增长的需要，我国每年必须进口大量的磷矿粉或各种高浓度磷肥。因此，在进口该类肥料时，需考虑肥料中镉、汞的含量。应该提及的是，我国每年施用大量的美国磷酸二铵，应引起极大的关注。

2. 有机肥料中的重金属　据不完全统计，我国规模化畜禽场每年粪便产出量 17.3 亿 t，城镇生活垃圾每年 3 亿 t，生活污泥 6 500 万 t，作物秸秆 6.5 亿 t。有机肥料中的重金属含量因取样地点、肥料种类不同差异很大。

(1) 畜禽粪便中的重金属：在畜禽粪便中，就金属元素而言（表 4），砷、铜、锌含量较高；就畜禽种类而言，猪、鸡粪便中重金属含量较高，牛粪次之，羊粪最低。在猪粪中，砷含量为 165.5～350mg/kg，四川省成都市猪粪砷含量最高，北京、上海、石家庄居中，杭州最低；铜含量为 308.2～636mg/kg，成都、上海猪粪中铜含量最高，其次是北京和石家庄，杭州最低；锌含量为 351.5～629mg/kg，上海、北京最高，石家庄、成都次之，杭州最低。在鸡粪中，砷含量为 113.5～160mg/kg，成都、北京最高，杭州、上海次之，石家庄最低；锌含量为 325～520mg/kg，北京最高，上海、石家庄次之，成都再次之，杭州最低。在牛粪中，砷的含量为 26.6～84.8mg/kg，石家庄、北京最高，上海、成都次之，杭州最低；铜，含量为 46.5～164mg/kg，成都最高，上海、北京、石家庄次之，杭州最低：锌含量为 196.6～354mg/kg，上海、北京最高，成都、石家庄次之，杭州最低。

(2) 生活垃圾：对北京市生活垃圾测定结果（表 4），砷含量 307～372mg/kg，铬含量 19～31mg/kg，铜含量 73～197mg/kg，锌含量 223～256mg/kg，镍含量 44～48mg/kg，铅含量 141～159mg/kg，汞含量 25～30mg/kg，钒含量 35～47mg/kg；镉含量不高，仅为 0.3～3.7mg/kg。

表 4　几种有机肥原料的重金属含量

（mg/kg，风干基）

取样地点	名　称	As	Cd	Cr	Cu	Zn	Ni	Pb	Hg	Sr	V
北京	猪　粪	220	8.5	30	570	614	139	60	23	113	21
	鸡　粪	150	6.0	9.5	169	520	55	61	16	94	17
	牛　粪	83	3.0	11	146	318	36	34	21	100	37
	羊　粪	68	3.5	5.0	83	295	17	25	15	135	19
	马　粪	59	4.0	20	75	118	32	20	20	87	33
	麦　秸	18	0.5	21.5	33	45	28	1.5	—	30	15

（续）

取样地点	名称	As	Cd	Cr	Cu	Zn	Ni	Pb	Hg	Sr	V
上海	猪粪	245	2.5	25	630	629	145	55	18	138	32
	鸡粪	120	1.5	8.0	154	495	49	30	13	125	22
	牛粪	73	2.0	6.5	138	354	39	6.8	5.5	110	40
	稻草	20	0.3	18	26	16	30	—	—	38	62
杭州	猪粪	165.5	1.5	10.4	308.2	351.5	35.4	2.4	14.5	110	5.1
	鸡粪	138.7	1.8	5.8	199.8	325.3	6.0	2.8	11.2	85	10.4
	羊粪	32.4	1.4	4.7	44.1	191.9	8.9	1.1	3.7	121	13.6
	牛粪	26.6	2.0	5.4	46.5	196.6	5.6	6.8	9.5	77	11.2
石家庄	猪粪	198.3	2.2	15.8	583	385	118	51	19	120	35.1
	鸡粪	113.5	1.3	5.5	122	410	43	55	13	85	40.4
	羊粪	53.1	1.2	8.3	84	300	14	22	14	130	23.5
	牛粪	84.8	3.4	5.7	127	298	33	32	20	90	30.9
成都	猪粪	350	2.5	32.5	636	378	24.8	2.7	12.5	150	31.9
	鸡粪	160	2.1	24.0	210	354	19.0	2.1	10.3	110	37.0
	羊粪	51	1.2	4.0	95	181	14.5	1.5	4.4	88	18.8
	牛粪	74	3.3	8.7	164	322	20.6	5.2	11.7	137	22.0
北京	垃圾**（1mm）	372	3.7	31	120	223	48	159	30	—	47
	垃圾（有机部分）	307	0.3	19	73	262	44	141	25	—	36
	垃圾（无机部分）	320	1.1	26	197	256	46	145	25	—	35

*每种有机物料取10个样品，本表为平均值，1999年测定。**垃圾粉碎，过1mm筛孔。—未检出。

3. 生活污泥 对北京、上海、杭州、浙江丽水、广州、福州、南昌、南京、兰州、抚顺、沈阳、天津、成都、太原城市生活污泥取样测定结果（表5），城市之间、重金属元素之间的含量差别较大。其中：

（1）砷：3.1～30.5mg/kg。天津赵沽里污泥含砷量最高（30.5mg/kg），抚顺、沈阳污泥含量最低（3.5mg/kg和3.1mg/kg），其他取样点为4.5～11.5mg/kg。

（2）镉：0.2～45mg/kg。天津密云路污泥含镉量最高（45mg/kg），其次是北京高碑店污水处理厂污泥（平均28.5mg/kg）和北京顺义污泥（18.4mg/kg）；抚顺、沈阳污泥含量最低（分别为0.2mg/kg和0.4mg/kg）；其他城市为2.8～10mg/kg。

（3）铬：7.8～920mg/kg。天津纪庄子污泥含铬量最高（920mg/kg），其次是北京高碑店378.3mg/kg）、天津赵沽里（250mg/kg）、天津密云路（120mg/kg）、北京顺义（115mg/kg）、兰州（80mg/kg）、上海（45mg/kg），广州最低（7.8mg/kg），其他城市污泥含铬量为8.4～19.6mg/kg。

（4）铜：37～2960mg/kg。天津赵沽里污泥含量最高（2 960mg/kg），其次是上海、（1 210mg/kg）、天津纪庄子940mg/kg）、天津密云路（664mg/kg）、北京高碑店和顺义

459.1mg/kg 和 203mg/kg)、兰州（250mg/kg)、浙江丽水最低（37mg/kg)；其他城市在 55～184mg/kg 范围内。

（5）锌：190～5 600mg/kg。兰州污泥锌含量最高（5 600mg/kg)，其次是天津赵沽里（5 420mg/kg)、天津纪庄子（3 120mg/kg)、上海（2 000mg/kg)、天津密云路（1 740mg/kg)、广州（1 530mg/kg)，沈阳污泥含量最低（190mg/kg)；其他城市在 610～1 225mg/kg 范围内。

（6）镍：140～550mg/kg。兰州污泥含镍量最高（550mg/kg)，其次是天津纪庄子（540mg/kg)、天津赵沽里（510mg/kg)、北京高碑店（474mg/kg)，沈阳污泥含量最低（140mg/kg)；其他城市在 150～430mg/kg 之间。

（7）铅：35～1680mg/kg。天津赵沽里污泥含铅量最高（1 680mg/kg)，其次是上海（1 000mg/kg)、天津纪庄子和密云路（648mg/kg 和 645mg/kg)、北京高碑店和顺义（218mg/kg 和 178mg/kg)、沈阳（163mg/kg)、兰州（152mg/kg)、杭州（107mg/kg)，成都污泥含量最低（35mg/kg)：其他城市在 40～55mg/kg 之间。

（8）汞：0.7～43.8mg/kg。北京高碑店和顺义污泥含汞量最高（43.8mg/kg 和 30.6mg/kg)，南昌污泥含量最低（0.7mg/kg)：其他城市在 1.8～10.0mg/kg 之间。

表 5　部分城市生活污泥中重金属含量

(mg/kg)

取样地点	As	Cd	Cr	Cu	Zn	Ni	Pb	Hg
北京高碑店*	7.8～11 (9.8)	1.9～54 (28.5)	250～447 (378.3)	350～508 (459.1)	605～1 225 (984.5)	375～533 (474)	136～260 (218)	17～60.6 (43.8)
北京顺义	9.5	18.4	115	203	1 140	410	178	30.6
上　海	11.6	10.0	45	1 210	2 000	355	1 000	10.0
杭　州	4.8	8.3	19.6	55	1 005	210	107	7.1
浙江丽水	5.7	4.5	11.3	37	538	150	43	2.5
广　州	4.3	3.4	7.8	66	1 530	240	51	1.9
福　州	6.7	4.2	8.4	58	640	374	49	1.8
南　昌	10.9	5.6	12.7	61	745	420	55	0.7
昆　明	8.2	2.8	9.4	68	610	390	47	2.3
南　京	5.1	4.7	11.6	77	620	380	40	3.9
兰　州	9.6	1.8	80	250	5 600	550	152	5.9
抚　顺	3.5	0.2	8.9	59	620	340	56	2.8
沈　阳	3.1	0.4	15.5	184	190	140	163	3.5
天津密云路	11.1	45	120	664	1740	240	645	5.4
天津赵沽里	30.5	6.7	250	2 960	5 420	510	1 680	2.4
天津纪庄子	10.5	1.3	920	940	3 120	540	648	9.1
成　都	6.2	4.8	17	60	690	400	35	2.1
太　原	7.1	2.9	19.6	130	750	430	54	3.0

* 北京高碑店污泥为 3 年检测结果，括号内为平均值；其他为 2000—2002 年取 5 次样的平均值。

二、进入土壤—植物系统的苯并（α）芘

在众多可致癌的化学物质中有200多种是多环芳烃及其衍生物，苯并（α）芘是这一类致癌物中分布最广、最具代表性的一种。它主要是石油和煤等碳氢化合物燃烧过程中的产物，也有少量是生物合成。1775年英国发现扫烟囱的工人易患皮肤癌和阴囊癌，而后引起世界各国的极大关注。

（一）燃料燃烧过程中产生的苯并（α）芘

以苯并（α）芘为代表的多环芳烃类物质，主要是各种碳氢化合物在760℃以上高温裂解过程中生成，据1966—1969年资料，全世界每年排放的苯并（α）芘约为5 000t（表6）。

表6　根据1966—1969年资料估算的全世界各种污染源排放的苯并（α）芘量

（Suess，1976）

污 染 源	苯并（α）芘排放量（t）		
	美 国	其他各国	全世界
热电工业：			
煤	431	1 945	2 376
石 油	2	3	5
天然气	2	1	3
木 材	40	180	220
合 计	475	2 129	2 604
工业过程：			
炼 焦	192	841	1 033
催化裂解	6	6	12
合 计	198	847	1 045
废弃物和其他燃料			
封闭燃烧：			
商业和工业	23	46	69
其 他	11	22	33
开放式燃烧：			
煤矿着火	340	340	680
森林、作物	140	280	420
其 他	74	74	148
合 计	588	762	1 350
各种车辆	22	23	45
总 计	1 283	3 761	5 044

排放到大气中的苯并（α）芘总是与各种类型的颗粒物（烟、尘等）结合在一起，其中较大的颗粒物从污染源排放后随不同风向和风力直接降落在周围不同距离的地面上，直径小于1μm的微粒可在空气中停留几天到几周，直径1～10μm的微粒则停留至少几天，除一部

分在大气中发生光分解外，其余亦随降雨、降尘散落在地面而进入土壤，这是苯并（α）芘污染土壤的主要途径之一（徐瑞薇，1980）。

在矿物油对土壤的污染过程中也将产生苯并（α）芘对土壤的污染，因为矿物油组成中包含有苯并（α）芘。

（二）肥料中苯并（α）芘的含量

由表 7 可看出，在北京地区，化肥中磷肥含量较高，为 39～74.9μg/kg，其他均在 2.01μg/kg 以下，农家肥中炕坯土含量较高，为 300μg/kg 左右，约为清洁土壤的 10～50 倍。各种粪肥和堆肥为 20～134μg/kg。炕烟的含量较高，其中烧柴炕烟为 1 185μg/kg，烧重油炕烟为 3 680μg/kg。污泥中的苯并（α）芘的含量因污泥的来源不同差别很大，如河泥中只有 9.8μg/kg，城市下水道污泥 1 780～2 230μg/kg，石油化工污泥 500～2 965μg/kg，炼焦化工污泥 5 000～47 000μg/kg。在东北九大工业城市的污泥中苯并（α）芘含量也有很大的差别，如抚顺三宝大队田间沉淀池石油污泥为 986μg/kg，沈阳青年公园湖泥 8 100μg/kg，鞍山污水处理厂消化污泥 6 900μg/kg，吉林北大沟沉淀污泥 23 500μg/kg，哈尔滨马家沟河泥 925μg/kg，齐齐哈尔总排污水汇合口沉淀污泥 125μg/kg，大庆油田化工总厂焦化污泥 13 800μg/kg。由此看出，以焦化污泥含苯并（α）芘最多。

表 7　几种肥料和污泥中苯并芘的含量

（μg/kg）

肥料种类	肥料名称	含　量	污泥名称	含　量	污泥种类	污泥名称	含　量
化　肥	硫酸铵	未检出～0.08	烧柴炕烟	1 185	东北地区污泥		
	碳酸氢铵	未检出～0.72	烧重油炕烟	3 680		抚顺三宝屯田间沉淀石油污泥	986
	尿素	0.13	河　泥	9.8			
	氯化钾	2.0	城市下水污泥	1 780～2 230		沈阳大西路下水污泥	4 430
	硫酸钾	0.35	石油化工污泥	500～2 965			
	过磷酸钙	39.0	炼焦化工污泥	5 000～47 000		沈阳青年公园湖泥	8 100
	过磷酸钙	74.9					
	人粪便	123.0				沈阳污水处理厂活性污泥	4 000
	人粪便	134.0					
	猪粪	84.0				鞍山污水处理厂消化污泥	6 900
	猪粪	104.7				辽阳化纤污泥	886
有机肥	马粪	5.6				大连甘井子污水处理厂沉淀污泥	6 500
	马粪	20.5				吉林北大沟沉淀污泥（市内）	23 500
	鸡粪	31.6				吉林北大沟（市郊）沉淀污泥	6 400
	堆肥	28.0				吉林马家河河泥	未检出
	城市垃圾	72.0				哈尔滨马家沟河泥	925
	新坑土	149.0				齐齐哈尔总排污水汇合口沉淀污泥	125
	陈坑土	314.0				大庆油田化工总厂焦化污泥	13 800

(三) 苯并(α)芘在土壤中的残留和迁移

根据中国科学院原林业土壤研究所刘大钧等试验，施肥后苯并(α)芘在土壤中有明显的残留。特别是施用污泥，往往与施用量成正比。例如，在含苯并(α)芘 35μg/kg 的土壤上施用石油污泥，各处理苯并(α)芘在土中残留增倍顺序是：施用污泥 7 500kg/hm^2 为 1.36 倍＜22 500kg/hm^2 为 1.76 倍＜45 000kg/hm^2 为 3.21 倍＜90 000kg/hm^2 为 6.60 倍＜150 000kg/hm^{2}为 9.14 倍；而施用消化污泥各处理苯并(α)芘在土中残留增倍的顺序是：施用污泥 7 500kg/hm^2 为 1.03 倍＜37 500kg/hm^2 为 2.12 倍＜75 000kg/hm^2 为 3.08 倍。污泥施用量大，残留问题比较突出。

试验表明，苯并(α)芘在土壤中的残留深度主要集中于 0～20cm 土层(耕作层)，并不随灌水的下渗而向深度移动，仅在砂质土地上才稍有下移现象。由于土壤耕翻和生物分解作用，残留于土壤中的苯并(α)芘将逐渐得以净化。如第 1 年土壤中残留苯并(α)芘占施入量的 50%，第 2 年残留可下降至施入量的 30%。

(四) 植物对苯并(α)芘的吸收与降解

1. 植物对苯并(α)芘的吸收和转运分配 高拯民等(1981，1989)采用野外调查、盆钵试验、放射性同位素示踪、人工模拟控制、大气飘尘污染与扫描电镜等方法，研究了环境中苯并(α)芘对土壤—水稻系统的影响，主要研究结果如下：

(1) 土壤耕作层(0～20cm)苯并(α)芘含量在＜10～500μg/kg 范围内，污水与清水灌溉区栽培水稻的精白米中苯并(α)芘含量在统计学上无显著性差异。

(2) 水稻各部分的苯并(α)芘来自大气飘尘污染、水—土壤污染以及水稻自身的生物合成。苯并(α)芘在水稻植株中的分配次序为：根系≥稻谷＞米糠＞精米。稻根中苯并(α)芘的含量随着土壤中浓度的增加而增加。模拟耕层的试验结果，水稻根系苯并(α)芘含量最高(33.75～36.25μg/kg，对照根系为 31.38μg/kg)：茎叶中含量为 9.25～11.35μg/kg(对照 10.05μg/kg)；稻壳含量为 20.25～21.75μg/kg(对照 21.0μg/kg)；米糠含量为 16.0～17.0μg/kg(对照 15.6μg/kg)；精白米含量 1.40～1.70μg/kg(对照 1.60μg/kg)。在水培条件下，植株根系能从溶液中吸收^{14}C-苯并(α)芘，但吸收后不能运转到植株地上部的叶面组织，而且光照与黑暗条件下差异不大。说明在大气污染明显的地区，水稻糙米和谷糠中苯并(α)芘的外来污染源可能主要来自大气飘尘的沾污，而来自水和土壤的影响是次要的；如果大气污染不明显也不严重，则水和土壤中苯并(α)芘污染可能上升为主要矛盾。

2. 植物对苯并(α)芘的生物降解 采用^{14}C-苯并(α)芘标记化合物研究结果，植株根吸收了^{14}C-苯并(α)芘后，在其酶 的作用下，植株能将吸收的^{14}C-苯并(α)芘进行生物降解，转化成分子结构较为简单的有机化合物如有机酸、氨基酸和醣类等化合物，尤以氨基酸含量较为明显，它占全部^{14}C 放射性的 3%左右。另外，80%乙醇提取后的残渣部分中，^{14}C 放射性也占有很大的比例(约 4% 左右)，这部分^{14}C 放射性物质可能是根系把^{14}C-苯并(α)芘进行生物降解成较简单的有机 物后再合成的一些大分子化合物。然而，被植物根系吸收的^{14}C 苯并(α)芘，根系对它的降解作用是比较缓慢的，绝大部分(约 93%)仍以^{14}C 苯并(α)芘的形式存在于根系。这一结果进一步表明，苯并(α)芘在外界环境中具有一定的稳定性。

试验表明，不仅植物根系可吸收苯并（α）芘，植株叶面也可吸收苯并（α）芘，并把它向植株稻穗运转，进行再分配。如以对照米样品为 1，则精米、米糠和污染叶穗轴分别为 2.8、44 和 343。芘在糙米中的含量，米糠要比精米多得多，如以精米为 1，则米糠为 15，也就是说，米糠中的苯并（α）芘量要比精米大 14 倍。其原因可能与苯并（α）芘是一种脂溶性化合物有关。

应用^{14}C同位素标记非苯并（α）芘不同含碳化合物进行水稻自身合成苯并（α）芘的试验表明，水稻自身也可合成苯并（α）芘。其中来自根吸收碳占生成物合成苯并（α）芘量的 30%，而大气中碳的贡献最大，占合成苯并（α）芘量的 70%。

王崇效和余叔文（1984）在人工气候室内用 Hoagland 营养液栽培玉米，测定了玉米根、叶、茎、籽实及伤流液中苯并（α）芘的本底值。在含苯并（α）芘的营养液中培养玉米，其 伤流液中苯并（α）芘浓度比对照迅速增加，表明玉米根系能吸收外源苯并（α）芘，并通过 维管束向上运输。随着伤流液苯并（α）芘含量的增加，茎叶苯并（α）芘含量也增加，表明 沿维管束上移的苯并（α）芘可以在地上部累积。由于玉米根系对苯并（α）芘有很强的降解 能力，在维管束中也存在丰富的氧化酶系。因此，无论在根中，还是在运输过程中，都可能 进行苯并（α）芘的活跃代谢。浓度试验表明，培养液中苯并（α）芘的配制浓度在 100μg/kg 以下时，植物吸收的苯并（α）芘量不超过植物体内的降解能力，在地上部不表现出苯并（α）芘的累积，甚至由于低浓度苯并（α）芘促进生长、增加干物质而降低了体内苯并（α）芘的 含量。王崇效和余叔文认为，这可能正是有些作者得出植物根系不吸收苯并（α）芘的一个重要原因。500μg/kg 以上处理时，苯并（α）芘的进入量超过植物的降解能力范围，破坏了原有的平衡，使平衡向着累积的方向移动，表现出地上部苯并（α）芘含量的增加。因此，地上部苯并（α）芘累积的多少取决于环境中苯并（α）芘的含量。据他们研究，苯并（α）芘的累积不仅发生在茎叶，而且可以发生在籽粒，尤其是灌浆期的处理，由于苯并（α）芘随水向生长中心转运，使籽粒苯并（α）芘含量增加较明显。就苯并（α）芘在植物体内分配 来说，籽粒中残留量约占地上部残留量的 10%。因此，避免灌浆期的污水灌溉，严禁在苯并（α）芘严重污染的土壤上种植根菜类、叶菜类作物，对于减少苯并（α）芘进入食物链具有积极意义。

综上所述，农作物吸收苯并（α）芘的来源与形成是十分复杂的，作物在整个生育过程中即使有少量苯并（α）芘从根部进入体内，亦可被进行再分配过程中的酶解所破坏。因此，只要施肥适量，不会因施肥而造成苯并（α）芘残留。有些灌区如沈抚炼油污水灌区的上游个别地块糙米中苯并（α）芘含量比其他灌区高出多倍，可能是大气污染严重造成的。

三、来自磷肥中的氟污染

我国磷矿的类型有磷灰石、沉积变质磷块岩、硅钙质磷块岩、钙质磷块岩、胶磷矿等。无论那一种类型的磷矿，含氟量基本上与磷矿的全磷量成正比例。通过全国 22 个矿 72 个样品中的化学测定，有磷矿中全磷量高而含氟量亦高的趋势，含氟量大致在 0.4%～3.68%的范围内。

（一）磷肥生产过程中氟的释放

2004 年，我国共生产磷肥 1 017.4 万 t P_2O_5，其中，高浓度（总养分≥40%）磷复肥产量为 549.1 万 t P_2O_5，占磷肥总产量的 54.0%；低浓度磷肥（过磷酸钙和钙镁磷肥，含 P_2O_5 12%～18%）产量为 468.3 万 t P_2O_5，占磷肥总产量的 46.0%。在低浓度磷肥中，过磷酸钙 420 万 t P_2O_5 左右，占 90%；钙镁磷肥产量约 50 万 t P_2O_5左右，占 10%。

1. 过磷酸钙生产过程中氟的释放　在制造过磷酸钙时，用硫酸处理磨细的磷矿石，产生氢氟酸和四氟化硅。其化学反应式如下：

$Ca_{10}F_2(PO_4)_6+7H_2SO_4+3H_2O \longrightarrow 3CaH_4(PO_4)_2 \cdot H_2O+7CaSO_4+2HF\uparrow$

及 $SiO_2+4HF \longrightarrow SiF_4+2H_2O$

在重过磷酸钙的制造过程中也产生这两种污染物，其化学反应为：

$Ca_{10}F_2(PO_4)_6+14H_3SO_4+10H_2O \longrightarrow 10CaH_4(PO_4)_2 \cdot H_2O+2HF\uparrow$

及 $SiO_2+4HF \longrightarrow SiF_4+2H_2O$

近代工厂采用的较好方法是：将含氟废气通过水喷雾塔或其他各种形式的洗涤器，由此，四氯化硅与水形成氢氟酸。但是，控制散逸的效率各工厂大小相同，有的厂能将 SiF_4 和 HF 的大部分吸收掉，而不使逸入大气中。我国的一些县办和民办小磷肥厂基本上没有采取任何措施，任其散入大气。

此外，在过磷酸钙制造过程中还有两个主要污染源：

（1）普钙熟化仓库：我国的普钙（即普通过磷酸钙的简称）熟化仓库基本上采取自然通风。当原矿品位和转化率比较低时，熟化仓库所逸散的氟数量不大，问题不突出。当采用高品位磷矿生产普钙时，因原矿含氟较高，在熟化仓库下风一侧的大气，氟污染相当严重。据测定，湛江磷肥厂平均逸出 F 1.81～2.49kg/h，南京化学公司磷肥厂约 1.35～5.40kg/h。这些逸散的氟已远远超过洗涤后从烟囱所排出的氟。

（2）副产氟盐所排出的酸性废水：排放量与生产规模有关。一般情况下，大型普钙厂每生产 1t 普钙约回收氟硅酸钠（Na_2SiF_6）6～7kg，中型厂回收约 3～4kg，小型厂低达 1～2kg，氟硅酸钠回收率愈低，说明氟硅酸（H_2SiF_6）流失愈多，相应酸性废水排放量愈大。废水含氟约 3～5g/L，HCl 2%～4%。以年产 6 万 t 标肥的普钙厂为例，年排酸性废水约 4 万～5 万 t。全国有大中型普钙厂（年产大于 10 万 t）15 家，中小型厂（年产 5 万～10 万 t）26 家，小型厂（年产小于 5 万 t）288 家，有 99%以上的普钙厂对这些废水未作任何处理，可见危害之大。

2. 钙镁磷肥生产过程中氟的释放　钙镁磷肥是用磷矿石与蛇蚊石或橄榄石在高温（熔料流出时温度为 1 070～1 450℃）煅烧而成。其化学反应为：

$$3MgO \cdot 2SiO_2 \cdot 2H_2O \longrightarrow 2Mg \cdot SiO_2+MgO \cdot SiO_2+2H_2O \quad 650℃$$

$$2Ca_{10}F_2(PO_4)_6+2SiO_2 \longrightarrow 6Ca_3(PO_4)_2+2CaO \cdot SiO_2+SiF_4 \quad 1\ 100℃$$

$$2Ca_3(PO_4)_2+2(2MgO \cdot SiO_2)+2MgO \cdot SiO_2) \longrightarrow 2Mg_3(PO_4)_2+3(2CaO \cdot SiO_2)+SiO_2$$

钙镁磷肥在生产过程中，气相氟与成品粉尘的污染比普钙更严重。当钙镁磷肥使用白云石作配料时，煤气含氟 0.5～0.8g/标 m^3，当配料改用蛇蚊石时，煤气含氟 1～2g/标 m^3，煤气中的粉尘氟含量约 8～12g/标 m^3。生产厂将煤气用于热风炉燃烧，然后由烟囱放空。据不完全统计，全国钙镁磷肥厂 254 家，只有 20 几家有煤气净化洗涤装置，但他们对氟硅酸也不是都作处理和回收的，基本上从烟囱排空。若以年产 10 万 t 的厂为例，氟吸收液含氟硅酸 3%，每年排入江河的稀氟硅酸约 1 000 万 t。

此外，钙镁磷肥厂的主要污染源还有水淬、炉顶、污水等。

(1) 水淬污染源：钙镁磷肥溶料在水淬时脱氟量比较大，以年产标肥 6 万 t 的高炉为例，逸出氟量约 7～10kg/h，为烟囱排氟量的 3～5 倍。

(2) 炉顶污染源：炉料经料包、料钟进入高炉。料炉每天启闭达 200～300 次，每次启闭都有大量含氟煤气逸出。以年产标肥 6 万 t 的高炉为例，炉顶逸氟量达 4～8kg/h，为烟囱排氟量的 2.3 倍。

(3) 污水污染源：污水排出的氟，各厂不一，有的厂将氟吸收液直接排出，氟浓度 2～3g/L，毒性较大，长期排放，影响水生物的生存；也有的厂将氟吸收液用石灰乳中和后排放，氟浓度约 70mg/L；较多的厂将封闭循环后的水淬水部分排放，部分补充清水，污水含氟约 20mg/L。对于年产 3 万～6 万 t 的磷肥企业，由污染排放的氟每小时约 2～3kg，稍多于烟囱排氟量。

(4) 粉尘污染源：在高炉炉顶，半成品烘干、球磨所排出的尾气以及成品包装时飞扬的肥料等污染源中，以半成品烘干、球磨所带走的粉尘量最多，如果不采取有效除尘措施，则年产 7 万 t 标肥的企业，烘干时损失的粉尘达 1.5t/d，球磨时所散逸的肥料达 0.5t/d。这不仅污染大气，同时是一笔可观的经济损失。

以上还不包括粉矿烧结场的氟污染。假若粉矿采用土法鼓风烧结，烟雾含氟浓度为 17.5～21.8mg/m^3，而大气有害物质最高允许含量为 0.01mg/m^3。

3. 高浓度磷肥生产过程中氟的释放

(1) 磷酸铵

①湿法生产：以硫酸分解磷矿即生成磷酸溶液和难溶性硫酸钙结晶，其化学反应式为：

$$Ca_5F(PO_4)_3+5H_2SO_4+5nH_2O \longrightarrow 3H_3PO_4+5CaSO_4 \cdot nH_2O+H_2F$$

实际上反应分两步进行，第一步为磷矿粉和循环料浆（或返回系统的磷酸）在预分解阶段反应，生成磷酸一钙：

$$CaF(PO_4)_3+7H_3PO_4 \longrightarrow 5Ca(H_2PO_4)_2 \cdot H_2O+HF$$

预分解的目的在于防止磷矿与硫酸直接反应，在磷矿粒子表面生成硫酸钙覆盖层而阻碍磷矿进一步分解，另一目的对料浆中硫酸钙的过饱和度易于控制。第 2 步是磷酸一钙料浆与稍微过量的硫酸反应，其化学反应式为：

$$5Ca(H_2PO_4)_2+5H_2SO_4+5nH_2O \longrightarrow 5CaSO_4 \cdot nH_2O+10H_3PO_4$$

磷酸与氨反应生成磷酸二氢铵：

$$NH_3(\text{气})+H_3PO_4(\text{液}) \longrightarrow NH_4H_2PO_4(\text{固})$$

$$2NH_3(\text{气})+H_3PO_4(\text{液}) \longrightarrow (NH_4)_2HPO_4(\text{固})$$

湿法生产的好处是氟化物回收方便，缺点是热能利用效率低、尾气量大、设备易腐蚀。

②热法生产：热法制磷也称电炉法制磷，将合格的磷矿、硅石和焦炭按工艺配比要求混匀后在三相密闭电炉中熔融，进行磷的还原反应，其主要化学反应为：

$$2Ca_5F(PO_4)_3+15C+6SiO_2 \longrightarrow 3P_2+15CO+3Ca_3Si_2O_7+CaF_2$$

在 230℃时 P_2O_5 与 3 个分子水结合，生成正磷酸：

$$P_2O_5+3H_2O=2H_3PO_4$$

$$H_3(PO_4)_2(\text{液})+2NH_3(\text{气}) \longrightarrow (NH_4)_2HPO_4$$

$$H_3(PO_4)_2(液)+NH_3(气) \longrightarrow NH_4H_2PO_4$$

氟的逸出率受炉料酸度的影响，当炉料酸度高时，F 的逸出率可达 80%～90%，而酸度指标为 0.8 时，氟的逸出率约为 30%～50%。

（2）硝酸磷肥：硝酸分解磷矿的主要化学反应是硝酸与氟磷酸钙的作用，生成磷酸、硝酸钙和氟化氢。

$$Ca_5F(PO_4)_3+10HNO_3 \longrightarrow 3H_3PO_4+5Ca(NO_3)_2+HF$$

由于磷矿中含有硅酸盐或硅石、碳酸钙、碳酸镁以及铁、铝的倍半氧化物等，除了 HNO_3、H_3PO_4 与它们反应外，HF 与它们也发生反应：

$$SiO_2+4HF \longrightarrow SiF_4+2H_2O$$

$$SiF_4+2HF \longrightarrow H_2SiF_4$$

硝酸分解磷矿的结果，因主要成分五氧化二磷、钙、氟等几乎全部溶解，分解液中不溶性残渣很少，氟基本上保留在硝酸磷肥中。

4. 磷肥生产的氟排放量 2005 年，全国磷肥总产量预计为 1 100 万 t，磷矿石用量（按含 P_2O_5 25%计）为 4 400 万 t，磷矿石平均含氟量按 2.2%计算，氟回收率按最高标准 70% 计算，那么，每年仍有 29.04 万 t 氟（F）排入大气和通过施肥进入土壤。

（二）氟对土壤的污染

大量的氟进入环境，必然要危及土壤。如果有下列表征之一者，则可视为土壤氟污染：一是土壤氟的小范围异常富集，并呈现出由表层向下逐渐减少的剖面变化趋势；二是土壤水溶性氟的绝对含量及其在全氟中的比例显著升高（未污染的正常土壤水溶性氟通常含量为 0.3～0.5mg/kg）；三是作物生长发育受到抑制，收获物中氟残留量增高；四是局部地下水出现非其他原因的氟污染。

1. 土壤氟污染概况 我国的土壤氟污染以工业氟源附近为主，特别是在数量多而且分散于全国各地的磷肥厂附近。据中国科学院成都地理研究所等单位对西南地区十几个磷肥厂调查，绝大多数磷肥厂地带或沿下风向 1～5km 范围内都不同程度地出现了土壤氟污染。江西东乡磷肥厂周围土壤含氟量为 300～400mg/kg，最高达 12 500mg/kg，附近牧草含氟 300～1 400mg/kg，远离厂区的牧草仅 11.2mg/kg。

土壤氟污染受风向、降雨等级、地形、植被等因素影响较大，普遍的趋势是下风比上风的土壤污染严重，降雨量大而季节性明显的地区土壤污染较轻。即便是在下风侧，土壤氟含量也随距污染源距离的增大而减少。

土壤氟含量与大气氟紧密相关，在污染区一般是大气氟含量高，土壤氟亦多。如贵阳地区（表 8）的南明区大气氟含量为 0.003mg/m^3，土壤平均含氟量 791.48mg/kg，白云区大气氟含量 0.21mg/m^3，而土壤平均含氟量为 1 276.5mg/kg。

表 8 贵阳地区大气氟与土壤氟的关系

地 区	大气氟含量 (mg/m^3)	土壤氟最高检出量 (mg/kg)	土壤含氟量平均值 (mg/kg)
南明区	0.003	1 687.50	791.48
云岩区	0.011	1 730.0	922.32
白云区	0.21	2 253.5	1 276.5

施用磷肥也会影响土壤氟含量。我国磷肥的含氟量大约0.8%～1.0%（指标肥，含P_2O_5 18%），如果每666.7m^2施磷肥50kg，那么，每年等于往土壤中加入0.4～0.5kg氟，也就是每年土壤净增2.6～3.3mg/kg氟。美国宾夕法尼亚地区有代表性的施肥水平是每公顷每年施50～100kg P_2O_5，使土壤每年净增氟5～10mg/kg。

2. 土壤氟的转化和净化

（1）土壤中氟的形态和分布特征：土壤中90%以上的天然氟化物是不可溶的，或者是被土壤胶体紧紧吸附着的。在通常的情况下土壤含氟100～300mg/kg，污染区则大大超过这个数值。例如包头地区淡栗钙土全剖面含氟量为360～440mg/kg。水溶氟在土壤剖面中的分布因污染程度而异。据中国科学院南京土壤研究所测定，包头地区污染重的土壤，表土层水溶性氟含量高达8～11mg/kg，污染轻的土壤表土中水溶性氟的含量较低，为2～3mg/kg，心土及底土层水溶性氟均在6～8mg/kg。也就是说，污染重的土壤表土层水溶性氟高于底层土，而污染轻的则表土层低于底土层。

至于氟含量与碳酸钙的关系，有的报道在碳酸钙积累的钙积层内氟含量较高，有的报道不存在相关。可能与土壤的其他条件有关。

（2）土壤氟的转化和净化：首先，土壤胶体对氟离子和氟化物分子具有吸附作用，其吸附机制非常复杂，但一般地说，土壤对外源氟的固定不仅与土壤组成有关，也受反应体系pH的显著影响。同类土壤吸氟量与pH、黏粒含量、有机碳和氢氧化铝含量有关。不同的矿物在不同浓度的含氟溶液中吸氟能力相差很大（表9），它也是导致不同组成的土壤吸附能力差异的原因之一。

表9　一些矿物在不同浓度氟溶液中的吸附能力

矿　物	饱和泥浆的pH	在指定的平衡浓度时对氟的吸附量				兰米尔常数	
		2mg/L	4mg/L	8mg/L	16mg/L	吸附能力	平衡常数
		mg/kg					
三水铝石	7.0	80	110	135	190	222	0.25
针铁矿	7.0	微	微	20	30	—	—
高岭石	6.2	100	160	250	295	416	0.16
高岭石	5.0	70	110	170	200	270	0.19
脱水埃洛石	6.1	580	840	1 210	1 400	1 780	0.23
水合埃洛石	7.0	420	740	1 200	1 777	3 333	0.07
皂　土	8.7	微	微	微	微	—	—
蛭　石	8.5	微	微	微	微	—	—
氢氧化铝	6.3	21 800	30 400	31 300	32 600	34 500	1.45

一般说来，凡是影响土壤吸附能力的因素也影响土壤氟的活性。氟在土壤中的移动在很大程度上取决于土壤水分状况和水动力过程，土壤酸碱度也是土壤氟活性的重要影响因素。针对土壤pH的影响，日本山田秀和等提出了一个土壤可溶性氟存在状况的假设图（图1）。

土壤中氟的净化是与氟的活性和迁移作用紧密相连的一种氟运动过程。除了水参与下的物理、化学净化外，还包括由植物和土壤动物吸收、富集和移出的生物净化作用。

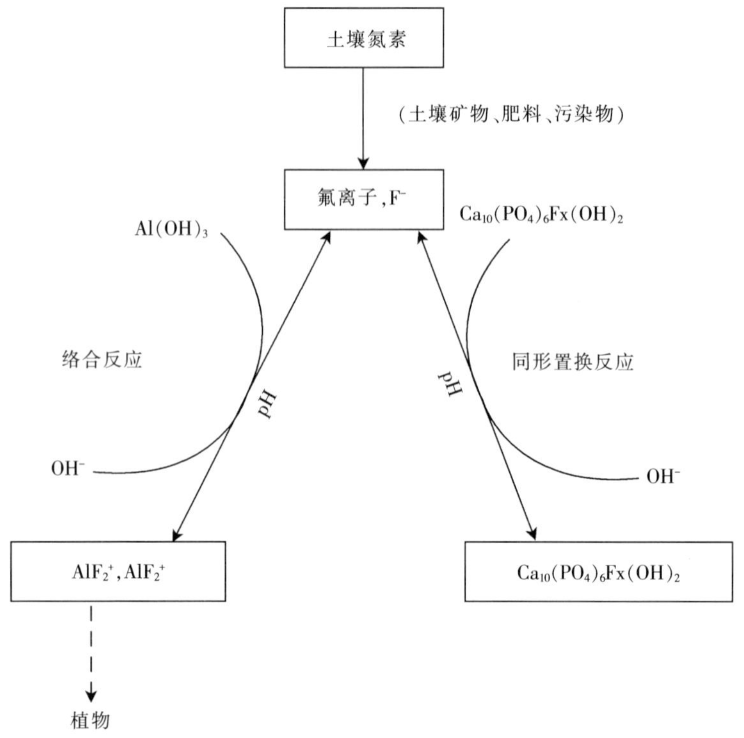

图 1　土壤可溶性氟的存在状态及其转化

3. 土壤氟污染的危害

（1）土壤氟污染对作物的危害：植物吸收氟的数量与土壤水溶性氟含量呈直线增长或正相关，与植物吸收铝、铁、锰均有一定的关系。

土壤氟污染对作物的危害特点与大气氟污染不同，它是慢性累积性生理障碍过程，主要表现为：①生育前期干物质累积量减少，成熟期谷粒产量降低；②分蘖减少、成蘖成穗率降低；③伤害营养吸收组织和光合成组织，与大气氟污染有类同之处；④作用和残留的部位与大气氟污染不同。例如水稻，由根吸收的氟虽易于运转到叶片累积起来，但根的氟残留量通常最高，籽粒含氟量较低。氟在植物体内累积最多的部位不一定是受害最严重、最明显的氟害作用部位。有人发现小麦秸秆氟残留量随土壤水溶性氟的增加而呈直线型增加，而籽粒含氟量则增加甚微。小麦作物受氟害最明显的部位却是籽粒减产显著，秸秆减产不明显，而且其减产资料不具有统计学意义。

土壤氟的危害浓度受各种因素的影响，不同的作物、同一作物之间的不同品种，土壤质地、土壤 pH、交换性阳离子的含量、土壤有效磷的浓度、土壤有机质和钙的含量，甚至不同的种植季节和生育阶段，土壤氟的危害程度都不一样。因此，应根据具体情况确定土壤氟危害的临界浓度。

（2）土壤氟污染对牲畜和人体的影响：土壤氟污染不直接作用于牲畜的人体，而是通过饮水和食物链对牲畜和人的健康产生不利影响，将在下文重点阐述。

（三）氟污染对植物的危害

1. 氟在植物体内的累积及危害的发生机制　氟是否是植物的必需元素，至今还没有得到充分的证实，但自然界植物体内一般都含有微量的氟，本底值约为 0.5～25mg/kg 之间（干物质重）。

植物体内的氟主要来源于空气、土壤和水中。土壤和水中的氟化物是通过植物的根部吸收的，大部分在根系保留，少部分可随植物的蒸腾作用水流通过茎部到达叶片，并积累于叶片的顶端或边缘部分。蓄积于叶片中的氟相当稳定，通常不会转移到其他部位，因而富集于叶片顶端或边缘的氟有时可达到全叶片平均氟含量的数倍，这就是叶片对氟的富集作用。

大气中的氟化物更容易被叶组织吸收，蓄积而导致新陈代谢的改变，使叶部受害。众所周知，植物叶片是进行光合作用的呼吸器官，是与周围环境进行气体交换最活跃的组织，因而也是受环境污染危害最敏感的部位，分布在表皮细胞间的气孔是氟化物进入植物体内的主要通道。暴露在大气中的植物，污染物就附着在植物体表面，这种污染气体或粉尘，通过叶面的气孔吸收，再由软细胞的间隙到达导管。在降雨时，叶面有水滴，可溶性气体及粉尘溶入水中，叶面直接受害。稻科植物除气孔外，还可从叶缘的水孔吸收气体，经被复组织进入导管。

被植物机能器官摄入的氟，对蛋白质有抑制制作用，并能降低植物的叶绿素含量，阻碍光合作用和呼吸功能，影响糖代谢及蛋白质合成。在含有氟的环境中，除了植物的敏感部位受到氟的直接毒害而出现酸性伤害外，一部分氟还参与机体的某些酶化过程，影响或抑制酶的活性，引起植物机体代谢混乱，甚至破坏整个代谢过程，伴之出现细胞损伤或坏死，使植物叶片呈现出伤害症状。受伤害的叶片细胞开始透过受伤的细胞膜，掉入细胞间隙，受害部位呈暗绿色的油浸或水渍型伤斑——“坏死斑”。往往在同一个叶片上，受氟伤害的“坏死斑”与健康组织之间，有明显的棕褐色狭长分界线。随着时间的延长，机体摄氟量增加，富集于叶片的氟量增加，坏死部分逐渐扩展，叶片受害程度加重。

氟化氢溶液（氢氟酸或氟硅酸）的毒性很强，对不同种类植物的毒性比二氧化硫（SO_2）大 10～1 000 倍，它使叶内的细胞、组织机能破坏，但很少有部位的转移，大部分是上述富集的被害部位。放射性同位素试验证明，HF 在植物体内的浓度，按叶、茎、根的顺序减小。植物对氟化氢的敏感性，因其种类不同而差异很大，同一种植物的不同品种亦有差异，在不同的生长期其反应也不一样。唐菖蒲对 HF 特别敏感，因此可用它作大气氟污染的指示植物。杏树、玉米对 HF 也很敏感。松树（老叶）、番茄、棉花、烟草、芹菜等对 HF 的抵抗能力较强。

对于不同的植物，其富集氟化物的能力差别很大。例如，在某磷肥厂烟囱附近采集的叶片含氟量为：桑 1 750mg/kg，垂柳 1 575mg/kg，兰桉 2 350mg/kg，拐枣 3 950mg/kg，滇杨 4 100mg/kg，银桦 4 750mg/kg。而且在生长季节中表现出明显的积累过程。烟囱旁滇杨的含氟量，5 月 475mg/kg，7 月 2 000mg/kg，10 月 3 700mg/kg。在主风向上侧 200m 果园中几个树种叶片含氟量的增长情况见表 10。

表 10　果树叶片吸收积累氟化物的季节变化

树　种	叶片含氟量（mg/kg）		
	5 月	8 月	11 月
板　栗	66	290	330
梨	58	170	375
桃	33	87	640
葡　萄	—	184	750

由于单位体积占有的吸收表面较小，植物的其他器官富集氟化物的能力都不如叶片强，所以含氟量较低。例如番茄叶的含氟量比茎多25倍，比果实多100倍；苜蓿叶的含氟量比茎多7～8倍。经过熏气试验的柑橘叶含氟230mg/kg，枝条只有28mg/kg；树叶含氟200mg/kg，浆果为3mg/kg；树叶含氟100～300mg/kg时，仁果和核果很少超过10mg/kg。

2. 氟污染对作物的危害

（1）水稻的氟污染：云南省昆明磷肥厂每年的排含氟废气170m³，其中氟化物约占70%。根据云南省环境科学研究所等单位调查，1981年7月14～16日，在西南主风向离污染源300、1 028、1 543、2 571m处5个点30个样品的分析结果，各个点日平均值都超过了国家标准（0.007mg F^-/m³），超标倍数由近到远分别为13.2、3.0、1.4、1.31、3.5倍。其中离污染源最近的测点（300m处），一次最大实测值达1.020 2mg F^-/m³，超过车间排放标准（1mgF^-/m³）。1981年8月1～5日对附近的古城乡13个点172次调查结果，13个点5d平均值都超过国家标准1.7～9.5倍。大气中如此高的含氟量势必对水稻产生影响。

①大气含量与水稻叶片含氟量的关系：从表11看出，离污染源越近，大气含氟量越高，水稻叶片和糙米中的含氟量越高；随着离污染源距离加大，大气含氟浓度降低，水稻叶片和糙米含氟量也降低。无论离污染源远近，糙米中的含氟量均远低于水稻叶片。

表11　大气含量与水稻叶片含氟量关系（古城西南主风向）

采样地点	离污染源距离（m）	大气含氟日平均浓度（mg F^-/m³）	叶片含氟量（mg/kg）	糙米含氟量（mg/kg）	大气一次测定最大值（mg F^-/m³）	产　量
豆腐坊	300	0.284 1	1 568	13.00	1.020 2	严重减产
荒田河埂	1 028	0.079 6	830	7.75	0.162 6	减　产
中谊村	1 543	0.048 3	525	7.15	0.081 8	稍有减产或正常
乡政府门前	2 571	0.046 2	196	2.80	0.080 3	正　常

表12　污染源下风侧不同距离处几种植物总含氟量与对照同类植物之比

品　种	距污染源距离（m）				
	200～300	400～500	600～700	800～900	1 500～2 000
青　草	4	3	2.2	1	1
稻　草	6.8	4.7	1.4	1	1
稻　谷	9	4.1	2.7	2.9	1.2

全国中小型磷肥厂大气污染协作组1977—1980年对湖南、江苏、福建、广东等省的6个中小型磷肥厂（年产5万～10万t）和2个过磷酸钙厂的调查结果（表12），与上述趋势是一致的，在离污染源下风侧400～500m以内污染最严重，大气中氟化物浓度都超守国家标准，在烟流主轴线下风800～1 000m远处近地面大气中，氟化物一次测定平均值及日平均浓度（指每日早、中、晚、夜4次测定平均值）均超过标准。下风侧几种植物叶片中含氟量高出对照同类植物数倍，变化趋势基本上与近地面大气中氟化物浓度一致。

②氟对水稻经济性状的影响：上文已提及，大气中的氟进入叶片后，将影响到原叶绿素的合成，从而降低植物光合作用。由于有机物合成受到影响，导致空秕率增高，千粒重下降。由表13可看出，离污染源300m以内，水稻严重减产；在300～1 612m以内，由严重减产到稍有减产；1 612～2 062m以内，从稍有减产到产量正常；2 062m以上直到3 488m（叶片含氟量从373mg/kg到155mg/kg）产量正常。同时，还可看出，离污染源300m处水

稻空秕率为70%，千粒重只有19.8g，比2 062m处的千粒重少3.5g。

表13　水稻叶片含氟量与其经济性状的关系

（水稻品种：6536）

采样地点	离污染源距离（m）	叶片含氟量（mg/kg）	空秕率（%）	千粒重（g）	产　量（kg/hm^2）
古城三队菜地	300	1 660	70	19.8	严重减产，1 567.5
古城三队窝子底	1 612	420	35	22.7	稍有减产
龙王庙	2 062	373	16	23.3	正常，13 537.5
归寨牛棚后	3 488	155	18	23.8	正常，6 075
对照（县农业科学研究所）	约10 000	20	19	24.0	正　常

据1979年实地调查结果（表14），蓝田等5块地减产56.5%～88%，空秕率31%～70%。无疑，这些田块属于重污染区，因为一般认为作物减产10%～20%就可列为重污染区。5块田中，糙米含氟量最低的为7.75mg/kg，明显高于污染起始值4.8mg/kg。

表14　磷肥厂附近受氟危害最重的田块水稻调查情况

采样地点	单　产（kg/hm^2）	减　产*（%）	空秕率（%）	千粒重（g）	糙米含氟量（mg/kg）
兰　田	675	88	65	19.7	11.5
古城三队菜地	1 567.5	74	70	19.8	13.0
大柏树	2 400	60	40	21.0	15.0
荒　田	2 625	57	38.8	20.3	7.75
五麦堆	2 640	56.5	31	21.9	

* 用归寨大队6 075kg/hm^2为对照计算产量增减。

按照水稻叶片、糙米中的含氟量和危害症状、减产幅度，将水稻受氟污染的等级标准列于表15。

表15　水稻受氟污染等级划分标准

		非污染区	轻度污染区	中度污染区	重度污染区
划分标志	叶片含氟量（mg/kg）	叶F<61	375.8≥叶F≥61	375.8<叶F<618.8	叶F≥618.8
	田间生长发育情况	正　常	正　常	叶片出现轻微氟中毒症状	叶片普遍出现氟中毒症状
	产　量	正　常	正　常	正常或稍有减产	减产11%～23%以上
	可食部分（糙米）含氟量（mg/kg）	糙米<4.80	糙米F≤4.8	4.8<糙米F<7.75	糙米≥7.75

注：叶F——水稻叶片含氟实测值；糙米F——水稻糙米含氟实测值。

（2）小麦氟污染：包头地区是氟污染比较严重的地区，一部分来自于自然本底，一部分来自于工业污染，这是一个典型的第1环境问题和第2环境问题叠加的地区。包头市环保研究所较详细地研究了该区的小麦氟污染问题。

根据1980年5～7月对大气氟浓度的监测结果，大气氟浓度为0.53～6.19$\mu g/m^2 \cdot d$，（即在石灰滤纸上每天每平方米吸附的氟量为0.53～6.19μg）。日本金田和子等认为，大气氟浓度为1$\mu g/m^2 \cdot d$时对植物不产生可见损害。因此，确定凡小于此值者为非污染区，大于此值者为污染区。由于本区一部分氟来源于自然本底，所以小麦本身就有氟的本底值，按照实测数据，以（均值＋标准差）×t值作为各部位氟含量本底值上限（表16）。

表16　包头市小麦各部位氟本底值上限

(mg/kg)

器　官	根	茎	叶	叶　鞘	籽　实
样品样	8	8	8	8	8
均　值	21.71	1.96	9.88	3.26	0.59
标准误	1.97	0.21	0.99	0.16	0.05
t值	2.365				
本底值上限	26.37	2.46	12.22	3.64	0.70

①小麦叶片各部位氟的含量：表17指出，叶片横切处理，叶尖大于叶中部，叶中部又大于叶基部；环切处理，叶缘大于全叶，全叶大于叶心。其原因在于：一是大气中的氟化物容易被叶组织吸收，氟化物通过简单扩散作用或通过维管束组织，从叶肉转移到其他细胞，随蒸腾作用到叶尖和叶缘；二是叶脉中木质部含有来自土壤的丰富的矿物质，吸收的氟化物与这些矿物质结合为氟化盐，通过叶脉输送到叶尖、叶缘。

表17　小麦叶片不同部位氟含量

(mg/kg)

叶片部位	全　叶	横　切			环　切	
		基　部	中　部	叶尖部	叶　心	叶　缘
样品数	10	11	11	11	6	5
均　值	61.8	30.0	36.3	116.2	41.1	134.8

②不同叶位的含氟量：试验表明，无论是同一地点生长的不同品种的小麦，还是不同地点生长的同一品种小麦，旗叶，倒1叶和倒2叶的含氟量差异不显著。

③氟在小麦各器管的分布：表18结果表明，氟在小麦各器官的分布污染区与非污染区是不一样的。污染区是：叶＞根＞鞘＞茎＞籽粒；非污染区是：根＞叶＞鞘＞茎＞籽粒。这是由于氟的进入途径不同所致。在污染区，大气中氟的浓度高，小麦从叶片吸收的氟要比根从土壤的摄氟量大得多，叶片吸收氟化物的速度超过了它的输送能力，使氟在叶中浓缩积累。所以，叶氟含量最高。在非污染区，大气的氟浓度极低，土壤氟对根系的影响较大，因而根部含氟量高。无论污染区还是非污染区，大气中都含有一定量氟，植物茎秆上有皮孔和气孔，能直接吸收少量氟化物。叶鞘包在茎外，与大气直接接触，吸收的氟比茎多。所以，叶鞘氟含量大于茎。

表18　小麦各器官氟颁

(mg/kg)

器　官	全　叶	根	叶　鞘	茎	籽　粒
非污染区	11.20	19.18	3.28	2.12	0.56
氟污染区	126.59	44.45	34.96	6.09	2.12

④小麦对氟的抗性：江苏省植物研究所报道，在无大气污染的情况下，植物经过一个生长季节，在叶中通常积累5～10mg/kg的氟化物，正常含量为10～20mg/kg。许多文献介绍，氟化物对单子叶植物的毒害作用，主要表现在叶缘和叶尖，使其坏死，出现红棕色边缘，乃至白色脱绿斑，然而，小麦叶片内含量超过200mg/kg尚未出现可见症状。在包头古

城湾小麦叶片中氟含量高达 880mg/kg，仍看不到可见症状，说明小麦对氟有较强的抗性。

（3）蔬菜氟污染：包头市环保研究所 1980 年 9 月对该市蔬菜氟污染进行了调查测定。对照区大气氟浓度为 15.9μg/dm²·月，污染区为 53.4～173μg/dm²·月，生长于氟污染区的蔬菜，它们的含氟量均高于对照区。在重污染区，叶菜类（食用部分）比对照区高 4.6～9.4 倍，果菜类高 1.6～1.9 倍，根茎菜类高 0.6～0.8 倍；在轻污染区，叶菜类（食用部位）高 2.2～1.3 倍，果菜类高 0.2～0.5 倍，根茎菜类高 0.1～0.3 倍。由此可见，大气氟污染，使蔬菜的含氟量普遍提高。无论污染区，还是非污染区，蔬菜的含氟量均是叶菜类＞果菜类＞根茎菜类。

①蔬菜含氟量与大气氟、土壤水溶氟及灌溉水氟的关系：表 19 指出，蔬菜含氟量随大气氟浓度的增高而增加。重污染区古城湾的土壤水溶氟高于重污染区张家营子 2 倍，但蔬菜氟却是古城湾低于张家营子，可见，土壤水溶氟对蔬菜含氟量的影响不如大气氟明显。轻污染区的青年农场灌溉水氟高于轻污染区的前口子 1.3 倍，但蔬菜含氟量前者稍高于后者，看来水氟对蔬菜含氟量也有一定的影响，可是，同样不如大气氟明显。总之，蔬菜含氟量的主要影响因素是大气中氟化物的含量。

表 19 蔬菜及其环境要素的含氟量

采 样 点	蔬菜 F 含量 (mg/kg)	大气 F 量 (μg/dm²·月)	土壤水溶 F (mg/L)	灌溉水 F (mg/L)
重污染区（张家营子）	11.4	173	15.0	0.81
重污染区（古城湾）	7.2	119	45.0	0.90
轻污染区（前口子）	3.1	72.9	3.8	0.66
轻污染区（青年农场）	3.6	53.4	4.6	1.50
对照区（沟门）	1.7	15.9	2.7	0.60

②蔬菜不同部位的含氟量：蔬菜的部位不同，含氟量大不同（表 20）。其中叶片含氟量最高，特别是污染区的蔬菜，叶片的含氟显著增高。无论是大气氟污染区，还是对照区，蔬菜各部位的含氟量均是依叶＞根＞茎＞果的顺序排列。此外，从表 20 中还可看到，在大气氟污染区生长的蔬菜，根茎类及其他蔬菜的根部、果实中都有明显的氟蓄积。

表 20 蔬菜不同部位的含氟量

（mg/kg，干样）

蔬菜名称	重污染区（张家营子）				轻污染区（前口子）				对照区（沟门）			
	叶	根	茎	果	叶	根	茎	果	叶	根	茎	果
长白菜	36.0	—	—	—	8.0	—	—	—	3.0	—	—	—
元白菜	21.5	—	—	—	3.2	—	—	—	2.0	—	—	—
菠　菜	51.0	18.7	7.3	—	33.3	—	—	—	—	—	—	—
韭　菜	10.5	—	—	—	7.6	—	—	—	2.3	—	—	—
马铃薯	100	—	3.5	—	—	—	—	—	6.6	—	2.0	—
青萝卜	84.0	3.8	—	—	22.0	2.1	—	—	5.7	1.2	—	—
胡萝卜	63.0	2.4	—	—	14.0	2.1	—	—	5.1	1.4	—	—
番　茄	149	32.0	19.5	2.5	68.0	12.0	9.6	1.6	7.5	4.9	1.7	1.3
茄　子	107	31.0	9.0	3.8	36.0	9.6	8.8	1.8	6.6	—	1.5	0.9
青　椒	58.0	32.0	14.0	7.5	23.0	15.5	5.0	2.9	4.2	2.6	—	1.8
黄　瓜	110	50.0	—	3.6	15.0	—	—	2.6	5.1	—	—	2.1
豆　角	164	—	33.0	17.0	39.0	11.0	5.0	2.4	6.6	6.2	3.6	1.4

注“—”无样品。

③蔬菜中氟的可溶性：蔬菜中的氟溶于水（表 21）。叶菜类水溶性氟最高，为 53%～77%；其次是根茎菜类，为 17%～37%；最低的是果菜类，为 9%～25%。人们在食用蔬菜之前总是首先用清水洗涤，一部分氟会被水溶出而不进入人体。因此，在估计人们食用蔬菜的摄氟量时，应将被水溶出的那部分氟扣除掉。

表 21　蔬菜的水溶氟

（mg/kg，干样）

采样点	叶菜类			根茎菜类			果菜类		
	未经水浸	水浸后	溶氟（%）	未经水浸	水浸后	溶氟（%）	未经水浸	水浸后	溶氟（%）
重污染区（张家营子）	19.3	9.1	53	2.1	1.5	29	3.3	3.0	90
重污染区（古城湾）	13.5	5.7	58	1.9	1.2	37	5.6	4.4	21
轻污染区（前口子）	5.6	2.2	61	1.5	1.0	33	2.1	1.7	19
轻污染区（青年农场）	7.7	1.8	77	—	—	—	1.6	1.2	25
对照区（沟门）	2.5	0.9	64	1.2	1.0	17	1.7	1.3	24

注："—" 无样品。

（4）葡萄氟污染：葡萄长期在氟污染环境中生长，即使大气浓度不高，由于接触时间长，氟也会在葡萄植株中积累。所以，在低浓度长期作用下，葡萄受害明显。尤其是玫瑰香葡萄更为突出，一般把它作为监测大气氟污染的指示植物。

北京市某厂每小时排放 3.1kg 氟化氢，基本上是无组织扩散方式排出。此厂东北方位约 30m，有一片果园，其中有九成左右种植玫瑰香葡萄。北京市环境保护研究所刘耘等曾进行调查研究，结果如下：

①玫瑰香葡萄受氟污染的症状及对生长发育的影响：氟化氢对玫瑰香污染而产生的主要症状是，叶尖和叶缘出现黄绿色至黄褐色的斑块，有的叶子呈现卷曲或裂状，而且危害组织与健康组织之间有明显界线，经检测，无病原菌。因此，不同于一般病害。离污染源 300m 左右则不表现受害症状。5 月份调查结果见表 22。

表 22　玫瑰香葡萄受害症状及分布

受害分级		受害症状表现	在区内分布方位	与污染源距离（m）	各级株数比例		大气 HF 浓度（$\mu g/m^3$）	叶内含氟量（mg/kg）
级别	受害程度				株　数	（%）		
0 级	基本无症状	叶色绿、正常、无受害症状或有极少的斑点	东南（区下）	53～76	95	30.2	7.2	80
1 级	轻　度	叶色稍淡绿、叶片个别有受害症状	西南至东（区中上）	48～76	70	22.2	8.5	224
2 级	中　度	叶色浅绿带棕色斑，叶中有一定数量的受害斑点	中央偏东（区中上）	57.4～76	60	19.1	8.5	520
3 级	重　度	叶色黄绿有明显的红棕色斑，边缘卷曲	西北（区上）	48～66	90	28.6	15.8	717

从表 22 可看出，葡萄受害程度以西北比东南方向重些，可能与 5 月份北京地区多东南和西南风有关，而且此时风速均较低。因此，受害随污染源呈片状分布。重度受害株数约占

表 23 葡萄受害程度与叶、果内含氟量及大气浓度的关系

受害程度	与污染源距离（m）	生育期	节间缩短（cm）	叶受害率（%）	叶受害面积（%）	叶鲜重减轻量（mg/cm^2）	新梢成熟度（%）	落叶率（%）	颗粒分级（%）和百粒重（g）				叶、果含氟量（mg/kg）		产量（kg/hm^2）		大气 HF 浓度（$\mu g/m^3$）
									大粒	中粒	小粒	百粒重	叶	果	株产（kg）	产量	
受害较重	60m 以内	5～7月生长期	3.7	14.4	12.7	11.54	—	13.4									14.2
		8～9月成熟期					32.6		10	66	30	206.31	541.5	2.64	5	3 375	
受害轻	60～300m	5～7月生长期	1.4	8.5	7.8	3.12		8.5									9.4
		8～9月成熟期					82.9		50	45	5	433.35	256.7	2.30	11	7 425	
一般受害（对照）	300m 以外	5～7月生长期	0.1	1	—	—		1									5.6
		8～9月成熟期					98		66	32	2	455.54	40	—	22	14 850	

总株数的28.6%（调查面积2 666.8m²，315株）；而西北区的大气氟化氢浓度和叶含氟量都比东南区高，分别高出54%、88.8%，这说明玫瑰香葡萄受污染的局限性。

由于距污染源的距离、方向不同，其相应的受害程度也不同，不同阶段的生长发育状况与清洁区有明显的差别；无论在生长前期后期，还是植株的不同部位、枝、叶、果，受氟污染后表现都不一样。这与大气浓度和叶、果的本身含氟量有一定的关系（表23、表24）。

表24 玫瑰香植株各部位叶内含氟量

（mg/kg）

月 份	同一株			同一叶片		大气HF日平均浓度（$\mu g/m^3$）
	上 部（150～200cm）	中 部（100～150cm）	下 部（60～100cm）	受害部变黄色	未受害部绿色	
5	390	507	454	250	720	7.1
9	580	520	664	890	1 259	12.9

由表24可见，一般污染区玫瑰香葡萄枝叶生长发育要比清洁区差，而且受害叶比对照多7%～13%。主要表现为发芽晚，落叶早，幼芽弱小，节间明显缩短，平均每叶节间缩短2.5cm左右，新梢延长慢，枝蔓细弱，叶片小，鲜叶重比正常的轻3～11mg/cm²，使营养积累减少，影响了花芽分化，也使新梢很不充实，污染区新梢成熟度下降为清洁区的1/3左右，这也降低了抗旱抗寒的能力。植株受污染后，其上部叶比下部叶受害明显，老叶比新叶受害明显。叶子可吸收积累部分氟，并随不同生长期而变化。一般在可忍耐浓度下，生长后期比前期含氟量高，约高0.74～2.5倍，这说明在一定污染浓度下，时间越长含氟量积累也越多。同一受害叶片的表现症状是，干枯变黄部分往往比绿色部分含氟量低，一般低0.3～0.7倍。这说明在一定受害的浓度下，受害部分组织破坏，使其降低了吸氟的能力。

②氟污染对葡萄产量的影响：由表25看出，在一般的栽培管理条件下，氟污染明显地降低葡萄产量，如1977年污染区比对照减产一半以上。与受污染前的1973年相比，平均产量下降率达37%～66%左右。

表25 氟污染对葡萄产量的影响

区 间	年 份	平均株产（kg）	产 量（kg/hm²）	污染前后产量下降率（%）
污染区	1973	14.0	2 178	0
	1974	10.35	13 815	36.6
	1975	7.75	10 314.8	52.4
	1976	8.15	10 833	53.7
	1977	5.6	7 500	65.6
清洁区	1977	11.0	15 000	—

注：＊以1973年666.7m²产为100%未受污染，其他年份均受污染产量下降；

＊＊1977年只统计2 666.8m²产量，其他年份为6 000m²产量。

由于受氟污染影响植株生长发育，大大削弱了生长势，花序稀少，果穗小，小粒果实约占总粒数的30%左右，百粒重比对照区轻150g左右。而且，果色不正，味淡稍带苦味，以致品质变劣，乃是形成逐年减产的主要原因。

（5）果树的氟污染：在一些磷肥厂附近，经常可以看到受氟污染的果树花而不实的情况。兰州市西固区是氟污染比较严重的地区之一，周围果园深受其害。

①果树氟污染症状：在氟污染区，新兰村受害最重。该村果园中 450 棵 70～80 龄的枣树，10 几年颗粒不收。几百棵苹果树和冬果梨树结实率逐年下降。苹果叶受害后，叶尖与叶缘光呈褐色，继而变枯褐色并逐渐坏死；苹果花瓣开始时出现紫红色斑，几天后变为橘红色，并萎蔫脱落。冬果梨发叶后，叶片长时间卷成棒状，卷曲的弯曲处出现紫红色伤痕，大部分叶子的叶尖在数天内由红变黑，并逐渐枯干坏死，阻碍叶片的展开，叶片中央则仍保持绿色，在正常组织与受伤组织间有一明显水渍状紫至暗紫色分界线。冬果梨树的花瓣受氟害后，初时出现橙红色小色素斑点，继而斑点数目增多，当花开放之后，斑点扩大为斑块，由橙红色变褐色直到整个花瓣萎蔫坏死。据 4 月 30 日调查，新兰村冬果梨的花朵有 98%受伤。枣树叶子受伤症状不如前两者明显，仅部分叶子的叶尖或叶缘出现褐色坏死斑，但叶子发育不良，叶面积仅为正常叶的 1/3～1/2，由于早期叶尖或叶缘受损伤，叶子各部分发育不均，致使多数叶片呈现勺状，并有部分叶子过早脱落重发新叶的现象。

②果树叶子的含氟量：据兰州大学生物系和甘肃省环境监测站陈庆诚、张西萍等测定（表 26），各果树叶子含氟量均以新兰村为最高，变动于 190～400mg/kg 的范围内，而对照点雁滩果树叶子的含氟量，最高也不超过 30mg/kg，相差达 13.7 倍之多。

表 26　果树叶子含氟量测定结果

品　种	采样地点	采样时间（月/日）	样品含氟量（mg/kg）	品　种	采样地点	采样时间（月/日）	样品含氟量（mg/kg）
冬果梨	新兰村	6/4	190.48	青香蕉苹果	新兰村	6/24	440.25
		6/24	344.85		南坡坪	6/24	92.25
	南坡坪	6/24	50.85		紫家台	6/24	41.25
	桃园小学	6/24	62.70		雁　滩	6/24	26.70
	紫家台	6/24	18.00	杏　树	南坡坪	6.24	82.75
	雁　滩	6/6	23.95		雁　滩	6.24	30.00
		6/24	26.95	软儿梨	新兰村	4/26	229.75
	兰大植物园	5/7	13.70	枣　树	新兰村	6/26	325.00*

* 为比色法测定，其他均为电极法测定。雁滩在新兰村以东 16km。

③氟污染对果树结实率的影响：受害果树除了落花外，枝条上的幼果也干枯脱落。没有脱落的受伤果实，生长十分缓慢，往往在迎风面不长，避风面膨大，形成"歪头果"。根据陈庆诚等研究（表 27），对照区雁滩青香蕉苹果的结实率，是重污染区新兰村的 140 倍，为中污染区南坡坪的 42.7 倍。雁滩的印度苹果结实率为新兰村的 30.6 倍，南坡坪的 16.8 倍。杏树的结实率雁滩为 4.6%，南坡坪为零，而新兰村原有的杏树均已死去，无一遗留，可见，新兰村及其附近果树受氟污染是严重的。

根据对大气中氟化氢浓度的测定，受害的严重程度与各点大气中氟化氢的浓度高低相一致。新兰村青香蕉苹果的落花落果率为 99.85%，而该点大气中氟化氢的最大日平均浓度为 0.041mg/m^3，超过国家许可标准 4.6 倍；南坡坪的同一品种苹果，因离污染源比新兰村远

600～700m，且不在下风方向，大气中氟化氢最大日平均浓度为 0.026mg/m^3，超过国家标准 2.7 倍，为新兰村浓度的 55%，其落花落果率下降为 93.6%，结果率显著增大；距新兰村以东 16km 的雁滩青香蕉苹果，因大气中氟化氢的最大日平均浓度为 0.011mg/m^3，仅超标 0.57 倍，其落花落果率只有 69.1%，基本上属于正常的落花落果范围。

表 27　3 个点苹果与杏树结实率比较表

品　种	地　点	枝　号	总花数	落花数	结实率（%）	平均结实率（%）	平均落花率（%）
青香蕉苹　果	新兰村	全枝	1 307	1 305	2	0.15	99.85
	南坡坪	1～7	1 848	1 729	119	6.40	93.60
	雁　滩	1～7	583	461	180	30.90	69.10
印度苹果	新兰村	1～2	216	211	5	2.30	97.70
	南坡坪	1～2	530	500	30	5.70	94.30
	雁　滩	1～2	71	21	50	70.40	29.60
杏　树	南坡坪	1～2	258	258	0	0	100.0
	南坡坪	全株	747	747	0	0	100.0
	雁　滩	1～4	750	719	35	4.60	95.40

（6）生物合成有机氟的可能性：值得注意的是，有些自然生长的热带植物能够将土壤中吸收的无机氟化物转变为毒性更大的有机氟化物，主要是氟醋酸盐和氟柠檬酸盐。目前认为，氟醋酸盐及其有关的化合物属于已知的最毒的物质之一。

有机氟化物的生物合成作用最初是在某些热带植物对家畜的剧毒而证实的。人们观察到，这些植物虽然生长于含氟较低的土壤中（11～26mg/kg），但叶子中却含有几百 mg/kg 的有机氟。从一种生长在含氟 1～6mg/kg 土壤上的热带植物叶子中测出达 1 100mg/kg 的氟醋酸盐，该处水体含氟 0.05mg/L，在附近含氟高于 2mg/L 的地区除了这种植物外没有别的植物。而且，在这些能够合成有机氟化合物的植物中，可以富集环境中仅仅是痕迹量的氟。据报道，已知有 24 种以上的有毒植物有合成氟醋酸盐的能力。这些植物主要分布在澳大利亚，如 *Gastrolobium* 属和 *Oxylobium* 属；在非洲有 *Acacia georginae*、*Dichapetalum cymosum* 和 *D. toxicarium*；在南美洲有 *Palicourea maravii* 等。

Lovelace 在磷肥厂附近 3.2km（2 英里）内采集的苜蓿和水草样品，用纸层析法检出氟醋酸含量为 179mg/kg 干重，氟柠檬酸 896mg/kg 干重。说明在大气氟污染的情况下，某些植物也能将吸收的无机氟化物转化为有机氟化物。Chen 等用氟化氢对大豆植株熏气 10d，用纸层析法检出植物含氟醋酸约 40mg/kg 干重，氟柠檬酸 140mg/kg 干重。但云南林学院环保组在磷肥厂附近采集大豆叶，用灰化法测定全氟量，用扩散法测定无机氟量，发现两者基本一致，没有明显地检出有机氟化物。说明这种转化比较复杂，有待于大量的研究，方能证实在我国是否也存在这类植物。

近来有报道说在牛和马的骨骼中发现含有机氟的残留物，因此怀疑有机氟化物可沿食物链传递。人们应重视自然生态系统中有机氟毒物的环境行为，及其在食物链传递中对环境产生的威胁。

(四) 氟污染对动物的危害

通过饲草、铺助饲料和饮水等途径，动物摄入大量的氟，与此相比，动物从空气中吸入的含氟化物是微不足道的。工业氟污染地区的牲畜骨骼中含氟量通常高于正常值的数倍，受氟危害的家畜见骨骼脱钙、骨质疏松、骨体膨大、骨密质减薄等病变。地方性氟流行区和工业污染区的牛、羊群等多见间歇性跛行，耕牛失去使役能力，甚至卧圈不起或用前脚跪地爬行吃草，也有偶因失足或惊跳而骨折等现象，这是家畜受氟伤害的典型症状。如四川成都磷肥厂附近乡镇曾经死了 3 头牛，经解剖发现肝脏硬化，关节发硬、骨头一敲就碎。壮牛到该区后不久即四肢无力，耕不动地。

"斑釉齿"是家畜受氟慢性影响的另一表征。一般认为氟化物对乳齿无不利影响。萌出和成长期的恒齿对氟最敏感，也是受氟伤害最明显的时期。临床上可根据"斑釉齿"的级别来判断和评价家畜氟中毒的程度。一般来说，轻度"斑釉齿"其齿面釉质已失去正常洁白的光泽，开始呈现白恶状点斑或水平状条纹，伴有轻度色素沉着。重度"斑釉齿"白垩状点斑或条纹加深，有时可见腐蚀性麻点斑痕，牙面色素加深，变成黄色或褐黑色沉着。受氟伤害的牙齿，一般牙龈萎缩，齿质脆弱松动，易磨损，参差不齐甚至脱落。特别是反皱动物，由于每天咀嚼干饲料，对牙齿的损害程度比其他动物更明显。对于这种病国内有些地方称作"长牙病"，国外称为"剑齿症"。通常以羊患"长牙病"者更为突出。

1. 动物氟害与氟摄入量和时间的关系　氟污染的发病程度与氟摄入的时间长短、摄入量、动物年龄、家畜种类等因素有关。一般幼畜易于受到氟的毒害。家禽比家畜耐氟量为高。对家畜的广泛研究表明，奶牛对氟是最敏感的家畜，它长期食用含氟为 30～40mg/kg 的饲料会严重中毒，每 kg 体重给予 2mg 氟即表现出不良影响。绵羊和猪可以容忍较高的含氟量。绵羊每日总饲料安全含氟水平，在以氟化钠（NaF）或其他水溶性氟化物形态加入时为 70～120mg/kg，以难溶的磷酸盐矿石形态加入时为 100～200mg/kg。因此，绵羊对氟的忍耐性高于牛。然而，山羊的耐氟性相对较差，1～2 岁山羊在饲草含氟 30～70mg/kg 的污染区放牧，5 个月内中毒发病。

表 28　包头市大气氟污染区羊的摄氟情况

地　点	大气 F 浓度 (mg/m³)	牧草 F 含量 (mg/kg)	水 F 含量 (mg/L)	每日总 F 摄入 (mg)	本底 F 摄入量		污染 F 摄入量	
					mg	%	mg	%
沙德盖	1.41	73.0	0.38	89.6	17.2	20.0	72.4	80.0
古城湾	0.91	176.0	0.90	215.7	18.8	8.7	196.9	91.3
张家营子	1.33	130.0	0.72	159.6	18.3	10.2	141.3	89.8
老车沟	0.52	58.0	0.45	71.9	17.1	23.8	54.8	76.2
对照（沟门）	0.12	12.4	0.60	17.9	17.9	100.0	0	0

表 28 是包头地区典型大气氟污染区羊的摄氟情况。可看出每只羊每日的摄氟量为 71.9～215.7mg，超过 89～125mg/d 的摄氟量标准。该区以野外放牧为主，在牧草含量 58～175mg/kg 的重污染区放牧，4 个月后即发病。因此，在这儿放牧时间最好不要超过 4 个月。对羊摄入氟的来源的分析表明，75%以上的氟来自于工业污染，而且牲畜氟中毒严重，说明

来自工业污染部分的氟越多。

在家禽中，肉鸡对氟的最大安全量可达 300～400mg/kg，产卵鸡达 500～700mg/kg，氟在卵黄中残留量较高。

一些关于昆虫氟中毒的资料是有价值的，桑叶含氟量 10～15mg/kg 时对幼蚕是致命的。而树叶含低浓度氟时会抑制昆虫的生长，花粉中含氟化钠时会影响昆虫（Tribolium Confusum）的生存和繁殖，有的浓度增加了产卵量。有相当多的资料表明蜜蜂对氟污染是特别敏感的，邻近污染源的蜂群常常被大量地伤害。一些国外研究者指出，在他们研究范围内含氟量最高的昆虫是属于传授花粉的昆虫。他们推测，如果其他传授花粉类的昆虫都像蜜蜂那样对氟污染很敏感的话，污染区内传播花粉的昆虫就会发生本质上的改变。结果许多通过昆虫传播花粉的植物就会减少，整个群落的生态平衡就会发生重大的变化。我国福建八一磷肥厂附近也出现蜜蜂回避，逐渐减少，果树开花不结实的情况。

2. 动物对氟化物的吸收和积累 动物的硬组织对氟有富集作用，曾有人在大气中 HF 浓度为 1mg/kg 的某污染地区对牛和山羊在野外作长期实验，发现它们的硬组织中氟蓄积显著，其他部位几乎没有什么蓄积。在野外暴露 3 年后，牛硬组织中蓄积的氟为 5 000mg/kg（脱脂干重），山羊为 3 000～4 000mg/kg，比对照群的蓄积量高 4 倍。有人指出，氟化物会很快为反刍动物所吸收，至少有一部分由瘤胃壁吸收。日本有人在某氟污染区对山羊作长期暴露实验，测定其内脏中的含氟量。实验地区中 HF 月平均浓度为 0.5～1.0Ug/m^3 在该污染区生长的植物饲料中氟浓度平均为 30mg/kg，比对照地区高出 4～5 倍。3 年饲养期间，每月定期检查，整个期间污染群的尿中和血清中的氟浓度比对照群总是高出 4～5 倍（平均）。实验结果表明，3 年中肋骨中的氟浓度，在污染群中的总趋势是逐年增加，与对照群有明显的差别。肺中含氟量与对照群相比差别不大。肝、心脏和肾也有类似的结果。所有内脏中以肾内氟浓度最高。脑、胰、脾则大部分为 0.2～2mg/kg 的水平。硬组织中有较高的浓度，在不同时期其浓度差别不大。全部硬组织中氟的蓄积是对照群的 4 倍，这与饲草中氟含量的倍数相一致。肌肉中的氟含量，污染群与对照群在饲养期间只有 0.5～2mg/kg 的差异。由上述数据可知，氟化物在主要内脏及肌肉中的含量是相同的。它们的浓度水平平均是 1mg/kg 左右。由此得出结论，氟在生物体内的分布，几乎都集中在硬组织内。当牛的骨骼中含氟从 1 450～8 000mg/kg 以上时，就会产生氟中毒，中毒的马，骨骼含氟量为 1 060～1 500mg/kg。

有人试图减低硬组织中的氟浓度，因此作过降低反刍动物对氟化物吸收试验，在食物中添加硫酸盐或碳酸钙，对骨骼中氟化物的储量虽然可保持不增加，但只有 20%～30%的试验有效。

至目前为止，氟化物中毒死亡的原因，在生物化学上的机制还很不清楚。

3. 氟对水生动物的影响 据 1965 年调查，广西鹿寨化肥厂高炉氟气，排污出口含氟 10.5mg/m^3，含 P_2O_5 13mg/m^3，单体磷和磷化氢（折算成 P_2O_5 6mg/m^3），其中氟含量超过最高允许浓度（1.5mg/m^3）的 7 倍，磷虽无标准可循，但浓度显然太高。此水排入洛清江后，毒死鱼达 4 000 多 kg，鱼的嘴唇、肛门内膜充血，人吃了也发生头晕、腹痛、呕吐、四肢无力等症状。有人指出，工业污水中氟化物对鱼 24h 致死浓度为 100mg/L。但鱼的种类不同，致死浓度也不一样。对氟敏感的鱼类，例如虹鳟鱼，氟浓度低达 3mg/L 时，就会发生急性致死效应，而有些鱼类浓度达 100mg/L 时也没有危险。水温、水的硬度、氟化物的含量、别的环境因素以及鱼的年龄和生理状态都可能影响一定氟浓度下毒性的大小程度。

亚致死浓度在鱼的行为或繁殖上可能产生有害影响。已经证实，鲑属鱼类的鱼卵在氟浓度 1.5mg/L 时可推迟发育和孵化。

像其他脊椎动物一样，许多鱼在骨骼中积累氟，从而提高了体内含氟量。据报道，海鱼的骨骼中含氟 550～6 800mg/kg。在某含有天然氟的溪流中，鲑属鱼类含氟 400～1 600mg/kg。

青蛙在含氟 900mg/L 的环境中一个星期就会死亡。在 5～300mg/L 时，可观察到青蛙的红血球和白血球减少；在含 1mg/L 氟化物的井水中，蛙卵的发育被抑制，而且过早地停止；在 13～450mg/L 时，对蟾蜍卵也有同样的影响；0.5～4.5mg/L 时，可显著地延长蝌蚪的变态期。

对其他水生动物的研究表明，水蚤在 5～500mg/L 的各种氟化物浓度下被杀死或不能活动。大螯虾在 5mg/L 浓度水下未遭到伤害。贻贝在 1.4～7.2mg/L 时将致死。在持续 20mg/L 或更高的浓度下，牡蛎、两种蟹、沙虾都会中毒或死亡，而有两种对虾却没有中毒。几乎对所有的样品体内氟的测定结果，甚至生存于含氟 1mg/L 的海水中的动物，其体内含氟量也可达 100～300mg/kg。

根据云南林学院环保组研究，有一个湖因常年接受磷肥厂废水而使湖水含氟量逐年增高，目前已达 0.3～0.4mg/L。虽然未超过国家规定的的水质标准，但狐尾藻（Mgriophyllum Spicatum）的含氟量已达 60～70mg/kg，湖中的鲫鱼骨骼含氟 50～100mg/kg，虾 200mg/kg 以上，在排污口捕捞的虾含氟 1 550mg/kg。当地饲养的鸭大量吃鱼虾，骨骼含氟 4 515mg/kg。这有力地说明在低浓底氟污染的水面，氟化物可通过水生生物的富集作用而进入食物链，反应了污染物随食物链的迁移而产生的增大效应。

（五）氟污染对人的危害

1. 人对氟化物的摄取、蓄积和排泄　水、食物和空气是人摄取氟污染物来源的 3 个最主要方面，但对每个人的影响却是不同的。即使是同一个人，在不同的时间内影响也不一样。一般从空气中，人每天吸入的含氟化合物仅百分之几微克，与其他途径相比，量是很少的。

（1）污染区人的摄氟量：人类通过大气、饮水、粮食、蔬菜、鱼虾、动物肉类、蛋类等食品摄入氟，有饮茶习惯的人摄氟量还要大些。表 29 和表 30 引用了中国科学院地球研究所郑宝山关于包头地区人畜氟中毒的资料。其计算依据是：粮食按当地产品计算，每人每日用水按 2.5L 计算；蔬菜部分摄氟量按每人每日 0.5kg 鲜菜、菜中含水份 85%，叶菜、根茎菜和茄果菜占 1/3，蔬菜经水洗后含氟量分别下降到原含量的 35%、73% 和 83% 计算，进入人体后吸收效率为 50%；小麦面粉中氟只相当于全麦中的 63%，每日每人食用 0.6kg 小麦，出粉率 85%，氟吸收率 50%；每人每日呼吸量按 $12m^3$，水和空气中氟吸收效率为 100% 计算。

每人每日适宜摄氟量间差异很大，由 1.20～20mg 以上。作者认为按照我国居民身体状况、生活习惯和营养状况，每日摄氟量超过 4mg 就可能对人体健康有害，表 30 中只有青年农场为 3.92mg/d，这主要是由于该点饮水氟浓度为 1.5mg/L，超过国家卫生标准所致。由此看出，地下水氟的浓度是主要的，大气污染是次要的。

表 29　大气氟污染区水、空气、食物中氟含量

位　置	距包钢	大气氟浓度（$\mu g/m^3$）		水氟浓度（mg/L）		蔬菜氟含量（mg/kg）		小麦粒氟含量（mg/kg）	
	距离及方向	总　值	本　底	总　值	本　底	总　值	本　底	总　值	本　底
张家营子	西北 1.5km	1.33	0.12	0.81	0.81	11.4	1.7	1.00	0.29
古城湾	铝厂南 0.2km	0.91	0.12	0.90	0.90	7.2	1.7	0.93	0.29
青年农场	东南 15.5km	0.41	0.12	1.50	1.50	3.1	1.7	0.57	0.29
前口子	北 4.5km	0.56	0.12	0.66	0.66	3.6	1.7	0.50	0.29
对照点：沟门	东 64km	0.12	0.12	0.60	0.60	1.8	1.7	0.29	0.29

表 30　大气氟污染区居民每日摄氟情况

位　置	每日摄氢总量	来自本底部分		本自污染部门	
	(mg)	(mg)	(%)	(mg)	(%)
张家营子	2.43	2.12	87	0.31	13
古城湾	2.58	2.35	91	0.23	9
青年农场	3.92	3.85	98	0.07	2
前口子	1.83	1.75	96	0.08	4
对照点：沟门	1.60	1.60	100	0.00	0

在氟污染区，居民日常摄入的氟含量，通过饮水所得到的，要比从大气或食物中所得的要多得多。1980 年 5 月，湖北医学院卫生学教研室对武汉某学院大学生的膳食进行调查，结果是：每人 1d 摄入氟总量为 1 294.62μg，其中由饮水摄入氟量为 840.0μg，占摄氟总量的 65%，由食物摄入氟量为 417.32μg，约占 32%，由空气中摄入的氟量为 37.30μg，约占 3%，饮用同一水源，本地生长的儿童龋齿率为 25.38%，斑釉率为 5.69%，尿氟均数为 1.00mg/L。

(2) 人对食物中氟的吸收和排泄：有人对健康的人作过这样的试验，试验组食用污染区生产的大米和蔬菜，对照组食用非污染区生产的大米和蔬菜。5d 后测定，结果是：从污染区生产的食品中每人每天摄取 7.5～8.2mg 氟，从非污染区的食品中每人每天摄取 1.6～2.1mg 氟。5d 内尿中含氟量明显增加，这表明消化道吸收了污染区食品的氟。从尿中氟含量推测，消化道的吸收率约为 70%～80%，但尿中氟含量是摄取量的 10%，故总的吸收率为 80%～90%。

(3) 人对饮水中氟的吸收和排泄：张家口地区地方病防治研究所选择了 10 个饮水含量不同的地点，对居住在当地 3 个以上，无氟化物接触史的 2 376 人进行尿氟测定，结果见表 31。

表 31　不同氟含量地区居民 2 376 人尿氟值统计

组　别	饮水含氟量（mg/L）	受检人数	尿氟含量（mg/L）		
			中位数	几何均数	标准差
1	0.68～1.0	538	1.70	1.76	0.04
2	2.1～3.0	328	6.46	3.18	0.12

（续）

组　别	饮水含氟量（mg/L）	受检人数	尿氟含量（mg/L）		
			中位数	几何均数	标准差
3	3.1～4.0	161	3.66	3.43	0.17
4	4.1～5.0	167	4.68	4.65	0.27
5	5.1～6.0	71	6.81	6.23	0.52
6	6.1～7.0	360	6.86	6.89	0.26
7	7.1～8.0	90	9.80	9.86	0.55
8	8.1～9.0	163	10.20	10.05	0.46
9	9.1～10.0	72	13.13	12.55	0.99
10	10.01以上	426	14.69	14.64	0.58

表32　低氟区、高氟区居民尿氟含量比较

饮水含氟量（mg/L）	受检人数	尿氟含量均值（mg/L）	P值
0.68～1.0	538	1.70	P>0.01
2.1～13.6	1 838	8.14	

表31指出，第1组饮水含氟量为0.68～1.0mg/L居民尿氟排出量均值为1.76mg/L，比正常值1.8～2.0mg/L略低，第2组至第10组水氟含量高，居民尿氟含量为3.48～14.64mg/L，远远超过正常值，且随饮水含氟量地增高，尿氟值呈递增的趋势。

若将饮水含氟量划分为低氟含量（0.68～1.0mg/L）和高氟含量组（2.1～13.6mg/L），其居民尿氟含量具有极显著差异（$P<0.01$）（表32）。饮水含氟量与居民尿氟含量两者间呈正相关关系（$r=0.97$，$P<0.01$）。就是说，饮水中含氟越高，尿排氟量越大。

上述调查表明，饮水中可溶性氟化物不论浓度高低，几乎完全被吸收并迅速分布于全身体液中，吸收的1/3氟化物沉积生在骨氢氧磷灰石结晶中，而剩余2/3从尿中排出。通过骨骼对氟化物的吸收和尿的排泄，实现血浆氟化物的体内平衡。当高氟化合物的摄入破坏这样平衡的时候，又通过快速尿排泄来防止氟化物离子中毒。这种快速的尿氟排泄不仅是人的机体防止氟蓄积中毒的保护性机能，同时也反映机体接触氟强度和机体负荷的状态。

2. 氟污染对人的危害

（1）对呼吸器官的影响：如果大气中有浓度高、反应强的气态氟化物存在，对呼吸器官、眼、皮肤等一定会产生不良影响。对于人体，只有含高浓度氟的大气环境下，才有刺激性感觉。大气中氟化物浓度在mg/kg级时，黏膜和皮肤有轻度的刺激症状。且有肺的换气机能减低的影响。有人认为，在大气氟浓度10Ug/kg以下时，人体的直接接触面，特别是呼吸器官就会受影响。

（2）对人的危害：我国各磷肥厂均有不少人反映食欲不振，牙齿发酸、毛发晚落、嗅觉不灵等呼吸和造血系统的不良症状。据中小磷肥厂大气污染科研协作组对近千名氟作业工人体检结果，腰背及四肢关节酸疼、头晕、头疼和胃痛等症状较为突出，与对照组相比，相差显著（表33）。骨骼χ射线照片发现工人骨质密度增高，皮质增厚，骨间膜钙化骨化。工人的尿氟也显著高于对照组。但未发现可肯定诊断为慢性氟中毒的病例。

表 33　几种症状在观察组和对照组工人中出现的百分率

工　厂	腰肢酸痛		头　晕		头　痛		胃　痛	
	观察组	对照组	观察组	对照组	观察组	对照组	观察组	对照组
湖南厂	58.3	31.1	54.0	28.4	32.4	14.9	29.1	13.5
扬州厂	50.6	37.7	42.1	39.4	22.6	22.2	5.5	0
湛江厂	45.6	11.9	39.5	35.9	17.5	17.0	19.3	0

对下风侧 200～800m 远的污染区内农民的体检结果，与氟作业工作体检结果相似，但程度较轻。对污染区和对照区 800 多名儿童体检发现，污染区儿童氟斑牙患病率明显高于对照组，并见到污染区儿童上呼吸道受损。

在氟污染区氟骨症是常见的病例。据对高氟区患氟骨症与非氟骨症两组人群（357 人）的调查，发现尿氟含量与饮水含氟量呈现正相关（$r=0.98$，$p<0.05$），但发病程度与尿氟含量之间并无一定的规律可循。也就是说，氟骨症患者与饮用含氟的水有关。但尿氟很难作为氟中毒临床与防治的观察指标和依据。人体骨中氟化物浓度达 6 000mg/kg（干燥脱脂的），就会造成骨硬化。在尿中氟化物不超过 5mg/L，一般不致于造成骨硬化。

四、土壤中放射性核素污染

（一）我国土壤中放射性核素背景值

该项工作是由卫生部工业卫生实验所牵头组织全国各省、直辖市、自治区的有关单位，共同完成的。从 1962 年起到 1987 年止完成了我国 29 个省、直辖市、自治区（除台湾省及南海诸岛外）现场采样、实验室检测和数据分析工作。被调查区域的人口约占全国人口的 96%，面积约占 94%。

分析方法：大部分实验室是解逆矩阵方法求解各核素的比活度。这种方法只要通过测量与样品中待测核素相对应的标准源，确定其响应矩阵，就可由公式（1）求出各种核素的比活度。

$$\chi_i = \sum_{i=1}^{m} a_{ij}^{-1} C_i \qquad j = 1,2\cdots\cdots m \tag{1}$$

式中 a_{ij} 为第 j 种核素对第 i 个特征道区的响应矩阵，C_i 为被测样品 γ（gamma）谱在第 i 个特征道区上的计数率。

1. 不同成土母质的天然放射性核素　放射性元素在地表的岩石、水、大气及生物中都存在，主要集中在地壳表层，特别是酸性岩浆岩中。对于长半衰期的天然放射性 ^{238}U、^{226}Ra、^{232}Th、^{40}K 在不同岩石中的含量是不同的，不同地区的同类岩石的放射性含量也不完全相同。酸性岩浆岩较中性岩含量高，基性岩次之，岩浆岩中的放射性含量又高于沉积岩。土壤中的放射性含量主要由原始岩石的放射性含量决定。

表 34 列出了我国部分地区、不同成土母质的土壤中天然放射性核素的比活度。由表中数据看出，不同成土母质的土壤中 ^{238}U、^{226}Ra、^{232}Th、及 ^{40}K 的比活度不同：^{238}U：花岗岩＞闪长岩＞玄武岩＞砂岩＞砂页岩＞石灰岩；^{232}Th：花岗岩＞闪长岩＞砂页岩＞砂岩＞石灰岩＞玄武岩；^{40}K：花岗岩＞玄武岩＞砂岩＞石灰岩＞闪长岩＞砂页岩。酸性岩浆岩类的花岗岩为成土母质的土壤中各种天然放射性核素含量均最高，其次是中性岩浆岩的闪长岩，基性岩

浆岩的玄武岩。沉积岩类的成土母质中的天然放射性活度要低于岩浆岩类的成土母质。我国的广东省、福建省、广西、江西、贵州等省（自治区）的一部分及西藏自治区的东南部，地质结构以花岗岩为主，土壤的母质多为花岗岩。因此，土壤中天然放射性核素水平都比较高。长江以南的绝大部分土壤是酸性岩和中性岩发育而成的。因此天然放射性水平高于全国均值。我国东北地区的花岗岩后期受到玄武岩浆侵入，所以土壤中的天然放射性核素水平不高。

表 34　我国部分地区不同成土母质中的天然放射性核素水平

(Bq/kg)

成土母质	样品数	^{238}U	^{226}Ra	^{232}Th	^{40}K
岩浆岩类：					
花岗岩	62	81.6	96.1	163	630
闪长岩	11	58.1	78.9	114	462
玄武岩	11	48.7	45.6	54.3	520
沉积浆类：					
石灰岩	29	40.6	41.5	59.0	468
砂　岩	26	45.7	40.0	61.9	494
砂页岩	31	43.9	43.3	68.4	346

2. 我国土壤中天然放射核素水平

（1）土壤中^{238}U的水平及分布：共分析了 307 个区，1705 个土壤样品，全国^{238}U比活度的范围值为 7.30～448.9Bq/kg，按点算术均值为 38.52Bq/kg，按区算术均值（按地区划分）为 37.75Bq/kg，按人口加权均值为 39.25Bq/kg，按面积加权均值为 38.50Bq/kg。世界均值为 25Bq/kg，我国^{238}U比活度是世界均值的 1.5 倍，与美国相近，是日本的 2.4 倍。就地区分布而言除上海市外，长江以南各省、直辖市、自治区的均值都高于全国均值，广东省江门地区最高，是全国均值的 5.8 倍，阳江县又是该地区最高的，是全国均值的 11.7 倍，长江以北各省均值都低于全国均值（表 35）。

表 35　土壤中^{238}U水平

(Bq/kg)

地　区	调查点数	按调查点		按地区		
		范围值	算术均值	算术均值	人口加权均值	面积加权均值
北　京	143	—	—	—	—	
天　津	29	7.3～27.7	15.9	16.8	18.6	15.6
河　北	37	13.7～48.5	31.4	31.2	31.6	29.5
山　西	79	16.1～43.5	29.2	29.9	29.8	29.5
内蒙古	64	9.35～74.0	27.2	28.2	27.5	31.8
辽　宁	49	10.0～51.7	32.6	32.1	31.1	33.4
吉　林	24	17.3～45.9	30.8	30.8	31.3	30.8
黑龙江	60	12.9～59.3	32.3	33.8	30.8	31.8

（续）

地 区	调查点数	按调查点		按地区		
		范围值	算术均值	算术均值	人口加权均值	面积加权均值
上 海	51	10.0～98.7	36.6	36.0	34.4	35.7
江 苏	69	25.1～50.3	33.3	34.1	33.3	33.0
浙 江	92	25.3～85.2	45.8	47.3	45.5	46.9
安 徽	63	18.1～48.5	32.5	33.3	30.9	31.5
福 建	89	18.4～145.7	56.6	51.8	53.1	53.4
江 西	31	18.9～99.6	39.1	38.1	33.3	33.4
山 东	116	17.6～55.1	30.9	30.3	31.3	29.8
河 南	40	13.0～47.1	32.3	32.7	32.8	32.5
湖 北	66	12.9～48.8	33.8	34.5	33.7	34.1
湖 南	67	10.2～136.0	43.8	46.4	46.7	46.4
广 东	41	12.9～449	49.3*	68.4	60.6	57.5
广 西	37	15.5～133	53.7*	54.2*	59.6	57.1
四 川	50	10.5～125	36.2	39.4	37.9	45.9
贵 州	51	12.1～179	63.7	68.9	67.0	64.0
云 南	45	29.3～94.5	47.8	49.3	48.2	46.1
西 藏	53	17.5～121	46.6	44.2	45.1	41.9
陕 西	62	10.0～89.5	34.9	34.5	33.5	34.8
甘 肃	53	9.59～45.9	29.9	30.5	27.9	30.7
青 海	35	22.2～90.2	33.0	33. 2	32.9	35.4
宁 夏	44	3.21～67.0	31.1	30.9	34.1	38.9
新 疆	208	9.8～124	38.1	36.9	37.1	37.9
全 国	1 705	7.3～449	38.5	37.8	39.3	38.5

* 为几何均值（姚仲甫等，1983）。

（2）土壤中^{226}Ra 的水平及分布：共分析了 322 个地区、1 848 个土壤样品中^{226}Ra 的比活度。范围值为 2.82～532.8Bq/kg。按点算术均值为 37.64Bq/kg，按区算术均值为 7.92Bq/kg，按人口加权均值为 38.99Bq/kg，按面积加权均值为 36.46Bq/kg（表 36）。

（3）土壤中^{232}Th 的水平及分布：分析了 322 个地区 1 848 个土壤样品中^{232}Th 的比活度。范围值为 10.3～1 844Bq/kg，按点算术均值为 54.55Bq/kg，按区算术均值为 56.37Bq/kg，人口加权均值是 60.58Bq/kg，面积加权均值是 53.83Bq/kg，是世界均值（25Bq/kg）的 2.3 倍，是美国的 1.6 倍，日本的 2.5 倍。我国土壤中^{232}Th 比活度最高的是广东省江门地区，平均值为 701 Bq/kg，是全国均值的 12 倍，该地区又以阳江县最高，是全国均值的 32 倍，省均值最高的是福建省、广东省和广西壮族自治区。就地域而言长江以南各省除上海市外其平均值均高于全国均值（表 37）。

（4）土壤中^{40}K 的水平及分布：我国 1 848 个土壤样品中^{40}K 比活度的范围值是 0～1 548Bq/kg（个别样品中^{40}K 比活度低于仪器探测限，其比活度凡低于探测限的均按零计算）。按点算术均值为 584.2Bq/kg，按区算术均值是 575.8Bq/kg，人口加权均值是 567.1Bq/kg，面积加权均值是 619.7Bq/kg。世界均值为 370Bq/kg，我国土壤中^{40}K的比活度是世界均值的 1.6 倍，是日本的 1.3 倍。内蒙古自治区的均值为全国最高值（算术均值为 769Bq/kg）。辽宁、河北、西藏自治区、黑龙江、吉林、福建等省（自治区）均高于全国均值（表 38）。

（5）土壤及建筑材料中的天然放射性水平：砖是主要的建筑材料，来源于土壤，砖的天然放射性水平与土壤相近。因此，一般在估算室内 γ 吸收剂量率时假设建筑材料中的天然放射性核素等于住房周围土壤和土路面中的活度。我国混合建材中^{226}Ra、^{232}Th和^{40}K的平均活度分别为 42.2、44.5、642Bq/kg（混合建材中砖、水泥、石灰、石、砂的比例分别为 46.5%、51%、3.2%、14.4%、34.8%），与我国土壤中^{226}Ra、^{232}Th、和^{40}K的均值较相近。

（6）土壤中^{137}Cs的水平及分布（表 39）：共分析了 322 个地区 1 848 个土壤样品，范围值为 0～168Bq/kg，按点算术均值为 10.15Bq/kg，按区算术均值是 9.30Bq/kg，人口加权均值为 8.05Bq/kg，面积加权均值是 12.61Bq/kg；以省计，^{137}Cs沉降量的范围值是（2.72～32.0）$\times10^2 Bq/m^2$（活度校正到 1985 年，采样深度 0～10cm），全国平均沉降量为 $13.26\times10^2 Bq/m^2$，新疆最高，为 $32.0\times10^2 Bq/m^2$，高于全国均值的有吉林省、辽宁省、内蒙古自治区、山西省、黑龙江省、青海省等。我国台湾省^{137}Cs的比活度范围值是 1.9～11.1Bq/kg。

表 36　土壤中^{226}Ra水平

（Bq/kg）

地　区	调查点数	按调查点		按地区		
		范围值	算术均值	算术均值	人口加权均值	面积加权均值
北　京	143	2.83～54.3	18.6	18.8	19.8	17.6
天　津	29	11.5～56.6	28.9	30.9	31.1	30.4
河　北	37	12.2～48.6	31.1	31.3	31.4	29.1
山　西	79	16.0～43.3	29.1	29.9	29.8	29.6
内蒙古	64	9.38～42.8	23.0	23.1	22.6	24.8
辽　宁	49	9.86～51.0	32.1	31.6	30.6	32.9
吉　林	24	18.8～33.8	25.3	25.3	25.2	25.4
黑龙江	60	17.2～101	34.3	35.1	33.5	33.4
上　海	51	12.6～77.2	37.2	37.0	35.3	36.9
江　苏	69	22.4～40.6	29.7	30.3	29.6	29.2
浙　江	92	12.6～126.8	39.4	41.2	39.1	40.0
安　徽	63	14.4～50.2	33.8	33.9	31.5	32.3
福　建	89	12.6～175.2	68.5	70.4	71.5	70.6
江　西	31	21.6～122	51.5	43.3	43.4	43.7
山　东	116	14.3～39.3	25.2	25.9	24.9	24.8
河　南	40	14.8～45.9	28.9	28.9	28.9	29.0
湖　北	66	11.0～49.5	34.2	34.8	33.9	34.5

（续）

地　区	调查点数	按调查点		按地区		
		范围值	算术均值	算术均值	人口加权均值	面积加权均值
湖　南	67	29.1～125.0	56.3	59.8	59.8	60.3
广　东	41	10.4～532.8	49.2*	68.8	57.9	54.9
广　西	37	26.4～127.3	61.2*	55.1*	64.7	64.7
四　川	50	9.85～71.6	35.0	34.0	31.7	37.0
贵　州	51	20.8～280	70.0	73.3	72.0	69.0
云　南	45	24.9～107.2	45.6	47.0	44.0	43.1
西　藏	53	23.4～103.7	41.4	39.1	39.5	36.3
陕　西	62	15.46～115.1	35.8	36.0	36.2	34.3
甘　肃	53	18.09～68.5	34.1	34.6	30.9	36.1
青　海	35	26.2～83.8	34.6	34.5	34.8	37.9
宁　夏	44	15.1～37.5	30.1	30.1	29.9	28.7
新　疆	208	15.9～138.2	37.1	36.2	36.0	37.0
全　国	1 848	2.82～532.8	37.6	37.9	39.0	36.5

*几何均值（姚仲甫等，1983）。

表 37　土壤中 ^{232}Th 水平

（Bq/kg）

地　区	调查点数	按调查点		按地区		
		范围值	算术均值	算术均值	人口加权均值	面积加权均值
北　京	143	10.3～62.4	34.8	35.0	35.5	31.3
天　津	29	15.9～53.7	36.6	37.6	36.2	37.2
河　北	37	19.4～72.9	50.1	51.3	50.0	47.7
山　西	79	21.3～64.1	43.4	45.4	45.2	44.9
内蒙古	64	12.0～52.6	34.7	34.4	33.7	35.9
辽　宁	49	14.4～140	44.3	41.7	41.9	45.6
吉　林	24	25.1～59.1	40.9	40.9	40.9	40.9
黑龙江	60	26.1～70.7	47.9	48.6	46.4	47.6
上　海	51	37.3～77.3	49.5	49.2	47.9	48.9
江　苏	69	35.2～65.3	49.4	50.3	49.4	49.1
浙　江	92	20.0～160.3	62.1	65.3	59.8	64.1
安　徽	63	27.4～78.0	49.9	50.9	48.3	47.5
福　建	89	29.8～662.8	112	122	117	117
江　西	31	48.4～201	72.5	67.9	67.3	68.7
山　东	116	22.5～113	40.5	40.0	40.4	40.0
河　南	40	27.3～339	57.8	56.9	55.6	57.7
湖　北	66	36.5～84.2	51.8	53.5	52.4	52.2

（续）

地　区	调查点数	按调查点		按地区		
		范围值	算术均值	算术均值	人口加权均值	面积加权均值
湖　南	67	35.2～141.9	73.1	73.7	74.0	73.8
广　东	41	33.4～1 844	84.7*	148.3	102.3	94.7
广　西	37	27.6～280	83.7	73.2	81.1	75.6
四　川	50	16.8～82.7	53.1	55.8	52.3	60.0
贵　州	51	13.0～105	60.9	59.3	60.0	60.0
云　南	45	28.2～189.7	67.1	67.2	66.8	64.7
西　藏	53	33.2～197.9	77.0	74.4	74.9	72.0
陕　西	62	26.6～148.7	53.7	54.0	53.1	51.4
甘　肃	53	25.4～55.7	45.3	46.3	40.4	47.6
青　海	35	36.2～64.2	49.7	50.3	48.5	49.3
宁　夏	44	20.9～40.3	43.3	43.0	43.6	45.6
新　疆	208	10.9～558.8	41.7	39.4	40.0	41.5
全　国	1848	10.3～1 844	54.6	56.4	60.6	54.0

*几何均值（姚仲甫等，1983）。

表 38　土壤中 ^{40}K 水平

（Bq/kg）

地　区	调查点数	按调查点		按地区		
		范围值	算术均值	算术均值	人口加权均值	面积加权均值
北　京	143	395～1 146	598	585	579	626
天　津	29	276～666	468	477	479	472
河　北	37	434～955	711	713	707	715
山　西	79	249～828	476	478	491	502
内蒙古	64	866～1 066	755	769	780	821
辽　宁	49	606～1 000	746	745	746	749
吉　林	24	345～884	615	615	616	626
黑龙江	60	162～1 088	675	671	731	653
上　海	51	472～1 006	595	596	593	597
江　苏	69	344～811	531	524	466	540
浙　江	92	237～1 080	568	624	614	633
安　徽	63	288～941	502	505	492	499
福　建	89	712～1 548	606	591	620	638
江　西	31	238～1 381	576	520	540	560
山　东	116	464～917	622	604	621	617
河　南	40	308～827	564	563	562	562
湖　北	66	266～822	541	534	537	526

（续）

地　区	调查点数	按调查点		按地区		
		范围值	算术均值	算术均值	人口加权均值	面积加权均值
湖　南	67	139～1 100	540	542	562	573
广　东	41	32～1 185	426	433	413	410
广　西	37	30～77	271	272	269	263
四　川	50	203～1 307	579	594	609	625
贵　州	51	119～965	463	422	447	457
云　南	45	149～1 010	487	492	474	467
西　藏	53	400～1 328	694	692	687	699
陕　西	62	534～1 061	650	657	655	637
甘　肃	53	0～763*	566	585	539	593
青　海	35	474～858	597	604	600	587
宁　夏	44	220～505	531	533	534	519
新　疆	208	220～1 726	639.6	648	646	626
全　国	1848	0～1 548	584	576	567	620

*低于探测下限的值取为零（姚仲甫等，1983）。

表 39　土壤中 ^{137}Cs 水平

（Bq/kg）

地　区	调查点数	按调查点		按地区		
		范围值	算术均值	算术均值	人口加权均值	面积加权均值
北　京	143	0.00～90.2	6.68	7.08	6.98	7.59
天　津	29	0.56～26.9	4.46	4.76	5.10	4.90
河　北	37	0.00～20.2	8.73	9.53	8.45	9.21
山　西	79	0.96～87.5	13.8	13.7	12.5	11.8
内蒙古	64	8.25～44.3	13.6	13.6	14.6	16.0
辽　宁	49	3.81～34.1	16.9	15.5	15.8	17.4
吉　林	24	2.40～90.8	24.9	24.9	21.6	24.3
黑龙江	60	1.27～30.0	11.8	13.7	12.5	13.5
上　海	51	0.74～13.8	4.62	4.37	4.24	4.19
江　苏	69	0.20～11.4	5.13	5.38	5.10	5.00
浙　江	92	0.60～18.7	8.52	8.66	8.70	8.60
安　徽	63	1.74～35.5	10.7	9.84	9.39	10.2
福　建	89	2.2～23.4	8.00	7.57	12.7	12.8
江　西	31	0.00～15.8	8.36	9.49	7.92	7.91
山　东	116	0.26～22.4	6.20	6.39	6.21	6.27
河　南	40	0.13～28.4	6.63	6.67	6.68	6.54
湖　北	66	1.39～24.2	9.58	8.23	9.27	8.83
湖　南	67	0.40～43.6	7.83	9.00	8.72	10.0
广　东	41	0.00～6.88	1.83*	2.33	1.81	2.21
广　西	37	0.74～28.6	6.84	5.60*	6.99	7.17

（续）

地 区	调查点数	按调查点		按地区		
		范围值	算术均值	算术均值	人口加权均值	面积加权均值
四 川	50	0.24～40.27	8.21	8.81	8.34	7.15
贵 州	51	0.23～28.0	6.22	6.00	6.27	5.60
云 南	45	0.00～10.4	5.98	5.47	5.00	4.90
西 藏	53	0.10～41.2	9.31	9.10	9.03	8.80
陕 西	62	0.43～55.0	5.83	5.60	5.34	5.23
甘 肃	53	0.30～90.9	8.93	8.22	7.45	7.10
青 海	35	2.32～32.9	11.69	12.7	10.7	15.1
宁 夏	44	0.11～37.4	7.12	7.28	6.96	6.91
新 疆	208	0.71～168	23.59	24.02	22.2	23.6
全 国	1 848	0.00～168	10.15	9.30	8.05	12.61

* 几何均值 8.05（姚仲甫等，1983）。

（二）稀土中的放射性核素

稀土是一组性质相近的化学元素的总称，包括镧系的镧（La）、铈（Ce）、镨（Pu）、钕（Nd）、钷（Pm）、钐（Sm）、铕（Eu）、钆（Gd）、铽（Tb）、镝（Dy）、钬（Ho）、铒（Er）、铥（Tm）、镱（Yb）、镥（Lu）及与之化学性质相近的钪（Sc）、钇（Y），共17种元素。由于稀土元素具有独特的物理、化学性质，被广泛应用于军工、航天、冶金、机械、石油化工、玻璃、陶瓷、农业、轻工等行业，尤其是在新型材料创制等高新技术领域的应用越来越受到重视。

我国稀土资源储量居世界第一，分布在全国 18 个省、直辖市、自治区，占世界上已知的稀土总储量的 50%左右。内蒙古自治区包头的白云鄂博矿是世界上尚已查明的最大稀土矿床，占全国储量的 90%以上。据统计，1999 年中国稀土矿产品产量达 7 000t（REO）；稀土冶炼加工产品产量 60 000t，占当年全世界总产量的 70%。1999 年国内稀土消费量为 16 000t，其中冶金、机械行业消费稀土 5 200t，石油化工行业消费稀土 3 800t；玻璃、陶瓷行业消费稀土 1 800t；稀土在高新技术领域的消费量为 2 200t。

由于稀土元素的矿物一般与铀、钍等放射性元素的矿物共生，所以，稀土矿的伴生放射性主要是与之共生的天然放射性核素^{238}U、^{232}Th 及其子体核素。

1. 稀土中的放射性含量 稀土元素中主要天然放射性同位素分别有：^{138}La（$T_{1/2}=1.12\times10^{11}$年）、$^{144}Nd$（$T_{1/2}=2.4\times10^{15}$年）、$^{147}Sm$（$T_{1/2}=1.05\times10^{11}$年）、$^{148}Sm$（$T_{1/2}=8.0\times10^{15}$年）、$^{149}Sm$（$T_{1/2}=1.0\times10^{16}$年）、$^{176}Lu$（$T_{1/2}=3.79\times10^{10}$年）。由于它们在稀土混合物中含量很低，一般如 Sm<3%，Lu<0.3%。因此，它们的比活度也很低，如^{176}Lu 的比活度约为 88.8Bq/kg，^{149}Sm 的比活度为 1.26Bq/kg 左右。而分析结果表明（表 40），我国内蒙古自治区包头的白云鄂博稀土矿体中伴生放射性核素主要成分是^{232}Th，其放射性比活度可高达 8 681Bq/kg，精矿中 Th/U=100～500。所以，与天然铀、钍的放射性比活度相比，稀土元素中放射性同位素的辐射影响完全可以忽略不计，应该主要考虑其伴生矿射性的影响及其危害问题。

受地球化学特点的影响，我国稀土矿床伴生放射性 U、Th 的含量随产地不同差异较大，表 40 中列山我国几种主要稀土矿的放射性比活度。

表 40　我国几种主要稀土矿的放射性比活度

（杨俊诚，2004）

(Bq/kg)

产　地	稀土矿	^{232}Th	^{238}U
内蒙古包头	氟碳铈矿	9 299.3	
山东微山	氟碳铈矿	2 035	222.44
湖南江华	褐钇铌矿	114	123.58
广东阳江	独居石矿	1 424.5	8 798.90
海南清澜	独居石矿	4 110.7	1 482.96

2. 稀土采冶、加工和应用对环境的影响

（1）采冶、加工中放射性核素的转移：由于稀土元素与锕系元素钍在化学性质上的相似性，在稀土采冶、加工中将其完全分离是十分困难的，这就使得稀土产品中必然伴有一定量的天然放射性核素^{232}Th 及其子体核素存在。在稀土矿开采、提取加工过程中，伴生放射性核素对环境的影响毕竟是局部的，但涉及人群相对集中。而有可能产生较大面积影响的则是稀土农业应用，目前我国稀土农用面积每年在 335 万 hm^2 以上。每年由于稀土农用大约有 5.5×10^7 Bq 的^{232}Th 输入农田环境，输入速率密度约为 3.3×10^{-3} Bq/m^2/年。

（2）稀土生产过程中对生态环境的影响：我国每年生产稀土精矿约 10 万 t，产生的尾矿约 40 万 t 左右，废水 8.5 万 t。

江西赣南地区稀土的开采，整个是土体搬家，对生态环境是毁灭性破坏，很难修复。

（3）农用稀土产品的放射性：早在 20 世纪 70 年代，研究表明稀土对农作物的生长和增产具有一定的促进作用，于是在我国稀土的农业应用研究受到某些外行领导的重视。由于农业上施用的稀土产品主要是它的硝酸盐，在农用稀土中伴生放射性铀、钍均以易溶解的硝酸盐形态存在，容易被作物吸收。所以，农用稀土产品伴生放射性及其对环境的影响始终是放射生态学领域关注的热点。

通过对我国 50 多个农用稀土产品的采样、分析，结果表明（表 41），农用稀土产品中含有一定量的伴生天然放射性核素，其主要成分是^{232}Th，其比活度范围在 3.0～458Bq/kg 之间，平均比活度为 55Bq/kg；样品中总 α 比活度范围在 15～9 716Bq/kg 之间，平均比活度为 967Bq/kg。根据中华人民共和国国家标准 GB9968—88，农用硝酸稀土总 α 比活度限值为 800Bq/kg，有 33%的样品超标。

表 41　我国农用稀土产品伴生放射性比活度

(Bq/kg)

产　地	样品数	总 α	^{332}Th	^{238}U
河南商丘微肥厂	19	1 600（33～9 716）	78（3～458）	4.0（0.7～17.6）
内蒙古河东化工厂	10	729（16～2 560）	38.7（7～57）	1.6（0.2～3.3）
山西昔阳微肥厂	9	701（170～2 750）	50.8（22～76）	1.7（0.4～4.3）
甘肃白银 903 厂	4	560（48～1 520）	55.7（9～100）	2.3（1.0～3.0）

（续）

产 地	样品数	总 α	^{332}Th	^{238}U
哈尔滨稀土材料厂	3	435（140～730）	38.4（20～55）	1.1（0.5～1.6）
湖北襄樊氮肥厂	3	134（55～190）	16（13～19）	1.7（1.3～9 716）
广西博白化工厂	4	111（18～328）	23.2（3～57）	0.6（0.2～3.6）
其他微肥厂	5	1 115（15～2 333）		
全国平均	57	967（15～9 716）	54.9（3～458）	2.8（0.2～17.6）

对稀土农用的几点看法：

（1）误导：20 世纪 70 年代末至 80 年代初，有色金属研究总院一批人为了处理包钢尾矿，限于技术水平不够，尾矿中的有价元素（组分）无法提取出来，就想到了农用。首先找到中国农业科学院土壤肥料研究所，接着找各省农业科学院土壤肥料研究所和环境保护研究所。由于当时大家的环保意识不强，加上农业科研部门科研经费不足，于是乎在全国范围内开展了稀土农用试验研究，持续了大约 5～6 年。纵观正规研究所的试验总结，稍有增产作用，但基本上处在生物统计的误差范围之内。如果试验设双对照，即不施肥空白对照和等量硝态氮对照，与等量硝态氮对照相比，稀土基本上无增产作用。在市场经济的大潮中，受利益驱动，一些企业将稀土冠以“稀土微肥”，忽悠农民。

（2）放射性超标。

（3）稀土是战略物资，各国都很重视。矿业和冶金部门应把精力放在稀土精加工和提取有价元素（组分）上，不要图省事往农业上推卸，我国土壤承载污染的负荷已足够大了。

（三）肥料中的放射性污染

1. 磷矿和磷肥中的放射性核素 在自然界分布的磷矿石中，往往伴生铀、镭等天然放射性核素。如华南某胶磷矿，含铀和磷的品位较高，数量也较大，其中含铀 0.12%，P_2O_5 7.0%。该矿主要的矿物为石英、高岭石、迪开石、胶磷矿和方解石，次要矿物为透长石、白云石、黄铁矿、菱铁矿、水云母、萤石和绢云母。铀主要分布在胶磷矿中（表 42），占所

表 42 铀在各矿物中的分布率及大致平衡状况

	铀品位（%）	矿物在矿石中含量（%）	1 000g 矿石中该矿物含铀量（mg）	铀在矿石中分布率（%）
胶磷矿	0.623	18	1 120	92.6
矿物石英	0.008	40	30	2.5
高岭石 无色	0.007	30	20	1.7
棕 色	0.042			
黄铁矿 胶状	0.227	1.5	30	2.8
结晶状	0.026			
碳酸盐	0.018	10	20	1.5
锆 石	0.394	0.03	1.0	0.1
萤 石	0.009	微量	—	—
合 计		99.53	1 221	101.2

有伴生矿物的92.6%。这种矿则具有开采铀和磷的价值。那么，一般的磷矿情况如何呢?如四川金河磷矿，属浅海相沉积的磷块岩。磷块岩中放射性元素铀含量为0.002%～0.012%，天然伽玛强度一般变化在67.08×10^{-4}～330.24×10^{-4}C/kg之间，最高397.32×10^{-4}C/kg；在与磷块岩呈互层产出的磷硫铝锶矿中，放射性元素铀含量为0.018%～0.035%，天然伽玛强度一般为56.76×10^{-4}～46.81×10^{-4}C/kg，最高达516×10^{-4}C/kg。表43列出了11种磷肥和11种磷矿石的天然放射性元素的含量，铀和钍的变化幅度相当大。在磷肥中，铀介于0.13～1 000mg/kg之间，一般为3～22.4mg/kg；钍介于1.1～189mg/kg之间，一般为1.1～11mg/kg。而镭作为铀和钍的α-衰变子体其含量非常低。磷矿石中的铀含量在2.8～154mg/kg之间，国内一般为8.6～39mg/kg，国外的3个矿含量均较高，铀含量为106～154mg/kg（表43）。

表43　磷肥及磷矿石中天然放射性元素含量

(mg/kg)

磷　肥	含量（μg/g）			磷矿石	铀含量
	U	Th	^{226}Ra		
河　南	64～1 000	11.0	6.5×10^{-6}	云　南	39
福　建	22.4	189	痕　量	云南中谊村	34
张家口	2.4	1.1～9.7	痕　量	湖　北	12.3
洛　阳	6.7～170.0	8.3～9.7	痕　量	湖北胡集	2.8
湛　江	0.13	12.0	痕　量	湖北襄樊	8.6
济　南	31.1	—	—	昆　阳	5.7
青　岛	9.1	—	—	云南、贵州、湖北混合矿粉	34
莱　芜	9.3	—	—	墨西哥	154
临　沂	11.5	—	—	摩洛哥	107
昌　邑	3.1	—	—	阿　联	106
招　远	12.6	—	—	山东掖县	2.9

注："—"未测定。

表44　前苏联产的磷肥中U和Th的含量

(mg/kg)

磷肥品种	^{238}U	^{232}Th
磷铵：		
由卡拉套磷灰土生产	9.5	10
由磷灰石生产	3.7	8
磷酸氢二铵：		
由卡拉套磷灰土生产	21.6	17
由磷灰石生产	0.11	16
重过磷酸钙：		
由金吉谢普磷灰土生产	17.3	11
由磷灰石生产	3.5	10

（续）

磷肥品种	^{238}U	^{232}Th
过磷酸钙：		
由卡拉套磷灰土生产	4.4	25
由磷灰石生产	1.2	32
磷灰土粉（金吉谢普）	35.0	14.5

根据前苏联放射卫生学研究所测定结果，经过浮选的马尔杜磷矿石含^{226}Ra 444±55.5Bq/kg，新莫斯科化学联合工厂生产的硝酸磷肥含^{226}Ra 29.6±3.7Bq/kg，“磷灰土”化学联合工厂生产的磷灰土粉含^{226}Ra 577.2±74.0Bq/kg；由科拉半岛磷灰石生产的普通过磷酸钙含^{226}Ra 33.3±3.7Bq/kg；磷灰石粉含^{226}Ra 33.3±3.7Bq/kg（表44）。

美国生产的磷肥和含磷复合肥料也含有相当数量的^{226}Ra,^{210}Po,^{210}Pb（表45）。

假定土壤的平均α-放射性在其自然状态下等于30Bq/kg，则可看出，很多种含磷矿质肥料可促进土壤富集具有天然放射性的重金属。

表45　美国产矿质肥料中放射性杂质含量

（Tso等，1968）

（Bq/kg）

肥料品种	^{226}Ra	^{210}Pb	^{210}Po
磷酸钙	8.14±0.8	4.1±1.5	2.6±1.5
过磷酸钙：			
由Beltsvill磷矿生产	495.8±2.2	—	248.6±5.2
由Glinvill磷矿生产	358.9±12.2	301.9±22.1	292.3±20.0
复合肥料（N∶P_2O_5∶K_2O）			
4∶8∶12	650.8±10.0	492.1±22.2	509.1±33.3
3∶9∶9	—	499.1±27.0	468.8±3.7
5∶10∶5	573.5±11.1	518.0±20.0	389.6±16.6
硝酸铵	0.37	1.1±0.37	11.1
硫酸钾	12.6±0.7	25.5±1.8	19.2±3.7

研究表明，磷酸盐矿的伴生放射性成分主要是^{238}U→…^{226}Ra…衰变系；^{232}Th及其衰变系的子体核素活度水平与农田土壤相当；^{40}K活度水平比土壤低。由于磷酸盐矿的产地不同，伴生放射性核素活度水平的空间变异很大。我国磷酸盐矿中^{238}U和^{226}Ra活度较高的有贵州同仁县和开阳矿区马路坪矿；湖北荆襄矿和安徽宿松矿最低。根据云南、贵州、湖南、湖北、四川、江苏、陕西、江西和安徽等采集的77个样品中放射性活度调查结果可见（表46），^{238}U、^{226}Ra、^{232}Th和^{40}K的平均活度分别为335.43、312.04、16.26Bq/kg和106.58Bq/kg。^{226}Ra的比活度超过400Bq/kg的占35%，根据有关资料可判定为放射性伴生矿。有少量磷矿石含有较高的伴生放射性，如贵州开阳磷矿马路坪磷矿石^{226}Ra放射性比活度为2 346Bq/kg，总α比活度为1.4×10^4Bq/kg；湖南双峰磷矿粉中^{226}Ra放射性比活度为

5 217Bq/kg，总α比活度为5.7×10^{4}Bq/kg。不仅^{226}Ra放射性比活度分别为放射性伴生矿判断值（C_{Ra-226}≥400Bq/kg）的5.9倍和13倍，总α比活度已分别接近GB9133－88中低放固体废物分类标准（7.4×10^4～3.7×10^{6}Bq/kg）。

表46　我国磷矿粉中天然放射性的比活度

(Bq/kg)

采样地点	样品个数	^{238}U	^{226}Ra	^{232}Th	^{40}K
云　南	16	282（152～521）	255（102～401）	17（0～60）	80（0～406）
贵　州	19	556（154～3 032）	514（153～3 102）	13（9～43）	99（57～286）
湖　南	19	385（50～216）	386（48～729）	19（0～34）	23（0～443）
湖　北	12	61（24～338）	54（24～326）	10（0～54）	256（56～558）
四　川	1	338	326	29	56
江　苏	5	362（30～930）	264（28～913）	32（0～102）	109（0～210）
陕　西	2	88（75～100）	86（73～98）	4（1～6）	91（0～155）
江　西	2	183（90～277）	184（86～283）	19（9～29）	135（123～147）
安　徽	1	15	13	17	484
平　均	77	335.43	312.04	16.26	106.58

表46和表47数据指出，一般磷矿石的总α放射性强度为6.2×10^{-10}～2.5×10^{-7}Ci/kg，成品磷肥的总α放射性强度为1.7×10^{-9}～8.2×10^{-7}Ci/kg。两者的放射性水平很接近。但地区间的差异较大，例如福建和浙江的过磷酸钙放射性强度是湛江的480倍。总α放射性强度主要来自铀、钍和镭等天然放射性核素。磷肥中铀、钍的变化幅度很大，铀介于0.13～120mg/kg之间，一般为2.4～22.4mg/kg；钍介于1.1～36mg/kg之间，一般为1.1～11mg/kg。

表47　磷肥中放射性水平

采样地点	总α放射性强度（Ci/kg）		采样地点	总α放射性强度（Ci/kg）	
	磷矿粉	磷　肥		磷矿粉	磷　肥
河南（过磷酸钙）	—	2.5×10^{-7}	黑龙江（过磷酸钙）	—	7.9×10^{-9}
福建（过磷酸钙）	—	8.2×10^{-7}	张家口（过磷酸钙）	6.2×10^{-10}	1.7×10^{-9}
浙江（过磷酸钙）	—	8.2×10^{-7}	洛　阳（过磷酸钙）	4.2×10^{-8}	3.4×10^{-8}
（过磷酸钙）	—	5.53×10^{-7}		—	—
内蒙古（过磷酸钙）	2.5×10^{-7}	2.6×10^{-7}	湛　江（过磷酸钙）	3.3×10^{-9}	5.2×10^{-9}

磷肥中放射性是其在生产过程中，磷矿石中的磷和铀一起进入磷肥。

根据Spalding的报告，美国墨西哥湾地区施用磷肥中铀的含量介于3～200mg/kg之间，平均为150mg/kg，是我国磷肥铀含量的10～20倍。根据他的研究，铀含量同P_2O_5的百分含量的增加有明显的线性相关，磷的含量越大，相应的铀含量也越高。在美国的一些州，在施用磷肥80年的土壤中^{238}U的浓度提高了1倍。这种现象也可在前联邦德国观察到，在这里自然放射性元素（U和Ra）在熟化土壤中比在未熟化土壤多6%～9%。

为了近一步评价磷肥的放射性水平，将市售几种化肥的分析结果作一比较（表48）。

表 48　不同肥料放射性水平比较

名　称	总 α 放射性（Ci/kg）	U（mg/kg）	Th（mg/kg）	Ra（mg/kg）
磷　肥	$1.7\times10^{-9}\sim3.9\times10^{-8}$	0.13～170	1.1～189	$2.1\times10^{-12}\sim6.5\times10^{-11}$
氯化铵	未检出	未检出	未检出	未检出
碳酸氢铵	$2.5\times10^{-10}\sim1.1\times10^{-9}$	未检出	未检出	未检出
尿　素	$2.5\times10^{-10}\sim1.1\times10^{-9}$	未检出	未检出	未检出
硫　铵	2.5×10^{-10}	未检出	未检出	未检出
腐植酸铵	7.5×10^{-9}	5.3	未检出	未检出
腐植酸铵	3.6×10^{-9}	15.0	未检出	未检出

农业上常用的氮肥，如氯化铵、硫铵、碳铵及尿素等总 α 放射性较低，而且均未检出有天然放射性元素的存在；一般认为腐殖酸肥料的放射性水平较高，但总 α 放射性也比磷肥少一个数量级左右。如此看来在常用的几种化肥中磷肥的放射性处于较高的水平。

2. 磷肥（或矿石）流失对土壤和水源的污染

（1）运输过程中的污染：含天然放射性的矿石在运输过程中，由于多种因素的影响，矿石，矿粉撒落在轨道、路基的周围，又因风吹和雨水淋洗流失在路基枕木上造成轨道附近土壤和水源的污染。

南京铁道医学院卫生系对某地的测定结果列于表 49 和表 50。

表 49　土壤中总 α、β 含量测定结果

（$\times10^{-8}$Ci/kg）

采样地点	总 α 含量	总 β 含量	采样地点	总 α 含量	总 β 含量
甲站南20m	9.52±0.19	3.00±0.08	南200m	34.60±0.49	11.90±0.10
40m	14.40±0.22	6.20±0.09	400m	43.20±0.60	16.60±0.11
北40m	16.20±0.28	6.70±0.08	北80m	217.00±1.04	58.60±0.16
200m	23.20±0.42	5.90±0.09	1 000m	8.29±0.13	<2.7
400m	14.40±0.25	3.50±0.08	丙站	7.28±0.15	3.10±0.08
乙站南 100m	243.0±1.80	86.50±0.20	丁站	4.09±0.11	<2.7

表 49 指出，乙站轨道附近土壤总 α、β 的强度较高，按国际原子能机构关于安全运输规定，凡放射性大于 2μCi/kg 的任何物质都称为放射性物质，乙站轨道土壤已接近放射性物质，甲站轨道土壤也明显污染。对于水源，甲乙两站附近的水塘放射性强度均比对照有所提高（表 50），但未超过国家关于露天水源的限制水平。

表 50　水塘中总放射性及钠、钍、镭含量

采样地点	总 α 强度	总 β 强度	Ra（$\times10^{-12}$Ci/L）	Th（$\times10^{-7}$g/L）	U（$\times10^{-7}$g/L）
甲　站	10.8	4.42	1.54	4.8	12
乙　站	0.14	0.23	0.61	3.2	4.2
丁站（对照）	0.07	0.23	0.50	2.0	6.4

（2）磷肥流失对农田和水源的污染

①磷肥厂废水对农田的污染：由于磷肥中含有天然放射性，因此在生产过程中所排放的废水中也含有放射性。据测定，福建松溪县磷肥厂废水中含铀 4×10^{-2}mg/L，钍 8.4×10^{-2}mg/L，镭 3.35×10^{-11}Ci/L，比对照水源分别高出 17～840 倍。浙江某磷矿废水含铀 1.21～2.39×10^{-9}Ci/L。这些废水用于农田灌溉，必然影响到土壤和作物。

〈1〉对土壤的污染：含有放射性的废水流经之处，农田中的土壤和水中铀、钍和镭含量都有所增加。据福建省职业病防治院测定结果，随着离松溪磷肥厂废水排出口距离的增加，放射性元素的含量也随之下降（表 51）。如 1976 年靠近废水池的 1 号田，田泥中铀比对照田高 5 倍，钍高 65 倍，镭高 150 倍；而距离废水池 50m 的 2 号田，田泥中铀和钍的含量仅是 1 号田的 1/4，镭是 1 号田的 1/2。1 号田的田泥比废水中铀、钍、镭含量约高 300 倍，相当于磷肥中的水平，说明废水中的核素大部分转移并富集于田泥中。

表 51　被污染农田中土壤和田水镭、钍、钠的含量

采样地点	U（mg/kg）		Th（mg/kg）		Ra（Ci/kg）	
	田　泥	田　水（$\times10^{-4}$）	田　泥	田　水（$\times10^{-4}$）	田　泥（$\times10^{-10}$）	田　水（$\times10^{-14}$）
1 号田（0～10m）	12	8.3	389	4.0	184	2.35
2 号田（50m）	3.8	5.3	110	1.6	90.9	3.39
对照田	2.4	1.7	6.0	1.6	1.24	0.19

随着时间的延长，土壤中的核素含量也随之增加。浙江人民卫生实验院放射医学研究所对某乡镇的测定结果（表 52），1978 年 1 号农田土壤中铀含量比 1975 年高 1.67 倍，2 号农田铀高 1.29 倍。至 1979 年趋于平衡。这一方面说明土壤对核素的积累有一定的限度，也可能是作物吸收的结果。

表 52　废水污染的农田土壤中铀和镭的浓度

（$\times10^{-9}$Ci/kg）

采样日期（年・月）	1 号农田*		2 号农田		3 号农田	
	U	Ra	U	Ra	U	Ra
1975.11	51.1	7.9	17.7	2.31	—	—
1978.11	85.2	7.91	22.9	2.55	—	—
1979.11	85.2	18.7	21.8	2.11	—	—
1980.7	—	—	—	—	5.46	1.54

* 1 号田靠近废水池，2 号田距离废水池 50m，3 号田距离废水池 100m。

〈2〉废水对作物的污染：含核素的废水污染农田后，作物对它们有一定的吸收作用，通过根转移到其他部位（表 53）。其特点是根部吸收最多，其次是稻秆，果实部分吸收最少。无论是靠近废水池的 1 号田，还是离废水池 50m 的 2 号田，对核素吸收积累总的趋势是根＞茎秆＞稻壳＞米。在水稻的同一部位，铀、钍、镭含量随田中土壤和水的含量增加而增加，但稻壳比米增加得快。1 号田稻壳中铀含量为米的 41.4 倍，钍为 60 倍，镭为 145 倍：2 号田稻壳中铀的含量是米的 13 倍，钍 32.7 倍，镭 6.8 倍，显然，其稻壳与米之比例远较

1号田小。仅就米的核素含量而言，钍基本上保持在本底水平，铀1号田和2号田是对照的1.6和1.7倍；镭分别是8.2和6.4倍。虽不如稻壳的差别那样大，但必竟有所增加。也就是说，铀和镭随着土壤和水中浓度的增加，米也能积累到较高的水平。

表53　水稻各部分核素的含量

采样地点	U (mg/kg)				Th (mg/kg)				Ra (mg/kg)			
	根	秆 (×10^{-1})	壳 (×10^{-3})	米 (×10^{-4})	根	秆	壳 (×10^{-2})	米 (×10^{-6})	根 (×10^{-10})	秆 (×10^{-11})	壳 (×10^{-11})	米 (×10^{-12})
1号田 (0～10m)	3.8	4.98	25.7	6.2	89	3.82	23.3	3.88	14.8	8.5	4.5	3.1
2号田 (50m)	1.12	1.15	8.6	6.6	26	1.29	6.86	2.1	10.3	3.3	1.65	2.43
对照田	0.72	0.09	3.8	3.8	2.0	0.06	0.057	3.5	0.15	0.225	0.84	0.38

为了探索废水中核素向水稻各部分的转移规律，用转移系数K表示铀、钍、镭自土壤或水中向水稻各部位转移的程度，用下列公式来计算K值：

土壤中核素向水稻转移系数：

$$K_{铀(或钍、镭)}=\frac{水稻某器官的铀含量（或钍、镭含量）}{田中土壤铀含量（或钍、镭含量）}$$

田中水的核素向水稻转移系数：

$$K'_{铀(或钍、镭)}=\frac{水稻某器官的铀含量（或钍、镭含量）}{田水中铀含量（或钍、镭含量）}$$

表54　土壤中核素向水稻各器官转移系数K

采样地点*	U				Th				Ra			
	根/土 (×10^{-1})	秆/土 (×10^{-2})	壳/土 (×10^{-3})	米/土 (×10^{-4})	根/土 (×10^{-1})	秆/土 (×10^{-3})	壳/土 (×10^{-4})	米/土 (×10^{-5})	根/土 (×10^{-3})	秆/土 (×10^{-3})	壳/土 (×10^{-3})	米/土 (×10^{-4})
1号田	2.3	4.2	2.1	0.52	2.1	9.8	6.0	0.99	0.08	4.6	2.5	1.7
2号田	3.0	3.0	2.3	1.7	2.4	6.2	6.2	1.9	0.10	3.3	1.7	2.4
对照田	3.0	0.38	1.6	2.2	4.3	9.7	9.6	59	0.12	20	68	30

＊见表53。

表55　田水中的核素向水稻各部分转移系数K′

采样地点*	U				Th				Ra			
	根/水 (×10^{3})	秆/水	壳/水	米/土	根/水 (×10^{5})	秆/水 (×10^{3})	壳/水 (×10^{2})	米/水	根/水	秆/水	壳/水	米/水
1号田	4.5	600	31	0.75	2.23	9.55	5.8	9.7	44.1	2.5	1.35	0.081
2号田	2.1	216	16.2	1.24	1.6	8.1	4.3	13.1	30.4	0.97	0.5	0.072
对照田	4.2	53	22.3	3.0	0.26	0.6	5.7	35.3	7.9	1.18	4.4	0.2

＊见表53。

表54和表55指出，铀、钍、镭向水稻各部分的转移规律是一致的，即$K_{根}>K_{秆}>K_{壳}>K_{米}$；$K'_{根}>K'_{秆}>K'_{壳}>K'_{米}>$；$K_{镭}>K_{铀}>K_{钍}$；而田中水的核素向水稻各器官的转移规

律是$K'_{钍}>K'_{铀}>K'_{镭}$。通过K值可看出，土壤中镭最易进入稻壳和大米，铀次之，钍转移能力差；稻田中的水钍最容易进入稻壳和大米中，铀次之，镭最不容易被吸收。还可看出，铀、钍、镭转移系数K随稻田土壤污染水平的增高而降低。由于这些核素从土壤往稻米的转移系数较低，均在10^{-4}～10^{-6}数量级。所以，稻田土壤虽然受到污染，而进入米的量甚低。值得注意的是稻田水的核素向水稻的转移系数K'随着田水中核素含量的增高而上升，说明可溶性的铀、钍、镭核素是容易被植物吸收的。

②施用磷肥对土壤和作物放射性强度的影响

〈1〉磷肥中的铀和镭在土壤中的积累：在稻田土壤中，分别施用过磷酸钙和钙镁磷肥，其施用量设常量、高量和特大量，也就是2.25、11.25t/hm^{2}和22.5t/hm^2。试验结果（表56）表明，随着磷肥施用量的增加，稻田土壤中铀和镭-226的含量也有所增加，但增加甚微。如施用过磷酸钙区，每公顷施用2.250t的土壤铀含量为950×10^{-12}Ci/kg，每公顷施用22.5t的土壤铀含量为1 980×10^{-12}Ci/kg，磷肥施用量增加了10倍，而土壤铀含量仅增加1倍，即1 030×10^{-12}Ci/kg。

表56　施用磷肥后稻田土壤中铀和镭-226的浓度

磷肥品种	不施磷肥	过磷酸钙			钙镁磷肥		
		Ⅰ	Ⅱ	Ⅲ	Ⅰ	Ⅱ	Ⅲ
磷肥施用量（t/hm^2）	0	2.25	11.25	22.5	2.25	11.25	22.5
铀浓度（×10^{-12}Ci/kg）	804	950	1 540	1 980	950	1 380	1 980
镭-226浓度（×10^{-12}Ci/kg）	970	958	1 150	1 470	990	1 390	1 430

旱地施用磷肥试验于1976—1977年在山东禹城实验区进行，试验土壤为脱盐潮土，土壤有机质含量0.96%，全N量0.055%，有效N 28.6mg/kg，全P_2O_5 0.073%，有效P_2O_5 7.5mg/kg，全盐量0.055%，pH为8.3。试验用磷肥为过磷酸钙，有效磷（P_2O_5）17.5%，铀含量3.85mg/kg。试验设4个处理：不施磷肥对照，15t/hm^2、30t/hm^2、45t/hm^2；小区面积10m×50m，重复3次。试验作物：冬小麦、夏大豆。试验结果见表57。从中可看出，旱地土壤施用磷肥与水田土壤的趋势是一致的，除个别数据有起伏，土壤含铀量随施肥量呈递增趋势，但同一组土壤经2年轮作其含铀量没有明显变化。一次施用45t/hm^{2}的处理，相当于60年施用磷肥量，其含铀水平比对照组平均高23%，含铀量仍然保持在天然含铀水平。

表57　施磷肥对旱地土壤含铀量影响

（mg/kg）

施肥量（t/hm^2）		小麦				大豆			
		对照	15	30	45	对照	15	30	45
盆栽	1976	0.89±0.05	1.23±0.03	1.60±0.04	1.81±0.06	1.04±0.07	1.12±0.04	1.34±0.02	1.52±0.01
	1977	1.01±0.04	1.13±0.04	1.22±0.03	1.53±0.03	0.99±0.01	1.26±0.08	1.29±0.03	1.44±0.02
大田Ⅰ	1976	1.04±0.02	1.28±0.06	1.38±0.01	1.37±0.01	1.07±0.03	1.21±0.01	1.36±0.03	1.37±0.003
	1977	0.96±0.07	1.06±0.05	1.13±0.01	1.11±0.02	0.94±0.01	1.02±0.03	1.18±0.02	1.13±0.01
大田Ⅱ	1976	0.90±0.05	0.99±0.002	1.04±0.07	1.17±0.04	0.91±0.02	1.00±0.07	1.01±0.05	1.17±0.02
	1977	0.91±0.02	1.07±0.09	1.04±0.01	1.17±0.04	1.02±0.07	1.11±0.07	1.31±0.07	1.39±0.02

上述的试验结果说明，无论水田还是旱地，磷肥中的铀和镭-226在土壤中积累得很慢。其原因可能是，土壤本身含有一定量的天然放射性核素，施入磷肥，稀释度大；同时，进入农田土壤的这些天然放射性核素也会受雨、雪水或灌溉水的淋溶而流失。

〈2〉磷肥中天然放射性核素在作物中的分布与积累

A. 水稻：表58是福建1977年试验结果。可见水稻能通过根从土壤中吸收铀和镭-226，并经过输导组织转移到其他部位。水稻的几个主要器官对铀和镭-226吸收量的大小顺序是：根＞茎＞糠＞米，数量比为根：茎：米大约是100：10：1。这与水稻从磷肥生产污水中吸收核素的趋势和在水稻各器官的分布是一致的。就核素而言，水稻对磷肥中镭的吸收比铀多。

表58 施磷肥对水稻中天然放射性核素含量的影响

（$\times 10^{-12}$Ci/kg）

核素		对照	过磷酸钙（t/hm²）			钙镁磷肥（t/hm²）		
			2.25	11.25	22.5	2.25	11.25	22.5
早稻米	铀	0.09	0.75	0.57	0.71	0.54	0.71	0.73
	镭-226	1.98	1.20	1.22	2.81	1.38	1.62	1.26
早稻糠	铀	10.5	14.8	11.3	12.1	12.5	13.3	12.1
	镭-226	14.5	41.3	31.7	32.9	29.6	29.0	34.6
早稻茎	铀	29.7	23.9	28.1	35.0	24.8	32.3	44.1
	镭-226	118	122	171	218	129	133	101
早稻根	铀	101	144	356	458	148	283	379
	镭-226	348	449	766	975	401	1 580	2 130
晚稻米	铀	0.55	0.69	0.48	0.66	0.53	0.55	0.65
	镭-226	1.13	1.21	0.67	1.23	0.59	1.25	1.16
晚稻糠	铀	12.8	13.2	14.2	22.8	14.7	18.0	22.4
	镭-226	37.0	26.0	26.1	44.1	30.5	28.8	45.7
晚稻茎	铀	27.4	20.7	23.1	33.8	22.7	24.4	35.4
	镭-226	88.0	91.0	129	101	79.0	127	91.0
晚稻根	铀	107	101	274	290	143	375	373
	镭-226	125	268	404	551	245	875	1 330

通过转移系数K的计算表明，根吸收能力最强（$K_{铀根}$，$K_{镭根}\approx 10^{-1}$），稻米最差（$K_{铀米}$，$K_{镭米}\approx 10^{-3}\sim 10^{-4}$）；随着土壤中铀和镭-226浓度的增高，$K_{米}$ 和 $K_{茎}$ 减少，而 $K_{根}$ 则增加，这说明水稻根积累铀和镭的能力较强。可能是，植物根能直接或间接地改变与根接触的根际土壤的pH和氧化还原电位，从而产生能使这些核素沉积的化学作用。当然，转移系数K不仅取决于土壤中的核素浓度，而且与土壤质地、pH、有机质含量、特别是土壤腐殖质的组成等因素有关。

B. 小麦和大豆：旱作试验分两季进行，第2季不施磷肥，以观察第2季作物对铀的吸收。盆栽和两处大田试验结果（表59）表明，小麦和大豆的根、茎、籽粒的含铀量在3个试验中基本一致。小麦根、茎和籽粒的含铀范围为178～238、16.7～25.0μg/kg和1.7～

2.3μg/kg 干重；大豆为 237～317、20～30.8、2.4～3.4μg/kg 干重。大豆根吸收铀量是小麦根的 1.3～1.4 倍，大豆籽粒是小麦籽粒的大约 1.5 倍，两种作物茎中铀含量比较接近。小麦和大豆根、茎、籽粒的铀含量比例大致是 100∶10∶1，与水稻相同，说明在一般情况下，铀在不同作物的根、茎、籽粒中的分布比例保持稳定状态。还可看出，小麦和大豆的根对土壤中的铀有显著的富集作用，而且根部含铀水平随土壤含铀量的变化呈较大的变化范围。有文献报道，作物根部含铀量可达籽粒的 1 000 倍。

表 59　施用磷肥对小麦和大豆含铀量的影响

（μg/kg，干物重）

处　理		小麦（t/hm²）				大豆（t/hm²）			
		CK	10	20	30	CK	10	20	30
盆　栽	根	149±1.8	178±4.5	193±8.0	214±9.9	158±2.5	238±3.7	272±3.7	294±7.8
	茎	13±2.0	16.7±1.8	18.5±0.7	20.3±0.6	16.1±0.5	20.4±1.4	23.2±1.1	27.5±0.9
	籽　粒	1.5±0.2	1.7±0.1	2.0±0.2	2.1±0.3	1.7±0.5	2.5±0.1	2.8±0.7	3.0±0.1
大田Ⅰ	根	154±5.5	181±3.3	199±7.6	222±4.0	165±3.0	240±7.7	277±3.6	306±4.3
	茎	14.9±1.5	21.7±3.2	23.6±5.4	25.0±2.7	16.0±3.6	21.3±2.4	25.8±2.5	31.5±1.9
	籽　粒	1.6±0.3	1.8±0.1	1.9±0.4	2.3±0.7	1.7±0.5	2.5±0.8	3.0±0.4	3.2±0.5
大田Ⅱ	根	150±8.1	178±3.3	193±5.7	238±3.0	163±10	237±1.8	288±7.8	317±13.0
	茎	16.5±2.0	18.6±1.5	19.7±2.2	22.9±4.0	15.6±1.0	24.3±4.6	27.9±1.7	30.8±2.6
	籽　粒	1.5±0.1	1.7±0.3	1.8±0.1	2.3±0.1	2.0±0.4	2.4±0.1	3.1±0.5	3.4±0.3

注：磷肥为过磷酸钙，铀含量为 3.7mg/kg。试验土壤为潮土。各处理施肥量为 t/hm²，表内数据为 1989 年测定结果。

表 60 进一步揭示了放射性核素在小麦籽粒中的分布规律。麸皮和面粉中铀、钍、镭-226 的含量虽然同处于一个数量级，但麸皮中的含量明显高于面粉。麦秆中的铀、镭-266 比麸皮高一个数量级，钍高两个数量级。小麦各部分核素的含量依次为秸秆>麸皮>面粉。面粉中不同施肥水平之间的核素含量差异不显著（$P>0.05$），麸皮中的镭在各处理间差异显著（$P<0.05$）。秸秆、麸皮、面粉中的钍在各施肥处理间无显著差异（$P>0.05$），由于磷肥中钍含量较低（11mg/kg），与土壤钍的本底值（9.7mg/kg）接近。

由转移系数的计算得出，麦秆的 K 值比麸皮高 1～2 个数量级，麸皮的 K 值又比面粉高 1.9～4 倍。核素在小麦各器官的转移系数依次为 $K_{镭}>K_{铀}>K_{钍}$，与磷肥污水中的核素向稻米转移的规律相同。

表 60　小麦各部分核素的含量

（mg/kg）

施磷肥量（t/hm²）	面　粉			麸　皮			秸　秆		
	U（×10⁻⁶）	Th（×10⁻⁶）	²²⁶Ra（×10⁻¹²）	U（×10⁻⁶）	Th（×10⁻⁶）	²²⁶Ra（×10⁻¹²）	U（×10⁻⁵）	Th（×10⁻⁴）	²²⁶Ra（×10⁻¹¹）
CK	—	2.9±0.9	2.4±0.1	4.1±0.6	—	4.7±0.4	2.2±0.5	1.3±0.4	5.2±0.4
10	—	3.9±0.9	2.3±0.1	3.0±1.3	—	5.7±0.4	2.3±0.9	1.7±0.5	5.2±0.3
20	1.1±0.1	3.1±0.1	2.4±0.5	4.9±1.2	4.2±2.4	7.3±0.8	2.7±0.2	1.4±0.5	4.9±0.4
30	1.1±0.2	3.0±0.9	2.7±0.3	4.3±1.2	7.6±2.0	9.9±1.1	3.0±0.3	1.4±0.3	5.8±0.6

—表示未检出。

③施用磷肥的生态环境学评价：上述资料表明，长期施用含天然放射性核素的磷肥，无疑会对土壤和作物产生影响，但向作物籽粒中转移的量很少，远远低于磷矿区和磷肥生产过程的废水向作物籽粒中转移的放射性数量。我国目前食品标准中规定铀和镭-226的限制浓度为100μg/kg，相当于68×10^{-12}Ci/kg和70×10^{-12}mg/kg。上述实验的稻米含铀和镭-226的量分别为0.48～0.73×10^{-12}Ci/kg和1.20～2.81×10^{-12}Ci/kg，比国家规定的标准分别低108倍和54倍。小麦和大豆籽粒中铀的含量为0.8～1.9μg/kg，比国家标准低85～35倍。根据福建职业病防治院研究，用松溪县磷矿厂废水灌溉生产的稻米中含铀0.62～0.66μg/kg，含镭-226为2.43～3.1×10^{-12}Ci/kg；浙江用磷矿废水灌溉的稻米含铀13×10^{-12} Ci/kg，含镭-226为6.3×10^{-12}Ci/kg（比国家标准低4倍和6倍），也远低于国家标准。假定人们每天食用磷矿区周围污染农田的大米（镭-226含量为6.32×10^{-12}Ci/kg）0.5kg，按70年计算，根据广东高本底调查协作组使用的幂函数模型i，可估算出人体内镭-226最大累积量为$1.36\times10^{-4}\mu$Ci，只有规定的人体内镭-226最大容许累积量0.1μCi的千分之一左右。由此估算出骨衬细胞接受的年吸收剂量率为1.44×10^{-2}mGy/年，骨细胞为3.5×10^{-2} mGy/年，骨髓为0.27×10^{-2}mGy/年。从铀考虑，施用磷肥使农田土壤污染，要达到目前磷肥生产过程中排放废水的污染水平，需要100～300年；要达到磷矿区废水的污染水平，经估算需3 000年以上；从镭-226考虑，也需要几百年时间。倘若与放射性工业废渣比较，更可以忽略不计。如包头市已堆积含放射性物质钍的尾矿1 500多万t，钍含量高达0.062%，总α放射量达4.18×10^{-7}Ci/kg，超过国家标准1×10^{-7}Ci/kg的3倍。对周围农田必然带来很大的影响。又如核爆炸后产生的大量降尘带有放射性物质，在我国某地低空爆炸的下风9km处的农田里的农作物，沾污水平为0.1～72.4μCi/kg（干基计）。以叶片宽大的玉米污染水平最高，其次为油菜，再次为小麦和棉花。5个月后，由于衰变，放射性仅减少了66.23%。通常蔬菜比粮食容易受到沾染。万吨级核爆炸所产生的降尘污染范围，一般可达100～700km。由于一系列因素的影响，我国目前已发现有部分农产品含有放射性物质，而且有一部分已经超标（表61）。据中国科学院兰州冰川研究所1975年在兰州白银工业区附近农田检测，发现6个样点均有锶-90的放射性，原粮富集锶-90达19.5～77.6$\mu\mu$Ci/kg（$\mu\mu Ci=10^{-12}Ci=10^{-6}\mu Ci$）。

表61 部分农产品放射性物质含量

名 称	^{226}Ra（$\times10^{-12}$Ci/kg）	^{90}Sr（$\times10^{-12}$Ci/kg）
大 米	0.37～0.60	1.1～1.8
面 粉	2.70～11.0	5.4～22.0
白 菜	0.09～0.48	6.5～8.6
国家标准	0.07	0.2

当然，磷肥中的放射性与上述的工业污染不可同日而语。然而，长期施用磷肥，特别是施用含铀较高的磷肥，累积施入毕竟扩大或增加了居民接受辐射的来源和途径，尽管在短期内觉察不到环境污染因素造成的剂量负担和危害效应，但随着放射性铀通过人为因素在生活环境中广泛扩散和累积，辐射对人群的随机效应仍是今后值得探索的问题。另外，全面评价含铀磷肥的安全性，尚需考虑其中放射性元素镭、铀及其子体产物和其他有害元素如重金属含量及其转移情况。从磷肥的生产和施用过程来看，直接接触放射性元素的人群和机会日益增加所带来的放射生态问题也值得进一步考虑。

(3) 磷肥流失对地面水源的污染：铀的6价氧化态是可溶的，因此铀极易通过灌溉水和雨水的淋溶作用而溶解在水中。据马玉琴等对某施肥区邻近灌溉区河流的调查（表62），邻近河流均含有高浓度的磷，其变化范围在121.0～244.0μg/L之间，平均163μg/L。铀的变化较少，平均值为5.86μg/L。Pμg/Uμg比值对一定种类的磷肥是一个恒定常数，但在河流中该值的波动范围较大，通常介于11.6～95.4之间，平均为27.80。由P/U比值看不出明显的规律性，这主要与水系中的磷酸盐处于一种非稳定形态有关。Spalding推荐这一比值，他认为借助于肥料中P/U比可以预测磷肥被植物和藻类所吸收的状况。例如，肥料中P/U比值如果是1 300，那么在Braros河的比值是10～100，磷肥与河流之间这一差数，就意味着有90%的PO_4^{3-}盐为植物和海藻所摄取。

表62　磷和铀在某施肥区河流中的分布

河流编号	P（μg/L）	U（μg/L）	P/U
1	121.0	10.4	11.6
2	244.0	7.9	30.9
3	145.0	1.52	95.4
4	142.0	3.62	39.2
平　均	163.0	5.86	27.8

对上述河流附近的饮用水源的调查结果，饮用水源的总α放射性水平在2.9～8.6×10^{-13}Ci/L，平均6.7×10^{-13}Ci/L，约比磷肥的总α水平小2～3个数量级。表63指出，在饮用水源中铀的垂直分布是均匀的，平均含量7.11μg/L；磷在底层水中浓度较大。饮用水源的P/U比大约要比河流下降一个数量级，这是由于在饮用水源中铀含量相对升高的缘故。

表63　磷和铀在饮用水源中的分布

取样深度（m）	P（μg/L）	U（μg/L）	P/U
0.5	10.0	7.11	1.4
7～12	28.0	7.11	3.9

表64表明，所调查的饮用水源中铀的含量有逐年增大的趋势，每年增加值为0.6～2.2μg/L，平均1.3μg/L。注入墨西哥湾的Braros河及其支流的河水含铀量为0.94～2.70μg/L，平均1.66μg/L。我国上述几条河铀含量约高出Braros河水系的3.5倍。据报道，由于磷肥的流失使墨西哥湾每年铀增加0.3μg/L，表64饮用水源每年增加的铀量是它的4.3倍。

表64　饮用水源中铀的年度变化

年度	1973	1974	1975	1976
U（μg/L）	4.9	6.01	8.21	8.8

钍在水中以4价形态存在，由于Th^{+4}的化合物可溶性极少，一般来说很难参加水化学循环。由表65可知，在饮用水源中钍的平均含量为0.01～1.13μg/L，平均0.47μg/L。所以，由磷肥流失迁移进入水源中的钍含量甚低。镭的化学性质与钙相似，在水中检出量为

$0\sim1.5\times10^{-12}$ Ci/L，平均 2.12×10^{-13} Ci/L。无论钍还是镭，均在正常天然本底水平内变化。

表 65　饮用水源中钍和镭的含量

核　素	Th（μg/L）	Ra（$\times10^{-12}$Ci/L）
波动范围	0.01～1.13	0.00～1.5
平均值	0.47	0.2

对施肥水平较高的江苏苏州及太湖的调查结果，1973 年丰水期苏州护城河水上下游放射强度均值是：α 放射强度 1.45×10^{-12} Ci/L，β 放射强度为 3.13×10^{-12} Ci/L；井水放射强度均值是：α 放射强度为 1.15×10^{-12} Ci/L，β 放射强度高一个数量级。太湖枯水期湖水 α 放射强度均值为 2.40×10^{-12} Ci/L，β 放射强度均值为 3.57×10^{-12} Ci/L；丰水期湖水 α 放射强度均值为 1.85×10^{-12} Ci/L，β 放射强度均值为 2.90×10^{-12} Ci/L。枯水期与丰水期湖水放射强度相差不显著。全年湖水放射强度均值：α 放射强度为 2.12×10^{-12} Ci/L，β 放射强度为 3.24×10^{-12} Ci/L。比国家规定的放射性水平低。

对上海地区饮用水中镭-226 的含量调查结果（表 66），镭-226 的含量在 $0.6\sim8.2\times10^{-13}$ Ci/L 之间，与日本、印度、德国、前南斯拉夫等国的报道差别不大，比国家规定的容许标准大约低 2 个数量级，这与上海市土壤中天然放射性核素含量本底值低有关。

表 66　上海地区居民饮用水中 ^{226}Ra 含量

样品名称	样品数	^{226}Ra（$\times10^{-13}$Ci/L）
自来水	46	1.1+0.1
400m 深井水	5	8.2±0.2
100m 深井水	12	1.5±0.2
黄浦江水	9	1.10±0.1
淀山湖水	16	0.8±0.1
土井水	8	0.6±0.1

3. 官厅水库的放射性污染

（1）官厅水库放射性来源及其输入途径：官厅水库上游地带有丰富的磷灰石矿脉分布，含有稀土和放射性元素。随着上游地区磷肥厂、腐植酸肥厂、发电厂的兴建，废水均通过桑干河、洋河、妫水河流入水库。在磷矿地表 γ 辐射剂量为 $67.08\times10^{-4}\sim79.98\times10^{-4}$ μC/kg/h，临近库区的张家口、宣化一带为煤矿带、石灰岩和花岗岩，都伴有铀、钍和镭。地表 γ 辐射剂量为 $25.8\times10^{-4}\sim30.7\times10^{-4}$ μC/kg/h，官厅水库几个地方的年 γ 辐射剂量为 $329.466\times10^{-4}\sim341.592\times10^{-4}$ mC/kg/年（表 67）。

表 67　官厅水库辐射环境的 γ 辐射水平

地　址	水库管理处周围	桑干河入库河口周围	洋河入库河口周围	妫水河入库河口周围
γ 辐射剂量（$\times2.58\times10^{-4}$μC/kg/h）	15.1	14.6	14.6	14.6
年辐射量（$\times2.58\times10^{-4}$mC/kg/年）	132.4	127.7	127.7	127.7

〈1〉桑干河、洋河邻近地区的天然辐射源：由于水库上游一带有大量的磷灰石矿，含有天然放射性元素。自1958年以来，整个官厅水库流域开始大量施用磷肥。铀含量为0.01%～0.001%，钍含量为0.1%～0.01%左右，并伴有稀土元素。近些年来，张家口地区生产腐殖酸类肥料，其中也含有微量天然放射性元素（表68）。

表68 张家口地区各县腐殖酸肥料中放射性

县 名	崇 礼	万 全	顾家营	尚 义	阳 原	宣 化
铀（$\times10^{-4}$%）	5.3	5.8	3.5	4.1	0.4	200
钍（$\times10^{-4}$%）	4.9	5.4	2.2	3.0	4.3	5.2
镭（$\times10^{-4}$%）	6.5	6.5	19.3	4.4	2.2	10^{-9}

一般来说，这些伴生的微量天然放射性元素在自然埋藏下，地表γ辐射水平并不高。由于矿床的采掘，放射性元素露出地表，而使γ辐射水平提高。例如，施用过磷酸钙的土壤经雨水冲刷，可溶性的铀就会由土壤移入河道，造成河水的放射性水平增高。表69列出了贯穿水库的永定河流域铀，钍含量变化情况。显然，上游地带的兴和，丰镇一带，因磷肥施用量大，其铀、钍水平都比下游地带的天津、大沽一带要高。在蓄积量大的水库中心，出现高峰。这种人为地引起天然放射性迁移是不可忽视的。

表69 永定河流域各段铀、钍含量

河段名称	U（μg/L）	Th（μg/L）
大泽河上游（兴和）地段	6.4	1.6
桑干河上游（丰镇）地段	1.1	1.6
官厅水库库区	7.1	0.5
永定河上游三家河至大沽口	3.6	0.3

〈2〉随3条入库河系放射性不断进入水库：从注入官厅水库的三条河流中放射性强度（总α、总β）来看（表70），桑干河和洋河的放射性水平较高，大约比妫水河要高2倍以上，3条入库河系都含有铀、钍和镭。从铀的情况观察，桑干河和洋河含量较高。两年监测结果表明（表71），河水中的放射性强度比同期的库水放射性强度要大1倍左右，无疑，河水是库水放射性主要来源之一。河水与库水铀的比值在0.9～1.0范围内波动，平均为0.93，逐渐接近于平衡值1。还可看出，河水中钍和镭都比库水的平均含量高，大约相差1.5倍左右。这说明由河水中载入的钍和镭进入水库以后主要沉积在底泥中，而库水本身的溶解度并不大。

表70 官厅水库上游3条入库河系放射性强度

项 目	总α（$\times10^{-13}$Ci/L）			总β（$\times10^{-13}$Ci/L）		
	1974	1975	平均	1974	1975	平均
桑干河	12.4	7.7	10.0	17.2	12.2	14.7
洋 河	14.2	7.4	10.8	13.8	11.6	12.7
妫水河	5.1	3.0	4.1	3.7	9.7	7.7
平均值	—	—	8.3	—	—	11.3
河水/库水	1.4	1.0	—	1.4	1.5	—

表 71　3 条入库河流中放射性元素含量

项　目	1974 年			1975 年		
	U（mg/L）	Th（mg/L）	Ra（mg/L）	U（mg/L）	Th（mg/L）	Ra（mg/L）
桑干河	5.7	1.1	2.1	15.1	0.1	3.2
洋　河	7.3	1.5	2.5	8.6	0.1	6.6
妫水河	2.7	1.0	2.0	0.4	0.1	2.8
平均值	5.2	1.2	2.2	8.0	0.1	4.2
河水/库水	0.9	1.5	1.6	1.0	1.4	1.5

〈3〉库泥的放射性对库水的影响：库泥与水的含量一致，随着河水中放射性强度增大，底泥中放射性强度也增加。在水与底泥之间存在着溶解—沉淀的动态平衡。而且 1975 年底泥中的放射强度比 1974 年有所减少（表 72）。由于河床不断冲刷，河泥不断进入水库，致使库区底泥中放射性元素含量显著大于河泥。因此，河系中泥沙的流失，是放射性输入水库的又一重要途径。

表 72　3 条入库河泥的总放射强度和铀、钍含量

项　目	总 α（$\times10^{-9}$Ci/kg）		总 β（$\times10^{-9}$Ci/kg）		1974（mg/kg）		1975（mg/kg）	
	1974	1975	1974	1975	铀	钍	铀	钍
桑干河	2.8	1.3	4.5	3.1	0.1	6.0	0.1	3.9
洋　河	1.5	2.1	2.7	2.6	0.1	8.0	0.1	4.6
妫水河	2.0	1.4	3.8	4.1	0.7	12.0	0.2	5.2
平均值	3.2	2.4	3.7	3.3	—	—	—	—
河水/库水	1.7	1.2	1.2	1.1	9.5	1.3	4.2	1.3

（2）官厅水库中放射性元素的存在状态和变化规律

〈1〉水体：由天然放射性元素产生的总 α 放射强度为 $2.93\sim8.60\times10^{-13}$Ci/L，平均为 6.68×10^{-13}Ci/L；总 β 放射性强度为 $5.21\sim9.85\times10^{-12}$Ci/L，平均为 7.74×10^{-12}Ci/L，约比总 α 高 10 倍，比密云水库的高 1～2 倍（表 73）。

表 73　官厅水库库水中放射性元素含量（1974—1975）

放射性元素	1974		1975		1974—1975 两年平均值	
	波动值	平均值	波动值	平均值	波动值	平均值
总 α 放射性（$\times10^{-13}$Ci/L）	6.2～8.5	7.7	2.9～8.6	5.6	2.9～8.6	6.7
总 β 放射性（$\times10^{-12}$Ci/L）	6.6～9.9	8.2	5.2～9.8	7.3	5.2～9.9	7.7
U（天然），（μg/L）	1.3～9.7	6.0	1.9～29.1	8.2	1.3～29.1	7.1
Th（天然），（μg/L）	0.5～1.1	0.8	0～0.3	0.2	0～1.1	0.5
Ra（总）（$\times10^{-13}$Ci/L）	0～4.0	1.4	0～15.0	2.8	0～15.0	2.1
^{90}Sr（$\times10^{-12}$Ci/L）	0.7～1.7	1.2	1.2～1.8	1.4	0.7～1.8	1.3
^{137}Cs（$\times10^{-13}$Ci/L）	3.1～7.9	8.1	4.0～12.2	8.6	3.1～12.2	8.4

天然铀为一活泼变价元素，其主要化合物为 3 价、4 价和 6 价。3 价不稳定，一般氧化

剂能将4价铀氧化成六价。官厅水库水体呈弱碱性，富含HCO_3^-、CO_3^{2-}、U^{+4}、UO_2^{++}（正6价），极易与CO_3^{2-}进行化学反应，生成$[UO_2\ (CO_3)]^{-4}$的可溶性络合物。具有较强的迁移能力，使铀从矿体沉积物或土壤中转入水中，顺河道输入水库。分析结果表明（表73），官厅水库水体含有较高本底水平的天然铀，波动范围1.3～29.1μg/L，平均7.11μg/L，检出率恒定在100%。1973—1976年库水中铀有逐年富集的趋势。

官厅水库中钍的检出率在85%左右，变化范围在0～1.1μg/L之间，平均值0.5μg/L。

镭是天然放射性元素铀、钍和锕系的子体元素，只有2价的化学状态，化学性质与钙、钡相似。水库镭含量一般为2.1×10^{-13}Ci/L。

锶-90和铯-137都是铀裂变产物，半衰期长，毒性大，是辐射环境监测中重要的人工放射性元素。在水体中的含量锶-90为$0.7\sim1.8\times10^{-12}$Ci/L，平均1.3×10^{-12}Ci/L；铯-137为$3.10\sim12.2\times10^{-13}$Ci/L，平均$8.4\times10^{-13}$Ci/L。铯-137与钾、钠性质相似，在碱性条件下常以胶体形式被底泥和有机残体吸附，从而降低了水中含量，故水体中检出的铯-137比锶-90约低1倍多。

官厅水库周围，雨季多集中在夏季6～8月，每年水的蒸发量大于降雨量，枯水和丰水季节水体中放射性元素含量相差很大（表74），总α、总β、铀和镭在6～8月受雨水的稀释作用，其含量降到低值。在春秋季节，随着蒸发速度加快，浓缩作用增大，含量明显增高。在10月出现峰值。与此相反，亲碱性的钍、锶-90和铯-137仅在多雨季节才能被呈酸性的雨水从底泥中解析出来，水体中含量在这时才会有高值出现。

表74　水库中放射性元素随季节的变化（1975）

放射性元素	4月	5月	8月	10月	11月
U（μg/L）	6.7	5.0	6.8	18.4	7.0
Th（μg/L）	0.1	0.2	1.8	0.1	0.3
Ra（$\times10^{-13}$Ci/L）	2.8	1.0	0.2	5.9	6.4
^{90}Sr（$\times10^{-12}$Ci/L）	0.9	1.5	0.2	1.5	—
^{137}Cs（$\times10^{-13}$Ci/L）	8.2	4.9	14.0	7.4	—

〈2〉底泥：表75指出，底泥中的总β和钍的本底水平与密云水库大致相当，总α和铀的含量则高出3～6倍。由表76可看出，底泥对水体中总α、总β和钍有较大的蓄积系数，说明水体本身对钍有一定净化能力；底泥中的铀受各种还原剂（有机或无机）的作用多以4价铀形态存在，铀在底泥和水体之间通常以$U^{+4}+H_2O$氧化⇔还原UO_2^{+2}形式保持着动态平衡，自净能力很弱。

表75　水库底泥中放射性元素含量

项　目		总α（$\times10^{-9}$Ci/L）	总β（$\times10^{-8}$Ci/L）	U（mg/kg）	Th（mg/kg）
官厅水库	波动植	2.8～4.9	2.5～4.3	0.7～1.0	0.4～7.4
	平均值	4.0	2.8	0.8	4.2
密云水库	波动植	1.0～1.1	2.1～2.8	0.0～0.1	0.0～5.5
	平均值	1.1	2.5	0.1	3.7

表 76　底泥对铀、钍的蓄积系数

编　号	项　目	蓄积系数
1	总 β	365.8
2	总 α	592.8
3	U	72.1
4	Th	902.1

综上所述，官厅水库由于受上游磷灰石矿和所注入水系流域施用磷肥等的影响，放射性强度较高。水体中的放射性元素（除锶-90外）含量都大于密云水库数值，其中尤以铀为显著，大约相差10倍左右。由表77可看出，尽管目前官厅水库库水中放射性水平的本底较高，但仍未达到国家规定露天水源的饮水标准，应属正常本底水平。

表 77　官厅水库库水中放射性水平与国家标准比较

放射性元素	U（μg/L）	Th（μg/L）	Ra（$\times10^{-13}$Ci/L）	Sr（$\times10^{-12}$Ci/L）	Cs（$\times10^{-13}$Ci/L）
国家标准	50.0	100.0	30.0	70.0	10 000.0
官厅水库水平	7.1	0.5	2.1	1.3	8.4

4. 磷肥的天然放射性对人体的影响

（1）辐射的致瘤作用：首先要了解什么是辐射？所谓辐射，对某一元素来说是一种特殊的性质，居里夫妇把这种原子的特殊性质称为“放射性”。因此，天然核素的放射性强度经常被人们称作辐射强度。

众所周知，辐射会对人体产生危害。其危害效应一是显现在受照射者本人身上的，叫躯体效应；一是引起基因突变和染色体畸变，称为遗传效应。遗传效应既可在第1代子女中出现，也可在下几代中继续出现。若在较低剂量（在100×10^{-7}Gy以下）照射下虽然不会产生死亡，但并不是说没有损害作用，往往在几年甚至几十年后，一些症状才显现出来，诸如各种癌症，包括白血病、骨癌、肺癌、甲状腺癌、不同程度的寿命缩短等。这就是辐射的远期效应。

上文已提及，磷矿中伴生有天然铀、钍、镭-226、锶-90、铯-137等核素。天然铀的主要危害器官是肾脏；镭-226进入人体后约有80%左右蓄积在骨骼中，影向造血系统，体内镭-226的最大容许积累量为0.1μCi；锶-90也是典型的亲骨型核素。

像镭-226和锶-90这些亲骨型核素在骨组织中长期积累，远期效应的结果可引起各部位的骨肿瘤。有人调查，在78例接触镭的病人中（含镭0.5～1.0μg/kg），有15例（占19.2%）发生恶性肿瘤，并以骨肉瘤最为多见。又如293例体内含镭为0.6～10.7μg/kg的病人中，发现患肿瘤者39例（占13.3%），其中骨肉瘤23例，颅骨肿瘤16例，恶性血液疾病7例（0.02%）。有人在调查从事镭盐发光材料工作的工人时发现，骨肉瘤发生率约为一般人群的250倍，颅骨肿瘤约为450倍。镭的致肿瘤作用在动物实验中也得到了证实。猴在慢性镭中毒后10～11年发生骨肉瘤。小剂量氯化镭（$RaCl_2$）使个别家兔发生肿瘤。若增至70μCi时，则使实验中的全部家兔发生肿瘤。

虽未见到锶-90引起人体恶性肿瘤的报道，但大量的动物实验证实了这一点。慢性锶-90中毒的动物可有60%～80%发生骨肿瘤，多为骨肉瘤、软骨肉瘤和纤维肉瘤。

磷-32以及外源性γ照射也可以引起骨肿瘤，外源性辐射，也就是放射性核素发射的γ射线、裂变中子和χ射线等，也有致瘤作用。铀、钍、镭、锶等均可发生γ辐射。外照射致癌多发生在一次中等剂量或大剂量γ射线后的远期，或长期超过允许标准的小剂量慢性作用的后期。根据照射部位和影响范围的不同，可引起各种各样的癌症，如白血病、甲状腺癌、乳腺癌、肺癌、皮肤癌、骨肉瘤和精原细胞瘤等。我国广东的调查表明，高本底的γ照射率与肿瘤发病率没有关系。但有人用家兔进行实验证实，在 440×10^{-2} Gy 和 $880\times10^{-2}\sim1\ 060\times10^{-2}$ Gy 的低、中等剂量γ射线的照射下，兔子肿瘤的发生率分别为75%和88%，说明射线致瘤的情况极其复杂。

（2）在磷矿区天然放射性核素小剂量长期照射下对人体的影响：四川金河磷矿磷块岩中放射性元素铀含量为0.002%～0.012%，天然放射性强度介于 $67.08\times10^{-4}\sim330.24\times10^{-4}$ C/kg 之间，最高 397.32×10^{-4} C/kg；与磷块岩伴生的磷硫铝锶矿天然放射性强度为 $56.74\times10^{-4}\sim461.82\times10^{-4}$ C/kg，最高达 516×10^{-4} C/kg。在这种低剂量放射性环境中长期工作对人体有无不良影响？金河磷矿职工医院于1981年11月至1983年10月，选择在井下连续工作5年以上、无夹杂病与其他影响的人员1 108名进行观察，并选择连续往地面工作5年以上亦无其他疾病者100名，作为对照组。结果如下：

①一些与放射性有关的慢性病情况：由表78可看出，井下工作人员以头昏者较多，占4.24%：记忆力衰退、易激动、头痛、乏力等症状者均在2.7%～2.89%之间。地面工作人员以记忆力减退和睡眠障碍症状较多，分别占4%。在磷矿区，地下和地上均有放射性元素的核辐射。因此，所有在矿区工作的人员都有受辐射影响的机会。不同之处在于，可能井下工作人员接触机会更多一些。

表78　慢性病观察对比

病症名称	观察组		对照组	
	例　数	%	例　数	%
乏　力	31	2.80	1	1.0
头　昏	47	4.24	2	2.0
头　痛	23	2.08	1	1.0
易激动	32	2.89	0	0
记忆力减退	30	2.71	4	4.0
睡眠障碍	15	1.35	4	4.0
心悸多汗	13	1.17	1	1.0

②造血系统的变化：这是γ射线内外照射病最为常见的客观变化。对早期诊断慢性放射病有重渠意义。而且外围血液的改变早于骨髓，外围血中又以白细胞的变化最早，所以对白细胞总数、分类及其形态变化的观察可以作为放射性危害的指标。表78指出，白细胞在4 000以下的井下作业人员有11例，地面作业人员有1例，井下高于地面；白细胞总数1万以上和嗜酸性细胞3%两例，地面工作人员的比例大于井下，其他各项差异不大（表79）。另外，慢性放射病多出现淋巴细胞增多，嗜酸性细胞和嗜碱性细胞以及单核细胞亦可增多，在临床上有一定的意义。由表中可看出，除嗜酸性细胞井上病例比重略高于井下，其他均是井下略高于井上工作人员的比例。

表 79　白细胞计数与分类

项　　目	观察组		对照组
	例　数	%	
白血球 1 万以上	9	0.81	2
白血球 4 000～10 000	1 088	98	97
白血球 4 000 以下	11	0.99	1
嗜中性粒细胞 50%～70%	1 091	98.5	99
嗜酸性细胞 3%以上	8	0.72	2
嗜碱性细胞 1%以上	2	0.18	0
淋巴细胞 20%～30%	1 083	97.7	97
大单核 4%以上	4	0.36	0

总之，磷矿中核辐射已对工作人员产生轻微影响，井上、井下工作人员所占的比例差不多，说明无论在井上，还是在井下工作的人员均受到一定的辐射影响。

五、规模化养殖畜禽粪中重金属元素及抗生素等有害成分植物毒性效应

由于规模化养殖业的迅猛发展以及农田大量施用有机肥发展无公害农业，砷、铬、铜、锌、抗生素、盐分随畜禽粪进入土壤环境。蔬菜区遭受重金属、兽药残留、盐渍化危害后，不但严重影响蔬菜的产量和品质，更为严重的是进一步通过食物链影响人畜健康，因而研究砷、铬、铜、锌、抗生素、盐分对植物的影响具有重要的理论和实践意义。有关砷、铬、铜、锌、抗生素、盐分对植物生长的危害，国内外都进行了不同目的的研究，目前的研究多集中在探讨重金属、抗生素、盐分的吸收、积累、生长发育、耐性、光合作用及呼吸、基因型筛选等方面，对于脯氨酸（Pro）的研究则多集中在水分胁迫和盐分胁迫等条件下植物体内 Pro 含量的变化，而关于重金属、抗生素污染条件下，植物的受害程度与体内 Pro 含量变化是否有关以及 Pro 在植物抵抗外界重金属、抗生素、盐分胁迫中有无作用少见报道。利用高等植物的生长状况监测有关环境激素或毒素的污染程度，是从生态学角度衡量这些物质对土壤、作物健康的影响状况，评价作用程度的重要方法之一。目前已建立的高等植物毒理试验方法主要有 3 种：即根伸长试验、种子发芽试验和早期植物幼苗生长试验。本文以 As、Cr、Cu、Zn，四环素类抗生素、NaCl 作为胁迫因子，以大白菜为试验材料，探讨植物发芽和生根受抑制危害程度以及体内叶绿素和 Pro 含量的变化，以期为规模化养殖畜禽粪的无害化、资源化利用提供理论依据。

（一）材料和方法

供试作物品种为北京 3 号大白菜（*Brassica pekimensis*），购自中国农业科学院作物研究所。化学试剂 $CuSO_4 \cdot 5H_2O$、$ZnSO_4 \cdot 7H_2O$、$Cr_2(SO_4)_3 \cdot 6H_2O$、$Na_2HAsO_4 \cdot 7H_2O$、NaCl 均为分析纯，由北京化工试剂厂生产。土霉素（OTC）、四环素（TTC）、金霉素（CTC）均为标准品，由中国兽药监察所出品。

供试基质材料：石英砂、褐潮土（北京昌平国家土壤肥力与肥料效益监测基地）、红壤（江西进贤红壤试验站）。土壤理化性质见表 80。

表 80　供试土壤的理化性质

土壤类型	有机质 (g/kg)	全　氮 (g/kg)	全　磷 (g/kg)	全　钾 (g/kg)	pH	CEC (cmol/kg)	铜 (mg/kg)	锌 (mg/kg)	铬 (mg/kg)	砷 (mg/kg)
褐潮土	11.0	0.65	0.32	15.8	7.5	15.24	20.99	23.67	13.20	5.75
红　壤	9.6	0.45	0.38	10.2	6.0	7.43	14.49	18.30	5.14	2.86

试验筛选饱满大白菜种子用 75%酒精消毒 5min，再用 0.2%的 $KMnO_4$ 浸泡 15min，无菌水冲洗 5 次，然后在分别盛有 90g 石英沙、褐潮土、红壤的培养皿（直径 9cm）中进行不同浓度梯度的重金属（As、Cr、Cu、Zn）、抗生素、NaCl 培养试验，每个培养皿（播种 30 粒种子，设 3 次重复。供试重金属（As、Cr、Cu、Zn）、抗生素、NaCl 按设计浓度分别配制，详见表 81。每个培养皿中一次性分别加入不同种类的供试试剂 25ml，以加入 25ml 无菌蒸馏水为空白对照，以后每天所有培养试验的培养皿定时补充 25ml 无菌蒸馏水。培养温度 28℃，每天光照 16h，光照强度 2 000lx。于发芽第 4d 和第 7d 记数发芽种子，计算发芽势和发芽率，并观察幼苗子叶颜色变化。于发芽第 7d 测定株高（下胚轴基部至芽顶端的长度）、主根长（下胚轴基部至主根尖端的长度）、侧根数（根长大于 0.5cm 的侧根数），称量鲜重。

叶绿素含量、叶绿素 a/b 值及 Pro 含量的测定方法参照赵世杰等人主编的《植物生理学实验指导》，仪器采用上海 752 型 Spectrum 紫外分光光度计。

表 81　不同供试试剂配制浓度设计

类　　型	试剂配制浓度					
砷 As（mg/L）	0	5	10	25	50	100
铬 Cr（mg/L）	0	25	50	100	250	500
铜 Cu（mg/L）	0	50	100	250	500	1 000
锌 Zn（mg/L）	0	100	250	500	1 000	1 500
土霉素 OTC（μg/ml）	0	10	25	50	100	250
四环素 TTC（μg/ml）	0	10	25	50	100	250
金霉素 CTC（μg/ml）	0	10	25	50	100	250
氯化钠 NaCl（%）	0	0.1	0.2	0.5	1.0	1.5

（二）结果与分析

1. 重金属 As、Cr、Cu、Zn 对大白菜幼苗生长及生理指标的影响

（1）As 对大白菜幼苗生长及生理指标的影响：在不同的培养基质条件下，不同浓度的 As 对大白菜的发芽率和发芽势影响程度不同。由表 82 可以看出，在砂培条件下，随着 As 处理浓度的提高，大白菜的发芽势呈下降趋势，在 As 浓度 25mg/L 后，大白菜明显受到抑制，发芽势低于 58.8%，相比而言，以褐土、红壤的大白菜发芽势在 As 低浓度条件下，则表现出促进作用，当 As 浓度为 50mg/L 时，发芽势均表现下降。

表 82　不同浓度砷对大白菜幼苗生长影响

测定项目	基　质	0 CK	5 mg/L	10 mg/L	25 mg/L	50 mg/L	100 mg/L
发芽势（%）	石英砂	88.1A	78.8B	69.2C	58.8D	45.2E	12.0F
	褐潮土	93.1C	93.7BC	94.6B	96.0A	93.3BC	88.3D
	红　壤	86.8C	90.3B	95.7A	97.5A	91.7B	85.0D
发芽率（%）	石英砂	95.8A	85.3B	85.3B	84.0B	69.3C	20.0D
	褐潮土	98.0A	98.5A	98.7A	98.0A	96.0B	90.5C
	红　壤	95.3B	97.0AB	98.0A	99.5A	92.0C	91.0D
芽长（cm）	石英砂	4.02B	4.28A	4.24A	4.23A	3.11C	1.78D
	褐潮土	5.48B	5.57A	5.46B	5.34C	5.19D	5.08E
	红　壤	2.67C	3.47B	3.70A	3.42B	2.45C	2.10D
主根长（cm）	石英砂	3.78A	2.96B	2.81B	2.59C	2.58C	0.88D
	褐潮土	2.05BC	2.66AB	3.41A	2.34B	2.71C	1.76D
	红　壤	1.15D	2.17B	2.61A	1.74C	1.39C	1.04D
侧根数（个）	石英砂	5.63A	5.10B	4.78BC	4.70BC	4.52C	3.50D
	褐潮土	3.55C	4.60AB	4.80A	4.56AB	4.30B	3.80C
	红　壤	3.33CD	4.40B	5.00A	4.00BC	3.80C	2.90D

注：不同大写字母表示 $p<0.01$ 显著水平，下同。

在砂培条件下，随着 As 浓度的增加，大白菜发芽率的变化也表现出下降的趋势。在 As 浓度为 50mg/L 和 100mg/L 时，发芽率分别为 69.3%、20.0%。在褐潮土、红壤条件下，当 As 的处理浓度比较低时，对发芽率有促进作用，在 50mg/L 之后，则表现出下降趋势，但两种土壤的发芽率均达到 90.5%和 91.0%。这可能与土壤理化性状有关，对 As 的毒害起到了缓冲作用。在砂培条件下，不同处理浓度的 As 对大白菜幼苗的芽长，表现出低浓度的促进作用，高浓度的抑制作用。对主根长、侧根长则随 As 浓度的增加而呈下降趋势。在褐潮土和红壤条件下，大白菜幼苗芽长、主根长、侧根数均表现出随 As 浓度的增加呈现先增后降的趋势。

由图 1 可以看出，在砂培条件下，大白菜单株鲜重随 As 浓度的增加而下降，在 As 处理浓度为 100mg/L 时，单株鲜重仅有 0.014mg/株。在褐潮土、红壤条件下，随 As 处理浓度的增加，单株鲜重则表现出先增后降的变化。由于培养基质的不同，单株鲜重的大小排列顺序：褐潮土>红壤>石英砂。

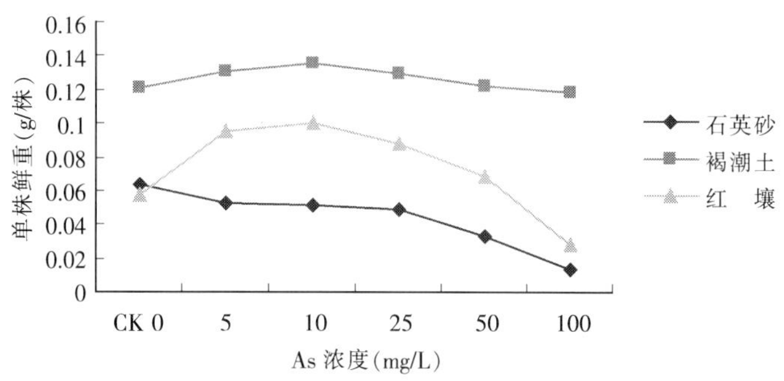

图 1　不同浓度砷对大白菜幼苗单株鲜重的影响

不同 As 处理浓度，在不同培养基质条件下，对大白菜叶绿素（a+b）的含量、叶绿素 a/b 值、脯氨酸的含量影响有差异。由图 2、图 3 可知，在砂培条件下，大白菜幼苗的叶绿素（a+b）的含量、叶绿素 a/b 值均表现随着 As 处理浓度的增加而下降的趋势。在褐潮土、红壤的培养条件下，大白菜幼苗的叶绿素（a+b）的含量、叶绿素 a/b 值均随着 As 处理浓度的增加而表现为先增后降的趋势，在红壤培养条件下的大白菜幼苗叶绿素（a+b）的含量、叶绿素 a/b 值大于褐潮土和砂培条件下大白菜幼苗的含量。由图 4 可以看出，在 3 种培养基质条件下，大白菜幼苗中脯氨酸的含量均随着 As 处理浓度的增加表现出上升的趋势。砂培条件下，As 处理浓度 25mg/L 之后，大白菜幼苗中脯氨酸呈急速上升，表现出在 As 的胁迫下，作为本身的一种应激反应。而褐潮土、红壤则现的平缓上升，这可能与红壤的有机质含量、pH 的高低有关，减缓了 As 的毒性作用。

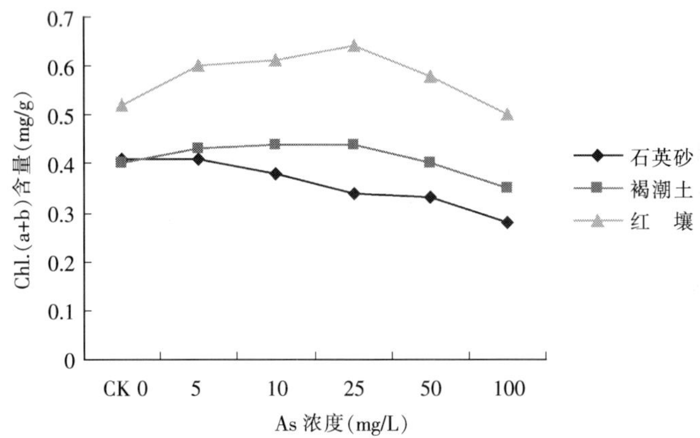

图 2　不同浓度砷对大白菜幼苗叶绿素（a+b）的影响

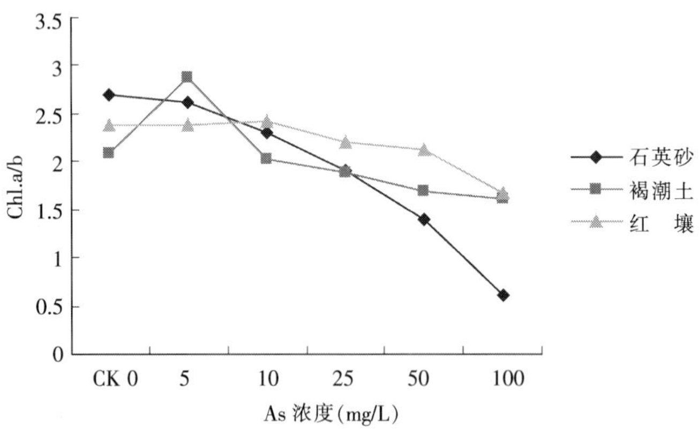

图 3　不同浓度砷对大白菜幼苗叶绿素 a/b 的影响

（2）Cr 对大白菜幼苗生长及生理指标的影响：在石英砂、褐潮土、红壤 3 种培养条件下，不同 Cr 处理浓度对大白菜的发芽势、发芽率影响不同。由表 83 可以看出，随着 Cr 处理浓度的增加，大白菜的发芽势、发芽率表现下降趋势。在砂培条件下，当 Cr 处理浓度为 250mg/L 时，大白菜的发芽势、发芽率分别为 38.8%，54.6%。随着 Cr 处理浓度的增加，砂培条件下，大白菜幼苗芽长、主根长、侧根数均表现下降的变化。当 Cr 处理浓度在 500mg/L 时，无芽伸长，主根停止生长；当 Cr 处理浓度大于 100mg/L 时，侧根均无，说

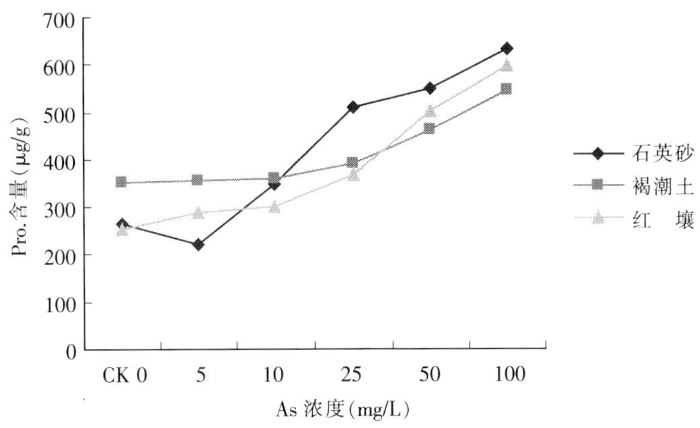

图 4　不同浓度砷对大白菜幼苗脯氨酸含量的影响

明 Cr 随大白菜的毒性十分大。在褐潮土、红壤基质条件下，随着 Cr 处理浓度的增加，大白菜幼苗芽长、主根长及侧根数均表现为先增后降的变化，即在低浓度的 Cr 处理（25mg/L 或 50mg/L）下，对大白菜幼苗有促进生长的作用，在 Cr 处理浓度大于 100mg/L 时，则呈下降趋势。但与砂培条件相比，这种变化相对迟缓。

表 83　不同浓度铬对大白菜幼苗生长影响

测定项目	基　质	0 CK	25 (mg/L)	50 (mg/L)	100 (mg/L)	250 (mg/L)	500 (mg/L)
发芽势（%）	石英砂	88.1B	93.2A	93.2A	84.0C	38.8D	5.3E
	褐潮土	93.1C	100A	96.7B	95.0B	92.4C	83.3D
	红　壤	86.8B	91.7AB	93.3A	88.3B	81.7C	71.7D
发芽率（%）	石英砂	95.8A	94.7B	94.0B	90.8C	54.6D	5.3E
	褐潮土	98.0B	100A	98.0B	97.5BC	96.0BC	85.0C
	红　壤	95.3A	95.0A	95.0A	90.3B	87.5C	80.0D
芽长（cm）	石英砂	4.02A	2.40B	1.07C	0.78D	0.40E	0F
	褐潮土	5.48C	5.56BC	6.14A	5.74B	5.18D	5.14D
	红　壤	2.67AB	2.74A	2.51B	2.45C	2.37C	1.45D
主根长（cm）	石英砂	3.78A	2.60B	1.62C	0.75D	0.31D	0E
	褐潮土	2.05B	2.22A	2.34A	1.97B	1.34C	0.86D
	红　壤	1.15D	1.36B	1.40A	1.27C	1.26C	1.00E
侧根数（个）	石英砂	5.63A	1.00B	0.45C	0D	0D	0D
	褐潮土	3.55D	4.20B	4.60A	4.20B	3.90C	3.71CD
	红　壤	3.33C	3.80B	4.10A	3.00D	3.00D	3.00D

由图 5 可见，在石英砂、褐潮土、红壤 3 种培养基质条件下，随着 Cr 处理浓度的增加，对大白菜幼苗单株鲜重的影响有差异。砂培条件下，大白菜单株鲜重则是急剧下降，当 Cr 处理浓度为 250mg/L 时，单株鲜重几乎为没有。而在褐潮土、红壤基质中，随着 Cr 处理浓度的增加，大白菜幼苗单株鲜重呈现先增后降的趋势，说明土壤对于 Cr 的毒害有缓冲作用。在相同浓度条件下，单株鲜重由高到低的顺序为：褐潮土>红壤>石英砂。

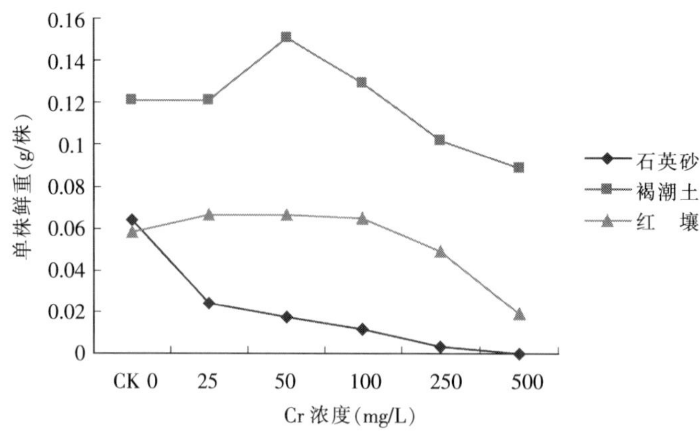

图 5 不同浓度铬对大白菜幼苗单株鲜重的影响

不同 Cr 处理浓度对大白菜幼苗的叶绿素及脯氨酸含量的变化影响不同。由图 6、图 7 可以看出，在砂培条件下，随着 Cr 处理浓度的增加，大白菜幼苗的叶绿素（a+b）含量、a/b 值均呈下降趋势，而在褐潮土、红壤基质中，则这种变化平缓，大白菜幼苗叶绿素（a+b）含量、a/b 值在 3 种栽培基质中的大小排列顺序为红壤>褐潮土>石英砂。从图 8 可以看出，大白菜幼苗脯氨酸含量的变化随着 Cr 处理浓度的增加而上升，在褐潮土培养下，大白菜幼苗中脯氨酸含量似乎上升的较红壤、砂培条件下高。Cr 处理浓度在 250mg/L 之后，这种上升趋势加剧。

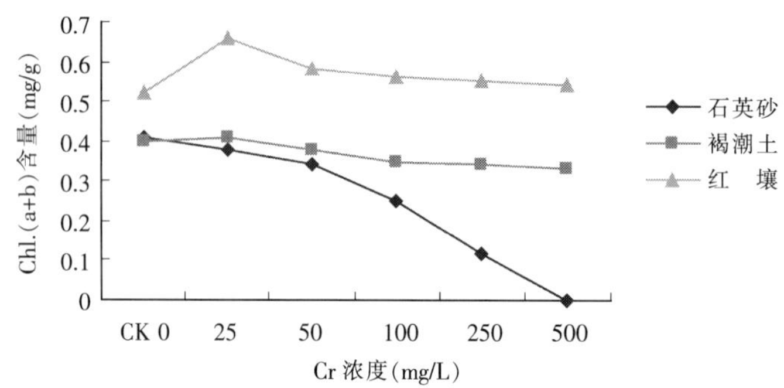

图 6 不同浓度铬对大白菜幼苗叶绿素（a+b）影响

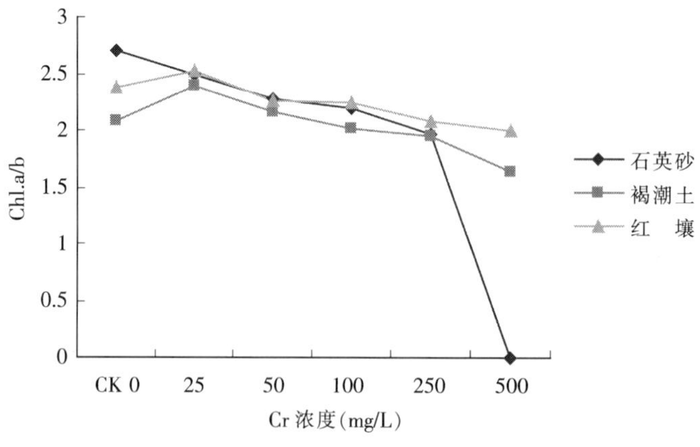

图 7 不同浓度铬对大白菜幼苗叶绿素 a/b 的影响

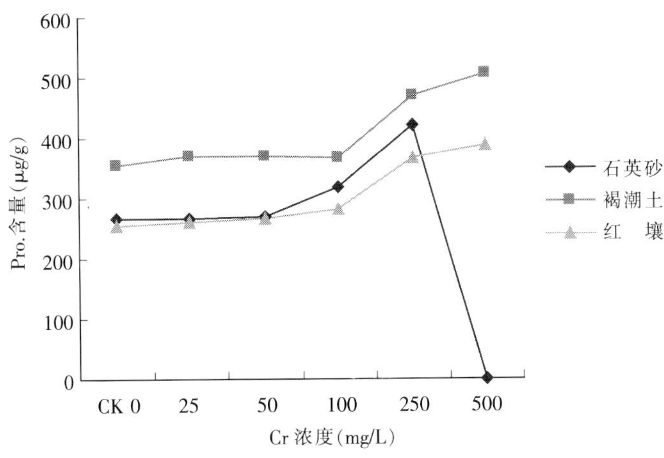

图 8　不同浓度铬对大白菜幼苗脯氨酸含量影响

(3) Cu 对大白菜幼苗生长及生理指标的影响：随着 Cu 处理浓度的增高，大白菜的发芽势、发芽率表现出先增后降或下降的趋势。由表 84 可以看出，不同 Cu 处理浓度的 3 种培养基质条件下，大白菜的发芽势、发芽率褐潮土均高于红壤或砂培。在 Cu 处理浓度为 500mg/L、1 000mg/L 时，砂培条件下大白菜发芽势分别为 72.0%、1.2%，发芽率分别为 82.7%、10.7%。相比而言，在褐潮土、红壤的培养条件下，相同 Cu 处理浓度，这种抑制作用则并不很强烈。不同 Cu 处理浓度对大白菜幼苗的芽长、主根长及侧根数的影响不同，由表 86 可以看出，随着 Cu 处理浓度的增高，在砂培条件下，大白菜幼苗的芽长、主根长及侧根数均也表现为下降的变化。而在褐潮土、红壤的培养条件下，Cu 处理浓度为 100mg/L 以下，大白菜幼苗的芽长、主根长及侧根数均表现为增加，当 Cu 处理浓度超过 100mg/L 时，则表现为下降。

表 84　不同浓度铜对大白菜幼苗生长影响

测定项目	基　质	0 CK	50 (mg/L)	100 (mg/L)	250 (mg/L)	500 (mg/L)	1 000 (mg/L)
发芽势（%）	石英砂	88.1B	89.2A	88.0B	84.0C	72.0D	1.2E
	褐潮土	93.1C	100A	96.7B	93.3C	91.7D	84.5E
	红　壤	86.8C	98.8A	100A	93.0B	88.3C	83.3D
发芽率（%）	石英砂	95.8A	92.0B	92.0B	89.3C	82.7D	10.7E
	褐潮土	98.0B	100A	98.0B	95.0C	94.5C	91.3D
	红　壤	95.3C	98.8B	100A	94.5C	94.0C	87.5D
芽长（cm）	石英砂	4.02A	3.56B	3.44B	2.98C	2.56C	1.07D
	褐潮土	5.48C	5.58BC	5.83A	5.47C	5.44C	5.11D
	红　壤	2.67C	2.79B	2.85A	2.85A	2.78B	2.30D
主根长（cm）	石英砂	3.78A	2.54B	1.50C	0.79D	0.55DE	0.40E
	褐潮土	2.05D	2.30C	3.44A	2.81B	1.94D	0.80E
	红　壤	1.15D	1.36BC	1.96A	1.60B	1.57B	0.78E
侧根数（个）	石英砂	5.63A	4.90B	4.90B	4.30C	3.70D	1.29E
	褐潮土	3.55D	4.80B	5.20A	4.80B	4.70BC	4.30C
	红　壤	3.33D	4.90B	6.10A	4.20C	3.30D	3.00D

由图 9 可知，在砂培条件下，大白菜幼苗的单株鲜重随 Cu 处理浓度的增高而下降；在褐潮土、红壤培养条件下，则呈现出先增后降的变化。即褐潮土、红壤的大白菜幼苗的单株鲜重在 Cu 处理浓度 100mg/L 以下，表现为增加，随后则下降。大白菜幼苗单株鲜重褐潮土>红壤>石英砂。

从图 10、图 11 可以看出，不同 Cu 处理浓度对大白菜幼苗叶绿素（a+b）含量及 a/b 值影响不同，在砂培条件下，大白菜幼苗叶绿素（a+b）含量及 a/b 值随 Cu 处理浓度的增高而下降；而在褐潮土、红壤的培养下，则表现为先升后降的变化。但在相同 Cu 处理浓度下，褐潮土、红壤的大白菜幼苗叶绿素（a+b）含量及 a/b 值均高于砂培。

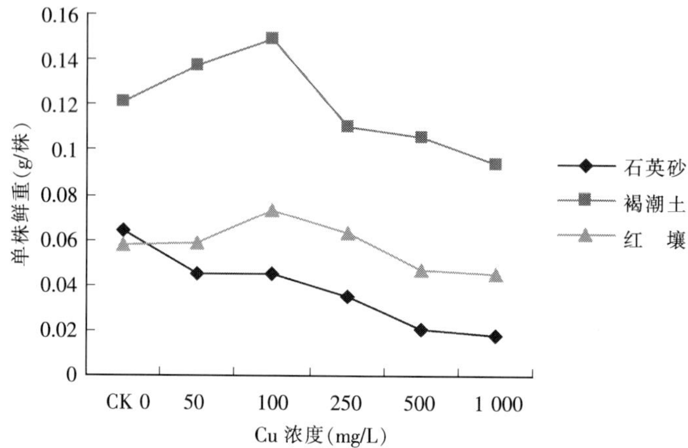

图 9　不同浓度铜对大白菜幼苗单株鲜重的影响

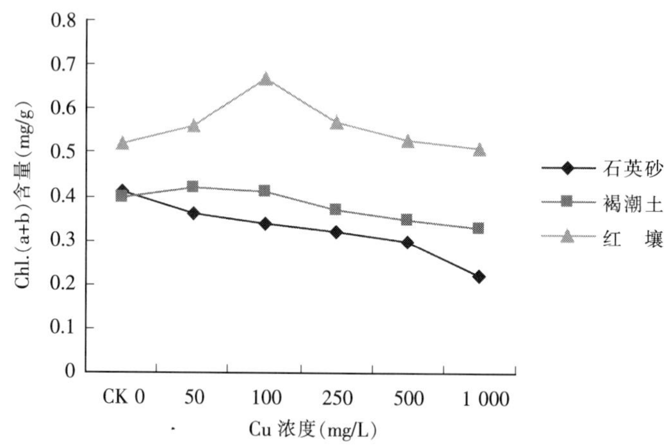

图 10　不同浓度铜对大白菜幼苗叶绿素（a+b）的影响

从图 12 可以看出，随 Cu 处理浓度的升高，大白菜幼苗中脯氨酸含量呈增加的趋势。相比之下，在砂培条件下，脯氨酸含量的增加更加急剧，则在褐潮土、红壤培养条件下，则表现为平缓增加。

（4）Zn 对大白菜幼苗生长及生理指标的影响：不同浓度的 Zn 处理，对大白菜发芽势和发芽率的影响差异较小。说明 Zn 与 As、Cr、Cu 3 种重金属相比，对植物毒性较小。由表 85 可以看出，随着 Zn 处理浓度的增高，与 CK 对照相比，大白菜幼苗的发芽势、发芽率开

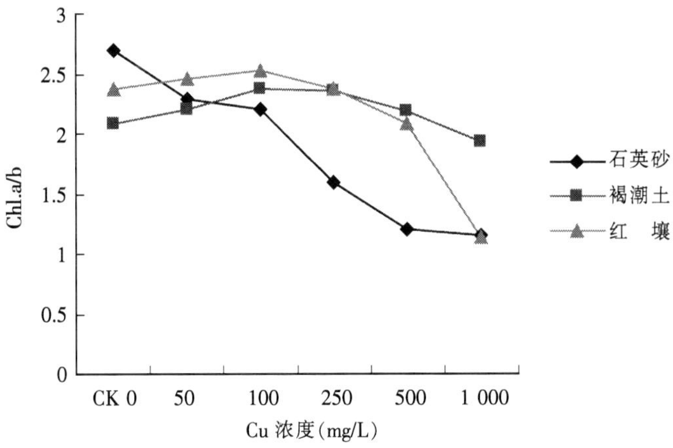

图 11　不同浓度铜对大白菜幼苗叶绿素 a/b 的影响

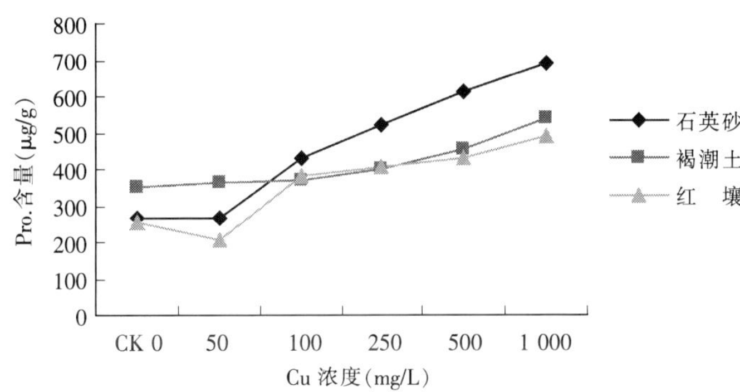

图 12　不同浓度铜对大白菜幼苗脯氨酸含量的影响

始略有增加而后降低。在 Zn 处理浓度为 1 000mg/L、1 500mg/L 时砂培大白菜幼苗的发芽势分别为 50.8%、26.8%。发芽率分别为 90.7%和 84.0%。在相同 Zn 处理浓度条件下，褐潮土、红壤的发芽势和发芽率高于砂培。

表 85　不同浓度锌对大白菜幼苗生长影响

测定项目	基　质	0 CK	100 (mg/L)	250 (mg/L)	500 (mg/L)	1 000 (mg/L)	1 500 (mg/L)
发芽势（%）	石英砂	88.1AB	90.8A	89.2A	85.2B	50.8C	26.8D
	褐潮土	93.1C	100A	100A	96.7B	94.3BC	89.3D
	红　壤	86.8CD	93.3B	96.7A	96.7A	95.0AB	84.1D
发芽率（%）	石英砂	95.8C	100A	97.3B	92.0D	90.7E	84.0F
	褐潮土	98.0B	100A	100A	97.0B	95.0C	92.3D
	红　壤	95.3B	95.7B	96.7A	97.0A	96.5A	89.5C
芽　长（cm）	石英砂	4.02C	4.81A	4.83A	4.21B	3.25D	1.47E
	褐潮土	5.48C	5.74BC	6.23A	5.90B	5.44C	4.94D
	红　壤	2.67C	3.22A	3.23A	3.08B	2.77C	2.15D

（续）

测定项目	基　质	0 CK	100 (mg/L)	250 (mg/L)	500 (mg/L)	1 000 (mg/L)	1 500 (mg/L)
主根长（cm）	石英砂	3.78A	3.58B	3.55B	3.02C	2.68D	0.36E
	褐潮土	2.05E	3.38C	4.36A	4.28B	3.02C	2.50D
	红　壤	1.15C	3.15A	1.41B	1.23BC	0.89D	0.86D
侧根数（个）	石英砂	5.63B	6.30A	4.50C	4.40C	3.70D	0.80E
	褐潮土	3.55D	4.20C	4.70BC	5.30A	4.80B	4.30C
	红　壤	3.33C	7.40A	5.70B	5.70B	3.40C	2.70D

由图 13 可以看出，随 Zn 处理浓度的增高，在石英砂、褐潮土、红壤 3 种基质培养条件下，大白菜的幼苗的单株鲜重均表现为先增加后降低，即在 Zn 处理浓度 250mg/L 以下增加，过之，则呈现下降变化。

从图 14、图 15 可知，随着 Zn 处理浓度的增高，大白菜幼苗叶绿素（a+b）含量及 a/b 值呈现由升高到下降的变化。除在砂培条件下以外，在 Zn 低处理浓度时（小于 250mg/L）促进大白菜幼苗叶绿素（a+b）含量及 a/b 值的增加。在大于 500mg/L 时大白菜幼苗叶绿素（a+b）含量及 a/b 值呈现下降趋势。

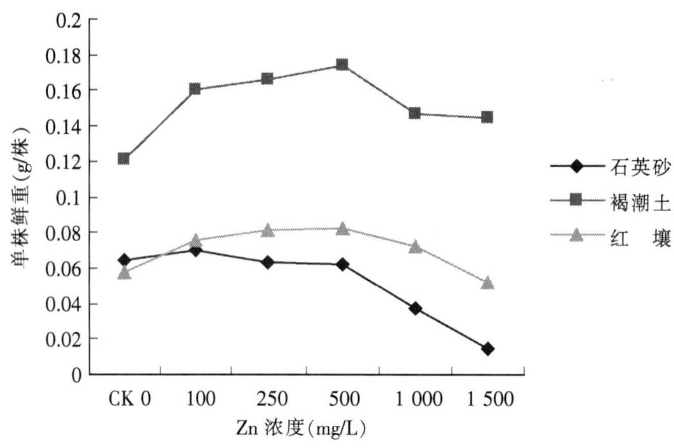

图 13　不同浓度锌对大白菜幼苗单株鲜重的影响

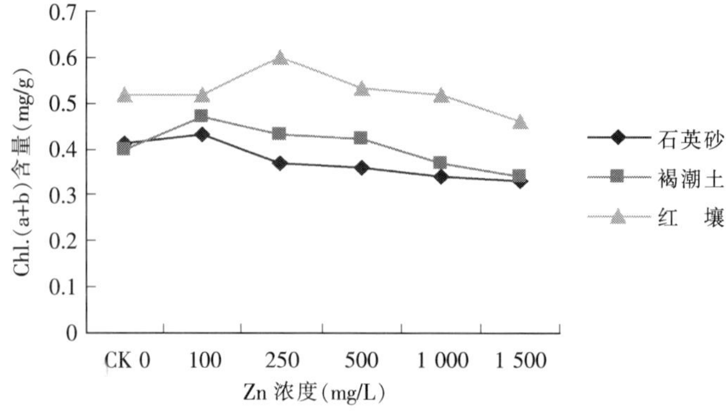

图 14　不同浓度锌对大白菜幼苗叶绿素（a+b）的影响

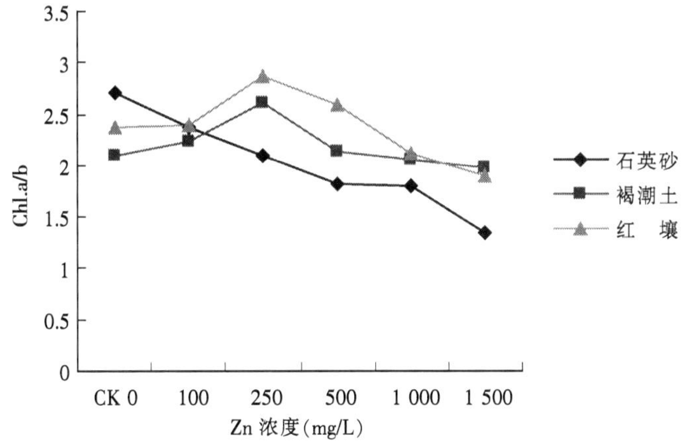

图 15　不同浓度锌对大白菜幼苗叶绿素 a/b 的影响

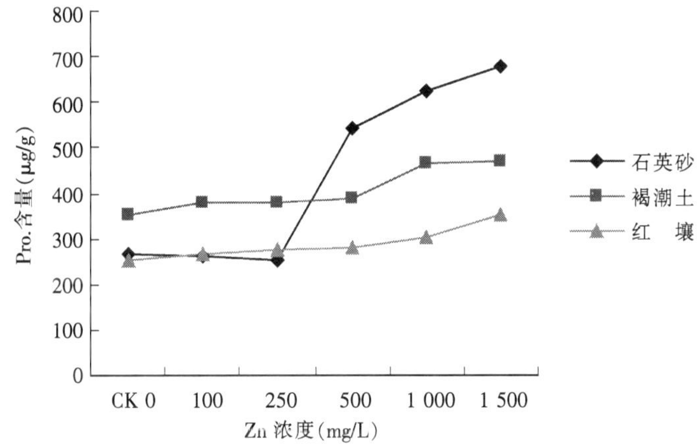

图 16　不同浓度锌对大白菜幼苗脯氨酸含量的影响

由图 16 可以看出，在砂培条件下，大白菜幼苗脯氨酸含量随 Zn 处理浓度的增加由平稳增加到急剧升高；在褐潮土、红壤条件下，脯氨酸含量则增加比较平缓。大白菜幼苗脯氨酸含量褐潮土增加大于红壤。

2. 四环素类抗生素对大白菜幼苗生长及生理指标的影响　随着四环素类抗生素处理浓度的增加，大白菜发芽势、发芽率均表现为先增后降的变化趋势。由表 86 可以看出，在石英砂、褐潮土、红壤三种培养基质条件下，TTC、OTC、CTC 对发芽势和发芽率的影响各有差异，在低浓度 10μg/ml 时，均对大白菜发芽势、发芽率有促进作用，当处理浓度增加到 25μg/ml 时，大白菜发芽势、发芽率开始降低，TTC 对大白菜幼苗的发芽势、发芽率的影响程度由强变弱的顺序是：石英砂＞褐潮土＞红壤；OTC 和 CTC 的顺序均为：石英砂＞红壤＞褐潮土。随着四环素类抗生素浓度的增加，大白菜幼苗的芽长、主根长、侧根数表现为先增后降，在抗生素相同处理浓度下，TTC、OTC、CTC 对大白菜幼苗芽长的高低顺序是褐潮土＞石英砂＞红壤；TTC、OTC、CTC 3 种抗生素对大白菜主根长的生长有促进作用，顺序是石英砂＞褐潮土＞红壤。TTC、OTC、CTC 3 种抗生素对大白菜对侧根数的影响是石英砂＞褐潮土＞红壤。TTC、OTC、CTC 3 种抗生素对大白菜幼苗单株鲜重随抗生素处理浓度的增高表现为由高降低的趋势。由图 17～图 19 可以看出，在相同处理浓度下，

TTC 对大白菜幼苗单株鲜重的影响顺序是褐潮土＞红壤≈石英砂；OTC 对对大白菜幼苗单株鲜重的影响顺序是红壤＞褐潮土＞石英砂；CTC 是褐潮土＞红壤≈石英砂；在砂培条件下，大白菜幼苗对 3 种抗生素的抑制作用反应敏感。外部形态观察，随着抗生素处理浓度的增加，大白菜幼苗叶色表现为由浓绿—淡绿—黄绿—淡黄，说明抗生素对大白菜幼苗产生诱导黄化作用。

表 86　不同种类四环素对大白菜幼苗生长影响

测定项目	四环素类型	基　质	0 CK	10 (μg/ml)	25 (μg/ml)	50 (μg/ml)	100 (μg/ml)	250 (μg/ml)
发芽势(%)	TTC	石英砂	88.1B	89.2A	82.8C	82.8C	77.2D	69.2E
		褐潮土	93.1A	90.5B	85.0C	78.3D	75.6D	71.7E
		红　壤	86.8C	98.3A	95.0B	93.3B	80.0D	76.5E
	OTC	石英砂	88.1B	92.0A	84.0C	84.0C	82.8D	69.2E
		褐潮土	93.1B	100A	95.0B	83.3C	76.7D	75.0E
		红　壤	86.8B	91.7A	90.0A	85.0B	83.1C	73.3D
	CTC	石英砂	88.1C	92.0A	90.8B	88.0C	77.2D	66.8E
		褐潮土	93.1C	96.7A	95.0B	95.0B	91.7D	83.3E
		红　壤	86.8D	100A	96.7B	93.3C	93.0C	78.3E
发芽率(%)	TTC	石英砂	95.8A	94.7B	93.3C	93.3C	92.0D	81.3E
		褐潮土	98.0A	95.7B	93.5B	83.7C	82.0C	75.3D
		红　壤	95.3B	98.3A	96.5AB	95.3B	86.7C	83.0D
	OTC	石英砂	95.8B	96.0A	94.7C	94.7C	94.7C	93.3D
		褐潮土	98.0AB	100A	96.7B	87.5C	80.3D	76.7E
		红　壤	95.3A	94.7A	92.3B	90.0C	87.7D	76.5E
	CTC	石英砂	95.8B	97.3A	96.0B	96.0B	93.3C	90.7D
		褐潮土	98.0A	98.0A	96.3B	96.0B	94.7C	89.0D
		红　壤	95.3C	100A	98.5B	97.3B	95.0C	80.3D
芽　长(cm)	TTC	石英砂	4.02C	4.47A	4.24B	4.05C	4.02C	3.65D
		褐潮土	5.48B	5.50A	5.35C	5.33C	5.11D	4.89E
		红　壤	2.67C	3.23A	3.28A	2.85B	2.71BC	2.30D
	OTC	石英砂	4.02C	4.64A	4.56AB	4.37B	4.26B	3.14D
		褐潮土	5.48C	5.58BC	5.71B	5.86A	5.51C	5.32D
		红　壤	2.67C	2.98B	3.42A	2.66C	2.64C	2.58D
	CTC	石英砂	4.02D	4.85A	4.76B	4.42C	4.4C	3.27E
		褐潮土	5.48C	5.77B	6.05A	5.85B	5.64BC	5.41C
		红　壤	2.67B	2.75A	2.80A	2.39BC	2.22C	2.11C
主根长(cm)	TTC	石英砂	3.78D	5.66A	5.06B	4.16C	4.04CD	2.16E
		褐潮土	2.05A	2.06A	2.0A	1.84B	1.84B	1.29C
		红　壤	1.15C	1.27B	1.33A	1.13C	1.01D	0.94D

（续）

测定项目	四环素类型	基　质	0 CK	10 (μg/ml)	25 (μg/ml)	50 (μg/ml)	100 (μg/ml)	250 (μg/ml)
主根长 (cm)	OTC	石英砂	3.78C	5.92A	5.20B	4.90B	4.34BC	1.73D
		褐潮土	2.05C	2.46B	2.53A	1.91D	1.84D	1.33E
		红　壤	1.15D	1.65B	1.75A	1.45C	1.40C	0.94E
	CTC	石英砂	3.78B	3.99A	3.91A	3.50C	2.11D	1.33E
		褐潮土	2.05D	2.72B	3.87A	4.03A	2.60B	2.45C
		红　壤	1.15C	1.15C	1.39B	1.64A	1.32B	1.07D
侧根数 (个)	TTC	石英砂	5.63A	5.58A	5.51A	4.25B	3.52C	2.70D
		褐潮土	3.55BC	3.60B	3.60B	5.00A	3.50C	2.90D
		红　壤	3.33B	3.35AB	3.40A	1.60C	1.60C	1.30D
	OTC	石英砂	5.63A	5.35B	5.16C	4.01D	3.19E	1.94F
		褐潮土	3.55C	3.8B	3.90AB	4.0A	3.40C	2.80D
		红　壤	3.33A	2.70BC	3.70A	2.10C	2.10C	2.00C
	CTC	石英砂	5.63A	5.28AB	4.39B	4.04BC	3.57C	2.65D
		褐潮土	3.55D	4.6B	4.8B	5.1A	4.1C	3.20D
		红　壤	3.33B	3.90A	2.50C	2.20D	2.00D	2.00D

从图 20～图 25 可以看出，在砂培条件下，随着 3 种抗生素 TTC、OTC、CTC 处理浓度的增高，大白菜幼苗叶绿素（a+b）含量及 a/b 值表现为急剧下降趋势，而在褐潮土、红壤培养条件下，大白菜幼苗叶绿素（a+b）含量及 a/b 值呈现出平缓的降低趋势，在相同的抗生素处理浓度下，大白菜幼苗叶绿素（a+b）含量顺序是红壤>褐潮土>石英砂；在 3 种培养基质中，叶绿素 a/b 值的变化无规律性。

在 3 种培养基质条件下，随着 TTC、OTC、CTC 3 种抗生素处理增高，大白菜幼苗中脯氨酸含量均表现为增加的趋势。从图 26～图 28 可以看出，在砂培条件下，当 3 种抗生素处理浓度大于 100μg/ml 时，大白菜幼苗中脯氨酸含量急剧增加。在褐潮土和红壤基质中，随着抗生素 TTC、OTC、CTC 处理浓度的增加，大白菜幼苗脯氨酸含量增加比较平缓。

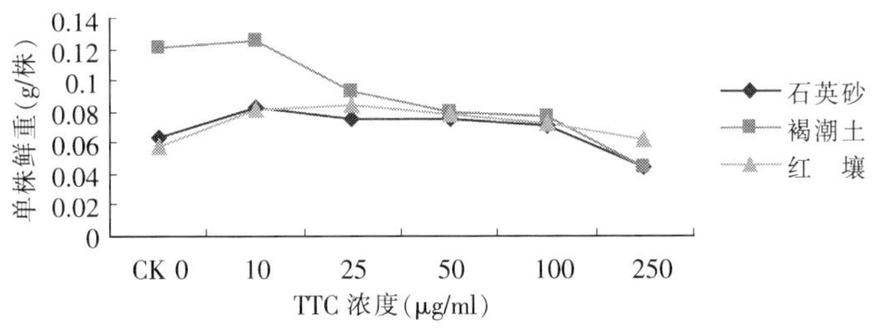

图 17　TTC 对大白菜幼苗单株鲜重的影响

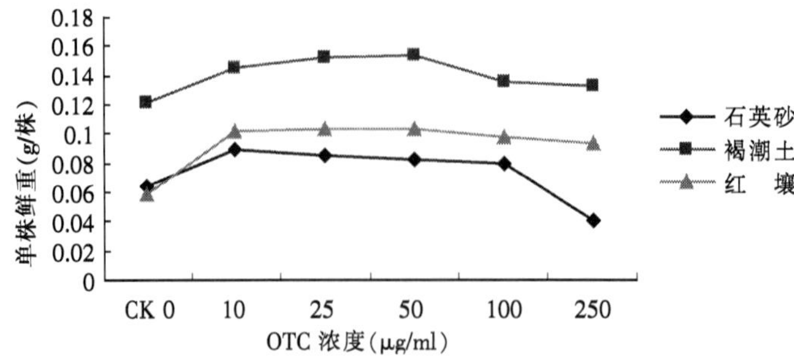

图 18 OTC 对大白菜幼苗单株鲜重的影响

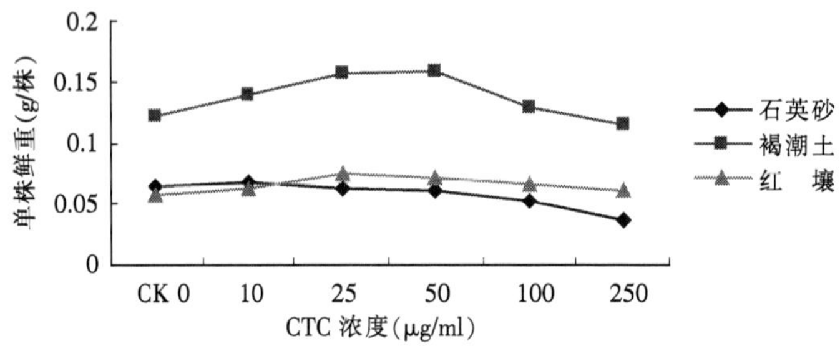

图 19 CTC 对大白菜幼苗单株鲜重的影响

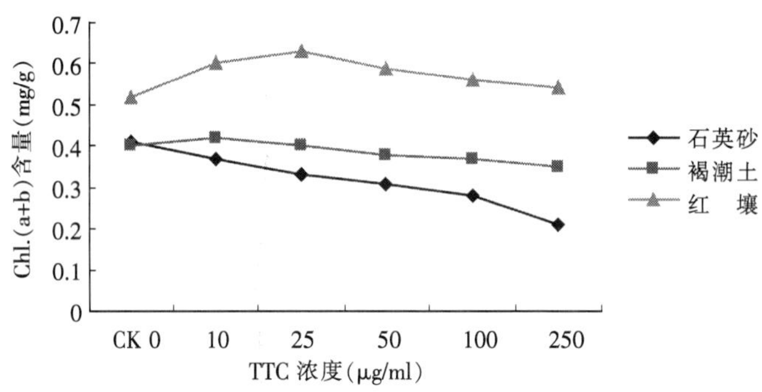

图 20 TTC 对大白菜幼苗叶绿素（a+b）的影响

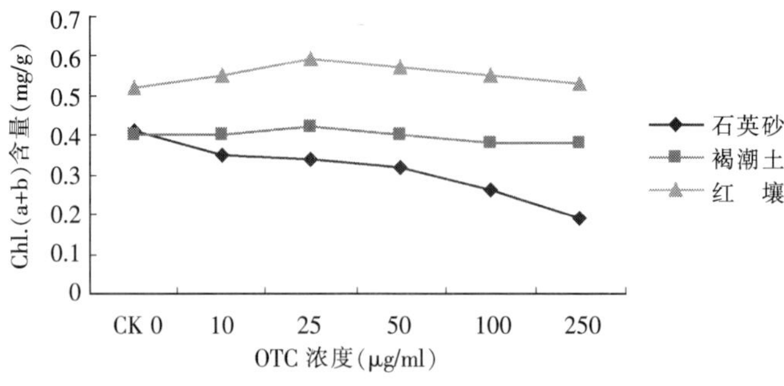

图 21 OTC 对大白菜幼苗叶绿素（a+b）的影响

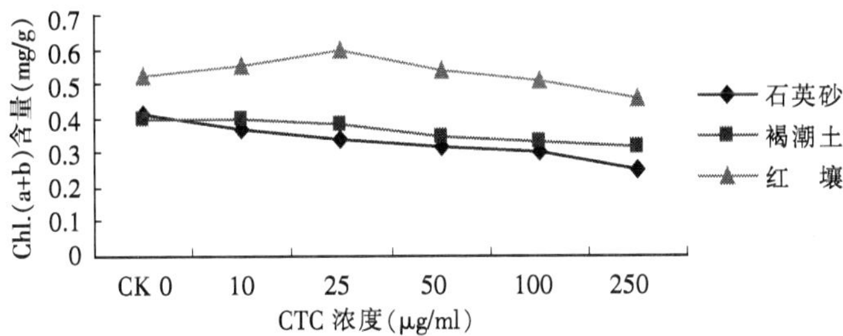

图 22　CTC 对大白菜幼苗叶绿素（a+b）的影响

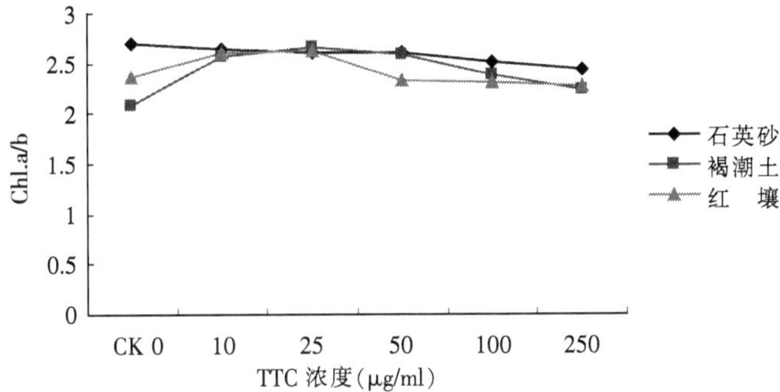

图 23　TTC 对大白菜幼苗叶绿素 a/b 的影响

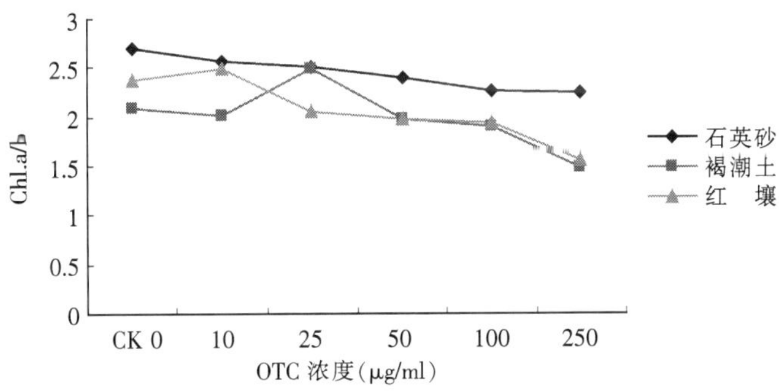

图 24　OTC 对大白菜幼苗叶绿素 a/b 的影响

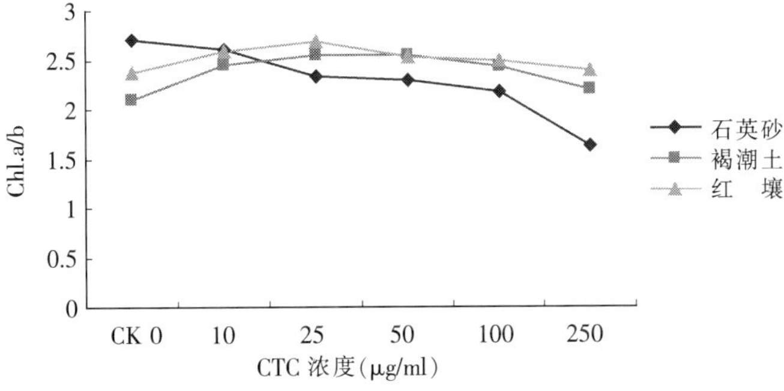

图 25　CTC 对大白菜幼苗叶绿素 a/b 的影响

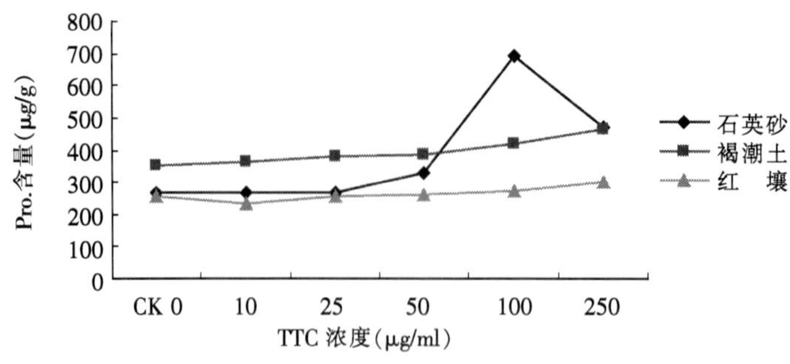

图 26　TTC 对大白菜幼苗脯氨酸含量的影响

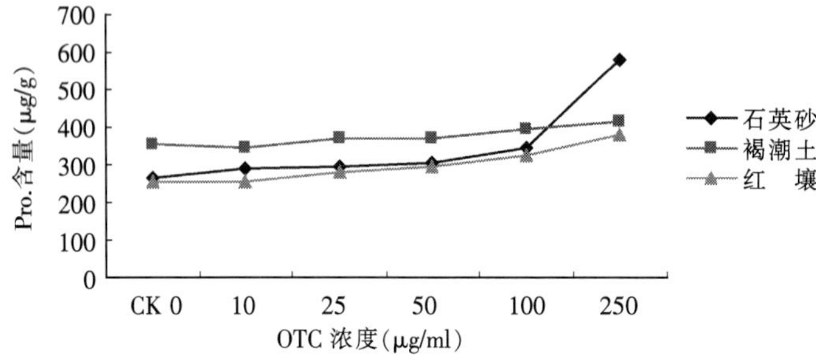

图 27　OTC 对大白菜幼苗脯氨酸含量的影响

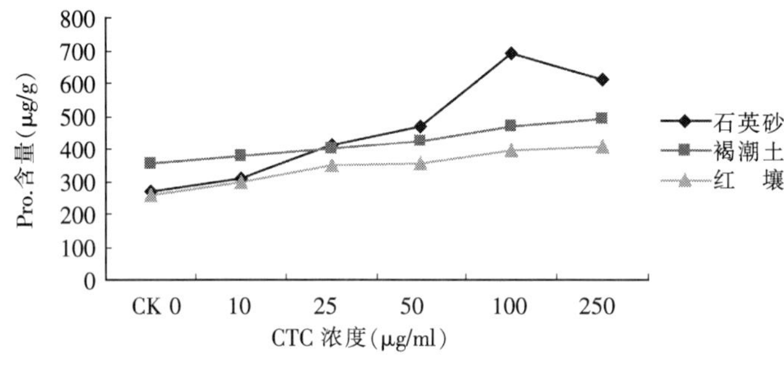

图 28　CTC 对大白菜幼苗脯氨酸含量的影响

3. NaCl 对大白菜幼苗生长及生理指标的影响　随 NaCl 浓度的增加，大白菜幼苗的发芽势、发芽率、芽长、主根长、侧根数、单株鲜重、叶绿素（a+b）含量及 a/b 值表现为先增后降。由表 87 可以看出，石英砂、褐潮土、红壤 3 种基质培养条件下，NaCl 低浓度水平时，对大白菜幼苗的发芽势、发芽率、芽长、主根长、侧根数有促进作用，高浓度（NaCl >0.5%）则产生抑制作用。在 NaCl 浓度为 0.5%、1.0%、1.5%时，砂培大白菜幼苗的发芽势分别为 42.8%、14.8%和 4.0%；发芽率分别为 80.0%、30.0%、12%。在相同 NaCl 浓度条件下，大白菜幼苗的发芽势、发芽率，褐潮土、红壤明显好于砂培，说明土壤本身对于 NaCl 的危害作用有减缓作用，降低了盐分对大白菜的毒害。

从图 29 可以看出，在相同的 NaCl 处理浓度下，大白菜单株鲜重，褐潮土>红壤>砂培。由图 30～图 32 可知，在高浓度盐分的作用下，3 种培养基质大白菜幼苗由绿变黄，叶绿素（a+b）含量及 a/b 值呈明显下降趋势。在砂培条件下，大白菜幼苗中脯氨酸含量随着 NaCl 处理浓度的增高，表现为先降低后急剧升高；褐潮土、红壤培养的大白菜幼苗脯氨酸含量表现为平缓上升。褐潮土上升幅度大于红壤，说明大白菜对于褐潮土中的盐分胁迫的应激反应比较敏感。

表 87　NaCl 对大白菜幼苗生长影响

测定项目	基　质	0 CK	0.1 (%)	0.2 (%)	0.5 (%)	1.0 (%)	1.5 (%)
发芽势（%）	石英砂	88.1A	89.0A	87.0A	42.8B	14.8C	4.0D
	褐潮土	93.1C	100A	96.7B	80.0D	76.7E	63.3F
	红　壤	86.8C	96.7A	91.7B	88.3C	86.7C	81.0D
发芽率（%）	石英砂	95.8AB	97.0A	94.0B	80.0C	30.0D	12.0E
	褐潮土	98.0A	100A	98.0A	85.3B	76.7C	64.0D
	红　壤	95.3AB	97.0A	93.7B	90.0C	87.0D	81.0E
芽　长（cm）	石英砂	4.02B	4.76A	4.85A	3.22C	1.88D	1.06E
	褐潮土	5.48C	6.28A	6.23A	5.95B	5.25D	4.86E
	红　壤	2.67D	3.52B	4.11A	3.10C	3.04C	2.52D
主根长（cm）	石英砂	3.78A	3.63A	3.59AB	3.50B	2.08C	1.23D
	褐潮土	2.05D	2.97C	4.02B	4.73A	1.94E	0.81F
	红　壤	1.15C	1.87B	2.30A	1.77B	1.74B	1.26C
侧根数（个）	石英砂	5.63B	6.90A	7.40A	3.80C	1.20D	0.72D
	褐潮土	3.55B	4.50A	4.60A	4.20AB	4.00AB	3.80B
	红　壤	3.33E	5.00B	5.50A	4.20C	4.10C	3.80D

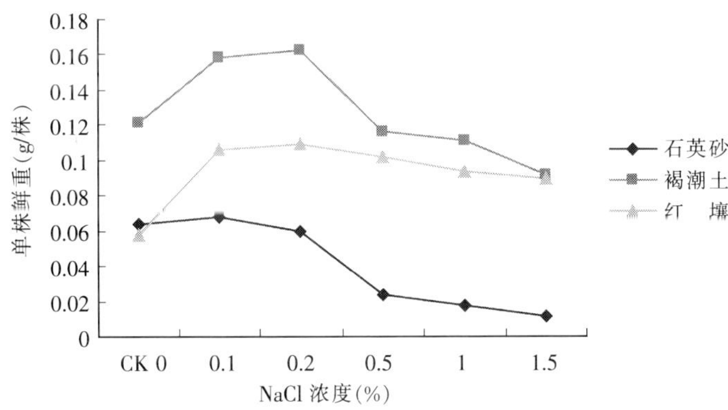

图 29　NaCl 对大白菜幼苗单株鲜重的影响

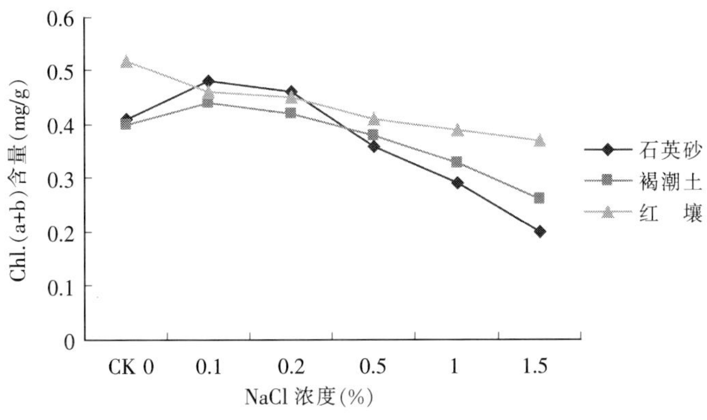

图 30　NaCl 对大白菜幼苗叶绿素（a+b）的影响

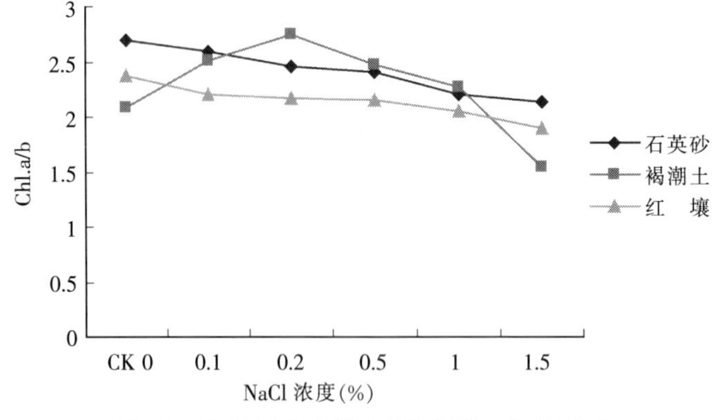

图 31　NaCl 对大白菜幼苗叶绿素 a/b 的影响

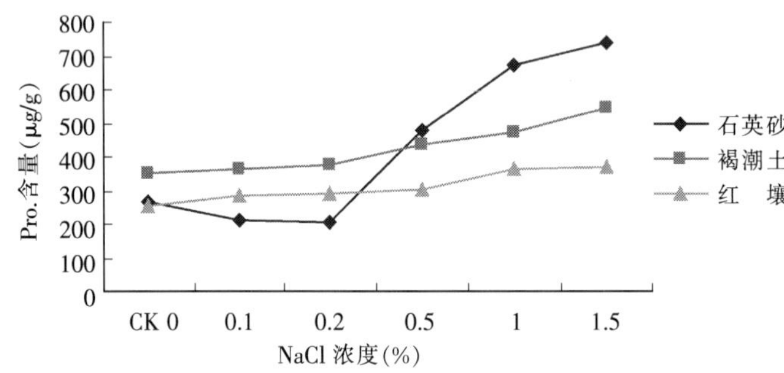

图 32　NaCl 对大白菜幼苗脯氨酸含量的影响

(三) 结论与讨论

1. 以高等植物根伸长抑制率进行土壤污染生态毒理效应研究，是从生态学角度衡量土壤健康质量的重要方法之一，是对化学法评价土壤质量与土壤污染的重要补充。本研究选择石英砂、褐潮土、红壤进行重金属（As、Cr、Cu、Zn）、四环素类抗生素、氯化钠等有害物质进行大白菜种子发芽与幼苗毒性试验，并与清水条件为对照，通过植株芽长、根伸长、侧根数、鲜重受影响程度与砂、土介质的关系研究，初步探讨了重金属（As、Cr、Cu、Zn）、四环素类抗生素、氯化钠危害作用。在石英砂、褐潮土、红壤培养基质条件下，不同处理浓度的重金属（As、Cr、Cu、Zn）、抗生素（TTC、OTC、CTC）、氯化钠对大白菜的发芽率、发芽势、芽长、主根长、侧根长、单株鲜重影响程度不同。在砂培条件下，随着重金属（As、Cr、Cu、Zn）、抗生素（TTC、OTC、CTC）、氯化钠处理浓度的提高，大白菜的发芽势、发芽率、芽长、主根长、侧根长、单株鲜重呈下降趋势，当达到一定处理浓度，大白菜生长明显受到抑制；在褐土、红壤培养条件下，重金属（As、Cr、Cu、Zn）、抗生素（TTC、OTC、CTC）、氯化钠低处理浓度时，对大白菜发芽势、发芽率、芽长、主根长、侧根长、单株鲜重则表现为有促进作用，在高浓度表现出抑制。这可能与土壤本身有机质含量、pH 等理化性状因素有关，对重金属（As、Cr、Cu、Zn）、抗生素（TTC、OTC、CTC）、氯化钠毒害起到了缓冲作用。在相同重金属（As、Cr、Cu、Zn）、氯化钠处理浓度条件下，褐潮土、红壤的发芽势、发芽率、芽长、主根长、侧根长、单株鲜重等指标高于砂培。TTC、OTC、CTC 3 种抗生素对大白菜幼苗单株鲜重随抗生素处理浓度的增高表现为由高降低的趋势。TTC 对大白菜幼苗单株鲜重的影响顺序是褐潮土＞红壤≈石英砂；OTC 对大白菜幼苗单株鲜重的影响顺序是红壤＞褐潮土＞石英砂；CTC 是褐潮土＞红壤≈石英砂；在砂培条件下，大白菜幼苗对 3 种抗生素的抑制作用反应敏感。外部形态观察，随着抗生素处理浓度的增加，大白菜幼苗叶色表现为由绿变黄，说明抗生素对大白菜幼苗产生诱导黄化作用。

2. Shimazaki 曾发现，在经 SO_2 处理的植物叶片中，膜脂过氧化首先导致叶绿素 a 的破坏。任安芝等人在研究 Cr、Cd、Pb 对青菜叶片叶绿素含量和叶绿素 a/b 值的影响时认为，叶绿素含量的减少与叶绿素 a/b 值的下降并不完全同步，其中叶绿素 a/b 值对外界重金属胁迫反应比较敏感，这也是由于重金属首先破坏叶绿素 a 的缘故，与叶绿素总量相比，叶绿素 a/b 值是衡量叶片感受重金属的相对敏感的一个生理指标。本研究发现，在石英砂、褐潮土、红壤 3 种基质培养条件下，不同处理浓度的重金属（As、Cr、Cu、Zn）、抗生素（TTC、OTC、CTC）、氯化钠对大白菜叶绿素（a+b）的含量、叶绿素 a/b 值影响有差异。在砂培条件下，大白菜幼苗的叶绿素（a+b）的含量、叶绿素 a/b 值表现随着重金属（As、Cr、Cu、Zn）、抗生素（TTC、OTC、CTC）、氯化钠处理浓度的增加而急剧下降。在褐潮土、红壤的培养条件下，大白菜幼苗的叶绿素（a+b）的含量、叶绿素 a/b 值均表现为先增后降的趋势，且红壤培养条件下大于褐潮土和砂培条件下。在重金属、抗生素、氯化钠高处理浓度下，3 种培养基质大白菜幼苗由绿变黄。这一研究结果与前人的研究结果相一致。减少和叶绿素 a/b 值减小是衡量叶片衰老的重要生理指标．本研究发现，叶绿素 a 对外界重金属、胁迫的变化更为敏感，因而对于重金属、抗生素而言，叶绿素含量和叶绿素 a/b 值可以作为一个判断植物毒害性指标。

3. 在干旱、盐渍、低温、大气污染等胁迫条件下，许多植物体内 Pro. 大量积累。植物 Pro. 含量的增加是植物对逆境胁迫的一种生理生化反应，具有双重意义：一是细胞结构和功能遭受伤害的反应，这一点已被许多文献所证实；二是植物在逆境下的适应表现，系防护反应，可作为鉴定植物相对抗性的指标，这时 Pro. 具有多种生理功能，如作为细胞质渗透调节物质、稳定生物大分子结构、降低细胞酸度以及作为能量库调节细胞氧化还原势等。Pro. 的这些生理功能已在强光、紫外辐射、重金属锌、铜和镉等胁迫下的多种植物中得到间接证实。本文中在 3 种培养基质条件下，大白菜幼苗中脯氨酸的含量均随着重金属（As、Cr、Cu、Zn）、抗生素（TTC、OTC、CTC）、氯化钠处理浓度的增加表现出上升的趋势。如在砂培条件下，As、Cr、Cu、Zn 处理浓度分别为 25、250、100、250mg/L 时，TTC、OTC、CTC 处理浓度大于 100μg/ml，NaCl 处理浓度大于 0.5%，大白菜幼苗中脯氨酸呈急速上升，而褐潮土、红壤则现的平缓上升。这可能与褐潮土、红壤的有机质含量、pH 的高低有关，对这些有害物质起到吸附和转化作用，减缓了它们的毒性作用，同时也说明大白菜幼苗在重金属（As、Cr、Cu、Zn）、抗生素（TTC、OTC、CTC）、氯化钠的胁迫下，作为本身的一种应激反应。故推测 Pro. 的增加是植物对重逆境胁迫的一种适应性反应，它减小了植物细胞膜脂过氧化程度，缓和了膜透性的变化，从而对植物起到一定的防护作用；另一方面，高浓度处理下的大白菜幼苗 Pro. 含量显著增加，这可能是植物细胞结构和功能遭受伤害的反应。至于这种作用机理及其强弱程度，还有待进一步研究。

六、土壤中亚硝基类化合物及其形成条件

河北某市市效是养鸡集中地区，蔬菜地平均每666.7m^2每年施纯鸡粪5t左右。用气相色谱仪测定结果，土壤中含亚硝酸盐0.045%～0.071%、亚硝胺（主要是二甲基亚硝胺和二乙基亚硝胺）含量为0.38～7.52mg/kg，而在未施用有机肥的粮田中未检测出。这些亚硝基类化合物均可被蔬菜直接吸收，特别是叶菜类蔬菜，可直接进入可食部分，危害相当严重。这些蔬菜地大量积累亚硝基类化合物的原因可能是：

1. 有机物质的分解产物直接参与亚硝胺合成。长期施用有机肥的土壤中，含有大量一级、二级、三级和杂环类氮化合物，它们将直接参与亚硝基化反应，特别是二级胺，它们是有机物质和微生物代谢的产物，可在土壤中源源不断地形成。

2. 土壤中积累大量的NO_2^-－N，将参与胺的合成。长期施用有机肥条件下，当硝酸还原酶的酶促反应受阻时，造成亚硝态氮积累，将参与其他物质合成，亚硝化反应的第2种成分就是胺。丁二胺和戊二胺的脱氨基作用产生哌啶和吡咯酮，它们是亚硝基哌啶和亚硝基吡咯烷酮的前体。

3. 长期施用有机肥，在有机物质腐解过程中，有可能产生低pH的微环境，将促进亚硝胺的合成。

4. 有机肥分解产物可吸附胺，形成局部胺浓度较高区，有利于形成亚硝胺反应的进行。

我国还没有制定土壤和蔬菜中亚硝胺的限量标准，对于高量施用有机肥地区必须引起高度重视，并不是有机肥施用量越大越好，应限制有机肥的施用量和施用时期。

百望山土壤动物群落结构在构树落叶分解中的变化

土壤动物是土壤生态系统中的重要组成部分，在生态系统中的生物循环过程中，通过消化和粉碎落叶并刺激微生物来参与落叶的分解，其群落结构随着落叶在分解过程中落叶的质量、化学成分以及微生物等的改变而变化。

土壤动物在凋落物分解过程中的有序变化不仅反映了落叶结构、化学和生物特性，而且一些土壤动物种的出现或消失以及取食方式的改变，也会对食物网结构产生一定的影响。因此，对土壤动物群落结构在凋落物分解过程中动态变化进行研究，有利于了解凋落物层土壤动物群落结构演替及其与凋落物分解作用之间的相互关系，阐明土壤动物群生态系统物质循环和能量流动中的作用具有重要的意义。

作者：林英华、刘海东、张夫道（通讯作者）、苏化龙，原载于2005年第3期《动物学杂志》。本研究得到中国林业科学研究院马强硕士以及北京百望山森林公园的大力支持，在此一并致谢。

一、自然概况与研究方法

（一）自然概况

百望山地处北京小西山，为太行山余脉，地质变化复杂，其地理坐标东经116°21′43″～116°28′12″，北纬39°57′52″～40°02′11″。土壤为山地褐色土，大部分为淋溶褐色土，土壤发育层次不明显。暖温带大陆性气候，冬寒夏热，春季多风，年平均气温11.6℃，年降水量630 mm，集中在夏季，6～8月份的雨量占全年雨量的70%以上，冬季降雨占全年的10%左右。

西山林场在地带性植被分区中属华北夏绿林区。自然生长的乔木种类较少，多为20世纪50～60年代营造的人工林。主要树种有油松（*Pinus tabulaeformis*）、侧柏（*Platycladus orientalis*）、刺槐（*Robinia pseudoacacia*）、元宝枫（*Acer truncatum*）、黄栌（*Cotinus coggria*）、山杏（*Armeniaca sibirica*）和构树（*Broussonetia papyrifera*）等。

（二）实验方法

为获得更接近自然状态下森林凋落层土壤动物群落，于2001年9月中下旬采集阔叶林（构树林）的自然凋落叶，称取15g（鲜重，在计算时换算为干重）分别放入3种不同网孔（5mm、1mm和1/300mm）尼龙袋中（15cm×20cm），将网袋按照间距1 m并排埋入落叶层下，共计56袋，与次年4月～10月间，每月采集一次样品，其中5mm、1mm各3袋，1/300mm（对照）1袋。利用改良干漏斗（Modified Tullgern）和手捡法进行分离土壤动物并进行鉴定，烘干尼龙袋内残留落叶并称重。

由于分类的限制，以所鉴定到的类群进行分类；土壤动物体型大小依据在食物分解过程中作用进行分类。

（三）数据分析

群落多样性指数采用香农—威纳多样性指数（Shannon－Weaner index）、*Pielou* 指数和辛普森优势度指数（Simpson index），即 $H'=-\sum_{i=1}^{s}PiLnpi$，$Js=\frac{H'}{\ln S'}$，$C=\sum\left(\frac{n_i}{N}\right)^2$，式中 H' 为多样性指数，Pi 为第 i 个种的个体数占群落总个体数的比率，S 为类群数，N 为群落总个体数，ni 为第 i 个种的个体数。

土壤动物在落叶分解过程中的集聚时间采用演替指数表示，$T_i=\sum_{i=1}^{s}\frac{ni\cdot mi}{N}$，$Sdv=\sqrt{\sum_{i=1}^{s}ni\cdot\frac{(mi-Ti)^2}{N}}$，式中弹 T_i 演替指数，n_i 为第 i 次采集时的个体数，m_i 为开始到第 i 次采集时的月数，Sdv 为标准差，N 为总个体数。

各类群数量等级划分：个体数量占全部捕获量10%以上为优势类群，介于1%～10%之间的为常见类群，介于0.1%～1%为稀有类群、0.1%以下的为极稀有类群。

二、结果与分析

（一）土壤动物群落组成

在3种类型的56只分解袋中，共采集到土壤动物3 322只（未知17只），隶属5门12纲25目19科，如表1所示，其中大型土壤动物32类，优势类群2类，即摇蚊科、盲蛛目，分别占大型土壤动物的16.67%和24.43%；常见类群14类，即金龟科、瘿蚊科、近孔寡毛目、蜘蛛目、啮虫目、蓟马科、隐翅甲科、革翅目、蚁科、后孔寡毛目、双尾目、柄眼目、鼠妇科、鳞翅目，分别占大型土壤动物的1.44%、1.44%、1.72%、1.72%、1.72%、2.01%、2.01%、3.16%、4.02%、4.60%、6.32%、6.61%、6.61%、7.18%。中小型土壤动物11类，优势类群5类，即圆跳科、等节跳科、棘跳科、长角跳科、蜱螨目，分别占中小型土壤动物的10.89%、12.41%、16.77%、21.74%和36.17%；其他均在0.10%以下，为稀有或极稀有类群，稀有和极稀有类群则是对森林环境变化中的敏感类群，他们在某一时期及土壤条件适宜时，其种群数量会逐渐增加，并成为某一时期的常见类群。百望山森林凋落层土壤动物以中小型动物为主。

凋落物层动物营养功能群范围较广，杂食性和植食性土壤动物所占的比例最大（26.19%）；其次腐食性（21.43%），菌食性所占的比例最少（2.38%）。

表1　凋落袋中土壤动物群落结构

序号	名　称				体型	丰度	多度	食性
1	线虫动物门 Nemata				中小	0.74		o
2	环节动物门 Annelida	寡毛纲 Oligochaeta	后孔寡毛目 Oligochaeta opisthopora		大	4.60	**	S
3			近孔寡毛目 Ol. plesiopora		大	1.72	**	S
4	软体动物门 Mollusca	腹足纲 Gastropoda	柄眼目 Stylommatophore		大	6.61	**	Ph
5	缓步动物门 Tardigrada				大	0.29		Ph
6	节肢动物门	蜘蛛纲 Arachnida	蜘蛛目 Araneae		大	1.72	**	Pr
7	Arthropoda		伪蝎目 Pseudoscorpiones		大	0.29		Pr
8			盲蛛目 Opiliones		大	24.43	***	Pr
9			蜱螨目 Acariformes		中小	36.17	***	O
10		软甲纲 Malacostraca	等足目 Isopoda	鼠妇科 Porcellionidae	大	6.61	**	S
11				潮虫科 Oniscidae	大	0.57		S
12		倍足纲 Diplopoda	圆马陆目 Sphaerotheriida		大	0.57		Ph
13			眼马陆目 Ommotophora		大	0.57		Ph
14			蚰蜒目 Scutigeromorpha		大	0.57		Ph
15		唇足纲 Chilopoda	地蜈蚣目 Geophiomorpha		大	0.57		Pr

（续）

序号	名　称			体型	丰度	多度	食性
16		石蜈蚣目 Lithobiomorpha		大	0.29		Pr
17	综合纲 Pauropoda			中小	0.98		Pr
18	蠋线纲 Pauropoda			大	0.86		?
19	原尾纲 Protura			中小	0.03		F
20	弹尾纲	弹尾目 Collembola	跳虫科 Poduridae	中小	0.07		o
21			长角跳科 Entomobryidae	中小	21.74	***	o
22			等节跳科 Isotomidae	中小	12.41	***	o
23			棘跳科 Onychiuridae	中小	16.77	***	o
24			短角跳科 Neelidae	中小	0.03		o
25			圆跳科 Sminthuridae	中小	10.89	***	o
26	双尾纲	双尾目 *Diplura*		大	6.32	**	D
27	昆虫纲 insecta	等翅目 *Isoptera*		中小	0.17		D
28		革翅目 Deramptera		大	3.16	**	O
29		半翅目 Hemiptera		大	0.57		Ph
30		啮虫目 Psocoptera		大	1.72	**	Ph
31		缨翅目 Thysanoptera	蓟马科 Thripidae	大	2.01	**	Ph
32		鞘翅目 Coleoptera	步甲科 Carabidae	大	0.57		Pr
33			金龟科 Melolonthidae	大	1.44	**	Ph
34			拟步甲科 Tenebrionidae	大	0.29		Pr
35			隐翅甲科 Staphylinidae	大	2.01	**	S
36			叶甲科 Chrysomelidae	大	0.86		Ph
37		鳞翅目 Lepidoptera		大	7.18	**	Ph
38		双翅目 Diptera	瘿蚊科 Ithonididae	大	1.44		S
39			摇蚊科 Chironomidae	大	16.67	***	S
40			蝇科 Muscidae	大	0.29		S
41			蚤蝇科 Phoridae	大	0.86		S
42		同翅目 Homoptera		大	0.29		O
43		膜翅目 Hymenoptera	蚁科 Formicidae	大	4.02	**	O
	未知类群（Unknown）	倍足纲 Diplopoda			3		

（续）

序号	名　称	体型	丰度	多度	食性
	鞘翅目（幼）Coleoptera (larva)		8		
	未知名（幼）Unknown (larva)		1		
	双翅目幼虫 Diptera (larva)		5		

Ph：植食，D：枯食，F：菌食，Pr：捕食，S：腐食，O：杂食。*** 优势类群；** 常见类群。

（二）土壤动物群落变化

百望山森林凋落层土壤动物数量和类群数在凋落物分解过程中的逐月变化如图 1 所示，从图 1 中可以看出，大型和中小型土壤动物个体数量和类群数 4～7 月份呈递增趋势，9～11 月呈递减趋势。3 种类型凋落袋中土壤动物数量和类群均为 5mm＞1mm＞1/300mm，并且前两者分别在 10 月份或 7 月份达到最大值，变化趋势如图 2。

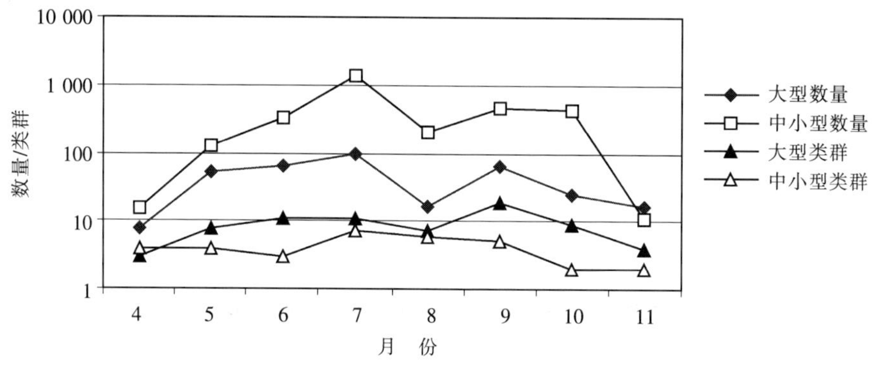

图 1　土壤动物数量与类群变化

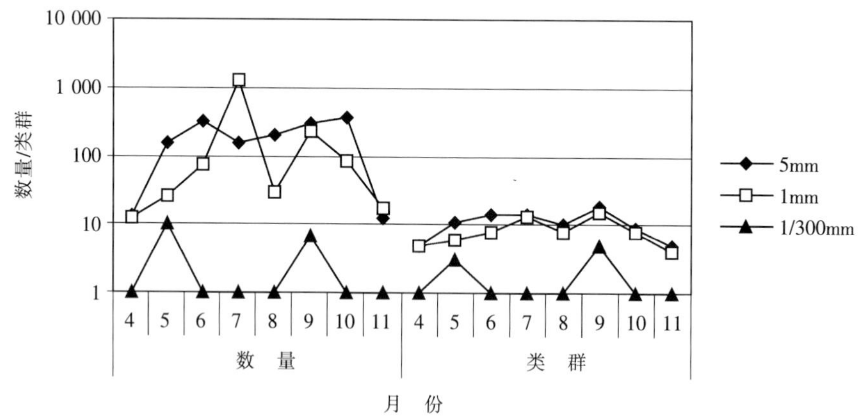

图 2　不同类型网袋土壤动物数量与类群变化

土壤动物多样性随月份增加变化幅度较大，如图 3，多样性变化与反映群落变化的个体数量、类群数以及均匀性指数的变化不一致，大型和中小型土壤动物多样性指数分别在 5、7 月份达到最高值，均匀性则在 11 月和 6 月份达到最大值，优势度则分别在 11 月和 10 月

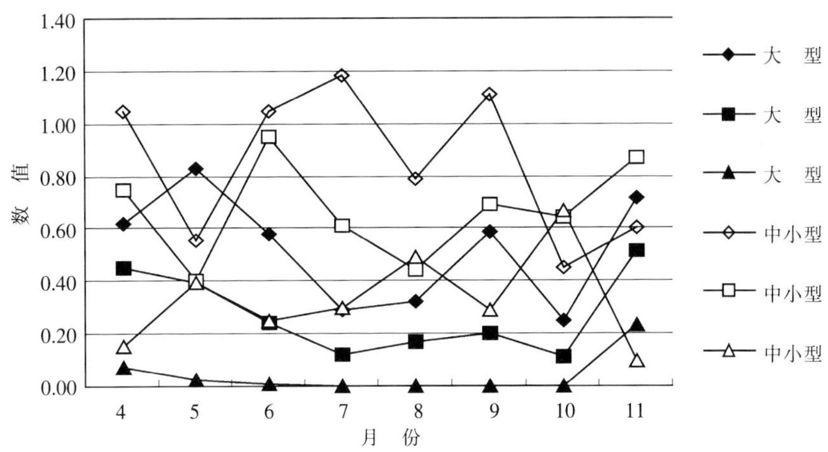

图 3　土壤动物多样性、均匀性与优势度变化动态

份达到最大值。

(三) 土壤动物营养功能类群演变

落叶分解过程是在土壤动物所形成的食物网中进行的，土壤动物取食特征随分解阶段发生改变。在百望山阔叶林中，杂食性土壤动物营养功能群在 4～10 月份始终占优势，腐食性功能群仅在 11 月份占优势，腐食性、植食性和捕食性功能群在落叶分解过程中也占有一定的比例，其他两类营养功能类群在落叶分解过程中所占的比例均较低，如图 4 所示。

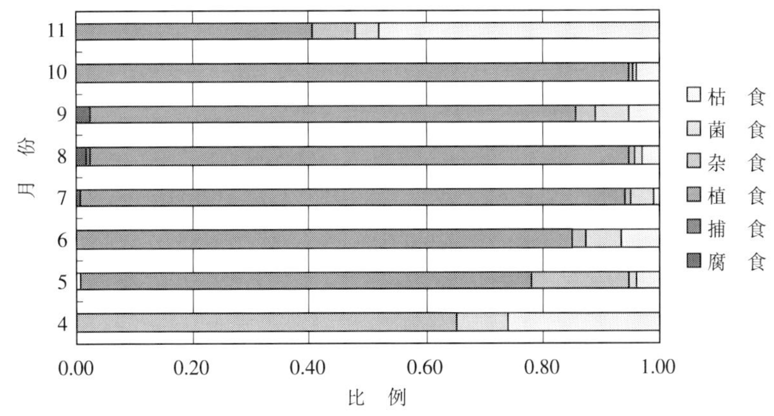

图 4　凋落叶分解过程中土壤动物营养功能变化

演替指数反映土壤动物集聚的时间，土壤动物主要群落集聚时间及变化范围，如表 2。从表 2 中可以看出，在阔叶林集聚时间最短的分别是后孔寡毛目、鳞翅目和革翅目，集聚时间分别为 8.00、8.20 个月和 8.27 个月；最长的则分别是近孔寡毛目、瘿蚊科和鼠妇科，集聚时间分别为 12.00、12.20 个月和 12.48 个月。

表 2　主要土壤动物集聚时间

（月）

序号	名　　称	集聚时间	标准差
1	后孔寡毛目 Oligochaeta opisthopora	8.00	1.06
2	近孔寡毛目 Ol. plesiopora	12.00	0.00
3	柄眼目 Stylommatophore	9.96	2.96
4	蜘蛛目 Araneae	10.83	2.03
5	盲蛛目 Opiliones	9.85	0.79
6	蜱螨目 Acariformes	11.31	1.74
7	鼠妇科 Porcellionidae	12.48	1.93
8	长角跳科 Entomobryidae	10.00	0.04
9	等节跳科 Isotomidae	10.94	1.68
10	棘跳科 Onychiuridae	10.09	0.29
11	圆跳科 Sminthuridae	10.07	0.94
12	双尾目 Diplura	11.00	0.90
13	革翅目 Deramptera	8.27	0.86
14	啮虫目 Psocoptera	9.00	0.00
15	蓟马科 Thripidae	10.86	2.17
16	金龟科 Melolonthidae	10.40	1.50
17	隐翅甲科 Staphylinidae	11.43	0.70
18	鳞翅目 Lepidoptera	8.20	0.86
19	瘿蚊科 Ithonididae	12.20	1.60
20	摇蚊科 Chironomidae	10.76	1.61
21	蚁科 Formicidae	10.50	1.35

三、讨　　论

在陆地凋落物分解过程中，土壤动物群落改变与落叶养分浓度损失有关。在百望山构树落叶分解过程中，大型和中小型土壤动物数量和类群数变化趋势相同，并均在 7 月份达到最高，9 月份则开始下降，这与凋落袋内凋落物分解的速度和所释放出的营养物质浓度有关。凋落物的分解过程是生物因子和非生物因子共同作用结果，其分解率和分解时间取决于落叶生物特性、土壤、气候以及土壤生物的影响。凋落物的分解是在多种因素作用下进行的，除了受化学组成影响外，环境因子中的土壤水分、土壤 pH、地表温度、相对湿度对落叶的分解起着控制性作用。百望山属于北京西部山地的一部分，由于地形起伏较大，气候条件随海拔、坡向等地形因子的不同而改变，使水热条件在山地的不同部位有较大的差异，研究地位于海拔 200m 左右的半山东南坡的斑块状阔叶林中，其盖度介于 60%～70%之间，林内温湿度较大，因而对落叶的分解起到了一定的促进性作用。

凋落物分解是一个缓慢的过程，需要较长的时间，一般应至少连续观察 2 年以上，才能反映出分解动态。根据 Olsen（1963）建立凋落物分解方程，构树第 1 年分解率在 60.0%左右，其完全分解的时间在 2 年以上，本文仅是第 1 年凋落叶分解过程的土壤动物的数量和类群。因此，无法确定是否反映全部参与凋落物分解过程的土壤动物群落，有待于对第 2 年和第 3 年凋落物进行研究，以进一步确定土壤动物群落结构有无差别。

土壤动物类群在落叶上集聚时间长短是对落叶分解过程中食物源变化的反映。在构树叶分解的 4～11 月份，真正菌腐性土壤动物仅出现 8 月份，且仅占 0.45%，而杂食性土壤动物始终占优势，即在落叶分解早期集聚的类群是兼有 2～3 种或 3 种以上食性的土壤动物，并且从 4 月份一直持续 11 月份，腐食性土壤动物虽占一定比例，但其比例从 4 月份至 10 月份递减，这与 Hasegawa *et al*（1995）认为，落叶分解过程的早期集聚的土壤动物类群是食菌性，后期则是食植物碎屑存在一定的差异。由于土壤动物食性复杂性以及在实际工作中对其划分均存在一定的难度性，文中土壤动物食性的划分是依类群整体食性为依据，这是否与实际工作中土壤动物的食性是否存在差别，还有待于进一步研究确认。从 21 类主要土壤动物类群集聚的时间看，鼠妇科在凋落物集聚的时间最长，其次是瘿蚊科，最短的是后孔寡毛目和鳞翅目，这除了与环境因子有关外，落叶分解过程中，由于取食行为的变化，导致一些物种的出现或消失，这样引起参与分解过程的食物网中的土壤动物群落结构发生改变，从而引起土壤动物类群在不同凋落物上的集聚时间产生变化，实质上就是食物源的改变引了土壤动物结构变化。从大类群角度，对落叶残存量与土壤动物个体数量的相关分析表明，蜱螨目、等足目、弹尾目、双翅目和膜翅目以及倍足纲土壤动物随着落叶分解的进行数量逐渐增多，而其他则逐渐减少，这种不同类群对落叶分解过程中落叶的残存量变化的不同反应是与各自的取食习性相关。

本文共选取 3 种类型的尼龙网袋对百望山凋落层的土壤动物群落以及动态变化状况进行研究，土壤动物总类群数和个体总数均为 5mm＞1mm＞1/300mm，表明土壤动物数量和类群的变化与网袋网孔的大小有关，孔径增大，便于大型土壤动物进出网袋而促进凋落物分解，导致大孔凋落袋养分迅速分解，使土壤动物个体数量和类群在植物生长季节大量集聚；孔径过小，限制了土壤动物的进出，其凋落物的分解是同凋落物本身易溶物质自然淋失、微生物的活动以及环境因子相互作用的结果，但由于凋落物性质的不同，其随时间变化的趋势不尽一致。

由于受条件所限，本文仅采样改良干漏斗法和手拣法对森林凋落层的土壤动物种类和数量进行了研究，但一些湿性中小动物尚未进行分析，对本文的分析结果是否产生影响，还有待于今后研究加以确认。

鼎湖山不同自然植被土壤动物群落结构时空变化

土壤动物是土壤生态系统不可缺少的重要组成部分，在改变土壤的理化性质，促进生态

作者：林英华、张夫道（通讯作者）、张俊清、欧阳学军、莫定生、周国逸，原载于 2005 年第 10 期《生态学报》。本研究得到鼎湖山生态定位站的张佑昌、唐旭莉、杨月娣等参加野外工作，廖崇惠研究员鉴定了全部土壤动物的标本，在此一并致谢。

系统物质循环和能量流动发挥着重要的作用。植被为土壤动物提供生存环境的同时，也对土壤动物群落的组成产生影响，植被类型与土壤动物的垂直变化密不可分，植被群落季相变化对土壤动物群落的组成具有一定的影响。廖崇惠等人对鼎湖山自然保护区内的 6 种主要自然植被和人工植被中土壤动物区系组成及特征等方面进行了研究，但植被群落季相变化对土壤动物群落的影响未见报道。本文在对鼎湖山 6 种自然植被类型（代表不同海拔梯度）的土壤动物进行连续 6 次调查的基础上，从鼎湖山土壤动物群落季节动态角度进行研究，对于丰富和完善鼎湖山土壤动物研究成果，探讨和揭示土壤动物与环境之间的关系以及土壤动物多样性动态变化特征，阐明土壤动物在森林生态系统能量流动和物质循环中的作用具有重要的意义。

一、研究地点和方法

（一）研究地点概况

鼎湖山位于北回归线附近，处于亚热带季风气候区南缘。属低山丘陵地貌，为南亚热带季风性湿润气候，水热丰富，年平均温度为 20.9℃，最冷月（1 月）和最热月（7 月）的平均温度分别为 12.0℃和 28.0℃。年平均降雨量 1956 mm，主要集中在每年的 4～9 月，约占全年的 76.0％，全年湿度大，年平均相对湿度 80.8％。

自然土壤区分为赤红壤、黄壤和山地灌丛草甸土，地带性土壤类型为发育于砂岩和砂页岩母质的赤红壤，土层薄且多含碎石块，主要分布在海拔 300m 以下；黄壤分布于赤红壤以上，可达海拔 980 m 以上的山地；其上即为山地灌丛草甸土。

植被类型属于本气候区的地带性顶极植被—季风常绿阔叶林以及向它演变的过渡植被类型。据王铸豪等人对鼎湖山自然保护区的植被的调查，仅按不同垂直分布，选取河岸常绿阔叶林（简称 A）、沟谷常绿阔叶林（简称 B）、针阔混交林（简称 C）、南亚热带典型常绿阔叶林（简称 D）、山地常绿阔叶林（简称 E）、灌木草丛（简称 F）等 6 种森林类型进行调查。其自然状况如表 1。

表 1　鼎湖山不同海拔高度代表性植被群落的基本情况

类　别		A	B	C	D	E	F
土　壤*	类　型	冲积土	赤红壤	赤红壤	赤红壤	黄　壤	黄　壤
	pH	4.58	6.12	4.12	4.28	4.30	4.68
	有机质（表土）（%）	1.82	6.47	2.36	3.35	5.54	1.93
	全 N（%）	0.075	0.350	0.116	0.164	0.328	0.080
地　形	坡向及坡度	河溪两侧	东南 20°～30°	南 20°～30°	东南 20°～30°	北 30°～35°	东南 30°～35°
	海拔（m）	30～50	50～150	200～240	270～300	650～700	800～920
植　被	优势种	水翁、蒲桃	凸脉榕、鱼尾葵	马尾松、荷木、锥栗	锥栗、荷木、黄果厚壳桂	少叶黄杞、密花树	圆齿荷、鼎湖杜鹃、五节芒
	盖度（%）	0.7～0.8	0.7～0.9	0.8～0.9	0.8～0.9	0.8～0.9	0.8～0.9
	凋落物厚度（cm）	1.0	1.0～2.0	1.0～3.0	3.0～5.0	4.0	1.0

注：* 引自王铸豪等（1982）。

（二）调查方法

2001年10月至2002年8月，分6次分别在6块样地进行采样。每一种类型随机选取5个样方，每个样方内取5个点，分别按照枯枝落叶、0～5、5～10cm和10～15cm分层取样，灌木草丛由于枯枝落叶较少和土壤层较浅，仅分枯枝落叶、0～5、5～10cm取样。枯枝落叶取样面积20cm×20cm，土壤样品用直径8cm的取土器采集。

受条件因素影响，本次调查仅采用手检和改良Tullgren法分离提取土壤动物并分别鉴定统计数量，未采集湿生土壤动物。标本受分类的限制，采用大类进行分类。得到的所有土壤动物标本，其体型大小划分依据其在食物中的分解作用进行划分；土壤动物分类依据中国土壤动物检索。

（三）数据处理

采用香农—威纳多样性指数（Shannon-Weaner index）、Pielou指数和辛普森优势度指数（Simpson index）分别为：

$$H' = -\sum_{i=1}^{s} Pi\ln Pi \qquad Js = \frac{H'}{\ln S} \qquad C = \sum \left(\frac{n_i}{N}\right)^2$$

二、结　　果

（一）土壤动物群落组成

全年6次调查，6种自然植被类型共获土壤动物32类97 653只个体，隶属3门、13纲、32目，新采集到脉翅目幼虫，见表2。优势类群2类，蜱螨目、弹尾目，分别占全年个体总数的52.46%和30.24%；常见类群4类，缨翅目、鞘翅日（成）、膜翅目（成）和双翅目（幼，分别占全年个体总数的1.33%、1.21%、6.60%和1.69%，两类群共占总个体数的93.53%。这些类群分布广，对环境变化适应能力较强，为鼎湖山土壤动物主要组成成分，其他24类土壤动物成体和8类土壤动物幼虫分别占全年个体总数的1.00%以下，属稀有类群，它们对环境条件的变化极为敏感，仅在某一时期，土壤环境条件适宜时，其数量才逐步增加，并成为某一植被群落常见类群。除蜱螨目、弹尾目外，膜翅目和双翅目幼虫因其相对增长幅度较大而成为优势类群外，沟谷常绿阔叶林、针阔混交林和灌木草丛中常见类群变化最明显。

表2　土壤动物群落类群和个体数量统计

序号	名　称	体　型	A	B	C	D	E	F	总　计	频　度（%）	丰富度
1	后孔寡毛目 Ol. pistopora	大	32	5	1	4	10	11	63	0.06	
2	前孔寡毛目 Ol. Plesiopora	大	43	28	35	84	41	70	301	0.31	
3	颚蛭目 Chathobdellida	大	1	2					3	0.00	
4	柄眼目 Stylommatophora	大	6	3	1		3		13	0.01	
5	蜘蛛目 Araneae	大	42	66	75	110	104	103	500	0.51	

（续）

序　号	名　　称	体　型	A	B	C	D	E	F	总　计	频　度（%）	丰富度
6	伪蝎目 Pseudoscorpiones	大	37	112	84	2	101	64	400	0.41	
7	盲蛛目 Opiliones	大	60	32	13	16	40	12	173	0.18	
8	蜱螨目 Acarina	中小	9 764	7 620	5 928	18 834	5 603	3 435	51 184	52.46	+++
9	等足目 Isopoda	大	89	6	8	42	76	43	264	0.27	
10	倍足纲 Diplopoda	大	38	61	35	33	68	48	283	0.29	
11	地蜈蚣目 Geophilomorpha	大	15	16	23	7	16	15	92	0.09	
12	石蜈蚣目 Lithobiomorpha	大	1	9	6	3	3	5	27	0.03	
13	蜈蚣目 Scolopendromorpha	大	11	8	10	2	7	5	43	0.04	
14	综合纲 Symphyla	中小	83	125	129	153	59	58	607	0.62	
15	蠋线纲 Pauropoda	中小	7	52	17	63	7	24	170	0.17	
16	原尾纲 Protura	中小	36	31	30	28	1	9	135	0.14	
17	弹尾目 Collembola	中小	10 397	3 476	2 967	4 876	5 445	2 514	29 675	30.42	+++
18	双尾目 Diplura	中小	21	17	17	79	5	4	143	0.15	
19	蜚蠊目 Blattoptera	大	11	22	13	32	8	33	119	0.12	
20	等翅目 Isoptera	大	43	16	73	55	11	5	203	0.21	
21	直翅目 Orthoptera	大	2	1	5	7		1	16	0.02	
22	革翅目 Deramptera	大	4	2	5	2	1	1	15	0.02	
23	啮虫目 Psocoptera	大	18	29	19	25	29	52	172	0.18	
24	缨翅目 Thysanoptera	大	280	155	262	197	165	235	1 294	1.33	++
25	半翅目 Hemiptera	大	14	8	12	26	5	9	74	0.08	
26	同翅目 Homoptera	大	66	50	53	90	293	84	636	0.65	
27	鞘翅目 Coleoptera	大	137	137	173	372	231	127	1 177	1.21	++
28	膜翅目 Hymenoptera	大	1 619	874	768	1 615	949	610	6 435	6.60	++
29	双翅目 Diptera	大		26	138	21	316	6	507	0.52	
30	蜱螨目 Acarina（幼）	中小						200	200	0.20	
31	唇足目 Chilopoda（幼）	大	2						2	0.00	
32	半翅目 Hemiptera（幼）	大		2		2			4	0.00	
33	同翅目 Homoptera（幼）	大	2	13	5		113	2	135	0.14	
34	鳞翅目 Lepidoptera（幼）	大	65	24	43	97	61	73	363	0.37	
35	脉翅目 Neuroptera（幼）	大	1				1	1	3	0.00	
36	鞘翅目 Coleoptera（幼）	大	73	63	69	50	117	104	476	0.49	
37	膜翅目 Hymenoptera（幼）	大		5			1		6	0.01	
38	双翅目 Diptera（幼）	大	218	271	232	361	198	370	1 650	1.69	++
总计			23 238	13 367	11 249	27 288	14 088	8 333	97 563	100.00	

注：+++优势类群（≥10%）；++常见类群（1%～10%）。

（二）土壤动物群落类群数和个体数量的月变化

土壤动物群落类群数和个体数月变化因自然植被类型不同而不同，从图 1、2 中可以看出：

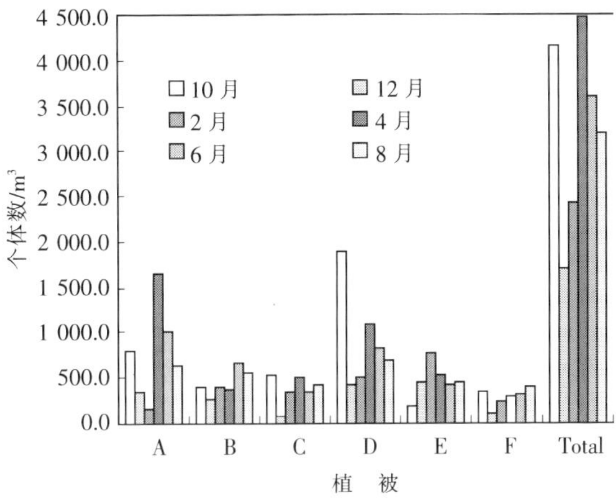

图 1　不同植被类型、不同月份土壤动物数量变化

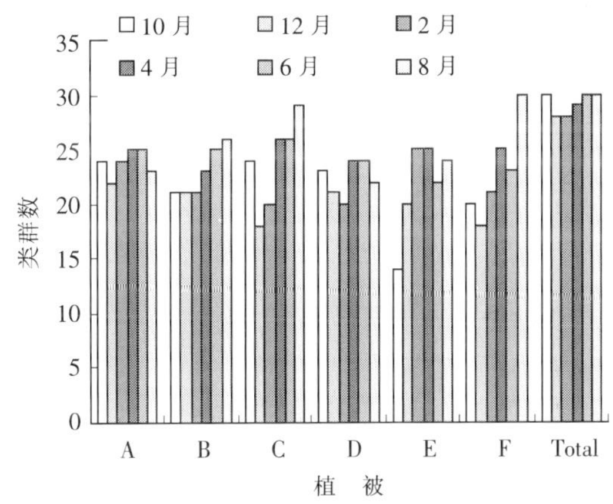

图 2　不同植被类型、不同月份土壤动物类群数变化

土壤动物总个体数量变化表现为：4 月>10 月>6 月>8 月>2 月>12 月，但不同的植被类型、不同月份土壤动物个体数量总数变化趋势有所不同。其中土壤动物变化主要表现为优势类群蜱螨类和弹尾类个体数量变化，蜱螨类个体数量的月消长表现为 10 月个体数量最高，12 月最低，2～6 月个体数量逐渐增加，8 月又开始有所减少；弹尾类个体数量的月消长与蜱螨类相似，即 10～12 月个体数量呈下降趋势，2 月开始个体数量逐渐增加，但弹尾类个体数量 4 月达到最高，之后其个体数量开始下降。两者数量变化因自然植被类型不同有所不同，蜱螨类降幅多在 80%以下，而弹尾类多在 80%以上。

土壤动物群落类群数依次为 10 月=6 月=8 月>4 月>2 月=12 月。但同一植被类型中，植被 A 4 月和 6 月的类群数最高，12 月最低；植被 B 8 月类群数最高，10 月和 2 月最低；植被 C 8 月类群数最高，12 月最低；植被 D、E 4 月和 6 月类群数最高，2 月和 10 月最低；植被 F 8 月类群数最高，12 月最低，其月份间类群数差异不显著（$F=0.50$，$\alpha>0.05$）。

（三）土壤动物群落植被间差异与垂直分布

1. 土壤动物群落林间差异　土壤动物个体数量总数大小依次为 D>A>E>B>C>F，其中大型土壤动物个体数量为 D>E>A>C>B，中小型土壤动物个体数量为 D>A>B>F>E>C。

土壤动物群落类群数为 A>F>B=C=E>D，其中大型土壤动物群落类群数与土壤动物群落类群数变化相同，中小型土壤动物类群没有变化。

方差分析表明，不同月份、不同植被类型以及不同月份和不同植被类型之间土壤动物个体数量变化较大，其差异性极显著（$F=5.63$，$\alpha=0.000\ 1$；$F=11.08$，$\alpha=0.000\ 1$；$F=2.97$，$\alpha=0.000\ 1$），且不同类群之间个体数量差异极显著（$F=102.38$，$\alpha=0.0001$）。

2. 垂直分布　土壤动物个体数和类群数随海拔变化趋势如图 3，其中仅 30～240m 之间和 270～920m 之间土壤动物个体数呈下降的趋势，而土壤动物类群数则在 30～300m 呈下降的趋势，300～650m 略有上升，以上则没有变化。

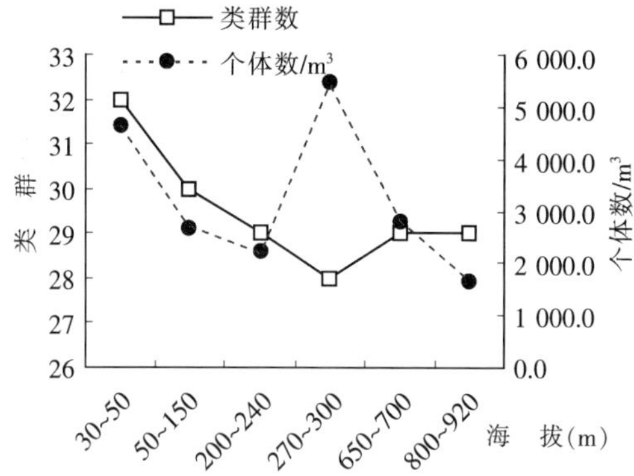

图 3　土壤动物个体和类群随海拔高度变化

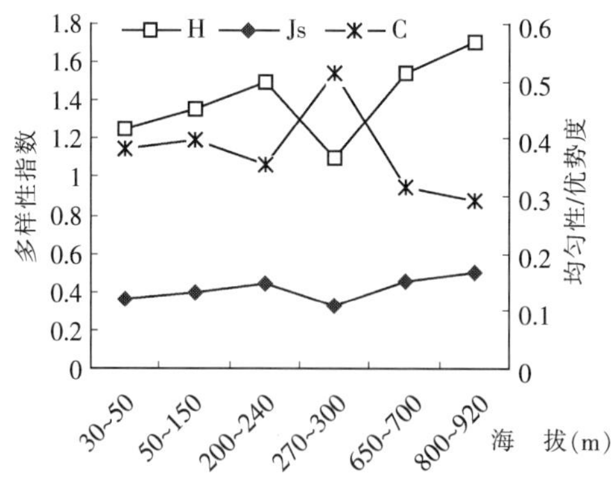

图 4　多样化指数随海拔高度变化

（四）土壤动物群落多样性变化

1. 垂直性变化　从图 4 中可以看出，土壤动物多样性指数 H' 和均匀性指 Js 数除海拔 270～300m 外，其大小随海拔呈递增趋势，优势度 C 与其相反，说明海拔 270～300m 之间土壤动物数量的增加是以少数类群因其数量增加导致其数量最多，因而优势现象明显。

2. 季节性变化　从表3中可以看出：不同自然植被类型中，H'在旱季（10、12、2月）和雨季（4、6、8月）变化不同。旱季除E 12月份最高外，其他均在2月份；雨季A和B 4月最高，C和D 6月最高，E和F 8月份最高；Js的变化与多样性指数的变化相同；C则与H'和Js的变化不同，旱季土壤动物优势度最高值除了B以外均出现10月份；雨季则C、E和F 4月份最高，B 6月份最高，A和D8月最高。

表3　不同月份6种自然植被土壤动物群落多样性的月变化

月　份	H′			Js			C		
	A	B	C	A	B	C	A	B	C
10	1.164	1.077	1.050	0.357	0.348	0.326	0.437	0.457	0.479
12	1.127	0.950	1.023	0.359	0.303	0.326	0.415	0.501	0.480
2	1.493	1.313	1.108	0.470	0.425	0.370	0.329	0.351	0.446
4	1.229	1.446	0.770	0.377	0.455	0.239	0.370	0.303	0.651
6	1.145	1.094	1.139	0.356	0.340	0.358	0.389	0.502	0.428
8	1.045	1.153	1.123	0.338	0.354	0.358	0.398	0.397	0.405
	D	E	F	D	E	F	D	E	F
10	1.209	1.087	0.753	0.376	0.347	0.272	0.397	0.397	0.509
12	1.316	1.591	0.928	0.447	0.540	0.310	0.352	0.173	0.447
2	1.322	1.410	1.282	0.422	0.463	0.398	0.356	0.273	0.264
4	1.337	1.381	1.289	0.406	0.429	0.400	0.333	0.297	0.339
6	1.359	1.476	1.460	0.417	0.471	0.472	0.395	0.340	0.312
8	1.093	1.524	1.351	0.354	0.501	0.431	0.442	0.259	0.312

同一植被类型中，仅F 10月的H'和Js指数低于其他植被类型，且C指数较高。说明植被类型F中土壤动物的增加仅是由于少数类群增加称为优势类群的结果，群落C指数增加，H'和Js指数下降；与此相反，群落D土壤动物H'和Js指数最大，C指数最小。H'指数作为Js和S的函数，反映出系统中信息量的大小，并具有可累加性，因此对每种植被类型不同月份的H'指数进行累加，其大小依次为E（8.469）>D（7.636）>A（7.203）>F（7.063）>B（7.033）>C（6.213），表明影响E土壤动物群落多样性的未确定性因素较多，不稳定性较大，而C中土壤动物的群落则相反。

三、讨　论

在一定的时空范围内，影响土壤动物群落的因素很多，主要有地域景观的复杂性、调查和采集方法以及人为干扰程度等等。

从本次调查来看，地域景观的复杂性对土壤动物群落的影响最大。鼎湖山以中低山和丘陵地貌为主要地理特征，受山谷地形的影响，小气候、植被和土壤等自然要素的垂直分化明显，但土壤动物群落垂直分布与自然环境要素的变化不一致，这与地形变化、人为干扰以及植被的变动有关。南亚热带典型常绿阔叶林为鼎湖山地带性植被，整个群落处于由阳性植物占优势的森林向中生性和耐阴性植物占优势的演替顶极群落类型演变的最后阶段，结构层次复杂，水热条件较好，形成较适宜的小气候，因而土壤动物最丰富，但其多样性和均匀性指数最低，表明南亚热带典型常绿阔叶林是由于少数类群数量多而导致土壤动物总数变大，优势现象突出；季风常绿阔叶林外围丘陵山地的针阔混交林为马尾松林封山育林而形成的不稳定的群落，属于次生演替系列的过渡类型，而群落内部变化不同于季风常绿阔叶林，结构相对简单，林内凋落物层较厚，参与养分循环的土壤动物主要集中在凋落物层，因而土壤动物群落类群数组成也较为丰富，多样性与均匀性指数较高；位于鸡笼山东坡山地上的灌木草丛，是森林被破坏以后形成的次生植被类型，土层较薄，受人类活动的影响，其群落结构简单，林内凋落物少且分布不均匀，受林内环境条件因素的影响，土壤动物数量较少，但整个群落相对稳定，优势现象最低，多样性与均匀性指数最高。

环境因子直接或间接影响土壤动物群落组成。除河岸常绿阔叶林土壤为冲积土以外，其他 5 种自然植被的土壤类型均为鼎湖山的典型土壤—赤红壤和黄壤（1 表 1、表 2），在 6 种自然植被中，土壤动物个体数量的变化是随着土壤有机质的含量变化而改变，这与亚热带森林土壤动物的调查结果不一致，鼎湖山土壤有机质含量与土壤动物数量和类群呈不显著的负相关，如灌木草丛的有机质含量虽然高于河岸常绿阔叶林，土壤动物数量却低于河岸常绿阔叶林。对土壤全 N 含量与土壤有机质含量进行相关分析，两者相关关系显著（$r=0.99$，$\alpha=0.0004$）。因此，土壤全 N 含量对土壤动物数量产生影响与土壤有机质含量对土壤动物的影响相一致。土壤 pH 对土壤动物的区系和分布通常是一种限制因素，相关分析表明，土壤动物个体数与 pH 存在负相关，而类群则呈正相关，两者均不显著，其机理有待分析。

森林凋落物是土壤有机质的重要来源，也是土壤动物营养的重要组成部分。地表凋落物的厚度和土壤肥沃度的差异与植被及其发展过程有密切关系。本次调查结果表明，凋落物的厚度与土壤动物个体数量关系不明显，但对土壤动物类群影响较大，土壤动物的类群数随凋落物厚度的增加而增加，这是否具有普遍性需要进一步研究加以确认。

据鼎湖山气象观测站 1975—1980 年对地面温度和降水量的观测结果结合本次土壤动物群落调查来看，中小型土壤动物数量在 10 月（土温 25.8℃）最多，而在 6 月（土温 30.0℃）最少，但大型对土壤温度的这种变化不明显，说明小型土壤动物数量对低温和降水量变化的反应比大型土壤动物敏感，对环境影响的依赖性强于大型土壤动物。因此，当 6 月土壤温度达到最高时，中小型土壤动物减少。随着 4 月气温升高和雨季的到来，土壤动物数量出现明显的增加，但随着 5 月和 8 月降雨量的加大和地面温度的升高，土壤和森林凋落物湿度的增加，森林凋落物分解速度改变，一些种群的活动受到抑制，表现为 8 月土壤动物数量和类群数明显减少，但在雨季末期的 10 月以后，受北方冷空气影响的 11 月下旬至 3 月下旬间，土壤的温湿度和土壤生物的活性相应地降低，森林凋落物在雨季基本腐解后，土壤动物数量和类群数因其取食行为的改变导致一些物种消失，某些类群有大幅度的减少的现象。这一点与热带雨林地区的研究结果相似。

陈茂乾等对鼎湖山森林土壤动物的研究认为，如果每个样点钻取 10 个点，则取样数增加到 6～8 个时，土壤动物类群数达到最大。本研究由于受采样周期和工作量等因素的限制，在全年 6 次采样中，仅采用改良型干漏斗和手捡法，每一种植被类型采样点减少到一半，且每种植被类型取 5 个点，但从采集到土壤动物类群（大类）来看，除有鞭目（*Pedipalpida*）

未采集到标本外，其他标本均有采集，且分布级别相同，说明本次调查已经采集到鼎湖山不同植被类型中土壤动物实有的类群，较全面地反映出鼎湖山土壤动物的组成情况。有鞭目和新采集到脉翅目幼虫，这两者在 2 次调查中均为稀有类群，他们只有在环境适宜时种群数量才逐步增加。目前土壤动物研究中，受各种因素的限制，在取样面积大小、分离方法和获得土壤动物的类群总数之间关系的研究较少，要在多大的面积上、采用什么分离方法获得最多的类群数，有待研究。

人类活动对鼎湖山环境的形成和发展具有重要的影响。在长期人为活动干扰下，鼎湖山区的大部分自然植被遭到破坏，从而引起小气候、土壤和微地形的改变。在这种自然与人为因素的综合作用下，本文对土壤动物群落变化规律作了初步的探讨，与 Conell 的中度干扰假说（即最大物种多样性出现在中度程度干扰水平上）有无关系，有待于今后的研究中作进一步分析。

黑龙江帽儿山土壤动物群落组成与多样性分析

土壤动物是土壤生态系统的重要组成部分之一，在促进和保护植物群落的次生演替和当地植物物种多样性方面发挥着重要作用，并极大地影响植被的群落结构（Deyn *et al*，2003）。森林土壤动物在森林系统中的生态功能性作用已引起学者们的广泛关注，学者们对东北森林土壤动物，已开展了一系列相关研究，在其生态和功能方面进行了相应的报道（赵小鲁等 1996；殷秀琴 2001）。

帽儿山地区的植被属长白山植物区系，由地带性顶极植被红松阔叶林被人为干扰破坏后，经几个阶段演替而逐步恢复为现在的天然次生林。在演替过程中，土壤动物因其依赖自养和植物控制的微环境，同样经历了与植物演替序列阶段相平行的变化序列，并随着生态系统的变化而发生变化，形成了与目前帽儿山地区次生林和人工林相对应的土壤动物群落结构。作者于 2002 年 5～9 月，从森林演变的角度，对黑龙江帽儿山地区较为典型的次生林和人工林土壤动物群落进行调查，其分析结果报道如下。

一、自然概况与方法

（一）研究地概况

研究区域位于黑龙江省尚志市帽儿山镇东北林业大学实验林场内的老爷岭森林生态定位站，地理坐标 N45°23′～45°27′，E127°34′～127°40′，海拔 353～465m。该地区属长白山支脉、张广才岭西北部小岭的余脉。该区受欧亚大陆季风气候影响，具有温带季风气候特征。土壤多发育在花岗岩上，地带性土壤为暗棕壤，常见的四种类型有典型暗棕壤、潜育暗棕壤、白浆化暗棕壤和草甸暗棕壤；非地带性土壤有白浆土、草甸土、沼泽土等。

作者：林英华、孙家宝、刘海良、张夫道（通讯作者）、孙　龙、金　森，原载于 2006 年第 4 期《林业科学》。本研究得到了帽儿山森林生态定位站全体人员的大力帮助，张雪萍教授等协助鉴定了全部标本，在此谨表谢忱。

帽儿山地区的植被属长白山植物区系，由地带性顶极植被红松阔叶林被人为干扰破坏后形成的较典型的东北东部天然次生林。主要以蒙古栎（*Quercus mongolica*）、白桦（*Betula platyphylla*）山杨（*Populus davidiana*）为主的零星分布以及胡桃楸（*Juglans mandshurica*）、水曲柳（*Fraxinus mandshurica*）、黄菠萝（*Phellodendron amurense*）形成的蒙古栎林、山杨林、杨桦椴林、白桦林、胡桃楸林、水曲柳林，草甸和沼泽多种群落类型。

本研究选择 4 种具有代表性的天然次生红松林（A）、天然次生混交林（B）、人工针叶林（C）、人工混交林（D）为试验样地，分别取样调查。

（二）研究方法

2002 年 5～9 月，分别在 4 块样地分 3 次进行采样。每一种类型样地随机选取 3 个样方，每个样方内取 3 个点，每个点重复 3 次，分别按照枯枝落叶、0～5、5～10cm 和 10～15cm 分层取样，枯枝落叶取样面积 20cm×20cm。

受条件限制，本次调查仅采用手拣和改良 Tullgren 法分离提取土壤动物并分别鉴定统计数量，以干生土壤动物为主。体型大小依据在食物分解过程中作用（Swift *et al*，1979）进行划分。

（三）数据处理

群落多样性指数采用香农—威纳多样性指数（Shannon-Weaner index）、Pielou 指数和辛普森优势度指数（Simpson index），即 $H'=-\sum_{i=1}^{s} pi\ln pi$　$Js=H'/\ln S$　$C=\sum\left(\frac{n_i}{N}\right)^2$ 群落相似性采用 Jaccard(q) 指数、Gower 系数($W_{(j,r)}$)，即 $q=c/(a+b-c)$, $W_{(j,r)}=\left(\frac{1}{P}\right)\sum_{i=1}^{p}(\mid x_{ij}-x_{ik}\mid/R_i)$。

式中 a，b 分别为群落 A、群落 B 的类群数，c 为两类群的共有类群数；x_{ij}、x_{ik} 分别为群落 j、k 类群中 i 的个体数，R_i 为所有类群中类群 i 的最大个体与最小个体数的差，p 为所有群落的总类群数。

采用非线性统计分析方法 Kruskal-Wallis 检验法分析不同林型之间土壤动物的差别。

各类群数量等级划分：个体数量占全部捕获量 10%以上为优势类群，介于 1%～10%之间的为常见类群，介于 0.1%～1%为稀有类群、0.1%以下的为极稀有类群。

二、结果与分析

（一）土壤动物群落特征

在天然次生针叶林（A）、天然次生混交林（B）、人工针叶林（C）、人工混交林（D）4 块样地内，3 次（2002 年 5～9 月）共获得土壤动物 30 025 只（未鉴定个体 24 只），隶属 3 门 10 纲 21 目 3 亚目 56 科，其中土层（0～15cm）7 631 只，隶属 3 门 10 纲 21 目 3 亚目 41 科，森林凋落物层 22 390 只，隶属 3 门 10 纲 21 目 3 亚目 50 科，见表 1。

从表 1 中可以看出，分布土壤 0～15cm 的大型土壤动物 40 类，优势类群为近孔寡毛目；常见类群 15 类：综合纲、蜘蛛目、叩头甲、伪蝎目、石蜈蚣目、蕈蚊科、蝇科、瘿蚊科、摇蚊科、地蜈蚣科、隐翅甲科、步甲科、蚁科、后孔寡毛目、倍足纲，中、小型土壤动物15类，优势类群3类：蜱螨目甲螨亚目、棘跳科、等节跳科，常见类群7类：疣跳科、鳞跳科、原尾纲、线虫动物门、蜱螨目前气门亚目、蜱螨目中气门亚目、球角跳科；分布在森林凋落物层的大型土壤动物优势类群为摇蚊科、瘿蚊科、近孔寡毛目；常见类群为地蜈蚣科、蝇科、水虻科、蕈蚊科、步甲科、蜘蛛目、夜蛾科、伪蝎目、蚁科、隐翅甲科、石蜈蚣目、唇足纲；中、小型土壤动物优势类群为蜱螨目甲螨亚目、等节跳科，常见类群为长角跳科、球角跳科、娼跳虫科、鳞跳科、蜱螨目前气门亚目、原尾纲、棘跳科、蜱螨目中气门亚目。这些土壤动物构成了帽儿山森林土壤动物的主要类群，它们对该森林土壤环境具有较强的适应能力。

分布在土壤层和森林凋落物层的稀有类群（占总个体数0.1%～1%）：大型土壤动物分别有23类和25类；中小型土壤动物分别为5类和6类；极稀有类群（占总个体数0.1%以下）分别有2类和10类，中小型土壤动物中仅土壤层1类，这与它们对所处的森林环境的变化较为敏感有关，在某一时期土壤条件适宜时，其种群数量才会逐渐增加，并成为某一时期的常见的类群。

表1　帽儿山土壤动物群落组成和结构

动物名称	体　型	土壤层（0～15cm）（individual /m³）			凋落物层（individual /m²）			功能类群
		密　度	丰　度	多　度	密　度	丰　度	多　度	
寡毛纲 Oligochaeta								
后孔寡毛目 Ol. opisthopora	Macro	1 171.8	6.41	**	3.5	0.26		S
近孔寡毛目 Ol. plesiopora	Macro	5 915.8	37.34	***	315.3	22.49	***	S
腹足纲 Gastropoda								
柄眼目 Stylommatophora								
虹蛹螺科 Pupillidae	Macro	25.9	0.21		7.7	0.57		Ph
琥珀螺科 Succineidae	Macro				1.4	0.10		Ph
巴蜗牛科 Bradybaenidae	Macro	12.9	0.11		10.4	0.78		Ph
瓦娄蜗牛科 Valloniidae	Macro				0.7	0.05		Ph
蛛形纲 Arachnida								
蜘蛛目 Araneae	Macro	250.3	1.61	**	40.3	2.80	**	Pr
伪蝎目 Pseudoscorpiones	Macro	354.2	2.36	**	45.8	3.21	**	Pr
盲蛛目 Opiliones	Macro	40.8	0.21		4.9	0.36		Pr
蜱螨目 Acariformes								
前气亚目 Prostigmata	Meso/micro	5 163.1	5.21	**	852.1	5.62	**	O
甲螨亚目 Oribatida	Meso/micro	14 179.0	14.68	***	14 071.5	27.45	***	O
中气门亚目 Mesostigmata	Meso/micro	7 061.2	6.75	**	1 323.6	8.67	**	O
软甲纲 Malacostraca								
等足目 Isopoda	Macro	12.9	0.11		5.6	0.41		S

（续）

动物名称	体　型	土壤层 (0～15cm) (individual /m³)			凋落物层 (individual /m²)			功能类群
		密　度	丰　度	多　度	密　度	丰　度	多　度	
倍足纲 Diplopoda	Macro	1 419.1	7.71	**	130.6	9.46	**	Ph
唇足纲 Chilopoda								
地蜈蚣目 Geophilomorpha								
地蜈蚣科 Geophilidae	Macro	614.2	4.28	**	15.3	1.04	**	Pr
石蜈蚣目 Lithobiomorpha								
石蜈蚣科 Lithobiidae	Macro	454.3	2.68	**	125.0	8.81	**	Pr
蜈蚣目 Scolopendromorpha	Macro				1.3	0.10		Pr
综合纲 Pauropoda	Macro	292.8	1.50	**	19.4	0.36		S
原尾纲 Protura	Meso/micro	1 345.4	1.21	**	813.9	5.67	**	F
弹尾纲								
弹尾目 Collembola								
棘跳科 Onychiuridae	Meso/micro	27 620.5	24.17	***	887.5	5.84	**	O
球角跳科 Hypogastruridae	Meso/micro	7 380	7.02	**	594.5	3.88	**	O
疣跳科 Neanuridae	Meso/micro	772.1	0.76		61.1	0.40		O
等节跳科 Isotomidae	Meso/micro	38 235.7	37.85	***	4 216.0	29.05	***	O
长角跳科 Entomobryidae	Meso/micro	509.4	0.40		418.1	2.70	**	O
鳞跳科 Tomoceridae	Meso/micro	1021.5	1.05	**	748.6	5.03	**	O
圆跳科 Sminthuridae	Meso/micro	47.0	0.04		45.8	0.29		O
拟亚跳科 Pseudachoratidae	Meso/micro	362.3	0.31		47.2	0.33		O
娟跳虫科 Oncopodiuridae	Meso/micro	378.2	0.30		655.6	4.61	**	O
昆虫纲 Insecta								
革翅目 Deramptera								
蠼螋科 Forficulidae	Macro	46.3	0.32		2.1	0.16		O
啮虫目 Psocoptera	Meso/micro	18.5	0.11		1.4	0.10		O
缨翅目 Thysanoptera								
蓟马科 Thripidae	Macro	102.0	0.54		4.2	0.31		Ph
半翅目 Hemiptera								
缘蝽科 Coreoidae	Macro				0.7	0.05		Ph
花蝽科 Anthocoroidae	Meso/micro				1.4	0.10		Ph
同翅目 Homoptera								
蚜科 Aphididae	Meso/micro	214.1	0.21		44.5	0.31		O
鞘翅目 Coleoptera								
步甲科 Carabidae	Macro	714.2	4.93	**	30.6	2.07	**	Pr
隐翅甲科 Staphylinidae	Macro	803.9	4.61	**	89.6	6.58	**	S
阎甲科 Histeridae	Macro	20.4	0.11					Pr
花萤科 Cantharidae	Macro	85.9	0.75		2.8	0.21		Pr

（续）

动物名称	体　型	土壤层 (0～15cm) (individual /m³)			凋落物层 (individual /m²)			功能类群
		密　度	丰　度	多　度	密　度	丰　度	多　度	
叩头甲科 Elateridae	Macro	251.2	1.61	**	4.9	0.36		Ph
皮蠹科 Dermestidae	Macro	25.9	0.21					D
小蕈甲科 Mycetophagtdae	Macro	25.9	0.11					F
拟步甲科 Tenebrionidae	Macro	20.4	0.01					Pr
蚁甲科 Pselaphidae	Meso/micro				1.4	0.01		D
金龟甲科 Scarabaeidae	Macro	12.9	0.32		9.0	0.47		Ph
叶甲科 Chrysomelidae	Macro	18.5	0.32		5.6	0.41		Ph
豆象科 Bruchidae	Macro	51.9	0.21					Ph
沼甲科 Helodidae	Macro				0.7	0.05		O
象甲科 Curculionidae	Macro	26.6	0.43		8.3	0.62		Ph
伪细颈甲科 Lagriidae	Macro				0.7	0.05		Ph
露尾甲科 Nitidulidae	Macro				0.7	0.05		S
大蕈甲科 Erotylidae	Macro				2.1	0.16		F
鳞翅目 Lepidoptera								
尺蛾科 Geometridae	Macro	20.4	0.11		0.7	0.05		Ph
夜蛾科 Noctuidae	Macro	33.3	0.21		47.9	2.95	**	Ph
蓑蛾科 Psychidae	Macro				0.7	0.05		Ph
舟蛾科 Notodontidae	Macro				1.4	0.10		Ph
毒蛾科 Lymantriidae	Macro				7.7	0.36		Ph
双翅目 Diptera								
大蚊科 Tipulidae	Macro	44.4	0.21		3.5	0.26		S
蚊科 Culicidae	Macro	20.4	0.11					S
蠓科 Ceratopogonidae	Macro	6.2	0.01		0.7	0.005		Pr
摇蚊科 Chironomidae	Macro	543.8	3.85	**	135.4	10.10	***	S
蕈蚊科 Mycetophilidae	Macro	492.5	3.21	**	4.9	1.19	**	F
瘿蚊科 Cecidomyiidae	Macro	474.8	3.43	**	203.5	14.35	***	O
虻科 Tabanidae	Macro	65.4	0.54		11.1	0.83		Pr
水虻科 Stratiomyidae	Macro	72.1	0.54		15.3	1.14	**	S
剑虻科 Therevidae	Macro	12.9	0.11		1.4	0.10		Pr
蝇科 Muscidae	Macro	500.6	3.21	**	13.9	1.04	**	S
粪蚊科 Scatopsidae	Macro				4.2	0.31		Co
毛蚊科 Bibionidae	Macro				0.7	0.05		S
尖眼蕈蚊科 Sciaridae	Macro				0.7	0.05		S
膜翅目 Hymenoptera								
姬蜂科 Ichneumonidae	Macro	28.4	0.32		10.4	0.78		Pr
蚁科 Formicidae	Macro	677.4	4.93	**	75	3.73	**	O

注：Meso and microfaun（Meso/micro）：中小型，Macrofauna（Macro）：大型；Ph：植食性，D：枯食性，Co：粪食性，F：菌食性，Pr：捕食性，S：腐食性，O：杂食性，*** 优势类群；** 常见类群。

（二）土壤动物群落动态变化

1. 土壤动物的林型分布 不同林型土壤动物群落，即水平分布（表 2），4 种林型共有类群 35 类，仅分布在一种林型内的类群有 18 类，其中 A 林型 7 类、B 林型 6 类、C 林型 0 类、D 林型 5 类，不同林型之间土壤动物个体数量和类群差异明显（$H_{数量}=7.81$，$H_{类群}=10.19$，$\chi^2_{0.05(3)}=9.45$，$\chi^2_{0.10(3)}=7.78$）；土壤层个体数量和类群数排序依次均为 D（63.90×$10^4/m^3$，56 类）>A（44.28×$10^4/m^3$，52 类）>B（22.24×$10^4/m^3$，49 类）>C（13.13×$10^4/m^3$，41 类）。

同一林型，土壤动物个体和类群数垂直分布现象显著。土壤动物个体数量一般表现为 0～5cm 最大，10～15cm 最少；类群均随着土壤剖面层次的加深而递减。在调查中同时发现，土壤动物大量集聚在森林凋落物层，尤其是人工林纯林凋落物层分布的土壤动物最多，高达总数 84.56%，这与凋落物分解释放出的有机物物质含量丰富，导致土壤动物大量集聚；而混交林中，由于阔叶林凋落物分解的速度高于针叶林的分解速度，因而土壤表层（0～5cm）所分布的土壤动物明显地多于针叶纯林。因此，土壤动物类群和个体数较为丰富。

表 2 帽儿山不同林型土壤动物数量与分布

			5月				7月				9月			
			A	B	C	D	A	B	C	D	A	B	C	D
类群（种）	大型	凋落层	22	17	10	13	19	20	13	17	29	20	17	25
		0～5cm	13	11	7	8	10	12	9	18	5	7	7	20
		5～10cm	8	8	7	5	8	2	4	12	4	8	5	16
		10～15cm	5	5	4	7	3	4	3	8	6	3	2	12
		小计		31				40				41		
	中小型	凋落层	14	12	12	11	14	11	14	15	15	14	13	14
		0～5cm	10	8	8	8	9	9	9	13	11	11	8	12
		5～10cm	7	6	8	7	9	7	5	9	9	7	9	10
		10～15cm	4	5	6	10	5	4	5	7	8	5	5	6
		小计		16				15				16		
数 量	大型	凋落层（×$10^4/m^2$）	0.11	0.05	0.20	0.06	0.25	0.12	0.07	0.12	0.14	0.14	0.19	0.16
		0～5cm（×$10^4/m^3$）	2.00	0.61	0.14	11.64	1.02	1.30	0.66	1.32	0.51	0.23	0.20	2.27
		5～10cm（×$10^4/m^3$）	0.19	0.19	0.05	0.08	0.12	0.08	0.16	1.47	0.19	0.03	0.13	0.08
		10～15cm（×$10^4/m^3$）	0.13	0.03	0.07	0.04	0.22	0.05	0.42	0.13	0.27	0.14	0.23	0.23
		土壤层小计（×$10^4/m^3$）		15.59				7.51				5.14		
	中小型	凋落层（×$10^4/m^2$）	1.84	1.59	1.52	0.70	1.97	0.89	0.83	1.21	2.77	2.11	2.86	1.37
		0～5cm（×$10^4/m^3$）	12.78	5.00	2.57	5.86	3.46	3.79	1.70	11.05	14.17	3.27	3.15	13.18
		5～10cm（×$10^4/m^3$）	1.64	3.59	1.17	0.73	1.43	0.14	0.22	0.80	3.17	0.93	1.16	10.46
		10～15cm（×$10^4/m^3$）	1.06	0.36	0.23	0.32	0.22	0.35	0.19	2.68	1.70	2.15	0.68	1.56
		土壤层小计（×$10^4/m^3$）		40.96					30.93				64.69	

（续）

		5月				7月				9月			
		A	B	C	D	A	B	C	D	A	B	C	D
土壤层小计	数量（$\times10^4/m^3$）	17.80	9.78	4.23	18.67	6.47	5.71	3.35	17.45	20.01	6.75	5.55	27.78
	类群（种）	39	33	29	34	38	38	34	41	46	35	32	46
土壤层总计	数量（$\times10^4/m^3$）	44.28	22.24	13.13	63.90								
	类群（种）	52	49	41	56								

2. 土壤动物群落月变化　整体而言，不同月份土壤动物总数量和类群总数变化趋势不一致（表2），其中森林凋落物层的土壤动物个体数量依次是9月份（$9.74\times10^4/m^2$）>5月份（$6.07\times10^4/m^2$）>7月份（$5.46\times10^4/m^2$），类群数依次9月份（50类）>7月份（47类）>5月份（41类）；土壤层的土壤动物数量月变化与森林凋落物层一致，其个体数量依次是9月份（$69.83\times10^4/m^3$）>5月份（$56.55\times10^4/m^3$）>7月份（$38.44\times10^4/m^3$），类群数依次9月份（57类）>7月份（55类）>5月份（47类）。

而不同体型的土壤动物数量和类群数分布与土壤动物总数量和类群总数分布略有差异，其中凋落物层大型土壤动物数量和类群数随月份呈递增趋势，即9月份（$0.63\times10^4/m^2$，35类）>7月份（$0.56\times10^4/m^2$，32类）>5月份（$0.42\times10^4/m^2$，27类），中小型土壤动物类群数则为9月份（15类）=7月份（15类）>5月份（14类），中小型土壤动物数量为9月份（$9.11\times10^4/m^2$）>5月份（$5.65\times10^4/m^2$）>7月份（$4.90\times10^4/m^2$）；土壤层的大型动物则5月份（$15.59\times10^4/m^3$）>7月份（$7.51\times10^4/m^3$）>9月份（$5.14\times10^4/m^3$），类群数则为9月份（30类）=7月份（30类）>5月份（24类），中小型土壤动物为9月份（$64.69\times10^4/m^3$）>9月份（$40.96\times10^4/m^3$）>7月份（$30.93\times10^4/m^3$），中小型土壤动物类群数3个月份均为14类。

3. 土壤动物群落多样性与均匀性　土壤动物多样性与均匀性如表3，其中多样性指数（H'）最高值和最低值均出现在9月份；林型A、B、C 5月份土壤动物的多样性均最高；林型D则9月份土壤动物的多样性最高。

表3　各林型土壤动物多样性与相似性

指　标	月份/林型	A	B	C	D
H'	5	2.955 6	2.676 3	3.385 6	3.049 9
	7	2.771 4	2.589 4	2.905 7	3.207 7
	9	2.795 8	2.539 0	2.782 2	3.360 0
Js	5	0.801 2	0.758 9	0.995 4	0.857 8
	7	0.756 5	0.706 8	0.817 3	0.858 2
	9	0.726 2	0.708 5	0.795 7	0.872 7

（续）

指　标	月份/林型	A	B	C	D
C	5	0.238 3	0.226 6	0.599 9	0.274 0
	7	0.230 3	0.112 7	0.267 1	0.299 0
	9	0.187 7	0.165 4	0.306 8	0.337 4
q	A		0.593 8	0.678 6	0.676 9
	B			0.698 1	0.711 9
	C				0.701 8
W	A		0.570 9	0.520 9	0.598 3
	B			0.309 7	0.630 7
	C				0.621 9

而 Pielou 指数（*Js*）和辛普森优势度指数（C）总体水平的月变化与多样性指数相同，但各林型月份变化与多样性变化有所差异，如林型 B 中，5 月份土壤动物的均匀性最低，7 月份则最高；林型 C 中，5 月份土壤动物的多样性最高，而 9 月份最低；林型 D 中，9 月份土壤动物的多样性最高，而 5 月份最低。土壤动物的均匀度的最大值通常出现在种类和数量较少的林型；均匀度的最小值出现在种类和数量较多的林型。说明在林型单一或条件严酷的环境中通常土壤动物稀有种类较少，优势类群和常见类群占优势。因此，种间差异较小，均匀度较高，优势现象不明显。从群落多样性看，各林型内香浓威纳指数和均匀度指数变化较大，群落的各项指标季节变化大，稳定性较差。

由于 H'指数为*Js* 和*C* 指数的函数，反映系统信息的大小，具有可累加性，将每种林型不同月份的 H' 指数进行累加，则其大小依次为 D（9.617 6）>C（9.073 5）>A（8.522 8）>B（7.804 7），表明次生林土壤动物群落多样性低于人工林，其林内小环境和土壤环境条件相对较差。

4. 土壤动物群落相似性　在 4 种林型中，A 与 B 之间的 Jaccard（*q*）指数明显低于其他林型之间的系数，而 B 与 C 之间的 Gower 系数明显低于其他林型之间的系数，如表 3，其中 Jaccard（*q*）系数越小，表明其相似程度越低；Gower 系数则相反，其值越高，相似程度越低，表明不同林型，土壤动物群落的组成具有异质性较高，反映出不同林型对土壤生态环境，进而对土壤动物群落产生影响。从两种分析指标来看，由于 4 种林型共有类群较多，少数共有类群相应个体相差较大，Jaccard（*q*）指数、Gower 系数较高。

三、讨　论

土壤动物群落特征与土壤的各种特性，如水、pH、结构、质地、土壤有机质含量以及环境中植被盖度和凋落物年归还量等与土壤动物均有密切关系，并随着生态系统的异常变化和植物诱导的自发变化而变化。

本文选取的具有代表性的天然次生林和人工林中针叶林和混交林土壤动物的组成特征以及多样性进行分析。总体而言，天然次生林土壤动物个体总数（$66.52\times10^4/m^3$）明显低于人工林的个体总数（$78.03\times10^4/m^3$），但类群数（63）却高于人工林（57）；在天然次生林中，次生针叶林土壤动物数量和类群数明显高于次生混交林，而人工林则相反，在某种意义上反映出天然次生林与人工林生态环境对土壤动物的不同影响，反映了帽儿山森林土壤动物的组成改变与森林生态环境变迁之间的联系，其中人工林土壤动物个体数量和类群数的变化与张雪萍（1995）的研究结果相符。

5、7、9 月份采集的土壤动物数量和类群分析结果表明，3 个月份土壤动物的个体数量和类群数分布都存在着不均衡的现象，总的趋势分别是 9 月份>5 月份>7 月份、9 月（57 类）>7 月（55 类）>5 月（47 类），表明帽儿山土壤动物数量和类群的波动除了与生态因子中的温度、日照、湿度、降水量相关以外（于长福等，1985），还可能与盖度、凋落物厚度等有关，Mikola 等（2001）已证实了落叶和部分落叶植物能够改变土壤生物的特性，并且植物叶片的数量与特性能影响土壤生物的种群和类群动态（Aubert *et al.*，2003），而不同植物的凋落物可能对大型土壤动物产生影响（Wardle *et al*，2002），这与本研究凋落物的厚度对土壤动物个体数量和类群影响较大相一致。

在众多表征群落多样性的指数中，香农—威纳多样性指数和辛普森多样性指数是应用最广泛的两个指数，一些学者们将其应用于群落多样性的分析，但由于土壤动物受分析的限制，许多土壤动物群落等级属性表性非常明显。因此，在分析比较群落的多样性时，生物的等级应予以考虑，Pielou（马克平等，1994）提出了信息多样性指数测度等级多样性方法，即对于科、属、种 3 个等级的多样性，有 $H'(SGF)=H'(F)+H'_F(G)+H'_{FG}(S)$，其中 $H'(F)$ 为以分类单元的多样性；$H'_F(F)$ 为以 F 内 G 为分类单元对各 F 的多样性的加权平均；$H'_{FG}(S)$ 为以 G 内 S 分类单元的多样性的加权平均，它表明 $H'(SGF)$ 在相同的群落内，$H'(F)$ 或 $H'_F(G)$ 值更大的类群具有更高的复杂性。依据该指数计算 4 种林型土壤动物多样性值依次为 3.005 2、2.878 4、3.151 7 和 3.499 3，其值整体低于香农—威纳多样性指数（分别为 3.920 0、3.630 5、3.990 7 和 4.270 1），但是其变化趋势与香农—威纳多样性指数变化趋势一致。因此，采用两种分析方法反映出相同的结论。

Jaccard（q）指数和 Gower 系数是群落相似性分析中较常用的分析方法。Jaccard（q）指数适于某个类群存在或不存在的二元数据，而后者是做为衡量两个实体（属性）间相异性的指标，前者数值大小反映了群落之间的相似程度，数值越大，表明两个群落之间越相似；后者则反映群落之间差异程度，数值越小，表明两个群落之间的相似程度越大。采用相似性和相异性两种指标对 4 种林型土壤动物群落的相似性进行分析，能更好地反映出群落之间的相互关系。但分析中发现，两种指数表征的相似程度不一致，Jaccard（q）指数反映出 B 与 D 之间最相似，其次是 C 与 D 之间，A 与 B 之间相似性最差；Gower 系数则是 B 与 C 最相似，其次是 A 与 C，而 B 与 D 之间相似性最差，两者分析产生的误差及原因，有待于今后进一步研究。

由于受条件限制，本研究仅采用手拣法和大型改良干漏斗对帽儿山的土壤动物进行采集，并以干性土壤动物为主，由于土壤动物对环境因子较为敏感，一些敏感性种类仅在某一时期土壤条件适宜时，种群数量将逐渐增加，并成为某一时期的常见的类群，这与以往学者对帽儿山土壤动物群落研究结果基本一致。

吉林黑土区不同施肥处理对农田土壤昆虫的影响

随着人口压力增大和集约化生产水平的不断提高，农林土壤大量施用化肥、农药等化学物质所导致土壤肥力、土壤生产力和土壤环境质量的改变，正在不断得到世界范围内的共同关注。长期以来，科学家大多认为人为活动主要引起空气与水资源的质量退化，很少认识到土壤质量也会在不同的利用与管理条件下发生严重退化。

土壤动物在土壤形成和发育过程中起着主导性作用。农业生产活动，如耕作等管理方式影响着土壤动物的分布、种类和数量。一方面土壤动物数量和栖息环境受耕作方式的影响，土壤性质与土壤动物之间存在一定的联系；另一方面土壤动物群落或种群特征又反作用于农业生态系统，如影响营养物质氮、磷含量和农作物长势。近年来，随着全球对生物多样性及其保护和全球环境变化的关注，土壤动物区系和土壤动物多样性的研究也已经成为土壤生态学研究的热点和前沿，国家黑土土壤肥力与肥料效益长期监测基地是 1990 年建成并正式实施土壤肥力与肥料效益长期监测试验的 9 个监测基地之一。试验采用大田定位方法，共设 12 个处理。本研究于 2003 年 8 月对 12 种施肥农田土壤动物群落进行调查的基础上，利用多元统计方法对长期施肥对农田土壤动物群落影响进行分析，探讨长期施肥对土壤动物群落影响的机制。

一、研究地概况与研究方法

（一）研究地概况

研究地位于吉林公主岭吉林省农业科学院“国家黑土土壤肥力与肥料效益监测基地”，海拔高度 150～222m，年均气温 5～6 ℃，年降水量 500～650mm，降水多集中在 7～8 月份，约占全年 60%～70%。无霜期为 120～140d，有效积温 2 600～3 000 ℃，为一年一季雨养农区。土壤分类上属于黑土土类，黑土亚类，肥黑土土种。

该基地设 12 个试验处理，小区面积为 400m^2，顺序区组排列，种植方式为玉米连作。其处理分别为（1）撂荒（不施肥、不耕作、不种植，Aband）；（2）对照（种植、不施肥，CK）；（3）施氮肥（N）；（4）施氮磷肥（NP）；（5）施氮钾肥（NK）；（6）施磷钾肥（PK）；（7）施氮磷钾化肥（NPK）；（8）施氮磷钾化肥＋有机肥处理（有机 N 和化肥 N 的比例为 2∶1）（M_1NPK）；（9）增加 50 %用量化肥配施有机肥（1.5 MNPK）；（10）化肥配施秸秆（SNPK）；（11）玉米大豆 2∶1 轮作，施肥量同处理 8（Rot）；（12）施氮磷钾化肥＋有机肥处理（有机 N 和化肥 N 的比例为 1∶1）（M_2NPK）。化肥氮、磷、钾分别用尿素、磷酸氢二铵和硫酸钾，有机肥采用猪厩肥，玉米秸秆用量 7 500 kg/hm^2（风干）。

作者：林英华、朱　平、彭　畅、张夫道（通讯作者）、高洪军、刘淑环，原载于 2006 年第 26 卷第 4 期《生态学报》。本研究在吉林国家黑土土壤肥力与肥料效益监测站完成，中国林业科学研究院肖刚柔研究员、杨秀元先生协助鉴定部分标本，在此一并致谢。

(二) 农田土壤动物采集方法

2003 年 8 月，取 0～20 cm 耕层土壤对土壤昆虫进行调查。在每个小区的对角线上取 3 个点，分 0～5、5～10、10～20cm 分层取样，中小型土壤昆虫采用改良干漏斗分离法 (Modified Tullgren)，取样面积分别为 0.1m×0.1m。大型土壤昆虫采用手捡法，仅对 0～5cm 土层取样，取样面积分别为 0.2m×0.2m。两种方法共采集土样 144 个。土壤昆虫体型大小依据在食物分解过程中作用进行分类。

(三) 土壤理化性质分析方法

按照《国家土壤肥力与肥料效益长期监测研究技术规程》：有机质采用丘林法（180℃油浴）；全 N 采用 K_2SO_4—$CuSO_4$—Se 消化、半微量凯氏法；全 P 采用碱熔—钼锑抗比色法；速效 K 采用 1mol/L NH_4OAC 浸提—火焰光度计法；速效 P 采用 Olsen 法；土壤容重采用环刀法；土壤孔隙度采用计算法；土壤自然含水量采用数量法。pH 采用酸度计法测定。田间持水量采用容重环法。

(四) 数据分析

群落多样性指数采用 Shannon-Weiner index、Pielou 均匀性指数、Simpson index 和 Jaccard（q）指数，即 $H'=-\sum_{i=1}^{s}Pi\ln pi$ 、$Js=\frac{H'}{\ln S}$ 、$D=\frac{N(N-1)}{\sum ni(ni-1)}$ 和 $q=\frac{c}{(a+b-c)}$，式中 p_i 为类群 i 占类群总个体数的比例，S 为类群数，N 为群落总个体数，ni 为第 i 个种的个体数，a，b 分别为群落 A、群落 B 的类群数，c 为两类群的共有类群数。

类群数量等级：个体数量占全部捕获量 10%以上为优势类群，介于 1%～10%之间为常见类群，介于 0.1%～1%为稀有类群，0.1%以下的为极稀有类群，本文将优势类群和常见类群统归为主要类群，稀有类群和极稀有类群统归为其他类群。

采用非线性统计分析方法 Kruskal-Wallis 检验法分析不同施肥对土壤昆虫分布的影响；主成分（主分量）法分析 12 种施肥与农田主要土壤动物群落之间的关系。所有运算通过 SAS 软件进行。

二、结　　果

(一) 土壤主要理化性质

表 1　2000 年不同施肥制度下不同类型主要土壤特性

施　肥	容重 (%)	含水量 (%)	孔隙度 (%)	田间持水 (%)	pH	全 N (%)	有机质 (%)
Aband.	1.35	15.14	44.89	23.72	7.65	0.127 5	2.592 3
CK	1.43	17.75	43.03	23.60	7.35	0.110 6	2.020 8
N	1.39	15.63	44.84	23.16	6.78	0.111 0	2.092 0
NP	1.39	17.60	42.56	22.18	6.15	0.108 7	2.161 6

（续）

施　肥	容重（%）	含水量（%）	孔隙度（%）	田间持水（%）	pH	全N（%）	有机质（%）
NK	1.36	17.07	45.60	23.95	7.05	0.117 3	2.364 8
PK	1.27	18.80	49.40	23.90	6.45	0.107 9	2.141 8
NPK	1.26	17.53	48.78	22.80	6.03	0.107 6	2.183 4
M_1NPK	1.18	19.47	52.03	26.23	7.10	0.181 1	3.757 4
1.5 MNPK	1.18	19.40	52.61	25.75	7.40	0.173 7	3.147 6
SNPK	1.37	17.60	44.31	24.06	7.00	0.116 3	2.222 4
Rot.	1.17	18.63	53.20	25.80	7.58	0.157 0	3.317 5
M_2NPK	1.19	19.90	52.23	26.43	7.53	0.172 7	3.004 1

表1可见，不同的施肥措施对土壤理化性质有不同的影响。土壤的理化性质随着施肥方式的改变而改变，与对照相比，增施有机肥可以使土壤有机质、全氮、有效磷和速效钾含量增加；田间持水量也有不同程度的增加；土壤容重略有减少。

（二）农田土壤昆虫群落组成与类群特征

1. 农田土壤昆虫群落组成　在12块试验小区内，共获得土壤昆虫9 922只（未知标本187只），隶属9目48科。其中双尾目由于个体数较少，将其科合并进行统一计数（表2）。从表2中可见，本调查共采集到大型土壤昆虫39类，优势类群2类：蚁科、隐翅虫科，常见类群17类：步甲科、隐翅虫科（幼）、蚜科、摇蚊科、叶甲科（幼）、长扁甲科、虻科、水虻科、蝽科、叶甲科、叩头甲科、苔甲科、出尾蕈甲科、土蝽科、鳃金龟科（1.27%）、拟步甲科、金龟甲科（幼），优势类群和常见类群两者占总个体数的91.32%；中小型土壤昆虫9类，优势类群4类：棘跳科、球角跳科、等节跳科、疣跳科，常见类群3类：长角跳科、双尾目、圆跳科，优势类群和常见类群两者占总个体数的99.22%；其他均在0.10%以下，为稀有或极稀有类群。

表2　长期定位施肥小区中农田土壤昆虫组成

（个）

类　别	大　小	Aband.	CK	N	NK	NP	PK	NPK	M_1NPK	1.5MNPK	SNPK	Rot.	M_2NPK	Perc.	Dre.	Gu.
双尾目 Diplura	Meso/micro	20	1		18	5	5	1	10	24	11	36	11	1.55	**	O
弹尾目 Collembola																
棘跳科 Onychiuriclae	Meso/micro	783	343	245	361	276	520	260	139	452	258	377	365	47.69	***	O
球角跳科 Hypogastruyidae	Meso/micro	313	244	160	162	180	198	144	48	238	186	15	152	22.22	***	O
疣跳科 Neanuridae	Meso/micro	61	27	1	16	28	13	10	111	5	91	308	255	10.08	***	O
等节跳科 Isotomidae	Meso/micro	38	158	55	65	56	142	330	33	233	98	17	36	13.73	***	O
长角跳科 Entomobryidae	Meso/micro	22	15		23	32	23		62		30	19	32	2.81	**	O
圆跳科 Sminthuridae	Meso/micro	5	28	10	6	9	11	2	3	5	7	10	9	1.14	**	O
短角跳科 Neelidae	Meso/micro							3				1		0.04		O

（续）

类　别	大　小	Aband.	CK	N	NK	NP	PK	NPK	M_1NPK	1.5MNPK	SNPK	Rot.	M_2NPK	Perc.	Dre.	Gu.
长角长跳科 Orchesellides	Meso/micro			3				13		31		19		0.72		O
直翅目 Orthoptera																
蝗科 Acridiidae	Macro	1												0.18		Ph
蟋蟀科 Grylloidae	Macro		2											0.36		Ph
蝼蛄科 Gryllotalpidae	Macro					1								0.18		Ph
革翅目 Deramptera																
蠼螋科 Labiduridae	Macro		1	1										0.36		O
缨翅目 Thysanoptera																
蓟马科 Thripidae	Macro									1		1		0.36		S
同翅目 Homoptera																
蚜科 Aphididae	Macro	3		2		2	1			4		2	5	3.44	**	Ph
大叶蝉科 Tettgellidae	Macro	1										1		0.36		Ph
半翅目 Hemiptera																
蝽科 Pentatomidae	Macro	1		1	2			3	2	2				1.99	**	Ph
土蝽科 Cydnidae	Macro			2		3		1	1					1.27	**	Ph
花蝽 Anthocoridae	Macro		1		1	2								0.73		Ph
长蝽科 Lygaeidae	Macro	1												0.18		Ph
鞘翅目 Coleoptera																
步甲科 Carabidae	Macro	5	1	2	4	4	3	3	1	1	1	6	3	6.16	**	Pr
长扁甲科 Cupedidae	Macro	1		2	3	8				1		1		2.89	**	Pr
埋葬甲科 Silphidae	Macro	1		1										0.36		Ca
隐翅虫科 Staphylinidae	Macro	4		33	2	31	8	1	2	6	3	16	4	19.89	***	S
叩头甲科 Elateridae	Macro				1				1			7		1.63	**	Pr
锯谷盗科 Silvanidae	Macro			2										0.36		Ca
毛蕈甲科 Diphyllidae	Macro					1								0.18		S
薪甲科 Latbridiidae	Macro			1										0.18		Pr
拟步甲科 Tenebrionidae	Macro		1	5										1.09	**	Ca
金龟甲科 Scarabaeidae	Macro			1						3				0.72		S
粪金龟科 Geotrupidae	Macro			1										0.18		Co
鳃金龟科 Melolonthidae	Macro			2		2	3							1.27	**	Ph
丽金龟科 Rutelidae	Macro				1									0.18		Ph
叶甲科 Chrysomelidae	Macro		1	1		6		1	2					1.99	**	Ph
象甲科 Curculionidae	Macro	1												0.18		Ph
苔甲科 Scydmaenidae	Macro			6							2			1.45	**	Ph
棒角甲科 Paussidae	Macro									1				0.18		Pr
扁甲科 Cucujidae	Macro			2	1									0.54		Pr/D

（续）

类 别	大 小	Aband.	CK	N	NK	NP	PK	NPK	M_1NPK	1.5MNPK	SNPK	Rot.	M_2NPK	Perc.	Dre.	Gu.
出尾覃甲科 Scaphidiidae	Macro			1	1	3	2	1						1.45	**	F
伪叶甲科 Lagriidae	Macro							1						0.18		F/S
坚甲科 Colydiidae	Macro					2								0.36		Ph
双翅目 Diptera（larva）																
鹬虻科 Rhagionidae	Macro									1				0.18		Co/S
摇蚊科 Chironomidae	Macro	5		1		3		4		4			2	3.44	**	O
蝇科 Muscidae	Macro	1								1	2			0.73		Pr
瘿蚊科 Cecidomyiidae	Macro						2							0.36		Ph/F
水虻科 Stratiomyidae	Macro					1		5		5			3	2.54	**	S
虻科 Tabanidae	Macro		1	4		6	2	1		1				2.72	**	Pr/S
膜翅目 Hymenoptera																
叶蜂科 Tenthredinidae	Macro	1									1			0.36		Ph
蚁科 Formicidae	Macro	133	1	2		1	4	2	4	7	2	3	3	29.29	***	O
鞘翅目 Coleoptera（larva）																
步甲科 Carabidae	Macro				1									0.18		Pr
隐翅虫科 Staphylinidae	Macro				5	4	1	2		5	1	5	1	4.34	**	Pr/F
金龟甲科 Scarabaeidae	Macro	1					2						3	1.08	**	Ph/Co
鳃金龟科 Melolonthidae	Macro						2							0.36		Ph/Co
叶甲科 Chrysomelidae	Macro		6		5	1	3			3				3.25	**	Ph
象甲科 Curculionidae	Macro				1	1								0.36		Ph
未知种类																
弹尾目 Collembola									11			55				
鞘翅目成虫 Coleoptera imago									4			1	2			
鞘翅目幼虫 Coleoptera larva		10			1						14	24	11			
双翅目幼虫 Diptera		2							2		6	10	11			
成 虫		3		1		2			2			6	2			
幼 虫		2	1	1	2					1						
总 计																
个体数	Meso/micro	1 242	816	475	651	586	912	763	406	988	681	802	860			
	Macro	160	15	72	28	82	33	25	13	46	12	42	24			
类群数	Meso/micro	7	7	6	7	7	7	8	7	7	7	9	7			
	Macro	15	8	21	11	17	10	11	7	15	6	8	7			

注：Indi. 个体数，Perc.：百分比。Deg.：多度。Gu.：功能类群，Meso and microfaun：中小型，Macrofauna：大型，Ph：植食性，D：枯食性，Ca：尸食性，Co：粪食性，F：菌食性，Pr：捕食性，S：腐食性，O：杂食性；*** 优势类群；** 常见类群；Macro：大型，Meso/micro：中小型。

吉林黑土农田土壤昆虫营养功能类群较多的是植食性（33.33%）、杂食性（19.05%）和捕食性（15.87%）昆虫，最少的是枯食性昆虫（1.59%）。

在这些优势类群和常见类群中，除拟步甲科、叩头甲科、水虻科、叶甲科（幼虫）和叶甲科成虫仅分布在 5 种施肥小区外，其他均分布在 6 种施肥处理中，因此可以认为，这些优势类群和常见类群为吉林黑土区的主要土壤昆虫，在农田生态系统中发挥着重要作用，稀有和极稀有类群是对农田环境变化中的敏感类群，仅在某一时期及土壤条件适宜时，其数量会逐渐增加，并成为某一时期的常见类群，其分布见表 2。

2. 类群特征　整体而言，12 种施肥处理中捕获的大型、中小型农田土壤昆虫的个体总数和类群数变化趋势不一致（表 2）。大型土壤昆虫的个体数和类群数依次是 Aband. ＞NP＞N＞1. 5MNPK＞Rot. ＞PK＞NK＞NPK＞M_2NPK＞CK＞M_1NPK＞SNPK，N＞NK＞Aband. ＝1. 5MNPK＞NP＝NPK＞PK＞CK＝Rot. ＞M_2NPK＝M_1NPK＞SNPK；中小型土壤昆虫数则是 Aband. ＞1. 5MNPK＞PK＞M_2NPK＞CK＞Rot. ＞NPK＞SNPK＞NK＞NP＞N＞M_1NPK，Rot. ＞NPK＞Aband. ＝NP＝1. 5MNPK＝PK＝NK＝M_2NPK＝CK＝M_1NPK＝SNPK＞N，表明农田土壤动物类群分布与施肥处理有关。

从群落多样性与均匀性分析中可以看出（表 3），大型农田土壤昆虫多样性指数和均匀性指数依次是 1. 5MNPK＞NK＞NP＞PK＞NPK＞N＞M_2NPK＞CK＞SNPK＞M1NPK＞Rot. ＞Aband. 、NPK＞PK＞1. 5MNPK＞NK＞M_2NPK＞SNPK＞NP＞M_1NPK＞CK＞N＞Rot. ＞Aband. ，辛普森优势度指数基本上相反，即 Aband. ＞N＞Rot. ＞CK＞M_1 NPK＞NP＞SNPK＞M_2NPK＞PK＞NPK＞NK＞1. 5MNPK，说明 1. 5MNPK 处理中大型农田土壤昆虫组成最丰富，NPK 处理分布不均匀；中小型农田土壤昆虫多样性指数和均匀性指数依次是 M_1NPK＞SNPK＞M_2NPK＞CK＞NP＞1. 5MNPK＞Rot. ＞NK＞NPK＞PK＞N＞Aband. 、M_1NPK＞SNPK＞M_2NPK＞CK＞NP＞1. 5MNPK＞NK＞NPK＞PK＞Rot. ＞N＞Aband. ，辛普森优势度指数依次是 Aband. ＞PK＞N＞NK＞Rot. ＞NPK＞NP＞1. 5MNPK＞CK＞M_2NPK＞SNPK＞M_1NPK，说明 M_1NPK 处理中小型农田土壤昆虫组成最丰富，且分布最均匀，如表 3。

由于不同施肥之间中小型土壤昆虫共有数较多，因此将土壤昆虫类群数合并统一计算不同施肥间的相似指数。其中 1. 5MNPK 处理与 N 处理之间的类群相似指数最大，其次是 1. 5MNPK 处理与 Rot. 之间以及 Rot. 与 Aband. 相似指数，而 NP 处理与 CK 处理之间最相似指数最小（表 3），表明 1. 5MNPK 处理与 N 处理之间的类群最相似，其次是 1. 5MNPK 处理与 Rot. 之间以及 Rot. 与 Aband. ，而 NP 处理与 CK 处理之间类群相似程度最小。

表 3　不同施肥条件下农田土壤昆虫的多样性指数和相似性指数

处　理		Aband.	CK	N	NP	NK	PK	NPK	M_1NPK	1. 5MNPK	SNPK	Rot.	M_2NPK
大型	H'	0. 854 2	1. 898 9	2. 182 0	2. 320 0	2. 342 6	2. 314 7	2. 300 6	1. 818 5	2. 534 4	1. 863 7	1. 798 1	2. 004 6
	D	0. 694 3	0. 208 9	0. 232 6	0. 175 2	0. 114 8	0. 118 5	0. 116 8	0. 183 4	0. 092 6	0. 166 7	0. 216 6	0. 142 4
	Js	0. 280 6	0. 740 3	0. 686 6	0. 762 0	0. 844 9	0. 854 7	0. 925 8	0. 758 4	0. 846 0	0. 777 2	0. 664 0	0. 781 6
中小型	H'	1. 053 0	1. 353 4	1. 096 9	1. 350 4	1. 254 8	1. 176 7	1. 216 3	1. 592 4	1. 293 8	1. 521 4	1. 258 1	1. 389 3
	D	0. 464 9	0. 306 2	0. 393 4	0. 330 9	0. 382 1	0. 394 0	0. 339 3	0. 236 5	0. 324 6	0. 259 0	0. 372 6	0. 302 7
	Js	0. 439 1	0. 564 4	0. 476 4	0. 563 2	0. 523 3	0. 490 7	0. 507 2	0. 664 1	0. 539 5	0. 634 5	0. 490 5	0. 579 4
q	Aband.		0. 321 4	0. 500 0	0. 363 6	0. 500 0	0. 366 7	0. 384 6	0. 500 0	0. 666 7	0. 545 5	0. 764 7	0. 722 2

（续）

处理	Aband.	CK	N	NP	NK	PK	NPK	M_1NPK	1.5MNPK	SNPK	Rot.	M_2NPK
CK			0.333 3	0.285 7	0.400 0	0.366 7	0.384 6	0.434 8	0.400 0	0.360 0	0.428 6	0.409 1
N				0.363 6	0.615 4	0.482 8	0.714 3	0.500 0	0.842 1	0.360 0	0.578 9	0.550 0
NP					0.500 0	0.366 7	0.440 0	0.571 4	0.458 3	0.360 0	0.578 9	0.409 1
NK						0.576 9	0.714 3	0.500 0	0.750 0	0.416 7	0.666 7	0.722 2
PK							0.500 0	0.500 0	0.590 9	0.416 7	0.578 9	0.631 6
NPK								0.571 4	0.750 0	0.360 0	0.578 9	0.550 0
M_1NPK									0.458 3	0.416 7	0.578 9	0.476 2
1.5MNPK										0.416 7	0.764 7	0.722 2
SNPK											0.500 0	0.476 2
Rot.												0.523 8

（三）施肥对农田土壤昆虫群落的影响

1. 农田土壤昆虫群落与土壤理化性质之间的关系　Kruskal-Wallis 检验法分析表明，不同施肥处理对农田土壤昆虫类群分布影响差异极显著（$X_{0.05(11)}=10.25$，$p<0.05$），反映出不同施肥处理对土壤生态系统内部环境，进而对土壤动物群落产生的影响。

相关分析表明，大型土壤昆虫个体数与土壤含水量呈显著的相关关系（$p<0.001$），而其类群数与容重（$r=0.552\,4$）、含水量（$r=-0.765\,8$）、孔隙度（$r=-0.510\,9$）、田间持水（$r=-0.602\,8$）、全 N（$r=-0.592\,7$）、有机质（$r=-0.522\,7$）均呈显著的相关关系（$p<0.005$）；疣跳科与容重（$r=-0.567\,4$）、孔隙度（$r=0.565\,3$）、田间持水（$r=0.686\,7$）、pH（$r=0.550\,4$）、全 N（$r=0.590\,2$）、有机质（$r=0.608\,4$）均呈显著的相关关系（$p<0.001$）；球角跳科与容重（$r=0.528\,5$）、孔隙度（$r=-0.521\,2$）和有机质（$r=-0.521\,8$），以及蚁科与含水量（$r=-0.559\,7$）均呈显著的相关关系（$p<0.005$），其他相关性不显著。

2. 不同施肥对主要农田土壤昆虫群落的影响　主成分分析也称主分量分析，是考察多个定量（数量）变量之间相关性的一种多元统计方法，其目的是将分散在一组变量上的信息集中到某几个综合指标（主成分）上的探索性统计分析方法。

选取 12 种施肥小区中 6 类优势类群、主要农田土壤昆虫个体数、其他个体数、总个体数、类群总数、大型以及中小型土壤昆虫类群多样性和均匀性 14 个因子与 12 种施肥处理之间的关系进行分析。

根据特征向量和权重系数，得出 2 个主成分与原 12 项指标的线性组合：$y_1=0.3171z_1+0.3175z_2+0.3179z_3+0.3173z_4+0.3096z_5+0.3139z_6+0.3172z_7+0.3182z_8+0.3072z_9+0.3143z_{10}-0.0569z_{11}-0.0659z_{12}$ $y_2=-0.0308z_1-0.060z_2-0.0252z_3-0.0163z_4-0.0485z_5+0.0367z_6-0.0250z_7+0.0023z_8+0.0983z_9+0.0632z_{10}-0.6575z_{11}+0.7400z_{12}$

式中 $z_i=(z_{1i},z_{2i},\cdots,z_{ni})'$　$i=(1,2,\cdots,p)$，z_{ij} 为 x_{ij} 经标准化的数值。$z_i=(z_{1i},z_{2i},\cdots,z_{ni})'$　$i=(1,2,\cdots,p)$，z_{ij} 为 x_{ij} 经标准化的数值。

在第 1 主成分方程 y_1 表达式中，第一特征向量的各个分量除了指标 Z_{11}、Z_{12}的指标低于其他指标且较小，均在 0.32 附近，说明除这两种处理方式（轮作和 M_2NPK）外，其他 10 种施肥处理对土壤昆虫均有影响；第 2 主成分方程 y_2 表达式中，指标 Z_{11}、Z_{12}系数明显比其它指标系数大，且符号相反，说明第 2 主成分集中刻画了轮作和 M_2NPK 对土壤昆虫类群的影响能力，即轮作对土壤昆虫优势类群具有负向作用，而 M_2NPK 则具有正向作用，但对其他的解释不明显。

在第 1 主成分的特征值向量中，第 1 主成分对农田土壤昆虫个体总数影响最大，其特征向量为 6.987 2，其次对主要个体数量的影响，其特征向量为 6.899 2，再次是对棘跳科的影响，其特征向量为 2.024 3；第 2 主成分特征向量前 3 位分别为 2.103 4、1.625 8、0.951 7，对疣跳科、其他个体数和蚁科的贡献较大。表明第 1 主成分中 12 种定位施肥处理对土壤昆虫个体数综合影响最明显，其次是主要个体数，再次是棘跳科，对其他个体数和中小型土壤昆虫均匀性影响最小；第 2 主成分则对疣跳科综合影响最大，其次其他个体数，再次是蚁科，而对中小型土壤昆虫均匀性和多样性影响最小。从评价值大小看，第 1 主成分特征向量最大为 6.987 2，最小值为－1.898 9，相差较大，即各种施肥对农田土壤动物个体数影响最大，对中小型土壤昆虫均匀性影响最小，表明施肥处理对土壤昆虫类群影响不平衡。

三、讨　论

（一）黑土区农田土壤科昆虫组成与类群特征

黑土区农田土壤昆虫组成主要与采集时段和长期定位施肥所导致的土壤理化性质变化有关。本次采样时间正值雨季，且采集时间段在雨后 2～4d 之间，土壤湿度相对较大。由于土壤水分是氧的载体，一些气管系统不发达的土壤昆虫，如弹尾类只有在高湿的条件下才能呼吸，少数底栖性或两栖性昆虫幼虫，如叶甲类、双翅目幼虫，以及一些需要高湿度或饱和状态湿空气的土壤的一些喜湿性土壤昆虫幼虫，因土壤湿度增大而导致其增加，大型土壤昆虫个体数与土壤含水量间、弹尾目疣跳科与田间持水间存在显著的正相关关系也说明了这一点。因此，本次调查到的土壤昆虫个体数较为丰富。

在 12 个施肥小区内，共有类群 6 个，与对照（CK）相比，除 SNPK、M1NPK 和 m^2NPK 外，其他 8 种施肥农田土壤昆虫主要类群数量均有增加，其中撂荒地大型土壤昆虫和中小型土壤昆虫优势类群和常见类群个体总数增加最多，且蚁科、球角跳科和棘跳科昆虫个体数量增加最多，均在 1 倍以上。优势类群 Collembola 数量在单施 NPK 条件下，土壤昆虫数量并未出现增加，但在 PK、Rot.、M_2NPK 和 1.5MNPK 施肥处理中，却呈明显地增加（表 2），说明不同施肥处理均对土壤动物具有一定的影响，但其影响因施肥处理不同而不同，其中单施 NPK 情况下，优势类群 Collembola 数量的变化与 Bardgett 等对施用 NPK 使草原土壤动物的优势类群 Collembola 数量增加存在一定的差异。

从物种多样性角度看，有机肥与化肥配施导致土壤昆虫生物多样性增高，如大型农田土壤昆虫多样性指数最高的是 1.5MNPK 处理、中小型农田土壤昆虫多样性指数最高的是 M_1NPK 处理；某些物种由于环境变化，数量产生增长，导致个体数量分配不均匀，如大型农田土壤昆虫 NPK 处理，优势现象突出。

Jaccard（q）指数是群落相似性分析中较常用的分析方法，适于某个类群存在或不存在的二元数据，其数值大小反映群落之间的相似程度，数值越大，表明两个群落之间越相似。采用该指数对12种施肥农田土壤昆虫群落的相似性进行分析，总体而言，CK处理与其他11处理之间群落相似程度最小，其次是SNPK，而Rot. 与其他处理之间的群落相似程度较大，这可能与由于CK小区长期种植、不施肥导致土壤肥力下降有关，在本研究CK小区主要表现为土壤容重增大、土壤孔隙度降低、有机质含量减少，土壤昆虫类群数减少；Rot. 则与之相反，土壤昆虫类群数增加，尤其是重小型土壤昆虫的类群数。

（二）土壤理化性质改变对土壤昆虫优势类群的影响

农田土壤由于受地表覆被物、耕作制度、生物量归还土壤的方式等因素的影响，土壤中的有机质来源多受人为因素的影响。

土壤有机质是土壤昆虫主要能量来源，增加其含量势必影响土壤昆虫群落组成。长期定位试验研究表明，单施化肥和无肥区有机质含量呈缓慢下降趋势；撂荒和有机配施无机肥区有机质含量则呈增加趋势，且撂荒增加最多；SNPK区有机质含量变化很小。本研究土壤动物个体数量和类群数变化与土壤有机质变化不一致，其中大型土壤昆虫类群数、疣跳科、球角跳科与有机质（$r=-0.5227$，0.6084，-0.5218）均呈显著的负相关（$p<0.005$），土壤全氮与农田土壤昆虫的相关性与土壤有机质结果相同，这与许多学者土壤昆虫的数量常常与土壤有机质的含量呈比较明显的正相关关系存在着一定的差异。

土壤pH通常对动物的分布是一限制因素，而不同地区的动物由于对环境长期适应的结果，因而生存范围波动较大，在酸性土壤中，随着土壤的酸性减弱，土壤昆虫多样性增加。黑土区由于受长期施肥的影响，与对照（pH=7.65）相比，11种施肥小区的土壤酸性有所增强，介于6.03～7.58之间，但酸性仍然较弱。因此，土壤昆虫受土壤酸性影响较弱，其多样性有所增加。

土壤容重和孔隙度是评价农业土壤的松紧程度和宜耕状况的指标之一。土壤容重的数值大小受土壤孔隙大小影响，且呈负向相关。土壤动物在促进土壤团聚体的形成、提高孔隙方面具有主要的作用。从本次调查来看，土壤容重的数值与土壤孔隙呈显著的负相关（$r=-0.9860$，$p<0.005$）。土壤昆虫与土壤容重以及与土壤孔隙度的分析表明，土壤容重分别与大型土壤昆虫类群数以及球角跳科昆虫存在明显的正相关（$r=0.5524$，0.5285，$p<0.005$），而与疣跳科存在显著负相关（$r=-0.5674$，$p<0.005$），而三者之间与土壤孔隙度间相关关系恰与土壤容重间的关系相反。

（三）不同施肥处理对主要农田土壤昆虫的影响

主成分分析的目的之一是简化数据的结构，减少变量的个数。由于主成分中前两个主成分保留了91.65%的原始信息，损失的信息仅为8.35%。因此，确定两个主成分指标分析不同施肥处理对农田土壤昆虫类群的影响。但由于第一主成分中10负荷值大致相当，没有包含其他因子的信息。因此，本文对第二主成分作了进一步分析，确定了轮作和M_2NPK之间对土壤昆虫群落影响，确定轮作对土壤昆虫中群发展具有负向作用，而施入适量的有机肥有利于土壤昆虫中群生存和发展，但对其他的影响解释不清。在综合评价指标上，第一主分因子对土壤昆虫总个体数的影响最大，这与Lindberg *et al* 的研究结果一致，即施肥会引起土壤动物数量发生较大负的变化，但所不同的是第一主分因子对类群的影响并不最小，其原因有待探讨。

吉林黑土区不同施肥条件下农田土壤动物组成及多样性变化

肥料长期定位试验是观察长期施用不同肥料对作物产量、土壤肥力和环境影响的可靠方法，其研究自1843年英国洛桑试验站（Rothamsted Experiment Station）的土壤肥力与肥料效益长期定位试验始至今已有160余年的历史。长期施肥对生态环境，特别是土壤生态环境影响已得到学者的重视。土壤动物在土壤形成和发育过程中起着主导性作用。农业生产活动，如耕作等管理方式影响着土壤动物的分布、种类和数量，土壤动物群落或种群特征也会反作用于农业生态系统，如土壤动物影响营养物质N、P含量并由此影响农作物的长势。随着全球对生物多样性及其保护和全球环境变化的关注，土壤动物区系和土壤动物多样性的研究也已经成为土壤生态学研究的热点和前沿，农业生产强度、土壤生物多样性与农业生态系统功能之间的关系已经引起人们的重视。

数十年来，我国在土壤动物研究方面已经取得非常重要的进展，涌现大量的科研成果，但这些成果多侧重森林和草原等自然生态系统的分类和群落多样性研究，涉及在农业生态系统土壤动物的研究不多。

本文通过对国家黑土土壤肥力与肥料效益长期监测基地长期定位施肥条件下农田土壤动物群落组成和结构和多样性的变化进行研究，探讨长期施肥对农田土壤动物群落的影响。

一、自然概况与方法

（一）自然概况

研究地位于吉林公主岭吉林省农业科学院“国家黑土土壤肥力与肥料效益监测基地”，海拔高度150～222m，年均气温5～6 ℃，年降水量500～650mm，降水多集中在7～8月份，约占全年60%～70%。无霜期为120～140d，有效积温2 600～3 000 ℃，为一年一季雨养农区。土壤为第四纪黄土状沉积物，土壤分类上属于黑土土类，黑土亚类，肥黑土土种。

国家黑土土壤肥力与肥料效益长期监测基地是1990年建成并正式实施土壤肥力与肥料效益长期监测试验的9个监测基地之一。试验采用大田定位方法，共设12个处理。小区面积为400m^2，顺序区组排列，无重复，种植方式为玉米连作。其处理分别为（1）撂荒（不施肥、不种植）；（2）不施肥（CK）；（3）施氮肥（N）；（4）施氮磷肥（NP）；（5）施氮钾肥（NK）；（6）施磷钾肥（PK）；（7）施氮磷钾化肥（NPK）；（8）施氮磷钾化肥＋有机肥处理（有机N和化肥N的比例为2∶1）（M_1NPK）；（9）增加50 %用量化肥配施有机肥

作者：林英华、朱　平、张夫道（通讯作者）、彭　畅、高洪军、刘淑环，原载于2006年第3期《植物营养与肥料学报》。本研究在吉林国家黑土土壤肥力与肥料效益监测站完成，中国林业科学研究院肖刚柔研究员、杨秀元协助鉴定部分标本，在此一并致谢。

(1.5 MNPK)；(10) 化肥配施秸秆 (SNPK)；(11) 玉米大豆 2∶1 轮作，施肥量同处理 8 (Rot)；(12) 施氮磷钾化肥＋有机肥处理（有机 N 和化肥 N 的比例为 1∶1）(M_2NPK)。化肥氮、磷、钾分别用尿素、磷酸氢二铵和硫酸钾，有机肥采用猪厩肥，玉米秸秆用量 7 500kg/ hm^2（风干）。

（二）样品的采集与分析

2003 年 8 月中旬，取 0～20 cm 耕层土壤对土壤动物进行调查。在每个小区的对角线上取 3 个点，分 0～5、5～10、10～20cm 分层取样，取样面积 0.10m×0.10m，共采集土样 108 个。

受条件的限制，本次调查仅采用手捡法和改良干漏斗法（Modified Tul*l*gren），以干生性土壤动物为主。由于分类的限制，以所鉴定到的类群进行分类[7]；体型大小依据其在食物分解过程中作用[8]进行划分。

耕层有机质含量、全 N 、pH、容重和孔隙度依据《国家土壤肥力与肥料效益长期监测研究技术规程》测定。

（三）数据分析

群落多样性指数采 Shannon-Weiner 指数、Pielou 均匀性指数和 Simpson 指数，即 $H' = -\sum_{i=1}^{s} Pi \ln Pi$ 、$Js = \frac{H'}{\ln s}$ 、$C = \sum \left(\frac{n_i}{N}\right)^2$ ，式中 Pi 为类群 i 占类群总个体数的比例，S 为类群数，N 为群落总个体数，ni 为第 i 个种的个体数。

群落相似性采用 Jaccard (q) 指数，即 $q = \frac{c}{(a+b-c)}$ ，式中 a，b 分别为群落 A、群落 B 的类群数，c 为两类群的共有类群数。

各类群数量等级划分：个体数量占全部捕获量 10%以上为优势类群，介于 1%～10%之间的为常见类群，介于 0.1%～1%为稀有类群、0.1%以下的为极稀有类群。

二、结　　果

（一）吉林黑土土壤动物的组成与分布

在 12 块试验小区内，共获得土壤动物 17 265 只（未鉴定标本 187 只），隶属 3 门 9 纲 19 目 3 亚目 48 科。其中大型土壤动物 47 类，优势类群 3 类：隐翅虫科、蚁科、近孔寡毛目，常见类群 14 类：蝽科、叶甲科、石蜈蚣目、水虻科、虻科、扁甲科、蜘蛛目、叶甲科（幼）、蚜科、摇蚊科、隐翅虫科（幼）、步甲科、后孔寡毛目、地蜈蚣目，两者占大型土壤动物总个体数的 89.978%；中小型土壤动物 14 类，优势类群 4 类：中气门亚目、球角跳科、甲螨亚目、棘跳科，和常见类群 4 类：长角跳科、疣跳科、等节跳科、前气亚目，两者占中小型土壤动物总个体数的 97.15%；在土壤中分布的昆虫幼虫占大型土壤动物的 9.85%，其他均在 0.10%以下，为稀有或极稀有类群，见表 1。

吉林黑土农田土壤动物营养功能类群主要以植食性（35.53%）为主，其次是杂食性（19.74%），最少的是尸食性（1.32%）。

除隐翅虫科、蚁科外的其他5类优势类群和占个体总数的3.00%以上的5类常见类群（除后孔寡毛目外）分布于12种施肥处理中。因此可以认为，这10种优势类群和常见类群为吉林黑土区的主要土壤动物类群，在农田生态系统中发挥着重要作用，稀有和极稀有类群是对农田环境变化中的敏感类群，仅在某一时期及土壤条件适宜时，其数量会逐渐增加，并成为某一时期的常见类群，并且土壤动物以中小型动物为主。

表1 吉林黑土农田土壤动物组成

序号	动物类别					size	Indi	Perc	Dre	Gui
1	环节动物门 Annelida	寡毛纲 Oligochaeta	后孔寡毛目 Oligochaetaopisthopora	大		46	4.19	**	S	
2			近孔寡毛目 Ol. plesiopora	大		396	36.10	***	S	
3	软体动物门 Tardigrada	腹足纲 Gastropoda	柄眼目 Stylommatophora	大		5	0.46		Ph	
4	节肢动物门 Arthropoda	蛛形纲 Arachnida	蜘蛛目 Araneae	大		18	1.64	**	Pr	
5			盲蛛目 Opiliones	大		2	0.18		Pr/S	
6			蜱螨目 Acariformes	中气门亚目 Mesostigmata	小	1701	10.64	***		O
7				甲螨亚目 Oribatida	小	3605	22.56	***		O
8				前气亚目 Prostigmata	小	1356	8.49	**		O
9		软甲纲 Malacostraca	等足目 Isopoda	大		4	0.36		D	
10		唇足纲 Chilopoda	地蜈蚣目 Geophilomorpha	大		62	5.65	**	Pr	
11			石蜈蚣目 Lithobiomorpha	大		12	1.09	**	Pr	
12		综合纲 Pauropoda			小	137	0.86			S
13		弹尾纲	弹尾目 Collembola	棘跳科 Onychiuriclae	小	4379	27.40	***		O
14				球角跳科 Hypogastruyidae	小	2040	12.77	***		O
15				疣跳科 Neanuridae	小	926	5.79	**		O
16				等节跳科 Isotomidae	小	1261	7.89	**		O
17				长角跳科 Entomobryidae	小	258	1.61	**		O
18				圆跳科 Sminthuridae	小	105	0.66			O
19				短角跳科 Neelidae	小	4	0.03			O
20				长角长跳科 Orchesellides	小	66	0.41			O
21		双尾纲	双尾目 Diplura		小	142	0.89			O
22		昆虫纲 Insecta	直翅目 Orthoptera	蝗科 Acridiidae	大	1	0.09			Ph
23				蟋蟀科 Grylloidae	大	2	0.18			Ph
24				蝼蛄科 Gryllotalpidae	大	1	0.09			Ph
25			革翅目 Deramptera	蠼螋科 Labiduridae	大	2	0.18			O
26			缨翅目 Thysanoptera	蓟马科 Thripidae	大	2	0.18			S
27			同翅目 Homoptera	蚜科 Aphididae	大	19	1.73	**		Ph
28				大叶蝉科 Tettgellidae	大	2	0.18			Ph
29			半翅目 Hemiptera	蝽科 Pentatomidae	大	11	1.00	**		Ph
30				土蝽科 Cydnidae	大	7	0.64			Ph

（续）

序 号	动物类别			size	Indi	Perc	Dre	Gui
31			花蝽 Anthocoridae	大	4	0.36		Ph
32			长蝽科 Lygaeidae	大	1	0.09		Ph
33		鞘翅目 Coleoptera	步甲科 Carabidae	大	34	3.10	**	Pr
34			长扁甲科 Cupedidae	大	16	1.46	**	Pr
35			埋葬甲科 Silphidae	大	2	0.18		Ca
36			隐翅虫科 Staphylinidae	大	110	10.03	***	S
37			叩头甲 Elateridae	大	9	0.82		Ph
38			锯谷盗科 Silvanidae	大	2	0.18		Ph
39			毛蕈甲科 Diphyllidae	大	1	0.09		F
40			薪甲科 Latbridiidae	小	1	0.01		Ph
41			拟步甲科 Tenebrionidae	大	6	0.55		Ph
42			金龟甲科 Scarabaeidae	大	4	0.36		Ph
43			粪金龟科 Geotrupidae	大	1	0.09		Co
44			鳃金龟科 Melolonthidae	大	7	0.64		Ph
45			丽金龟科 Rutelidae	大	1	0.09		Ph
46			叶甲科 Chrysomelidae	大	11	1.00	**	Ph
47			象甲科 Curculionidae	大	1	0.09		Ph
48			苔甲科 Scydmaenidae	大	8	0.73		Ph
49			棒角甲科 Paussidae	大	1	0.09		Pr
50			扁甲科 Cucujidae	大	3	0.27		Pr/D
51			出尾蕈甲科 Scaphidiidae	大	8	0.73		F
52			伪叶甲科 Lagriidae	大	1	0.09		F/S
53			坚甲科 Colydiidae	大	2	0.18		Ph
54		双翅目 Diptera（幼 larva）	鹬虻科 Rhagionidae	大	1	0.09		Co/S
55			摇蚊科 Chironomidae	大	19	1.73	**	O
56			蝇科 Muscidae	大	4	0.36		Pr
57			瘿蚊科 Cecidomyiidae	大	2	0.18		Ph/F
58			水虻科 Stratiomyidae	大	14	1.28	**	S
59			虻科 Tabanidae	大	15	1.37	**	Pr/S
60		膜翅目 Hymenoptera	叶蜂科 Tenthredinidae	大	2	0.18		Ph
61			蚁科 Formicidae	大	162	14.77	***	O
		鞘翅目 Coleoptera（幼 larva）	步甲科 Carabidae	大	1	0.09		Pr
			隐翅虫科 Staphylinidae	大	24	2.19	**	Pr/F
			金龟甲科 Scarabaeidae	大	6	0.55		Ph/Co
			鳃金龟科 Melolonthidae	大	2	0.18		Ph/Co
			叶甲科 Chrysomelidae	大	18	1.64	**	Ph

（续）

序 号 动物类别			size	Indi	Perc	Dre	Gui
		象甲科 Curculionidae	大	2	0.18		Ph
	未知类群	弹尾目 Collembola		66			
	Unknown	鞘翅目成虫 Coleoptera imago		7			
		鞘翅目幼虫 Coleopteralarva		60			
		双翅目幼虫 Dipteralarva		31			
		幼虫 larva		7			
		未知 unknown		16			
总计 Total		大型 marcofauna		1 097			
		中小型 MesofaunaandMicrofauna		15 981			

注：Indi. 个体数，Perc.：百分比。Deg.：多度。Gu.：功能类群，Ph：植食性，D：枯食性，Ca：尸食性，Co：粪食性，F：菌食性，Pr：捕食性，S：腐食性，O：杂食性；*** 优势类群；** 常见类群。

（二）不同施肥土壤动物群落特征

1. 群落组成特征　农田土壤动物的个体数和类群变化趋势不一致，见表 2。大型农田土壤动物个体总数由高到低依次是 Aband.＞Rot.＞1.5MNPK＞NP＞N＞M_2NPK＞NPK＞NK＞PK＞M1NPK＞SNPK＞CK，类群由高到低依次是：N＞Aband.＞NP＝1.5MNPK＞Rot.＞NPK＞NK＝CK＝M_1NPK＝M_2NPK＝PK＞SNPK；中小型农田土壤动物的个体总数由高到低依次是：Aband.＞1.5MNPK＞PK＞SNPK＞NPK＞Rot.＞M_2NPK＞NK＞CK＞NP＞N＞M_1NPK，类群由高到低依次是：Rot.＞M_1NPK＝M_2NPK＝SNPK＝Aband.＝NK＝NP＝CK＝PK＝1.5MNPK＝NPK＞N。说明不同的施肥条件不仅对农田土壤动物个体数量有明显的影响，对类群的影响差异也有一定的影响，但对农田土壤动物个体数量的影响较为明显。

黑土区农田土壤动物个体数量和类群数与土壤有机质含量、全 N 、pH、自然含水量、容重和孔隙度相关性分析结果见表 2，表明仅中小型土壤动物类群数与土壤容重以及大型土壤动物类群数与自然含水量呈显著的负相关关系（$p<0.05$），其系数分别为－0.676 7 和－0.612 0，其他均不显著。土壤全氮与农田土壤动物的相关性与土壤有机质的结果相同，与资料显示土壤全 N 含量与土壤有机质含量呈正相关关系的结果是一致的。土壤中的 pH，对于土壤动物的分布通常是一种限制因素，但黑土区仅有大型农田土壤动物个体数与 pH 之间均为负相关关系，其他均为正相关关系，且相关关系均不显著。

表 2　农田土壤动物个体数、类群数与土壤主要化学性质相关分析

处 理		容 重 (g/cm³)	孔隙度 (%)	pH	自然含水量 (%)	全 氮 (%)	有机质 (%)
个体数量	大 型	－0.217 0	0.330 4	0.369 2	－0.395 1	0.207 6	0.259 1
	中小型	－0.306 6	0.411 9	0.394 1	－0.404 3	－0.068 4	－0.103 2
类群数	大 型	0.427 0	－0.371 8	－0.022 6	－0.612 0 *	－0.166 2	－0.141 9
	中小型	－0.676 7 *	0.473 7	0.338 7	0.346 6	0.371 4	0.461 1

注：**（$p<0.05$）。

2. 群落垂直结构 从垂直分布上看，农田土壤动物个体数量和类群数分布主要表现为，一种是表层（0～5cm）土壤动物最多，向下锐减式，如图 1 中的 Aband.、N、M_1NPK、Rot.、M_2NPK 处理；一种是次表层（5～10cm）土壤动物最多，表层和第 3 层较少，如图 1 中 CK、PK、NPK 处理；其他则是第 3 层（10～20cm）土壤动物最多，其他两层则较少。

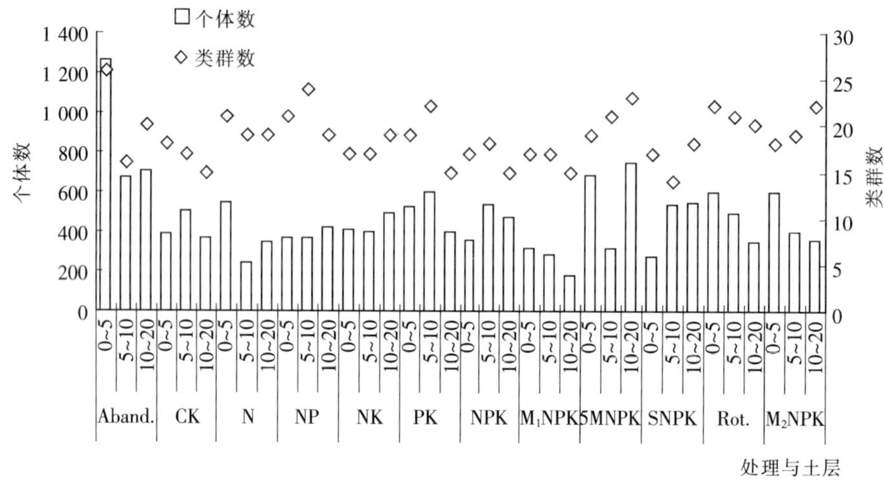

图 1 农田土壤动物个体数与类群数垂直变化

3. 群落的多样性和均匀度 群落多样性与均匀性如表 3。由表 3 可见，大型农田土壤动物 Shannon－Weiner 指数和 Pielou 均匀性指数依次是 NP＞N＞1.5MNPK＞PK＞M_2NPK＞CK＞NK＞NPK＞M_1NPK＞Rot.＞SNPK＞Aband.、PK＞NP＞M_2NPK＞1.5MNPK＞CK＞N＞M_1NPK＞NPK＞SNPK＞NK＞Rot.＞Aband.，Simpson 指数基本上相反，即 Aband.＞Rot.＞SNPK＞NPK＞NK＞M_1NPK＞CK＞M_2NPK＞N＞1.5MNPK＞PK＞NP，说明 NP 处理中大型农田土壤动物组成最丰富，但 PK 处理分布不均匀；中小型农田土壤动物 Shannon－Weiner 指数依次是 M_1NPK＞M_2NPK＞SNPK＞1.5MNPK＞NP＞CK＞Rot.＞NK＞NPK＞PK＞N＞Aband.，Pielou 均匀性指数依次是 M_1NPK＞M_2NPK＞SNPK＞1.5MNPK＞NP＞CK＞NK＞NPK＞PK＞Rot.＞N＞Aband.，Simpson 指数依次是 Aband.＞N＞PK＞Rot.＞NK＞CK＞NPK＞NP＞M_2NPK＞1.5MNPK＞SNPK＞M_1NPK，说明 M_1NPK 处理中小型农田土壤动物组成最丰富，且分布最均匀。

表 3 不同施肥条件下农田土壤动物的多样性指数和相似性指数

处 理		Aband.	CK	N	NP	NK	PK	NPK	M_1NPK	1.5MNPK	SNPK	Rot.	M_2NPK
大 型	H'	1.420 9	1.939 6	2.401 0	2.474 7	1.826 9	2.271 0	1.798 8	1.756 2	2.348 6	1.616 0	1.642 5	2.021 6
	C	0.439 3	0.234 7	0.167 6	0.135 6	0.316 6	0.157 0	0.317 5	0.274 4	0.167 2	0.341 6	0.363 4	0.204 8
	Js	0.466 7	0.756 2	0.755 5	0.812 8	0.658 9	0.838 6	0.723 9	0.732 4	0.784 0	0.673 9	0.606 5	0.788 2
中小型	H'	1.552 0	1.902 8	1.627 1	1.907 3	1.873 2	1.826 2	1.829 7	2.047 5	1.937 0	1.962 3	1.902 7	1.973 7
	C	0.270 5	0.181 0	0.238 7	0.175 0	0.183 8	0.201 8	0.178 0	0.155 9	0.168 2	0.164 7	0.188 6	0.172 2
	Js	0.647 2	0.793 5	0.706 6	0.795 4	0.781 2	0.761 6	0.763 0	0.853 9	0.807 8	0.818 4	0.741 8	0.823 1
q	CK	0.459 5											
	N	0.444 4	0.461 5										

（续）

处　理	Aband.	CK	N	NP	NK	PK	NPK	M_1NPK	1.5MNPK	SNPK	Rot.	M_2NPK
NP	0.463 4	0.485 7	0.500 0									
NK	0.500 0	0.483 9	0.425 0	0.529 4								
PK	0.514 3	0.607 1	0.473 7	0.645 2	0.551 7							
NPK	0.435 9	0.411 8	0.512 8	0.588 2	0.454 5	0.516 1						
M_1NPK	0.558 8	0.607 1	0.435 9	0.545 5	0.607 1	0.629 6	0.620 7					
1.5MNPK	0.578 9	0.405 4	0.500 0	0.526 3	0.444 4	0.545 5	0.542 9	0.500 0				
SNPK	0.625 0	0.571 4	0.375 0	0.470 6	0.517 2	0.653 8	0.483 9	0.720 0	0.515 2			
Rot.	0.594 6	0.500 0	0.409 1	0.461 5	0.545 5	0.562 5	0.472 2	0.612 9	0.540 5	0.580 6		
M_2NPK	0.558 8	0.551 7	0.400 0	0.593 8	0.500 0	0.692 3	0.516 1	0.629 6	0.593 8	0.653 8	0.666 7	

4. 群落相似性　Jaccard（q）指数是群落相似性分析中较常用的分析方法。适于某个类群存在或不存在的二元数据，反映的是群落之间的相似程度，数值越大，表明两个群落之间越相似。依 Jaccard 系数指数计算不同施肥条件下，土壤动物群落彼此之间类群组成、各类群个体数量组成、以及各类群相对数量组成的相似性，见表 3。结果表明：不同施肥条件下，土壤动物群落的组成具有很高的异质性，相似性系数一般较低。不同土壤动物群落之间，如 SNPK 与 M_1NPK、撂荒 3 种处理之间的相似性明显高于其他群落，反映了 SNPK、M1NPK 和撂荒对土壤动物的影响较大。就不同分析指标来看，N 与 SNPK、M_2NPK 和轮作之间、CK 与 1.5 MNPK 和 NPK 之间的共有类群较少。群落之间的相似程度，说明在很大程度上，农田土壤动物的相似性是由农田中土壤的养分含量所决定的。

三、讨　　论

（一）不同施肥处理对农田土壤动物群落组成的影响

土壤动物群落结构受土壤性质等因素影响，如水、pH、结构、质地、土壤有机质含量以及环境中植被盖度和凋落物年归还量等与土壤动物均有密切关系，直接影响土壤动物生存与发展。

黑土区农田土壤动物群落组成主要与采集时段和长期定位施肥土壤理化性质变化有关。本次采样时间正是雨季，且在雨后 2～4d 天之间采集土壤动物，土壤湿度相对较大。由于土壤水分是氧的载体，一些气管系统不发达的土壤动物，如弹尾类、蜱螨类等中小型土壤动物只有在高湿的条件下才能呼吸，因而导致其增加，尤其是中小型土壤动物，中小型土壤动物类群数与土壤自然含水间的正相关也说明了这一点；同时栖息于高湿的土壤环境的土壤昆虫也会相应的增加。因此，本次调查到的土壤动物种类较为丰富。

长期定位试验研究表明：单施化肥和无肥区有机质含量呈缓慢下降趋势，撂荒和有机无机肥区呈增加趋势，且撂荒增加最多，SNPK 变化很小。土壤有机质是土壤动物主要能量来源，增加其含量势必影响土壤动物群落组成，分析表明仅大型土壤动物个体数和中小型土壤动物的类群数与土壤有机质存在着不显著的正向相关关系，而大型土壤动物类群数和中小型土壤动物的个体数与土壤有机质存在着不显著的负向相关关系。从 12 种施肥处理来看，土壤动物个体数和类群数与土壤有机质均呈不显著的负向相关关系（$r=-0.0679$，-0.0743），这与许多学者土壤动物的数量常常与土壤有机质的含量呈比较明显的正相关关系存在着一定的差异。

农田土壤由于受地表覆被物、耕作制度、生物量归还土壤的方式等因素的影响，土壤中的有机质来源多受人为因素的影响，相对而言，腐殖质层分布不均匀，土壤动物分布虽具有分层现象但变化幅度相对较小，仅部分处理中的土壤动物个体数和类群数随土壤剖面加深而呈递减的趋势，这说明除了与土壤受人为干扰有关外，与土壤养分的分布也有一定的关系。

土壤中的 pH 通常对动物的分布是一限制因素，而不同地区的动物由于对环境长期适应的结果，因而生存范围波动较大，在酸性土壤中，随着土壤的酸性减弱，土壤动物多样性增加。黑土区由于受长期施肥的影响，与对照（pH=7.65）相比，11 种施肥小区的土壤酸性有所增强，介于 6.03～7.58 之间，但酸性仍然较弱。因此，土壤动物受土壤酸性影响较弱，其多样性有所增加。

在 12 个施肥小区内，共有类群 11 个，与对照（CK）相比，除 NP、N 和 M_1NPK 外，其他 8 种施肥农田土壤动物主要类群数量均有增加，其中撂荒地大型土壤动物优势类群和常见类群个体总数增加最多，而轮作中小型土壤动物增加的最多；中小型农田土壤动物棘跳科和甲螨亚目个体数量增加最多，均在 1 倍以上，但单施 NPK，优势类群 Collembola 数量并未增加，而在混施有机质，即 M_2NPK 和 1.5MNPK 处理中，优势类群 Collembola 明显地增加（表 1），说明不同施肥处理均对土壤动物具有一定的影响，但其影响因施肥处理不同而不同，其中单施 NPK 情况下，优势类群 Collembola 数量的变化与 Bardgett 等［11］对施用 NPK 使草原土壤动物的优势类群 Collembola 数量增加存在一定的差异。

（二）不同农田土壤动物类群多样性比较分析

在众多表征群落多样性的指数中，Shannon－Weiner 指数和 Simpson 指数是应用最广泛的两个指数，一些学者将其应用于群落多样性的分析，但由于土壤动物受分析的限制，许多土壤动物群落等级属性表现非常明显，因此在分析比较群落的多样性时，生物的等级应予以考虑，Pielou 提出了信息多样性指数测度等级多样性方法，即对于科、属、种 3 个等级的多样性，有 $H'(SGF)=H'(F)+H'_F(G)+H'_{FG}(S)$，其中 $H'(F)$ 为以分类单元的多样性；$H'_F(G)$ 为以 F 内 G 为分类单元对各 F 的多样性的加权平均；$H'_{FG}(S)$ 为以 G 内 S 分类单元的多样性的加权平均，它表明 $H'(SGF)$ 相同的群落内，$H'(F)$ 或 $H'_F(G)$ 值更大的类群具有更高的复杂性。采用该方法计算 12 种处理等级多样性值，大型土壤动物群落依次为 1.5MNPK（2.302 4）＞PK（2.081 5）＞NP（2.060 1）＞NK（2.036 4）＞NPK（2.023 8）＞N（1.973 4）＞M_2NPK（1.886 6）＞CK（1.745 5）＞M_1NPK（1.705 8）＞SNPK（1.705 1）＞Rot.（1.640 4）＞Aband.（0.871 6），中小型土壤动物群落依次为 M_1NPK（1.265 4）＞SNPK（1.242 2）＞M_2NPK（1.189 0）＞NP（1.155 8）＞CK（1.141 7）＞1.5MNPK（1.120 3）＞Rot.（1.086 9）＞NPK（1.082 2）＞NK（1.081 9）＞PK（1.062 2）＞N（0.934 9）＞Aband.（0.835 9），从中可以看出等级多样性数值整体上低于 Shannon－Weiner 指数，但其变化趋势略有差异，其理论意义有待于探讨。

栎林凋落层土壤动物群落结构及其在凋落物分解中的变化

凋落物的分解是森林生态系统生物地球化学循环的一个重要组成部分，分解速率对生态系统生产力有重要影响。土壤动物是土壤生态系统中的重要组成部分，在生态系统中的生物循环过程中，土壤动物通过消化和粉碎落叶并刺激微生物参与落叶的分解，并且其群落结构随着落叶在分解过程中落叶的质量、化学成分以及微生物等的改变而变化。

凋落物分解过程中，土壤动物组成的有序变化不仅反映出落叶结构、化学和生物特性，而且一些土壤动物种的出现或消失以及取食方式的改变，也会对食物网结构产生一定的影响。因此，研究凋落物层土壤动物群落结构及其与凋落物分解作用之间的相互关系，对于正确理解不同土壤动物群在凋落物分解过程中的地位和作用具有重要的意义。

一、自然概况与研究方法

（一）自然概况

九龙山地处北京门头沟区东南部，东经115°59′～116°07，北纬39°54′～39°59′，属北京西部山系，海拔100～1 000 m，相对高差较大，地形陡峭。气候春干旱多风、夏炎热多雨、秋凉爽湿润、冬寒冷干燥。年均降水量600mm，主要集中在7、8、9月份，年均气温13℃。土壤以山地棕壤为主。

九龙山植物区系与北京植物区系基本相同，但由于长期人为干扰已使九龙山天然林植被发生了根本变化，现存自然植被是天然次生林和以灌木为主的次生林。

（二）实验方法

为获得更接近自然状态下森林凋落层土壤动物群落，于2001年10月中旬分别采集辽东栎（*Quercus liaotungensis*）纯林、栎树混交林中优势树种（辽东栎＋油松（*Pinus tabulaeformis*）＝2∶1）的自然凋落叶，称取15g（鲜重，在计算时换算为干重）分别放入3种不同网孔（5mm、1mm和1/300mm）尼龙袋中（15cm×20cm），将网袋按照间距1m并排埋入落叶层下，共计98袋，与次年4月至10月间，每月采集1次样品，其中5mm、1mm各3袋，1/300mm（对照）1袋。利用改良干漏斗（Modified Tullgern）和手捡法进行分离土壤动物并进行鉴定；烘干尼龙袋内残留落叶并称重。

由于分类的限制，以所鉴定到的类群进行分类；土壤动物体型大小依据在食物分解过程中作用进行分类。

作者：林英华、张夫道（通讯作者）、杨德付、王建修、白秀兰、王　兵，原载于2006年第3期《林业科学研究》。

（三）数据分析

群落多样性指数采用香农—威纳多样性指数（Shannon—Weaner index）、*Pielou* 指数和辛普森优势度指数（Simpson index），即 $H' = -\sum_{i=1}^{s} PiLnpi\ Js = \frac{H'}{\ln S} C = \sum \left(\frac{n_i}{N}\right)^2$

群落相似性采用 Jaccard（q）指数，即 $q = \frac{c}{(a+b-c)}$，式中 a，b 分别为群落 A、群落 B 的类群数，c 为两类群的共有类群数。

土壤动物在落叶分解过程中的集聚时间采用演替指数表示，$T_i = \sum_{i=1}^{s} \frac{ni \cdot mi}{N}$，$Sdv = \sqrt{\sum_{i=1}^{s} \frac{ni \cdot (mi - Ti)^2}{N}}$，式中弹 Ti 演替指数，ni 为第 i 次采集时的个体数，mi 为开始到第 i 次采集时的月数，Sdv 为标准差，N 为总个体数。

采用 Spearmen 等级相关指数分析土壤动物优势类群与凋落物分解之间的关系。

各类群数量等级划分：个体数量占全部捕获量 10％以上为优势类群，介于 1％～10％之间的为常见类群，介于 0.1％～1％为稀有类群、0.1％以下的为极稀有类群。

二、结果与分析

（一）土壤动物群落组成

在两种林型 98 只分解袋中，共采集到土壤动物 3 564 只，隶属 3 门 10 纲 19 目，其中大型土壤动物 17 类；优势类群 3 类，即膜翅目、啮虫目、双翅目，分别占大型土壤动物的 14.79％ 、17.93％和 24.74％；常见类群 10 类，即等翅目、缨翅目、鳞翅目、前孔寡毛目、蜘蛛目、等足目、盲蛛目、倍足纲、柄眼目、鞘翅目，分别占大型土壤动物的 1.05％、1.31％、1.83％、1.96％、2.62％、3.14％、5.63％、5.76％、8.38％、9.42％；中小型土壤动物 5 类，优势类群 2 类，即弹尾目和蜱螨目，分别占中小型土壤动物的 16.574％和 82.32％；常见类群无；其他均在 0.10％以下，为稀有或极稀有类群。

森林凋落物层动物营养功能群范围较广，杂食性土壤动物所占的比例最大（39.13％）；其次为腐食性和植食性（均占 21.74％），菌食性所占的比例最少（占 4.35％）。

所采集到的 15 类优势类群和常见类群中，有 15 类分布于两种林型中。因此，这 15 类优势类群和常见类群为九龙山森林凋落层的主要土壤动物类群，在森林生态系统中发挥着重要作用，稀有和极稀有类群则是对森林环境变化中的敏感类群，仅在某一时期及土壤条件适宜时，其数量才会逐渐增加，并成为某一时期的常见类群。凋落物层土壤动物以小型土壤动物为主。

表 1　九龙山森林凋落物层土壤动物群落结构

No.	名　称			体型大小	纯　林	混交林	频　度	多　度	功能群
1	环节动物门	寡毛纲 Oligochaeta	后孔寡毛目 Ol. Opistopora	大		2	0.26		S
2	Annelida		前孔寡毛目 Ol. Plesiopora	大	15		1.96	**	S

（续）

No.	名　称			体型大小	纯　林	混交林	频　度	多　度	功能群
3	软体动物门 Mollusca	腹足纲 Gastropoda	柄眼目 Stylommatophore	大	18	46	8.38	**	Ph
4	节肢动物门	蛛蛛纲 Arachnida	蜘蛛目 Araneae	大	4	16	2.62	**	Pr
5	Arthropoda		伪蝎目 Pseudoscorpiones	大	1	1	0.26		Pr
6			盲蛛目 Opiliones	大	26	17	5.63	**	Pr/S
7			蜱螨目 Acariformes	中小	473	1 832	82.32	***	O
8		软甲纲 Malacostraca	等足目 Isopoda	大	12	12	3.14	**	S
9		倍足纲 Diplopoda		大	44		5.76	**	Ph
10		综合纲 Symphyla		中小	15	10	0.89		S
11		原尾纲 Protura		中小		4	0.14		F
12		弹尾纲	弹尾目 Collembola	中小	285	179	16.57	***	O
13		双尾纲	双尾目 Diplura	中小	1	1	0.07		O
14		昆虫纲 insecta	等翅目 Isoptera	大	8		1.05	**	O
15			半翅目 Hemiptera	大		1	0.13		Ph
16			啮虫目 Psocoptera	大	64	73	17.93	***	O
17			缨翅目 Thysanoptera	大	6	4	1.31	**	Ph
18			鞘翅目 Coleoptera	大	26	46	9.42	**	O
19			鳞翅目 Lepidoptera	大	4	10	1.83	**	Ph
20			双翅目 Diptera	大	160	29	24.74	***	O
21			同翅目 Homoptera	大	2	4	0.79		O
22			膜翅目 Hymenoptera	大	75	38	14.79	***	O
	大型				465	299			
	中小型				774	2 026			
	类群数				19	19			
总　计					1 239	2 325			

注：表中 Ph：植食性，F：菌食性，Pr：捕食性，S：腐食性，O：杂食性。

（二）土壤动物群落变化规律

1. 土壤动物数量和类群变化　在两种林型中，混交林中小型土壤动物个体数量和类群数均大于栎树纯林；大型土壤动物个体数量和类群数均低于栎树纯林，但两种林型土壤动物类群总数相等；土壤动物数量和类群逐月变化如图 1 所示。土壤动物数量随着时间的推移，其类群和数量变化在 4～10 月份趋势较明显，土壤动物个体数在 4 月或 5 月份最低，纯林在 5～8月份以及混交林在 4～8 月份土壤动物数量逐渐增加；4 月或 5 月份土壤动物类群数最低，纯林和混交林均以 8 月份类群数最高，两种林型土壤动物类群数和个体数在 $\alpha=0.05$ 差别不显著。

不同类型网袋土壤动物类群和个体数量明显不同，其变化趋势如图 2 所示，在 3 种类型凋落袋中，栎树纯林土壤动物总类群数和个体总数均为 1mm＞5mm＞1/300mm，混交林土壤动物个体数则为1mm>5mm>1/300，类群数则为5mm>1mm>1/300mm，但两种林型土壤动物类群和个体数量出现的最大值均出现在8～9月份，最小值则主要集中在4～5月份。

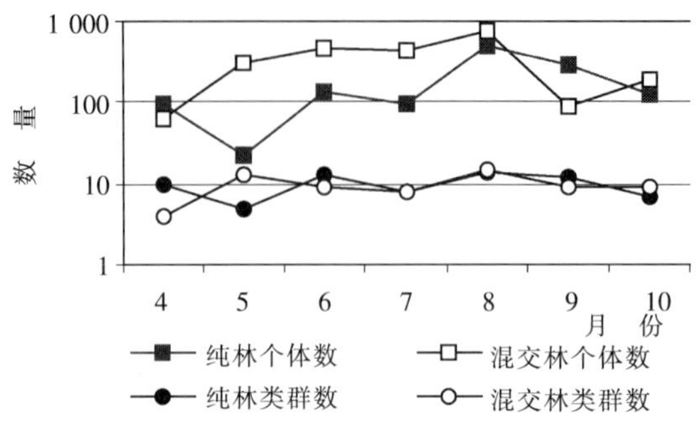

图1　九龙山森林凋落物层土壤动物数量与类群变化

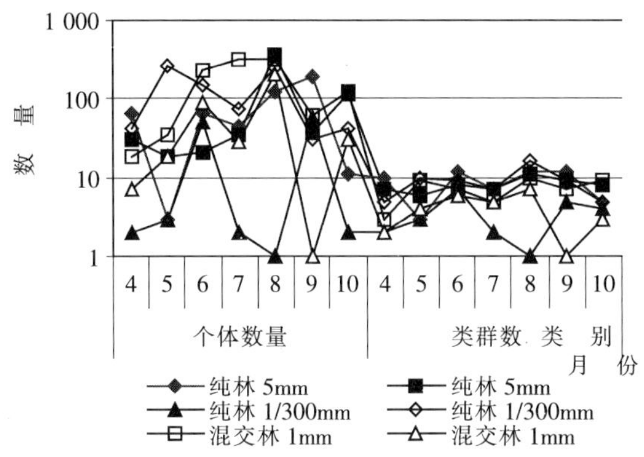

图2　九龙山不同类型凋落袋土壤动物变化

2. 土壤动物多样性变化　土壤动物多样性指数、均匀性指数以及优势度随月份和林型不同而明显不同，如图3所示，土壤动物多样性指数随时间推移呈增长趋势，其中纯林大型土壤动物多样性指数5～9月份呈递增的趋势明显，4～5月份以及9～10月份呈递减趋势，中小型土壤动物在4～5月份以及6～8月份呈递增趋势；混交林4～7月份、8～9月份基本呈递减趋势，中小型土壤动物在4～5月份以及7～9月份呈递增趋势，5～7月份呈递减趋势。

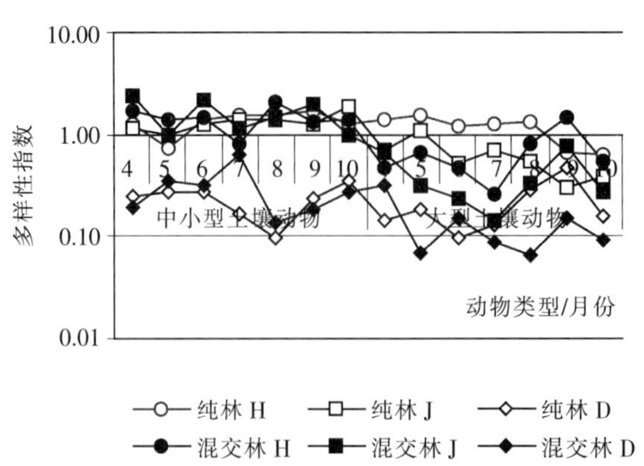

图3　九龙山森林凋落物层土壤动物多样性变化

均匀性指数与优势度在两种林型中变化趋势不一致，其中纯林大型土壤动物均匀性指数基本呈递增趋势，中小型土壤动物变化较大，混交林则大型土壤动物均匀性指数变化较大，中小型土壤动物则基本呈递减趋势；纯林大型土壤动物优势度 5～8 月份呈递减趋势，8～10 月份呈递增趋势，中小型土壤动物则 6～9 月份呈递增趋势，混交林大型土壤动物与中小型土壤动物优势度变化较大。多样性指数仅反映中小型土壤动物群落结构变化且与类群数（$t_{纯=0.8203}$, $t_{混}=0.6981$，$p<0.05$）及均匀性（$t_{纯=0.9102}$, $p<0.05$，$t_{混=0.4369}$，$p<0.10$）的变化相一致。

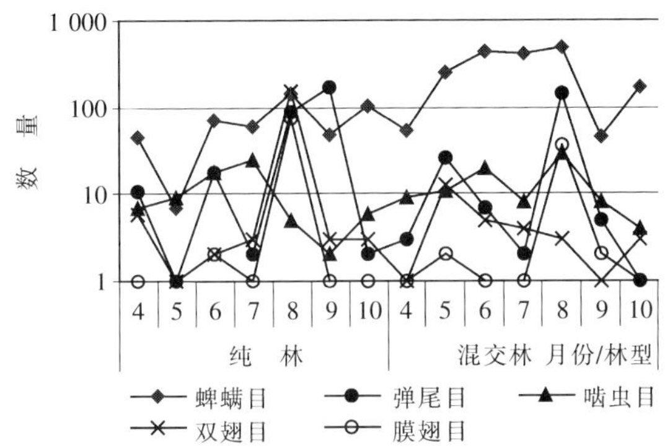

图 4　九龙山森林凋落物层土壤动物优势类群变化

Jaccard（q）指数为 0.727 3，表明在两种林型中，森林凋落物土壤动物群落的组成具有很高的异质性，反映出不同植被覆盖物对土壤生态系统内部环境，进而对土壤动物群落的影响。

Spearmen 等级相关指数分析表明，土壤动物优势类群与凋落物分解残存量之间的相关性不显著（$r<0.786$，$p>0.05$）。

3. 土壤动物优势群落在落叶分解中的变化与集聚时间　土壤动物优势群落在两种林型森林落叶分析变化，如图 4。

从图 4 可以看出，土壤动物优势类群主要在 7～8 月份大量集聚，但由于林型不同，不同月份土壤动物集聚量略有差异。在栎树纯林，除蜱螨目随月份增加，其个体数基本呈增长的趋势外，其他变化不明显；在栎树混交林，蜱螨目和啮虫目数量随月份变化趋势基本相同，其他变化幅度无明显规律性。

在两种林型凋落物分解过程中，5 类土壤动物优势类群，即蜱螨目、弹尾目、啮虫目、双翅目和膜翅目集聚的时间及其变化范围，如表 2，蜱螨目在栎树纯林凋落物中集聚的时间最长，啮虫目集聚的时间最短，分别为 10.33 个月和 8.53 个月；膜翅目在栎树混交林凋落物中集聚的时间最长，双翅目集聚的时间最短，分别为 9.95 个月和 8.13 个月。

表 2　主要土壤动物集聚时间

（单位：月）

类　群	混交林		纯　林	
	演替指数	标准差	演替指数	标准差
蜱螨目	9.49	0.94	10.33	1.14
弹尾目	9.01	3.60	9.71	2.12

（续）

类　群	混交林		纯　林	
	演替指数	标准差	演替指数	标准差
啮虫目	8.85	1.14	8.53	0.98
双翅目	8.13	0.44	9.89	0.73
膜翅目	9.95	0.19	9.97	0.12

三、讨　　论

在陆地凋落物分解过程中，土壤动物群落的改变与落叶中养分浓度损失有关。在栎林和栎与油松混交林的凋落物分解过程中，土壤动物数量和类群数变化趋势可划分为两个阶段，即4～8月份，土壤动物个体数随时间基本呈增长趋势，8～10月份则出现下降的趋势，土壤动物类群数变化幅度较平缓，这与两种凋落袋内凋落物分解速度有关，由于阔叶所含的C/N低于针叶而容易分解，但当针阔混合以后，其分解速率比单一种类的分解速率加快，而利于土壤动物繁衍，这与Tracy B. Gartner等人的研究[5]，即节肢动物在3种混合物凋落物内数量大于单种混合物的研究相一致。

凋落物的分解过程是生物因子和非生物因子共同作用的结果，其分解率和分解时间取决于落叶生物特性、土壤、气候以及土壤生物的影响。研究表明，凋落物分解速率与土壤水分、地表温度和土壤pH呈指数正相关，与相对湿度呈线性正相关，其对凋落物分解的重要性依次为：土壤水分、土壤pH、地表温度、相对湿度。九龙山地处暖温带大陆东岸，半湿润季风气候区，山地由于地形起伏较大，气候条件随海拔、坡向等地形因子的不同而改变，使水热条件在山地的不同部位有较大的差异，本研究两块试验地均位于阴坡，林内湿度和温度较高而利于落叶分解。根据Olsen（1963）建立凋落物分解方程，栎树第1年分解率在60.0%左右，本文仅是第一年凋落叶分解过程的土壤动物的数量和类群。因此，无法确定是否反映全部参与凋落物分解过程的土壤动物群落，有待于对第2年和第3年凋落物进行研究，以进一步确定土壤动物群落结构有无差别。

土壤动物类群在落叶上集聚时间长短是对落叶分解过程中食物源变化的反映。从蜱螨目、弹尾目、啮虫目、双翅目、膜翅目5类土壤动物优势类群集聚的时间看，栎树纯林凋落物集聚的时间长于混交林，这是由于混交林比栎树纯林的土壤微生物活跃，有机物质分解转化快，而落叶的分解是在土壤动物形成的食物网中进行的，分解过程中一些物种的出现或消失，是由于取食行为发生变化的结果，这样引起参与分解过程的食物网中的土壤动物群落结构发生改变，从而引起土壤动物类群在不同凋落物上的集聚时间产生变化，实质上就是食物源的改变引起了土壤动物结构变化。

本文共选取3种类型的尼龙网袋对九龙山森林凋落层的土壤动物群落以及动态变化状况进行研究，在3种类型凋落袋中，栎树纯林土壤动物总类群数和个体总数均为1mm＞5mm＞1/300mm，混交林土壤动物个体数为1mm＞5mm＞1/300，类群数则为5mm＞1mm＞1/300mm，表明土壤动物数量和类群的变化与网袋网孔的大小有关，孔径增大，利于大型土壤动物进出网袋而促进凋落物分解，导致大孔凋落袋养分迅速分解，使其土壤动物个体数量和类群数降低；孔径过小，限制了土壤动物的进出，其凋落物的分解是同凋落物本身易溶物质自然淋失、微生物的活动以及环境因子相互作用的结果，混交林由于其5mm凋落袋中大型土壤动物种类增多而使起类群总数高于1mm，但随时间推移和分解速度等改变，类群数量可能会发生变化。

由于受条件所限，本文仅采用改良干漏斗法和手拣法对森林凋落层的土壤动物种类和数量进行了研究，虽在分离凋落物土壤动物时采集到少量的土壤线虫个体，但未进行统计，一些湿性中小动物尚未进行分析，这对本文的分析结果是否产生影响，还有待于今后研究加以确认。

帽儿山土壤动物在凋落叶分解过程中的动态和作用

森林凋落物层是生态系统的重要组成部分，凋落物分解和养分释放是生物地球化学循环的纽带。土壤动物通过消化和粉碎落叶并刺激微生物来调控分解过程的同时，其群落结构也因落叶在分解过程中质量的损失、组成、化学成分以及微生物等的改变而发生相应改变。在以往的研究中，凋落物分解往往针对某一单种凋落物的分解过程，分析土壤动物作用或群落演替，而森林生态系统中，凋落物是各树种或者与下木和草本植物凋落物的混合物，不同种类或不同质地的凋落物混合在一起分解产生相互作用。因此，笔者通过对帽儿山森林土壤动物群落在一种以上凋落物分解中的变化，研究森林凋落层土壤动物群落结构及变化规律，对土壤动物群在凋落物混合物分解过程中的地位和作用进行初步探讨。

一、研究地概况

研究区域位于黑龙江省尚志市帽儿山镇东北林业大学实验林场内的老爷岭森林生态定位站，地理坐标N45°23′～45°27′，E127°34′～127°40′，海拔353～465m。该地区属长白山支脉、张广才岭西北部小岭的余脉。该区受欧亚大陆季风气候影响，具有温带季风气候特征。土壤多发育在花岗岩上，地带性土壤为暗棕壤。

帽儿山地区的植被属长白山植物区系，由地带性顶极植被红松林（*Pinus skora iensis*）阔叶被人为干扰破坏后形成的较典型的东北东部天然次生林。主要以蒙古栎（*Quercus mongolica*）、白桦（*Betula Platyphylla*）、山杨（*Populus davidiana*）为主的零星分布以及胡桃楸（*Juglans mandshuria*）、水曲柳（*Fraxins mandshuria*）、黄菠萝（*Phellodendron amurense*）形成的蒙古栎林、山杨林、杨桦椴林、白桦林、胡桃楸林、水曲柳林，草甸和沼泽多种群落类型。

二、研究方法

为获得更接近自然状态下森林凋落层土壤动物群落，于2001年10月中旬分别采集红松

作者：林英华、孙家宝、郑桂华、张夫道（通讯作者）、孙　龙、金　森，原载于2005年第33卷第6期《东北林业大学学报》。本研究得到了周晓峰教授及帽儿山森林生态定位站全体人员的大力帮助，张雪萍教授等协助鉴定了全部标本，在此谨表谢忱。

林纯林、落叶混交林（落叶松（*Larix gmelinii*））：白桦＝2：1）和杂灌林中优势树种（毛榛（*Corylusmand shurica*））的自然凋落叶，称取15g（鲜重，在计算时换算为干重）分别放入3种不同网孔（5mm、1mm和1/300mm）尼龙袋中（15cm×20cm），将网袋按照间距1m并排埋入落叶层下，共计126袋，与次年5月至10月间每月采集一次样品，其中5、1mm各3袋，1/300mm（对照）1袋。本研究以干性土壤动物为主，采用改良干漏斗（Modified Tullgern）和手捡法分离土壤动物并进行鉴定；烘干尼龙袋内残留落叶并称重。

土壤动物体型大小依据在食物分解过程中作用进行分类。

数据处理：

群落多样性指数采用香农—威纳多样性指数（Shannon-Weaner index）、Pielou指数和辛普森优势度指数（Simpson index），即 $H' = -\sum_{i=1}^{s} PiLnpi \; Js = \frac{H'}{\ln S} C = \sum \left(\frac{n_i}{N}\right)^2$

群落相似性采用Jaccard（q）指数、Gower系数（$W_{(j,r)}$），即 $q = \frac{c}{(a+b-c)}$，$W_{(j,r)} = \left(\frac{1}{p}\right)\sum_{i=1}^{p}\left(\frac{|x_{ij}-x_{ik}|}{R_i}\right)$

式中：

a，b——分别为群落A、群落B的类群数；

c——两类群的共有类群数；

x_{ij}、x_{ik}——分别为群落j、k类群中i的个体数；

R_i——所有类群中类群i的最大个体与最小个体数的差；

p——所有群落的总类群数。

土壤动物在落叶分解过程中的集聚时间采用演替指数表示：

$$T_i = \sum_{i=1}^{s} \frac{ni \cdot mi}{N}, \; Sdv = \sqrt{\sum_{i=1}^{s} \frac{ni \cdot (mi - T_i)^2}{N}}。$$

式中：

T_i——演替指数；

ni——第i次采集时的个体数；

mi——开始到第i次采集时的月数；

S_{dv}——标准差；

N——总个体数。

采用Spearmen等级相关指数分析土壤动物优势类群与凋落物分解之间的关系。

各类群数量等级划分：个体数量占全部捕获量10％以上为优势类群，介于1％～10％之间的为常见类群，介于0.1％～1％为稀有类群、0.1％以下的为极稀有类群。

三、结果与分析

（一）凋落袋内的土壤动物群落组成

在3种林型126只分解袋中，共采集到土壤动物15 915只，隶属3门10纲20目3亚目41科，见表1。其中：大型土壤动物41类，优势类群4类，即摇蚊科、近孔寡毛目、蜘蛛目和隐翅甲科，分别占大型土壤动物的10.00%、10.27%、11.10%和19.45%；常见类群11类，即蚁科、伪蝎目、地蜈蚣目、夜蛾科、蝇科、蚜科、缨甲科、步甲科、瘿蚊科、倍足纲和石蜈蚣目，分别占大型土壤动物的1.23%、1.51%、1.51%、2.19%、2.47%、2.74%、2.88%、3.97%、4.25%、7.81%、7.95%；中小型土壤动物14类，优势类群4类，即鳞跳科、棘跳科、甲螨亚目、等节跳科，分别占中小型土壤动物的10.62%、17.22%、19.28%和29.43%；常见类群6类，即圆跳科、娟跳虫科、长角跳科、前气亚目、球角跳科和中气亚目，分别占中小型土壤动物的1.26%、1.60%、2.44%、4.56%、5.16%和6.49%；其他均在0.10%以下，为稀有或极稀有类群。

表1　帽儿山森林凋落物层土壤动物群落结构

序号	名称				体型	混交林	杂灌林	针叶林	丰度	多度	食性
1	环节动物门	寡毛纲	后孔寡毛目 Ol. opisthopora		大型		2	2	0.55		腐食
2	Annelida	Oligochaeta	近孔寡毛目 Ol. plesiopora		大型	28	17	30	10.27	***	腐食
3	软体动物门	腹足纲	柄眼目	巴蜗牛科 Bradybaenieae	大型	2	3	2	0.99		植食
4	Mollusca	Gastropoda	Stylommatophore	虹蛹螺科 Pupillidae	大型	5			0.68		植食
5				琥珀螺科 Succineidae	大型	1		1	0.27		植食
6				蛞蝓科 Limacidae	大型	1			0.14		植食
7	节肢动物门	蜘蛛纲	蜘蛛目 Araneae		大型	23	28	30	11.10	***	捕食
8	Arthropoda	Arachnida	伪蝎目 Pseudoscorpiones		大型		11		1.51	**	捕食
9			盲蛛目 Opiliones		大型	2	2		0.55		捕食
10			蜱螨目 Acariformes	前气亚目 Prostigmata	中小	172	218	302	4.56	**	杂食
11				甲螨亚目 Oribatida	中小	624	1062	1241	19.28	***	杂食
12				中气亚目 Mesostigmata	中小	438	67	480	6.49	**	杂食
13		软甲纲 Malacostraca	等足目 Isopoda		大型		1		0.14		腐食
14		倍足纲 Diplopoda			大型	11	35	11	7.81	**	植食
15		唇足纲 Chilopoda	地蜈蚣目 Geophiomorpha		大型		7	4	1.51	**	捕食
16			石蜈蚣目 Lithobiomorpha		大型	12	24	22	7.95	**	捕食
17		蠋虫戈纲 Pauropoda	四蠋虫戈目 Tetramerocerata		大型		1		0.14		?
18		原尾纲 Protura			中小		16	9	0.16		菌食
19		弹尾纲	弹尾目 Collembola	长角跳科 Entomobryidae	中小	98	115	157	2.44	**	杂食
20				等节跳科 Isotomidae	中小	1042	1572	1855	29.43	***	杂食
21				棘跳科 Onychiuriclae	中小	518	454	1643	17.22	***	杂食
22				娟跳虫科 Oncopodiuridae	中小	72	75	96	1.60	**	杂食
23				鳞跳科 Tomoceridae	中小	1001	99	512	10.62	***	杂食
24				拟亚跳科 Pseudachoratidae	中小	19	97	22	0.91		杂食
25				球角跳科 Hypogastruyidae	中小	129	419	235	5.16	**	杂食
26				疣跳科 Neanuridae	中小	38	71	24	0.88		杂食
27				圆跳科 Sminthuridae	中小	48	32	111	1.26	**	杂食
28		昆虫纲 insecta	革翅目 Deramptera	蠼螋科 Forficulidae	大型	1		1	0.27		杂食

（续）

序号	名称		体型	混交林	杂灌林	针叶林	丰度	多度	食性
29	半翅目 Hemiptera	花蝽科 Anthocoroidae	大型	1			0.14		植食
30	啮虫目 Psocoptera	啮虫目 Psocoptera	大型		2	3	0.68		杂食
31	缨翅目 Thysanoptera	蓟马科 Thripidae	大型		2		0.27		植食
32	鞘翅目 Coleoptera	毛蕈甲科 Biphyllidae	大型		5		0.68		菌食
33		步甲科 Carabidae	大型	11	6	12	3.97	**	捕食
34		叶甲科 Chrysomelidae	大型		1	1	0.27		植食
35		象甲科 Curculionidae	大型		1		0.14		植食
36		叩甲科 Elateridae	大型		3		0.41		植食
37		金龟科 Melolonthidae	大型		1	1	0.27		植食
38		露尾甲科 Nitidulidae	大型	2	1	4	0.96		腐食
39		蚁甲科 Pselaphidae	中小			2	0.01		枯食
40		缨甲科 Ptiliidae	大型	16	1	4	2.88	**	腐食
41		隐翅甲科 Staphylinidae	大型	42	5	95	19.45	***	腐食
42	鳞翅目 Lepidoptera	毒蛾科 Lymantriidae	大型		2		0.27		植食
43		夜蛾科 Noctuidae	大型	5	11		2.19	**	捕食
44	双翅目 Diptera	剑虻科 Therevidae	大型		1	3	0.55		腐食
45		毛蠓科 Psychodidae	大型			2	0.27		腐食
46		毛蚊科 Bibionidae	大型			1	0.14		捕食
47		虻科 Tabanidae	大型	3		1	0.55		腐食
48		水虻科 Stratiomyiidae	大型	1		2	0.41		菌食
49		蕈蚊科 Mycetophilidae	大型		1	1	0.27		杂食
50		瘿蚊科 Ithonididae	大型	15	7	9	4.25	**	腐食
51		摇蚊科 Chironomidae	大型	17	27	29	10.00	***	腐食
52		蝇科 Muscidae	大型	11		7	2.47	**	腐食
53	同翅目 Homoptera	蚜科 Aphididae	大型	9	7	4	2.74	**	杂食
54	膜翅目 Hymenoptera	姬蜂科 Zchneumonidae	大型	2	1	2	0.68		捕食
55		蚁科 Formicidae	大型	7	2		1.23	**	杂食
大型土壤动物				228	218	284			
中小型土壤动物				419 9	429 7	668 9			
类群数				36	44	41			
未知				6	6	7			

注：*** 优势类群；** 常见类群.

森林凋落物层动物营养功能群范围较广，杂食性土壤动物所占的比例最大（29.63%）；其次为植食性动物（25.93%），枯食性动物所占的比例最少（3.70%）。

除伪蝎目仅分布杂灌林外，其他优势类群和常见类群均分布在两种林型以上。因此可以认为：除伪蝎目以外的其他优势类群和常见类群为帽儿山森林凋落层的主要土壤动物类群，它们在森林凋落物分解中发挥着重要作用；稀有和极稀有类群则是对森林环境变化的敏感类群，它们在某一时期及土壤条件适宜时，种群数量会逐渐增加，并成为某一时期的常见类群。

（二）凋落袋内的土壤动物群落在凋落物分解过程中的变化

1. 凋落袋内的土壤动物群落与土壤动物多样性变化　3 种林型土壤动物数量和类群数大小依次是混交林＜杂灌林＜针叶林、混交林＜针叶林＜杂灌林。不同林型森林土壤动物数量和类群数在凋落物分解过程中的逐月变化见图 1。其中：混交林和针叶林凋落层的土壤动物类群数 5～9 月份呈递增的趋势，至 10 月份则下降；杂灌林中的土壤动物类群则在 5～7 月、8～10 月递减；土壤动物个体数量，针叶林 5～9 月份呈递增的趋势，至 10 月份则下降，杂灌林 8～10 月份数量递减，混交林 5～8 月份递增幅度不大。林型土壤动物多样性指数也随月份变化而变化，如图 2 所示。多样性变化与反映群落变化的个体数量、类群数以及均匀性指数的变化不一致：多样性指数分别在 7、8、5 月份达到最高值；均匀性则在 6、10、8 月份达到最大值；优势度则分别在 5、5 月和 10 月份达到最大值。多样性指数仅反映灌丛土壤动物群落结构变化且与均匀性（$r_{灌=-0.8641}$，$p<0.05$）的变化相反。Jaccard（q）指数大小依次是 $q_{杂混}$（0.5385）$<q_{杂针}$（0.6346）$<q_{混针}$（0.7317），而 Gower 系数（$W_{(j,r)}$）则相反，即 $W_{混杂}$（0.7680）$>W_{杂针}$（0.6893）$>W_{混针}$（0.5861），但两者的含义是相同的，即 Jaccard（q）系数越小，其相似程度越低；Gower 系数越高，而相似程度越低。这一结果表明，不同林型中，森林凋落物土壤动物群落的组成具有很高的异质性，反映出不同植被覆盖物对土壤生态系统内部环境，进而对土壤动物群落的影响。

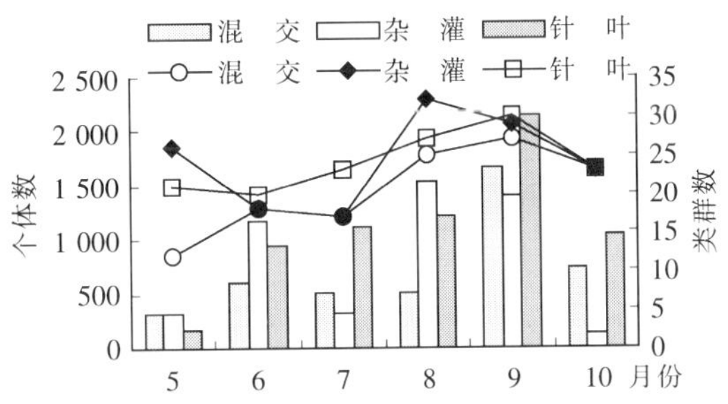

图 1　凋落层土壤动物类群和数量动态

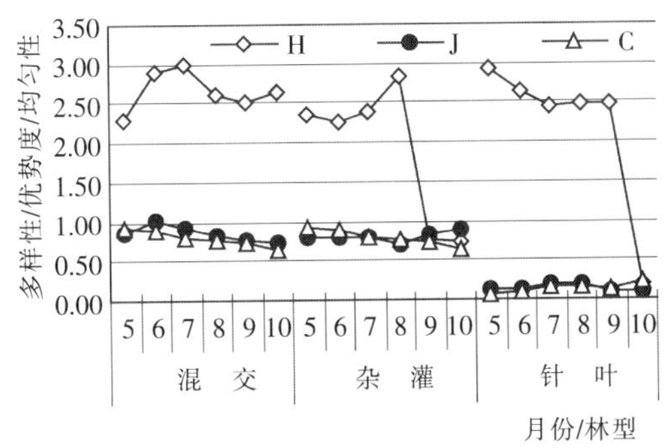

图 2　土壤动物多样性、均匀性与优势度变化

2. 凋落袋内的土壤动物在森林凋落物分解中的作用 采用3种不同网孔的凋落袋对比体型不同的土壤动物分解速度，从总的趋势来看，3种类型凋落袋中土壤动物的数量和类群数均为5mm>1mm>1/300mm，并分别在8月份或9月份达到最大值。同一林型内的土壤动物个体数变化趋势与总的变化趋势相同，其中针叶林5mm网袋和混交林1mm内土壤动物个体数在5～9月份呈递增趋势，其他各类型网袋内土壤动物的个体数随月份具有一定的波动，但凋落物分解变化中土壤动物个体数基本呈递增趋势，这表明凋落物在分解过程中，引起大量的土壤动物集聚，而土壤动物大量集聚又促进凋落物的进一步分解。同一林型内，仅是针叶林1/300mm网袋内的土壤动物类群于7～10月份之间呈显出递增的趋势，这表明1/300mm内的凋落物在微生物及外界因子的作用下，土壤动物的作用逐渐显示出来。

3. 凋落袋内的土壤动物优势类群在落叶分解中的变化与集聚时间 凋落袋内的土壤动物优势群落在3种林型落叶分解过程中的变化见图4。

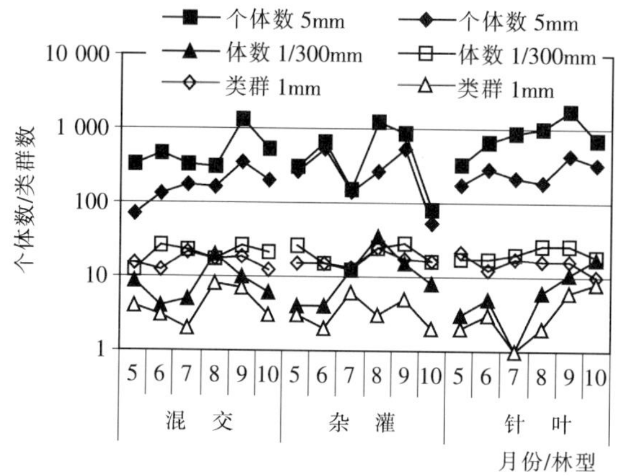

图3 不同凋落袋土壤动物个体数和类群变化

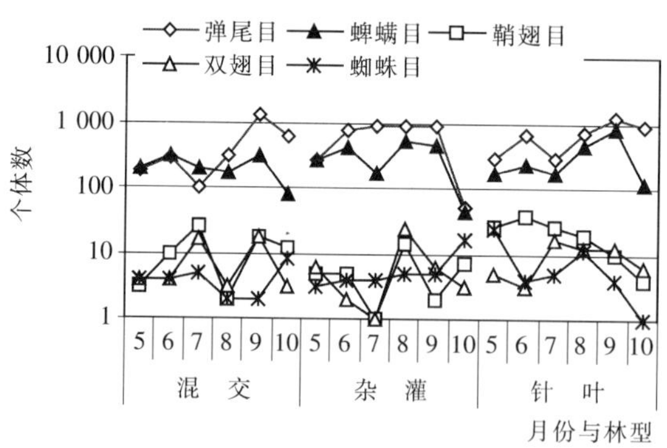

图4 主要土壤动物在凋落物分解中的变化

从图4可以看出，弹尾目、蜱螨目、鞘翅目、双翅目和蜘蛛多在9月份大量集聚，但由于林型不同，集聚时间略有差异。混交林中，鞘翅目、蜘蛛目和双翅目8月份数量最低，至9月份，除蜘蛛目外，其他数量均达到最高；杂灌林中，鞘翅目、双翅目和蜱满目7月份数量最低，其他则在8月份数量最高；针叶林中，仅鞘翅目数量6月份最高，蜱满目和蜘蛛目在10月份数量最低。

土壤动物优势类群与凋落物分解残存量之间的相关性分析表明，仅蜘蛛目与杂灌林中凋落物分解程中残存量存在着显著的正相关（$r_s=0.910$，$p<0.05$），其他相关性不显著。

演替指数反映土壤动物集聚的时间，5 类土壤动物在 3 种林型中集聚的时间及变化范围，见表 2 。从表 2 中可以看出，在 3 种林型中集聚时间最短的分别是蜱螨目、蜘蛛目和鞘翅目，集聚时间分别为 9.41、5.06、8.70 个月；最长的则分别是弹尾目、双翅目和弹尾目，集聚时间分别为 10.38、9.75、9.98 个月。

表 2　主要土壤动物集聚时间

（单位：月）

类　群	混交林		杂灌林		针叶林	
	Ti	Sdv	Ti	Sdv	Ti	Sdv
弹尾目	10.38	1.96	9.52	1.57	9.98	1.53
蜱螨目	9.41	2.31	9.33	1.59	9.97	1.40
鞘翅目	9.82	1.49	9.71	1.68	8.70	1.36
双翅目	9.72	1.41	9.75	1.32	9.76	1.41
蜘蛛目	9.72	1.89	5.06	3.96	9.03	1.40

四、讨　　论

在陆地凋落物分解过程中，土壤动物群落改变与落叶养分浓度损失有关。在帽儿山的 3 种典型植被类型中，土壤动物数量和类群数变化趋势存在一定的差异，3 种林型中的土壤动物和类群数均在 8 月或 9 月份达到最高，进入 10 月份则开始下降，其中杂灌林土壤动物数量下降幅度最大。松叶由于针叶木组织结构严密，木素含量高，N 素等主要元素的相对贫乏，限制了分解者微生物的生长与发育而不易分解，阔叶林叶组织结构更紧密，木素含量较针叶木低而易分解，有助于形成新的腐殖质而利于土壤动物繁衍。凋落物的分解是在多种因素作用下进行的，除了受化学组成影响外，环境因子也是主要控制因素。研究表明，凋落物分解速率与土壤水分、地表温度和土壤 pH 呈指数正相关，与相对湿度呈线性正相关，其对凋落物分解的重要性依次为：土壤水分、土壤 pH、地表温度、相对湿度。帽儿山受欧亚大陆季风气候影响，具有温带季风气候特征，气象要素主要受大气下垫面林型和林地郁闭度影响，而红松林和落叶混交林由于郁闭度和地被层厚度大于杂灌林。杂灌林由于林内温、湿度变化幅度较大而土壤动物个体数和类群数波动大于红松林和落叶混交林，但红松林土壤动物个体数和类群数除了 5 月份以外，其余均大于落叶松与白桦混交林，与 Tracy 等人认为，节肢动物在 3 种混合物凋落物内数量大于单种混合物的研究结果不一致，原因有待研究。

由于不同凋落物之间分解率差异较大，其分解是一个缓慢的过程，需要较长的时间，一般应至少连续观察 2 年以上，使之能反映出分解动态。从本研究 3 种凋落物来看，其完全分解的时间均在 2 年以上，第 1 年凋落叶分解量应在 30%以内，笔者仅是反映了第 1 年凋落物分解过程中凋落物的变化和土壤动物的动态，第 2 年和第 3 年凋落物分解过程是否与第 1 年凋落物分解的动态相似，还有待于进一步研究。

土壤动物类群在落叶上集聚时间长短是对落叶分解过程中食物源变化的反映。从弹尾目、蜱螨目、双翅目、鞘翅目和蜘蛛目5类土壤动物优势类群集聚的时间看，混交林凋落物集聚的时间最长，其次是针叶林，最次是杂灌林。这一结果除了与环境因子有关外，落叶分解过程中，由于取食行为的变化，导致一些物种的出现或消失，这样引起参与分解过程的食物网中的土壤动物群落结构发生改变，从而引起土壤动物类群在不同凋落物上的集聚时间产生变化[14]。实质上就是食物源的改变引了土壤动物结构变化。

笔者共选取3种类型的尼龙网袋对帽儿山森林凋落层的土壤动物群落以及动态变化状况进行研究，土壤动物总类群数和个体总数均为1mm＞5mm＞1/300mm，表明土壤动物数量和类群的变化与网袋网孔的大小有关，孔径增大，便于大型土壤动物进出网袋而促进凋落物分解，导致大孔凋落袋养分迅速分解，使袋中的土壤动物个体数量和类群降低；孔径过小，限制了土壤动物的进出，凋落袋中凋落物的分解是同凋落物本身易溶物质自然淋失、微生物的活动以及环境因子相互作用的结果，但由于凋落物性质的不同，其随时间变化的趋势不尽一致。

由于受条件所限，笔者仅对参与凋落物分解的干性土壤动物种类和数量进行了研究，对采集到的部分土壤线虫未进行分析，湿生土壤动物在森林凋落物分解中的作用有待于今后研究。

陕西农田土壤群落与长期施肥环境的灰色关联度分析

土壤动物主要活动在复杂的土壤生态系统中，对改善土壤理化性质具有重要作用。土壤的不同使用方式会改变土壤理化性质，从而引起土壤动物变化。土壤动物数量不仅与环境因子有关，还与土壤微生物存在密切的关系。土壤有机质的分解过程实质上就是土壤动物和微生物相互作用的过程，通过两者相互作用，促进有机质的分解速度和矿质化。

土壤生物是决定土壤质量的重要因素。土壤生物的研究多年来主要集中在土壤微生物及其对土壤理化性质影响，从整个土壤动物角度对农田土壤质量的影响研究较少。土壤动物对土壤健康功能的生物指示作用研究是一个新兴的研究领域，其功能性作用已经得到人们的认可，并已渗透到农业管理中。土壤动物数量变化主要取决于自身生殖特征，但土壤中的微生物、土壤的各种特性，如水分、结构、质地、通气性、保水性、有机质含量和土壤的pH等对土壤动物数量的影响也是不容忽视的重要因素，并起着相当大的作用。因此，本文在对陕西国家黄土土壤肥力与肥料效益长期监测基地的6种施肥处理农田土壤动物群落以及土壤环境因子调查的基础上，采用灰色关联分析方法，对两者之间的相互关系以及相互作用初步探讨。

作者：林英华、张夫道（通讯作者）、杨学云、贾小明、古巧珍、孙本华、马路军，原载于2005年第5期《植物营养与肥料学报》。本研究承蒙肖刚柔研究员、杨秀元女士，李枢强博士、陈德牛研究员、张崇洲研究员、魏 琮博士、高文呈副研究员等帮助鉴定部分标本，在此一并致谢。

一、试验地概况与方法

（一）试验地概况

研究地位于陕西杨凌国家黄土土壤肥力与肥料效益长期监测基地，海拔 524.7 m，年均气温 13℃，≥10℃积温 4 196.2℃，无霜期 184～216d，年均降水量 550～600mm，主要集中在 7～9 月，年均蒸发量 993mm。土壤母质为第四纪风积黄土，黄土母质，属褐土土类，塿土亚类，厚层红油土种。

试验共设 13 个处理，本研究涉及其中 6 个，即（1）对照（简称 CK）；（2）撂荒（简称 Aband.）（不施肥、不耕作、不种植）；（3）氮磷钾（简称 NPK）；（4）氮磷钾＋有机肥（简称 MNPK）；（5）氮磷钾（增量）＋有机肥（增量）（简称 1.5MNPK）；（6）氮磷钾＋秸秆（简称 SNPK）。小区面积为 196m^2（14 m×14 m）。

（二）研究方法

农田土壤动物于每季作物收割后，取 0～20 cm 耕层土壤进行分层取样，每个小区选取 5 个点，调查因条件限制，仅采用手捡法和 Cobb 过筛法。4 次取样平均面积为：0.40m×0.40m。在分类上以大类为主，体型大小依据其在食物分解过程中作用[9]进行划分。

细菌、真菌、放线菌分别采用牛肉膏蛋白胨、马丁氏和改良高氏 1 号培养基，涂抹法接种，稀释平板法测数。

耕层全 N、有机质含量、有效 P、pH、土壤含水率测定参照《国家土壤肥力与肥料效益长期监测研究技术规程》。

（三）数据分析

采用灰色系统分析方法——灰色关联分析方法。其原理是依据空间理论为数学基础，按照规范性、偶对称性、整体性和接近性的原则，对信息部分确定和部分不确定的系统——灰色系统的发展势态进行定量描述和比较，以确定参考数列（母数列）和若干比较数列（子数列）之间的灰色关系，进而评价各个子数列对母数列的相对重要程度。本文以土壤动物个体数 Y_i 为母数列，土壤环境因子 X_j 为子数列。无量纲化采用初值化处理。

关联系数：$D_{ij}(p)=\dfrac{\Delta K_{\min}+\rho\Delta K_{\max}}{\Delta K+\rho\Delta K_{\max}}$，$\Delta K_{\text{mix}}\Delta K_{\max}$ 分别为 K 时刻两个数列绝对差中的最小值和最大值，其中判别系数 ρ 取值区间为［0，1］，本文取 0.5。

广义灰色关联度：$\varepsilon_{ij}=\dfrac{1+|x_{sj}|+|y_{s_i}|}{1+|x_{sj}|+|y_{si}|+|y_{si}-x_{sj}|}$，其中 $|x_{sj}|=\left|\sum_{k=2}^{n-1}x_1^0(k)+\frac{1}{2}x_1^0(n)\right|$，$|y_{si}|=\left|\sum_{k=2}^{n-1}y_1^0(k)+\frac{1}{2}y_1^0(n)\right|$

灰色综合关联度：$\rho_{0i}=\theta\varepsilon_{0i}+(1-\theta)r_{0i}$，其中 ε_{0i}、r_{0i} 分别为灰色绝对关联度和相对关联度，$\theta\in[0,1]$，一般为 0.5［10］。

二、结果与分析

（一）农田土壤动物群落组成与分布

4次（2001年6月至2002年10月）共采集72个土壤样品、获得农田土壤动物标本5 495只，隶属6门11纲22目，其中大型农田土壤动物19类，优势类群有后孔寡毛目、等足目、鞘翅目、膜翅目（蚁科），分别占捕获大型农田土壤动物总个数的15.65%、15.13%、16.55%、28.94%；常见类群近孔寡毛、柄眼目、蜘蛛目、带马陆目，分别占大型农田土壤动物总个体数的4.09%、2.35%、1.32%、9.66%；中、小型农田土壤动物8类，优势类群为线虫动物门，占中小型土壤动物总个体数的79.55%；常见类群有弹尾目、蜱螨目、等翅目，分别占中小型土壤动物总个体数的2.42%、8.16%、8.44%。这些农田土壤动物对6种施肥农田土壤环境具有较强的适应能力，是6种施肥农田土壤动物的主要类群，见表1。其优势类群和土壤环境因子特性，如表2。

表1 黄土区农田土壤动物的种类组成和结构

序　号	动物类群	大型土壤动物		中小型土壤动物		多　度
		个体数/m³	丰度（%）	个体数/m³	丰度（%）	
1	轮形动物门 *Roliusca*			8.33	0.38	
2	线虫动物门 *Nemata*			1746.88	79.55	***
3	后孔寡毛目 *Ol. opisthopora*	541.67	15.64			***
4	近孔寡毛目 *Ol. plesiopora*	141.67	4.09			**
5	柄眼目 *Stylommatophora*	81.25	2.35			**
6	缓步动物门 *Tardigrada*			1.04	0.05	
7	蜘蛛目 *Araneae*	45.83	1.32			**
8	盲蛛目 *Opiliones*	2.08	0.06			
9	蜱螨目 *Acariformes*			179.17	8.16	**
10	等足目 *Isopoda*	523.96	15.13			***
11	姬马路目 *Julida*	21.88	0.63			
12	带马陆目 *Polydesmida*	334.38	9.66			**
13	地蜈蚣目 *Geophilomorpha*	20.83	0.60			
14	蜈蚣目 *Scolopendromorpha*	4.17	0.12			
15	综合纲 *Pauropoda*	7.29	0.21			
16	原尾纲 *Protura*			1.04	0.05	
17	弹尾目 *Collembola*			53.13	2.42	**
18	双尾目 *Diplura*			20.83	0.95	
19	等翅目 *Isoptera*			185.42	8.44	**
20	直翅目 *Orthoptera*	22.92	0.66			
21	革翅目 *Deramptera*	1.04	0.03			

（续）

序　号	动物类群	大型土壤动物		中小型土壤动物		多　度
		个体数/m^3	丰度（%）	个体数/m^3	丰度（%）	
22	缨翅目 *Thysanoptera*	1.04	0.03			
23	半翅目 *Thysanoptera*	6.25	0.18			
24	鳞翅目 *Lepidoptera*	10.42	0.30			
25	鞘翅目 *Coleoptera*	572.92	16.55			***
26	双翅目 *Diptera*	27.08	0.78			
27	膜翅目 *Hymenoptera*	1 002.08	28.94			***

表 2　6 种施肥处理土壤动物主要优势类群的个体数与土壤微生物、土壤理化因子

指　　标	CK	ABAND.	NPK	MNPK	SNPK	1.5MNPK
线虫动物门 *Nemata*（y_1）	993.75	1 800.00	722.22	1 286.67	2 156.25	3 746.67
后孔寡毛目 *Ol. opisthopora*（y_2）	75.00	237.50	300.00	1 653.33	593.75	486.67
等足目 *Isopoda*（y_3）	306.25	856.25	444.44	680.00	512.50	353.33
鞘翅目 *Coleoptera*（y_4）	362.50	325.00	494.44	1 013.33	706.25	573.33
膜翅目（蚁科）*Hymenoptera*（y_5）	668.75	1512.50	1 455.56	706.67	262.50	1 353.33
弱势类群（y_6）	775.00	1 537.50	700.00	1 313.33	1 262.50	1 566.67
土壤动物总数（y_7）	3 205.09	6 112.50	4 084.88	6 533.86	5 346.36	7 867.96
细菌（$\times 10^6$ unit/g. soil）（x_1）	17.40	7.87	15.40	17.40	12.00	17.50
真菌（$\times 10^4$ unit/g. soil）（x_2）	1.76	1.72	1.1	1.87	1.44	1.22
放线菌（$\times 10^5$ unit/g. soil）（x_3）	0.97	2.05	7.72	16.30	7.20	13.40
有机质（g/kg）（x_4）	12.53	16.16	15.13	23.86	16.67	28.79
全 N（g/kg）N（x_5）	0.97	1.25	1.18	1.75	1.31	2.01
有效 P（mg/Kg）（x_6）	4.59	5.35	18.56	125.76	19.03	187.93
pH（1∶1H_2O）（x_7）	8.40	8.36	8.38	8.22	8.36	8.13
含水量（x_8）	39.4	30.7	42.5	43.7	32.8	48.7

（二）农田土壤动物与土壤环境因子的关联度分析

1. 农田土壤动物与土壤环境因子关联系数　原始数据无量纲化初值后计算灰色级差灰色关联系数，其关联矩阵见表 3。

表 3　因子间灰色关联系数（r_{ij}）

	X_1	X_2	X_3	X_4	X_5	X_6	X_7	X_8
y_1	0.973	0.960	0.959	0.972	0.880	0.746	0.966	0.965
y_2	0.771	0.772	0.866	0.792	0.967	0.802	0.777	0.777

（续）

	X_1	X_2	X_3	X_4	X_5	X_6	X_7	X_8
y_3	0.965	0.963	0.779	0.967	0.970	0.743	0.966	0.969
y_4	0.964	0.965	0.779	0.977	0.985	0.757	0.969	0.972
y_5	0.951	0.955	0.780	0.966	0.966	0.745	0.956	0.955
y_6	0.966	0.967	0.781	0.985	0.988	0.745	0.971	0.971
y_7	0.958	0.959	0.763	0.968	0.970	0.741	0.992	0.992

从表 3 中各因子之间的关联系数大小可以看出，在所有系数中，r_{77}、r_{77} 最大，即 $r_{77}=r(y_7,x_7)=0.992$、$r_{78}=r(y_7,x_8)=0.992$，表明土壤 pH 和含水量对土壤动物个体总数的影响最大。

从 5 类主要类群看，在 r_{1j}，即 $r_{1j}=(y_1,x_j)$ 中，r_{11} 最大，而 r_{15}、r_{16} 偏小，表明细菌（0.973）对线虫动物影响最大，而全 N（0.880）、有效 P（0.746）对其影响最小；在 r_{2j}，即 $r_{1j}=(y_2,x_j)$ 中，r_{25} 最大，而 r_{21}、r_{22} 偏小，表明全 N（0.967）对等足类的最大，而细菌（0.771）、真菌（0.772）对其影响最小；以此类推，全 N（0.970）、含水量（0.969）对后孔寡毛类的因素较大，而放线菌（0.779）、有效 P（0.743）对其的影响较小；全 N（0.985）对鞘翅目影响最大，放线菌（0.779）、有效 P（0.757）对其的影响较小；有机质（0.966）和全 N（0.966）对膜翅目，主要蚁科的影响最大，有效 P（0.745）对其的影响最小；全 N（0.988）对于农田土壤动物弱势类群的影响最大，有效 P（0.745）对其的影响最小。

2. 农田土壤动物与环境因子间关联度 关联度均以 $R_{ij}=\frac{1}{n}\sum_{t=1}^{n}r_{ij}$（$i=1$，2，……7，$j=1$，2，……8）计算，其中 R_{ij} 是第 i 个环境因子与农田土壤动物指标关联度的均值；r_{ij} 为是第 i 个环境因子与第 j 农田土壤动物指标的关联度。

环境因子关联度均值大小顺序为全 N（0.960 9）、有机质（0.946 7）、含水量（0.943 0）、pH（0.942 4）、细菌（0.935 4）、真菌（0.934 4）、放线菌（0.815 3）、有效 P（0.754 1）。

农田土壤动物关联度均值大小顺序为线虫动物门（0.927 6）、弱势类群（0.921 8）、鞘翅目（0.921 0）、土壤动物总数（0.917 9）、等足目（0.915 3）、膜翅目（蚁科）（0.909 3）、后孔寡毛目（0.815 5）。

灰关联度越大，说明比较数列与参考数列的发展趋势越接近，或者说比较数列对参考数列影响就越大。从上述数据可以看出，环境因子与农田土壤动物关联值均较高，其中最大值为 0.960 9，最小值为 0.754 1，说明这些环境因子与农田土壤动物的关系较为密切，其中全 N 和有机质是影响农田土壤动物个体数量影响较大，土壤有效 P 是影响农田土壤动物个体数较小；土壤线虫与本文选取的环境因子最密切，后孔寡毛目则密切程度较差；土壤因子对农田土壤动物的影响总体上大于土壤微生物因子。

3. 优势分析 采用广义灰色关联序对环境因子的影响进行优势分析。计算灰色绝对关联、灰色相对关联以及综合关联度，其关联序大小次序依次为：

ε_{6j} (0.555 2) $>\varepsilon_{3j}$ (0.510 6) $>\varepsilon_{4j}$ (0.510 2) $>\varepsilon_{5j}$ (0.504 0) $>\varepsilon_{8j}$ (0.503 6) $>\varepsilon_{2j}$ (0.503 5) $=\varepsilon_{7j}$ (0.503 5) $>\varepsilon_{1j}$ (0.503 5)

r_{4j} (0.800 8) $>r_{5j}$ (0.784 9) $>r_{7j}$ (0.621 8) $>r_{8j}$ (0.618 1) $>r_{3j}$ (0.610 9) $>r_{2j}$ (0.590 4) $>r_{1j}$ (0.582 3) $>r_{6j}$ (0.577 6)

ρ_{4j} (0.655 5) $>\rho_{5j}$ (0.644 4) $>\rho_{6j}$ (0.566 4) $>\rho_{7j}$ (0.562 6) $>\rho_{8j}$ (0.560 8) $>\rho_{3j}$ (0.560 8) $>\rho_{2j}$ (0.547 0) $>\rho_{1j}$ (0.542 9)

结果表明：绝对关联度中 X_6 为最优因素，X_3 次之，X_4 又次之，X_1 最劣，即有效 P 对土壤动物的影响最大，放线菌的影响次之，土壤有机质的影响次于前两者，细菌的影响最小；相对关联度中 X_4 为最优因素，X_5 次之，X_7 又次之，X_6 最劣，即土壤有机质对土壤动物的影响最大，全 N 的影响次之，pH 的影响次于前两者，有效 P 的影响最小；而综合关联度中 X_4 为最优因素，X_5 次之，X_6 又次之，X_1 最劣，即土壤有机质对土壤动物的影响最大，土壤全 N 的影响次之，有效 P 的影响次于前两者，细菌的影响最小。可见，3 种关联序分析的结果不一致，这是由于绝对关联序是从绝对量的关系进行考虑，相对关联序是从各时刻观测数据相对于始点的变化，而综合关联序则综合了绝对变量的关系和变化。因此，土壤有机质对土壤动物的影响最大，土壤全 N 的影响次之，有效 P 的影响次于前两者，细菌的影响最小；土壤因子对农田土壤动物的影响大于土壤微生物。

三、讨　论

农田土壤动物群落结构与土壤环境中土壤理化形状和土壤微生物密切关系，这些因子直接影响土壤动物生存与发展。

灰色关联分析的基本思想是根据序列曲线几何形状的相似程度判断其联系是否紧密，曲线越接近，相应序列之间的关联度就越大，反之就越小。灰色相关系数分析表明，除有效 P 以外，土壤因子对农田土壤动物群落影响程度明显高于土壤微生物因子的影响，这与苏永春等报道的速效 P（有效 P 部分含量）对东北高寒区土壤生物影响存在差异，但从广义灰色关联序看，两者有相似处，这是否与气候因子有关，有待于进一步研究；土壤 pH 和含水量对土壤动物个体总数的影响最大，这与作者（2004）对农田土壤动物与土壤理化性质关系分析的结果相一致。

从农田土壤动物的影响程度看，细菌对线虫动物影响最大，而全 N、有效 P 对其影响最小，土壤线虫属于湿性土壤动物，高湿度是其生存的基本条件，土壤含水量的增加，其数量增加。因此，土壤含水量与土壤线虫的关联度较高。此外后孔寡毛类、鞘翅目和农田土壤动物弱势类群也与土壤含水量的关联度较大，表明水分也是土壤生物生存的基本条件之一。同时分析表明，细菌、有机质是影响线虫个体数影响较大，与 Andenrson *et al*. 曾报道的线虫以细菌为食，从而降低细菌数量是否存在一定的联系，有待于进一步研究。

影响大型土壤动物最主要因素，均为土壤全 N，这与土壤含氮量与土壤动物个体数量成正相关是一致，与本文采用广义灰色相关的综合关联度的分析相一致。资料显示，土壤有机质含量与土壤全氮的含量一般呈正相关关系。因此，土壤有机质对其他 4 类优势类群和弱势类群影响较大，这与许多学者的研究基本上是一致的。

灰色综合关联度较全面地表征序列之间联系是否紧密的一个数量指标。分析结果表明土壤有机质对土壤动物之间联系最紧密，即土壤有机质对土壤动物的影响最大，土壤全N的次之，与灰色关联系数的分析结果相一致，也验证了土壤动物的数量与土壤有机质的含量呈较明显的相关关系。从土壤微生物的角度看，土壤微生物的影响程度小于土壤理化因子，即土壤因子对农田土壤动物的影响大于土壤微生物，与灰色关联系数的分析结果相一致。

本文仅选取了黄土区长期定位施肥中的5类优势类群，其中优势类群是指个体数量占全部捕获量10%以上，而一些小型土壤动物由于按照类群进行分类而被忽略，使大型、中小型土壤动物所占的比例明显发生改变，但整体趋势发生变化不大。采用平板计数法测定的是可培养的土壤微生物群体，以生长迅速和能产生孢子的微生物群体占优势，培养分离出的土壤微生物的数量比土壤微生物的实际值偏低，是否对本文的结果产生影响，有待于分析。此外，土壤动物个体数量也受采样时间和分离方法等条件影响，本文仅主要的环境因子对农田土壤动物优势群落进行了分析，其研究还有待于进一步深入。

Impact of Long-Term Fertilization on Cropland Soil Fauna Community at Loess Soil, Shannxi, China

Introduction

With the conflict among human being, resource and environment becoming more acute day by day, the soil quality was being played a good deal of attention in the whole habitable globe. Over a long period of time, most scientists thought that the degradation of air and water resources was mainly aroused by human being's activity, and little recognized that the soil quality would be severely degraded by different utilization and management.

The soil fauna played an important part in the soil ecological processes. There were some relationship between soil properties and soil fauna distribution. The abundance, biomass and habitat of the soil fauna were influenced by the agricultural management practices, such as tillage and fertilizer, and Agri-ecosystem were reacted by soil fauna community or population character, in order to affect the nitrogen and phosphate content and crop growth. The long-term organic fertilizer would increased the number of earthworms as well as other components of the pedofauna population, and continued long-term fertilization could lead to greater dominance of the non-native species by encouraging their growth at the expense of the native species. To date, the study of soil zoology has come into biological productivity and relationship between human being and environment; the attention was focused on the relationship among agricultural activity intension, soil biodiversity and agriecosystem func-

与Lin Ying-Hua、Yang Xue-Yun、Gu Qiao-Zhen、Sun Ben-Hua、Ma Lu-Jun合作，原载于2005年第5期《中国农业科学》。

tion.

The fertilization and fertility evolution of the loss soil in the long—term stationary experiment was one of the nine of The State′s Experimental Research Network For Soil Fertilization and Fertility，which had been built in 1990s. The experiment had been conducted by the fixed site field and included 13 treatments in total，of six treatments were chosen and soil fauna was investigated from Jul. 2000 to Oct. 2002，the principal objective of this research was to analyze the effect of long term fertilization on cropland soil fauna by multiple factors analysis of statistics，and discussed the influencing mechanisms of long term fertilization on cropland soil fauna.

1　Materials and methods

1.1　Study site

The study was carried out at toudaoyuan of Yangling in Shannxi Province，south of Loess Plateau，with an elevation of 542.7 meters，the annual average temperature and evaporation are 13℃ and 993mm，respectively. The precipitation is 550 to 600mm and mostly concentrate in Jul. to Step. Accumulation temperature（≥10℃）is 4196.2℃. Frost—free period is 184 to 216 days. The parent material of the soil is the wind—blown losses soil of the Quaternary Period，belonging to cinnamon soil group，Lou soil subgroup，losses soil，and loess parent material.

The six types of long—term fertilization included control（no—fertilizer，CK），abandonment land（no—fertilizer，no—tillage and no—crop，Aband），nitrogenous and phosphorus and potassium fertilizers combined（NPK），straw and NPK（SNPK），organic material and NPK（MNPK）and 1.5 times MNPK（1.5 MNPK）. The plot is 196m^2（14m×14m）.

1.2　Soil fauna sampling and soil physicochemical property analysis

the soil fauna were collected by hand sorting and Crob methods in Jul. and Oct. of 2001 and 2002，i. e. after gathering in summer and in autumn in the six types of long term fertilization，5 samples were taken from per plot in the 0～20cm soil layer. The average area by four times is 0.40m×0.40m. owing to the difficulties of identification，most the systematic work of the soil fauna reports in the paper were carried out by the author′s knowledge and some information were also from other author′s paper.

According to the technology regulation of the National Fertilization and Fertility Evolution of Soil in Long-term Stationary Experiment，the soil organic matter was measured by Turin method；total N was analyzed by digestion and Semi-micro Kjeldahl method；total P in the extracts was determined by molybdenum antimony colorimetry；K availability by ammonium acetate method；P availability by Olsen method；pH was measured in a 1∶1 (soil∶water) suspension，Field capacity，Volume weight and Porosity was measured by quantity method, cutting ring method and calculation methods, respectively.

1.3 Data analysis

The diversity of community structure was examined using Shannon—Weiner species index: $H' = -\sum_{i=1}^{s} Pi \ln pi$, evenness using Pielou index: $Js = \frac{H'}{\ln s}$

Where p_i is the proportion of individual stems divided by the total number of stems for each species, s is the number of group.

Group grade: the dominant group is the proportion of individuals more than 10% of all capturing individuals, common group is between 1%~10%, rare group is between 0.1%~1%, and less group is less than 0.1%, the rare group and less group were merged into the others.

To comply with the assumptions of the ANOVA, the soil fauna numbers were transformed prior to statistical analysis using formula lg (x+1) . Bonferroni t tests were performed to determine where significant differences occurred. The relationship between six types of long—term fertilization and key soil fauna community was analysed by the principal component analysis. Data were analyzed using SAS Soft Inc.

2 Results

2.1 Soil physical and chemical properties

The key physical and chemical property of different soil types and the treatment of the long—term fertilizer in 2001 to 2002 were summarized in Tables 1.

Table 1 key physical and chemical property of different soil type and treatments in 2000~2001

Treatments	Porosity (g/cm^3)	Volume weight (%)	Field water capacity (%)	pH	Organic matter (g/kg)	Total nitrogen (g/kg)	Total phosphorus (g/kg)	Phosphorus availability (mg/kg)	Potassium availability (mg/kg)
CK (no-fertilizer)	51.30	1.31	21.02	8.40	12.53	0.97	0.59	4.59	149.14
ABAND (no-fertilizer, no-tillage and no-crop)	49.63	1.30	21.12	8.36	16.16	1.25	0.62	5.35	256.30
NPK (nitrogenous and phosphorus and potassium fertilizers combined)	54.62	1.22	30.10	8.38	15.13	1.18	0.85	18.46	247.95
MNPK (organic material and NPK)	56.03	1.18	29.61	8.22	23.86	1.75	1.16	125.76	384.35
SNPK (straw and NPK)	52.89	1.26	25.73	8.36	16.67	1.31	0.83	19.03	252.13
1.5MNPK (double MNPK)	55.63	1.19	32.05	8.13	28.79	2.01	1.58	187.93	498.69

The different fertilizers had some effect on the soil physical and chemical property (table 1) . The soil physical and chemical property would be changed along with the fertilizer treatment changed. Comparing with the control, the content of the soil organic matter, total nitrogen, phosphorus availability, potassium availability were increased by the added organic fertilizer, and the field water capacity was also increased in some extent, less effect was on the soil volume weight, while pH changing depends on the soil types.

2.2 Soil fauna community

72 soil samples had been collected and 5495 species of cropland soil fauna had been obtained by handsorting and Cobb methods at 4 times (2001.6～2002.10), belonging to 6 Phyla, 11 Classes, 22 Orders, 2 Superfamilies, 61Families and 35 Genera. The dominant group of macrofauna was Isopoda, Ol. Opisthopora and Formicidae, which was 15.61%, 16.14%, 29.86% of the total macrofauna number, respectively, the common group was Polydesmidea, Carabidae, Araneae, Bradybaenidae, Elateridae, Ol. Plesiopora, Paradoxosomatidae, Staphylinidae, which was1.18%, 1.24%, 1.37%, 2.33%, 3.6%, 4.22%, 5.19 % and 7.91% of the total macrofauna number, respectively; the dominant group of meso—and microfauna was Nemata, which was 85.60% of the total meso—and microfauna number, the common group was Japygidae, Collembola and Acariformes, which was 1.02%, 2.60%, 8.78% of the total meso — and microfauna number, respectively. Those soil fauna were key groups of the six fertilizer types for they were much more adapted to the soil environment. The distribution of the soil fauna group and the diversity and evenness were shown in table 2.

The number of the soil fauna individuals at the six types of fertilizer was in order of the highest to the lowest: 1.5MNPK>SNPKK>MNNP>Aband>NPK>CK, the group was: 1.5MNPK>SNPK=NPK>CK=MNPK>Aband; that indicated the most individuals and group was at 1.5MNPK, the last CK and Aband, respectively; the diversity of group NPK >CK>SNPK>Aband>MNPK>1.5MNPK, the evenness was NPK>CK>Aband> SNPK>MNPK>1.5MNPK; It showed that NPK treatment was the most group and the equalityof distribution, but on evidence for dominant. The 1.5MNPK treatment had the most number of individuals and group, while its H' was less than others for lower evenness, this means the distribution of the soil faunas were uneven and dominant in evidence.

The result by variation procedure showed that the different soil faunas were significant to six types of fertilizers ($F=18.15$, $P<0.001$), the difference and most significant between all groups; soil faunas were significant to different treatments, which were most significant between control and SNPM, MNPK and 1.5 MNPK, Abandon and NPK, and Abandonand SNPM ($P<0.01$) .

It was negatively correlated between soil porosity with Araneae ($p=-0.0370$), between soil volume weight and Staphylinidae and soil fauna number ($p=-0.0552$, -0.0983), respectively. To rare and less groups number and soil fauna number, besides negatively and significantly different between rare and less groups number, and soil fauna number with pH ($p=-0.080\ 9$, $0.021\ 4$), those were positively correlated with soil organic matter ($p=0.078\ 7$, $0.009\ 3$), soil total nitrogen ($p=0.095\ 0$, $0.005\ 5$), total phosphorus ($p=0.030\ 9$, $0.028\ 8$), phosphorus availability ($p=0.078\ 2$, $0.043\ 0$), potassium availability ($p=0.064\ 3$, $0.004\ 0$). The result showed that the long—term fertilization had changed the soil physical and chemical property, and would effect the soil fauna population to some extent.

Tab. 2 Abundances of soil fauna averaged across 6 types of fertilizer in Shannxi

(Units: individwal)

No	Taxa			Size	CK	Aband	NPK	SNPK	MNPK	1.5MNPK	Fre.	Dre.
‡	Nemata			Meso/Micro		159	288	130	193	345	562	85.60
2	Oligochaeta	Oligochaeta opisthopora		Macro	12	38	54	248	95	73		16.14 ***
3		Ol. plesiopora		Macro	10	16	16	25	36	33		4.22 **
4	Gastropoda	Stylommatophora	Bradybaenidae	Macro	10	27	8	5	17	8		2.33 **
5	Arachnida	Araneae		Macro	4	15	7	10	4	4		1.37 **
6		Acariformes		Meso/Micro	36	31	17	34	29	25		8.78 **
7	Malacostraca	Isopoda		Macro	49	137	80	102	82	53		15.61 ***
8	Diplopoda	Polydesmida	Polydesmidea	Macro			2	36				1.18 **
9			Paradoxosomatidae	Macro			34	41	65	27		5.18 **
10		Collembola		Meso/Micro	2	5	3	26	4	11		2.60 **
11		Diplura	Japygidae	Meso/Micro	5		2	2	6	5		1.02 **
12	Insecta	Coleoptera	Carabidae	Macro	3	10	5	17	3	2		1.24 **
13			Staphylinidae	Macro	23	1	42	98	47	44		7.91 **
14			Elateridae	Macro	10	15	20	13	40	18		3.60 **
15		Hymenoptera	Formicidae	Macro	107	242	262	106	42	203		29.86 ***
16	Others				39	41	63	46	66	150		
17	Total				469	865	745	1 002	881	1 218		
18	Diversity (H′)				2.519 1	2.400 0	2.645 3	2.458 3	2.340 1	2.252 1		
19	Evenness (Js)				0.703 0	0.6925	0.727 2	0.675 8	0.653 0	0.598 8		
20	Community				36	32	38	38	36	43		

Note: Meso/Micro means meso and microfauna, Macro means macrofauna.

2.3 Effect of fertilizer on key soil fauna community

The principal components analysis (PCA) is a multivariate procedure, which rotates the data such that maximum variability is projected onto the axes, its aim will make a set of correlated variables transform into a set of uncorrelated variables, which are ordered by the reducing variability. Polydesmidea and Paradoxosomatidae were not analyzed for its distribution bound and species characters. The number of fourteen key soil faunas, other individuals, total individuals, groups in six types of fertilizer were selected, and analyzed the relationship between nineteen factors and six types of long term fertilization by principal components analysis.

Tab. 3　Correlation Matrix of loess soil between different treatments

Treatment	CK	Aband	NPK	SNPK	MNPK	1.5MNPK
CK (no-fertilizer)	1.000 0					
ABAND (no-fertilizer, no-tillage and no-crop)	0.993 6	1.000 0				
NPK (nitrogenous and phosphors and potassium fertilizers combined)	0.974 3	0.979 5	1.000 0			
MNPK (organic material and NPK)	0.949 9	0.945 3	0.949 5	1.000 0		
SNPK (straw and NPK)	0.973 7	0.962 0	0.927 2	0.964 0	1.000 0	
1.5MNPK (double MNPK)	0.985 4	0.975 4	0.939 9	0.938 2	0.985 6	1.000 0

The coefficient between six types of fertilizer was greater except between abandon and SNPK by calculation, the result showed that the six types of fertilizer had more much correlated each other except between abandon and SNPK. Among eigenvectors, the value of the first eigenvectors was more than one and the value of the second began to reduce in evidence, while the cumulative value of the three principal component had been attain to 99.70%, this showed that the three principal component held 99.70% of the original information, and 0.30% information was lost; therefore, the three principal components were confirmed and to analyze the effect of fertilizer on the soil fauna (Tab. 3, Tab. 4).

Tab. 4　Eigenvalues of the Correlation Matrix and Eigenvectors

	PRIN1	PRIN2	PRIN3	PRIN4	PRIN5	PRIN6
Eigenvalue	5.814 9	0.090 6	0.076 6	0.009 0	0.004 8	0.004 2
Percent of variance	0.969 1	0.015 1	0.012 8	0.001 5	0.000 8	0.000 7
Cumulative	0.969 1	0.984 2	0.997 0	0.998 5	0.999 3	1.000 0
Eigenvectors CK	0.412 6	0.075 4	−0.281 5	−0.122 1	−0.469 8	−0.713 6
ABAND	0.411 2	0.244 4	−0.288 4	−0.680 2	0.423 2	0.215 1
NPK	0.405 1	0.687 6	0.067 0	0.440 1	−0.213 2	0.345 6
SNPK	0.403 4	−0.068 4	0.828 6	−0.050 4	0.267 5	−0.268 3
MNPK	0.408 1	−0.564 4	0.067 3	−0.134 6	−0.494 1	0.498 1
1.5MNPK	0.409 0	−0.372 2	−0.376 9	0.555 0	0.488 9	−0.071 0

The linearity equation of the three principal components and the six indexes were attained by Eigenvectors and Percent of variance (Tab. 4):

$$y_1 = 0.4126z_1 + 0.4112z_2 + 0.4051z_3 + 0.4034z_4 + 0.4081z_5 + 0.4090z_6$$

$$y_2 = 0.0754z_1 + 0.2444z_2 + 0.6876z_3 - 0.0684z_4 - 0.5644z_5 - 0.3722z_6$$

$$y_3 = -0.2815z_1 - 0.2884z_2 + 0.0670z_3 + 0.8286z_4 + 0.0673_5 - 0.3769z_6$$

where $z_i = (z_{1i}, z_{2i}, \cdots, z_{ni})$ $i = (1,2,\cdots,p)$, z_{ij} was x_{ij} standardization value.

At the first principal component equation y_1, each eigenvalue of the first eigenvectors was all nearly 0.4, the index of Z_1, Z_2 were positively number and slightly bigger than others, it indicated that the six types of fertilizer were all effect the soil faunas, while CK and ABAND treatment was slightly greater than others; at the second principal component equation y_2, the index of Z_3 and Z_5 was evidently greater than others and the symbol oppositely, it showed that the second principal component focused on the influence ability of NPK, MNPK on soil fauna community; that is, NPK had positive effect and MNPK had negative effect on the key soil fauna community; at the third principal component equation y_3, the index of Z_4 and Z_6 was evidently greater than others, it showed the different effects of SNPK and 1.5MNPK on soil fauna community, the former had the positive effect and more than the latter negative effect, while the others could not be explained.

The eigenvalue was arranged in order of the highest to the lowest according to the first principal component (Tal. 5). It showed that the first principal component had the most influence on the soil fauna number, its eigenvalue was9.624 8; then on soil Nemata, the eigenvalue was 2.707; and then on Formicidae, the eigenvalue was 1.007 1. The first three eigenvalue of the second principal component was 0.051 2, 0.188 4 and 1.015 5, respectively. It showed that they had more influence on soil fauna number, of Isopoda and Formicidae, respectively; the first the three eivgenvalue of third principal component was 0.229 1, 0.255 1 and 0.774 0, respectively, this was more influencing on soil fauna number, of Staphylinidae and Ol. plesiopora. Therefore, the effect of the six types of fertilizer treatment was most significant on the soil fauna number, the next was the soil Nemata and the next was Formicidae, and less effect on diversity and evenness of the soil fauna community at the first principal component; the effect was most significant on Formicidae, the next on Isopoda and the next on the soil fauna number, and less effect on soil Nemata at the second principal component; the effect was most significant on Ol. plesiopora, the next Staphylinidae and the next soil fauna number, and the less effect on the soil Nemata at the first principal component. By the eigenvalue, the most eigenvalue of the first principal component was much more than that of the last ones, the later was 9.624 8, the last was −1.090 4, namely fertilizer had the most influence on the soil fauna number, and the last on evenness and diversity of the soil fauna community, it indicated that the different fertilizer had impacted unevenly on the soil fauna community.

Tab. 5 Compositor by principal 1

Sort	PRIN1	PRIN2	PRIN3
Evenness	−1.090 4	−0.007 5	−0.024 3
Diversity	−1.066 2	−0.003 7	−0.025 7
Japygidae	−1.052 6	−0.021 2	−0.033 1
Polydesmidea	−1.029 4	−0.011 9	0.111 7
Carabidae	−1.015 6	0.009 5	0.017 9
Araneae	−1.004 6	0.021 2	−0.019 6
Collembola	−1.003 4	−0.022 7	0.049 1
Bradybaenidae	−0.931 3	0.004 0	−0.071 9

（续）

Sort	PRIN1	PRIN2	PRIN3
Elateridae	−0.851 7	−0.041 8	−0.025 4
Ol. plesiopora	−0.824 2	−0.068 8	−0.004 6
Paradoxosomatidae	−0.773 1	−0.100 8	0.129 4
Acariformes	−0.699 6	−0.000 7	−0.052 6
Community	−0.600 1	0.041 8	−0.052 0
Staphylinidae	−0.571 6	−0.039 8	0.255 1
Others	−0.282 3	−0.068 7	−0.163 4
Ol. opisthopora	−0.097 6	−0.172 1	0.774 0
Isopoda	−0.009 0	0.188 4	0.020 3
Formicidae	1.007 1	1.015 5	−0.407 0
Nemata	2.270 7	−0.771 9	−0.707 1
Tatol	9.624 8	0.051 2	0.229 1

3 Discussion

The soil fauna was closely related to the soil texture and structure, soil water content, atmosphere and temperature. For the reason of the natural environment, the distribution of the soil fauna differed in different collecting periods to some extent, and there was significant unevenly, namely fewness individuals in the paper turned into dominant group for its individuals abundance, such as soil Nemata, Isopoda and Hymenoptera insect, others was lesser and turn into rare group (<1.0%) or less group (<0.1%); Those were highly sensitive to environmental change; its population would gradually increasing while soil environment was suitable to some period, and became the common group of some type of the soil or period. As the key soil fauna had obvious at adapted to the soil environment, the present paper had chosen the nineteen factors, which included fourteen key soil fauna, total group, community diversity and total individuals to analyze the relationship to six types of fertilizer, and analyzed the major effect of fertilizer on the soil fauna. Whether the differentiation of the key group, rare group and less group would make any deviation to relationship between soil property and soil fauna community has been analyzed. The soil fauna species, population and distribution are certainly affected by sampling time and soil fauna methods of collection. This will be studied in the near future.

The negative effect of fertilizer has gradually been regarded. The research of the tillage field ecosystem would be imbedded while to promote sustainable agricultural development. The community and quantity of the soil fauna would be certainly decreased for the soil nutrient reduced by the long term of crop and by no use of fertilizer, at the same time it is harmful to soil nutrient cycle. The soil fauna number reported in this paper was in order of the highest to the lowest 1.5MNPK>SNPKK>MNNP>Aband>NPK>CK. Although the soil organic matter, total nitrogen and available nutrient would be increased by NPK, SNPK, NPK and organic matter, of which the soil organic matter was the greatest by 1.5MNPK, the soil organic matter was the major energy resource of the soil fauna. The increase of the soil organic matter would certainly effect the soil fauna composition. The increasing content of the soil organic matter in SNPK was less than that in 1.5MNPK, but comparing with other fertilizers, the straw plus NPKwould be beneficial to the soil fauna population development, for it was significant to optimize the soil ecological environment, and to improve soil microorganism's activity. While the diversity of the soil fauna was decreased for the organic plus fertilizer, some was increased for the changed environment and made the individuals distribution unevenly.

The soil fauna was closely related to the soil ecological environment. In this paper, as soil fauna number, rare group and less group was significantly related to soil pH, organic matter, soil total nitrogen, total phosphorus, total potassium, phosphorus availability and potassium availability, it was not significant to the soil volume weight and field capacity, which was aroused by the long term fertilization in loess soil; meanwhile Araneae, Staphylinidae and soil fauna number was significantly related to porosity, volume weight, volume weight, respectively. It showed that the soil fauna number, rare group and less group were affected by major soil physical and chemical properties aroused by the long term fertilization.

One of the principal component aims was reduce the structure of data, decrease the number of variance. The first principal component cumulative rate had been reached 96.91%, but the eigenvectors of the first principal component was approximately the same and did not include other factor information, so the second and third principal component were more analyzed in the paper. The cumulative rate of three principal components reached 99.70% and only 0.30% of the information was lost. The effect on soil fauna was confirmed between Ck and SNPK, NPK and 1.5MNPK. It showed that the content of the soil organic matter was excessive or low; these would affect the soil fauna lived and multiplied, while the effect of abandonment and MNPK could be illegibly explained. The research would be continued in future. On the synthetic evaluated index, the first principal component had the greatest effect on the soil fauna number and the last on the diversity; that was consistent with the research of Lindberg *et al*, namely fertilizing would arouse greater change of the soil fauna but not less on the species diversity.

Acknowledgement: we very much appreciate the help during soil fauna identified by Pro. Xiao Gang—rou, Ms Yang Xiu—yuan, Dr. Li Shu—qiang, Pro. Chen De—niu, Pro. Zhang Chong—zhou, Pro. Gao Wrn—cheng and Dr. Wei Chong. This project was supported by special fund of the Social Public Welfare of the Ministry of Science And Technology (No. 2000－177).

农田土壤动物与土壤理化性质关系的研究

土壤动物主要活动在复杂的土壤生态系统中，对于改善土壤的理化性质具有重要的作用。在农业生态系统中，土壤动物与农业耕作制度以及管理方式密切相关，农业耕作或施肥在改变了土壤某些理化性质的同时，也改变了土壤动物生存的环境，导致土壤动物种类的复杂程度和总数量的减少，土壤动物群落或种群特征对农业生态系统具有反作用。建于1843年的英国洛桑试验站（Rothamsted Experiment Station）150年来的研究成果已经充分证明土壤动物在改善土壤结构和环境中的作用，但对农田土壤动物与土壤因子相互关系的研究较少，多为描述性，目前农业土壤环境的研究，较多侧重农业耕作或施肥对土壤理化性质、肥力以及土壤微生物的影响和少数几个农田土壤动物类群，如土壤线虫、弹尾类等的研究。近些年来，随着各种先进仪器和研究方法的出现和完善，土壤动物研究已经进入到生物生产力和人类与环境关系的研究阶段，土壤动物区系和土壤动物多样性的研究也已经成为土壤生态学研究的热点和前沿。

本文以国家土壤肥力与肥料效益基地5种土壤类型为代表，在夏收时对土壤动物种群结构进行调查并在土壤性质测定的基础上，利用典型相关分析原理，对土壤动物与不同土壤类型、不同施肥处理的土壤主要性质进行分析，对土壤主要理化性质改变对土壤动物群落影响进行定量研究。

一、研究地概况与研究方法

（一）研究地概况

本项研究试验地设在国家土壤肥力与肥料效益监测基地网内，以其中的黄土、潮土、水稻土、紫色土、红壤5个土壤类型为代表，选择定位试验中6种主要处理：(1) 撂荒（不施肥、不耕作、不种植）；(2) CK（对照）；(3) NPK（氮磷钾）；(4) NPK+OM（氮磷钾+有机肥）；(5) 1.5（NPK+ OM）（氮磷钾（增量）+有机肥（增量））；(6) NPK+S（氮磷钾+秸秆）。

（二）土壤动物的采集方法

在国家土壤肥力和肥料效益监测基地网长期定位试验田内夏季作物收割后，取0～20cm耕层土壤。每个小区选取5个点，分0～5、5～10、10～20cm进行土壤动物调查。受条件的限制，本次调查仅采用手捡法和Cobb过筛法，分离线虫时辅助分离土壤动物。由于分类的限制，采用大类群进行分类，一般以目为单位。

作者：林英华、张夫道（通讯作者）、杨学云、宝德俊、石孝均、王胜佳、王伯仁，原载于2004年第6期《中国农业科学》。本文在数据分析过程中得到中国林业科学研究院森林资源信息研究所李永慈博士的帮助，在此谨表谢忱。

（三）土壤理化性质分析方法

按照《国家土壤肥力与肥料效益长期监测研究技术规程》：有机质采用丘林法（180℃油浴）；全N采用K_2SO_4—$CuSO_4$—Se消化、半微量凯氏法；pH采用水浸法，而田间持水、土壤容重和孔隙度分别采用数量法、环刀法和计算法。

采用典型相关分析[12]研究农田主要土壤动物种群密度与土壤理化因子之间的关系。影响土壤动物种群密度的因子很多，本文选取土壤耕层物理性质和主要养分（土壤有机质和全氮），土壤动物种群以农田主要土壤动物为代表进行分析。

所有运算通过SAS软件的典型相关分析（CANCORR）过程进行[13]。

二、结果与分析

（一）土壤动物群落结构

在2001年夏收季节对5种类型土壤进行调查，共获得90个土样，土壤动物22类，6 414只，隶属6门12纲22目。其中大型动物15类，优势类群有鞘翅目（*Coleoptera*）、腹足纲（*Gastropoda*）、膜翅目（*Hymenoptera*）、寡毛纲（*Oligochaeta*），分别占大型土壤动物总个体数的10.65%、22.18%、24.07%、29.85%；常见类群倍足纲（*Diplopoda*）、蜘蛛目（*Araneae*）、等足目（*Isopoda*）、鳞翅目幼虫（*Lepidoptera*）、双翅目幼虫（*Diptera*），分别占大型土壤动物总个体数的2.27%、2.43%、3.83%、1.38%、1.55%。中小型土壤动物7类，优势类群有线虫动物门（*Nemata*）、蜱螨目（*Acariformes*），分别占中小型土壤动物总个体数的80.96%和10.70%；常见类群弹尾目（*Collembola*），占中小型土壤动物总个体数的7.12%。这些土壤动物构成了5种土壤类型中土壤动物的主要类群，它们对这5种土壤环境具有较强的适应能力，这10类土壤动物成虫种群平均密度如表1。

表1 主要土壤动物在不同土壤类型、不同施肥处理中的分布

（个/m^3）

土壤类型/施肥处理	线虫动物门	寡毛纲	腹足纲	蜘蛛目	蜱螨目	等足目	倍足纲	弹尾目	鞘翅目	膜翅目
潮　土　CK	6 210.2	636.9	0.0	0.0	318.5	0.0	0.0	0.0	318.5	0.0
撂　荒	7 802.5	2 070.1	0.0	0.0	0.0	0.0	0.0	0.0	318.5	0.0
NPK	22 452.2	159.2	0.0	0.0	636.9	0.0	636.9	0.0	159.2	0.0
MNPK	20 222.9	636.9	318.5	0.0	318.5	0.0	0.0	0.0	0.0	0.0
SNPK	20 222.9	1 910.8	159.2	0.0	0.0	0.0	0.0	0.0	0.0	0.0
1.5MNPK	11 146.5	318.5	0.0	0.0	636.9	0.0	0.0	159.2	0.0	0.0
红　壤　CK	29 440.9	0.0	0.0	0.0	1 132.3	0.0	0.0	0.0	0.0	0.0
撂　荒	9 436.2	1 509.8	0.0	0.0	754.9	0.0	0.0	0.0	0.0	0.0
NPK	7 171.5	0.0	0.0	0.0	15 097.9	0.0	0.0	377.4	0.0	0.0
MNPK	58 126.9	1887.2	0.0	0.0	8 303.8	0.0	0.0	0.0	0.0	0.0
SNPK	1 132.3	0.0	0.0	0.0	9 813.6	0.0	0.0	0.0	0.0	0.0
1.5MNPK	9 058.7	3 019.6	0.0	0.0	6 039.2	0.0	0.0	4 529.4	0.0	0.0

（续）

土壤类型/施肥处理		线虫动物门	寡毛纲	腹足纲	蜘蛛目	蜱螨目	等足目	倍足纲	弹尾目	鞘翅目	膜翅目
黄　土	CK	868.6	39.5	171.1	0.0	118.5	289.5	0.0	26.3	65.8	855.5
	撂　荒	401.0	155.2	258.7	38.8	155.2	297.5	25.9	0.0	155.2	3725.7
	NPK	1 102.3	95.9	95.9	35.9	179.7	47.9	59.9	24.0	455.3	946.6
	MNPK	998.9	720.7	784.0	37.9	202.3	50.6	101.2	12.6	923.1	252.9
	SNPK	600.7	439.6	58.6	29.3	205.1	307.7	175.8	87.9	761.9	542.1
	1.5MNPK	3 318.0	550.7	96.4	13.8	82.6	13.8	302.9	82.6	344.2	605.8
水稻土	CK	0.0	588.8	226.5	90.6	0.0	0.0	0.0	30.2	90.6	0.0
	撂　荒	0.0	1 479.6	60.4	241.6	0.0	362.3	135.9	588.8	151.0	0.0
	NPK	0.0	1 932.5	1 162.5	0.0	0.0	0.0	0.0	0.0	362.3	151.0
	MNPK	45.3	1 675.9	120.8	30.2	0.0	0.0	15.1	0.0	15.1	0.0
	SNPK	0.0	1 268.2	15.1	302.0	0.0	0.0	0.0	921.0	286.9	0.0
	1.5MNPK	60.4	1 766.5	4 348.2	90.6	15.1	0.0	0.0	0.0	60.4	1501.0
紫色土	CK	2 985.7	0.0	2 985.7	0.0	796.2	0.0	0.0	0.0	0.0	0.0
	撂　荒	3 393.8	0.0	796.2	0.0	0.0	0.0	0.0	0.0	0.0	0.0
	NPK	6 369.4	0.0	1 194.3	0.0	199.0	0.0	0.0	0.0	0.0	0.0
	MNPK	4 379.0	0.0	3 184.7	398.1	0.0	0.0	0.0	0.0	0.0	0.0
	SNPK	3 383.8	0.0	2 587.6	0.0	0.0	0.0	0.0	0.0	0.0	199.0
	1.5MNPK	1 592.4	0.0	1 393.3	0.0	199.0	0.0	0.0	0.0	0.0	0.0

（二）不同土壤类型的土要理化性质

2000—2001 年不同土壤类型、不同施肥处理土壤主要理化性质，见如表 2。

表 2　2000—2001 年不同施肥制度下不同土壤类型主要理化性质

土壤类型/施肥方式		土壤有机质 (g/kg)	pH	孔隙度 (g/cm³)	田间持水量 (%)	全 N (g/kg)	容　重 (%)
潮　土	CK	11.10	8.70	55.80	18.80	0.58	1.44
	撂　荒	13.40	8.60	47.50	21.00	1.01	1.39
	NPK	13.40	8.70	49.63	20.60	0.63	1.44
	MNPK	14.70	8.70	58.80	21.90	0.84	1.37
	SNPK	14.00	8.65	52.0	21.20	0.88	1.42
	1.5MNPK	16.10	8.60	48.10	22.90	0.90	1.40
红　壤	CK	14.55	5.64	58.90*	27.60*	0.95	1.09
	撂　荒	17.79	7.16	51.70*	23.70*	1.24	1.28
	NPK	17.94	4.71	60.70*	26.40*	1.26	1.04
	MNPK	25.16	5.84	55.10*	25.00*	1.25	1.19

（续）

土壤类型/施肥方式		土壤有机质 (g/kg)	pH	孔隙度 (g/cm³)	田间持水量 (%)	全N (g/kg)	容　重 (%)
	SNPK	17.14	4.83	59.60*	25.70*	1.34	1.07
	1.5MNPK	26.39	6.15	58.10*	26.80*	1.76	1.11
黄　土	CK	12.53	8.40	51.30	21.02	0.97	1.31
	撂　荒	16.16	8.36	49.63	21.12	1.25	1.30
	NPK	15.13	8.38	54.62	30.10	1.18	1.22
	MNPK	23.86	8.22	56.03	29.61	1.75	1.18
	SNPK	16.67	8.36	52.89	25.73	1.31	1.26
	1.5MNPK	28.79	8.13	55.63	32.05	2.01	1.19
水稻土	CK	26.30	6.70	60.32	36.13	1.64	1.07
	撂　荒	28.70	6.60	59.80	38.30	1.67	1.09
	NPK	29.70	6.63	59.78	39.40	1.92	1.07
	MNPK	29.80	7.15	62.65	46.20	1.81	1.02
	SNPK	31.60	6.60	10.90	58.50	2.00	1.15
	1.5MNPK	32.00	7.10	64.38	46.50	2.00	1.00
紫色土	CK	20.63	7.90	47.70	28.00	1.20	1.39
	撂　荒	18.36	7.80	52.00	28.00	1.09	1.27
	NPK	25.09	7.70	50.60	28.00	1.49	1.31
	MNPK	25.44	7.60	48.50	28.00	1.53	1.36
	SNPK	28.08	7.70	49.70	28.00	1.57	1.33
	1.5MNPK	27.48	7.60*	50.40	28.00	1.42	1.62

注：* 为 1990 年数据。

从表 2 中可以看出，不同施肥处理对土壤的理化性质均有不同的影响。与对照相比，施入有机肥可以使土壤有机质和土壤全氮含量增加，田间持水量则有不同程度的增加，但对土壤容重的影响较小，对孔隙度和土壤 pH 的影响因土壤而异。

（三）典型相关分析

表 3　典型变量、显著性和与典型变量有关性质的相关系数

	第Ⅰ典型		第Ⅱ典型		第Ⅲ典型		第Ⅳ典型		第Ⅴ典型		第Ⅵ典型	
特征根 λ^2	0.916 1***		0.780 9*		0.651 3		0.555 3		0.462 8		0.347 4	
典型相关系数 λ	0.839 2		0.609 8		0.424 2		0.308 3		0.214 1		0.120 7	
累计百分比	0.623 2		0.809 9		0.897 8		0.951 1		0.983 6		1.000 0	
显著性（$Pr>F$）	0.000 8		0.080 3		0.281 9		0.396 0		0.440 6		0.429 5	
	a_i	r_{ui}	a_i	r_{ui}	a_i	r_{ui}	a_i	r_{ui}	a_i	r_{ui}	a_i	r_{ui}
线虫动物门（x_1）	−0.473 3	−0.669 7	−0.701 9	−0.545 7	0.083 0	0.028 3	−0.369 5	−0.085 8	0.536 7	0.239 6	−0.045 8	0.355 8
寡毛纲（x_2）	0.269 3	0.079 3	0.208 2	0.133 4	0.461 1	0.433 1	0.379 2	0.025 4	−0.176 0	0.322 4	1.060 2	0.672 8

（续）

	第Ⅰ典型		第Ⅱ典型		第Ⅲ典型		第Ⅳ典型		第Ⅴ典型		第Ⅵ典型	
腹足纲（x_3）	0.145 7	0.286 9	−0.111 0	−0.112 9	0.542 4	0.599 9	0.686 7	0.480 5	0.427 1	−0.040 2	−0.321 3	−0.437 6
蜘蛛目（x_4）	−0.071 2	0.194 6	0.155 2	0.164 2	0.556 0	0.662 8	−0.797 9	−0.608 8	−0.285 6	−0.216 5	0.001 6	−0.146 8
蜱螨目（x_5）	−0.545 4	−0.817 4	0.787 2	0.507 5	0.111 9	−0.011 7	0.334 0	0.184 1	−0.062 7	0.095 5	0.237 0	0.086 1
倍足纲（x_6）	0.102 3	0.152 2	−0.218 6	−0.295 1	0.137 4	−0.150 9	0.200 7	−0.082 9	0.131 5	0.300 5	0.312 0	0.232 7
弹尾目（x_7）	−0.129 1	−0.184 2	−0.039 8	0.302 0	0.077 9	0.303 1	−0.280 9	−0.135 5	0.886 7	0.605 8	−0.741 8	−0.100 1
鞘翅目（x_8）	0.265 5	0.559 5	0.329 7	0.300 9	−0.285 8	−0.358 9	−0.229 7	−0.261 2	0.712 1	0.439 2	−0.023 7	0.190 9
	b_j	r_{uj}	b_j	r_{uj}	b_j	r_{uj}	b_j	r_{uj}	b_j	r_{uj}	b_j	r_{uj}
土壤有机质（y_1）	−1.109 1	0.225 9	−2.334 7	0.193 6	1.880 9	0.601 7	−0.347 4	0.066 9	1.598 3	0.045 6	0.999 4	−0.000 3
pH（y_2）	0.742 9	0.597 0	−0.790 5	−0.465 4	−0.034 5	−0.263 7	−0.380 8	−0.047 3	0.927 2	0.066 8	0.810 2	−0.058 2
孔隙度（y_3）	0.393 3	−0.121 1	0.199 7	0.051 7	−0.235 0	−0.114 3	1.259 4	0.476 4	−0.823 4	0.055 9	0.036 9	0.154 0
田间持水量（y_4）	0.901 8	0.329 0	0.445 2	0.281 5	−0.155 7	0.467 9	0.401 6	−0.132 3	−2.409 3	−0.137 8	0.019 9	0.097 9
全N（y_5）	1.282 8	0.326 7	2.470 7	0.435 2	−1.078 1	0.467 5	0.646 3	0.035 7	−0.124 1	0.093 1	−1.630 3	0.016 5
容重（y_6）	0.539 0	0.101 9	0.685 6	−0.504 6	−0.287 3	−0.210 5	1.128 3	−0.008 4	−1.777 1	−0.030 1	−1.755 1	−0.235 9

典型相关关系方法是研究两组指标（变量）间的一种多变量统计分析方法，其目的是寻找一组指标的线性组合与另一组指标的线性组合，使两组之间的相关达到最大（即两组典型变量的相关达到最大值）。由于等足类和膜翅目昆虫仅在黄土中分布数量较多，因此本文选取除等足类和膜翅目昆虫以外的其他8类主要土壤动物类群作为第一组变量 X；土壤有机质、pH、孔隙度、田间持水量、全N、容重等土壤的6项指标作为另一组变量 Y 反映土壤理化性质的指标，表3列出了所有6对典型变量、它们的显著性和各原始变量的标准化相关系数（r）以及原始变量 x_1 和 y_1 在典型变量 V、U 上的载荷（或权重系数）（a、b）。

计算结果分析表明，第Ⅰ对典型变量是

土壤因子：$U_1 = -1.109\ 1y_1 + 0.742\ 9y_2 + 0.393\ 3y_3 + 0.901\ 8y_4 + 1.282\ 8y_5 + 0.539\ 0y_6$

土壤动物类群：$V_1 = -0.473\ 3x_1 + 0.263\ 9x_2 + 0.145\ 7x_3 - 0.071\ 2x_4 - 0.545\ 4x_5 + 0.102\ 3x_6 - 0.129\ 1x_7 + 0.265\ 5x_8$

两者的相关系数为0.839 2，其特征值最大，累计百分比为62.32%，土壤因子第1典型变量 U_1 对土壤动物类群第1典型变量 V_1 之间具有显著的相关关系并且达到了极显著水平（$\alpha < 0.000\ 8$），说明土壤因子第1典型变量 U_1 对土壤动物类群第1典型变量 V_1 影响极大，在 U_1 的线性组合中，土壤有机质（y_1）、田间持水量（y_4）和全N（y_5）负荷量分别是−1.109 1、0.901 8和1.282 8，可见是土壤有机质、田间持水量和全N在第1典型变量中起主要作用，其他理化性质负荷量较小；土壤动物类群第1典型变量 V_1 中起主要作用的土壤动物类群是线虫（x_1）、蜱螨类（x_5）和鞘翅目昆虫（x_8），由此得出土壤有机质、田间持水量和全N对线虫、蜱螨类和鞘翅目昆虫影响最大。而从 U_1 与原始数据的相关系数可以看出，它与pH（y_2）、田间持水（y_4）和全N（y_5）有较好的正相关，分别为0.597 0、0.329 0和0.326 7，可以理解为 U_1 主要描述的是土壤化学性质的综合性状；对 V_1 作类似的分析

可知，它与线虫（x_1）、蜱螨类（x_5）和鞘翅目（x_8）有较高的相关关系，分别为$-0.669\ 7$、$-0.817\ 4$和$0.559\ 5$，它主要描述了土壤线虫、蜱螨类和鞘翅目昆虫的密度变化。土壤有机质（y_1）的相关系数虽然较低，但其含义系数较高，为$-1.109\ 1$，为负相关关系，说明土壤有机质所起的作用相对而言较小，且为一抑制变量，以此来提高田间持水量和全N与土壤线虫、蜱螨类和鞘翅目昆虫之间的相关性。

第Ⅱ对典型变量是

土壤因子：$U_2 = -2.334\ 7y_1 - 0.790\ 5y_2 + 0.199\ 7y_3 + 0.445\ 2y_4 + 2.470\ 7y_5 + 0.685\ 6y_6$

土壤动物类群 $V_2 = -0.701\ 9x_1 + 0.208\ 2x_2 - 0.111\ 0x_3 + 0.155\ 2x_4 + 0.787\ 2x_5 - 0.218\ 6x_6 - 0.039\ 8x_7 + 0.327\ 9x_8$

两者的相关系数为0.609 8，其特征值其次，累计百分比为80.99%，土壤因子第2典型变量U_2对土壤动物类群第2典型变量V_2之间具有显著的相关性（$\alpha<0.08$），说明土壤因子第2典型变量U_2对土壤动物类群第2典型变量V_2影响较大。在U_2的线性组合中，土壤有机质和全N负荷量分别是$-2.334\ 7$和$2.470\ 7$，可见是土壤有机质和全N在第2典型变量中起主要作用，其他理化性质负荷量较小；土壤动物类群第2典型变量V_2中起主要作用的土壤动物类群是线虫和蜱螨类，由此得出土壤有机质和全N对线虫和蜱螨类密度影响最大。而从U_2与原始数据的相关系数可以看出，它与pH（y_2）、全N（y_5）和容重（y_6）有较好的相关关系，分别为$-0.465\ 4$、$0.435\ 2$和$-0.504\ 6$，可以理解为U_2主要描述的是土壤性质的综合性状；对V_2作类似的分析可知，它与蜱螨（x_5）和线虫（x_1）有较好的相关关系，分别为$0.507\ 5$和$-0.545\ 7$，它主要描述了蜱螨类和线虫的密度变化。容重与土壤有机质一样，其相关系数与含义系数较高，为负相关关系，说明两者均是抑制变量，以此来提高田间持水量和全N与蜱螨类和线虫之间的相关性。

其他典型变量的相关性显著性程度检验均低于显著性标准，相关性系数均在0.500 0以下，主要反映了孔隙度（y_3）对腹足类（x_3）和蜘蛛类（x_4）密度的影响。由于这4对典型变量相关性不显著，可以认为孔隙度对腹足类和蜘蛛类密度没有表现出明显的相关关系。

（四）典型冗余分析

本文采用典型冗余指数对典型相关分析过程中的标准化方差结果进行检验。冗余指数是一组当中形成典型变量对另一组观测变量总方差的解释比例，是一种组间交叉共享的比列，反映自变量组各典型变量对于因变量组所有观测的解释能力，其结果见图1、2。从图中可以看出，土壤因素中的第1典型和第2典型变量分别解释了土壤动物主要类群因素的10.79%和13.00%，而土壤动物主要类群因素的第1典型和第2典型变量分别解释了土壤因素的16.92%和6.72%。因此，两者均不能很好地从总体上全面预测对应的那组变量。

但从表4的多重相关平方来看，土壤因素的第1、第2典型变量对土壤动物主要类群的各因素具有一定的预测或解释能力，其中第1典型变量对蜱螨类、第2典型变量对线虫、蜱螨类具有较好的预测能力，第1典型变量对对线虫和和鞘翅目昆虫、第2典型变量对鞘翅目昆虫具有一定的预测能力，对其他没有预测能力；土壤动物主要类群因素的第2典型变量对土壤因素pH具有较好的预测能力，而第1典型变量对pH预测能力较差，第1、第2典型变量对田间持水量和全N预测能力较差，第2典型变量对土壤容重预测能力较差，对其他土壤因素则没有。

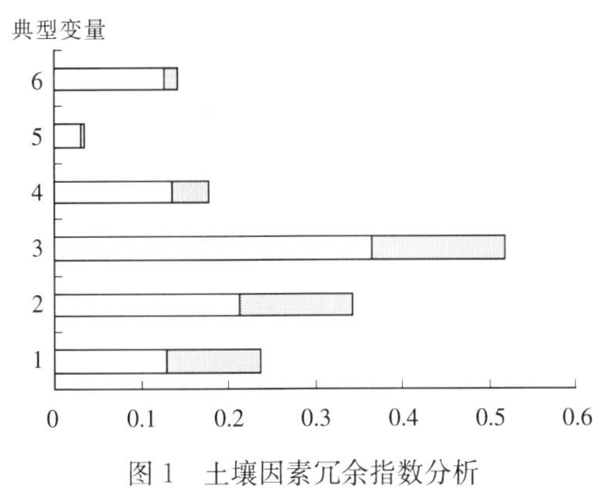

图 1 土壤因素冗余指数分析

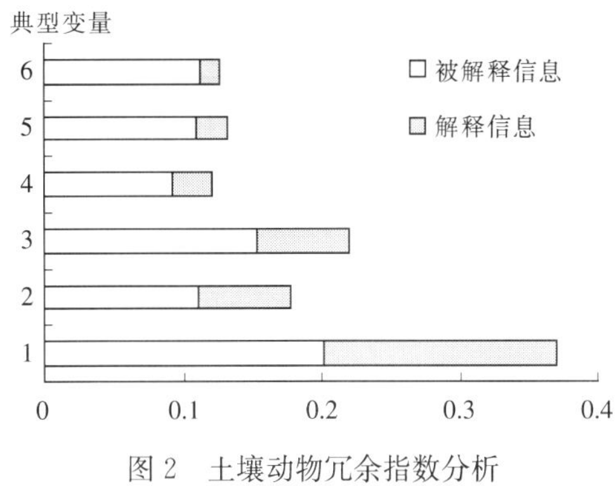

图 2 土壤动物冗余指数分析

表 4 多重相关平方

变 量（M）	1	2	3	4	5	6
线虫动物门（x_1）	0.376 4	0.558 0	0.558 3	0.560 6	0.572 9	0.588 2
寡毛纲（x_2）	0.005 3	0.016 1	0.095 7	0.095 9	0.118 1	0.172 8
腹足纲（x_3）	0.069 1	0.076 9	0.229 5	0.300 7	0.301 0	0.324 1
蜘蛛目（x_4）	0.031 8	0.048 2	0.234 5	0.348 8	0.358 9	0.361 5
蜱螨目（x_5）	0.560 7	0.717 8	0.717 8	0.728 3	0.730 2	0.731 1
倍足纲（x_6）	0.019 4	0.072 6	0.082 2	0.084 3	0.103 7	0.110 2
弹尾目（x_7）	0.028 5	0.084 1	0.123 0	0.128 7	0.207 3	0.208 5
鞘翅目（x_8）	0.262 7	0.317 9	0.372 6	0.393 6	0.434 9	0.439 3
土壤有机质（y_1）	0.051 0	0.088 5	0.450 5	0.455 0	0.457 1	0.457 1
pH（y_2）	0.356 4	0.573 0	0.642 6	0.644 8	0.649 3	0.652 7
孔隙度（y_3）	0.014 7	0.017 3	0.030 4	0.257 4	0.260 5	0.284 2
田间持水量（y_4）	0.108 2	0.187 4	0.406 4	0.423 9	0.442 9	0.452 5
全 N（y_5）	0.106 7	0.296 2	0.514 7	0.516 0	0.524 7	0.525 0
容重（y_6）	0.010 4	0.265 0	0.309 3	0.309 4	0.310 3	0.366 0

三、讨 论

(一) 土壤动物分布与不同土壤类型的关系

土壤是成土母质在一定水热条件和生物作用下，经过一系列物理、化学和生物化学作用而形成的。土壤的质地和结构与土壤中的水分、空气和温度状况关系有密切关系，并直接或间接地影响着土壤动物的生活。由于受自然条件的影响，不同土壤类型之间，土壤动物分布存在一定的差异，并且存在着明显的不均衡分布现象，即少数物种在本研究中因其个体数量较多而成为优势类群，如土壤中大量分布的线虫，等足类和膜翅目昆虫，其他土壤动物类群由于个体数量较少而成为稀有类群（<1.0%）或极稀有类群（<0.1%），稀有类群或极稀有类群对环境的变化较为敏感，仅在一定时期及土壤环境条件适宜时，其种群数量才会逐渐增加，并成为某一类土壤或者某一时期的常见种群。由于主要土壤动物类群对土壤环境适应

群落相似性采用 Jaccard 指数：$q=\frac{a}{c(a+b-c)}$

Gower 系数：$W_{(j,r)}\left(\frac{1}{P}\right)\sum_{i=1}^{p}(\mid x_{ij}-x_{ik}\mid/Ri)$

式中 a、b 分别为群落 A、B 的类群数，c 为两类群的共有类群数，x_{ij}、x_{ik} 分别为群落 j、k 类群中 i 的个体数，R_i 为所有类群中类群 i 的最大个体与最小个体数的差，p 为所有群落的总类群数。

各类群数量等级划分：个体数量占全部捕获量 10%以上的为优势类群，介于 1%～10%之间的为常见类群，介于 0.1%～1%的为稀有类群，0.1%以下的为极稀有类群。

三、结　果

（一）　农田土壤动物群落组成

在 6 个施肥小区内，4 次共采集到 72 份定点土壤样品、获得农田土壤动物标本 5 495 份（其中未鉴定个体 315 只），隶属 6 门 11 纲 22 目 61 科 2 亚科 35 属。其中蜘蛛目和姬马陆目数量较少，将其科属合并进行统一计数（表 1）。

由表 1 中可见，共采集到大型农田土壤动物 67 类，其中优势类群有后孔寡毛目（16.14%）、等足目（15.61%）、举腹蚁属（10.89%）；常见类群有寡节切叶蚁属（1.15%）、带马陆科（1.18%）、步甲科（1.24%）、蜘蛛目（1.37%）、路舍蚁属（1.52%）、奇马陆科（其他属）（1.58%）、巴蜗牛科（2.33%）、拟猛切叶蚁属（2.73%）、酸马陆属（3.60%）、带马陆目除奇马陆科外的其他科（3.60%）、叩头甲（3.60%）、近孔寡毛目（4.22%）、红蚁属（5.87%）、小家蚁属（6.92%）、隐翅虫科（7.91%）；其余 49 类为稀有类群（7.20%）和极稀有类群（1.37%）。中、小型农田土壤动物有 14 类，优势类群为线虫动物门（85.60%）；常见类群有等翅目（8.33%）、弹尾目（2.39）、蜱螨目（8.05%）；其余为稀有类群（2.43%）和极稀有类群（1.65%）。

由表 1 还可看出，陕西黄土区农田土壤动物营养功能群范围较广，其中植食性农田土壤动物占有相对较大的比例（26.83%），其次是捕食性（23.17%），尸食性所占的比例最少（1.19%）。

从不同小区各类群的分布来看，除带马陆科仅分布在 NPK 和 SNPK 中外，其他优势类群和常见类群均分布在 3 种以上的施肥小区内。因此，可以认为除带马陆科外的其他优势类群和常见类群均是陕西黄土区农田土壤动物中最为重要的类群，在农田生态系统中发挥着重要作用。而稀有类群和极稀有类群对环境的变化较为敏感，仅在某一时期及土壤条件适宜时，其种群数量才会逐渐增加，并成为这一时期的常见类群。

（二）6 种施肥处理下农田的土壤动物类群特征

1. 类群分布　整体而言，在 6 种施肥条件下捕获的大型、中小型农田土壤动物的个体总数和类群数变化趋势不一致（表 1）。大型农田土壤动物的个体总数依次是 SNPK＞1.5MNPK＞NPK＞Aband＞MNPK＞CK，类群数依次是 1.5MNPK＞NPK＞SNPK＞CK＞Aband＝MNPK；中小型农田土壤动物个体总数是 1.5MNPK＞MNPK＞Aband＞SNPK＞NPK＞CK，类群数依次是 SNPK＝MNPK＞CK＝NPK＝1.5MNPK＞Aband。

表1　黄土区不同施肥条件下农田土壤动物的种类组成和结构（2001年6月至2002年10月）

动物名称	体　型	对　照		撂　荒		氮磷钾		氮磷钾+秸秆		氮磷钾+有机肥		1.5倍（有机肥+氮磷钾）		丰　度（%）	多　度	食　性
		Ind.	%	Ind.	%	Ind.	%	Ind.	%	Ind.	%	Ind.	%			
轮形动物门 Roliusca	Meso/Micro			2	0.43					5	1.27	1	0.17	0.37		Pr
线虫动物门 Nemata	Meso/Micro	159	64.9	288	62.2	130	78.79	193	73.11	345	87.79	562	92.74	78.51	***	0
环节动物门 Annelida																
寡毛纲 Oligoxheata																
后孔寡毛目 Opisthopora	Macro	12	4.55	38	7.04	54	9.31	248	33.6	95	19.47	73	11.93	16.14	***	S
近孔寡毛目 Plesiopora	Macro	10	3.79	16	2.96	16	2.76	25	3.39	36	7.38	33	5.39	4.22	**	
软体动物门 Mollusca																
腹足纲 Gastropoda																
柄眼目 Stylommatophora																
瓦娄蜗牛科 Valloniidae	Macro	2	0.76											0.06		Ph/D
拟阿勇蛞蝓科 Ariophantidae	Macro	1	0.38											0.03		Ph
巴蜗牛科 Bradybaenidae	Macro	10	3.79	27	5	8	1.38	5	0.68	17	3.48	8	1.31	0.03	**	Ph
缓步动物门 Tardigrada	Meso/Micro	1	0.41											0.05		
节肢动物门 Arthropoda																
蛛形纲 Arachnida																
蜘蛛目 Aranea	Macro	4	1.52	15	2.78	7	1.21	10	1.36	4	0.82	4	0.65	1.37	**	Pr
盲蛛目 Opiliones	Macro									1	0.2	1	0.16	0.06		Pr/S
蜱螨目 Acariformes	Meso/Micro	36	14.69	31	6.7	17	10.3	34	12.88	29	7.38	25	4.13	8.05	**	
软甲纲 Malacostraca																
等足目 Isopoda	Macro/Micro	49	18.56	137	25.37	80	13.79	102	13.82	82	16.8	53	8.66	15.61	***	D
倍足纲 Diplopoda																
姬马路目 Julida	Macro															

（续）

动物名称	体型	对照		撂荒		氮磷钾		氮磷钾+秸秆		氮磷钾+有机肥		1.5倍（有机肥+氮磷钾）		丰度（%）	多度	食性
		Ind.	%	Ind.	%	Ind.	%	Ind.	%	Ind.	%	Ind.	%			
带马陆科 Polydesmida						2	0.34	36	4.88					1.18	**	Ph
奇马陆科（其他属）	Macro					25	4.31			25	5.12	1	0.16	1.58	**	Ph
酸马陆属 Oxidus	Macro					9	1.55	41	5.56	40	8.2	26	4.25	3.60	**	Ph
其他科	Macro					3	0.52	3	0.41	22	4.51	88	14.38	3.60	**	Ph
唇足纲 Chilopoda																
地蜈蚣科 Geophilomorpha																
革带地蜈蚣科 Himantariidae	Macro			2	0.37					1	0.2			0.09		Pr
奥地蜈蚣科 Oryidae	Macro	3	1.14											0.09		Pr
地蜈蚣科 Geophilidae	Macro	4	1.52			5	0.86	2	0.27	2	0.41	1	0.16	0.43		Pr
蜈蚣目 Scolopendromorpha																
蜈蚣科 Scolopendriidae	Macro			1	0.19	1	0.17			1	0.2	1	0.16	0.12		Pr
综合纲 Pauropoda																
么蚣科 Scutigerellidae	Macro	1	0.38			1	0.17					5	0.82	0.22		S
原尾纲 Protura	Meso/Micro	1	0.41											0.05		F
弹尾纲																
弹尾目 Collembola	Meso/Micro	2	0.82	5	1.08	3	1.82	26	9.85	4	1.02	11	1.82	2.39	**	0
双尾纲																
双尾目 Diplura																
铗八科 Japygidae	Meso/Micro	5	2.04			2	1.21	2	0.76	6	1.53	5	0.83	0.94		0
昆虫纲 Imsecta																
等翅目 Isoptera	Meso/Micro	40	16.33	137	29.59					1	0.25			8.33	**	0
直翅目 Orthoptera																

（续）

动物名称	体　型	对　照		撂　荒		氮磷钾		氮磷钾＋秸秆		氮磷钾＋有机肥		1.5倍（有机肥＋氮磷钾）		丰　度（%）	多　度	食　性
		Ind.	%	Ind.	%	Ind.	%	Ind.	%	Ind.	%	Ind.	%			
蟋蟀科 Grylloidae	Macro	1	0.38			2	0.34	1	0.14					0.12		Ph
蝼蛄科 Gryllotalpidae	Macro					4	0.69	1	0.14			13	2.12	0.56		Ph
革翅目 Deramptera																
蠼螋科 Labiduridae	Macro					1	0.17							0.03		0
缨翅目 Thysanoptera	Macro	1	0.38											0.03		S
半翅目 Hemiptera																
缘蝽科 Goreidae	Macro			2	0.37									0.06		Ph
蝽科 Pentatomidae	Macro			4	0.74									0.12		Ph
鳞翅目 Lepidoptera																
刺蛾科 Eucleidae	Macro									5	1.02	5	0.82	0.31		Ph
鞘翅目 Coleoptera																
虎甲科 Cicindeledae	Macro	4	1.52									3	0.49	0.22		Pr
步甲科 Carabidae	Macro	3	1.14	10	1.85	5	0.86	17	2.3	3	0.61	2	0.33	1.24	**	Pr
长扁甲科 Cupedidae	Macro							4	0.54			4	0.65	0.25		Pr
埋葬甲科 Silphidae	Macro									4	0.82			0.12		Ca
隐翅虫科 Staphylinidae	Macro	23	8.71	1	0.19	42	7.24	98	13.28	47	9.63	44	7.19	7.91	**	S
蚁甲科 Pselaphidae	Meso/Micro									1	0.25	1	0.17	0.09		Ph
阎甲科	Meso/Micro					3	1.82							0.14		Pr
花萤科 Cantharidae	Macro					7	1.21	8	1.08	1	0.2	2	0.33	0.56		Pr
叩头甲科 Elateridae	Macro	10	3.79	15	2.78	20	3.45	13	1.76	40	8.2	18	2.94	3.60	**	Ph
长角沼甲科 Ptilodactylidae	Macro									3	0.61	1	0.16	0.12		Pr
锯谷盗科 Silvanidae	Macro			1	0.19	1	0.17			2	0.41			0.12		Ph

（续）

动物名称	体型	对照		撂荒		氮磷钾		氮磷钾+秸秆		氮磷钾+有机肥		1.5倍（有机肥+氮磷钾）		丰度（%）	多度	食性
		Ind.	%	Ind.	%	Ind.	%	Ind.	%	Ind.	%	Ind.	%			
大蕈甲科 Erotylidae	Macro			4	0.74									0.12		F
毛蕈甲科 Diphyllidae	Macro	1	0.38					1	0.14					0.06		F
薪甲科 Latbridiidae	Meso/Micro							2	0.76					0.09		Ph
小蕈甲科 Mycetophagidae	Macro							1	0.14			3	0.49	0.12		F
瓢甲科 Coccinellidae	Macro							3	0.41					0.09		Pr
朽木甲科 Alleculidae	Macro											1	0.16	0.03		D
拟步甲科 Tenebrionidae	Macro			4	0.74							1	0.16	0.16		Ph
窃蠹科 Anobiidae	Macro	1	0.38											0.03		D
蛛甲科 Ptinidae	Macro			1	0.19									0.03		0
金龟甲科 Scarabaeidae	Macro							2	0.27	12	2.46			0.43		Ph
蜉金龟科 Aphodiidae	Macro							2	0.27			4	0.65	0.19		Co
粪金龟科 Geotrupidae	Macro											1	0.16	0.03		Co
鳃金龟科 Melolonthidae	Macro	11	4.17			9	1.55					1	0.16	0.65		Ph
丽金龟科 Rutelidae	Macro	1	0.38											0.03		Ph
锹甲科 Lucanidae	Macro					2	0.34							0.06		Ph
叶甲科 Chrysomelidae	Macro	4	1.52	14	2.59			1	0.14					0.59		Ph
象甲科 Curculionidae	Macro			2	0.37									0.06		Ph
双翅目 Diptera																
大蚊科 Tipulidae	Macro							1	0.14					0.03		0
蕈蚊科 Mycetophilidae	Meso/Micro							3	1.14					0.14		S
鹬虻科 Rhagionidae	Macro	1	0.38			1	0.17							0.06		Co/S
剑虻科 Therevidae	Meso/Micro	1	0.41			4	2.42	2	0.76	2	0.51	1	0.17	0.47		Pr
蚤蝇科 Phoridae	Meso/Micro					6	3.64	2	0.76					0.37		0
食蚜蝇科 Syrphidae	Macro											2	0.33	0.06		Pr
膜翅目 Hymenoptera																

（续）

动物名称	体　型	对　照		撂　荒		氮磷钾		氮磷钾＋秸秆		氮磷钾＋有机肥		1.5倍（有机肥＋氮磷钾）		丰　度（%）	多　度	食　性
		Ind.	%	Ind.	%	Ind.	%	Ind.	%	Ind.	%	Ind.	%			
叶蜂科 Tenthredinidae	Macro					4	0.69	4	0.54	2	0.41	6	0.98	0.50		Ph
蚁科 Formicidae																
短猛蚁属 *Brschyponera*	Macro	1	0.38			2	0.34	4	0.54	1	0.2			0.25		Pr
行军属 *Dorylus*	Macro	1	0.38											0.03		0
盘腹蚁属 *Aphrenogaster*	Macro			8	1.48									0.25		0
大头蚁属 *Pheidole*	Macro			2	0.37			1	0.14					0.09		0
举腹蚁属 *Crematogaster*	Macro	22	8.33	14	2.59	133	22.93	89	12.06	28	5.74	64	10.46	10.86	***	0
臭蚁属 *Dolichodreus*	Macro									2	0.41			0.06		Ph
红蚁属 *Myrmica*	Macro	2	0.76	139	25.74							48	7.84	5.87	**	Pr
扁胸切叶蚁属 *Vollenhovia*	Macro											3	0.49	0.09		0
小家蚁属 *Monomorium*	Macro	1	0.38	26	4.81	110	18.97	7	0.95	10	2.05	68	11.27	6.92	**	0
寡妇切叶蚁属 *Oligomymex*	Macro			35	6.48	1	0.17			1	0.2			1.15	**	Ph
路舍蚁属 *Tetramorium*	Macro	16	6.06	12	2.22	3	0.52	5	0.68			13	2.12	1.52	**	0
拟猛切叶蚁属 *Tetraponera*	Macro	64	24.24	5	0.93	13	2.24					6	0.98	2.73	**	Pr
蚁属 *Formica*	Macro			1	0.19									0.03		0
大型土壤动物总计 Macrofauna	3 222	264		540		580		738		488		612				
中小型土壤动物 Meso/Micro fauna	2 136	245		463		165		264		393		606				
未知类型 Unknown																
双翅目蝇蛹（Diptera pupas）								4	15	7						
双翅目幼虫（Diptera larva）		5	1		8		1		3		2					
膜翅目蚂蚁（Ant）		22		7				1		4		11				
鳞翅目茧蛹（Lepidoptera pupas）						17		6		3		2				
鞘翅目成虫（Colcoptera imago）		3										1				
鞘翅目幼虫（Colcoptera larva）		1					7		2		4					
小计 Subtotal		137														
总计 Total		5 495														

Ph：植食性，D：枯食性，Ca：尸食性，Co：粪食性，F：菌食性，Pr：捕食性，S：腐食性，O：杂食性，Macro：大型动物；Meso/Micro：中小型动物。

从土壤动物类群数量等级分布看（表 1），优势类群分布由多到少依次为：NPK 处理＞SNPK＞撂荒地，但优势类群所占的比例则是撂荒地＞NPK＞SNPK；常见类群以 CK 处理最多，在 1.5MNPK、MNPK、NPK、Aband 处理则相同，以 SNPK 处理最少；极稀有类群在 1.5MNPK 处理最多。

在 6 种施肥条件下，农田土壤动物个体数量和类群数均与土壤含水率、土壤有机质含量、pH、全 N 含量（表 2）有关。相关性分析表明（表 3），大型土壤动物个体数量与土壤有机质含量之间相关性不显著，例如 1.5MNPK 处理中的土壤有机质含量最高，但土壤动物个体数量却低于 SNPK 处理。中小型土壤动物与土壤有机质含量间的相关性则较显著，其相关系数为 0.7958（$P<0.10$），说明施肥种类和含量对土壤动物的影响程度不同。与施用有机肥配施 NPK 相比，施用秸秆配施 NPK 更有利于中小型农田土壤动物的生长。土壤全 N 含量与农田土壤动物之间的相关性与它和土壤有机质的关系相同，这与资料显示土壤全 N 含量与土壤有机质含量呈正相关关系（全国土壤普查办公室，1995）的结果是一致的。

表 2　6 种施肥处理条件下土壤的主要特性

	土壤含水率（%）	有机质含量（g/kg）	pH	全氮含量（g/kg）
对照小区 CK	39.42	12.53	8.40	0.97
撂荒 Aband	30.73	16.16	8.36	1.25
氮磷钾 NPK	42.54	15.13	8.38	1.18
氮磷钾＋秸秆 SNKP	32.83	16.67	8.36	1.31
氮磷钾＋有机肥 MNPK	43.71	23.86	8.22	1.75
1.5 倍（有机肥＋氮磷钾）1.5MNPK	48.75	28.79	8.13	2.01

The abbreviations of fertilizer treatment are the same as in Table 1

表 3　农田土壤动物个体数、类群数与土壤主要化学性质的相关性分析

		土壤含水率（%）	有机质含量（g/kg）	pH	全氮含量（g/kg）
个体数量	大型 Macrofauna	0.134 6	0.332 8	−0.239 4	0.383 9
	中小型 Meso and microfauna	0.280 5	0.795 8*	−0.804 9*	0.779 9*
类群数	大型 Macrofauna	0.654 8***	0.621 0	−0.624 4	0.588 1
	中小型 Meso and Microfauna	0.371 2	0.052 3	−0.076 5	0.052

***（$F=4.606\ 4$，$p<0.01$），*（$F=2.132$，$p<0.10$）。

2. 类群多样性与均匀性　土壤的 pH 对于土壤动物的分布通常是一种限制因素，6 块试验小区内土壤动物与 pH 之间均呈负相关关系也证明了这一点。但仅中小型土壤动物与 pH 之间相关关系较为显著，表明中小型土壤动物受 pH 影响更明显。

此外，土壤动物与土壤含水率呈正相关，且与大型土壤动物类群之间的相关关系极显著，说明土壤含水量对大型土壤动物分布影响显著。

从群落多样性与均匀性分析中可以看出（表 4），大型农田土壤动物多样性指数和均匀性指数由高到低依次是1.5MNPK>MNPK>CK>NPK>Aband>SNPK，而Simpson优势度指数的变化趋势则相反，说明1.5MNPK中、大型农田土壤动物多样性最丰富，且分布最均匀。中、小型土壤动物多样性指数由高到低依次是CK>SNPK>Aband>NPK>MNPK>1.5MNPK，均匀性指数依次是Aband>CK>SNPK>NPK>MNPK>1.5MNPK，Simpson优势度指数依次是1.5MNPK>MNPK>NPK>SNPK>Aband>CK，说明CK中小型农田土壤动物多样性最丰富，Aband小区中分布最均匀。

表4　6种施肥处理条件下农田土壤动物群落多样性和相似性

		大型						中小型					
		CK	Aband	NPK	SNPK	MNPK	1.5MNPK	CK	Aband	NPK	SNPK	MNPK	1.5MNPK
H'		2.552 6	2.400 7	2.481 9	2.225 6	2.556 9	2.760 6	1.044 3	0.909 1	0.831 9	0.920 1	0.530 0	0.345 5
J		0.758 1	0.720 5	0.722 8	0.654 4	0.767 3	0.770 4	0.502 2	0.564 9	0.427 5	0.442 5	0.254 9	0.177 5
C		0.120 9	0.149 8	0.127 4	0.172 3	0.104 9	0.084 6	0.470 0	0.479 1	0.634 1	0.561 1	0.776 6	0.862 2
类群数		29	28	31	30	28	36	7	4	7	8	8	7
个体数量		264	540	580	738	488	612	205	463	165	264	393	606
q	CK		0.325 6	0.428 6	0.372 1	0.266 7	0.354 2		0.444 4	0.500 0	0.454 5	0.600 0	0.500 0
Jaccard index	Aband			0.372 1	0.318 2	0.365 9	0.333 3			0.500 0	0.444 4	0.857 1	0.714 3
	NPK				0.525 0	0.552 6	0.534 9				0.666 7	0.500 0	0.750 0
	SNPK					0.450 0	0.488 4					0.454 5	0.500 0
	MNPK						0.488 4						0.875 0
W	CK		0.427 0	0.372 0	0.537 7	0.342 5	0.280 6		0.228 9	0.369 6	0.394 7	0.294 1	0.628 9
Gowerindex	Aband			0.500 0	0.542 6	0.512 9	0.551 2			0.395 3	0.417 6	0.093 0	0.400 0
	NPK				0.475 3	0.429 9	0.255 7				0.666 3	0.390 3	0.584 8
	SNPK					0.528 9	0.479 0					0.510 6	0.651 0
	MNPK						0.262 2						0.334 8

3. 类群相似性　大型土壤动物群落在Aband小区中Jaccard指数（q）与其他施肥处理小区之间的相似性明显低于其他施肥处理之间的相似性，中小型土壤动物群落CK样地中的Jaccard指数（q）与其他施肥处理之间的相似性明显低于其他施肥处理之间的相似性；而Gower系数则相反（表4）。Jaccard（q）指数越小，其相似程度越低；而Gower系数越低，其相似程度越高。表明不同施肥条件下，土壤动物群落的组成具有很高的异质性，反映出不同施肥处理对土壤生态系统内部环境，进而对土壤动物群落产生的影响。

从不同分析指标来看，大型农田土壤动物CK处理与其他施肥处理之间共有类群较少，许多共有类群个体数相差比较大。因此，Jaccard（q）指数和Gower系数均较低。

四、讨　　论

（一）不同施肥处理对农田土壤动物群落的影响

土壤动物群落结构受土壤性质等因素的深刻影响。土壤的各种特性，如含水率、pH、结构、质地、土壤有机质含量以及环境中植被盖度和凋落物年归还量等与土壤动物均有密切关系，直接影响着土壤动物的生存与发展。

就本研究看，黄土区农田土壤动物类群变化主要与长期施肥所导致的土壤理化性质变化和采集时段有关。在 6 个施肥小区内共有类群 13 个，与 CK 相比，其他 5 种施肥处理的农田土壤动物主要类群数量均有增加，其中大型土壤动物个体数量除 NPK 小区的小家蚁属有所增加外，增加最多的是 SNPK 小区蚯蚓（后孔寡毛目），增加 20.67 倍；中、小型农田土壤动物中，弹尾目个体数量增加最多，均在 1.5 倍以上，这与 Bardgett 等（1993）对施用 NPK 使草原土壤动物的优势类群 Collembola 数量增加的结果基本一致。

长期定位试验研究表明（孙本华等，2002）：施用 NPK、SNPK 和 NPK 配施有机肥可明显地提高土壤有机质、全 N 和速效养分含量，而施用 1.5MNPK 后土壤有机质含量增加最高。土壤有机质是土壤动物的主要能量来源，其含量的增加势必影响土壤动物群落组成。就 6 个施肥小区内共有类群个体数量来看，其个体数量表现为 1.5MNPK＞MNPK＞SNPK＞NPK＞Aband＞CK。虽然秸秆与 NPK 配施（SNPK）后土壤有机质的含量增幅低于 NPK 配施有机肥，但与其他施肥处理相比，SNPK（劳秀荣等，2003）可优化土壤生态环境，提高土壤微生物活性，促进土壤养分循环，有利于农田土壤动物种群的生存与发展。但本研究中，仅中小型农田土壤动物数量与土壤有机质含量的相关关系较显著，这与许多学者所得出的土壤动物的数量常常与土壤有机质的含量呈比较明显的正相关关系的结果存在着一定的差异，其原因有待于进一步研究。

土壤动物数量和类群的波动还与气候因子有关。黄土区降水主要集中在 7、8、9 三个月。在两年共 4 次采样中，夏收后采集到的农田土壤动物的种类和数量明显低于秋收后的采集，且秋收后采集的昆虫标本多为幼虫，在一定程度上反映了土壤动物与土壤含水量、土壤温度之间存在一定的联系。相关性分析表明大型农田土壤动物类群与土壤水分含量相关关系极显著，说明大型农田土壤动物类群受土壤水分影响极明显。土壤 pH 通常是土壤动物分布的一个限制因素，6 块试验小区内土壤动物与 pH 相关关系分析表明，中、小型农田土壤动物受 pH 影响较显著，其他均不显著，其原因有待于分析。

（二）农田土壤动物类群多样性比较分析

在众多表征群落多样性的指数中，Shannon-Wiener 多样性指数和 Simpson 多样性指数是应用最广泛的两个指数，一些学者将其应用于群落多样性的分析。但由于受土壤动物分类的限制，无法进一步鉴定，而许多土壤动物群落等级属性表现非常明显，因此在分析比较群落的多样性时，生物的等级应予以考虑。Pielou（1967）（马克平等，1994）提出了用信息多样性指数测度等级多样性的方法，即对于科、属、种 3 个等级的多样性，有 $H'(SGF)=H'(F)+H'_F(G)+H'_{FG}(S)$。其中 $H'(F)$ 为以 F 为分类单元的多样性；$H'_F(G)$ 为以 F 内 G 为分类单元对各 F 的多样性的加权平均；$H'_{FG}(S)$ 为以 G 内 S 分类单元的多样性的加权平均，它表明 $H'(SGF)$ 相同的群落内，$H'(F)$ 或 $H'_F(G)$ 值更大的类群具有更高的复杂性。对 6 种施肥农田土壤动物群落进行比较，如在大型土壤动物群落的 CK、Aband、NPK、SNPK、MNPK、1.5MNPK 的等级多样性值依次为 1.465 6、1.378 1、1.456 6、1.211 2、1.498 5、1.670 5。虽然其值整体低于 Shannon-Wiener 多样性指数，但是其变化趋势与 Shannon-Wiener 多样性指数变化趋势相同，采用两种分析方法可得出相同的结论。

Jaccard（q）指数和 Gower 系数是群落相似性分析中较常用的分析方法。Jaccard 指数（q）适于某个类群存在或不存在的二元数据，而 Gower 系数是作为衡量两个实体（属性）间相异性的指标。前者反映的是群落之间的相似程度，数值越大，表明两个群落之间越相似；后者则反映的是群落之间差异程度，数值越小，表明两个群落之间的相似程度越大。采用相似性和相异性两种指标对 6 种施肥农田土壤动物群落的相似性进行分析，便于更好地反映出群落之间的相互关系。

秦皇岛市钙与心血管病发病率相关性调查研究

在动物界，人们早已知道 Ca^{2+} 对于细胞代谢有重大影响，20 世纪 40 年代，Heibrum 将微量 Ca^{2+} 注入肌纤维引起肌肉收缩的试验器官和细胞水平激起了人们对钙的兴趣。经过几十年的实验证明，生物体内没有哪一种阳离子像 Ca^{2+} 一样具有如此广泛的生理功能，钙是人体含量最多的矿质元素。众所周知，缺钙首先引起佝偻病、骨骼软化、骨质疏松等症状。近年来的流行病学的研究表明，钙还是人体健康重要的保护元素。研究钙与氟的代谢作用时，一些报告指出，低钙摄入地区如印度南部氟骨病发病率高，缺钙是氟斑牙的重要原因。克山病病区易感人群膳食组成除低硒外，低钙最为突出。已经证明，单纯补钙就可以明显减轻缺氧性心肌坏死。最近十余年，关于钙对心血管疾病的抑制作用是许多流行病学研究者最为感兴趣也是最有争议的一个问题，许多国外研究者指出生态环境中的钙与心血管病发率有密切关系，英国南威尔士的研究表明，钙含量与心血管死亡率之间有极显著的负相关。在芬兰东部某地区钙含量低，其冠心病发病率高于含钙量低的西部地区。关于钙与心血管疾病研究最多也就是水的硬度与心血管病发生率的关系，已得出让人信服的结论：硬水饮用地区心血管疾病发病率明显低于软水引用地区。水硬度是钙、镁含量总和，通常水中钙浓度约占钙镁总量的 85%～95%，显然在说明水的硬度与心血管疾病的关系时，就必然联系到钙的作用。高血压是诱发心血管疾病的重要危险因子，1982 年 Mclarron 首次报道了高血压病人摄取的钙比正常血压者低。其后的大量研究表明，钙的摄取与血压呈负相关。曾有人在 1985 年报道了关于高心血管、牙齿疏松与钙摄入之间的联系，发现相对于 110 名正常血压者，在 97 名高血压患者中存在高的牙齿疏松发生率。因此，对钙的摄入与高血压、心血管疾病之间的联系的研究将是有意义的探索。

在全球范围内，钙是一些地区及居民食品中普遍缺乏的元素，人体缺钙是世界性的问题，目前我国人民钙的摄入处于较低水平，全国平均每人日 500mg，低于中国营养学会修订的我国成年人钙供应量（800mg）。现代营养学的研究日益显示钙在人类营养中重要意义。如何有效补钙已经成为目前人类需要迫切解决的问题。近年来专家们提倡利用天然食品调节体内元素平衡，对防治因元素的缺乏而引起的疾病最为理想，以植物性食品为主要食品的发展中国家，研究通过增加植物性食品中必须营养元素含量，改善作物品质，以保证人体需要

与程晓梅、窦富根合作，本文为程晓梅硕士论文研究的一部分。

量，给植物营养学研究提出新的课题。

我国存在明显的富钙环境和相应的富钙生物类型，及相对的缺钙酸性环境和相对的嫌钙生物类型。生态环境中的钙影响着植物、动物的正常生长发育及人类健康。本文从研究秦皇岛市不同地区心血管疾病发病情况入手，从食物的角度探讨土壤—植物—动物系统中钙的生物有效性，试图将植物营养与动物营养结合起来，为提高植物体内钙的含量，从而提高人们膳食中钙的供给，保证人体健康提供依据。

一、调查取样与测定方法

1. 在秦皇岛市农业局土肥站的协助下，在秦皇岛市郊区县昌黎和扶宁的县、乡卫生防疫站参与下，进行抽样调查，统计各乡心血管病和高血压发病率。根据发病率的高低，将这个地区划分为高发病区和低发病区。

2. 两个县各设 5 个点，每点设置 10 批（次）重复随机取样，分别采集饮用水、土壤、当地主产作物玉米（包括籽粒和秸秆）样品。

3. 测定方法：土壤样品风干、粉碎，过 80 目筛孔，用 $HF-HClO_4-H_2SO_4$ 消化，原子吸收光谱法测定 K、Ca、Mg、Zn、Mn、Cu 含量；玉米籽粒、秸秆粉碎后，用 HNO_3—$HClO_4$ 消化，原子吸收光谱法测定 K、Ca、Mg、Zn、Mn、Cu 含量；饮用水直接用原子吸收光谱法测定 Ca 含量。

二、结果与分析

（一）不同地区心血管病发率的调查结果

根据心血管病发病率的高低，将这个地区划分为高发病区和低发病区。统计各乡人口总数和发病人数，然后计算出发病率，如表 1 所示。高发病区包括慕义寨，前韩、樵夫乡、草粮屯、八里庄；低发病区包括半壁店、上庄坨、北林子村、黑山窑、徐庄乡。高发病区发病率平均为 4.15%，显著高于低发病区发病率的平均值（0.77%）。

在两区的调查结果表明，发病人数中男性占较大的比例，约为发病总人数的 60%～80%，女性占 20%～40%（表 1）。另外，被调查的各个地区都表现出一个共同特征：近年来，心血管发病率逐年提高，而且发病者的年龄越来越年轻化，以 30～50 岁居多。

表 1　秦皇岛市郊县不同地区心血管病发病率的调查

调查项目	高发病区						低发病区					
	慕义寨	前韩	樵夫乡	草粮屯	八里庄	（均值）	半壁店	上庄坨	北林子村	黑山窑	徐庄村	（均值）
人口总数（人）	790	1 600	360	900	1 500		600	900	1 200	1 300	800	
发病人数（人）	35	67	17	39	73		10	7	7	4	5	
发病率（%）	4.43	4.19	4.72	4.33	4.87	4.51	1.70	0.78	0.78	0.31	0.63	0.77
发病人中男性所占比例（%）	667	72.1	68.4	67.1	73.2	69.7	70	70	71.4	50	75	69.3
发病中女性所占比例（%）	32.3	27.9	31.6	32.9	26.8	30.3	30	28.6	28.6	50	25	30.7

(二)饮水、土壤和玉米中的K、Ca、Mg、Zn、Mn、Cu含量

1. 饮水 心血管病高发区饮用水Ca含量为36.74～51.63mg/L，5个点平均44.07mg/L；低发病区饮用水Ca含量为68.17～91.48mg/L，5个点平均80.49mg/L，两者相比，低发病区饮用水Ca含量比高发病区平均高82.64%。

2. 土壤

(1) 钾含量：心血管病高发区土壤钾(K)含量为1.96%～2.27%，平均2.10±0.23%；低发病区土壤钾(K)含量为2.18%～2.79%，平均2.39±0.23%，比高发病区平均高18.91%。

(2) 钙含量：心血管病高发区土壤(Ca)含量为1.64%～1.84%，平均1.72±0.18%；低发病区土壤钙(Ca)含量为2.69%～3.41%，平均为2.96±0.36%，比高发病区土壤钙平均高72.09%。

(3) 其他土壤元素含量

Mg：低发病区土壤镁含量比高发病区平均高9.68%；

Zn：高发病区土壤锌含量比低发病区平均高7.73%；

Mn、Cu：高发病区土壤锰、铜含量与低发病区相比，差别不大。

3. 玉米秸秆

(1) 钾含量：高发病区玉米秸秆钾(K)含量为0.73%～0.86%，平均0.79±0.03%；低发病区钾含量为0.94%～1.57%，平均1.35±0.36%，比高发病区平均高70.89%。

(2) 钙含量：高发病区玉米秸秆钙(Ca)含量为0.64%～0.82%,，平均0.76±0.05%；低发病区钙含量为0.95%～1.80%，平均1.42±0.09%，比高发病区平均高86.84%。

(3) 其他元素含量

Mg：低发病区比高发病区平均高20.41%；

Zn：低发病区比高发病区平均高104.56%；

Mn：高发病区比低发病区平均高97.65%；

Cu：高发病区比低发病区平均高13.36%。

表2 饮水中Ca与土壤、玉米中K、Ca、Mg、Zn、Mn、Cu的含量

测定项目		高发病区						低发病区					
		慕义寨	前 韩	樵夫乡	草粮屯	八里庄	(均 值)	半壁店	上庄坨	北林子村	黑山窑	徐庄乡	(均 值)
发病率(%)		4.43	4.19	4.72	4.33	4.87	4.51	1.70	0.78	0.42	0.31	0.63	0.77
饮水中钙(mg/L)		46.15	38.72	36.74	51.63	47.10	44.07	91.48	73.49	81.25	88.13	68.17	80.49
土壤	K(%)	2.27 (±0.22)	1.96 (±0.18)	2.13 (±0.24)	2.07 (±0.17)	2.09 (±0.16)	2.10 (±0.23)	2.79 (±0.30)	2.34 (±0.20)	2.18 (±0.19)	2.29 (±0.17)	2.38 (±0.21)	2.39 (±0.23)
	Ca(%)	1.64 (±0.18)	1.72 (±0.15)	1.84 (±0.20)	1.63 (±0.14)	1.76 (±0.21)	1.72 (±0.18)	3.41 (±0.21)	2.97 (±0.26)	2.73 (±0.30)	2.69 (±0.29)	2.98 (±0.34)	2.96 (±0.36)

（续）

测定项目		高发病区						低发病区					
		慕义寨	前　韩	樵夫乡	草粮屯	八里庄	（均　值）	半壁店	上庄坨	北林子村	黑山窑	徐庄乡	（均　值）
土壤	Mg（%）	0.63 （±0.05）	0.59 （±0.08）	0.61 （±0.06）	0.70 （±0.06）	0.58 （±0.04）	0.62 （±0.06）	0.64 （±0.09）	0.63 （±0.05）	0.72 （0.07）	0.74 （±0.04）	0.69 （±0.08）	0.68 （0.06）
	Zn （mg/kg）	190.21 （±3.17）	184.53 （±2.89）	175.60 （±2.86）	189.26 （±2.97）	170.34 （±2.58）	182.10 （±3.85）	160.83 （±2.51）	174.36 （±2.34）	168.97 （±5.12）	167.42 （±3.48）	173.64 （±3.24）	169.04 （±2.58）
	Mn （mg/kg）	710.03 （±23.42）	690.84 （±22.87）	697.29 （±22.54）	703.46 （±23.68）	730.87 （±30.87）	706.50 （±28.45）	680.32 （±21.34）	683.07 （±24.63）	706.93 （±31.54）	721.76 （±32.41）	693.78 （±19.68）	697.31 （±32.57）
	Cu （mg/kg）	22.74 （±2.27）	25.31 （±1.89）	24.63 （±1.04）	19.87 （±2.38）	21.96 （±1.69）	22.91 （±1.97）	23.56 （±3.57）	21.78 （±2.69）	23.49 （±1.64）	22.67 （±2.68）	20.71 （±1.67）	22.44 （±2.34）
玉米秸秆	K（%）	0.73 （±0.05）	0.79 （±0.08）	0.84 （±0.12）	0.75 （±0.25）	0.86 （±0.10）	0.79 （±0.03）	0.94 （±0.06）	1.74 （±0.09）	1.48 （±0.35）	1.01 （±0.13）	1.57 （±0.29）	1.35 （±0.36）
	Ca（%）	0.72 （±0.03）	0.79 （±0.08）	0.85 （±0.05）	0.64 （±0.07）	0.82 （±0.10）	0.76 （±0.05）	1.80 （±0.13）	1.59 （±0.28）	1.09 （±0.12）	0.95 （±0.07）	1.69 （±0.15）	1.42 （±0.09）
	Mg（%）	0.59 （±0.09）	0.43 （±0.07）	0.29 （±0.22）	0.52 （±0.06）	0.66 （±0.07）	0.49 （±0.06）	0.52 （±0.04）	0.50 （±0.03）	0.67 （±0.10）	0.65 （±0.08）	0.63 （±0.07）	0.59 （±0.09）
	Zn （mg/kg）	20.13 （±1.27）	23.64 （±1.38）	19.22 （±1.09）	25.16 （±2.56）	29.18 （±3.18）	23.47 （±1.64）	39.88 （±4.01）	34.15 （±3.67）	49.46 （±3.89）	61.32 （±4.87）	55.23 （±3.28）	48.01 （±5.04）
	Mn （mg/kg）	85.06 （±1.49）	88.67 （±1.67）	78.47 （±2.05）	90.58 （±2.53）	105.39 （±3.58）	89.63 （±4.37）	35.73 （±2.58）	36.71 （±1.06）	52.26 （±1.27）	45.80 （±1.64）	48.63 （±1.75）	43.83 （±1.49）
	Cu （mg/kg）	10.30 （±0.79）	10.26 （±0.69）	11.21 （±0.85）	9.86 （±0.38）	9.70 （±0.69）	10.27 （±0.97）	8.03 （±0.65）	11.73 （±1.05）	7.14 （±0.39）	9.42 （±0.70）	8.97 （±0.58）	9.06 （±0.63）
玉米籽粒	K（%）	0.30 （±0.05）	0.33 （±0.07）	0.32 （±0.09）	0.31 （±0.06）	0.33 （±0.05）	0.32 （±0.10）	0.37 （±0.08）	0.36 （±0.06）	0.40 （±0.07）	0.26 （±0.06）	0.39 （±0.07）	0.37 （±0.09）
	Ca（%）	0.043 （±0.02）	0.036 （±0.05）	0.032 （±0.06）	0.046 （±0.03）	0.033 （±0.03）	0.038 （±0.03）	0.055 （±0.04）	0.063 （±0.07）	0.052 （±0.05）	0.069 （±0.04）	0.067 （±0.07）	0.061 （±0.03）
	Mg（%）	0.10 （±0.02）	0.10 （±0.02）	0.11 （±0.02）	0.12 （±0.03）	0.11 （±0.02）	0.11 （±0.03）	0.09 （±0.02）	0.09 （±0.02）	0.11 （±0.04）	0.10 （±0.02）	0.11 （±0.03）	0.10 （±0.02）
	Zn （mg/kg）	14.09 （±0.98）	13.86 （±0.76）	14.99 （±0.68）	13.62 （±0.72）	12.82 （±0.65）	13.86 （±0.34）	13.79 （±0.64）	11.07 （±0.24）	11.45 （±0.19）	12.19 （±0.28）	11.38 （±0.34）	11.98 （±0.67）
	Mn （mg/kg）	3.27 （±0.31）	3.58 （±0.34）	3.60 （±0.25）	4.30 （±0.47）	4.38 （±0.58）	3.83 （±0.37）	3.62 （±0.61）	3.42 （±0.37）	3.58 （±0.62）	3.63 （±0.38）	3.59 （±0.34）	3.57 （±0.27）
	Cu （mg/kg）	1.51 （±0.04）	1.73 （±0.12）	1.81 （±0.08）	1.57 （±0.14）	1.62 （±0.08）	1.65 （±0.13）	1.55 （±0.05）	1.58 （±0.04）	1.52 （±0.08）	1.55 （±0.10）	1.57 （±0.13）	1.55 （±0.04）

4. 玉米籽粒

（1）钾含量：高发病区玉米籽粒钾（K）的含量为0.31%～0.33%，平均0.32±0.1%；低发病区钾含量为0.26%～0.40%，平均0.37±0.09%，比高发病区平均高15.63%。

（2）钙含量：高发病区玉米籽粒钙（Ca）含量为0.032%～0.046%，平均为0.038±

0.03%；低发病区钙含量为 0.55%～0.069%，平均 0.061±0.03%，比高发病区平均高 60.53%。

（3）其他元素：Zn、Mn 含量，高发病区比低发病区平均分别高 15.69%和 7.28%；Mg、Cu 含量，高发病区和低发病区差别不大。

5. 小结

（1）低发病区：饮用水、土壤、玉米秸秆和玉米籽粒中的钙含量均远高于高发病区，平均高 60.53%～86.84%；土壤和玉米的钾含量平均高 15.63%～70.89%。

（2）高发病区：玉米籽粒和秸秆中锰含量比低发病区分别平均高 7.28%～97.65%。

（三）心血管病发病率与 Ca、K 等元素相关性分析

将发病率与饮水 Ca、土壤和玉米（秸秆和籽粒）Ca、K、Mg、Zn、Mn、Cu 元素进行相关性分析，结果表明，心血管病发病率与饮用水、土壤、玉米中的钙含量呈极显著负相关、其中，发病率与土壤 Ca 的相关系数 $R=-0.8995$，与饮用水 Ca 的 $R=-0.8930$，与玉米秸秆 Ca 的 $R=-0.7349$，与玉米籽粒 Ca 的 $R=-0.9227$；发病率与其他几种元素的相关性不显著（表 3、图 1～图 4）。

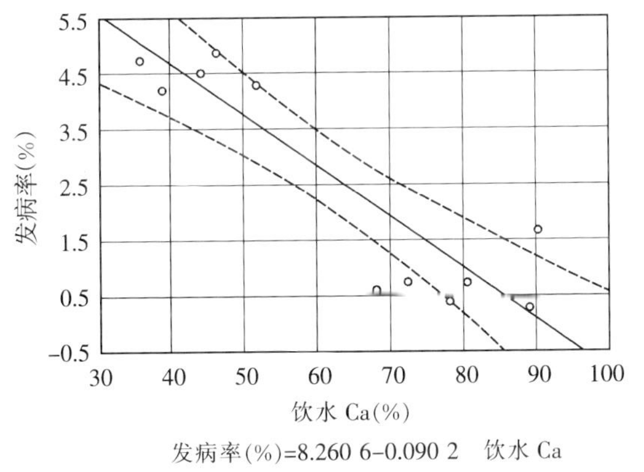

图 1　发病率与饮水 Ca 的关系

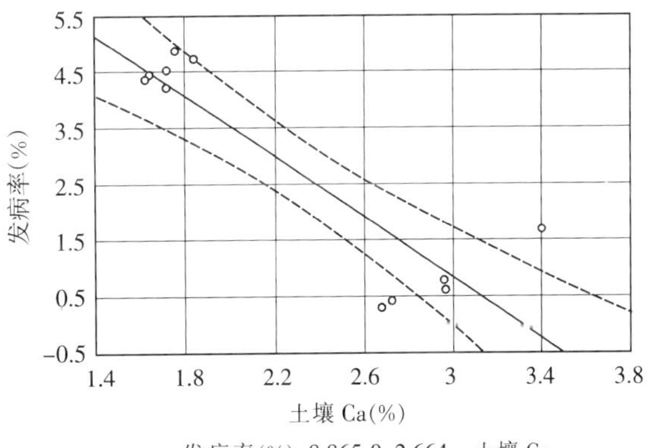

图 2　发病率与土壤 Ca 的关系

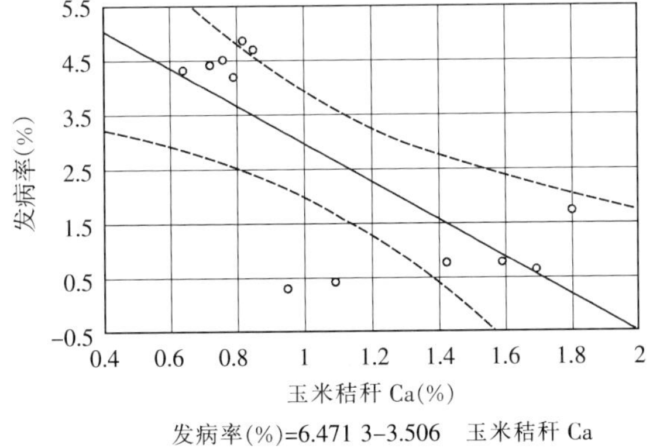

图 3　发病率与玉米秸秆 Ca 的关系

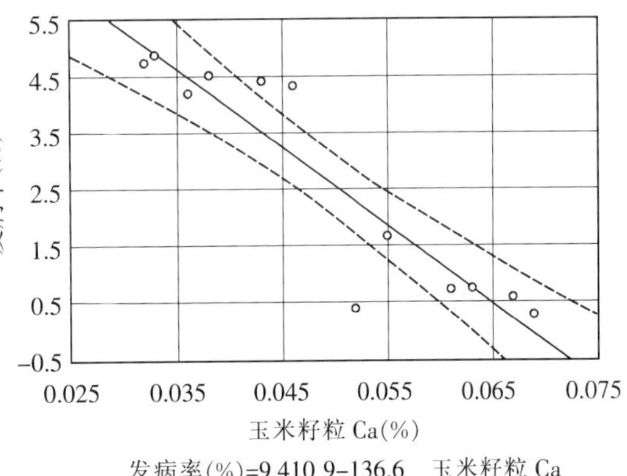

图 4　发病率与玉米籽粒 Ca 的关系

表 3　发病率与饮水钙、土壤、玉米秸秆和籽粒中各元素的相关性分析

变　量	发病率	饮水 Ca	土壤 K	土壤 Ca	土壤 Mg	土壤 Zn	土壤 Mn	土壤 Cu	秸秆 K	秸秆 Ca	秸秆 Mg	秸秆 Zn	秸秆 Mn	秸秆 Cu	籽粒 K	籽粒 Ca	籽粒 Mg	籽粒 Zn	籽粒 Mn	籽粒 Cu
发病率	1.00	−0.89*	−0.56	−0.90*	−0.67*	0.68*	0.33	0.05	−0.81*	−0.73*	−0.29	−0.89*	0.94*	−0.34	−0.44	−0.91*	0.37	0.80*	0.41	0.50
饮水 Ca	−0.89*	1.00	0.75*	0.92*	0.64*	−0.82*	−0.28	−0.02	0.57	0.71*	0.27	0.82*	−0.91*	0.38	0.33	0.82*	−0.44	−0.57	−0.26	−0.62*
土壤 K	−0.56	0.75*	1.00	0.82*	0.20	−0.65*	−0.50	−0.03	0.32	0.82*	0.19	0.44	−0.76*	0.03	0.35	0.60	−0.62*	−0.17	−0.43	−0.55
土壤 Ca	−0.90*	0.92*	0.82	1.00	0.42	−0.82*	−0.52	−0.00	0.72*	0.93*	0.28	0.76*	−0.96*	0.13	0.57	0.82*	−0.55	−0.63*	−0.39	−0.45
土壤 Mg	−0.67*	0.64*	0.20	0.42	1.00	−0.25	0.07	−0.34	0.35	0.15	0.15	0.74*	−0.53	0.50	0.02	0.71*	0.23	−0.046	−0.03	−0.63*
土壤 Zn	0.68*	−0.82*	−0.65*	−0.82*	−0.25	1.00	0.09	−0.15	−0.46	−0.68*	−0.23	−0.72*	0.67*	−0.25	−0.41	−0.51	0.41	0.50	0.01	0.28
土壤 Mn	0.33	−0.28	−0.50	−0.52	0.07	0.09	1.00	−0.14	−0.39	−0.67*	−0.11	−0.00	0.55	0.41	−0.54	−0.33	0.52	0.09	0.51	−0.06
土壤 Cu	0.05	−0.02	−0.03	0.00	−0.34	−0.15	−0.14	1.00	−0.22	−0.07	−0.01	−0.11	−0.01	0.03	0.02	−0.30	−0.48	0.30	−0.38	0.39
秸秆 K	−0.81*	0.57	0.32	0.72*	0.35	−0.46	−0.39	−0.22	1.00	0.71*	0.23	0.60*	−0.73*	−0.08	0.68*	0.70*	−0.25	−0.94*	−0.32	−0.32
秸秆 Ca	−0.73*	0.71*	0.82*	0.93*	0.15	−0.68*	−0.67*	−0.07	0.71*	1.00	0.24	0.55	−0.84*	−0.14	0.68*	0.69*	−0.56	−0.54	−0.41	−0.30
秸秆 Mg	−0.29	0.27	0.19	0.28	0.15	−0.23	−0.11	−0.01	0.23	0.24	1.00	0.25	−0.28	−0.10	0.24	0.26	−0.13	−0.22	−0.15	−0.17
秸秆 Zn	−0.89*	0.82*	0.44	0.76*	0.74*	−0.72*	−0.00	−0.11	0.60*	0.55	0.25	1.00	−0.74*	0.53	0.26	0.84*	−0.12	−0.71*	−0.17	−0.44
秸秆 Mn	0.94*	−0.91*	−0.76*	−0.96*	−0.53	0.67*	0.55	−0.01	−0.73*	−0.84*	−0.28	−0.74*	1.00	−0.24	−0.44	−0.89*	0.59	0.63*	0.55	0.50
秸秆 Cu	−0.34	0.38	0.03	0.13	0.50	−0.25	0.41	0.03	−0.08	−0.14	−0.10	0.53	−0.24	1.00	−0.65*	0.45	−0.14	−0.15	−0.11	−0.15
籽粒 K	−0.44	0.33	0.35	0.57	0.02	−0.41	−0.54	0.02	0.68*	0.68*	0.24	0.26	−0.44	−0.65*	1.00	0.21	−0.08	−0.49	−0.08	−0.14
籽粒 Ca	−0.91*	0.82*	0.60	0.82*	0.71*	−0.51	−0.33	−0.30	0.70*	0.69*	0.26	0.84*	−0.89*	0.45	0.21	1.00	−0.34	−0.70*	−0.45	−0.55
籽粒 Mg	0.37	−0.44	−0.62*	−0.55	0.23	0.41	0.52	−048	−0.25	−0.56	−0.13	−0.12	0.59	−0.14	−0.08	−0.34	1.00	0.09	0.72*	0.07
籽粒 Zn	0.80*	−0.57	−0.17	−0.63*	−0.46	0.50	0.09	0.30	−0.94*	−0.54	−0.22	−0.71*	0.63*	−0.15	−0.49	−0.70*	0.09	1.00	0.12	0.33
籽粒 Mn	0.41	−026	−0.43	−0.39	−0.03	0.01	0.51	−0.38	−0.32	−0.41	−0.15	−0.17	0.55	−0.11	−0.08	−0.45	0.72*	0.12	1.00	0.19
籽粒 Cu	0.50	−0.62*	−0.55	−0.45	−0.63*	0.28	−0.06	0.39	−0.32	−0.30	−0.17	−0.44	0.50	−0.15	−0.14	−0.55	0.07	0.33	0.19	1.00

三、结　　论

1. 秦皇岛市郊区县心血管高发病区饮用水、土壤、玉米秸秆和籽粒中钙含量均低于低发区。

2. 心血管病发病率与饮用水、土壤、玉米秸秆和籽粒中的钙含量呈极显著负相关。认为秦皇岛市郊区县心血管病发病率与饮水、食品中钙含量低密切相关。

不同钙源SHR大鼠钙吸收及降压作用研究

钙是动物主要的矿物质营养元素之一。早在1842年，法国人Chossat已证明饲喂低钙饲料的鸽子骨骼发育不良，单独饲喂小麦10个月后鸽子死亡，解剖后发现其骨质损耗。直至20世纪40年代，Heibrun将微量Ca^{2+}注入肌纤维引起肌肉收缩，方开始从动物器官和细胞水平对钙的研究。钙约占动物和人体重量的1.5%～2.0%，总量达1 200～1 500g（60kg体重中）。其中99%存在于骨骼和牙齿中，构成坚硬的结构支架，并作为机体钙贮存库；1%分布于软组织细胞外液和血液中，统称混合钙池，与骨骼钙保持动态平衡。这些钙可调节心律，传递神经冲动，使肌肉收缩，催化血凝，激活脂肪酶等数种酶。动物和人缺钙，除了影响其生理代谢，还会发生一系列病症，如生长发育迟缓、佝偻病、骨骼软化、骨质疏松和心血管类疾病等。但是到底那类钙对动物和人更有效，多年来，看发不同。本研究采用不同形态钙源，探索对自发性高血压大鼠（SHR）的效果。

一、材料与方法

（一）实验材料和处理

选择阜外医院动物房自行繁殖的10周龄自发性高血压大鼠（SHR）40只，雄雌各半，分为4组，每组10只，饲喂不同钙源配制的饲料（高钙组是用经粉碎的低钙颗粒加入不同形态钙定量饲喂后，再自由采食低钙颗粒料）。处理如下：

A. 低钙对照组含Ca 0.5%；

B. 高钙Ⅰ组采用碳酸钙（饲料级1级），含Ca 2.5%；

C. 高钙 Ⅱ组采用乳酸钙（分析纯），含Ca 2.5%；

D. 高钙Ⅲ组采用骨粉（蒸制骨粉），含Ca 2.5%。

（二）试验方法

1. 测定大鼠起始血压，体重。

2. 每日A、B、C、D组饲喂不同钙源配制的饲料。以组为单位，记录当日消耗饲料总量，并分别收集当日大鼠所食残渣和粪便，称重并测定钙含量。每2周用滤纸收集1次大鼠

与程晓梅、郑　明、窦富根、史吉平合作，原载于1997年第4期《中国兽药杂志》。

48h 的尿液，然后将滤纸灰化、测定。

3. 钙的测定方法是采用 HNO_3—$HClO_4$ 消化，原子吸收分光仪测定法。

4. 每 2d 测定 1 次大鼠体重，以观察其生长情况；每 2 周测定 1 次大鼠血压，记录每组每只大鼠血压值。

5. 喂养时间为 2 个月。喂养完毕，从心脏取大鼠血液，测定红细胞压积、血钙含量。并以组为单位，将大鼠尸体全部焚化，HNO_3—$HClO_4$ 消煮灰分，测定其总钙含量。

二、结果与分析

（一）SHR 大鼠对不同钙源的吸收

分别测定大鼠粪便和尿液中钙含量，在饲养结束后测定大鼠体内的钙含量，根据大鼠的进食量，计算每只大鼠每日存留体内钙量（表 1）和外源钙在大鼠代谢循环中的平衡（表 2）。结果表明，不同处理由于采食量的不同，存留于大鼠体内和粪尿中的钙含量呈现明显的差异。粪便排出钙，高钙组明显高于低钙组，但粪、尿钙占摄入钙的百分比却与低钙组接近。在雄性大鼠中，低钙对照组粪、尿钙分别占总摄入钙的 90%和 4%，高钙处理组分别为 82%～90.2%和 3.5%～11.4%；雌性大鼠中，对照组分别为 87.5%和 8.75%，高钙处理组分别为 76.5%～83.3%和 7.1%～11.9%。总的趋势是，雄性大鼠由于摄入钙多，粪便排出钙高于雌性，但尿钙却低于雌性。

根据外源钙在大鼠体内的代谢平衡计算，大鼠体内半数以上的钙来自后 2 个月所补充的钙。在低钙组中雌、雄大鼠体内的钙含量分别为 0.25%和 0.32%，雌鼠小于雄鼠；3 个高钙处理中，大鼠体内的钙含量显著高于低钙处理，其中 B 处理比对照分别高 0.84%和 0.34%，C 处理分别高 0.72%和 0.49%，D 处理分别高 1.02%和 0.64%。与对照相反，高钙处理雌鼠体内含钙量大于雄鼠，这说明在高钙条件下，雌鼠吸收钙的能力大于雄鼠。外源钙形态不同，直接影响大鼠的钙吸收。在雄性组中，骨粉＞乳酸钙＞碳酸钙＞对照；在雌性组中，骨粉＞碳酸钙＞乳酸钙＞对照。无论雌鼠还是雄鼠，骨粉钙均优于其他两种形态钙源，其原因可能是，骨粉中既含有机钙，又含无机钙，有机钙与无机钙配合是动物最理想的钙源，亦或动物源的钙源更利于动物体吸收。对某一种形态钙而言，雄性大鼠吸收有机钙量多于无机钙，雌性大鼠吸收无机钙量多于有机钙。关于动物对钙的吸收机理，目前为大家所公认的解释是，钙吸收作用主要在小肠上部（小肠近端或十二指肠区），食物经胃消化后在小肠上部仍有些酸性，钙盐在酸性溶液中较易溶解，从而被小肠吸收。可能是雄鼠摄入的食物量大，因而经过胃肠道的速度比雌鼠快，碳酸钙来不及被吸收而随粪便排泄出来，表 1 中，B 处理雄鼠粪便钙远大于雌鼠，间接证明了这种可能性。

表 1　不同钙源对 SHR 大鼠钙吸收的影响

项　　目	A 雄	B 雄	C 雄	D 雄	A 雌	B 雌	C 雌	D 雌
每日每只大鼠进食钙量（g）	0.10	0.51	0.45	0.50	0.08	0.24	0.31	0.34
每日每只大鼠粪中钙量（g）	0.09	0.47**	0.38**	0.41**	0.07	0.20**	0.24**	0.26**
每日每只大鼠尿中钙量（g）	0.004	0.018**	0.047**	0.057**	0.007	0.017**	0.048**	0.061**
每日每只大鼠存留体内钙（g）	0.006	0.022**	0.023**	0.033**	0.003**	0.026**	0.022**	0.019**

（续）

项　　目	A雄	B雄	C雄	D雄	A雌	B雌	C雌	D雌
平均每只大鼠体重（g）	302.50	287.50	248.75	287.50	192.50	188.75	172.50	180.00
平均每只大鼠体内钙含量（%）	0.32	0.66**	0.81**	0.96**	0.25	1.09**	0.97**	1.27**
平均每只大鼠体内总钙量（g）	0.97	1.89**	2.01**	2.76**	0.48	2.05**	1.67**	1.59**

注：与低碳组比较；** $P<0.01$。

表 2　外源钙在大鼠代谢中的平衡

项　　目	A雄	B雄	C雄	D雄	A雌	B雌	C雌	D雌
试验全过程总供钙量（g/只）	6.6	33	33	33	5.4	27	27	27
大鼠摄入钙量（g/只）	6.0	30.6	27.0	30.0	4.80	14.4	18.6	20.4
大鼠摄入钙占总钙%	90.90	92.72	81.81	90.90	88.89	53.33	68.88	75.55
食物残渣钙占总钙%	9.10	7.28	18.19	9.10	11.11	46.67	31.12	24.45
大鼠存留体内钙占摄入钙%	6.00	6.28	5.12	6.6	3.75	9.59	7.10	5.59
粪便钙占摄入钙%	90.0	90.19	84.44	82.0	87.50	83.33	77.42	76.47
尿钙占摄入钙%	4.00	3.53	10.44	11.40	8.75	7.08	15.48	17.94
试验全过程中大鼠存入体内钙占大鼠体内总钙%	37.11	69.84**	68.66**	71.74**	37.50	76.10**	79.04**	71.90**

注：与低钙组比较；** $P<0.01$。

（二）不同钙源对 SHE 大鼠血压的影响

SHR 为自发性高血压大鼠，从出生起至 16 周，血压持续上升，16 周后，血压趋于稳定。本试验挑选 10 周龄、性状均一的自发性高血压大鼠，饲喂不同钙源配制的饲料，观察其血压及体重变化（表 3、4）。试验的整个过程中，低钙组大鼠血压处于稳定上升状态。3 个高钙组大鼠在改喂饲料后的第 2 周，血压不同程度地降低，随后缓慢上升，其中以雄性大鼠表现最为明显。雌性组中，3 个高钙处理的大鼠血压显著低于低钙组。钙降低大鼠血压的效果为：C（乳酸钙）＞D（骨粉钙）＞B（碳酸钙）。从试验后的第 4 周开始至第 10 周结束，饲喂乳酸钙的雄性大鼠的血压比饲喂骨粉大鼠平均分别低 6.25、2.5、10.0、7.5；比碳酸钙组平均分别低 5.0、6.25、12.5、11.25；比低钙对照组平均分别低 18.7、22.5、21.25、15.0。由此可见，饲喂乳酸钙、碳酸钙和骨粉对 SHR 大鼠均有降血压效果，尤其是乳酸钙效果更显著。对于雌性大鼠，从试验开始至试验结束，饲喂碳酸钙和骨粉，对降低大鼠血压虽然有一定的作用，但差异不显著；唯有饲喂有乳酸钙组，大鼠血压一直低于低钙对照，从试验第 2 周开始，平均分别比对照组低 12.5、3.75、7.5、5.0、15.0。3 个高钙组对雌性大鼠降压作用的顺序为：乳酸钙＞碳酸钙＞骨粉。

自改喂饲料开始，高钙组大鼠体重均有不同程度的下降，2 周后，体重增加，但明显低于低钙组，其中以 C 组（乳酸钙）表现最为明显（表 4），这与大鼠血压的变化趋势是一致的。

（三）不同钙源对 SHR 大鼠红细胞压积及血钙的影响

红细胞压积为血黏度的一个指标，大鼠红细胞压积的正常值为 40±2%。红细胞压积越大，说明血黏度越大，血流缓慢，红细胞聚集性增强，越易发生血管阻塞；红细胞压积减少，表示血黏度减低。本试验结束后测定每只大鼠的红细胞压积，结果表明（表 5），在雄性大鼠中，低钙组红细胞压积为 47.4±1.14 %，明显高于正常值；3 个高钙处理组红细胞压积分别为：B 组 45.0±2.14%，C 组 44.8±0.84%，D 组 43.8±1.30%，虽高于正常值，但显著低于低钙组。在雌性大鼠中，4 个处理的红细胞压积均处于正常范围，而且，相互之间没有明显差异。测定血液中钙含量（表 6），雄性大鼠中，乳酸钙处理组的血钙含量稍高于其他处理组，而组间差异不显著；雌性大鼠中，3 个高钙处理组的血钙含量稍低于低钙对照组，组间差异亦不显著。

表 3　不同钙源对 SHR 大鼠血压的影响

周　龄	血　压（mmHg）							
	A 雄	B 雄	C 雄	D 雄	A 雌	B 雌	C 雌	D 雌
10	178.7 （±4.78）	181.75 （±2.36）	182.50 （±5.00）	181.75 （±2.36）	163.75 （±4.78）	163.75 （±2.50）	162.50 （±2.88）	162.50 （±2.88）
12	181.2 （±4.78）	170.00 （±0.00）	171.25 （±6.29）	170.0 （±7.07）	168.75 （±4.78）	161.25 （±2.50）	156.25 （±4.78）	160.00 （±5.77）
14	186.2 （±4.78）	172.5 （±2.88）	167.50 （±2.88）	173.75 （±7.50）	166.25 （±2.50）	162.50 （±2.88）	162.50 （±2.88）	165.00 （±0.00）
16	205.0 （±4.08）	188.75 （±2.50）	182.50 （±2.88）	185.0 （±0.00）	177.50 （±2.88）	172.50 （±2.88）	170.00 （±0.00）	176.25 （±2.50）
18	201.25 （±4.78）	192.5 （±2.88）	180 （±0.00）	190.0 （±0.00）	177.50 （±2.88）	177.50 （±5.00）	172.50 （±2.88）	177.50 （±2.88）
20	201.25 （±4.78）	197.5 （±2.88）	186.25* （±2.50）	193.75* （±4.78）	182.50 （±2.88）	177.50 （±2.88）	167.50* （±2.88）	182.50 （±2.88）

注：与低钙组比较，* $P<0.05$。

表 4　不同钙源对 SHR 大鼠体重的影响

周　龄	体　重（g/只）							
	A 雄	B 雄	C 雄	D 雄	A 雌	B 雌	C 雌	D 雌
10	231.25 （±8.53）	232.50 （±2.88）	233.75 （±9.46）	233.75 （±6.29）	150.00 （±8.16）	152.50 （±2.88）	155.00 （±4.08）	150.00 （±0.00）
12	270.00 （±9.12）	228.70 （±7.50）	208.75 （±4.78）	228.75 （±10.3）	176.25 （±8.53）	156.25 （±4.78）	140.00 （±4.08）	150.00 （±4.08）

（续）

周 龄	体 重（g/只）							
	A雄	B雄	C雄	D雄	A雌	B雌	C雌	D雌
14	277.50 (±2.88)	265.00 (±0.00)	245.00 (±4.08)	268.75 (±2.50)	183.75 (±4.78)	172.50 (±2.88)	168.75 (±6.29)	170.00 (±4.08)
16	272.50 (±5.00)	283.75 (±2.50)	272.50 (±5.00)	283.75 (±2.50)	183.75 (±4.78)	181.25 (±2.50)	173.75 (±7.50)	181.25 (±2.50)
18	296.25 (±8.53)	277.50 (±6.45)	241.25 (±7.50)	285.00 (±4.08)	185.00 (±8.16)	176.25 (±2.50)	163.75 (±4.78)	177.50 (±2.88)
20	302.50 (±6.45)	287.50* (±5.00)	248.75** (±4.78)	287.50* (±2.88)	192.50 (±6.45)	188.75 (±4.78)	172.50* (±9.75)	180.00* (±4.08)

注：与低钙组比较，** $P<0.01$；* $P<0.05$。

三、讨　　论

1. 在3个高钙处理中，饲喂骨粉的D雄组吸收的钙量最多，占摄入钙量的6.6%，高于饲喂碳酸钙的B雄组和饲喂乳酸钙的C雄组。但是，对SHR大鼠的降压作用，却是乳酸钙优于骨粉钙和碳酸钙。这说明不同的外源钙对动物的生理功能是不一样的，也说明不同钙源在动物体内的代谢途径是不同的。因此，查清各类钙残留于动物的哪些器官中，对于进一步探讨钙营养的生理功能及针对不同用途补充哪一种形态的钙将是很有意义的。

2. 在本研究中，饲喂高钙饲料（含Ca 2.5%），延缓SHR雄性大鼠血压上升的效果明显优于雌性大鼠，且雌性大鼠体内含Ca百分量大于雄鼠，表明吸收利用钙的效率不同，目前公认的是雌激素的含量与钙吸收有相关性。

3. 本试验中发现，SHR大鼠的血压降低和回升与体重的减少和增长基本上同步，乳酸钙降压作用最好，但饲喂乳酸钙的大鼠体重也是最低的。对于体重与高血压的关系，目前有两种观点，一种认为，肥胖的高血压患者体重下降后，血压常常随之下降；反对者认为，有些人很瘦，却也患高血压。本研究的结果，不能排除高钙组大鼠由于体重增长受阻导致降压的可能性，与上述的第一种观点是吻合的。

表5　不同钙源对SHR大鼠红细胞压积的影响

细胞压积（%）	A雄	B雄	C雄	D雄	A雌	B雌	C雌	D雌
1	46	43	45	45	42	33	43	40
2	47	46	44	45	44	42	40	43
3	47	48	44	44	40	40	42	40
4	49	43	46	42	39	44	41	42
5	48	45	45	43	42	43	42	41
均　值	47.40	45.00*	44.80*	43.80*	41.40	40.40	41.60	41.20
标准差	1.14	2.12	0.84	1.30	1.95	4.39	1.14	1.30

注：与低钙组比较；* $P<0.05$。

表 6 不同钙源对 SHR 大鼠血钙含量的影响

血 钙 (mg/ml)	A雄	B雄	C雄	D雄	A雌	B雌	C雌	D雌
1	0.18	0.19	0.25	0.11	0.17	0.14	0.12	0.12
2	0.18	0.18	0.20	0.13	0.18	0.15	0.13	0.13
3	0.17	0.15	0.22	0.15	0.17	0.13	0.14	0.16
4	0.18	0.19	0.21	0.15	0.18	0.15	0.15	0.17
5	0.16	0.17	0.19	0.14	0.16	0.16	0.16	0.14
均 值	0.17	0.18	0.21	0.14	0.17	0.15	0.14	0.14
标准差	0.01	0.02	0.02	0.02	0.01	0.01	0.02	0.02

4. 本研究测定了血液中的钙含量，无论高钙的 3 个处理，还是低钙对照，大鼠血液中钙含量组间差异并不显著。米昭曾提出大鼠体内存在的甲状旁腺调节体内骨钙与血钙之间的代谢平衡，体内缺钙时，甲状旁腺促进骨钙向血钙转化。因此，体内缺钙并不能在血钙中反映出来。A. White 等提出甲状旁腺腺体分泌两种激素，即甲状旁腺素和降钙素，这两种激素与维生素 D 一起是体内钙和磷代谢平衡控制的主要调节因子。本研究 SHR 大鼠高钙组与低丐组体内总钙含量差异显著，但血液中的钙含量差异不明显，即证实了他们的观点。

四、结　　论

1. 增加饲料中的钙含量可明显起到补钙作用。SHR 雄性大鼠对外源钙吸收总量的顺序是：骨粉钙＞乳酸钙＞碳酸钙＞低钙对照；雌性大鼠吸收外源钙大小顺序是：骨粉钙＞碳酸钙＞乳酸钙＞低钙对照。无论雄性还是雌性大鼠，作为外源钙，均是骨粉钙最好。

2. 饲喂骨粉、乳酸钙和碳酸钙，均可延缓 SHR 大鼠血压上升；3 种钙源中以乳酸钙的降压效果最好，无机盐碳酸钙较差。

3. 3 种钙源均可降低 SHR 雄性大鼠红细胞压积，骨粉钙稍优于乳酸钙和碳酸钙。

4. 在甲状旁腺不摘除的条件下，大鼠体内缺钙并不能从血钙中体现出来。

第四篇

固体废弃物无害化处置与农业再利用技术

北京城市垃圾肥料农业应用的调查研究

从1980年开始，我们进行了垃圾肥田间效果的试验研究，其后，我们又开展了对北京郊区菜区重点社队施用垃圾肥情况的调查，同时也对垃圾本身及其对土壤、蔬菜产量与品质的影响、垃圾出路等方面的问题进行了研究。现将初步的结果总结于后。

历史上用城市垃圾与人粪尿制成的堆肥，一直作为肥料广泛地施用于京郊菜地，对城市郊区蔬菜的生产起到了积极的作用。垃圾堆肥的方法与施用，在一些社队已有不少的经验，但是随着城市人口的增加，生活水平的提高，垃圾处理工作又没跟上。因此，城市垃圾肥的问题突出地反映出来。对农田的有用成分，农作物能利用的有效养分含量严重下降，而无用成分，有害物质突出上升。近年来，城市垃圾的干物质中，有机物仅占1/3，渣砾竟达2/3。北京年产垃圾在160万～170万t，其中渣砾可达100万t，每年的垃圾均施于1.33万hm^2的菜地里，这样每666.7m^2菜地就要施5t的渣砾，而这些渣砾根本不能为土壤所消化，对土壤的理化性质产生了严重的破坏。目前这种现象已十分严重，应当引起有关方面的高度重视，否则京郊菜地土壤破坏的后果是不堪设想的。

一、垃圾对土壤物理性状的影响

（一）使土粒变粗

由表1可以看出，每666.7m^2施入10t的垃圾，0～40cm土层，渣砾（>2mm）含量由16.15%增加到34.65%，增加1倍以上。而黏粒（<0.001mm）含量由13.8%下降到10%，由于这两部分的明显变化，使土壤的保水、保肥能力大大减弱。在0～20cm土层，这两部分的变化更加明显，渣砾从15.5%上升到37.5%，而黏粒部分由11.8%下降到7.8%。耕层的强渣化，加速了土壤水分的蒸发，养分也随水很快下渗到底土（表1）。

表1　垃圾对土壤物理性状的影响

处理 / 土层深度（cm） / 土壤粒径	空白		化肥		垃圾10t/666.7m^2		垃圾+化肥	
	0～40		0～40		0～40		0～40	
粉砂%（0.01～0.001mm）	69.75		77.1		55.0		50.65	
黏粒%（<0.001mm）	13.80		13.6		10.0		10.80	
渣砾%>2.0mm	16.15		12.55		34.65		36.7	
其中：	0～20	20～40	0～20	20～40	0～20	20～40	0～20	20～40
>10mm	0.5	2.0	0	0	4.5	5.0	8.5	6.5
7～10mm	1.5	1.5	2.8	0.3	2.0	1.5	2.0	1.0

与金维续、余永年、曾太祥、王小平、赵学蕴、赵　琮合作，原载于1982年第2期《中国蔬菜》。

（续）

土壤粒径 \ 土层深度（cm） \ 处理	空 白		化 肥		垃圾 10t/666.7m²		垃圾＋化肥	
	0～40		0～40		0～40		0～40	
5～7mm	1.0	0.8	1.5	0.5	2.0	1.8	1.8	4.3
2.5mm	12.5	12.5	10.0	3.0	29.0	23.5	24.5	24.8
0.01～2mm	15.2	1.9	10.9	14.2	15.2	12.1	13.8	14.2
0.01～0.005mm	30.1	34.7	29.6	31.4	24.7	19.0	18.8	10.4
0.005～0.001	26.6	30.8	34.2	33.9	13.7	25.1	20.8	22.6
<0.001mm	11.8	15.8	11.2	16.0	7.8	12.2	8.8	12.8

（二）垃圾使土壤保肥能力降低

我们从阳离子代换量及土壤保氮能力上测定，发现施入垃圾后，代换量减少 13%～22%，保氮能力明显地降低（表 2）。

表 2　垃圾对土壤保肥能力的影响

	对 照		化 肥		垃 圾		垃圾＋化肥	
土层深度（cm）	0～20	20～40	0～20	20～40	0～20	20～40	0～20	20～40
阳离子代换量（m·e/100g）	17.43	21.65	18.20	19.27	15.14	16.85	15.46	16.77
减少率（%）					13.14	22.20	15.10	13.0
保 N 能力（饱和 N）								
总 N（%）	0.488	0.606	0.510	0.540	0.424	0.472	0.433	0.469
总 N 减少（%）					0.064	0.134	0.077	0.071

减少的氮量，按菜田每年每 666.7m² 施入 100kg 氮肥计算，在施入垃圾的情况下，一般地损失 35kg 左右。

（三）施用垃圾后土壤水分蒸发量大大增加

从表 3 可以看出 666.7m² 施 10t 垃圾后，0～40cm 的土层每天每 666.7m² 多失水 1 158kg（地表无植物计）。

表 3　垃圾对土壤水分蒸发量的影响

土层（cm） \ 处理	对 照		垃圾 10t/666.7m²	
	0～20	20～40	0～20	20～40
失水率%	16.9	13.6	18.1	16.4
折合每天每 666.7m² 多失水（kg）			339	819

（四）增加了土壤养分

施入垃圾可以增加土壤中的养分，这也是垃圾可利用的依据。

从表 4 可知，每 666.7m^2 增施垃圾 10t，土壤有机质略有增加，氮、磷、钾含量均比未施垃圾有所提高。因此，可以说垃圾做为有机肥的一种是可以利用的。

表 4　垃圾对土壤养分含量的影响

养分 \ 土层（cm） \ 处理		对　照	化　肥	垃　圾	垃圾＋化肥
有机质%	0～20	3.34	2.67	3.44	3.77
	20～40	1.60	1.48	1.72	1.91
N（%）	0～20	0.118	0.121	0.127	0.130
	20～40	0.085	0.084	0.089	0.099
P_2O_5（mg/kg）	0～20	115	125	124	144
	20～40	55	45	77	177
K_2O（mg/kg）	0～20	124	130	186	196
	20～40	88	108	108	124

从表 1～表 4 的数据可以说明，城市垃圾作为肥料使用有利有弊，不可忽视其任何一面。

二、垃圾对作物的影响

（一）垃圾对蔬菜产量的影响

在我们进行的秋菜花、秋番茄、小白菜、苋菜等蔬菜的栽培试验中，其结果均表现出增施垃圾肥后明显的增产作用。见表 5。

表 5　垃圾对秋番茄的影响

（试验地点：太阳宫乡）　　（kg/666.7m^2）

处　理	折 666.7m^2 产（kg）	将增 kg/666.7m^2	增产率%
对　照	1 150		
垃圾 5t/666.7m^2	1 250	100	9
化　肥	1 250	100	9
垃圾＋化肥	1 250	180	15

（二）垃圾对蔬菜品质的影响

我们对几种蔬菜进行了 NO_3^-－N、NO_2^-－N、维生素 C 含量的分析测定，以观察垃圾肥、氮素化肥对它们含量的影响。从表 6、表 7 可以看出，施用化肥和垃圾后，蔬菜中 NO_3^-－N 和 NO_2^-－N 含量比单施化肥的少，而维生素 C 含量比单施化肥的高。

表 6　垃圾对蔬菜品质的影响

（试验地点：市环卫所）

蔬　菜	含　量	对　照	化　肥	垃　圾	垃圾+化肥
小白菜	NO_3^- - N（mg/kg）	150	870	150	625
	NO_2^- - N（mg/kg）	0.44	0.54	0.47	0.57
	Vc mg/100g	13	18	16	21
	存放 10d 后腐烂率（%）	56.0～56.7	81.6～82.7	41.5～52.9	88.5～89.6
苋　菜	NO_3^- - N（mg/kg）	13	160	17	47
	NO_2^- - N（mg/kg）	150.6	16.2	19.2	18.6

表 7　垃圾对番茄、菜花品质的影响

（试验地点：太阳宫乡）

作　物	含　量 \ 处　理	对　照	化　肥	垃　圾	垃圾+化肥
番茄	NO_3^- - N（mg/kg）	51.9	57.6	63.6	74.3
	Vc mg/100g	21.8	22.4	33.7	38.4
菜花	NO_3^- - N（mg/kg）	63.6	62.3	66.0	78.8
	Vc mg/100g	60.0	78.8	80.8	86.2

硝酸盐已被证明在动物体内可还原为亚硝酸盐，而亚硝酸盐是一种有毒物质，它直接可使动物缺氧中毒，严重者致死，它间接可与次级胺结合形成强致癌物亚硝胺。目前亚硝胺对人体健康的危害定量评价尚未见到，但许多学者都强调指出，在减除食品中亚硝胺的致癌危险上，首先应尽力减少其前体物的摄入量。

三、小　　结

1. 城市垃圾在农业上的应用，有其利也有其弊。它含有养分，可以提高土壤有机质，对作物有肥效且能提高作物品质。因此，在目前有机肥缺乏的情况下，可用于农田做肥料，但同时必须考虑到，由于垃圾中渣砾的影响，导致土壤耕性，代换量，保氮能力的严重下降。对于有害物质，包括重金属对于土壤和农作物的污染，间接对人体的危害，本文还未涉及。因此，一定要对城市垃圾进行必要的处理，方能作为肥料施于农田。

2. 城郊土壤“渣砾化”必须尽快克服，单纯把土壤作为垃圾处理场的处置办法，只是权益之计。它严重破坏了我国土壤资源，特别是破坏了城郊肥沃的菜园土壤资源。因此，尽快研究出适合于京郊城市垃圾分选处置办法，把有机物制作成肥料施于农田，无机物另做处理。

城市垃圾的现状与对策分析

一、城市垃圾的现状

(一) 我国城市垃圾的基本情况

全国289个城市调查结果表明，1982年垃圾量为736×10^5t，粪便73×10^6t，垃圾和粪便的利用率分别为50%、70%。据粗略估计，垃圾1年占地面积大约266.67hm^2，粪便大约146.67hm^2。所占土地多为农田。倘若考虑累积数，城市固体废弃物占地面积将以每10年增加2 666.67～4 000hm^{2}的速度发展。预计20世纪末垃圾年产量为1×10^8t左右，粪便为975×10^5t左右。为了对城市垃圾有一个全面的了解，包括城市垃圾的日清运量、农用比例、垃圾有机和无机组成、征地堆存投资、运输半径、占地占水面积等，我们选择了9个大中典型城市的调查材料列于表1。在9个城市中，清运能力以上海市最强；农业利用率以上海市最高，广州和重庆两市次之；天津、贵阳最低。

表1　我国典型城市垃圾的基本情况（1983）

项目＼城市	北京	上海	广州	武汉	贵阳	天津	哈尔滨	重庆	成都
日清运垃圾（t）	3 000	4 500	1 200	2 800	900	3 000	200	2 500	1 000
日清运粪尿（t）	3 000	9 000	1 800	1 200	600	1 000	1 000	1 500	1 300
有机与无机比	1∶3	1∶3	1∶3	1∶3	1∶5	1∶5	1∶5	1∶5	1∶5
垃圾征地（hm^2/年）	66.67			40	13.33	36			10.67
征地投资（$\times10^4$元/年）				1 000	85	1 000			
运输半径（km）				15～18		10～15	66.67		
已占地占水面积（万hm^2）（包括工业渣）				100		46.67		66.67	
农业利用率（%）	20～30	80	60	15	10	8	18	50	20

(二) 垃圾构成

城市垃圾系指城市居民在日常生活中抛弃的家庭垃圾、商业垃圾、道路扫集物及部分建筑垃圾。据马显明的报道，北京、上海、哈尔滨三市有机垃圾平均占36.5%，无机物平均占56.9%，废品（包括纸、五金、塑料、玻璃、织物）平均占6.6%。以乐山、广堰、南宁为代表的中、小城市中，有机垃圾占17.3%，无机垃圾约占18.5%，废品约占4.2%。

与金维续、王小平、曾木祥、赵学蕴、郭　勤合作，本文载于1988年第1期《环境科学》。

城市垃圾的构成与产量因居民生活水平、生活习惯、人口增长和工业水平等情况不同而异。大城市垃圾的有机成分中，动物性垃圾占 1.5%，植物性垃圾占 35.0%；无机成分中，砖瓦占 5.3%，炉灰占 44.6%，灰土占 7.0%；中、小城市垃圾的有机成分中，动物性垃圾占 1.2%，植物性垃圾占 16.1%；无机成分中，砖瓦占 5.1%，炉灰占 48.0%，灰土占 25.4%。可以看出，大城市生活垃圾的有机成分比中、小城市高 19.2%，而无机成分中炉灰百分比却比较接近，这反应了大、中、小城市居民生活水平的差别，也反映其能源结构相近。

城市垃圾的构成首先与居民的食品组成密切相关。1983 年，我们对典型城乡人民生活调查后，概算的结果表明，全国每人每年平均吃粮 225kg，鱼肉蛋类 20～25kg，果菜类 150kg。其中城市居民每人每年平均吃粮 150kg，鱼肉蛋类 35～40kg，果菜类 175kg。城市居民从食物中摄取的营养，最终转变成废物，其对植物有效的养分，显然高于农村的废弃物。

表 2　我国城市垃圾粪便农用情况（1983）

（$\times 10^4$t）

项目 / 省、直辖市、自治区	垃圾	粪便	总量	氮素总量
北京	174	94	268	1.1
天津	93	19	102	0.4
河北	113	43	156	0.6
山东	90	52	142	0.6
河南	132	72	204	0.6
山西	115	17	132	0.5
内蒙古	106	13	119	0.5
辽宁	383	132	515	2.1
吉林	191	8	199	0.8
黑龙江	202	13	215	0.9
上海	271	329	600	2.4
江苏	88	229	317	1.3
浙江	30	167	197	0.8
安徽	55	12	67	0.3
福建	43	48	91	0.4
江西	23	24	47	0.2
湖北	108	66	174	0.7
湖南	42	43	85	0.3
广东	101	72	173	0.7
广西	16	12	28	0.1
四川	70	50	120	0.5
贵州	35	4	39	0.2
云南	9	8	17	0.1
陕西	45	13	58	0.2
西北（甘、青、新）	71	7	78	0.3
总计	2 606	1 547	4 153	16.8

然而，随着居民生活水平和生活习惯的变化，食品结构也将随之而变化，势必引起垃圾成分的变化。以北京市为例，1985 年与 1978 年相比，有机垃圾增长了 29.3%，无机垃圾下降了 33.3%，废品增长了 3.8%。

能源结构是影响垃圾构成的另一个主要因素。以北京市为例，调查表明，双气户垃圾中的有机成分占 92.6%，单气户占 43.1%，纯煤户占 30.3%；垃圾中的无机成分，双气户占 7.4%，单气户占 56，9%。纯煤户占 69.7%。其中有机成分双气户：单气户：纯煤户＝3.06：1.42：1；无机成分双气户：单气户：纯煤户＝0.11：0.82：1。可见，集中供暖率和气化率越高的城市，垃圾的有机成分比例越大，而无机成分则成反比。随着国民经济的发展，气化率将越来越高。1983 年全国 289 个大、中城市中有 98 个城市具有煤气设施，占 33.9%，城市居民气化率达 20.2%。预计 1990 年全国城市人口的气化率将达到 40%，煤灰渣的数量将会大幅度减少。

（三）我国城市垃圾废弃物的农用情况

1983 年全国统计结果（表 2），除西藏和台湾未统计外，全国每年农用的城市垃圾约 26×10^6 t，城市粪便 155×10^5 t，含氮量 168×10^3 t，相当于 84×10^4 t 标准硫铵。其中辽宁省和上海市施用城市垃圾最多，分别为 383×10^4 t 和 271×10^4 t，上海、江苏、浙江、辽宁施用城市粪便最多。城市垃圾施入农田，既有积极作用，也有消极作用。据测定，垃圾中含有机质 3%～10.5%，速效磷 133～402mg/kg，速效钾 2 100～6 300mg/kg，还含有少量微量元素。垃圾与粪便堆沤后施于农田、菜地，可培肥土壤，增加产量。中国农业科学院土壤肥料研究所 1981—1985 年先后在北京市朝阳、海淀、丰台 3 个区布置了 23 个田间试验，试验作物主要是蔬菜，少量小麦和玉米．结果表明，与等氮量化肥比较，每 666.7m^2 施垃圾 5t 的 20 个试验中，增产的 15 个，增产幅度 9%～104%，平均 25.2%。666.7m^2 施 10t 的 17 个试验中，增产的 11 个，增产幅度 8.6%～91.2%，平均 30%，平产的 5 个，减产的 1 个，减产率 6.4%。666.7m^2 施 15t 的 9 个试验中，增产的 5 个，增产幅度 14.3%～113.7%，平均 54.1%，平产的 3 个，减产的 1 个，减产率 6.5%。从经济效益考虑，每 666.7m^2 施 5t 垃圾较好。如果垃圾肥与氮素化肥配合施用，效果更佳。

然而，倘若垃圾处置不当，直接施于农田，对土壤理化性状将产生不良影响。试验结果表明，666.7m^2 施 10t 未经处理的圾垃，在 0～20cm 土层中，土壤渣砾（＞2mm）和砂粒（＞0.01mm）的组分上升，土壤黏粒（＜0.005mm）和粉砂粒（0.01～0.005mm）的组分大幅度下降。从而导致土壤保水能力下降，土壤阳离子代换量减少 13%～22%，土壤氮素和钾素流失严重。

（四）城市垃圾废弃物对环境的污染

1. 对土壤重金属含量的影响　测定结果（表 3），除了垃圾Ⅲ号混有皮革厂废物铬含量偏高外，其余垃圾中重金属的含量均与农村土粪接近。但在北京市对小麦做试验，连续两年施用垃圾，每年 666.7m^2 施用 5t，发现小麦籽粒中各种重金属含量均比施用化肥处理的高，特别是镉，超过北京地区小麦背景值（0.003～0.038mg/kg）。说明如果连续大量施用垃圾，其重金属对土壤的污染也是值得注意的问题。

表 3 垃圾重金属含量

(mg/kg)

垃圾＼重金属	As	Cd	Co	Cr	Cu	Hg	Ni	Pb	Mn	Sn
垃圾Ⅰ	370	4	10	31	120	30	48	59	395	49
垃圾Ⅱ	150	3	8	20	55	—	20	—	750	—
垃圾Ⅲ	90	13	7	1 400	25	—	20	—	310	—
垃圾Ⅳ	3	1	7	25	31	—	20	—	295	—
垃圾Ⅴ	—	3	6	112	525	—	37	2	183	5
全国垃圾肥	0～370	0～13	6～12	4～112	24～165	0～30	17～48	0～146	112～888	0～119
平　均	93±122	2.1±3	9±2.0	26.5±23	78.7±45	9.2±10	25.5±11	39.6±43	330±187	24.3±45
农村土粪	20	5	6	20	70	—	14	4.8	450	—

2. 对蔬菜的污染 由于城市垃圾粪便未经任何无害化处理，在蔬菜上寄生虫卵和大肠杆菌污染是严重的。据北京市环卫所 1983 年 4～11 月对北京市居民食用的 25 种蔬菜 147 个样品普查结果，以菜花、黄瓜、扁豆及茄果类蔬菜受大肠杆菌污染较严重，而根菜类蔬菜如马铃薯、藕、莴笋、韭菜、芹菜、香菜和萝卜类、白菜类蔬菜受寄生虫卵污染较严重。又据张瑞久报道，南京市施用未经处理的垃圾、粪便的土壤中，1g 土壤含蛔虫卵 198 个，未施用的仅 11 个，市内 75%的小学生体检有蛔虫卵，郊区则 93%的小学生有寄生虫卵。鉴于目前我国尚没有新鲜蔬菜的卫生标准，这里以粪便无害化和土壤卫生标准作为参考。若把样品作为粪便来考虑，有 55%的样品不符合无害化标准；若把样品作为土壤样品来考虑，有 72%的样品达到危险程度；若把样品与生活垃圾或未经无害化处理的粪稀相比，有 8.4%的蔬菜样品与它们相当。该调查并未进行跟踪取样，若在生产单位取样，问题还要严重得多。同时提醒我们，城市垃圾粪便不经过无害化处理直接施于农田、菜地，对土壤的污染是不可忽视的。

3. 对环境和水体的污染 据不完全统计*，城市环卫部门近 3 年的清运量，垃圾为总量的 70%左右，粪便为总量的 40%左右，剩余部分有的由农民进城拉取，有的排入下水道或河流，这一部分称为环境积存或未消化掉的污染源。目前，全国大中城市已积存垃圾粪便大约 2×10^8t。有不少城市，例如北京市，近年来，由于郊区农民拒绝使用垃圾，又缺乏足够的垃圾堆放场，环卫部门把垃圾运出城了事，随意倾倒，农民怨声不绝。北京东郊有一近 133.33hm^2 的渔场，已被垃圾占去 2/3，余下的水面因水质被污染，已无法正常生产。调查时，我们看到进水闸已被垃圾堆堵，鱼塘边乱放着 2t 以上的钢筋混凝土块。在北京近郊，垃圾堆星罗棋布，冬春两季多风，垃圾中的粉尘、废纸和有害成分漫天飞扬。夏季，有机垃圾腐烂变质，臭气熏天，苍蝇随处乱飞，致病菌到处传播。

二、城市垃圾废弃物处理对策

我国不少专家就城市垃圾粪便的处理问题发表过一些有益的见解。我国垃圾粪便的治理

* 建设部审评环境卫生政策论证会资料。

并非单由垃圾处理技术本身所能解决，必须把垃圾本身的构成、管理制度、城郊环境规划、农业状况等诸因素加以综合考虑，很难有其通用性，更不宜盲目搬用国外技术。本文就以下几个问题进行讨论。

(一) 关于资源化问题

这是大家关心比较多的一个问题。根据对北京、上海、天津、贵阳、桂林、成都等大、中城市的调查，经废品回收站废物回收后，有利用价值的废物，仅占 4 成左右，而且湿度大，质量差，进一步实行资源化，经济效益低，难于实施。

(二) 关于焚烧和发展沼气等问题

焚烧法，在国外有一定意义，国内的垃圾组成与外国差别很大，水分含量 40%以上，可燃物低。大城市一般为 2%～6%，中小城市为 1%～3%，阻燃物高，达 30%以上。因此，无法燃烧。到 20 世纪末，垃圾中塑料制品将会大量增加，可考虑用焚烧炉。目前，可做一些科研上的准备。

用沼气发酵处理城市粪便，国内始于 20 年前，首先在广东佛山试验沼气发电处理城市粪便，其后在青岛，北京、天津等处也进行仿效。但是，从实用方面考虑，还存在不少问题。主要问题是：(1) 粪便中碳源低，转化为沼气的数量少，发酵温度低，无害化难于实现；(2) 含水量 99%以上的沼气水肥无法销售和运输，无法解决经济效益问题。在我国农村，有条件的地区可适当发展沼气；在城市，特别是大中城市，采用沼气发酵办法，耗资大，容量有限，不受欢迎。因此，建立沼气发酵粪便处理厂不是今后环卫工作的方向。

至于有机和无机混合垃圾机械分选，在国外有成功的经验，国内一些地方不考虑国情，企图把仅含 10%左右的有机物从 90%以上的渣土和水中分离出来，因费工、效率低而失败。

近年来，不少城市试验用养殖蚯蚓等来消纳城市垃圾，应该说，思路是新颖的。但是，如何采用城市混合垃圾饲养蚯蚓，蚯蚓的品种，成蚓的出路（不是卖种而是应用），经济效益等问题均没有解决，目前仅限于小型试验，而且原料依然用的是牲畜粪便和蔬菜下脚料，没有突破性进展。只有上述问题真正解决了，这种生物转化法可能是有价值的。

鉴于上述分析，对于任何一种垃圾粪便的处理利用方式，必须具备稳定的消纳出路，成本不高，耗人工不大，无二次污染，城乡均能接受。从全局分析，下列方式是可行的。

1. 堆肥 高温好氧堆肥法可达到卫生标准，但关键是选料和施用条件。用于堆肥的垃圾需要挑选，最好是垃圾分类收集，也就是在各种废弃物混合之前，由居民按分类要求分别投人集装垃圾箱（桶）来完成。如果一时办不到，应尽量收集有机垃圾，切勿混有砖瓦、玻璃、塑料制品，所用粪便应是非水冲厕所的粪便，化粪池掏出的沉碴，以及粪便处理场脱水的污泥。施用的土壤应是黏土或粉砂土，作物应是旱作物，桑园、菜地等，不宜在水稻田施用。但这种方式涉及一些复杂的管理问题，有关部门应尽快制定城市垃圾的管理条例，垃圾堆肥的标准和城市垃圾堆肥农用条件的标准，城乡都要严格按照标准办理。

2. 堆山和填埋 对于北京、天津这类大城市，正进行大规模改造与扩建，燃料又以煤为主，去掉碎砖瓦等物后，垃圾中仍掺入大量的灰、渣，采用任何分选、分离方法均有困难，而这类垃圾正以每年 80～100×10^4 t 的数量向郊区菜地倾泻，菜地面临渣化和砾化的威胁。堆积垃圾山是比较现实的出路，虽然占地 10～16.67hm^2/年，却能保住 0.67 万 hm^2 以上的园田。按照下例堆存公式计算，在坡度30°以下的情况下，每1.93hm^2地可堆积$29\times10^4m^3$垃圾，相当666.7m^2堆$1\times10^4m^3$，若少于此面积，666.7m^2堆存量下降很快。集中堆积，利于节省用地。

$$V=\pi h^3 \quad S=\pi r^2 \quad V=A_0V_0 \ (A_0=\sqrt[A]{A})$$

式中，V——体积，h——堆高，r——堆占地半径，S——面积，A_0——系数，A——增加倍数。

在平原市，若设计堆一座假山高度为40～60m，半径50～100m，即可解决像京、津城市渣砾的消纳。若在假山上绿化，进行园林布置，既可成为游览场所，又可获得新的环境、较好的社会效益和经济效益。

填埋在有条件的城市可利用水坑、洼地和山沟等填埋无机垃圾和堆肥的剩余垃圾。但必须按照国家制定的垃圾填埋卫生标准进行。

城市垃圾对土壤及作物品质的影响

在我国，城市垃圾一直作为肥料应用于农田、菜地。用人粪尿和垃圾制成的堆肥，对城郊蔬菜和作物增产确实起过积极作用。然而，随着工业、城市的迅速发展，城市垃圾的概念和内容已发生了质的变化，农田可利用的有效成分显著下降，无用成分和有害物质急骤增加。北京市年产垃圾160万～170万t左右，其中炉灰渣砾部分为100万t，施用于郊区1.33万hm^2的农田里，每年每666.7m^2农田平均承受5t。目前，京郊大部分菜田已经“渣砾化”，为了较合理地利用垃圾，近年来我们进行了城市垃圾施用条件的研究，本文着重介绍垃圾对土壤和作物的影响

一、试验处理和方法

试验选用中国农业科学院土壤肥料研究所试验场东圃场试验地，该试验地原为菜田，由于经常施用垃圾，后改种作物。土壤质地为黏壤土，耕层土壤含有机质3.3%，全N 0.118%，P_2O_5 115mg/kg，K_2O124mg/kg。试验设4个处理：①对照；②未处理的垃圾10t/666.7m^2；③尿素40kg/666.7m^2（含N46%）；④垃圾10t+40kg尿素/666.7m^2。小区面积333.35m^2，重复4次。试验作物小麦、玉米。氮肥分配为小麦25kg尿素/666.7m^2，其中底肥每666.7m^2 5kg尿素，20kg尿素用作小麦追肥，夏玉米每666.7m^2用15kg尿素，全部为追肥。

测定方法是：土壤有机质用丘林法，氮磷用常规化学分析方法；钾用火焰光度计法。小麦品质分析选用第二季小麦籽粒，蛋白质用蛋白质自动分析仪测定，氨基酸用6mol/L HCl水解后，再用氨基酸自动分析仪测定，面筋用面筋分析仪测定，淀粉用盐酸水解法，全糖用蒽酮法。小麦籽粒中可溶性糖用80%乙醇提取，离心后取上清液，分别通过“732”强酸型

与金维续、余永年、曾木祥、王小平、赵学蕴合作，原载于1984年第2期《农业环境保护》。

阳离子交换树脂柱和“717”强碱型阴离子交换树脂柱，以无离子水洗脱，洗脱液经 50℃真空蒸发器蒸干定容后，用高效液相色谱仪测定。小麦籽粒中的微量元素和金属元素用 8∶1 硝酸高氯酸消化，用等离子仪测定。

二、结果与讨论

（一）城市垃圾对土壤理化性状的影响

1. 垃圾对土壤物理性状的影响　由表 1 可看出，每 666.7m^2 施用 10t 垃圾的处理 0～40cm土层中，渣砾（>2.0mm）含量由 16.15%增加至 34.65%，提高 2.14 倍；而黏粒（<0.001mm）含量由 13.8%下降至 10%；粉砂粒含量由 69.75%降至 55.0%。在 0～20cm 的土层中，这 3 部分变化更加明显，渣砾从 15.5%上升至 37.5%，提高 2.42 倍，黏粒部分由 11.8%下降至 7.8%，粉砂粒由 71.9%下降至 53.8%，即土壤中粗颗粒部分的比重上升，粉砂和黏粒部分的比重下降。从而保水保肥的能力大大减弱。根据对土壤蒸发量的测定表明（表 2），施用垃圾后土壤水分蒸发量增加。在 0～20cm 土层中，土壤失水率对照为 16.9%，垃圾处理的为 18.1%，垃圾处理的土壤每天每 666.7m^2 多失水 339kg。

表 1　垃圾对土壤物理性状的影响

处　理	对　照		施尿素		垃　圾		垃圾＋尿素	
土壤深度（cm）	0～20	20～40	0～20	20～40	0～20	20～40	0～20	20～40
>10mm（%）	0.5	2.0	0	0	4.5	5.0	8.5	8.5
7～10mm（%）	1.5	1.5	2.8	0.3	2.0	1.5	2.0	1.0
5～7mm（%）	1.0	0.8	1.5	0.5	2.0	1.3	1.8	4.3
2.5mm（%）	12.5	12.5	10.0	3.0	29.0	23.5	24.5	24.8
0.01～2mm（%）	15.2	1.9	10.9	14.2	15.2	12.1	13.8	14.2
0.01～0.005mm（%）	30.1	34.7	29.6	31.4	24.7	19.0	18.8	19.4
0.005～0.001mm（%）	26.6	30.8	34.2	33.9	13.7	25.1	20.8	22.6
<0.001mm（%）	11.8	15.8	11.2	16.0	7.8	12.2	8.8	12.8
粉砂占%	71.9	67.6	74.7	79.5	53.8	56.2	53.4	47.9
黏粒占%	11.8	15.8	11.2	16.6	7.8	12.2	8.8	12.8
渣砾占%	15.5	16.8	14.3	10.8	37.5	31.8	36.8	36.0

表 2　未处理的垃圾对土壤水分蒸发量的影响*

处　理	对　照		垃　圾	
土壤层次（cm）	0～20	20～40	0～20	20～40
失水率（%）	16.9	13.6	18.1	16.4
折合每天每 666.7m^2 多失水量（kg）			339	819

* 本试验为无覆盖土壤水分蒸发量试验，不包括作物蒸腾水量。

2. 施用垃圾对土壤保肥能力的影响　表 3 指出，施用垃圾后，土壤阳离子代换量减少

13%～22%，保氮能力明显下降。0～20cm 土层，施垃圾处理的土壤，比对照总氮减少 13.11%，0～40cm 土层减少 22.11%。从而表明，越进入深层，氮素流失越加重，这与上述水分的流失呈正比例关系，这可能是氮被水淋溶而损失。若把这两层加起来，即在 0～40cm 的土层中氮素多损失 35.22%。按每年每 666.7m^2 施入标准氮肥 100kg，在施入垃圾后，一般要损失 35kg 左右，这是一个很可观的数字，值得人们注意。

表 3　垃圾对土壤保肥能力的影响

处　理	对　照		化　肥		垃　圾		垃圾+化肥	
土壤层次（cm）	0～20	20～40	0～20	20～40	0～20	20～40	0～20	20～40
阳离子代换量（m·e/100g）	17.43	21.65	18.20	19.27	15.14	16.85	15.46	16.77
减少率（%）	—	—	—	—	13.14	22.20	15.10	13.0
保氮能力（饱和氮）								
总氮（%）	0.488	0.606	0.510	0.540	0.424	0.472	0.433	0.469
总氮减少（%）	—		—		0.064	0.134	0.077	0.071
总氮减少率（%）	—		—		13.11	22.11	15.79	11.72

3. 施用垃圾对土壤养分的影响　表 4 指出，每 666.7m^2 施用 1 万 kg 垃圾的处理土壤有机质略有增加，氮磷钾养分也有所提高。

表 4　垃圾对土壤养分的影响

养分	层次（cm）	对　照	化　肥	垃　圾	垃圾+化肥
有机质（%）	0～20	3.34	2.67	3.44	3.77
	20～40	1.60	1.48	1.72	1.91
N（%）	0～20	0.118	0.121	0.127	0.130
	20～40	0.085	0.084	0.089	0.099
P_2O_5（mg/kg）	0～20	115	125	124	144
	20～40	55	45	77	177
K_2O（mg/kg）	0～20	124	130	186	196
	20～40	88	108	108	124

（二）垃圾对小麦品质的影响

1. 垃圾对作物产量的影响　表 5 指出，各处理的作物产量，差异不显著（$F=3.57$，$F_{0.05}=9.25$）。若考虑到小麦的含水量，则可发现，凡施用氮肥的处理，小麦贪青晚熟，一般晚熟 4～5d，含水量高于其他处理，特别是高于对照 5%左右，由于含水量增加，小麦收获后籽粒发热发霉，损失是严重的。而垃圾对减轻小麦贪青晚熟的能力很低，缺乏有机肥料所具有的功能。

表 5 施用垃圾对作物产量的影响

(kg/666.7m²)

作物＼处理	对照	化肥	垃圾	垃圾+化肥	施垃圾量 (kg/666.7m²)
1980—1981 年小麦	332.50	326.50	342.50	306.50	第 1 年 10t
1981 年玉米	448.00	453.00	443.50	448.50	
1981—1982 年小麦	290.00	279.50	293.00	271.50	第 2 年 10t
总产量	1 070.50	1 059.00	1 079.00	1 031.50	
小麦含水量 (%)	13.7	18.5	15.2	19.0	
含水量增加 (%)		4.8	1.5	5.3	

2. 垃圾对小麦品质的影响

(1) 垃圾对小麦籽粒中矿质成分和重金属的影响：表 6 指出，在小麦籽粒中氮的含量，以对照和垃圾处理的最低，分别为 2.30% 和 2.33%；化肥和垃圾+化肥的处理一样，为 2.46%。诚然，垃圾可提高土壤含氮量，由于使土壤质地变粗，氮的损失多，它并没有促使小麦吸收氮的能力增加。磷、钾则不同，施用垃圾后小麦籽粒中磷钾成分均有增加，高于其他处理。致于微量元素，各成分也有差异。硼、铁、铝、锌 4 个元素，均是垃圾处理的小麦籽粒含量最高，钙是垃圾加化肥的处理最高，锰、镁各处理差异不大。表 7 指出，小麦籽粒中一些金属元素含量有两种情况，钡、钴、铬、铜、锂、镍、钛等 8 个元素均是垃圾+化肥的处理最高，而单独施用化肥或垃圾的处理皆比它低，说明垃圾与化肥配合施用，有促进小麦吸收上述元素的能力；另一些重金属元素，如汞、镉、铅、硒、硅、锡、锶、砷、钒 9 个元素皆是垃圾处理为最高，其中垃圾处理中的镉，超过北京地区小麦的背景值 (0.003～0.038mg/kg)，其他处理皆较低；钙例外，各处理差别不显著。

表 6 小麦籽粒中矿质成分的含量

处理	N (%)	P (%)	K (%)	B (mg/kg)	Ca (mg/kg)	Fe (mg/kg)	Mg (mg/kg)	Mn (mg/kg)	Mo (mg/kg)	Zn (mg/kg)
垃圾+化肥	2.46	0.35	0.37	24.60	868.17	252.63	0.16	33.48	3.15	7.42
化肥	2.46	0.34	0.34	20.20	719.69	214.30	0.15	32.11	3.96	5.35
垃圾	2.33	0.39	0.40	27.40	783.41	271.37	0.16	33.40	6.53	9.96
对照	2.30	0.38	0.33	27.17	683.91	272.75	0.16	33.58	2.60	4.75

表 7 小麦籽粒中金属元素的含量

(mg/kg)

处理	Al	As	Ba	Cd	Co	Cr	Cu	Hg	La	Li	Ni	Pb	Se (ng/g)	Si	Sn (ng/g)	Sr	Ti (ng/g)	V (ng/g)
垃圾+化肥	69.12	0.078	70.04	0.045	1.42	0.095	7.70	0.007 9	0.60	2.09	0.054	1.05	12.76	95.16	30.43	5.06	3.72	0.81
化肥	65.85	0.071	20.21	0.039	0.59	0.079	6.39	0.009 3	0.78	—	0.045	—	9.28	84.63	20.76	4.04	3.10	0.80
垃圾	64.74	0.079	8.69	0.109	1.17	0.081	6.37	0.012 6	0.07	0.7	0.045	1.08	18.56	103.3	39.38	6.31	3.39	0.97
对照	63.15	0.075	5.74	0.038	—	—	3.25	0.006 9	0.07	—	0.031	—	3.16	30.24	12.13	3.92	2.20	—

（2）垃圾对小麦有机成分的影响：表 8 指出，化肥处理的淀粉含量最高；垃圾＋化肥处理的蛋白质、面筋含量最高，其次是化肥处理；全糖含量则以对照最高，垃圾处理次之。与蛋白质和面筋关系最密切的是小麦籽粒中的全氨基酸含量（表 9）。表 9 指出，垃圾＋化肥处理的，小麦氨基酸含量最高，其次是化肥处理，再其次是垃圾处理，对照最低。本试验中一些“必需氨基酸”如苏氨酸、缬氨酸、亮氨酸、异亮氨酸、赖氨酸、苯丙氨酸等也是垃圾＋化肥的处理含量最多。

表 8　垃圾对小麦籽粒中几种有机成分的影响

处　理	淀粉（%）	全糖（%）	蛋白质（%）	面筋（%）
对　照	54.25	1.76	13.63	11.65
垃　圾	54.83	1.70	14.37	12.68
化　肥	55.88	1.62	14.78	14.02
垃圾＋化肥	55.53	1.68	15.16	18.82

表 9　垃圾对小麦籽粒中氨基酸的影响

（%）

氨基酸	对　照	化　肥	垃　圾	垃圾＋化肥
天门冬氨酸	0.57	0.61	0.63	0.66
苏氨酸	0.34	0.36	0.36	0.39
丝氨酸	0.57	0.62	0.60	0.65
谷氨酸	4.75	5.07	4.70	5.12
甘氨酸	0.51	0.55	0.55	0.58
丙氨酸	0.43	0.47	0.47	0.50
半胱氨酸	0.45	0.46	0.47	0.46
缬氨酸	0.57	0.59	0.61	0.64
蛋氨酸	0.18	0.12	—	—
异亮氨酸	0.46	0.48	0.47	0.51
亮氨酸	0.86	0.92	0.88	0.95
酪氨酸	0.44	0.42	0.41	0.50
苯丙氨酸	0.70	0.69	0.69	0.75
赖氨酸	0.28	0.29	0.32	0.32
组氨酸	0.26	0.28	0.27	0.30
精氨酸	0.79	0.87	0.70	0.74
脯氨酸	1.38	1.41	1.38	1.47
总计（%）	13.57	14.21	13.51	14.54

综上所述，施用城市垃圾对土壤结构有破坏作用，造成土壤肥力下降，保水、保肥能力降低。虽然对土壤养分有提高的趋势，由于氮素损失大。因此，在小麦籽粒中氮的含量并不

高，对小麦籽粒的品质提高能力甚微。而一些重金属元素的含量在垃圾处理中有提高的趋向。城市垃圾与氮素化肥配合施用，有促进一些必需的微量元素吸收的能力，虽对作物产量影响不大，对小麦一些品质指标如蛋白质、面筋和氨基酸含量却有所提高。在本试验的条件下，施用城市垃圾有利有弊，如果考虑目前土壤有机质缺乏，可以因地制宜，把城市垃圾用于农田作肥料，但必须把垃圾适当处理，去其渣砾，留其有机部分，而且要经过堆沤，以防传染病、寄生虫的蔓延。

城镇生活垃圾资源化处理利用

一、城镇生活垃圾的组成

城镇生活垃圾是指城市居民在日常生活中抛弃的家庭垃圾、商业垃圾、道路清扫物和极少部分建筑垃圾。它是人们生活中自然产生的一大类废弃物。城市发展越快、越大，城市生活垃圾就越多。无论人们如何轻视它、厌恶它、抛弃它，它均不以人们的意志为转移，每天都要生产出来，而且越积越多，对环境的污染越来越严重。因此，国内外都很重视对城镇生活垃圾的处理和利用。

（一）城镇生活垃圾的分类

城镇生活垃圾种类繁多，各国的分类方法也不尽相同，可以根据城镇生活垃圾的性质，如可燃性能、化学成分、燃烧热值及毒性等指标来进行分类。其中，按可燃烧性能分为可燃垃圾与不可燃垃圾，按发热量分为高热值垃圾与低热值垃圾，按化学成分分为有机垃圾与无机垃圾，按毒性可分为有毒垃圾与无毒垃圾，按可堆肥性分为可堆肥垃圾与不可堆肥垃圾。人们可以根据不同分类情况，选择合适的处理方式。目前，国内外更多的是将城镇生活垃圾按其产生或收集来源进行分类，一般将城镇生活垃圾分为有机物、无机物和可回收物品三大类产品（图 1）。

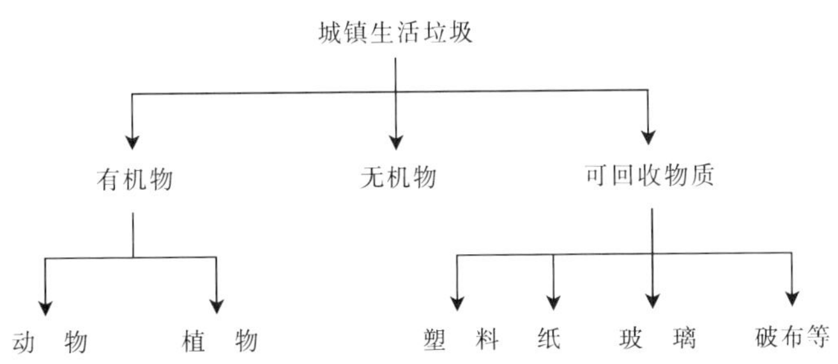

图 1　城镇生活垃圾的分类

与张　骏合作，本文为路明主编《现代生态农业》第 15 章。

（二）城镇生活垃圾产量情况

在国外，大多数国家的垃圾产量都在不断增长。美国城镇生活垃圾产量最大，到 1985 年已达 1.8 亿 t，且以年递增率 5%的速度增长。日本是亚洲最发达的国家，垃圾日产量到 1980 年已达到 94.354t，每人每日产量为 0.8kg，目前，年产垃圾已达 3 700 万 t，平均每 3 人近 1t。一般来说，一个国家的人均垃圾产量与该国的经济发展程度有关。发达国家高于发展中国家。如美国人均日产垃圾 2.0kg，英国为 1.0kg，法国为 0.8kg，瑞典为 0.7kg，而印度尼西亚首都雅加达人均日产垃圾为 0.5kg，中国为 0.8kg。靠石油输出发展起来的中东各国后来居上，城市人均日产垃圾已达 1kg，超过了英国，比亚洲城市高出了 1 倍多。

在我国，据不完全统计，截至 1997 年，全国城镇生活垃圾的累积堆积量已达 60 亿 t，占地约 5 万 hm^2。2000 年，我国 668 个城市生活垃圾每年近 2 亿 t，人粪便 0.75 亿～0.8 亿 1t，生活污泥 2 080 万 t，而且以年均 7%～10%的速度增加。垃圾粪便的平均处理率为 58.5%，道路的机械清扫率为 12%。大量未经处理或只做简易处理的垃圾堆积在城市周围，星罗棋布，形成了垃圾包围城市并逐渐向农村蔓延的趋势。通过对北京、上海、天津、重庆、杭州、昆明等有代表性的大、中城市调查，可以看出，目前北京市日产生活垃圾 1.5 万 t，清运量 1.5 万 t，无害化处理率 80%左右（表 1）。

表 1　我国部分城市生活垃圾基本情况（2000 年）

项　目	全　国	北　京	上　海	天　津	重　庆	杭　州	昆　明
年产量（万 t/年）	20 000	540	550	237	270	128	155
清运量（万 t/年）	11 300	438	467	166	175	100	108
处理量（%）	56.5	81	85	70	65	78	70

（三）城镇生活垃圾的组成

1. 城镇生活垃圾的成分　众所周知，城镇生活垃圾的组成很复杂，其组成（主要指物理成分）受到多种因素影响，如自然环境、气候条件、城市发展规模、居民生活习性（食品结构）、家用燃料（能源结构）以及经济发展水平等都将对其有不同程度的影响，各国、各地区甚至各城市都有所不同。一般来说，发达国家垃圾成分是有机物多，无机物少；发展中国家则无机物多，有机物少；南方城市较北方有机物多，无机物少。表 2、表 3 列出了世界不同国家（地区）较典型城市生活垃圾的组成情况。

表 2　发达国家城市生活的平均组成

（%）

组　成	美　国	英　国	日　本	前苏联	法　国	荷　兰	原西德	瑞　士	瑞　典	意大利	比利时
食品垃圾	12	27	22	23	22	21	15	20	22	25	21
纸　类	50	38	38	26.3	34	25	28	45	45	20	30
细碎物	7	11	21	29	20	20	28	20	5	25	26
金　属	9	9	4.1	6.9	8	3	7	5	7	3	2

（续）

组　成	美　国	英　国	日　本	前苏联	法　国	荷　兰	原西德	瑞　士	瑞　典	意大利	比利时
玻　璃	9	9	7.1	7.3	8	10	9	5	7	7	4
塑　料	5	2.5	7.3	5.5	4	4	3	3	9	5	9
其　他	8	3.5	0.5	2	4	17	10	2	5	15	8
平均含水量（%）	25	25.0	23	24.7	3.5	25	35	35	25	30	28
含热量（KJ/kg）	11 610.6	9 748.7	10 221.5	10 209	10 025	8 359.6	8 368	9 991.4	9 225.7	7 334.6	7 050

表 3　英国与中东及亚洲城市生活垃圾组成比较

（%）

组　成	英　国	亚洲城市	中东城市	组　成	英　国	亚洲城市	中东城市
蔬　菜	28	75	50	织　物	3	3	3
纸	37	2	16	塑　料	2	1	1
金　属	9	5.1	5	其　他	12	12.7	23
玻　璃	9	1.2	2	重　量 [kg/（d·人）]	0.415	0.415	1.060

在我国，随着经济的快速发展及人民生活水平的不断提高，城市生活垃圾总量在不断增长，同时，其组成也不断地发生变化，表 4 与表 5 分别列出了我国经济中心上海与典型的旅游型城市杭州的垃圾数量及组成情况。从这两个表中可看出，我国城市生活垃圾中，有机物含量在逐年上升，而无机物含量正在逐年下降，特别是在废品中纸和塑料比例上升幅度最大，应引起有关部门的重视。

表 4　上海市近年生活垃圾总量及组成变化情况

年　份	垃圾总量	厨　余	果　皮	纸　类	塑　料	竹　木	布　类	金　属	玻　璃	渣　石	其　他
1990	278.60	70.05	12.04	4.26	4.19	1.44	1.14	0.95	3.74	2.19	0
1991	295.50	67.37	13.44	4.10	4.90	1.48	1.79	0.61	3.70	2.23	0.38
1992	301.17	62.39	16.75	6.24	5.69	1.33	1.65	0.81	3.53	1.51	0
1993	335.12	61.09	11.80	8.36	7.54	1.89	1.97	0.72	4.74	1.86	0.04
1994	333.68	59.45	13.87	7.49	9.16	1.37	2.13	0.56	4.00	1.89	0.08
1995	372.03	59.66	11.99	6.50	11.21	1.47	2.17	0.91	3.81	2.29	0
1996	419.42	58.55	11.75	6.68	11.84	1.96	2.26	0.68	4.06	2.22	0
1997	453.84	58.06	12.03	8.05	11.78	1.44	2.24	0.58	4.01	1.82	0
1998	470.12	67.33	8.77	13.48	1.27	1.91	0.73	5.05	1.37	0	0
1999	499.79	53.22	11.99	9.23	14.46	1.18	2.21	0.84	5.36	1.51	0

注：除垃圾总量单位是万 t/年外，其余各项均为重量百分数。

表5 杭州市近年生活垃圾情况

年份	垃圾总量	动物	植物	渣砾	灰土	纸	布	塑料	金属	玻璃	竹木
1990	43.9	1.3	41.36	1.58	49.8	1.16	0.96	1.03	0.59	1.27	1.76
1991	45.4	0.98	46.11	1.08	44.36	1.51	1.18	1.54	0.90	1.40	0.94
1992	47.4	1.57	49.58	1.24	39.50	1.71	1.17	1.68	0.62	1.87	0.94
1993	50.9	1.67	50.20	2.28	36.48	1.80	1.63	2.50	0.84	1.87	0.95
1994	56.0	1.67	50.20	2.28	36.48	1.80	1.63	2.50	0.84	1.87	0.95
1995	62.5	1.91	50.53	1.73	36.02	1.74	1.15	3.14	0.83	1.94	0.95
1996	65.7	2.00	53.28	2.56	30.61	1.80	1.50	5.02	1.12	1.42	0.39
1997	72	2.99	55.27	1.52	22.48	3.68	2.23	6.62	0.98	2.09	1.2
1998	77	4.83	50.90	6.35	7.42	13.6	0.97	12.74	0.84	1	1.27

注：除垃圾总量单位是万 t/年外，其余各项均为重量百分数。

2. 城镇生活垃圾的化学组成 了解城镇生活垃圾的化学组成对选择加工处理工艺和回收利用方法十分重要。城镇生活垃圾化学组成中最重要的物理参数是元素组成，可用于垃圾堆肥等好氧处理方法中生化需氧量的估算，对选择垃圾处理工艺是很必要的。

垃圾的元素组成主要指 C、H、O、N、S 及灰分的百分含量。由于垃圾中化学元素组成很复杂，其测定方法也很繁琐，故垃圾化学元素测定较之物理组成更难以普及。一般城市环卫系统较少进行这项工作，现将北京市环卫局对北京市生活垃圾元素测定数据列于表 6。

表6 垃圾中化学元素含量

大量营养元素			微量营养元素		
元素名称	元素符号	含量（%）	元素名称	元素符号	含量（mg/kg）
碳	C	12～38	硅	Si	19.9
氮	N	0.6～2.0	锰	Mn	350.6
磷	P	0.14～0.2	铁	Fe	2.57
钾	K	0.6～2.0	钴	Co	14.1
钠	Na	0.65	镍	Ni	12.9
镁	Mg	0.63	铜	Cu	37.09
钙	Ca	0.57	锌	Zn	86.72
			铝	Al	3.5
			铍	Be	102.7×10^{-3}

有毒元素			其他元素（包括稀有元素）					
元素名称	元素符号	含量（mg/kg）	元素名称	元素符号	含量（mg/kg）	元素名称	元素符号	含量（mg/kg）
铅	Pb	14.51	铷	Rb	71.0	锆	Zr	119
汞	Hg	0.026 2	钡	Ba	826.0	镓	Ga	15.9
铬	Cr	0.000 42	钽	Ta	0.84	镧	La	40.5
镉	Cd	10.21	钪	Sc	9.52	铈	Ce	71.8
砷	As	—	铪	Hf	7.08	钕	Nd	35.7
			锑	Sb	2.02	钐	Sm	6.2
			铯	Cs	4.43	铕	Eu	2.36
			铀	U	1.80	镱	Yb	2.07
			钍	Th	11.1	镥	Lu	0.154

国外有资料报道，采用元素分析法测定垃圾的化学组成（质量分数）大致为：C 10%～20%，H 1%～3%，O 10%～20%，N 0.5%～1.0%，S 0.1%～1.2%，灰分 10%～25%，水分 40%～60%，热值约 2 930～5 020KJ（约 700～1 200Kcal/kg）。

（四）城镇生活垃圾的特点

1. 数量急增　随着生产力的发展，居民生活水平提高、生活方式改善，商品消费量正在迅速增长，这导致城镇生活垃圾的数量也随之增长。从世界上看，各国垃圾年产量一般都逐年增长，全球大致维持在 1%～12%的增长率，例如美国城镇生活垃圾比人口增长速度快 3 倍，每年递增率近 5%，发展中国家已达 6%～8%的年增长率。随着经济发展，韩国的城镇生活垃圾数量已达 12%的高增长率。在我国，城镇生活垃圾的平均日产量人均为 0.7～1.0kg。1980 年全国城市垃圾总清运量为 3 132 万 t，1985 年增长了 1 倍，达到 6 395 万 t。近年来，我国城镇生活垃圾以每年 10%的速度递增，已超过 2.0 亿 t。

2. 成分多变　近年来，我国随着城市居民燃料结构、供暖方式（指北方取暖地区）和生活水平、膳食结构的改变，城镇生活垃圾组成发生了明显的变化，归纳为以下几点：

（1）有机成分增加，无机成分下降：对北京、上海和杭州 3 个具有代表性的城市进行重点调查结果，2000 年这 3 个城市的有机物含量分别为 48.21%、65.21%和 55.73%，无机成分（包括渣砾和灰土）含量分别为 6.43%、1.51%和 13.77%。而 1985 年对北京、上海和哈尔滨的调查结果显示，有机垃圾含量占 30%～40%，平均为 36.5%，15 年间增加了近 20%；同时，无机渣土含量则从 56.9%下降至 7.24%，降低了近 50%，其原因在于，20 世纪 80 年代居民的燃烧基本上以煤为主，现在基本上是天然气或液化气，北方的取暖方式已从每家每户一个煤炉变为集中供暖。

（2）塑料成分和一次性筷子大量增加：对上述 3 个城市的调查结果表明，塑料制品（包括塑料薄膜制品、泡沫塑料和塑料制品）分别占 14.64%、14.46%和 12.74%，一次性筷子分别占 1.44%、1.18%和 1.27%。而在 20 世纪 80 年代，城镇生活垃圾中的塑料部分仅占 2%～3%，当时还未普遍使用一次性筷子。

（3）金属、玻璃和纸、布比例增加：20 世纪 80 年代，废品（包括金属、玻璃、纸、织物等）在垃圾中的比例仅占 3%～5%，目前已上升到 16.41%～17.64%。据报道，在北京出现了无组织的 10 万拾荒大军，靠拣垃圾（主要是废金属、玻璃等）年收入就达到 11.2 亿元，很难统计全国的大、中城市，拣垃圾能赚多少钱。

（4）生产量的不均衡性：城镇生活垃圾的产出量会随一年四季明显不同，且有明显的变化规律。以北京市为例，在 20 世纪 80 年代，第 1 季度（尤其是元月份）最多，3 月份到第 2 季度开始减少，3 季度（约 7～8 月份）出现最低点，然后随着天气变冷，第 4 季度逐渐增加，并迅速增加到元月份高峰产量。20 世纪 90 年代以来，特别是近几年，随着设施农业的发展，居民一年四季均可吃到新鲜蔬菜，北方冬天不再贮存大白菜，而且提倡净菜进城，就蔬菜剩余物而言，一年四季比较均衡，但 6～8 月份西瓜皮数量剧增。因此，在处理城镇生活垃圾时，应充分考虑其产量随时间改变的关系，安排清运人员和车辆等。

（五）城镇生活垃圾的环境危害

城镇生活垃圾的危害：在我国，城镇生活垃圾已构成一种公害，它占有大量土地，污染农田，传播疾病，任意堆放还会污染地下水，造成严重后果。

1. 侵占大量土地 据北京的调查结果，在城乡结合部已经形成了环状垃圾堆群，占地 50m^2 以上的共有 4 500 多堆，占地达 466.7hm^2，还不包括分布于郊区公路两侧的众多小堆，不少良田被垃圾占用。由于垃圾腐烂，蚊蝇大量孳生，污染环境。这种事例不仅北京有，其他城市有的更严重。例如，长沙市生活垃圾、工业和建筑废物等已开始向湘江侵袭，南区从西湖路口沿江而上至柏家码头，沿岸有 2.5km 长的垃圾带。

2. 污染农田 我国城镇生活垃圾中煤灰、玻璃、金属、塑料等杂物含量很高，进入土壤后会破坏土壤的团粒结构，使保水、保肥能力大大下降。据贵阳市农业科学研究所调查，市郊以煤灰渣为主的耕作层达 33cm 以上，土壤中含碱解氮 40mg/kg、速效磷 3mg/kg、速效钾 20mg/kg。因此，贵阳市农业部门已决定不再使用垃圾造肥。北京市郊区长期使用垃圾肥，使郊区 1.3 万 hm^2 菜地中，平均每 666.7m^2 每年承受上万千克垃圾肥，土壤严重渣化，在连续 2 年施 15 万 kg/hm^2 垃圾肥后（表 7），在 0～20cm 土层中，大于 2mm 的渣砾由 15.5%增加到 35.5%，黏粒由 11.8%下降到 7.8%，渣化土壤比正常土壤每天要多损失水分 7.5～15t/hm^2，以年施 1 500kg/hm^2 氮肥计算，由于土壤渣化引起的氮素损失达 70kg 左右。

表 7 垃圾对土壤物理性状的影响

处 理	对 照		每公顷施 15 万 kg 垃圾	
层次（cm）	0～20	20～40	0～20	20～40
瓦砾占（%）	15.5	16.8	57.5	31.8
黏粒占（%）	11.8	15.8	7.8	122
粉砂占（%）	71.9	67.6	53.8	56.2
失水率（%）	16.9	13.6	18.1	16.4
折合每日失水（kg/hm^2）			5 085	12 285
阳离子代换量（m・e/g）	0.174	0.217	0.151	0.168
保 N 率下降（%）			13.1	22.2

3. 污染水源 1983 年夏季贵阳市哈马井垃圾倾卸场附近的砂石场和猪鬃厂曾同时，流行痢疾，对哈马井和望城坡两个垃圾场附近工厂和居民饮用水井的水质进行取样检验，发现大肠杆菌值均超标 770 倍以上，含杂菌数超标 2 600 倍。据北京市环境卫生科学研究所初步测定，城镇生活垃圾浸出液总硬度为 472mg/L，高于饮用水最高允许量 222mg/L 1 倍以上。砷、汞、铬分别高于饮用水最高允许量的 12.5 倍、30 倍和 540 倍。

4. 传播疾病 据统计，人体排泄的粪便中含有的寄生虫卵、病毒和肠道致病菌不下几十种。大量的垃圾、粪便未经处理施于农田或排入水体，造成农作物和蔬菜遭受严重污染，污染的蔬菜返回到城市又形成交叉污染。

据北京市环境卫生科学研究所调查，从菜市场选来的蔬菜，经化验，大部分受生粪便污染，根、茎类蔬菜尤为严重，有的蔬菜大肠杆菌值达到与粪便接近的数量，检出的活蛔虫卵的次数在根、茎类蔬菜中高达 29%。农作物污染后果严重，特别是夏季城市居民生吃瓜果时肠道传染病发病率明显增高。

肝炎发病率，在20世纪60年代平均为0.045%，70年代以来升到0.084%，据检测，人群乙型肝炎表面抗原阳性率平均为10%，有些地区高达20%～30%。

二、城镇生活垃圾的处理现状及其存在的问题

（一）国外城镇生活垃圾处理现状

1. 国外城镇生活垃圾处理主要方法　发达国家城镇生活垃圾处理率甚高，如日本城镇生活垃圾处理率为99%。国外城镇生活垃圾的基本处理方法有3种：卫生填埋、焚烧、堆肥。表8列出国外城市按这3种方法处理城镇生活垃圾的比例。

表8　国外城镇生活垃圾处理概况

国　别	卫生填埋	焚　烧	堆　肥
美　国	70	25	5
日　本	28	66	1.4
原西德	72	25	3

2. 发达国家城镇生活垃圾处理特点

（1）发达国家的堆肥方法，并不像我国的地面堆肥法，而是采用成套机械进行堆肥腐解。由于这些国家的农村使用化学肥料较普遍，加之机械化堆肥所生产的袋装肥料价格无竞争能力，销路不广，故堆肥法的采用日渐减少。

（2）发达国家城镇生活垃圾中有机物比例大，垃圾中的纸、塑料、木材、橡胶等可燃物的比例美国为60%以上，英国为70%，原西德为80%。垃圾中仅废纸一项，按重量计占20%～40%，而灰土低于20%。这种垃圾易燃，加之余热可利用。因此，焚烧法在发达国家采用日渐增多。美国已在1990年建成402座垃圾焚烧厂。

（3）发达国家的卫生填埋法是将其中的废渣、废气、废水全部进行无害化处理，并不是自然填坑法。由于耗费较低，在美国及西欧国家得到广泛采用。

（4）日本、法国等，由于土地紧张，卫生填埋法日渐减少，焚烧法逐渐增多。

3. 生活垃圾处理主要方法的简介

（1）卫生填埋：垃圾自然堆放并不是无害化处理，并未消除环境污染因素。卫生填埋法是一层垃圾一层土交替填埋，总深度为0.61～4.58m，以预埋的管道导出所产生的有害气体，在每层接合部分别导出浸出液并集中进行处理，最底部做成不透水层，以防污染地下水。卫生填埋法在国外有的称为“三明治法”。此法好氧分解处理垃圾需5～10年分解方能稳定。处理后的地表松软，承重能力差。卫生填埋多利用坑地进行。

（2）焚烧法：如果垃圾的产热值大于3 347.2KJ/kg，即可以自燃方式进行焚烧，否则需借助辅助燃料进行焚烧。发达国家城镇生活垃圾的产热值，多在4 184KJ/kg以上。因此，这些国家的垃圾焚烧工艺一般是自然方式。

（二）我国城镇生活垃圾处理和利用情况

目前，我国大、中城市对城镇生活垃圾的处理以填埋、焚烧为主要手段，处理利用率很

低，例如，北京垃圾利用率只有1%～2%，且利用手段较落后，也不够全面，大部分厂家只利用生活垃圾中的有机部分，发酵周期长，设备不尽合理。

1. 填埋 为目前我国大、中城市生活垃圾处理的主要方式。北京建有9座大型的垃圾填埋厂，处理率90%以上。上海市已有和即将建成的填埋厂有3座，其中以南汇老港的填埋厂最大，占地4km²，现日处理垃圾能力为800t，另外两座较小，日处理能力1 000～1 500t；昆明市正在兴建垃圾填埋厂两座，其中一个占地66.7hm²，另一个占地133.3hm²，两座垃圾场日处理能力在1 000～1 500t左右；此外，广州、杭州、沈阳、重庆、郑州、西安等城市也同样建有或正在建造大型卫生填埋场。我国城镇生活垃圾填埋采用两种方式：一种是建造现代化的垃圾填埋场，据说可保证70年不渗漏，问题有两个，如果用钢筋水泥封顶，池内产生的沼气需用导管输出和利用，否则将产生爆炸事故。但封顶需要填埋池全部填满后方可实施，在填埋过程中的若干年内，有机物腐烂肯定造成空气污染。如果用覆土的方式封顶，土层上植树或种草，池内产生的气体将影响树或草的生长。无论用何种方式封顶，造价均很高，例如，昆明市正在建造两座垃圾填埋场，向世界银行贷款2.13亿元。第2种方式是利用现有的山沟、池塘、洼地等场所填埋，造价较低，问题是污染地下水源。例如，昆明盘龙区垃圾填埋场建在一山沟内，1km外为白沙河水库，由于垃圾渗出液的地下流动，污染了水库，该水库已无法使用。

目前，我国每年拿出400亿元来对付垃圾，其中100亿元用于建设垃圾处理设施，300亿元用于维持这些设施的运转。我国有不少城市建造了垃圾填埋场，由于缺乏运转费而停用，天津市津南区西三河填埋场就是其中一例。

2. 焚烧 据调查，焚烧是目前仅次于填埋的处理城镇生活垃圾的手段。我国一些大、中城市已在建造垃圾焚烧厂，例如，上海市在浦东、浦西正各建一座垃圾焚烧厂，准备建成后，日处理生活垃圾1 000t。北京、杭州等城市也正在筹建焚烧厂。在发达国家，垃圾焚烧并用于发电是成熟而普遍的做法，如日本的垃圾焚烧量占垃圾总量的74%。我国的垃圾组成与外国差异较大，发达国家居民投放垃圾时已分选，我国因各种原因，推广较困难。因此，为混合垃圾，含水量偏高，发热量较低，而且，如果不够规模，焚烧炉小，易产生二噁瑛。所以，不少城市在论证时未能通过。

3. 堆肥 20世纪70年代以前，我国城镇生活垃圾主要用于农业，靠土壤消纳，达到环境净化。诚然，为作物提供了所需要的一部分养分，这是有利的一面，但当时城市生活垃圾中含有大量的炉灰渣和渣土，使城郊土壤渣化，物理和化学性状变坏。20世纪80年代之后，特别是改革开放以来，种植业逐渐转向省工、省力、高效清洁的栽培方式，传统的有机肥料积、制、保、用技术由于费时、费工、费力农民不愿使用，城镇生活垃圾基本无出路。但是，近年由于城镇生活垃圾逐年增多，加上人们认识的不断深入。所以，意识到生活垃圾既是公害，也是宝贵的有机肥资源，若弃之不用，既浪费了资源，又成为环境的污染源。因此，有一些城市在堆肥方面做了些尝试性工作，例如，天津市打算将生活垃圾的20%用于堆肥，杭州市玉环县南方复混肥厂年处理城镇生活垃圾10万t，制造垃圾有机肥2万～3万t。但是，由于技术设备等条件的制约，堆肥的方法有待于进一步提高。

4. 分类回收 目前，全国许多城市正在积极推进生活垃圾分类回收，以实现城镇生活垃圾治理的无害化、资源化和减量化，这为进一步综合利用城镇生活垃圾提供了可能性。建设部于2000年6月公布北京、上海、南京、杭州、桂林、广州、深圳、厦门等8个城市为

"城镇生活垃圾分类收集试点城市"。各城市积极开展生活垃圾分类收集工作，例如，上海市2000年在600个生活小区实行垃圾分类收集，将上海市垃圾总量的20%进行了分类收集。但是，由于缺乏收集后的综合利用的技术与设备，一些城市对分类收集后的垃圾仍不能很好地利用，有的城市甚至分类收集后再分类填埋。由此可见，分类收集垃圾的同时也呼唤一种新的、全面处理生活垃圾的配套技术。

总之，随着人们环境意识的不断加强，填埋和焚烧这两种目前主要的垃圾处理手段越来越不能满足人们的需求。同时，随着资源的不断减少，如何全面、科学、合理处理和利用城镇生活垃圾已成为重要的研究课题。

三、处理利用城镇生活垃圾"减量化、无害化、资源化"的正确方针

（一）国外城镇生活垃圾无害化、资源化处理利用的发展趋势

以前，世界各国几乎都把垃圾问题看成是一大公害，处理它是一件耗资、费时、费力的"赔本买卖"。如美国每年用于收运和处理垃圾的费用多达54亿美元，其中城镇生活垃圾处理费用达18亿美元。英国1978—1979财政年度，用于处理垃圾费用为3.62亿英镑，占全国总支出的3%。过去人们在处理垃圾的问题上有一个总的指导思想，就是只要能把垃圾处理了，不造成大的污染就万事大吉。20世纪70年代以来，人们对垃圾有了新的认识："垃圾是个宝"，"垃圾是第二资源"……。各国相继制订和颁布了资源回收和再利用的法令，设立了研究和管理机构，在各种处理工艺中也都加上了回收系统。国外已经或正在出现"回收和再利用热"，各国政府纷纷采用各种手段回收垃圾中的资源。

1. 日本废旧物资回收工作　目前已在102个城市进行"多余"商品的交换和展览。

（1）商品交换：分交换情报和召开交换会议或举办商品展览两种方式。

（2）发动社会团体参加回收活动：在20世纪70年代后半期以来，日本镇议会、自治团体、地区性组织回收物资的活动日益活跃。据调查，日本574个城市中有119个（占20.7%）城市的各种社会团体参加了此项活动。

（3）从收集的垃圾中回收物资：日本574个城市中有145个城市（占25.3%）开展了从垃圾中回收物资的活动。回收方式主要有：排放前挑选出有用的物资，利用传送带和机械设备从不可燃的垃圾中回收有用物资。日本还鼓励私人企业进驻垃圾填埋厂开展物资回收活动。从垃圾中回收物资，经济效益可观。日本在城镇生活垃圾中新闻纸、杂志等旧纸的回收率为40%。再生1万t纸可以少砍伐2.4km^2森林，相当于两个琵琶湖面积。

2. 美国废旧物资回收工作　美国物资回收的措施：①在税收上对再生品的利用给予优厚的待遇；②减少再生、回收物品的运输费用；③对"用了就丢"的容器加以限制；④联邦政府在进行物资调配时要促进再生物品的使用。

多年来，美国在废旧物资回收方面取得了很大进展，废旧汽车、废旧家电用品、贵重金属、铝质空罐、玻璃瓶、报纸等回收数量大，机械化程度高。如在处理电器废旧物料中，回收了大量贵重金属，仅AMAX公司一年可回收5万磅白金、100万盎司黄金、20万～25万磅白银[1磅（1b）=0.453 592 37kg，1盎司（oz）=28.349 52g]。

3. 罗马市固体垃圾的回收利用

(1) 回收塑料：垃圾中的塑料成分主要是低压聚乙烯包装薄膜，可利用吸气法把薄膜选出，然后用压力打包机打成捆，送到塑料加工厂。这些回收的塑料材料所制成的塑料制品，颜色为灰色，如汽水箱、大桶盖等。近期又建成塑料精制车间，用湿法去掉其中杂质，可以加工成塑料颗粒，以50%左右的比例与新原料配料可以进行吹塑，制塑料垃圾袋，关键是去除砂粒，否则无法吹塑。

(2) 回收纸张：在回收塑料的同时，把纸张分选出来，分别打捆等待进一步处理。在这些捆中含有不少杂质，特别是小的塑料膜，可以使用一种圆柱形的纸张消化器（高约3层楼），使纸在其内部消化。水是闭路循环的，可以把杂质（塑料等）去除到1%左右。纸浆经去杂后脱水成为成品（水分60%），用卡车运到造纸厂，可以加工成包装用硬纸板、瓦楞纸等。在纸厂可以进一步去杂，把蜡质、油墨去除后，可以代替木纸浆，用于制造新闻纸、复印纸等。

4. 比利时塑料产品的回收利用 比利时塑料产品回收工作很有特色，他们用回收塑料生产出诸如洗衣机机身、人造大理石、人造地板、墙面等有使用价值的产品。他们把废旧塑料通过注塑机制成塑料颗粒，再把这些五颜六色的小塑料颗粒制成成品，美观实用。

综上所述，这些回收物资可采用资源化回收系统加以总结（表9）。

表9 资源回收系统

前期系统（分离提取型回收：用物理的、机械的方法）	①保持废物原形的回收：重复利用（分选、修补、清洁洗涤） ②破坏废物原形回收原料：靠物理作用使废物原料化再生利用（破碎、物理或机械的分离精制）
后期系统（转化回收：用化学的、生物学的方法）	①回收物资：用化学、生物学方法使废物原料化、产品化再生利用（转化+分离精制：热分解、催化分解、熔融、烧结、堆肥发酵） ②回收能源：可贮存、迁移型能源回收（分解、发酵、粉碎；可得燃料气体、炭黑、粒状燃料、发电等）；不能贮存、随即使用能源的回收（燃烧、发电、水蒸气、热水等）

按照工艺，整个资源回收系统可分为两个分系统：前期系统和后期系统。前期系统不改变物质的性能，也叫分离回收，又可分为保持废物收集时原形的系统（即重复利用系统）及改变原形不改变物理性质的有用物资回收系统（即物理性原料化再利用系统）。前者如回收空瓶、空罐、家用电器中有用零件，通常采用手选、清洗，并对回收废物料进行简易修补或净化操作，修补后再利用；后者如回收的金属、玻璃、纸张、塑料等材料，多采用破碎、分离、水洗后，根据各材质的特性，采用机械的、物理的方法分选后，收集回收。

后期系统主要是将前期系统回收后的残留物，用化学、生物学的方法，改变废物的物性而进行回收利用，这个系统比物理方法分离回收技术要求高而困难，故成本较高。后期系统又分为回收物资为目的的系统（即化学、生物法原料化、产品化的再利用系统）和回收能源为目的的系统两大类。后者进一步分为可贮存、可迁移型能源及燃料的回收系统和不可贮存即随产随用型能源的回收系统。将废料中有机物进行热分解，用来制造可燃气体、燃料油及炭黑，或靠破碎及分离去除不可燃物的粉煤制造技术；另一种是将废物中可燃物燃烧产生蒸汽、热水直接使用或进行发电。

（二）我国城镇生活垃圾处理的发展趋势

在我国，一方面城镇生活垃圾的产量十分巨大，另一方面，现有重要的填埋与焚烧方法又存在种种缺陷，因此，需要寻找新的处理方法。

1. 城镇生活垃圾农用是对资源的充分利用　现代城镇生活垃圾不仅有机成分含量提高，而且质量也在提高。测定结果表明，20 世纪 80 年代城镇生活垃圾含 N 0.1%、$P_2O_5$0.1%，K_2O 0.2%；现在居民膳食结构发生了变化，肉和鱼的比例增加。所以，生活垃圾中的养分含量也在增加。对几个城市的测定结果表明，生活垃圾中含 N 为 0.2%～0.3%，P_2O_5 为 0.15%～0.2%，K_2O 为 0.25%～0.4%。这就是说，全国近 2 亿 t 城镇生活垃圾中含有 N40 万～60 万 t，P_2O_5 30 万～40 万 t，K_2O 50 万～80 万 t，相当于 87 万～130 万 t 尿素，214 万～285 万 t 普钙（按 P_2O_5 14%计），83 万～133 万 t 氯化钾。若按尿素 950 元/t，普钙 350 万/t、氯化钾 1 100 元/t 计算，总价值为 24.88 亿～37.25 亿元，还含有有机质和中、微量元素。因此，这是一笔很大的资源。若弃之不用，不仅浪费资源，而且增加环境负荷。

2. 垃圾处理产业化和商品化有利于生活垃圾农用　在市场经济的大环境中，农民用工也算经济账，经济上不合算的事是不干的。像过去的农民那样全家老少齐积肥的历史已一去不复返，传统的堆肥发酵耗时费力，已不适应现代的要求，因为垃圾每天都要生产出来，在有机垃圾加工过程中，必须实行高温快速连续发酵，流水作业，而且要解决发酵过程中臭气的污染问题，发酵好的有机物料含养分太低，必须走有机—无机肥复混的路子，生产出圆颗粒状的有机—无机复混肥，方可解决长途运输和机械化施用的问题。而且，价格要适宜，农民才能认可。

3. 我国政府十分重视城镇生活垃圾农用研究

（1）“六五”期间，农业部原农业环保处将“城镇生活垃圾农用的效果及问题”列为重点课题；“七五”期间列题并组织中国农业科学院土壤肥料研究所专家起草“城镇生活垃圾农用控制标准”，国家环保局 1987 年 10 月 5 日发布，1988 年 2 月 1 日正式实施（GB 8172—87）。

（2）“七五”期间，原城乡建设部将“城镇生活垃圾粪便无害化处理及其综合利用技术”列为重点课题，并组织中国农业科学院土壤肥料研究所、北京市环境卫生研究所等单位实施。

（3）“八五”期间农业部将“有机肥料商品化技术”列为重点项目，并组织中国农业科学院土壤肥料研究所实施。

（4）“九五”期间，原国家科学技术委员会将“规模化畜禽场粪污处理利用技术”列为重中之重攻关项目专题，并组织中国农业科学院土壤肥料研究所和农业部规划设计院实施。

（5）2000 年农业部科教司生态环境处将“城镇生活垃圾资源化利用技术”列项，组织中国农业科学院土壤肥料研究所实施。

（6）“十五”期间，科技部将“城市生活垃圾无害化、资源化利用技术”列入“863”高技术研究发展计划。

4. 利用无机垃圾制造建筑材料 无机垃圾占我国城镇生活垃圾产量的40%～60%，数量相当大。这些无机垃圾不能焚烧，施入农田又会破坏土壤结构，是垃圾处理的一大难题。利用无机垃圾制造建筑材料，则是解决无机垃圾问题的最好出路之一。

1980年上海市拨款100万元，在山林塘兴建了一座占地1.3hm^{2}的无机垃圾处理厂。该厂主要以建筑垃圾为原料，配备了颚式破碎机、反击式破碎机、研磨机、锅炉、双层滚筒筛各一台，制砖自动线4条，高压蒸汽烘炉8个。现已有一条自动线开始生产小批量的垃圾砖。有4条自动线全部投产，可日产260mm×190mm×192mm垃圾砖3.6万块。垃圾制砖工艺流程如图2。

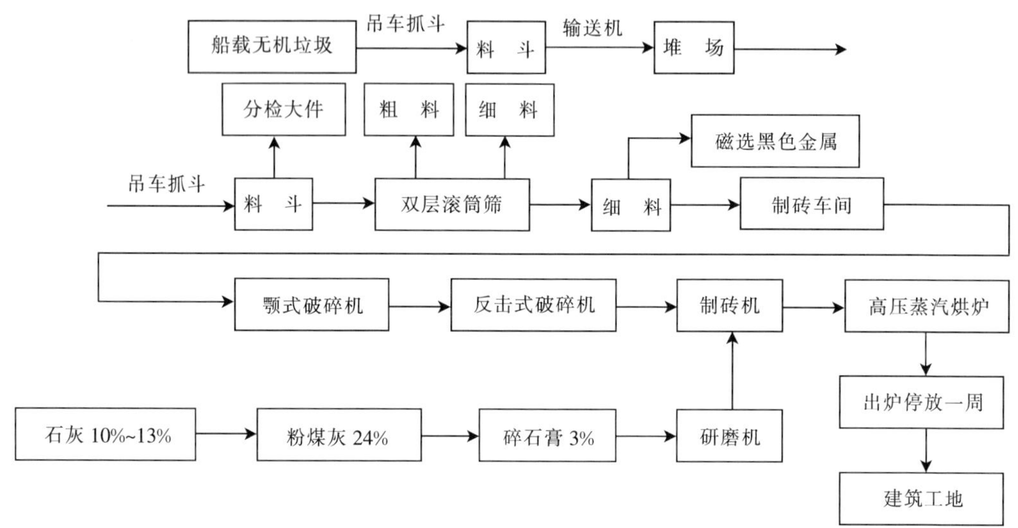

图2 垃圾制砖工艺流程图（上海）

西安市垃圾综合利用处理场从1981年起开始进行蒸养无机垃圾砖的试制、小试工作。蒸养垃圾砖就是利用城镇生活垃圾中的无机成分，主要是民用球煤灰、蜂窝煤灰中的活性SiO_2和Al_2O_3，在一定的温度和湿度下，与石灰中的氧化钙作用，生成具有类同于普通硅酸盐性质的水化硅酸钙、水化铝酸钙。所以，垃圾砖具有墙体材料所需要的强度和力学性能。其反应式为：

$$nCaO+SiO_2+xH_2O \rightarrow nCaO+SiO_2 \cdot xH_2O$$

$$nCaO+SiO_2+yH_2O \rightarrow nCaO+SiO_2 \cdot yH_2O$$

蒸养垃圾砖生产工艺流程图见图3：

两年来，西安市垃圾综合处理利用场共试生产垃圾砖1.7万块，从性能测试情况看，其主要指标不低于蒸养煤渣砖和烧结土砖。

厦门市也利用垃圾中的煤灰，配合一定比例的水泥、石灰、石膏、电石渣等黏合剂，试制了多批煤灰砖。

用垃圾生产垃圾砖目前还未普遍推广。其主要原因，一是垃圾砖的成本较高，缺乏竞争能力，其成本主要高在无机垃圾的分选费用上；二是垃圾砖的质量还有待于进一步提高。虽然垃圾砖的生产有以上不足之处，但却是一种很有意义的尝试。

5. 有机垃圾的综合利用 有机垃圾在垃圾中的比例并不太大，但它易腐烂变质，是垃圾中主要的污染源。各地除采用高温堆肥法处理有机垃圾外，还开展了对有机垃圾的综合利用。

武汉、重庆、长沙、哈尔滨等市的环境卫生部门开展了利用养殖蚯蚓处理有机垃圾的试验工作，取得了一定的成果。蚯蚓由于其特殊的生理功能，分解消化有机垃圾的能力很强，饲养简单，繁殖快。蚯蚓体可作医药原料和动物饲料，蚓粪是很好的肥料并具有很好的除臭性能。利用蚯蚓处理有机垃圾可取得良好的环境效益和经济效益。

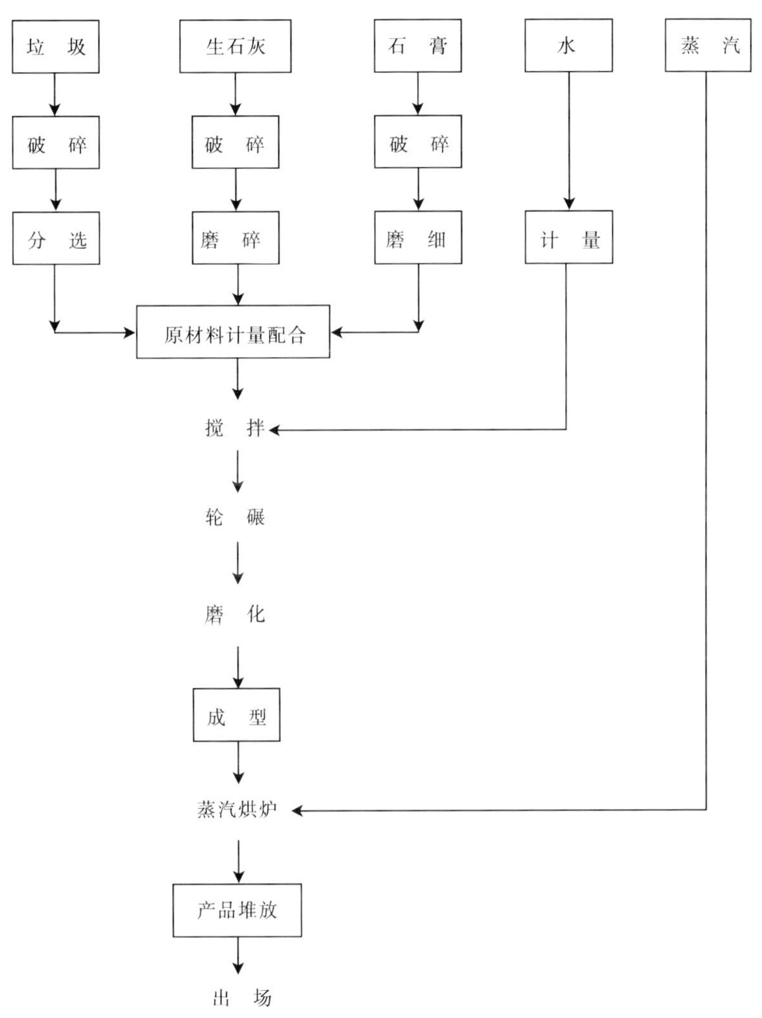

图3 垃圾制砖生产流程图（西安）

南京市环境卫生处在科研部门的支持下，利用人行道旁的法国梧桐树落叶培植平菇的试验获得成功。他们利用法国梧桐树落叶代替60%的棉籽壳栽培平菇，把本来不值钱的落叶变成了食用菌的原料，既解决了城市行道树落叶的出路问题，又取得了一定的经济效益。

城镇生活垃圾综合利用流程见图4。

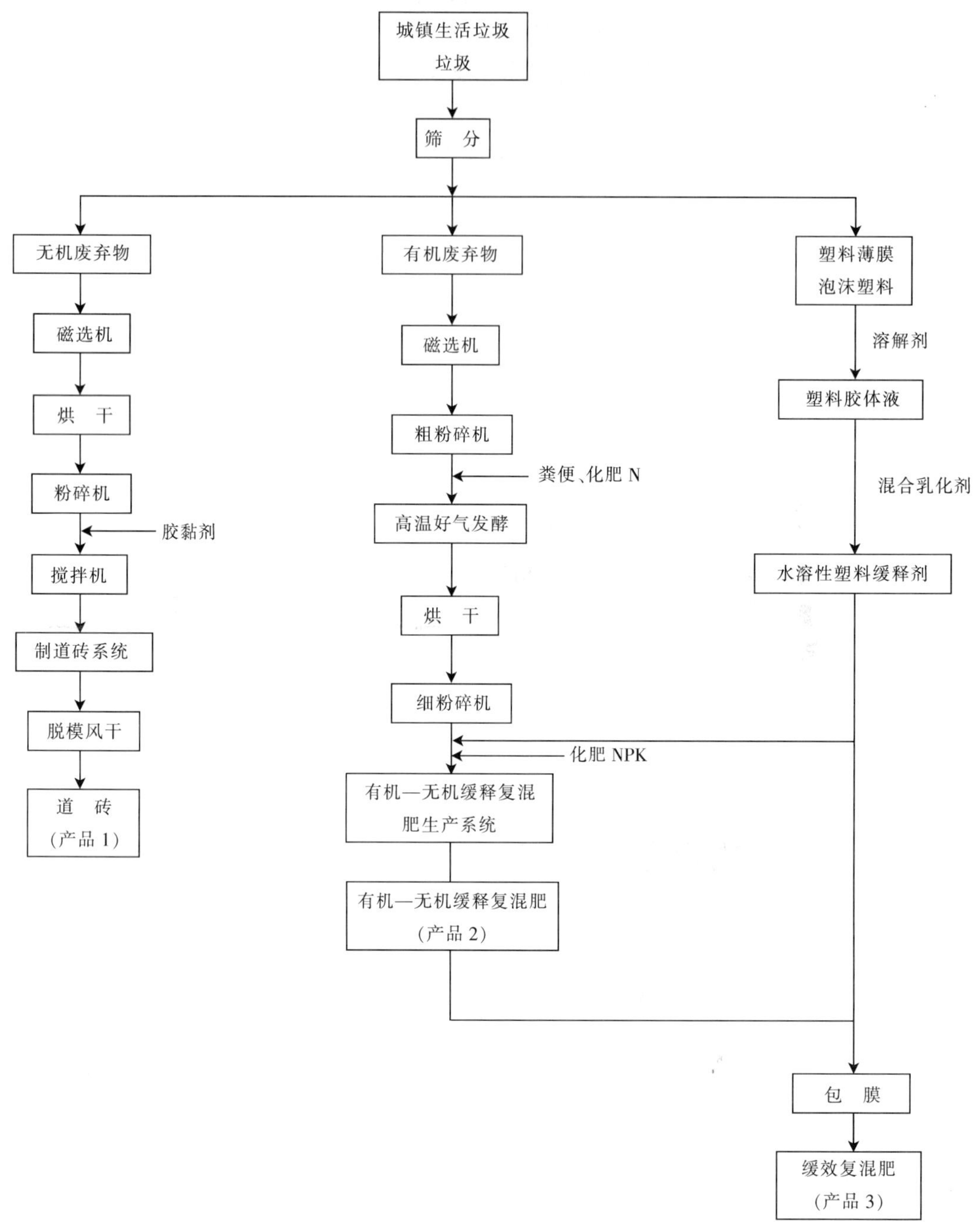

图 4　城镇生活垃圾综合利用流程图

四、对我国城镇生活垃圾处理的建议

（一）大力推行垃圾分类回收制度

垃圾分类收集是垃圾资源化利用的前提和基础，从理论上讲，垃圾分类越细致，资源化利用的潜力就越大。1995年制定的《中华人民共和国固体废物污染环境防治法》中第三十七条明确规定城镇生活垃圾应当逐步做到分类收集、储存、运输和处置，目前，国外的城镇生活垃圾分类回收方面做得很好，例如在美国：①《固体废物处置法》将资源回收作为一项重要内容；②44个州要求居民将垃圾分类为金属、塑料、玻璃等，装入不同容器。废纸、木板等需捆扎以便于回收；③回收利用的物资主要是纸、废铝罐、塑料等。1990年废纸回收率达33.4%，1997年铝饮料罐的回收率为82.7%；④垃圾收集车采用分隔式，用以分门别类收集各种废弃物，⑤垃圾回收是美国20世纪90年代发展最快的产业，从业人员达15万人。相比之下，我国虽然已在部分城市开展了这项工作，但无论从力度还是效果上都有待加强。

（二）“分类回收，殆尽消纳”

将城镇生活垃圾按有机物、无机物、可回收物资和废塑料四类分别加以处理，并建立示范工程加以推广，做到物尽其用。通过查阅国内外大量文献，结合最新研究成果，推荐方案如图4。

（三）政府制定城镇生活垃圾处理配套政策

这里包括垃圾产业化的补贴政策、税收政策和贷款贴息政策等；国家制定生产过程的技术规范、产品标准等。处理垃圾属于社会公益性工作，各国政府都很重视这个问题，一般是由政府组织管理，从垃圾“制造者”处收取一定的费用，补贴给垃圾处理者，以鼓励从业者的积极性。同时，由于城镇生活垃圾若利用不善会造成环境污染，故应由政府统一生产技术规范，并对从业者加以管理和监督。

有机物料高温快速连续发酵除臭技术研究

随着畜禽养殖业向规模化、集约化方向的迅速发展，大量的畜禽粪便造成的地表、地下水的污染以及恶臭愈来愈重。目前国内处理畜禽粪便较为普遍的方式：一是沼气发酵，二是烘干法处理生产有机肥料；清除畜禽粪便堆肥过程中产生的恶臭主要有水洗法、吸收法、吸附法、氧化法、药液处理、生物法等技术方法。但这些方法处理效果都存在一定的问题，可见寻找一种高效可靠低耗的畜禽粪便处理技术是十分必要的。为此，2000年在北京绿龙公司鸡粪处理场进行了有机物料高温快速连续发酵除臭效果试验研究，以期为畜禽粪便无害化、资源化处理利用和农产品安全生产提供质量技术保证。

一、材料与方法

（一）试验原料及配比

在北京地区取各种畜禽粪便、小麦秸秆样品各10个，测定分析养分含量，其结果归纳

与张树清、王玉军、窦富根、刘秀梅、邹绍文合作，载于2004年第4期《农业环境科学学报》。

见表 1。

表 1　有机肥原料养分含量（风干基）

类　型	有机质 O. M（g/kg）	N（g/kg）	P_2O_5（g/kg）	K_2O（g/kg）	C/N
鸡　粪	430～550	28～40	25～34	16.8～29.5	9.0～14
猪　粪	450～580	20～36	20～30	15～20	11～21
羊　粪	697～800	18.6～21	14.3～15.5	6.5～7	13～23
麦　秸	820～898	4.5～7.4	0.6～2	13～27	89.1～104

以鸡粪、猪粪和羊粪为原料，占发酵有机物料的 55%～60%（按质量比计算），加入秸秆 25%～30%，改性风化煤 10%～15%，水分含量在 55%～60%之间，发酵时调 C/N 比至 25～30∶1。

（二）除臭效果试验方法

方法 1. 物理—化学方法除臭　采用 JH 1000 型鸡粪烘干机处理尾气除臭。除臭设施包括散热片、沉降坑、吸附池、水吸收喷淋塔、氧化剂喷淋塔等设施。由于高温烘干条件下（500～600℃），有机物料中一些低分子有机化合物分解，产生臭气，造成二次污染。因此，在排气管道上制作许多散热片，使臭气温度迅速降低，然后将其通入 12m×3.6m×1.1m（长×宽×高）的沉降坑，60m×0.6m×0.6m 的烟道，再经循环水喷淋降温降尘后，最后喷洒化学除臭剂而使恶臭气体脱臭。采用沉降坑的主要目的是可将粒径大于 40μm 的灰尘收集起来，臭气通过吸附池后，烃类不饱和臭味物质被有效吸附；同时烘干机尾气中还含有氨、甲醇等能溶于水的恶臭物质，在循环水喷淋及由于温度下降产生的冷凝过程被水吸收而脱臭；其次是经过管道散热片、长达 60m 的烟道及水喷淋散热后，烘干机尾气温度降低到 80℃左右，使气体体积缩小，从而为药液喷淋除臭工序减轻了负担。用于喷淋的水及化学药液均循环使用，3～5d 更换 1 次，吸附材料采用沸石粉，吸附饱和后可掺入有机物料中利用。

根据高锰酸钾、次氯酸盐等氧化剂可将臭气中的恶臭物质分解、除臭的原理。在经过降温、降尘、沸石吸附及水吸收等阶段后，化学除臭药液选用亚硫酸氢钠和甘油混合水溶液等化学氧化剂作除臭剂，喷淋除臭。其原因为亚硫酸氢钠可与醛类臭味物质生成结合体，但亚硫酸氢钠在高温环境下稳定性差，易分解，加入少量甘油（亚硫酸钠用量的 3%左右），可提高其热稳定性，除臭效率显著提高（表 2）。

方法 2. 生物—物理—化学方法除臭　采用工厂化高温快速连续发酵。发酵设备由半封闭式发酵棚、有机物料发酵槽、螺旋搅拌机、自动控制系统等四部分组成。在发酵槽进料端底部铺设 10～15m 长的钢板，烘干尾气被引入发酵槽下，以提高发酵物料初始温度。采用生物—物理—化学综合除臭方法。生物方法：在有机物料发酵菌剂中除了加入“1%马粪+5%五四〇六菌剂”外，还添加硫化细菌菌剂。其中马粪主要作用是发酵，五四〇六菌剂起到除臭作用。物理方法：在发酵物料中加入 10%～15%风化煤粉，并用抽风机将发酵过程中的臭气抽出。化学方法：在臭气进入烟囱前喷洒亚硫酸氢纳—甘油混合液。

发酵全过程温度、水分、化学、生物等指标变化及调控介绍如下：

表2 物理—化学方法除臭 GC/MC 分析结果

序 号	保留时间（min）	化合物	废气进口	废气出口	处置率（%）
1	2.65	苯	7 497 653	8 567 864	—
2	4.14	甲 苯	3 833 934	8 832 900	—
3	5.37	十一烷	193 165	239 356	—
4	5.89	乙 苯	594 694	1 041 320	—
5	6.04	对二甲苯	165 494	180 674	—
6	6.17	间二甲苯	454 823	422 965	0.07
7	7.04	邻二甲苯	141 646	236 614	—
8	8.62	苯乙烯	1 038 262	1 356 197	—
9	8.95	1，2，3-三甲苯	186 693	219 892	—
10	9.26	硫氰酸甲酯	224 256	1 130 760	—
11	9.56	2-甲基吡嗪	266 139	<100	100
12	10.17	三甲基苯	105 732	147 846	—
13	13.06	糠 醛	472 735	79 736	83.1
14	13.80	二甲基己二烯	141 629	—（<100）	100
15	13.97	1H-吡咯	2 131 609	384 590	82.0
16	14.45	未知峰	312 338	236 668	24.2
17	14.91	2-甲基-1H-吡咯	116 218	8 704	92.5
18	15.35	苯 腈	199 111	19 885	90.0
19	16.17	苯乙酮	274 115	154 795	43.6
20	17.30	N-甲基苯胺	122 888	8149	93.4
21	17.48	萘	193 767	197 567	—
22	19.09	甲基萘	110 792	—（<100）	100
23	20.60	苯并噻唑	230 408	125 868	45.4
24	21.24	苯 酚	994 173	211 210	78.8
25	22.28	对一甲酚	500 349	—（<100）	100

（1）温度变化：有机物料发酵是复杂的好氧微生物分解过程，开始起主导作用的是高温纤维分解菌，在降温脱水阶段起主导作用的微生物为中温型放线菌和真菌。该发酵技术是以搅拌间隔时间控制通气量，在升温阶段耗氧量最高，物料搅拌器每隔半小时搅拌1次。发酵物料进入发酵槽后8～10h，料温上升至50～55℃；20～22h，料温上升至60～65℃，最高时可达70℃。高温阶段维持120～144h，随后温度降至50～55℃，8～10d（从入料开始计算），温度降至40℃左右。检测结果，70℃以上大部分微生物停止活动，呈“休眠”状态，只有芽孢杆菌存活。在高温持续阶段，为防止温度上升至70℃以上，适当减少通气量，在该阶段每隔1h搅拌1次。在降温脱水阶段，氧气需要量远小于前两个阶段，但为了加快水分的蒸发，保持1h搅拌1次。

（2）水分变化：以羊粪、鸡粪、猪粪、秸秆为原料的发酵物料，初始含水量为55%左右，升温阶段含水量下降3%～5%；高温持续阶段大约为5d，含水量下降15%～20%，平均每天下降3%～4%；降温阶段2～3d，含水量下降8%～10%，平均每天下降3%～4%。至发酵末端，含水量达到25%～30%。水分蒸发数量的变化以通气量或搅拌间隔时间调节。

（3）化学变化：发酵物料pH变化，初始pH为7.8～8.2，发酵结束后为6.5～7.0。试验采用物理吸附的措施，发酵过程中仍然有氮的损失，达到30%～35%。腐殖化系数可以被看作为发酵腐熟程度的指标，发酵结束后测定有机质含量35%～40%，腐殖质碳含量6.4%～8.8%，换算成腐殖化系数为28%～32%。

（4）生物变化：蛔虫卵死亡率100%，粪大肠杆菌未检出，符合有关卫生学指标的要求。

（三）臭气测定方法

气相色谱—质谱仪测定：在烟囱入口处采集气体，用真空泵抽入针筒（100ml），注入装气容器特氟隆袋进行测定。

闻臭法测定：由北京市环保监测站闻臭专家3人组成检测除臭效果。

二、试验结果

（一）物理—化学方法除臭效果

色谱分析结果（表2）表明，恶臭气体的组成为3大类：氨（NH_3），硫化氢（H_2S）和低分子碳化合物。在低分子碳化合物中，又以2-甲基吡嗪、糠醛、二甲基乙二烯、苯腈、N-甲基苯胺、苯并噻唑、苯酚、对-甲酚含量较高。

不同的有机化合物，处置效率是不同的。苯、甲苯、十一烷、乙苯、对二甲苯、间二甲苯、邻二甲苯、苯乙烯、1，2，3-三甲苯、硫氰酸甲酯、三甲基苯、萘等有机化合物基本无处置效果，有的甚至处置后反而比处置前浓度高，说明单纯的物理—化学方法除臭效果不甚理想。苯乙酮、苯并噻唑处理效率为43.2%～45.4%。糠醛、1H-吡咯、2-甲基-1H-吡咯、苯腈、苯酚、N-甲基苯胺、甲基萘、对-甲酚的处置率较高，在78.8%～100%之间。总之，该综合臭味处理工艺效果比较好，根据北京市环境保护监测中心监测结果（表3），综合除臭效率为64%，达到国家恶臭污染排放标准（GB 14554—93）。

表3　臭味处理效率

（单位：无量纲）

编　号	采样位置	臭气浓度
1	处理前	11 000
2	处理前	6 500
3	处理前	20 000
4	处理后	650
5	处理后	6 500
6	处理后	6 500
除臭效率		64%

(二) 生物—物理—化学方法除臭效果

表4检测结果表明：萘无处理效果，苯乙酮处置率也不高，只有43.5%；苯乙烯、苯酚处置率在70%以上，苯、甲苯、糠醛、苯并噻唑处置率在80%以上，其他臭气成分处置率均在90%以上。在物理—化学方法中对苯类化合物无处置效果，生物方法对这类化合物的处置率较高（73.5%～100%），是五四〇六放线菌的作用，还是硫化细菌的作用，或者是其他微生物的综合作用，需要进一步研究。生物—物理—化学方法综合除臭效率为89%（表5），除臭效果优于物理—化学方法（64%），在本研究的除臭试验中效果较佳。国内外对畜禽场臭气成份测定方法普遍采用闻臭法，这种方法仅是定性分析。本研究采用闻臭和定量相结合的分析方法，是臭气成分分析的尝试，但由于臭气成份复杂，能搜集到的气体标样有限，有些臭气成分尚无法确定。

表4　生物—物理—化学方法除臭处理废气 GC/MC 分析结果

序　号	保留时间（min）	化合物	废气进口	废气出口	处置率（%）
1	2.65	苯	7 497 653	1 394 560	81.4
2	4.14	甲　苯	3 833 934	605 761	84.2
3	5.37	十一烷	193 165	<100	100
4	5.89	乙苯	594 694	<100	100
5	6.04	对二甲苯	165 494	<100	100
6	6.17	间二甲苯	454 823	<100	100
7	7.04	邻二甲苯	141 646	<100	100
8	8.62	苯乙烯	1 038 262	275 140	73.5
9	8.95	1，2，3-三甲苯	186 693	<100	100
10	9.29	硫氰酸甲酯	224 256	<100	100
11	9.56	2-甲基吡嗪	266 139	<100	100
12	10.17	三甲基苯	105 732	<100	100
13	13.06	糠　醛	472 735	79 736	83.1
14	18.80	二甲基己二烯	141 629	<100	100
15	13.97	1H-吡咯	2 141 609	160 600	92.5
16	14.45	未知峰	312 338	31 200	90.0
17	14.91	2-甲基-1H-吡咯	116 218	8 704	92.5
18	15.35	苯　腈	199 111	19 885	90.0
19	16.17	苯乙酮	274 115	154 795	43.5
20	17.30	N-甲基苯胺	122 888	8 149	93.4
21	17.48	萘	193 767	197 567	…
22	19.09	甲基萘	110 792	<100	100
23	20.60	苯并噻唑	230 408	25 868	88.8
24	21.24	苯　酚	994 173	211 210	78.7
25	22.28	对-甲酚	500 349	<100	100

表5 臭味处理效率

（单位：无量纲）

编 号	采样位置	臭气浓度
1	处理前	8 500
2	处理前	7 000
3	处理前	6 500
4	处理后	1 200
5	处理后	600
6	处理后	500
除臭效率		89%

三、小 结

畜禽粪尿在发酵过程中，散发出臭气成分各异，例如猪粪以散发低级脂肪酸臭气物质为主；鸡粪中的 NH_3 和 CH_3SSCH_3 的含量特别高，羊粪散发出的臭气成分与猪粪、鸡粪相比，成分种类少、含量低。不同场合和不同养殖方式下，以及不同发酵条件下，这些臭气成分存在的状态、含量的高低也不尽相同。当前，用于畜禽粪便无害化处理的除臭技术很多，但单一使用物理、化学或生物的方法都不能解决问题，达不到理想的除臭效果。发展投资少、成本低、技术简便、易于推广的综合除臭技术，更加适合我国大、中型集约化畜禽养殖场固体粪污治理。

高温堆肥对畜禽粪中抗生素降解和重金属钝化的作用

引 言

【本研究的重要意义】堆肥法（composting）作为处理固体有机废物（包括畜禽粪便、污水、污泥和城市生活垃圾等），使之无害化、资源化的一种有效手段，长久以来在国内外广泛地被研究和应用。随着中国规模化畜禽养殖业的快速发展，源于饲料重金属添加剂和兽药残留污染的畜禽粪大量产生，并在农田中推广施用，这将会造成生态环境风险和土壤质量退化，进而有可能导致农产品质量下降。

【前人研究进展】目前，堆肥技术研究内容主要集中在堆肥物料的成分变化（如重金属、有机污染物、可溶性有机物、氮、磷、钾、碳等）、温度、湿度和过程控制、堆肥中微生物的变化、臭味的产生和控制、堆肥腐熟度的评价、堆肥调理剂、堆肥利用等方面。

【本研究切入点】在人工控制条件下进行高温堆肥，利用复合微生物或非金属矿物对畜禽粪中兽药残留降解和重金属钝化控制的研究国内尚属空白。因此，作者试图通过采用高温

作者：张树清、张夫道（通讯作者）、刘秀梅、王玉军、张建峰，原载于2006年第39卷第2期《中国农业科学》。

堆肥方法，外源添加微生物菌剂和风化煤分别降解畜禽粪中兽药残留和钝化重金属元素。

【拟解决的问题】本试验研究比较了堆肥中四环素类抗生素（TTC、OTC、CTC）及重金属（As、Cr、Cu、Zn）的降解和钝化特点，以便为今后规模化养殖畜禽粪无害化、资源化、产业化提供理论依据。

一、材料与方法

（一）堆肥材料及制作

堆肥原料采用新鲜的猪粪、鸡粪及麦秸，来源于北京市农业局土肥站大兴畜禽粪有机肥产业化示范工厂。堆肥原材料性质、四环素类（TTC、OTC、CTC）抗生素及重金属（As、Cr、Cu、Zn）含量见表1、表2。将切成5cm左右的麦秸与畜粪按C/N比为20～25的比例均匀地混合，分别装填在堆肥发酵桶内（其规格为1m×φ0.8m），堆制35d。发酵期水分控制在60%～65%。堆肥进程中，根据堆体温度变化，采取调节供气量和翻堆措施，尽可能延长最佳发酵时间。供气方式采用静态强制通风，从发酵池底部供气，前期的通气量为30L/min/m^3（堆体），中前期减半，后期停止供气。根据堆体温度变化，分别在堆制第3d和第10d进行翻堆。在堆肥发酵过程中，试验处理添加BM菌剂（一种芽孢杆菌生物复合制剂）增强四环素类抗生素生物降解作用；畜禽粪中添加风化煤增强重金属元素钝化效果。

表1　堆肥原材料性质

堆肥材料	有机碳（g/kg）	全氮（g/kg）	C/N	全磷（g/kg）	pH	含水量（%）
麦　秸	325.0	4.10	79.3	0.86	—	8.70
猪　粪	468.2	24.46	19.14	21.25	7.60	60.80
鸡　粪	348.5	20.30	17.16	16.58	7.80	62.10

表2　堆肥原料中四环素类抗生素及重金属含量

堆肥材料	四环素 TTC（mg/kg）	土霉素 OTC（mg/kg）	金霉素 CTC（mg/kg）	砷 As（mg/kg）	铬 Cr（mg/kg）	铜 Cu（mg/kg）	锌 Zn（mg/kg）
麦　秸	—	—	—	0.34	3.25	15.10	18.82
风化煤	—	—	—	0.62	5.21	18.65	54.32
猪　粪	19.34	12.45	15.66	4.25	18.82	134.40	418.54
鸡　粪	9.87	4.23	3.74	1.26	9.67	150.35	350.38

（二）堆肥试验方案

本试验共设置2组方案，每组方案设6个处理。

具体方案如下：

方案Ⅰ：抗生素降解试验；

处理 1 猪粪+麦秸（P+S）；

处理 2 猪粪+麦秸+四环素类抗生素（TTC、OTC、CTC 各添加 50mg/kg，下同；P+S+TCs）；

处理 3 猪粪+麦秸+四环素类抗生素+1%BM 菌剂（P+S+TCs+BM）；

处理 4 鸡粪+麦秸（C+S）；

处理 5 鸡粪+麦秸+四环素类抗生素（C+S+TCs）；

处理 6 鸡粪+麦秸+四环素类抗生素+1%BM 菌剂（C+S+TCs+BM）。

方案Ⅱ：重金属钝化试验

处理 1 猪粪+麦秸（P+S）；

处理 2 猪粪+麦秸+10%风化煤（P+S+FA）；

处理 3 鸡粪+麦秸（C+S）；

处理 4 鸡粪+麦秸+10%风化煤（C+S+FA）。

（三）测定项目方法

每个堆肥处理在堆制的第 0、10、20、30、35d 采集混合样，共采样 5 次。每日测定堆体温度和气温变化。有机碳采用重铬酸钾法；全氮采用凯氏定氮法；全磷采用钒钼黄比色法；全钾采用火焰光度计法；pH 采用电导法；含水量采用质量法测定。四环素类抗生素采用 MCI - Vaine - Na_2EDTA 缓冲液提取，用草酸甲醇洗脱净化，美国惠普 HP - 1100 型高效液相色谱仪测定。铬、铜、锌全量采用 HNO_3 - $HClO_4$ 消化，原子吸收分光光度计测定；砷全量测定采用 HNO_3 - $HClO_4$ 消化，二乙基二硫代氨基甲酸银比色法。水溶态砷、铬、铜、锌用蒸馏水提取测定。

二、结果与分析

（一）堆制过程基本理化性质的变化

堆肥初期，物料中易分解的有机物质在好氧微生物的作用下迅速分解，碳氮比降低，并释放热能，导致第 2d 堆肥温度迅速升至 72℃。此后，由于供气充足，水分蒸发较盛，带走大量热量，导致第 3d 堆肥温度迅速下降，此时，进行第 1 次翻堆。供气量减半后并重新调回含水量，堆肥温度又快速回升至 60℃左右，NH_3 的释放增加，pH 降低，进入一个动态平衡，堆肥进行到第 10d，堆肥温度又以较快的速度下降，此时进行第 2 次翻堆。此后堆肥温度自然降低，并没有出现增温（60～70℃）现象，到第 35d 堆肥发酵基本结束，达到腐熟、稳定期。此时，堆肥不再吸引蚊蝇，令人讨厌的臭味消失，由于真菌的生长堆肥出现了白色或灰白色的斑点，堆肥产品呈现疏松的团粒结构。

（二）不同堆肥处理对四环素类抗生素的降解效果

不同堆肥处理试验结果表明（图 1～图 6），不添加四环素类抗生素、添加四环素类抗生素及增加 BM 菌剂的 3 个不同堆肥处理对四环素类抗生素的降解效果不同，但总体去除残留的趋势一致。由于堆肥原料中猪粪、鸡粪含有的四环素种类和数量有所差异，所以猪粪、鸡粪堆肥相关处理的初始降解的残留量差异不明显。随着堆制时间的延续，不同种类的四环素抗生素去除率增加。相比而言，猪粪的降解效果好于鸡粪。由图1～6可以看出，无论猪粪、鸡粪，不同堆肥处理的TTC、OTC、CTC均以P+S处理、C+S处理去除效果最好，其次是添加BM菌剂处理。其降解去除率由大到小的顺序均为：TTC>CTC>OTC。P+S处理对TTC、OTC、CTC的去除率分别为85.97%、84.46%、75.60%；C+S处理的去除率分别为66.56%、82.44%和72.95%。均高于P+S+TCs处理、C+S+TCs处理、P+S+TCs+BM处理及C+S+TCs+BM处理。相比而言，所有处理对OTC降解去除效果较差，C+S+OTC处理去除率最低为40.23%。从试验结果可知，单纯的猪粪、鸡粪堆肥和添加专门选择的BM菌剂可以促进四环素类抗生素的降解，均对TTC、OTC、CTC的降解去除效果好于添加秸秆处理（P+S+TCs处理和C+S+TCs处理），其对猪粪堆肥TTC、OTC、CTC去除率分别为81.46%、59.36%和66.85%。对鸡粪堆肥TTC、OTC、CTC去除率分别为73.73%、46.62%和53.02%。

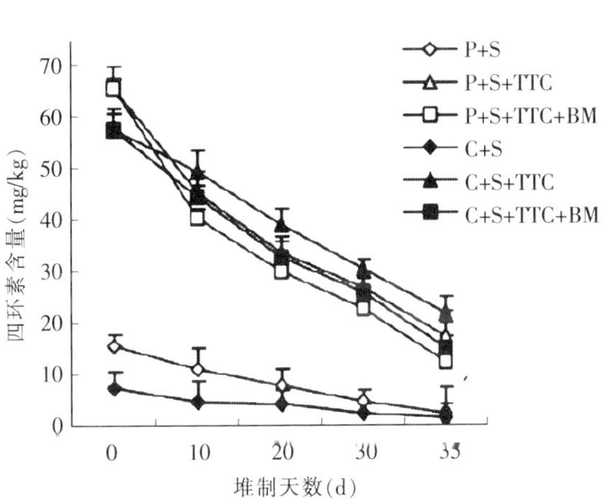

图1　不同堆肥处理对四环素的降解效果

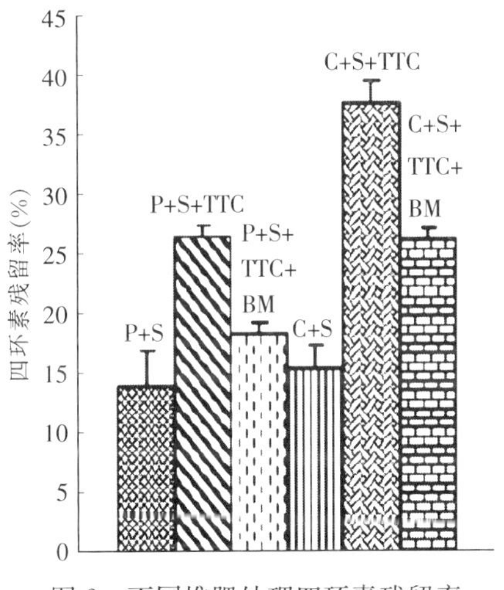

图2　不同堆肥处理四环素残留率

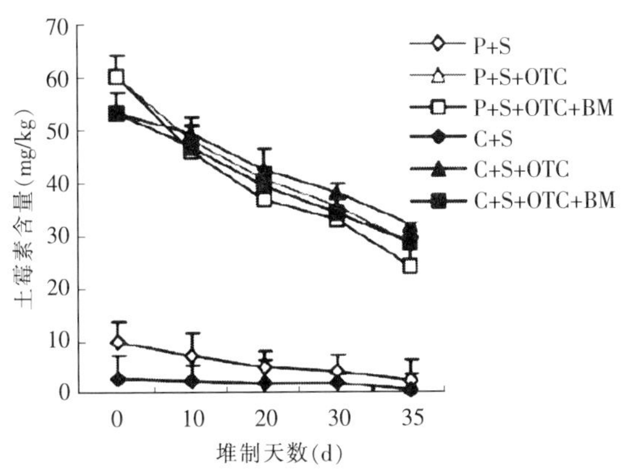

图3　不同堆肥处理对土霉素的降解效果

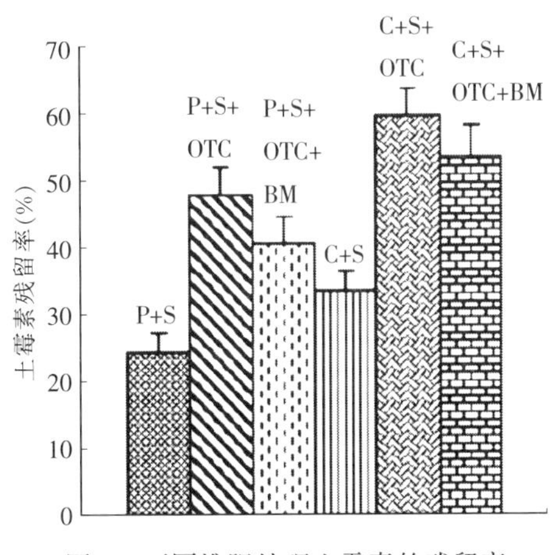

图4　不同堆肥处理土霉素的残留率

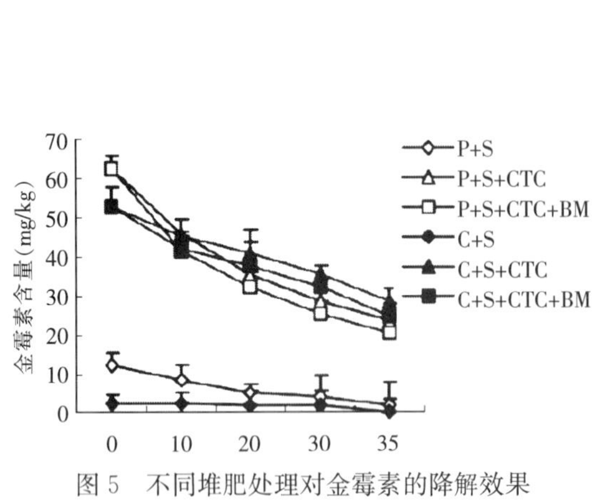

图 5　不同堆肥处理对金霉素的降解效果

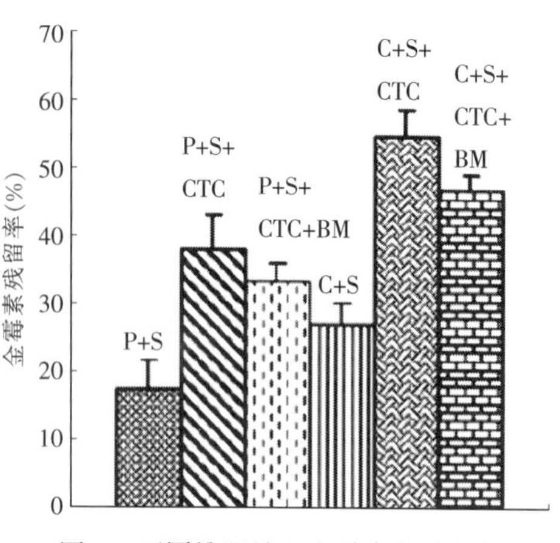

图 6　不同堆肥处理金霉素的残留率

（三）不同堆肥处理对重金属元素的钝化效果

一般来说，堆肥化对重金属的含量没有任何明显的影响，但对其存在形态或者活性可能有所影响。重金属的生物有效性与重金属的形态有密切关系。由表 3 可见所有处理堆肥中重金属全量变化，Cu、Zn、Cr 及 As 的全量显著低于原猪粪、鸡粪。从表 4 可以看出，无论猪粪还是鸡粪堆肥，不同处理中 Cu、Zn、Cr、As 元素水溶态含量堆肥后均较堆肥前下降。比较 4 种重金属元素水溶态含量占总量的百分含量在堆肥前后的变化：对猪粪堆肥来说，Cu、Zn、Cr、As 元素在对照在猪粪＋麦秸（P＋S）处理中的水溶态含量，堆肥后比堆肥前分别减少了 5.09％、6.13％、2.92％和 1.11％，而添加风化煤钝化剂（P＋S＋FA）的处理，堆肥后比堆肥前分别减少了 6.17％、6.40％、4.17％和 1.83％。对鸡粪堆肥来说，Cu、Zn、Cr、As 元素在鸡粪＋麦秸（C＋S）处理中水溶态含量，堆肥后比堆肥前分别减少了 5.90％、5.50％、3.65％和 1.47％，而添加风化煤钝化剂（C＋S＋FA）的处理，堆肥后比堆肥前分别减少了 7.07％、5.69％、5.50％和 2.07％。由此可见，风化煤对畜禽粪堆肥中的 Cu、Zn、Cr、As 元素水溶态具有钝化作用。由表 4 可以看出，各处理对水溶态重金属都起到了钝化作用，且各处理之间对重金属的钝化效果差异不同。对 Cu、Cr 来说，以 C＋S＋FA 处理的钝化效果最好，明显好于其他处理；对 Zn 来说，以 P＋S＋FA 处理钝化效果最好；对 As 来说，以 C＋S＋FA 处理的钝化效果最好，与其他处理差异较显著；与 Cu、Zn、Cr 比较，As 的钝化效果较差，这可能与 As 是类金属的性质有关。

三、讨　　论

本试验研究着重在探讨高温堆肥条件下，利用复合微生物菌剂或外源添加物对堆肥材料中残留抗生素和重金属进行降解和钝化的技术方法。试验中采用的抗生素品种均为四环素类抗生素（TCs），其在化学结构上都属于氢化并四苯环衍生物，由放线菌属产生。TCs 母核由 A、B、C、D4 个环组成，主要官能团包括 C4 位的二甲氨基、C2 位的酰胺基、C10 位的酚羟基等。TTC、OTC、CTC 具有相似的理化性质，均为黄色结晶粉末，味苦，难溶于水，属于酸碱两性物质。以往的兽药机理研究也证明，TCs 不稳定的 A 环手性原子 C4 和 C 环

C6 的羟基易发生差向异构和降解反应。从本试验结果中可以看出，不同堆肥处理的 TTC、OTC、CTC 均以 P+S 处理、C+S 处理去除效果最好，其降解去除率的多少顺序均为：TTC>CTC>OTC。由此可以说明四环素类抗生素的降解性能的强弱主要取决于其本身的结构和理化性质。P+S 处理对 TTC、OTC、CTC 的去除率分别高于 P+S+TCs 处理和 P+S+TCs+BM 处理；C+S 处理的去除率分别高于 C+S+TCs 处理和 C+S+TCs+BM 处理。究其原因可能是外源添加四环素类抗生素量较多，抑制了堆肥中微生物的繁殖和活力，产生了毒害作用，从而导致对四环素类抗生素降解能力的下降。但在相同条件下，P+S+TCs+BM 处理和 C+S+TCs+BM 处理降解效果相应地好于 P+S+TCs 处理和 C+S+TCs 处理，可见外源添加有益降解菌剂有助于抗生素药物残留的去除。堆肥中重金属的存在形态可分为：水溶态（H_2O 可提取态），交换态（$CaCl_2$、$MgCl_2$、KNO_3、NaAc 等），有机结合态（$Na_4P_2O_7$ 或 H_2O_2 等），碳酸盐和硫化物结合态（EDTA 或 DTPA 等）及残渣态（HNO_3、HF、$HClO_4$ 或混合酸可提取态）等，其中前 3 种形态重金属的生物有效性较高，而后两种的生物有效性很低。水溶态是重金属中移动性最强的形态，是植物最易吸收也是对食物链污染潜力最大的形态。故本试验研究了重金属在堆肥前后的变化和添加风化煤作为重金属钝化剂对畜禽粪中 Cu、Zn、Cr、As 水溶态的影响。

表 3　不同堆肥处理对铜、锌、铬和砷全量和水溶态含量的影响

处　理		水溶态		全　量	
		堆肥前	堆肥后	堆肥前	堆肥后
Cu	P+S	10.83	5.35	110.54	113.75
	P+S+FA	9.65	2.78	112.41	115.53
	C+S	12.34	5.58	116.55	118.78
	C+S+FA	10.88	2.56	112.42	120.66
Zn	P+S	28.51	7.79	338.60	339.83
	P+S+FA	26.34	4.21	344.03	345.67
	C+S	20.33	5.64	267.49	269.04
	C+S+FA	19.69	4.09	272.92	274.36
Cr	P+S	1.45	1.01	15.71	16.00
	P+S+FA	1.21	0.56	16.23	16.98
	C+S	0.83	0.58	8.07	8.73
	C+S+FA	0.74	0.28	8.59	9.01
As	P+S	0.31	0.28	3.47	3.68
	P+S+FA	0.27	0.21	3.53	3.81
	C+S	0.09	0.08	1.03	1.10
	C+S+FA	0.09	0.07	1.09	1.13

表 4　不同堆肥处理水溶态重金属含量变化差值

处　理	Cu（%）	Zn（%）	Cr（%）	Aa（%）
P+S	5.09Cd	6.13Bd	2.92Dd	1.11Ad
P+S+FA	6.17Bb	6.40Aa	4.17Bb	1.83Ab
C+S	5.90Bc	5.50Cd	3.65Cc	1.47Ac
C+S+FA	7.07Aa	5.69Cc	5.50Aa	2.07Aa

不同大小写字母分别表示 $p<0.01$ 和 $p<0.05$ 显著水平。

堆肥试验结果表明，所有处理中的 Cu、Zn、Cr 及 As 重金属全量均低于原猪粪、鸡粪背景值，这是由于堆肥过程中加入了麦秸或风化煤所起的稀释作用。堆肥后上述 4 种重金属的浓度均比开始时略有增加，这可能是由于水分散失，CO_2 及挥发性物质挥发损失，以及堆体变小引起堆料中重金属浓缩所致。无论猪粪还是鸡粪，不同处理中 Cu、Zn、Cr、As 元素水溶态含量堆肥后均较堆肥前下降；添加风化煤钝化剂处理的 4 种重金属水溶态含量比不加风化煤处理的减少得多，说明风化煤对畜禽粪堆肥中重金属元素水溶态具有钝化作用。其原因可能是在所有的堆肥处理中都伴随着堆肥过程发生重金属形态的转化，水溶态重金属可能转化成有机结合态、硫化物结合态、铁锰氧化物态。风化煤的加入促进了腐殖质的形成，从而加快了重金属元素水溶态的转化。同时这也说明了重金属的钝化效果不能单纯地看其水溶态含量的变化，必须考虑重金属其他形态，并且结合生物效应试验来确定。在实际生产应用中，需要借助材料学科的发展，筛选资源好、效果佳、价格低的钝化剂，避免畜禽粪使用造成农田二次污染的发生，在这些方面还有待于进一步研究。

四、结　　论

1. 在猪粪、鸡粪和麦秸分别混合堆制条件下，高温堆肥对四环素类抗生素主要种类具有不同程度的降解效果。不同堆肥处理的 TTC、OTC、CTC 均以 P+S 处理、C+S 处理去除效果最好，其次是添加 BM 菌剂处理，其降解去除率由大到小的顺序均为：TTC>CTC>OTC，说明四环素类抗生素的降解性能的强弱与其本身的结构和理化性质有关。所有处理对 OTC 降解去除效果较差，C+S+OTC 处理去除率最低为 40.23%。外源添加有益降解菌剂有助于抗生素药物残留的去除。

2. 由于规模化养殖畜禽粪中富含重金属元素，所以其农业利用是一个更应该引起广泛重视的问题。通过高温发酵使其中的重金属生物有效性降低，添加钝化剂对堆肥中重金属 Cu、Zn、Cr、As 元素形态的影响显著。无论猪粪还是鸡粪，添加风化煤堆肥处理对水溶态 Cu、Zn、Cr、As 的钝化效果显著地好于 P+S 和 C+S 处理。从对水溶态重金属的钝化效果来说，风化煤目前是一种有效的钝化剂。

酒精糟液发酵污泥处置及资源化再利用研究

一、概　　况

我国酒精产量的 1/3 以木薯为原料，用木薯制酒精比用其他任何原料的成本都低。因此，木薯是生产生酒精的首选原料。木薯生物产量大、淀粉含量高，且耐旱、耐贫瘠，种植省工、投入较少。木薯酒精废液最大的特点，是均属于高浓度有机废水，COD_{Cr} 为 3 万～15 万 mg/L，且废液量大，每生产 1t 酒精就会产生大约 15t 的废液。因此，酒精废液的治理问

作者：王玉军、张夫道。

题就成为限制酒精产业发展的瓶颈，要大力发展木薯酒精生产，必须解决生物酒精生产废液治理利用问题。

虽然木薯酒精废液作为高浓度有机废水，治理难度之大是环保界公认的。但是，从资源再生利用的角度来看，木薯酒精废液中含有的大量高浓度有机物，恰恰是生物能源—沼气的有机成分。因此，正确处理环保治理与能源利用这一对矛盾，具有现实和普遍意义。

（一）酒精糟液处理工艺

木薯酒精糟的综合利用和废水治理工艺中，由于木薯干酒精糟蛋白含量低，一般不生产蛋白饲料，而是采用厌氧—好氧处理工艺。木薯酒精糟的固液分离采用卧螺式离心分离机、板框压滤机，滤液厌氧发酵生产沼气，一般采用接触工艺或升流式厌氧污泥床（酒精糟滤液的悬浮物需符合该工艺要求），好氧工艺采用活性污泥法、接触氧化法等。

金沂蒙集团以木薯为主料年产酒精 15 万 t，日均生产酒精 400t 以上，副产全糟液约 6 000m^3；其糟液 COD 约 50 000mg/L，BOD 约 30 000mg/L，SS 约 30 000mg/L，pH4～5。

主要工艺路线为见图 1。

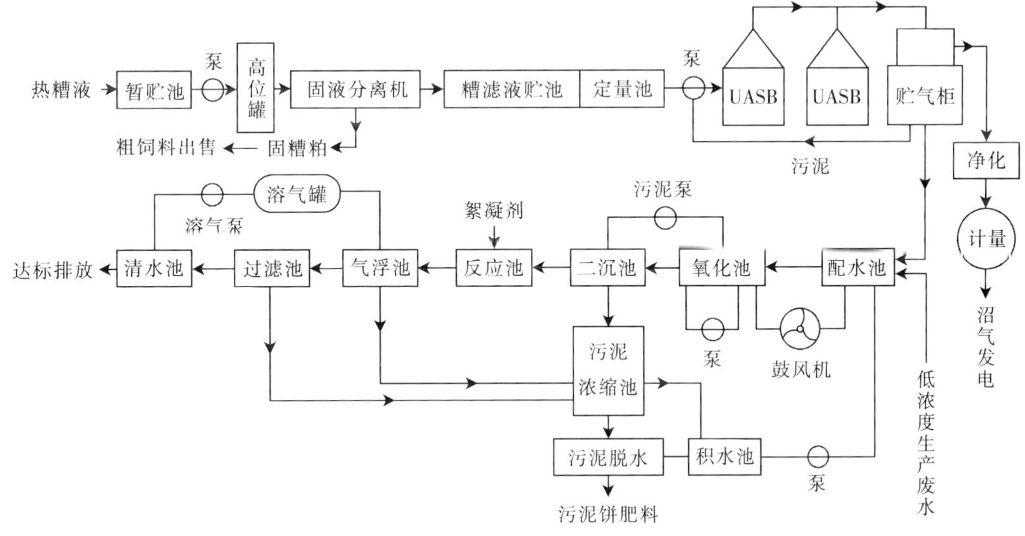

图 1　酒精厂糟液处理工艺流程示意图

（二）主要技术指标

厌氧消化罐：UASB 工艺（3 000＋1 200）×15m^3。

发酵温度：55～35℃。

HRT：一级罐 7d、二级罐 3d。

COD 负荷率：一级罐 4.78kg/m^3/d、二级罐 0.63 kg/m^3/d。

装置产气率：2.5～1.5kg/m^3/d。

沼气甲烷含量>60%。

沼气贮气装置：湿式标准贮气柜，贮气量 800m^3。

系统污染物总去除率：COD 99.4%，BOD 99.60%，SS 99.66%。

（三）工艺流程主要部分说明

酒精糟液首先进行固液分离，分离后的固糟粕直接出售做牲畜粗饲料，糟滤液经生物厌氧、兼氧消化，好氧、物化综合处理后，达标排放。

1. 糟液降温沉砂处理 由酒精蒸馏车间粗馏塔底部不断排出的热糟液（温度 100℃以上），借助塔内压力直接排入暂贮池，在池内经自然蒸发降低液温（90℃以下）和沉降糟液中的泥砂后，用热糟泵打入高位罐。

2. 糟液强制分离 全糟液由高位罐进入固液分离机内（180 目筛）进行分离，固糟粕（含水率 80%左右）直接出售用做牲畜粗饲料；糟滤液导入贮存池中，通过机械搅拌调整液温后，经计量池泵入厌氧发酵罐内。

3. 厌氧、兼氧消化处理 厌氧发酵罐采用钢结构外加保温处理，厌氧采取 UASB 工艺加生物能搅拌。糟滤液用往复泵由定量池泵入一级厌氧发酵罐内，滞留期（HRT）为 7d；消化液溢流进入二级厌氧发酵罐，滞留期为 3d；经两级厌氧消化后的料液溢入湿式沼气贮气柜的水封池内，作气柜钟罩液封用水，该措施具有兼氧消化效能，此举既可节约工业用水，又能进一步降解废水中的 COD，生产一定量的沼气。由气柜水封池溢流出的消化液 COD 值可降至 2 600mg/L 以下，较有利于后续的好氧处理。

4. 好氧及物化处理 消化液由沼气贮气柜水封池溢流进入配水池，同时可将其他低浓度生产废水引入配水池一并搅拌鼓风，使消化液 COD 降至 1 500mg/L 以下，然后溢流入氧化沟进行曝气处理。处理后废水由氧化沟溢入二沉池，沉淀污泥进入污泥浓缩池，经脱水获得污泥饼肥料。二沉池内上清液溢流入反应池，加入一定量絮凝剂，通过反应后，排入气浮池，再经过滤池过滤后进入清水池，即可达标排放或回用。

5. 污泥处理 经厌氧与好氧、物化系列处理后产生的污泥排入污泥浓缩池，经自然沉降使污泥浓度进一步提高。为防止污泥二次污染，对污泥进行脱水处理，脱水后的污泥可外运做肥料或做锅炉燃料。

6. 沼气应用 厌氧消化产生的沼气，甲烷含量在 60%以上，每立方米热值 23.0MJ，相当于 1kg 优质原煤。沼气由气柜导入气水分离器、脱硫塔、通过阻火器、计量表输送到用气终端，如沼气发电、烧锅炉或居民生活用燃料等。

（四）糟液处理效果

采用上述技术工艺，糟滤液经系统处理后，将 COD 由 50 000mg/L 降至 300 mg/L 左右，总去除率达 99.4%；BOD 由 30 000mg/L 降至 120mg/L，总去除率达 99.6%；SS 由 30 000mg/L 降至 100 mg/L，总去除率达 99.66；达到国家规定的二类污染物二级排放标准。处理效果见表 1。

经厌氧、好氧与物化系列处理后产生的污泥排入污泥浓缩池，经自然沉降使污泥浓度进一步提高。浓缩后的污泥含水率降至 95%～97%，体积大为缩减，为后序污泥脱水设备的容积或容量的减小创造了条件，提高了处理效率。

表1　处理效果分析

指　标	pH	COD_{Cr}（mg/L）	BOD（mg/L）	SS（mg/L）
木薯酒精全糟液	3.8～4.2	50 000	30 000	30 000
糟滤液	3.8～4.2	38 000	22 000	15 000
去除率		24%	26%	50%
一次厌氧处理后		4 500	2 400	2 300
去除率		88%	89%	84.5%
二次厌氧处理后		2 600	1 400	1 300
去除率		42%	41%	43%
厌氧总去除率		93.15%	93.60%	91.30%
兼氧处理废液取数		2 600	1 400	1 300
配水池出水		1 500	1 200	1 200
氧化沟二沉池出水		750	360	480
去除率		50%	70%	60%
气浮池出水		450	216	144
去除率		40%	40%	70%
过滤池出水		300	120	100
去除率		33%	44%	30%
原糟总去除率		99.4%	99.6%	99.66%

（五）研究背景

自1975年张夫道协助河南省原南阳酒精厂建设5 000m^3沼气工程开始，大中型沼气工程就成为有效处理酒糟废液的环境保护工程，是一个提供干净、便利燃气的能源工程，是一个实现有机废弃物资源化、生物质多层次利用，促进农业生态良性循环的生态工程。但是，该工程产生的厌氧发酵污泥能否有效达到无害化和稳定化，关键在于资源化和二次污染的防治。如何经济、有效地加以利用已成为目前环境科学中深为关注的课题之一。

目前，国内对于厌氧—好氧发酵混合污泥进行工业化处理与处置的并不多见，用于有机肥的研究也只是停留在田间施用方法、施用效果的研究上。然而，对于发酵工业的大型酒精厂、酒厂，酒糟液厌氧发酵污泥处理，确是需要迫切解决的问题。

金沂蒙集团以木薯为原料年产酒精15万t，废水量为225万t/年以上，采用生物能源高效回收技术进行处理，每年生产沼气约1亿m^3，折合标准煤11万t。装机容量：300kW沼气发电机组8台，200kW沼气发电机组16台。产生的沼气全部用于发电。集团沼气发电工程产生的污泥总量较大，以处理量的90%计算，年产干污泥达1万t。污泥最有价值的利用是作肥料，由于集团污水处理厂对沼气厌氧消化液处理仅局限于固液分离，分离液进行曝气（好氧）处理，得到的沉淀污泥排入污泥浓缩池，浓缩池中的混合污泥含有95%～97%的水分，经化学调质、机械脱水得到污泥滤饼，污泥滤饼含水量仍在75%～80%左右，这样的污泥极易腐烂发臭，运输、施用或直接用于制作肥料都十分困难。对滤饼的处置方法主要是近距离送往近郊的果园或绿地作为初级肥料。由于肥料的季节性很强，每天近150t的污泥滤饼得不到及时处理，对周边环境造成影响，本项研究正是在这样的背景下提出的。

（六）总体思路

本项研究主要围绕5个方面来展开：

第一，浓缩池混合污泥处理，即调质。采用化学调质法，其基本原理是通过向污泥中投加可起到电性中和或吸附架桥作用调质剂（混凝剂、絮凝剂和助凝剂），以破坏污泥胶体颗粒的稳定性，使分散的颗粒间相互聚集形成大颗粒，从而改善污泥的脱水性。污泥调质是工艺的第一步，目的是通过改变污泥的理化性质，为固液分离做准备。

第二，脱水，即污泥的固液分离。采用机械方式完成。通过调质和机械脱水，污泥可减量20倍之多，同时还会使污泥的处理特性得到提高，使脱水后的污泥能够以固体或半固体态的形式进行下一步的处理。

第三，污泥滤饼高温好氧发酵二次脱水。采用槽式发酵技术，即太阳能浓缩发酵处理技术，使污泥滤饼中的木质素、纤维素快速分解腐熟和脱水。预计目标：将污泥滤饼含水量由70%～80%降至25%～30%，木质素、纤维素大量减少，生成的粉状物料作为有机复混缓释肥的基质原料。

第四，污泥的最终处置是肥料。采用有机物料与无机肥料复配技术，以有机物料作为载体，并通过缓释技术的应用，实现传统有机复混肥料的技术升级，即有机复混缓释肥料。有机复混缓释肥料缓释性能试验采用土柱淋洗法，测定肥料样品氮素释放速率和氮素累积释放率，体现在两个方面：一是初步定量分析有机肥对有机复混缓释肥在缓释效果方面的作用；二是初步定量分析有机高分子材料作为改性调理剂对其缓释效果的作用。

第五，以玉米为对象，通过生物学试验研究有机复混缓释肥对养分供应、产量和肥料N利用率的影响。并在玉米收获后测定土壤剖面硝态氮的含量。

二、材料与方法

（一）供试材料

1. 试验用污泥 取自山东金沂蒙集团经生化处理进入浓缩池的混合污泥。

2. 无机混凝剂的选择与制备

（1）$FeCl_3 \cdot 6H_2O$（FC），分析纯化学试剂，配成20%（以$FeCl_3$计）溶液使用。

（2）聚合氯化铝（PAC），配成20%（以PAC计）溶液使用。

3. 有机高分子絮凝剂的选择与制备

（1）聚N-二甲胺基甲基丙烯酰胺（XN1）：以相对分子质量500万左右的聚丙烯酰胺、甲醛、二甲胺、去离子水为原料，以过硫酸盐为催化剂，将聚丙烯酰胺溶到水中，用NaOH溶液调pH8～9，加入催化剂，加入甲醛，于温度48～52℃反应1h，再加入二甲胺，于温度68～72℃反应1h。其中聚丙烯酰胺（含量以100%计）、甲醛（含量为37%～38%）、二甲胺（含量为33%）、水和过硫酸盐的质量比为（0.58～1.17）：（0.80～0.9）：1：（46～50）：（0.0021～0.003），利用该工艺得到的聚N－二甲胺基甲基丙烯酰胺产品为无色透明状胶体，相对分子质量为1 000万～1 200万道尔顿。配成500mg/L（以PAM计）溶液使用。

（2）FC-409（日本产品）（XN2）：在烧杯中加入去离子水，开动搅拌器（≤180r/min），缓慢加入FC-409，加入量为水质量的0.5%，搅拌至FC-409全部溶解。配成500mg/L（以FC-409计）溶液使用（pH5）。

（二）试验方法

1. 浓缩池污泥调制处理　美国试验材料学会标准 ASTMD2035—1980（1990 年修订确认）《水的混凝、絮凝杯罐试验方法》，是先进的方法。国内于 1997 年等效采用了 ASTM 的标准方法，发布了国家标准方法。

该方法包括快速搅拌、慢速搅拌和静止沉降 3 个步骤。投加的絮凝剂经快速搅拌而迅速分散并与水中的胶粒接触，胶粒开始聚集产生微絮体。通过慢速搅拌，微絮体进一步相互接触长成较大的颗粒。停止搅拌后，形成的胶粒聚集体，依靠重力自然沉降至底部。

本方法适用于确定水的絮凝过程的工艺参数，包括：絮凝剂的种类、用量、水的 pH、温度，以及各种药剂的投加顺序等。通过测定水样在试验后的浊度、色度，即可得知胶体脱稳聚集的程度。

本试验分为 3 组：

第一组：无机混凝剂处理试验。在 8 个 500ml 烧杯中加入 200ml 厌氧消化液，其中 1 个为空白不加药，其余 7 个分别加入无机混凝剂，以 120r/min 搅拌 1min。将空白处理和混凝后的处理样移入 250ml 量筒进行沉降，1h 后，取上清液测定 COD_{Cr}、SS（悬浮固体）。

第二组：有机高分子絮凝凝剂处理试验。在 8 个 500ml 烧杯中加入 200ml 厌氧消化液，其中 1 个为空白不加药，其余 7 个分别加入有机高分子絮凝剂，以 40r/min 搅拌 20s；观察形成污泥絮团的大小、强度，将絮凝后的处理样移入 250ml 量筒进行沉降，1h 后，取上清液测定 COD_{Cr}、SS（悬浮固体）、滤饼含水率。

第三组：无机混凝剂与有机高分子絮凝凝剂联合处理试验。在 5 个 500ml 烧杯中加入 200ml 厌氧消化液，其中 1 个为空白不加药，其余 7 个分别加入无机混凝剂，以 120r/min 搅拌 1min，再加入有机高分子絮凝剂，以 40r/min 搅拌 20s，观察形成污泥絮团的大小、强度，将絮凝后的处理样移入 250ml 量筒进行沉降，1h 后，取上清液测定 COD_{Cr}、SS（悬浮固体）、滤饼含水率。

其中 COD_{Cr}用 5B－3C 型 COD 快速测定仪测定；SS（悬浮固体）用重量法（CJ/52—1999）测定；滤饼含水率经布氏漏斗微减压过滤后，在 105℃下烘干后的失重百分率。

2. 浓缩池污泥脱水处理

（1）试验材料

浓缩污泥：山东金沂蒙集团生化处理浓缩池沉淀污泥。

无机混凝剂：PAC，FC。加入量按处理液的 3‰计。

有机高分子絮凝剂：XN1，XN2。加入量按处理液的 0.03‰计。

（2）试验方法：试验设 6 个处理对稀糟液厌氧发酵污泥—活性污泥作絮凝压滤脱水试验。以优选絮凝压滤脱水操作参数。

①XN1（mg/L）：500；

②XN2（mg/L）：300；

③PAC/XN1（mg/L）：500/300；

④PAC/XN2（mg/L）：500/300；

⑤FC/XN1（mg/L）：500/300；

⑥FC/XN2（mg/L）：500/300。

（3）试验设备：采用板框压滤机压滤。

（4）工艺流程：污泥处理经厌氧与好氧、物化系列处理后产生的污泥排入污泥浓缩池，经自然沉降使污泥浓度进一步提高。为防止污泥二次污染，对污泥进行脱水处理，脱水后的污泥滤饼送至肥料车间制作肥料。

本试验流程见图2。絮凝剂投药方式采用计量泵压力投加，管道混合。投药位置位于往复回流泵的低压进料管道入口处。

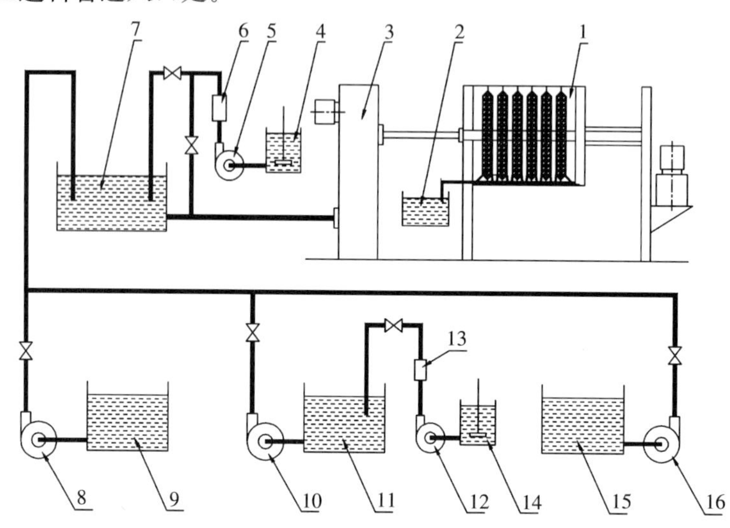

图2 厌氧污泥板框压滤脱水试验流程

1. 板框压滤机；2. 滤液积水池；3. 往复泵；4、14. 药剂剂配制桶；5、12. 药剂输送泵；6、13. 流量计；7. 污泥浓缩池；8、10、16. 污泥输送泵；9. 二沉池；11. 气浮池；15. 过滤池。

3. 污泥滤饼高温好氧发酵二次脱水处理试验

（1）试验材料：①污泥滤饼；②秸秆；③风化煤；④五四〇六菌剂。

（2）材料配比

①污泥滤饼占发酵有机物料的55%～60%（按质量比计算），秸秆25%～30%，过100目筛孔的风化煤（辽宁阜新产）10%～15%，水分含量在55%～60%之间，用尿素调C/N比，调至25～30∶1。

②发酵菌剂：按发酵物料干基质量计，接种1%骡马粪（鲜基）+0.05%五四〇六菌剂。

（3）试验方法

①工艺流程：见右图。

整个工艺需根据物料特性具体来确定。混合后的发酵物料由机动翻斗车转运到发酵车间的发酵槽内，发酵物料按1.2m厚度堆积。此后在一段时期内，操作人员即时监控发酵槽内物料的温度变化，适时开启翻抛机对物料进行翻动。盘式螺旋翻堆机在一

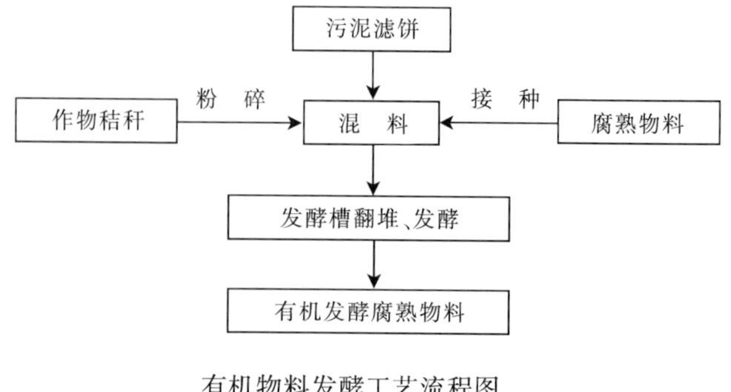

有机物料发酵工艺流程图

个槽池内工作完成后，通过水平转移车将螺旋搅拌机转移至另一个槽池内进行工作，实现一机多槽之功效。发酵车间见下图。

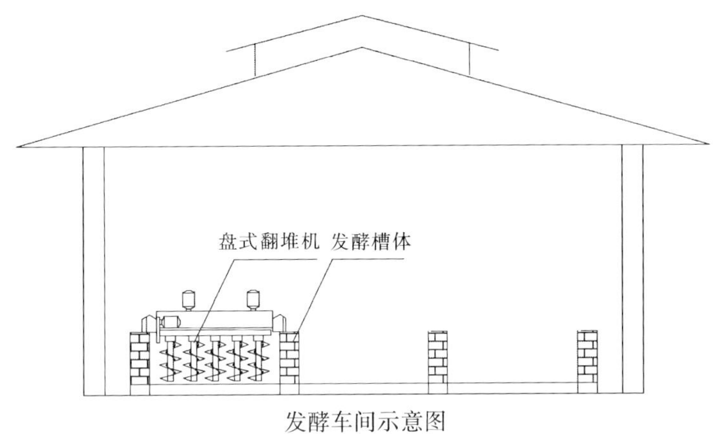

发酵车间示意图

②试验地点：试验于 2007 年 5 月 15 日至 7 月 15 日在山东金沂蒙生态肥业公司进行。

③测试项目：发酵过程中监测的项目有有机碳、腐殖质、全氮、温度和含水率。

④测试方法

〈1〉温度：好氧发酵前期每天检测堆体温度和气温 2 次，后期每天检测 1 次，堆体温度从上到下依次测定 10cm，50cm 等 2 个层次的温度，温度用电位差计测定，热电偶（传感器）安装于旋盘轴中心套管内，每层分两侧、中间布置 3 个点，于翻堆时每隔 10m 测定 1 次，记录数据。

〈2〉含水率和总固体：分别在发酵第 0d，1d，2d，3d，4d，5d，6d，7d，8d，9d，10d 均匀地从发酵物料内部分上、中、下 3 层取样，阴凉处自然风干，待测；水分采用 105℃烘干法测定（做 3 份平行测定）。

〈3〉有机碳

a. 测试方法采用重铬酸钾容量法—稀释热法（鲍士旦，2002；于天仁，1988）。

b. 所有样品均需烘干，用研钵尽可能研细，并使之全部通过 100 目筛。

c. 用同样的方法做 2～3 个空白试验，即取 0.500g 粉状二氧化硅代替样品，其他操作与试样测定相同。

〈4〉腐殖质碳：采用 $Na_4P_2O_4$ - NaOH 混合液分离提取（严昶升，1988）。

〈5〉腐殖化系数

$$腐殖化系数=\frac{发酵后形成腐殖质的含量}{发酵前有机物料的有机质含量}\times 100$$

〈6〉全氮

a. 测试方法采用土壤中氮的标准测试方法（凯氏定氮法）进行测定（鲍士旦，2002）。

b. 所有样品均需烘干，用研钵尽可能研细，并使之全部通过 100 目筛。

c. 用同样的方法做 2～3 个空白试验，即不加试样，其他操作与试样测定相同

〈7〉pH：在待测样品中，加入少量无离子水与之混合，然后用精密 pH 试纸测定。

4. 有机复混缓释肥的研制

(1) 试验材料：发酵腐熟污泥滤饼，尿素（含 N 量 46%），磷酸一铵（含 P_2O_5 45%，

含 N 11%)，氯化钾（含 K_2O 60%），有机高分子基质（固形物含量 10%），包膜剂（固形物含量 20%）。

（2）肥料配方：生产 1t 有机复混缓释肥料原料用量（$N-P_2O_5-K_2O$=15－7.5－7.5）。

①有机物料：发酵腐熟污泥滤饼，用量 416kg（干基计）；

②化肥：尿素（含 N 量 46%），用量 286.3kg；磷酸一铵（含 P_2O_5 45%，含 N 11%），用量 166.7kg；氯化钾（含 K_2O 60%），用量 125kg；

③CF2（内质型缓释剂），用量 10kg（固形物含量 10%）；

④包膜用缓释材料剂：N－BX（外质型缓释材料），用量 10kg（固形物含量 20%）。

（3）工艺流程：目前国内常用圆盘造粒和转鼓造粒设备生产复混肥料。圆盘造粒设备简单，造价低，便于操作，但生产规模较小，一般年产量在 1 万 t 以下。转鼓造粒设备生产规模较大，可采用蒸汽造粒、氨化造粒和喷浆造粒工艺。本试验在金沂蒙集团生态肥业公司年产 5 万 t 转鼓造粒（半料浆法）生产线上进行，其特点是以尿液为造粒液相，可降低造粒水分，减轻干燥负荷，提高成粒率，进而可提高产量、降低消耗，改善产品质量、减轻结块程度。工艺流程见下图：

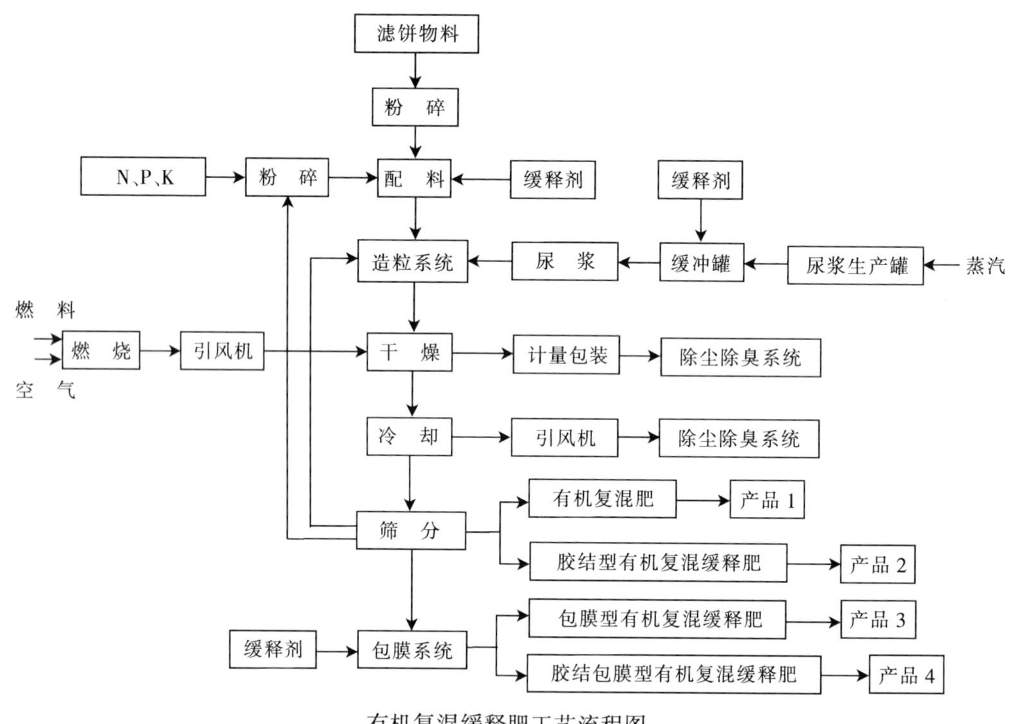

有机复混缓释肥工艺流程图

工艺流程简述：

①造粒系统：有机物料（滤饼）经二次脱水后仍含有约 30%左右的水分，这样的物料既不能进行粉碎也不能进行造粒。因此，在造粒前需要对物料进行预烘干，将水分降低到 15%～20%，再进行粉碎、筛分，进入造粒系统。造粒系统由自动配料和造粒两道工序组成。

■ 自动配料工序：将有机原料、NPK、辅料等分别输送至自动配料系统中的贮料仓中，然后按照事先设置好的程序分别给料于计量皮带秤，各种物料按比例进入。

■ 造粒工序：皮带输送机上的物料进入粉碎机，对物料进行打散、粉碎。粉碎后的物料经连续式的双轴搅拌机进行搅拌混合后，通过皮带机进入转鼓造粒机造粒。

②成品烘干冷却系统：造粒后的成品经过烘干、冷却、筛分，直径在 2～5mm 范围内的成品进入成品料仓，包装入库；大、小返料返回生产线经破碎后重新进行造粒。

③包膜系统

〈1〉生产工艺：由于复混肥料氮是水溶性氮、缓释材料（N－BX）又为胶团水溶液和有机物料具有的缓冲作用，给成膜带来不利的影响。水溶性包膜材料固形物含量低、水分含量高，为了克服材料这一缺陷，在包膜技术上采取“三迅速”工艺。

a. 迅速包膜：包膜剂首先在混合罐中搅拌加热，降低黏度，喷嘴在压力（1.15MPa）下形成雾区，已预热（55～60℃）的肥料颗粒在包膜剂的雾区中完成包膜，然后进入扑粉区。

b. 迅速烘干：肥料包膜扑粉后，迅速进入热风区烘干，温度 70～80℃。使用低温大风量技术，使颗粒表面膜材料的水分迅速蒸发。

c. 迅速冷却：烘干后的包膜肥料应迅速冷却，又称为“风淬”，增加包膜的硬度，装袋后不会结块。

〈2〉设备

a. 包膜筒：分为预热区，包膜区，扑粉区，干燥区，冷却区（见下图）。

b. 附属设备：包膜剂预热搅拌罐，计量泵，喷嘴，空压机，鼓热风机，滑石粉输送装置，鼓冷风机，尿素上料传递带，成品传送带，除尘器，成品储存仓，包装机。

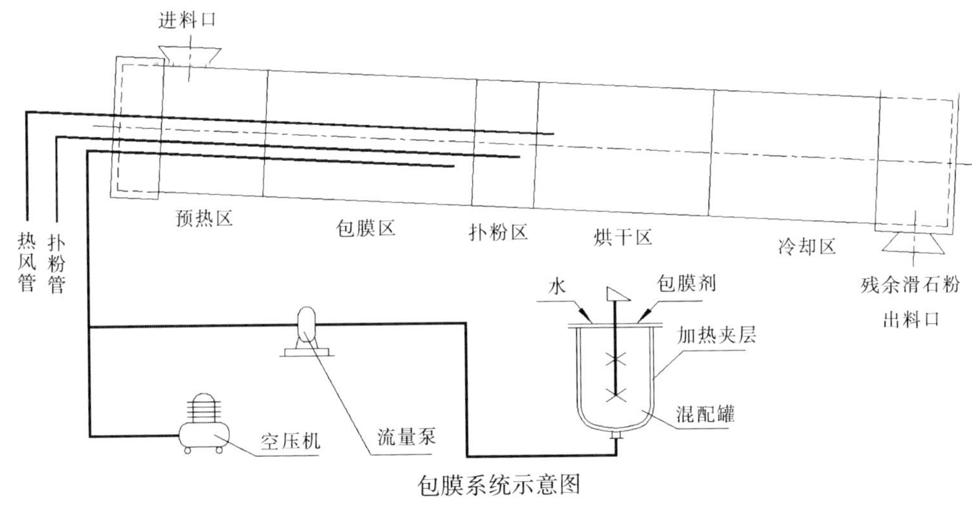

包膜系统示意图

(4) 成粒率测定：将制得的有机复混缓释肥料称重并分别过 2、4mm 筛网，对每一粒级的肥料颗粒称重并计算其重量百分比。

(5) 颗粒强度测定：采用 RE－54 型颗粒强度仪器对肥料样品进行强度检测。

随机取 20 粒样品，用颗粒强度仪测定其抗压强度，取其平均值作为该样品颗粒的抗压强度（N/粒）。

5. 有机复混缓释肥田间应用

（1）试验材料

①试验地点：山东金沂蒙集团生态肥业公司试验地。

②供试土壤：潮土，土壤质地为砂壤土，土壤有机质含量1.07%，全氮0.124%，全磷0.239%，全钾0.360%，碱解氮65.40mg/kg，有效磷（P）7.8mg/kg，有效钾（K）133.6mg/kg。

③供试肥料：腐熟污泥滤饼（以干基计，有机质≥42.1%）。污泥滤饼与尿素、磷酸一铵、氯化钾进行复配后，采用标准转鼓造粒工艺（含N 15%、P_2O_5 7.5%、K_2O 7.5%）。

④供试作物：玉米，品种为中单2号。

（2）处理：本试验共设6个处理，即①不施肥空白对照（CK1）；②等NPK化肥对照（CK2）；③有机复混肥（F1）；④胶结型有机复混缓释肥（F2）；⑤包膜型有机复混缓释肥（F3）；⑥胶结包膜型有机复混缓释肥（F4）。

每个处理3次重复，共18个小区，随机排列，每小区长7.2m，宽2.8m，每小区种4行，株间距为0.30m，行距为0.70m，小区间横向间距1.0m，纵向间距1.0m。

各小区施肥处理总养分量相等，为一次性底施。施肥量N 180kg/hm²，P_2O_5 60kg/hm² K_2O 120kg/hm²。

本试验于2006年6月16日播种，9月28日收获。生长期，每小区随机选取10株，挂上标签定期调查玉米的株高、叶色及各时期的生长变化，打药防治病虫害。收获时称量各小区玉米籽粒产量和生物量，并取代表性植株分为籽粒、茎叶和穗轴，烘干称重，干样粉碎后用于测定籽粒、茎叶、穗轴含氮量。同时在玉米收获后按0～20、20～40、40～60、600～80、80～100cm…取土样，用紫外分光光度计法测定土壤剖面硝态氮含量。

三、结果与讨论

（一）浓缩池污泥调制处理效果

1. 无机混凝剂投加量处理效果 使用不同投加量无机混凝剂处理浓缩池的混合污泥，考察其投加量与混凝效果的关系。无机混凝剂投加量与混凝效果的试验结果见表2和图3。

表2 无机混凝剂处理效果

混凝剂	投加量（mg/L）	原水COD_{Cr}（mg/L）	出水COD_{Cr}（mg/L）	COD_{Cr}去除率（%）	原SS（mg/L）	出SS（mg/L）	SS去除率（%）
聚合氯化铝	100	5 120	4 270	16.6	1 630	1 010	38.0
	150		3 750	26.8		970	40.5
	300		3 450	32.6		820	49.7
	350		3 210	37.3		600	63.2
	500		3 070	40.0		430	73.6
	800		3 070	40.0		375	77.0
	1 000		3 060	40.2		365	77.6

（续）

混凝剂	投加量（mg/L）	原水 COD_{Cr}（mg/L）	出水 COD_{Cr}（mg/L）	COD_{Cr} 去除率（%）	原 SS（mg/L）	出 SS（mg/L）	SS 去除率（%）
三氯化铁	100	5 120	4 250	17.0	1 630	925	43.3
	150		3 520	31.3		770	52.8
	300		3 130	38.9		495	69.6
	350		2 810	45.1		375	77.0
	500		2 790	45.5		370	77.3
	800		2 790	45.5		365	77.6
	1 000		2 780	45.7		365	77.6

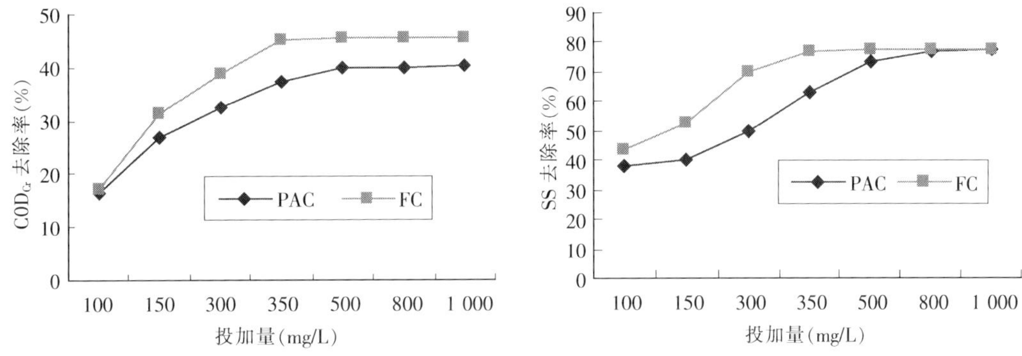

图 3　COD_{Cr} 和 SS 去除效果的比较

为了确定最佳混凝剂投加量，对 2 种混凝剂进行平行实验。由图 3 可以看出，当 PAC 和 FC 投加量为 350～1 000mg/L 时，处理后 COD_{Cr}、SS 均可达到令人满意的效果。

由图 3 还可以看出，随着絮凝剂投加量的增加，COD_{Cr} 去除率和 SS 的去除率效果逐步增加，SS 的去除率明显高于 COD_{Cr} 的去除率。其中 FC 对 SS 的去除效果优于 PAC，投加量 350mg/L 的去除效果与 PAC 投加量 800mg/L 的去除效果相近，COD_{Cr} 的去除率分别为 40.0%和 45.1%；SS 的去除率分别为 73.6%和 77.0%。说明三氯化铁作为浓缩池混合污泥预调质处理剂效果较好。

从低浓度往高浓度增加时，即聚合氯化铝从 100mg/L 加到 500mg/L 这一阶段，三氯化铁从 100mg/L 加到 350mg/L 这一阶段，COD_{Cr} 去除率和 SS 的去除效果上升明显。聚合氯化铝从 500mg/L 加到 1 000mg/L 这一阶段，三氯化铁从 350mg/L 加到 1 000mg/L 这一阶段，COD_{Cr} 去除率和 SS 的去除效果趋于平缓。

除了混凝剂的本身及浓度会对反应有影响外，pH、水温、水利条件、水中杂质成分和浓度等都会造成结果一定程度的差异。

（1）pH：原液 pH 对混凝效果的影响程度，视混凝剂品种不同而不同。一般而言，pH 对金属盐混凝剂的混凝作用影响较大，对高分子混凝剂影响较小。铝盐和铁盐是两种主要的金属盐混凝剂，在不同 pH 条件下，其产生的混凝效果也会不同。

（2）水温：无机盐混凝剂的水解反应是吸热反应，因此水温低时不利于混凝剂水解。水的黏度受水温影响，水的黏度随水温降低而增大。黏度增加导致两种不良后果：一是水分子的布朗运动减弱，不利于水中污染物质胶粒的脱稳聚集，因而絮凝体不易形成；二是水流剪力增大，影响絮凝体的成长。试验时水温为24～28℃。

（3）杂质成分和浓度：从胶体亲水性质而言，水中有机物质亲水胶体含量高时，混凝较为困难，一般需投加较多的混凝剂。从悬浮物或胶体浓度而言，当水的浊度很低时，由于杂质颗粒碰撞几率减小，混凝效果差（北京水环境技术与设备研究中心等，2000）。

（4）水含量：混凝过程分为两个阶段：混合和絮凝（范瑾初等，1992）。

混合阶段：通过对水的强烈搅拌使混凝剂迅速、均匀的扩散到水中。混凝剂溶解后形成的胶体与水中的悬浮微粒和胶体混合，形成微絮粒。

絮凝阶段：要求水流具有适宜的紊动性，以便微絮粒进一步碰撞聚集，形成较大的絮凝体。在混凝过程中，搅拌时间应受到限制，过长时间的搅拌会使大絮团破裂，破坏絮团表面，导致能够沉淀的大絮团被搅碎成不能沉淀的小颗粒。

本试验以浓缩池混合污泥为研究对象，其性质与污水处理有所区别，在污水处理过程中会出现两种情况：一是混凝剂投加量不足；二是混凝剂投加量过剩。这两种情况均会造成原液处理效果恶化。究其原因，当混凝剂不足时，原液处理效果恶化是由于污染物的未充分脱稳所致；当混凝剂过剩时，原液处理效果恶化则是由于颗粒因超荷现象而导致新的稳定性（即再稳定）。试验证明，在这两种情况下，混凝进行迟缓，尤其是使用金属混凝剂，被处理水样呈现出乳浊，含有显著量的剩余铝和铁。混凝剂的实际最佳工艺投加量趋向于某一极限。在浓缩池混合污泥无机化学药剂调质处理过程中，随着混凝剂投加量的增加混凝效果趋于平缓也说明了这一现象。

2. 有机高分子絮凝凝剂投加量处理与絮凝效果 有机高分子絮凝剂投加量与絮凝效果的关系见表3和图4。

表3 有机高分子絮凝剂试验结果

混凝剂	投加量(mg/L)	原水 COD_{Cr} (mg/L)	出水 COD_{Cr} (mg/L)	COD_{Cr} 去除率(%)	原SS (mg/L)	出SS (mg/L)	SS去除率(%)	滤饼含水率(%)
XN1	30	2 816	2 378	15.6	1075	1 000	7.0	84.4
	50		2 369	15.9		970	9.8	84.1
	100		2 341	16.9		950	11.6	83.7
	150		2 313	17.9		930	13.5	83.6
	200		2303	18.2		890	17.2	83.4
	250		2 275	19.2		805	25.1	83.1
	300		2 239	20.5		770	28.4	83.0
	500		2 266	19.5		807	24.9	83.1
XN2	30	2 229	1989	10.8	215	158	26.5	83.7
	50		1 919	13.9		130	39.5	83.6
	100		1 785	19.9		86	60.0	83.6
	150		1 635	26.6		71	67.0	82.6
	200		1534	31.2		67	68.8	81.7
	250		1 549	30.5		73	66.0	82.0
	300		1 558	30.1		78	63.7	82.7
	500		1 566	29.7		85	60.5	83.1

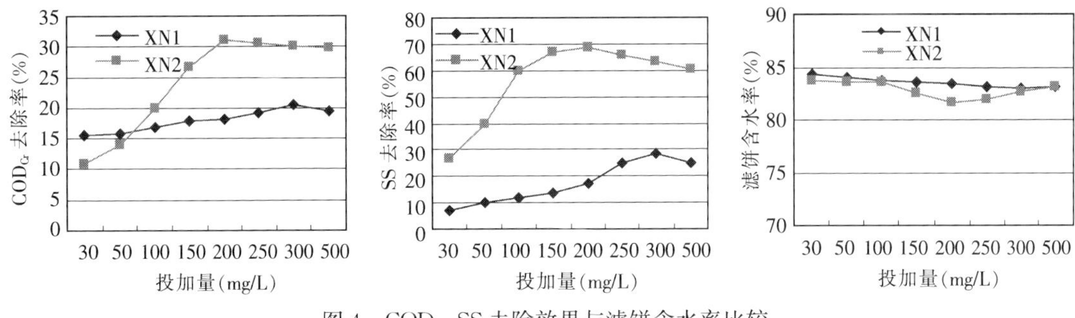

图 4　COD、SS 去除效果与滤饼含水率比较

（1）有机高分子絮凝剂投加量对 COD_{Cr} 和 SS 去除率的影响：从表 3 和图 2 可知，随着絮凝剂的投加量增加，上清液 COD_{Cr} 去除率随投加量的增加而增加，当絮凝剂投加量达到一定值后 XN1 300mg/L、XN2 200mg/L，COD_{Cr} 去除率反而下降，处理后的 SS 和滤饼含水率变化与絮凝剂的投加量也有类似的变化。这是由于有机阳离子絮凝剂是水溶性线性高分子聚合物，它的分子链上带有正电荷，具有“吸附”和“架桥”作用。当有机絮凝剂投加量过量后，有机絮凝剂分子可能覆盖在胶体颗粒表面，使胶体粒子重新稳定而分散 XN。

试验结果表明 XN1 对 COD_{Cr} 和 SS 的最大去除率分别为 20.5% 和 28.4%，XN2 对 COD_{Cr} 和 SS 的最大去除率分别为 31.2% 和 68.8%，XN2 对 COD_{Cr}、SS 的去除率比 XN1 高，而且 SS 的去除率明显高于 COD_{Cr} 的去除率。

（2）有机高分子絮凝剂投加量对絮团直径的影响：观测到的絮团直径随絮凝剂的投加量增加有先增后减的现象，但是，从絮团的紧密程度来看则是在不断变得坚韧结实。

（3）有机高分子絮凝剂投加量对滤饼含水率的影响：试验结果表明，XN1 与 XN2 处理对滤饼含水率的影响不大。

3. 无机混凝剂与有机高分子絮凝凝剂联合处理　无机混凝剂与有机高分子絮凝凝剂联合处理试验结果见表 4、表 5 和图 5、图 6。

表 4　聚合氯化铝（PAC）＋有机高分子絮凝剂投加量与絮凝效果

混凝剂	投加量（mg/L）	原水 COD_{Cr}（mg/L）	出水 COD_{Cr}（mg/L）	COD_{Cr} 去除率（%）	原 SS（mg/L）	出 SS（mg/L）	SS 去除率（%）	滤饼含水率（%）
PAC/XN1	500/30	3 750	3 575	4.7	269	219	18.6	85.6
	500/50		3 488	7.0		216	19.7	85.4
	500/100		3 373	10.1		215	20.1	85.0
	500/150		3 301	12.0		211	21.6	85.0
	500/200		3 166	15.6		210	21.9	84.5
	500/250		2 976	20.6		207	23.0	84.0
	500/300		2 857	23.8		200	25.7	83.2
	500/500		2 952	21.3		204	24.2	84.4

（续）

混凝剂	投加量 (mg/L)	原水 COD_{Cr} (mg/L)	出水 COD_{Cr} (mg/L)	COD_{Cr} 去除率 (%)	原 SS (mg/L)	出 SS (mg/L)	SS 去除率 (%)	滤饼含水率 (%)
PAC/XN2	500/30	2 150	1 734	19.8	258	230	10.9	85.1
	500/50		1 683	22.2		213	17.4	83.3
	500/100		1 615	25.5		179	30.6	80.2
	500/150		1 576	27.3		153	40.7	78.7
	500/200		1532	29.4		141	45.3	78.7
	500/250		1 557	28.2		142	45.0	79.1
	500/300		1 567	27.8		148	42.6	79.1
	500/500		1 578	27.2		151	41.5	79.4

表 5　三氯化铁（FC）＋有机高分子絮凝剂投加量与絮凝效果

混凝剂	投加量 (mg/L)	原水 COD_{Cr} (mg/L)	出水 COD_{Cr} (mg/L)	COD_{Cr} 去除率 (%)	原 SS (mg/L)	出 SS (mg/L)	SS 去除率 (%)	滤饼含水率 (%)
FC/XN1	300/30	1085	754	30.5	410	169	58.8	85.6
	300/50		732	32.5		140	65.9	85.3
	300/100		703	35.2		127	69.0	84.6
	300/150		660	39.2		122	70.5	83.5
	300/200		609	43.9		121	71.0	83.2
	300/250		524	51.7		112	72.7	83.2
	300/300		552	49.1		113	72.4	83.8
	300/500		602	44.5		119	70.2	84.0
FC/XN2	300/30	530	394	32.5	169	44	74.0	85.6
	300/50		373	37.5		42	75.1	85.3
	300/100		335	46.6		36	78.7	83.2
	300/150		319	51.7		28	83.4	80.3
	300/200		316	51.2		24	85.8	80.3
	300/250		316	51.2		26	84.6	81.5
	300/300		321	50.0		32	81.1	83.4
	300/500		322	49.7		34	79.9	84.1

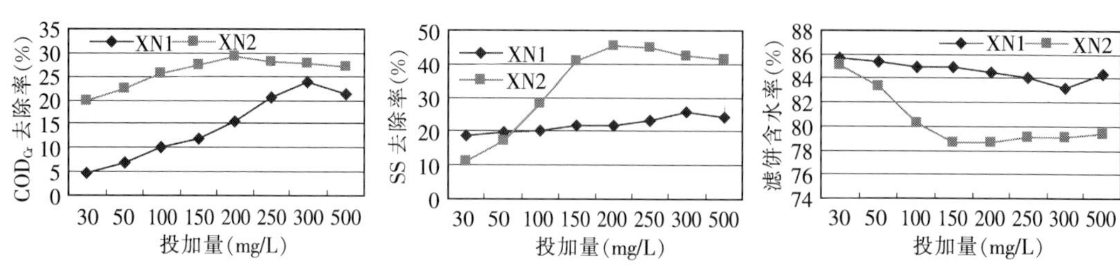

图 5　聚合氯化铝（PAC）＋有机高分子絮凝剂投加量与絮凝效果比较

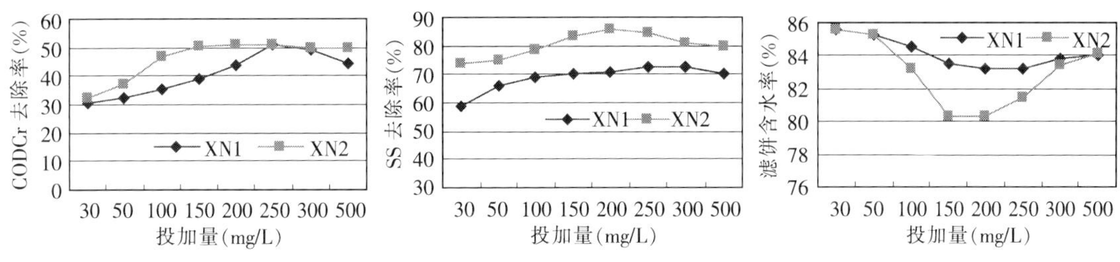

图 6 三氯化铁（FC）＋有机高分子絮凝剂投加量与絮凝效果比较

（1）联合处理对 COD_{Cr} 和 SS 去除率的影响：

联合处理对 COD_{Cr} 和 SS 去除率的影响与有机高分子絮凝剂投加量对 COD_{Cr} 和 SS 去除率的影响相同。上清液 COD_{Cr} 去除率和 SS 的去除率随着絮凝剂 XN1、XN2 的投加量增加而增加。其中 FC/XN2 对 COD_{Cr}、SS 的去除率较高，同样 SS 的去除率明显高于 COD_{Cr} 的去除率。当絮凝剂 XN1、XN2 投加量达到一定值后，COD_{Cr} 和 SS 的去除率反而下降，例如，PAC/XN1 投加浓度 500/300mg/L 时，对 COD_{Cr} 和 SS 去除率分别为 23.8％和 25.7％，PAC/XN2 投加浓度 500/200mg/L 时，对 COD_{Cr} 和 SS 去除率分别为 29.4％和 45.3％；FC/XN1投加浓度 300/250mg/L 时，对 COD_{Cr} 和 SS 去除率分别为 51.7％和 72.7％，继续增加投加浓度，去除率下降。试验结果表明，三氯化铁与有机高分子絮凝剂配合使用优于聚合氯化铝，对 SS 去除率高于 COD_{Cr}。

（2）联合处理对絮团直径的影响：观测到的絮团直径随絮凝剂的投加量增加有先增后减的现象，从絮团的紧密程度来看则是在不断变得坚韧结实。同单独投加有机高分子絮凝剂的趋势相同。

（3）联合处理对滤饼含水率的影响：XN1 与 XN2 相比较，XN2 与无机混凝剂联合处理滤饼含水率较低（80.3％～85.6％），即 XN2 对于滤饼脱水的贡献较高。联合处理同单独投加有机高分子絮凝剂相比，其滤饼含水率两者之间没有明显差别。

4. 小结

（1）无机混凝剂处理存在一个实际最佳工艺投加量。PAC 较佳投加量为 500mg/L，FC 较佳投加量为 350mg/L。COD_{Cr} 的去除率分别为 40.0％和 45.1％；SS 的去除率分别为 73.6％和 77.0％。与 PAC 比较，FC 处理效果较好。

（2）有机高分子絮凝剂与无机混凝剂相同，对于污泥絮凝脱水处理也存在一个实际最佳工艺投加量。结果表明，XN1 较佳投加量为 300mg/L，XN2 较佳投加量为 200mg/L。COD_{Cr} 的去除率分别为 20.5％和 31.2％；SS 的去除率分别为 28.4％和 68.8％。XN1 与 XN2 处理对滤饼含水率的影响不大，滤饼含水率分别为 83.0％～84.4％和 81.7％～83.7％。

（3）无机混凝剂与有机高分子絮凝剂联合处理污泥，其脱水效果 PAC/XN2 优于 PAC/XN1，FC/XN2 优于 FC/XN1，FC/XN1、FC/XN2 优于 PAC/XN1、PAC/XN2。试验结果，PAC/XN1 和 PAC/XN2 较佳投加量分别为 500/300mg/L 和 500/200mg/L，COD_{Cr} 的去除率分别为 23.8％和 29.4％；SS 的去除率分别为 25.7％和 45.3％；FC/XN1 和 FC/XN2 较佳投加量分别为 300/250mg/L 和 300/150mg/L，COD_{Cr} 的去除率均为 51.7％；SS 的去除率分别为 72.7％和 83.4％。

（4）XN1 与 XN2 相比较，PAC/XN1 处理滤饼含水率为 83.2％～85.6％ PAC/XN2 处

理滤饼含水率为 78.7%～85.1%；FC/XN1 处理滤饼含水率为 83.2%～85.6%；FC/XN2 处理滤饼含水率为 80.3%～85.6%；说明联合处理对滤饼含水率的影响不大。联合处理与单独投加有机高分子絮凝剂处理进行比较，微减压过滤后滤饼的含水率两者之间差别也不大。

（二）浓缩池污泥脱水处理效果

1. 不同絮凝剂处理与滤饼含水率

（1）不同絮凝剂的脱水效果：厌氧发酵污泥压滤脱水试验结果见表 6。

表 6　不同絮凝剂处理与滤饼含水率的关系

絮凝剂	投加量（mg/L）	压滤时间（h）	滤布附着状态（目视）	滤饼含水率（%）
XN1	300	4	优	76.4
XN2	300	4	优	76.3
PAC/XN1	500/300	4	优	76.4
PAC/XN2	500/300	4	优	76.2
FC/XN1	300/300	4	优	76.4
FC/XN2	300/300	4	优	75.8

絮凝压滤脱水试验是在同等操作条件下进行的，滤饼含水率是比较脱水效果的直观指标。由表 6 可知，在同等条件下，不同絮凝剂处理对滤饼含水率的影响不大。

（2）污泥脱水机理讨论：就污泥性质而言，影响污泥浓缩和脱水性能的因素主要包括污泥颗粒的大小、表面电荷的水合程度及颗粒间的相互作用。污泥颗粒越小，其总体比表面积就越大，水合程度就越高，脱水性能就越差。污泥颗粒本身带有负电荷，相互之间排斥，再加上由于水合作用而在颗粒表面附着一层或几层水，进一步阻碍颗粒之间的结合，最终形成了一个稳定的分散系统（胶状絮体）（尹军、谭学军，2005：1～27）。

污泥中的水称为结合水，可以分为 3 种状态。一种是由絮体内和粒子间隙存在的水—间隙水，一种是固体表面的临界面水，还有水合水。用机械脱水可以除去间隙水的一部分。生物污泥粒子表面积很大，大部分结合水是临界面水，这种水用机械方法是不能除去的。故研究污泥脱水，应将重点放在临界面水上。

污泥脱水的难易程度非常不同，是由于污泥粒子的形状、大小及表面性状不同所致。

临界面水在粒子周围形成不能流动的水分子层叠壳，这种水和周围的松散水（即自由水）之间有着持续的动态平衡关系。临界水的厚度约 2.5～5nm。

临界面水的存在，造成了关系到脱水潜能异常的两个物性：密度和黏度。在浓缩粒子大量沉降时，泥浆的容积会减少，临界面水的密度约达 0.965g/cm。同时，临界面水黏度比体积内水显著增大，是体积内水黏度的 2～10 倍。

黏度的增加随温度的上升而减少，在 70℃完全消除，高温破坏了临界面水的水层。同样，晶体表面水的高分子膜厚度大约在 65℃时减少到 0。这个温度是杀菌温度，杀菌温度时临界面水层破坏（水处理信息导报，1999）。

污泥浓缩及脱水简述如下：污泥是由在不纯水连续体中悬浮的各种固体物粒子所构成。

在处理体系内，污泥粒子经过生物化学及物理条件处理，产生动态分散、变质。图 7 显示了消化污泥的粒子分布（严瑞瑄，2003）。图 8 为污泥絮体示意图（严瑞瑄，2003），用显微镜观察污泥絮体，在和丝状菌共存的结构内包括了多数的污泥及砂屑，细菌群被捕捉在结构内。

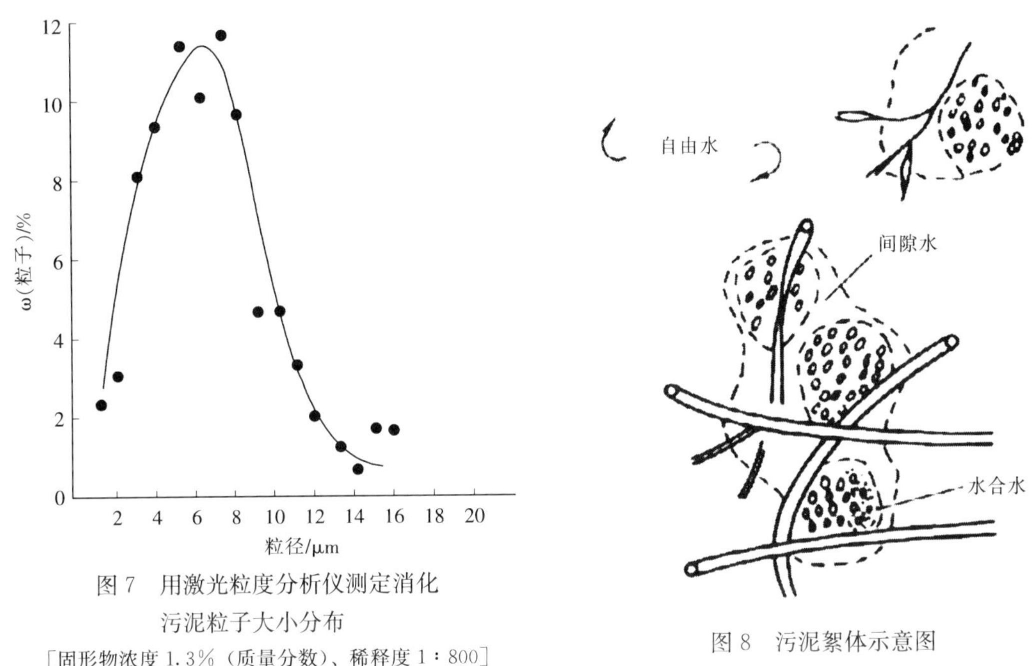

图 7　用激光粒度分析仪测定消化污泥粒子大小分布

[固形物浓度 1.3%（质量分数）、稀释度 1∶800]

图 8　污泥絮体示意图

伴有各种溶解性化学物质的水构成污泥絮体周围的连续体，由污泥絮体结构可以定义各部分水。这里各部分的水，名称有变化，但图 8 表示的污泥内水的物理状态差异是确实存在的。

自由（或松散）水—没有结合在悬浮固体物粒子上的水。这部分水对机械脱水效率无影响。

间隙水—在絮体及微生物的裂缝和空隙间滞存的水。这种水被固定在絮体结构内，絮体破坏时，变成自由水。间隙水或被固定在微生物细胞结构内，只有细胞被破坏时，才能变成自由水。这种间隙水没有呈现出松散水（自由水）的物性。

在固形物浓度很低的场合，几乎不存在间隙水。因此，絮体粒子是分散的，每克干燥固形物对应的水量小。随着固形物浓度的加大，絮体开始成长，在絮体间隙开始积存水，结合水部分增加。固形物浓度再增大，在污泥絮体用离心分离或过滤压缩的场合，间隙水被挤出，仅有临界面水和水合水残留。因此，固形物浓度变化时，结合水曲线先是随固形物浓度增加而增加，然后减少，最终一旦固形物变成最高浓度，曲线则变成水平。

污泥固形物浓度随着脱水的进行而增加，间隙水被挤出，直到压缩滤饼最后仅有临界面水和水合水。也就是说污泥机械脱水存在一个临界固形物浓度。

用机械脱水装置达不到更高浓度的固体物。如果需要，必须改变污泥粒子的化学的、生物化学的、物理学（包括温度）的条件，以期释放出较多的临界面水。可以通过化学方法（如加入表面活性剂、物理方法（如超声波、热处理、冷冻融解处理等）、生物方法（如溶菌酶）来实现。

污泥脱水的困难之一，是部分水有以临界面水附着在粒子表面的倾向，这种水只有通过颗粒附着水表面层发生变化才可能除去。普通药剂对临界面水没有影响，聚合物只能影响到间隙水，对临界面水和水合水没有形响。只有用聚合物才能期待污泥的脱水效果，从而可能用机械的方法分离松散水和间隙水。因此，在污泥中加入药剂调质后进行机械脱水，只能分离自由水和间隙水。

2. 小结

（1）絮凝压滤脱水试验表明各种药剂及药剂组合对污泥脱水效果影响不大，从处理成本考虑，XN1 的成本是 XN2 的 1/2，表明选用 XN1 较好。因为在同等条件下药剂及药剂组合均表现出良好的附着状态，滤布与滤饼均能剥离的较为彻底。

（2）使用板框压滤机处理絮凝沉淀后的混合污泥，处理能力较大，分离液固含量较低，滤饼较疏松，是较好的污泥脱水设备。

（3）污泥机械脱水存在一个临界固形物浓度，对板框压滤机来说存在一个临界压力。絮凝压滤脱水结果表明，滤饼的含水率较高（76%左右），不能能满足运输和堆放要求，需要进一步的处理。

（三）污泥滤饼高温好氧发酵二次脱水处理试验

1. 发酵过程中各项指标的变化

（1）温度变化：图 9 为堆体 50cm 层和 10cm 平均温度变化曲线。

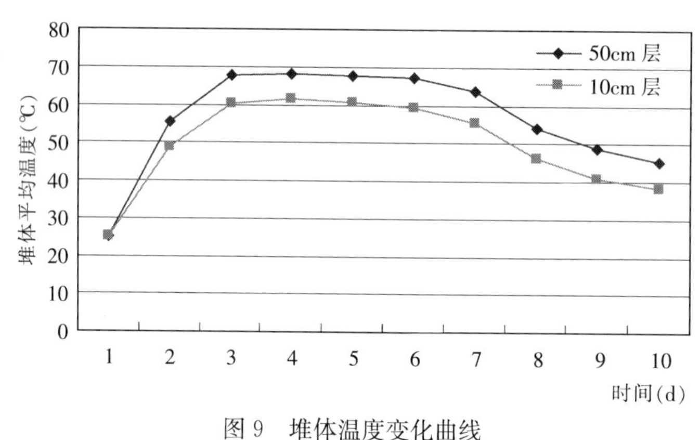

图 9　堆体温度变化曲线

50cm 层温度变化：

升温阶段：发酵物料进入发酵槽后第 2d（48h），物料温度上升至 55℃；

高温阶段：第 3d～6d 基本稳定在 67～68℃，第 7d 开始下降，温度降至 63℃。

降温阶段：维持维持 2d 至第 8d，温度降至 54℃，第 10d 温度降至 45℃，完成发酵全过程（从入料开始计算）。

在槽式发酵条件下，有机物料在 3d 堆温上升至 67.5℃，随后缓慢地下降，伴随着每次翻拌后温度又渐上升，但其升温逐步降低，这是尚未分解的有机物继续分解的结果。一些研究认为 70℃是杀死有害细菌和保护有益的放线菌的临界温度值（Bitzer，1988；Nordstedt，1994）。日本研究认为，无害化要求堆温至少要达到 55℃以上，而 55～65℃范围内堆肥化综合效果较好。本试验研究对象是浓缩池厌氧—耗氧混合污泥，目的是实现污泥高温耗氧发酵的二次脱水。因此，采用翻拌供气次数加以控制，温度一般定为55～65℃，维持5～6d，堆肥材料温度从常温（25～30℃）启动至高温（>55℃），一般仅需1～2d，然后进入高温期。即本试验条件下堆肥经过了升温期、高温期和降温期，高温维持的天数能够满足污泥滤饼二次脱水对温度的要求。

（2）水分变化：发酵物料初始含水量为60%左右，升温阶段含水量下降3%～5%；高温持续阶段大约为5～6天，含水量下降15%～20%，平均每天下降3%～4%；降温阶段2～3d，含水量下降8%～10%，平均每天下降3%～4%。至发酵末端，发酵物料含水量为25%～30%。

堆腐过程中，水分是一个重要的因素（Miller，1993）。堆肥中水分的主要作用在于：溶解有机物，参与微生物的新陈代谢；水分蒸发时带走热量，起调节堆肥温度的作用。堆肥原料水分的多少，直接影响好氧发酵有机物料腐解的快慢，影响堆肥的质量，甚至关系到好氧堆肥工艺的成败。因此，堆肥中水分的过程控制十分重要。

对于好氧堆腐工艺而言，混合原料的水分一般应控制在50%～60%之间。如果含水率过高，使有机物供氧不足会导致厌氧发酵，产生恶臭；相反若堆体含水率过低，会妨碍微生物的生长繁殖，延缓有机物料腐解的速度，严重时甚至导致整个工艺过程的失败。具体控制多少水分才是适宜的，这决定于堆肥的组成、性质和有机质含量。通常堆肥原料中有机质含量越高则所要控制的水分含量也会越高。

本工艺试验初始含水量为60%左右，随着发酵进程的进行，水分含量迅速下降，特别是在升温和高温持续阶段（一次发酵），水分消耗量较大。降温阶段（二次发酵）耗水量较一次发酵为缓。由于在实际生产过程中，二次发酵结束后，要求堆体水分不能太高，以节省肥料烘干的成本。所以，在降温阶段为了加快水分的蒸发，仍坚持2小时搅拌一次，直至发酵末端，发酵物料含水量为25%～30%。

（3）化学指标变化

①全碳含量的变化：堆肥是利用微生物分解和转化原料中的可降解有机物产生二氧化碳、水及热量的过程，堆肥材料中碳素物质主要用于微生物活动的能源和碳源。在堆腐过程中，微生物首先利用简单、易降解的有机物进行新陈代谢和矿化。这些有机物主要包括可溶性糖、有机酸和淀粉。在堆腐过程中，全碳含量随堆腐进程呈降低趋势，且在堆腐初期，全碳含量迅速下降，说明微生物活动旺盛，使易降解有机物迅速分解，生成二氧化碳和水，挥发至空气中。之后，随着堆体温度的升高，微生物开始分解纤维素、半纤维素和木质素等较难分解的物质，全碳含量缓慢下降，至二次发酵时期达到稳定，全碳含量由腐熟前的26.38%下降至堆制后的21.85%，有机质换算系数取1.724，腐熟前有机质含量为45.5%，腐熟后有机质含量为37.7%；腐殖质碳含量6.4%～8.8%，腐殖质换算系数取1.9（Bernal，1998），腐殖质含量为12.16%～16.72%，换算成腐殖化系数为27～37。研究结果表明（张夫道，2004），腐熟堆肥的腐殖化系数为30左右，可以满足有机物料发酵腐熟的要求。

②全氮含量的变化及氮素损失：在升温期和高温期全氮含量略有减少，这是由于发酵过程中有机N强烈分解产生大量的NH_3，并在碱性环境中挥发而损失。之后随着堆制时间的延长，全氮含量呈微弱增加趋势，全氮含量由堆制初期的1.764%增加至堆制后的1.894%，

提高了7.4%。堆肥初期全氮含量曾一度下降（0～7d），是由于该阶段大量的氨挥发导致氮的损失，而碳的损失主要集中在氨挥发即将结束时才以二氧化碳挥发的形式进行（Fukumoto Y，2003；黄国锋，2002），因而随着堆肥进程全氮含量逐渐上升，到熟化阶段趋于稳定。因为堆肥制作过程中，总干物重的下降幅度明显大于全氮下降幅度，最终导致全氮相对含量的增加。

本试验处理添加了10%～15%风化煤，风化煤中的腐植酸属于有机胶体，它具有很大的内表面和较强的吸附、离子交换和络合能力。其吸附能力多以吸铵值表示，高达100cmol/kg。尽管采用了物理吸附措施，发酵过程中仍有氮的损失，达到30%～35%。

③pH：发酵物料初始pH为7.8～8.2，发酵结束后为6.5～7.0。

pH是微生物生长的重要条件，在堆肥初期，由于有机物腐解产生有机酸，pH由发酵物料初始值7.8～8.2降至5.5～6.0，使堆肥物料呈酸性；而后由于以酸性物为养料细菌的生长和繁殖，使pH上升，堆肥过程结束后物料的pH上升到6.5～7.0。

（4）生物指标的变化：蛔虫卵、粪大肠杆菌未检出。由于本研究的对象为厌氧发酵后的污泥，本来就不含有蛔虫卵和大肠杆菌，由于行业标准的要求，必须检测该指标。

（5）高温耗氧发酵污泥滤饼成分检测结果：污泥滤饼发酵腐熟后含水量30%，风干后对其养分进行测定的同时，还检测了腐熟物料中重金属含量。因金沂蒙使用的原料为木薯，所以未测定重金属含量。有机质、氮（N）、磷（P_2O_5）、钾（K_2O）的平均含量见表7。

表7 发酵后有机物料养分及污染物含量（干基）

有机质	养分含量/%		
	N	P_2O_5	K_2O
42.1	4.1	6.1	0.62

2. 讨论 通常情况下，评价堆肥腐熟程度的方法主要有物理方法、化学方法、生物活性法及植物毒性分析方法等。在物理评价指标中，一般将腐熟堆肥的表观性质归纳为：堆肥后期温度自然降低，不再吸引蚊蝇，不再有令人厌恶的臭味，产品呈疏松的团粒结构，颜色呈深褐色等。在化学方法中，常通过C/N、阳离子交换容量（CEC）、有机质及腐殖质的含量来评价堆肥的腐熟程度。一般认为，C/N减小到20以下时堆肥腐熟（Carcia，1992；李艳霞，1999）；而当CEC＞60nmol/L时，认为堆肥已腐熟（房敏，1999）。美国科罗拉多州健康标准局认为，当堆肥原料经过高温好氧堆肥后，其有机质降解率达到38%时，堆肥产品基本上腐熟（William，1992）。生物活性方法指通过生物的呼吸作用、微生物量及酶学分析等生化方法来评价堆肥的腐熟程度。植物毒性分析方法指采用发芽实验及植物生长实验，通过观察施用堆肥产品后种子的发芽率及植物的生长状态来评价堆肥的腐熟程度。

堆肥化的目的是要达到无害化、稳定化和资源化的要求，生产出符合标准的堆肥产品。有机废弃物通过高温好氧堆肥处理，使堆肥原料中的不稳定有机物经过一段时间的生物氧化和腐熟，形成性质稳定、对农作物无害、可作为土壤改良剂的堆肥产品（Svend，1995；Miikki，1997）。未腐熟的堆肥如果应用于土壤系统，由于其中的有机质没有达到足够稳定，对农作物生长产生不利影响，如阻碍农作物对氮的吸收（M. P. Bernal，1998）、在植物根区形成厌氧条件及增加土壤中某些重金属离子的溶解性（Miguel，1996；Isabelle，1995；

C. Garcia，1995）、其可能含有的植物毒性物质也会影响植物的正常生长（Zucconi，1981a；Zucconi，1981b）。为了避免这些负面效应，检测并保证堆肥的腐熟度是最基本的条件。腐熟度在堆肥的质量控制中具有重要的意义，它是评价堆肥土地安全利用的重要指标。

腐熟度指堆肥腐熟的程度，即堆肥中的有机质经过矿化、腐殖化过程最后达到稳定的程度。影响堆肥腐熟的因素主要有堆肥时间、堆肥原料的C/N、堆肥粒径及通气状况等。在堆肥化工艺中，保证堆肥产品的充分腐熟是十分重要的，这直接影响到堆肥产品的质量。未腐熟的堆肥在施入土壤后，能引起微生物的剧烈活动，导致氧的缺乏而产生极端厌氧环境，影响根系生长；同时，未腐熟的堆肥在这种环境条件下会产生大量中间代谢产物—有机酸（如丁酸、戊酸、酚、已酸、庚酸）及还原条件下产生的 CH_4、H_2S 等有害成分，这些物质会严重毒害植物的根系，影响作物的正常生长（Inbar，1990）。

优质堆肥是很好的有机肥料和土壤改良剂，但是堆肥腐熟程度直接影响堆肥产品的农田使用（全国农业技术推广服务中心、1999）。腐熟堆肥不是简单地指经过长期的堆肥化处理使大部分有机质被分解而几乎没有有机能量和生物学活性的堆肥，而是指在堆肥制作中易分解的有机质被降解，农田施用后不给土壤和作物生长带来不利影响，但具有相当能量的堆肥。作为衡量堆肥反应过程的控制指标，国内外许多学者为建立一个合理统一的腐熟标准进行了深入的研究，提出不少关于堆肥腐熟度的判定方法（藤原俊六郎，1981；青山正和，1988；若秀幸，1987）。但是由于堆肥工艺及原料的复杂多样，现有的各种腐熟指标均具有一定的局限性。

堆肥腐熟度的指标很多，有的是经验性的，不能量化，主观任意性大；有的虽然可以量化，但适用范围和条件有限，有局限性。通常采用常规的化学方法辅于物理方法来评价堆肥的腐熟程度。从化学指标看，发酵结束后，堆肥产品的平均有机质分解率为 38.1%（>38%），平均 C/N=19.7（<20）。物理方法重点放在堆肥产品的含水率、颜色指标的判断，含水率较低（35%～40%）、颜色呈深褐色，则堆肥产品基本腐熟。

在本试验中，将污泥按比例加入微生物发酵剂、吸附剂、营养剂等在发酵槽进行堆肥好氧发酵，堆肥状态下 2～3d 堆温可达 55～65℃，当堆温≥55℃的时间超过 7～8d 时结束堆肥，此时污泥水分降至 25%～30%左右。其工艺特点是经过高温发酵，可有效地将污泥中的有毒物如氰脂类、碳酸气、亚磷酸盐和硫化氢、吲哚、酮类等发臭腐败物质转化为可利用的有机化合物。本工艺的特点是利用自身的发酵热能（生物能）和太阳能相结合，辅以通气量或称翻堆次数（机械能）调节水分的蒸发量，使物料中大量的水分在无需外加能源的情况下很快由 60%降至 25%～30%，实现发酵物料最大限度地脱水。本工艺试验目的在于降低制肥过程中的能量消耗（主要是制肥过程的烘干成本），尽管氮（N）素有所损失。有关研究资料表明（张夫道，2003），现代有机肥的作用主要是提供有机质和钾，其他营养元素化肥均可补充。本试验研究对象浓缩池厌氧—好氧混合污泥为粮食加工副产物，不存在无害化问题。所以，试验围绕污泥滤饼二次脱水、控制发酵进程污泥滤饼的含水率，所采取的工艺和技术措施是可行的。

3. 小结　污泥按比例加入微生物发酵剂、吸附剂、营养剂等在发酵槽进行好氧发酵，堆腐状态下 2～3d 堆温可达到 55～65℃，好氧发酵结束时，污泥水分降至 25%～30%左右。腐殖化系数为 27～37。

（四）有机复混缓释肥的制备

1. 有机复混缓释肥养分检测结果 试验完成后对其试验样品养分进行了测试，共取 5 批（次）样品，送国家化肥质量监督检验中心（北京）检测，结果见表 8。

表 8 有机复混缓释肥质量检测结果

序 号	检验项目名称	检验结果	标准值
1	总养分（$N+P_2O_5+K_2O$），%	28.5～31.6	25～40
2	总氮含量（N），%	9.44～16.38	≥4.0
3	有效磷含量（P_2O_5），%	6.20～9.08	≥4.0
4	钾含量（K_2O），%	7.84～13.60	≥4.0
5	水溶性磷含量（P_2O_5），%	4.52～6.30	/
6	水溶性磷占有效磷百分率，%	69～87	40～70
7	水分（游离水），%	0.9～1.9	2.0～5
8	粒度 球状（1.00～4.75mm）	99～100	80～90
9	颗粒平均抗压碎力 球状（2.00～2.80mm），N	15～25	6～10
10	有机物总量（以风干基计），%	37.0～43.8	≥20

检验结果，所取样品各项指标均符合 GB 15063—2001《复混肥料》国家标准和 GB 18877—2002《有机—无机复混肥料》国家标准。

2. 有机复混缓释肥料的缓释性能

（1）肥料样品氮素释放率：5 种肥料样品通过砂柱淋洗试验，氮素溶出率分别见表 9 和图 10。

表 9 肥料样品氮素溶出率

（%）

处 理	0d	1d	4d	7d	10d	13d	16d	19d	25d	30d	40d
CK	0	9.32	76	10.11	0.4	0.08	0.64	0.41	0	0.57	0.34
F1	0	2.65	2.93	3.12	6.59	15.33	12.97	9.82	6.68	5.41	2.18
F2	0	2.33	2.76	2.77	4.8	12.79	14.41	9.09	5.43	2.79	2.18
F3	0	1.82	2.28	2.74	3.7	11.58	16.39	11.68	6.45	4.95	4.34
F4	0	1.25	2.42	1.65	2.88	9.15	10.99	9.37	7.21	6.04	5.87

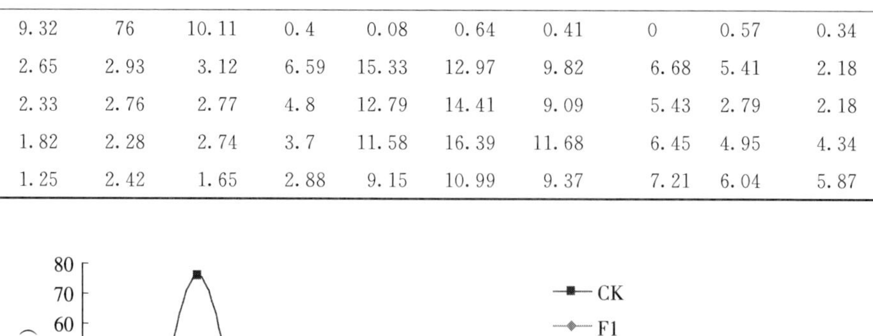

图 10 肥料样品氮素释放率

图 10 为 F1（有机复混肥）、F2（胶结型有机复混缓释肥）、F3（包膜型有机复混缓释肥）、F4（胶结包膜型有机复混缓释肥）与 CK（等 NPK 化肥）氮素在土柱淋洗中的释放速率。图 10 表明，CK 作为对照，第 1d 释放速率开始迅速升高，第 4d（第 2 次淋洗）为释放高峰期，达到 55%，之后释放速率迅速下降；F1 氮素释放速率高峰出现在第 13d（第 5 次淋洗），高峰期滞后于 CK 对照，氮素释放峰值也低于对照，这说明以有机物料为载体的有机复混肥具有缓释性。F2、F3、F4 氮素释放曲线均比较平缓，均在第 10d 开始有明显上升趋势，第 16d 出现峰值。图 10 表明，肥料样品中 F2 的缓释效果要优于 F3；F4 的缓释效果要优于 F2。

氮素在土柱中的释放率结果：有机复混肥（F1）和 3 种有机复混缓释肥（F2、F3、F4）氮素溶出曲线趋于平缓。3 种有机复混缓释肥第 13d 氮素溶出率为 9.15%～12.79%之间，第 16d 为 10.99%～16.39%，第 25d 为 5.43%～7.21%，第 40d 为 2.18%～5.87%。其中 F4 释放曲线最为平缓。CK 的峰值出现在第 4d，F1 的峰值出现在第 13d，F2、F3、F4 的峰值出现在第 16d，说明有机高分子缓释剂可延长肥料氮素的释放高峰期。

（2）肥料样品氮素累积释放率：根据表 10，由 5 种肥料样品氮素释放率可以计算出样品肥料氮素累积释放率（表 11）。

表 10　土柱中氮素累积淋出率

（%）

处　理	0d	1d	4d	7d	10d	13d	16d	19d	25d	30d	40d
CK	0	9.32	85.32	95.43	95.83	95.91	96.55	96.96	96.96	97.53	97.87
F1	0	2.65	5.58	8.7	15.29	30.62	43.59	53.41	60.09	65.5	67.68
F2	0	2.33	5.09	7.86	12.66	25.45	39.86	48.95	54.38	57.17	59.35
F3	0	1.82	4.1	6.84	10.54	22.12	38.51	50.19	56.64	61.59	65.93
F4	0	1.25	3.67	5.32	8.2	17.35	28.34	37.71	44.92	50.96	56.83

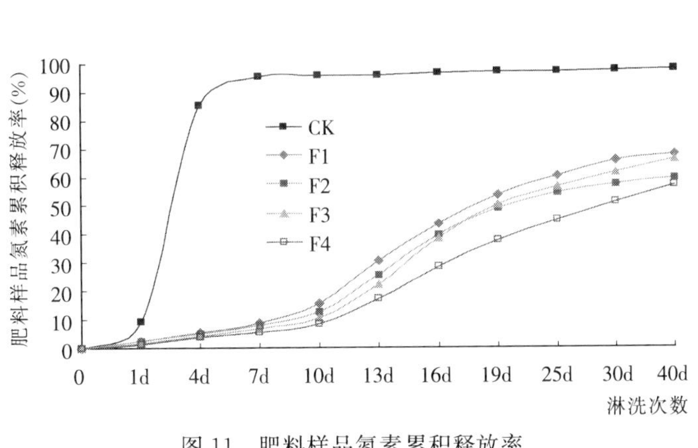

图 11　肥料样品氮素累积释放率

由表 10、图 9 可以看出，在开始阶段，CK（等 NPK 化肥）对照中氮素的累积释放曲线最陡，第 2 次淋洗后氮素累积释放率就达 85.32%，第 3 次淋洗后氮素累积释放率已达 95.43%，到第 4 次淋洗后肥料氮素就几乎全部释放，累积释放率接近 100%。有机复混肥样品的氮素累积释放曲线相对平缓，第 1 次淋洗后氮素累积释放率在 1.25%～2.65%之间，第 2 次淋洗后氮素累积释放率为 3.67%～5.58%，之后缓慢上升，一般在第 10 次淋洗以后才接近氮素累积释放的最大值。进一步说明有机物料对氮素具有良好的缓释效果。

由表 9 还可以看出，CK（等 NPK 化肥）在土柱中 7d 氮素累积溶出率为 95.43%；F1 处理 40d 氮素累积溶出率为 67.68%；F2、F3、F4 处理 40d 氮素累积溶出率为 56.83%～59.35%；F2、F3、F4 与 F1 比较氮素累积溶出率降低了 8.33～10.85 个百分点，说明有机高分子缓释剂对肥料的缓释效果有明显的影响。

3. 小结 有机复混肥（F1）和 3 种有机复混缓释肥（F2、F3、F4）砂柱淋洗结果，氮素溶出曲线趋于平缓。CK 的峰值出现在第 4d，F1 的峰值出现在第 13d，F2、F3、F4 的峰值出现在第 16d。CK（等 NPK 化肥）在砂柱中 7d 氮素累积溶出率为 95.43%；F1 处理 40d 氮素累积溶出率为 67.68%；F2、F3、F4 处理 40d 氮素累积溶出率为 56.83%～59.35%；F2、F3、F4 与 F1 比较氮素累积溶出率降低了 8.33%～10.85%。有机高分子缓释剂可延长肥料氮素的释放高峰期。

（五）有机复混缓释肥田间应用效果

1. 不同施肥处理的经济产量和生物产量 由表 11 可以看出，与不施肥对照（CK1）比较，各个施肥处理的玉米产量显著提高，增产幅度在 59.95%～111.75%。

表 11 不同施肥处理对玉米产量的影响

处理	重复	产量 (kg/hm²)	平均产量 (kg/hm²)	比对照增产（%）	
				CK1	CK2
CK1	1	2 722.5	2 681.3		
	2	2 633.0			
	3	2 688.5			
CK2	1	4 267.5	4 288.8	59.95	
	2	4 227.3			
	3	4 371.5			
F1	1	4 765.9	4 712.7	75.76	9.88
	2	4 607.7			
	3	4 764.5			
F2	1	5 172.2	5 224.7	94.86	21.82
	2	5 220.7			
	3	5 281.1			
F3	1	5 015.0	5 071.6	89.15	18.25
	2	5 027.5			
	3	5 172.4			
F4	1	5 646.1	5 677.6	111.75	32.38
	2	5 673.6			
	3	5 713.0			

与等量无机养分对照（CK2）比较，施用3种有机复混缓释肥料处理的玉米产量也都显著提高，增产幅度在18.25%～32.38%。方差分析（表12）表明，本试验的5个处理之间产量差异达极显著水平。经检验（表13），有机复混肥（F1）和3种有机复混缓释肥料（F2、F3、F4）处理与等NPK处理之间差异达显著水平；3种有机复混缓释肥料处理中F2与F3之间差异不显著，F4的产量最高，不但显著高于等量无机养分对照（CK2）和有机复混肥（F1），而且显著高于其他2种有机复混缓释肥料；其次是F3和F2，其产量不但显著高于等量无机养分对照（CK2），而且显著高于F1。

表12　不同施肥处理对玉米产量方差分析

变异来源	DF	SS	MS	F	Pr>F
肥料间	5	16 692 331.311	3 338 466.262	725.497	0.000
误　差	12	55 219.493	4 601.624		
总变异	17	16 747 550.804			

表13　不同施肥处理玉米产量显著性检验

处　理	平均产量（kg/hm²）	差异显著性1%
CK1	2 681.3	f
CK2	4 288.8	e
F1	4 712.7	d
F2	5 224.7	b
F3	5 071.6	bc
F4	5 677.6	a

2. 不同施肥处理N素利用率　从表14可以看出，不同施肥处理对玉米的籽粒、秸秆的含N量影响不大，不同处理之间并没有显示出显著的差异性，表明玉米籽粒、秸秆的含N量是其本身的遗传特性决定的，与施肥无关。

表14　不同施肥处理对玉米生物量及氮磷钾含量的影响

处　理	重　复	生物量（kg/hm²）	秸秆N、P、K含量（%）			籽粒N、P、K含量（%）		
			N	P	K	N	P	K
CK1	1	6 055	0.627	0.095	1.130	1.075	0.250	0.240
	2	5 687						
	3	6 014						
CK2	1	8 710	0.865	0.100	1.210	1.520	0.250	0.270
	2	9 052						
	3	9 270						
F1	1	10 383	0.930	0.100	1.320	1.550	0.205	0.270
	2	9 995						
	3	10 494						

（续）

处 理	重 复	生物量 (kg/hm²)	秸秆 N、P、K 含量（%）			籽粒 N、P、K 含量（%）		
			N	P	K	N	P	K
F2	1	11 244	0.940	0.110	1.340	1.570	0.260	0.280
	2	11 277						
	3	11 382						
F3	1	10 785	0.936	0.100	1.310	1.530	0.250	0.270
	2	11 001						
	3	11 170						
F4	1	12 355	0.954	0.115	1.350	1.620	0.265	0.285
	2	12 307						
	3	12 474						

注：生物量指秸秆＋玉米轴的总量；秸秆 N、P、K 含量指“秸秆＋玉米轴”混合粉碎后的平均含量。

各施肥处理的 N 素利用率 40.96%～78.6%之间（表 15），普遍较高，这与试验土壤的肥力较低有关。玉米对有机复混肥料氮素利用率比等 NPK 处理高 14.68%，有机复混缓释肥料（F2、F3、F4）比等 NPK（CK2）处理高 21.16%～37.64%，胶结包膜型有机复混缓释肥（F4）比施用胶结型有机复混缓释肥（F2）和包膜型有机复混缓释肥（F3）提高 12.12%～16.48%。

表 15　不同施肥处理夏玉米 N 素利用率

处 理	籽粒 N 量 (kg/hm²)	秸秆 N 量 (kg/hm²)	总吸收 N 量 (kg/hm²)	肥料 N 利用率（%）	比等 NPK 提高百分点	比 F2 提高百分点	比 F3 提高百分点
CK1	28.82b	39.78b	68.6				
CK2	65.19a	77.13a	142.32	40.96			
F1	73.05a	95.70a	168.75	55.64	14.68		
F2	82.03a	106.23a	188.26	66.48	25.52		
F3	77.60a	102.82a	180.42	62.12	21.16		
F4	91.98a	118.10a	210.08	78.6	37.64	12.12	16.48

注：氮肥利用率的计算公式（中国农业科学院土肥所主编，1994）：N 肥利用率（%）＝（施肥处理的吸氮量－CK1 作物吸氮量）×100%/纯 N 用量。

3. 土壤剖面硝酸盐积累　在玉米收获后测定土壤剖面硝态氮含量，结果见表 16。

从表 16 可看出，CK1 处理土壤硝态氮累积量很低，为 33.57mg/kg，淋溶风险很轻。CK2（NPK）处理土壤硝态氮累积量极高，达到 119.52mg/kg，是不施肥处理 CK1 的 3.56 倍，是 F1 处理的 1.56 倍；比较而言，4 种有机复混缓释肥土壤硝态氮累积量介于两者之间。有机复混缓释肥明显降低土壤剖面硝酸盐积累，尤其是 60～200cm 深层土壤剖面。

表 16 不同处理土壤剖面硝态氮（NO_3^-－N）积累状况

(mg/kg)

土 层（cm）	CK1	CK2	F1	F2	F3	F4
0～20	4.01	14.27	11.50	9.74	10.58	8.89
20～40	1.79	6.37	5.52	5.03	5.24	4.82
40～60	1.31	4.66	4.26	3.86	4.12	3.59
60～80	1.90	6.76	5.04	4.95	4.46	5.43
80～100	2.93	10.43	6.64	4.82	5.37	4.26
100～120	3.48	12.39	8.01	5.71	6.55	4.87
120～140	3.67	13.06	7.22	4.74	5.27	4.20
140～160	4.27	15.19	8.27	5.48	5.96	4.99
160～180	5.23	18.62	9.83	5.62	6.90	4.33
180～200	4.99	17.77	10.32	6.33	7.84	4.81
0～200	33.57	119.52	76.61	56.28	62.29	50.19

(1) F1 和 F3 在 60～200cm 土壤层中硝态氮的平均含量分别为 7.90mg/kg 和 6.05mg/kg，平均 6.98mg/kg，为 CK2（平均值为 13.46mg/kg）的 51.84%，降低 48.16%。F3 降低硝酸盐积累的效果明显大于 F1。

(2) F2 和 F4 在土壤硝态氮平均含量分别为 5.38mg/kg 和 4.7mg/kg，平均 5.04mg/kg，仅为 CK2（平均值为 13.46mg/kg）的 37.43%，降低 62.57%。F4 降低硝酸盐积累的效果明显大于 F2。

由此看出，有机复混肥和 3 种有机复混缓释肥不仅有明显的增产效果，也具有明显地降低土壤剖面，尤其是深层土壤硝酸盐积累的效应，对减轻地下水硝酸盐污染风险具有重要意义。从某种意义上讲，与普通化肥相比较，有机复混肥和 3 种有机复混缓释肥为环境友好型肥料。

4. 小结

(1) 以污泥滤饼（沼渣）为主要有机原料生产的有机复混肥在玉米生产中表现出较好的增产效果，比等 NPK 化肥对照增产 18.25%～32.38%。

(2) 胶结包膜型有机复混缓释肥（F4）的增产效果优于胶结型（F2）或包膜型（F3）有机复混缓释肥，增产提高 10.56%～14.13%。

(3) 有机复混肥（F1）和有机复混缓释肥（F2、F3、F4）处理与等量 NPK 化肥对照相比较，玉米对肥料氮素利用率提高了 21.16%～37.64%。

(4) 有机复混缓释肥可明显降低土壤剖面硝酸盐积累，尤其是 60～200cm 深层土壤剖面。

(六) 结论

(1) 不同组合絮凝剂对污泥率饼含水率影响差别不大，从生产成本考虑，自制的有机高分子絮凝剂 XN1 优于日本产的 XN2。

（2）利用太阳能、生物能以及机械能，采用槽式发酵二次脱水，效果较好，发酵物料含水量降至25%～30%。腐殖化系数为27～37。

（3）有机复混缓释肥料生产工艺条件：物料细度70～80目，物料含水量10～15%，烘干筒入口温度200℃，缓释剂用量为物料干基质量的0.5%～1%，效果最好，成品率为75%～80%，比不加缓释剂的成品率提高了25%～40%。

（4）土柱淋洗结果：NPK化肥氮素4天累积水溶出率95.43%，3种胶结或胶结包膜型有机复混缓释肥40d氮素累积溶出率为56.83%～59.35%。

（5）大田玉米肥效试验结果

①有机复混缓释肥处理的玉米籽粒产量比等NPK处理增产18.25%～32.38%，“胶结型+胶结包膜型”有机复混缓释肥增产效果最大。

②有机复混缓释肥处理的氮素利用率比等NPK处理提高21%～37.6%。

稻麦秸秆的转化研究和利用

一、国内外研究概况

（一）国外秸秆处理利用概况

1. 秸秆还田 欧美国家的种植制度多为一年一季，收获时，在联合收割机后面悬挂秸秆粉碎机，或直接悬挂深翻犁翻入土内，直接还田。美国从20世纪40年代开始研究覆盖免耕技术，现有71%的耕地面积实行农作物秸秆免耕覆盖种植。也有的农场将秸秆青贮或发酵，用作饲料，过腹还田。

2. 秸秆气化 目前，国外的生物质气化技术发展较快，固定床气化已基本成型，有很多投入商业化运行的范例，但大都容量较小。流化床气化效率较高、容量大、成本低，但操作较复杂。气化气的利用有直接燃烧和发电两种方式。发电利用分为蒸汽透平机发电和燃气轮机发电两种方式。欧美都有大型流化床气化及发电的示范厂。

3. 秸秆板材 21世纪90年代以来，发达国家非常重视秸秆板材的研究和开发。美国北达科塔州的Prime Board 1995年7月建成秸秆板生产线，每年用5万t麦秸生产5.31万t高质量秸秆板材，加拿大、挪威、英国等地均有秸秆板生产线。

（二）国内作物秸秆处理利用概况

在作物秸秆研究上由于国家投入少，研究很不系统。近几年，各地焚烧秸秆，出了不少问题，引起了各级领导的重视，部分省、市列入科研计划，开始研究。1998年12月9～10日科技部在四川省成都市召开了“秸秆综合利用技术研讨会”，专家们筛选出了69项技术。2000年6月，国家环保局、农业部、国家科技部等联合召开了“全国秸秆禁烧和综合利用

本项目为上海市科技兴农重点攻关项目，项目编号：农科攻字（98）第04-2号。与汪寅虎、凌霞芬、陈谊、张骏合作。

工作会议”。现将国内秸秆处理利用概况总结如下：

1. 秸秆直接还田技术　“八五”期间，由中国农业科学院土壤肥料研究所主持，在全国不同类型区进行了秸秆直接还田试验，并制定了“秸秆直接还田技术规程”。近几年，在引进消化的基础上，秸秆翻耕机械有所突破。比较成熟的有：南京农业机械厂生产的IGJF反转灭茬旋耕机，四川都江堰市农机局的水田埋草旋耕机，河北石家庄农业机械股份有限公司的4Q系列锤瓜型秸秆切碎还田机等。

2. 秸秆饲料技术　至1999年底，全国30个省（直辖市、自治区）已经建立了13个国家级秸秆养畜示范区、380个国家级秸秆养畜示范县，取得了明显的效果。浙江大学动物科学学院对氨化技术进行了改进，建立了“秸秆薄膜氨化技术”和“碳酸氢铵处理秸秆技术”，降低了成本。氨化秸秆的作用是软化秸秆，提高蛋白质的瘤胃内合成和粗纤维在瘤胃内的分解率。对于不具备瘤胃功能的单胃动物，氨化秸秆有其局限性。通过微生物发酵处理秸秆，提高纤维素和木质素分解率，增加蛋白质和糖含量，改善适口性，可解决秸秆饲料饲喂单胃动物的问题。目前尚处于小试或中试阶段，尚未进行工业化生产。

3. 秸秆气化技术　秸秆气化主要分固定床和流化床两大类，而产生的气化气则可用于直接燃烧和发电。近几年来，国内秸秆气化的研究也有了一定的进展。固定床气化主要面向农村，以秸秆为原料，气化气供给农民炊事用，都以自然村屯为单元，设备较小，气化气均没有得到有效地净化，而且贮酸气装置不完善，难以解决冬季冻结问题，在不同程度上影响了该技术的应用。流化床气化主要面向木材加工厂，其气化气直接入锅炉燃烧，但规范均较小。

4. 秸秆板技术　近年来，东北林业大学、南京林业大学、黑龙江林产工业研究所、中国林业科学研究院等对秸秆板进行了大量的研究，但基本上处于实验室小试和生产性试验阶段。由于我国目前尚无一条正式的秸秆人造板生产线，所有试验均借助于传统的木质刨花板生产设备完成。

二、作物秸秆作为设施栽培基质原料的研究

姬松茸是一种新近开发的名贵食、药用菌。在国际市场上畅销且价格十分昂贵，随着我国小面积栽培成功，国内市场的需求也在逐年增加。姬松茸除了其食用价值外，还发现其含有多种生物活性物质，具有防癌抗癌、降血脂、改善动脉硬化、防治糖尿病和增强人体精力等功效。在日本其受到美食、保健、医药学界的极大关注重视，鲜菇价值为每100g售价200～300日元（合9.24～13.8元人民币），价格昂贵。我国的福建省于1992年从日本引进了姬松茸的菌种，1994年在莆田、松溪、古田、南平等地开始栽培姬松茸，到现在为止，姬松茸已在浙江、江苏、山东、湖北等地成功地被人工栽培，其栽培面积也日益扩大。与此同时，食用菌研究工作者对姬松茸生物学特性进行了一定的研究，认为姬松茸菌丝体最适温度为22～23℃，pH 6.5～7.5之间，培养料含水量以68%为宜，子实体生长适宜温度为18～21℃，空气相对湿度为85%～95%。栽培方式也由畦式栽培发展成床式栽培和袋式覆土栽培等因地制宜的栽培方式。姬松茸的培养料现在大都仍延用双孢蘑菇培养料的制备方法。

稻麦秸秆是双孢蘑菇和姬松茸栽培过程中必不可少的栽培原料，但是，如果不进行发酵

转化也不能被其所利用。因此，本项目在以前双孢蘑菇堆肥发酵的基础上，尝试利用生物能，及一种高效秸秆定向发酵转化剂，对稻麦秸秆进行转化试验，提高了秸秆的转化效果，同时也大大减少了在培养料堆制过程中使用的农药量，甚至不使用农药，也进一步提高了双孢蘑菇和姬松茸产品的食用安全性。

1. 利用生物能发酵技术，以稻麦草为基本原料制备双孢蘑菇培养料进行设施栽培技术研究 双孢蘑菇培养料的制备是双孢蘑菇栽培过程中的一个重要部分，特别是培养料质量的优劣直接关系到双孢蘑菇产量的高低，正像肥沃的土壤能长出高产优质的农产品一样。

生物能发酵技术，是利用嗜热微生物在生长、发育过程中产生的热能对培养料进行加热，杀灭培养料中的有害微生物和虫卵，并利用嗜热微生物对基质中营养成分的定向转化，使基质能具有选择性的被双孢蘑菇等食用菌所利用，而不利于有害微生物的利用，降低了污染机率，提高了营养效率，缩短了发酵进程，这样可以少用农药或不使用农药，从而提高了双孢蘑菇的产量和质量以及安全性。

（1）原材料配方：每间菇房投料总量约 4 370kg，栽培面积 170m^2，双孢菇和姬松茸栽培基质配料见表 1。

表 1　栽培基质配料量

双孢蘑菇		姬松茸	
稻　草	3 200kg	稻　草	2 900kg
鸡　粪	800kg	鸡　粪	800kg
尿　素	30kg	尿　素	27kg
石　膏	120kg	石　膏	108kg
石　灰	适量（调节 pH 至 8）	石　灰	108kg
磷　肥	120kg	磷　肥	90kg
米　糠	100kg	麸　皮	90kg
增温剂	2kg	增温剂	2kg
合　计	4 372kg	合　计	4 035kg

（2）堆制方法：稻草（新鲜无霉变）→斩草至 3～5cm→预湿（加石灰）→建堆（加入鸡粪、尿素等辅料）→第 1 次翻堆（加入 1/2 石膏和 1/2 磷肥）→第 2 次翻堆（加入另外 1/2石膏和 1/2 磷肥）→第 3 次翻堆（加入米糠和增温剂）→进房后发酵（60～62℃ 8～12h，50～55℃ 3～5d）→翻格→播种→发菌→覆土→出菇管理→采收

（3）试验结果：双孢蘑菇：每 100kg 投料，产菇 43.2kg，增值率为 10 倍；姬松茸：每 100kg 投料，产菇 17.3kg，增值率 8 倍，达到了 100kg 投料产鲜菇 15～45kg，增值 8～10 倍的考核指标。（姬松茸鲜菇售价 20 元/kg，双孢蘑菇鲜菇售价 6～8 元/kg，草菇售价

16～20元/kg)。

2. 新菌株的筛选　姬松茸菌筛选：1998年我们收集了15个菌株，初步采用了以稻草为主的双孢蘑菇栽培培养料与双孢蘑菇一起进行了栽培试验，由于姬松茸的营养需求和温度要求、生物学特点与双孢蘑菇有较大的差异，栽培结果不理想。

同时还对引进的15个菌株的菌丝生长速度和胞外CMCase活性进行比较试验，并测定了酯酶同功酶酶谱。发现不同菌株间菌丝生长速度和胞外CMCase活性有较大的区别，这是由于在不同地区经多年的栽培驯化，其生理生化性状发生了一定的变化，在农艺性状上也有一定的差异。而酯酶同功酶酶谱又证明：所收集的姬松茸菌株虽然来源不同，但其谱带十分相似。

表2，表3结果表明，由15个菌株的菌丝生长速度和胞外CMCase活性比较试验可知，不同菌株间菌丝生长速度和胞外CMCase活性有较大的区别，这是由于在不同地区经多年的栽培驯化，其生理生化性状发生了一定的变化，在农艺性状上也有一定的差异。

表2　姬松茸菌丝体生长速度的比较

(kg/m^2)

编　号	重　复				平　均	备　注
	1	2	3	4		
1	2.20	2.10	2.37	2.00	2.17	气生，有原基
2	2.40	2.30	2.35	1.95	2.25	原基多，气生
3	2.10	1.90	2.10	2.10	2.05	有原基
4	2.10	2.30	2.35	2.20	2.24	气　生
5	2.00	2.45	2.15	2.00	2.15	原基多
7	1.60	1.30	1.50	1.40	1.45	匍　匐
8	2.25	2.50	2.30	2.45	2.38	有原基，不规则
9	1.80	2.15	2.20	2.40	2.14	有原基
10	2.20	2.30	2.40	2.50	2.35	少量原基
11	1.65	1.90	1.90	2.00	1.86	开始产生原基
12	3.10	2.85	2.50	2.60	2.76	气　生
13	2.70	2.70	2.60	2.25	2.56	气　生
14	1.8	1.25	1.90	2.10	1.77	不规则，树枝状
15	2.00	1.90	2.25	2.10	2.06	有原基，树枝状

表3　姬松茸羧甲基纤维素酶的比较分析

编　号	菌落直径 cm/5d						平　均
	1	2	3	4	5	6	
1	1.80	1.95	1.90	1.80	1.70	1.90	1.84
2	2.55	2.50	2.60	2.60	2.60	2.50	2.56
3	2.10	1.90	2.00	1.50	1.60	1.55	1.78

（续）

编 号	菌落直径 cm/5d						平 均
	1	2	3	4	5	6	
4	2.10	2.10	2.00	1.70	1.80	1.90	1.81
5	1.30	1.40	1.60	1.60	1.60	1.90	1.57
7	1.60	1.60	1.60	1.55	1.65	1.75	1.63
8	1.60	1.75	1.75	1.70	2.00	1.90	1.78
9	1.90	1.90	2.20	2.00	2.00	2.10	2.02
10	1.90	1.70	1.70	2.00	2.00	2.00	1.88
11	1.80	1.75	1.90	1.50	1.80	1.90	1.78
12	1.90	1.80	1.70	2.10	2.10	1.80	1.90
13	1.90	1.70	1.80	1.80	1.80	1.60	1.77
14	1.80	1.80	1.70	1.80	1.80	1.70	1.77
15	1.80	1.80	1.85	1.50	1.80	1.65	1.73

1999 年，在查阅大量资料的基础上，根据姬松茸的营养需求和对外界生态环境的要求，再一次进行箱栽试验，选用的 6 个品种，产量 2.48～3.74kg/m^2（共采二潮菇）不等，其中 2、3 号种表现较好。从试验结果可初步得出以下结论：以稻草为主的培养料以及上海的土质、气候虽适合于姬松茸的栽培，但产量不高，在上海特定的气候条件下，栽培技术有待于进一步研究。1999 年下半年，带 5 个菌种到波兰作栽培试验，试验得出了与在上海栽培相似得结果：2、3 号种在生产上有栽培价值。

2000 年：从波兰引进了 7 个菌种，进行了常规栽培试验，AP4 比 2796 增产 36.55%。并进行了工厂化栽培试验研究。

3. 利用双孢蘑菇工厂化设施栽培姬松茸试验

（1）姬松茸不同品种和温度试验

1）材料与方法

①供试菌种：姬松茸 1 号～5 号，由上海市农业科学院食用菌所菌种保藏中心提供。

②培养料：常规双孢蘑菇培养料，由当地双孢蘑菇堆肥公司提供。

③覆土：双孢蘑菇用泥炭土，pH 7.5～7.8，含水量 80%。由当地双孢蘑菇覆土公司提供。

④栽培试验：采用常规的双孢蘑菇栽培方法，每个品种设 3 个重复，小区面积为 0.22m^2。培养料用量为 80kg/m^2。

⑤气候控制：由 Fancom 公司提供的气候控制系统。

2）结果与讨论

①菇房的气候控制：在营养生长阶段，姬松茸与双孢蘑菇对环境因子的需求基本相似，温度控制的首选指标为培养料温度，因而，通过控制空气温度，来满足料温的需求。料温在 30℃的危险温度以下，可以尽量地高，以加速菌丝吃料，缩短营养生长时间。在覆土前 2～3d，适当降低料温至 27～28℃，防止覆土后料温回升，难以控制。在营养生长阶段，一般

都关闭新鲜空气，积累菌丝生长过程中释放出的二氧化碳，致使二氧化碳浓度达到4 500mg/L试验，高二氧化碳浓度对姬松茸菌丝的生长并无伤害，姬松茸菌丝生长迅速正常。相对湿度控制在95%左右，尽量防止培养料的水分散失，据研究，双孢蘑菇的产量与培养料的含水量呈正比，并非与培养料固形物的含量呈正相关（表4）。

表4　菇房气候参数

环境因子	营养生长阶段	生殖生殖阶段
料　温	28℃，30℃	23℃
气　温	21℃	21℃
二氧化碳浓度（mg/L）	4 500	1 200
相对湿度（%）	95	90～92
光　线	无	无

在生殖生长阶段，空气温度是影响出菇最关键的环境因子，因而，在这个阶段，气温控制成为温度控制的首选指标（表4）。姬松茸一般在20℃以上才能正常出菇、形成子实体，试验发现，姬松茸虽然在18℃也可形成原基和小子实体，但继续发育，就会死亡。因此，姬松茸不能和双孢蘑菇同室出菇，必须控制在不同的温度条件下，以满足姬松茸和双孢蘑菇对温度的不同需求。

②不同姬松茸品种栽培试验比较：表5姬松茸产量的统计数据由于在波兰停留的时间关系，只统计了两潮菇的产量。由上表栽培试验可见，姬2、姬3和姬5的产量较姬1的产量高1倍，其中以姬2的产量最高，但姬2的菇型较小，姬3和姬5的菇型较大，而且产量也不低，其中，以姬3产量较高。因而，选取姬2、姬3品种进行进一步试验。

表5　利用工厂化双孢蘑菇栽培培养料进行姬松茸栽培试验结果

品　种	姬1	姬2	姬3	姬5
产量（g）	671.4	1 617	1 443.2	1 300.3
单产（kg/m^2）	3.02	7.28	6.49	5.85

表6结果表明，姬5和姬5单菇重分别为72.2g和67.4g。

表6　姬松茸不同品种菇形比较

品　种	B1	B2	B3	B5
单菇重（g）	22.6	16.4	67.4	72.2

（2）工厂化栽培试验：2001年，在上海市农业科学院食用菌研究所高桥试验基地进行规模化的栽培试验。使用增温剂可以简化姬松茸培养料堆制发酵过程，缩短培养料制备周期，显著提高培养料的发酵效率。

1）栽培季节安排：由于姬松茸菌丝的生长温度范围在10～37℃，子实体发育温度为20～27℃，最适发育温度为22～25℃。因此，在上海，姬松茸的栽培季节上半年安排在3

月中旬备料堆制发酵，4 月中旬播种，5～6 月出菇，下半年，栽培应在 7 月中旬堆料，8 月播种，9～10 月出菇。

2）菌种制备：母种采用常规 PDA 培养基，25℃培养，约需 10d 时间。原种和栽培种，均采用麦粒菌种，接入母种后约需 25～35d 满瓶。

3）培养料制备

①配方：按常规双孢蘑菇配方操作，每 $111m^2$ 所需的培养料加 1kg 增温剂。配方（$111m^2$ 用量）：稻草 2000kg，硫铵 25kg，尿素 7.5kg，石膏 60kg，过磷酸钙 60kg，干畜粪粉 400kg，菜饼粉 50kg 或豆饼粉 35kg，米糠 60kg，生物增温发酵剂 1kg（需要时可以增加），石灰约 60kg。

②培养料堆制：首先将稻草铡成 10cm 长短，预湿软化，使其含水量达 70%左右。然后将草料、石灰、部分辅料铺成宽 2m，高 1.5m，长度不限的料堆，其中一层夹一层放化肥及石灰，每层厚度约 15～20cm，水分约 65%，pH8，边堆边踏实，共软化 7d，其间根据需要翻堆 1～2 次，尽量使培养料混合均匀。

③拌小堆料：软化最后 1d 晚上将辅料和生物增温发酵剂混合，加水至 60%，手感能捏成团，抛能散，闷堆 8～12h，闷堆时盖薄膜，这项操作也可在室内进行。生物增温发酵剂也可在闷堆结束时混入。

④混堆：大堆草料和小堆料均匀混合。

⑤床式发酵：菇房先经常规空房消毒，大、小堆料混合后直接进房上床，控制水分 63%左右，pH8，底层暂不放料，料厚 50～60cm，进料完成后密封门窗，地窗留缝约 5cm 通气。料温可自动上升，第 2d 或第 3d 可达 70℃左右，以后自然下降，在 52℃左右保温不少于 72～90h，这阶段要注意对菇房的保温。以后缓慢降温至 46℃以下，开门窗通风，发酵过程 7～8d，料温降至 28℃以下时，即可翻格铺料播种，料厚约 15cm，pH 7.5～8，水分 61%左右。使用增温剂制备出的培养料表面有旺盛的霉菌生长，无氨味，培养料褐色，有白斑，这样的料本身就有一定的抵抗杂菌的能力，是优质培养料的特征。

4）出菇管理：姬松茸的播种与双孢蘑菇相似，每平方米使用标准蘑菇瓶 1.5～2 瓶菌种，一般采取混播方法，最后留约 1/5 的麦粒种覆于表面，拍实，使菌种与料紧密接触，表面平整。随后管理与双孢蘑菇相似。一般姬松茸菌丝发到底只需 15d 左右或更短时间，比双孢蘑菇略快。

菌丝发到底之后，就应立即覆土。覆土的 pH 控制在 6.5～7 之间，比双孢蘑菇略低，而且覆土应制备成团粒状，保证覆土的通气，覆土充分调水后，再覆上菇床，覆土厚度保持在 3～4cm。以后的操作可以效仿双孢蘑菇的覆土管理。

待菌丝爬土至 1/2 处，应适当大通风，吹干表面覆土，抑制菌丝爬至表面，同时适当增加湿度，防治下层泥土偏干，待发现土间有少量菌丝纽结，这时可以喷大水，大通风，刺激出菇，在此期间，还应加大湿度，防止小菇蕾死亡。一潮菇采收结束后，应清床 1 次，然后立即进入第 2 潮菇的管理。一般可以采收 3～4 潮。

5）工厂化栽培试验记录

①试验结果 1

〈1〉产量情况：从表 7 结果表明，A4、A7 这 2 个棕色菇产量最低，没有栽培价值；A1、A2、A8 产量一般，明显不如 F56，也没有进一步考察试验的必要；而 A3，A5 产量超过了 F56，A6 接近了 F56。因此，有必要进行进一步的栽培试验来详尽考察。

表 7　试验 1 的产量

（kg/m^2）

菌　株	第 1 潮	第 2 潮	第 3 潮	总产量
A1	2.83	4.63	3.72	11.18
A2	4.37	4.00	2.33	10.70
A3	4.90	5.57	3.96	14.43
A4	1.13	2.21	1.68	5.02
A5	5.57	5.00	4.62	15.19
A6	3.49	5.39	2.90	11.78
A7	1.19	2.70	2.72	6.61
A8	2.33	4.24	3.20	9.77
CK	3.63	6.34	3.43	13.40

〈2〉菇质情况：A4，A7（棕色菇）菇质最好，菇肉很厚很紧实；A3，A6 与 F56 基本一致，菇形，菇质俱佳；A1，A2，A8 菇质都不如 F56，易开伞；A5 菇质相对最差，可能与原基形成过密有关，具体表现为菇盖较薄，极易开伞。

〈3〉生长周期情况：A4，A7 两个棕色菇发菌期比 F56 慢 2～3d，菌丝吃土慢 1d，原基形成则相对较快。其他参试菌种在生长周期与 F56 相仿，只是 A5 在原基形成，发育速度比 F56 快些。因此，整个周期会相应缩短 2d。

〈4〉结论：A5 由于产量最高，虽然菇质不好，但也值得进行下一步中试。以便进一步考察，即使菇质确实不理想，也可作为罐头菇品种来考察。A3，A6 在产量上超过或接近 F56，在菇质上基本一致。因此，很有必要进一步中试。它们是值得重视的菌株。其他菌株难以在菇质，产量这两方面两全。基本没有进一步考察的必要。

②中试结果：在以上试验的基础上，2000 年 3 月 7 日至 2000 年 5 月 3 日期间对 A3、A5、A6 3 个菌株进行了中试，以 F56 为对照，每个菌株栽培试验面积为 $135m^2$。结果如下：

〈1〉A5 发菌温度喜偏高，26～29℃为最佳。菇质不理想，估计与 F62 属同一系列的菌种。在原基形成期对 CO_2 浓度敏感，在 CO_2 浓度较低的条件下原基会过量生成，导致密度过大，极易开伞（一般菇盖直径 3.0cm 即会开伞），产量极高，达 $20.17kg/m^2$，高于 F56 $2.6kg/m^2$。且转潮快，整个周期比 F56 缩短 2d。因此，这一品种可作为小规格罐头菇的储备品种。

〈2〉A6 菇质与 F56、A3 基本一致，只是菇柄略长；发菌速度、转潮略慢于 F56 1d 左右，产量明显低于 F56。因此，可将其淘汰。

〈3〉A3 各方面表现与 F56 都完全一致，总产量高出 $1.63kg/m^2$。因此，它可以作为一个 F56 的替补品种或交替使用菌种，如果多次试验下来确能稳定增产 $1.0kg/m^2$ 以上的话，可考虑以此品种替代 F56 成为当家品种。

表 8 试验 2 的产量

(kg/m^2)

	第 1 潮	第 2 潮	第 3 潮	总产量	增产率%
A3	9.80	7.01	2.39	19.20	9.3
A5	8.34	8.17	3.66	20.17	14.8
A6	6.53	5.55	1.84	13.92	—
F56	8.17	6.83	2.57	17.57	—

③试验 3

〈1〉产量情况：表 9 试验 3 结果表明其中 Ap3～A7 略低于 F56；而 Ap2 最高，超过 F56 约 1kg/m^2，但由于此次试验受空调故障影响太大。因此，产量实际情况有待进一步试验。

表 9 试验 3 的产量

(kg/m^2)

	第 1 潮	第 2 潮	第 3 潮	总产量
Ap1	1.85	2.54	1.14	5.53
Ap2	3.44	3.62	1.00	8.07
Ap3	2.37	2.56	1.33	6.26
Ap4	2.33	2.60	1.71	6.64
Ap5	1.84	2.76	2.20	6.80
Ap6	2.57	3.05	1.28	6.90
Ap7	1.84	2.78	1.75	6.37
CK	3.50	2.80	0.76	7.06

〈2〉菇质情况：Ap1～A7 菇质都不错，相对而言 Ap4，Ap5 差些；Ap1，Ap2，Ap3A 与 F56 基本一致，菇形，菇质俱佳，可能是近缘种；Ap6 菇柄略粗，其他方面差异不大；Ap7 菇形较大，适于鲜销，且不易开伞。

〈3〉生长周期情况：总体上 Ap1～A7 在生长周期方面与 F56 差异不大，其中 Ap3 在转潮时比 F56 慢了 2d；而 Ap4 在转潮时比 F56 快了 1～2d；其余与 F56 差异很小。

〈4〉讨论：由于此次试验受空调故障影响太大，因此 8 个菌株产量都很低（包括 F56），数据代表性不强。但由于 Ap2 产量最高，菇质也好，是最值得重视的菌株，值得进行下一步中试。

Ap3～A7 在产量上与 F56 接近，且 Ap3、Ap6、Ap7 菇质不错，有进一步考察的必要。

④试验 4

〈1〉产量情况：表 10 结果表明由统计数据可知：AP2 总产量高于 F56 0.53kg/m^2，特别是 AP2 的产量主要集中在 1、2 两潮，这两潮菇的产量高于 F56 1.16kg/m^2。AP2 的周期也与 F56 相仿，菇质相当。

表 10　试验 4 的产量

（kg/m^2）

菌　株	面积（m^2）	第 1 潮	第 2 潮	第 3 潮	总产量
Ap1	14	7.86	4.64	3.21	15.71
Ap3	11	9.09	3.00	3.32	15.41
Ap6	14	6.96	3.86	4.64	15.46
Ap7	10	4.05	3.5	3.8	11.35
AP2	27	10.91	7.04	3.81	21.76
CK（F56）	27	10.72	6.07	4.44	21.23

由于菇房在试验期间发生细菌性病害，因而 2、3 潮菇的清床菇未统计在内，而且 1、3 号菇采收偏小，影响产量。总之，AP2 品种略优于 F56。

（专题 1 由凌霞芬主持，郭倩、王志强参加）

三、秸秆工厂化生产有机—无机作物专用缓释肥研究

（一）秸秆处理和发酵试验

1. 试点地点　北京平谷县峪口养鸡场，北京北郊国务院副食品生产基地养殖场。

2. 试验原料　在华北地区山东、河北、北京共取畜禽粪便和作物秸秆 120 余个样品，养分分析结果归纳如表 11。鸡粪含氮、磷、钾量最高，其中 N 2.8%～4.0%，P_2O_5 2.5%～3.4%，K_2O 1.68%～2.95%。

表 11　几种有机肥原料养分含量（风干基）

名　称	有机质（%）	N（%）	P_2O_5（%）	K_2O（%）
鸡　粪	43.0～55.0	2.8～4.0	2.5～3.4	1.68～2.95
猪　粪	45.0～58.0	2.0～3.6	2.0～3.0	1.5～2.0
牛　粪	73.5～85.3	1.9～2.5	1.4～1.62	0.88～1.20
羊　粪	69.7～80.0	1.86～2.1	1.43～1.55	0.65～0.70
麦　秸	82.0～89.8	0.45～0.74	0.06～0.2	1.3～2.7
稻　秆	72.6～75.5	0.69～0.8	0.2～0.47	1.5～3.3

3. 发酵试验

（1）秸秆处理：麦秸取自北京昌平国家褐潮土土壤肥力与肥力效益监测基地，粉碎至 1～2cm，10%石灰水浸泡 24h。加入鸡粪 20%，另加 10%沸石粉，秸秆占总重量的 70%，

以尿素调 C/N 比 25～30 左右，充分混合后备用。

（2）发酵菌试验

①试验处理：A. CK（不接菌）；B. EM 菌（日本引进）；C. 马粪（按原料的 1%计）；D. 马粪提取液（1%马粪用水浸泡，去除粪渣）；E. 腐熟厩肥（按原料的 5%计）

②发酵方式：用砖砌 1.5m×1.5m×1.5m 地上池，以水泥抹面（灰砂比 1∶3）。共 20 个池子。池底安装井字形钢管，交叉点焊接 4 根 ϕ2.0cm 钢管，管上有孔，管外包敷棕毛。池顶用塑料薄膜封盖，底部用鼓风机通气。白天空气最高温度 30℃左右。晚上最低温度 22℃左右。每天上午 10 点左右测定发酵池中间温度。

③试验结果：接种发酵菌不同，发酵效果也不一样，在 25d 发酵过程中，马粪和马粪提取液效果最好，温度上升最快，第 3d 达到高峰（68℃），高温时间维持 15d 左右；接种腐熟厩肥也有一定效果，其中羊粪最好，其次是猪粪，再其次是牛粪；EM 菌与牛厩肥基本差不多，均好于对照。

（3）半封闭式发酵棚试验：试验在国务院副食品基地养殖场“九五”攻关课题中试基地进行。

①发酵棚结构：发酵棚为钢架结构，外罩为玻璃钢，除进口和出口外，其他部分均封闭。烘干尾气从发酵棚底下通过，以保证发酵温度为 65～70℃。选择双螺旋翻料机搅拌（图 1），每 4h 翻 1 次料，发酵时间可缩短至 15d。

图 1　双螺旋翻料机

②发酵除臭试验

A. 试验处理：a. 对照，b. 10%沸石粉（重量比，下同），c. 5% EM 菌剂，d. 5%五四〇六菌剂，e. 5%酵母菌剂，f. 抽风机抽送至燃烧炉，g. 10%沸石粉＋抽气。

B. 试验结果：粪便在发酵过程中不断产生恶臭气体，除了 NH_3 和 H_2S 外，其他均为低分子含碳化合物。在试验处理中，沸石粉的作用是物理吸附作用，抽气是机械迁移作用，微生物菌剂的作用是通过微生物利用某些臭气成分为原料构成菌体，从而减少臭气。

试验结果表明，沸石粉可吸附 NH_3 和烃类化合物，除氨效果最好，吸附 NH_3 的数量可达沸石粉重量的 5%。除臭效果最好的处理是 10%沸石粉＋抽风机抽气；其次为抽风机抽气，但燃烧中有氨和硫化氢的气味；微生物菌剂也有较好的除臭效果，除臭率为 30%～50%。其中五四〇六菌剂效果最好，可去除 50%的臭味物质；酵母菌次之，可去除 40%左右臭味物，而且可放出酒的芳香；EM 菌效果最低，臭气去除率 30%左右。考虑到成本和减少操作工序，在设计工艺路线时，选择“10%沸石粉＋抽气”的方法。

（二）有机复混肥造黏结剂研制

生产圆颗粒状无机复混肥的困难是造粒问题，生产圆颗粒状的商品有机肥和有机—无机复混肥的最大困难也同样是造粒问题。无机复混肥造粒通常采用黏土类和磷石膏作为黏结剂，但只能生产中低浓度的产品，若用尿素作为氮源生产高氮含量（15%～20%）的复混肥或“N－P_2O_5－K_2O＝15－15－15”的高浓度复混肥，用黏土类黏结剂就勉为其难了，返料率高达 50%。至于有机肥和有机—无机复混肥，国外是不造粒的，基本上就地使用，因为他们的养殖场基本上属于个体经营，其规模比中国的要小得多。我国 100 万羽的鸡场、10 000头以上的猪场数不胜数，20 万头的猪场也争相建立。在畜禽粪便中加入秸秆，造粒问题更是难上加难。如果不解决造粒问题，长途运输和施用出现很大的困难。这是本项研究的重点之一。

1. 黏结剂合成原料的选择　经过筛选，选择聚醋酸乙烯酯、酰胺类化合物（酰胺树脂）和淀粉为主要合成原料。其理由如下：

（1）聚醋酸乙烯酯和酰胺与醛基均可起化学反应，前者称为缩醛反应，后者称为羟甲基化反应。

A. 缩醛反应

a. 羰基与两个羟基反应，生成聚乙烯醇缩醛。

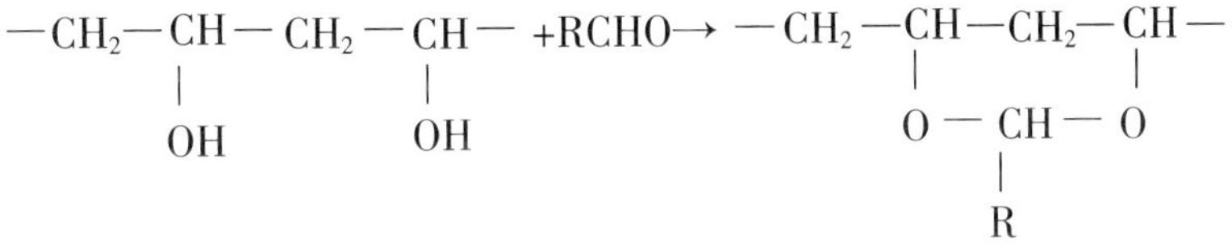

$$
\begin{array}{ccccccccc}
-CH_2- & CH & -CH_2- & CH- & +RCHO\rightarrow & -CH_2- & CH & -CH_2- & CH-\\
 & | & & | & & & | & & |\\
 & OH & & OH & & & O & -CH- & O\\
 & & & & & & & | & \\
 & & & & & & & R &
\end{array}
$$

b. 分子间的缩醛反应

$$
\begin{array}{ccccccccc}
-CH_2- & CH & -CH_2- & CH- & & -CH_2- & CH & -CH_2- & CH-\\
 & | & & | & & & | & & |\\
 & OH & & OH & & & OH & & O\\
 & & & & & & & & |\\
 & & & & +RCHO\rightarrow & & & N- & C-R\\
 & & & & & & & & |\\
 & OH & & OH & & & OH & & O\\
 & | & & | & & & | & & |\\
-CN_2- & CH & -CN_2- & CH- & & -CH_2- & CH & -CH_2- & CH-
\end{array}
$$

$$
\begin{array}{lcl}
-\underset{\displaystyle CONH}{\underset{|}{CH_2CR}}- & +HCHO+NaHSO_3\longrightarrow & -\underset{\displaystyle CONHCH_2SO_3NH}{\underset{|}{CH_2CR}}+H_2O
\end{array}
$$

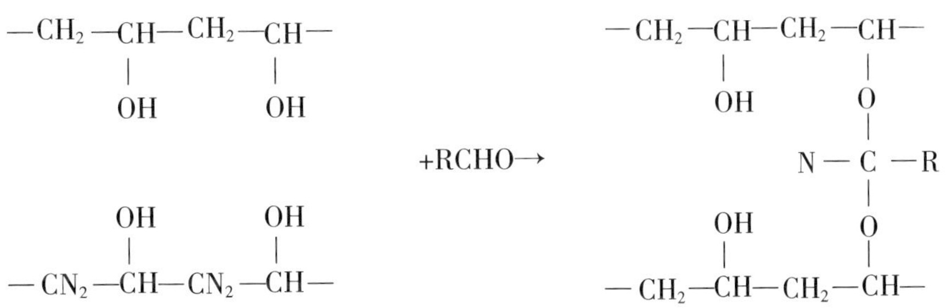

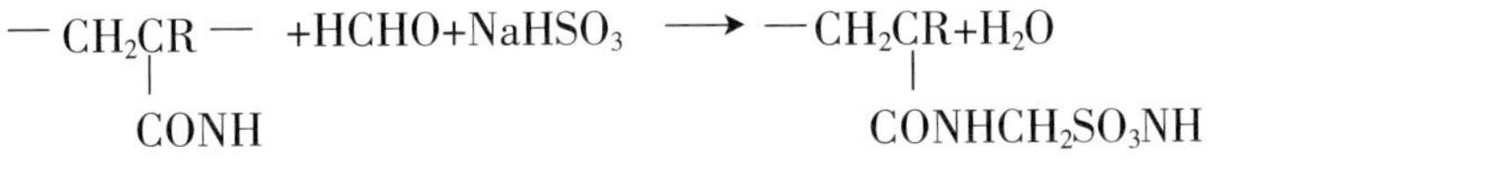

B. 羟甲基化反应

$$-CH_2CR- \quad (\text{侧基 } CONH_2) + R'CHO \quad -CH_2CR- \quad (\text{侧基 } CONHCHR'OH)$$

(2) 聚醋酸乙烯酯和酰胺与 SO_3^- 均可起化学反应，前者称为酯化反应，后者称为磺甲基化反应

A. 酯化反应

$$-CH_2-\underset{OH}{CH}-CH_2-\underset{OH}{CH}- + NaHSO_3 \rightarrow \left[-CH_2-\underset{OSO_3Na}{CH}-CH_2-\right]_n$$

B. 磺甲基化反应

$$-\underset{CONH_2}{CH_2CR}- + HCHO + NaHSO_3 \longrightarrow -\underset{CONHCH_2SO_3Na}{CH_2CR} + H_2O$$

(3) 在醛类化合物作为交联剂条件下，淀粉可产生交联反应。

淀粉—OH＋HO—淀粉 RCHO（交联剂）淀粉—O—醛类—O—淀粉。

总结上述反应，聚醋酸乙烯酯、酰胺和淀粉均与醛类化合物产生聚合或交联反应。此外，淀粉在土壤中易被微生物分解。因此，所合成的高分子黏结剂在土壤中也容易被分解。

(4) 淀粉的选择：考虑各作物淀粉（直链和支链）聚合度、含量、来源和价格等综合指标和因素，选择马铃薯淀粉作为黏结剂原料（表 12）。

表 12　几种作物淀粉的指标比较

	含量和聚合度（DP）	玉米淀粉	马铃薯淀粉	小麦淀粉	木薯淀粉	蜡质玉米淀粉
直链淀粉	含量，%干基	28	21	28	17	—
	平均 DP	930	4 900	1 300	2 600	—
	平均 DP 质量	2 400	6 400	—	6 700	—
	表观的 DP 分布	400～15 000	840～22 000	250～1 300	280～2 200	—
支链淀粉	含量，%干基	72	79	72	83	99
	聚合度 DP×10^6（范围）	0.3～2	0.3～3	0.3～3	0.3～3	0.3～3

2. 造粒黏结剂（简称 CF 助剂-2）**生产工艺**

(1) 工艺流程（图 2）

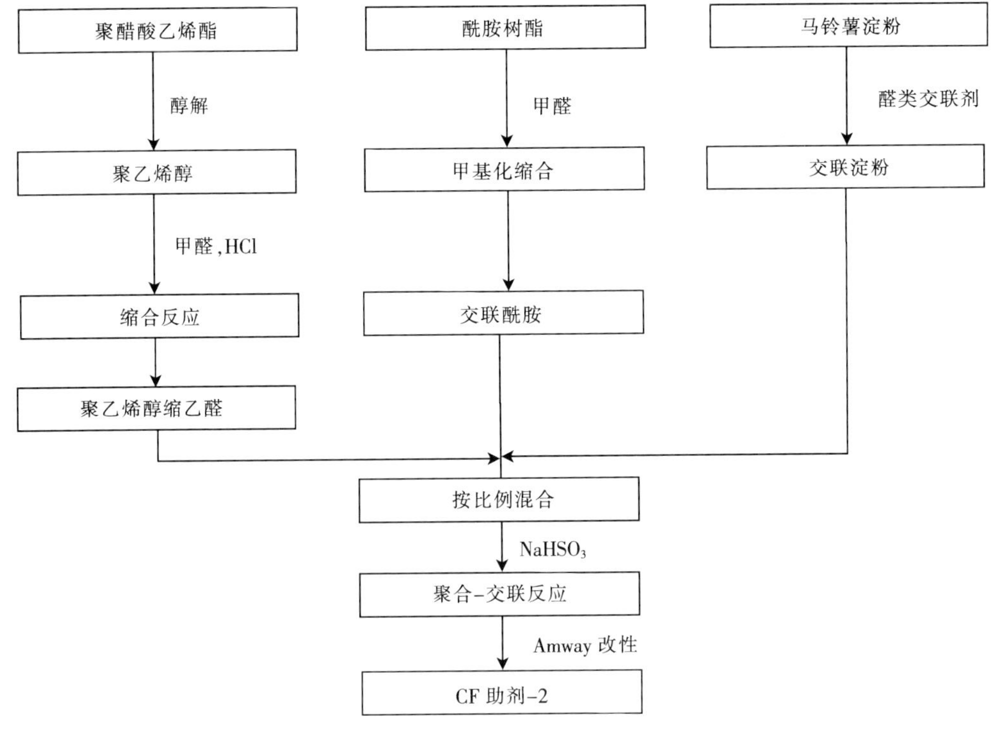

图 2　CF 助剂-2 生产工艺流程图

（2）质量检测（表 13）。

表 13　CF 助剂-2 的质量指标

项　　目	指　　标
外观	半透明黏液
固体含量（%）	8～10
黏度（涂－4 杯，S）	70～600
pH	7.5～8
颗粒度（ m）	0.2～5
稳定性	稳定
贮存期（月，20℃）	2

CF 助剂-2 的黏度与溶液的浓度和温度有很大的关系，一般地说，浓度越大，温度越低，其黏度越大，反之亦然（表 14）。

表 14　浓度和温度对 CF 助剂-2 黏度的影响

（单位 mPa·S）

溶液浓度（%）	0℃	20℃	40℃
0.5	70	40	30
1.0	90	70	60
2.0	400	200	150
5.0	700	500	400
8.0	1000	860	750

3. CF 助剂-2 毒性试验结果与分析

（1）种子发芽试验

A. 试验处理

a. 10%水溶液，b. 5%水溶液，c. 3%水溶液，d. 1%水溶液，e. 0.5%水溶液。

用上述溶液浸泡小麦种子，每个处理 100 粒，重复 4 次。浸泡时间：24h。然后放入铺有滤纸（用水浸湿）的培养皿中作发芽试验。

B. 试验结果

所有试验处理的种子发芽率均为 100%，说明 CF 助剂-2 水溶液对小麦种子发芽无影响。

（2）CF 助剂-2 对微生物生长影响的试验：采用微生物通用培养基，在培养皿中和 25℃恒温箱中培养。CF 助剂-2 的加入量，按微生物菌肥重量的 0.4%。接入以下菌种，重复 3 次。

A. 褐球固氮菌（*Azotobacter chroococcum* Bei jerinck）；

B. 巨大芽孢杆菌（*Bacillus megatherium* de Bery）；

C. 胶冻样芽胞杆菌（*Bacillus mucilaginosus* Krassilnilkow）。

这 3 种菌基本上代表了目前国内生产的微生物肥料的菌种。试验结果表明，未发现 CF 助剂-2 对上述菌的生长有影响。

4. 微生物对 CF 助剂-2 的降解作用 CF 助剂-2 是黏稠的胶体溶液，在土壤中测定它的分解速率是不现实的。因此，在室内进行微生物分解 CF 助剂-2 的试验。考虑到土壤中的微生物类群是个复杂的群体，不同类型土壤，微生物种群数量不同，即使同一类土壤，微生物种群数量也有差异。马粪涵盖了土壤中所有好氧微生物种群，而且种群数量比较稳定。所以，用马粪的提取液（水∶马粪＝5∶1，用 2 万 r/min 高速离心机离心 5min，取上清液）。

本试验为半定量方法。在微生物通用培养基中加入 5%的 CF 助剂—2 2.0ml，灭菌后倒入培养皿中，共 32 个培养皿，分成 16 组，每组 2 个，分别接种马粪提取液，在 25℃±1℃培养箱中培养。每周测定 1 次。

（1）测定方法的选择：CF 助剂-2 的主要成分是聚醋酸乙烯酯、酰胺树酯和淀粉，后两者对土壤没有任何负作用，即使对于人、畜，也未见有毒性的报道。淀粉人畜均可食之，而聚丙烯酰胺可与许多物质亲和、吸附，形成氢键，它可在两个被吸附的粒子之间架桥，形成“桥联”，生成絮团，有利于粒子下沉。由于这些特点，它被广泛用于饮用水净化助剂、土壤结构改良剂和土壤保水剂等。本研究主要是检测聚醋酸乙烯酯的降解作用，通过对聚乙烯醇缩醛的醋酸根测定，检测聚醋酸乙烯酯有没有降解。方法要点是：试样用乙醇溶解，以酚酞作指示剂，用稀碱溶液中和，然后用氢氧化钾—乙醇溶液水解聚合物分子中残存的醋酸乙烯酯单元，过剩的氢氧化钾用盐酸标准溶液回滴。测定方法详见“龚云表主编：合成树脂与塑料手册，上海科学技术出版社，1994，p. 661－662.”。

（2）结果与分析

A. 培养基接菌 1 周后，微生物已长满培养皿，但聚乙烯醇缩醛的醋酸根并未减少，直至第 4 周，醋酸根才减少 5%。说明微生物在 4 周内只利用或分解 CF 助剂-2 中的淀粉和酰胺化合物。

B. 从第 4 周开始，至第 6 周每隔 1 周，醋酸根量大约减少 10%左右。第 7 周开始，醋酸根减少速度一下子上升至 20%，至第 10 周已检测不出醋酸根。至于聚乙烯醇缩醛被微生物利用还是分解，还没有证据可以证明。据文献（严瑞瑄主编：水溶性高分子，化学工业出版社，1998，p. 69）报道，降解聚醋酸乙烯醇的主要成份聚乙烯醇的微生物有个驯化过程，如果污水处理系统未驯化，在儿星期内，聚乙烯醇也很少降解。其 BOD 值很低，约为 0.02mgO_2/mg。大约 5 周后才观察到活性污泥已适应聚乙烯醇，而且在 24h 内，90%的聚乙烯醇被降解，COD 也随之大大下降了。本试验与文献报道有相似之处，同时证明了聚醋酸乙烯酯在较短时间内可以降解。

5. 亚微米—纳米级造粒黏结剂的研制

（1）问题的提出：CF－2 有机物料造粒黏结剂虽然具有成本低的和成粒率高、颗粒抗压碎能力强的优点，但需将发酵物料烘干磨细过 20～25 目筛孔后再造粒、再烘干。2 次烘干消耗能量较大，而且，在高湿有机物料烘干时，将产生恶臭气体，特别是畜禽粪便烘干时，产生的恶臭气体更多。

（2）生产工艺：CF－2＋混合表面活性剂＋助表面活化剂→高剪切（1.3 万 r/min）→亚微米—纳米级造粒黏结剂 CF－3。

亚微米—纳米级造粒黏结剂 CF－3 的胶团直径为 10^{-6}～10^{-8}m，等于 450～10nm，黏结性能和对有机发酵物料的渗透性特别好。用上海市丰盛绿色肥料有限公司生产的有机发酵物料直接造粒，成粒率 90%以上，圆颗粒抗压碎力可达 20～25N。

（三）秸秆有机-无机复混肥料生产

1. 有机-无机复混肥生产设备　为便于推广应用，采用目前国内最常用的两种复混肥生产设备：圆盘造粒设备和转鼓式造粒设备。试验结果，转鼓式造粒设备的造粒效果优于圆盘造粒设备。其原因如下：

（1）转鼓式造粒设备的原料混合采用圆盘拌和机，原料可均匀混合。而圆盘造粒多数厂家设备简陋，用人工拌料，铁锹很难将料搅匀，而且，造粒黏结剂很难与原料充分混合，从而影响造粒效果。

（2）有机-无机复混肥采用的原料为：有机物料、尿素、磷酸铵、氯化钾（或硫酸钾），均为较难成粒的原料。加入黏结剂，通过蒸汽量的调节，提高物料的温度，利于发挥黏结剂的黏结性能。圆盘造粒一般均没有通蒸汽的设施，由于温度低，黏结剂黏度增大，形成黏结剂多寡不均、贫富不匀的现象，没有黏结剂的物料很难成粒。

（3）圆盘造粒影响因素太多，主观性太强，诸如圆盘的倾斜角度、造粒机尺寸、转速、喷水多寡、操作人员的熟练程度等均影响成粒的数量和质量。

鉴于上述情况，认为有机—无机复混肥生产设备最好选择转鼓造粒。

2. 有机-无机复混肥生产工艺（图 3）

（1）原料混合：复混肥原料按所需配比，破碎并精确称量送入圆盘拌和机。为了防尘和提高成粒率，在物料拌和时，加入溶于水的 CF 助剂-3 溶液增湿。

A. CF 助剂-3 加入量：按重量比，圆盘造粒法加入 0.2%～0.3%，转鼓造粒法加入 0.1%～0.15%。

B. CF 助剂-2 使用方法：用热水（40～50℃）溶解，可用凉水或热水稀释，随着物料的加水，加入 CF 助剂-2。

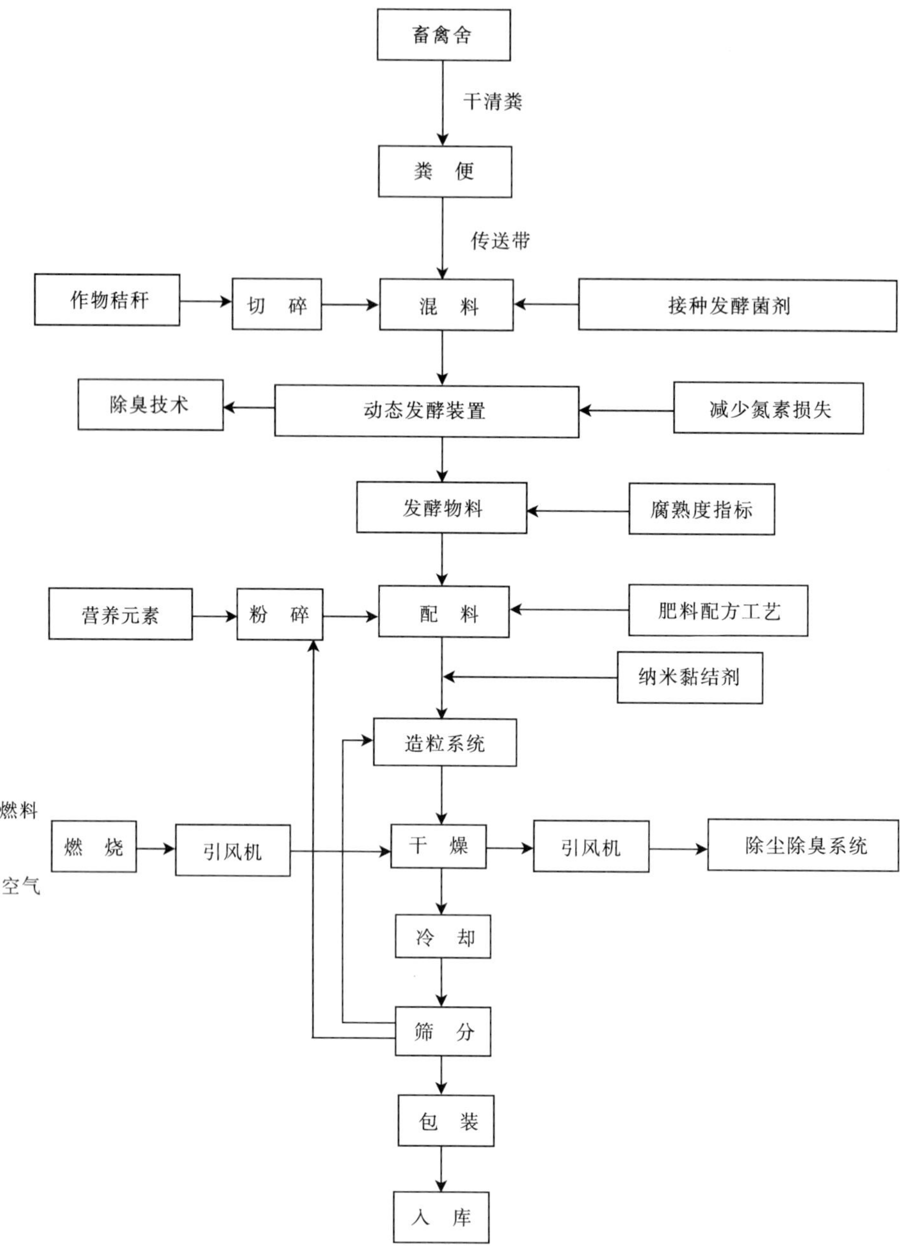

图 3　复混肥生产工艺流程

（2）造粒：圆盘造粒时加入 CF 助剂－2 0.15%～0.2%，转鼓造粒时，在通入蒸汽的同时加入 CF 助剂－2 0.2%～0.3%。

（3）干燥：团聚成细粒的物料输入转筒式干燥机，可进一步成粒和干燥。

（4）筛分和包装：干燥后的有机-无机复混肥经振动筛分离。本技术通过 3 层筛分离，第 1 层 4～6mm，第 2 层 2～4mm，第 3 层 1～3mm。粉状和大于 6mm 颗粒的物料经粉碎后再循环造粒。成品包装。

（5）影响造粒数量和质量的因素

A. 原料细度：在试验过程中，影响成粒率的肥料品种为有机物料、尿素和氯化钾。尿素用对辊式破碎机粉碎，一次加粒过多，对辊之间的缝隙撑大，尿素呈半粒状或整粒状，严重影响造粒质量，增加返料率。因此，尿素破碎时必须均匀喂料。氯化钾比重较大，开始试验时细度为40～50目，无论在转鼓造粒机中，还是在转筒式干燥机中，均在筒的底部，与其他原料无法充分混合、造粒，提高了返料率。氯化钾最佳细度为70目。

B. 含水量：蒸汽中夹带大约40%～50%的水，单纯计算蒸汽量无法估算含水量的多寡，必须将汽量与水量加在一起计算。经反复试验，该设备以每吨物料加80～100kg水为宜。含水量大，颗粒亦大；含水量少，颗粒亦小，返料率均提高。根据经验，配料从转鼓造粒机出来后，用手使劲捏可成松散的团、放下即散时，水分较适宜。在计算加水量时，必须考虑返料数量，因返料已经烘干。

C. 黏结剂加水量：生产总有效养分量25%～30%的有机-无机复混肥，CF助剂-2的加入量为物料重量的0.4%～0.5%。

D. 温度：复混肥中的氮源主要是尿素，其熔点为132.7℃，加热温度超过熔点时即分解。此外，复混肥生产过程中加入了CF助剂-3作为黏结剂，可降低干燥温度。从节约能源出发，干燥温度100～120℃较好，低于100℃也可以，但干燥时间延长。

3. 有机-无机复混肥质量检测　共取5批（次）样品，送国家化肥质量监督检验中心（北京）检测，结果见表15。

表15　有机-无机复混肥质量检测结果

序　号	检验项目名称	检验结果	标准值
1	总氮含量（N），%	9.44～16.38	≥4.0
2	有效磷含量（P_2O_5），%	6.20～9.08	≥4.0
3	钾含量（K_2O），%	7.84～13.60	≥4.0
4	总养分（$N+P_2O_5+K_2O$），%	28.5～31.6	25～30
5	水溶性磷含量（P_2O_5），%	4.52～6.30	—
6	水溶性磷占有效磷百分率，%	69～87	40～50
7	水份（游离水），%	0.9～1.9	2.5～5
8	粒度球状（1.00～4.75mm）	99～100	80～90
9	颗粒平均抗压碎力球状（2.00～2.80mm），N	11～15	6～10
10	有机物总量（以风干基计），%	37.0～43.8	≥30

检验结果，所取样品各项指标均符合国家复混肥料GB 15063—94标准。

（四）秸秆有机—无机作物专用肥田间试验效果

1. 上海水稻、蔬菜田间肥效试验　水稻和蔬菜试验都在与化肥等量氮磷钾条件下，布置3次重复，小区面积66.6m^2（0.1亩）。宝山区水稻试验总氮量分别为187.5kgN/hm^{2}和262.5kgN/hm^2（因当地用量高而增量设置），其他两地区试验总氮量为187.5kgN/hm^2。另外在水稻上还进行了6.67hm^{2}的肥效示范。

（1）水稻：嘉定试验结果（表16），秸秆专用肥2号和3号仅比等NPK无机养分增产

3.9%和2.9%，在统计上不显著；宝山试验结果（表17），秸秆专用肥2号和3号与等NPK相比较，分别增产11.34%和16.92%。感兴趣的是，宝山裂区试验处理中，增加75kgN/hm^2，但产量差异并不大，可能是在免耕条件下氮素过量施用导致水稻生长后期倒伏有关。

表16 嘉定区秸秆有机专用肥水稻试验结果

处 理	基本苗（万株/hm^2）	有效穗（万个/hm^2）	每穗实粒数（粒/穗）	千粒重（g）	实际产量（kg/hm^2）	增 产（%）	与等NPK相比（±%）
1	180	315	65.9	27.3	5 326.5	—	—
2	180	409.5	69.5	27.7	7 531.5	41.4	—
3	180	469.5	65	26.8	7 822.5	46.9	3.9
4	180	453	65.5	27.2	7 749	45.5	2.89

注：处理1：CK（无肥区）；处理2：等NPK；处理3、4：施有机秸秆2号和3号专用肥。

表17 宝山区秸秆专用肥水稻试验效果

处 理	基本苗（万株/hm^2）	有效穗（万个/hm^2）	每穗实粒数（粒/穗）	千粒重（g）	实际产量（kg/hm^2）	增 产（%）	与等NPK相比（±%）
1	94.5	241.5	91.4	27.5	5 974.5	—	—
2	94.5	331.5	97.5	26.3	7 749.0	29.7	—
3	94.5	336.0	102.1	26.9	8 628.0	44.4	11.34
4	94.5	339.0	104.5	26.8	9 060.0	51.6	16.92.
5	94.5	340.5	100.3	25.5	8 047.5	34.7	3.85
6	94.5	334.5	103.6	25.9	8 107.5	35.7	4.63
7	94.5	357.0	101.8	25.9	8 455.5	41.5	9.12
8	94.5	342.0	99.7	25.3	8 281.5	38.6	6.87

注：处理1～4同上；处理5～8：为处理1～4基础上每666.7m^{2}加5kgN的裂区试验

（2）糯玉米：奉贤糯玉米试验结果（表18），秸秆专用肥2号和3号比空白对照增产57.1%和53.2%；与等NPK处理相比较，仅增产7.44%和4.78%，效果不显著。

表18 玉米秸秆有机专用肥试验

处 理	Ⅰ小区产量（kg/区）	Ⅱ小区产量（kg/区）	Ⅲ穗实粒数（kg/区）	平均产量（kg/区）	公顷产量（kg/hm^2）	增 产（%）	与等NPK相比（±%）
1	29.2	34.9	28.2	30.8	4 935	—	—
2	46.0	42.5	46.4	45.0	7 215	46.2	—
3	44.4	52.2	48.0	48.2	7 752	57.1	7.44
4	41.4	50.9	49.2	47.2	7 560	53.2	4.78

（3）蔬菜

①小白菜：无论是嘉定还是宝山，小白菜施用秸秆蔬菜专用肥的效果均比等NPK化肥

差（表 19）。其原因在于小白菜生育期短，秸秆专用肥为缓释型肥料，养分还未来得及完全释放，小白菜已收获。

表 19　小白菜秸秆专用肥试验结果

	处　理	Ⅰ小区产量（kg/区）	Ⅱ小区产量（kg/区）	Ⅲ穗实粒数（kg/区）	平均产量（kg/区）	公顷产量（kg/hm^2）	增　产（%）	与等 NPK 相比（±%）
嘉定区	1	45.0	45.0	42.0	44.0	6 600.0	—	—
	2	57.0	60.0	60.0	59.0	8 850.0	34.1	—
	3	48.0	51.0	48.0	49.0	7 350.0	11.4	−16.95
宝山区	1	41.8	40.0	39.4	40.4	20 200.5	—	—
	2	60.0	57.7	58.2	58.6	24 817.5	22.9	—
	3	47.7	45.9	45.9	46.5	22 792.5	12.8	−8.16

注：处理 1：CK（无肥区）；处理 2：等 NPK；处理 3：1 号秸秆肥；施用量 187.5kgN/hm^2

②圆白菜：宝山重固基地圆白菜试验结果（表 20），施用秸秆专用肥 1 号（N－P_2O_5－K_2O＝20－6－6），与等 NPK 化肥处理比较，圆白菜增产 12.05%；而施用秸秆专用肥 2 号（N－P_2O_5－K_2O＝15－7.5－7.5）比 NPK 化肥处理减产 4.86%，由于处理 4 每公顷施用量为 150kg，比处理 2、3 少施用 N 75kg/hm^2。所以，产量还是处理 2 和处理 3 高，说明该试验地影响圆白菜产量的主要肥料养分因素是氮，而不是磷、钾。

表 20　圆白菜秸秆专用肥试验

处　理	Ⅰ小区产量（kg/区）	Ⅱ小区产量（kg/区）	Ⅲ穗实粒数（kg/区）	平均产量（kg/区）	公顷产量（kg/hm^2）	增　产（%）	与等 NPK 相比（±%）
1	49.5	54.0	51.0	51.5	8 266.5	—	—
2	105.7	68.7	69.7	81.4	13 041.0	57.5	—
3	120.9	87.2	65.1	91.1	14 613.0	76.7	12.05
4	82.0	74.3	75.5	77.3	12 406.5	50.1	−4.86

注：处理 1 为无肥对照；处理 2 为等 NPK；处理 3 为秸秆 1 号肥；处理 4 为秸秆 2 号肥。施肥量：1 500kg 专用肥/hm^2

如果将小白菜和圆白菜两个试验进行综合分析，不难看出，秸秆专用肥适于在生长期较长的蔬菜上施用，生长期短的小白菜以施用化肥 NPK 为好。

（4）小结：以秸秆为主要原料生产的有机—无机复合肥，在上海高肥力土壤上的试验效果，粮食作物增产效果稍好于等 NPK 化肥处理，但在蔬菜上，特别是生长期短的蔬菜，其增产效果低于等 NPK 化肥。

2. 冬小麦田间肥效试验

（1）试验地点：北京昌平“国家褐湖土土壤肥力与肥料效益监测基地”；

（2）肥料养分含量；N∶P_2O_5∶K_2O＝15∶7.5∶7.5；

（3）施肥量：150kgN/hm^2；

（4）小区面积：8m×4m＝32m^2；

（5）小麦品种：冬丰 611，弱冬性；

(6) 试验处理

A. 对照;

B. NPK(与复混肥等状分);

C. 复混肥 1:用聚酰胺树脂为造粒黏结剂;

D. 复混肥 2:用 CF 助剂- 2 为造粒黏结剂;

E. 复混肥 3:用磺化木质素为造粒黏结剂。

以上试验设 3 次重复,随机区组排列,共 15 个小区。所有肥料均作基肥 1 次条施。1999 年 9 月 29 日播种,每小区播 10 行,10 月 10 日出苗,田间管理同监测基地冬小麦。2000 年 6 月 12 日收获。

(7) 试验结果

A. 小麦籽粒产量:表 21 结果表明,与等量 NPK 比较,有机—无机缓释复混肥增产 10.54%~30.65%,以自己研制的 CF 助剂- 3 造粒黏结剂生产的复混肥 2 小麦增产率最高(30.65%)。增产的原因主要表现在增加穗粒数和千粒重上。

表 21 不同肥料对小麦产量的影响

处 理	产 量 (kg/hm²)	与对照比 (±%)	与 NPK 比 (±%)	穗粒数 (粒/穗)	千粒重 (g)
CK	3 936	—	—	20	37.21
NPK	5 011.5	27.32	—	24	39.53
复混肥 1	5 616	42.68	12.06	26	39.24
复混肥 2	6 547.5	66.35	30.65	30	43.24
复混肥 3	5 539.5	40.74	10.54	27	41.25

B. 冬小麦对养分的吸收:表 22 结果表明,施肥可提高冬小麦籽粒和秸秆中 N、P、K 的含量,但与 NPK 处理比较,秸秆中的钾含量比籽粒中的含量似乎更高一些。

表 22 冬小麦籽粒和秸秆的养分含量

处 理	籽粒养分含量 (%)			秸秆养分含量 (%)		
	N	P_2O_5	K_2O	N	P_2O_5	K_2O
CK	1.59	0.57	1.68	0.62	0.07	5.69
NPK	1.81	0.58	1.70	0.77	0.08	6.61
复混肥 1	1.63	0.50	1.57	0.71	0.11	6.97
复混肥 2	1.76	0.56	1.67	0.74	0.08	6.67
复混肥 3	1.72	0.54	1.62	0.65	0.07	6.69

(五) 结论

1. 选择分素的小小麦秸秆 (70%)、鸡粪 (20%),沸石粉 (10%),用尿素调 C/N 比

20～30，接种马粪，发酵哦良好，时间可缩短至15d。

2. 采用自行研制的CF-3纳米—亚微米级缓释胶结剂，采用转鼓式造粒设备，生产秸秆有机—无机缓释复合肥，工艺可行；

3. 田间肥效试验结果，在上海高肥力土壤上种植青菜，有机—无机缓释复混肥效果不如速效等NPK化肥处理；在北京冬小麦试验结果，有机—无机缓释复混肥比等NPK处理增产10.5%～30.6%。

（专题二由张夫道，汪寅虎主持）

四、秸秆作为猪饲料原料研究

秸秆作为一种可利用资源，国内外已有多年研究和利用历史。虽然我国用于饲料的秸秆有近10%，但仅作为反刍动物饲料填充剂，仍需从数量和质量上开发。只有将秸秆转化为可利用的饲料，通过动物再转化为畜产品，才能真正利用这个资源发展畜牧业。因此，怎样将秸秆转化为饲料将是人们重点开发的目标。

目前国内外将秸秆处理转化为饲料的研究有：

1. 秸秆氨化处理　早期是将秸秆粉碎，加入一定比例的氨水后密闭发酵；现在是用大型塑袋密闭。这种方法可提高反刍动物蛋白氮的采食量，对肉畜有提高采食量和生产率的优点。但不能降解秸秆木质纤维，氨处理不当易使人畜中毒和肉质有异味。

2. 微生物处理　据英国CABI生物降解文库微生物处理秸秆资料，目前研究分三大类：一类是用微生物处理提高秸秆的消化率，用作草食动物基础饲料；二类是以秸秆为能量微生物处理，生产单细胞蛋白质，作为蛋白质饲料；三类是利用微生物发酵，贮存秸秆。我国对秸秆研究曾作为“八五”国家重点课题，项目分3条线，即单细胞微生物秸秆发酵、人工瘤胃和担子纲真菌秸秆发酵研究。

（1）秸秆乳酸菌发酵：这种方法主要是对秸秆起到软化作用，提高适口性和采食量。但要消耗秸秆中可消化营养成分，不能提高秸秆营养价值。同时因不能降解阻碍动物消化吸收的木质素，作为饲料饲喂动物后，反而阻碍动物对可消化吸收的营养物质的吸收。

（2）利用秸秆通过微生物处理生产菌体蛋白：这种方法最早是用于生产人工酵母、蛋白质。

（3）利用微生物转化为蛋白质的生物技术突破：首先是食用菌人工栽培利用农村副产物木质素、纤维素，取得良性循环。在食用菌对秸秆利用启示下，利用担子菌降解木质素提高基质蛋白质作饲料，20世纪70、80年代以来，这一领域的研究发展相当迅速。Zadrail（1985）曾用香菇、浓褐刺节菌、糙皮侧耳、弓形多孔菌、晚生侧耳、粉状侧孢霉、粗毛木基霉、灵芝等处理秸秆，其木质素损失率分别为3%、5%、6%、7%、12.4%、13.8%、22%、16.8%和10.8%。在另一项试验中用胶质干朽菌处理木材，可降解木质素52%，而使底物纤维素的消化率由18%提高到52%。比利时研究小麦秸秆，用白腐菌处理，经12周后，其木质素浓度下降一半，木质纤维性物质的可消化性提高了1倍。为此认为麦秆的可消化性与木质素含量呈反比。Zadrail（1985）试验表明，较好的白腐菌能使秸秆的消化率提高35%～40%，认为对木质素体外消化率具有很好的效能。英国Aston大学最近报道，从秸秆堆中分离到一个白腐真菌只降解木质素不降解纤维素，体外消化率从19.63%提高到41.13%。研究表明，白腐真菌分解纤维素、木质素的原理是：在适宜条件下，白腐真菌的菌丝首先用其分泌的过氧化酶溶解秸秆表面的腊质，然后菌丝进入秸秆内部并利用其产生的内切酶和外切酶，降解秸秆中的木质素、纤维素成分，用其营养转化成菌丝蛋白。目前国外研究的白腐菌有 200 多个品系。白腐真菌发酵处理秸秆，也存在着相同问题。虽然其转化秸秆为蛋白质饲料已得公认，但接种白腐菌前的秸秆预处理存在问题：其一，通过酸或碱或猪鸡粪混合处理污染环境和不能达到卫生标准；其二，用高温高压处理成本高，一般秸秆处理水电煤费约 280～300 元/t，用何种低成本方法替代高温高压仍使白腐菌生长良好，是急待解决的问题。

本项研究利用生物发酵能源代替化学能源，采用我们自己选育的白腐菌菌株，通过菌剂的组合，降解秸秆木质素和纤维素，提高动物对秸秆消化吸收率。

（一）稻草秸秆发酵工艺

高温菌一级菌种→3 株高温菌组合

↓

稻草粉碎→水、碱化处理→防霉剂处理→高温菌发酵→白腐真菌接种→成品

↑

白腐菌斜面→麦粒制种

检测：堆积温度检测 65～72℃，2d 以上，蛋白质及木质素含量检测。

1. 采用的菌株及组合 菌株组成：B_1 菌株为嗜热脂肪芽孢杆菌；B_2 菌株为普通高温放线菌；B_3 菌株为弯曲高温单孢菌。

2. 稻草基质发酵时间与结果 两批稻草基质，每批 700kg。发酵时外界温度，一批在气温 0～10℃、一批在气温 24～32℃下发酵。结果两批发酵稻草发酵温度平均达 67.4℃（最高达 72℃、最低为 50～64℃）。可维持 1 周以上（表 23）。

表 23 不同季节高温菌在稻草中发酵温度变化情况

（℃）

温度 \ 时间		起始	1d	2d	3d	4d	翻拌	5d	6d	7d	8d	9d
稻草低温下培养	气温	2.0	2.0	0.0	−2.0	−4.0	—	−4.0	0.0	4.0	4.0	4.0
	发酵温度 最高	13.0	27.0	57.0	69.0	69.0	—	67.0	69.0	67.0	70.0	72.0
	发酵温度 平均	12.5	24.8	49.7	63.1	62.8	34.0	61.0	62.8	65.4	62.8	67.4
	发酵温度 最低	11.5	17.0	32.0	53.0	53.0	—	53.0	51.0	64.0	55.0	
稻草高温下培养	气温	24.0	26.0	25.0	32.0	26.5	—	32.0	26.0	27.5	29.0	
	发酵温度 最高	24.0	56.0	64.0	71.0	69.5	—	69.0	65.5	72.0	71.0	
	发酵温度 平均	24.0	55.75	62.9	63.75	69.5	—	68.75	64.5	71.25	70.0	
	发酵温度 最低	24.0	55.0	61.0	58.0	69.5	—	68.0	64.0	70.5	69.0	

持续高温发酵基质，对稻草的脱腊、分解和杀灭某些微生物有利，达到与人工高温高压处理基质相似目的，为白腐菌在稻草基质（无菌底物）上繁殖创造条件。

（二）白腐真菌发酵稻草处理前后动态变化

白腐真菌的培养基质需要无菌，无菌基质。一般栽培方法中是对基质高温高压处理，或

较长时间（2～3 个月）堆积发酵处理。本研究对高温高压、高温菌发酵和一般发酵 3 种处理稻草多次用三角瓶和菌包培养结果，本研究所用的白腐真菌仅在高温高压和高温菌发酵稻草上生长，而一般发酵稻草上不生长。2 500 余个高温菌发酵菌包接种白腐真菌 2 400 个生长并产生菌蛋白。

通过 20 余株菌种筛选出 3 株菌种（Z17、921、1024）进行稻草发酵试验。

1. 菌丝生长情况　接种后菌丝生长迅速，7d 时菌种周围菌丝生长良好，14d 后菌丝长满菌包，同时稻草从褐色逐步转为淡黄色，以后由菌丝包裹，28d 时形成菌皮，42d Z17 菌株接种菌包有子实体形成。300g 湿料即 100g 干稻草，形成的湿菌皮是：Z17 菌株 28.5g、921 菌株 21.2g、1024 菌株 19.5g。

2. 粗蛋白变化　表 24 结果表明，高温高压处理，稻草蛋白质增加了 37.69%～42.3%；高温菌处理，稻草蛋白质增加了 108.27%～111.69%。高温菌处理效果优于高温高压处理，其中菌株 Z17 和 1024 表现较好。

表 24　高温高压和高温菌处理接种白腐菌发酵后的稻草蛋白质变化

（%）

对　照	高温高压处理			高温菌处理				
	菌　株	含　量	增加率	对　照	第一次处理后		第二次处理	
					含量	增加率	含量	增加率
6.25	Z17	9.25	42.30					
	921	9.00	38.46	4.96	6.61	33.17	10.50	111.69
	1 024	8.95	37.69		6.83	37.70		
					7.14	43.85	10.33	108.27
					7.76	56.45		
				4.96	7.08	42.79	10.42	110.08

3. 胞外可溶性蛋白质含量变化　表 25 结果表明，高温菌处理后，稻草胞外可溶性蛋白质含量增加了 172.4%～228%，其中菌株 Z17 菌种表现最好。

表 25　胞外可溶性蛋白质含量变化

菌　株	胞外蛋白含量 mg/g 干物质								
	0	7	14	21	28	35	42	49	增加率%
Z17	10.16	13.83	18.82	20.81	23.01	23.97	27.53	33.33	228
921	10.16	14.44	15.85	21.38	21.48	23.39	25.49	27.68	172.4
1024	10.16	16.78	18.60	18.94	19.70	23.21	26.92	28.98	185.2

4. 木质素、纤维素降解率　表 26 结果表明，高温菌培养 49d，木质素降解率为 34.64%～40.53%，其中菌株 Z17 对稻草木质素降解率最高（40.53%）

表 26　不同培养时间的木质素降解率

(%)

菌　株	0d	7d	14d	21d	28d	35d	42d	49d
Z17		17.52	23.15	27.28	30.31	33.73	37.84	40.53 (9.89*)
921	16.63*	15.57	20.69	23.75	27.96	32.77	35.48	38.06 (10.30*)
1024		13.23	18.34	24.29	27.54	31.33	33.73	34.64 (10.87*)

注：*为木质素含量（%）。

表 27 结果表明，高温菌培养 49d，稻草降解率 17.53%～25.14%，其中菌株 923 较好。

表 27　不同培养时间的纤维素降解率

(%)

菌　株	0d	7d	14d	21d	28d	35d	42d	49d
Z17		5.30	11.70	14.79	17.66	19.97	21.19	23.82 (23.12*)
921	30.35*	5.34	12.49	16.94	20.07	21.42	22.83	25.14 (22.72*)
1024		5.70	9.19	10.84	12.29	14.73	15.98	17.53 (25.03*)

注：*为纤维素含量（%）。

5. 处理稻草物理结构变化

（1）基质水分的变化：在高温菌株发酵 49d 期间，稻草基质含水量有升高的趋势（表 28）。

表 28　各菌株培养不同阶段水分含量变化

(%)

菌　株	0d	7d	14d	21d	28d	35d	42d	49d
Z17	66.7	68.02	69.13	70.68	71.58	72.43	73.12	73.67
921	66.7	67.97	68.92	69.15	69.31	70.49	71.86	72.11
1024	66.7	67.64	68.72	68.93	70.16	70.49	72.11	73.09

（2）粒度变化：稻草经 80℃烘干，1、2 组为白腐菌处理组。

表 29 结果表明，稻草在不同粒度下，粒度越细，稻草相对分解增加率越高。

表 29　不同处理的稻草粒度变化

(%)

筛网目数	对照组	1	2	平　均	相对分解增加率
100 目	8.31	9.94	20.28	15.11	+81.83 (19.6～14.4)
40 目	24.04	33.46	46.06	39.76	+65.39 (39.2～91.6)
14 目	43.43	56.41	33.27	44.84	+3.27 (29.9～−23.4)
6 目	23.24	0.19	0.39	0.29	−99.18～−98.32
未过 6 目	1.0	0	0	0	−100

(3) 不同菌株发酵稻草后的质量变化（表 30）。

表 30　不同菌株发酵稻草后的质量变化

发酵前稻草 (g)	菌　种	发酵后总重 (g)	总干重 (g)	菌皮蛋白重			发酵后稻草重		
				湿重 (g)	干重 (g)	含水量 (%)	湿重 (g)	干重 (g)	含水量 (%)
湿重	1 024	342.3	106.7	23.7	6.07	74.38	332	100	69.87
350	Z17	338.8	90.7	73.48	12.5	84.1	258.1	78.2	69.70
	921	337.8	83.5	67.25	10.25	84.7	266.5	73.25	72.5

(4) 电子显微镜结构变化：电镜观察结果为木质纤维结构不完整。

6. 基质中胞外酶酶活性的变化

(1) 漆酶酶活性的变化。3 个菌株在稻草高温发酵 49d 期间，漆酶活性呈逐渐下降的趋势（表 31）；愈创木酚酶活性在不同菌株间表现各异，其中菌株 Z17 和 921 的愈创木酚酶活性在第 14d 达最大值，菌株 1024 在第 7d 达最大值，随后活性下降。

表 31　三个菌株在不同培养时间的漆酶活性

(u)

菌　株	培养时间 (d)							
	0	7	14	21	28	35	42	49
Z17	0.084	0.741	0.477	0.586	0.471	0.523	0.553	0.356
921	0.084	0.658	0.603	0.519	0.529	0.493	0.497	0.460
1024	0.084	0.423	0.404	0.530	0.471	0.580	0.502	0.397

(2) 愈创木酚酶酶活性的变化（表 32）。

表 32　3 个菌株在不同培养时间的愈创木酚酶活性

(u)

菌　株	培养时间 (d)							
	0	7	14	21	28	35	42	49
Z17	0.19	12.70	30.50	18.20	3.54	2.91	10.80	1.53
921	0.19	8.30	13.70	7.97	4.33	4.57	4.22	1.09
1 024	0.19	22.10	16.90	7.78	6.69	2.37	2.72	0.38

(三) 白腐真菌处理稻草喂猪试验

以处理稻草替代饲料饲养结果：表 33、表 34 结果表明，与对照组比较，添加 5%、10%、15%处理稻草饲料，无论是猪增重，还是肉料比，差异不显著。

表 33　以 5%、10%、15%处理稻草替代饲料饲养结果

	对　照	5%	10%	15%
饲料能量（兆 J/kg）	12.60	12.22	11.89	11.55
蛋白质（%）	16.0	15.57	15.18	14.8
1～15d 平均增重（kg）	7.125	7.625	7.625	7.563
料肉比	2.789∶1	2.713∶1	2.827∶1	2.735∶1
16～30d 平均增重（kg）	6.475	7.875	5.563	6.375
料肉比	3.739∶1	3.80∶1	3.977∶1	3.872∶1
31～45d 平均增重（kg）	7.085	7.563	7.688	8.125
料肉比	3.834∶1	3.975∶1	4.138∶1	3.992∶1
46～75d 平均增重（kg）	16.750	17.313	16.313	17.375
料肉比	4.11∶1	4.27∶1	4.20∶1	4.255∶1
全期平均增重（kg）	37.415	38.875	37.063	39.313
料肉比	3.741∶1	3.75∶1	3.887∶1	3.86∶1
与对照料比差（%）		+0.267	+3.93	+3.2
与对照增重差（%）		+3.90	−0.94	+5.07
扣除稻草后实际用料量与对照料比差（%）		−4.81	−6.47	−12.29

表 34　5%稻草处理与不处理替代饲料饲养结果

	对　照	5%稻草添加	5%处理稻草	5%处理稻草+油
1～15d 平均增重（kg）	7.540	6.710	7.455	7.665
料肉比	2.78∶1	3.04∶1	2.82∶1	2.72∶1
16～30d 平均增重（kg）	7.540	6.205	7.455	7.625
料肉比	3.76∶1	4.15∶1	3.80∶1	3.72∶1
31～45d 平均增重（kg）	7.250	5.915	7.085	7.290
料肉比	3.84∶1	4.30∶1	3.90∶1	3.82∶1
全期平均增重（kg）	22.330	18.830	21.995	22.580
料肉比	3.46∶1	3.81∶1	3.50∶1	3.41∶1
与对照增重差（%）		−15.67	−1.5	+1.1
与对照料比差（%）		+10.1	+1.15	−1.45
扣除 5%稻草后实际用料量		3.623∶1	3.325∶1	3.242∶1
与对照料比差（%）		+4.71	−3.90	−6.3
处理稻草增重差（%）与未			+16.80	+19.91
处理组料比差（%）			−8.13	−10.49

（四）小结

1. 试验表明白腐菌对稻草秸秆有降解作用，其降解率随菌株不同有些差别。据文献报道从百分之十几到五十几。也可能与降解时间有关。我们试验结果是木质素降解率达

34%～40%，随发酵时间延长从百分之十几逐步增加。纤维素降解率在20%～25%。

2. 白腐菌对稻草秸秆降解后，部分利用于菌丝发育生长，总体蛋白增加率达40%～100%。根据试验测试其胞外可溶性蛋白质增加更明显可达200%左右，这些增加的蛋白质属于真性蛋白。

3. 通过物理学和电镜观察，稻草秸秆从粒度和结构上都已裂解。通过40目的稻草粉从32.35%提高到54.87%，增加了22.52%；而6目左右粗粉粒从23.24%下降到0.29%，下降了22.95%。几乎所有粗粉粒都裂解了。

4. 通过动物试验，猪在日粮中添加5%～15%的白腐菌发酵稻草，其增重速度与对照猪相同。料肉比也非常接近。以上试验表明白腐菌发酵稻草有着质的改变。反映出白腐菌发酵后的稻草秸秆不但木质素降解，提高了猪对稻草消化吸收率，而且蛋白质含量增加提高了稻草营养价值。

5. 试验表明白腐菌要在稻草上生长，其稻草基质必须是无菌基质。高温高压和高温菌发酵稻草白腐菌能生长，而未经过前两者处理的稻草上白腐菌不能生长。国内外长期不能将白腐菌推广至生产上的关键即在于此，高温高压处理稻草成本过高，有效果而无效益。本研究利用自然筛选组合成的高温菌发酵可使白腐菌生长，实验室分析结果也表明，对木质素分解，蛋白质提高都与高温高压处理稻草结果相同。同时对猪饲喂效果也很好。其成本大大降低，又便于大生产。可在生产上推广应用。

6. 试验表明白腐菌降解稻草的主要机理在于一系列酶的作用。其中漆酶、愈创木酚酶是降解木质素的主要酶，与国内外报道相同。

7. 初步建立了一个白腐菌发酵稻草的生产工艺。

综上所述，本试验应用微生物工程技术，分离到一组能对秸秆产生生物能的高温菌，通过生物能效应替代常规高温高压方法和长时间堆积发酵方法，制成适宜白腐真菌生长的无粮食或有机肥与秸秆发酵方法的秸秆基质，将秸秆转化为可食用蛋白质和利于消化吸收的低木质素秸秆能量饲料。

（五）存在问题

1. 与国外白腐菌降解木质素能力相比，还存在差距，要通过更广泛地筛选白腐菌等菌株，提高木质素降解率和菌体蛋白转化率，特别是纯秸秆上的降解、转化率。

2. 要进一步完善工艺技术，如对霉菌污染控制技术、多菌株组合提高蛋白质转化率技术，探讨提高秸秆蛋白质转化率的配方研究和促生长剂研究等。

3. 完善菌块生产工艺技术。目前实验室是以菌包培养白腐真菌降解秸秆，这种方法需要大量塑料袋和装袋用工，成本高，不能形成产业。只有大规模菌块生产才能进一步降低成本和形成产业。菌块大生产工艺技术研究有待探讨和完善。

（专题3由陈谊主持）

五、秸秆板材研究

（一）国内外生产麦秸秆板情况

1. 概述　我国农业剩余物资源极其丰富，据1994年农业部统计，我国可望做人造板原料的农业剩余物年产量达 4.19 亿 t。如果仅利用其中的 1%～2% 做原料，则可生产 420 万～840 万 m^3 的人造板。以 $1m^3$ 原木计算，可代替 1 260 万～2 520m^3 万原木，相当于木材缺口的 1/5～2/5。另外据建设部资料，到 2000 年，我国建筑面积木材耗用量在 0.355～0.04m^3 之间“九五”期间年需求量增为 6 100 万 m^3，这些木材主要用于建筑模板、门、层板、隔板、活动房屋外层板等。因此，麦秸人造板具有广阔的市场发展前景。

我国是个农业大国，特别是小麦种植面积广，麦秸年产量达到 1 亿多吨。目前麦秸只是用作燃料、原料、饲料、肥料，许多地方不得不将大量的麦秸在田间地头白白烧掉，这不但是一种浪费，而且严生地污染了环境。

以麦秸为原料，加入少量无毒、无害的生态胶粘剂，经切割、磨碎、分级、拌胶、铺装成型、加压、锯边、砂光等工序制成的麦秸人造板，具有质轻、坚固耐用、防蛀、抗水、机械加工性能好、无游离甲醛的污染等特点，可广泛用于家具、包装箱、建筑模板、建筑装修、建筑物的隔寺、吊顶及复合地板等，为代替木材和轻质墙板的理想材料，是一种新型的绿色板材。

2. 国内外麦秸人造板的生产情况 在麦秸人造板生产方面，克瓦纳—比松公司具有领先的生产技术及设备制造水平。克瓦纳集团公司是一个跨国公司，注册在挪威，主要从事造船业、机械制造业、石油、天然气开采设备及人造板生产设备的制造。1996 年 6 月 1 日，挪威克瓦纳集团公司正式收购德国原比松公司的全部资产，重新组合成克瓦纳—比松公司。目前很多大型的麦秸人造板生产线都是由该公司设计的，如北美的 prime Board 公司、加拿大的 Isobord 公司。

在北美，用农业剩余物制造板材已形成一种强劲的态势，北达科塔州的 prime Board 公司于 1995 年 7 月开始投产，每年用 50 000t 的麦秸生产 53 100m^3 的高质麦秸人造板，并采用了美国 ICI 公司开发的 MDI 胶作胶黏剂。另外，北美已另有 10 多个麦秸人造板厂在建或已投产，年生产能力在 6 000～26 500m^3。

加拿大曼尼托巴的 Isobord 公司于 1998 年 8 月建成年产 18 万 m^3、板厚 6～28mm、并第一条使用连续压机的麦秸人造板生产线，也是目前世界上最大的一条麦秸人造板生产线。

英国的 compak 公司早在 20 世纪 80 年代末期就着手研制麦秸人造板的生产设备，于 1995 年向澳大利亚提供了两条麦秸人造板生产线，1997 年又进入了北美市场。目前 Compak 公司可生产厚至 28mm 麦秸人造板。

我国目前尚无一条正式的麦秸人造板生产线，东北林业大学、南京林业大学、黑龙江林产工业研究所、中国林业科学研究院等对这方面进行了一定的研究。他们借助传统的木质刨花板生产线，完成了秸秆板的工业化生产试验，通过了技术鉴定或申报了发明专利，产品性能可以达到我国刨花板标准或美国麦秸板标准的要求。以麦秸和稻草为原料，在现有的中密度纤维板生产线上试制秸秆中密度板的研究也取得了可喜的进展。采用特定工艺还可以制造出具有阻燃、防潮和抗霉抗腐功能的秸秆板材。

与传统的木质刨花板和中密度纤维板生产方法相比，由于秸秆表面含有硅质，常用的脲醛树脂胶和酚醛树脂胶难于使其胶合，故需采用异氰酸酯胶黏剂，但由此会带来黏板问题，一般可用添加内脱膜剂、采用外脱膜剂、板坯上下表面覆上隔离纸等方法解决。为了防止热压时黏板并获得有木材感觉的外观，国内外科学家采用芯层用秸秆碎料（施加异氰酸酯胶）、表层用木碎料或木纤维（加脲醛树脂胶）的方法，解决了上述工艺难题。研究人员还在工业性生产试验中，将木材和秸秆两种碎料按一定比例混合、制成性能理想的木草复合板。为木材原料短缺地区的人造板企业提供了一条以草代木的生产模式。目前，国内正在筹建年产 15 000～30 000m^3 柔性秸秆板生产线，在该生产线上可以制造几种不同结构类型的产品。秸秆板既可以直接使用，也可以通过油漆、贴单板或贴三聚氰胺浸渍纸等方式乾地表面装饰。秸秆板材可用于家具制造、室内装修和包装、经过特殊处理的秸秆板材也可用作板材料。

3. 生产麦秸人造板的胶黏剂使用情况　我国人造板生产所用的胶黏剂大多数以甲醛系列为主，如脲醛树脂胶（UF）、酚醛权威脂（PF）、三聚氰胺（MF）等，但不经改性，制成的板材很难达到设计要求。

一般麦秸人造板采用亚甲基二苯基二异氰酸酯（MDI）作胶粘剂，是一种无毒、无害、固化速度快、抗水性极好的生态胶黏剂，也是一种化学性很强的物质。异氰酸酯含有 R－N＝C＝O 基团，能与含有活性氢的物质如水、胺、醇及酸起反应，形成强度高、耐水、耐化学性好的固体聚合物。

异氰酸酯的种类很多，最常用的两类分别为甲苯二异氰酸酯（TDI）和亚甲基二异氰酸酯（MDI），用于麦秸人造板生产的异氰酸酯主要是指 MDI。德国、美国、日本等国家早在 20 世经 70 年代就开始了这方面的研究，自 1985 年美国 ICI 公司在加拿大帮助第一家华夫板厂改用 MDI 胶黏剂以来，使用 MDI 胶的工厂数量已明显增加。目前在北美和加拿大的麦秸人造板生产线均使用美国 ICI 公司生产 MDI 胶。

在我国，东北林业大学、黑龙江省林业科学院等也进行了这方面的研究，并取得了一定的成果。但是，我国在异氰酸酯胶的应用和批量生产方面与国外相比还存在着较大的差距。

4. 主要生产设备　铺装机和压机是麦秸人造板生产线的核心设备。

（1）铺装机：铺装机主要有以下三种形式：

①机械铺装机：将来自料仓的纤维直接输送到带有松散辊和铺装辊的铺装头，再将纤维铺装到铺装带上。

②机械铺装与真空箱：纤维由定量料仓用机械方法输送到铺装带上，不采用铺装辊，但铺装网带下面有真空抽吸装置。

③气流铺装：用气流把纤维从定量料仓或储仓输送到具有定向气流的铺装头，使纤维在整个板坯宽度上进行铺洒。安装在铺装网带下部的真空箱用以促进纤维的均匀分布，并除去板坯中的多余空气。

（2）压机：压机分为间歇式压机和连续式压机两种形式，国内工艺采用间歇式压机，即单层或多层压机。连续式压机适用于大产量、薄板为主的生产线。

目前，国内还无连续式压机的生产技术，国外连续式压机的生产厂家全部为德国三大公司所垄断：Difeeenbacher，WKiisters，Siempelkamp。

（二）本课题研制的生产麦秸板的技术路线

1. 流程图

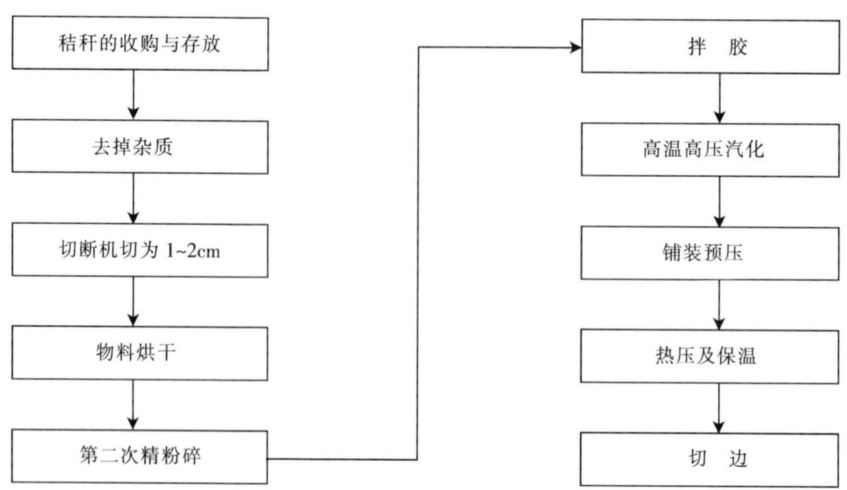

2. 关键技术的工艺路线

（1）秸秆拌胶过程的工艺路线：由于稻麦秸秆表面与普通木材不同，其表面有一层蜡质层且硅盐含量较高，这导致了用常规方法不能使胶液很好地与秸秆相结合，从而无法成板或成板后强度低。这也是困扰秸秆制板工业化的主要问题之一。本项目使用两种方法解决这个问题。

方法之一为：利用高温高压汽化机，通过螺旋推进器进行挤料，通过高温高压汽化处理，（工作温度约 100℃，压力约 200～300t）使胶液汽化渗进麦秸等植物颗粒纤维中去。而不同于一般拌胶工艺中之将胶分布在植物颗粒纤维的外层。

方法之二为：利用聚氨酯类黏结剂及某种溶剂辅以硬酯酸盐类表面活性剂作为制板胶液，使黏结剂直接透过秸秆表面蜡质层，并与秸秆表面更牢固的结合。

（2）秸秆铺装过程的工艺路线：本项目使用由农作物秸秆为原料经黏结剂黏结并热压成型制成的芯材层后，再用常规的黏结方法将木质材料表层双层异向被覆于其两对外表平面处，从而在成本相对低廉的条件下，大幅度提高板材的机械性能。通过对厚度为 20mm 的板材样品进行性能测定，其抗压强度可达 1.2kg/m^2；抗折强度可达 20kg/m·100mm 宽；容重：1.08～1.10t/m^3。

（3）秸秆制板过程的温度、压力、时间等操作条件的控制：本项目秸秆粉碎时为常温常压，秸秆烘干温度 180～240℃，时间 6～7s，烘干后含水率为 6％～7％再经粉碎机第 2 次精粉碎，精粉碎的麦秆原料为 170～260 目，以 200 目为最佳。秸秆绊胶时温度，工作温度如低于，为了缩短硫化时间可适当加入氯化铵（w/w＝0.25～0.3∶2∶100）。进行高温高压汽化处理时，工作温度 100±1℃，压力 200t。将高温高压汽化处理后的板制成板坯，产品规格有 1 220cm×2 440cm×3～40cm 各种型号板材。通过热压机热压成形时，压力最低吨温度 100～150℃，根据板的厚度，热压固化时间 30～45min。其中对于 12cm 厚的板，热压固化 30min；对于 1～6cm 厚的板，热压固化 45min。将热压后的板进行 5～8d 的保温后处理。最后切边制成成品。

（4）秸秆制板过程粘结剂体系的选择：本项目采用改性尿醛树脂—酚醛树脂—表面活性剂—溶剂体系（秸秆重量∶尿醛树脂重量∶酚醛树脂重量∶表面活性剂和溶剂重量＝100∶

10～12：10～8：5～3）和聚氨酯树脂—表面活性剂—溶剂体系作为制板材的黏结剂（秸秆重量：聚氨酯树脂：表面活性剂和溶剂重量＝100：6～10：2～3）。其中，前者成本较低，尿醛树脂和酚醛树脂均采用改性的环境友好型产品。而后者，则具有无毒、板材产品的强度高的优点。可按照具体用途进行使用。

（三）检测结果

静曲 17.3MPa；内结合 0.2MPa；密度 0.706g/cm^3；吸水 24.7%。

检测结果表明，生产的秸秆板材符合国家刨花板质量要求。

（专题 4 由张夫道，张　骏主持）

利用造纸黑液生产白地霉及应用研究

一、前　　言

齐河县造纸厂日产有光纸和瓦楞纸约 1t。以麦草为原料，采用硫酸盐法造纸。应用的化工原料有氢氧化钠、硫酸钠、亚硫酸钠等。每日排出污水约 4 000t，其中含有大量有机物和一部分氢氧化钠、硫化物、芒硝、食盐等，污染河流，碱化土地，妨碍卫生。给农业生产和人民健康带来了严重危害。麦草中约含有 40%纤维素，17%～20%木质素，25%多缩戊糖，2.3%蛋白质，以及少量矿物盐、果胶等物质。除纤维素部分用于造纸外，其余大部物质流失在废水中。

生产白地霉，制取“七〇二”是综合利用黑液的一个重要环节。黑液中含有一定量的戊糖、糖酸等。白地霉具有利用这些物质的特点。该菌体含有丰富的蛋白质、脂肪、维生素、核酸等可降解为“七〇二”植物生长刺激剂。1963 年无锡轻工业学院曾利用碱法造纸黑液提取木质素后的上清液培养白地霉实验室试验成功。但也有人试验用硫酸盐木浆黑液提取碱木素的上清液培养白地霉得到相反的结果。本研究在 1971—1972 年由实验室试验到中间试验，并用 5m^3 发酵罐，发酵培养白地霉成功。1972 年 8 月在齐河县造纸厂建立白地霉车间，正式投产。设备能力日产白地霉鲜菌体 1t，降解成 4g/L的“七〇二”约 1.5t。

二、设备、材料和生产工艺

（一）现有主要设备

1. 消毒罐　水泥罐和铁罐各一个。容积约 2.5t 和 5t，铁罐内涂防锈漆，用过热蒸气加热。

2. 种子罐　木制，立式圆柱形 500L 和 4.5m^3 种子罐各一个。用螺旋式钢管通蒸气或冷

与胡济生、陈尚谨、桑金龙合作，原载于 1972 年山东省土壤肥料研究所《科学实验年报》。

水调节液温，设有辐射式通气管。

3. 发酵罐 水泥制，立式圆形发酵罐 4 个，5m³/个。设辐射式通风管及冷热风调节箱，用以调节液温，并装有半导体自动测温计。

4. "七〇二"降解罐 立式圆柱形搪瓷反应罐，备搅拌器、夹层加热或冷却、自动加液管。有效容积 1m³。

5. 鼓风机 风量 40m³/min 的罗茨鼓风机 1 台。

此外还有 80m³ 木质素沉淀池 4 个，10m³ 酸化罐 2 个，80m³ 清液池 2 个，均为水泥砖混结构。

（二）菌种选育

白地霉原菌种引自华东师范大学。由于黑液含盐量较高（6%～7%）需要稀释。若兑水量过大，也相应地稀释了各种营养成分。为此，我们选育了能耐高盐分的菌株。方法如下：

取已初步适应黑液环境的生产用菌种，制成孢子悬液，置紫外光下，距光源 40cm 处照射 35min，经平板分离，斜面扩大后，再逐级转入不同含盐浓度的黑液，其浓度梯度为 0.8%、1.0%、1.2%、1.5%、2.0%进行驯化。重复 3～4 次。从生长良好的 1.2%和 1.5%菌苔上取出孢子，进行分离纯化，得到生产用菌种。其适应盐分的浓度由 1%以下提高到 1.2%～1.5%。该菌种在大罐发酵中生长旺盛，分枝多，菌丝长，色白，产量比过去增加 20%左右。经过一定时间生产应用以后，再进行反复筛选。在新选育的菌种培养基中，需要添加一定量的黑液，若不添加黑液，反而生长不好，证明该菌种已成为造纸黑液的适应型。

（三）白地霉的培养方法

1. 一级斜面菌种培养基的配制及培养条件 保存菌种：10%马铃薯（或甘薯）汁 50%，黑液培养液（与大发酵罐的培养液同）50%，在此基础上，再加入葡萄糖 0.5%，氯化铵 0.1%，磷酸二氢钾 0.05%；磷酸镁 0.01%，洋菜 2.5%，pH 5～6。

以上培养基在 1kg/cm² 压力下灭菌 30min，接种后 30℃温箱内培养 48h。

生产用菌种的培养：玉米面 40%＋黑液培养液（同上）60%，1kg/cm² 压力下灭菌 30min，接种后 30℃培养 48h。

2. 二级克氏瓶浅层培养 培养液配制与一级斜面菌种培养基的配制相同，不加洋菜，30℃浅层静止培养 48h 成熟，供一级种子罐用。

3. 深层发酵培养方法 培养液的制备：原黑液的浓度为 7～10Be′，pH 9～12，含全盐量 6%～7%，含还原糖 0.3%～0.5%。加工业硫酸 2%左右。pH 调至 4～5，自然澄清 2～3d，上清液在消毒罐加过热蒸气到 100℃以上，敞口灭菌 2h，排除有毒气体（SO_2、H_2S），兑水 3～4 倍。稀释后，黑液中含盐量下降至 1.2%左右，Be′1.5～2.0，加尿素 0.06%，用盐酸调 pH 至 5.5，即为培养液。供一级、二级种子罐及大罐发酵使用。

待液温降至 32～35℃接种，接种量一级种子罐每 100kg 培养液接 3～4 只克氏瓶，二级种子罐每吨培养液接种 1kg 鲜菌体。在培养过程中温度调节在 30℃，pH 5.5～6，通风量约为 1∶1。在大发酵罐一般培养时间为 12～13h，当单位体积培养液内菌体不再增加，镜检菌丝成密网状时，用 160 目尼龙网振动筛收获。鲜菌体含水量约为 93%

左右。

（四）“七〇二”的降解与有效成分的测定

称取含水量为93%的鲜菌体，加入等质量的4%氢氧化钠溶液，加过热蒸气到100℃，降解1h，用160目尼龙布过滤，滤液即为液体“七〇二”。用地衣酚法测定有效成分含量，保证在4g/L。

（五）生产工艺流程（见图1）

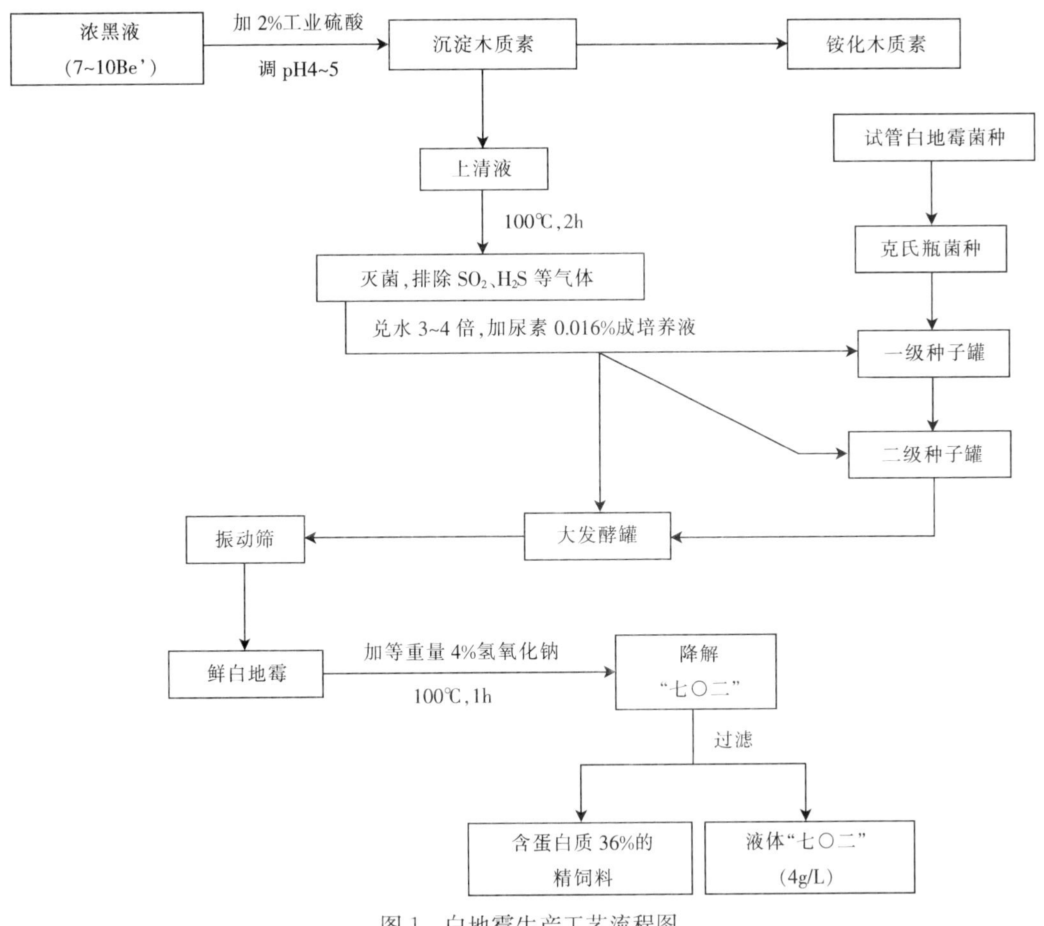

图1　白地霉生产工艺流程图

三、结果与讨论

（一）白地霉产量及其对培养液中还原糖和氮素的利用情况

大罐深层发酵一般得率在5%～7%（鲜菌体重量/原黑液重），产量结果见表1。

表 1　白地霉大罐发酵生产记录（1972 年 9 月 14～17 日）

编　号	日　期	原　液 (t)	兑　水 (t)	含盐量 (%)	培养时间 (h)	收获量 (kg)	收获率 (%)
1	9月 14	2.0	9.0	1.05	10.0	153	7.65
2	15	2.5	9.0	1.00	9.30	147	5.90
3	15	2.5	9.5	1.20	10.0	127	8.08
4	16	3.5	11.0	1.03	7.10	187	5.34
5	16	3.0	12.0	1.10	13.0	184	6.13
6	17	3.5	16.0	1.03	14.0	170	5.00
平　均		2.8	11.0	1.08	10.30	161	5.80

对培养液中还原糖和氮素营养含量分析结果列入表 2。

表 2　白地霉对培养液中还原糖与氮素的利用情况

项　　目	原黑液中	兑水后（培养前）	培养后	利用率（%）
还原糖（%）	0.296	0.067	0.044	34.3
氮（%）	0.0258	0.0164	0.0092	43.9

检测结果表明，兑水后培养液中还原糖含量降低，利用率不高，改进培养方法如用电渗析法去除盐分，选育耐高盐菌种等，还可以进一步提高产量。

根据（表 1）6 次试验平均，用培养液约 14t，原液约 3t，平均收获鲜菌体 161kg，折合干菌体约为 11kg。而培养液中还原糖只减少约 3kg。可以看出除还原糖外，菌体还可以利用其它碳源。能利用哪些碳源，尚待进一步摸索。

从氮素平衡来看，白地霉对氮的转化率为 43.9%。按实际产量计算仅利用 30%左右（有部分菌体流失），目前工艺上投加的氮源是否合适，需要进一步试验。

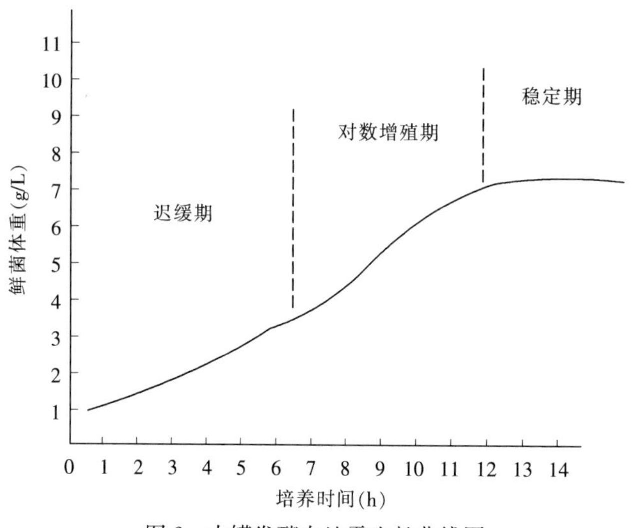

图 2　大罐发酵白地霉生长曲线图

（二）白地霉的生长发育及其与酸碱度的关系

在大罐发酵过程中，菌体的生长速度如图 2 所示。

图 2 表明白地霉的生长速度在正常情况下，7～8h 即进入对数增殖期，12～13h 达到稳定期，稳定期可持续 3～4h。

菌丝生长过程中，它的形态变化也是分阶段的。我们可以根据菌丝形态确定合适的收获期（如下两图）表明种子罐和大发酵罐白地霉生长中形态的变化。

1. 种子罐中孢子繁殖形态的变化

（1）节孢子。

（2）孢子萌动期：体积膨大，呈圆形或椭圆形（接种后 3～4h）。

（3）孢子萌发期：出现芽孢，多从孢子一侧突出，伸长（接种后 6～7h）。

（4）单菌丝期：芽孢形成长菌丝，但未分枝（接种后 10～11h）。

（5）分枝期：菌丝以二叉成顶端分枝（接种后 13h 左右）。

（6）小网状期：分枝伸长，交叉成小网状，有少量单菌丝（接种后 15～16h），从生长速度看处于对数增殖前期。

（7）大网状期：分枝伸长，增多，形成密网状，脂肪球明显（接种后 20～22h），即进入对数增殖期后期，种子成熟，进行收获（见下图）。

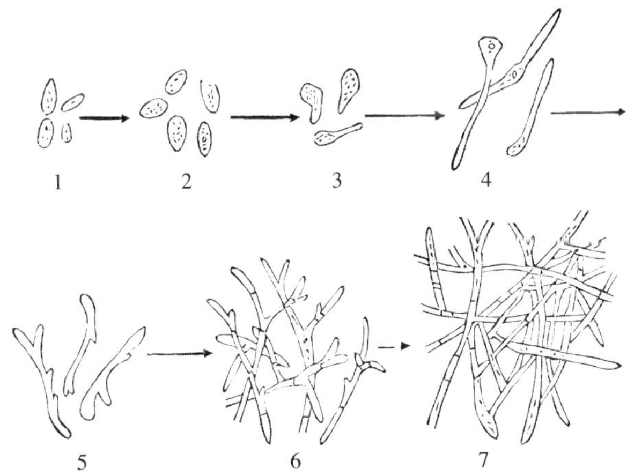

2. 大罐发酵菌丝繁殖的形态变化

（1）菌丝断裂期：网状散开，菌丝断裂（培养 3h）。

（2）分枝期：两种分枝情况：①顶端二叉式分枝，②菌丝一侧或两侧伸出小芽（培养 4～5h）。

（3）小网状期：菌丝伸长交叉成网状，仍有少量单菌丝（培养 6～7h），说明生长速度处于对数增殖前期。

（4）大网状期：分枝伸长，菌丝增多，形成大网状，脂肪球显示（培养 10～11h），从生长速度看，处于对数增殖期的末期（见下图）。

从上两图表明，种子罐与大罐发酵菌丝生长在形态上差异很大，培养时间相差近 1 倍。种子罐是孢子繁殖，从孢子萌动期、孢子萌发期到形成单菌丝需要 10～11h，这是种子罐生长时间较长的原因。为了缩短种子罐的培养时间，我们曾试验用生长旺盛、处于活跃期的菌种（培养 36h）接种，比使用较衰老的菌种（培养 48h）培养时间由 22h 缩短至 16 个 h，说明迟缓期的延长与孢子处于“休眠状态”有关。在大罐发酵中是利用菌丝繁殖，接种后网状菌丝散开断裂只需要 2～3h。分枝情况与种子罐不同，一般孢子繁殖时菌丝伸长成单菌丝后，顶端细胞以二叉式分枝向前生长，而菌丝繁殖时除了未断裂的顶端细胞仍以二叉式分枝外，断裂的菌丝段老细胞向一侧或两侧伸出小芽，进行分枝。

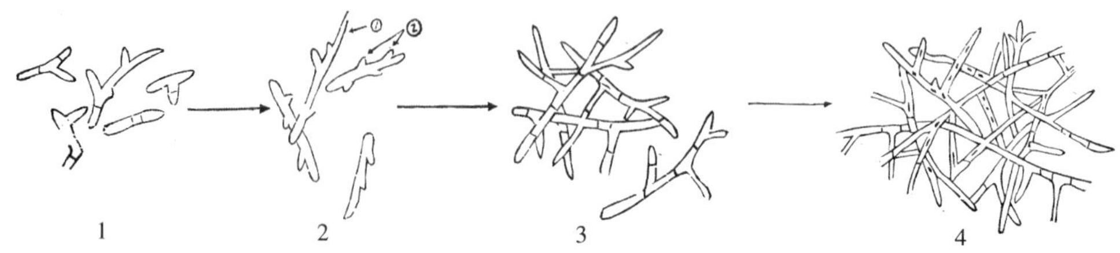

大网状期维持 4～5h，若不添加培养液，网状菌丝又会断裂，形成小段菌丝，为衰老期。有时通气不良，或盐分过高也会出现菌丝断裂现象。因此，收获期必须控制在大网状期，此时细胞正处于对数增殖期后期，及时收获是保证质量，又使培养液得到经济利用的关键措施。若在大网状期及时添加培养液，又可进行下一代增殖，使白地霉能够连续性生产。从而提高产量，提高设备利用率，减少种子用量，减少劳动力等优点。

随着白地霉的生长发育，培养液的酸碱度也相应发生变化，如图 3 所示。在对数增殖期酸碱度上升量快，采用尿素作为补充氮源时，这种现象更为明显，酸碱度可上升到 8.0 以上。K. V. 蒂曼认为这是菌体氮代谢的脱氨作用所致。为了避免氨的挥发损失，同时也为了防止杂菌的生长，生产工艺要求 pH 在 6 左右。

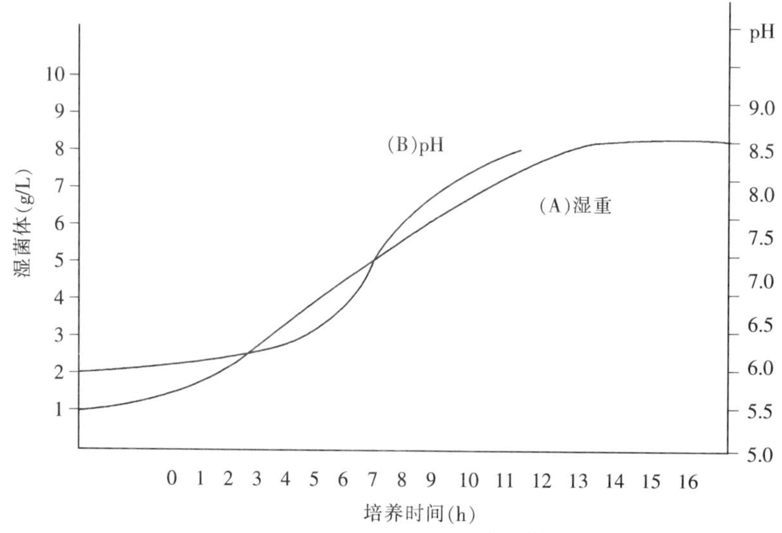

图 3　白地霉大罐发酵中培养液的酸碱度变化与生长曲线图

（三）白地霉的质量与“七〇二”的有效成分含量

大发酵罐生产的白地霉菌体主要成分分析结果列入表 3。

表3　白地霉干菌体的分析

项　目	含　量（%）
粗蛋白质	42.1
粗脂肪	4.3～4.6
核　　酸	5.2
总　　磷	0.5～0.6
灰　　分	10

目前齐河造纸厂生产的白地霉主要用于降解“七〇二”，又称为核酸的降解物，碱水解的主要产物是尿嘧啶核甙酸、胞嘧啶核甙酸、鸟嘌呤核甙酸和腺嘌呤核甙酸。因此，核酸含量是白地霉质量的主要指标。在增加产量的基础上，如何提高菌体的核酸含量是十分重要的。核酸中磷的含量约为8.5%，原黑液中总磷量约为36mg/L。发现大罐生产白地霉菌体产量提高以后，其核酸含量相对降低（中间试验生产的白地霉核酸含量约为7.0%）。培养液中补加少量过磷酸钙进行培养，菌体核酸的含量显著增加，结果如表4。

表4　白地霉核酸含量与磷营养的关系（干菌体）

编　号	试验日期	处　理	核酸含量%	“702”（g/L）
1	11月2日	不加磷	5.15	3 150
2	11月3日	不加磷	5.30	3 500
3	11月6日	加过磷酸钙1kg/15t	10.31	6 700

注：表中核酸含量是采用菌体予处理定磷法测定。

以上结果看出培养液中适当补加磷营养可增加“七〇二”有效成分含量。

（四）杂菌污染问题

采用开口大罐深层发酵白地霉，进口空气简单地用纱布过滤，没有彻底灭菌，在培养过程中常常出现杂菌污染，影响白地霉的生长，以细菌和酵母菌的影响最大。在生产中采用降低酸碱度的方法抑制细菌生长。酵母是喜酸性的，培养过程中若出现酵母菌污染，可以加入氨水调酸碱度至8，维持1h后，再回调至酸碱度6并加大风量，保证白地霉迅速生长，可有效地抑制酵母菌的生长。

（五）“七〇二”农田试验效果

“七〇二”是核酸降解物。我国自1970年以来开始广泛应用于农作物，特别是水稻使用更广。许多实验证明使用“七〇二”具有促进种子发芽、提早出苗、增加分蘖、提高结实率、增加千粒重等作用，增产幅度一般在10%左右。在国外如日本、英国近年来也试验用核酸及其水解物与其他激素配合使用，对各种作物浸种、喷洒都有增产效果，并对水稻有提早出穗、抗稻瘟病等作用。据前苏联A. E. 佛明用^{32}P标记微生物试验，用碱解核蛋白的降解液作为有机磷培养水稻，76d以后植株积累的有机物较用无机磷培养的植株几乎增重1倍，说明了核酸降解物对促进作物生长的作用。目前在我国使用“七〇二”还存在效果不稳定的情况，主要是“七〇二”成分比较复杂，采用不同的降解法其成分变化很大。同时，目前使用的“七〇二”主要是微生物菌体直接降解物，其是否含有其他激素还不清楚。一般偏向于用碱解法效果较好。“七〇二”协作组（广东、北京）在1971年用不同降解方法得到的降解物对水稻产量影响的试验结果也证明碱解的效果较好。碱解法“七〇二”还可以在夏天贮存，防止霉菌污染是它的优点。

本研究采用碱（0.5mol/L）解法生产“七〇二”，两年来在德州地区11个农村基点和齐河县15个乡52个村对小麦、水稻、玉米、棉花、谷子、高粱、大豆、花生、蔬菜等作物进行了多点对比试验，初步看出有不同程度的增产效果，粮食作物增产一般在10%～15%。使用方法有浸种、浸根、苗期喷洒或花期喷洒等。使用浓度一般20～40mg/L。产量结果见表5。

表5 “七〇二”对各种作物的增产效果

作物名称	试验地块			处理方式	使用浓度 (mg/L)	平均增产 (%)
	总　数	其中平产	减　产			
小　麦	10	0	0	浸种或花期喷	20～40	9.3
水　稻	11	2	0	浸种、浸根、花期喷	20～40	10.4
玉　米	17	1	0	浸种、喷花穗	20～40	13.0
谷　子	4	0	0	花期喷	30～50	17.7
高　粱	1	0	0	浸种、花期喷	30	10.5
棉　花	3	0	0	浸种、喷洒	30	21.9
花　生	2	0	0	喷　洒	40	14.6
白　菜	2	0	0	喷　洒	20～30	16.2

用“七〇二”浸种对玉米、水稻、棉花苗期生长进行的观察表明能促进生长。齐河北关三队用30mg/L“七〇二”浸种棉花试验，比用清水浸种为对照的出苗率增加约33%。“七〇二”对玉米、水稻苗期生长的影响见表6。

表6 “七〇二”浸种对玉米、水稻苗期生长的影响

作物名称	调查时期	处　理	苗　高 (cm)	叶　宽 (cm)	根　数 (条)	根　长 (cm)	10株鲜重 (g)
玉　米	播后12d	20mg/L浸种	17.1	1.7	7.2	8.2	22.4
		清水对照	15.7	1.5	7.0	3.3	16.4
水　稻	播后25d	40mg/L浸种	13.3	0.4	14.2		27.0
		清水对照	12.2	0.2	12.1		18.5

四、结　　论

1. 利用硫酸盐法草浆造纸黑液生产的白地霉工艺技术可行，白地霉得率5%～7%。

2. 白地霉采用碱解法生产“七〇二”，有效成分含量平均 4g/L 以上。

3. “七〇二”在多种作物上施用，有一定的增产效果。

造纸黑液碱熔磷肥研究

碱熔磷肥，首先由德国（1778 年）研究，并于 1911 年建厂。之后，美国、前苏联、日本、英国、波兰等国也相继做过不少工作。目前，生产量比较大的有波兰和原西德的一些工厂。该磷肥是直接用磷矿石和纯碱（通常还要混加 SiO_2）加热融制而成。

我国不少地区的土壤存在不同程度的缺磷，影响粮食进一步增产。目前，由于硫酸供应较紧，磷肥（主要是过磷酸钙）的生产受到限制。本研究利用造纸黑液代替纯碱生产碱熔磷肥。试验结果表明，这条工艺途径可以在很大程度上减轻造纸厂黑液对环境的污染，并为污水进行化学、生化处理创造有利条件。同时，生产农业急需的磷肥。在齐河造纸厂试验性生产了碱熔磷肥 25t，在本地区布置了大田试验，以确定这种肥料的肥效。

一、试验材料与方法

（一）反应机理

根据麦塞耳斯密德的研究，碱熔磷肥的主要化学反应是在碳酸钠和硅酸对含氟磷矿石发生作用时，矿石中磷酸三钙的钙跟硅酸相结合，代入钠，生成钙钠磷酸盐。

（二）小型试验

1. 试验设备　烧结采用 900℃马复炉和 1 300℃高温炉，用温度自动控制器控制温度。容器用磁蒸发皿（容量 100ml）。

2. 试验方法　每次试验，按不同比例称取一定量的磷矿粉、造纸黑液和填充物麦糠，做成小球（直径 20～25mm）。先用恒温烤箱（105℃）烘干，再用 1 000W 电炉碳化，然后在不同温度下烧结。

3. 物料的化学分析　每次烧结后物料全部粉碎混合均匀，过 80 目筛孔，进行全磷、枸溶性磷及全盐量 3 个项目的化学分析。全磷和枸溶性磷系采用 1966 年 7 月 1 日实施的化工部制定的钙镁磷肥（HG－294－65）分析方法中的容量法，全盐量采用常规分析方法。

4. 试验材料

（1）磷矿：所用磷矿为进口摩洛哥矿和国产湖北荆襄矿，其主要化学成分见表 1。

与陈尚谨合作，原载于山东省土壤肥料研究所 1973 年《科学实验年报》。

表 1　矿粉的主要化学成分

矿粉产地	全 P_2O_5（%）	2%的柠檬酸可溶 P_2O_5（%）	SiO_2（%）	F（%）	备　注
摩洛哥	30～35	6～9	7～11	2.5	几批矿粉分析结果平均值
湖北荆襄	21～25	2～3	13～22.5	1.98	

（2）造纸黑液：造纸黑液主要化学成分见表 2。

表 2　齐河造纸厂造纸黑液的主要化学成分

黑液浓度（Be′）	灰　分（%）	Na_2CO_3（%）	SiO_2（%）
30	20.21	14.10	1.43
35	24.06	16.44	—
40	25.90	17.60	1.79

（3）麦糠：取风干麦糠，其化学成分如下：灰分 14.44%；Na_2CO_3 0.4%。

二、试验结果

（一）加碱量和烧结温度对有效磷含量的影响

1. 加碱量对有效磷含量的影响　在 900℃温度下，烧结 30min，立即取出，空气冷却。试验结果见表 3。

表 3　不同加碱量对有效磷含量的影响（900℃）

磷矿粉产地	试验编号	总碱量（黑液＋麦糠）（g）	黑　液（g）	相当于黑液的浓度（Be′）	磷矿粉（g）	麦　糠（g）	有效 P_2O_5 含量（%）	全 P_2O_5 含量（%）	枸溶率（%）	全盐量（%）
摩洛哥矿粉	31～32	53.04	300	40	100	60.0	15.28	18.00	84.89	37.1
	33～34	35.36	200	40	100	39.5	21.24	21.40	99.25	24.3
	35～36	17.68	100	40	100	19.5	13.56	26.02	52.11	16.4
	7～8	51.48	300	35	100	54.0	18.28	18.51	98.77	33.6
	9～10	33.03	200	35	100	38.0	17.29	22.10	78.23	21.7
	11～12	16.50	100	35	100	15.8	8.33	26.47	31.47	13.9
	13～14	42.27	300	30	100	59.6	18.70	19.98	93.59	23.5
	15～16	28.15	200	30	100	37.5	9.26	25.25	36.67	14.9
湖北荆襄矿粉	203～204	53.04	300	40	100	60.0	11.92	12.08	98.67	23.95
	205～206	35.36	200	40	100	39.5	11.60	12.28	94.46	19.86
	207～208	17.68	100	40	100	19.5	3.56	17.60	20.22	6.56
	209～210	51.48	300	35	100	54.0	11.96	12.08	99.00	16.53
	211～212	33.03	200	35	100	38.0	11.20	14.40	77.78	14.32
	213～214	16.50	100	35	100	15.8	3.16	16.48	10.82	12.23

由表 3 和图 1 可知，随着加碱量的增加，有效磷含量也随之增加。但摩洛哥矿粉加碱量超过 35.56%后，随着加碱量的增加，有效磷含量反而降低。若以碱量与矿粉全磷含量之比计算，摩洛哥矿粉以 Na_2CO_3 : P_2O_5 = 1.0～1.2 : 1 较好。湖北荆襄低品磷矿粉在 900℃温度下，加碱量超过 33.03%后，有效磷含量变化不明显。

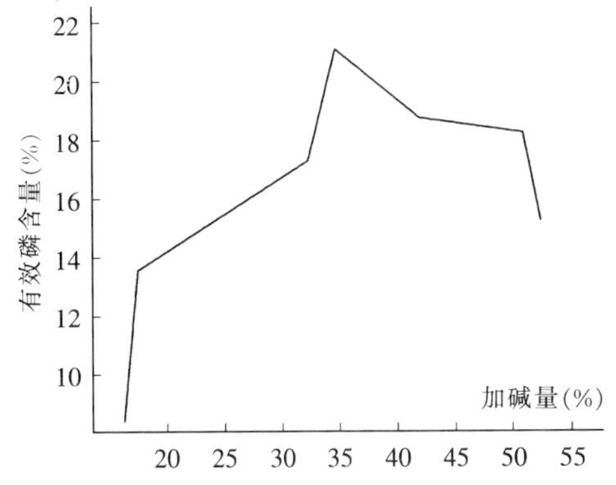

图 1　摩洛哥矿粉不同加碱量与有效磷含量的关系

2. 温度对有效磷含量的影响　以上述配方处理，在不同温度下烧结 30min，空气冷却。结果见图 2。

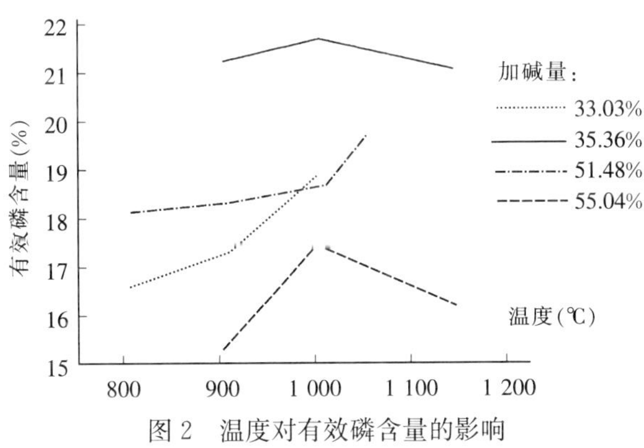

图 2　温度对有效磷含量的影响

从图 2 可看出，在相同含碱量不同温度下，随着烧结温度的增高，有效磷含量有不同的变化。在总碱量为 55.04%的处理中，温度从 900℃升至 1 000℃有效磷含量直线上升，超过 1 000℃则逐渐下降。其他各处理中，随着温度的升高有效磷含量虽有不同的变化，但幅度不大。

3. 不同烧结时间对有效磷含量的影响　总碱量 51.48%，烧结温度 1 050℃，在不同时间内烧结，空气冷却，结果见表 4。

表 4　不同烧结时间对有效磷含量的影响

烧结时间（min）	有效 P_2O_5（%）	全 P_2O_5（%）	枸溶率（%）	全盐量（%）
30	18.68	18.75	99.65	22.84
40	18.50	18.62	99.35	22.68
60	18.95	18.95	100	18.45

由表 4 可知，在相同加碱量、相同温度下，不同的烧结时间对有效磷含量基本无影响。

（二）中间扩大试验

1. 黑液提取 黑液与纸浆夹杂在一起，其中大约 80%～85%存在于纤维与纤维之间；15%～20%存在于细胞腔内；5%存在于细胞壁内。前一部分黑液可用挤压设备提取出来，后两部分只能用扩散的方法提取出来。本试验采用传统的静压冲洗法和离心机提取黑液。前者由于有少量的压力和大量的扩散作用，黑液提取较完全，但用水量较大，浓度较稀，浓度只有 10～12Be′左右，这给下一步蒸发浓缩带来很大困难。用离心机可提取 15～17Be′浓黑液 35%～37%，显然，提取率很低。如何提取比较浓的黑液而又获得较高的提取率，尚等进一步探索。

2. 黑液蒸发浓缩 试验所需黑液浓度 30Be′以上，无论用静压洗还是离心机所取黑液皆需进一步蒸发浓缩。

本试验采用间接加热的方法浓缩黑液。在烟道上筑起水泥池或在烟道上放 1 只容量为 $3m^3$ 的铁箱浓缩黑液，效果皆较差，需要 5～7d，冬天效果更差。其原因在于黑液液层深、传热慢。后改用蒸发罐试验，即在 1 个铁罐（直径 1 000mm×2 000mm）中放入暖气片，罐内放置黑液，锅炉连续排污的废蒸汽（压力 2.5～3kg）从暖气片中通过，由于与黑液接触面积较大，蒸发效果较好，这样一罐黑液 1.5～2d 可浓缩到 30Be′以上。但靠近暖气片处易出现结垢现象。总体上看，浓缩效果不理想，供不应求。因此，浓缩问题尚待进一步试验改进。

3. 拌料 将浓缩好的黑液加入磷矿粉，黑液：矿粉＝2～3：1，再加入麦糠或碎麦秆屑拌合均匀，晒干（或烘干），备烧。

4. 烧结

（1）烧结炉温度：添加料表面温度 980～1 010℃；0～100mm 温度 1 000～1 100℃；200mm 温度 1 100℃；300mm 温度 1 100～1 120℃；400mm 温度 950℃；500mm 温度 780℃；炉口烟温度 500～530℃。

由此可知，0～400mm 处为高温区。炉口的余热可考虑再利用。

（2）操作：晒干（或烘干）物料用滑轮送上加料台，烧结炉首先用煤点火，启动鼓风机，火起来后加入物料。由于黑液中含有大量的有机物（30Be′20℃时含固形物 38.5%），自己燃烧即可达到所需高温，不需另加煤。麦糠（或碎麦屑）不仅可以燃烧，更重要的是起透气作用。烧结炉烧满后，从底下卸料口排出，送入冲洗池将未反应完的残盐冲洗掉，洗后送入烘干坑，粉碎，细度 80%通过 80 目筛孔，即为成品。

（3）物料烧结结果：兹列举几次物料烧结结果如表 5。

表 5 几批物料焙烧结果

烧结日期		黑液浓度（Be′20℃）	黑液重量（kg）	矿粉重量（kg）	麦糠重量（kg）	产品重量（kg）
月	日					
4	23	36	3 700	1 850	600	2 100
5	29	35	1 300	650	270	738.7
5	31	38	460	230	76	283.7

（续）

烧结日期		黑液浓度（Be′20℃）	黑液重量（kg）	矿粉重量（kg）	麦糠重量（kg）	产品重量（kg）
月	日					
6	20	33	1 730	1 307.5	240	1 371
6	25	33	2 326.5	1 164.5	710	1 494
7	9	30.5	1 630	815	550	920

（4）产品化学成分含量分析：兹列举几批试验产品化学成分含量分析如表 6。

表 6　几批产品化学成分含量

矿粉来源	烧结时间		产品重量（kg）	有效 P_2O_5（%）	全 P_2O_5（%）	水溶性 P_2O_5（%）	枸溶率（%）	水溶性盐分（%）	粗 SiO_2（%）	残　碱*（%）	F（%）	备　注
	月	日										
摩洛哥矿粉	4	14	200	12.65	14.95	0.52	84.60	21.50	17.24	2.65	0.88	没洗盐
	4	23	2 100	16.88	17.44	0.99	96.80	20.10**	11.99	4.06	0.68	没洗盐
				17.32	20.21	—	85.70	—	—	—	—	没洗盐
	5	17	896	14.19	—	—	—	12.37	—	—	—	没洗盐
				14.46	—	—	—	0.96	—	—	—	洗过盐
	5	29	138.7	14.02				18.00		1.41		没洗盐
				14.72				3.04		0.62		洗过盐
	5	31	283.5	15.70				6.00		0.81	—	洗过盐
	6	2	750	11.68	15.75		75.01	15.70***	19.59	—	1.05	没洗盐
				12.88	—							洗过盐
	6	10	3 000	12.32	17.41	—	70.76	5.10	18.19	0.80	0.72	洗过盐
湖北荆襄矿粉	11	10	620	11.80	16.54	—	71.34	11.17	—	—	—	没洗盐
	11	15	740	12.50	18.17		68.80	2.96	—	—	—	洗过盐

* 残碱以 NaOH 计。

** 水溶性盐分其组成是：以 Na_2CO_3 计 6.74%（包括 NaOH、Na_2S、Na_2CO_3）；Na_2SO_4 11.70%；NaCl 未测定；SiO_2 0.18%～0.30%；水溶性 P_2O_5 0.99%；总还原物（以 Na_2S 计）0.63%。

*** 水溶性盐分其组成是：Na_2CO_3 2.84%；NaCl 1.97%；Na_2S 0.39%；其他主要是 Na_2SO_4。

由表 6 可看出，产品洗后较洗前有效磷含量稍有提高。含氟量与有效磷含量相关，有效磷含量越高，含氟量越低；有效磷含量越低，氟含量越高，说明冲洗有一定的脱氟作用。

（三）黑液碱熔磷肥田间应用效果

黑液碱熔磷肥在性质上近似于钙镁磷肥，灰褐色，不溶于水，属柠檬酸可溶磷。pH9 左右。

试验在不同作物、不同土壤上进行。施肥方式有基肥和追肥，作物为春播与夏播作物。在春播作物中并与过磷酸钙或磷矿粉作比较。过磷酸钙以等重量计算，矿粉用摩洛哥矿粉，按等柠檬酸可溶性磷计算。施肥前采取 0～20cm 土层混合土样，进行土壤有效磷含量分析，以便进行比较。试验小区皆设有 3～5 次重复，重点地块于作物生长期间进行田间生育调查，成熟后单打单收，计算产量。

1. 碱熔磷肥在不同土壤上对作物的增产效果 从表 7 可看出，碱熔磷肥对高粱增产 24%～55.1%，玉米增产 21%～29.0%，谷子增产 17%～36.94%，水稻增产 21.37%～52%，甘薯增产 31.7%～38.3%，一般每 kg 磷肥增产粮食 0.87～2.7kg。与过磷酸钙相比，其肥效相当于过磷酸钙肥效的 75%～100%。

表 7 碱熔磷肥对几种作物的增产效果

试验地点	土壤质地	土壤有效磷 (mg/kg)	试验处理	施用量 (kg/hm²)	施用方式	作物	产量 (kg/hm²)	增产 (kg/hm²)	增产率 (%)	每 kg 磷肥增产 (kg)	碱熔磷肥相当过磷酸钙肥效 (%)
齐河小高庄	黏土	3	过磷酸钙	525	基肥	高粱	2 630.3	866.3	49.1	1.65	
			碱熔磷肥	525			2 739	975	55.3	1.86	112.5
			CK	—			1 764	—	—	—	
齐河大黄	粉砂壤黏土	14	碱熔磷肥	750	追肥	高粱	3585	757.5	26.8	1.0	
			CK	—			2 827.5	—	—	—	
齐河仓上	粉砂壤黏土	7	碱熔磷肥	750	追肥	高粱	3 870	750	24.0	1.0	
			CK	—			3 120	—	—	—	
齐河造纸厂	砂壤土（轻盐碱土）	4	碱熔磷肥	750	基肥	玉米	3 656.3	656.3	21.9	0.87	
			CK	—			3 000	—	—	—	
齐河王洪	粉砂壤土	24	碱熔磷肥	750	追肥	玉米	4 162.5	937.5	29.1	1.25	
			CK	—			3 225	—	—	—	
齐河姚王	黏土	10	碱熔磷肥	750	基肥	玉米	1 657.5	322.5	24.2	0.43	
			CK	—			1 335	—	—	—	
陵县小温庄	壤土	15	过磷酸钙	525	基肥	谷子	5 283.8	1485	39.1	2.8	
			碱熔磷肥	525			5 202	1 403.2	36.9	2.7	94.5
			CK	—			3 798.8	—	—	—	
齐河小高庄	壤土	3	过磷酸钙	525	基肥	谷子	2 798.3	630.8	29.1	1.2	
			碱熔磷肥	525			2 700	532.5	24.6	1.0	83.3
			CK	—			2 167.5	—	—	—	
齐河郭庄	砂壤土（轻盐碱土）	9	过磷酸钙	487.5	基肥	谷子	1 085.3	215.3	24.7	0.4	
			碱熔磷肥	487.5			1 017.8	147.8	17.0	0.3	75.0
			磷矿粉	525			773.3	−96.7	−11.1	—	
			CK	—			870	—	—	—	

（续）

试验地点	土壤质地	土壤有效磷（mg/kg）	试验处理	施用量（kg/hm²）	施用方式	作物	产量（kg/hm²）	增产（kg/hm²）	增产率（%）	每kg磷肥增产（kg）	碱熔磷肥相当过磷酸钙肥效（%）
齐河北关	粉砂壤土	6.6	碱熔磷肥	600	基肥	水稻	7 492.5	1 498.5	25.0	2.5	
			磷矿粉（CK）	750			5 994	—	—	—	
齐河北关二队	粉砂壤土	22	碱熔磷肥	600	基肥	水稻	7 200.8	1 268.3	21.4	2.1	
			磷矿粉（CK）	750			5 932.5	—	—	—	
齐河桃园	砂壤土（重盐碱土）	4	碱熔磷肥	750	基肥	水稻	3 502.5	1 200	52.1	1.6	
			CK	—			2 302.5	—	—	—	
齐河豆腐酱	粉砂壤土	6	过磷酸钙	750	基肥	甘薯	7 777.5	2 152.5	38.3	2.9	
			碱熔磷肥	375			7 406.3	1 781.3	31.7	4.7	
			CK	—			5 625	—	—	—	

2. 碱熔磷肥对作物生长发育的影响

（1）对高粱的影响：在齐河县小高庄高粱试验地进行田间定点观测，结果见表8。

从表8可看出，在前期，碱熔磷肥区长势不如过磷酸钙区，随着时间的推移，前者却赶上了后者，而且穗长和茎粗皆超过了过磷酸钙区。

表8 碱熔磷肥对高粱生长发育的影响

处理 \ 项目 \ 调查时间	6月26日 株高（cm）	6月26日 茎粗（cm）	7月20日 株高（cm）	7月20日 茎粗（cm）	8月8日 株高（cm）	8月8日 茎粗（cm）	8月8日 穗长（cm）	粒重（g）
过磷酸钙	79.6	4.6	163.5	7.9	178	8.1	27.7	—
碱熔磷肥	76.3	4.5	160.6	8.6	175	9.0	28.0	23.5
对照	67.3	3.7	149.6	6.8	165.9	7.0	23.6	22.5

（2）对水稻生长的影响：碱熔磷肥对新垦盐碱荒地防治稻缩苗的效果尤为显著。在齐河县桃园水稻试验田中，据9月8日观察，磷肥区稻苗健壮，根系发达，已进入灌浆期；对照区稻苗瘦弱，独秆子多，根发黑，大约有1/3的稻缩苗，虽施偏肥1.5t/hm² 大粪，依然远远落后于施磷区，当时正处于扬花阶段。

三、结　　论

1. 实验室试验表明，加碱量与碱熔磷肥枸溶性磷含量密切相关。若以碱量与矿粉全磷量之比计算，对于进口的摩洛哥矿粉则以 Na_2CO_3 ∶ P_2O_5＝1～1.2∶1 较好。这与国外的试验报道相一致。国产荆襄低品位矿粉与这一情况不相符合。

2. 烧结温度以 1 000～1 100℃较好。烧结时间对有效磷含量影响不大。

3. 用直径 800mm×2 400mm 小型土高炉在 1 000～1 100℃烧结，配料为黑液：矿粉＝2～3：1，产品枸溶性磷可达 12%～14%，若配料合适，拌料均匀，烧结得好，产品枸溶性磷含量还可提高。产品洗盐后，有效磷含量相对地有所提高。

4. 黑液碱熔磷肥在几种土壤—沙土、砂壤土、粉砂壤土、粉砂壤黏土、粉砂黏壤土、黏土等与几种作物—高粱、玉米、谷子、水稻、甘薯上的试验结果，皆具不同程度的增产作用，增产效果 17%～55.3 %。与过磷酸钙比较，当年肥效相当于过磷酸钙的 75%～100%。特别对防治水稻稻缩苗具有明显的作用。

5. 利用硫酸盐造纸黑液生产碱熔磷肥的工艺可行，关键是黑液的浓缩问题。

利用钛白粉副产物液相沉淀法生产高纯磁性氧化铁及硫酸钾技术

一、国内外氧化铁及硫酸钾生产技术发展

（一）氧化铁

目前，国内外生产工业氧化铁的技术路线主要有：

1. 硫酸亚铁在稀碱（NaOH）溶液中加入 O_2 氧化（27～60℃），生成 a-铁的氢氧化成物［a-（FeO）OH］，200～400℃条件下生成 $a-Fe_2O_3$。

2. 硫酸亚铁在浓碱（NaOH）溶液中加入 O_2 生成 Fe（OH）$_3$ 和 Fe（OH）$_2$，在高温下焙烧，生成 $a-Fe_2O_3$。

3. 氯化亚铁（$FeCl_2$）在浓碱液（NaOH）中加 O_2 氧化生成铁的氢氧化物，高温还原条件下生成 Fe_3O_4，200～300℃下氧化生成 $a-Fe_2O_3$。

上述工艺路线的共同特点是：

（1）先生成铁的氢氧化物，这种氢氧化物呈胶体状，胶体很难过滤。因此，难以控制氧化铁成品中杂质含量，难以解决一致性和稳定性问题。

（2）由于在 NaOH 溶液中反应，在氢氧化铁胶体表面必将包敷含硫酸钠或氯化钠的水膜，不充分冲洗，钠将混杂在氧化铁中，影响氧化铁的质量；如用水冲洗，势必影响铁的回收率，增加了产品成本。

（3）Na^+ 与 SO_4^{2-} 或 Cl^- 化合生成 Na_2SO_4 或 NaCl，成为废料。

我国由于对原料成分检测不严，管理水平跟不上，加上上述工艺本身就存在缺陷，所以氧化铁质量不稳定。

4. 草酸盐沉淀法，本方法的化学反应分 4 步进行：

本项目技术 1998 年 11 月 5 日通过农业部组织的成果鉴定，鉴定证书编号：［1998］农科果鉴字 126 号。

$$(a)\ FeSO_4+\begin{array}{c}COOH\\ |\\ COOH\end{array}\longrightarrow\begin{array}{c}COO\\ |\\ COO\end{array}\!\!\!>Fe\downarrow+H_2SO_4$$

$$(b)\ \begin{array}{c}COO\\ |\\ COO\end{array}\!\!\!>Fe\xrightarrow{600\sim750℃}FeCO_3+CO_2\uparrow$$

$$(c)\ FeCO_3\xrightarrow{焙烧}FeO+CO_2\uparrow$$

$$(d)\ 4FeO+O_2\rightarrow 2Fe_2O_3$$

在该方法中，尚有用草酸铵的方法，在反应后生成草酸亚铁和硫酸铵，其他步骤一样。其优点是生成草酸亚铁沉淀，易于清洗除杂，是工业氧化铁生产的进步；其缺点有二，一是草酸或草酸铵价格较高，因此，氧化铁成本较高；二是经两次焙烧，消耗能量较大，而且氧化亚铁（FeO）氧化为三氧化二铁，很难掌握氧气量。

本项目采用液相沉淀法生产工业氧化铁，避免了中间产物——铁的氢氧化物胶体的生成，由于选用碳酸盐一步法，中间产物直接生成碳酸亚铁，既保留了草酸盐法的优点，又降低了生产成本，工艺简单，易于操作。

（二）硫酸钾

国内外生产硫酸钾的方法很多，根据原料和生产工艺的不同主要有以下 3 类：

1. 硫酸法又称曼海姆（Mannheim）**法**　目前世界上的硫酸钾约有一半系此法生产，反应分两步进行：

$$KCl+H_2SO_4\rightarrow KHSO_4+HCl$$

$$KHSO_4+KCl\rightarrow K_2SO_4+HCl$$

此法的优点是单耗低，每生产 1t K_2SO_4 需 KCl 0.85～0.95t，收率高，一般 98%以上。其缺点是用强酸、高温（500～600℃），设备腐蚀严重，需专用 Mannheim 炉，每生产 1t K_2SO_4 同时副产 27%盐酸 1.5t，因浓度不高，用处不大，排放又污染环境。我国脱硫技术落后，基本上靠进口，硫酸价格上涨。因此，经济效益不理想。

2. 复分解法　该法的生产原料有芒硝（Na_2SO_4）、硫酸铵（$(NH_4)_2SO_4$）、硫酸钙（$CaSO_4$）、硫酸镁等，化学反应如下：

$R_2SO_4+2KCl\rightarrow K_2SO_4+2RCl_2$（R 为 N_a^+、Ca^{2+}、NH_4^+、Mg^{2+} 等）

该法的缺点是转化率低，如 Na_2SO_4 法钾的转化率为 28.9%～57.7%，Mg_2SO_4 法钾的转化率 45%～69.75%，$(NH_4)_2SO_4$ 法钾转化率为 84%；单耗高，如 Na_2SO_4 法中一段法生产 1t K_2SO_4 需 KCl 2.96t，二段法需 KCl 1.48t，$MgSO_4$ 法需 KCl 1.36～1.9t，副产物 NaCl、$CaCl_2$、$MgCl_2$ 难以处理，只有 $(NH_4)_2SO_4$ 法的副产物 NH_4Cl 可用于农业，但硫酸铵国内产量并不大，只有一些工业如炼焦厂副产硫铵，而且是很好的氮肥，可直接用于农业。

3. 软钾镁矾转化法　海水或盐湖卤水经蒸发后得到苦卤，在苦卤中钾镁盐有两种，即钾盐镁矾（含 KCl、$MgSO_4\cdot 7H_2O$）和软钾镁矾（K_2SO_4、$MgSO_4\cdot 7H_2O$）。软钾镁矾用硫酸钙或石灰乳处理，经过滤、蒸发、冷却结晶分离出 K_2SO_4。印度由于缺乏钾资源，用该方法生产，但难度大，收率低。

此外，尚有离子交换法，即 Superfos 阴离子交换法，溶剂萃取法。特别是后者，是近年来以色列 IMI 公司最推崇的方法，即 $2KCl+H_2SO_4=K_2SO_4+2HCl$，利用萃取剂可完成 Mannheim 法第 2 步需高温才能完成的反应。腐蚀性降低，设备投资约减少一半，但萃取剂价格高，所以生产成本较高。

鉴于以上情况，各国均在寻找不用或少用硫酸、生产成本又较低的方法。

二、液相沉淀法生产氧化铁及硫酸钾的工艺流程

生产的工艺流程如下：

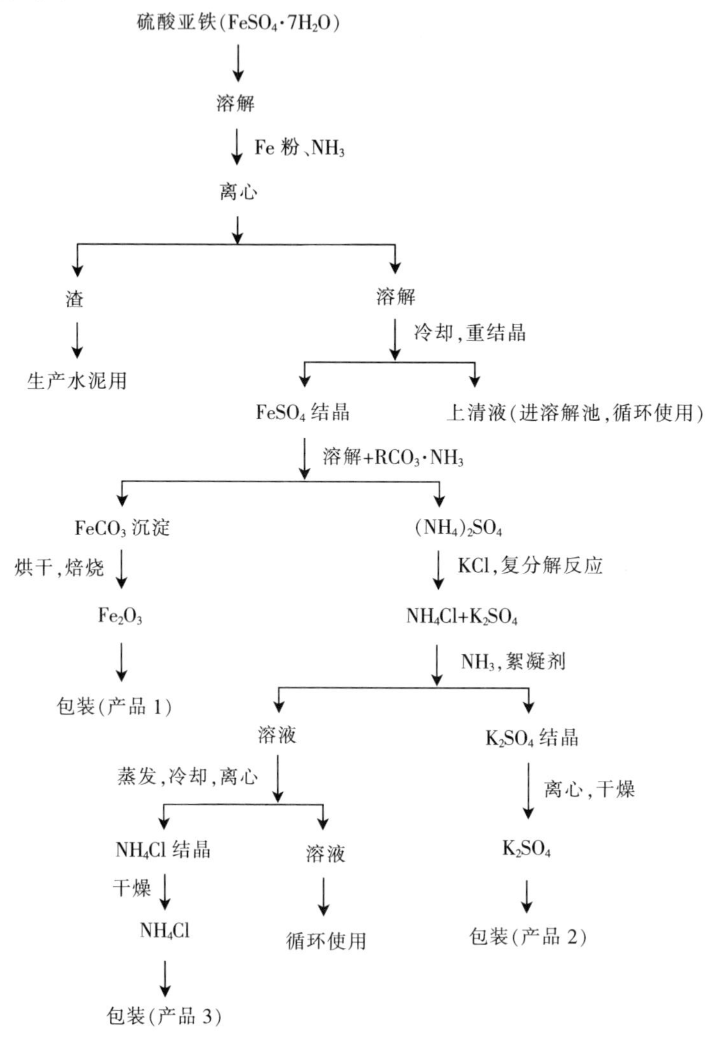

三、试验结果及分析

(一) 原料净化去杂

$FeSO_4$ 是钛白粉厂的副产物。钛铁矿用硫酸分解除铁后经水解生产钛白粉（TiO_2），硫酸法生产钛白粉，每制取 1t 钛白粉则副产 7 水硫酸亚铁 3.5～4t，我国每年大约副产 50 万 t

7 水硫酸亚铁。在硫酸亚铁析出过程中，还夹杂有锰、钙、镁、铝等重金属离子和硅等（表 1）。在测定的 3 个样品中，杭州产硫酸亚铁杂质含量相对较低，衡阳产品杂质含量较多。

表 1　钛白粉中杂质含量

（%）

成分＼产地	济　南	杭　州	衡　阳
SiO_2	0.021 4	0.021 4	0.069 6
CaO	0.680 1	0.239 5	0.667 2
Al_2O_3	0.025 6	0.0241	0.032 6
MnO	0.206 1	0.115 0	0.315 3
MgO	0.306 0	0.335 1	0.346 1
Na_2O+K_2O	0.017 6	0.030 3	0.071 6

实验用两种方法，设 6 个处理去杂（全部在搅拌条件下，温度 35～40℃）：

（1）铁还原一步法：加 2%还原铁粉（按 $FeSO_4$ 重量计，下同），反应至无气泡为止，加 NH_3 调 pH 7～8，继续反应 0.5h，加阳离子型聚丙烯酰胺 0.05%～0.1%，搅拌 0.5h，再加活性炭过滤。

（2）铁还原二步法：加还原铁粉 1%，反应至无气泡为止，加活性炭过滤：滤液加 1%铁粉，反应至无气泡为止，加 NH_3 调 pH 7～8，继续反应 0.5h，加阳离子型聚丙烯酰胺 0.05%～0.1%，搅拌 0.5h，再加活性炭过滤。

（3）硫化亚铁 1：首先加浓 H_2SO_4（按硫酸亚铁重量计，下同）0.5%，搅拌均匀加 FeS 0.5%，反应至无气泡为止，过滤。

（4）硫化亚铁 2：加 H_2SO_4 1%，FeS 1%。

（5）硫化亚铁 3：加 H_2SO_4 0.5%，FeS 0.5%，Fe 粉 1%，反应结束加活性炭过滤。

（6）硫化亚铁 4：加 H_2SO_4 1%，FeS 1%，Fe 粉 2%，反应结束后加活性炭过滤。

试验结果（表 2）表明，除了钙含量，铁粉还原二步法较其他处理低之外，6 个处理均可达到质量指标。从生产成本和操作简单考虑，以还原铁粉一步法为佳。

表 2　$FeSO_4$ 溶液不同处理的去杂效果

成分（%）＼处理	1	2	3	4	5	6
Si	无	无	无	无	无	无
Ca	0.014 8	0.005 1	0.012 9	0.012 6	0.019 0	0.011 4
Al	0.007 3	0.001 8	0.005 4	0.006 1	0.003 7	0.002 4
Mn	0.090 4	0.090 4	0.103 3	0.107 4	0.110 7	0.114 3
Mg	0.005 6	0.008 5	0.009 9	0.009 9	0.010 6	0.010 4
K	0.016 8	无	无	0.002 2	0.000 3	无
Na	0.008 0	0.005 5	0.004 0	0.006 8	0.005 5	0.004 5

注：所用原料为济南产 $FeSO_4$。试验重复 3 次，表中为平均值。

（二）生成碳酸亚铁试验

1. 硫酸亚铁和碳酸氢铵的浓度 硫酸亚铁浓度高，需蒸发的水量少，能耗低，但浓度过高会造成管道堵塞等一系列弊病。反之，若浓度过低，虽然操作方便，但生产硫酸钾和氯化铵时耗能高，加絮凝剂的量大，经济上不合算。因此，硫酸亚铁的浓度宜控制在合适的范围内。

碳酸氢铵的水溶性在常温下远远地低于硫酸亚铁，若加热，将分解为 CO_2 跑掉。因此，溶解时，需控制在一定的温度范围内。试验结果表明，在 40～50℃条件下，加水量 2∶1 时可全部溶解。

2. 碳酸亚铁沉淀 $FeSO_4$ 与碳酸氢铵的反应是简单的化学反应，其反应激烈，速度很快。为了使反应均匀，不产生包敷现象，需不停搅拌，但搅拌速度越慢，$FeCO_3$ 颗粒越大；在 1 万～1.5 万 r/min 高剪切条件下，可生成纳米—亚微米级 $FeCO_3$ 颗粒。

反应式为：$FeSO_4 \cdot 7H_2O + 2NH_4HCO_3 \rightarrow FeCO_3 \downarrow + (NH_4)_2SO_4 + 8H_2O + CO_2$

（三）碳酸亚铁的焙烧

1. 焙烧温度 焙烧温度是影响 Fe_2O_3 颗粒度的关键因素之一，而颗粒大小又直接影响铁氧体磁材的磁导率。温度过高，导致 $\alpha-Fe_2O_3$ 的颗粒变大，比表面积变小；温度低，碳酸亚铁分解不完全，同样影响产量质量。

2. 通气 $4FeCO_3 + O_2 = 2Fe_2O_3 + 4CO_2$

碳酸亚铁热分解生成氧化铁，CO_3^- 中的氧量是不够的，必须补充。在焙烧过程中，如果通气量太大，因氧化铁颗粒直径只有零点几微米，势必将颗粒小的氧化铁粉尘从炉口吹走，不仅浪费了资源，还污染了环境。如果通气量小，铁氧化不完全，易生成 Fe_3O_4 或 FeO，影响产品质量。因此，通气量必须掌握在合适的范围内。

（四）铁回收率试验

碳酸亚铁在年产 1 800t 氧化铁试验车间生产，共进行 5 批试验，每次投硫酸亚铁（济南产）0.5t，碳酸氢铵和液氨由北京化工实验总厂提供（其中碳酸氢铵为工业级），还原铁粉在北京铁粉厂购买。氧化铁利用矿冶研究总院旋转电炉焙烧，通气用该院可调风量风机，气量按理论计算量另加 20%。试验结果见表 3。5 次试验 Fe_2O_3 平均产出量为 137.7±2.13kg，铁回收率平均 95.79±1.45%。

表 3 铁的回收率

批 号	1	2	3	4	5
$FeSO_4$ 投入量（t）	0.5	0.5	0.5	0.5	0.5
Fe_2O_3 产出量（kg）	140.4	135.2	135.9	138.2	138.8
铁回收率（%）	97.53	94.05	94.53	96.17	96.59

（五）不同温度和时间焙烧试验

试验用自制不锈钢转筒在电炉内进行，试验处理为：

1. 650℃，通气，烧结1h，试验结束后将料倒入500mm×700mm不锈钢盘子内，迅速搅拌，使其在空气中继续氧化。

2. 650℃，通气，烧结1h，试验结束，将转筒取出自然冷却后出料。

3. 700℃，1h，不通气，试验结束，将转筒取出自然冷却后出料。

4. 700℃，0.5h，通气，试验结束后将料倒入不锈钢盘子内，迅速搅拌，使其在空气中继续氧化。

5. 700℃，15min，试验结束，将转筒取出自然冷却后出料。

6. 750℃，不通气，1h，试验结束，将转筒取出自然冷却后出料。

7. 750℃，20min，通气，试验结束，将转筒取出自然冷却后出料。

试验结果（表4）表明，700～750℃条件下，Fe_2O_3 含量为99.24%～99.70%，均超过电子工业部优等品标准（99.2%），重金属、硅和阴离子含量均低于电子工业部的标准。

表4　不同温度和时间对氧化铁含量的影响

处　理 成　分（%）	1	2	3	4	5	6	7	SJ/T10383—93THY1
Fe_2O_3	99.89	99.89	99.92	99.92	99.91	99.92	99.92	99.2
SiO_2	无	无5	无	无	无	无	无	0.01
CaO	0.01	0.012	0.010 9	0.006 4	0.004 9	0.008 3	0.004 3	0.014
Al_2O_3	0.011	0.009	0.002 1	0.002 8	0.003 4	0.001 9	0.002 3	0.01
MnO	0.07	0.067	0.043	0.067 1	0.067 1	0.055	0.060 8	0.3
TiO_2	无	无	无	无	无	无	无	0.01
MgO	0.005	0.005 9	0.006 7	0.005 9	0.005 5	0.005 6	0.009 9	0.015
SO_4^{2-}	无	无	无	无	无	无	无	
Cl	无	无	无	无	无	无	无	0.01
Na_2O	0.018	0.02	0.010 7	0.002 7	0.01	0.004 3	0.001 5	
K_2O	0.007 8	无	0.009 1	无	无	0.001 6	无	0.02

（六）高纯磁性 Fe_3O_4 的生产试验

1. 采用炭还原法进行生产

$$6\ Fe_2O_3+C=4\ Fe_3O_4+CO_2$$

$$CO_2+CaO=CaCO_3$$

（1）试验室试验：试验用自制不锈钢转筒在电炉内进行，装料量1～1.5kg。炭源采用山西阳泉无烟煤，炭（C）含量85%（干基），灰分11.2%。为使反应完全在理论计算的基础之上多加10%的C和CaO量。按照上述反应式计算，每1 000g Fe_2O_3 需添加16.2g山西阳泉无烟煤，64.4gCaO，煤和CaO分别磨细至－200目（过0.075mm筛孔），与 Fe_2O_3 掺混均匀装入不锈钢转筒内，焙烧温度950～1 000℃，焙烧时间30min，取出密封条件下自然冷却，如果接触空气瞬间生成 Fe_2O_3。冷却后出料，用磁选将 Fe_3O_4 选出，3次重复，试验结果回收率98.5%～99%，Fe_3O_4 含量99.999 9%。

（2）中试：试验选择矿业研究总院还原焙烧回转窑，回转窑冷却系统采用液态氨循环冷却。每次装 Fe_2O_3 100kg，间歇式生产，重复 3 次。

按照上述反应式计算，100kg Fe_2O_3 需添加 1.6kg 山西阳泉无烟煤，6.4kgCaO，分别磨细至－200 目（过 0.075mm 筛孔），与 Fe_2O_3 混合均匀，在还原焙烧回转窑中焙烧，焙烧温度 950～1 000℃，焙烧时间 30min，然后进入密封冷却后出料，用磁选机选出 Fe_3O_4，纯度 99.99%。

2. 采用氧化焙烧回转窑进行生产

$$6\,FeCO_3 + O_2 = 2Fe_3O_4 + 6CO_2\uparrow$$

碳酸亚铁在供给适量氧气条件下可转化为 Fe_3O_4，在理论上是成立的。在中国矿冶研究总院实验结果，Fe_3O_4 的生成率仅占 40%左右，50% $FeCO_3$ 生成 Fe_2O_3，10% $FeCO_3$ 生成 FeO，本试验失败。

结论：采用炭还原法制备高纯磁性 Fe_3O_4 是可性的，Fe_3O_4 纯度可达 99.99%。

（七）高纯磁性氧化铁的应用

产品送交南京雷达研究所做应用试验，反馈的试验结果，本项中试生产的高纯氧化铁完全符合高精度相阵式雷达的材料要求。

（八）硫酸钾和氯化铵生产试验

取沉淀碳酸亚铁的上清液一半（含硫酸铵的溶液），每批加氯化钾（俄罗斯产）332.5kg，在搅拌条件下，加热至 75～80℃，边溶解边与硫酸铵反应：

$$(NH_4)_2SO_4 + 2KCl \rightarrow K_2SO_4 + 2NH_4Cl$$

全部溶解、反应结束后，实际上是硫酸钾和氯化铵的混合溶液。冷却至 25℃，溶液中通入液态氨，以增加介质浓度。在混合溶液中加少量粉状硫酸钾，作为晶核，硫酸钾开始结晶。如果搅拌，硫酸钾晶体较细，停止搅拌，则晶体较大，用离心机将固液分开。硫酸钾烘干后即为成品。

离心后的上清液，继续蒸发，水分大约减小 1/3 后冷却，加入阳离子型聚丙烯酰胺絮凝剂，加入量：氯化铵质量的 0.1%，氯化铵开始结晶。

试验结果（表 5）表明，硫酸钾 5 次平均产出量 154.6±0.69kg，钾转化率 98.5±0.46%，氨回收率 100.98±0.47%。氨回收率之所以大于 100% ，是因为反应釜中加入液态氨，以增加介质浓度。此外，在氯化铵中，尚混杂有少量硫酸铵和硫酸钾。

表 5　硫酸钾和氯化铵的转化回收率

批　号	1	2	3	4	5	平　均
KCl 投入量（kg）	134.5	134.5	134.5	134.5	134.5	—
K_2SO_4 产出量（kg）	154.6	153.4	155.0	154.6	155.5	154.6
钾转化率（%）	98.72	97.70	98.72	98.47	99.0	98.5
NH_4Cl 产出量（kg）	96.9	97.5	98	97.7	97.0	97.4
氨回收率（%）	100.45	101.08	101.56	101.25	100.56	100.98

四、讨　论

(一) 碳酸亚铁的物相变化

本课题由于没有用 X 光衍射仪测定物相的变化，碳酸亚铁的生成可能通过以下两个途径：

1. 在 NH_3 的存在下，硫酸亚铁与碳酸盐直接进行化学反应，生成碳酸亚铁沉淀。

2. 碳酸盐在氨存在下，生成 H_2CO_3 和 NH_4OH，这两种化合物均不稳定，继续进行化学反应。

$$2NH_4OH + FeSO_4 \rightarrow Fe(OH)_2 + (NH_4)_2SO_4$$

$$Fe(OH)_2 + H_2CO_3 \rightarrow FeCO_3 \downarrow + 2H_2O$$

由于反应速度很快，表面上很难看得出来。

(二) 硫酸钾结晶

在硫酸铵与氯化钾进行复分解反应时，生成硫酸钾与氯化铵，该反应实际上是一个动态平衡。在反应过程中于反应釜中通入液氨，增加了介质浓度，形成了饱和溶液。加入硫酸钾晶种后，只搅拌几分钟，硫酸钾立即结晶出来，堵塞了管道，为操作带来了困难。因此，设备必须改装。可用两个方法解决，一是在反应釜下面的法兰盘上接 13.32cm（4 寸）直管；二是将饱和溶液用泵打入沉淀池，然后加入硫酸钾晶种，用泥浆泵打入离心机，将硫酸钾分离。

(三) 氯化铵溶液的用途

本研究试验了两种方法，一是将 NH_4Cl 水溶液蒸发、浓缩，冷却后 NH_4Cl 结晶沉淀；一是直接在 NH_4Cl 溶液中加入酰胺类化合物，生产复合肥造粒剂。至于采用哪一种应用途径，可根据具体条件而定。

(四) 环境保护问题

该项目的主要污染物是硫酸亚铁去杂后的废渣，1 万 t 硫酸钾生产规模每日排放 0.2～0.3t，收集后送给水泥厂生产水泥用。另外就是锅炉的烟尘排放。在锅炉房的设计中，选用的蒸汽锅炉必须是国家定型产品，配备有与之成套的排烟除尘设备，经过除尘后的烟气含尘浓度达到排放要求。另外，炉渣可用作建筑材料。

五、建　议

1. 为了简化生产程序，可将硫酸钾生产工序砍掉，直接生产磁性氧化铁和硫酸铵，经济效益更高。

2. 我国金属尾矿库存量 100 亿 t 左右，且以每年 10 亿 t 的速度递增，其中铁尾矿占金属尾矿总存量的 52%，在铁尾矿中除了回收大量的铁，还可将与脉石矿物石英包敷在一起（约占铁总量的 5%左右）的难选铁用硫酸提取、去杂、还原为高纯磁性氧化铁。节能减排和资源综合利用是世界经济发展的大趋势，本项技术与铁尾矿无害化资源再利用相结合，将会产生更大的经济、社会和生态环境效益。

山东淄博铝厂脱钠赤泥田间试验总结

一、概　　况

赤泥，是使用铝土矿提取氧化铝工艺过程中产生的废渣，由于三氧化二铁含量较高，呈暗红色，其颗粒细小，呈泥状。所以，称为赤泥。山东淄博铝厂采用碱——石灰烧结法工艺生产氧化铝，也就是将高硅铝土矿与苏打（无水碳酸钠）、石灰配料，经磨细、烧结、溶出/固液分离等工艺流程生产氧化铝。每生产 1t 氧化铝排除赤泥 1.5t 左右。赤泥直接堆存在铝厂附近空旷的场地上，至 1971 年 5 月，赤泥堆存量约 350 万～400 万 t，占地 9.33～10hm^2。

应淄博铝厂科研处请求，由山东省科技厅计划处立项，山东省土壤肥料研究所承担，开展赤泥农业利用的研究。其研究分为两大部分：

1. 赤泥脱钠试验；
2. 脱钠赤泥田间试验。

二、赤泥脱钠试验

（一）赤泥的理化性状

赤泥具有以下特点：

1. 凝胶性　在氧化铝溶出和洗涤过程中，由于有碱性物质（Na^{+1}、Ca^{+2}）的激发，破坏了赤泥颗粒表面的胶状化合物膜，其内部结构反生解离，释放出各种阳离子和阴离子团，例如 SiO_4^{4-}、AlO_4^{5-}，通过化学反应，这些阳离子和阴离子之间形成水化产物，这些产物具有凝胶性。此外，在氧化铝土矿烧结过程中，在碱的作用下，生成了大量的硅酸钙、铝硅酸钙等不溶于水的成分，在大量的钠盐存在下，均具有凝胶的特性。

2. 高分散性　钠盐是最好的分散剂，油井的泥浆就是使用苛性钠作为分散剂。在钠的作用下，赤泥中的铁、铝化合物均处于分散状态。而且，颗粒内毛细孔发达，富水能力强。赤泥的高分散性导致极难烘干，烘干后质地坚硬。测定结果，赤泥的比重为 2.8～3.0g/cm^3（干基），比表面积为 4 800～7 000cm^2/g。

3. 含水量高　赤泥滤饼的含水量为 45%～50%。

赤泥的主要化学成分见表 1。

表 1 的结果表明，赤泥 Na_2O 的含量为 3.48%，在农业上使用，首要的条件就是脱除钠盐。

与姜孝礼合作，系 1972 年底编写的内部交流资料，本文有删改，其时单位为山东省土壤肥料研究所。

表 1　赤泥的主要化学成分

（%）

成　分	Fe_2O_3	CaO	SiO_2	Al_2O_3	MgO	Na_2O	K_2O	SO_3
含　量	16.55	42.35	20.53	13.17	2.69	3.48	0.41	0.83

（二）赤泥脱钠工艺

1. 加水调浆　欲脱水需先加水，固∶水＝1∶5，假设赤泥含水量为50%，再加入固体重量4.5倍的水，试验在5cm^3的搅拌罐中进行。

2. 加聚凝剂　在搅拌条件下（200～300r/min），加入固体重量0.1%～0.3%阳离子型聚丙烯酰胺（日本产），搅拌20～30min，破坏胶体，使分散的赤泥形成絮状或团块状凝聚物。

3. 加入粉煤灰或磨至100目的炉渣　将搅拌罐中的固液悬浮体放入水泥池，加入赤泥固体重量5%～10%的粉煤灰或磨至100目的炉渣，用泥浆泵打循环代替搅拌，使之混合均匀 。

4. 板框压滤　用泥浆泵将上述池内混合物抽至板框入口管，压力15kg，经板框过滤。

滤液循环使用，滤饼含水量30%～35%，Na_2O含量1.0%～1.2%。将滤饼返回另一个水泥地，按固∶液＝1∶5加水，用泥浆泵打循环代替搅拌。连续3次，再用泵抽入板框压滤机压滤。滤饼在110℃下烘干、球磨机磨细至－200目。检测水溶性Na_2O含量为0.4%～0.48%。装袋备用。

三、田间效果试验

赤泥经脱除钠盐后，水溶性钠（Na_2O）含量依然很高，研究决定在红壤上布置田间效果试验。试验地点和作物如下：

1. 试验地点

（1）浙江省：金华市农业科学研究所、武义、永康、衢州；

（2）江西省：修水、武宁、德安、景德镇、進贤、抚州、吉安、兴国、赣州、鹰潭、上饶。

2. 实验作物　水稻，油菜，大麦，玉米，大豆，蚕豆，柑橘，红花草（紫云英）等。

3. 试验土壤理化性状　表2可看出，在浙江和江西选择的15个试验点，土壤有机质含量为0.92%～1.35%，土壤全氮（N）含量为0.035%～0.075%，土壤水解氮（N）含量为29.5～58.5mg/kg，土壤全磷（P_2O_5）含量为0.047%～0.075%，土壤速效磷（P_2O_5）含量为3.8～6.0mg/kg，土壤全钾（K_2O）含量为1.15%～1.68%，土壤速效钾（K_2O）含量为106～150mg/kg，pH为5.5～6.6。

表 2　试验土壤理化性状

试验地点	有机质(%)	全N(%)	水解N(mg/kg)	全P_2O_5(%)	速效P_2O_5(mg/kg)	全K_2O(%)	速效K_2O(mg/kg)	pH(H_2O)
金　华	0.95	0.048	41.2	0.055	4.2	1.35	125	6.1
武　义	1.10	0.052	47.4	0.063	4.9	1.57	144	6.2
永　康	0.92	0.04	38.5	0.05	4.0	1.28	119	5.9
衢　州	0.86	0.035	29.5	0.047	3.8	1.15	106	5.5
修　水	1.24	0.065	54.2	0.068	5.7	1.63	135	6.5
武　宁	1.18	0.060	51.7	0.065	5.1	1.62	129	6.5
德　安	1.20	0.061	52.5	0.065	5.4	1.64	130	6.5
景德镇	1.25	0.065	55.0	0.067	5.8	1.68	141	6.6
進　贤	1.22	0.072	48.0	0.072	5.1	1.35	125	5.8
抚　州	1.15	0.063	51.5	0.07	5.0	1.43	130	5.8
吉　安	1.10	0.059	49.4	0.07	5.2	1.40	127	5.6
兴　国	0.95	0.05	45.0	0.07	4.9	1.40	120	5.6
赣　州	0.90	0.05	43.0	0.065	4.5	1.35	120	5.5
鹰　潭	1.35	0.075	58.5	0.075	6.0	1.70	150	5.9
上　饶	1.30	0.073	56.0	0.072	5.4	1.43	135	5.9

4. 试验处理　实验设两个处理，小区面积 20m×60m，重复 3 次。

(1) 空白对照 (CK)。

(2) 脱钠赤泥，施用量 250kg/666.7m^2 (干基)，其他肥料施用和田间管理按当地习惯。

施用方法：一次基肥，然后翻地。柑橘施肥：入冬前在树周围挖环状沟，沟深 15～20cm，施入脱钠赤泥后复土，每组 10 棵树，重复 4 次

5. 试验结果　试验作物产量见表 3。

表 3　施用脱钠赤泥对作物产量的影响

作　物	试验地点	试验数量	作物平均产量 (kg/666.7m^2)		平均增产	
			CK	脱钠赤泥	增产量(kg/666.7m^2)	增产率 (%)
水稻	金　华	2	236.2	265.6	29.4	12.45
	武　义	2	267.5	298.7	31.2	11.66
	修　水	2	285.0	313.1	28.1	9.86
	武　宁	2	276.7	313.3	36.6	13.23
	德　安	2	281.4	317.6	36.2	12.86
	進　贤	2	292.1	325.7	33.6	11.50
	抚　州	2	273.3	304.2	30.9	11.31
	吉　安	1	270.8	310.1	39.3	14.51
	赣　州	2	240.4	277.2	36.8	15.31
	鹰　潭	2	305.5	337.9	32.4	10.61
	上　饶	2	297.2	331.7	34.5	11.61

（续）

作 物	试验地点	试验数量	作物平均产量（kg/666.7m²）		平均增产	
			CK	脱钠赤泥	增产量（kg/666.7m²）	增产率（%）
油菜	景德镇	2	155.0	174.8	19.8	12.77
	抚 州	3	142.5	163.3	20.8	14.60
	吉 安	3	123.7	144.2	20.5	16.57
	兴 国	2	105.4	122.1	16.7	15.84
玉米	赣 州	2	197.0	225.4	28.4	14.42
	鹰 潭	2	315.6	346.2	30.6	9.70
	上 饶	1	280.1	313.7	33.6	12.0
大麦	景德镇	2	248.6	270.2	21.6	8.69
	進 贤	2	177.3	199.5	22.2	12.52
	抚 州	1	231.7	256.7	25.0	10.79
大豆	衢 州	1	98.3	115.5	17.2	17.50
	武 宁	1	140.2	161.0	20.8	14.86
	景德镇	1	149.5	170. 1	20.6	13.78
	進 贤	2	135.0	157	22.0	16.30
蚕豆	金 华	1	173.1	205.4	32.3	18.66
	修 水	1	242.7	279.8	37.1	15.29
柑橘	武 义	1	1 135	1278	143	12.60
	衢 州	1	763	876	113	14.81
紫云英	進贤	2	1 540	1 860	320	20.79
	兴国	2	1 480	1 840	360	24.32
	赣州	2	1 350	1 735	385	28.52
	鹰潭	2	1 710	1 980	270	15.79
	上饶	2	1 630	1 940	310	19.02

表3结果表明，在红壤上施用脱钠赤泥，在本试验条件下，水稻增产9.86%～15.31%，油菜增产12.77%～16.57%，玉米增产9.70%～14.42%，大麦增产8.69%～12.52%，大豆增产13.78%～17.50%，蚕豆增产15.29%～18.6%，柑橘增产12.60%～14.81%，紫云英增产15.79%～28.52%。按增产幅度，总的趋势是：紫云英>蚕豆、大豆>油菜>水稻、玉米>柑橘>大麦。增产的原因除了调节土壤pH外，可能与赤泥含有中量元素钙、镁、硫有关。整个实验过程中未见作物发现异常反应，说明脱钠赤泥可以在红壤上施用。

四、讨 论

1. 本项研究所仅为中间试验，赤泥脱钠效果较好，水溶性钠（Na_2O）含量可降至

原则，应增加含氮量，降低磷含量。

四、复混肥生产工艺试验结果与分析

（一）复混肥造粒黏结剂的研制

1960年以来，国外选用高分子化合物作为大颗粒尿素缓释肥料的包膜剂，基本上有3类：醇酸类树脂、烯烃类树脂和聚氨脂。这些高分子化合物在土壤中很难分解，大约需30～50年才能完全分解，势必污染土壤和环境。选择高效、无毒、无污染的造粒黏结剂迫在眉睫。

本研究研制了对土壤有改良和絮凝作用的酰胺类高分子化合物，与NH_4^+和不饱和烯烃类化合物进行反应，生成聚酰胺类化合物。该化合物的特点是黏结性能好，完全溶于水，烘干后强度较大，对土壤微生物生长无影响，遇水后养分可缓慢释放。

（二）工艺流程简介（见工艺流程图）

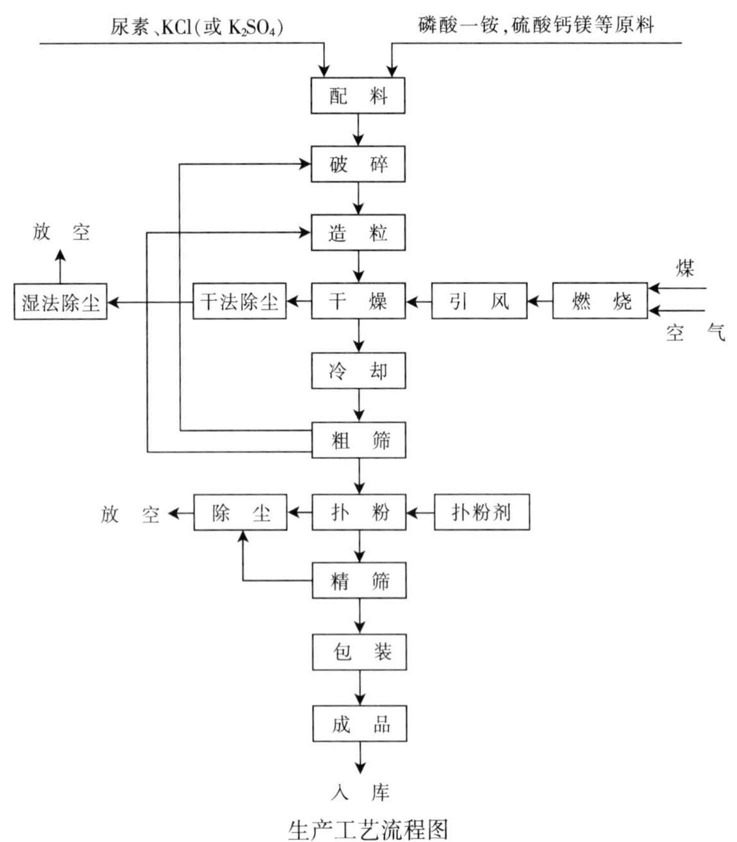

生产工艺流程图

1. 原料混合 复混肥原料按所需配比，破碎并精确称量，送入圆盘拌和机。为了防尘和提高成粒率，在物料拌和时，加入部分水或我们自己研制的酰胺类造粒黏结剂（简称CF助剂-1）水溶液增湿。

2. 转鼓蒸气造粒 原料充分混合均匀后，用皮带传送机输入转鼓造粒机，通过蒸汽和添加 CF 助剂—1 水溶液，调节蒸汽量提高物料温度和湿度，通过黏结剂提高物料的凝聚性，使配料团聚成粒。

3. 干燥　团聚成细粒的物料输入转筒式干燥机（转速：6～8r/min），由于干燥机的转动，物料可进一步成粒并干燥。

4. 筛分　干燥后的复混肥经皮带输送机、斗式提升机输入振动筛分离，粉状返料和颗粒大块状返料经粉碎后，一起经皮运机送回贮料斗循环使用。筛分出的成品（2～4mm）送往自动包装机包装。

5. 影响造粒数量和质量的因素

（1）原料细度：在试验过程中，影响成粒率的肥料品种为尿素和氯化钾。尿素用对辊式破碎机粉碎，一次加料过多，对辊之间的缝隙撑大，尿素呈半粒状或整粒状，严重影响造粒质量，增加返料率。因此，尿素破碎时必须均匀喂料。氯化钾比重较大，开始试验时细度为 40～50 目，无论在转鼓造粒机中，还是在转筒式干燥机中，均在筒的底部，与其他原料无法充分混合、造粒，提高了返料率。氯化钾最佳细度为 100 目。

（2）含水量：蒸汽中夹带大约 40%～50%的水，单纯计算蒸汽量无法估算含水量的多寡，必须将汽量与水量加在一起计算。经反复试验，该设备以每吨物料加 80～100kg 水为宜。含水量大，成粒亦大；含水量少，颗粒亦小，返料率均提高。根据经验，配料从转鼓造粒机出来后，用手使劲攥捏可成松散的团、放下即散时，水分较适宜。在计算加水量时，必须考虑返料数量，因返料已经烘干。

（3）黏结剂加入量：在生产"$N-P_2O_5-K_2O$=15－15－15，CaO、MgO、S 中量元素 10%～25%，总有效养分为 55%～70%"的高浓度多元复混肥时，CF 助剂－1 的加入量为 3%～3.5 %。

（4）温度：复混肥中的氮源主要是尿素，其熔点为 132.7℃，加热温度超过熔点时将产生缩二脲。此外，复混肥生产过程中加入了 CF 助剂－1 作为黏结剂，可降低干燥温度。从节约能源出发，干燥温度 100～120C 较好，低于 100C 也可以，但干燥时间延长。

根据该设备条件和试验过的工艺流程，可生产以下作物专用肥（表 5）。

表 5　作物专用肥生产一览表

类　别	名　称	有效含量（%）			中微量元素（%）	总含量（%）
		N	P_2O_5	K_2O		
新产品	磷酸镁钾硫复混肥 1	10	10	10	35	65
	磷酸镁钾硫复混肥 2	15	10	10	30	65
	高浓复混肥 1	15	15	15	15	60
	高浓复混肥 2	15	15	15	20	65
	中浓复混肥	10	10	10	35	65
	通用复混肥	10	8	7	40	65
	高氮Ⅰ型复混肥	15	8	7	35	65
	高氮Ⅱ型复混肥	15	6	4	40	65

（续）

类别	名称	有效含量（%）			中微量元素（%）	总含量（%）
		N	P_2O_5	K_2O		
专用肥	马铃薯、甘薯肥	按我国南北方土壤地带特点不同配方				40
	玉米肥	按土壤肥力和玉米对镁钾需要配方				45
	谷类肥	根据旱地土壤养分特点配方				40
	小麦肥	按土壤肥力和气候带不同，针对小麦苗期对磷敏感的特点配方				45
	甜菜肥	补钾、增硼配方				40
	油菜（籽）肥	补磷、钾增锌、硼、硫配方				40
	花生豆类肥	补钙、添硼配方				45
	烟草肥	增钾补镁添硒配方				45
	水稻肥	根据我国南北方水稻土壤特点不同配方				40
	柑橘肥	补磷、钾增钙、镁添微肥				45
	西瓜肥	增磷、钾添硼、硒配方				45
	叶菜类肥	按大棚、陆地不同土壤条件配方				50
	茄果菜肥	补钙、镁增磷、钾配方				50
	大蒜洋葱肥	补钙、镁增磷、钾、硫配方				50
	黄芪西洋参肥	补钙、镁增钾添硒配方				50
	果树专用肥	增磷、钾补铁、锌配方				50
	牧草绿地肥	补磷、钾添硒、硼配方				45

五、磷酸镁钾硫复合肥对作物产量的影响

（一）对作物产量的影响

田间小区试验在北京、河北、山东、浙江、湖南、江西、广东和黑龙江 8 省（直辖市）布置；作物有小麦、玉米、水稻、油菜、大豆、红薯（又名甘薯）、花生、木薯、甘蔗、柑橘等 10 种作物；土壤类型为：褐潮土、褐土、棕壤、河湖冲积土、红壤、赤红壤、浅海沉积物、培泥砂土、潮土、黑土等 10 个土类（土属）。试验处理为：（1）NP（CK）；（2）NP＋镁钾复肥 375kg/hm^2；（3）NP＋镁矿粉 375kg/hm^2。

试验在等氮磷条件下进行，不足部分补足。镁钾复混肥和镁矿粉在作物播前基施，甘蔗在扦插前沟施，柑橘和茶叶在树周围开沟施用。试验处理重复 3 次。

试验结果（表 6）的整个趋势是：

1. 镁钾复合肥对不同作物增产率大小顺序为：柑橘（36%～44.28%）＞油料作物（油菜 22.19%～29.98%、大豆 13%～35%、花生 20.65%～28.62%）＞水稻（24.82%～29.43）＞木薯（27.17%）＞甘蔗（21.6%～22.5%）＞甘薯（18.10%～27.48%）＞小麦（8.91%～12.34%）、玉米（7.63%～12.1%）。

表 6 镁钾复肥对作物的增产效果

作 物	地 点	土 壤	试验数	平均产量 (kg/hm²)	增产 (kg/hm²)	
					平均	%
水 稻	江西进贤	红 壤	5	7 296	1 555.5	27.1
水 稻	广东从化	赤红壤	4	6 795	1 545	29.43
水 稻	河北秦皇岛	褐 土	2	7 920	1 575	24.82
玉 米	江西进贤	红 壤	3	7 399.5	799.5	12.11
玉 米	山东莱阳	棕 壤	2	14 475	1 309.5	10.17
玉 米	秦皇岛	褐 土	4	7 155	507	7.63
小 麦	北京昌平	褐潮土	1	6 307.5	625.5	11.0
小 麦	山东莱阳	棕 壤	3	6 690	735	12.34
小 麦	秦皇岛	褐 土	3	6 562.5	537	8.91
小 麦	湖南岳阳	冲积土	1	5 325	489	10.11
油 菜	江西进贤	红 壤	3	1 911	426	28.98
油 菜	湖南岳阳	冲积土	5	1 957.5	355.5	22.19
大 豆	江西进贤	红 壤	3	2 419.5	279	13.03
大 豆	黑龙江牡丹江	黑 土	6	3 802.5	987	35.06
大 豆	秦皇岛	褐 土	2	2 550	571.5	28.89
甘 薯	江西进贤	红 壤	5	26 260.5	5 661	27.48
甘 薯	广东从化	赤红壤	5	28 780	4410	18.10
花 生	广东从化	赤红壤	3	3 400	582	20.65
花 生	江西进贤	红 壤	3	3 831	771	25.20
花 生	山东莱阳	棕 壤	2	4 867.5	1 083	28.62
木 薯	广东从化	赤红壤	2	32 440	6 930	27.17
甘 蔗	广东从化	赤红壤	3	140 160	24 900	21.60
甘 蔗	广东广州	赤红壤	4	135 180	24 825	22.50
甘 蔗	广东高州	赤红壤	2	91 425	20 160	28.29
柑 橘	浙江黄岩	红 壤	3	15 525	4 110	36.0
柑 橘	浙江金华	红 壤	3	12 855	3 945	44.28
柑 橘	浙江衢州	红 壤	3	14 025	4 170	42.31

2. 在不同类型的土壤上，各种作物的增产效果也不尽相同。在水稻和玉米上施用，红壤、赤红壤比山东棕壤和河北秦皇岛山前冲积物发育的褐土施用效果好；小麦差别不大；在大豆上施用，黑龙江黑土效果较好（35%），可能是牡丹江地区大豆多年重茬，而大豆又是喜钙、镁作物，土壤中钙、镁含量下降；在花生上施用，赤红壤和红壤的效果低于棕壤。

3. 镁矿粉在各种作物上的效果（表 7）与镁钾复混肥大致相似，但低于镁钾复混肥，其原因在于镁钾复合肥中含有钾和硫，而镁矿粉中没有。无论哪一种作物，均是南方土壤上的施用效果大于北方土壤，特别是秦皇岛、北京昌平、黑龙江的试验基本无效。感兴趣的是红壤和赤红壤上施用镁矿粉也获得较好的增产效果，如果在这些地区施用，可考虑不再加工处理生产镁钾复混肥，而直接施用，因两者的生产成本相差悬殊。

表7 镁矿粉对作物的增产效果

作物	地点	土壤	试验数	平均产量（kg/hm²）	增产（kg/hm²）	
					平均	%
水稻	江西进贤	红壤	5	6 408	667.5	11.63
水稻	广东从化	赤红壤	4	6 225	685.5	12.37
水稻	河北秦皇岛	褐土	1	6 555	255	4.05
玉米	江西进贤	红壤	3	7 200	600	9.09
玉米	山东莱阳	棕壤	2	14 250	1 095	8.32
玉米	秦皇岛	褐土	1	6 525	195	3.08
小麦	北京昌平	褐潮土	1	6 279	81	1.31
小麦	山东莱阳	棕壤	3	6 345	535.5	9.22
小麦	湖南岳阳	冲积土	1	4 905	345	7.57
油菜	江西进贤	红壤	3	1 729.5	190.5	12.38
油菜	湖南岳阳	冲积土	5	1 887	210	12.52
大豆	江西进贤	红壤	3	2 307	166.5	7.78
大豆	黑龙江牡丹江	黑土	1	3 705	75	2.07
大豆	秦皇岛	褐土	1	2 325	45	1.97
甘薯	江西进贤	红壤	5	24 300	3 700.5	17.96
甘薯	广东从化	赤红壤	5	27 320	2 950	12.11
花生	广东从化	赤红壤	3	3 136	318	11.28
花生	江西进贤	红壤	3	3 385.5	405	13.59
花生	山东莱阳	棕壤	2	3 894	351	9.91
木薯	广东从化	赤红壤	2	27 440	1 930	7.57
甘蔗	广东从化	赤红壤	3	112 095	16 815	17.65
甘蔗	广东广州	赤红壤	4	72 900	10 950	17.68
甘蔗	广东高州	红壤	2	74 640	13 425	21.93
柑橘	浙江黄岩	红壤	3	11 700	1 875	22.52
柑橘	浙江金华	红壤	3	9 675	2 700	38.71
柑橘	浙江衢州	红壤	3	10 950	2 850	35.19

（二）镁钾复合肥中各营养元素的增产作用

为了查明镁钾复混肥中K、Mg、S、Ca各营养元素对作物的增产作用，在广东从化市民乐镇布置了多元素组合田间试验，前作为水稻，试验前土壤农化性状见表8。

表8　土壤农化性质（0～20cm）

作　物	pH	OM（%）	全N（%）	有效态（mg/kg）			盐基代换量（mg当量/100g土）				
				N	P_2O_5	K_2O	CEC	K	Na	Ca	Mg
花　生	5.28	1.50	0.104	76.3	33.2	55	5.3	0.128	0.054	2.93	0.119
甘　薯	5.10	1.54	0.091	65.3	10.5	20	8.3	0.064	0.087	1.97	0.052
木　薯	4.46	1.91	0.122	70.5	4.5	30.5	10.1	0.064	0.022	0.03	0.023

试验处理：（1）CK（不施肥）；（2）进口硫酸钾镁（K+Mg+S）；（3）$MgCO_3$（Mg）；（4）镁矿粉（Mg+Ca）；（5）钾镁复混肥（K+Mg+S+Ca）；（6）硫磺（S）；（7）$CaCO_3$（Ca）；（8）K_2CO_3（K）。

试验小区面积15m×4m，重复3次。除了空白对照外，各处理施肥量（以每公顷计算）：K_2O 187.5kg，MgO 105kg，S 37.5kg，CaO 112.5kg，氮、磷营养各处理均一样。为了减少磷肥中带进的中量元素影响，本试验使用磷酸二铵，按450kg/hm^2施用。

实验结果（表9）各处理增产的大小顺序是：K+Mg+S+Ca（镁钾复混肥）>K+Mg+S（进口硫酸钾镁）> Mg+Ca（镁矿粉）> Mg> Ca> S，WK。很有意思的是，该实验土壤为赤红壤，土壤有效钾（K_2O）含量只有20～55mg/kg，代换性钾含量亦不高，应该属于缺钾的土壤，但单纯施用钾肥，作物增产率比预料的低，花生为5.39%，甘薯和木薯几乎不增产。这3种作物，特别是薯类，属喜钾类作物。其原因可能是，该土壤既缺钾又缺镁，在单独施钾的条件下，缺镁影响了作物对钾的吸收。

表9　施肥对作物产量的影响

（kg/hm^2）

处　理	花　生		甘　薯		木　薯	
	产　量	增产（%）	产　量	增产（%）	产　量	增产（%）
CK	2 818	—	24 370	—	25 510	—
K+Mg+S	3 353	18.98	28 050	15.10	31 150	22.11
Mg	3 136	11.28	27 320	12.11	27 440	7.57
Mg+Ca	3 140	11.43	27 680	13.58	28 690	12.45
K+Mg+S+Ca	3 400	20.65	28 780	18.10	32 440	27.17
S	2 958	4.97	26 230	7.63	26 410	3.53
Ca	3 060	8.59	26 280	7.84	26 775	4.96
K	2 970	5.39	24 978	2.49	25 990	1.88

过去在土壤农化界一直认为钾—镁在作物上有拮抗作用，可能是研究的条件不同所致。本实验条件下，单独使用镁肥，在薯类作物上，其效果远远大于钾；在花生上的效果基本上与钾相当。两者配合施用，镁对钾的吸收有促进作用。这种现象在湖南祁阳中国农业科学院红壤试验站的研究中也曾发生过，是否是普遍规律，尚待更多更深入的研究证实。另一个感兴趣的是，我们研究的镁钾复混肥的效果，在3种作物上均超过进口的硫酸钾镁肥，是否可代替进口，尚需继续做比较试验。但起码可以说，这两种肥料的效果在同一档次上。

六、镁钾复混肥对作物品质的影响

（一）茶叶

钾和镁是影响茶叶品质的两个重要营养元素，特别是名优绿茶。根据中国农业科学院茶叶研究所的研究结果，茶树对氮（N）、磷（P_2O_5）和钾（K_2O）的最佳吸收比例为 1∶0.40∶0.75，但当前我国大多数茶园施用氮磷钾的比例为 1∶0.33∶0.02，相差悬殊，钾的投入明显不足，土壤"钾库"严重亏损。与钾相似，茶园中的镁也不断下降，有效镁（MgO）低于 40mg/kg 的茶园土壤占 70%以上。因此，茶园施用钾、镁肥已成为当务之急。我们在浙江杭州、金华和江西进贤茶园布置了有关试验，其土壤农化性状见表 10。除了杭州山地黄泥土有效钾和有效镁含量较高外，金华山地香灰土和进贤红壤含量均低于缺素临界线下。试验设 6 个处理：

表 10　试验茶园土壤农化性状（0～20m）

土　壤	pH	OM（%）	全量（%）				速效量（mg/kg）			
			N	P_2O_5	K_2O	MgO	N	P_2O_5	K_2O	MgO
金华山地香灰土	5.3	1.25	0.075	0.017	1.50	0.284	110	10.8	58	35
杭州山地黄泥土	5.5	1.86	0.102	0.023	1.75	0.328	150	14.7	97	55
进贤第四纪红壤	4.5	1.47	0.084	0.015	1.40	0.226	124	7.5	43	30

（1）CK（不施肥）；（2）镁矿粉（Mg+Ca）；（3）硫酸钾（K+S）；（4）硫酸镁（Mg+S）；（5）镁钾复混肥（K+Mg+S+Ca）；（6）进口硫酸钾镁（K+Mg+S）。

所有处理均等量氮、磷肥，重复 4 次。施肥量为：N 375kg/hm^2，P_2O_5 150kg/ hm^2，K_2O 375kg/hm^2，MgO 225kg/ hm^2。镁钾复混肥中含有氮、磷，在施肥中扣除；3 个施钾处理中钾不足的，用 K_2CO_3 补足；两个镁处理中镁不足的，用 $MgCO_3$ 补足。

1. 对茶叶产量的影响　实验结果（表 11）有以下趋势：

表 11　不同施肥处理对茶叶产量的影响

（kg/hm^2）

处　理	土　壤	春　茶		夏　茶		秋　茶		累　计	
		产　量	±%	产　量	±%	产　量	±%	产　量	±%
CK	山地香灰土	201	—	340.5	—	204	—	745.5	—
	山地黄泥土	375	—	528	—	364.5	—	1 267.5	—
	第 4 纪红壤	142.5	—	232.5	—	106.5	—	481.5	—
Mg+Ca	香灰土	220.5	9.70	381	11.89	312	52.94	913.5	22.53
	黄泥土	558	48.8	732	38.64	592.5	62.55	1 882.5	48.52
	红　壤	202.5	42.1	265.5	14.19	231	116.9	699	45.17

（续）

处理	土壤	春茶		夏茶		秋茶		累计	
		产量	±%	产量	±%	产量	±%	产量	±%
K+S	香灰土	262.5	30.6	424.5	24.67	327	60.29	1014	36.02
	黄泥土	760.5	102.8	817.5	54.83	457.5	25.51	2 035.5	60.59
	红　壤	202.5	42.1	253.5	9.03	279	161.97	735	52.65
Mg+S	香灰土	229.5	14.18	351	3.08	240	17.65	820.5	10.06
	黄泥土	540	44.0	741	40.34	537	47.32	1 818	43.43
	红　壤	178.5	25.26	202.5	−12.9	150	40.84	531	10.28
K+Mg+S+Ca	香灰土	513	155.22	684	100.88	531	160.29	1 728	131.79
	黄泥土	987	163.2	943.5	78.69	448.5	23.04	2 379	87.69
	红　壤	385.5	170.53	571.5	145.8	469.5	340.84	1 426.5	196.26
K+Mg+S	香灰土	462	129.85	592.5	74.01	504	147.06	1 558.5	109.05
	黄泥土	817.5	118.0	859.5	62.78	493.5	35.39	2 170.5	71.24
	红　壤	322.5	126.32	511.5	120.0	448.5	321.13	1 282.5	166.36

（1）就肥料处理而论，对全年茶叶增产的效果大小顺序为：磷酸镁钾复混肥（87.69%～196.26%）>进口硫酸钾镁（71.24%～166.36%）>硫酸钾（36.02%～60.59%）>镁矿粉（22.53%～48.52%）>硫酸镁（10.06%～43.43%）；磷酸钾镁复合肥和硫酸镁钾的作用，除了提高全年的茶叶产量外，更主要的是提高春茶的产量及在3季茶叶中的比例。在春、夏、秋茶叶中，春茶的茶叶价格是最高的，春茶比重提高，意味着可获得较大的经济效益。

（2）就实验的3类土壤而言，施用肥料不同其表现也不一样。磷酸镁钾复混肥与硫酸钾镁肥中含有钾、镁、硫营养元素，在施用氮、磷的基础上，发挥了较好的作用。因此，基础越差的土壤，增产幅度越大，江西进贤的红壤分别增产196.26%和166.36%；金华山地香灰土分别增产131.79%和109.05%；杭州山地黄泥土分别增产87.69%和71.24%。在硫酸钾和硫酸镁处理中，由于山地黄泥土含钾和镁比较丰富，尽管缺某种元素（钾或镁），产量虽然受影响，但不是很大；而另外两种土壤，既缺钾又缺镁，无论缺哪一种营养元素，对产量影响都比较大，与对照相比，虽然增产，但幅度不大。从而再一次证明，钾和镁两个营养元素，在土壤中都缺乏的条件下单独施用，均不能发挥较大的作用，只有同时施用，相互促进，方可获得较好的效益。在镁矿粉处理中，由于含有Ca，在3种酸性土壤中具有调节酸碱度的作用，从而调动了土壤中其他营养元素的“积极性”。因此，在香灰土和红壤上的增产作用，特别是秋茶，大于硫酸钾和硫酸镁处理。

2. 对茶叶品质的影响　对春茶和夏茶的有机化合物进行了测定，由于夏茶水溶物糖含量各处理间差异不大，因此未列出。测定结果（表12、表13）有以下趋势：

表 12　不同施肥处理对春茶化学成分的影响

（%）

处　理	土　壤	茶多酚	儿茶素	咖啡碱	水浸出物	水溶性糖	氨基酸总量
CK	香灰土	18.54	7.32	4.62	40.70	0.84	1.57
	黄泥土	20.18	7.49	4.95	41.52	0.93	1.65
	红　壤	16.75	6.55	4.67	39.58	0.89	1.50
Ca+Mg	香灰土	19.15	7.73	4.80	40.75	0.90	1.64
	黄泥土	21.25	8.10	5.07	41.85	1.00	1.75
	红　壤	17.08	6.84	4.83	39.72	0.93	1.62
K+S	香灰土	18.64	7.51	4.76	40.90	0.87	1.61
	黄泥土	21.65	8.40	5.21	42.75	1.04	1.76
	红　壤	17.01	6.80	4.70	39.80	0.90	1.55
Mg+S	香灰土	19.25	7.57	4.77	40.80	0.87	1.65
	黄泥土	21.35	8.18	5.03	41.83	0.98	1.73
	红　壤	17.14	6.73	4.85	39.69	0.90	1.55
K+Mg+S+Ca	香灰土	22.86	8.60	4.95	42.07	0.95	1.75
	黄泥土	23.74	8.95	5.23	43.71	1.22	1.84
	红　壤	21.34	8.47	4.88	41.46	1.05	1.71
K+Mg+S	香灰土	21.77	8.28	4.74	41.44	0.97	1.73
	黄泥土	22.58	8.55	5.16	43.08	1.09	1.80
	红　壤	20.50	7.71	4.78	40.89	0.95	1.68

表 13　不同施肥处理对夏茶化学成分的影响

（%）

处　理	土　壤	茶多酚	儿茶素	咖啡碱	水浸出物	氨基酸总量
CK	香灰土	27.40	12.85	3.04	45.0	0.084
	黄泥土	28.57	13.25	3.70	46.73	0.092
	红　壤	27.33	12.61	2.72	44.38	0.075
Ca+Mg	香灰土	27.60	13.20	3.15	45.08	0.087
	黄泥土	29.25	13.85	4.36	47.16	0.095
	红　壤	27.35	13.10	3.11	44.40	0.077
K+S	香灰土	27.73	13.13	3.45	45.42	0.091
	黄泥土	29.75	14.26	4.87	48.18	0.105
	红　壤	27.46	13.04	3.33	44.65	0.080
Mg+S	香灰土	27.85	13.16	3.30	45.27	0.089
	黄泥土	29.55	14.08	4.65	47.85	0.107
	红　壤	27.54	13.15	3.14	44.44	0.085
K+Mg+S+Ca	香灰土	30.94	14.05	4.85	48.05	0.104
	黄泥土	31.46	15.85	5.17	49.88	0.116
	红　壤	29.58	13.46	4.13	47.76	0.097
K+Mg+S	香灰土	29.18	13.78	4.46	47.54	0.095
	黄泥土	31.05	14.66	5.00	48.33	0.108
	红壤	28.22	13.15	4.07	47.26	0.087

（1）与产量的趋势相近，茶多酚、儿茶素、咖啡碱、水溶出物、氨基酸总量、春茶的水溶性糖的含量均是：磷酸镁钾复混肥＞进口硫酸钾镁肥＞硫酸钾＞硫酸镁＞镁矿粉＞对照。

（2）3种茶园土壤养分含量不一样，反映在被测定的有机化合物含量上也迥然不同，杭州山地黄泥土＞金华山地香灰土＞江西进贤第4纪红壤，与试验土壤原来的肥力基础是一致的。

（3）硫酸钾和硫酸镁两个处理中，金华山地香灰土和进贤红壤上种植的茶树，茶叶中各有机化合物含量相差不大，说明在缺钾和缺镁的土壤上单独施用钾肥或镁肥，不仅对产量影响不大，对茶叶品质影响也相差无几。

（4）无论在哪种土壤上，无论对产量还是茶叶品质的影响，磷酸镁钾复混肥的效果均好于进口的硫酸钾镁肥，说明在酸性土壤上，除了钾、镁的营养作用外，钙的作用不容忽视。

（二）柑橘

试验选择浙江黄岩培泥沙土、金华红壤、衢州潮红土。柑桔品种选择浙江名特优品种，即本地早、温州密柑和衢州椪柑。试验处理：（1）CK；（2）镁矿粉（Mg＋Ca）；（3）镁钾复混凝土肥（K＋Mg＋S＋Ca）；（4）进口硫酸钾镁（K＋Mg＋S）。

每小区为一组，10棵树，重复4次。所有处理施等量氮、磷肥。镁钾复混肥中的氮磷在施肥时扣除。树周围挖30cm深的沟，肥料施入沟内、覆土。施肥量：N 375kg/hm^2。P_2O_5 300kg/hm^2，K_2O 375kg/hm^2，MgO 225kg/hm^2。

试实验结果（表14）呈以下趋势：

表14　不同施肥处理对柑橘品质的影响

处　理	土　壤	pH	品　种	全　糖（%）	全　酸（%）	糖酸比	Vc（mg/100g）	可溶固形物（%）	可食率（%）
CK	培泥沙土	6.0	本地早	9.18	0.74	12.4	28.5	11.5	76.3
	红　壤	5.8	温州密柑	9.52	0.75	12.7	32.7	11.4	79.5
	潮红土	6.2	衢州椪柑	11.45	0.79	14.5	45.5	12.5	78.0
Mg＋Ca	培泥沙土		本地早	9.74	0.72	13.5	32.4	11.9	77.5
	红　壤		温州密柑	10.43	0.73	14.3	37.5	12.3	80.4
	潮红土		衢州椪柑	12.0	0.75	16.0	48.1	13.2	78.7
K＋Mg＋S＋Ca	培泥沙土		本地早	10.58	0.72	14.7	38.8	12.8	78.8
	红壤		温州密柑	12.75	0.73	17.5	53.6	13.5	82.8
	潮红土		衢州椪柑	13.86	0.76	18.2	59.4	14.4	81.5
K＋Mg＋S	培泥沙土		本地早	10.21	0.73	14.0	36.5	12.4	79.4
	红　壤		温州密柑	12.37	0.75	16.5	47.7	12.9	82.0
	潮红土		衢州椪柑	13.42	0.77	17.4	52.9	13.8	80.6

（1）磷酸镁钾复混肥、硫酸钾镁肥和镁矿粉均可提高柑橘全糖量、糖酸比、维生素C、可溶固形物的含量和可食率，降低柑橘酸度，其效果以磷酸镁钾复混肥最好。与对照相比，镁钾复合肥处理全糖提高1.4%～3.23%（绝对量，下同），糖酸比提高2.3～4.8，维生素

C增加10.3～20.9g/100g，可溶固形物增加1.3%～2.1%，可食率增加2.5%～3.5%。

（2）施肥的效果与柑橘的品种有很大关系，温州密柑各项品质指标的增加量基本上均高于其他两个品种。3个品种中，以本地早较差。

（三）油菜

在湖南省岳阳市的沙泥土、潮土、冲积土、黄棕壤和红色沙土上布置了田间试验，试验土壤农化性状见表15。试验设4个处理：（1）CK；（2）镁矿粉（Mg+Ca）；（3）镁钾复混肥（K+Mg+S+Ca）；（4）进口硫酸钾镁（K+Mg+S）。

表15　供试土壤养分含量

土　壤	pH	OM（%）	全N（%）	全MgO（%）	速效量（mg/kg）			
					N	P_2O_5	K_2O	MgO
泥沙土	6.7	2.15	0.12	1.15	206	12	34	25
潮 土	6.7	2.20	0.12	1.34	212	17	42	28
冲积土	7.5	2.14	0.13	1.38	147	22	95	17
黄棕壤	6.9	2.65	0.16	1.08	184	20	83	27
红色沙土	5.8	2.71	0.17	0.66	190	10	98	25

重复3次。所有处理均施等量氮、磷肥。施肥量：N225kg/hm^2，P_2O_5 150kg/ hm^2，MgO 150kg/ hm^2。

试验结果（表16）表明：

表16　不同施肥处理对油菜籽产油率的影响

（%）

处　理		沙泥土	潮　土	冲积土	黄棕壤	红色沙土
CK	产油率	35.75	38.23	35.06	36.57	36.04
Mg+Ca	产油率	36.83	40.14	36.64	38.40	38.22
	±%	3.02	5.0	4.51	5.0	6.05
K+Mg+S+Ca	产油率	387.5	41.75	40.32	39.25	39.88
	±%	8.39	9.21	15.0	7.33	10.65
K+Mg+S	产油率	382.7	41.1	39.27	38.77	39.25
	±%	7.05	7.51	12.01	6.02	8.91

（1）不同施肥处理对油菜籽产油率影响大小为：磷酸镁钾复混肥（7.33%～15.0%）>硫酸钾镁肥（6.02%～12.01%）>镁矿粉（3.02%～6.05%）>对照。

（2）在镁钾复混肥和硫酸钾镁肥两个处理中，冲积土上油菜籽产油率增加最多，分别为15.0%和12.01%；在镁矿粉处理中，红色沙土提高油菜籽产油率最多（6.05%），泥沙土最低。

七、结　　论

1. 磷酸镁钾复混肥在酸性土壤上的效果优于石灰性土壤和中性土壤。

2. 在既缺钾又缺镁的土壤中，单独施用钾或镁，效果不显著，既施钾又施镁，两者有相互促进作用。

3. 在酸性土壤中，可直接施用镁矿粉，不必加工成复混肥料。

金属尾矿无害化农业再利用前景分析

众所周知，金属尾矿作为矿山工业废弃物，其安全和环境危害一直以来都是社会公众极为关注且亟待解决的重大社会问题之一。从国内外而言，截至目前，虽然通过构建尾矿库，覆土植树种草以达到尾矿复垦是对选矿尾砂予以贮存和处置的主要方式之一，但实践证明，这种方式并不能彻底解决尾矿潜伏的泥石流、山体滑坡、溃坝、渗（泄）漏等安全和环境危害的发生。尤其我国大部分的金属尾矿库、坝筑建在山谷中，高出下游居民区数十米，甚至百米，一旦发生事故，会造成极为严重的生态破坏和生命财产损失。例如山西“9·8”特大尾矿库溃坝泥石流事故，死亡254人，受伤34人。因此，消除尾矿危害的最佳方式还是大规模综合利用，实现矿山生产无尾化。这是走中国特色新型工业化道路，促进资源与环境、经济与社会协调、可持续发展的必由之路。

一、金属尾矿综合利用必须注意的环境问题

全球资源的逐渐枯竭、环境保护意识的不断增强、科技水平的不断提高促使各国都极为重视尾矿的处理、处置和综合利用。鉴于我国矿产资源贫矿多、富矿少，共/伴生矿多、单一矿少，矿石组成复杂，难选矿多的特点，近10年来，在国家相关政策的引导下，金属尾矿综合利用技术研究与产业应用得到了蓬勃发展，并取得一定成效。但由于金属尾矿经矿石破碎及选矿完成后，矿石结构和成分已经发生变化，如果不去除金属尾矿中的有毒有害重金属成分及选矿添加剂，那么由金属尾矿造成的环境危害将会更为严重。例如，内蒙古某钢铁公司利用含放射性元素的铁尾矿制备的建材产品用于修建研究院大楼等设施，由于放射性强度严重超标，入住人员受到不同程度的身体伤害，最后将大楼推倒重建；近两年我国多个地区引发的儿童铅中毒事件，部分原因就是利用未经无害化处理的金属尾矿制备免烧砖，致使重金属富集而造成严重的室内重金属污染所致。

此外，广东大宝山用多金属尾矿制造磁化肥料，由于未经无害化处理，检测结果表明：Cr超标6.8倍，Pb超标12.7倍。我国农业部门规定，严禁重金属超标的肥料及相关农用产品登记和销售。

与董志灵、张桂兰合作。

（三）综合效益

分析表明：金属尾矿无害化农业再利用，在保证矿山原有选矿经济效益的同时，可降低企业固定资产投资≥20%，减少矿山经营管理成本≥20%，帮助矿山企业新增经济效益≥20%，降低农业生产肥料施用成本≥20%，消减农业碳排放≥20%，增加粮食产量≥20%，同时帮助相关产业提高能效≥20%，间接形成减排能力≥20%。以建设一座300万t/年可控缓释肥料、500万t/年土壤调理剂的生产企业，总投资预计10亿元左右，项目达产后，可实现无害化处理金属尾矿600万～800万t/年，同时新增工业产值近百亿元/年，实现利税25亿元/年，解决就业5 000人左右。

六、结　　论

综上所述，金属尾矿作为促进农业可持续发展的重要战略资源，必然会被越来越多的企业所重视。由此也表明，金属尾矿无害化农业再利用必然将会成为矿山企业建设绿色矿山，发展绿色矿山，实现矿产资源全回收、零排放，打造新兴产业的重要发展方向。